TECHNISCHES HILFSBUCH

HERAUSGEGEBEN

VON

SCHUCHARDT & SCHÜTTE

AKTIENGESELLSCHAFT

SIEBENTE, VERBESSERTE AUFLAGE

MIT 500 ABBILDUNGEN IM TEXT
UND AUF EINER TAFEL

SPRINGER-VERLAG BERLIN HEIDELBERG GMBH 1928

ISBN 978-3-662-35418-6   ISBN 978-3-662-36246-4 (eBook)
DOI 10.1007/978-3-662-36246-4
SOFTCOVER REPRINT OF THE HARDCOVER 7TH EDITION 1928

ALLE RECHTE,
INSBESONDERE DAS DER ÜBERSETZUNG,
VORBEHALTEN

Berlin C 2, Spandauer Straße 28/29.

Wien I, Franz-Josefs-Kai 7—9.

Stockholm, Vasagatan 24.

Kopenhagen K, Nørregade 7.

Budapest, Teréz-körút 46.

Prag, Havličekplatz 28.

Mailand, Via Vitruvio 7.

Neukölln, Werkzeugmaschinen- und Werkzeugfabrik.

Betrieb II: **Berlin N**, Elektrisches Prüffeld.
Elektrische Bohr- und Schleifmaschinen.

Betrieb III: **Guben,** Werkzeugmaschinen.

Soerabaia, Societeitstraat 22.

Niederlassung in Köln a. Rh., Gereonshaus, Gereonstraße.

Telegramm-Adressen:

Berlin	Initiative	Prag	Initiative
Wien	Initiative	Köln a. Rh.	Bernschuch
Stockholm	Initiative	Mailand	Esundes
Kopenhagen	Initiative	New York	Sherrtool
Budapest	Initiative	Soerabaia	Initiative

Verzeichnis der Betriebe.

Betrieb I: **Berlin-Neukölln,** Mahlower Straße 23.
Betrieb II: **Berlin N,** Hochstraße 8.
Betrieb III: **Guben,** Wilkestraße 15/16.

Vorwort zur siebenten Auflage.

Die Fortschritte der letzten Jahre auf dem Gebiete der Fertigung und Normung machten eine Neubearbeitung dieses Buches erforderlich. Diese bezieht sich besonders auf die Abschnitte Drehen, Fräsen, Bohren, Gewindetoleranzen, Passungen usw.

Die Wiedergabe von Normblättern erfolgt mit Genehmigung des Deutschen Normenausschusses, dem hierfür besonders gedankt sei. Bei der Benutzung der Normenangaben ist jedoch zu berücksichtigen, daß nur die jeweils neuesten Ausgaben der DIN-Blätter maßgebend sind [1]).

Berlin, Juni 1928.

Schuchardt & Schütte
Aktiengesellschaft.

---

[1]) Siehe Berichtigungen auf S. X.

Berichtigungen.

S. 58. DIN 863 „Schraublehren" ist nach Drucklegung des Buches im April 1928 in geänderter Neuauflage erschienen. Die Tafel ist infolgedessen wie folgt zu ändern.

Größte Meßlänge mm	Gesamtfehler der Schraublehren in μ		Fehler der Maßflächen bei Genauigkeitsgrad 1			Aufbiegung je kg Meßdruck
	Genauigkeitsgrad 1	Genauigkeitsgrad 2	Ebenheit	Parallelität	Zulässige Gesamtabweichung in μ	
			Zahl der Interferenzstreifen			
25	4	8	3	5	± 2	2
50	4	8	3	7	$\pm 2,5$	2
75 und 100	4	8	3		± 3	3
125 „ 150	5	10	3		± 4	4
175 „ 200	6	12	3		± 6	5
225 bis 300	7	14	3		± 8	6
325 „ 400	8	16	3		± 10	8
425 „ 500	10	20	3		± 12	10

S. 178. Das Abmaß der Gutseite der Rachenlehre Schlichtpassung ist für alle Durchmesserbereiche Null. Die Zahlen 5 sind also durch 0 zu ersetzen und die Angabe 0,75 für die Paßeinheiten ebenfalls durch 0.

S. 246. Die Größtmaße des Außendurchmessers beim Prüfdorn für den Gut-Gewindelehrring für Metrische Gewinde sind gleich den Nenndurchmessern der Schraube, sind also von 3,044, 3,554, 4,062 in 3, 3,5, 4 usw. zu verbessern.

Inhaltsübersicht.

Rechnen: Seite

- Hilfstafeln 2
- Logarithmen 22
- Winkellehre 27
- Dreieck 34
- Vieleck 37
- Kreis 38
- Kugel 42
- Flächen und Körper 43
- Primzahlen und Faktoren der Zahlen 1 bis 1000 48

Maßeinheiten und Vergleichswerte:

- Das metrische Maßsystem, Eichfehlergrenzen 53
- Maße und Gewichte verschiedener Länder 60
- Umrechnung des Zollsystems in das metrische 64
- Absolutes Maßsystem und Formelzeichen 70
- Aus dem Gebiete der Elektrotechnik 81
- Licht und Beleuchtung 86
- Wärme und Verbrennung 89
- Anziehungskraft, Luftdruck, Barometer 97

Stoffkunde:

- Atomgewicht 99
- Gewerbliche und chemische Benennung technisch wichtiger Stoffe 100
- Spezifische Gewichte 104
- Aus der Festigkeitslehre 108
- Formeisen 119
- Gewichtstafeln 142
- Blech- und Drahtlehren 158
- Seile, Ketten, Rohre, Niete 162

Werkstattkunde:

- Passungen und Lehren 172
- Interferenzprüfung 195
- Kegel 199
- Gewinde und Gewindetoleranzen 205
- Riemen und Riementriebe 296
- Keile 312
- Federn 314
- Zahnräder 316
- Drehen 352
- Bohren und Reiben 383
- Räumen 404
- Fräsen 408
- Schleifen 454
- Werkzeugstahl 460
- Konstruktionsstahl 475
- Härte und Härteprüfung 479
- Einätzen von Schriften in Metall 489
- Bestimmung des spezifischen Gewichtes 489
- Schmieröle 490
- Schnittgeschwindigkeit, Vorschub, Umfanggeschwindigkeit . . . 492
- Kraftbedarf für Werkzeugmaschinen 501

Anhang: Alphabete, Erste Hilfe bei Unglücksfällen, Papierformate 505

Sachverzeichnis 520

Potenzen, Wurzeln, Natürliche Logarithmen, Reziproke Werte, Kreisumfänge und -inhalte.

n	n^2	n^3	$\sqrt{n}$	$\sqrt[3]{n}$	$\ln n$	$\dfrac{1000}{n}$	πn	$\dfrac{\pi n^2}{4}$	n
1	1	1	1,0000	1,0000	0,00000	1000,000	3,142	0,7854	1
2	4	8	1,4142	1,2599	0,69315	500,000	6,283	3,1416	2
3	9	27	1,7321	1,4422	1,09861	333,333	9,425	7,0686	3
4	16	64	2,0000	1,5874	1,38629	250,000	12,566	12,5664	4
5	25	125	2,2361	1,7100	1,60944	200,000	15,708	19,6350	5
6	36	216	2,4495	1,8171	1,79176	166,667	18,850	28,2743	6
7	49	343	2,6458	1,9129	1,94591	142,857	21,991	38,4845	7
8	64	512	2,8284	2,0000	2,07944	125,000	25,133	50,2655	8
9	81	729	3,0000	2,0801	2,19722	111,111	28,274	63,6173	9
10	100	1000	3,1623	2,1544	2,30259	100,000	31,416	78,5398	10
11	121	1331	3,3166	2,2240	2,39790	90,9091	34,558	95,0332	11
12	144	1728	3,4641	2,2894	2,48491	83,3333	37,699	113,097	12
13	169	2197	3,6056	2,3513	2,56495	76,9231	40,841	132,732	13
14	196	2744	3,7417	2,4101	2,63906	71,4286	43,982	153,938	14
15	225	3375	3,8730	2,4662	2,70805	66,6667	47,124	176,715	15
16	256	4096	4,0000	2,5198	2,77259	62,5000	50,265	201,062	16
17	289	4913	4,1231	2,5713	2,83321	58,8235	53,407	226,980	17
18	324	5832	4,2426	2,6207	2,89037	55,5556	56,549	254,469	18
19	361	6859	4,3589	2,6684	2,94444	52,6316	59,690	283,529	19
20	400	8000	4,4721	2,7144	2,99573	50,0000	62,832	314,159	20
21	441	9261	4,5826	2,7589	3,04452	47,6190	65,973	346,361	21
22	484	10648	4,6904	2,8020	3,09104	45,4545	69,115	380,133	22
23	529	12167	4,7958	2,8439	3,13549	43,4783	72,257	415,476	23
24	576	13824	4,8990	2,8845	3,17805	41,6667	75,398	452,389	24
25	625	15625	5,0000	2,9240	3,21888	40,0000	78,540	490,874	25
26	676	17576	5,0990	2,9625	3,25810	38,4615	81,681	530,929	26
27	729	19683	5,1962	3,0000	3,29584	37,0370	84,823	572,555	27
28	784	21952	5,2915	3,0366	3,33220	35,7143	87,965	615,752	28
29	841	24389	5,3852	3,0723	3,36730	34,4828	91,106	660,520	29
30	900	27000	5,4772	3,1072	3,40120	33,3333	94,248	706,858	30
31	961	29791	5,5678	3,1414	3,43399	32,2581	97,389	754,768	31
32	1024	32768	5,6569	3,1748	3,46574	31,2500	100,531	804,248	32
33	1089	35937	5,7446	3,2075	3,49651	30,3030	103,673	855,299	33
34	1156	39304	5,8310	3,2396	3,52636	29,4118	106,814	907,920	34
35	1225	42875	5,9161	3,2711	3,55535	28,5714	109,956	962,113	35
36	1296	46656	6,0000	3,3019	3,58352	27,7778	113,097	1017,88	36
37	1369	50653	6,0828	3,3322	3,61092	27,0270	116,239	1075,21	37
38	1444	54872	6,1644	3,3620	3,63759	26,3158	119,381	1134,11	38
39	1521	59319	6,2450	3,3912	3,66356	25,6410	122,522	1194,59	39
40	1600	64000	6,3246	3,4200	3,68888	25,0000	125,66	1256,64	40
41	1681	68921	6,4031	3,4482	3,71357	24,3902	128,81	1320,25	41
42	1764	74088	6,4807	3,4760	3,73767	23,8095	131,95	1385,44	42
43	1849	79507	6,5574	3,5034	3,76120	23,2558	135,09	1452,20	43
44	1936	85184	6,6332	3,5303	3,78419	22,7273	138,23	1520,53	44
45	2025	91125	6,7082	3,5569	3,80666	22,2222	141,37	1590,43	45
46	2116	97336	6,7823	3,5830	3,82864	21,7391	144,51	1661,90	46
47	2209	103823	6,8557	3,6088	3,85015	21,2766	147,65	1734,94	47
48	2304	110592	6,9282	3,6342	3,87120	20,8333	150,80	1809,56	48
49	2401	117649	7,0000	3,6593	3,89182	20,4082	153,94	1885,74	49

Potenzen, Wurzeln, Natürliche Logarithmen, Reziproke Werte, Kreisumfänge und -inhalte.

n	n^2	n^3	$\sqrt{n}$	$\sqrt[3]{n}$	$\ln n$	$\dfrac{1000}{n}$	πn	$\dfrac{\pi n^2}{4}$	n
50	2500	125000	7,0711	3,6840	3,91202	20,0000	157,08	1963,50	50
51	2601	132651	7,1414	3,7084	3,93183	19,6078	160,22	2042,82	51
52	2704	140608	7,2111	3,7325	3,95124	19,2308	163,36	2123,72	52
53	2809	148877	7,2801	3,7563	3,97029	18,8679	166,50	2206,18	53
54	2916	157464	7,3485	3,7798	3,98898	18,5185	169,65	2290,22	54
55	3025	166375	7,4162	3,8030	4,00733	18,1818	172,79	2375,83	55
56	3136	175616	7,4833	3,8259	4,02535	17,8571	175,93	2463,01	56
57	3249	185193	7,5498	3,8485	4,04305	17,5439	179,07	2551,76	57
58	3364	195112	7,6158	3,8709	4,06044	17,2414	182,21	2642,08	58
59	3481	205379	7,6811	3,8930	4,07754	16,9492	185,35	2733,97	59
60	3600	216000	7,7460	3,9149	4,09434	16,6667	188,50	2827,43	60
61	3721	226981	7,8102	3,9365	4,11087	16,3934	191,64	2922,47	61
62	3844	238328	7,8740	3,9579	4,12713	16,1290	194,78	3019,07	62
63	3969	250047	7,9373	3,9791	4,14313	15,8730	197,92	3117,25	63
64	4096	262144	8,0000	4,0000	4,15888	15,6250	201,06	3216,99	64
65	4225	274625	8,0623	4,0207	4,17439	15,3846	204,20	3318,31	65
66	4356	287496	8,1240	4,0412	4,18965	15,1515	207,35	3421,19	66
67	4489	300763	8,1854	4,0615	4,20469	14,9254	210,49	3525,65	67
68	4624	314432	8,2462	4,0817	4,21951	14,7059	213,63	3631,68	68
69	4761	328509	8,3066	4,1016	4,23411	14,4928	216,77	3739,28	69
70	4900	343000	8,3666	4,1213	4,24850	14,2857	219,91	3848,45	70
71	5041	357911	8,4261	4,1408	4,26268	14,0845	223,05	3959,19	71
72	5184	373248	8,4853	4,1602	4,27667	13,8889	226,19	4071,50	72
73	5329	389017	8,5440	4,1793	4,29046	13,6986	229,34	4185,39	73
74	5476	405224	8,6023	4,1983	4,30407	13,5135	232,48	4300,84	74
75	5625	421875	8,6603	4,2172	4,31749	13,3333	235,62	4417,86	75
76	5776	438976	8,7178	4,2358	4,33073	13,1579	238,76	4536,46	76
77	5929	456533	8,7750	4,2543	4,34381	12,9870	241,90	4656,63	77
78	6084	474552	8,8318	4,2727	4,35671	12,8205	245,04	4778,36	78
79	6241	493039	8,8882	4,2908	4,36945	12,6582	248,19	4901,67	79
80	6400	512000	8,9443	4,3089	4,38203	12,5000	251,33	5026,55	80
81	6561	531441	9,0000	4,3267	4,39445	12,3457	254,47	5153,00	81
82	6724	551368	9,0554	4,3445	4,40672	12,1951	257,61	5281,02	82
83	6889	571787	9,1104	4,3621	4,41884	12,0482	260,75	5410,61	83
84	7056	592704	9,1652	4,3795	4,43082	11,9048	263,89	5541,77	84
85	7225	614125	9,2195	4,3968	4,44265	11,7647	267,04	5674,50	85
86	7396	636056	9,2736	4,4140	4,45435	11,6279	270,18	5808,80	86
87	7569	658503	9,3274	4,4310	4,46591	11,4943	273,32	5944,68	87
88	7744	681472	9,3808	4,4480	4,47734	11,3636	276,46	6082,12	88
89	7921	704969	9,4340	4,4647	4,48864	11,2360	279,60	6221,14	89
90	8100	729000	9,4868	4,4814	4,49981	11,1111	282,74	6361,73	90
91	8281	753571	9,5394	4,4979	4,51086	10,9890	285,88	6503,88	91
92	8464	778688	9,5917	4,5144	4,52179	10,8696	289,03	6647,61	92
93	8649	804357	9,6437	4,5307	4,53260	10,7527	292,17	6792,91	93
94	8836	830584	9,6954	4,5468	4,54329	10,6383	295,31	6939,78	94
95	9025	857375	9,7468	4,5629	4,55388	10,5263	298,45	7088,22	95
96	9216	884736	9,7980	4,5789	4,56435	10,4167	301,59	7238,23	96
97	9409	912673	9,8489	4,5947	4,57471	10,3093	304,73	7389,81	97
98	9604	941192	9,8995	4,6104	4,58497	10,2041	307,88	7542,96	98
99	9801	970299	9,9499	4,6261	4,59512	10,1010	311,02	7697,69.	99

Potenzen, Wurzeln, Natürliche Logarithmen, Reziproke Werte, Kreisumfänge und -inhalte.

n	n^2	n^3	$\sqrt{n}$	$\sqrt[3]{n}$	$\ln n$	$\dfrac{1000}{n}$	πn	$\dfrac{\pi n^2}{4}$	n
100	10000	1000000	10,0000	4,6416	4,60517	10,0000	314,16	7853,98	100
101	10201	1030301	10,0499	4,6570	4,61512	9,90099	317,30	8011,85	101
102	10404	1061208	10,0995	4,6723	4,62497	9,80392	320,44	8171,28	102
103	10609	1092727	10,1489	4,6875	4,63473	9,70874	323,58	8332,29	103
104	10816	1124864	10,1980	4,7027	4,64439	9,61538	326,73	8494,87	104
105	11025	1157625	10,2470	4,7177	4,65396	9,52381	329,87	8659,01	105
106	11236	1191016	10,2956	4,7326	4,66344	9,43396	333,01	8824,73	106
107	11449	1225043	10,3441	4,7475	4,67283	9,34579	336,15	8992,02	107
108	11664	1259712	10,3923	4,7622	4,68213	9,25926	339,29	9160,88	108
109	11881	1295029	10,4403	4,7769	4.69135	9,17431	342,43	9331,32	109
110	12100	1331000	10,4881	4,7914	4,70048	9,09091	345,58	9503,32	110
111	12321	1367631	10,5357	4,8059	4,70953	9,00901	348,72	9676,89	111
112	12544	1404928	10,5830	4,8203	4,71850	8,92857	351,86	9852,03	112
113	12769	1442897	10,6301	4,8346	4,72739	8,84956	355,00	10028,7	113
114	12996	1481544	10,6771	4,8488	4,73620	8,77193	358,14	10207,0	114
115	13225	1520875	10,7238	4,8629	4,74493	8,69565	361,28	10386,9	115
116	13456	1560896	10,7703	4,8770	4,75359	8,62069	364,42	10568,3	116
117	13689	1601613	10,8167	4,8910	4,76217	8,54701	367,57	10751,3	117
118	13924	1643032	10,8628	4,9049	4,77068	8,47458	370,71	10935,9	118
119	14161	1685159	10,9087	4,9187	4,77912	8,40336	373,85	11122,0	119
120	14400	1728000	10,9545	4,9324	4,78749	8,33333	376,99	11309,7	120
121	14641	1771561	11,0000	4,9461	4,79579	8,26446	380,13	11499,0	121
122	14884	1815848	11,0454	4,9597	4,80402	8,19672	383,27	11689,9	122
123	15129	1860867	11,0905	4,9732	4,81218	8,13008	386,42	11882,3	123
124	15376	1906624	11,1355	4,9866	4,82028	8,06452	389,56	12076,3	124
125	15625	1953125	11,1803	5,0000	4,82831	8,00000	392,70	12271,8	125
126	15876	2000376	11,2250	5,0133	4,83628	7,93651	395,84	12469,0	126
127	16129	2048383	11,2694	5,0265	4,84419	7,87402	398,98	12667,7	127
128	16384	2097152	11,3137	5,0397	4,85203	7,81250	402,12	12868,0	128
129	16641	2146689	11,3578	5,0528	4,85981	7,75194	405,27	13069,8	129
130	16900	2197000	11,4018	5,0658	4,86753	7,69231	408,41	13273,2	130
131	17161	2248091	11,4455	5,0788	4,87520	7,63359	411,55	13478,2	131
132	17424	2299968	11,4891	5,0916	4,88280	7,57576	414,69	13684,8	132
133	17689	2352637	11,5326	5,1045	4,89035	7,51880	417,83	13892,9	133
134	17956	2406104	11,5758	5,1172	4,89784	7,46269	420,97	14102,6	134
135	18225	2460375	11,6190	5,1299	4,90527	7,40741	424,12	14313,9	135
136	18496	2515456	11,6619	5,1426	4,91265	7,35294	427,26	14526,7	136
137	18769	2571353	11,7047	5,1551	4,91998	7,29927	430,40	14741,1	137
138	19044	2628072	11,7473	5,1676	4,92725	7,24638	433,54	14957,1	138
139	19321	2685619	11,7898	5,1801	4,93447	7,19424	436,68	15174,7	139
140	19600	2744000	11,8322	5,1925	4,94164	7,14286	439,82	15393.8	140
141	19881	2803221	11,8743	5,2048	4,94876	7,09220	442,96	15614,5	141
142	20164	2863288	11,9164	5,2171	4,95583	7,04225	446,11	15836,8	142
143	20449	2924207	11,9583	5,2293	4,96284	6,99301	449,25	16060,6	143
144	20736	2985984	12,0000	5,2415	4,96981	6,94444	452,39	16286,0	144
145	21025	3048625	12,0416	5,2536	4,97673	6,89655	455,53	16513,0	145
146	21316	3112136	12,0830	5,2656	4,98361	6,84932	458,67	16741,5	146
147	21609	3176523	12,1244	5,2776	4,99043	6,80272	461,81	16971,7	147
148	21904	3241792	12,1655	5,2896	4,99721	6,75676	464,96	17203,4	148
149	22201	3307949	12,2066	5,3015	5,00395	6,71141	468,10	17436,6	149

Potenzen, Wurzeln, Natürliche Logarithmen, Reziproke Werte, Kreisumfänge und -inhalte.

n	n^2	n^3	$\sqrt{n}$	$\sqrt[3]{n}$	$\ln n$	$\dfrac{1000}{n}$	πn	$\dfrac{\pi n^2}{4}$	n
150	22500	3375000	12,2474	5,3133	5,01064	6,66667	471,24	17671,5	150
151	22801	3442951	12,2882	5,3251	5,01728	6,62252	474,38	17907,9	151
152	23104	3511808	12,3288	5,3368	5,02388	6,57895	477,52	18145,8	152
153	23409	3581577	12,3693	5,3485	5,03044	6,53595	480,66	18385,4	153
154	23716	3652264	12,4097	5,3601	5,03695	6,49351	483,81	18626,5	154
155	24025	3723875	12,4499	5,3717	5,04343	6,45161	486,95	18869,2	155
156	24336	3796416	12,4900	5,3832	5,04986	6,41026	490,09	19113,4	156
157	24649	3869893	12,5300	5,3947	5,05625	6,36943	493,23	19359,3	157
158	24964	3944312	12,5698	5,4061	5,06260	6,32911	496,37	19606,7	158
159	25281	4019679	12,6095	5,4175	5,06890	6,28931	499,51	19855,7	159
160	25600	4096000	12,6491	5,4288	5,07517	6,25000	502,65	20106,2	160
161	25921	4173281	12,6886	5,4401	5,08140	6,21118	505,80	20358,3	161
162	26244	4251528	12,7279	5,4514	5,08760	6,17284	508,94	20612,0	162
163	26569	4330747	12,7671	5,4626	5,09375	6,13497	512,08	20867,2	163
164	26896	4410944	12,8062	5,4737	5,09987	6,09756	515,22	21124,1	164
165	27225	4492125	12,8452	5,4848	5,10595	6,06061	518,36	21382,5	165
166	27556	4574296	12,8841	5,4959	5,11199	6,02410	521,50	21642,4	166
167	27889	4657463	12,9228	5,5069	5,11799	5,98802	524,65	21904,0	167
168	28224	4741632	12,9615	5,5178	5,12396	5,95238	527,79	22167,1	168
169	28561	4826809	13,0000	5,5288	5,12990	5,91716	530,93	22431,8	169
170	28900	4913000	13,0384	5,5397	5,13580	5,88235	534,07	22698,0	170
171	29241	5000211	13,0767	5,5505	5,14166	5,84795	537,21	22965,8	171
172	29584	5088448	13,1149	5,5613	5,14749	5,81395	540,35	23235,2	172
173	29929	5177717	13,1529	5,5721	5,15329	5,78035	543,50	23506,2	173
174	30276	5268024	13,1909	5,5828	5,15906	5,74713	546,64	23778,7	174
175	30625	5359375	13,2288	5,5934	5,16479	5,71429	549,78	24052,8	175
176	30976	5451776	13,2665	5,6041	5,17048	5,68182	552,92	24328,5	176
177	31329	5545233	13,3041	5,6147	5,17615	5,64972	556,06	24605,7	177
178	31684	5639752	13,3417	5,6252	5,18178	5,61798	559,20	24884,6	178
179	32041	5735339	13,3791	5,6357	5,18739	5,58659	562,35	25164,9	179
180	32400	5832000	13,4164	5,6462	5,19296	5,55556	565,49	25446,9	180
181	32761	5929741	13,4536	5,6567	5,19850	5,52486	568,63	25730,4	181
182	33124	6028568	13,4907	5,6671	5,20401	5,49451	571,77	26015,5	182
183	33489	6128487	13,5277	5,6774	5,20949	5,46448	574,91	26302,2	183
184	33856	6229504	13,5647	5,6877	5,21494	5,43478	578,05	26590,4	184
185	34225	6331625	13,6015	5,6980	5,22036	5,40541	581,19	26880,3	185
186	34596	6434856	13,6382	5,7083	5,22575	5,37634	584,34	27171,6	186
187	34969	6539203	13,6748	5,7185	5,23111	5,34759	587,48	27464,6	187
188	35344	6644672	13,7113	5,7287	5,23644	5,31915	590,62	27759,1	188
189	35721	6751269	13,7477	5,7388	5,24175	5,29101	593,76	28055,2	189
190	36100	6859000	13,7840	5,7489	5,24702	5,26316	596,90	28352,9	190
191	36481	6967871	13,8203	5,7590	5,25227	5,23560	600,04	28652,1	191
192	36864	7077888	13,8564	5,7690	5,25750	5,20833	603,19	28952,9	192
193	37249	7189057	13,8924	5,7790	5,26269	5,18135	606,33	29255,3	193
194	37636	7301384	13,9284	5,7890	5,26786	5,15464	609,47	29559,2	194
195	38025	7414875	13,9642	5,7989	5,27300	5,12821	612,61	29864,8	195
196	38416	7529536	14,0000	5,8088	5,27811	5,10204	615,75	30171,9	196
197	38809	7645373	14,0357	5,8186	5,28320	5,07614	618,89	30480,5	197
198	39204	7762392	14,0712	5,8285	5,28827	5,05051	622,04	30790,7	198
199	39601	7880599	14,1067	5,8383	5,29330	5,02513	625,18	31102,6	199

Potenzen, Wurzeln, Natürliche Logarithmen, Reziproke Werte, Kreisumfänge und -inhalte.

n	n^2	n^3	$\sqrt{n}$	$\sqrt[3]{n}$	$\ln n$	$\dfrac{1000}{n}$	πn	$\dfrac{\pi n^2}{4}$	n
200	40000	8000000	14,1421	5,8480	5,29832	5,00000	628,32	31415,9	200
201	40401	8120601	14,1774	5,8578	5,30330	4,97512	631,46	31730,9	201
202	40804	8242408	14,2127	5,8675	5,30827	4,95050	634,60	32047,4	202
203	41209	8365427	14,2478	5,8771	5,31321	4,92611	637,74	32365,5	203
204	41616	8489664	14,2829	5,8868	5,31812	4,90196	640,88	32685,1	204
205	42025	8615125	14,3178	5,8964	5,32301	4,87805	644,03	33006,4	205
206	42436	8741816	14,3527	5,9059	5,32788	4,85437	647,17	33329,2	206
207	42849	8869743	14,3875	5,9155	5,33272	4,83092	650,31	33653,5	207
208	43264	8998912	14,4222	5,9250	5,33754	4,80769	653,45	33979,5	208
209	43681	9129329	14,4568	5,9345	5,34233	4,78469	656,59	34307,0	209
210	44100	9261000	14,4914	5,9439	5,34711	4,76190	659,73	34636,1	210
211	44521	9393931	14,5258	5,9533	5,35186	4,73934	662,88	34966,7	211
212	44944	9528128	14,5602	5,9627	5,35659	4,71698	666,02	35298,9	212
213	45369	9663597	14,5945	5,9721	5,36129	4,69484	669,16	35632,7	213
214	45796	9800344	14,6287	5,9814	5,36598	4,67290	672,30	35968,1	214
215	46225	9938375	14,6629	5,9907	5,37064	4,65116	675,44	36305,0	215
216	46656	10077696	14,6969	6,0000	5,37528	4,62963	678,58	36643,5	216
217	47089	10218313	14,7309	6,0092	5,37990	4,60829	681,73	36983,6	217
218	47524	10360232	14,7648	6,0185	5,38450	4,58716	684,87	37325,3	218
219	47961	10503459	14,7986	6,0277	5,38907	4,56621	688,01	37668,5	219
220	48400	10648000	14,8324	6,0368	5,39363	4,54545	691,15	38013,3	220
221	48841	10793861	14,8661	6,0459	5,39816	4,52489	694,29	38359,6	221
222	49284	10941048	14,8997	6,0550	5,40268	4,50450	697,43	38707,6	222
223	49729	11089567	14,9332	6,0641	5,40717	4,48430	700,58	39057,1	223
224	50176	11239424	14,9666	6,0732	5,41165	4,46429	703,72	39408,1	224
225	50625	11390625	15,0000	6,0822	5,41610	4,44444	706,86	39760,8	225
226	51076	11543176	15,0333	6,0912	5,42053	4,42478	710,00	40115,0	226
227	51529	11697083	15,0665	6,1002	5,42495	4,40529	713,14	40470,8	227
228	51984	11852352	15,0997	6,1091	5,42935	4,38596	716,28	40828,1	228
229	52441	12008989	15,1327	6,1180	5,43372	4,36681	719,42	41187,1	229
230	52900	12167000	15,1658	6,1269	5,43808	4,34783	722,57	41547,6	230
231	53361	12326391	15,1987	6,1358	5,44242	4,32900	725,71	41909,6	231
232	53824	12487168	15,2315	6,1446	5,44674	4,31034	728,85	42273,3	232
233	54289	12649337	15,2643	6,1534	5,45104	4,29185	731,99	42638,5	233
234	54756	12812904	15,2971	6,1622	5,45532	4,27350	735,13	43005,3	234
235	55225	12977875	15,3297	6,1710	5,45959	4,25532	738,27	43373,6	235
236	55696	13144256	15,3623	6,1797	5,46383	4,23729	741,42	43743,5	236
237	56169	13312053	15,3948	6,1885	5,46806	4,21941	744,56	44115,0	237
238	56644	13481272	15,4272	6,1972	5,47227	4,20168	747,70	44488,1	238
239	57121	13651919	15,4596	6,2058	5,47646	4,18410	750,84	44862,7	239
240	57600	13824000	15,4919	6,2145	5,48064	4,16667	753,98	45238,9	240
241	58081	13997521	15,5242	6,2231	5,48480	4,14938	757,12	45616,7	241
242	58564	14172488	15,5563	6,2317	5,48894	4,13223	760,27	45996,1	242
243	59049	14348907	15,5885	6,2403	5,49306	4,11523	763,41	46377,0	243
244	59536	14526784	15,6205	6,2488	5,49717	4,09836	766,55	46759,5	244
245	60025	14706125	15,6525	6,2573	5,50126	4,08163	769,69	47143,5	245
246	60516	14886936	15,6844	6,2658	5,50533	4,06504	772,83	47529,2	246
247	61009	15069223	15,7162	6,2743	5,50939	4,04858	775,97	47916,4	247
248	61504	15252992	15,7480	6,2828	5,51343	4,03226	779,11	48305,1	248
249	62001	15438249	15,7797	6,2912	5,51745	4,01606	782,26	48695,5	249

Potenzen, Wurzeln, Natürliche Logarithmen, Reziproke Werte, Kreisumfänge und -inhalte.

n	n^2	n^3	$\sqrt{n}$	$\sqrt[3]{n}$	$\ln n$	$\dfrac{1000}{n}$	πn	$\dfrac{\pi n^2}{4}$	n
250	62500	15625000	15,8114	6,2996	5,52146	4,00000	785,40	49087,4	250
251	63001	15813251	15,8430	6,3080	5,52545	3,98406	788,54	49480,9	251
252	63504	16003008	15,8745	6,3164	5,52943	3,96825	791,68	49875,9	252
253	64009	16194277	15,9060	6,3247	5,53339	3,95257	794,82	50272,6	253
254	64516	16387064	15,9374	6,3330	5,53733	3,93701	797,96	50670,7	254
255	65025	16581375	15,9687	6,3413	5,54126	3,92157	801,11	51070,5	255
256	65536	16777216	16,0000	6,3496	5,54518	3,90625	804,25	51471,9	256
257	66049	16974593	16,0312	6,3579	5,54908	3,89105	807,39	51874,8	257
258	66564	17173512	16,0624	6,3661	5,55296	3,87597	810,53	52279,2	258
259	67081	17373979	16,0935	6,3743	5,55683	3,86100	813,67	52685,3	259
260	67600	17576000	16,1245	6,3825	5,56068	3,84615	816,81	53092,9	260
261	68121	17779581	16,1555	6,3907	5,56452	3,83142	819,96	53502,1	261
262	68644	17984728	16,1864	6,3988	5,56834	3,81679	823,10	53912,9	262
263	69169	18191447	16,2173	6,4070	5,57215	3,80228	826,24	54325,2	263
264	69696	18399744	16,2481	6,4151	5,57595	3,78788	829,38	54739,1	264
265	70225	18609625	16,2788	6,4232	5,57973	3,77358	832,52	55154,6	265
266	70756	18821096	16,3095	6,4312	5,58350	3,75940	835,66	55571,6	266
267	71289	19034163	16,3401	6,4393	5,58725	3,74532	838,81	55990,2	267
268	71824	19248832	16,3707	6,4473	5,59099	3,73134	841,95	56410,4	268
269	72361	19465109	16,4012	6,4553	5,59471	3,71747	845,09	56832,2	269
270	72900	19683000	16,4317	6,4633	5,59842	3,70370	848,23	57255,5	270
271	73441	19902511	16,4621	6,4713	5,60212	3,69004	851,37	57680,4	271
272	73984	20123648	16,4924	6,4792	5,60580	3,67647	854,51	58106,9	272
273	74529	20346417	16,5227	6,4872	5,60947	3,66300	857,65	58534,9	273
274	75076	20570824	16,5529	6,4951	5,61313	3,64964	860,80	58964,6	274
275	75625	20796875	16,5831	6,5030	5,61677	3,63636	863,94	59395,7	275
276	76176	21024576	16,6132	6,5108	5,62040	3,62319	867,08	59828,5	276
277	76729	21253933	16,6433	6,5187	5,62402	3,61011	870,22	60262,8	277
278	77284	21484952	16,6733	6,5265	5,62762	3,59712	873,36	60698,7	278
279	77841	21717639	16,7033	6,5343	5,63121	3,58423	876,50	61136,2	279
280	78400	21952000	16,7332	6,5421	5,63479	3,57143	879,65	61575,2	280
281	78961	22188041	16,7631	6,5499	5,63835	3,55872	882,79	62015,8	281
282	79524	22425768	16,7929	6,5577	5,64191	3,54610	885,93	62458,0	282
283	80089	22665187	16,8226	6,5654	5,64545	3,53357	889,07	62901,8	283
284	80656	22906304	16,8523	6,5731	5,64897	3,52113	892,21	63347,1	284
285	81225	23149125	16,8819	6,5808	5,65249	3,50877	895,35	63794,0	285
286	81796	23393656	16,9115	6,5885	5,65599	3,49650	898,50	64242,4	286
287	82369	23639903	16,9411	6,5962	5,65948	3,48432	901,64	64692,5	287
288	82944	23887872	16,9706	6,6039	5,66296	3,47222	904,78	65144,1	288
289	83521	24137569	17,0000	6,6115	5,66643	3,46021	907,92	65597,2	289
290	84100	24389000	17,0294	6,6191	5,66988	3,44828	911,06	66052,0	290
291	84681	24642171	17,0587	6,6267	5,67332	3,43643	914,20	66508,3	291
292	85264	24897088	17,0880	6,6343	5,67675	3,42466	917,35	66966,2	292
293	85849	25153757	17,1172	6,6419	5,68017	3,41297	920,49	67425,6	293
294	86436	25412184	17,1464	6,6494	5,68358	3,40136	923,63	67886,7	294
295	87025	25672375	17,1756	6,6569	5,68698	3,38983	926,77	68349,3	295
296	87616	25934336	17,2047	6,6644	5,69036	3,37838	929,91	68813,4	296
297	88209	26198073	17,2337	6,6719	5,69373	3,36700	933,05	69279,2	297
298	88804	26463592	17,2627	6,6794	5,69709	3,35570	936,19	69746,5	298
299	89401	26730899	17,2916	6,6869	5,70044	3,34448	939,34	70215,4	299

Potenzen, Wurzeln, Natürliche Logarithmen, Reziproke Werte, Kreisumfänge und -inhalte.

n	n^2	n^3	$\sqrt{n}$	$\sqrt[3]{n}$	$\ln n$	$\dfrac{1000}{n}$	πn	$\dfrac{\pi n^2}{4}$	n
300	90000	27000000	17,3205	6,6943	5,70378	3,33333	942,48	70685,8	**300**
301	90601	27270901	17,3494	6,7018	5,70711	3,32226	945,62	71157,9	301
302	91204	27543608	17,3781	6,7092	5,71043	3,31126	948,76	71631,5	302
303	91809	27818127	17,4069	6,7166	5,71373	3,30033	951,90	72106,6	303
304	92416	28094464	17,4356	6,7240	5,71703	3,28947	955,04	72583,4	304
305	93025	28372625	17,4642	6,7313	5,72031	3,27869	958,19	73061,7	305
306	93636	28652616	17,4929	6,7387	5,72359	3,26797	961,33	73541,5	306
307	94249	28934443	17 5214	6,7460	5,72685	3,25733	946,47	74023,0	307
308	94864	29218112	17,5499	6,7533	5,73010	3,24675	967,61	74506,0	308
309	95481	29503629	17,5784	6,7606	5,73334	3,23625	970,75	74990,6	309
310	96100	29791000	17,6068	6,7679	5,73657	3,22581	973,89	75476,8	**310**
311	96721	30080231	17,6352	6,7752	5,73979	3,21543	977,04	75964,5	311
312	97344	30371328	17,6635	6,7824	5,74300	3,20513	980,18	76453,8	312
313	97969	30664297	17,6918	6,7897	5,74620	3,19489	983,32	76944,7	313
314	98596	30959144	17,7200	6,7969	5,74939	3,18471	986,46	77437,1	314
315	99225	31255875	17,7482	6,8041	5,75257	3,17460	989,60	77931,1	315
316	99856	31554496	17,7764	6,8113	5,75574	3,16456	992,74	78426,7	316
317	100489	31855013	17,8045	6,8185	5,75890	3,15457	995,88	78923,9	317
318	101124	32157432	17,8326	6,8256	5,76205	3,14465	999,03	79422,6	318
319	101761	32461759	17,8606	6,8328	5,76519	3,13480	1002,2	79922,9	319
320	102400	32768000	17,8885	6,8399	5,76832	3,12500	1005,3	80424,8	**320**
321	103041	33076161	17,9165	6,8470	5,77144	3,11526	1008,5	80928,2	321
322	103684	33386248	17,9444	6,8541	5,77455	3,10559	1011,6	81433,2	322
323	104329	33698267	17,9722	6,8612	5,77765	3,09598	1014,7	81939,8	323
324	104976	34012224	18,0000	6,8683	5,78074	3,08642	1017,9	82448,0	324
325	105625	34328125	18,0278	6,8753	5,78383	3,07692	1021,0	82957,7	325
326	106276	34645976	18,0555	6,8824	5,78690	3,06748	1024,2	83469,0	326
327	106929	34965783	18,0831	6,8894	5,78996	3,05810	1027,3	83981,8	327
328	107584	35287552	18,1108	6,8964	5,79301	3,04878	1030,4	84496,3	328
329	108241	35611289	18,1384	6,9034	5,79606	3,03951	1033,6	85012,3	329
330	108900	35937000	18,1659	6,9104	5,79909	3,03030	1036,7	85529,9	**330**
331	109561	36264691	18,1934	6,9174	5,80212	3,02115	1039,9	86049,0	331
332	110224	36594368	18,2209	6,9244	5,80513	3,01205	1043,0	86569,7	332
333	110889	36926037	18,2483	6,9313	5,80814	3,00300	1046,2	87092,0	333
334	111556	37259704	18,2757	6,9382	5,81114	2,99401	1049,3	87615,9	334
335	112225	37595375	18,3030	6,9451	5,81413	2,98507	1052,4	88141,3	335
336	112896	37933056	18,3303	6,9521	5,81711	2,97619	1055,6	88668,3	336
337	113569	38272753	18,3576	6,9589	5,82008	2,96736	1058,7	89196,9	337
338	114244	38614472	18,3848	6,9658	5,82305	2,95858	1061,9	89727,0	338
339	114921	38958219	18,4120	6,9727	5,82600	2,94985	1065,0	90258,7	339
340	115600	39304000	18,4391	6,9795	5,82895	2,94118	1068,1	90792,0	**340**
341	116281	39651821	18,4662	6,9864	5,83188	2,93255	1071,3	91326,9	341
342	116964	40001688	18,4932	6,9932	5,83481	2,92398	1074,4	91863,3	342
343	117649	40353607	18,5203	7,0000	5,83773	2,91545	1077,6	92401,3	343
344	118336	40707584	18,5472	7,0068	5,84064	2,90698	1080,7	92940,9	344
345	119025	41063625	18,5742	7,0136	5,84354	2,89855	1083,8	93482,0	345
346	119716	41421736	18,6011	7,0203	5,84644	2,89017	1087,0	94024,7	346
347	120409	41781923	18,6279	7,0271	5,84932	2,88184	1090,1	94569,0	347
348	121104	42144192	18,6548	7,0338	5,85220	2,87356	1093,3	95114,9	348
349	121801	42508549	18,6815	7,0406	5,85507	2,86533	1096,4	95662,3	349

Potenzen, Wurzeln, Natürliche Logarithmen, Reziproke Werte, Kreisumfänge und -inhalte.

n	n^2	n^3	$\sqrt{n}$	$\sqrt[3]{n}$	$\ln n$	$\dfrac{1000}{n}$	πn	$\dfrac{\pi n^2}{4}$	n
350	122500	42875000	18,7083	7,0473	5,85793	2,85714	1099,6	96211,3	350
351	123201	43243551	18,7350	7,0540	5,86079	2,84900	1102,7	96761,8	351
352	123904	43614208	18,7617	7,0607	5,86363	2,84091	1105,8	97314,0	352
353	124609	43986977	18,7883	7,0674	5,86647	2,83286	1109,0	97867,7	353
354	125316	44361864	18,8149	7,0740	5,86930	2,82486	1112,1	98423,0	354
355	126025	44738875	18,8414	7,0807	5,87212	2,81690	1115,3	98979,8	355
356	126736	45118016	18,8680	7,0873	5,87493	2,80899	1118,4	99538,2	356
357	127449	45499293	18,8944	7,0940	5,87774	2,80112	1121,5	100098	357
358	128164	45882712	18,9209	7,1006	5,88053	2,79330	1124,7	100660	358
359	128881	46268279	18,9473	7 1072	5,88332	2,78552	1127,8	101223	359
360	129600	46656000	18,9737	7,1138	5,88610	2,77778	1131,0	101788	360
361	130321	47045881	19,0000	7,1204	5,88888	2,77008	1134,1	102354	361
362	131044	47437928	19,0263	7,1269	5,89164	2,76243	1137,3	102922	362
363	131769	47832147	19,0526	7,1335	5,89440	2,75482	1140,4	103491	363
364	132496	48228544	19,0788	7,1400	5,89715	2,74725	1143,5	104062	364
365	133225	48627125	19,1050	7,1466	5,89990	2,73973	1146,7	104635	365
366	133956	49027896	19,1311	7,1531	5,90263	2,73224	1149,8	105209	366
367	134689	49430863	19,1572	7,1596	5,90536	2,72480	1153,0	105785	367
368	135424	49836032	19,1833	7,1661	5,90808	2,71739	1156,1	106362	368
369	136161	50243409	19,2094	7,1726	5,91080	2,71003	1159,2	106941	369
370	136900	50653000	19,2354	7,1791	5,91350	2,70270	1162,4	107521	370
371	137641	51064811	19,2614	7,1855	5,91620	2,69542	1165,5	108103	371
372	138384	51478848	19,2873	7,1920	·5,91889	2,68817	1168,7	108687	372
373	139129	51895117	19,3132	7,1984	5,92158	2,68097	1171,8	109272	373
374	139876	52313624	19,3391	7,2048	5,92426	2,67380	1175,0	109858	374
375	140625	52734375	19,3649	7,2112	5,92693	2,66667	1178,1	110447	375
376	141376	53157376	19,3907	7,2177	5,92959	2,65957	1181,2	111036	376
377	142129	53582633	19,4165	7,2240	5,93225	2,65252	1184,4	111628	377
378	142884	54010152	19,4422	7,2304	5,93489	2,64550	1187,5	112221	378
379	143641	54439939	19,4679	7,2368	5,93754	2,63852	1190,7	112815	379
380	144400	54872000	19,4936	7,2432	5,94017	2,63158	1193,8	113411	380
381	145161	55306341	19,5192	7,2495	5,94280	2,62467	1196,9	114009	381
382	145924	55742968	19,5448	7,2558	5,94542	2,61780	1200,1	114608	382
383	146689	56181887	19,5704	7,2622	5,94803	2,61097	1203,2	115209	383
384	147456	56623104	19,5959	7,2685	5,95064	2,60417	1206,4	115812	384
385	148225	57066625	19,6214	7,2748	5,95324	2,59740	1209,5	116416	385
386	148996	57512456	19,6469	7,2811	5,95584	2,59067	1212,7	117021	386
387	149769	57960603	19,6723	7,2874	5,95842	2,58398	1215,8	117628	387
388	150544	58411072	19,6977	7,2936	5,96101	2,57732	1218,9	118237	388
389	151321	58863869	19,7231	7,2999	5,96358	2,57069	1222,1	118847	389
390	152100	59319000	19,7484	7,3061	5,96615	2,56410	1225,2	119459	390
391	152881	59776471	19,7737	7,3124	5,96871	2,55754	1228,4	120072	391
392	153664	60236288	19,7990	7,3186	5,97126	2,55102	1231,5	120687	392
393	154449	60698457	19,8242	7,3248	5 97381	2,54453	1234,6	121304	393
394	155236	61162984	19,8494	7,3310	5,97635	2,53807	1237,8	121922	394
395	156025	61629875	19,8746	7,3372	5,97889	2,53165	1240,9	122542	395
396	156816	62099136	19,8997	7,3434	5,98141	2,52525	1244,1	123163	396
397	157609	62570773	19,9249	7,3496	5,98394	2,51889	1247,2	123786	397
398	158404	63044792	19,9499	7,3558	5,98645	2,51256	1250,4	124410	398
399	159201	63521199	19,9750	7,3619	5,98896	2,50627	1253,5	125036	399

Potenzen, Wurzeln, Natürliche Logarithmen, Reziproke Werte, Kreisumfänge und -inhalte.

n	n^2	n^3	$\sqrt{n}$	$\sqrt[3]{n}$	$\ln n$	$\dfrac{1000}{n}$	πn	$\dfrac{\pi n^2}{4}$	n
400	160000	64000000	20,0000	7,3681	5,99146	2,50000	1256,6	125664	400
401	160801	64481201	20,0250	7,3742	5,99396	2,49377	1259,8	126293	401
402	161604	64964808	20,0499	7,3803	5,99645	2,48756	1262.9	126923	402
403	162409	65450827	20,0749	7,3864	5,99894	2,48139	1266,1	127556	403
404	163216	65939264	20,0998	7,3925	6,00141	2,47525	1269,2	128190	404
405	164025	66430125	20,1246	7,3986	6,00389	2,46914	1272,3	128825	405
406	164836	66923416	20,1494	7,4047	6,00635	2,46305	1275,5	129462	406
407	165649	67419143	20,1742	7,4108	6,00881	2,45700	1278,8	130100	407
408	166464	67917312	20,1990	7,4169	6,01127	2,45098	1281,8	130741	408
409	167281	68417929	20,2237	7,4229	6,01372	2,44499	1284,9	131382	409
410	168100	68921000	20,2485	7,4290	6,01616	2,43902	1288,1	132025	410
411	168921	69426531	20,2731	7,4350	6,01859	2,43309	1291,2	132670	411
412	169744	69934528	20,2978	7,4410	6,02102	2,42718	1294,3	133317	412
413	170569	70444997	20,3224	7,4470	6,02345	2,42131	1297,5	133965	413
414	171396	70957944	20,3470	7,4530	6,02587	2,41546	1300,6	134614	414
415	172225	71473375	20,3715	7,4590	6,02828	2,40964	1303,8	135265	415
416	173056	71991296	20,3961	7,4650	6,03069	2,40385	1306,9	135918	416
417	173889	72511713	20,4206	7,4710	6,03309	2,39808	1310,0	136572	417
418	174724	73034632	20,4450	7,4770	6,03548	2,39234	1313,2	137228	418
419	175561	73560059	20,4695	7,4829	6,03787	2,38663	1316,3	137885	419
420	176400	74088000	20,4939	7,4889	6,04025	2,38095	1319,5	138544	420
421	177241	74618461	20,5183	7,4948	6,04263	2,37530	1322,6	139205	421
422	178084	75151448	20,5426	7,5007	6,04501	2,36967	1325,8	139867	422
423	178929	75686967	20,5670	7,5067	6,04737	2,36407	1328,9	140531	423
424	179776	76225024	20,5913	7,5126	6,04973	2,35849	1332,0	141196	424
425	180625	76765625	20,6155	7,5185	6,05209	2,35294	1335,2	141863	425
426	181476	77308776	20,6398	7,5244	6,05444	2,34742	1338,3	142531	426
427	182329	77854483	20,6640	7,5302	6,05678	2,34192	1341,5	143201	427
428	183184	78402752	20,6882	7,5361	6,05912	2,33645	1344,6	143872	428
429	184041	78953589	20,7123	7,5420	6,06146	2,33100	1347,7	144545	429
430	184900	79507000	20,7364	7,5478	6,06379	2,32558	1350,9	145220	430
431	185761	80062991	20,7605	7,5337	6,06611	2,32019	1354,0	145896	431
432	186624	80621568	20,7846	7,5595	6,06843	2,31481	1357,2	146574	432
433	187489	81182737	20,8087	7,5654	6,07074	2,30947	1360,3	147254	433
434	188356	81746504	20,8327	7,5712	6,07304	2,30415	1363,5	147934	434
435	189225	82312875	20,8567	7,5770	6,07535	2,29885	1366,6	148617	435
436	190096	82881856	20,8806	7,5828	6,07764	2,29358	1369,7	149301	436
437	190969	83453453	20,9045	7,5886	6,07993	2,28833	1372,9	149987	437
438	191844	84027672	20,9284	7,5944	6,08222	2,28311	1376,0	150674	438
439	192721	84604519	20,9523	7,6001	6,08450	2,27790	1379,2	151363	439
440	193600	85184000	20,9762	7,6059	6,08677	2,27273	1382,3	152053	440
441	194481	85766121	21,0000	7,6117	6,08904	2,26757	1385,4	152745	441
442	195364	86350888	21,0238	7,6174	6,09131	2,26244	1388,6	153439	442
443	196249	86938307	21,0476	7,6232	6,09357	2,25734	1391,7	154134	443
444	197136	87528384	21,0713	7,6289	6,09582	2,25225	1394,9	154830	444
445	198025	88121125	21,0950	7,6346	6,09807	2,24719	1398,0	155528	445
446	198916	88716536	21,1187	7,6403	6,10032	2,24215	1401,2	156228	446
447	199809	89314623	21,1424	7,6460	6,10256	2,23714	1404,3	156930	447
448	200704	89915392	21,1660	7,6517	6,10479	2,23214	1407,4	157633	448
449	201601	90518849	21,1896	7,6574	6,10702	2,22717	1410,6	158337	449

Potenzen, Wurzeln, Natürliche Logarithmen, Reziproke Werte, Kreisumfänge und -inhalte.

n	n^2	n^3	$\sqrt{n}$	$\sqrt[3]{n}$	$\ln n$	$\dfrac{1000}{n}$	πn	$\dfrac{\pi n^2}{4}$	n
450	202500	91125000	21,2132	7,6631	6,10925	2,22222	1413,7	159043	450
451	203401	91733851	21,2368	7,6688	6,11147	2,21729	1416,9	159751	451
452	204304	92345408	21,2603	7,6744	6,11368	2,21239	1420,0	160460	452
453	205209	92959677	21,2838	7,6801	6,11589	2,20751	1423,1	161171	453
454	206116	93576664	21,3073	7,6857	6,11810	2,20264	1426,3	161883	454
455	207025	94196375	21,3307	7,6914	6,12030	2,19780	1429,4	162597	455
456	207936	94818816	21,3542	7,6970	6,12249	2,19298	1432,6	163313	456
457	208849	95443993	21,3776	7,7026	6,12468	2,18818	1435,7	164030	457
458	209764	96071912	21,4009	7,7082	6,12687	2,18341	1438,8	164748	458
459	210681	96702579	21,4243	7,7138	6,12905	2,17865	1442,0	165468	459
460	211600	97336000	21,4476	7,7194	6,13123	2,17391	1445,1	166190	460
461	212521	97972181	21,4709	7,7250	6,13340	2,16920	1448,3	166914	461
462	213444	98611128	21,4942	7,7306	6,13556	2,16450	1451,4	167639	462
463	214369	99252847	21,5174	7,7362	6,13773	2,15983	1454,6	168365	463
464	215296	99897344	21,5407	7,7418	6,13988	2,15517	1457,7	169093	464
465	216225	100544625	21,5639	7,7473	6,14204	2,15054	1460,8	169823	465
466	217156	101194696	21,5870	7,7529	6,14419	2,14592	1464,0	170554	466
467	218089	101847563	21,6102	7,7584	6,14633	2,14133	1467,1	171287	467
468	219024	102503232	21,6333	7,7639	6,14847	2,13675	1470,3	172021	468
469	219961	103161709	21,6564	7,7695	6,15060	2,13220	1473,4	172757	469
470	220900	103823000	21,6795	7,7750	6,15273	2,12766	1476,5	173494	470
471	221841	104487111	21,7025	7,7805	6,15486	2,12314	1479,7	174234	471
472	222784	105154048	21,7256	7,7860	6,15698	2,11864	1482,8	174974	472
473	223729	105823817	21,7486	7,7915	6,15910	2,11416	1486,0	175716	473
474	224676	106496424	21,7715	7,7970	6,16121	2,10970	1489,1	176460	474
475	225625	107171875	21,7945	7,8025	6,16331	2,10526	1492,3	177205	475
476	226576	107850176	21,8174	7,8079	6,16542	2,10084	1495,4	177952	476
477	227529	108531333	21,8403	7,8134	6,16752	2,09644	1498,5	178701	477
478	228484	109215352	21,8632	7,8188	6,16961	2,09205	1501,7	179451	478
479	229441	109902239	21,8861	7,8243	6,17170	2,08768	1504,8	180203	479
480	230400	110592000	21,9089	7,8297	6,17379	2,08333	1508,0	180956	480
481	231361	111284641	21,9317	7,8352	6,17587	2,07900	1511,1	181711	481
482	232324	111980168	21,9545	7,8406	6,17794	2,07469	1514,2	182467	482
483	233289	112678587	21,9773	7,8460	6,18002	2,07039	1517,4	183225	483
484	234256	113379904	22,0000	7,8514	6,18208	2,06612	1520,5	183984	484
485	235225	114084125	22,0227	7,8568	6,18415	2,06186	1523,7	184745	485
486	236196	114791256	22,0454	7,8622	6,18621	2,05761	1526,8	185508	486
487	237169	115501303	22,0681	7,8676	6,18826	2,05339	1530,0	186272	487
488	238144	116214272	22,0907	7,8730	6,19032	2,04918	1533,1	187038	488
489	239121	116930169	22,1133	7,8784	6,19236	2,04499	1536,2	187805	489
490	240100	117649000	22,1359	7,8837	6,19441	2,04082	1539,4	188574	490
491	241081	118370771	22,1585	7,8891	6,19644	2,03666	1542,5	189345	491
492	242064	119095488	22,1811	7,8944	6,19848	2,03252	1545,7	190117	492
493	243049	119823157	22,2036	7,8998	6,20051	2,02840	1548,8	190890	493
494	244036	120553784	22,2261	7,9051	6,20254	2,02429	1551,9	191665	494
495	245025	121287375	22,2486	7,9105	6,20456	2,02020	1555,1	192442	495
496	246016	122023936	22,2711	7,9158	6,20658	2,01613	1558,2	193221	496
497	247009	122763473	22,2935	7,9211	6,20859	2,01207	1561,4	194000	497
498	248004	123505992	22,3159	7,9264	6,21060	2,00803	1564,5	194782	498
499	249001	124251499	22,3383	7,9317	6,21261	2,00401	1567,7	195565	499

Potenzen, Wurzeln, Natürliche Logarithmen, Reziproke Werte, Kreisumfänge und -inhalte.

n	n^2	n^3	$\sqrt{n}$	$\sqrt[3]{n}$	$\ln n$	$\dfrac{1000}{n}$	πn	$\dfrac{\pi n^2}{4}$	n
500	250000	125000000	22,3607	7,9370	6,21461	2,00000	1570,8	196350	500
501	251001	125751501	22,3830	7,9423	6,21661	1,99601	1573,9	197136	501
502	252004	126506008	22,4054	7,9476	6,21860	1,99203	1577,1	197923	502
503	253009	127263527	22,4277	7,9528	6,22059	1,98807	1580,2	198713	503
504	254016	128024064	22,4499	7,9581	6,22258	1,98413	1583,4	199504	504
505	255025	128787625	22,4722	7,9634	6,22456	1,98020	1586,5	200296	505
506	256036	129554216	22,4944	7,9686	6,22654	1,97628	1589,6	201090	506
507	257049	130323843	22,5167	7,9739	6,22851	1,97239	1592,8	201886	507
508	258064	131096512	22,5389	7,9791	6,23048	1,96850	1595,9	202683	508
509	259081	131872229	22,5610	7,9843	6,23245	1,96464	1599,1	203482	509
510	260100	132651000	22,5832	7,9896	6,23441	1,96078	1602,2	204282	510
511	261121	133432831	22,6053	7,9948	6,23637	1,95695	1605,4	205084	511
512	262144	134217728	22,6274	8,0000	6,23832	1,95312	1608,5	205887	512
513	263169	135005697	22,6495	8,0052	6,24028	1,94932	1611,6	206692	513
514	264196	135796744	22,6716	8,0104	6,24222	1,94553	1614,8	207499	514
515	265225	136590875	22,6936	8,0156	6,24417	1,94175	1617,9	208307	515
516	266256	137388096	22,7156	8,0208	6,24611	1,93798	1621,1	209117	516
517	267289	138188413	22,7376	8,0260	6,24804	1,93424	1624,2	209928	517
518	268324	138991832	22,7596	8,0311	6,24998	1,93050	1627,3	210741	518
519	269361	139798359	22,7816	8,0363	6,25190	1,92678	1630,5	211556	519
520	270400	140608000	22,8035	8,0415	6,25383	1,92308	1633,6	212372	520
521	271441	141420761	22,8254	8,0466	6,25575	1,91939	1636,8	213189	521
522	272484	142236648	22,8473	8,0517	6,25767	1,91571	1639,9	214008	522
523	273529	143055662	22,8692	8,0569	6,25958	1,91205	1643,1	214829	523
524	274576	143877824	22,8910	8,0620	6,26149	1,90840	1646,2	215651	524
525	275625	144703125	22,9129	8,0671	6,26340	1,90476	1649,3	216475	525
526	276676	145531576	22,9347	8,0723	6,26530	1,90114	1652,5	217301	526
527	277729	146363183	22,9565	8,0774	6,26720	1,89753	1655,6	218128	527
528	278784	147197952	22,9783	8,0825	6,26910	1,89394	1658,8	218956	528
529	279841	148035889	23,0000	8,0876	6,27099	1,89036	1661,9	219787	529
530	280900	148877000	23,0217	8,0927	6,27288	1,88679	1665,0	220618	530
531	281961	149721291	23,0434	8,0978	6,27476	1,88324	1668,2	221452	531
532	283024	150568768	23,0651	8,1028	6,27664	1,87970	1671,3	222287	532
533	284089	151419437	23,0868	8,1079	6,27852	1,87617	1674,5	223123	533
534	285156	152273304	23,1084	8,1130	6,28040	1,87266	1677,6	223961	534
535	286225	153130375	23,1301	8,1180	6,28227	1,86916	1680,8	224801	535
536	287296	153990656	23,1517	8,1231	6,28413	1,86567	1683,9	225642	536
537	288369	154854153	23,1733	8,1281	6,28600	1,86220	1687,0	226484	537
538	289444	155720872	23,1948	8,1332	6,28786	1,85874	1690,2	227329	538
539	290521	156590819	23,2164	8,1382	6,28972	1,85529	1693,3	228175	539
540	291600	157464000	23,2379	8,1433	6,29157	1,85185	1696,5	229022	540
541	292681	158340421	23,2594	8,1483	6,29342	1,84843	1699,6	229871	541
542	293764	159220088	23,2809	8,1533	6,29527	1,84502	1702,7	230722	542
543	294849	160103007	23,3024	8,1583	6,29711	1,84162	1705,9	231574	543
544	295936	160989184	23,3238	8,1633	6,29895	1,83824	1709,0	232428	544
545	297025	161878625	23,3452	8,1683	6,30079	1,83486	1712,2	233283	545
546	298116	162771336	23,3666	8,1733	6,30262	1,83150	1715,3	234140	546
547	299209	163667323	23,3880	8,1783	6,30445	1,82815	1718,5	234998	547
548	300304	164566592	23,4094	8,1833	6,30628	1,82482	1721,6	235858	548
549	301401	165469149	23,4307	8,1882	6,30810	1,82149	1724,7	236720	549

Potenzen, Wurzeln, Natürliche Logarithmen, Reziproke Werte, Kreisumfänge und -inhalte.

n	n^2	n^3	$\sqrt{n}$	$\sqrt[3]{n}$	$\ln n$	$\dfrac{1000}{n}$	πn	$\dfrac{\pi n^2}{4}$	n
550	302500	166375000	23,4521	8,1932	6,30992	1,81818	1727,9	237555	550
551	303601	167284151	23,4734	8,1982	6,31173	1,81488	1731,0	238448	551
552	304704	168196608	23,4947	8,2031	6,31355	1,81159	1734,2	239314	552
553	305809	169112377	23,5160	8,2081	6,31536	1,80832	1737,3	240182	553
554	306916	170031464	23,5372	8,2130	6,31716	1,80505	1740,4	241051	554
555	308025	170953875	23,5584	8,2180	6,31897	1,80180	1743,6	241922	555
556	309136	171879616	23,5797	8,2229	6,32077	1,79856	1746,7	242795	556
557	310249	172808693	23,6008	8,2278	6,32257	1,79533	1749,9	243669	557
558	311364	173741112	23,6220	8,2327	6,32436	1,79211	1753,0	244545	558
559	312481	174676879	23,6432	8,2377	6,32615	1,78891	1756,2	245422	559
560	313600	175616000	23,6643	8,2426	6,32794	1,78571	1759,3	246301	560
561	314721	176558481	23,6854	8,2475	6,32972	1,78253	1762,4	247181	561
562	315844	177504328	23,7065	8,2524	6,33150	1,77936	1765,6	248063	562
563	316969	178453547	23,7276	8,2573	6,33328	1,77620	1768,7	248947	563
564	318096	179406144	23,7487	8,2621	6,33505	1,77305	1771,9	249832	564
565	319225	180362125	23,7697	8,2670	6,33683	1,76991	1775,0	250719	565
566	320356	181321496	23,7908	8,2719	6,33859	1,76678	1778,1	251607	566
567	321489	182284263	23,8118	8,2768	6,34036	1,76367	1781,3	252497	567
568	322624	183250432	23,8328	8,2816	6,34212	1,76056	1784,4	253388	568
569	323761	184220009	23,8537	8,2865	6,34388	1,75747	1787,6	254281	569
570	324900	185193000	23,8747	8,2913	6,34564	1,75439	1790,7	255176	570
571	326041	186169411	23,8956	8,2962	6,34739	1,75131	1793,8	256072	571
572	327184	187149248	23,9165	8,3010	6,34914	1,74825	1797,0	256970	572
573	328329	188132517	23,9374	8,3059	6,35089	1,74520	1800,1	257869	573
574	329476	189119224	23,9583	8,3107	6,35263	1,74216	1803,3	258770	574
575	330625	190109375	23,9792	8,3155	6,35437	1,73913	1806,4	259672	575
576	331776	191102976	24,0000	8,3203	6,35611	1,73611	1809,6	260576	576
577	332929	192100033	24,0208	8,3251	6,35784	1,73310	1812,7	261481	577
578	334084	193100552	24,0416	8,3300	6,35957	1,73010	1815,8	262389	578
579	335241	194104539	24,0624	8,3348	6,36130	1,72712	1819,0	263298	579
580	336400	195112000	24,0832	8,3396	6,36303	1,72414	1822,1	264208	580
581	337561	196122941	24,1039	8,3443	6,36475	1,72117	1825,3	265120	581
582	338724	197137368	24,1247	8,3491	6,36647	1,71821	1828,4	266033	582
583	339889	198155287	24,1454	8,3539	6,36819	1,71527	1831,6	266948	583
584	341056	199176704	24,1661	8,3587	6,36990	1,71233	1834,7	267865	584
585	342225	200201625	24,1868	8,3634	6,37161	1,70940	1837,8	268783	585
586	343396	201230056	24,2074	8,3682	6,37332	1,70648	1841,0	269703	586
587	344569	202262003	24,2281	8,3730	6,37502	1,70358	1844,1	270624	587
588	345744	203297472	24,2487	8,3777	6,37673	1,70068	1847,3	271547	588
589	346921	204336469	24,2693	8,3825	6,37843	1,69779	1850,4	272471	589
590	348100	205379000	24,2899	8,3872	6,38012	1,69492	1853,5	273397	590
591	349281	206425071	24,3105	8,3919	6,38182	1,69205	1856,7	274325	591
592	350464	207474688	24,3311	8,3967	6,38351	1,68919	1859,8	275254	592
593	351649	208527857	24,3516	8,4014	6,38519	1,68634	1863,0	276184	593
594	352683	209584584	24,3721	8,4061	6,38688	1,68350	1866,1	277117	594
595	354025	210644875	24,3926	8,4108	6,38856	1,68067	1869,2	278051	595
596	355216	211708736	24,4131	8,4155	6,39024	1,67785	1872,4	278986	596
597	356409	212776173	24,4336	8,4202	6,39192	1,67504	1875,5	279923	597
598	357604	213847192	24,4540	8,4249	6,39359	1,67224	1878,7	280862	598
599	358801	214921799	24,4745	8,4296	6,39526	1,66945	1881,8	281802	599

Potenzen, Wurzeln, Natürliche Logarithmen, Reziproke Werte, Kreisumfänge und -inhalte.

n	n^2	n^3	$\sqrt{n}$	$\sqrt[3]{n}$	$\ln n$	$\dfrac{1000}{n}$	πn	$\dfrac{\pi n^2}{4}$	n
600	360000	216000000	24,4949	8,4343	6,39693	1,66667	1885,0	282743	600
601	361201	217081801	24,5153	8,4390	6,39859	1,66389	1888,1	283687	601
602	362404	218167208	24,5357	8,4437	6,40026	1,66113	1891,2	284631	602
603	363609	219256227	24,5561	8,4484	6,40192	1,65837	1894,4	285578	603
604	364816	220348864	24,5764	8,4530	6,40357	1,65563	1897,5	286526	604
605	366025	221445125	24,5967	8,4577	6,40523	1,65289	1900,7	287475	605
606	367236	222545016	24,6171	8,4623	6,40688	1,65017	1903,8	288426	606
607	368449	223648543	24,6374	8,4670	6,40853	1,64745	1906,9	289379	607
608	369664	224755712	24,6577	8,4716	6,41017	1,64474	1901,1	290333	608
609	370881	225866529	24,6779	8,4763	6,41182	1,64204	1913,2	291289	609
610	372100	226981000	24,6982	8,4809	6,41346	1,63934	1916,4	292247	610
611	373321	228099131	24,7184	8,4856	6,41510	1,63666	1919,5	293206	611
612	374544	229220928	24,7386	8,4902	6,41673	1,63399	1922,7	294166	612
613	375769	230346397	24,7588	8,4948	6,41836	1,63132	1925,8	295128	613
614	376996	231475544	24,7790	8 4994	6,41999	1,62866	1928,9	296092	614
615	378225	232608375	24,7992	8,5040	6,42162	1,62602	1932,1	297057	615
616	379456	233744896	24,8193	8,5086	6,42325	1,62338	1935,2	298024	616
617	380689	234885113	24,8395	8,5132	6,42487	1,62075	1938,4	298992	617
618	381924	236029032	24,8596	8,5178	6,42649	1,61812	1941,5	299962	618
619	383161	237176659	24,8797	8,5224	6,42811	1,61551	1944,6	300934	619
620	384400	238328000	24,8998	8,5270	6,42972	1,61290	1947,8	301907	620
621	385641	239483061	24,9199	8,5316	6,42133	1,61031	1950,9	302882	621
622	386884	240641848	24,9399	8,5362	1,43294	1,60772	1954,1	303858	622
623	388129	241804367	24,9600	8,5408	6,43455	1,60514	1957,2	304836	623
624	389376	242970624	24,9800	8,5453	6,43615	1,60256	1960,4	305815	624
625	390625	244140625	25,0000	8,5499	6,43775	1,60000	1963,5	306796	625
626	391876	245314376	25,0200	8,5544	6,43935	1,59744	1966,6	307779	626
627	393129	246491883	25,0400	8,5590	6,44095	1,59490	1969,8	308763	627
628	394384	247673152	25,0599	8,5635	6,44254	1,59236	1972,9	309748	828
629	395641	248858189	25,0799	8,5681	6,44413	1,58983	1976,1	310736	629
630	396900	250047000	25,0998	8,5726	6,44572	1,58730	1979,2	311725	630
631	398161	251239591	25,1197	8,5772	6,44731	1,58479	1982,3	312715	631
632	399424	252435968	25,1396	8,5817	6,44889	1,58228	1985,5	313707	632
633	400689	253636137	25,1595	8,5862	6,45047	1,57978	1988,6	314700	633
634	401956	254840104	25,1794	8,5907	6,45205	1,57729	1991,8	315696	634
635	403225	256047875	25,1992	8,5952	6,45362	1,57480	1994,9	316692	635
636	404496	257259456	25,2190	8,5997	6,45520	1,57233	1998,1	317690	636
637	405769	258474853	25,2389	8,6043	6,45677	1,56986	2001,2	318690	637
638	407044	259694072	25,2587	8,6088	6,45834	1,56740	2004,3	319692	638
639	408321	260917119	25,2784	8,6132	6,45990	1,56495	2007,5	320695	639
640	409600	262144000	25,2982	8,6177	6,46147	1,56250	2010,6	321699	640
641	410881	263374721	25,3180	8,6222	6,46303	1,56006	2013,8	322705	641
642	412164	264609288	25,3377	8,6267	6,46459	1,55763	2016,9	323713	642
643	413449	265847707	25,3574	8,6312	6,46614	1,55521	2020,0	324722	643
644	414736	267089984	25,3772	8,6357	6,46770	1,55280	2023,2	325733	644
645	416025	268336125	25,3969	8,6401	6,46925	1,55039	2026,3	326745	645
646	417316	269586136	25,4165	8,6446	6,47080	1,54799	2029,5	327759	646
647	418609	270840023	25,4362	8,6490	6,47235	1,54560	2032,6	328775	647
648	419904	272097792	25,4558	8,6535	6,47389	1,54321	2035,8	329792	648
649	421201	273359449	25,4755	8,6579	6,47543	1,54083	2038,9	330810	649

Potenzen, Wurzeln, Natürliche Logarithmen, Reziproke Werte, Kreisumfänge und -inhalte.

n	n^2	n^3	$\sqrt{n}$	$\sqrt[3]{n}$	$\ln n$	$\dfrac{1000}{n}$	πn	$\dfrac{\pi n^2}{4}$	n
650	422500	274625000	25,4951	8,6624	6,47697	1,53846	2042,0	331831	**650**
651	423801	275894451	25,5147	8,6668	6,47851	1,53610	2045,2	332853	651
652	425104	277167808	25,5343	8,6713	6,48004	1,53374	2048,3	333876	652
653	426409	278445077	25,5539	8,6757	6,48158	1,53139	2051,5	334901	653
654	427716	279726264	25,5734	8,6801	6,48311	1,52905	2054,6	335927	654
655	429025	281011375	25,5930	8,6845	6,48464	1,52672	2057,7	336955	655
656	430336	282300416	25,6125	8,6890	6,48616	1,52439	2060,9	337985	656
657	431649	283593393	25,6320	8,6934	6,48768	1,52207	2064,0	339016	657
658	432964	284890312	25,6515	8,6978	6,48920	1,51976	2067,2	340049	658
659	434281	286191179	25,6710	8,7022	6,49072	1,51745	2070,3	341083	659
660	435600	287496000	25,6905	8,7066	6,49224	1,51515	2073,5	342119	**660**
661	436921	288804781	25,7099	8,7110	6,49375	1,51286	2076,6	343157	661
662	438244	290117528	25,7294	8,7154	6,49527	1,51057	2079,7	344196	662
663	439569	291434247	25,7488	8,7198	6,49677	1,50830	2082,9	345237	663
664	440896	292754944	25,7682	8,7241	6,49828	1,50602	2086,0	346279	664
665	442225	294079625	25,7876	8,7285	6,49979	1,50376	2089,2	347323	665
666	443556	295408296	25,8070	8,7329	6,50129	1,50150	2092,3	348368	666
667	444889	296740963	25,8263	8,7373	6,50279	1,49925	2095,4	349415	667
668	446224	298077632	25,8457	8,7416	6,50429	1,49701	2098,6	350464	668
669	447561	299418309	25,8650	8,7460	6,50578	1,49477	2101,7	351514	669
670	448900	300763000	25,8844	8,7503	6,50728	1,49254	2104,9	352565	**670**
671	450241	302111711	25,9037	8,7547	6,50877	1,49031	2108,0	353618	671
672	451584	303464448	25,9230	8,7590	6,51026	1,48810	2111,2	354673	672
673	452929	304821217	25,9422	8,7634	6,51175	1,48588	2114,3	355730	673
674	454276	306182024	25,9615	8,7677	6,51323	1,48368	2117,4	356788	674
675	455625	307546875	25,9808	8,7721	6,51471	1,48148	2120,6	357847	675
676	456976	308915776	26,0000	8,7764	6,51619	1,47929	2123,7	358908	676
677	458329	310288733	26,0192	8,7807	6,51767	1,47710	2126,9	359971	677
678	459684	311665752	26,0384	8,7850	6,51915	1,47493	2130,0	361035	678
679	461041	313046839	26,0576	8,7893	6,52062	1,47275	2133,1	362101	679
680	462400	314432000	26,0768	8,7937	6,52209	1,47059	2136,3	363168	**680**
681	463761	315821241	26,0960	8,7980	6,52356	1,46843	2139,4	364237	681
682	465124	317214568	26,1151	8,8023	6,52503	1,46628	2142,6	365308	682
683	466489	318611987	26,1343	8,8066	6,52649	1,46413	2145,7	366380	683
684	467856	320013504	26,1534	8,8109	6,52796	1,46199	2148,8	367453	684
685	469225	321419125	26,1725	8,8152	6,52942	1,45985	2152,0	368528	685
686	470596	322828856	26,1916	8,8194	6,53088	1,45773	2155,1	369605	686
687	471969	324242703	26,2107	8,8237	6,53233	1,45560	2158,3	370684	687
688	473344	325660672	26,2298	8,8280	6,53379	1,45349	2161,4	371764	688
689	474721	327082769	26,2488	8,8323	6,53524	1,45138	2164,6	372845	689
690	476100	328509000	26,2679	8,8366	6,53669	1,44928	2167,7	373928	**690**
691	477481	329939371	26,2869	8,8408	6,53814	1,44718	2170,8	375013	691
692	478864	331373888	26,3059	8,8451	6,53959	1,44509	2174,0	376099	692
693	480249	332812557	26,3249	8,8493	6,54103	1,44300	2177,1	377187	693
694	481636	334255384	26,3439	8,8536	6,54247	1,44092	2180,3	378276	694
695	483025	335702375	26,3629	8,8578	6,54391	1,43885	2183,4	379367	695
696	484416	337153536	26,3818	8,8621	6,54535	1,43678	2186,5	380459	696
697	485809	338608873	26,4008	8,8663	6,54679	1,43472	2189,7	381553	697
698	487204	340068392	26,4197	8,8706	6,54822	1,43266	2192,8	382694	698
699	488601	341532099	26,4386	8,8748	6,54965	1,43062	2196,0	383746	699

Potenzen, Wurzeln, Natürliche Logarithmen, Reziproke Werte, Kreisumfänge und -inhalte.

n	n^2	n^3	$\sqrt{n}$	$\sqrt[3]{n}$	$\ln n$	$\dfrac{1000}{n}$	πn	$\dfrac{\pi n^2}{4}$	n
700	490000	343000000	26,4575	8,8790	6,55108	1,42857	2199,1	384845	700
701	491401	344472101	26,4764	8,8833	6,55251	1,42653	2202,3	385945	701
702	492804	345948408	26,4953	8,8875	6,55393	1,42450	2205,4	387047	702
703	494209	347428927	26,5141	8,8917	6,55536	1,42248	2208,5	388151	703
704	495616	348913664	26,5330	8,8959	6,55678	1,42045	2211,7	389256	704
705	497025	350402625	26,5518	8,9001	6,55820	1,41844	2214,8	390363	705
706	498436	351895816	26,5707	8,9043	6,55962	1,41643	2218,0	391471	706
707	499849	353393243	26,5895	8,9085	6,56103	1,41443	2221,1	392580	707
708	501264	354894912	26,6083	8,9127	6,56244	1,41243	2224,2	393692	708
709	502681	356400829	26,6271	8,9169	6,56386	1,41044	2227,4	394805	709
710	504100	357911000	26,6458	8,9211	6,56526	1,40845	2230,5	395919	710
711	505521	359425431	26,6646	8,9253	6,56667	1,40647	2233,7	397035	711
712	506944	360944128	26,6833	8,9295	6,56808	1,40449	2236,8	398153	712
713	508369	362467097	26,7021	8,9337	6,56948	1,40252	2240,0	399272	713
714	509796	363994344	26,7208	8,9378	6,57088	1,40056	2243,1	400393	714
715	511225	365525875	26,7395	8,9420	6,57228	1,39860	2246,2	401515	715
716	512656	367061696	26,7582	8,9462	6,57368	1,39665	2249,4	402639	716
717	514089	368601813	26,7769	8,9503	6,57508	1,39470	2252,5	403765	717
718	515524	370146232	26,7955	8,9545	6,57647	1,39276	2255,7	404892	718
719	516961	371694959	26,8142	8,9587	6,57786	1,39082	2258,8	406020	719
720	518400	373248000	26,8328	8,9628	6,57925	1,38889	2261,9	407150	720
721	519841	374805361	26,8514	8,9670	6,58064	1,38696	2265,1	408282	721
722	521284	376367048	26,8701	8,9711	6,58203	1,38504	2268,2	409415	722
723	522729	377933067	26,8887	8,9752	6,58341	1,38313	2271,4	410550	723
724	524176	379503424	26,9072	8,9794	6,58479	1,38122	2274,5	411687	724
725	525625	381078125	26,9258	8,9835	6,58617	1,37931	2277,7	412825	725
726	527076	382657176	26,9444	8,9876	6,58755	1,37741	2280,8	413965	726
727	528529	384240583	26,9629	8,9918	6,58893	1,37552	2283,9	415106	727
728	529984	385828352	26,9815	8,9959	6,59030	1,37363	2287,1	416248	728
729	531441	387420489	27,0000	9,0000	6,59167	1,37174	2290,2	417393	729
730	532900	389017000	27,0185	9,0041	6,59304	1,36986	2293,4	418539	730
731	534361	390617801	27,0370	9,0082	6,59441	1,36799	2296,5	419686	731
732	535824	392223168	27,0555	9,0123	6,59578	1,36612	2299,6	420835	732
733	537289	393832837	27,0740	9,0164	6,59715	1,36426	2302,8	421986	733
734	538756	395446904	27,0924	9,0205	6,59851	1,36240	2305,9	423138	734
735	540225	397065375	27,1109	9,0246	6,59987	1,36054	2309,1	424293	735
736	541696	398688256	27,1293	9,0287	6,60123	1,35870	2312,2	425447	736
737	543169	400315553	27,1477	9,0328	6,60259	1,35685	2315,4	426604	737
738	544644	401947272	27,1662	9,0369	6,60394	1,35501	2318,5	427762	738
739	546121	403583419	27,1846	9,0410	6,60530	1,35318	2321,6	428922	739
740	547600	405224000	27,2029	9,0450	6,60665	1,35135	2324,8	430084	740
741	549081	406869021	27,2213	9,0491	6,60800	1,34953	2327,9	431247	741
742	550564	408518488	27,2397	9,0532	6,60935	1,34771	2331,1	432412	742
743	552049	410172407	27,2580	9,0572	6,61070	1,34590	2334,2	433578	743
744	553536	411830784	27,2764	9,0613	6,61204	1,34409	2337,3	434746	744
745	555025	413493625	27,2947	9,0654	6,61338	1,34228	2340,5	435916	745
746	556516	415160936	27,3130	9,0694	6,61473	1,34048	2343,6	437087	746
747	558009	416832723	27,3313	9,0735	6,61607	1,33869	2346,8	438259	747
748	559504	418508992	27,3496	9,0775	6,61740	1,33690	2349,9	439433	748
749	561001	420189749	27,3679	9,0816	6,61874	1,33511	2353,1	440609	749

Potenzen, Wurzeln, Natürliche Logarithmen, Reziproke Werte, Kreisumfänge und -inhalte.

n	n^2	n^3	$\sqrt{n}$	$\sqrt[3]{n}$	$\ln n$	$\dfrac{1000}{n}$	πn	$\dfrac{\pi n^2}{4}$	n
750	562500	421875000	27,3861	9,0856	6,62007	1,33333	2356,2	441786	750
751	564001	423564751	27,4044	9,0896	6,62141	1,33156	2359,3	442965	751
752	565504	425259008	27,4226	9,0937	6,62274	1,32979	2362,5	444146	752
753	567009	426957777	27,4408	9,0977	6,62407	1,32802	2365,6	445328	753
754	568516	428661064	27,4591	9,1017	6,62539	1,32626	2368,8	446511	754
755	570025	430368875	27,4773	9,1057	6,62672	1,32450	2371,9	447697	755
756	571536	432081216	27,4955	9,1098	6,62804	1,32275	2375,0	448883	756
757	573049	433798093	27,5136	9,1138	6,62936	1,32100	2378,2	450072	757
758	574564	435519512	27,5318	9,1178	6,63068	1,31926	2381,3	451262	758
759	576081	437245479	27,5500	9,1218	6,63200	1,31752	2384,5	452453	759
760	577600	438976000	27,5681	9,1258	6,63332	1,31579	2387,6	453646	760
761	579121	440711081	27,5862	9,1298	6,63463	1,31406	2390,8	454841	761
762	580644	442450728	27,6043	9,1338	6,63595	1,31234	2393,9	456037	762
763	582169	444194947	27,6225	9,1378	6,63726	1,31062	2397,0	457234	763
764	583696	445943744	27,6405	9,1418	6,63857	1,30890	2400,2	458434	764
765	585225	447697125	27,6586	9,1458	6,63988	1,30719	2403,3	459635	765
766	586756	449455096	27,6767	9,1498	6,64118	1,30548	2406,5	460837	766
767	588289	451217663	27,6948	9,1537	6,64249	1,30378	2409,6	462041	767
768	589824	452984832	27,7128	9,1577	6,64379	1,30208	2412,7	463247	768
769	591361	454756609	27,7308	9,1617	6,64509	1,30039	2415,9	464454	769
770	592900	456533000	27,7489	9,1657	6,64639	1,29870	2419,0	465663	770
771	594441	458314011	27,7669	9,1696	6,64769	1,29702	2422,2	466873	771
772	595984	460099648	27,7849	9,1736	6,64898	1,29534	2425,3	468085	772
773	597529	461889917	27,8029	9,1775	6,65028	1,29366	2428,5	469298	773
774	599076	463684824	27,8209	9,1815	6,65157	1,29199	2431,6	470513	774
775	600625	465484375	27,8388	9,1855	6,65286	1,29032	2434,7	471730	775
776	602176	467288576	27,8568	9,1894	6,65415	1,28866	2437,9	472948	776
777	603729	469097433	27,8747	9,1933	6,65544	1,28700	2441,0	474168	777
778	605284	470910952	27,8927	9,1973	6,65673	1,28535	2444,2	475389	778
779	606841	472729139	27,9106	9,2012	6,65801	1,28370	2447,3	476612	779
780	608400	474552000	27,9285	9,2052	6,65929	1,28205	2450,4	477836	780
781	609961	476379541	27,9464	9,2091	6,66058	1,28041	2453,6	479062	781
782	611524	478211768	27,9643	9,2130	6,66185	1,27877	2456,7	480290	782
783	613089	480048687	27,9821	9,2170	6,66313	1,27714	2459,9	481519	783
784	614656	481890304	28,0000	9,2209	6,66441	1,27551	2463,0	482750	784
785	616225	483736625	28,0179	9,2248	6,66568	1,27389	2466,2	483982	785
786	617796	485587656	28,0357	9,2287	6,66696	1,27226	2469,3	485216	786
787	619369	487443403	28,0535	9,2326	6,66823	1,27065	2472,4	486451	787
788	620944	489303872	28,0713	9,2365	6,66950	1,26904	2475,6	487688	788
789	622521	491169069	28,0891	9,2404	6,67077	1,26743	2478,7	488927	789
790	624100	493039000	28,1069	9,2443	6,67203	1,26582	2481,9	490167	790
791	625681	494913671	28,1247	9,2482	6,67330	1,26422	2485,0	491409	791
792	627264	496793088	28,1425	9,2521	6,67456	1,26263	2488,1	492652	792
793	628849	498677257	28,1603	9,2560	6,67582	1,26103	2491,3	493897	793
794	630436	500566184	28,1780	9,2599	6,67708	1,25945	2494,4	495143	794
795	632025	502459875	28,1957	9,2638	6,67834	1,25786	2497,6	496391	795
796	633616	504358336	28,2135	9,2677	6,67960	1,25628	2500,7	497641	796
797	635209	506261573	28,2312	9,2716	6,68085	1,25471	2503,8	498892	797
798	636804	508169592	28,2489	9,2754	6,68211	1,25313	2507,0	500145	798
799	638401	510082399	28,2666	9,2793	6,68336	1,25156	2510,1	501399	799

Potenzen, Wurzeln, Natürliche Logarithmen, Reziproke Werte, Kreisumfänge und -inhalte.

n	n^2	n^3	$\sqrt{n}$	$\sqrt[3]{n}$	$\ln n$	$\dfrac{1000}{n}$	πn	$\dfrac{\pi n^2}{4}$	n
800	640000	512000000	28,2843	9,2832	6,68461	1,25000	2513,3	502655	800
801	641601	513922401	28,3019	9,2870	6,68586	1,24844	2516,4	503912	801
802	643204	515849608	28,3196	9,2909	6,68711	1,24688	2519,6	505171	802
803	644809	517781627	28,3373	9,2948	6,68835	1,24533	2522,7	506432	803
804	646416	519718464	28,3549	9,2986	6,68960	1,24378	2525,8	507694	804
805	648025	521660125	28,3725	9,3025	6,69084	1,24224	2529,0	508958	805
806	649636	523606616	28,3901	9,3063	6,69208	1,24069	2532,1	510223	806
807	651249	525557943	28,4077	9,3102	6,69332	1,23916	2535,3	511490	807
808	652864	527514112	28,4253	9,3140	6,69456	1,23762	2538,4	512758	808
809	654481	529475129	28,4429	9,3179	6,69580	1,23609	2541,5	514028	809
810	656100	531441000	28,4605	9,3217	6,69703	1,23457	2544,7	515300	810
811	657721	533411731	28,4781	9,3255	6,69827	1,23305	2547,8	516573	811
812	659344	535387328	28,4956	9,3294	6,69950	1,23153	2551,0	517848	812
813	660969	537367797	28,5132	9,3332	6,70073	1,23001	2554,1	519124	813
814	662596	539353144	28,5307	9,3370	6,70196	1,22850	2557,3	520402	814
815	664225	541343375	28,5482	9,3408	6,70319	1,22699	2560,4	521681	815
816	665856	543338496	28,5657	9,3447	6,70441	1,22549	2563,5	522962	816
817	667489	545338513	28,5832	9,3485	6,70564	1,22399	2566,7	524245	817
818	669124	547343432	28,6007	9,3523	6,70686	1,22249	2569,8	525529	818
819	670761	549353259	28,6182	9,3561	6,70808	1,22100	2573,0	526814	819
820	672400	551368000	28,6356	9,3599	6,70930	1,21951	2576,1	528102	820
821	674041	553387661	28,6531	9,3637	6,71052	1,21803	2579,2	529391	821
822	675684	555412248	28,6705	9,3675	6,71174	1,21655	2582,4	530681	822
823	677329	557441767	28,6880	9,3713	6,71296	1,21507	2585,5	531973	823
824	678976	559476224	28,7054	9,3751	6,71417	1,21359	2588,7	533267	824
825	680625	561515625	28,7228	9,3789	6,71538	1,21212	2591,8	534562	825
826	682276	563559976	28,7402	9,3827	6,71659	1,21065	2595,0	535858	826
827	683929	565609283	28,7576	9,3865	6,71780	1,20919	2598,1	537157	827
828	685584	567663552	28,7750	9,3902	6,71901	1,20773	2601,2	538456	828
829	687241	569722789	28,7924	9,3940	6,72022	1,20627	2604,4	539758	829
830	688900	571787000	28,8097	9,3978	6,72143	1,20482	2607,5	541061	830
831	690561	573856191	28,8271	9,4016	6,72263	1,20337	2610,7	542365	831
832	692224	575930368	28,8444	9,4053	6,72383	1,20192	2613,8	543671	832
833	693889	578009537	28,8617	9,4091	6,72503	1,20048	2616,9	544979	833
834	695556	580093704	28,8791	9,4129	6,72623	1,19904	2620,1	546288	834
835	697225	582182875	28,8964	9,4166	6,72743	1,19760	2623,2	547599	835
836	698896	584277056	28,9137	9,4204	6,72863	1,19617	2626,4	548912	836
837	700569	586376253	28,9310	9,4241	6,72982	1,19474	2629,5	550226	837
838	702244	588480472	28,9482	9,4279	6,73102	1,19332	2632,7	551541	838
839	703921	590589719	28,9655	9,4316	6,73221	1,19190	2635,8	552858	839
840	705600	592704000	28,9828	9,4354	6,73340	1,19048	2638,9	554177	840
841	707281	594823321	29,0000	9,4391	6,73459	1,18906	2642,1	555497	841
842	708964	596947688	29,0172	9,4429	6,73578	1,18765	2645,2	556819	842
843	710649	599077107	29,0345	9,4466	6,73697	1,18624	2648,4	558142	843
844	712336	601211584	29,0517	9,4503	6,73815	1,18483	2651,5	559467	844
845	714025	603351125	29,0689	9,4541	6,73934	1,18343	2654,6	560794	845
846	715716	605495736	29,0861	9,4578	6,74052	1,18203	2657,8	562122	846
847	717409	607645423	29,1033	9,4615	6,74170	1,18064	2660,9	563452	847
848	719104	609800192	29,1204	9,4652	6,74288	1,17925	2664,1	564783	848
849	720801	611960049	29,1376	9,4690	6,74406	1,17786	2667,2	566116	849

Potenzen, Wurzeln, Natürliche Logarithmen, Reziproke Werte, Kreisumfänge und -inhalte.

n	n^2	n^3	$\sqrt{n}$	$\sqrt[3]{n}$	$\ln n$	$\dfrac{1000}{n}$	πn	$\dfrac{\pi n^2}{4}$	n
850	722500	614125000	29,1548	9,4727	6,74524	1,17647	2670,4	567450	850
851	724201	616295051	29,1719	9,4764	6,74641	1,17509	2673,5	568786	851
852	725904	618470208	29,1890	9,4801	6,74759	1,17371	2676,6	570124	852
853	727609	620650477	29,2062	9,4838	6,74876	1,17233	2679,8	571463	853
854	729316	622835864	29,2233	9,4875	6,74993	1,17096	2682,9	572803	854
855	731025	625026375	29,2404	9,4912	6,75110	1,16959	2686,1	574146	855
856	732736	627222016	29,2575	9,4949	6,75227	1,16822	2689,2	575490	856
857	734449	629422793	29,2746	9,4986	6,75344	1,16686	2692,3	576835	857
858	736164	631628712	29,2916	9,5023	6,75460	1,16550	2695,5	578182	858
859	737881	633839779	29,3087	9,5060	6,75577	1,16414	2698,6	579530	859
860	739600	636056000	29,3258	9,5097	6,75693	1,16279	2701,8	580880	860
861	741321	638277381	29,3428	9,5134	6,75809	1,16144	2704,9	582232	861
862	743044	640503928	29,3598	9,5171	6,75926	1,16009	2708,1	583585	862
863	744769	642735647	29,3769	9,5207	6,76041	1,15875	2711,2	584940	863
864	746496	644972544	29,3939	9,5244	6,76157	1,15741	2714,3	586297	864
865	748225	647214625	29,4109	9,5281	6,76273	1,15607	2717,5	587655	865
866	749956	649461896	29,4279	9,5317	6,76388	1,15473	2720,6	589014	866
867	751689	651714363	29,4449	9,5354	6,76504	1,15340	2723,8	590375	867
868	753424	653972032	29,4618	9,5391	6,76619	1,15207	2726,9	591738	868
869	755161	656234909	29,4788	9,5427	6,76734	1,15075	2730,0	593102	869
870	756900	658503000	29,4958	9,5464	6,76849	1,14943	2733,2	594468	870
871	758641	660776311	29,5127	9,5501	6,76964	1,14811	2736,3	595835	871
872	760384	663054848	29,5296	9,5537	6,77079	1,14679	2739,5	597204	872
873	762129	665338617	29,5466	9,5574	6,77194	1,14548	2742,6	598575	873
874	763876	667627624	29,5635	9,5610	6,77308	1,14416	2745,8	599947	874
875	765625	669921875	29,5804	9,5647	6,77422	1,14286	2748,9	601320	875
876	767376	672221376	29,5973	9,5683	6,77537	1,14155	2752,0	602696	876
877	769129	674526133	29,6142	9,5719	6,77651	1,14025	2755,2	604073	877
878	770884	676836152	29,6311	9,5756	6,77765	1,13895	2758,3	605451	878
879	772641	679151439	29,6479	9,5792	6,77878	1,13766	2761,5	606831	879
880	774400	681472000	29,6648	9,5828	6,77992	1,13636	2764,6	608212	880
881	776161	683797841	29,6816	9,5865	6,78106	1,13507	2767,7	609595	881
882	777924	686128968	29,6985	9,5901	6,78219	1,13379	2770,9	610980	882
883	779689	688465387	29,7153	9,5937	6,78333	1,13250	2774,0	612366	883
884	781456	690807104	29,7321	9,5973	6,78446	1,13122	2777,2	613754	884
885	783225	693154125	29,7489	9,6010	6,78559	1,12994	2780,3	615143	885
886	784996	695506456	29,7658	9,6046	6,78672	1,12867	2783,5	616534	886
887	786769	697864103	29,7825	9,6082	6,78784	1,12740	2786,6	617927	887
888	788544	700227072	29,7993	9,6118	6,78897	1,12613	2789,7	619321	888
889	790321	702595369	29,8161	9,6154	6,79010	1,12486	2792,9	620717	889
890	792100	704969000	29,8329	9,6190	6,79122	1,12360	2796,0	622114	890
891	793881	707347971	29,8496	9,6226	6,79234	1,12233	2799,2	623513	891
892	795664	709732288	29,8664	9,6262	6,79347	1,12108	2802,3	624913	892
893	797449	712121957	29,8831	9,6298	6,79459	1,11982	2805,4	626315	893
894	799236	714516984	29,8998	9,6334	6,79571	1,11857	2808,6	627718	894
895	801025	716917375	29,9166	9,6370	6,79682	1,11732	2811,7	629124	895
896	802816	719323136	29,9333	9,6406	6,79794	1,11607	2814,9	630530	896
897	804609	721734273	29,9500	9,6442	6,79906	1,11483	2818,0	631938	897
898	806404	724150792	29,9666	9,6477	6,80017	1,11359	2821,2	633348	898
899	808201	726572699	29,9833	9,6513	6,80128	1,11235	2824,3	634760	899

Potenzen, Wurzeln, Natürliche Logarithmen, Reziproke Werte, Kreisumfänge und -inhalte.

n	n^2	n^3	$\sqrt{n}$	$\sqrt[3]{n}$	$\ln n$	$\dfrac{1000}{n}$	πn	$\dfrac{\pi n^2}{4}$	n
900	810000	729000000	30,0000	9,6549	6,80239	1,11111	2827,4	636173	**900**
901	811801	731432701	30,0167	9,6585	6,80351	1,10988	2830,6	637587	901
902	813604	733870808	30,0333	9,6620	6,80461	1,10865	2833,7	639003	902
903	815409	736134327	30,0500	9,6656	6,80572	1,10742	2836,9	640421	903
904	817216	738763264	30,0666	9,6692	6,80683	1,10619	2840,0	641840	904
905	819025	741217625	30,0832	9,6727	6,80793	1,10497	2843,1	643261	905
906	820836	743677416	30,0998	9,6763	6,80904	1,10375	2846,3	644683	906
907	822649	746142643	30,1164	9,6799	6,81014	1,10254	2849,4	646107	907
908	824464	748613312	30,1330	9,6834	6,81124	1,10132	2852,6	647533	908
909	826281	751089429	30,1496	9,6870	6,81235	1,10011	2855,7	648960	909
910	828100	753571000	30,1662	9,6905	6,81344	1,09890	2858,8	650388	**910**
911	829921	756058031	30,1828	9,6941	6,81454	1,09769	2862,0	651818	911
912	831744	758550528	30,1993	9,6976	6,81564	1,09649	2865,1	653250	912
913	833569	761048497	30,2159	9,7012	6,81674	1,09529	2868,3	654684	913
914	835396	763551944	30,2324	9,7047	6,81783	1,09409	2871,4	656118	914
915	837252	766060875	30,2490	9,7082	6,81892	1,09290	2874,6	657555	915
916	839056	768575296	30,2655	9,7118	6,82002	1,09170	2877,7	658993	916
917	840889	771095213	30,2820	9,7153	6,82111	1,09051	2880,8	660433	917
918	842724	773620632	30,2985	9,7188	6,82220	1,08932	2884,0	661874	918
919	844561	776151559	30,3150	9,7224	6,82329	1,08814	2887,1	663317	919
920	846400	778688000	30,3315	9,7259	6,82437	1,08696	2890,3	664761	**920**
921	848241	781229961	30,3480	9,7294	6,82546	1,08578	2893,4	666207	921
922	850084	783777448	30,3645	9,7329	6,82655	1,08460	2896,5	667654	922
923	851929	786330467	30,3809	9,7364	6,82763	1,08342	2899,7	669103	923
924	853776	788889024	30,3974	9,7400	6,82871	1,08225	2902,8	670554	924
925	855625	791453125	30,4138	9,7435	6,82979	1,08108	2906,0	672006	925
926	857476	794022776	30,4302	9,7470	6,83087	1,07991	2909,1	673460	926
927	859329	796597983	30,4467	9,7505	6,83195	1,07875	2912,3	674915	927
928	861184	799178752	30,4631	9,7540	6,83303	1,07759	2915,4	676372	928
929	863041	801765089	30,4795	9,7575	6,83411	1,07643	2918,5	677831	929
930	864900	804357000	30,4959	9,7610	6,83518	1,07527	2921,7	679291	**930**
931	866761	806954491	30,5123	9,7645	6,83626	1,07411	2924,8	680752	931
932	868624	809557568	30,5287	9,7680	6,83733	1,07296	2928,0	682216	932
933	870489	812166237	30,5450	9,7715	6,83841	1,07181	2931,1	683680	933
934	872356	814780504	30,5614	9,7750	6,83948	1,07066	2934,2	685147	934
935	874225	817400375	30,5778	9,7785	6,84055	1,06952	2937,4	686615	935
936	876096	820025856	30,5941	9,7819	6,84162	1,06838	2940,5	688084	936
937	877969	822656953	30,6105	9,7854	6,84268	1,06724	2943,7	689555	937
938	879844	825293672	30,6268	9,7889	6,84375	1,06610	2946,8	691028	938
939	881721	827936019	30,6431	9,7924	6,84482	1,06496	2950,0	692502	939
940	883600	830584000	30,6594	9,7959	6,84588	1,06383	2953,1	693978	**940**
941	885481	833237621	30,6757	9,7993	6,84694	1,06270	2956,2	695455	941
942	887364	835896888	30,6920	9,8028	6,84801	1,06157	2959,4	696934	942
943	889249	838561807	30,7083	9,8063	6,84907	1,06045	2962,5	698415	943
944	891136	841232384	30,7246	9,8097	6,85013	1,05932	2965,7	699897	944
945	893025	843908625	30,7409	9,8132	6,85118	1,05820	2968,8	701380	945
946	894916	846590536	30,7571	9,8167	6,85224	1,05708	2971,9	702865	946
947	896809	849278123	30,7734	9,8201	6,85330	1,05597	2975,1	704352	947
948	898704	851971392	30,7896	9,8236	6,85435	1,05485	2978,2	705840	948
949	900601	854670349	30,8058	9,8270	6,85541	1,05374	2981,4	707330	949

Potenzen, Wurzeln, Natürliche Logarithmen, Reziproke Werte, Kreisumfänge und -inhalte.

n	n^2	n^3	$\sqrt{n}$	$\sqrt[3]{n}$	$\ln n$	$\dfrac{1000}{n}$	πn	$\dfrac{\pi n^2}{4}$	n
950	902500	857375000	30,8221	9,8305	6,85646	1,05263	2984,5	708822	950
951	904401	860085351	30,8383	9,8339	6,85751	1,05152	2987,7	710315	951
952	906304	862801408	20,8545	9,8374	6,85857	1,05042	2990,8	711809	952
953	908209	865523177	30,8707	9,8408	6,85961	1,04932	2993,9	713306	953
954	910116	868250664	30,8869	9,8443	6,86066	1,04822	2997,1	714803	954
955	912025	870983875	30,9031	9,8477	6,86171	1,04712	3000,2	716303	955
956	913936	873722816	30,9192	9,8511	6,86276	1,04603	3003,4	717804	956
957	915849	876467493	30,9354	9,8546	6,86380	1,04493	3006,5	719306	957
958	917764	879217912	30,9516	9,8580	6,86485	1,04384	3009,6	720810	958
959	919681	881974079	30,9677	9,8614	6,86589	1,04275	3012,8	722316	959
960	921600	884736000	30,9839	9,8648	6,86693	1,04167	3015,9	723823	960
961	923521	887503681	31,0000	9,8683	6,86797	1,04058	3019,1	725332	961
962	925444	890277128	31,0161	9,8717	6,86901	1,03950	3022,2	726842	962
963	927369	893056347	31,0322	9,8751	6,87005	1,03842	3025,4	728354	963
964	929296	895841344	31,0483	9,8785	6,87109	1,03734	3028,5	729867	964
965	931225	898632125	31,0644	9,8819	6,87213	1,03627	3031,6	731382	965
966	933156	901428696	31,0805	9,8854	6,87316	1,03520	3034,8	732899	966
967	935089	904231063	31,0966	9,8888	6,87420	1,03413	3037,9	734417	967
968	937024	907039232	31,1127	9,8922	6,87523	1,03306	3041,1	735937	968
969	938961	909853209	31,1288	9,8956	6,87626	1,03199	3044,2	737458	969
970	940900	912673000	31,1448	9,8990	6,87730	1,03093	3047,3	738981	970
971	942841	915498611	31,1609	9,9024	6,87833	1,02987	3050,5	740506	971
972	944784	918330048	31,1769	9,9058	6,87936	1,02881	3053,6	742032	972
973	946729	921167317	31,1929	9,9092	6,88038	1,02775	3056,8	743559	973
974	948676	924010424	31,2090	9,9126	6,88141	1,02669	3059,9	745088	974
975	950625	926859375	31,2250	9,9160	6,88244	1,02564	3063,1	746619	975
976	952576	929714176	31,2410	9,9194	6,88346	1,02459	3066,2	748151	976
977	954529	932574833	31,2570	9,9227	6,88449	1,02354	3069,3	749685	977
978	956484	935441352	31,2730	9,9261	6,88551	1,02249	3072,5	751221	978
979	958441	938313739	31,2890	9,9295	6,88653	1,02145	3075,6	752758	979
980	960400	941192000	31,3050	9,9329	6,88755	1,02041	3078,8	754296	980
981	962361	944076141	31,3209	9,9363	6,88857	1,01937	3081,9	755837	981
982	964324	946966168	31,3369	9,9396	6,88959	1,01833	3085,0	757378	982
983	966289	949862087	31,3528	9,9430	6,89061	1,01729	3088,2	758922	983
984	968256	952763904	31,3688	9,9464	6,89163	1,01626	3091,3	760466	984
985	970225	955671625	31,3847	9,9497	6,89264	1,01523	3094,5	762013	985
986	972196	958585256	31,4006	9,9531	6,89366	1,01420	3097,6	763561	986
987	974169	961504803	31,4166	9,9565	6,89467	1,01317	3100,8	765111	987
988	976144	964430272	31,4325	9,9598	6,89568	1,01215	3103,9	766662	988
989	978121	967361669	31,4484	9,9632	6,89669	1,01112	3107,0	768214	989
990	980100	970299000	31,4643	9,9666	6,89770	1,01010	3110,2	769769	990
991	982081	973242271	31,4802	9,9699	6,89871	1,00908	3113,3	771325	991
992	984064	976191488	31,4960	9,9733	6,89972	1,00806	3116,5	772882	992
993	986049	979146657	31,5119	9,9766	6,90073	1,00705	3119,6	774441	993
994	988036	982107784	31,5278	9,9800	6,90174	1,00604	3122,7	776002	994
995	990025	985074875	31,5436	9,9833	6,90274	1,00503	3125,9	777564	995
996	992016	988047936	31,5595	9,9866	6,90375	1,00402	3129,0	779128	996
997	994009	991026973	31,5753	9,9900	6,90475	1,00301	3132,2	780693	997
998	996004	994011992	31,5911	9,9933	6,90575	1,00200	3135,3	782260	998
999	998001	997002999	31,6070	9,9967	6,90675	1,00100	3138,5	783828	999

Das Rechnen mit den Briggsschen Logarithmen.

Das Rechnen mit Logarithmen bietet eine bedeutende Zeitersparnis beim Multiplizieren und Dividieren, besonders von großen Zahlen, beim Potenzieren und Radizieren. Notwendig sind hierzu die sog. Logarithmen-Tafeln. Die auf Seite 24 und 25 gebrachten Tafeln genügen in allen Fällen, bei denen eine Genauigkeit von wenigen Einheiten der vierten Stelle hinreicht; diese ist durch Interpolation zu ermitteln.

Die folgende Darstellung gibt, ohne auf das Wesen der Logarithmen selbst einzugehen, Anleitung zum rein mechanischen Rechnen mit Logarithmen.

Beim Logarithmieren sind zwei Rechnungsvorgänge zu unterscheiden:

A. Das Logarithmieren, d. h. das Aufsuchen des Logarithmus einer gegebenen Zahl N (Numerus).

B. Das Delogarithmieren, d. h. das Aufsuchen des Endergebnisses (einer Zahl N) aus dem durch A. erhaltenen Logarithmus.

A. Das Logarithmieren:

Tafel 1		Tafel 2	
Gegebene Zahl N	Zugehöriger Logarithmus $\lg N$	Gegebene Zahl N	Zugehöriger Logarithmus $\lg N$
2160	3,3345	4 stellig	3, Mantisse
216	2,3345	3 ,,	2, ,,
21,6	1,3345	2 ,,	1, ,,
2,16	0,3345	1 ,,	0, ,,
0,216	0,3345 − 1	0,.....	0, ,, − 1
0,0216	0,3345 − 2	0,0....	0, ,, − 2
0,00216	0,3345 − 3	0,00...	0, ,, − 3

Aus den beiden Tafeln ergeben sich folgende Regeln:

1. Der rechts vom Beistrich stehende Teil (3345) des Logarithmus heißt Mantisse, wird entnommen aus der Logarithmen-Tafel (Seite 24/25) für die gegebene Zahl (216) und ist für diese Zahl ohne Rücksicht auf deren Wertigkeit gleich.

2. Das nach Auslöschen der Mantisse vom Logarithmus Übrigbleibende (3, 2, 1, 0, 0, ... − 1, 0,.... − 2 usw.) heißt Kennziffer, und bestimmt sich nach der Wertigkeit der gegebenen Zahl, wie aus Tafel 2 ersichtlich ist.

B. Das Delogarithmieren:

Das Delogarithmieren ist die Umkehrung des Logarithmierens und liefert zu dem durch A. errechneten Logarithmus das gesuchte Endergebnis, eine Zahl N.

Regel: 1. Zur Mantisse des Logarithmus kann die zugehörige gesuchte Zahl N aus der Logarithmen-Tafel entnommen werden.

2. Die Wertigkeit der Zahl N wird bestimmt durch die Kennziffer des Logarithmus.

Vorteile des Logarithmischen Rechnens.

Rechnungsart	Wird zurückgeführt auf	Berechnung $\lg N =$
Multiplizieren $a \cdot b$	Addieren.....	$\lg(a \cdot b) = \lg a + \lg b$.
Dividieren .. $\dfrac{a}{b}$	Subtrahieren...	$\lg \dfrac{a}{b} = \lg a - \lg b$.
Potenzieren.. a^n	Multiplizieren...	$\lg a^n = n \cdot \lg a$; $\lg a^{\frac{n}{m}} = \dfrac{n}{m} \cdot \lg a$.
Radizieren .. $\sqrt[n]{a}$	Dividieren....	$\lg \sqrt[n]{a} = \dfrac{1}{n} \cdot \lg a$; $\lg \sqrt[n]{a^m} = \dfrac{m}{n} \cdot \lg a$.

Aufgabe: $N = ?$	$\lg N =$	Lösung: $N =$
$N = 123 \cdot 0{,}0357 = ?$	$\lg N = \lg 123 + \lg 0{,}0357$ $= 2{,}0899 + 0{,}5527 - 2$ $= 0{,}6426$	$N = 4{,}391$
$N = 123 : 0{,}0357 = ?$	$\lg N = \lg 123 - \lg 0{,}0357$ $= 2{,}0899 - (0{,}5527 - 2)$ $= 3{,}5372$	$N = 3445$
$N = 0{,}9875^5 = ?$	$\lg N = 5 \cdot \lg 0{,}9875$ $= 5 \cdot (0{,}9945 - 1)$ $= 4{,}9725 - 5$ $= 0{,}9725 - 1$	$N = 0{,}939$
$N = \sqrt[34]{38{,}5} = ?$	$\lg N = \dfrac{1}{34} \cdot \lg 38{,}5$ $= \dfrac{1}{34} \cdot 1{,}5855 = 0{,}04663$	$N = 1{,}113$

Beziehungen zwischen dem Briggsschen Logarithmus lg (S. 24/25) und dem natürlichen Logarithmus ln (Spalte 6 der S. 2—21).

1. $\ln x = \ln 10 \cdot \lg x = 2{,}302585 \lg x$;
2. $\lg x = \lg e \cdot \ln x = 0{,}434294 \ln x$;
3. $\ln 10 \cdot \lg e = 1$ (über e siehe S. 26).

Beispiel:
$\ln 348 = 2{,}3026 \cdot \lg x = 2{,}3026 \cdot 2{,}5416 = 5{,}8522$;
$\lg 348 = 0{,}4343 \cdot \ln x = 0{,}4343 \cdot 5{,}8522 = 2{,}5416$.

Mantissen der Briggsschen Logarithmen.

N	0	1	2	3	4	5	6	7	8	9
100	0000	0004	0009	0013	0017	0022	0026	0030	0035	0039
101	0043	0048	0052	0056	0060	0065	0069	0073	0077	0082
102	0086	0090	0095	0099	0103	0107	0111	0116	0120	0124
103	0128	0133	0137	0141	0145	0149	0154	0158	0162	0166
104	0170	0175	0179	0183	0187	0191	0195	0199	0204	0208
105	0212	0216	0220	0224	0228	0233	0237	0241	0245	0249
106	0253	0257	0261	0265	0269	0273	0278	0282	0286	0290
107	0294	0298	0302	0306	0310	0314	0318	0322	0326	0330
108	0334	0338	0342	0346	0350	0354	0358	0362	0366	0370
109	0374	0378	0382	0386	0390	0394	0398	0402	0406	0410
110	0414	0418	0422	0426	0430	0434	0438	0441	0445	0449
11	0414	0453	0492	0531	0569	0607	0645	0682	0719	0755
12	0792	0828	0864	0899	0934	0969	1004	1038	1072	1106
13	1139	1173	1206	1239	1271	1303	1335	1367	1399	1430
14	1461	1492	1523	1553	1584	1614	1644	1673	1703	1732
15	1761	1790	1818	1847	1875	1903	1931	1959	1987	2014
16	2041	2068	2095	2122	2148	2175	2201	2227	2253	2279
17	2304	2330	2355	2380	2405	2430	2455	2480	2504	2529
18	2553	2577	2601	2625	2648	2672	2695	2718	2742	2765
19	2788	2810	2833	2856	2878	2900	2923	2945	2967	2989
20	3010	3032	3054	3075	3096	3118	3139	3160	3181	3201
21	3222	3243	3263	3284	3304	3324	3345	3365	3385	3404
22	3424	3444	3464	3483	3502	3522	3541	3560	3579	3598
23	3617	3636	3655	3674	3692	3711	3729	3747	3766	3784
24	3802	3820	3838	3856	3874	3892	3909	3927	3945	3962
25	3979	3997	4014	4031	4048	4065	4082	4099	4116	4133
26	4150	4166	4183	4200	4216	4232	4249	4265	4281	4298
27	4314	4330	4346	4362	4378	4393	4409	4425	4440	4456
28	4472	4487	4502	4518	4533	4548	4564	4579	4594	4609
29	4624	4639	4654	4669	4683	4698	4713	4728	4742	4757
30	4771	4786	4800	4814	4829	4843	4857	4871	4886	4900
31	4914	4928	4942	4955	4969	4983	4997	5011	5024	5038
32	5051	5065	5079	5092	5105	5119	5132	5145	5159	5172
33	5185	5198	5211	5224	5237	5250	5263	5276	5289	5302
34	5315	5328	5340	5353	5366	5378	5391	5403	5416	5428
35	5441	5453	5465	5478	5490	5502	5514	5527	5539	5551
36	5563	5575	5587	5599	5611	5623	5635	5647	5658	5670
37	5682	5694	5705	5717	5729	5740	5752	5763	5775	5786
38	5798	5809	5821	5832	5843	5855	5866	5877	5888	5899
39	5911	5922	5933	5944	5955	5966	5977	5988	5999	6010
40	6021	6031	6042	6053	6064	6075	6085	6096	6107	6117
41	6128	6138	6149	6160	6170	6180	6191	6201	6212	6222
42	6232	6243	6253	6263	6274	6284	6294	6304	6314	6325
43	6335	6345	6355	6365	6375	6385	6395	6405	6415	6425
44	6435	6444	6454	6464	6474	6484	6493	6503	6513	6522
45	6532	6542	6551	6561	6571	6580	6590	6599	6609	6618
46	6628	6637	6646	6656	6665	6675	6684	6693	6702	6712
47	6721	6730	6739	6749	6758	6767	6776	6785	6794	6803
48	6812	6821	6830	6839	6848	6857	6866	6875	6884	6893
49	6902	6911	6920	6928	6937	6946	6955	6964	6972	6981

Mantissen der Briggsschen Logarithmen.

N	0	1	2	3	4	5	6	7	8	9
50	6990	6998	7007	7016	7024	7033	7042	7050	7059	7067
51	7076	7084	7093	7101	7110	7118	7126	7135	7143	7152
52	7160	7168	7177	7185	7193	7202	7210	7218	7226	7235
53	7243	7251	7259	7267	7275	7284	7292	7300	7308	7316
54	7324	7332	7340	7348	7356	7364	7372	7380	7388	7396
55	7404	7412	7419	7427	7435	7443	7451	7459	7466	7474
56	7482	7490	7497	7505	7513	7520	7528	7536	7543	7551
57	7559	7566	7574	7582	7589	7597	7604	7612	7619	7627
58	7634	7642	7649	7657	7664	7672	7679	7686	7694	7701
59	7709	7716	7723	7731	7738	7745	7752	7760	7767	7774
60	7782	7789	7796	7803	7810	7818	7825	7832	7839	7846
61	7853	7860	7868	7875	7882	7889	7896	7903	7910	7917
62	7924	7931	7938	7945	7952	7959	7966	7973	7980	7987
63	7993	8000	8007	8014	8021	8028	8035	8041	8048	8055
64	8062	8069	8075	8082	8089	8096	8102	8109	8116	8122
65	8129	8136	8142	8149	8156	8162	8169	8176	8182	8189
66	8195	8202	8209	8215	8222	8228	8235	8241	8248	8254
67	8261	8267	8274	8280	8287	8293	8299	8306	8312	8319
68	8325	8331	8338	8344	8351	8357	8363	8370	8376	8382
69	8388	8395	8401	8407	8414	8420	8426	8432	8439	8445
70	8451	8457	8463	8470	8476	8482	8488	8494	8500	8506
71	8513	8519	8525	8531	8537	8543	8549	8555	8561	8567
72	8573	8579	8585	8591	8597	8603	8609	8615	8621	8627
73	8633	8639	8645	8651	8657	8663	8669	8675	8681	8686
74	8692	8698	8704	8710	8716	8722	8727	8733	8739	8745
75	8751	8756	8762	8768	8774	8779	8785	8791	8797	8802
76	8808	8814	8820	8825	8831	8837	8842	8848	8854	8859
77	8865	8871	8876	8882	8887	8893	8899	8904	8910	8915
78	8921	8927	8932	8938	8943	8949	8954	8960	8965	8971
79	8976	8982	8987	8993	8998	9004	9009	9015	9020	9025
80	9031	9036	9042	9047	9053	9058	9063	9069	9074	9079
81	9085	9090	9096	9101	9106	9112	9117	9122	9128	9133
82	9138	9143	9149	9154	9159	9165	9170	9175	9180	9186
83	9191	9196	9201	9206	9212	9217	9222	9227	9232	9238
84	9243	9248	9253	9258	9263	9269	9274	9279	9284	9289
85	9294	9299	9304	9309	9315	9320	9325	9330	9335	9340
86	9345	9350	9355	9360	9365	9370	9375	9380	9385	9390
87	9395	9400	9405	9410	9415	9420	9425	9430	9435	9440
88	9445	9450	9455	9460	9465	9469	9474	9479	9484	9489
89	9494	9499	9504	9509	9513	9518	9523	9528	9533	9538
90	9542	9547	9552	9557	9562	9566	9571	9576	9581	9586
91	9590	9595	9600	9605	9609	9614	9619	9624	9628	9633
92	9638	9643	9647	9652	9657	9661	9666	9671	9675	9680
93	9685	9689	9694	9699	9703	9708	9713	9717	9722	9727
94	9731	9736	9741	9745	9750	9754	9759	9763	9768	9773
95	9777	9782	9786	9791	9795	9800	9805	9809	9814	9818
96	9823	9827	9832	9836	9841	9845	9850	9854	9859	9863
97	9868	9872	9877	9881	9886	9890	9894	9899	9903	9908
98	9912	9917	9921	9926	9930	9934	9939	9943	9948	9952
99	9956	9961	9965	9969	9974	9978	9983	9987	9991	9996

Häufig vorkommende Zahlenwerte.

π die Ludolphsche Zahl; g die Beschleunigung durch die Schwere $= 9{,}81$ m/sek^2 $= 32{,}18$ Fuß engl./sek^2; e Basis der nat. Logarithmen $= 2{,}718281828$.

Größe	Zahlenwert	Größe	Zahlenwert	Größe	Zahlenwert
π	$3{,}14159265\ldots$	$\sqrt[3]{\dfrac{\pi}{2}}$	$1{,}162447$	$\log \pi$	$0{,}49715$
$\pi\sqrt{2}$	$4{,}44288$			$\log \pi^2$	$0{,}9943029$
$\dfrac{1}{2}\pi$	$1{,}570796$	$\sqrt[3]{\dfrac{1}{\pi^2}}$	$2{,}145029$	$\log \pi^3$	$1{,}491450$
				$\log \sqrt{\pi}$	$0{,}248575$
$\dfrac{1}{3}\pi$	$1{,}047198$	$\pi\sqrt[3]{\pi}$	$4{,}601151$	$\log \sqrt[3]{\pi}$	$0{,}165717$
$\dfrac{1}{4}\pi$	$0{,}785398$	$\pi\sqrt[3]{\pi^2}$	$6{,}738808$	$\log \dfrac{1}{\pi}$	$0{,}502850-1$
$\dfrac{1}{6}\pi$	$0{,}523599$	$\dfrac{1}{\pi}$	$0{,}318310$	$\log \dfrac{1}{\pi^2}$	$0{,}005700-1$
$\dfrac{1}{12}\pi$	$0{,}261799$	$\dfrac{16}{\pi}$	$5{,}092958$	$\log \dfrac{1}{\pi^3}$	$0{,}50856-2$
$\dfrac{1}{16}\pi$	$0{,}196350$	$\dfrac{64}{\pi}$	$20{,}371833$	$\log \sqrt{\dfrac{1}{\pi}}$	$0{,}751425-1$
$\dfrac{1}{32}\pi$	$0{,}098175$	$\dfrac{180}{\pi}$	$57{,}295780$	$\log \sqrt[3]{\dfrac{1}{\pi}}$	$0{,}834283-1$
$\dfrac{1}{64}\pi$	$0{,}049087$	$\dfrac{1}{\pi^2}$	$0{,}101321$	—	—
$\dfrac{1}{90}\pi$	$0{,}034907$	$\dfrac{1}{\pi^3}$	$0{,}032252$	g^2	$96{,}2361$
				$\sqrt{g}$	$3{,}132092$
$\dfrac{1}{180}\pi$	$0{,}017453$	$\dfrac{1}{\pi^4}$	$0{,}010266$	$\pi\sqrt{g}$	$9{,}839757$
$\dfrac{\pi}{\sqrt{2}}$	$2{,}221442$			$2\sqrt{g}$	$6{,}264184$
π^2	$9{,}869604$	$\dfrac{1}{\pi^5}$	$0{,}003268$	$\sqrt{2g}$	$4{,}429447$
$4\pi^2$	$39{,}478418$	$\dfrac{1}{\pi^6}$	$0{,}001040$	$\pi\sqrt{2g}$	$13{,}91536$
$\dfrac{1}{4}\pi^2$	$2{,}467401$			$1:g$	$0{,}101936$
				$\pi^2 : g$	$1{,}006075$
$\dfrac{1}{16}\pi^2$	$0{,}616850$	$\sqrt{\dfrac{1}{\pi}}$	$0{,}564190$	$1:2g$	$0{,}050968$
π^3	$31{,}006277$			$1:g^2$	$0{,}010391$
π^4	$97{,}409091$	$\sqrt{\dfrac{2}{\pi}}$	$0{,}797885$	$\dfrac{1}{\sqrt{g}}$	$0{,}319275$
π^5	$306{,}019685$				
π^6	$961{,}389194$	$\sqrt{\dfrac{3}{\pi}}$	$0{,}977205$	$\dfrac{\pi}{\sqrt{g}}$	$1{,}003033$
$\sqrt{\pi}$	$1{,}772454$				
$2\sqrt{\pi}$	$3{,}544908$	$\sqrt{\dfrac{90}{\pi}}$	$5{,}352372$	$\dfrac{\pi}{\sqrt{2g}}$	$0{,}709252$
$\sqrt{2\pi}$	$2{,}506628$				
$\sqrt{\dfrac{1}{2}\pi}$	$1{,}253314$	$\sqrt[3]{\dfrac{1}{\pi}}$	$0{,}682784$	e^2	$7{,}389056$
				$1:e$	$0{,}367879$
$\pi\sqrt{\pi}$	$5{,}568328$	$\sqrt[3]{\dfrac{2}{\pi}}$	$0{,}860254$	$1:e^2$	$0{,}135335$
$\sqrt[3]{\pi}$	$1{,}464592$			$\sqrt{e}$	$1{,}648721$
$\sqrt[3]{2\pi}$	$1{,}845261$	$\sqrt[3]{\dfrac{3}{\pi}}$	$0{,}984745$	$\sqrt[3]{e}$	$1{,}395612$

Zeichnerische Darstellung der Winkelfunktionen und Vorzeichen in den vier Quadranten.

	sin	cos	tg	ctg
I	+	+	+	+
II	+	−	−	−
III	−	−	+	+
IV	−	+	−	−

Funktionen einfacher Winkel.

1.

	$-\alpha$	$90° \pm \alpha$	$180° \pm \alpha$	$270° \pm \alpha$	$360° \pm \alpha$
sin	$-\sin \alpha$	$\cos \alpha$	$\mp \sin \alpha$	$-\cos \alpha$	$\sin(\pm \alpha)$
cos	$\cos \alpha$	$\mp \sin \alpha$	$-\cos \alpha$	$\pm \sin \alpha$	$\cos(\pm \alpha)$
tg	$-\tg \alpha$	$\mp \ctg \alpha$	$\pm \tg \alpha$	$\mp \ctg \alpha$	$\tg(\pm \alpha)$
ctg	$-\ctg \alpha$	$\mp \tg \alpha$	$\pm \ctg \alpha$	$\mp \tg \alpha$	$\ctg(\pm \alpha)$

2. Grenzwerte und besondere Werte.

	$0°$ $360°$	$90°$	$180°$	$270°$	$30°$	$45°$	$60°$
sin	0	1	0	-1	$\frac{1}{2}$	$\frac{1}{2}\sqrt{2}$	$\frac{1}{2}\sqrt{3}$
cos	1	0	-1	0	$\frac{1}{2}\sqrt{3}$	$\frac{1}{2}\sqrt{2}$	$\frac{1}{2}$
tg	0	∞	0	∞	$\frac{1}{3}\sqrt{3}$	1	$\sqrt{3}$
ctg	∞	0	∞	0	$\sqrt{3}$	1	$\frac{1}{3}\sqrt{3}$

3. Zusammenhang der Funktionen.

	$\sin \alpha$	$\cos \alpha$	$\tg \alpha$	$\ctg \alpha$
$\sin \alpha =$		$\sqrt{1 - \cos^2 \alpha}$	$\dfrac{\tg \alpha}{\sqrt{1 + \tg^2 \alpha}}$	$\dfrac{1}{\sqrt{1 + \ctg^2 \alpha}}$
$\cos \alpha =$	$\sqrt{1 - \sin^2 \alpha}$		$\dfrac{1}{\sqrt{1 + \tg^2 \alpha}}$	$\dfrac{\ctg \alpha}{\sqrt{1 + \ctg^2 \alpha}}$
$\tg \alpha =$	$\dfrac{\sin \alpha}{\sqrt{1 - \sin^2 \alpha}}$	$\dfrac{\sqrt{1 - \cos^2 \alpha}}{\cos \alpha}$		$\dfrac{1}{\ctg \alpha}$
$\ctg \alpha =$	$\dfrac{\sqrt{1 - \sin^2 \alpha}}{\sin \alpha}$	$\dfrac{\cos \alpha}{\sqrt{1 - \cos^2 \alpha}}$	$\dfrac{1}{\tg \alpha}$	

4.

1. $\dfrac{\sin\alpha}{\cos\alpha} = \operatorname{tg}\alpha$; 2. $\dfrac{\cos\alpha}{\sin\alpha} = \operatorname{ctg}\alpha$; 3. $\operatorname{tg}\alpha \cdot \operatorname{ctg}\alpha = 1$.

5. Formeln für den doppelten und halben Winkel.

1. $\sin 2\alpha = 2\sin\alpha \cdot \cos\alpha$;
2. $\cos 2\alpha = \cos^2\alpha - \sin^2\alpha = 1 - 2\sin^2\alpha = 2\cos^2\alpha - 1$;
3. $\operatorname{tg} 2\alpha = \dfrac{2\operatorname{tg}\alpha}{1 - \operatorname{tg}^2\alpha} = \dfrac{2}{\operatorname{ctg}\alpha - \operatorname{tg}\alpha}$;
4. $\operatorname{ctg} 2\alpha = \dfrac{\operatorname{ctg}^2\alpha - 1}{2\operatorname{ctg}\alpha} = \dfrac{1}{2}(\operatorname{ctg}\alpha - \operatorname{tg}\alpha)$;
5. $\sin\dfrac{\alpha}{2} = \sqrt{\dfrac{1}{2}(1 - \cos\alpha)} = \dfrac{1}{2}\left(\sqrt{1 + \sin\alpha} - \sqrt{1 - \sin\alpha}\right)$;
6. $\cos\dfrac{\alpha}{2} = \sqrt{\dfrac{1}{2}(1 + \cos\alpha)} = \dfrac{1}{2}\left(\sqrt{1 + \sin\alpha} + \sqrt{1 - \sin\alpha}\right)$;
7. $\operatorname{tg}\dfrac{\alpha}{2} = \dfrac{\sin\alpha}{1 + \cos\alpha} = \dfrac{1 - \cos\alpha}{\sin\alpha} = \sqrt{(1 - \cos\alpha) : (1 + \cos\alpha)}$;
8. $\operatorname{ctg}\dfrac{\alpha}{2} = \dfrac{\sin\alpha}{1 - \cos\alpha} = \dfrac{1 + \cos\alpha}{\sin\alpha} = \sqrt{(1 + \cos\alpha) : (1 - \cos\alpha)}$;
9. $2 \cdot \sin\dfrac{\alpha}{2} \cdot \cos\dfrac{\alpha}{2} = \sin\alpha$.

6. Potenzen von sin und cos.

1. $2\sin^2\alpha = 1 - \cos 2\alpha$;
2. $2\cos^2\alpha = 1 + \cos 2\alpha$;
3. $2\sin^2\dfrac{\alpha}{2} = 1 - \cos\alpha$;
4. $2\cos^2\dfrac{\alpha}{2} = 1 + \cos\alpha$;
5. $4\sin^3\alpha = 3\sin\alpha - \sin 3\alpha$;
6. $4\cos^3\alpha = 3\cos\alpha + \cos 3\alpha$.

Funktionen zweier Winkel.

1. $\sin(\alpha \pm \beta) = \sin\alpha \cdot \cos\beta \pm \cos\alpha \cdot \sin\beta$;
2. $\cos(\alpha \pm \beta) = \cos\alpha \cdot \cos\beta \mp \sin\alpha \cdot \sin\beta$;
3. $\operatorname{tg}(\alpha \pm \beta) = (\operatorname{tg}\alpha \pm \operatorname{tg}\beta) : (1 \mp \operatorname{tg}\alpha \cdot \operatorname{tg}\beta)$;
4. $\operatorname{ctg}(\alpha \pm \beta) = (\operatorname{ctg}\alpha \cdot \operatorname{ctg}\beta \mp 1) : (\operatorname{ctg}\beta \pm \operatorname{ctg}\alpha)$;
5. $\sin\alpha + \sin\beta = 2 \cdot \sin\dfrac{\alpha + \beta}{2} \cdot \cos\dfrac{\alpha - \beta}{2}$;
6. $\sin\alpha - \sin\beta = 2\cos\dfrac{\alpha + \beta}{2} \cdot \sin\dfrac{\alpha - \beta}{2}$;
7. $\cos\alpha + \cos\beta = 2\cos\dfrac{\alpha + \beta}{2} \cdot \cos\dfrac{\alpha - \beta}{2}$;
8. $\cos\alpha - \cos\beta = -2\sin\dfrac{\alpha + \beta}{2} \cdot \sin\dfrac{\alpha - \beta}{2}$;
9. $\operatorname{tg}\alpha \pm \operatorname{tg}\beta = \dfrac{\sin(\alpha \pm \beta)}{\cos\alpha \cdot \cos\beta}$; 10. $\operatorname{ctg}\alpha \pm \operatorname{ctg}\beta = \dfrac{\sin(\beta \pm \alpha)}{\sin\alpha \cdot \sin\beta}$;
11. $\sin^2\alpha - \sin^2\beta = \cos^2\beta - \cos^2\alpha = \sin(\alpha + \beta) \cdot \sin(\alpha - \beta)$;
12. $\cos^2\alpha - \sin^2\beta = \cos^2\beta - \sin^2\alpha = \cos(\alpha + \beta) \cdot \cos(\alpha - \beta)$;

13. $\sin \alpha \cdot \sin \beta = \tfrac{1}{2}[\cos(\alpha - \beta) - \cos(\alpha + \beta)]$;
14. $\cos \alpha \cdot \cos \beta = \tfrac{1}{2}[\cos(\alpha - \beta) + \cos(\alpha + \beta)]$;
15. $\sin \alpha \cdot \cos \beta = \tfrac{1}{2}[\sin(\alpha + \beta) + \sin(\alpha - \beta)]$;
16. $\operatorname{tg} \alpha \cdot \operatorname{tg} \beta = \dfrac{\operatorname{tg} \alpha + \operatorname{tg} \beta}{\operatorname{ctg} \alpha + \operatorname{ctg} \beta}$;   17. $\operatorname{ctg} \alpha \cdot \operatorname{ctg} \beta = \dfrac{\operatorname{ctg} \alpha + \operatorname{ctg} \beta}{\operatorname{tg} \alpha + \operatorname{tg} \beta}$.

Beziehungen zwischen den Dreieckswinkeln
$\alpha + \beta + \gamma = 180°$ (siehe auch S. 34—36).

1. $\sin \alpha + \sin \beta + \sin \gamma = 4 \cdot \cos \dfrac{\alpha}{2} \cdot \cos \dfrac{\beta}{2} \cdot \cos \dfrac{\gamma}{2}$;
2. $\cos \alpha + \cos \beta + \cos \gamma = 4 \cdot \sin \dfrac{\alpha}{2} \cdot \sin \dfrac{\beta}{2} \cdot \sin \dfrac{\gamma}{2} + 1$;
3. $\sin \alpha + \sin \beta - \sin \gamma = 4 \cdot \sin \dfrac{\alpha}{2} \cdot \sin \dfrac{\beta}{2} \cdot \cos \dfrac{\gamma}{2}$;
4. $\cos \alpha + \cos \beta - \cos \gamma = 4 \cdot \cos \dfrac{\alpha}{2} \cdot \cos \dfrac{\beta}{2} \cdot \sin \dfrac{\gamma}{2} - 1$;
5. $\sin^2 \alpha + \sin^2 \beta + \sin^2 \gamma = 2 \cdot \cos \alpha \cdot \cos \beta \cdot \cos \gamma + 2$;
6. $\sin^2 \alpha + \sin^2 \beta - \sin^2 \gamma = 2 \cdot \sin \alpha \cdot \sin \beta \cdot \cos \gamma$;
7. $\operatorname{tg} \alpha + \operatorname{tg} \beta + \operatorname{tg} \gamma = \operatorname{tg} \alpha \cdot \operatorname{tg} \beta \cdot \operatorname{tg} \gamma$;
8. $\operatorname{ctg} \dfrac{\alpha}{2} + \operatorname{ctg} \dfrac{\beta}{2} + \operatorname{ctg} \dfrac{\gamma}{2} = \operatorname{ctg} \dfrac{\alpha}{2} \cdot \operatorname{ctg} \dfrac{\beta}{2} \cdot \operatorname{ctg} \dfrac{\gamma}{2}$;
9. $\operatorname{ctg} \alpha \cdot \operatorname{ctg} \beta + \operatorname{ctg} \alpha \cdot \operatorname{ctg} \gamma + \operatorname{ctg} \beta \cdot \operatorname{ctg} \gamma = 1$;
10. $\sin 2\alpha + \sin 2\beta + \sin 2\gamma = 4 \cdot \sin \alpha \cdot \sin \beta \cdot \sin \gamma$;
11. $\sin 2\alpha + \sin 2\beta - \sin 2\gamma = 4 \cdot \cos \alpha \cdot \cos \beta \cdot \sin \gamma$.

Dreiecksstücke, ausgedrückt durch die Winkel und den Halbmesser des umschriebenen Kreises r (siehe auch S. 34—36).

$\left(s = \dfrac{a + b + c}{2}; \; \delta = \alpha - \beta; \; h_a = \text{Höhe auf Seite } a\right)$.

1. $a + b = 4 \cdot r \cdot \cos \dfrac{\gamma}{2} \cdot \cos \dfrac{\delta}{2}$;   2. $a - b = 4 \cdot r \cdot \sin \dfrac{\gamma}{2} \cdot \sin \dfrac{\delta}{2}$;
3. $s = 4 \cdot r \cdot \cos \dfrac{\alpha}{2} \cdot \cos \dfrac{\beta}{2} \cdot \cos \dfrac{\gamma}{2}$;
4. $s - a = 4 \cdot r \cdot \cos \dfrac{\alpha}{2} \cdot \sin \dfrac{\beta}{2} \cdot \sin \dfrac{\gamma}{2}$;
   $s - b = 4 \cdot r \cdot \cos \dfrac{\beta}{2} \cdot \sin \dfrac{\alpha}{2} \cdot \sin \dfrac{\gamma}{2}$;
   $s - c = 4 \cdot r \cdot \cos \dfrac{\gamma}{2} \cdot \sin \dfrac{\alpha}{2} \cdot \sin \dfrac{\beta}{2}$;
5. $h_a = 2 \cdot r \cdot \sin \beta \cdot \sin \gamma$; $h_b = 2 \cdot r \cdot \sin \alpha \cdot \sin \gamma$; $h_c = 2 \cdot r \cdot \sin \alpha \cdot \sin \beta$;
6. Dreiecksfläche $F = 2 \cdot r^2 \cdot \sin \alpha \cdot \sin \beta \cdot \sin \gamma = \dfrac{a \cdot b \cdot c}{4 r}$;
7. $r = \dfrac{a}{2 \cdot \sin \alpha} = \dfrac{b}{2 \cdot \sin \beta} = \dfrac{c}{2 \cdot \sin \gamma} = \dfrac{a \cdot b \cdot c}{4 \cdot F}$.

Kreisfunktionen.

Grad	SINUS (Abkürzung sin)							
	0′	10′	20′	30′	40′	50′	60′	
0	0,00000	0,00291	0,00582	0,00873	0,01164	0,01454	0,01745	89
1	0,01745	0,02036	0,02327	0,02618	0,02908	0,03199	0,03490	88
2	0,03490	0,03781	0,04071	0,04362	0,04653	0,04943	0,05234	87
3	0,05234	0,05524	0,05814	0,06105	0,06395	0,06685	0,06976	86
4	0,06976	0,07266	0,07556	0,07846	0,08136	0,08426	0,08716	85
5	0,08716	0,09005	0,09295	0,09585	0,09874	0,10164	0,10453	84
6	0,10453	0,10742	0,11031	0,11320	0,11609	0,11898	0,12187	83
7	0,12187	0,12476	0,12764	0,13053	0,13341	0,13629	0,13917	82
8	0,13917	0,14205	0,14493	0,14781	0,15069	0,15356	0,15643	81
9	0,15643	0,15931	0,16218	0,16505	0,16792	0,17078	0,17365	80
10	0,17365	0,17651	0,17937	0,18224	0,18509	0,18795	0,19081	79
11	0,19081	0,19366	0,19652	0,19937	0,20222	0,20507	0,20791	78
12	0,20791	0,21076	0,21360	0,21644	0,21928	0,22212	0,22495	77
13	0,22495	0,22778	0,23062	0,23345	0,23627	0,23910	0,24192	76
14	0,24192	0,24474	0,24756	0,25038	0,25320	0,25601	0,25882	75
15	0,25882	0,26163	0,26443	0,26724	0,27004	0,27284	0,27564	74
16	0,27564	0,27843	0,28123	0,28402	0,28680	0,28959	0,29237	73
17	0,29237	0,29515	0,29793	0,30071	0,30348	0,30625	0,30902	72
18	0,30902	0,31178	0,31454	0,31730	0,32006	0,32282	0,32557	71
19	0,32557	0,32832	0,33106	0,33381	0,33655	0,33929	0,34202	70
20	0,34202	0,34475	0,34748	0,35021	0,35293	0,35565	0,35837	69
21	0,35837	0,36108	0,36379	0,36650	0,36921	0,37191	0,37461	68
22	0,37461	0,37730	0,37999	0,38268	0,38537	0,38805	0,39073	67
23	0,39073	0,39341	0,39608	0,39875	0,40141	0,40408	0,40674	66
24	0,40674	0,40939	0,41204	0,41469	0,41734	0,41998	0,42262	65
25	0,42262	0,42525	0,42788	0,43051	0,43313	0,43575	0,43837	64
26	0,43837	0,44098	0,44359	0,44620	0,44880	0,45140	0,45399	63
27	0,45399	0,45658	0,45917	0,46175	0,46433	0,46690	0,46947	62
28	0,46947	0,47204	0,47460	0,47716	0,47971	0,48226	0,48481	61
29	0,48481	0,48735	0,48989	0,49242	0,49495	0,49748	0,50000	60
30	0,50000	0,50252	0,50503	0,50754	0,51004	0,51254	0,51504	59
31	0,51504	0,51753	0,52002	0,52250	0,52498	0,52745	0,52992	58
32	0,52992	0,53238	0,53484	0,53730	0,53975	0,54220	0,54464	57
33	0,54464	0,54708	0,54951	0,55194	0,55436	0,55678	0,55919	56
34	0,55919	0,56160	0,56401	0,56641	0,56880	0,57119	0,57358	55
35	0,57358	0,57596	0,57833	0,58070	0,58307	0,58543	0,58779	54
36	0,58779	0,59014	0,59248	0,59482	0,59716	0,59949	0,60182	53
37	0,60182	0,60414	0,60645	0,60876	0,61107	0,61337	0,61566	52
38	0,61566	0,61795	0,62024	0,62251	0,62479	0,62706	0,62932	51
39	0,62932	0,63158	0,63383	0,63608	0,63832	0,64056	0,64279	50
40	0,64279	0,64501	0,64723	0,64945	0,65166	0,65386	0,65606	49
41	0,65606	0,65825	0,66044	0,66262	0,66480	0,66697	0,66913	48
42	0,66913	0,67129	0,67344	0,67559	0,67773	0,67987	0,68200	47
43	0,68200	0,68412	0,68624	0,68835	0,69046	0,69256	0,69466	46
44	0,69466	0,69675	0,69883	0,70091	0,70298	0,70505	0,70711	45
	60′	50′	40′	30′	20′	10′	0′	Grad
	COSINUS							

Kreisfunktionen.

Grad	COSINUS (Abkürzung cos)							
	0′	10′	20′	30′	40′	50′	60′	
0	1,00000	1,00000	0,99998	0,99996	0,99993	0,99989	0,99985	89
1	0,99985	0,99979	0,99973	0,99966	0,99958	0,99949	0,99939	88
2	0,99939	0,99929	0,99917	0,99905	0,99892	0,99878	0,99863	87
3	0,99863	0,99847	0,99831	0,99813	0,99795	0,99776	0,99756	86
4	0,99756	0,99736	0,99714	0,99692	0,99668	0,99644	0,99619	85
5	0,99619	0,99594	0,99567	0,99540	0,99511	0,99482	0,99452	84
6	0,99452	0,99421	0,99390	0,99357	0,99324	0,99290	0,99255	83
7	0,99255	0,99219	0,99182	0,99144	0,99106	0,99067	0,99027	82
8	0,99027	0,98986	0,98944	0,98902	0,98858	0,98814	0,98769	81
9	0,98769	0,98723	0,98676	0,98629	0,98580	0,98531	0,98481	80
10	0,98481	0,98430	0,98378	0,98325	0,98272	0,98218	0,98163	79
11	0,98163	0,98107	0,98050	0,97992	0,97934	0,97875	0,97815	78
12	0,97815	0,97754	0,97692	0,97630	0,97566	0,97502	0,97437	77
13	0,97437	0,97371	0,97304	0,97237	0,97169	0,97100	0,97030	76
14	0,97030	0,96959	0,96887	0,96815	0,96742	0,96667	0,96593	75
15	0,96593	0,96517	0,96440	0,96363	0,96285	0,96206	0,96126	74
16	0,96126	0,96046	0,95964	0,95882	0,95799	0,95715	0,95630	73
17	0,95630	0,95545	0,95459	0,95372	0,95284	0,95195	0,95106	72
18	0,95106	0,95015	0,94924	0,94832	0,94740	0,94646	0,94552	71
19	0,94552	0,94457	0,94361	0,94264	0,94167	0,94068	0,93969	70
20	0,93969	0,93869	0,93769	0,93667	0,93565	0,93462	0,93358	69
21	0,93358	0,93253	0,93148	0,93042	0,92935	0,92827	0,92718	68
22	0,92718	0,92609	0,92499	0,92388	0,92276	0,92164	0,92050	67
23	0,92050	0,91936	0,91822	0,91706	0,91590	0,91472	0,91355	66
24	0,91355	0,91236	0,91116	0,90996	0,90875	0,90753	0,90631	65
25	0,90631	0,90507	0,90383	0,90259	0,90133	0,90007	0,89879	64
26	0,89879	0,89752	0,89623	0,89493	0,89363	0,89232	0,89101	63
27	0,89101	0,88968	0,88835	0,88701	0,88566	0,88431	0,88295	62
28	0,88295	0,88158	0,88020	0,87882	0,87743	0,87603	0,87462	61
29	0,87462	0,87321	0,87178	0,87036	0,86892	0,86748	0,86603	60
30	0,86603	0,86457	0,86310	0,86163	0,86015	0,85866	0,85717	59
31	0,85717	0,85567	0,85416	0,85264	0,85112	0,84959	0,84805	58
32	0,84805	0,84650	0,84495	0,84339	0,84182	0,84025	0,83867	57
33	0,83867	0,83708	0,83549	0,83389	0,83228	0,83066	0,82904	56
34	0,82904	0,82741	0,82577	0,82413	0,82248	0,82082	0,81915	55
35	0,81915	0,81748	0,81580	0,81412	0,81242	0,81072	0,80902	54
36	0,80902	0,80730	0,80558	0,80386	0,80212	0,80038	0,79864	53
37	0,79864	0,79688	0,79512	0,79335	0,79158	0,78980	0,78801	52
38	0,78801	0,78622	0,78442	0,78261	0,78079	0,77897	0,77715	51
39	0,77715	0,77531	0,77347	0,77162	0,76977	0,76791	0,76604	50
40	0,76604	0,76417	0,76229	0,76041	0,75851	0,75661	0,75471	49
41	0,75471	0,75280	0,75088	0,74896	0,74703	0,74509	0,74314	48
42	0,74314	0,74120	0,73924	0,73728	0,73531	0,73333	0,73135	47
43	0,73135	0,72937	0,72737	0,72537	0,72337	0,72136	0,71934	46
44	0,71934	0,71732	0,71529	0,71325	0,71121	0,70916	0,70711	45
	60′	50′	40′	30′	20′	10′	0′	Grad
	SINUS							

Kreisfunktionen.

Grad	TANGENS (Abkürzung tg)							
	0′	10′	20′	30′	40′	50′	60′	
0	0,00000	0,00291	0,00582	0,00873	0,01164	0,01455	0,01746	89
1	0,01746	0,02036	0,02328	0,02619	0,02910	0,03201	0,03492	88
2	0,03492	0,03783	0,04075	0,04366	0,04658	0,04949	0,05241	87
3	0,05241	0,05533	0,05824	0,06116	0,06408	0,06700	0,06993	86
4	0,06993	0,07285	0,07578	0,07870	0,08163	0,08456	0,08749	85
5	0,08749	0,09042	0,09335	0,09628	0,09923	0,10216	0,10510	84
6	0,10510	0,10805	0,11099	0,11394	0,11688	0,11983	0,12278	83
7	0,12278	0,12574	0,12869	0,13165	0,13461	0,13758	0,14054	82
8	0,14054	0,14351	0,14648	0,14945	0,15243	0,15540	0,15838	81
9	0,15838	0,16137	0,16435	0,16734	0,17033	0,17333	0,17633	80
10	0,17633	0,17933	0,18233	0,18534	0,18835	0,19136	0,19438	79
11	0,19438	0,19740	0,20042	0,20345	0,20648	0,20952	0,21256	78
12	0,21256	0,21560	0,21864	0,22169	0,22475	0,22781	0,23087	77
13	0,23087	0,23393	0,23700	0,24008	0,24316	0,24624	0,24933	76
14	0,24933	0,25242	0,25552	0,25862	0,26172	0,26483	0,26795	75
15	0,26795	0,27107	0,27419	0,27732	0,28046	0,28360	0,28675	74
16	0,28675	0,28990	0,29305	0,29621	0,29938	0,30255	0,30573	73
17	0,30573	0,30891	0,31210	0,31530	0,31850	0,32171	0,32492	72
18	0,32492	0,32814	0,33136	0,33460	0,33783	0,34108	0,34433	71
19	0,34433	0,34758	0,35085	0,35412	0,35740	0,36068	0,36397	70
20	0,36397	0,36727	0,37057	0,37388	0,37720	0,38053	0,38386	69
21	0,38386	0,38721	0,39055	0,39391	0,39727	0,40065	0,40403	68
22	0,40403	0,40741	0,41081	0,41421	0,41763	0,42105	0,42447	67
23	0,42447	0,42791	0,43136	0,43481	0,43828	0,44175	0,44523	66
24	0,44523	0,44872	0,45222	0,45573	0,45924	0,46277	0,46631	65
25	0,46631	0,46985	0,47341	0,47698	0,48055	0,48414	0,48773	64
26	0,48773	0,49134	0,49495	0,49858	0,50222	0,50587	0,50953	63
27	0,50953	0,51319	0,51688	0,52057	0,52427	0,52798	0,53171	62
28	0,53171	0,53545	0,53920	0,54296	0,54673	0,55051	0,55431	61
29	0,55431	0,55812	0,56194	0,56577	0,56962	0,57348	0,57735	60
30	0,57735	0,58124	0,58513	0,58905	0,59297	0,59691	0,60086	59
31	0,60086	0,60483	0,60881	0,61280	0,61681	0,62083	0,62487	58
32	0,62487	0,62892	0,63299	0,63707	0,64117	0,64528	0,64941	57
33	0,64941	0,65355	0,65771	0,66189	0,66608	0,67028	0,67451	56
34	0,67451	0,67875	0,68301	0,68728	0,69157	0,69588	0,70021	55
35	0,70021	0,70455	0,70891	0,71329	0,71769	0,72211	0,72654	54
36	0,72654	0,73100	0,73547	0,73996	0,74447	0,74900	0,75355	53
37	0,75355	0,75812	0,76272	0,76733	0,77196	0,77661	0,78129	52
38	0,78129	0,78598	0,79070	0,79544	0,80020	0,80498	0,80978	51
39	0,80978	0,81461	0,81946	0,82434	0,82923	0,83415	0,83910	50
40	0,83910	0,84407	0,84906	0,85408	0,85912	0,86419	0,86929	49
41	0,86929	0,87441	0,87955	0,88473	0,88992	0,89515	0,90040	48
42	0,90040	0,90569	0,91099	0,91633	0,92170	0,92709	0,93252	47
43	0,93252	0,93797	0,94345	0,94896	0,95451	0,96008	0,96569	46
44	0,96569	0,97133	0,97700	0,98270	0,98843	0,99420	1,00000	45
	60′	50′	40′	30′	20′	10′	0′	Grad
	COTANGENS							

Kreisfunktionen.

Grad	COTANGENS (Abkürzung ctg)							
	0′	10′	20′	30′	40′	50′	60′	
0	∞	343,77371	171,88540	114,58865	85,93979	68,75009	57,28996	89
1	57,28996	49,10388	42,96408	38,18846	34,36777	31,24158	28,63625	88
2	28,63625	26,43160	24,54176	22,90377	21,47040	20,20555	19,08114	87
3	19,08114	18,07498	17,16934	16,34986	15,60478	14,92442	14,30067	86
4	14,30067	13,72674	13,19688	12,70621	12,25051	11,82617	11,43005	85
5	11,43005	11,05943	10,711	10,38540	10,07803	9,78817	9,51436	84
6	9,51436	9,25530	9,00983	8,77689	8,55555	8,34496	8,14435	83
7	8,14435	7,95302	7,77035	7,59575	7,42871	7,26873	7,11537	82
8	7,11537	6,96823	6,82694	6,69116	6,56055	6,43484	6,31375	81
9	6,31375	6,19703	6,08444	5,97576	5,87080	5,76937	5,67128	80
10	5,67128	5,57638	5,48451	5,39552	5,30928	5,22566	5,14455	79
11	5,14455	5,06584	4,98940	4,91516	4,84300	4,77286	4,70463	78
12	4,70463	4,63825	4,57363	4,51071	4,44942	4,38969	4,33148	77
13	4,33148	4,27471	4,21933	4,16530	4,11256	4,06107	4,01078	76
14	4,01078	3,96165	3,91364	3,86671	3,82083	3,77595	3,73205	75
15	3,73205	3,68909	3,64705	3,60588	3,56557	3,52609	3,48741	74
16	3,48741	3,44951	3,41236	3,37594	3,34023	3,30521	3,27085	73
17	3,27085	3,23714	3,20406	3,17159	3,13972	3,10842	3,07768	72
18	3,07768	3,04749	3,01783	2,98869	2,96004	2,93189	2,90421	71
19	2,90421	2,87700	2,85023	2,82391	2,79802	2,77254	2,74748	70
20	2,74748	2,72281	2,69853	2,67462	2,65109	2,62791	2,60509	69
21	2,60509	2,58261	2,56046	2,53865	2,51715	2,49597	2,47509	68
22	2,47509	2,45451	2,43422	2,41421	2,39449	2,37504	2,35585	67
23	2,35585	2,33693	2,31826	2,29984	2,28167	2,26374	2,24604	66
24	2,24604	2,22857	2,21132	2,19430	2,17749	2,16090	2,14451	65
25	2,14451	2,12832	2,11233	2,09654	2,08094	2,06553	2,05030	64
26	2,05030	2,03526	2,02039	2,00569	1,99116	1,97680	1,96261	63
27	1,96261	1,94858	1,93470	1,92098	1,90741	1,89400	1,88073	62
28	1,88073	1,86760	1,85462	1,84177	1,82906	1,81649	1,80405	61
29	1,80405	1,79174	1,77955	1,76749	1,75556	1,74375	1,73205	60
30	1,73205	1,72047	1,70901	1,69766	1,68643	1,67530	1,66428	59
31	1,66428	1,65337	1,64256	1,63185	1,62125	1,61074	1,60033	58
32	1,60033	1,59002	1,57981	1,56969	1,55966	1,54972	1,53987	57
33	1,53987	1,53010	1,52043	1,51084	1,50133	1,49190	1,48256	56
34	1,48256	1,47330	1,46411	1,45501	1,44598	1,43703	1,42815	55
35	1,42815	1,41934	1,41061	1,40195	1,39336	1,38484	1,37638	54
36	1,37638	1,36800	1,35968	1,35142	1,34323	1,33511	1,32704	53
37	1,32704	1,31904	1,31110	1,30323	1,29541	1,28764	1,27994	52
38	1,27994	1,27230	1,26471	1,25717	1,24969	1,24227	1,23490	51
39	1,23490	1,22758	1,22031	1,21310	1,20593	1,19882	1,19175	50
40	1,19175	1,18474	1,17777	1,17085	1,16398	1,15715	1,15037	49
41	1,15037	1,14363	1,13694	1,13029	1,12369	1,11713	1,11061	48
42	1,11061	1,10414	1,09770	1,09131	1,08496	1,07864	1,07237	47
43	1,07237	1,06613	1,05994	1,05378	1,04766	1,04158	1,03553	46
44	1,03553	1,02952	1,02355	1,01761	1,01170	1,00583	1,00000	45
	60′	50′	40′	30′	20′	10′	0′	Grad
	TANGENS							

Trigonometrie.

a) Berechnung des rechtwinkligen Dreiecks.

Ge-geben	Ge-sucht	Auflösung
a, b	α	$\operatorname{tg}\alpha = \dfrac{a}{b}$; $\alpha = 90° - \beta$;
	β	$\operatorname{tg}\beta = \dfrac{b}{a}$; $\beta = 90° - \alpha$;
	c	$c = \sqrt{a^2 + b^2}$; $c = \dfrac{a}{\sin\alpha} = \dfrac{b}{\cos\alpha}$;
	F	$F = \dfrac{a \cdot b}{2}$.
		$F =$ Fläche.
a, c	α	$\sin\alpha = \dfrac{a}{c}$; $\alpha = 90° - \beta$;
	β	$\cos\beta = \dfrac{a}{c}$; $\beta = 90° - \alpha$;
	b	$b = \sqrt{c^2 - a^2} = \sqrt{(c+a)\cdot(c-a)} = c\cdot\cos\alpha = c\cdot\sin\beta$;
	F	$F = \dfrac{a}{2}\sqrt{(c+a)\cdot(c-a)} = \dfrac{1}{2}a\cdot c\cdot\sin\beta$.
a, α	b	$b = a\cdot\operatorname{ctg}\alpha$;
	c	$c = \dfrac{a}{\sin\alpha}$;
	F	$F = \dfrac{a^2}{2}\cdot\operatorname{ctg}\alpha$.
b, α	a	$a = b\cdot\operatorname{tg}\alpha$;
	c	$c = \dfrac{b}{\cos\alpha}$;
	F	$F = \dfrac{b^2}{2}\cdot\operatorname{tg}\alpha$;
c, α	a	$a = c\cdot\sin\alpha$;
	b	$b = c\cdot\cos\alpha$;
	F	$F = \dfrac{c^2}{2}\sin\alpha\cdot\cos\alpha = \dfrac{c^2}{4}\sin 2\alpha$.

b) Berechnung des schiefwinkligen Dreiecks.

Ge-geben	Ge-sucht	Auflösung
a, b, γ	c	$c = \sqrt{a^2 + b^2 - 2 \cdot a \cdot b \cdot \cos\gamma}$;
	α	$\sin\alpha = \dfrac{a \cdot \sin\gamma}{c}$; $\quad$ $\operatorname{tg}\alpha = \dfrac{a \cdot \sin\gamma}{b - a \cdot \cos\gamma}$;
	β	$\sin\beta = \dfrac{b \cdot \sin\gamma}{c}$; $\quad$ $\operatorname{tg}\beta = \dfrac{b \cdot \sin\gamma}{a - b \cdot \cos\gamma}$;
	F	$F = \dfrac{a \cdot b \cdot \sin\gamma}{2}$.
a, β, γ oder a, α, β		$\alpha = 180° - (\beta + \gamma); \quad \gamma = 180° - (\alpha + \beta);$ $\beta = 180° - (\alpha + \gamma)$.
	b	$b = \dfrac{a \cdot \sin\beta}{\sin\alpha} = \dfrac{a \cdot \sin\beta}{\sin(\beta + \gamma)}$;
	c	$c = \dfrac{a \cdot \sin\gamma}{\sin\alpha} = \dfrac{a \cdot \sin\gamma}{\sin(\beta + \gamma)}$;
	F	$F = \dfrac{a^2 \cdot \sin\beta \cdot \sin\gamma}{2 \cdot \sin\alpha} = \dfrac{a^2}{2\,(\operatorname{ctg}\beta + \operatorname{ctg}\gamma)}$.

$a > b$, darum β jedenfalls spitz; $\quad \beta < \alpha$.

a, b, α	β	$\sin\beta = \dfrac{b \cdot \sin\alpha}{a}$;
	γ	$\gamma = 180° - (\alpha + \beta)$;
	c	$c = a \cdot \cos\beta + b \cdot \cos\alpha = \dfrac{a \cdot \sin\gamma}{\sin\alpha}$ $= b \cdot \cos\alpha + \sqrt{a^2 - b^2 \cdot \sin^2\alpha}$;
	F	$F = \dfrac{a \cdot b \cdot \sin\gamma}{2} = \dfrac{b \cdot c \cdot \sin\alpha}{2}$.

Ge-geben	Ge-sucht	Auflösung
a, b, α	β γ c F	$b > a$. Dreieck unvollständig bestimmt, weil zweideutige Lösung möglich; $\beta \gtreqless 90°$. $$\sin\beta = \frac{b \cdot \sin\alpha}{a}; \qquad \cos\beta = \pm\sqrt{1 - \sin^2\beta};$$ $$\gamma = 180° - (\alpha + \beta) = \gtreqless \beta;$$ $$c = b \cdot \cos\alpha \pm \sqrt{a^2 - b^2 \cdot \sin^2\alpha};$$ $$F = \frac{a \cdot b \cdot \sin\gamma}{2} = \frac{b \cdot c \cdot \sin\alpha}{2}.$$
a, b, c	α β γ F	$\left(s = \text{halbe Länge der Seiten} = \dfrac{a+b+c}{2}\right).$ $$\cos\alpha = \frac{b^2 + c^2 - a^2}{2bc}; \qquad \cos\frac{\alpha}{2} = \sqrt{\frac{s(s-a)}{bc}};$$ $$\sin\frac{\alpha}{2} = \sqrt{\frac{(s-b)\cdot(s-c)}{bc}}; \qquad \sin\alpha = \frac{2F}{b\cdot c};$$ $$\cos\beta = \frac{a^2 + c^2 - b^2}{2ac}; \qquad \cos\frac{\beta}{2} = \sqrt{\frac{s(s-b)}{ac}};$$ $$\sin\frac{\beta}{2} = \sqrt{\frac{(s-a)\cdot(s-c)}{a\cdot c}}; \qquad \sin\beta = \frac{2F}{a\cdot c};$$ $$\cos\gamma = \frac{b^2 + a^2 - c^2}{2ab}; \qquad \cos\frac{\gamma}{2} = \sqrt{\frac{s(s-c)}{ab}};$$ $$\sin\frac{\gamma}{2} = \sqrt{\frac{(s-a)\cdot(s-b)}{a\cdot b}}; \qquad \sin\gamma = \frac{2F}{a\cdot b};$$ $$F = \sqrt{s(s-a)\cdot(s-b)\cdot(s-c)}.$$

c) Berechnung des regelmäßigen Vielecks.

Benennung	Zeichen
Anzahl der Seiten	n
Seite des Vielecks (s. Seite 38) .	s
Halbmesser des umschriebenen Kreises	R
Halbmesser des eingeschriebenen Kreises	r
Fläche des Vielecks	F

Zeichen	Berechnung
s	$= 2 \cdot R \cdot \sin \dfrac{180°}{n} = 2 \cdot r \cdot \operatorname{tg} \dfrac{180°}{n}\,;$
R	$= \dfrac{s}{2} : \sin \dfrac{180°}{n} = r : \cos \dfrac{180°}{n}\,;$
r	$= \dfrac{s}{2} \cdot \operatorname{ctg} \dfrac{180°}{n} = R \cdot \cos \dfrac{180°}{n}\,;$
F	$= \dfrac{n}{2} \cdot R^2 \cdot \sin \dfrac{360°}{n} = n \cdot r^2 \cdot \operatorname{tg} \dfrac{180°}{n} = n \cdot \dfrac{s^2}{4} \cdot \operatorname{ctg} \dfrac{180°}{n}\,.$

n	s		R		r		F		
3	1,732 R	3,464 r	0,577 s	2,000 r	0,289 s	0,500 R	0,433 s^2	1,299 R^2	5,196 r^2
4	1,414 R	2,000 r	0,707 s	1,414 r	0,500 s	0,707 R	1,000 s^2	2,000 R^2	4,000 r^2
5	1,176 R	1,453 r	0,851 s	1,236 r	0,688 s	0,809 R	1,721 s^2	2,378 R^2	3,633 r^2
6	1,000 R	1,155 r	1,000 s	1,155 r	0,866 s	0,866 R	2,598 s^2	2,598 R^2	3,464 r^2
7	0,868 R	0,963 r	1,152 s	1,110 r	1,038 s	0,901 R	3,635 s^2	2,736 R^2	3,371 r^2
8	0,765 R	0,828 r	1,307 s	1,082 r	1,207 s	0,924 R	4,828 s^2	2,828 R^2	3,314 r^2
9	0,684 R	0,728 r	1,462 s	1,064 r	1,374 s	0,940 R	6,182 s^2	2,893 R^2	3,276 r^2
10	0,618 R	0,650 r	1,618 s	1,052 r	1,539 s	0,951 R	7,694 s^2	2,939 R^2	3,249 r^2
11	0,564 R	0,587 r	1,775 s	1,042 r	1,703 s	0,960 R	9,364 s^2	2,974 R^2	3,230 r^2
12	0,518 R	0,536 r	1,932 s	1,035 r	1,866 s	0,966 R	11,196 s^2	3,000 R^2	3,215 r^2
16	0,390 R	0,398 r	2,563 s	1,020 r	2,514 s	0,981 R	20,109 s^2	3,062 R^2	3,183 r^2
20	0,313 R	0,317 r	3,196 s	1,013 r	3,157 s	0,988 R	31,569 s^2	3,090 R^2	3,168 r^2
24	0,261 R	0,263 r	3,831 s	1,009 r	3,798 s	0,991 R	45,575 s^2	3,106 R^2	3,160 r^2
32	0,196 R	0,197 r	5,101 s	1,005 r	5,077 s	0,995 R	81,225 s^2	3,121 R^2	3,152 r^2
48	0,131 R	0,131 r	7,645 s	1,002 r	7,629 s	0,998 R	183,08 s^2	3,133 R^2	3,146 r^2
64	0,098 R	0,098 r	10,190 s	1,001 r	10,178 s	0,999 R	325,69 s^2	3,137 R^2	3,144 r^2

Teilung des Kreisumfangs in n Teile.

Teilungsstrecke = Sehne = Durchmesser $\cdot \sin \dfrac{180}{n}$

n	$\sin \dfrac{180}{n}$	n	$\sin \dfrac{180}{n}$	n	$\sin \dfrac{180}{n}$	n	$\sin \dfrac{180}{n}$
1	0,00000	26	0,12054	51	0,06156	76	0,04132
2	1,00000	27	0,11609	52	0,06038	77	0,04079
3	0,86603	28	0,11196	53	0,05924	78	0,04027
4	0,70711	29	0,10812	54	0,05814	79	0,03976
5	0,58779	30	0,10453	55	0,05709	80	0,03926
6	0,50000	31	0,10117	56	0,05607	81	0,03878
7	0,43388	32	0,09802	57	0,05509	82	0,03830
8	0,38268	33	0,09506	58	0,05414	83	0,03784
9	0,34202	34	0,09227	59	0,05322	84	0,03739
10	0,30902	35	0,08964	60	0,05234	85	0,03695
11	0,28173	36	0,08716	61	0,05148	86	0,03652
12	0,25882	37	0,08481	62	0,05065	87	0,03610
13	0,23932	38	0,08258	63	0,04985	88	0,03569
14	0,22252	39	0,08047	64	0,04907	89	0,03529
15	0,20791	40	0,07846	65	0,04831	90	0,03490
16	0,19509	41	0,07655	66	0,04758	91	0,03452
17	0,18375	42	0,07473	67	0,04687	92	0,03414
18	0,17365	43	0,07300	68	0,04618	93	0,03377
19	0,16459	44	0,07134	69	0,04551	94	0,03341
20	0,15643	45	0,06976	70	0,04486	95	0,03306
21	0,14904	46	0,06824	71	0,04423	96	0,03272
22	0,14231	47	0,06679	72	0,04362	97	0,03238
23	0,13617	48	0,06540	73	0,04302	98	0,03205
24	0,13053	49	0,06407	74	0,04244	99	0,03173
25	0,12533	50	0,06279	75	0,04188	100	0,03141

Beispiel: Der Umfang eines Kreises mit dem Durchmesser $D = 24$ cm soll in 33 Teile geteilt werden. Die in den Zirkel zu nehmende Teilstrecke = 24 cm $\cdot$ 0,09506 = 2,28 cm.

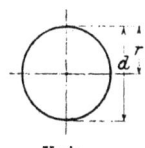
Kreis.

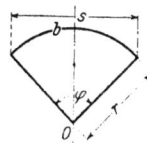
Kreisausschnitt.

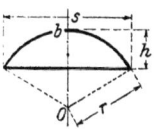
Kreisabschnitt.

Kreis.

Halbmesser	r	$\dfrac{U}{2\pi}$; $\dfrac{U}{6{,}28318}$; $0{,}56419\sqrt{F}$.
Durchmesser	d	$\dfrac{U}{\pi}$; $\dfrac{U}{3{,}1416}$; $1{,}12838\sqrt{F}$.
Umfang	U	$r \cdot 2\pi$; $r \cdot 6{,}28318$; $d \cdot 3{,}1416$; $\dfrac{d}{0{,}3183}$.
Fläche	F	$\pi \cdot r^2$; $3{,}1416\, r^2$; $0{,}785\, d^2$; $0{,}079578\, U^2$.

Bogenlänge für einen Zentriwinkel von $1° = 0{,}0087265\, d$.

„ „ „ „ „ $n° = 0{,}0087265 \cdot n \cdot d$.

Zentriwinkel für $b = r \ldots 57{,}2958° = 3437{,}75' = 206265''$

(vgl. S. 41 Anm. 6).

Kreisausschnitt und Kreisabschnitt.

Bogenlänge	b	$\dfrac{r \cdot \varphi \cdot 3{,}1416}{180}$; $0{,}017453 \cdot r \cdot \varphi$; $\dfrac{2F}{r}$.
Zentriwinkel in Grad	φ	$57{,}296 \cdot \dfrac{b}{r}$.
Halbmesser	r	$2\dfrac{F}{b}$; $57{,}296\dfrac{b}{\varphi}$; $\dfrac{s^2 + 4h^2}{8h}$.
Sehnenlänge	s	$2\sqrt{h(2r - h)}$.
Bogenhöhe	h	$r - \tfrac{1}{2}\sqrt{4r^2 - s^2}$.
Fläche des Ausschnittes	F_1	$\dfrac{r \cdot b}{2}$; $0{,}0087265 \cdot \varphi \cdot r^2$; $\dfrac{r^2 \cdot \pi \cdot \varphi}{360}$.
Fläche des Abschnittes	F_2	$\dfrac{r(b - s) + s \cdot h}{2}$; $\dfrac{r^2}{2}\left(\dfrac{\varphi \cdot \pi}{180} - \sin\varphi\right)$.

Bogenlängen, Bogenhöhen, Sehnenlängen, Kreisabschnitte für den Halbmesser 1.

Zentriwinkel in Grad	Bogenlänge b	Bogenhöhe h	$\dfrac{b}{h}$	Sehnenlänge s	Inhalt des Kreisabschn	Zentriwinkel in Grad	Bogenlänge b	Bogenhöhe h	$\dfrac{b}{h}$	Sehnenlänge s	Inhalt des Kreisabschn.
1	0,0175	0,0000	458,36	0,0175	0,00000	46	0,8029	0,0795	10,10	0,7815	0,04176
2	0,0349	0,0002	229,19	0,0349	0,00000	47	0,8203	0,0829	9,89	0,7975	0,04448
3	0,0524	0,0003	152,79	0,0524	0,00001	48	0,8378	0,0865	9,69	0,8135	0,04731
4	0,0698	0,0006	114,60	0,0698	0,00003	49	0,8552	0,0900	9,50	0,8294	0,05025
5	0,0873	0,0010	91,69	0,0872	0,00006	50	0,8727	0,0937	9,31	0,8452	0,05331
6	0,1047	0,0014	76,41	0,1047	0,00010	51	0,8901	0,0974	9,14	0,8610	0,05649
7	0,1222	0,0019	64,01	0,1221	0,00015	52	0,9076	0,1012	8,97	0,8767	0,05978
8	0,1396	0,0024	56,01	0,1395	0,00023	53	0,9250	0,1051	8,80	0,8924	0,06319
9	0,1571	0,0031	50,96	0,1569	0,00032	54	0,9425	0,1090	8,65	0,9080	0,06673
10	0,1745	0,0038	45,87	0,1743	0,00044	55	0,9599	0,1130	8,49	0,9235	0,07039
11	0,1920	0,0046	41,70	0,1917	0,00059	56	0,9774	0,1171	8,35	0,9389	0,07417
12	0,2094	0,0055	38,23	0,2091	0,00076	57	0,9948	0,1212	8,21	0,9543	0,07808
13	0,2269	0,0064	35,28	0,2264	0,00097	58	1,0123	0,1254	8,07	0,9696	0,08212
14	0,2443	0,0075	32,78	0,2437	0,00121	59	1,0297	0,1296	7,94	0,9848	0,08629
15	0,2618	0,0086	30,60	0,2611	0,00149	60	1,0472	0,1340	7,81	1,0000	0,09059
16	0,2793	0,0097	28,04	0,2783	0,00181	61	1,0647	0,1384	7,69	1,0151	0,09502
17	0,2967	0,0110	27,01	0,2956	0,00217	62	1,0821	0,1428	7,56	1,0301	0,09958
18	0,3142	0,0123	25,35	0,3129	0,00257	63	1,0996	0,1474	7,46	1,0450	0,10428
19	0,3316	0,0137	24,17	0,3301	0,00302	64	1,1170	0,1520	7,35	1,0598	0,10911
20	0,3491	0,0152	22,98	0,3473	0,00352	65	1,1345	0,1566	7,24	1,0746	0,11408
21	0,3665	0,0167	21,95	0,3645	0,00408	66	1,1519	0,1613	7,14	1,0893	0,11919
22	0,3840	0,0184	20,90	0,3816	0,00468	67	1,1694	0,1661	7,04	1,1039	0,12443
23	0,4014	0,0201	20,00	0,3987	0,00535	68	1,1868	0,1710	6,94	1,1184	0,12982
24	0,4189	0,0219	19,17	0,4158	0,00607	69	1,2043	0,1759	6,85	1,1328	0,13535
25	0,4363	0,0237	18,47	0,4329	0,00686	70	1,2217	0,1808	6,76	1,1472	0,14102
26	0,4538	0,0256	17,71	0,4499	0,00771	71	1,2392	0,1859	6,67	1,1614	0,14683
27	0,4712	0,0276	17,06	0,4669	0,00862	72	1,2566	0,1910	6,58	1,1756	0,15279
28	0,4887	0,0297	16,45	0,4838	0,00961	73	1,2741	0,1961	6,50	1,1896	0,15889
29	0,5061	0,0319	15,89	0,5008	0,01067	74	1,2915	0,2014	6,41	1,2036	0,16514
30	0,5236	0,0341	15,37	0,5176	0,01180	75	1,3090	0,2066	6,34	1,2175	0,17154
31	0,5411	0,0364	14,88	0,5345	0,01301	76	1,3265	0,2120	6,26	1,2312	0,17808
32	0,5585	0,0387	14,42	0,5512	0,01429	77	1,3439	0,2174	6,18	1,2450	0,18477
33	0,5760	0,0412	13,99	0,5680	0,01566	78	1,3614	0,2229	6,11	1,2586	0,19160
34	0,5934	0,0437	13,58	0,5847	0,01711	79	1,3788	0,2284	6,04	1,2722	0,19859
35	0,6109	0,0463	13,20	0,6014	0,01864	80	1,3963	0,2340	5,97	1,2856	0,20573
36	0,6283	0,0489	12,84	0,6180	0,02027	81	1,4137	0,2396	5,90	1,2989	0,21301
37	0,6458	0,0517	12,50	0,6346	0,02198	82	1,4312	0,2453	5,83	1,3121	0,22045
38	0,6632	0,0545	12,17	0,6511	0,02378	83	1,4486	0,2510	5,77	1,3252	0,22804
39	0,6807	0,0574	11,87	0,6676	0,02568	84	1,4661	0,2569	5,71	1,3383	0,23578
40	0,6981	0,0603	11,58	0,6840	0,02767	85	1,4835	0,2627	5,65	1,3512	0,24367
41	0,7156	0,0633	11,30	0,7004	0,02976	86	1,5010	0,2686	5,59	1,3640	0,25171
42	0,7330	0,0664	11,04	0,7167	0,03195	87	1,5184	0,2746	5,53	1,3767	0,25990
43	0,7505	0,0696	10,78	0,7330	0,03425	88	1,5359	0,2807	5,47	1,3893	0,26825
44	0,7679	0,0728	10,55	0,7492	0,03664	89	1,5533	0,2867	5,42	1,4018	0,27675
45	0,7854	0,0761	10,32	0,7654	0,03915	90	1,5708	0,2929	5,36	1,4142	0,28540

Zu einer gegebenen Bogenlänge b und Bogenhöhe h findet man den Halbmesser r aus $r = b : b_0$, wo b_0 die Bogenlänge ist, die beim Halbmesser 1 zu dem gegebenen $\dfrac{b}{h}$ gehört. Ist r der Kreishalbmesser und φ der Zentriwinkel in Grad, so ergibt sich

1. die Sehnenlänge $s = 2r \sin \dfrac{\varphi}{2}$;

2. die Bogenhöhe $h = r\left(1 - \cos \dfrac{\varphi}{2}\right) = \dfrac{s}{2} \operatorname{tg} \dfrac{\varphi}{4} = 2r \sin^2 \dfrac{\varphi}{4}$;

3. die Bogenlänge $b = \pi r \cdot \dfrac{\varphi}{180} = 0{,}017453\, r\varphi = \sqrt{s^2 + \dfrac{16}{3} h^2}$ (angenähert);

Bogenlängen, Bogenhöhen, Sehnenlängen, Kreisabschnitte für den Halbmesser 1.

Zentriwinkel in Grad	Bogenlänge b	Bogenhöhe h	$\frac{b}{h}$	Sehnenlänge s	Inhalt des Kreisabschn.	Zentriwinkel in Grad	Bogenlänge b	Bogenhöhe h	$\frac{b}{h}$	Sehnenlänge s	Inhalt des Kreisabschn
91	1,5882	0,2991	5,31	1,4265	0,29420	136	2,3736	0,6254	3,80	1,8544	0,83949
92	1,6057	0,3053	5,26	1,4387	0,30316	137	2,3911	0,6335	3,77	1,8608	0,85455
93	1,6232	0,3116	5,21	1,4507	0,31226	138	2,4086	0,6416	3,75	1,8672	0,86971
94	1,6406	0,3180	5,16	1,4627	0,32152	139	2,4260	0,6498	3,73	1,8733	0,88497
95	1,6580	0,3244	5,11	1,4746	0,33093	140	2,4435	0,6580	3,71	1,8794	0,90034
96	1,6755	0,3309	5,06	1,4863	0,34050						
97	1,6930	0,3374	5,02	1,4979	0,35021	141	2,4609	0,6662	3,69	1,8853	0,91580
98	1,7104	0,3439	4,97	1,5094	0,36008	142	2,4784	0,6744	3,67	1,8910	0,93135
99	1,7279	0,3506	4,93	1,5208	0,37009	143	2,4958	0,6827	3,66	1,8966	0,94700
100	1,7453	0,3572	4,89	1,5321	0,38026	144	2,5133	0,6910	3,64	1,9021	0,96274
						145	2,5307	0,6993	3,62	1,9074	0,97858
101	1,7628	0,3639	4,84	1,5432	0,39058	146	2,5482	0,7076	3,60	1,9126	0,99449
102	1,7802	0,3707	4,80	1,5543	0,40104	147	2,5656	0,7160	3,58	1,9176	1,01050
103	1,7977	0,3775	4,76	1,5652	0,41166	148	2,5831	0,7244	3,57	1,9225	1,02658
104	1,8151	0,3843	4,72	1,5760	0,42242	149	2,6005	0,7328	3,55	1,9273	1,04275
105	1,8326	0,3912	4,68	1,5867	0,43333	150	2,6180	0,7412	3,53	1,9319	1,05900
106	1,8500	0,3982	4,65	1,5973	0,44439						
107	1,8675	0,4052	4,61	1,6077	0,45560	151	2,6354	0,7496	3,52	1,9363	1,07532
108	1,8850	0,4122	4,57	1,6180	0,46695	152	2,6529	0,7581	3,50	1,9406	1,09171
109	1,9024	0,4193	4,54	1,6282	0,47845	153	2,6704	0,7666	3,48	1,9447	1,10818
110	1,9199	0,4264	4,50	1,6383	0,49008	154	2,6878	0,7750	3,47	1,9487	1,12472
						155	2,7053	0,7836	3,45	1,9526	1,14132
111	1,9373	0,4336	4,47	1,6483	0,50187	156	2,7227	0,7921	3,44	1,9563	1,15799
112	1,9548	0,4408	4,43	1,6581	0,51379	157	2,7402	0,8006	3,42	1,9598	1,17472
113	1,9722	0,4481	4,40	1,6678	0,52586	158	2,7576	0,8092	3,41	1,9633	1,19151
114	1,9897	0,4554	4,37	1,6773	0,53807	159	2,7751	0,8178	3,39	1,9665	1,20835
115	2,0071	0,4627	4,34	1,6868	0,55041	160	2,7925	0,8264	3,38	1,9696	1,22525
116	2,0246	0,4701	4,31	1,6961	0,56289						
117	2,0420	0,4775	4,28	1,7053	0,57551	161	2,8100	0,8350	3,37	1,9726	1,24221
118	2,0595	0,4850	4,25	1,7143	0,58827	162	2,8274	0,8436	3,35	1,9754	1,25921
119	2,0769	0,4925	4,22	1,7233	0,60116	163	2,8449	0,8522	3,34	1,9780	1,27626
120	2,0944	0,5000	4,19	1,7321	0,61418	164	2,8623	0,8608	3,33	1,9805	1,29335
						165	2,8798	0,8695	3,31	1,9829	1,31049
121	2,1118	0,5076	4,16	1,7407	0,62734	166	2,8972	0,8781	3,30	1,9851	1,32766
122	2,1293	0,5152	4,13	1,7492	0,64063	167	2,9147	0,8868	3,28	1,9871	1,34487
123	2,1468	0,5228	4,11	1,7576	0,65404	168	2,9322	0,8955	3,27	1,9890	1,36212
124	2,1642	0,5305	4,08	1,7659	0,66759	169	2,9496	0,9042	3,26	1,9908	1,37940
125	2,1817	0,5383	4,05	1,7740	0,68125	170	2,9671	0,9128	3,25	1,9924	1,39671
126	2,1991	0,5460	4,03	1,7820	0,69505						
127	2,2166	0,5538	4,00	1,7899	0,70897	171	2,9845	0,9215	3,24	1,9938	1,41404
128	2,2340	0,5616	3,98	1,7976	0,72301	172	3,0020	0,9302	3,23	1,9951	1,43140
129	2,2515	0,5695	3,95	1,8052	0,73716	173	3,0194	0,9390	3,22	1,9963	1,44878
130	2,2689	0,5774	3,93	1,8126	0,75144	174	3,0369	0,9477	3,20	1,9973	1,46617
						175	3,0543	0,9564	3,19	1,9981	1,48359
131	2,2864	0,5853	3,91	1,8199	0,76584	176	3,0718	0,9651	3,18	1,9988	1,50101
132	2,3038	0,5933	3,88	1,8271	0,78034	177	3,0892	0,9738	3,17	1,9993	1,51845
133	2,3213	0,6013	3,86	1,8341	0,79497	178	3,1067	0,9825	3,16	1,9997	1,53589
134	2,3387	0,6093	3,84	1,8410	0,80970	179	3,1241	0,9913	3,15	1,9999	1,55334
135	2,3562	0,6173	3,82	1,8478	0,82454	180	3,1416	1,0000	3,14	2,0000	1,57080

4. der Inhalt des Kreisabschnittes $= \dfrac{r^2}{2}\left(\dfrac{\pi}{180}\varphi - \sin\varphi\right)$;

5. „ „ „ Kreisausschnittes $= \dfrac{\varphi}{360}\pi r^2 = 0{,}008\,726\,65\,\varphi\,r^2$;

6. $b = r$ entspricht $\varphi = 57°\,17'\,44{,}806'' = 57{,}295\,779\,5° = 206\,264{,}806''$;

7. arc $1° = \pi : 180 = 0{,}017\,453\,292\,52$;   lg arc $1° = 0{,}241\,877\,367\,6 - 2$;

8. arc $1' = \pi : 10\,800 = 0{,}000\,290\,888\,21$;   lg arc $1' = 0{,}463\,726\,117\,2 - 4$;

9. arc $1'' = \pi : 648\,000 = 0{,}000\,004\,848\,14$;   lg arc $1'' = 0{,}685\,574\,866\,8 - 6$.

Kugelinhalte.

d	,0	,25	,5	,75	d	,0	,5	d	,0	,5
10	523,60	563,86	606,13	650,46	40	33510	34783	70	179594	183471
11	696,91	745,51	796,33	849,40	41	36087	37423	71	187402	191389
12	904,78	962,52	1022,6	1085,3	42	38792	40194	72	195432	199532
13	1150,3	1218,0	1288,2	1361,2	43	41630	43099	73	203689	207903
14	1436,8	1515,1	1596,3	1680,3	44	44602	46141	74	212175	216505
15	1767,1	1857,0	1949,8	2045,7	45	47713	49321	75	220893	225341
16	2144,7	2246,8	2352,1	2460,6	46	50965	52645	76	229847	234414
17	2572,4	2687,6	2806,2	2928,2	47	54362	56115	77	239040	243728
18	3053,6	3182,6	3315,2	3451,5	48	57906	59734	78	248475	253284
19	3591,4	3735,0	3882,4	4033,7	49	61601	63506	79	258155	263088
20	4188,8	4347,8	4510,8	4677,9	50	65450	67433	80	268083	273141
21	4849,0	5024,3	5203,7	5387,4	51	69456	71519	81	278262	283447
22	5575,3	5767,6	5964,5	6165,2	52	73622	75767	82	288696	294010
23	6370,6	6580,6	6795,2	7014,3	53	77952	80178	83	299387	304831
24	7238,2	7466,7	7700,1	7938,3	54	82448	84760	84	310339	315915
25	8181,2	8429,2	8682,0	8939,9	55	87114	89511	85	321555	327264
26	9202,8	9470,0	9744,0	10022	56	91952	94438	86	333038	338882
27	10306	10595	10889	11189	57	96967	99541	87	344791	350771
28	11494	11805	12121	12443	58	102160	104826	88	356818	362935
29	12770	13103	13442	13787	59	107536	110294	89	369121	375378
30	14137	14494	14856	15224	60	113097	115949	90	381704	388102
31	15599	15979	16366	16758	61	118847	121794	91	394569	401109
32	17157	17563	17974	18392	62	124788	127832	92	407720	414405
33	18817	19248	19685	20129	63	130924	134067	93	421160	427991
34	20580	21037	21501	21972	64	137258	140501	94	434893	441871
35	22449	22934	23425	23924	65	143793	147138	95	448921	456047
36	24429	24942	25461	25988	66	150533	153980	96	463247	470524
37	26522	27063	27612	28168	67	157479	161032	97	477875	485302
38	28731	29302	29880	30466	68	164636	168295	98	492807	500388
39	31059	31661	31270	32886	69	172007	175774	99	508047	515785

Kugeloberfläche: $F = 4\pi r^2 = 12{,}566\, r^2 = \pi d^2$.

Oberfläche der Kalotte oder Zone: $F = 2\pi r h$.

Kugelinhalt: $J = \frac{4}{3} \cdot \pi r^3 = 4{,}1888\, r^3 = 0{,}5236\, d^3$; Radius $r = 0{,}62035\sqrt[3]{J}$.

Inhalt des Kugelabschnittes: $J = \frac{1}{6} \cdot \pi h (3a^2 + h^2) = \frac{1}{3} \cdot \pi h^2 (3r - h)$, wenn r der Radius der Kugel, a der der Schnittfläche und h die Höhe des Abschnittes.

Inhalt der Kugelzone: $J = \frac{1}{6} \cdot \pi h (3a^2 + 3b^2 + h^2)$, wenn a und b die Radien der Endflächen.

Inhalt des Kugelausschnittes: $J = \frac{2}{3} \cdot \pi r^2 h$, wenn h die Höhe der entsprechenden Kalotte ist.

Gewicht = Inhalt × spez. Gewicht.

Flächenberechnung.

	Flächeninhalt $= F$	Lage des Schwerpunkts S
Dreieck.	$F = \dfrac{b \cdot h}{2}$	$AO = OC$ $SO = {}^1/_3 BO$ (Schwerpunkt = Schnittpunkt der Mittellinien)
Trapez.	$F = \dfrac{a+b}{2} \cdot h$	$SO = \dfrac{1}{3} h \cdot \dfrac{2b+a}{a+b}$
Halbkreis.	$F = \dfrac{\pi r^2}{2}$	$SO = \dfrac{4 \cdot r}{3 \cdot \pi} = 0{,}43 \cdot r$
Ellipse.	$F = \dfrac{a \cdot b \cdot \pi}{4}$	Schnittpunkt der Achsen
Kreisausschnitt.	$F = \dfrac{b \cdot r}{2}$ $= \dfrac{\varphi}{360} \cdot \pi \cdot r^2$	$SO = \dfrac{2}{3} \cdot \dfrac{r \cdot s}{b}$
Kreisabschnitt.	$F = \dfrac{r(b-s) + s \cdot h}{2}$	$SO = \dfrac{s^3}{12\,F}$ (F = Flächeninhalt)

Körperberechnung.

	Mantelfläche M Oberfläche O	Lage des Schwerpunkts S	Rauminhalt $= J$
Zylinder.	$M = 2\pi r h$ $= \pi d h$	$SO = \dfrac{h}{2}$	$J = \pi r^2 h$ $= \dfrac{d^2 \pi}{4} \cdot h$
Prisma.	O = Umfang × Höhe + doppelte Grundfläche	Schnittpunkt der Diagonalen	J = Länge × Breite × Höhe
Pyramide.	O = Summe der begrenzenden Dreiecke + Grundfläche	$SO = \dfrac{1}{4} h$	$J = \dfrac{h}{3}$ × Grundfläche
Hohlzylinder.	M = innerer + äußerer Mantel $= 2\pi h \cdot (r + r_1)$	$SO = \dfrac{h}{2}$	$J = \pi \cdot h$ $\cdot (r^2 - r_1^2)$
Schief abgeschnittener Zylinder.	$M = \pi r (h + h_1)$	$SO = \dfrac{h + h_1}{4}$ $+ \dfrac{1}{4} \cdot \dfrac{r^2 \cdot \operatorname{tg}^2 \alpha}{h + h_1}$	$J = \pi r^2 \dfrac{h + h_1}{2}$

Körperberechnung.

	Oberfläche O Mantelfläche M	Lage des Schwerpunktes S	Rauminhalt $= J$
Kugel.	$O = 4\pi r^2$ $= \pi d^2$	im Mittelpunkt	$J = \dfrac{4}{3}\pi \cdot r^3$ $= \dfrac{\pi \cdot d^3}{6}$
Kugelausschnitt.	$O =$ $\dfrac{\pi \cdot r}{2} \cdot (4h + s)$	$SO =$ $\dfrac{3}{4} \cdot \left(r - \dfrac{h}{2}\right)$	$J = \dfrac{2}{3}\pi \cdot r^2 \cdot h$
Kugelabschnitt.	$M = 2\pi r \cdot h =$ $\dfrac{\pi}{4} \cdot (s^2 + 4h^2)$	$SO =$ $\dfrac{3}{4} \cdot \dfrac{(2r - h)^2}{3r - h}$	$J = \pi \cdot h^2 \cdot \left(r - \dfrac{h}{3}\right)$ $= \pi h \cdot \left(\dfrac{s^2}{8} + \dfrac{h^2}{6}\right)$
Kegel.	Fläche des Kegel-Mantels $= \pi \cdot r \cdot s$ $= \pi \cdot r \sqrt{r^2 + h^2}$	$SO = \dfrac{1}{4} h$	$J = \dfrac{h}{3} \cdot r^2 \pi$
Abgestumpfte Pyramide.	$O =$ Summe der begrenzenden Trapeze + obere + untere Grundfläche	$SO = \dfrac{h}{4}$ $\cdot \dfrac{F + 2\sqrt{F \cdot f} + 3f}{F + \sqrt{F \cdot f} + f}$	$J = \dfrac{h}{3}$ $\cdot (F + f + \sqrt{F \cdot f})$ (f obere, F untere Grundfl.)
Abgestumpfter Kegel.	$M = \pi s (r + r_1)$	$SO = \dfrac{h}{4}$ $\cdot \dfrac{r^2 + 2r \cdot r_1 + 3r_1^2}{r^2 + r \cdot r_1 + r_1^2}$	$J = (r^2 + r_1^2 + r r_1)$ $\cdot \dfrac{\pi h}{3}$

Körperberechnung.

	Oberfläche O Mantelfläche M	Rauminhalt $= J$
Obelisk.	$O = $ Summe der 4 Trapeze + beide Endflächen	$J = \dfrac{h}{6}[(2a + a_1) \cdot b$ $+ (2a_1 + a) \cdot b_1]$ $= \dfrac{h}{6}[a \cdot b + a_1 \cdot b_1$ $+ (a + a_1) \cdot (b + b_1)]$
Kugelzone.	$M = 2r \cdot \pi \cdot h$	$J = \dfrac{\pi \cdot h}{6}$ $\cdot (3a^2 + 3b^2 + h^2)$
Keil.	$O = $ Summe der 2 Trapeze, der beiden Seitendreiecke und der rechteckigen Endfläche	$J = (2a + a_1)$ $\cdot \dfrac{b \cdot h}{6}$
Faß.	Durch einfache Formeln nicht ausdrückbar	angenähert: $J = \dfrac{\pi \cdot l}{15} \cdot$ $(2D^2 + D \cdot d + 0{,}75 d^2)$
Ellipsoid.	Durch einfache Formeln nicht ausdrückbar	$J = \dfrac{4}{3} \cdot a \cdot b \cdot c \cdot \pi$

Guldinsche Regel.

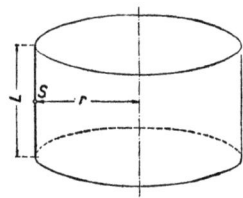

Der Inhalt F einer Umdrehungsfläche, die durch Drehung einer Linie L um eine Achse entstanden ist, ist gleich der erzeugenden Linie L multipliziert mit dem Weg, den der Schwerpunkt S mit dem Abstand r von der Drehachse beschreibt.

$$F = L \cdot 2 r \pi.$$

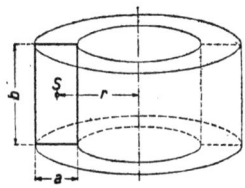

Der Inhalt J eines Umdrehungskörpers, der durch Drehung einer Fläche F um eine Achse entstanden ist, ist gleich dem Flächeninhalt F multipliziert mit dem Weg, den der Schwerpunkt S mit dem Abstand r von der Drehachse beschreibt.

$$F = a \cdot b;$$
$$J = F \cdot 2 r \pi = a \cdot b \cdot 2 r \pi.$$

Beispiel: Zylindrischer Ring

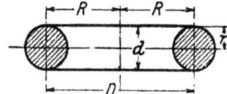

$$F = 4 \pi^2 \cdot R \cdot r = 39{,}478 \cdot R \cdot r$$
$$= \pi^2 \cdot D \cdot d = 9{,}8696 \cdot D \cdot d,.$$
$$J = \frac{\pi^2 R d^2}{2} = 4{,}9348\, R\, d^2$$
$$= \frac{\pi^2 D d^2}{4} = 2{,}4674\, D\, d^2$$
$$= 2 \pi^2 \cdot R \cdot r^2 = 19{,}739\, R \cdot r^2.$$

Ermittlung des Inhaltes einer beliebig begrenzten Fläche (Simpsonsche Regel).

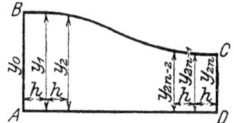

Begrenzung der Fläche durch:

$BA = y_0 \perp AD$;

$CD = y_{2n} \perp AD$;

BC beliebige Kurve.

Die Fläche wird in eine gerade Anzahl ($2n$) von Teilen geteilt, indem in gleichen Abständen h zu y_0 Parallele gezogen werden. Es ist dann

$$F = \frac{h}{3}(y_0 + 4 y_1 + 2 y_2 + 4 y_3 + \cdots 2 y_{2n-2} + 4 y_{2n-1} + y_{2n}).$$

Primzahlen und Faktoren der Zahlen von 1—1000.

n		n		n		n	
1		51	3×17	101		151	
2		52	$2^2\times13$	102	$2\times3\times17$	152	$2^3\times19$
3		53		103		153	$3^2\times17$
4	2^2	54	2×3^3	104	$2^3\times13$	154	$2\times7\times11$
5		55	5×11	105	$3\times5\times7$	155	5×31
6	2×3	56	$2^3\times7$	106	2×53	156	$2^2\times3\times13$
7		57	3×19	107		157	
8	2^3	58	2×29	108	$2^2\times3^3$	158	2×79
9	3^2	59		109		159	3×53
10	2×5	60	$2^2\times3\times5$	110	$2\times5\times11$	160	$2^5\times5$
11		61		111	3×37	161	7×23
12	$2^2\times3$	62	2×31	112	$2^4\times7$	162	2×3^4
13		63	$3^2\times7$	113		163	
14	2×7	64	2^6	114	$2\times3\times19$	164	$2^2\times41$
15	3×5	65	5×13	115	5×23	165	$3\times5\times11$
16	2^4	66	$2\times3\times11$	116	$2^2\times29$	166	2×83
17		67		117	$3^2\times13$	167	
18	2×3^2	68	$2^2\times17$	118	2×59	168	$2^3\times3\times7$
19		69	3×23	119	7×17	169	13^2
20	$2^2\times5$	70	$2\times5\times7$	120	$2^3\times3\times5$	170	$2\times5\times17$
21	3×7	71		121	11^2	171	$3^2\times19$
22	2×11	72	$2^3\times3^2$	122	2×61	172	$2^2\times43$
23		73		123	3×41	173	
24	$2^3\times3$	74	2×37	124	$2^2\times31$	174	$2\times3\times29$
25	5^2	75	3×5^2	125	5^3	175	$5^2\times7$
26	2×13	76	$2^2\times19$	126	$2\times3^2\times7$	176	$2^4\times11$
27	3^3	77	7×11	127		177	3×59
28	$2^2\times7$	78	$2\times3\times13$	128	2^7	178	2×89
29		79		129	3×43	179	
30	$2\times3\times5$	80	$2^4\times5$	130	$2\times5\times13$	180	$2^2\times3^2\times5$
31		81	3^4	131		181	
32	2^5	82	2×41	132	$2^2\times3\times11$	182	$2\times7\times13$
33	3×11	83		133	7×19	183	3×61
34	2×17	84	$2^2\times3\times7$	134	2×67	184	$2^3\times23$
35	5×7	85	5×17	135	$3^3\times5$	185	5×37
36	$2^2\times3^2$	86	2×43	136	$2^3\times17$	186	$2\times3\times31$
37		87	3×29	137		187	11×17
38	2×19	88	$2^3\times11$	138	$2\times3\times23$	188	$2^2\times47$
39	3×13	89		139		189	$3^3\times7$
40	$2^3\times5$	90	$2\times3^2\times5$	140	$2^2\times5\times7$	190	$2\times5\times19$
41		91	7×13	141	3×47	191	
42	$2\times3\times7$	92	$2^2\times23$	142	2×71	192	$2^6\times3$
43		93	3×31	143	11×13	193	
44	$2^2\times11$	94	2×47	144	$2^4\times3^2$	194	2×97
45	$3^2\times5$	95	5×19	145	5×29	195	$3\times5\times13$
46	2×23	96	$2^5\times3$	146	2×73	196	$2^2\times7^2$
47		97		147	3×7^2	197	
48	$2^4\times3$	98	2×7^2	148	$2^2\times37$	198	$2\times3^2\times11$
49	7^2	99	$3^2\times11$	149		199	
50	2×5^2	100	$2^2\times5^2$	150	$2\times3\times5^2$	200	$2^3\times5^2$

Primzahlen und Faktoren der Zahlen von 1—1000.

201	3×67	**251**		301	7×43	351	$3^3 \times 13$
202	2×101	252	$2^2 \times 3^2 \times 7$	302	2×151	352	$2^5 \times 11$
203	7×29	253	11×23	303	3×101	**353**	
204	$2^2 \times 3 \times 17$	254	2×127	304	$2^4 \times 19$	354	$2 \times 3 \times 59$
205	5×41	255	$3 \times 5 \times 17$	305	5×61	355	5×71
206	2×103	256	2^8	306	$2 \times 3^2 \times 17$	356	$2^2 \times 89$
207	$3^2 \times 23$	**257**		**307**		357	$3 \times 7 \times 17$
208	$2^4 \times 13$	258	$2 \times 3 \times 43$	308	$2^2 \times 7 \times 11$	358	2×179
209	11×19	259	7×37	309	3×103	**359**	
210	$2 \times 3 \times 5 \times 7$	260	$2^2 \times 5 \times 13$	310	$2 \times 5 \times 31$	360	$2^3 \times 3^2 \times 5$
211		261	$3^2 \times 29$	**311**		361	19^2
212	$2^2 \times 53$	262	2×131	312	$2^3 \times 3 \times 13$	362	2×181
213	3×71	**263**		**313**		363	3×11^2
214	2×107	264	$2^3 \times 3 \times 11$	314	2×157	364	$2^2 \times 7 \times 13$
215	5×43	265	5×53	315	$3^2 \times 5 \times 7$	365	5×73
216	$2^3 \times 3^3$	266	$2 \times 7 \times 19$	316	$2^2 \times 79$	366	$2 \times 3 \times 61$
217	7×31	267	3×89	**317**		**367**	
218	2×109	268	$2^2 \times 67$	318	$2 \times 3 \times 53$	368	$2^4 \times 23$
219	3×73	**269**		319	11×29	369	$3^2 \times 41$
220	$2^2 \times 5 \times 11$	270	$2 \times 3^3 \times 5$	320	$2^6 \times 5$	370	$2 \times 5 \times 37$
221	13×17	**271**		321	3×107	371	7×53
222	$2 \times 3 \times 37$	272	$2^4 \times 17$	322	$2 \times 7 \times 23$	372	$2^2 \times 3 \times 31$
223		273	$3 \times 7 \times 13$	323	17×19	**373**	
224	$2^5 \times 7$	274	2×137	324	$2^2 \times 3^4$	374	$2 \times 11 \times 17$
225	$3^2 \times 5^2$	275	$5^2 \times 11$	325	$5^2 \times 13$	375	3×5^3
226	2×113	276	$2^2 \times 3 \times 23$	326	2×163	376	$2^3 \times 47$
227		**277**		327	3×109	377	13×29
228	$2^2 \times 3 \times 19$	278	2×139	328	$2^3 \times 41$	378	$2 \times 3^3 \times 7$
229		279	$3^2 \times 31$	329	7×47	**379**	
230	$2 \times 5 \times 23$	280	$2^3 \times 5 \times 7$	330	$2 \times 3 \times 5 \times 11$	380	$2^2 \times 5 \times 19$
231	$3 \times 7 \times 11$	**281**		**331**		381	3×127
232	$2^3 \times 29$	282	$2 \times 3 \times 47$	332	$2^2 \times 83$	382	2×191
233		**283**		333	$3^2 \times 37$	**383**	
234	$2 \times 3^2 \times 13$	284	$2^2 \times 71$	334	2×167	384	$2^7 \times 3$
235	5×47	285	$3 \times 5 \times 19$	335	5×67	385	$5 \times 7 \times 11$
236	$2^2 \times 59$	286	$2 \times 11 \times 13$	336	$2^4 \times 3 \times 7$	386	2×193
237	3×79	287	7×41	**337**		387	$3^2 \times 43$
238	$2 \times 7 \times 17$	288	$2^5 \times 3^2$	338	2×13^2	388	$2^2 \times 97$
239		289	17^2	339	3×113	**389**	
240	$2^4 \times 3 \times 5$	290	$2 \times 5 \times 29$	340	$2^2 \times 5 \times 17$	390	$2 \times 3 \times 5 \times 13$
241		291	3×97	341	11×31	391	17×23
242	2×11^2	292	$2^2 \times 73$	342	$2 \times 3^2 \times 19$	392	$2^3 \times 7^2$
243	3^5	**293**		343	7^3	393	3×131
244	$2^2 \times 61$	294	$2 \times 3 \times 7^2$	344	$2^3 \times 43$	394	2×197
245	5×7^2	295	5×59	345	$3 \times 5 \times 23$	395	5×79
246	$2 \times 3 \times 41$	296	$2^3 \times 37$	346	2×173	396	$2^2 \times 3^2 \times 11$
247	13×19	297	$3^3 \times 11$	**347**		**397**	
248	$2^3 \times 31$	298	2×149	348	$2^2 \times 3 \times 29$	398	2×199
249	3×83	299	13×23	**349**		399	$3 \times 7 \times 19$
250	2×5^3	300	$2^2 \times 3 \times 5^2$	350	$2 \times 5^2 \times 7$	400	$2^4 \times 5^2$

Primzahlen und Faktoren der Zahlen von 1—1000.

401		451	11×41	501	3×167	551	19×29
402	$2 \times 3 \times 67$	452	$2^2 \times 113$	502	2×251	552	$2^3 \times 3 \times 23$
403	13×31	453	3×151	**503**		553	7×79
404	$2^2 \times 101$	454	2×227	504	$2^3 \times 3^2 \times 7$	554	2×277
405	$3^4 \times 5$	455	$5 \times 7 \times 13$	505	5×101	555	$3 \times 5 \times 37$
406	$2 \times 7 \times 29$	456	$2^3 \times 3 \times 19$	506	$2 \times 11 \times 23$	556	$2^2 \times 139$
407	11×37	**457**		507	3×13^2	**557**	
408	$2^3 \times 3 \times 17$	458	2×229	508	$2^2 \times 127$	558	$2 \times 3^2 \times 31$
409		459	$3^3 \times 17$	**509**		559	13×43
410	$2 \times 5 \times 41$	460	$2^2 \times 5 \times 23$	510	$2 \times 3 \times 5 \times 17$	560	$2^4 \times 5 \times 7$
411	3×137	**461**		511	7×73	561	$3 \times 11 \times 17$
412	$2^2 \times 103$	462	$2 \times 3 \times 7 \times 11$	512	2^9	562	2×281
413	7×59	**463**		513	$3^3 \times 19$	**563**	
414	$2 \times 3^2 \times 23$	464	$2^4 \times 29$	514	2×257	564	$2^2 \times 3 \times 47$
415	5×83	465	$3 \times 5 \times 31$	515	5×103	565	5×113
416	$2^5 \times 13$	466	2×233	516	$2^2 \times 3 \times 43$	566	2×283
417	3×139	**467**		517	11×47	567	$3^4 \times 7$
418	$2 \times 11 \times 19$	468	$2^2 \times 3^2 \times 13$	518	$2 \times 7 \times 37$	568	$2^3 \times 71$
419		469	7×67	519	3×173	**569**	
420	$2^2 \times 3 \times 5 \times 7$	470	$2 \times 5 \times 47$	520	$2^3 \times 5 \times 13$	570	$2 \times 3 \times 5 \times 19$
421		471	3×157	**521**		**571**	
422	2×211	472	$2^3 \times 59$	522	$2 \times 3^2 \times 29$	572	$2^2 \times 11 \times 13$
423	$3^2 \times 47$	473	11×43	**523**		573	3×191
424	$2^3 \times 53$	474	$2 \times 3 \times 79$	524	$2^2 \times 131$	574	$2 \times 7 \times 41$
425	$5^2 \times 17$	475	$5^2 \times 19$	525	$3 \times 5^2 \times 7$	575	$5^2 \times 23$
426	$2 \times 3 \times 71$	476	$2^2 \times 7 \times 17$	526	2×263	576	$2^6 \times 3^2$
427	7×61	477	$3^2 \times 53$	527	17×31	**577**	
428	$2^2 \times 107$	478	2×239	528	$2^4 \times 3 \times 11$	578	2×17^2
429	$3 \times 11 \times 13$	**479**		529	23^2	579	3×193
430	$2 \times 5 \times 43$	480	$2^5 \times 3 \times 5$	530	$2 \times 5 \times 53$	580	$2^2 \times 5 \times 29$
431		481	13×37	531	$3^2 \times 59$	581	7×83
432	$2^4 \times 3^3$	482	2×241	532	$2^2 \times 7 \times 19$	582	$2 \times 3 \times 97$
433		483	$3 \times 7 \times 23$	533	13×41	583	11×53
434	$2 \times 7 \times 31$	484	$2^2 \times 11^2$	534	$2 \times 3 \times 89$	584	$2^3 \times 73$
435	$3 \times 5 \times 29$	485	5×97	535	5×107	585	$3^2 \times 5 \times 13$
436	$2^2 \times 109$	486	2×3^5	536	$2^3 \times 67$	586	2×293
437	19×23	**487**		537	3×179	**587**	
438	$2 \times 3 \times 73$	488	$2^3 \times 61$	538	2×269	588	$2^2 \times 3 \times 7^2$
439		489	3×163	539	$7^2 \times 11$	589	19×31
440	$2^3 \times 5 \times 11$	490	$2 \times 5 \times 7^2$	540	$2^2 \times 3^3 \times 5$	590	$2 \times 5 \times 59$
441	$3^2 \times 7^2$	**491**		**541**		591	3×197
442	$2 \times 13 \times 17$	492	$2^2 \times 3 \times 41$	542	2×271	592	$2^4 \times 37$
443		493	17×29	543	3×181	**593**	
444	$2^2 \times 3 \times 37$	494	$2 \times 13 \times 19$	544	$2^5 \times 17$	594	$2 \times 3^3 \times 11$
445	5×89	495	$3^2 \times 5 \times 11$	545	5×109	595	$5 \times 7 \times 17$
446	2×223	496	$2^4 \times 31$	546	$2 \times 3 \times 7 \times 13$	596	$2^2 \times 149$
447	3×149	497	7×71	**547**		597	3×199
448	$2^6 \times 7$	498	$2 \times 3 \times 83$	548	$2^2 \times 137$	598	$2 \times 13 \times 23$
449		**499**		549	$3^2 \times 61$	**599**	
450	$2 \times 3^2 \times 5^2$	500	$2^2 \times 5^3$	550	$2 \times 5^2 \times 11$	600	$2^3 \times 3 \times 5^2$

Primzahlen und Faktoren der Zahlen von 1—1000.

601		651	$3 \times 7 \times 31$	**701**		**751**	
602	$2 \times 7 \times 43$	652	$2^2 \times 163$	702	$2 \times 3^3 \times 13$	752	$2^4 \times 47$
603	$3^2 \times 67$	**653**		703	19×37	753	3×251
604	$2^2 \times 151$	654	$2 \times 3 \times 109$	704	$2^6 \times 11$	754	$2 \times 13 \times 29$
605	5×11^2	655	5×131	705	$3 \times 5 \times 47$	755	5×151
606	$2 \times 3 \times 101$	656	$2^4 \times 41$	706	2×353	756	$2^2 \times 3^3 \times 7$
607		657	$3^2 \times 73$	707	7×101	**757**	
608	$2^5 \times 19$	658	$2 \times 7 \times 47$	708	$2^2 \times 3 \times 59$	758	2×379
609	$3 \times 7 \times 29$	**659**		**709**		759	$3 \times 11 \times 23$
610	$2 \times 5 \times 61$	660	$2^2 \times 3 \times 5 \times 11$	710	$2 \times 5 \times 71$	760	$2^3 \times 5 \times 19$
611	13×47	**661**		711	$3^2 \times 79$	**761**	
612	$2^2 \times 3^2 \times 17$	662	2×331	712	$2^3 \times 89$	762	$2 \times 3 \times 127$
613		663	$3 \times 13 \times 17$	713	23×31	763	7×109
614	2×307	664	$2^3 \times 83$	714	$2 \times 3 \times 7 \times 17$	764	$2^2 \times 191$
615	$3 \times 5 \times 41$	665	$5 \times 7 \times 19$	715	$5 \times 11 \times 13$	765	$3^2 \times 5 \times 17$
616	$2^3 \times 7 \times 11$	666	$2 \times 3^2 \times 37$	716	$2^2 \times 179$	766	2×383
617		667	23×29	717	3×239	767	13×59
618	$2 \times 3 \times 103$	668	$2^2 \times 167$	718	2×359	768	$2^8 \times 3$
619		669	3×223	**719**		**769**	
620	$2^2 \times 5 \times 31$	670	$2 \times 5 \times 67$	720	$2^4 \times 3^2 \times 5$	770	$2 \times 5 \times 7 \times 11$
621	$3^3 \times 23$	671	11×61	721	7×103	771	3×257
622	2×311	672	$2^5 \times 3 \times 7$	722	2×19^2	772	$2^2 \times 193$
623	7×89	**673**		723	3×241	**773**	
624	$2^4 \times 3 \times 13$	674	2×337	724	$2^2 \times 181$	774	$2 \times 3^2 \times 43$
625	5^4	675	$3^3 \times 5^2$	725	$5^2 \times 29$	775	$5^2 \times 31$
626	2×313	676	$2^2 \times 13^2$	726	$2 \times 3 \times 11^2$	776	$2^3 \times 97$
627	$3 \times 11 \times 19$	**677**		**727**		777	$3 \times 7 \times 37$
628	$2^2 \times 157$	678	$2 \times 3 \times 113$	728	$2^3 \times 7 \times 13$	778	2×389
629	17×37	679	7×97	729	3^6	779	19×41
630	$2 \times 3^2 \times 5 \times 7$	680	$2^3 \times 5 \times 17$	730	$2 \times 5 \times 73$	780	$2^2 \times 3 \times 5 \times 13$
631		681	3×227	731	17×43	**781**	11×71
632	$2^3 \times 79$	682	$2 \times 11 \times 31$	732	$2^2 \times 3 \times 61$	782	$2 \times 17 \times 23$
633	3×211	**683**		**733**		783	$3^3 \times 29$
634	2×317	684	$2^2 \times 3^2 \times 19$	734	2×367	784	$2^4 \times 7^2$
635	5×127	685	5×137	735	$3 \times 5 \times 7^2$	785	5×157
636	$2^2 \times 3 \times 53$	686	2×7^3	736	$2^5 \times 23$	786	$2 \times 3 \times 131$
637	$7^2 \times 13$	687	3×229	737	11×67	**787**	
638	$2 \times 11 \times 29$	688	$2^4 \times 43$	738	$2 \times 3^2 \times 41$	788	$2^2 \times 197$
639	$3^2 \times 71$	689	13×53	**739**		789	3×263
640	$2^7 \times 5$	690	$2 \times 3 \times 5 \times 23$	740	$2^2 \times 5 \times 37$	790	$2 \times 5 \times 79$
641		**691**		741	$3 \times 13 \times 19$	791	7×113
642	$2 \times 3 \times 107$	692	$2^2 \times 173$	742	$2 \times 7 \times 53$	792	$2^3 \times 3^2 \times 11$
643		693	$3^2 \times 7 \times 11$	**743**		793	13×61
644	$2^2 \times 7 \times 23$	694	2×347	744	$2^3 \times 3 \times 31$	794	2×397
645	$3 \times 5 \times 43$	695	5×139	745	5×149	795	$3 \times 5 \times 53$
646	$2 \times 17 \times 19$	696	$2^3 \times 3 \times 29$	746	2×373	796	$2^2 \times 199$
647		697	17×41	747	$3^2 \times 83$	**797**	
648	$2^3 \times 3^4$	698	2×349	748	$2^2 \times 11 \times 17$	798	$2 \times 3 \times 7 \times 19$
649	11×59	699	3×233	749	7×107	799	17×47
650	$2 \times 5^2 \times 13$	700	$2^2 \times 5^2 \times 7$	750	$2 \times 3 \times 5^3$	800	$2^5 \times 5^2$

Primzahlen und Faktoren der Zahlen von 1—1000.

801	$3^2 \times 89$	851	23×37	901	17×53	951	3×317
802	2×401	852	$2^2 \times 3 \times 71$	902	$2 \times 11 \times 41$	952	$2^3 \times 7 \times 17$
803	11×73	**853**		903	$3 \times 7 \times 43$	**953**	
804	$2^2 \times 3 \times 67$	854	$2 \times 7 \times 61$	904	$2^3 \times 113$	954	$2 \times 3^2 \times 53$
805	$5 \times 7 \times 23$	855	$3^2 \times 5 \times 19$	905	5×181	955	5×191
806	$2 \times 13 \times 31$	856	$2^3 \times 107$	906	$2 \times 3 \times 151$	956	$2^2 \times 239$
807	3×269	**857**		**907**		957	$3 \times 11 \times 29$
808	$2^3 \times 101$	858	$2 \times 3 \times 11 \times 13$	908	$2^2 \times 227$	958	2×479
809		**859**		909	$3^2 \times 101$	969	7×137
810	$2 \times 3^4 \times 5$	860	$2^2 \times 5 \times 43$	910	$2 \times 5 \times 7 \times 13$	960	$2^6 \times 3 \times 5$
811		861	$3 \times 7 \times 41$	**911**		961	31^2
812	$2^2 \times 7 \times 29$	862	2×431	912	$2^4 \times 3 \times 19$	962	$2 \times 13 \times 37$
813	3×271	**863**		913	11×83	963	$3^2 \times 107$
814	$2 \times 11 \times 37$	864	$2^5 \times 3^3$	914	2×457	964	$2^2 \times 241$
815	5×163	865	5×173	915	$3 \times 5 \times 61$	965	5×193
816	$2^4 \times 3 \times 17$	866	2×433	916	$2^2 \times 229$	966	$2 \times 3 \times 7 \times 23$
817	19×43	867	3×17^2	917	7×131	**967**	
818	2×409	868	$2^2 \times 7 \times 31$	918	$2 \times 3^3 \times 17$	968	$2^3 \times 11^2$
819	$3^2 \times 7 \times 13$	869	11×79	**919**		969	$3 \times 17 \times 19$
820	$2^2 \times 5 \times 41$	870	$2 \times 3 \times 5 \times 29$	920	$2^3 \times 5 \times 23$	970	$2 \times 5 \times 97$
821		871	13×67	921	3×307	**971**	
822	$2 \times 3 \times 137$	872	$2^3 \times 109$	922	2×461	972	$2^2 \times 3^5$
823		873	$3^2 \times 97$	923	13×71	973	7×139
824	$2^3 \times 103$	874	$2 \times 19 \times 23$	924	$2^2 \times 3 \times 7 \times 11$	974	2×487
825	$3 \times 5^2 \times 11$	875	$5^3 \times 7$	925	$5^2 \times 37$	975	$3 \times 5^2 \times 13$
826	$2 \times 7 \times 59$	876	$2^2 \times 3 \times 73$	926	2×463	976	$2^4 \times 61$
827		**877**		927	$3^2 \times 103$	**977**	
828	$2^2 \times 3^2 \times 23$	878	2×439	928	$2^5 \times 29$	978	$2 \times 3 \times 163$
829		879	3×293	**929**		979	11×89
830	$2 \times 5 \times 83$	880	$2^4 \times 5 \times 11$	930	$2 \times 3 \times 5 \times 31$	980	$2^2 \times 5 \times 7^2$
831	3×277	**881**		931	$7^2 \times 19$	981	$3^2 \times 109$
832	$2^6 \times 13$	882	$2 \times 3^2 \times 7^2$	932	$2^2 \times 233$	982	2×491
833	$7^2 \times 17$	**883**		933	3×311	**983**	
834	$2 \times 3 \times 139$	884	$2^2 \times 13 \times 17$	934	2×467	984	$2^3 \times 3 \times 41$
835	5×167	885	$3 \times 5 \times 59$	935	$5 \times 11 \times 17$	985	5×197
836	$2^2 \times 11 \times 19$	886	2×443	936	$2^3 \times 3^2 \times 13$	986	$2 \times 17 \times 29$
837	$3^3 \times 31$	**887**		**937**		987	$3 \times 7 \times 47$
838	2×419	888	$2^3 \times 3 \times 37$	938	$2 \times 7 \times 67$	988	$2^2 \times 13 \times 19$
839		889	7×127	939	3×313	989	23×43
840	$2^3 \times 3 \times 5 \times 7$	890	$2 \times 5 \times 89$	940	$2^2 \times 5 \times 47$	990	$2 \times 3^2 \times 5 \times 11$
841	29^2	891	$3^4 \times 11$	**941**		**991**	
842	2×421	892	$2^2 \times 223$	942	$2 \times 3 \times 157$	992	$2^5 \times 31$
843	3×281	893	19×47	943	23×41	993	3×331
844	$2^2 \times 211$	894	$2 \times 3 \times 149$	944	$2^4 \times 59$	994	$2 \times 7 \times 71$
845	5×13^2	895	5×179	945	$3^3 \times 5 \times 7$	995	5×199
846	$2 \times 3^2 \times 47$	896	$2^7 \times 7$	946	$2 \times 11 \times 43$	996	$2^2 \times 3 \times 83$
847	7×11^2	**897**	$3 \times 13 \times 23$	**947**		**997**	
848	$2^4 \times 53$	898	2×449	948	$2^2 \times 3 \times 79$	998	2×499
849	3×283	899	29×31	949	13×73	999	$3^3 \times 37$
850	$2 \times 5^2 \times 17$	900	$2^2 \times 3^2 \times 5^2$	950	$2 \times 5^2 \times 19$	1000	$2^3 \times 5^3$

Das metrische Maßsystem[1]).

a) Länge.

Die Einheit der Länge ist das Meter. Es stellt mit großer Annäherung den 40000000 Teil des Erdumfanges, über die beiden Erdpole gemessen, dar. Als internationales Urmaß dient ein Maßstab, der aus einer Legierung von 90 vH Platin mit 10 vH Iridium hergestellt ist. Diese Mischung kommt an Festigkeit dem Stahle gleich, hat aber eine verhältnismäßig geringe Wärmeausdehnung (etwa $9\,\mu$ für das Meter und den Grad Celsius).

Untenstehendes Bild zeigt den Querschnitt des Urmeters, das im internationalen Maß- und Gewichtsbüro im Pavillon von Breteuil zu Sèvres bei Paris aufbewahrt wird.

Auf der Mittelrippe sind die nur etwa 0,008 mm starken Begrenzungsstriche der Meterstrecke gezogen, auf jeder Seite dieser Begrenzungsstriche findet sich im Abstand von 0,5 mm je ein weiterer Strich. Die an der am 20. Mai 1875 in Paris abgeschlossenen „Internationalen Meterkonvention" beteiligten 18 Staaten erhielten je eine genaue Nachbildung des internationalen Urmeters in gleicher Form und aus gleicher Legierung. Da geringe Abweichungen unvermeidlich sind, so wurden diese für jedes nationale Urmeter festgestellt.

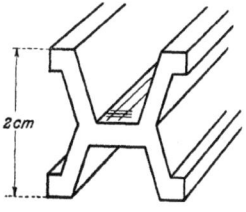

Das deutsche Urmeter (Nr. 18)

$$= 1\,\text{m} - 1{,}7\,\mu + 8{,}642\,\mu \cdot t + 0{,}001\,\mu \cdot t^2.$$

Hierbei ist $t =$ Temperatur des Maßstabes

$\mu =$ Mikron $= 0{,}001$ mm.

Hieraus ergibt sich, daß das von der Reichsanstalt für Maß und Gewicht in Berlin-Charlottenburg aufbewahrte deutsche Urmeter bei 0 Grad gegenüber dem internationalen Urmeter um 0,0017 mm zu kurz ist.

Der Meter-Konvention gehören zur Zeit an: Deutsches Reich, die früheren Österreichisch-Ungarischen Staaten, Belgien, Niederlande, Dänemark, Spanien, Frankreich, Italien, Portugal, Rußland, Schweden, Norwegen, Schweiz, Türkei, Argentinische Republik, Vereinigte Staaten von Nordamerika, Peru, Venezuela, Serbien (1879), Rumänien (1882), Großbritannien (1884), Japan (1885), Mexiko (1890), Bolivia, Brasilien, Chile, Columbia, Costarica, Ecuador, Guatemala, Honduras, Luxemburg, Nicaragua, Paraguay Salvador, Uruguay, China, Tschechoslowakische Republik (1922).

In den meisten Staaten, auch solchen, die nicht zur Meterkonvention gehören, ist das metrische System obligatorisch eingeführt bzw. fakultativ zugelassen. In den früher russischen Staaten und China z. B. befindet es sich jetzt in der Einführung.

Normaltemperatur. § 1 der Maß- und Gewichtsordnung vom 30. Mai 1908 besagt:

> Das Meter ist der Abstand zwischen den Endstrichen des internationalen Meterprototyps bei der Temperatur des schmelzenden Eises.

Für die Annahme dieser Ausgangstemperatur sprechen gewichtige Gründe, da die Temperatur des schmelzenden Eises jederzeit mit voller Sicherheit herzustellen ist und die bei anderen Wärmegraden auftretenden Fehlerquellen der Vorrichtungen zur Temperaturmessung ausgeschaltet sind. Die Ausgangstemperatur von 0° ist auch den gesetzlichen Bestimmungen über das metrische Maßsystem zugrunde gelegt.

Außerdem werden Maßstäbe mit dem Temperaturvermerk „+20° C" zur amtlichen Eichung zugelassen, neben solchen für „0°", der Normaltemperatur der Eichvorschriften.

---

[1]) Ausführlich in W. Block, Maße und Messen. Leipzig, Verlag von B. G. Teubner.

Für die Meßwerkzeuge der deutschen Industrie wurde vom Deutschen Normenausschuß eine Bezugstemperatur von +20° C festgesetzt, d. h. sie müssen bei dieser Temperatur ihrem Nennwert entsprechen; es ist für sie ein Werkstoff zu verwenden, dessen Ausdehnung dem Werte 0,0115 mm für 1 Meter und 1° C möglichst nahekommt (vgl. Seite 92).

Die Meßbehörde (Physikalisch-Technische Reichsanstalt) beglaubigt auf Grund einer Prüfung die von ihr ermittelte Länge der Meßwerkzeuge bei 20° C unter Angabe der Genauigkeit der Ergebnisse für diese Temperatur.

Die auf 20° bezogenen Lehrgeräte müssen an sichtbarer Stelle die Kennzeichnung „20°" oder einen ähnlichen Vermerk tragen.

Maßbezeichnungen:
  a) Nennmaß ist der Maßwert, der auf dem Meßwerkzeug oder für ein Werkstück angegeben ist;
  b) Sollmaß ist die beabsichtigte Maßlänge;
  c) Istmaß ist die tatsächliche Maßgröße bei irgendeiner Temperatur;
  d) Prüfmaß ist der behördlich festgestellte Maßwert bei 20°.

Temperaturbezeichnungen:
  a) Normaltemperatur des metrischen Systems ist die Temperatur des schmelzenden Eises;
  b) Bezugstemperatur ist die Temperatur, bei der die Meßwerkzeuge und Werkstücke ihren Nennwert haben;
  c) Prüftemperatur ist die Temperatur, bei der die Meßwerkzeuge geprüft werden;
  d) Meßtemperatur ist die Temperatur, bei der die Werkstücke der laufenden Fertigung gemessen werden;
  e) Betriebstemperatur ist die Temperatur, welche die eingebauten Werkstücke bei den in Betrieb befindlichen Maschinen und Apparaten annehmen.

b) Masse.

Als Masse eines Körpers bezeichnet man die Menge seines Stoffes oder das Produkt aus seinem Raumgehalt und seiner Dichte, d. h. der Zahl, die angibt, um wieviel schwerer ein Körper ist als der gleiche Rauminhalt an reinem Wasser.

Die Einheit der Masse ist das Kilogramm; es ist nach seiner Definition gleich der Masse eines Kubikdezimeters destillierten Wassers bei seiner größten Dichte (4° C). Das internationale Urkilogramm besteht aus einem Vollzylinder von 39 mm Durchmesser und Höhe, ebenfalls aus Platiniridium, und wird vom internationalen Maß- und Gewichtsbüro aufbewahrt. Gleiche Stücke wurden unter die beteiligten Staaten verteilt und dienen dort als nationale Urmaße. Nach neueren Messungen stimmt das in Paris aufbewahrte Stück nicht genau mit seinem ursprünglichen Definitionswert überein, sondern die Masse eines Kubikdezimeters Wasser ist nur 0,999973 kg.

Das deutsche Urkilogramm (Nr. 22), das, ebenso wie das Urmeter (Nr. 18), von der Physikalisch-Technischen Reichsanstalt in Berlin aufbewahrt wird, hat die Masse von 1,000000002 kg bei einem Raumgehalt von

$$46{,}403\ (1 + 0{,}000025859 \cdot t + 0{,}0000000065\ t^2)\ \text{cm}^3.$$

t bedeutet hierin die jeweilige Beobachtungstemperatur.

c) Raummaß.

Die Einheit hierfür ist das **Kubikdezimeter** oder **Liter.** Das Liter ist der Raum von 1 kg Wasser größter Dichte. Genau genommen ist also beides nicht gleichwertig. Nach dem Vorhergesagten wiegt ein Kubikdezimeter Wasser nur 0,999973 kg, d. h. ein Liter ist um 27 mm³ größer als ein Kubikdezimeter. Für den Gebrauch ist dieser Unterschied aber belanglos.

Abkürzungen der metrischen Maße.

a) Nach dem Comité International des Poids et Mesures (Procès-verbaux 1879, S. 41) und DIN 1301.
b) Nach den Vorschriften des Deutschen Bundesrates (Zentralblatt für das Deutsche Reich vom 26. Januar 1912).
   In Deutschland sind jetzt auch die unter a) aufgeführten Abkürzungen zugelassen, soweit die betr. Maßgrößen erlaubt sind. (S. auch S. 71.)
c) Bezeichnungen, gültig für Österreich, festgesetzt durch Handelsministerialerlaß vom 12. April 1886 Z. 11356 (vgl. „Maß- und Gewichtswesen und der Eichdienst in Österreich" von Dr. Ritter v. Thaa).

Längenmaße.

Benennung	a	b	c	Vergleichswerte	Potenzwerte auf cm bezogen
Mikron	μ			0,001 mm	10^{-4} cm
(Millimikron	$\mu\mu$			0,001 μ	10^{-7} ,,
Millimeter	mm	mm	mm	1000 μ; (1 000 000 $\mu\mu$)	10^{-1} ,,
Zentimeter	cm	cm	cm	10 mm	1 ,,
Dezimeter	dm	dm	dm	10 cm; 100 mm	10 ,,
Meter	m	m	m	10 dm; 100 cm; 1000 mm; 1 000 000 μ	10^2 ,,
Kilometer	km	km	km	1000 m; 1 000 000 mm	10^5 ,,
Myriameter			μm	10 km; 10000 m	10^6 ,,

Flächenmaße.

Benennung	a	b	c	Vergleichswerte	Potenzwerte auf cm² bezogen
Quadratmillimeter	mm²	qmm	mm²		10^{-2} cm²
Quadratzentimeter	cm²	qcm	cm²	100 mm²	1 ,,
Quadratdezimeter	dm²	qdm	dm²	100 cm²; 10000 mm²	10^2 ,,
Quadratmeter	m²	qm	m²	100 dm²; 10000 cm²; 1 000 000 mm²	10^4 ,,
Ar	a	a	a	100 m²	10^6 ,,
Hektar	ha	ha	ha	100 a; 10000 m²	10^8 ,,
Quadratkilometer	km²	qkm	km²	1 000 000 m²	10^{10} ,,
Quadrat-Myriameter			μm²	100 km²	10^{12} ,,

Raummaße.

Benennung	a	b	c	Vergleichswerte	Potenzwerte auf cm³ bezogen
Kubikmillimeter	mm³	cmm	mm³		10^{-3} cm³
Kubikzentimeter	cm³	ccm	cm³	1000 mm³	1 ,,
Kubikdezimeter	dm³	cdm	dm³	1000 cm³; 1 000 000 mm³; = 1 l	10^3 ,,
Kubikmeter (Ster)	m³	cbm	m³	1000 dm³; 1000 l; 10 hl	10^6 ,,
Hektoliter	hl	hl	hl	100 l; 100 dm³	10^5 ,,
Liter	l	l	l	1 dm³; $^1/_{100}$ hl	10^3 ,,
Deziliter	dl		dl	$^1/_{10}$ l; 100 cm³	10^2 ,,
Zentiliter	cl		cl	$^1/_{100}$ l; 10 cm³	10^1 ,,
Milliliter	ml	ml		$^1/_{1000}$ l; 1 cm³	1 ,,
(Mikroliter	λ)			$^1/_{1000}$ ml; 1 mm³	10^{-3} ,,

Massen (Gewichte).

Benennung	a	b	c	Vergleichswerte	Potenzwerte auf g bezogen
(Mikrogramm	γ)			0,001 mg	10^{-6} g
Milligramm	mg	mg	mg	1000 γ	10^{-3} ,,
Zentigramm	cg		cg	10 mg	10^{-2} ,,
Dezigramm	dg			10 cg	10^{-1} ,,
Gramm	g	g	g	10 dg; 100 cg; 1000 mg	1 ,,
Dekagramm			dkg	10 g	10^1 ,,
Hektogramm		hg		100 g	10^2 ,,
Kilogramm	kg	kg	kg	1000 g; 2 Pfund ($\mathscr{U}$)	10^3 ,,
Doppelzentner (metrischer Zentner)		dz	q	100 kg; 200 Pfund	10^5 ,,
Tonne	t	t	t	1000 kg; 10 dz	10^6 ,,

Fehlergrenzen der wichtigsten zur amtlichen Eichung zugelassenen Meßgeräte.

(Vgl. Eichordnung für das Deutsche Reich vom 8. November 1911.
Neudruck mit Ergänzungen und Änderungen bis 29. Oktober 1926.)

Die **Eichfehlergrenzen** gelten für die erstmalige Eichung der Geräte, die **Verkehrsfehlergrenzen** für alle Nacheichungen und für die im eichpflichtigen Verkehr zulässigen Abweichungen von der Richtigkeit.

Das **Stempelzeichen** ist ein gewundenes Band, dem die Buchstaben D R (Deutsches Reich) bzw. K B (Königreich Bayern) (seit 1. I. 1921 FB [Freistaat Bayern]) eingeschrieben sind. Ihm ist in Zahlenform die Nummer des Eichamtes eingefügt. Bei Genauigkeitsgeräten befinden sich zwischen beiden Buchstaben ein sechsstrahliger Stern. Dem Eichstempel wird das Jahreszeichen, bestehend aus den letzten beiden Ziffern der Jahreszahl, in Schildumrahmung beigefügt.

Bei allen unten aufgeführten Geräten beträgt die **Gültigkeit des Eichstempels** 2 Jahre, vom Ablauf des Kalenderjahres an gerechnet, in dem die letzte Eichung ausgeführt ist, bei Waagen für Lasten von 3000 kg und darüber, sowie fest fundamentierten Waagen 3 Jahre.

I. Längenmaße.

A. Fehlergrenzen der Gesamtlänge.

Gattung	Länge m	Fehlergrenze mm
Maßstäbe aus Metall	10 bis einschl. 7 6 „ „ 4 3 und 2 1 0,5 0,2 0,1	3 2 1 0,5 0,25
Maßstäbe aus anderem Material	10 bis einschl. 1 0,5 0,2 und 0,1	das Doppelte wie oben 0,5 0,25
Bandmaße	50 und 40 30 bis einschl. 20 15 10 bis einschl. 7 6 „ „ 4 3 und 2 1 0,5	8 6 4 3 2 1 0,75 0,5
Genauigkeitsmaßstäbe	5 und 4 3 und 2 1 0,5 0,2 0,1	0,4 0,2 0,1 0,05

B. Fehlergrenzen der Einteilung.

Bei Maßen von mehr als 3 m Länge für den Abstand irgendeiner Einteilungsmarke von dem ihr nächsten Ende der Maßlänge die Hälfte des zulässigen Fehlers der Gesamtlänge. —

Bei Maßen von 3 m und weniger für den Abstand irgendeiner Einteilungsmarke von dem einen wie von dem anderen Ende der Maßlänge den vollen Betrag des zulässigen Fehlers der Gesamtlänge. —

Bei Maßen jeder Größe für den Unterschied der Länge benachbarter Zentimeter und halber Zentimeter 0,5 mm (bei Genauigkeitsmaßen 0,2 mm) für den Unterschied der Länge benachbarter Millimeter und halber Millimeter 0,1 mm.

II. Dickenmaße (Kluppmaße).

A. Fehlergrenzen der Gesamtlänge.

Gattung	Länge m	Fehlergrenze mm
Kluppmaße aus Metall	2 bis einschl. 1,6 1,5 „ „ 0,6 0,5 und weniger	1 0,5 0,25
Kluppmaße aus anderem Material	2 bis einschl. 1,6 1,5 „ „ 0,9 0,8 „ „ 0,6 0,5 0,4 0,3 0,2 und 0,1	2 1 0,75 0,5 0,25

B. Fehlergrenzen für den Abstand der freien Enden der Kluppstäbe,
wie er sich durch Vergleich mit dem an dem Maßstab abgelesenen Abstande dieser Stäbe ergibt.
1. Bei den Kluppmaßen aus **Holz** das Dreifache,
2. bei den **übrigen** das Doppelte des zulässigen Fehlers der Gesamtlänge.

C. Fehlergrenzen für die Einteilung.
1. Für den Abstand irgendeiner Einteilungsmarke von dem Anfange (Nullende) der Maßlänge den vollen Betrag des Fehlers der Gesamtlänge.
2. Wie bei I B 3.
Verkehrsfehlergrenzen bei I und II stets das Doppelte der obigen Beträge, nur bei Genauigkeitsmaßen die gleichen Beträge.

III. Gewichte.

a) Fehlergrenze für Handelsgewichte.   b) Fehlergrenze für Genauigkeitsgewichte.

Gewicht	a	b	Gewicht	a	b	Gewicht	a	b
50 kg	10 g	2,5 g	125 g	70 mg	35 mg	500 }		
20 „	4 „	2 „	100 „	60 „	30 „	200 } mg	—	1 mg
10 „	2,5 „	1,25 „	50 „	50 „	25 „	100 }		
5 „	1,25 „	0,625 „	20 „	30 „	15 „	50 }		
2 „	0,6 „	0,3 „	10 „	20 „	10 „	20 } „	—	0,5 „
1 „	0,4 „	0,2 „	5 „	16 „	6 „	10 }		
500 g	250 mg	125 mg	2 „	12 „	3 „	5 „	—	0,25 „
250 „	125 „	65 „	1 „	10 „	2 „	2 „	—	0,2 „
200 „	100 „	50 „				1 „	—	0,1 „

Verkehrsfehlergrenzen stets das Doppelte der obigen Sätze.

IV. Waagen[1]).

A. Empfindlichkeit.

Nachstehende Zulagen müssen nach Aufbringung der größten zulässigen Last noch einen deutlich sichtbaren Ausschlag bewirken:

Gattung	Größte zulässige Last	Zulage
Gleicharmige Waagen	100 g und weniger 200 g bis 5 kg 10 kg und mehr	2 mg für 1 „ } jedes g 0,5 „
	100 g bis 200 g 5 kg bis 10 kg	200 mg 5 g
Ungleicharmige Waagen	n kg	$n \cdot 0,6$ g
Einfache Balkenwaagen mit Laufgewicht und Skala	n kg	n g
Zusammengesetzte Balkenwaagen und Brückenwaagen mit Laufgewicht und Skala	n kg	$n \cdot 0,6$ g

Nach Aufbringung des 10. Teiles der höchsten zulässigen Last muß der 5. Teil der obigen Zulagen noch einen deutlich sichtbaren Ausschlag hervorrufen.

B. Die Abweichung des Hebelverhältnisses

der Waage von dem ihrer Gattung zukommenden Wert (gleicharmige Waagen 1 : 1, Dezimalwaagen 1 : 10, Zentesimalwaagen 1 : 100, Laufgewichtswaagen nach den Angaben der Skala) muß nach Aufbringung der größten zulässigen Last und deren 10. Teil durch einen Gewichtsbetrag ausgeglichen werden, der nicht größer ist als die oben erwähnten Zulagen.

Für **Genauigkeitswaagen** für 10 g und weniger betragen die Zulagen nur ein Viertel, von 20 g bis 5 kg ein Fünftel der entsprechenden oben angegebenen Beträge, für 10 g aber nicht mehr als 20 g . . . . . . 10 mg.
Verkehrsfehlergrenzen sind stets das Doppelte der obigen; für Waagen von 3000 kg und mehr, sowie fest fundamentierte Waagen das gleiche wie die obigen.
Für **selbsttätige** Waagen sind besondere Vorschriften erlassen.

---

[1]) Schreibweise der Phys.-Techn. Reichsanstalt, des Reichspatentamts und der Waagenindustrie.

Fehlergrenzen nach den Festlegungen des deutschen Normenausschusses.

Parallelendmaße mit rechteckigem Querschnitt DIN 861.
(Noch nicht endgültig.) Bezugstemperatur 20°.

Länge des Endmaßes mm	Genauigkeitsgrad 1 Zulässige Abweichungen in μ			Genauigkeitsgrad 2 Zulässige Abweichungen in μ		
	Mittenmaß ±	Parallelität ±	Ebenheit ±	Mittenmaß ±	Parallelität ±	Ebenheit ±
unter 30	0,3	3	0,1	—	—	—
30 bis unter 60	0,4	3	0,1	—	—	—
60 ,, ,, 80	0,5	3	0,1	—	—	—
80 ,, ,, 90	0,6	3	0,1	—	—	—
90 ,, ,, 100	0,7	3	0,1	—	—	—
unter 20	—	—	—	0,8	0,6	0,2
20 bis unter 40	—	—	—	0,9	0,6	0,2
40 ,, ,, 60	—	—	—	1,0	0,6	0,2
60 ,, ,, 80	—	—	—	1,2	0,6	0,2
80 ,, ,, 100	—	—	—	1,4	0,6	0,2
100 ,, ,, 150	1,0	0,4	0,15	2,0	0,8	0,2
150 ,, ,, 200	1,3	0,4	0,15	2,6	0,8	0,2
200 ,, ,, 250	1,7	0,5	0,15	3,3	1,0	0,2
250 ,, ,, 300	2,0	0,5	0,15	4,0	1,0	0,2
300 ,, ,, 350	2,3	0,6	0,15	4,6	1,2	0,2
350 ,, ,, 400	2,7	0,6	0,15	5,3	1,2	0,2
400 ,, ,, 450	3,0	0,7	0,15	6,0	1,4	0,2
450 ,, ,, 500	3,3	0,7	0,15	6,6	1,4	0,2
500 und darüber	$\frac{1}{3} \cdot 10^{-5} \cdot L$	1,0	0,15	$\frac{2}{3} \cdot 10^{-5} \cdot L$	2,0	0,2

Es werden auch Endmaße mit noch höherer Genauigkeit geliefert, deren zulässige Abweichungen gleich der Hälfte der Werte des Genauigkeitsgrades 1 sind.

Schraublehren nach DIN 863 (Ausgabe April 1925).
Bezugstemperatur 20°.

Größte Meßlänge mm	Gesamtfehler der Schraublehren in μ		Fehler der Meßflächen bei Genauigkeitsgrad 1 Zahl der Interferenzstreifen		Aufbiegung je kg Meßdruck
	Genauigkeitsgrad 1	Genauigkeitsgrad 2	Schraublehren mit Bügel	Schraublehren ohne Bügel	
25	4	8	2	1	2
50	4	8	3	1,5	2
75	4	8	4	2	3
100	4	8	4	2	3
125	5	9	5	2,5	4
150	5	9	5	2,5	4

Unter den Gesamtfehlern der Schrauben sind die Fehler zu verstehen, die bei der Prüfung der Schrauben mit Parallelendmaßen festgestellt werden. Der größte Unterschied der dabei auftretenden Fehler (also der größte senkrechte Abstand irgend zweier Punkte der Fehlerkurve) darf die genannten Beträge nicht überschreiten. Die Fehler gelten für Schrauben mit einem Verstellbereich bis 25 mm. Sie dürfen auch bei solchen Schrauben nicht überschritten werden, deren Fehler durch eine Einstellvorrichtung ausgeglichen werden können. Für Schraublehren ohne Bügel gelten die Zahlen für einen Verstellbereich von 25 und 50 mm.

Strichmaße nach DIN.

Bezugstemperatur 20°.

Hauptnormale DIN 864 (Ausgabe vom April 1925).

Fehlergrenzen werden nicht festgelegt. Im allgemeinen muß aber eine Bestimmung der Fehler durch behördliche Prüfung stattfinden.

Richtlinien der Fehlergrenzen bis 1000 mm Meßlänge:

In der Gesamtmeßlänge ... ±5 μ.

Bei der Temperatur, bei der der Fehler in der Gesamtlänge Null wird, soll kein Strich von seiner richtigen Lage um mehr abweichen als ... ±3 μ.

Kein Zwischenraum zwischen zwei im Höchstabstande von 1 mm aufeinanderfolgenden Strichen darf einen größeren Fehler haben als ... ±4 μ.

Bei Längen über 1000 mm sind die Fehlergrenzen proportional der Meßlänge.

	Normale DIN 865		Werkstattmaßstäbe DIN 866	
	Genauigkeitsgrad 1	Genauigkeitsgrad 2	Genauigkeitsgrad 1	Genauigkeitsgrad 2
In der Gesamtmeßlänge [bis 500 mm Länge[1])]	±5 μ	±10 μ	±50 μ	±125 μ
Bei der Temperatur, bei der der Fehler in der Gesamtmeßlänge Null wird, darf kein Strich von seiner richtigen Lage um mehr abweichen als [bis 1000 mm Länge[1])]	±3 μ	±10 μ	±50 μ	±150 μ
Kein Zwischenraum zwischen zwei im Höchstabstande von 1 mm aufeinanderfolgenden Strichen darf einen größeren Fehler haben als [bis 1000 mm Länge[1])]	±7 μ	±15 μ	—	—

Bei Normalen des Genauigkeitsgrades 1 ist eine Bestimmung der Fehler im allgemeinen durch behördliche Prüfung zweckmäßig. Eine Bestimmung der Ausdehnungszahl ist unbedingt erforderlich, wenn der Maßstab bei außergewöhnlichen Temperaturen verwendet wird.

---

[1]) Bei größeren Längen sind die Fehlergrenzen proportional der Meßlänge.

Maße und Gewichte
(Das metrische Maßsystem

Länder-namen	Längenmaße	1 m =	Flächenmaße	1 m² =
China (das metrische System ist in Einführung)	1 Tschi (Covid, Fuß) als Feldmaß = 0,3196 m n.Vertr.m.Engl.= 0,3581m als Handelsmaß = 0,373 m 1 Tschi zu 10 Tsun (Zoll) zu 10 Fên (Linie) zu 10 Li zu 10 Hao 1 Pu (Doppelschritt) = 5 Tschi 1 Tschang (Rute) = 10 Tschi 1 Li (Meile) = 180 Faden = 0,5755 km	3,125 2,793 2,681	1 Mau = 631 m² 1 King = 0,2453 ha 1 ha = 4,0766 King Seidenzeug nach Gewicht	$\frac{1,5848}{1000}$
Frankreich	metrisch, früher: 1 Pariser Fuß = 0,324 839 m (1 m = 443,296 Par. Lin.)	3,0784 0,002 2558	metrisch	
Griechenland	metrisch 1 griechische Meile = 10 km	0,0001	metrisch 1 Stremma = 10 a	0,001
England (das metrische Maß und Gewicht sind zugelassen)	1 Zoll, Inch (16- od. 12teilig) = 2,539 998 cm 1 Fuß (= 12 Zoll) = 0,304 799 76 m 1 Yard¹) (= 3 Fuß) = 0,914 399 2 m 1 Fathom = 2 Yards = 6 Fuß = 72 Zoll = 1,828 798 m 1 Chain zu 100 Links zu 7,92 Inches = 20,12 m 1 Statute Mile zu 8 Furlongs zu 40 Ruten zu 2,75 Fathoms zu 2 Yards = 1760 Yards = 1,609 342 59 km Gewöhnl. engl. Meile = 5000 F. = 1,523 986 km Die Normaltemperatur, bei der ein englischer Maßstab seinem Nennwert entsprechen soll, beträgt +62° F (= 16²/₃° C). Kaufmännisch 12 Yards = 11 m	39,37 3,2809 1,0936 0,5468 0,0497	1 Qu.-Zoll = 6,4516 cm² 1 Qu.-Fuß = 0,092 90 m² 1 Qu.-Yard = 0,8361 m² 1 Acre = 160 Qu.-Ruten = 4848 Qu.-Yard = 40,4671 a 1 Yard of land = 30 Acres = 12,1401 ha 1 Hide of land = 100 Acres = 40,467 ha 1 Mile of land = 640 Acres = 2,59 km² 1 ha = 2,471 Acres = 0,02471 Hide of land = 0,0824 Yard of land = 0,003 861 Mile of land	15,50 10,7643 1,196 17
Ostindien (britisch)	1 Guz zu 2 Hat zu 24 Angli = 1 engl. Yard = 0,9144 m 1 Meile zu 1000 engl. Faden zu 4 Cubits oder 2 Bombay-Guz = 1,8288 km 1 Cubit (Madras) = 0,4572 m 1 Guz (Bombay) = 0,6858 m 1 Guz (Bengalen) = 0,9144 m Im Großhandel d. engl. Yard	1,0936 2,1872 1,4582 1,0936	1 Qu.-Yard = 0,8361 m² 1 Acre = 40,4671 a 1 Qu.-Fuß = 0,0929 m² 1 Qu.-Cubit = 0,209 m² 1 Qu.-Guz (Bombay) = 0,4703 m² 1 Qu.-Meile = 3,3444 km²	1,196 17 10,7643 4,7847 2,1262
Japan	metrisch und englisch 1 Shaku (Fuß) zu 10 Sun (Zoll) zu 10 Bu (Linien) zu 10 Mo = 0,303 m 1 Ri (Meile) zu 36 Tchô zu 60 Ken zu 6 Shaku = 3,927 27 km 1 Shaku für Stoffe = 0,3788 m	3,3003 2,6385	metrisch und englisch 1 Qu.-Tchô zu 10 Tan zu 10 Se zu 30 Tsubo zu 36 Qu.-Shaku = 0,99174 ha 1 ha = 1,00833 Qu.-Tchô	

¹) 1 yard = 0,9143992 m, veröffentlicht z. B. in „Mitteilungen der Kaiserl. Normaleichungskommission", II. Reihe, S. 234. Daraus folgt 1 inch (Zoll) = 1/₃₆ yard = 25,39998 mm, also 1 m = 1,09361426 yard (nach Vergleichungen im Bur. Int. des P. et M. zwischen dem Prototypmeter und 2 Kopien des engl. Yard-Urmaßes). Bezugstemperatur des engl. Zollmaßes = 16²/₃° C.

verschiedener Länder.
siehe S. 53 bis 55. (Z. T. nach „Hütte".)

Raummaße	1 hl =	Gewichte	1 kg =	Länder-namen
1 Tschi Getreide zu 10 Sching = 1,031 hl 1 Sai Getreide zu 2 Hwo zu 10 Sching = 1,2243 hl (Getreide und Flüssigkeiten sonst meist nach Gewicht.)	0,9708 0,8168	1 Tael (Unze, liang) = 37,783 g 1 Picul (Zentner, tan) = 100 Catties (Pfund) = 60,453 kg 1 Catty = 16 Taels = 604,53 g Dezimale Unterteilung des Tael in Mace = Tschien, Candareen = Fên, Cash = li, hao.	26,467 $\frac{1,6542}{100}$	**China** (das metrische System ist in Einführung)
metrisch 1 Stère = 1000 l	0,1	metrisch		**Frankreich**
metrisch 1 Kiló = 1 hl	1	metrisch 1 Stater = 56,32 kg	$\frac{1,77556}{100}$	**Griechenland**
1 Kub.-Zoll = 16,386 cm³ 1 Kub.-Fuß = 0,028317 m³ 1 Kub.-Yard = 0,7645 m³ 1 Register-Ton = 100 Kub.-Fuß = 2,832 m³ 1 Imperial Gallon v. 277,2738 Kub.-Zoll = 4,5435 l¹) 1 alter (Winchester-) Gallon von 231 Kub.-Zoll = ⁵/₆ Imp. Gallon = 3,785 203 l 1 Last zu 10 Quarters zu 8 Bushels zu 4 Peks zu 2 Gallons = 29,078 924 hl 1 Barrel zu 2 Kilderkin zu 2 Firkin zu 9 Gallons = 1,635 hl 1 Anker = 10 Imp. Gallons von 1824 = 0,454 35 hl 1 Tun zu 2 Pipes (Butts) zu 2 Hogsheads zu 63 Gallons = 11,45 hl	6103 3,53166 0,13080 0,03532 22,01 26,42 0,0344 0,6116 2,2009 0,0873	1 Pfd. avoirdupoids (lbs.) [Handelsgewicht] zu 16 Ounces zu 16 Drams = 0,453 592 kg = 7000 Troygrains 1 Troypfund [Gold-, Silber- und Münz-, sowie Apothekergewicht] zu 12 Ounces zu 20 Pennyweights (dw) = 5760 Grains = 0,373 242 kg 1 Schiffston (short ton, Kanada, Ver. St. [siehe d.]) = 2000 Pfund (lbs.) = 907,1853 kg 1 Ton (long ton) = 20 Hundred- (cent-) weight zu 4 Quarters zu 28 Pfund (= 2240 lbs.) = 1016,0475 kg	2,20462 2,67923 1,10231 $\overline{1000}$ 0,984 206 $\overline{1000}$	**England** (das metrische Maß und Gewicht sind zugelassen)
Flüssigkeiten nach engl. Imperial Gallons oder, wie Getreide, nach Gewicht. 1 Khahoon (Bengalen) zu 16 Soallees wiegt 1354,73 kg 1 Kandry Reis (Bombay) wiegt 97,95 kg 1 Garce (Madras) zu 80 Parahs zu 5 Markals = 4,916 m³	1 kg = $\frac{0,73815}{1000}$ 0,0102	1 Bazar Maund zu 40 Sihrs (Seers) zu 16 Chittaks zu 5 Tolas = 37,324 kg 1 Faktorei Maund = 33,868 kg 1 Madras Maund = 11,34 kg 1 Bombay Maund zu 40 Sihrs zu 30 Parahs = 12,70 kg	0,02679 0,02953 0,08818 0,07874	**Ostindien** (britisch)
metrisch und englisch 1 Sho zu 10 Go zu 10 Sai zu 10 Satsu = 1,803 907 l 1 Koku zu 10 To zu 10 Sho = 1,803 907 hl	1 hl = 55,44 0,5544	metrisch und englisch 1 Kin zu 160 Momme zu 10 Fun zu 10 Rin zu 10 Mô = 0,600 kg 1 Kwan zu 1000 Momme = 3,7565 kg	1,667 0,26619	**Japan**

¹) Imperial Gallon von 1824. Mit der Jahreszahl 1890 wird 1 Imperial Gallon zu 277,463 Kub.-Zoll = 4,546 509 l angegeben; 1 l = 0,219949 Imperial Gallons. Hieraus ergibt sich 1 hl = 2,7466 Bushel; 1 Bushel = 0,3637 hl. 1 Imperial Gallon zu 4 Quarts zu 2 Pints zu 4 Gills.

Maße und Gewichte
Das metrische Maßsystem

Länder-namen	Längenmaße	1 m =	Flächenmaße	1 m² =
Rußland[1]) (in Finnland und den Ostseeprovinzen besondere Maße und Gewichte)	metrisch, engl. Fußmaß 1 Saschehn (zu 7 Fuß oder zu 3 Arschin zu 16 Werschock) = 2,133 57 m 1 russ. Fuß = 1 engl. Fuß (Zoll 10 teilig) 1 Werst zu 500 Saschehn = 1,066 781 km 1 Meile zu 7 Werst = 7,467465 km 1 km = 0,9374 Werst = 0,1339 Meilen	0,4687	metrisch, engl. Fußmaß 1 Dessätine zu 2400 Qu.-Saschehn = 1,0925 ha 1 Qu.-Saschehn = 9 Qu.-Arschin = 2304 Qu.-Werschok = 4,5521 m² 1 Qu.-Werst = 1,138 02 km² 1 Lofstelle ∞ ¹/₂ Dessätine 1 ha = 0,9153 Dessätine 1 km² = 0,87872 Qu.-Werst	0,21968
Schweden	metrisch, früher: 1 Famn zu 3 Alen zu 2 Fuß zu 10 Zoll = 1,7814 m 1 Fuß = 0,296 901 m 1 Meile = 10,6886 km	0,5614 3,36813 0,0936	metrisch, früher: 1 Tunnland zu 2 Spanland zu 16 Kappland zu 3¹/₂ Kannland = 56000 Qu.-Fuß = 0,493641 ha 1 ha = 2,02 576 Tunnland	
Vereinigte Staaten von Nordamerika (das metrische Maß und Gewicht sind zugelassen)	englisch, jedoch: 1 yard = 0,914 402 = $\frac{3600}{3937}$ m 1 amer. Zoll = 25,400 051 mm Justiertemperatur für amer. Yardmaße +20° C 1 Statute Mile = 1,609 32 km 1 Naut. M. = 1,854 96 km 1 League = 3 Naut. Miles oder = 3 Statute Miles 1 km = 0,6214 Statute Mile = 0,5391 Naut. Mile	1,093 611	englisch 1 Qu.-Meile (Sektion) = 2,5899 km² 1 Township zu 36 Sektionen = 93,236 km² 1 km² = 0,3861 Qu.-Meile = 0,01 073 Township	

Internationale Längenmaße:
1 geogr. Meile = 7420,4 m (15 Meilen = 1° des Äquators).
1 deutsche, österreichische und französische Seemeile ist gleich der mittleren Länge einer Bogenminute des Erdmeridians = 1852 m = 6076,23 engl. Fuß.
(1 Knoten = 1 engl. Seemeile (admiralty knot) = 1853,2 m = 6080 engl. Fuß.)

Internationales Gewicht:
1 Karat (Einheit der Juwelengewichte) = 200 mg; vgl. Mitt. d. Physik. Techn. Reichsamt, Abt. I f. Maß u. Gewicht 1927, S. 27.

Alte

	Baden und Schweiz	Bayern	Österreich
Längenmaß	1 Fuß = 0,3000 m 1 m = 3,3333 Fuß 1 Fuß zu 10 Zoll zu 10 Linien 10 Fuß = 1 Rute	1 Fuß = 0,29186 m 1 m = 3,42631 Fuß 1 Fuß zu 12 Zoll zu 12 Linien 10 Fuß = 1 Rute	1 Fuß = 0,3161 m 1 m = 3,1637 Fuß 1 Fuß zu 12 Zoll zu 12 Linien 12 Fuß = 1 Rute
Feldmaß	1 Morg. (Juchart) = 36 a 1 ha = 2,7778 Morgen 1 Morgen = 400 Qu.-Ruten	1 Tagwerk = 34,0727 a 1 ha = 2,9349 Tagwerk 1 Tagwerk = 100 Dezimal = 400 Qu.-Ruten	1 Wiener Joch = 57,5464 a 1 ha = 1,7377 Joch 1 Joch = 300 Qu.-Ruten
Gewicht	1 Pfund = 0,5 kg 1 kg = 2 Pfund [1839] 1 Pfund = 0,467 711 kg (bis 1 kg = 2,1381 Pfund	1 Pfund = 0,56 kg 1 kg = 1,7857 Pfund	1 Pfund = 0,56 kg 1 kg = 1,7857 Pfund

[1]) Das metrische System ist in Einführung.

verschiedener Länder.

siehe S. 53 bis 55. (Z. T. nach „Hütte".)

Raummaße	1 hl =	Gewichte	1 kg =	Länder-namen
metrisch, engl. Fußmaß 1 Kub.-Saschehn = 9,7123m^3 1 Botscka zu 40 Wedro zu 100 Tscharka = 4,9195 hl 1 Krutschka (Stoof) = 1,22989 l 1 Tschetwert zu 8 Tschetwerik zu 8 Garnitzi = 2,099 hl 1 Wedro (Eimer) = $^1/_{40}$ Botscka (Faß) = 10 Stoof = 20 Flaschen = 12,299 l	0,1030 10 0,2033 81,31 0,4764	1 Pfund = 0,409 511 kg 1 Pud zu 40 Pfund zu 32 Lot zu 3 Solotnik zu 96 Doli = 16,38046 kg 1 Tonne zu 6,2 Berkowitz zu 10 Pud = 1015,5 kg 1 Last = 2025,44 kg	2,44193 0,06105 0,9847 1000 0,4937 1000	**Rußland**[1]) (in Finnland und den Ostsee-provinzen besondere Maße und Gewichte)
metrisch, früher: 1 Ahm zu 6 Kub.-Fuß zu 10 Kannen = 1,570313 hl 1 Tonne = 1,6489 hl	0,6368 0,6065	metrisch, früher: 1 Zentner zu 100 Skålpund zu 100 Ort = 42,507 58 kg 1 Schiffspfund = 170,028 kg 1 Schiffslast = 5760 Pfund = 2450 kg	0,02352 5,88138 1000 0,40816 1000	**Schweden**
altenglisch 1 (Wein-)Gallon zu 4 Quarts zu 2 Pints zu 4 Gills zu 4 Fluid Ounces = 3,7852 l 1 Trocken-Gall.(Getreidem.) von 268,803 Kub.-Zoll = 4,4046 l (1 Bushel = 8 Trocken-Gall.) 1 gehäuft. Gallon = 1$^1/_4$ Trocken-Gallons 1 Barrel Petroleum zu 42 Gallons = 1,5898 hl 1 Barrel Bier zu 31 Gallons = 1,173 hl	26,42 22,70 0,6291 0,8525	englisch 1 Hundred-weight häufig (z. B. in New York) zu 4 Quarters zu 25 Pfund = 45,359 kg 1 Ton (short ton) zu 2000 Pfund (lbs.) = 907,1853 kg 1 long ton zu 2240 Pfund (lbs.) = 1016,0475 kg 1 Barrel Mehl zu 196 Pfund = 88,9 kg 1 Barrel Fleisch zu 200 Pfund = 90,72 kg 1 Barrel Salz = 280 Pfund 1 Humpheon Maismehl zu 800 Pfund = 362,88 kg	2,2046 3 100 1,10231 1000 0,984206 1000 1,125 100 1,1023 100 2,756 1000	**Vereinigte Staaten von Nord-amerika** (das metrische Maß und Gewicht sind zuge-lassen)

Schiffmaß:
1 Reg.-Ton = 100 engl. Kub.-Fuß = 2,832 m^3; 1 m^3 = 0,353 Reg.-Ton.
Bruttotonnengehalt = Gesamtinhalt aller Schiffsräume einschließlich Aufbauten.
Nettotonnengehalt = Inhalt des nutzbaren Schiffsraumes = Bruttotonnengehalt weniger die zum Betrieb nötigen Räume.

Maße.

Preußen	Sachsen (Königreich)	Württemberg	
1 Fuß (sog. rheinl.) = 0,3139 m 1 m = 3,1862 Fuß 1 Fuß zu 12 Zoll zu 12 Linien 12 Fuß = 1 Rute	1 Fuß = 0,2832 m 1 m = 3,5312 Fuß 1 Fuß zu 12 Zoll zu 12 Linien 15$^1/_6$ Fuß = 1 Rute	1 Fuß = 0,2865 m 1 m = 3,4905 Fuß 1 Fuß zu 10 Zoll zu 10 Linien 10 Fuß = 1 Rute	Längen-maß
1 Morgen = 25,53225 a 1 ha = 3,9166 Morgen 1 Morgen = 180 Qu.-Ruten	1 Acker = 55,3423 a 1 ha = 1,8069 Acker 1 Acker = 300 Qu.-Ruten	1 Morgen = $^2/_3$ Jauchert = 31,517 a 1 ha = 3,1729 Morgen 1 Morgen = 384 Qu.-Ruten	Feldmaß
1 Pfund = 0,5 kg 1 kg = 2 Pfund	1 Pfund = 0,4676 kg 1 kg = 2,1386 Pfund	1 Pfund = 0,4677 kg 1 kg = 2,1380 Pfund	Gewicht

[1]) Das metrische System ist in Einführung.

Englische Zoll = Millimeter.

Die Umrechnungswerte gelten für die Lehrgeräte der deutschen Industrie mit der Bezugstemperatur 20° C. Bezugstemperatur des engl. Zollsystems 16²/₃°. Längenausdehnung des Stahls für 1° C und 1 m Länge = 0,0000115 m; demnach Umrechnungswert = 25,40095 mm.

Zoll	0	1/16	1/8	3/16	1/4	5/16	3/8	7/16	Zoll
0	0,006	1,588	3,175	4,763	6,350	7,938	9,525	11,113	0
1	25,401	26,989	28,576	30,164	31,751	33,339	34,926	36,514	1
2	50,802	52,389	53,977	55,565	57,152	58,740	60,327	61,915	2
3	76,203	77,790	79,378	80,966	82,553	84,141	85,728	87,316	3
4	101,60	103,19	104,78	106,37	107,95	109,54	111,13	112,72	4
5	127,00	128,59	130,18	131,77	133,36	134,94	136,53	138,12	5
6	152,41	153,99	155,58	157,17	158,76	160,34	161,93	163,52	6
7	177,81	179,39	180,98	182,57	184,16	185,74	187,33	188,92	7
8	203,21	204,80	206,38	207,97	209,56	211,15	212,73	214,32	8
9	228,61	230,20	231,78	233,37	234,96	236,55	238,13	239,72	9
10	254,01	255,60	257,18	258,77	260,36	261,95	263,53	265,12	10
11	279,41	280,90	282,59	284,17	285,77	287,35	288,94	290,52	11
12	304,81	306,40	307,99	309,57	311,16	312,75	314,34	315,92	12
13	330,21	331,80	333,39	334,98	336,56	338,15	339,74	341,33	13
14	355,61	357,20	358,79	360,38	361,96	363,55	365,14	366,73	14
15	381,01	382,60	384,19	385,78	387,36	388,95	390,54	392,13	15
16	406,42	408,00	409,59	411,18	412,77	414,35	415,94	417,53	16
17	431,82	433,40	434,99	436,58	438,17	439,75	441,34	442,93	17
18	457,22	458,80	460,39	461,98	463,57	465,15	466,74	468,33	18
19	482,62	484,21	485,79	487,38	488,97	490,56	492,14	493,73	19
20	508,02	509,61	511,19	512,78	514,37	515,96	517,54	519,13	20
21	533,42	535,01	536,60	538,18	539,77	541,36	542,95	544,53	21
22	558,82	560,41	562,00	563,58	565,17	566,76	568,35	569,93	22
23	584,22	585,81	587,40	588,98	590,57	592,16	593,75	595,33	23
24	609,62	611,21	612,80	614,39	615,97	617,56	619,15	620,74	24
25	635,02	636,61	638,20	639,79	641,37	642,96	644,55	646,14	25
26	660,42	662,01	663,60	665,19	666,77	668,36	669,95	671,54	26
27	685,83	687,41	689,00	690,59	692,18	693,76	695,35	696,94	27
28	711,23	712,81	714,40	715,99	717,58	719,16	720,75	722,34	28
29	736,63	738,22	739,80	741,39	742,98	744,57	746,15	747,74	29
30	762,03	763,62	765,20	766,79	768,38	769,97	771,55	773,14	30
31	787,43	789,02	790,60	792,19	793,78	795,37	796,95	798,54	31
32	812,83	814,42	816,01	817,59	819,18	820,77	822,36	823,94	32
33	838,23	839,82	841,41	842,99	844,58	846,17	847,76	849,34	33
34	863,63	865,22	866,81	868,40	869,98	871,57	873,16	874,75	34
35	889,03	890,62	892,21	893,80	895,38	896,97	898,56	900,15	35
36	914,43	916,02	917,61	919,20	920,78	922,37	923,96	925,55	36
37	939,84	941,42	943,01	944,60	946,19	947,77	949,36	950,95	37
38	965,24	966,82	968,41	970,00	971,59	973,17	974,76	976,35	38
39	990,64	992,22	993,81	995,40	996,99	998,58	1000,2	1001,8	39
40	1016,0	1017,6	1019,2	1020,8	1022,4	1024,0	1025,6	1027,2	40
41	1041,4	1043,0	1044,6	1046,2	1047,8	1049,4	1051,0	1052,6	41
42	1066,8	1068,4	1070,0	1071,6	1073,2	1074,8	1076,4	1078,0	42
43	1092,2	1093,8	1095,4	1097,0	1098,6	1100,2	1101,8	1103,4	43
44	1117,6	1119,2	1120,8	1122,4	1124,0	1125,6	1127,2	1128,8	44
45	1143,0	1144,6	1146,2	1147,8	1149,4	1151,0	1152,6	1154,2	45
46	1168,4	1170,0	1171,6	1173,2	1174,8	1176,4	1177,9	1179,6	46
47	1193,8	1195,4	1197,0	1198,6	1200,2	1201,8	1203,4	1205,0	47
48	1219,2	1220,8	1222,4	1224,0	1225,6	1227,2	1228,8	1230,4	48
49	1244,6	1246,2	1247,8	1249,4	1251,0	1252,6	1254,2	1255,8	49
50	1270,0	1271,6	1273,2	1274,8	1276,4	1278,0	1279,6	1281,2	50

Englische Zoll = Millimeter.

Die Umrechnungswerte gelten für die Lehrgeräte der deutschen Industrie mit der Bezugstemperatur 20° C. Bezugstemperatur des engl. Zollsystems 16$^{2}/_{3}$°.
Längenausdehnung des Stahls für 1° C und 1 m Länge = 0,0000115 m; demnach Umrechnungswert = 25,40095 mm.

Zoll	$^{1}/_{2}$	$^{9}/_{16}$	$^{5}/_{8}$	$^{11}/_{16}$	$^{3}/_{4}$	$^{13}/_{16}$	$^{7}/_{8}$	$^{15}/_{16}$	Zoll
0	12,700	14,288	15,876	17,463	19,051	20,638	22,226	23,813	0
1	38,101	39,689	41,277	42,864	44,452	46,039	47,627	49,214	1
2	63,502	65,090	66,678	68,265	69,853	71,440	73,028	74,615	2
3	88,903	90,491	92,078	93,666	95,254	96,841	98,429	100,02	3
4	114,30	115,89	117,48	119,07	120,65	122,24	123,83	125,42	4
5	139,71	141,29	142,88	144,47	146,06	147,64	149,23	150,82	5
6	165,11	166,69	168,28	169,87	171,46	173,04	174,63	176,22	6
7	190,51	192,09	193,68	195,27	196,86	198,44	200,03	201,62	7
8	215,91	217,50	219,08	220,67	222,26	223,85	225,43	227,02	8
9	241,31	242,90	244,48	246,07	247,66	249,25	250,83	252,42	9
10	266,71	268,30	269,89	271,47	273,06	274,65	276,24	277,82	10
11	292,11	293,70	295,29	296,87	298,46	300,05	301,64	303,22	11
12	317,51	319,10	320,69	322,27	323,86	325,45	327,04	328,62	12
13	342,91	344,50	346,09	347,68	349,26	350,85	352,44	354,03	13
14	368,31	369,90	371,49	373,08	374,66	376,25	377,84	379,43	14
15	393,71	395,30	396,89	398,48	400,07	401,65	403,24	404,83	15
16	419,12	420,70	422,29	423,88	425,47	427,05	428,64	430,23	16
17	444,52	446,10	447,69	449,28	450,87	452,45	454,04	455,63	17
18	469,92	471,51	473,09	474,68	476,27	477,86	479,44	481,03	18
19	495,32	496,91	498,49	500,08	501,67	503,26	504,84	506,43	19
20	520,72	522,31	523,89	525,48	527,07	528,66	530,24	531,83	20
21	546,12	547,71	549,30	550,88	552,47	554,06	555,65	557,23	21
22	571,52	573,11	574,70	576,28	577,87	579,46	581,05	582,63	22
23	596,92	598,51	600,10	601,69	603,27	604,86	606,45	608,04	23
24	622,32	623,91	625,50	627,09	628,67	630,26	631,85	633,44	24
25	647,72	649,31	650,90	652,49	654,07	655,66	657,25	658,84	25
26	673,13	674,71	676,30	677,89	679,48	681,06	682,65	684,24	26
27	698,53	700,11	701,70	703,29	704,88	706,46	708,05	709,64	27
28	723,93	725,51	727,10	728,69	730,28	731,86	733,45	735,04	28
29	749,33	750,92	752,50	754,09	755,68	757,27	758,85	760,44	29
30	774,73	776,32	777,90	779,49	781,08	782,67	784,25	785,84	30
31	800,13	801,72	803,31	804,89	806,48	808,07	809,66	811,24	31
32	825,53	827,12	828,71	830,29	831,88	833,47	835,06	836,64	32
33	850,93	852,52	854,11	855,69	857,28	858,87	860,46	862,04	33
34	876,33	877,92	879,51	881,10	882,68	884,27	885,86	887,45	34
35	901,73	903,32	904,91	906,50	908,08	909,67	911,26	912,85	35
36	927,13	928,72	930,31	931,90	933,45	935,07	936,66	938,25	36
37	952,54	954,12	955,71	957,30	958,89	960,47	962,06	963,65	37
38	977,94	979,52	981,11	982,70	984,29	985,87	987,46	989,05	38
39	1003,3	1004,9	1006,5	1008,1	1009,7	1011,3	1012,9	1014,5	39
40	1028,7	1030,3	1031,9	1033,5	1035,1	1036,7	1038,3	1039,9	40
41	1054,1	1055,7	1057,3	1058,9	1060,5	1062,1	1063,7	1065,3	41
42	1079,5	1081,1	1082,7	1084,3	1085,9	1087,5	1089,1	1090,7	42
43	1104,9	1106,5	1108,1	1109,7	1111,3	1112,9	1114,5	1116,1	43
44	1130,3	1131,9	1133,5	1135,1	1136,7	1138,3	1139,9	1141,5	44
45	1155,7	1157,3	1158,9	1160,5	1162,1	1163,7	1165,3	1166,9	45
46	1181,1	1182,7	1184,3	1185,9	1187,5	1189,1	1190,7	1192,3	46
47	1206,5	1208,1	1209,7	1211,3	1212,9	1214,5	1216,1	1217,7	47
48	1231,9	1233,5	1235,1	1236,7	1238,3	1239,9	1241,5	1243,1	48
49	1257,3	1258,9	1260,5	1262,1	1263,7	1265,3	1266,9	1268,5	49
50	1282,7	1284,3	1285,9	1287,5	1289,1	1290,7	1292,3	1293,9	50

Englisch Zoll = Millimeter.

Umrechnungswert = 25,40095 mm.

$1/_{64}''$	$1/_{32}''$	$3/_{64}''$	$5/_{64}''$	$3/_{32}''$	$7/_{64}''$	$9/_{64}''$	$5/_{32}''$
0,397	0,794	1,191	1,984	2,381	2,778	3,572	3,969
$11/_{64}''$	$13/_{64}''$	$7/_{32}''$	$15/_{64}''$	$17/_{64}''$	$9/_{32}''$	$19/_{64}''$	$21/_{64}''$
4,366	5,160	5,556	5,953	6,747	7,144	7,541	8,335
$11/_{32}''$	$23/_{64}''$	$25/_{64}''$	$13/_{32}''$	$27/_{64}''$	$29/_{64}''$	$15/_{32}''$	$31/_{64}''$
8,732	9,128	9,922	10,319	10,716	11,510	11,907	12,304
$33/_{64}''$	$17/_{32}''$	$35/_{64}''$	$37/_{64}''$	$19/_{32}''$	$39/_{64}''$	$41/_{64}''$	$21/_{32}''$
13,097	13,494	13,891	14,685	15,082	15,479	16,272	16,669
$43/_{64}''$	$45/_{64}''$	$23/_{32}''$	$47/_{64}''$	$49/_{64}''$	$25/_{32}''$	$51/_{64}''$	$53/_{64}''$
17,066	17,860	18,257	18,654	19,448	19,845	20,241	21,035
$27/_{32}''$	$55/_{64}''$	$57/_{64}''$	$29/_{32}''$	$59/_{64}''$	$61/_{64}''$	$31/_{32}''$	$63/_{64}''$
21,432	21,829	22,623	23,020	23,417	24,210	24,607	25,004

Englische Fuß und Zoll = Millimeter.

Die Umrechnungswerte gelten für die Lehrgeräte der deutschen Industrie mit der Bezugstemperatur 20° C. Bezugstemperatur des engl. Zollsystems $16^2/_3°$. Längenausdehnung des Stahls für 1° C und 1 m Länge = 0,0000115 m; demnach Umrechnungswert = 304,8114 mm.

Engl. Fuß	0	1''	2''	3''	4''	5''
0		25,401	50,802	76,203	101,604	127,005
1	304,811	330,212	355,613	381,014	406,415	431,816
2	609,623	635,024	660,425	685,826	711,226	736,628
3	914,434	939,835	965,236	990,637	1016,038	1041,439
4	1219,246	1244,647	1270,048	1295,449	1320,849	1346,251
5	1524,057	1549,458	1574,859	1600,260	1625,661	1651,062
6	1828,869	1854,270	1879,671	1905,072	1930,472	1955,873
7	2133,680	2159,081	2184,482	2209,883	2235,284	2260,685
8	2438,492	2463,892	2489,293	2514,694	2540,095	2565,496
9	2743,303	2768,704	2794,105	2819,506	2844,907	2870,308
10	3048,114	3073,515	3098,916	3124,317	3149,718	3175,119
11	3352,926	3378,327	3403,728	3429,129	3454,530	3479,931
12	3657,737	3683,138	3708,539	3733,940	3759,341	3784,742

Engl. Fuß	6''	7''	8''	9''	10''	11''
0	152,406	177,807	203,208	228,609	254,010	279,410
1	457,217	482,618	508,019	533,420	558,821	584,222
2	762,029	787,430	812,831	838,231	863,632	889,033
3	1066,840	1092,241	1117,642	1143,043	1168,444	1193,845
4	1371,651	1397,052	1422,453	1447,854	1473,255	1498,656
5	1676,463	1701,864	1727,265	1752,666	1778,067	1803,468
6	1981,274	2006,675	2032,076	2057,477	2082,878	2108,279
7	2286,086	2311,487	2336,888	2362,289	2387,690	2413,091
8	2590,897	2616,298	2641,699	2667,100	2692,501	2717,902
9	2895,709	2921,110	2946,511	2971,912	2997,313	3022,713
10	3200,520	3225,921	3251,322	3276,723	3302,124	3327,525
11	3505,232	3530,733	3556,133	3581,534	3606,936	3632,336
12	3810,143	3835,544	3860,944	3886,346	3911,747	3937,148

Engl. Quadratzoll = Quadratzentimeter.

Umrechnungswert 1 ☐ Zoll = 6,45208 cm².

☐ Zoll	0	1	2	3	4	5	6
0		6,4521	12,9042	19,3563	25,808	32,260	38,713
1/32	0,2016	6,6537	13,1058	19,5579	26,010	32,462	38,914
1/16	0,4033	6,8553	13,3074	19,7595	26,212	32,664	39,116
3/32	0,6049	7,0570	13,5091	19,9611	26,413	32,865	39,317
1/8	0,8065	7,2586	13,7107	20,163	26,615	33,067	39,519
5/32	1,0081	7,4602	13,9123	20,364	26,816	33,269	39,721
3/16	1,2098	7,6619	14,1139	20,566	27,018	33,470	39,922
7/32	1,4114	7,8635	14,3156	20,768	27,220	33,672	40,124
1/4	1,6130	8,0651	14,5172	20,969	27,421	33,873	40,326
9/32	1,8146	8,2667	14,7188	21,171	27,623	34,075	40,527
5/16	2,0163	8,4684	14,9204	21,373	27,825	34,277	40,729
11/32	2,2179	8,6700	15,1221	21,574	28,026	34,478	40,930
3/8	2,4195	8,8716	15,3237	21,776	28,228	34,680	41,132
13/32	2,6212	9,0732	15,5253	21,977	28,429	34,882	41,334
7/16	2,8228	9,2749	15,7270	22,179	28,631	35,083	41,535
15/32	3,0244	9,4765	15,9286	22,381	28,833	35,285	41,737
1/2	3,2260	9,6781	16,1302	22,582	29,034	35,486	41,939
17/32	3,4277	9,8798	16,3318	22,784	29,236	35,688	42,140
9/16	3,6293	10,0814	16,5335	22,986	29,438	35,890	42,342
19/32	3,8309	10,2830	16,7351	23,188	29,639	36,091	42,543
5/8	4,0326	10,4846	16,9367	23,389	29,841	36,293	42,745
21/32	4,2342	10,6863	17,1388	23,590	30,043	36,495	42,947
11/16	4,4358	10,8879	17,3400	23,792	30,244	36,696	43,148
23/32	4,6374	11,0895	10,5416	23,994	30,446	36,898	43,350
3/4	4,8391	11,2911	17,7432	24,195	30,647	37,099	43,552
25/32	5,0407	11,4928	17,9449	24,397	30,849	37,301	43,753
13/16	5,2423	11,6944	18,1465	24,599	31,051	37,503	43,955
27/32	5,4439	11,8960	18,3481	24,800	31,252	37,704	44,156
7/8	5,6456	12,0977	18,5497	25,002	31,454	37,906	44,358
29/32	5,8472	12,2993	18,7514	25,203	31,656	38,108	44,560
15/16	6,0488	12,5009	18,9530	25,405	31,857	38,309	44,761
31/32	6,2505	12,7025	19,1546	25,607	32,059	38,511	44,963

☐ Zoll	7	8	9	10	11	12	13
0	45,165	51,617	58,069	64,521	70,973	77,425	83,877
1/32	45,366	51,818	58,270	64,722	71,175	77,627	84,079
1/16	45,568	52,020	58,472	64,924	71,376	77,828	84,280
3/32	45,769	52,222	58,674	65,126	71,578	78,030	84,482
1/8	45,971	52,423	58,875	65,327	71,779	78,232	84,684
5/32	46,173	52,625	59,077	65,529	71,981	78,433	84,885
3/16	46,374	52,826	59,279	65,731	72,183	78,635	85,087
7/32	46,576	53,028	59,480	65,932	72,384	78,836	85,288
1/4	46,778	53,230	59,682	66,134	72,586	79,039	85,490
9/32	46,979	53,431	59,883	66,335	72,788	79,240	85,692
5/16	47,181	53,633	60,085	66,537	72,989	79,441	85,893
11/32	47,382	53,835	60,287	66,739	73,191	79,643	86,095
3/8	47,584	54,036	60,488	66,940	73,392	79,845	86,297
13/32	47,786	54,238	60,690	67,142	73,594	80,046	86,498
7/16	47,987	54,439	60,892	67,344	73,796	80,248	86,700
15/32	48,189	54,641	61,093	67,545	73,997	80,449	86,902
1/2	48,391	54,843	61,295	67,747	74,199	80,651	87,103
17/32	48,592	55,044	61,496	67,949	74,401	80,853	87,305
9/16	48,794	55,246	61,698	68,150	74,602	81,054	87,506
19/32	48,996	55,448	61,900	68,352	74,804	81,256	87,708
5/8	49,197	55,649	62,101	68,553	75,005	81,458	87,910
21/32	49,399	55,851	62,303	68,755	75,207	81,659	88,111
11/16	49,600	56,052	62,505	68,957	75,409	81,861	88,313
23/32	49,802	56,254	62,706	69,158	75,610	82,062	88,515
3/4	50,004	56,456	62,908	69,360	75,812	82,264	88,716
25/32	50,205	56,657	63,109	69,562	76,014	82,466	88,918
13/16	50,407	56,859	63,311	69,763	76,215	82,667	89,119
27/32	50,609	57,061	63,513	69,965	76,417	82,869	89,321
7/8	50,810	57,262	63,714	70,166	76,619	83,071	89,523
29/32	51,012	57,464	63,916	70,368	76,820	83,272	89,724
15/16	51,213	57,666	64,118	70,570	77,022	83,474	89,926
31/32	51,415	57,867	64,319	70,771	77,223	83,675	90,128

Umrechnung von englischem (amerik.) Gewicht in Kilogramm.

1 Ton = 2 Hundred- (cent-) weight (cwt) = 80 Quarters (qu) = 2240 Pfund (lbs)
1 Hundredweight (cwt) = 4 Quarters (qu) = 112 Pfund (lbs) = 50,8 kg
1 Quarter (qu) = 28 Pfund (lbs); 1 Pfund (lb) = 0,45359 kg
16 Ounces (oz) = 1 Pfund; 1 Ounce (oz) = 28,349375 g.
(In Amerika ist noch eine „short ton" zu 2000 lbs = 907,1853 kg handelsüblich.)

Engl. Pfund		Engl. Pfund (lbs)								
		1000	2000	3000	4000	5000	6000	7000	8000	9000
(lbs)	kg	kg	kg	kg	kg	kg	kg	kg	kg	kg
25	11,34	453,6	907,1	1360,7	1814,3	2267,9	2721,5	3175,1	3628,7	4082,3
50	22,68	464,9	918,4	1372	1825,6	2279,2	2732,8	3186,4	3640	4093,6
75	34,02	476,3	929,8	1383,4	1837	2290,6	2744,2	3197,8	3651,4	4105
		487,6	941,1	1394,7	1848,3	2301,9	2755,5	3209,1	3662,7	4116,3
100	45,36	498,9	952,5	1406,1	1859,7	2313,3	2766,9	3220,5	3674,1	4127,6
125	56,70	510,2	963,8	1417,4	1871	2324,9	2778,2	3231,8	3685,4	4138,8
150	68,03	521,6	975,2	1428,8	1882,4	2336	2789,6	3243,2	3696,8	4150,3
175	79,38	532,9	986,5	1440,1	1893,7	2347,3	2800,9	3254,5	3708,1	4161,6
200	90,71	544,3	997,9	1451,4	1905	2358,6	2812,2	3265,8	3719,4	4173
225	102,06	555,6	1009,2	1462,7	1916,3	2369,9	2823,5	3277,1	3730,7	4184,3
250	113,40	567	1020,6	1474,1	1927,7	2381,3	2834,9	3288,5	3742,1	4195,7
275	124,73	578,3	1031,9	1485,4	1939	2392,6	2846,2	3299,8	3753,4	4207
300	136,07	589,6	1043,3	1496,8	1950,4	2404	2857,6	3311,2	3764,8	4218,4
325	147,41	600,9	1054,5	1508,1	1961,7	2415	2868,9	3322,5	3776,1	4229,7
350	158,75	612,3	1065,9	1519,5	1973,1	2426,7	2880,3	3333,9	3787,5	4241,1
375	170	623,6	1077,2	1530,8	1984,4	2438	2891,6	3345,2	3798,8	4252,4
400	181,43	635	1088,6	1542,2	1995,8	2449,4	2902,9	3356,5	3810,1	4263,7
425	192,77	646,3	1099,9	1553,5	2007,1	2460,7	2914,2	3367,8	3821,4	4275
450	204,11	657,7	1111,3	1564,9	2018,5	2472,1	2925,6	3379,2	3832,8	4286,4
475	215,45	669	1122,6	1576,2	2029,8	2483,4	2936,9	3390,5	3844,1	4297,7
500	226,80	680,3	1133,9	1587,5	2041,1	2494,7	2948,3	3401,9	3855,5	4309,1
525	238,13	691,6	1145,2	1598,9	2052,4	2506	2959,6	3413,2	3866,8	4320,4
550	249,47	703	1156,6	1610,2	2063,7	2517,4	2971	3424,6	3878,2	4331,8
575	260,81	714,3	1167,9	1621,5	2075	2528,7	2982,3	3435,9	3889,5	4343,1
600	272,15	725,7	1179,3	1632,9	2086,5	2540,1	2993,7	3447,3	3900,9	4354,4
625	283,50	737	1190,6	1644,2	2097,8	2551,4	3005	3458,6	3912,2	4365,7
650	294,83	748,4	1202	1655,6	2109,2	2562,8	3016,4	3470	3923,6	4377,1
675	306,17	759,7	1213,3	1666,9	2120,5	2574,1	3027,7	3481,3	3934,9	4388,4
700	317,50	771,1	1224,6	1678,2	2131,8	2585,4	3039	3492,6	3946,2	4399,8
725	328,85	782,4	1235,9	1689,5	2143,1	2596,7	3050,3	3503,9	3957,5	4411,1
750	340,20	793,8	1247,3	1700	2154,5	2608,1	3061,7	3515,3	3968,9	4422,5
775	351,53	805,1	1258,6	1711,3	2165,8	2619,4	3073	3526,6	3980,2	4433,8
800	362,90	816,4	1270	1723,6	2177,2	2630,8	3084,4	3538,	3991,6	4445,2
825	374,21	827,7	1281,3	1734,9	2188,5	2642,1	3095,7	3549,3	4002,9	4456,5
850	385,55	839,1	1292,7	1746,3	2199,9	2653,5	3107,1	3560,7	4014,3	4467,9
875	396,90	850,4	1304	1757,6	2211,2	2664,8	3118,4	3572	4025,6	4479,2
900	408,23	861,8	1315,4	1769	2222,6	2676,2	3129,7	3583,3	4036,9	4490,5
925	419,60	873,1	1326,7	1780,3	2233,9	2687,5	3141	3594,6	4048,2	4501,8
950	430,90	884,5	1338,1	1791,7	2245,3	2698,9	3152,4	3606	4059,6	4513,2
975	442,25	895,8	1349,4	1803	2256,6	2710,2	3163,7	3617,3	4070,9	4524,5

Englische Kubikfuß = Kubikmeter.

Die Umrechnungswerte gelten für die Lehrgeräte der deutschen Industrie mit der Bezugstemperatur 20° C. Bezugstemperatur des engl. Zollsystems 16²/₃°.

Umrechnungswert/cbcfoot = 0,028320035 Kubikmeter.

cbcfoot	m³	cbcfoot	m³	cbcfoot	m³	cbcfoot	m³
1	0,0283	31	0,8779	61	1,7275	91	2,5771
2	0,0566	32	0,9062	62	1,7558	92	2,6054
3	0,0850	33	0,9346	63	1,7842	93	2,6338
4	0,1133	34	0,9629	64	1,8125	94	2,6621
5	0,1416	35	0,9912	65	1,8408	95	2,6904
6	0,1699	36	1,0195	66	1,8691	96	2,7187
7	0,1982	37	1,0478	67	1,8974	97	2,7470
8	0,2266	38	1,0762	68	1,9258	98	2,7754
9	0,2549	39	1,1044	69	1,9541	99	2,8037
10	0,2832	40	1,1328	70	1,9824	100	2,8320
11	0,3115	41	1,1611	71	2,0107	200	5,6640
12	0,3398	42	1,1894	72	2,0390	300	8,4960
13	0,3682	43	1,2178	73	2,0674	400	11,3280
14	0,3965	44	1,2461	74	2,0957	500	14,1600
15	0,4248	45	1,2744	75	2,1240	600	16,9920
16	0,4531	46	1,3027	76	2,1523	700	19,8240
17	0,4814	47	1,3310	77	2,1806	800	22,6560
18	0,5098	48	1,3594	78	2,2090	900	25,4880
19	0,5381	49	1,3877	79	2,2373	1000	28,3200
20	0,5664	50	1,4160	80	2,2656	2000	56,640
21	0,5947	51	1,4443	81	2,2939	3000	84,960
22	0,6230	52	1,4726	82	2,3222	4000	113,280
23	0,6514	53	1,5010	83	2,3506	5000	141,600
24	0,6797	54	1,5293	84	2,3789	6000	169,920
25	0,7080	55	1,5576	85	2,4072	7000	198,240
26	0,7363	56	1,5859	86	2,4355	8000	226,560
27	0,7646	57	1,6142	87	2,4638	9000	254,880
28	0,7930	58	1,6426	88	2,4921	10000	283,200
29	0,8213	59	1,6709	89	2,5205	11000	311,520
30	0,8496	60	1,6992	90	2,5488	12000	339,840

Maßeinheiten nach dem absoluten Centimeter-Gramm-Sekunde-System (C-G-S-System)[1].

Grundeinheiten sind für die Länge das cm, für die Masse das g, für die Zeit die sek. Als sek gilt der 86400. Teil des mittleren Sonnentages; sie stimmt mit der sek der bürgerlichen Zeitrechnung vollständig überein.

Von den drei Grundeinheiten cm, g, sek sind alle anderen Einheiten abgeleitet. Sie werden als Potenzen von L (Länge), M (Masse), T (Zeit) dargestellt.

Man unterscheidet geometrische, mechanische, kalorische, magnetische, elektrostatische und elektromagnetische Einheiten.

Die Einheit der **Fläche** ist das Quadrat über der Längeneinheit.

Die Einheit des **Raumes** ist der Würfel über der Längeneinheit.

Winkeleinheit ist der Winkel, dessen Bogen gleich dem Halbmesser ist (57,296°).

Die Einheit des **Raumwinkels** liegt dann vor, wenn er aus der um seinen Scheitel geschlagenen Kugel vom Radius 1 die Flächeneinheit ausschneidet.

Die Einheit der **Dichte** besitzt ein Körper von der Masse 1 in der Raumeinheit.

Die Einheit der **Geschwindigkeit** besitzt ein Punkt, der in der Zeiteinheit eine Längeneinheit zurücklegt.

Die Einheit der **Beschleunigung** ist diejenige, bei welcher die Geschwindigkeit in der Zeiteinheit um die Geschwindigkeitseinheit wächst.

Die Einheit der **Kraft**, 1 Dyne, ist diejenige, die der Masseneinheit in der Zeiteinheit die Geschwindigkeit 1 erteilt.

Die Einheit der **Arbeit**, 1 Erg, wird verrichtet durch die Kraft 1 Dyne, bei Verschiebung ihres Angriffspunktes in ihrer Richtung um die Längeneinheit.

Schwerebeschleunigung (in 45° geogr. Breite und im Meeresniveau) = 980,62 cm/sek² (für Druckmessungen international 980,665 cm/sek² festgesetzt):

$$1 \text{ Grammgewicht} = 980,62 \text{ Dynen,}$$
$$\text{also} \quad 1 \text{ Dyne} = 1,0198 \cdot 10^{-3} \text{ Grammgewicht,}$$
$$1 \text{ Meterkilogramm} = 980,62 \cdot 10^5 \text{ Erg,}$$
$$1 \text{ Erg} = 1,0197 \cdot 10^{-8} \text{ Meterkilogramm.}$$

Die Einheit der **Leistung** wird von der Arbeitseinheit in der Zeiteinheit geleistet.

Die Einheit des **Druckes** ist die Wirkung der Krafteinheit auf 1 cm².

Die Einheit des **Drehmoments** ist die Einheit der Kraft, die senkrecht am Hebelarm von 1 cm Länge angreift.

Die Einheit des **Trägheitsmoments** entspricht der Masse von 1 g im Abstande von 1 cm von der Drehungsachse.

Die Einheit des **Elastizitätsmaßes** (Elastizitätsmoduls) hat ein Körper, der bei Querschnitt 1 in Stabform durch eine dehnende Kraft um einen ihr zahlenmäßig gleichen Bruchteil verlängert wird, falls die Kraft innerhalb des Gültigkeitsbereiches des Hookeschen Gesetzes bleibt.

Die Einheit der **Wärme** ist die der Arbeitseinheit, dem Erg, gleichwertige Wärmemenge.

Die Einheit der **elektrostatischen Elektrizitätsmenge** ist die Menge, welche auf eine gleich große Menge in der Entfernung 1 cm die Kraft 1 ausübt.

Die Einheit des **elektrostatischen Potentials** hat eine mit der Elektrizitätsmenge 1 auf ihrer Oberfläche gleichmäßig geladene Kugel.

Die Einheit der **elektrostatischen Kapazität** kommt dem leitenden Körper zu, der durch die Einheit der Elektrizitätsmenge zum Potential 1 geladen wird.

Die Einheit der **magnetischen Polstärke** übt auf einen gleich starken Pol in der Entfernung von 1 cm die Kraft 1 aus.

Die Einheit des **magnetischen Moments** besitzt ein Magnet, dessen beide Pole von der Stärke 1 den Abstand von 1 cm haben.

Die Einheit der **magnetischen Feldstärke** herrscht dort, wo der Einheitspol die Kraft 1 erfährt.

Die Einheit der **elektromagnetischen Stromstärke** besitzt der Strom, der, einen Kreisbogen von 1 cm Länge und 1 cm Radius durchfließend, auf den im Mittelpunkt befindlichen Magnetpol 1 die Kraft 1 ausübt.

Die Einheit der **elektromotorischen Kraft** oder **Spannung im elektromagnetischen Maße** entsteht in einem geraden, zur Feldrichtung senkrechten Leiter von 1 cm Länge, der sich mit der Geschwindigkeit 1 im magnetischen Felde 1 senkrecht zu diesem und zu sich selbst bewegt.

Die Einheit des **elektromagnetischen Widerstandes** besitzt ein Leiter, in dem die Potentialdifferenz 1 die Stromstärke 1 hervorruft.

---

[1] Vgl. Kohlrausch, Lehrbuch der prakt. Physik.

Bezeichnungen[1].

Die nachfolgende Tafel ist ursprünglich im Anschluß an die Vereinbarungen des Elektrotechniker-Kongresses zu Chikago 1893 aufgestellt worden; später wurde mehr auf die in der Maschinentechnik eingebürgerten Bezeichnungen Rücksicht genommen. Die Lichtgrößen sind nach den Beschlüssen des Elektrotechnischen Vereins, des Vereins der Gas- und Wasserfachmänner und des Verbandes Deutscher Elektrotechniker vom Jahre 1897 aufgenommen. Ferner sind die Sätze des Ausschusses für Einheiten und Formelgrößen (AEF)[2] berücksichtigt worden.

Bei der Auswahl der Zeichen wurden folgende Hauptregeln beobachtet: Die Einheitszeichen sind lateinische gerade Buchstaben; für die elektrischen Einheiten wurden große Buchstaben gewählt. Die Zeichen für die Größen sind entweder lateinische Kursiv-, deutsche Fraktur- oder griechische Buchstaben; die Vektoren und die magnetischen Größen werden durch Frakturbuchstaben dargestellt, die Eigenschaften der Stoffe vorzugsweise durch kleine griechische Buchstaben.

In Fällen, wo mehrere Größen derselben Art gleichzeitig in den Formeln auftreten, werden neben den in der Tafel angegebenen Zeichen die zugehörige großen bzw. kleinen Buchstaben desselben Alphabets und die gleichlautenden Buchstaben anderer Alphabete verwandt. In besonderen Fällen werden auch Zeichen verwendet, welche die Tafel nicht aufführt.

Die Kgl. Preußischen Minister der öffentlichen Arbeiten und für Handel und Gewerbe haben durch Erlaß vom 25. Januar 1916 den Gebrauch der Einheits- und Formelzeichen des AEF den nachgeordneten Behörden empfohlen.

Dem Erlaß war das Taschenblatt des AEF beigefügt, das alle bis jetzt festgesetzten Einheits- und Formelzeichen enthält. (Abdruck s. ETZ 1914 S. 1021.)

Von Interesse sind folgende Absätze des Erlasses:

„1. Der Ausschuß schlägt vor, für die Maße Quadratmeter, Quadratzentimeter, Kubikmeter usw. die Abkürzungen m^2, cm^2, m^3 usw. zu verwenden. Dies beruht auf Beschlüssen des Internationalen Maß- und Gewichtskomitees vom Jahre 1880 und 1885, stimmt aber mit den für Deutschland geltenden amtlichen Vorschriften nicht völlig überein. Laut Beschluß des Bundesrats vom 14. Dezember 1911 (s. Bekanntmachung des Reichskanzlers vom 17. Januar 1912) sind für obige Werte die Abkürzungen qm oder m^2, qcm oder cm^2, cbm oder m^3 usw. anzuwenden.

Im Verkehr mit der Bevölkerung, auch z. B. in Kostenanschlägen, Massenberechnungen usw., die in die Hände von Unternehmern gelangen können, sind bis auf weiteres die ersten Bezeichnungen, im inneren amtlichen Verkehr sowie in wissenschaftlichen Ausarbeitungen, statistischen Rechnungen u. dgl. tunlichst die Zeichen m^2, cm^2 usw. zu verwenden.

2. In Satz IV der Vorschläge des AEF steht: „Die technische Einheit der Leistung heißt Kilowatt." Bei Befolgung dieses Satzes könnte somit die bisher übliche Einheit der Pferdestärke nicht mehr angewendet werden.

Wenn es auch richtig erscheint, der allgemeinen Einführung der neuen Einheit Kilowatt möglichst die Wege zu ebnen, da sie an sich mehr Berechtigung hat als die Pferdestärke, so wird es sich doch in vielen Fällen nicht ermöglichen lassen, die Einheit der Pferdestärke plötzlich abzuschaffen. Letztere ist daher in Fällen, wo es zweckmäßig oder erforderlich erscheint, einstweilen beizubehalten.

Zweckmäßig kann es z. B. sein, bei Berechnung oder beim Ankauf feststehender Dampfmaschinen, von Lokomobilen oder von Schiffsmaschinen mit der alten Einheit zu rechnen, in Rücksicht darauf, daß diese zur Zeit noch in weiten Kreisen gebräuchlich ist; erforderlich ist dagegen beispielsweise bei Führung der Dampfmaschinenstatistik, die seit jeher auf die Einheit der Pferdestärke zugeschnitten ist."

---

[1] Vgl. Strecker, Hilfsbuch für die Elektrotechnik. Berlin: Julius Springer.

[2] Dem Ausschuß für Einheiten und Formelgrößen gehören z. Z. an:

1. Berliner Mathematische Gesellschaft.
2. Deutsche Beleuchtungstechn. Gesellsch.
3. Deutsche Bunsen-Gesellschaft für angewandte physikalische Chemie.
4. Deutsche Physikalische Gesellschaft.
5. Elektrotechnischer Verein.
6. Elektrotechnischer Verein in Wien.
7. Österr. Ingenieur- u. Architekt.-Verein.
8. Schweizerischer Elektrotechn. Verein.
9. Verband Deutscher Architekten und Ingenieurvereine.
10. Verband Deutscher Elektrotechniker.
11. Verband Deutscher Zentralheizungsindustrieller.
12. Verein Deutscher Gas- und Wasserfachmänner.
13. Verein Deutscher Ingenieure.
14. Verein Deutsch. Maschinen-Ingenieure.
15. Wissenschaftl. Gesellschaft für Flugtechnik.
16. Deutsche Chemische Gesellschaft.
17. Deutsche Gesellschaft für techn. Physik.

Bezeichnungen,
aufgestellt vom Ausschuß für Einheiten und Formelgrößen (AEF).

Zeichen	Physikalische Größe oder Eigenschaft	Beziehungsgleichungen	Dimension	Technische Einheit		
				Zeichen	Name oder Bezeichnung	Wert in CGS

I. Länge (Fläche, Volumen).

Zeichen	Physikalische Größe	Beziehungsgleichungen	Dim.	Zeichen	Name	Wert in CGS
l	Länge		L	cm	Zentimeter	1
				m	Meter	10^2
				mm	Millimeter	10^{-1}
				μ	Mikron = 0,001 mm	10^{-4}
r	Halbmesser		L			
d	Durchmesser		L			
λ	Wellenlänge		L	$\mu\mu$	Millimikron = 10^{-6} mm	10^{-7}
				AE	Ångström Einheit = 10^{-7} mm	10^{-8}
b	Barometerstand		L		mm Quecksilbersäule	
h	Höhe		L			
ε	Dehnung (Ausdehnung, Längsdehnung)					
εq	Querkürzung (lineare Querzusammenziehung, spezifische Querverkürzung)	$\varepsilon = \dfrac{d-d_0}{d_0}$				
m	Längsdehnungsverhältnis	$m = \varepsilon/\varepsilon q$				
μ	Querkürzungsverhältnis	$\mu = 1/m$				
F	Fläche (Querschnitt, Oberfläche)		L^2	cm^2	Quadratzentimeter	1
				m^2	Quadratmeter	10^4
				a	Ar = 100 m^2	10^6
V	Rauminhalt, Volumen		L^3	cm^3	Kubikzentimeter	1
				l	Liter (= 1,000027 dm^3)	10^3
				m^3	Kubikmeter (Raummeter)	10^6
α, β	Winkel, Bogen				arc sin 57,296° = 1	
φ	Voreilwinkel (Phasenverschiebung)					
γ	Schiebung (Gleitung)					
ω	Räumlicher Winkel					

II. Masse (und Menge).

Zeichen	Physikalische Größe	Beziehungsgleichungen	Dim.	Zeichen	Name	Wert in CGS
m	Masse		M	g	Gramm	1
				kg	Kilogramm	10^3
				mg	Milligramm	10^{-3}
				γ	= 0,001 mg	10^{-6}
v	Räumigkeit (spezifisches Volumen)	$v = V/M$	$L^3 M^{-1}$	cm^3/g		
s	Dichte	$s = M/V = 1/v$	$L^{-3} M$	g/cm^3		
J	Trägheitsmoment	$J = \sum m \cdot l^2$	$L^2 M$			

Zei-chen	Physikalische Größe oder Eigenschaft	Beziehungs-gleichungen	Di-mension	Technische Einheit		
				Zeichen	Name oder Bezeichnung	Wert in CGS
A	Atomgewicht..					
M	Molekulargewicht....					
n	Wertigkeit....					
A/n	Äquivalentgewicht eines Elementes....					
M/n	Äquivalentgewicht einer Verbindung...					
$A \cdot v$	Atomvolumen.		$L^3 M^{-1}$			
$M \cdot v$	Molekularvolumen...		$L^3 M^{-1}$			
P	Prozentgehalt.					
P_m	Massenprozentgehalt....				g in 100 g Lösung	
P_v	Raumprozentgehalt....				g in 100 cm³ Lösung	
c	Konzentration.				Grammolekel/ 1 l Lösung	
v	Verdünnung..	$v = 1/c$				

III. Zeit (und Länge).

t	Zeit (Zeitpunkt oder Zeitdauer)		T	st m od. min s od. sek h min s	Stunde Minute } Zeit- Sekunde } räume Zeitpunkte, Uhrzeiten, (Zeichen erhöht)	3600 60 1
T	Periodendauer.	$T = 1/n$	T			
n	Umlaufszahl, Drehzahl...	$n = 1/T$		U/min	Umdrehungen in 1 min	1/60
n	Schwingungszahl		T^{-1}	Per/sek	Perioden in 1 sek	1
f	Frequenz (bei Wechselgrößen)	$f = 1/T$				
ω	Kreisfrequenz.	$\omega = 2\pi f$	T^{-1}		Perioden in 2πsek	$1/2\,\pi$
σ	Schlüpfung..				Unterschied der sekdl. Drehzahlen	
v	Geschwindigkeit		LT^{-1}	cm/s		
b	Beschleunigung					
g	Fallbeschleunigung....		LT^{-2}	cm/s²		
ω	Winkelgeschwindigkeit....		T^{-1}			

IV. Kraft und Druck.

P	Kraft....	$P = m \cdot b$	LMT^{-2}		Dyne	1
				kg	Kilogramm-Kraft	$981 \cdot 10^3$
M	Moment einer Kraft (Drehmoment)	$M = P \cdot l$	$L^2 \cdot M \cdot T^{-2}$	g	Gramm-Kraft	981
p	Druck oder Zug (Kraft durch Fläche)	$p = P/F$	$L^{1-} \cdot M \cdot T^{-2}$	kg/mm²	Kilogramm/Quadratmillimeter = (Kilobar)	$98{,}1 \cdot 10^6$
				g/mm²	Gramm/Quadratmillimeter = (Bar)	$98{,}1 \cdot 10^3$
				Atm	physik. Atmosph. = 76 cm Quecksilbersäule von 0°	$1{,}013 \cdot 10^6$
				at	techn. Atmosph. = 1 kg/cm²	$98{,}1 \cdot 10^4$

Zei-chen	Physikalische Größe oder Eigenschaft	Beziehungs-gleichungen	Dimen-sion	Technische Einheit		
				Zeichen	Name oder Bezeichnung	Wert in CGS
σ	Normalspannung	$\left.\begin{array}{l}\sigma = P/F\end{array}\right\}$	$L^{-1} \cdot M$ $\cdot T^{-2}$	kg/cm²	Kilogramm/Quadratzentimeter	$98{,}1 \cdot 10^4$
τ	Schubspannung					
E	Elastizitätsmodul	$\left.\begin{array}{l}E = 1/\varepsilon \cdot \sigma\end{array}\right\}$	$L^{-1} \cdot M$ $\cdot T^{-2}$	kg/mm²	Kilogramm/Quadratmillimeter	$98{,}1 \cdot 10^6$
G	Schubmodul					
α	Dehnbarkeit	$\alpha = 1/E$				
χ	Verdichtbarkeit (Kompressibilität)	$\chi = 1/E$	$L \cdot M^{-1}$ $\cdot T^2$			
μ	Reibungszahl					
η	Zähigkeit einer Flüssigkeit		$L^{-1} \cdot M$ $\cdot T^{-1}$			

V. Temperatur.

t	Temperatur, vom Eispunkt aus					
ϑ	Temperatur, beim Zusammentreffen mit Zeit					
T	Temperatur, absolute	$T = 273 + t$				
t_e	Schmelzpunkt (vom Eisp. aus)					
T_e	Erstarrungspunkt (absolut)	$T_e = 273 + t_e$				
t_s	Siedepunkt (vom Eispunkt aus)					
T_s	Kondensationspunkt (absolut)	$T_s = 273 + t_s$				
t_u	Umwandlungspunkt (vom Eispunkt aus)					
T_u	Umwandlungspunkt (absolut)	$T_u = 273 + t_u$				
α	Therm. Längsdehnungszahl (linearer Ausdehnungskoeffizient)					
γ	Therm. Raumdehnungszahl (kubischer Ausdehnungskoeffizient)	$\gamma = 3\alpha$				

VI. Arbeit, Energie, Wärmemenge.

A	Arbeit	$A = P \cdot l$		J	Erg	1
W	Energie		$L^2 \cdot M$ $\cdot T^{-2}$	kgm	Joule	10^7
W_e	Elektr. Energie			ft lb	Kilogrammeter	$98{,}1 \cdot 10^6$
W_m	Magnet. Energie			kWh	engl. Fußpfund	$13{,}4 \cdot 10^2$
					Kilowattstunde	$36 \cdot 10^{12}$
Q	Wärmemenge			cal	Grammkalorie	
q	Reaktionswärme			kcal	Kilogrammkalorie	
r	Verdampfungswärme d. Wassers				539,1 cal (15°) bei 100°	
H	Heizwert			kcal/kg		
c	Spezif. Wärme	$c = \dfrac{Q}{m(t_2 - t_1)}$				
c_p	Spezif. Wärme bei konstant. Druck					
c_v	Spezif. Wärme bei konstantem Volumen					
S	Entropie	$S = Q/T$				

Zeichen	Physikalische Größe oder Eigenschaft	Beziehungsgleichungen	Dimension	Technische Einheit		
				Zeichen	Name oder Bezeichnung	Wert in CGS
N	Leistung . . .	$N = A/t$	$L^2 \cdot M \cdot T^{-3}$		Watt	10^7
				kW	Kilowatt	10^{10}
				GP	Großpferd $= 102$ kgm/s	10^{10}
				P	Pferdekraft $= 75$ kgm/s	$736 \cdot 10^7$
R	Gaskonstante			HP	Horsepower	$746 \cdot 10^7$
η	Wirkungsgrad .					
J	Arbeitswert der Kalorie . . .				1 Grammkalorie $= 4,184$ Joule (intern.)	$4,186 \cdot 10^7$
					1 Kilogrammkalorie $= 426,9$ kgm	$4,186 \cdot 10^{10}$
					1 BThU (British Thermal Unit) $= 778$ ft lbs. $107,6$ kgm	
k	Wärmeleitfähigkeit	$k = \dfrac{Q \cdot l}{F \cdot t (\vartheta_1 - \vartheta_2)}$			$= 0,252$ kcal	

VII. Optik und Photometrie.

Zeichen	Physikalische Größe oder Eigenschaft	Beziehungsgleichungen	Dimension	Technische Einheit		
n	Brechungszahl gegen Luft . .					
N	Brechungszahl gegen Vakuum					
ξ	Vergrößerung .					
Φ	Lichtstrom . .	$\Phi = J \cdot \omega = JF/l^2$		Lm	Lumen	
J	Lichtstärke . .	$J = \Phi/\omega$		HK	Hefnerkerze	
E	Beleuchtungsstärke (einer beleuchteten Fläche F_1) . .	$E = \Phi/F_1 = J/l^2$		Lx	Lux	
e	Flächenhelle (einer leuchtenden Fläche F_0)	$e = J/F_0$		HK/cm²	Hefnerkerze/cm²	
Q	Lichtabgabe . .	$Q = \Phi \cdot t$		Lmst	Lumenstunde	

VIII. Magnetisches Feld.

Zeichen	Physikalische Größe oder Eigenschaft	Beziehungsgleichungen	Dimension	Technische Einheit		
$\mathfrak{m}$	Magnet. Menge (Polstärke)	$P = \dfrac{\mathfrak{m}_1 \cdot \mathfrak{m}_2}{l^2}$	$L^{\frac{3}{2}} \cdot M^{\frac{1}{2}} \cdot T^{-1}$			
l	Polabstand . .		L	cm		
$\mathfrak{M}$	Magnet. Moment	$\mathfrak{M} = \mathfrak{m} \cdot l$	$L^{\frac{5}{2}} \cdot M^{\frac{1}{2}} \cdot T^{-1}$			
$\mathfrak{J}$	Magnetisierungsstärke	$\mathfrak{J} = \mathfrak{M}/V$			Gauß in einer gleichmäßig gewickelten Spule $\mathfrak{H} = 4\pi w I/l$	1
$\mathfrak{H}$	Magnet. Feldstärke . . .	$\mathfrak{H} = P/\mathfrak{m}$	$L^{-\frac{1}{2}} \cdot M^{\frac{1}{2}} \cdot T^{-1}$			
$\mathfrak{h}$	Horizont. Komponente des Erdmagnetismus					
$\mathfrak{B}$	Magnet. Induktion	$\mathfrak{B} = \mathfrak{H} + 4\pi \mathfrak{J}$				
$\mathfrak{F}$	Magnetomotorische Kraft . .	$\mathfrak{F} = \mathfrak{H} \cdot l$	$L^{\frac{1}{2}} \cdot M^{\frac{1}{2}} \cdot T^{-1}$		Gilbert in einer gleichmäßig gewickelten Spule $\mathfrak{F} = w \cdot 4 \cdot \pi I$	1

Zei-chen	Physikalische Größe oder Eigenschaft	Beziehungs-gleichungen	Di-mension	Technische Einheit		
				Zeichen	Name oder Bezeichnung	Wert in CGS
Φ_m	Magnet. Induktionsfluß ...	$\Phi = \mathfrak{B} \cdot F$ $= F/\mathfrak{R}$ $F = $ Querschnitt	$L^{\frac{3}{2}} \cdot M^{\frac{1}{2}}$ $\cdot T^{-1}$		Maxwell	1
$\mathfrak{R}$	Magnetischer Widerstand ..	$\mathfrak{R} = 1/\mu \cdot l/F$	L^{-1}		Oerstedt	
μ	Magnet. Durchlässigkeit (Permeabilität) ..	$\mu = \mathfrak{B}/\mathfrak{H}$ $= 1 + 4\pi\varkappa$				
$\varkappa$	Magnet. Aufnahmevermögen (Suszeptibilität)	$\varkappa = \mathfrak{J}/\mathfrak{H}$				

IX. Elektrischer Strom (elektromagnetische Maße).

Zei-chen	Physikalische Größe oder Eigenschaft	Beziehungs-gleichungen	Di-mension	Zeichen	Name oder Bezeichnung	Wert in CGS
I	Elektrische Stromstärke .	$I = E/R$	$L^{\frac{1}{2}} \cdot M^{\frac{1}{2}}$ $\cdot T^{-1}$	A	Ampere 1 Ampere scheidet aus in 1 sek: 1,118 mg Ag 0,3294 mg Cu 0,0933 mg Wasser intern. Amp. = const. Strom, der in 1 sek 1,118 mg Ag ausscheidet	10^{-1}
Q	Elektrizitätsmenge	$Q = I \cdot t$	$L^{\frac{1}{2}} \cdot M^{\frac{1}{2}}$	C	Coulomb Amperesekunde = 1/96500 g-Äquivalent	10^{-1}
				Ah	Amperestunde	360
i	Stromdichte ..	$i = I/F$	$L^{-\frac{3}{2}} \cdot M^{-\frac{1}{2}}$ $\cdot T^{-1}$	A/cm²	Ampere/cm²	10^{-1}
E	Elektromotor. Kraft (Potentialunterschied)	$E = I \cdot R$	$L^{\frac{3}{2}} \cdot M^{\frac{1}{2}}$ $\cdot T^{-2}$	V	Volt intern. Volt (die EMK, welche in dem Widerstand 1 intern. O 1 intern. A erzeugt). Westonelement 1,01830 $- 0{,}0_4 406\ (t-20)$ $- 0{,}0_5 95\ (t-20)^2$ $+ 0{,}0_7 1\ (t-20)^3$ V. Mit verdünnter Lösung 1,0187 V (praktisch unabhängig von der Temperatur)	10^8
A	Elektr. Arbeit .	$A = Q \cdot E$ $= I \cdot E \cdot t$	$L^2 \cdot M$ $\cdot T^{-2}$	Vc	Voltcoulomb 1 intern. Joule (= intern. A · intern. V sek) = 0,10203 kgm = 0,2390 cal (15°)	10^7 1,000151 $\cdot 10^7$
N	Elektr. Leistung	$N = E \cdot I$ $= A/t$	$L^2 \cdot M$ $\cdot T^{-3}$	kWh	Kilowattstunde	$36 \cdot 10^{12}$
				W	Watt (= 1/736 P = 0,00136 P)	10^7
				kW	Kilowatt (= 1 GP)	10^{10}
				BTU	Board of Trade Unit = 1 kW	10^{10}
C	Kapazität ...	$C = Q/E$	$L^{-1} \cdot T^2$	F	Farad	10^{-9}
				μF	Mikrofarad	10^{-15}

Zei-chen	Physikalische Größe oder Eigenschaft	Beziehungs-gleichungen	Di-mension	Technische Einheit		
				Zeichen	Name oder Bezeichnung	Wert in CGS
w	Windungszahl .					
Ψ	Spulenfluß . . .	$\Psi = w \cdot I$	$L^{\frac{3}{2}} \cdot M^{\frac{1}{2}} \cdot T^{-1}$	AW	Amperewindung	10^{-1}
A	Strombelag . .	$A = \Psi/l$	$L^{-\frac{1}{2}} \cdot M^{\frac{1}{2}} \cdot T^{-1}$	AW/cm	Amperewin-dung/cm	10^{-1}
L	Induktivität (Selbstindukti-onskoeffizient)	$E = L \cdot dI/dt$	L			
M	Gegeninduktivi-tät (Gegenin-duktionskoeffi-zient)	$E = M \cdot dI/dt$	L	} H	Henry	10^9
p	Polpaarzahl (einer elektri-schen Maschine)					

X. Elektrischer Widerstand.

R	Elektr. Wider-stand.	$R = E/I$ $= \varrho \cdot l/F$	LT^{-1}	Ω $M\Omega$ $\varnothing$	Ohm Megohm intern. Ohm = Widerstand einer Hg-Säule von 1,063 m Länge u. 14,4521 g Ge-wicht bei 0° (be-sitzt 1 mm² Quer-schnitt) 1 legales Ohm hat 1,060 m	10^{-9} 10^{15}
				SE	Siemens-Einheit (1,000 m Länge der Hg-Säule)	
G	Leitwert. . . .	$G = 1/R$	$L^{-1}T$	S	Siemens	10^{-9}
ϱ	Spezif. Wider-stand	$\varrho = R \cdot F/l$	$L^2 \cdot T^{-1}$		Ohm mm²/m	10^{-5}
$\varkappa$	Elektr. Leitfähig-keit (von Elek-trolyten) . . .	$\varkappa = \dfrac{l}{R \cdot F}$	$L^{-2} \cdot T$		1/Ohm · cm	10^{-9}
α	Dissoziationsgrad					

XI. Elektrische Ladung und elektrisches Feld (elektrostatische Maße).

Q	Elektrizitäts-menge, elektr. Ladung . . .	$P = \dfrac{Q_1 \cdot Q_2}{l^2}$	$L^{\frac{3}{2}} \cdot M^{\frac{1}{2}} \cdot T^{-1}$			$\tfrac{1}{3} \cdot 10^{-9}$ Coulomb
e	Elementarladung		$L^{\frac{3}{2}} \cdot M^{\frac{1}{2}} \cdot T^{-1}$			$1,59 \cdot 10^{-19}$ Coulomb
$\mathfrak{E}$	Elektr. Feld-stärke	$\mathfrak{E} = P/Q$	$L^{-\frac{1}{2}} \cdot M^{\frac{1}{2}} \cdot T^{-1}$			$4,77 \cdot 10^{-10}$
$\mathfrak{D}$	Elektr. Induktion (Verschiebung)	$\mathfrak{D} = \Phi_e/F$	$L^{-\frac{1}{2}} \cdot M^{\frac{1}{2}} \cdot T^{-1}$			
Φ_e	Elektrischer Induktionsfluß	$\Phi_e = 4\pi Q$	$L^{\frac{3}{2}} \cdot M^{\frac{1}{2}} \cdot T^{-1}$			
ε	Dielektrizitäts-konstante . . .	$\varepsilon = \mathfrak{D}/\mathfrak{E}$				
C	Elektr. Kapazi-tät		L	cm		$\tfrac{1}{9} \cdot 10^{-11}$ Farad

Wenn bei einer Größe die Vektoreigenschaft hervorgehoben werden soll, sind statt der lateinischen Buchstaben deutsche Buchstaben zu setzen.

Mathematische Zeichen,

aufgestellt vom Ausschuß für Einheiten und Formelgrößen (AEF) nach DIN 1302.

Zeichen	Bedeutung	Zeichen	Bedeutung
1. 1)	erstens	$| \ |$	Betrag einer reellen oder komplexen Größe
( )	Benummerung von Formeln	!	Fakultät
% vH	Hundertel, vom Hundert, Prozent	$\mathfrak{1}$	endliche Zunahme
⁰/₀₀ vT	Tausendstel, vom Tausend, Promille	d	vollständiges Differential
/	in 1, für 1, auf 1, pro, je	∂	partielles Differential
( ) [ ] }	Klammer	δ	Variation, virtuelle Änderung
,	Dezimalzahlen Komma unten oder Punkt oben. Zur Gruppenabteilung bei größeren Zahlen sind weder Komma noch Punkt, sondern Zwischenräume zu verwenden.	đ	Diminutiv
		Σ	Summe von; Grenzbezeichnungen sind unter und über das Zeichen zu setzen. Die Summationsvariable wird unter das Zeichen gesetzt.
+	plus, mehr, und	$\int$	Integral
−	minus, weniger	$\parallel$	parallel
· ×	mal, multipliziert mit Der Punkt steht auf halber Zeilenhöhe. Das Multiplikationszeichen darf weggelassen werden.	$\#$	gleich und parallel
		↑↑	parallel und gleichgerichtet
		↑↓	parallel und entgegengesetzt gerichtet
: / −	geteilt durch	⊥	rechtwinklig zu
=	gleich	△	Dreieck
≡	identisch mit	≅	kongruent
≠	nicht gleich	∽	ähnlich, proportional
≢	nicht identisch gleich	∢	Winkel
≈	nahezu gleich, rund, etwa	AB	Strecke AB
<	kleiner als	$\widehat{AB}$	Bogen AB
>	größer als	log	Logarithmus
≪	klein gegen } von anderer Größenordnung	^{a}log	Logarithmus zur Basis a
≫	groß gegen	lg	Briggscher Logarithmus
		ln	natürlicher Logarithmus
∞	unendlich	°	Grad
...	bis Drei Punkte auf der Zeile. Z. B. 12 ... 25 bedeutet 12 bis 25. Die Grenzen gelten als eingeschlossen; soll die obere oder untere Grenze ausgeschlossen sein, so ist dies besonders anzugeben, z. B. 12 ... (25 oder 12) ... 25; usw., unbegrenzt	′	Minute
		″	Sekunde
		sin	sinus
		cos	cosinus
		tg	tangens
		ctg	cotangens
		arc sin	arcus sinus
		arc cos	arcus cosinus
$\sqrt{\ }\ \sqrt[\ ]{\ }\ \sqrt[\ ]{\ }$	Wurzelzeichen	arc tg	arcus tangens
$|\ |$	Determinante	arc ctg	arcus cotangens

Kurzzeichen für Einheiten (nach DIN 1301).

(Siehe auch S. 73 und S. 76.)

h	Stunde	S	Siemens
m	Minute	C	Coulomb
min	Minute (allein-	J	Joule
	stehend)	W	Watt
Uhrzeit ..	Zeichen h, m, s erhöht	F	Farad
	Beispiel: $2^h\,26^m\,3^s$	H	Henry
°	Celsiusgrad	mA	Milliampere
cal	Kalorie (Gramm-	kW	Kilowatt
	kalorie)	μF	Mikrofarad
kcal	Kilokalorie	$M\Omega$	Megohm
A	Ampere	kVA	Kilovoltampere
V	Volt	Ah	Amperestunde
Ω	Ohm	kWh	Kilowattstunde

Tafel über die Maßeinheiten für Energie und ihr gegenseitiges Verhältnis.

(Zur Tafel auf Seite 80.)

Erg und **Dyn** (Begriffsbestimmung s. Seite 70).

1 **Volt·Ampere** × **sek.** = 1 **Wattsekunde** = 1 **Joule** wird geleistet, wenn der Strom von 1 Ampere im Widerstande von 1 Ohm während 1 Sekunde fließt.

1 **kleine 15°·Kalorie, Grammkalorie,** ist die Wärmemenge, die erforderlich ist, um 1 g Wasser von 14,5° auf 15,5° zu erwärmen. (Vgl. Seite 88.)

1 **Literatmosphäre** ist die Arbeit, die der Vermehrung des Volumens um 1 Liter unter dem konstanten Drucke von 1 Atmosphäre (= 1013253 Dynen/cm²) entspricht.

1 **Kilogrammeter** ist die Arbeit, die durch Hebung von 1 kg um 1 m entgegen der Anziehungskraft der Erde unter 45° Breite im Meeresniveau geleistet wird.

Die letzte Horizontalreihe enthält die auf ein Mol (Gramm-Molekül) bezogene **Gaskonstante R,** ausgedrückt in den verschiedenen Einheiten, samt den zugehörigen Logarithmen.

Die den Umrechnungen zugrunde gelegten Ausgangswerte (vgl. z. B. Henning und Jaeger, Handbuch der Physik, II, S. 518) sind fett gedruckt.

	Erg	Wattsekunde Joule	Kl. 15°-Kalorie	Literatmosphäre	Meterkilogramm	Pferdestärke × Sekunde
1 Erg =	1	$0{,}99950 \cdot 10^{-7}$	$2{,}3887 \cdot 10^{-8}$	$0{,}98689 \cdot 10^{-9}$	$1{,}019716 \cdot 10^{-8}$	$1{,}35962 \cdot 10^{-10}$
lg........		$2{,}99978-10$	$2{,}37816-10$	$0{,}99427-10$	$2{,}00848-10$	$0{,}13342-10$
1 Wattsekunde (Joule) =	$1{,}00050 \cdot 10^7$	—	$0{,}23899$	$0{,}98739 \cdot 10^{-2}$	$0{,}102023$	$1{,}36030 \cdot 10^{-3}$
lg........	$7{,}00022$		$9{,}37840-10$	$7{,}99449-10$	$9{,}00869-10$	$7{,}13364-10$
1 cal =	$4{,}186 \cdot 10^7$	$4{,}1842$	—	$4{,}1314 \cdot 10^{-2}$	$0{,}42688$	$0{,}56918 \cdot 10^{-3}$
lg........	$7{,}62180$	$0{,}62161$		$8{,}61610-10$	$9{,}63031-10$	$7{,}75525-10$
1 Literatmosphäre =	$1{,}013253 \cdot 10^9$	$1{,}012773 \cdot 10^2$	$24{,}205$	—	$10{,}33258$	$0{,}1377678$
lg........	$9{,}00572$	$2{,}00551$	$1{,}38394$		$1{,}01420$	$9{,}13916-10$
1 Meterkilogramm =	$9{,}80665 \cdot 10^7$	$9{,}80175$	$2{,}3426$	$0{,}967812 \cdot 10^{-1}$	—	$1{,}33333 \cdot 10^{-2}$
lg........	$7{,}99152$	$0{,}99130$	$0{,}36970$	$8{,}98579-10$		$8{,}12493-10$
1 Pferdestärke × Sekunde =	$7{,}35493 \cdot 10^9$	$7{,}35131 \cdot 10^2$	$175{,}69$	$7{,}25859$	$75{,}000$	—
lg........	$9{,}86658$	$2{,}86637$	$2{,}24475$	$0{,}86086$	$1{,}87504$	
$\dfrac{R}{\text{Mol}} =$	$8{,}3132 \cdot 10^7$	$8{,}3030$	$1{,}9858$	$8{,}2042 \cdot 10^{-2}$	$0{,}84771$	$1{,}13028 \cdot 10^{-2}$
lg........	$7{,}91977$	$0{,}91955$	$0{,}29794$	$8{,}91404-10$	$9{,}92825-10$	$8{,}05319-10$

Aus dem Gebiete der Elektrotechnik.

(Vgl. Seite 70—80.)

a) Gesetzliche Einheiten.

Nach dem Reichsgesetz vom 1. Juni 1898 (R.-G.-Bl. S. 905):

Das (sog. internationale) **Ohm** ist die **Einheit des elektrischen Widerstandes**. Es wird dargestellt durch den Widerstand einer Quecksilbersäule von der Temperatur des schmelzenden Eises, deren Länge bei durchweg gleichem, 1 mm² gleich zu achtendem Querschnitt 106,3[1]) cm und deren Masse 14,4521 g beträgt.

Das **Ampere** ist die **Einheit der elektrischen Stromstärke**. Es wird dargestellt durch den unveränderlichen elektrischen Strom, welcher bei dem Durchgange durch eine wässerige Lösung von Silbernitrat in einer Sekunde 0,001118[2]) g Silber niederschlägt.

Das **Volt** ist die **Einheit der elektromotorischen Kraft**. Es wird dargestellt durch die elektromotorische Kraft, welche in einem Leiter, dessen Widerstand 1 Ohm beträgt, einen elektrischen Strom von 1 Ampere erzeugt.

Diese Definitionen stimmen mit denjenigen überein, welche die internationale Elektrikerkonferenz zu London 1908 angenommen hat (E. T. Z. 30, 344; 1909).

Ohm'sches Gesetz:

$$\text{Stromstärke} = \frac{\text{Elektromotorische Kraft}}{\text{Widerstand}}$$

$$I = \frac{E}{R} = \text{Ampere} = \frac{\text{Volt}}{\text{Ohm}}$$

b) Andere Einheiten.

Elektrischer Widerstand:

a) Sog. „**Legales Ohm**" nach dem Vorschlag des Internationalen Elektriker-Kongresses zu Paris 1884:

Der Widerstand einer Quecksilbersäule von 1 mm² Querschnitt und 106 cm Länge bei 0°.

b) **Siemens-Einheit** (S.-E.) ist der Widerstand einer Quecksilbersäule von 1 mm² Querschnitt mit 1 m Länge bei 0°.

c) **British-Association-Unit (B. A. U.)** ist der Widerstand einiger aus Draht verschiedenen Materials konstruierter Normale; 1 B. A. U. ist etwa gleich 0,987 Legales Ohm.

Das **Weston-Normalelement**, hergestellt nach den Vorschriften der Phys.-Techn. Reichsanstalt, mit gesättigter Kadmiumsulfatlösung, hat eine elektromotorische Kraft (international angenommen) von $1,0183 - 0,0000406 \, (t-20) - 0,00000095 \, (t-20)^2 + 0,00000001 \, (t-20)^3$ Volt, also bei

10°	1,01863 Volt
15°	1,01848 ,,
16°	1,01845 ,,
17°	1,01841 ,,
18°	1,01838 ,,
19°	1,01834 ,,
20°	1,01830 ,,
25°	1,01807 ,,

---

[1]) Der wahrscheinliche Wert ist 106,25 cm (Henning u. Jaeger, Handbuch der Physik, Bd. II, S. 499).

Im Beschluß der Londoner Konferenz heißt es: 106,300.

[2]) Im Beschluß der Londoner Konferenz heißt es: 0,00111800.

Das **Watt** (*Volt-Ampere*) ist die Leistung eines Stromes von 1 Ampere Stärke in einem Leiter, an dessen Enden eine Spannungsdifferenz von 1 Volt besteht.

1000 Watt sind **1 Kilowatt.**

Wattsekunde = **Joule** = Arbeit von 1 Watt während 1 Sekunde.

Wattstunde ist die **Arbeit** von 1 Watt während 1 Stunde.

1 Pferdekraft = 736 Watt (genau 735,5) = 75 kgm (in 1 Sekunde).

1 HP (horse-power) = 746 Watt (vgl. S. 85).

Das **Coulomb** ist diejenige *Elektrizitätsmenge*, die in 1 Sekunde bei einer Stromstärke von 1 Ampere durch den Querschnitt eines Leiters fließt.

Das **Farad** ist die Kapazität eines Kondensators, welcher durch die Elektrizitätsmenge von 1 Coulomb auf den Spannungsunterschied von 1 Volt geladen wird.

Das **Henry** ist die Induktivität einer Strombahn, bei der eine Änderung der Stromstärke in 1 Sekunde um 1 Ampere eine induzierte elektromotorische Kraft von 1 Volt erzeugt.

c) Wechselstromgrößen.

Ein elektrischer Leiter vom Gleichstromwiderstand R und einer Induktivität (Selbstinduktionskoeff.) L hat bei einer Periodenzahl des Wechselstromes n (n Perioden, oder $2n$ Polwechsel in der Sekunde) einen **Scheinwiderstand** (Impedanz)

$$R_s = \sqrt{R^2 + (2\pi \cdot n \cdot L)^2} = R\sqrt{1 + \left(\frac{2\pi \cdot n \cdot L}{R}\right)^2}.$$

Ist in dem Stromkreis noch eine Kapazität C enthalten, so wird der Scheinwiderstand

$$R_s = \sqrt{R^2 + \left(2\pi \cdot n \cdot L - \frac{1}{2\pi \cdot n \cdot C}\right)^2}.$$

Zwischen Strom und angelegter Spannung tritt eine **Phasenverschiebung** φ ein nach der Gleichung

$$\text{tg } \varphi = \frac{1}{R}\left(2\pi \cdot n \cdot L - \frac{1}{2\pi \cdot n \cdot C}\right).$$

Das **Ohmsche Gesetz für einen Wechselstromkreis** erhält die Form $I = \frac{E}{R_s}$.

Die **Leistung** in einem Wechselstromkreis ist bestimmt durch $W = E \cdot I \cdot \cos \varphi$. Man bezeichnet $\cos \varphi$ als **Leistungsfaktor.**

Ist in einem Wechselstromkreis $2\pi \cdot n \cdot L = \frac{1}{2\pi \cdot n \cdot C}$ oder $(2\pi \cdot n)^2 \cdot L \cdot C = 1$, so wird $R_s = R$; in einem solchen Stromkreis herrscht **Resonanz,** und für ihn gilt das einfache Ohmsche Gesetz.

d) Beziehungen der elektrischen Maßeinheiten untereinander.

	Gleichstrom
Volt =	$\dfrac{\text{Watt}}{\text{Ampere}} = \text{Ampere} \cdot \text{Ohm} = \sqrt{\text{Watt} \cdot \text{Ohm}}$
Ampere =	$\dfrac{\text{Watt}}{\text{Volt}} = \sqrt{\dfrac{\text{Watt}}{\text{Ohm}}} = \dfrac{\text{Volt}}{\text{Ohm}}$
Ohm =	$\dfrac{\text{Volt}}{\text{Ampere}} = \dfrac{\text{Watt}}{\text{Ampere}^2} = \dfrac{\text{Volt}^2}{\text{Watt}}$
Watt =	$\text{Ampere} \cdot \text{Volt} = \text{Ampere}^2 \cdot \text{Ohm} = \dfrac{\text{Volt}^2}{\text{Ohm}}$
	Wechselstrom
Volt =	$\dfrac{\text{Watt}}{\text{Ampere} \cdot \cos \varphi} = \text{Ampere} \cdot \text{Ohm} \cdot \cos \varphi = \sqrt{\text{Watt} \cdot \text{Ohm}}$
Ampere =	$\dfrac{\text{Watt}}{\text{Volt} \cdot \cos \varphi} = \dfrac{1}{\cos \varphi} \cdot \sqrt{\dfrac{\text{Watt}}{\text{Ohm}}} = \dfrac{\text{Volt}}{\text{Ohm} \cdot \cos \varphi}$
Ohm =	$\dfrac{\text{Volt}}{\text{Ampere} \cdot \cos \varphi} = \dfrac{\text{Watt}}{\text{Ampere}^2 \cdot \cos^2 \varphi} = \dfrac{\text{Volt}^2}{\text{Watt}}$
Watt =	$\text{Volt} \cdot \text{Ampere} \cdot \cos \varphi = \text{Ampere}^2 \cdot \text{Ohm} \cdot \cos^2 \varphi = \dfrac{\text{Volt}^2}{\text{Ohm}}$

Für $\cos \varphi$ kann zu Überschlagsrechnungen bei Lichtbetrieb 0,85, bei Motorenbetrieb 0,7 angenommen werden.

e) Leitungswiderstand.

$$R = \varrho \cdot l/F \text{ Ohm}$$

d. h., ein Leiter von der Länge l m und dem Querschnitt F mm² leistet einen Widerstand von $\varrho \cdot l/F$ Ohm. Hierbei ist ϱ eine vom Stoffe und der Temperatur des Leiters abhängige **Materialkonstante, der spezifische Leitwiderstand;** $1/\varrho$ wird als spezifischer Leitwert, als **Leitfähigkeit** bezeichnet.

In nachfolgenden Tafeln finden sich Angaben über den Leitungswiderstand verschiedener Stoffe, von dessen Größe die Eignung für Leitungs- bzw. Isolierzwecke abhängt.

1. Metalle für Leitungen.

Widerstand in Ohm bei 1 m Länge und 1 mm² Querschnitt. Temperatur 20° C.

Aluminium	0,029	Platin	0,107
Blei	0,21	Aluminiumbronze	0,13
Eisen	0,086	Bronze	0,17
Stahl { weich	0,1—0,2	Quecksilber	0,958
Stahl { gehärtet	0,4—0,5	Silber	0,016
Kupfer { rein	0,017	Tantal	0,12
Kupfer { gewöhnlich	0,018	Zink	0,06
Nickel	0,070		

2. Metalle für Widerstand.

Konstantan	0,50	Kruppin	0,85
Manganin	0,43	Graphit	
Neusilber	0,16—0,4	aus Grönland	4,0
Nickelin	0,40	aus Sibirien	12,0
Patentnickel	0,34	Gaskohle	50
Rheotan	0,45	Bogenlichtkohle	etwa 60

3. Isolierstoffe.

Widerstand in Megohm eines Kubikzentimeter-Würfels (1 Megohm = 10^6 Ohm).

a) Feste Isolierstoffe.

Paraffin	$3 \cdot 10^{12}$	Quarz, parallel zur	
Ceresin	$>5 \cdot 10^{12}$	optischen Achse	$1 \cdot 10^8$
Quarz, geschmolzen	$>5 \cdot 10^{12}$	Kautschuk	$1 \cdot 10^8$
Hartgummi	$1 \cdot 10^{11}$	Gewöhnliches Glas	$5 \cdot 10^7$
Glimmer, klar	$3 \cdot 10^{10}$	Mahagoni, paraffin.....	$4 \cdot 10^7$
Schwefel	$1 \cdot 10^{11}$	Linoleum	$1 \cdot 10^6$
Bernstein	$5 \cdot 10^{10}$	Pappelholz, paraffin...	$5 \cdot 10^5$
Quarz, senkrecht zur		Preßspan	$1 \cdot 10^5$
optischen Achse	$3 \cdot 10^{10}$	Ton, gebrannt, ohne Glasur	$1 \cdot 10^5$
Schellack	$1 \cdot 10^{10}$	Ahornholz, paraffin.....	$3 \cdot 10^4$
Siegellack	$8 \cdot 10^9$	Zelluloid, weiß	$2 \cdot 10^4$
Bienenwachs, gelb	$2 \cdot 10^9$	Schiefer	$1 \cdot 10^2$
Porzellan, unglasiert ...	$3 \cdot 10^8$	Roter Fiber	$5 \cdot 10^5$

b) Flüssige Isolierstoffe

wechseln stark mit der chemischen Zusammensetzung und etwaigen Verunreinigungen.

Holzteer	$1700 \cdot 10^6$	Benzin	$14 \cdot 10^6$
Rohes Ozokerit	$450 \cdot 10^6$	Schweres Paraffinöl	$8 \cdot 10^6$
Stearinsäure	$350 \cdot 10^6$	Olivenöl	10^6
Paraffinwachs	$110 \cdot 10^6$	Benzol	1300

4. Flüssigkeitswiderstände.

Widerstand in Ohm eines Kubikzentimeter-Würfels bei + 18° C.

Schwefelsäure	5%	4,80	Zinksulfatlösung	20%	21,3
	10%	2,55		1,6%	15,22
	20%	1,53	Ammoniak ....{	8,0%	9,63
	30%	1,35		16,2%	15,82
Kochsalzlösung	5%	14,92	Kupfersulfatlösung.....	5%	52,9
	10%	8,27		10%	31,3
	15%	6,10		15%	23,8
	20%	5,11		5%	83,0
Zinksulfatlösung	5%	52,4	Magnesiumsulfatlösung .	10%	24,2
	10%	31,2		15%	20,8
	15%	24,1		20%	21,0

f) Durchschlagswiderstand.

Ein Wechselstrom von 20 000 Volt Spannung durchschlägt eine Isolierschicht von folgender Stärke:

Luft	34	mm	Isolieröl für Transformatoren	2,0	mm
Dicköl.................	9,64	„	Steinkohlenparaffin	2,2	„
Kabel-Imprägniermasse ..	0,2	„	Muffenausgußmasse	0,45	„
Zeresin................	0,65	„	Leinöl	7,5	„
Ozokerit	0,65	„	Stearinpech	8,0	„
Bienenwachs...........	0,25	„	Guttapercha	0,34	„
Paraffin...............	0,5	„	Nichtvulkanisierter Gummi..	0,85	„
Venez. Terpentin	0,5	„	Vulkanisierter Gummi	1,2	„

Die Durchschlagweiten wechseln stark, je nach der Reinheit der Stoffe und sind durchaus nicht verhältnisgleich der Spannung und Periodenzahl.

g) Pferdestärke — Kilowatt.
(Vgl. S. 75.)

Eine Reihe der maßgebendsten wissenschaftlichen und technischen Gesellschaften und Vereinigungen sowie führende Großfirmen haben beschlossen, die Bezeichnung „Pferdestärke" in Zukunft, wenn möglich, nicht mehr anzuwenden. An Stelle der Leistungseinheit PS, die 75 Kilogrammeter, oder HP (horse-power), die 76 Kilogrammeter in der Sekunde beträgt, ist die absolute Leistungseinheit 10^{10} Erg/sek zu setzen, die mit Kilowatt, Großpferd oder Neupferd (NP) bezeichnet wird und praktisch 102 Kilogrammetern in der Sekunde entspricht.

1 PS = 0,9863 HP = 0,7355 kW = 75 kgm/sek	1 kgm = 7,2331 Fußpfund engl.
1 HP = 1,0139 PS = 0,7457 kW = 76,05 kgm/sek	1 Fußpfund engl. = 0,13825 kgm
1 kW = 1,360 PS = 1,341 HP = 101,98 kgm/sek	1 HP = 550 Fußpfund engl.
1 Pferdestärkestunde PSst = 270 000 kgm	1 PS = 542,48 „ „
1 Kilowattstunde kWst = 367 000 kgm	

Umrechnung von Pferdestärken (PS) in Kilowatt (kW).

PS	0	1	2	3	4	5	6	7	8	9
0		0,74	1,47	2,21	2,94	3,68	4,41	5,15	5,88	6,62
10	7,35	8,09	8,83	9,56	10,30	11,03	11,77	12,50	13,24	13,97
20	14,71	15,45	16,18	16,92	17,65	18,39	19,12	19,86	20,59	21,33
30	22,06	22,80	23,54	24,27	25,01	25,74	26,48	27,21	27,95	28,68
40	29,42	30,16	30,89	31,63	32,36	33,10	33,83	34,57	35,30	36,04
50	36,77	37,51	38,25	38,98	39,72	40,45	41,19	41,92	42,66	43,39
60	44,13	44,87	45,60	46,34	47,07	47,81	48,54	49,28	50,01	50,75
70	51,48	52,22	52,96	53,69	54,43	55,16	55,90	56,63	57,37	58,10
80	58,84	59,58	60,31	61,05	61,78	62,52	63,25	63,99	64,72	65,46
90	66,19	66,93	67,67	68,40	69,14	69,87	70,61	71,34	72,08	72,81
100	73,55	74,29	75,02	75,76	76,49	77,23	77,96	78,80	79,43	80,17
110	80,90	81,64	82,38	83,11	83,85	84,58	85,32	86,05	86,79	87,52
120	88,26	89,00	89,73	90,47	91,20	91,94	92,67	93,41	94,14	94,88
130	95,61	96,35	97,09	97,82	98,56	99,29	100,0	100,8	101,5	102,2
140	103,0	103,7	104,4	105,2	105,9	106,6	107,4	108,1	108,9	109,6
150	110,3	111,1	111,8	112,5	113,3	114,0	114,7	115,5	116,2	116,9
160	117,7	118,4	119,1	119,9	120,6	121,4	122,1	122,8	123,6	124,3
170	125,0	125,8	126,5	127,2	128,0	128,7	129,4	130,2	130,9	131,7
180	132,4	133,1	133,9	134,6	135,3	136,1	136,8	137,5	138,3	139,0
190	139,7	140,5	141,2	142,0	142,7	143,4	144,2	144,9	145,6	146,4
200	147,1	147,8	148,6	149,3	150,0	150,8	151,5	152,2	153,0	153,7
210	154,5	155,2	155,9	156,7	157,4	158,1	158,9	159,6	160,3	161,0
220	161,8	162,5	163,3	164,0	164,8	165,5	166,2	167,0	167,7	168,4
230	169,2	169,9	170,6	171,4	172,1	172,8	173,6	174,3	175,0	175,8
240	176,5	177,3	178,0	178,7	179,5	180,2	180,9	181,7	182,4	183,1
250	183,9	184,6	185,3	186,1	186,8	187,6	188,3	189,0	189,8	190,5
260	191,2	192,0	192,7	193,4	194,2	194,9	195,6	196,4	197,1	197,8
270	198,6	199,3	200,1	200,8	201,6	202,3	203,0	203,7	204,5	205,2
280	205,9	206,7	207,4	208,1	208,9	209,6	210,4	211,1	211,8	212,6
290	213,3	214,0	214,8	215,5	216,2	217,0	217,7	218,4	219,2	219,9
300	220,7	221,4	222,1	222,9	223,6	224,3	225,1	225,8	226,5	227,3

Lichtstrahlung und Beleuchtung.
(S. Seite 75.)

I. Grundbegriffe und Einheiten.

1. **Lichtstärke** J, gemessen in Hefnerkerzen HK.
   1 HK ist die horizontale Lichtstärke der Hefnerlampe.
   Es wird angegeben:
   die mittlere horizontale Lichtstärke J_h bei Gaslampen und älteren Glühlampen,
   die mittlere (untere) hemisphärische Lichtstärke $J_\cup$ bei Bogenlampen (armiert)
   die mittlere sphärische Lichtstärke J_o bei neueren Glühlampen (nackt).

   $$\frac{J_\cup + J_\cap}{2} = J_o; \quad \text{Reduktionsfaktor } K_o; \quad K_o \cdot J_h = J_o; \quad K_o \cdot J_\cup = J_o.$$

2. **Lichtstrom** $\Phi = J\omega$ = der von einem Punkt mit der Lichtstärke J in den Raumwinkel ω gestrahlte Lichtstrom, gemessen in Lumen, Lm.
   Raumwinkel = Kugelfläche S (m²) : r^2, wo r der Radius der Kugel ist.

   Die Hemisphäre hat einen Raumwinkel von $\frac{2\pi \cdot r^2}{r^2} = 2\pi = 6{,}285$

   „ Sphäre „ „ „ „ $4\pi = 12{,}57$

   Lichtstrom also $\quad \Phi = J \cdot \omega = J \cdot \frac{S}{r^2};$

   Lichtstrom hemisphärisch $= 2\pi \cdot J_\cup = 6{,}285 \cdot J_\cup$
   „ sphärisch $= 4\pi \cdot J_o = 12{,}57 \cdot J_o$

3. **Lichtabgabe** $Q = \Phi \cdot T$ = Lichtstrom · Zeit, gemessen in Lumenstunden.

4. **Flächenhelle** $H = \frac{J}{s}$ = Kerzen für 1 cm² der leuchtenden Oberfläche.

   Je größer die Flächenhelle (Glanz) einer Lichtquelle, desto größer ihre Blendung.

   $H \leq \frac{3}{4}$ HK/cm² blendet nicht mehr. Alle modernen Lichtquellen blenden nackt.

   Metalldrahtlampen haben etwa 200 HK/cm²,
   Spiraldrahtlampen „ „ 1 100 „ „
   der Bogenlampenkrater hat „ 36 000 „ „

5. **Beleuchtung** $E = \frac{\Phi}{S} = \frac{J \cdot S}{r^2 \cdot S} = \frac{J}{r^2}.$

   Beleuchtung ist also = Lichtstrom : Fläche, auf die der Lichtstrom fällt
   = Lichtstromdichte;
   Beleuchtung ist ferner = Lichtstärke : Quadrat des Abstandes von der Lichtquelle, d. h., die Beleuchtung nimmt ab mit zunehmendem Quadrat des Abstandes der beleuchteten Fläche von der (punktförmigen) Lichtquelle.
   Die Beleuchtung wird in Lux, Lx, gemessen.
   1 HK erzeugt in 1 m Abstand auf einem senkrecht zum Lichtstrahl stehenden Flächenelement die Beleuchtung 1 Lux.

Ausland:

Amerika (USA), England und Frankreich haben sich am 1. Juli 1909 auf eine „internationale" Kerze geeinigt. Deutschland hat sich nicht angeschlossen, hat nur anerkannt, daß diese Einheit = 1,11 HK ist. Also: 9 „internationale" Kerzen = 10 HK
   1 deutsches Lux = 0,9 „internationale" Lux
   = 0,093 Hefner foot,
   = 0,085 candle foot,
   = 0,093 Carcel mètre,
   = 0,885 bougie mètre.

II. Die wichtigsten Lichtquellen.

1. **Elektrische Glühlampen.**

   Kohlefadenlampen sind veraltet, Verbrauch 3—4 Watt/HK.
   Bis 60 Watt brauchen moderne Glühlampen etwa 1—1,6 Watt/HK_o
   von 150 „ an aufwärts „ „ 0,8—0,6 „ „
   Große Glühlampen brauchen also etwa halb so viel Strom für die Hefnerkerze wie kleine.
   Da auch die Lichtanlage, die Bedienung und die Instandhaltung um so einfacher und billiger ist, je weniger Lampen aufgebendt werden, so folgt:
   Man verwende im allgemeinen für einen Raum nicht mehr Lampen, als mit Rücksicht auf Anpassungsfähigkeit, auf Gleichmäßigkeit und Richtungssinn der Beleuchtung erforderlich sind.

Glühlampen-Tafel der Vereinigung der Elektr.Werke 1917 (Mitt. d.V. d. E.W. 1917, S. 378).

Watt	Mittlere räumliche Lichtstärke HK_o			
	Vakuum-Lampen		Gasgefüllte Lampen*	
	110 Volt	220 Volt	110 Volt	220 Volt
10	6	—		
20	15	12		
25	19	16		
40	32	27	37	
60	48	44	62	
75	—	—	82	68
100	80	74	120	100
150			200	170
200			275	250
300			450	400
500			800	750
750			1200	1150
1000			1650	1550
1500			2600	2400

* Auch Halbwattlampen genannt.

2. Glühlampen-Armaturen.

Armaturen für Halbwattlampen: für direktes Licht mit Klarglasglocke kann mit etwa 0,5 Watt/$HK_\square$ gerechnet werden. Eine solche Armatur mit einer 500-Watt-Lampe gibt also etwa 1000 $HK_\square$. Mit Opalglocke etwa 20% weniger.

3. Elektrische Bogenlampen.

a) **Offene Lampen mit V Effektkohlen. Gelbes Licht.** (Kohlen für weißes Licht geben etwa 15% weniger Licht.)

	Amp.	Watt*	$HK_\square$**	Watt/$HK_\square$
Gleichstrom	6	330	1600	0,20
mit	8	440	2500	0,17
Vorschaltwiderstand	10	550	3300	0,16
	12	660	4000	0,16
Wechselstrom	8	310	1500	0,20
mit	10	400	2000	0,19
Vorschaltdrossel	12	500	2500	0,18
	15	650	3700	0,18

b) **Geschlossene Lampe mit ׀ Effektkohlen. Dauerbrand-Effektlampe. Weißes Licht.**

Gleichstrom mit	8	440	1600	0,28
Vorschaltwiderstand	10	550	2200	0,25
	12	660	2800	0,24
Wechselstrom mit	10	365	900	0,40
Vorschaltdrossel	12	440	1300	0,34
	15	550	1800	0,31

* Einschließlich Vorschaltung.
** Mit Klarglasglocke; mit Opalglocke etwa 20% weniger.

Schaltung überall: 2 an 110 oder 4 an 220 Volt.

Auch bei Bogenlampen sind die höheren Stromstärken wirtschaftlicher.

4. Gasglühlicht.

	Liter/Stde.	J_h	Liter/HK_h
a) Stehend.......	120	80	1,5
b) Hängend......	90	110	0,82
Preßgas Selas	500	1000	0,5
,, ,,	600	1400	0,43
,, ,,	970	2260	0,43
,, Grätzin	370	500	0,74
,, ,,	760	1400	0,54
,, ,,	1090	2000	0,55
,, ,,	2220	5000	0,45
,, Pharos	500	1000	0,5
,, ,,	1000	2000	0,5
,, ,,	2500	5000	0,5

Bei b) $J_o = 0{,}81\ H_h$; $J_\square = 1{,}07\ J_h$.

III. Beleuchtung.

Maßgebend für die Beleuchtung eines Raumes ist die **mittlere Bodenbeleuchtung**, e_m, gemessen 1 m über der Bodenfläche des Raumes, in Lux.

Erforderliche Beleuchtungsstärke.

Man braucht:

für Treppen und Gänge	eine mittlere Beleuchtung	von	etwa	10 Lux
„ grobe Arbeit	„ „	„	„	30 „
„ normale Arbeit und zum Lesen	„ „	„	„	50 „
„ Schreibarbeit	„ „	„	„	70 „
„ feine Arbeit	„ „	„	„	90 „
„ Zirkelzeichnen	„ „	„	„	120 „
„ feinste Arbeit und Arbeit an dunklen Stoffen..........	„ „	„	„	150 „
„ Straßen, je nach Verkehr...	$0{,}5 \div 2$,	$3 \div 5$,	$5 \div 10$,	$10 \div 20$ Lux

Die mittlere Beleuchtung ist $= \dfrac{\text{Lichtstrom, der auf den Boden fällt}}{\text{Bodenfläche in m}^2}$

$$\text{oder} = \dfrac{\text{Gesamt-Lichtstrom der Lichtquellen}}{\text{Bodenfläche in m}^2} \cdot \text{Nutzfaktor } \eta\,.$$

Der Nutzfaktor η ist abhängig von der Armatur der Lichtquelle,
„ „ Größe der Bodenfläche,
und bei Innenbeleuchtung abhängig von dem Reflexionsvermögen von Decke und Wänden.

a) Außenbeleuchtung, oder Innenbeleuchtung von Räumen ohne reflektierende Decke.

$$e_m = \dfrac{6{,}285 \cdot J_\mathrm{O} \text{ f. d. armierte Lampe}}{\text{Bodenfläche (m}^2\text{) f. d. Lampe}} \cdot \eta \quad \eta: \text{großer, mittlerer, kleiner Raum}$$

$$ = 0{,}8 \quad\;\; 0{,}7 \quad\;\; 0{,}6 \text{ bei hellen Wänden}$$
$$ = 0{,}6 \quad\;\; 0{,}5 \quad\;\; 0{,}4 \text{ „ dunklen „}$$

Die Bodenfläche f. d. Lampe ergibt sich aus der gewählten Lampenanzahl.

e_m wählt man z. B. nach der obigen Luxtabelle.

Man erhält dann J_O (die erforderliche Lichtstärke) der armierten Lampe, und aus den Tabellen unter II die erforderliche Lampengröße.

b) Innenbeleuchtung von Räumen mit weißer Decke und hellen Wänden.

$$e_m = \dfrac{12{,}57 \cdot J_o \text{ der nackten Lichtquelle}}{\text{Bodenfläche (m}^2\text{) f. d. Lampe}} \cdot \eta\,.$$

Bei elektrischem Glühlicht ist $\begin{cases} \eta = \text{etwa } 0{,}44 \text{ bei direktem, diffusem und halbindirektem Licht,} \\ \eta = \text{etwa } 0{,}34 \text{ bei ganz indirektem Licht.} \end{cases}$

Wenn das Reflexionsvermögen der Decke und Wände durch Verschmutzung, Transmissionen usw. gestört wird, so ist je nach der Stärke dieses Einflusses η mit $0{,}9 \div 0{,}7$ zu multiplizieren.

Beispiele:

a) Eine Gießereihalle, $20 \cdot 40$ m, soll durch 6 Gleichstrom-Bogenlampen etwa 50 Lux mittlere Beleuchtung erhalten. $800 : 6 = 139$ m² f. d. Lampe. $\eta = 0{,}5$.

$$e_m = \dfrac{6{,}285 \cdot J_\mathrm{O}}{139} \cdot \eta;\quad J_\mathrm{O} = \dfrac{139 \cdot 50}{6{,}285 \cdot 0{,}5} = 2210\ HK_\mathrm{O}\,.$$

Diese Lichtstärke hat eine offene Effektbogenlampe zu 8 Ampere oder eine Dauerbrand-Effektbogenlampe zu 10 Ampere. 6 solche Lampen beleuchten die Halle mit etwa 50 Lux in Mittel.

b) Eine Werkstatt, $8 \cdot 16$ m, 3,50 m hoch, weiße Decke, helle Wände, 110 Volt, soll durch 8 Armaturen für Halbwattlampen halbindirekt mit etwa 60 Lux beleuchtet werden. 16 m² f. d. Lampe; $\eta = 0{,}44 \cdot 0{,}9 = 0{,}4$.

$$e_m = \dfrac{12{,}57 \cdot J_o}{16} \cdot 0{,}4;\quad J_o = \dfrac{60 \cdot 16}{0{,}4 \cdot 12{,}57} = 191\ HK_o\,.$$

Halbwattlampen, zu 150 Watt, haben etwa 200 HK_o. 8 solche Lampen in Armaturen für halbindirektes Licht geben etwa 60 Lux mittlere Beleuchtung.

Wärme.

a) Wärmeeinheit (WE)

(Siehe Seite 80)

ist diejenige Wärmemenge, welche die Temperatur von 1 kg Wasser bei 15° um 1° C (also von 14,5° auf 15,5° C) erhöht. Sie heißt **Kilogrammkalorie** (kcal) oder **große Kalorie**.

Ihr gleich zu achten ist die mittlere Kalorie, d. h. der hundertste Teil der Wärmemenge, welche die Temperatur von 1 kg Wasser von 0° auf 100° C erhöht.

Grammkalorie (cal) oder **kleine Kalorie** ist die für 1 g Wasser notwendige Wärmemenge, also gleich $^1/_{1000}$ Kilogrammkalorie.

British Thermal Unit (B. T. U.) ist die zur Erwärmung von 1 lbs (Pfd.) Wasser um 1° F notwendige Wärmemenge.

Wärme und Arbeit sind gleichwertig.

1 kcal = 4,186 · 10^{10} Erg = 426,9 kgm = 3,968 B. Th. U. = 4184 intern. Joule.

Der Wert einer Wärmeeinheit in Arbeitseinheiten heißt

$$\text{mechanisches Wärmeäquivalent} = 426,9 \text{ kgm.}$$

Der Wert einer Arbeitseinheit in Wärmeeinheiten heißt

$$\text{kalorisches Arbeitsäquivalent} = \frac{1}{426,9} \text{ kcal.}$$

b) Spezifische Wärme.

Unter spezifischer Wärme c eines Körpers versteht man die Anzahl der Wärmeeinheiten (Kalorien), die nötig sind, um die Temperatur von 1 kg des Körpers um 1° C zu erhöhen.

Um G kg eines Körpers von der spez. Wärme c um t Grad zu erhöhen, sind $G \cdot c \cdot t$ Wärmeeinheiten notwendig.

Spezifische Wärme verschiedener Körper,
bezogen auf 15° C.

Äther	0,56	Gold	0,031	Quecksilber	0,0333
Alkohol	0,58	Granit	0,20	Schwefel	0,17
Aluminium	0,214	Graphit	0,2	Schwefelsäure	0,33
Antimon	0,050	Holzkohle	0,2	Silber	0,055
Benzol	0,41	Kupfer	0,092	Steinkohle	0,31
Blei	0,031	Marmor	0,20	Terpentinöl	0,42
Bronze	0,09	Maschinenöl	0,40	Eis	0,463
Eisen	0,111	Messing	0,090	Wasser	0,999
Stahl	0,114	Nickel	0,106	Wasser (Dampf)	0,48
Gips	0,20	Petroleum	0,51	Zink	0,092
Glas	0,19	Platin	0,032	Zinn	0,054

Die spezifische Wärme ist nicht konstant, sondern wächst mit steigender Temperatur.

c) Änderung der Aggregatform durch die Wärme.

1. Schmelz- oder Gefrierpunkt verschiedener Stoffe unter dem Drucke von 760 mm Q.-S.

	Grad		Grad
Äther	−123,6	Lote, Wismutlote	94÷125
Alkohol	− 114	Magnalium	600÷700
Aluminium	658	Magnesium	651
Ammoniak	− 78,2	Mangan	1210
Anilin	− 6,2	Messing etwa	900
Antimon	630,4	Molybdän	2500
Bauxit	1820	Naphthalin	80,0
Bauxitton	1795	Natrium	97,5
Bauxitsteine	1565÷1785	Nickel	1450
Benzol	5,50	Öl, Leinöl	− 20
Beryllium	1385	Rüböl	− 3,5
Blei	327,4	Terpentinöl	− 10
Bor	2400	Osmium	2700
Borax	878	Palladium	1557
Bronze etwa	900	Paraffin	54
Cadmium	320,9	Phosphor	44
Calcium	113,5÷119,5	Platin	1771
Chlorbarium	860	Porzellan	1550
Chlorcalcium	720	Quecksilber	− 38,89
Chlorcalciumlösung, gesätt.	− 40	Sauerstoff	−218
Chlornatrium (Kochsalz)	801	Schmelzfarben (Emailfarben)	960
Chloroform	− 63,8	Schwefel	112,8
Chrom	1520	Schweflige Säure	− 72
Chromeisenerz	2180	Schwefelkohlenstoff	− 112,2
Deltametall	950	Silber	961,0
Eisen, rein	1530	Silicium	1420
Flußeisen	1350÷1450	Stahl	1300÷1400
Gußeisen, graues	1200	Stearin	68
„ weißes	1130	Stickstoff	− 209,9
Eisenhochofenschlacke	1300÷1430	Tantal	2850
Glyzerin	− 20	Titan	1800
Gold	1063	Toluol	− 95,3
Invar-Nickelstahl	1425	Tonerde, rein	2010
Iridium	2340	Vanadium	1800
Kalium	62,5	Wachs	64
Kautschuk	125	Walrat	49
Kobalt	1480	Wasser	0
Kochsalz	801	Seewasser	− 2,5
Kochsalzlösung, gesätt.	− 18	Wismut	271,0
Kohle	3490	Wolfram etwa	3380
Kohlensäure	− 78,52	Woodsches Metall	65÷70
Kupfer	1083	Zink	419,4
Lote, Weichlote	135÷210	Zinn	231,8

Schmelzpunkte der Segerkegel.

Nr. des Kegels	Schmelzpunkt Grad C	Nr. des Kegels	Schmelzpunkt Grad C	Nr. des Kegels	Schmelzpunkt Grad C	Nr. des Kegels	Schmelzpunkt Grad C	Nr. des Kegels	Schmelzpunkt Grad C
022	600	010a	900	3a	1140	15	1435	32	1710
021	650	09a	920	4a	1160	16	1460	33	1730
020	670	08a	940	5a	1180	17	1480	34	1750
019	690	07a	960	6a	1200	18	1500	35	1770
018	710	06a	980	7	1230	19	1520	36	1790
017	730	05a	1000	8	1250	20	1530	37	1825
016	750	04a	1020	9	1280	26	1580	38	1850
015a	790	03a	1040	10	1300	27	1610	39	1880
014a	815	02a	1060	11	1320	28	1630	40	1920
013a	835	01a	1080	12	1350	29	1650	41	1960
012a	855	1a	1100	13	1380	30	1670	42	2000
011a	880	2a	1120	14	1410	31	1690		

Keramische Rohstoffe und Erzeugnisse, die bei S. K. 26 und darüber schmelzen, werden als feuerfest bezeichnet.

2. Schmelzwärme.

Die Schmelzwärme eines festen Körpers ist die Anzahl kcal, die verbraucht wird, um 1 kg des Körpers aus der festen in die flüssige Form ohne Erhöhung der Temperatur überzuführen. Dieselbe Wärmemenge wird beim Erstarren des flüssigen Körpers frei.

Schmelzwärme verschiedener Körper.

Aluminium	94	Phosphor	5
Benzol	30,1	Platin	27
Blei	5,5	Quecksilber	2,8
Cadmium	10,8	Schwefel	9
Eis (Wasser)	79,7	Silber	26,0
Eisen	49	Wismut	10,2
Hochofenschlacke	(50)	Zink	23,0
Kupfer	41	Zinn	13,8
Naphthalin	36	Ammoniak	33,4
Paraffin	35		

3. Siedepunkt verschiedener Stoffe unter dem Drucke von 760 mm Q.-S.

	Grad		Grad		Grad
Eisen	2450	Phosphor	287	Azeton	56,7
Kupfer	2300	Naphthalin	218,02	Schwefelkohlen-	
Zinn	2270	Nitrobenzol	210	stoff	46,2
Mangan	1900	Anilin	184,2	Äther	34,5
Aluminium	1800	Chlorcalcium-		Schweflige Säure	− 10,0
Blei	1525	lösung, gesättigt	180	Ammoniak	− 33,4
Wismut	1420	Terpentinöl	161	Chlor	− 35,8
Magnesium	1120	Essigsäure	118,5	Kohlensäure	− 78,5
Zink	906	Toluol	110,8	Acetylen	− 83,6
Cadmium	767	Kochsalzlösung,		Sauerstoff	−182,95
Schwefel	444,5	gesättigt	108	Kohlenoxyd	−190
Quecksilber	356,7	Wasser	100	Luft	−193
Leinöl	316	Benzol	80,2	Stickstoff	−195,78
Benzophenon	305,91	Alkohol	78,3	Wasserstoff	−252,74
Paraffin	300	Chloroform	62	Helium	−268,88
Glyzerin	290	Methylalkohol	64,7		

4. Verdampfungswärme.

Die Verdampfungswärme einer Flüssigkeit ist die Anzahl kcal, die verbraucht wird, um 1 kg der Flüssigkeit bei unveränderlichem äußeren Drucke in Dampf von gleicher Temperatur zu verwandeln. Dieselbe Wärmemenge wird frei, wenn der Dampf kondensiert.

Die Verdampfungswärme ist abhängig von der Temperatur, bei der die Verdampfung stattfindet.

Verdampfungswärme bei der Siedetemperatur.

Äther	90	Chloroform	58	Schweflige	
Alkohol	202	Kohlensäure	142	Säure	96
Ammoniak (bei 0°)	321	Quecksilber	68	Stickstoff	48
Anilin	104	Sauerstoff	51	Terpentinöl	70
Benzol	94	Schwefel	362	Toluol	87
Chlor	62	Schwefelkohlen-		Wasser	539,1
Chlormethyl (bei 0°)	97	stoff	85	Wasserstoff	110

d) Wärmeleitzahl λ für verschiedene Stoffe

(in WE/m st °C) nach Landolt & Börnstein.

Wärmeleitzahl ist die stündlich durch 1 m² Fläche des Stoffes zu einer anderen im Abstande von 1 m übertretende Wärmemenge bei 1°C Temperaturunterschied beider Flächen.

Aluminium	175	Konstantan (bei 18°)	19,4	Quecksilber	6,5
Asbestschiefer	0,19	Kupfer	320−345	Schamotte b. 50°C	0,50
Asphalt	0,60	Linoleum	0,16	„ bei 565°C	1,32
Eichenholz ⊥ zur Faser	0,18	Marmor	2,5	Steinkohle	0,12
„ ∥ zur Faser	0,31	Messing	50−100	Wasser	0,5
Eisen	50−60	Nickel	50	Zement	0,78
Glas, Jenaer	0,80	Petroleum	0,13	Ziegelmauerwerk	0,35
Kalkstein	0,80	Porzellan	0,9	Zinn	54

e) Wärmeausdehnung.

Die **Längenausdehnungszahl** α gibt die Größe der Zunahme der Längeneinheit eines Körpers bei 1° Temperaturerhöhung an.
Die **Flächenausdehnungszahl** = 2α.
Die **Raumausdehnungszahl** = 3α für feste, gleichartige Körper. Für alle gasförmigen Körper beträgt bei gleichem Drucke die Ausdehnung für je 1° Temperaturerhöhung nahezu gleichmäßig $1/273 = 0{,}0036618$ des Volumens.

Längenausdehnungszahl für 1° C.

Metall	Längenausdehnung α	Metall	Längenausdehnung α
Aluminium	23,8 · 10⁻⁶	Magnalium	24 · 10⁻⁶
Antimon	10,8 ,,	Magnesium	26 ,,
Blei	29,2 ,,	Messing	18,5 ,,
Bronze	17,5 ,,	Meteorit	30 ,,
Eisen u. Stahl	11,5 ,,	Neusilber	18 ,,
Elektron	24 ,,	Nickel	13,1 ,,
Gips	25 ,,	Platin	9,0 ,,
Glas	8 ,,	Platiniridium	8,8 ,,
Gold	14,4 ,,	Porzellan	3,0 ,,
Hartgummi	77 ,,	Quarzglas	0,5 ,,
Invar (Nickelst.) 36 vH Nickel	1,6 ,,	Schwefel	9 ,,
Nickelstahl 58 vH Nickel	12 ,,	Tantal	6,5 ,,
Iridium	6,5 ,,	Silber	19,7 ,,
Kobalt	12,7 ,,	Wismut	13,4 ,,
Konstantan	15,2 ,,	Zink	30 ,,
Kupfer	16,5 ,,	Zinn	23,0 ,,

Eisen und Stahl haben nahezu gleiche Längenausdehnung. Sie beträgt im Durchschnitt zwischen 0° und 100° das $11{,}5 \cdot 10^{-6} \cdot t$ fache, bei höheren Temperaturen das $(11{,}5 \cdot 10^{-6} + 0{,}008 \cdot 10^{-6} \cdot t)$ fache der Länge (t = Anzahl der Grade der Temperaturerhöhung). Stahlguß hat in hartem Zustand eine höhere Ausdehnung bis zu 0,000014, die aber bei Temperung auf den normalen Wert zurückgehen kann. Weicher Stahl hat die gewöhnliche Ausdehnung. Bei Gußeisen geht die Ausdehnung bis zu $9 \cdot 10^{-6}$ herunter.
Bei Eisenbauten wird mit Temperaturschwankungen von $-25°$ bis $+35°$ C gerechnet. Für die Feststellung der Grundmaße eines Entwurfes wird eine mittlere Temperatur von $+10°$ C angenommen.

f) Schwindmaße.

Während des Erstarrens und Erkaltens verkleinern sich die Abmessungen der Metalle wie folgend angegeben. Auftretende Spannungen, die auf ungleichmäßiges Erstarren und auf ungleiche Materialverteilung zurückzuführen sind, vergrößern oder verringern die Abmessungen nach der einen oder anderen Seite des Gußstückes.

Metall	Schwindmaße bezogen auf					
	Länge		Oberfläche		Rauminhalt	
	Verhältnis	cm auf 1 m	Verhältnis	cm² auf 1 m²	Verhältnis	cm³ auf 1 m³
Aluminium	1 : 56	1,79	1 : 28	357	1 : 19	53580
Aluminiumbronze	1 : 53	1,89	1 : 27	377	1 : 18	56610
Blei	1 : 92	1,09	1 : 46	217	1 : 31	32610
Bronze	1 : 63	1,59	1 : 32	317	1 : 21	47610
Glockenmetall	1 : 65	1,54	1 : 33	308	1 : 22	46140
Gußeisen	1 : 96	1,04	1 : 48	208	1 : 32	31260
Kupfer	1 : 125	0,80	1 : 63	160	1 : 42	24000
Messing	1 : 65	1,54	1 : 32	313	1 : 22	46140
Stahlguß	1 : 50	2,00	1 : 25	400	1 : 17	60000
Zinn	1 : 128	0,78	1 : 64	156	1 : 43	23400
Zink	1 : 62	1,61	1 : 32	313	1 : 21	48390

Beispiel: Ein Stab aus Gußeisen von 2,50 m Länge schwindet um $2{,}5 \times 1{,}04$ cm = 2,6 cm.
Ein Körper aus Bronze, dessen Modell 300 cm³ = 0,000300 m³ enthält, hat ein Kubikmaß von $300 \text{ cm}^3 - 0{,}000300 \cdot 47610 \text{ cm}^3 = 300 \text{ cm}^3 - 14{,}28 \text{ cm}^3 = 285{,}72 \text{ cm}^3$.
In Walzwerken rechnet man das Schwinden des Stahles zu rd. 12 mm/m.
Siehe „Gewichtsberechnung eines Gußstückes aus seinem Modell".

g) Messung der Wärme.

Die **Messung** der Wärme erfolgt nach Graden der Teilungen von Celsius, Réaumur oder Fahrenheit.

Anders Celsius, geb. 27. 11. 1701 in Upsala, gest. 25. 4. 1744 dortselbst.

René Antoine Ferchault Seigneur de Réaumur, des Angles et de la Bermondière, geb. 28. 2. 1683 zu La Rochelle, gest. 17. 10.1757 auf Schloß Bermondière, Dép. Maine.

Daniel Gabriel Fahrenheit, geb. 14. 5. 1686 in Danzig, gest. 16. 9. 1736 in Amsterdam.

Die Celsiusskala ging früher zurück auf die Internationale Temperatur- oder Wasserstoffskala, bei der die Temperaturen (unter Beibehaltung des Schmelzpunktes des Eises und des Siedepunktes des Wassers, beide bei 760 mm, als Fixpunkte) durch die Ausdehnung eines Wasserstoffvolumens gemessen wurde, das bei 0° unter dem Drucke einer Quecksilbersäule von 1 m Länge stand. Da diese aber von der thermodynamischen Skala (Ausdehnung eines idealen Gases, d. h. eines solchen, das streng dem Mariotte-Gay Lussacschen Gesetz folgt) ein wenig abweicht, so geht man heute auf diese zurück. Dabei hat die Physikalisch-Technische Reichsanstalt einen ähnlichen Weg eingeschlagen, wie er in der elektrischen Meßtechnik beschritten ist, indem sie die Angaben eines bestimmten Instrumentes zugrunde legt. Es sind nämlich zwischen dem Schmelzpunkt des Quecksilbers und dem Siedepunkt des Schwefels die Temperaturen durch das Platinwiderstandsthermometer definiert, und zwar gilt für die Abhängigkeit des elektrischen Widerstandes R von der Temperatur t die quadratische Gleichung $R = R_0 (1 + at + bt^2)$. Die Konstanten R_0, a und b werden dabei durch Messung des Widerstandes bei 0°, 100° und 444,55° (Siedepunkt des Schwefels bei 760 mm) bestimmt. Entsprechende Festsetzungen sind für die Temperaturen unter- und oberhalb der angegebenen Grenzen getroffen (vgl. Zeitschr. f. Phys., Bd. 29, S. 392 u. 394, 1924).

Die so definierte Temperaturskala (der Physik.-Techn. Reichsanstalt) entspricht nach dem heutigen Stande der Thermometrie der thermodynamischen Skala. Die Einteilung nach F beruht auf folgenden drei gleichbleibenden Temperaturen: Mischung von Eis, Wasser und Salmiak = 0°, schmelzendes Eis = 32°, Körperwärme eines gesunden Menschen = 96°.

Bezeichnen n_c, n_f, n_r Wärmegrade nach dem durch die angehängten Buchstaben angedeuteten Meßverfahren, Celsius, Fahrenheit, Réaumur, so gelten für die Umrechnung folgende Gleichungen:

a) $n_c = \frac{4}{5} \cdot n_r = \frac{5}{9} (n_f - 32)$

b) $n_f = \frac{9}{5} \cdot n_c + 32 = \frac{9}{4} \cdot n_r + 32$

c) $n_r = \frac{4}{5} \cdot n_c = \frac{4}{9} (n_f - 32)$

Vergleich der Wärmegrade nach C, R und F.
+ über, − unter Null.

C°	R°	F°	C°	R°	F°	C°	R°	F°	C°	R°	F°	C°	R°	F°
−15	−12	+ 5	105	84	221	225	180	437	345	276	653
−10	− 8	+14	110	88	230	230	184	446	350	280	662
− 5	− 4	+23	115	92	239	235	188	455	355	284	671
− 0	− 0	+32	120	96	248	240	192	464	360	288	680
+ 5	+ 4	41	125	100	257	245	196	473	365	292	689
10	8	50	130	104	266	250	200	482	370	296	698
15	12	59	135	108	275	255	204	491	375	300	707
20	16	68	140	112	284	260	208	500	380	304	716
25	20	77	145	116	293	265	212	509	385	308	725
30	24	86	150	120	302	270	216	518	390	312	734
35	28	95	155	124	311	275	220	527	395	316	743
40	32	104	160	128	320	280	224	536	400	320	752
45	36	113	165	132	329	285	228	545	405	324	761
50	40	122	170	136	338	290	232	554	410	328	770
55	44	131	175	140	347	295	236	563	415	332	779
60	48	140	180	144	356	300	240	572	420	336	788
65	52	149	185	148	365	305	244	581	425	340	797
70	56	158	190	152	374	310	248	590	430	344	806
75	60	167	195	156	383	315	252	599	435	348	815
80	64	176	200	160	292	320	256	608	440	352	824
85	68	185	205	164	401	325	260	617	445	356	833
90	72	194	210	168	410	330	264	626	450	360	842
95	76	203	215	172	419	335	268	635	455	364	851
100	80	212	220	176	428	340	272	644	460	368	860

C°	R°	F°	C°	R°	F°	C°	R°	F°	C°	R°	F°
465	372	869	765	612	1409	1065	852	1949	1410	1128	2570
470	376	878	770	616	1418	1070	856	1958	1420	1136	2588
475	380	887	775	620	1427	1075	860	1967	1430	1144	2606
480	384	896	780	624	1436	1080	864	1976	1440	1152	2624
485	388	905	785	628	1445	1085	868	1985	1450	1160	2642
490	392	914	790	632	1454	1090	872	1994	1460	1168	2660
495	396	923	795	636	1463	1095	876	2003	1470	1176	2678
500	400	932	800	640	1472	1100	880	2012	1480	1184	2696
505	404	941	805	644	1481	1105	884	2021	1490	1192	2714
510	408	950	810	648	1490	1110	888	2030	1500	1200	2732
515	412	959	815	652	1499	1115	892	2039	1510	1208	2750
520	416	968	820	656	1508	1120	896	2048	1520	1216	2768
525	420	977	825	660	1517	1125	900	2057	1530	1224	2786
530	424	986	830	664	1526	1130	904	2066	1540	1232	2804
535	428	995	835	668	1535	1135	908	2075	1550	1240	2822
540	432	1004	840	672	1544	1140	912	2084	1560	1248	2840
545	436	1013	845	676	1553	1145	916	2093	1570	1256	2858
550	440	1022	850	680	1562	1150	920	2102	1580	1264	2876
555	444	1031	855	684	1571	1155	924	2111	1590	1272	2894
560	448	1040	860	688	1580	1160	928	2120	1600	1280	2912
565	452	1049	865	692	1589	1165	932	2129	1610	1288	2930
570	456	1058	870	696	1598	1170	936	2138	1620	1296	2948
575	460	1067	875	700	1607	1175	940	2147	1620	1304	2966
580	464	1076	880	704	1616	1180	944	2156	1640	1312	2984
585	468	1085	885	708	1625	1185	948	2165	1650	1320	3002
590	472	1094	890	712	1634	1190	952	2174	1660	1328	3020
595	476	1103	895	716	1643	1195	956	2183	1670	1336	3038
600	480	1112	900	720	1652	1200	960	2192	1680	1344	3056
605	484	1121	905	724	1661	1205	964	2201	1690	1352	3074
610	488	1130	910	728	1670	1210	968	2210	1700	1360	3092
615	492	1139	915	732	1679	1215	972	2219	1710	1368	3110
620	496	1148	920	736	1688	1220	976	2228	1720	1376	3128
625	500	1157	925	740	1697	1225	980	2237	1730	1384	3146
630	504	1166	930	744	1706	1230	984	2246	1740	1392	3164
635	508	1175	935	748	1715	1235	988	2255	1750	1400	3182
640	512	1184	940	752	1724	1240	992	2264	1760	1408	3200
645	516	1193	945	756	1733	1245	996	2273	1770	1416	3218
650	520	1202	950	760	1742	1250	1000	2282	1780	1424	3236
655	524	1211	955	764	1751	1255	1004	2291	1790	1432	3254
660	528	1220	960	768	1760	1260	1008	2300	1800	1440	3272
665	532	1229	965	772	1769	1265	1012	2309	1810	1448	3290
670	536	1238	970	776	1778	1270	1016	2318	1820	1456	3308
675	540	1247	975	780	1787	1275	1020	2327	1830	1464	3326
680	544	1256	980	784	1796	1280	1024	2336	1840	1472	3344
685	548	1265	985	788	1805	1285	1028	2345	1850	1480	3362
690	552	1274	990	792	1814	1290	1032	2354	1860	1488	3380
695	556	1283	995	796	1823	1295	1036	2363	1870	1496	3398
700	560	1292	1000	800	1832	1300	1040	2372	1880	1504	3416
705	564	1301	1005	804	1841	1305	1044	2381	1890	1512	3434
710	568	1310	1010	808	1850	1310	1048	2390	1900	1520	3452
715	572	1319	1015	812	1859	1315	1052	2399	1910	1528	3470
720	576	1328	1020	816	1868	1320	1056	2408	1920	1536	3488
725	580	1337	1025	820	1877	1330	1064	2426	1930	1544	3506
730	584	1346	1030	824	1886	1340	1072	2444	1940	1552	3524
735	588	1355	1035	828	1895	1350	1080	2462	1950	1560	3542
740	592	1364	1040	832	1904	1360	1088	2480	1960	1568	3560
745	596	1373	1045	836	1913	1370	1096	2498	1970	1576	3578
750	600	1382	1050	840	1922	1380	1104	2516	1980	1584	3596
755	604	1391	1055	844	1931	1390	1112	2534	1990	1592	3614
760	608	1400	1060	848	1940	1400	1120	2552	2000	1600	3632

Verbrennung.

Jede Verbrennung ist ein chemischer Vorgang, bei dem Energie in Form von Wärme frei wird. In den weitaus meisten Fällen verbindet sich der freie Sauerstoff der Luft mit dem Kohlenstoff und Wasserstoff des Brennmaterials zu Kohlensäure und Wasserdampf. Verbrennt der vorhandene Kohlenstoff nur teilweise zu Kohlensäure, z. B. zu Kohlenoxyd, oder zieht gar als Ruß ab, so ist die Verbrennung unvollkommen. Eine genügende Luftmenge ist deshalb für die wirtschaftliche Feuerung unerläßlich, dabei muß aber noch Sorge getragen werden, daß die Luft mit dem Brennstoff gut gemischt wird, da sonst der Brennstoff nicht voll ausgenutzt wird.

Sind C, H, O, S, W die in 1 kg Brennstoff enthaltenen in kg ausgedrückten Gewichtsteile an Kohlenstoff, Wasserstoff, Sauerstoff, Schwefel, Wasser, so ist die zur Verbrennung dieses kg nötige Mindestluftmenge

$$9{,}7\left[C + 3\left(H - \frac{O}{8}\right)\right] m^3 \text{ von } 15°C \text{ und } 1 \text{ at.}$$

Das Verhältnis der wirklich zugeführten Luftmenge (die stets größer ist) zur Mindestluftmenge heißt Luftüberschuß (s. S. 96).

Der Heizwert (s. S. 96) kann ermittelt werden nach der Formel (Verbandsformel)

$$8100\,C + 29000\left(H - \frac{O}{8}\right) + 2500\,S - 600\,W.$$

Heizwert (Verbrennungswärme) eines Stoffes ist die Wärme, welche der Stoff bei seiner Verbrennung abgibt, wenn die Verbrennungserzeugnisse wieder auf die Anfangstemperatur (0° C) abgekühlt werden.

Zusammensetzung der Luft.

Bestandteile	Gew.-Teile	Raumteile
Sauerstoff .... O_2	0,231	0,2090 rd. 21 v. H.
Stickstoff .... N_2	0,7555	0,7813 ⎫
Argon .... A	0,013	0,0094 ⎬ rd. 79 v. H.
Kohlensäure .... CO_2	0,0005	0,0003 ⎭

a) Verbrennungstemperaturen.

Die bei der Verbrennung entstehende Hitze oder Temperatur ist abhängig von der Art des Brennstoffes und von der Menge der zugeführten unwirksamen Stoffe (wie Stickstoff, Schlacke usw.), außerdem aber noch von der Anfangstemperatur und dem während der Verbrennung vorhandenen Druck.

Bei der offenen Verbrennung werden etwa folgende Temperaturen erzielt:

Kesselfeuerungen mit Steinkohle, Innenfeuerung .... etwa 1000—1200° C.
„ „ Unterfeuerung .... „ 1100—1250° „
„ „ Vorfeuerung .... „ 1300—1500° „
„ „ Braunkohle, je nach Kohle und Feuerungsart „ 700—1500° „
„ „ Holz und Torf, je nach Feuerungsart ..... „ 700—1100° „
Leuchtgas, Bunsenbrenner, ohne Luftzufuhr .... etwa 1700° „
„ „ mit halber Luftzufuhr .... „ 1800° „
„ „ voller „ .... „ 1870° „
Leuchtgas-Sauerstoff .... „ 2200° „
Wasserstoff, frei an der Luft verbrennend .... „ 1900° „
mit Sauerstoff (Knallgebläse) .... „ 2420° „
Alkoholflamme .... „ 1700° „
Alkohol im Bunsenbrenner .... „ 1860° „
Azetylen .... „ 2550° „

Im Vergleich hierzu sei erwähnt, daß die Temperaturen des elektrischen Lichtes betragen:

In Kohlenfadenlampe .... etwa 2100° C.
„ Metallfadenlampe .... „ 2500° „
„ Halbwattlampe .... „ 2700° „
„ Bogenlampe .... etwa 3750—4200° „
Temperatur der Sonne .... etwa 6000° „
„ des Sirius .... „ 12500° „

Dem Breslauer Physiker, Professor Dr. Lummer, ist es 1916 gelungen, indem er eine Bogenlampe unter einem Drucke von 23 Atmosphären zum Brennen brachte, eine Temperatur von 8000° C zu erzielen.

b) Heiz- und Mittelwerte für die erforderliche Verbrennungsluftmenge für
1. Feste Brennstoffe.

1 kg Brennstoff	Heizwert in WE	Erforderliche Luftmenge			
		theoretisch		praktisch etwa	
		kg	m³	kg	m³
Holz*	2500—3700	3,6—5,2	3—4,4	6—9	5—7,5
Torf**	2000—4000	2,9—5,7	2,5—4,8	5—10	4,2—8,5
„ im Mittel . .	3000	4,3	3,6	7,5	6,3
Braunkohle ***					
erdig	2500	3,6	3	6,5	5,5
Stücke	5000	7,2	6	12	1
Briketts	5000	6,2	5,2	9,2	7,9
Steinkohle					
Anthrazit	8000	11,4	9,5	20	17
Ruhr	6000—8000	8,5—11,4	7,2—9,5	15—20	12,5—17
Saar	5000—7800	7,2—11	6—9,3	12,5—19	10,5—16
Schlesische . .	5000—7500	7,2—10,7	6—9	12,5—18,5	10,5—15,5
Briketts . . .	6000—7500	8,5—10,7	7,2—9	15—19	12,5—16
Koks	5500—7200	7,8—10,2	6,5—8,7	14—18	12—15
Holzkohle, trocken	8000	11,4	9,5	20	17

* Holz mit etwa 20 vH Wasser und 80 vH Brennbarem . . . . = 3600 WE
** Torf lufttrocken . . . . = 4000 WE
*** Braunkohle mit 5 vH Wasser und 85 vH Brennbarem und etwa
10 vH Asche . . . . = 5000 WE

2. Flüssige Brennstoffe.

1 kg Brennstoff	Heizwert in WE	Erforderliche Luftmenge			
		theoretisch		praktisch etwa	
		kg	m³	kg	m³
Erdöl, roh	10000	13,8	11,6	18	15
„ Rückstände	10500	14,2	12,0	18,3	15,6
Petroleum	10800	14,9	12,6	19,4	16,4
Benzin	11000	15,2	12,8	19,8	16,6
Gasöl	9800	13,5	11,4	17,5	14,8
Solaröl	10000	13,8	11,6	18	15,0
Paraffinöl . . .	9800	13,5	11,4	17,5	14,8
Flüssige Kohlen-					
wasserstoffe . . .	9000	12,4	10,4	16,1	13,5
Benzol, 90er . . .	10000	13,8	11,6	18	15
Autin	9700	13,4	11,3	17,4	14,7
Naphthalin . . .	9600	13,2	11,1	17,2	14,4
Teeröl	9500	13,1	11	17	14,3
Steinkohlenteer . .	8200—8500	11,3—11,7	9,5—9,9	14,7—15,2	12,3—12,9
Koksofenteer . . .	8500	11,7	9,9	15,2	12,9
Ölgasteer	9000	12,4	10,5	16,1	13,6
Wassergasteer . .	9100	12,5	10,6	16,2	13,8
Spiritus, 95 vH . .	6700	9,3	7,8	12,1	10,1
Erdnußöl	6000	8,3	7	10,8	9,2

Bei Verbrennung im geschlossenen Raume erhöht sich die praktisch erforderliche Luftmenge um etwa 10—20 vH.

3. Gasförmige Brennstoffe
(bei 15° C und 760 mm Barometerstand).

1 m³ Brennstoff	Heizwert in WE	Erforderliche Luftmenge			
		theoretisch		praktisch	
		kg	m³	kg	m³
Blaugas	13500	17,2	14,5	21,0	17,5
Acetylen	13000	13,7	11,5	16,0	13,8
Fettgas	8500	11,0	9,4	12,7	11,0
Leuchtgas	4200—4300	6,3	5,3	7,3	6,3
Naturgas	8000	10,7	9,0	12,4	10,7
Sauggas (Generat.) aus Kohle (Anthr.)	1050	1,25	1,05	1,44	1,25
,, Koks	800	0,83	0,7	0,98	0,85
Generatorgas aus Braunkohlenbriketts geblasen . .	1600	1,82	1,41	2,19	1,69
Natürlicher Zug .	1360	1,53	1,18	1,84	1,42
Koksofengas . . .	4200	5,25	4,4	6,1	5,3
Gichtgas	850	0,83	0,7	0,98	0,85
Wassergas karburiert . . .	4300	5,95	5,0	5,95	6,0
unkarburiert . .	2400	2,8	2,35	3,25	2,8

Bei Verbrennung im geschlossenen Raume erhöht sich die praktisch erforderliche Luftmenge um etwa 10—20 vH.

Nachteile einer größeren als theoretisch erforderlichen Luftmenge:
1. Die Nutzwirkung der Feuerung sinkt, weil die überschüssige Luft ebenfalls erwärmt wird und warm abzieht.
2. Zu großer Luftüberschuß bewirkt niedere Temperatur im Verbrennungsraume und dadurch leicht Bildung von Teernebeln (Rauch).

Vorteile des Luftüberschusses: Verminderte Bildung von Kohlenoxyd, Rauch, Ruß. In Motoren größerer Nutzeffekt und weniger Erzeugung von Säuren, die die Metalle angreifen.

Anziehungskraft.
(Schwerkraft.)

g = Beschleunigung durch die Schwere = 981 cm/sek² = 9,81 m/sek²
für das mittlere Deutschland,

allgemein: $980{,}62 \,(1 - 0{,}00264 \cdot \cos 2\varphi - 0{,}063 \cdot H)$ cm/sek²,

worin φ die geographische Breite und H die Höhe in Metern des Beobachtungsortes über dem Meeresspiegel bedeutet. Eine Erhebung um 1000 m verkleinert den Wert um 0,3 cm/sek². Die äußersten Werte für den Äquator und die Pole weichen um rund 2,6 cm/sek² vom Mittelwert ab.

Luftdruck.

Abkürzungen: WS = Wassersäule, QS = Quecksilbersäule,
QuZ = Quadratzoll engl. (square inch) = 6,4514 cm².

1 metr. (neue) Atmosphäre (at) = 1 kg/cm²
= 735,5 mm QS von 0° = 737,4 mm QS von 15°
= 28,958 engl. Zoll QS von 0° = 14,223 engl. Pfd./QuZ
= 10000 mm WS von +4° C = 0,9677 alte Atmosphäre.

1 techn. (alte) Atmosphäre = 760 mm QS von 0°
= 1,0333 kg/cm²
= 762 mm QS von 15°
= 29,922 engl. Zoll QS von 0° = 14,696 engl. Pfd/QuZ
= 10,333 mm WS von +4° C = 1,0333 neue Atmosphäre.

10000 mm WS = 1 kg/cm² = 6,452 kg/QuZ = 14,223 engl. Pfd/QuZ = 228 Ounces/QuZ.

Umrechnung

von QS in WS

QS mm	WS cm u. g	QS mm	WS cm u. g
0,1	0,1	10	13,6
0,2	0,3	20	27,1
0,3	0,4	30	40,7
0,4	0,5	40	54,2
0,5	0,7	50	67,8
0,6	0,8	60	81,4
0,7	0,9	70	94,9
0,8	1,1	80	108,5
0,9	1,2	90	122,1
1	1,4	100	135,6
2	2,7	200	271,2
3	4,1	300	406,8
4	5,4	400	542,4
5	6,8	500	678,1
6	8,1	600	813,7
7	9,5	700	949,3
8	10,8	800	1084,9
9	12,2	900	1220,5
10	13,6	1000	1356,1

von WS in QS

WS cm u. g	QS mm	WS cm u. g	QS mm
10	7,4	80	58,8
15	11	85	62,5
20	14,7	90	66,2
25	18,4	95	69,9
30	22,1	100	73,6
35	25,7	200	147,1
40	29,4	300	220,7
45	33,1	400	294,2
50	36,8	500	367,8
55	40,5	600	441,3
60	44,1	700	514,9
65	47,8	800	588,4
70	51,5	900	662,0
75	55,2	1000	735,5

Beispiele: 275 mm QS = 271,2 + 94,9 + 6,8 = 372,9 cm WS,
275 cm WS = 147,1 + 55,2 = 202,3 mm QS.

Barometer.

Standort des Barometers über Meer m	Höhe der Quecksilbersäule mm	Standort des Barometers über Meer m	Höhe der Quecksilbersäule mm
0	760	4000	463
100	751	4500	435
200	740	5000	409
300	732	6000	361
400	723	7000	319
500	714	8000	282
600	705	9000	249
700	697	10000	220
800	688	12000	172
900	680	14000	134
1000	671	16000	105
1200	655	18000	82
1400	639	20000	64
1600	623	25000	34
1800	608	30000	19
2000	593	35000	1
2500	557	40000	0,6
3000	524	45000	0,3
3500	493	50000	0,2

Barometrische Höhenformel (Näherungsformel für Deutschland).

$$H = 29{,}40 \left[545{,}7 + (t_u + t_o)\right] \cdot \frac{B_u - B_o}{B_u + B_o}.$$

H = Höhenunterschied; t_u (t_o) Lufttemperatur unten (oben); B_u (B_o) Barometerstand unten (oben), z. B.

$$B_u = 751; \; B_o = 674; \; t_u = 12°; \; t_o = 10°;$$
$$H = 29{,}40 \left[567{,}7\right] \cdot \frac{77}{1425} \cong 902 \text{ m}.$$

Die größte Höhe wurde erreicht im Ballon 1901 durch Berson und Süring mit 10800 m, mit Flugzeug am 23. Aug. 1926 durch Callizo mit 12442 m. Scheitelhöhe des deutschen 21 cm-Geschosses bei 128 km Schußweite 40 km.

Praktische Atomgewichtstabelle 1927.

Name	Ab-kürzung	Atom-gewicht	Name	Ab-kürzung	Atom-gewicht
Actinium	Ac	226,0	Natrium	Na	23,00
Actinium-Emanation.	AcEm	218,0	Neodym	Nd	144,3
Aluminium	Al	26,97	Neon	Ne	20,2
Antimon	Sb	121,8	Nickel	Ni	58,68
Argon	Ar	39,88	Niobium	Nb	93,5
Arsen	As	74,96	Osmium	Os	190,9
Barium	Ba	137,4	Palladium	Pd	106,7
Beryllium	Be	9,02	Phosphor	P	31,04
Blei	Pb	207,2	Platin	Pt	195,2
Bor	B	10,82	Polonium	Po	210,0
Brom	Br	79,92	Praseodym	Pr	140,9
Cadmium	Cd	112,4	Protaktinium	Pa	230
Caesium	Cs	132,8			
Calcium	Ca	40,07	Quecksilber	Hg	200,6
Cassiopeium	Cp	175,0	Radium	Ra	226,0
Cerium	Ce	140,2	Rhenium	Re	?
Chlor	Cl	35,46	Rhodium	Rh	102,9
Chrom	Cr	52,01	Rubidium	Rb	85,5
Dysprosium	Dy	162,5	Ruthenium	Ru	101,7
Eisen	Fe	55,84	Samarium	Sm	150,4
Emanation	Em	222	**Sauerstoff**	**O**	**16,00**
Erbium	Er	167,7	Scandium	Sc	45,10
Europium	Eu	152,0	Schwefel	S	32,07
Fluor	F	19,00	Selen	Se	79,2
Gadolinium	Gd	157,3	Silber	Ag	107,88
Gallium	Ga	69,72	Silicium	Si	28,06
Germanium	Ge	72,60	Stickstoff	N	14,008
Gold	Au	197,2	Strontium	Sr	87,6
Hafnium	Hf	178,6	Tantal	Ta	181,5
Helium	He	4,00	Tellur	Te	127,5
Holmium	Ho	103,5	Terbium	Tb	159,2
			Thallium	Tl	204,4
Illinium	Il	146,0	Thorium	Th	232,1
Indium	In	114,8	Thulium	Tu	169,4
Iridium	Ir	193,1	Titan	Ti	48,1
Jod	J	126,92	Uran	U	238,2
Kalium	K	39,10	Vanadium	V	51,0
Kobalt	Co	58,97			
Kohlenstoff	C	12,00	Wasserstoff	H	1,008
Krypton	Kr	82,9	Wismut	Bi	209,0
Kupfer	Cu	63,57	Wolfram	W	184,0
Lanthan	La	138,9	Xenon	X	130,2
Lithium	Li	6,94			
Lutetium	Lu	175,0	Ytterbium	Yb	173,5
			Yttrium	Y	89,0
Magnesium	Mg	24,32			
Mangan	Mn	54,93	Zink	Zn	65,37
Masurium	Ma	?	Zinn	Sn	118,7
Molybdän	Mo	96,0	Zirkonium	Zr	91,2

Gewerbliche und chemische Benennung der technisch wichtigsten Stoffe.

Gewerbliche Benennung	Chemische Benennung	Formel
Acetylen	Acetylen	C_2H_2
Alaun	Kaliumaluminiumsulfat	$KAl(SO_4)_2 + 12\,H_2O$
Ammoniakalaun	Ammonium-Alaun oder Ammonium-Aluminiumsulfat	$(NH_4)Al(SO_4)_2$ $+ 12\,H_2O$
Arsenik	Arsenik	As_2O_3
Asbest	Asbest (Ca-Mg-Silicate)	
(Äthyl-) Äther	Äthyläther	$(C_2H_5)_2O$
Ätzkali	Kaliumhydroxyd	KOH
Ätznatron	Natriumhydroxyd	$NaOH$
Benzin	Die zwischen 80 und 120° siedenden Stoffe der Paraffinreihe C_nH_{2n+2} aus dem Rohpetroleum	(C_nH_{2n+2})
Benzol	Benzol	C_6H_6
Bleimennige	Bleimennige	Pb_3O_4
Bleiweiß	Bleihydrocarbonat	$Pb_3(CO_3)_2(OH)_2$
Bleizucker	Essigsaures Blei	$Pb(C_2H_3O_2)_2 + 3\,H_2O$
Blutlaugensalz, gelbes	Kaliumeisencyanür	$K_4Fe(CN)_6 + 3\,H_2O$
Blutlaugensalz, rotes	Kaliumeisencyanid	$K_3Fe(CN)_6$
Borax	Natriumtetraborat	$Na_2B_4O_7 + 10\,H_2O$
Braunstein	Mangansuperoxyd	MnO_2
Calciumcarbid	Calciumcarbid	CaC_2
Cellulose	Cellulose	$(C_6H_{10}O_5)n$
Chilesalpeter	Natriumnitrat	$NaNO_3$
Chlorcalcium	Chlorcalcium	$CaCl_2 + 6\,H_2O$
Chlorkalk	Chlorkalk	$CaCl(OCl)$
Chlorwasser	Chlorwasser	$Cl_2 + 8\,H_2O$
Chlorzinn	Zinnchlorür	$SnCl_2$
	Zinnchlorid	$SnCl_4$
Chromkali, gelbes	Kaliumchromat	K_2CrO_4
„ rotes	Kaliumbichromat	$K_2Cr_2O_7$
Cyankali	Cyankalium	KCN
Eisenoxyd, salzsaures	Eisenchlorid	$FeCl_3$
Eisenoxydul, salzsaures	Eisenchlorür	$FeCl_2 + 4\,H_2O$
Eisenrost	Eisenoxydhydrat	$Fe(OH)_3$
Eisenvitriol	Ferrosulfat	$FeSO_4 + 7\,H_2O$
Essig	Essigsäure	$C_2H_4O_2$

Gewerbliche Benennung	Chemische Benennung	Formel
Fette	Gemenge von:	
	Tripalmitin	$C_3H_5(C_{16}H_{31}O_2)_3$
	Triolein	$C_3H_5(C_{18}H_{33}O_2)_3$
	Tristearin	$C_3H_5(C_{18}H_{35}O_2)_3$
Fixiersalz	Unterschwefligsaures Natrium	$Na_2S_2O_3 + 5\,H_2O$
Gips	Schwefelsaures Calcium .	$CaSO_4 + 2\,H_2O$
Glaubersalz	Schwefelsaures Natrium.	$Na_2SO_4 + 10\,H_2O$
Glycerin	Glycerin	$C_3H_8O_3$
Grubengas	Methan	CH_4
Grünspan	Essigsaures Kupferoxyd (basisches)	$Cu(C_2H_3O_2)_2 + H_2O$
Kalzinierte Soda ...	Kohlensaures Natrium (wasserfrei)	Na_2CO_3
Kalialaun..........	Schwefelsaures Kalium-Aluminium	$KAl(SO_4)_2 + 12\,H_2O$
Kalilauge (Kaustisches Kali)	Kaliumhydroxyd	KOH
Kalisalpeter........	Salpetersaures Kalium .	KNO_3
Kalk, gebrannter ...	Calciumoxyd	CaO
„ gelöschter....	Calciumhydroxyd	$Ca(OH)_2$
„ salzsaurer ...	Chlorcalcium	$CaCl_2 + 6\,H_2O$
Kalkstein	Calciumcarbonat	$CaCO_3$
Karborund	Siliciumcarbid	SiC
Kaustische Pottaschenlauge ...	Kaliumhydroxyd	KOH
Kaustische Soda....	Natriumhydroxyd......	$NaOH$
Kleesalz, saures	Saures oxalsaures Kalium	$KH_3C_4O_8 + 2\,H_2O$
Kleesäure..........	Oxalsäure	$C_2H_2O_4 + 2\,H_2O$
Königswasser	Chlorwasserstoffsäure + Salpetersäure	$HCl + HNO_3$
Kochsalz (Steinsalz) .	Chlornatrium	$NaCl$
Kohlenoxyd	Kohlenoxyd	CO
Kohlensäure	Kohlendioxyd	CO_2
Korund (Schmirgel)	Aluminiumoxyd.......	Al_2O_3
Kreide	Kohlensaures Calcium ..	$CaCO_3$
Kupferoxyd, salzsaures.........	Kupferchlorid	$CuCl_2 + 2\,H_2O$
Kupfervitriol.......	Schwefelsaures Kupferoxyd	$CuSO_4 + 5\,H_2O$
Kupferwasser	Schwefelsaures Eisenoxydul	$FeSO_4 + 7\,H_2O$
Laugensalz, flüchtiges	Ammoniumbicarbonat ..	$(NH_4)HCO_3$
Lötsalz	Chlorzinkammoniak	$ZnCl_2 + 2\,NH_4Cl$
Lötwasser..........	Wäss. Lösung von Lötsalz	

Gewerbliche Benennung	Chemische Benennung	Formel
Manganoxydul, salzsaures	Manganchlorür	$MnCl_2$
Marmor	Kohlensaures Calcium	$CaCO_3$
Mennige	Bleisaures Bleioxyd	Pb_3O_4
Natron (Natronlauge)	Natriumhydroxyd	$NaOH$
Natronalaun	Schwefelsaures Natrium-Aluminium	$NaAl(SO_4)_2 + 12\,H_2O$
Natronsalpeter	Salpetersaures Natrium	$NaNO_3$
Pinksalz	Zinnchlorid-Chlorammonium	$SnCl_4 + 2\,NH_4Cl$
Pottasche	Kohlensaures Kalium	K_2CO_3
Rost	Eisenoxydhydrat	$Fe(OH)_3$
Ruß	Kohlenstoff und Teer	
Salmiak	Chlorammonium	NH_4Cl
Salmiakgeist	Ammoniak	NH_3
Salpeter, Chile-	Salpetersaures Natrium	$NaNO_3$
,, Indischer	,, Kalium	KNO_3
Salpetersäure	Salpetersäure	HNO_3
Salzsäure	Chlorwasserstoffsäure	HCl
Sauerkleesalz	s. Kleesalz	
Scheidewasser	Salpetersäure	HNO_3
Schwefelsäure	Schwefelsäure	H_2SO_4
Schwefelwasserstoff	Schwefelwasserstoff	H_2S
Seife, harte	Fettsaures Natrium	
,, weiche	,, Kalium	
Soda (krist.)	Kohlensaures Natrium	$Na_2CO_3 + 10\,H_2O$
Vitriol, blauer	Schwefelsaures Kupferoxyd	$CuSO_4 + 5\,H_2O$
,, grüner	Schwefelsaures Eisenoxydul	$FeSO_4 + 7\,H_2O$
Wasserglas	Kieselsaures Natrium od. Kieselsaures Kalium	Na_4SiO_4 od. Na_2SiO_3 K_4SiO_4 ,, K_2SiO_3
Zink, salzsaures } Zinkbutter	Zinkchlorid	$ZnCl_2$
Zinkweiß	Zinkoxyd	ZnO
Zinnchlorid, Chlorzinn	Zinnchlorid	$ZnCl_4$
Zinnsalz	Zinnchlorür	$SnCl_2 + 2\,H_2O$

Beispiele für Seite 99 bis 102.

Acetylen [C_2H_2] entsteht durch Einwirkung von Wasser (H_2O) auf Calciumcarbid (CaC_2), nach der Gleichung $CaC_2 + 2(H_2O) = C_2H_2 + Ca(OH)_2$ (Calciumhydroxyd); also $[40,07 + 2 \cdot 12,005] + 2[2 \cdot 1,008 + 16.000]$ $= [2 \cdot 12,005 + 2 \cdot 1,008] + [40,07 + 2(16.000 + 1,008)]$ oder $64,080 + 36,032 = 26,026 + 74,086$. Zur Erzeugung von 26,026 g Acetylen braucht man also 64,080 g Calciumcarbid und 36,032 g Wasser, für 1 kg Calciumcarbid demnach $\frac{1000}{64,080} \cdot 36,032 = 562$ g Wasser, und erhält damit $\frac{1000}{64,080} \cdot 26,026 = 406$ g Acetylen; das sind unter Zuhilfenahme der Tafel Seite 107 $\frac{406}{1,16} = 350$ Liter Acetylen bei 760 mm Druck und 0° C.

Kohle wird beim Verbrennen durch Verbindung mit Sauerstoff in Kohlensäure umgesetzt ($C + O_2 = CO_2$); um 1 kg reine Kohle zu verbrennen, braucht man also $\frac{2 \cdot 16,000}{12,005}$ kg $= 2,665$ kg Sauerstoff, d. h. $\frac{2,665}{1,43}$ m³ (vgl. S. 107) $= 1,86$ m³ oder $\frac{1,86 \cdot 100}{21}$ m³ (vgl. S. 95) Luft $= 8,88$ m³ (vgl. dazu S. 96).

Kristallisierte Soda [$Na_2CO_3 + 10H_2O$] enthält $(2 \cdot 23,00 + 12,005 + 3 \cdot 16,000) = 106,005$ Teile wasserfreie Soda und $10 \cdot (2,016 + 16,000) = 180,16$ Teile Wasser. Eine Tonne kristallisierte Soda wiegt also nach dem Austreiben des Wassers durch Schmelzen $\frac{106,005}{286,17}$ Tonnen $= 374$ kg.

Aus 100 cm³ einer Kupfervitriollösung ($CuSO_4 + 5H_2O$) wird durch Elektrolyse 1,00 g reines Kupfer abgeschieden. Dem entsprechen also $\frac{63,57 + 32,06 + 64,00 + 90,08}{63,57} = \frac{249,71}{63,57} \cdot 1,00 = 3,93$ g Salz. Die Lösung war also 3,93 prozentig, für Salz mit Kristallwasser berechnet, oder $\frac{249,71 - 90,08}{63,57} = 2,51$ prozentig, für wasserfreies Salz berechnet.

---

50 g einer Legierung von Blei und Zinn bilden nach Auflösen in Säure und Ausglühen ein Gemisch von Bleioxyd (PbO) und Zinndioxyd (SnO_2), das 62 g wiegen mag. Bezeichnet man die Anzahl Gramm an Blei in der Legierung mit x, so gilt dann die Gleichung $x \cdot \frac{16,00}{207,2} + (50 - x) \cdot \frac{2 \cdot 16,00}{118,70} = (62 - 50)$ g, woraus sich x zu 7,69 berechnet; d. h. die Legierung enthält 15,4% Blei.

Spezifische Gewichte.

a) Feste Körper.

Achat	2,5–2,8
Alabaster	2,3–2,88
Alaun	1,71
Aluminium, rein	2,6
„ gegossen	2,56
„ gehämmert	2,75
Aluminiumbronze	7,7
Antimon	6,6
Arsen	5,7
Asbest	2,1–2,8
Asbestpappe	1,2
Asphalt	1,1–1,5
Barium	3,8
Basalt	2,9
Bergkristall	2,65
Bernstein	1,0–1,1
Beryllium	1,8
Beton	1,8–2,5
Bimstein, natürl.	0,4–0,9
Bittersalz, kristall.	1,7–1,8
Blei, gegossen	11,3
„ gewalzt	11,4
Bleioxyd (Bleiglätte)	9,3
Bleisuperoxyd	8,9
Bleiweiß	6,7
Borax	1,75
Braunkohle	1,2–1,5
Braunstein	5,0
Bronze (je nach Zinngehalt) etwa	8,7
Buntkupfer	5,0
Cadmium	8,6
„ gegossen	8,54–8,57
Calcium	1,5
Calciumcarbid	2,27
(1 kg ergibt 0,3 m³ Acetylen.)	
Cer	7,0
Chlorbarium	3,7
Chlorcalcium	2,2
Chlornatrium (Kochsalz)	2,15
Chrom	6,8
Deltametall	8,6
Diamant	3,5
Eis von 0°	0,9167
Eisen, rein	7,88
Roheisen, grau	6,6–7,8
„ weiß	7,0–7,8
Stabeisen	7,6–7,8
Draht	7,6–7,9
Flußeisen	7,85
Flußstahl	7,86
Gußeisen	7,6
Gußstahl	7,85
Schnellstahl bei 5 vH Wolfram etwa	8,10
„ „ 10 „ „ „	8,35
„ „ 15 „ „ „	8,60
„ „ 20 „ „ „	9,00
Molybdänstahl etwa	8,10
Stahlformguß	7,8
Schweißeisen	7,8
Schweißstahl	7,9
Tiegelstahl	7,85
Eisenoxyd (Eisenglanz)	5,25
Eisenvitriol	1,88

Elfenbein		1,9
Erde		1,3–2,0
Feldspat		2,54
Fette		0,92–0,94
Feuerstein		2,59
Flußspat		3,15
Gips		2,32
Glas, Spiegel-		2,46
„ Fenster-		2,4–2,6
„ Kristall-		2,90
„ Flint-		3,0–5,9
„ Flaschen-		2,6
Glimmer		2,6–3,2
Glockenmetall		8,8
Gold, gediegen		19,33
„ gegossen		19,25
„ gezogen		19,36
„ geprägt		19,50
Goudron		1,02
Granit		2,50–3,05
Graphit		1,8–2,35
Gummifabrikate		1,0–2,0
Guttapercha		0,97–0,98
Harz		1,07
Hooper Masse		1,18
Holz	lufttrocken	frisch
Ahorn	0,53–0,8	0,83–1,5
Akazie	0,58–0,85	0,75–1,0
Apfelbaum	0,69–0,84	0,95–1,25
Birke	0,51–0,77	0,8–1,1
Birnbaum	0,61–0,73	0,95–1,1
Buchsbaum	0,91–1,16	1,2–1,25
Ebenholz	1,2	
Eiche	0,7–1,0	0,93–1,3
Esche	0,57–0,94	0,7–1,15
Fichte (Rottanne)	0,35–0,6	0,4–1,05
Hickory	0,6–0,9	
Kiefer (Föhre)	0,31–0,76	0,4–1,1
Kirschbaum	0,75–0,85	1,0–1,2
Lärche	0,47–0,56	0,8
Linde	0,35–0,6	0,6–0,9
Mahagoni	0,55–1,05	
Nußbaum	0,6–0,8	0,8–1,0
Pappel	0,4–0,6	0,6–1,05
Pitchpine	0,83–0,85	
Pockholz	1,2–1,4	
Roßkastanie	0,6	0,75–1,15
Rotbuche	0,66–0,83	0,85–1,12
Steineiche	0,7–1,05	0,84–1,25
Tanne (Weißtanne)	0,37–0,75	0,75–1,2
Teakholz	0,9	
Ulme (Rüster)	0,56–0,82	0,8–1,2
Weide	0,5–0,6	0,8
Weißbuche	0,6–0,82	0,9–1,25
Holzkohle, in Stücken		0,36
„ gestoßen		1,4–1,5
Indigo		0,77
Jod		4,9
Jodsilber		5,62
Kalium		0,86
Kalk, gebrannt		2,3–3,2
Kalkmörtel		1,6–1,8
Kalksandsteine		1,9

Kaolin (Porzellanerde)	2,2
Kautschuk	0,92–0,96
Kieselerde	2,66
Knochen	1,7
Kobalt	8,6
Kochsalz	2,15
Kohle, Holz-	0,4
„ Stein-	1,2–1,5
Koks, lose, in Stücken	0,6
„ zerstoßen	1,25–1,4
Kohlenfäden (in Glühlampen)	1,25–2,1
Kohlenstäbe	1,6
Kopal	0,5
Kork	0,24
Korund	3,9–4,0
Kreide	1,8–2,6
Kupfer, gegossen	8,63–8,80
„ gewalzt	8,82–8,95
„ elektrolyt.	8,88–8,95
„ -Draht, hart	8,96
„ „ geglüht	8,86
Kupferglanz (Cu_2S)	5,07
Kupferkies (Cu_2S, Fe_2S_3)	4,2
Kupfervitriol	2,27
Leder, trocken	0,86
„ gefettet	1,02
Lithium	0,53
Magnesium	1,7
Magneteisenstein	5,1
Magnetkies	4,5–4,6
Mangan	7,4
Marmor	2,5–2,8
Mauerwerk, Bruchstein	2,5
„ Sandstein	2,0
„ Ziegelstein	1,4–1,6
Meerschaum	1,3
Mennige, Blei-	8,6–9,1
Messing	8,1–8,6
Molybdän	9,0
Natrium	0,97
Neusilber	8,5
Nickel, gegossen	8,30
„ gehämmert	8,35–8,65
„ gezogen	8,35–8,90
Palladium	12,0
Papier	0,7–1,2
Paraffin	0,87
Pech	1,07–1,10
Phosphor, weiß	1,8
„ gelb	1,83
„ rot	2,19
„ metallisch	2,34
Phosphorbronze	8,8
Platin, gegossen	21,15
„ gewalzt	21,3–21,5
„ gezogen	21,3–21,6
Porzellan	2,15–2,36
Quarz	2,65
Retortenkohle	ca. 1,9
Roteisenstein	4,9
Rubidium	1,5
Ruthenium	12,3
Salmiak	1,52
Salpeter, Natron	2,24
„ Kali	2,09
Sand, trocken	1,4–1,6
„ feucht	bis 2,0
Sandstein	2,2–2,5
Schamottesteine	1,8–2,2
Schiefer	2,65–2,70
Schlacke, Hochofen-	2,5–3,0
Schmirgel	4,0
Schnee, lose, trocken	0,125
„ „ naß	bis 0,95
Schwefel	1,96–2,07
Schwerspat	4,45
Selen, amorph	4,2
„ metall	4,8
Serpentin	2,49
Silber, gegossen	10,42–10,53
„ gewalzt	10,5–10,6
„ gezogen	10,5–10,62
Speckstein	2,7
Stahl	s. u. Eisen
Stearin	1,0
Steinkohle, im Stück	1,2–1,5
„ lose, in Haufen	0,9–1,1
Steinsalz	2,15
Strontium	2,5
Talk	2,7
Tantal	16,6
Tellur	6,2
Thallium	11,8
Thorium	11,0
Ton, trocken	1,8
„ frisch	2,6
Topas	3,54
Turmalin	3,15
Uran	18,7
Vanadin	5,5
Vulkanfiber	1,28
Wachs	0,96
Walrat	0,94
Wismut	9,8
Wolfram	19,1
Zement	0,8–2,0
Ziegelstein	1,4–2,0
Ziegelmauerwerk, trocken	1,45
„ frisch	1,6–1,8
Zink, gegossen	6,86
„ gehämmert	7,0–7,2
„ gewalzt	6,95–7,15
Zinkvitriol	2,02
Zinn, gegossen	7,2
„ gewalzt	7,4
Zinnober	8,09
Zirkonium	4,15
Zucker (weißer)	1,61

b) Flüssige Körper.

Aceton		bei 18°	0,79
Ammoniakwasser		„ 18°	0,88
Alkohol (Äthyl-)		„ 18°	0,791
Äther (Äthyläther)		„ 18°	0,717
Benzin		„ 15°	0,68–0,72
Benzol		„ 18°	0,881

Bier	bei 12°	1,02–1,04
Brom	„ 0°	3,187
Eiweiß	„ 15°	1,04
Essigsäure	„ 18°	1,053
Glyzerin	„ 18°	1,26
Harzöl	„ 15°	0,96
Holzgeist	„ 0°	0,80
Kalilauge, 10 vH KOH	„ 18°	1,091
„ 20 „ „	„ 18°	1,188
„ 30 „ „	„ 18°	1,290
„ 40 „ „	„ 18°	1,400
„ 50 „ „	„ 18°	1,510
„ 55 „ „	„ 18°	1,570
Kienöl	„ 15°	0,855
Kochsalzlösung (wässerige), 5 vH NaCl		1,0345
„ 15 „ „	„ 18°	1,1090
„ 20 „ „	„ 18°	1,1485
„ 25 „ „	„ 18°	1,1897
Kohlensäure	„ 0°	0,94
Kupfervitriol mit 5 vH $CuSO_4$		1,051
„ „ 10 „ „	„ 18°	1,107
„ „ 15 „ „	„ 18°	1,167
Leinöl	„ 15°	0,93
Meerwasser	„ 4°	1,026
Milch, Voll-	„ 15°	1,028
„ Halb-	„ 15°	1,030
„ Mager-	„ 15°	1,032
Mineralöle	„ 15°	0,8–1,1
Spindelöle	„ 20°	0,89–0,90
Maschinenöle	„ 20°	0,90–0,91
Eisenbahnachsenöle	„ 20°	0,905–0,92
Zylinderöle	„ 20°	0,92–0,94
Naphtha, Petroleum-	„ 20°	0,76
Natronlauge mit 10 vH NaOH	„ 18°	1,1098
„ „ 20 „ „	„ 18°	1,2202
„ „ 30 „ „	„ 18°	1,3290
„ „ 40 „ „	„ 18°	1,4314
„ „ 50 „ „	„ 18°	1,5268
Olivenöl	„ 18°	0,915
Petroleum	„ 15°	0,79–0,82
Quecksilber	„ 0°	13,595
„	„ 15°	13,559
„	„ 20°	13,546
„	„ 25°	13,533
Rapsöl	„ 15°	0,91–0,92
Rizinusöl	„ 18°	0,961
Rüböl	„ 15°	0,92
Salpetersäure mit 25 vH HNO_3	„ 18°	1,151
„ „ 50 „ „	„ 18°	1,314
„ „ 75 „ „	„ 18°	1,418
„ „ 100 „ „	„ 18°	1,52
Salzsäure mit 10 vH HCl	„ 18°	1,0482
„ „ 20 „ „	„ 18°	1,0989
„ „ 30 „ „	„ 18°	1,1508
„ „ 40 „ „	„ 18°	1,199
Schwefelsäure mit 25 vH H_2SO_4	„ 18°	1,1796
„ „ 50 „ „	„ 18°	1,397
„ „ 75 „ „	„ 18°	1,671
„ „ 100 „ „	„ 18°	1,833
„ rauchende	„ 18°	1,835
Specköl	„ 15°	0,92
Teer, Steinkohlen-		1,1–1,26
Terpentinöl	„ 18°	0,87
Wasser, destilliert	„ 0°	0,99987
„ „	„ 4°	1,00000
„ „	„ 15°	0,99913
„ „	„ 20°	0,99823
„ „	„ 25°	0,99707

c) Litergewicht von Gasen und Dämpfen.

(Bei 0° und 760 mm Q.-S.)

Gas oder Dampf	Formel	Molek.-Gewicht	Litergewicht g	Spez. Gewicht Luft = 1	Spez. Gewicht der Flüssigkeit Wasser = 1
Aldehyd	C_2H_4O	44	1,96	1,53	
Ammoniak	NH_3	17	0,76	0,596	{ 0,675 bei $-33°$ verflüssigt
Äthan	C_2H_6	30	1,34	1,049	
Äther	$C_4H_{10}O$	74	3,30	2,56	0,898
Äthylen	C_2H_4	28	1,25	0,975	
(Äthyl-) Alkohol	C_2H_6O	46	2,05	1,61	0,806
Azeton	C_3H_6O	58	2,58	2,00	0,792
Azetylen	C_2H_2	26	1,16	0,910	
Benzol	C_6H_6	78	3,48	2,69	0,8991
Brom	Br_2	160	6,87	5,39	3,186 bei 0°
Chlor	Cl_2	71	3,16	2,491	{ 1,558 bei $-34°$ verflüssigt
Chlorkohlenoxyd	$COCl_2$	99	4,42	3,42	
Chlorwasserstoff	ClH	36,5	1,63	1,268	
Chloroform	$CHCl_3$	119,5	5,30	4,12	1,527
Cyan	$(CN)_2$	52	2,32	1,81	
Cyanwasserstoff	CNH	27	1,22	0,95	
Grubengas	CH_4	16	0,71	0,55	
Jod	J_2	254	11,22	8,72	4,93 fest
Kohlenoxyd	CO	28	1,25	0,967	
Kohlensäure	CO_2	44	1,96	1,529	1,73 bis $-78°$ fest
Leuchtgas			0,56	0,43	
Luft			1,29	1,00	
Methan	CH_4	16	0,71	0,555	
Naphthalin	$C_{10}H_8$	128	5,72	4,43	1,145 fest
Pentan	C_5H_{12}	72	3,22	2,49	0,6263
Phosphorwasserstoff	PH_3	34	1,53	1,18	
Propan	C_3H_8	44	1,96	1,562	
Quecksilber	Hg	200	9,02	6,98	13,596
Sauerstoff	O_2	32	1,43	1,105	
Schwefel	S_2	64	2,85	2,20	1,957 bis 2,07 fest
Schwefeldioxyd	SO_2	64	2,87	2,23	{ 1,46 bei $-11°$ verflüssigt
Schwefelkohlenstoff	CS_2	76	3,42	2,64	1,292
Schwefelsäure	H_2SO_4	98	2,78	2,15	1,842 wasserfrei
Schwefelwasserstoff	SH_2	34	1,54	1,191	
Stickstoff	N_2	28	1,25	0,967	
Stickoxydul	N_2O	44	1,97	1,530	
Stickoxyd	NO	30	1,34	1,037	
Toluol	C_7H_8	92	4,10	3,18	0,882
Wasserstoff	H_2	2	0,09	0,070	
Wasserdampf	H_2O	18	0,80	0,62	1,00 flüssig
Xylol	C_8H_{10}	106	4,72	3,67	0,756

Zwischen Molekulargewicht, Litergewicht und spezifischem Gewicht auf Luft = 1 bezogen bestehen die Beziehungen:

Molekulargewicht = 22,41 · Litergewicht in g;
Litergewicht in g = 1,293 · spezifisches Gewicht (Luft = 1).

Aus der Festigkeitslehre.

Ein Körperteilchen, das unter der Einwirkung äußerer Kräfte steht, erfährt bleibende oder elastische Formveränderungen, die im allgemeinen aus **Längen-** oder aus **Winkeländerungen** bestehen. Diesen Veränderungen entsprechen Normalspannungen σ bzw. Schubspannungen τ.

a) Längenänderungen und Normalspannungen.

l = ursprüngliche Länge eines zylindrischen Stabes vom Durchmesser d.
P = gleichmäßig über die Endflächen verteilte, aber entgegengesetzt wirkende Zugkräfte von gleicher Größe.
λ = durch die Zugkräfte hervorgerufene Vergrößerung von l.
δ = durch die Zugkräfte hervorgerufene Verminderung von d.
F = Stabquerschnitt.

Benennung	Zeichen
Dehnung = $\dfrac{\text{Verlängerung}}{\text{Ursprüngliche Länge}}$	ε oder $\dfrac{\lambda}{l}$ oder $\dfrac{\sigma}{E}$
Querzusammenziehung	εq oder $\dfrac{\delta}{d}$ oder $\dfrac{\varepsilon}{m}$
$\dfrac{\text{Dehnung}}{\text{Querzusammenziehung}}$	m (beträgt für Metalle etwa $3\frac{1}{3}$)
Zug- oder Normalspannung (kg/cm²) (auf den ursprünglichen Stabquerschnitt bezogen)	σ oder $\dfrac{P}{F}$
Dehnungszahl (cm²/kg) = $\dfrac{\text{Dehnung}}{\text{Spannung}}$ (Zunahme der Einheit der Länge für 1 kg Spannung)	α oder $\dfrac{\varepsilon}{\sigma}$ oder $\dfrac{1}{E}$
Elastizitätsmodul (kg/cm²) (umgekehrter Wert von der Dehnungszahl)	E oder $\dfrac{1}{\alpha}$
Proportionalitätsgrenze ist diejenige Spannung (kg/cm²), bis zu welcher die Dehnungen proportional den Spannungen sind (das Hookesche Gesetz gilt). Praktisch wird als Proportionalitätsgrenze diejenige Spannung bezeichnet, bei welcher die Dehnungszahl um 1% von der für kleine Spannungen gefundenen abweicht.	σp
Streck-, Fließ- oder Quetschgrenze ist diejenige Spannung (kg/cm²), bei welcher bei starrer (bleibender) Dehnung ein Stillstehen oder ein Rückgang des Kraftanzeigers an der Prüfmaschine erfolgt (der Rohstoff fließt). Bei denjenigen Stoffen, bei denen keine ausgesprochene Streckgrenze auftritt, sind dafür diejenigen Spannungen genommen, bei welchen eine bleibende Dehnung von 0,2 mm der Meßlänge auftritt.	σf
Elastizitätsgrenze ist diejenige Spannung (kg/cm²), bei welcher eine eben merkliche bleibende Dehnung nach der Entlastung zurückbleibt. Praktisch wird diejenige Spannung genommen, bei welcher die bleibende Dehnung 0,03% der Meßlänge beträgt.	σe
Elastische Dehnung ist die nach Entlastung des Stabes wieder verschwindende Dehnung.	λ_1
Dehnungsrest ist die dauernd bleibende Dehnung.	$\lambda_2 = \lambda - \lambda_1$; wenn $\lambda_2 = 0$ oder $\dfrac{\lambda_1}{\lambda} = 1$ vollkommene Elastizität

Benennung	Zeichen
Dehnung nach erfolgtem Bruche (vH der ursprünglichen Länge) l_b = Länge nach erfolgtem Bruche	$\eta = 100 \dfrac{l_b - l}{l}$
Einschnürung nach erfolgtem Bruche (vH des ursprünglichen Querschnitts) F_b = Querschnitt an der Bruchstelle	$\eta' = 100 \dfrac{F - F_b}{F}$

b) Winkeländerungen und Schubspannungen.

Greift an der oberen Fläche F eines an der unteren Fläche befestigten rechtwinkligen Prismas eine parallel zu F wirkende Kraft P an und werden dadurch die zur Grundfläche ursprünglich senkrechten Flächen aus dem Winkel γ verdreht, so gilt (für kleine Winkel γ) die Beziehung $P = G \cdot F \cdot \gamma$, wobei die Materialkonstante g als Gleitmodul bezeichnet wird. Dieselben Verhältnisse liegen auch bei der Verdrehung eines an einem Ende eingespannten Stabes vor.

Benennung	Zeichen
Schiebung (oder Gleitung) ist der Winkel, um den die zur Grundfläche senkrechten Flächen eines Prismas durch die in ihr und der Oberfläche paarweise (untereinander entgegengesetzten Richtungen) angreifenden Schubspannungen τ gedreht werden.	$\gamma = \dfrac{\tau}{G}$
Schubspannung (kg/cm²) Schubspannung der Proportionalitätsgrenze σp entsprechend	$\tau = \dfrac{P}{F}$ τ_p
Schubzahl (cm²/kg) $= \dfrac{\text{Schiebung}}{\text{Schubspannung}} =$ Winkeländerung für 1 kg/cm² Schubspannung	$\beta = \dfrac{\gamma}{\tau} = \dfrac{1}{G}$
Gleitmaß ist der umgekehrte Wert von β.	$G = \dfrac{1}{\beta}$

Beziehungen zwischen α und β sowie E und G: $\beta = \dfrac{2\,(m+1)}{m} \cdot \alpha$;

$G = \dfrac{m}{2\,(m+1)} \cdot E$; für Metalle (m = $3^1/_3$; $\beta = 2{,}6\,\alpha$) $G = 0{,}385 \cdot E$.

c) Festigkeit, zulässige Spannung und Sicherheit gegen Bruch.

Festigkeit (kg/cm²) ist derjenige Spannungswert, bei welchem Bruch des Stabes eintritt.
Zulässige Spannung ist die (gewöhnlich unter der Proportionalitäts- und Elastizitätsgrenze liegende) Spannung, bis zu der ein Körper durch äußere Kräfte auf eine der verschiedenen Festigkeiten beansprucht werden darf.

Nach der Art der Beanspruchung unterscheidet man:

Festigkeiten	Zeichen	Zulässige Spannungen	Zeichen
Zugfestigkeit............	K_z	bei Zug	k_z
Druckfestigkeit	K	,, Druck	k
Schubfestigkeit..........	K_s	,, Schub	k_s
Biegungsfestigkeit	K_b	,, Biegung	k_b
Drehungsfestigkeit.......	K_d	,, Verdrehung	k_d
Knickfestigkeit..........	K_k	,, Knickung	k_k

Sicherheit gegen Bruch S ist allgemein $K : k$, d. h. das Verhältnis der Festigkeit zur zulässigen Spannung. 8 fache Sicherheit gegen Bruch bei Zugbeanspruchung wird ausgedrückt durch $K_z : k_z = 8$.

d) Trägheits-, Widerstands- und Kräftemomente.

Benennung	Zeichen
Trägheitsmoment Als „Trägheitsmoment" bezeichnet man die Summe der Produkte aus den Massenteilchen m und den Quadraten ihrer Entfernung r von der Achse.	$J = \sum m \cdot r^2$
Querschnitts- oder Flächenträgheitsmoment ist die Summe der Produkte aus den Flächenteilchen dF und den Quadraten ihrer Entfernung r von der Achse. Die Größe eines Linienteiles wird gewöhnlich mit 1 cm angenommen; 1 Flächenteil = 1 cm²; 1 Raumteil = 1 cm³; die Entfernungseinheit = 1 cm.	$J = \sum dF \cdot r^2$
Trägheitsmoment bezogen auf Achse x	J_x
Widerstandsmoment	$W = \dfrac{J}{e}$
Widerstandsmoment bezogen auf Achse x. Abstand der entferntesten gezogenen bzw. gedrückten Faser (Randfaser) von Achse x in cm $= e_x$	$W_x = \dfrac{J_x}{e_x}$
Unter dem **Moment** einer Kraft P für einen Punkt O versteht man das Produkt aus der Kraft P und dem senkrechten Abstande a (Hebelarm) des Punktes O von der Wirkungslinie von P.	$M = P \cdot \alpha = X \cdot y - Y \cdot x$ $M_x = X \cdot y$ $M_y = Y \cdot x$
Biegungsmoment ist das Moment der Mittelkraft oder die algebraische Summe der Momente der Kräfte, die auf Biegung wirken.	M_b
Drehmoment (Torsionsmoment) ist das Moment der auf Drehung wirkenden Kraft.	M_d
Knickmoment	M_k

e) Eulersche Formeln für die Knickbelastung P_k (kg).

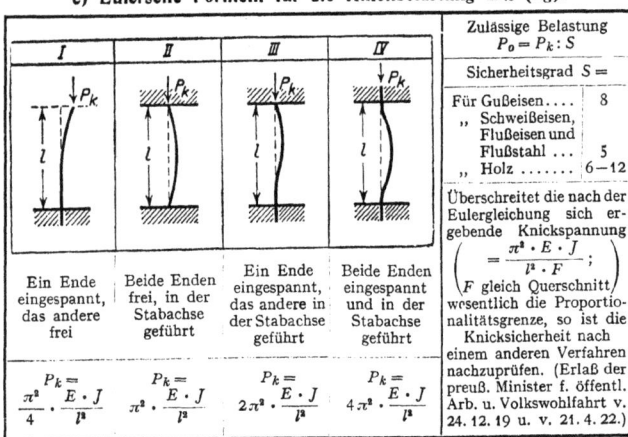

	I	II	III	IV	Zulässige Belastung $P_0 = P_k : S$
	Ein Ende eingespannt, das andere frei	Beide Enden frei, in der Stabachse geführt	Ein Ende eingespannt, das andere in der Stabachse geführt	Beide Enden eingespannt und in der Stabachse geführt	Sicherheitsgrad $S =$ Für Gußeisen.... 8 „ Schweißeisen, Flußeisen und Flußstahl ... 5 „ Holz .... 6—12
	$P_k = \dfrac{\pi^2}{4} \cdot \dfrac{E \cdot J}{l^2}$	$P_k = \pi^2 \cdot \dfrac{E \cdot J}{l^2}$	$P_k = 2\pi^2 \cdot \dfrac{E \cdot J}{l^2}$	$P_k = 4\pi^2 \cdot \dfrac{E \cdot J}{l^2}$	Überschreitet die nach der Eulergleichung sich ergebende Knickspannung $\left(= \dfrac{\pi^2 \cdot E \cdot J}{l^2 \cdot F};\right.$ $\left. F \text{ gleich Querschnitt}\right)$ wesentlich die Proportionalitätsgrenze, so ist die Knicksicherheit nach einem anderen Verfahren nachzuprüfen. (Erlaß der preuß. Minister f. öffentl. Arb. u. Volkswohlfahrt v. 24. 12. 19 u. v. 21. 4. 22.)

Flächeninhalte, Schwerpunktsabstände, Trägheits- und Widerstandsmomente gebräuchlicher Querschnitte.

Querschnitt	Flächeninhalt F	Schwerpunktsabstand e	Trägheitsmoment J	Widerstandsmoment $W = \dfrac{J}{e}$
Rechteck	$b\,h$	$\dfrac{h}{2}$	$\dfrac{b\,h^3}{12}$	$\dfrac{b\,h^2}{6}$
Quadrat	h^2	$\dfrac{h}{2}$	$\dfrac{h^4}{12}$	$\dfrac{h^3}{6}$
Quadrat (auf Spitze)	h^2	$\dfrac{h}{2}\sqrt{2}$	$\dfrac{h^4}{12}$	$0{,}1179\,h^3 = \dfrac{h^3}{12}\cdot\sqrt{2}$
Hohlrechteck	$b\,(H-h)$	$\dfrac{H}{2}$	$\dfrac{b}{12}(H^3 - h^3)$	$\dfrac{b}{6\,H}(H^3 - h^3)$
Hohlquadrat	$A^2 - a^2$	$\dfrac{A}{2}$	$\dfrac{A^4 - a^4}{12}$	$\dfrac{1}{6}\cdot\dfrac{A^4 - a^4}{A}$
Hohlquadrat (auf Spitze)	$A^2 - a^2$	$\dfrac{A}{2}\sqrt{2}$	$\dfrac{A^4 - a^4}{12}$	$\dfrac{A^4 - a^4}{12\,A}\sqrt{2} = 0{,}1179\,\dfrac{A^4 - a^4}{A}$
Dreieck	$\dfrac{h\cdot b}{2}$	$\dfrac{2}{3}h$	$\dfrac{b\cdot h^3}{36}$	$\dfrac{b\cdot h^2}{24}$
Trapez	$(2b+b_1)\dfrac{h}{2}$	$\dfrac{1}{3}\left[\dfrac{3b+2b_1}{2b+b_1}\right]h$	$\dfrac{6b^2 + 6bb_1 + b_1^2}{36\,(2b+b_1)}\,h^3$	$\dfrac{6b^2 + 6bb_1 + b_1^2}{12\,(3b+2b_1)}\,h^2$

Flächeninhalte, Schwerpunktsabstände, Trägheits- und Widerstandsmomente gebräuchlicher Querschnitte.

Querschnitt	Flächeninhalt F	Schwerpunktsabstand e	Trägheitsmoment J	Widerstandsmoment $W = \dfrac{J}{e}$
(Sechseck, flach)	$\dfrac{3}{2}\sqrt{3}\cdot r^2$	$\dfrac{r}{2}\sqrt{3} =$ $0{,}866\,r$	$\dfrac{5\sqrt{3}}{16}\,r^4 = 0{,}5413\,r^4$	$\dfrac{5}{8}\,r^3$
(Sechseck, spitz)	$= 2{,}598\,r^2$	r		$\dfrac{5\sqrt{3}}{16}\,r^3 = 0{,}5413\,r^3$
(Achteck)	$2{,}828\,r^2$	$0{,}924\,r$	$\dfrac{1+2\sqrt{2}}{6}\,r^4$ $= 0{,}6381\,r^4$	$0{,}6906\,r^3$
(Kreis)	$\pi r^2 = \dfrac{\pi d^2}{4}$	$\dfrac{d}{2}$	$\dfrac{\pi d^4}{64} = \dfrac{\pi r^4}{4}$ $= 0{,}0491\,d^4 \infty 0{,}05\,d^4$ $= 0{,}7854\,r^4$	$\dfrac{\pi d^3}{32} = \dfrac{\pi r^3}{4}$ $= 0{,}0982\,d^3 \infty 0{,}1\,d^3$ $= 0{,}7854\,r^3$
(Kreisring)	$\dfrac{\pi}{4}(D^2 - d^2)$	$\dfrac{D}{2}$	$\dfrac{\pi}{64}(D^4 - d^4)$ $= \dfrac{\pi}{4}(R^4 - r^4)$ $\infty 0{,}05\,(D^4 - d^4)$	$\dfrac{\pi}{32}\dfrac{D^4 - d^4}{D}$ $= \dfrac{\pi}{4}\dfrac{R^4 - r^4}{R}$
(Quadrat mit Kreisloch)	$a^2 - \dfrac{\pi d^2}{4}$	$\dfrac{a}{2}$	$\dfrac{1}{12}\cdot\left(a^4 - \dfrac{3\pi}{16}d^4\right)$	$\dfrac{1}{6a}\cdot\left(a^4 - \dfrac{3\pi}{16}d^4\right)$
(Kreuzprofil mit Kreis)	$2b(h-d)$ $+ \dfrac{\pi d^2}{4}$	$\dfrac{h}{2}$	$\dfrac{1}{12}\left[\dfrac{3\pi}{16}d^4 + b\right.$ $(h^3 - d^3)$ $\left.+ b^3(h-d)\right]$	$\dfrac{1}{6h}\left[\dfrac{3\pi}{16}d^4 + b\cdot\right.$ $(h^3 - d^3)$ $\left.+ b^3(h-d)\right]$
(Kreuzprofil mit Kreisring)	$2b(h-d^2)$ $+ \dfrac{\pi}{4}$ $(d_1^2 - d^2)$	$\dfrac{h}{2}$	$\dfrac{1}{12}\left[\dfrac{3\pi}{16}(d_1^4 - d^4)\right.$ $+ b(h^3 - d_1^3)$ $\left.+ b^3(h - d_1)\right]$	$\dfrac{1}{6h}\left[\dfrac{3\pi}{16}(d_1^4 - d^4)\right.$ $+ b(h^3 - d_1^3)$ $\left.+ b^3(h - d_1)\right]$

Flächeninhalte, Schwerpunktsabstände, Trägheits- und Widerstandsmomente gebräuchlicher Querschnitte.

Querschnitt	Flächeninhalt F	Schwerpunktsabstand e	Trägheitsmoment J	Widerstandsmoment $W = \dfrac{J}{e}$
	$HB - hb$	$\dfrac{H}{2}$	$\dfrac{1}{12}(BH^3 - bh^3)$	$\dfrac{1}{6H} \cdot (BH^3 - bh^3)$
	$HB + hb$	$\dfrac{H}{2}$	$\dfrac{1}{12}(BH^3 + bh^3)$	$\dfrac{1}{6H}(BH^3 + bh^3)$
	$HB - b$ $(e_2 + h)$	$e_1 = \dfrac{1}{2}\left[\dfrac{aH^2 + bd^2}{aH + bd}\right]$ $e_2 = H - e_1$	$\dfrac{1}{3}(Be_1^3 - bh^3 + ae_2^3)$	$W_1 = \dfrac{J}{e_1}$ $W_2 = \dfrac{J}{e_2}$

Elastizitäts- und Festigkeitszahlen für Eisen und Stahl.

Die Angaben gelten für das Kilogramm als Kraft- und für das Quadratzentimeter als Flächeneinheit.

Material	Elastizitätsmodul $E=\frac{1}{\alpha}$	Gleitmodul $G=\frac{1}{\beta}$	Proportionalitätsgrenze σ_p	Streck-(Quetsch-)grenze σ_f	Festigkeit Zug K_z	Festigkeit Druck K
Gußeisen ..	750000 bis 1050000	290000 bis 400000	—	—	1200 bis 3200	7000 bis 8500
Schweißeisen	2000000	770000	1300 und mehr	1800 und mehr	3300 bis 4000[1])	Quetschgrenze maßgebend
Flußeisen ..	2100000	810000 bis 830000	1800 und mehr	2000 und mehr	3400 bis 5000	Quetschgrenze maßgebend
Stahlguß ..	2150000	830000	2000 und mehr	2100 und mehr	3500 bis 7000 und mehr	Wie bei Flußstahl
Flußstahl ..	2200000	850000	2500 bis 6000 und mehr; je nach Behandlung	3000 und mehr; härteres Material keine ausgeprägte Streckgrenze	Über 5000 bis 20000 und noch darüber	Bei weichem Material die Quetschgrenze maßgebend; K sonst mit dem Grade der Härte bis über die Zugfestigkeit steigend
Federstahl ungehärtet	2200000	850000	5000 und mehr	—	Bis 10000 und mehr	—
gehärtet .	2200000	850000	7500 und mehr	—	Bis 17000	—
Nickelstahl für Brücken[2]) ...	2089000	—	$\varphi=20$vH $\psi=40$vH	3800	5600 bis 6700	—

[1]) Gilt für Schweißeisen ∥ zur Sehnenrichtung; für Schweißeisen ⊥ zur Sehnenrichtung ist $K_z = 2800$ bis 3500.

[2]) In Deutschland 2 bis 2,5 vH Ni; in Amerika $>$ 3,25 vH Ni.

Festigkeitszahlen der Hölzer.
(Nach J. Bauschinger und L. Tetmajer.)

Die Festigkeitszahlen sind wesentlich abhängig vom Feuchtigkeitsgehalt H. Dieselben nehmen mit wachsender Feuchtigkeit erheblich ab; mit zunehmender Lagerungszeit vergrößert sich die Druckfestigkeit bedeutend. Elastizitätsmaß E ist für Druck nahezu unveränderlich. — Die folgenden Angaben beziehen sich auf den ganzen Querschnitt, Kernholz und Splintholz, zusammen und auf K_z und K in Faserrichtung.

Biegung: Der Stammkern liegt in der Querschnittsmitte.

Schub: Abscherung in Faserrichtung in einer durch die Stammachse gehenden Ebene. K_s für das Kernholz; 0,75 K_s für den ganzen Querschnitt.

Holzart	H vH	E kg/cm²	σ_p kg/cm²	Festigkeit kg/cm²	Holzart	H vH	E kg/cm²	σ_p kg/cm²	Festigkeit kg/cm²
Kiefer	13	90000	—	$K_z = 790$	Fichte	16	92000	—	$K_z = 750$
	18	96000	155	$K = 280$		19	99000	150	$K = 245$
	23	108000	200	$K_b = 470$		29	111000	230	$K_b = 420$
	25	—	—	$K_s = 45$		38	—	—	$K_s = 40$
Eiche	—	108000	475	$K_z = 965$	Buche	—	180000	580	$K_z = 1340$
	—	103000	150	$K = 345$		—	169000	100	$K = 320$
	24	100000	215	$K_b = 600$		17	128000	240	$K_b = 670$
	—	—	—	$K_s = 75$		—	—	—	$K_s = 89$

Zulässige Beanspruchungen von Baustoffen.

1. Träger zur Unterstützung von Decken und Treppen dürfen auf Biegung höchstens mit 1200 kg/cm² beansprucht werden. Bei der Berechnung der Angriffsmomente ist die Stützweite, d. i. die Entfernung der Auflagermitten, einzuführen. Bei Lagerung unmittelbar auf dem Mauerwerk gilt als Stützweite die um mindestens $^1/_{20}$ vergrößerte Lichtweite. Die Einhaltung eines bestimmten Höchstmaßes für die Durchbiegung von Trägern ist nicht allgemein vorgeschrieben, soll aber in besonders gearteten Fällen (stark beanspruchte Transmissionsträger usw.) $^1/_{500}$ der freien Länge nicht überschreiten.

2. Bei Nieten und gedrehten Schraubenbolzen darf die Scherspannung höchstens 960 kg/cm², der Lochleibungsdruck höchstens 2400 kg/cm², bei gewöhnlichen Schraubenbolzen die Scherspannung höchstens 750 kg/cm², der Lochleibungsdruck höchstens 1500 kg/cm² betragen. Hierbei ist für Niete und kegelförmig abgedrehte Bolzen der Bohrungsdurchmesser, für Schrauben der Schaftdurchmesser in Rechnung zu stellen.

3. Gußeisen darf in Lagern auf Druck mit 1000 kg, in anderen Bauteilen auf Druck mit 600, auf Biegung mit 300, auf Abscherung mit 250 kg/cm² beansprucht werden.

Gußeiserne Säulen sind nach der Eulerschen Formel mit sechs- bis achtfacher Sicherheit auf Knicken zu berechnen ($J_{min} = 6\,Pl^2$ bis $8\,Pl^2$).

4. Stahlformguß darf auf Biegung mit 1200 kg/cm².

5. Schmiedestahl auf Zug, Druck und Biegung bis zu 1400 kg/cm² beansprucht werden.

6. Holz. Beanspruchung in kg/cm² parallel zur Faser:

Holzart		Zug	Druck	Biegung	Abscherung
Eichenholz . .	trocken,	100	90	100	15
Kiefernholz. .	von	100	60	100	10
Fichtenholz. .	einwandfreier	90	50	90	8
Tannenholz. .	Beschaffenheit	80	50	80	8

Stützen müssen nach der Eulerschen Formel (s. S. 110) mit $E = 100000$ kg/cm² eine sieben- bis zehnfache Sicherheit gegen Knicken besitzen ($J_{min} = 70\,Pl^2$ bis $100\,Pl^2$). Die untere Grenze von J gilt aber nur für vorübergehende Bauten.

Zulässige Belastungen der Bauwerke.

a) Zwischendecken.

Art der Nutzlast	Gewicht kg/m²
Nutzlast für Wohngebäude und kleine Geschäftshäuser unter 50 m² durch Möbel, Menschen usw., abgesehen von den in einzelnen Räumen etwa vorkommenden besonderen Belastungen durch Akten, Bücher, Waren, Maschinen usw..........	200
Nutzlast in Geschäftsgebäuden von mehr als 50 m² Grundfläche, Versammlungssälen, Unterrichtsräumen, Turnhallen, Lichtspielhäusern, Büchereien, Archiven	500
Nutzlast in Fabriken und Werkstätten für leichteren Betrieb...	500
Nutzlast für Decken unter Durchfahrten und befahrbaren Höfen, wenn nicht größere Einzellasten (Raddruck) zu berücksichtigen sind	800
Nutzlast für Werkstätten und Fabriken mit schwerem Betrieb, sowie für Decken unter Durchfahrten und befahrbaren Höfen ist, wenn stoßweise Erschütterungen zu erwarten sind, auf Verlangen der Baupolizei die Belastungsziffern um 50 bis 100 vH zu erhöhen	
Treppen-Nutzlast	500
Nutzlast in Dachbodenräumen von Wohngebäuden..........	125

b) Dächer.

In der Mitte der einzelnen Dachteile (Sparren, Pfetten, Sprosseneisen usw.) ist eine Nutzlast von 100 kg für einzelne, das Dach bei Wiederherstellungs- oder Reinigungsarbeiten betretende Personen anzunehmen, sofern die Wind- und Schneelast weniger als 200 kg/m² beträgt, unter Außerachtlassung dieses Schnee- und Winddruckes.

Die auf 1 m² der wagerechten Projektion einer Dachfläche entfallende Schneelast S ist für die Neigungswinkel α der Dachfläche gegen die Wagerechte:

$$\alpha = 20° \quad 25° \quad 30° \quad 35° \quad 40° \quad 45° \quad >45°$$
$$S = 75 \quad 70 \quad 65 \quad 60 \quad 55 \quad 50 \quad 0 \text{ kg}$$

Der auf eine Fläche F unter einem Anfallswinkel α senkrecht zu ihr wirkende Winddruck ist $w \cdot F \cdot \sin^2 \alpha$, wobei w 100 bis 150 kg/m² beträgt.

Berechnung von verschieden belasteten Trägern.

Einfache Belastung.

Belastungsart	Stützdrücke A, B Größt. Biegungsmoment M_{max}	Tragkraft P; erforderl. Widerstandsm. W	Durchbiegung f	Gefährl. Querschnitt bei
	$A = P$ $M_{max} = P \cdot l$	$P = \dfrac{k_b \cdot W}{l}$ $W = \dfrac{P \cdot l}{k_b}$	$f = \dfrac{P \cdot l^3}{3 E \cdot J}$	A
	$A = P$ $M_{max} = \dfrac{P \cdot l}{2}$	$P = \dfrac{2 \cdot k_b \cdot W}{l}$ $W = \dfrac{P \cdot l}{2 \cdot k_b}$	$f = \dfrac{P \cdot l^3}{8 \cdot E \cdot J}$	A
	$A = B = \dfrac{P}{2}$ $M_{max} = \dfrac{P \cdot l}{4}$	$P = \dfrac{4 \cdot k_b \cdot W}{l}$ $W = \dfrac{P \cdot l}{4 \cdot k_b}$	$f = \dfrac{P \cdot l^3}{48 \cdot E \cdot J}$	in der Mitte
	$A = B = \dfrac{P}{2}$ $M_{max} = \dfrac{P \cdot l}{8}$	$P = \dfrac{8 \cdot k_b \cdot W}{l}$ $W = \dfrac{P \cdot l}{8 \cdot k_b}$	$f = \dfrac{5}{384} \cdot \dfrac{P \cdot l^3}{E \cdot J}$	in der Mitte
	$A = \dfrac{P \cdot b}{l}; B = \dfrac{P \cdot a}{l}$ $M_{max} = \dfrac{P \cdot a \cdot b}{l}$	$P = k_b \cdot W \cdot \dfrac{l}{a \cdot b}$ $W = \dfrac{P \cdot a \cdot b}{l \cdot k_b}$	$f = \dfrac{P \cdot a^2 b^2}{3 E J \cdot l}$	C
	$A = \dfrac{5}{16} P$ $B = \dfrac{11}{16} P$ $M_{max} = \dfrac{3 \cdot Pl}{16}$	$P = \dfrac{16}{3} \dfrac{k_b \cdot W}{l}$ $W = \dfrac{3 \cdot Pl}{16 \cdot k_b}$	$f = \dfrac{P}{EJ} \dfrac{7\, l^3}{768}$	B
	$A = \dfrac{3}{8} P$ $B = \dfrac{5}{8} P$ $M_{max} = \dfrac{Pl}{8}$	$P = 8 \dfrac{k_b \cdot W}{l}$ $W = \dfrac{P \cdot l}{8 \cdot k_b}$	$f = \dfrac{P}{EJ} \dfrac{l^3}{185}$	B
	$A = B = \dfrac{P}{2}$ $M_{max} = \dfrac{Pl}{8}$	$P = 8 \dfrac{k_b \cdot W}{l}$ $W = \dfrac{P \cdot l}{8 \cdot k_b}$	$f = \dfrac{P}{EJ} \dfrac{l^3}{192}$ $= \dfrac{1}{12} \dfrac{k_b\, l^2}{E\, h}$	A, B und in der Mitte
	$A = B = \dfrac{P}{2}$ $M_{max} = \dfrac{1}{12} Pl$	$P = 12 \dfrac{k_b \cdot W}{l}$ $W = \dfrac{P \cdot l}{12 \cdot k_b}$	$f = \dfrac{P}{EJ} \dfrac{l^3}{384}$ $= \dfrac{1}{16} \dfrac{k_b\, l^2}{E\, h}$	A und B
	$A = B = P$ Für AB: $M = P \cdot c = \text{konst.}$	$P = \dfrac{k_b \cdot W}{c}$ $W = \dfrac{P \cdot c}{k_b}$	$f_1 = \dfrac{P}{EJ} \dfrac{l^3}{8} \dfrac{c}{l}$ $f_2 = \dfrac{P}{EJ} \dfrac{c^2}{3}\left(c + \dfrac{3l}{2}\right)$	einer beliebigen Stelle zwischen A und B

Träger auf zwei Stützen, mit mehrfacher Belastung.

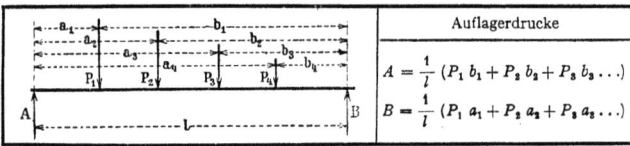

Auflagerdrucke
$A = \dfrac{1}{l}\,(P_1\,b_1 + P_2\,b_2 + P_3\,b_3 \ldots)$
$B = \dfrac{1}{l}\,(P_1\,a_1 + P_2\,a_2 + P_3\,a_3 \ldots)$

Der gefährliche Querschnitt ist derjenige, für den die Querkraft Null ist bzw. das Vorzeichen wechselt, für den also $A - \sum P \gtreqless 0$.

Ist der gefährliche Querschnitt bestimmt, läßt sich das Maximalmoment und damit bei einer zulässigen Beanspruchung k_b das erforderliche Widerstandsmoment W des Trägers berechnen.

Es ist dann: $W_{\text{erf.}} = M_{\max} : k_b$.

Kragleisträger.

Zwei gleich große Lasten P im unveränderlichen Abstand a bewegen sich auf einem Träger von der Stützweite l, wobei $a < \tfrac{1}{4}\,l$ sein muß. Die ungünstigste Laststellung zur Bestimmung des größten Biegungsmomentes ist bei $x = \tfrac{1}{4}\,a$.

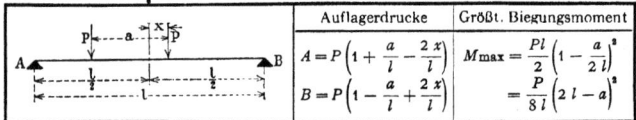

Auflagerdrucke	Größt. Biegungsmoment
$A = P\left(1 + \dfrac{a}{l} - \dfrac{2x}{l}\right)$	$M_{\max} = \dfrac{Pl}{2}\left(1 - \dfrac{a}{2l}\right)$
$B = P\left(1 - \dfrac{a}{l} + \dfrac{2x}{l}\right)$	$= \dfrac{P}{8\,l}(2\,l - a)^2$

Diese Formeln gelten nur, falls beide Lasten P auf der Länge l stehen.

Ist $a:l \geqq 0{,}5858$, so ist stets $M_{\max} = \tfrac{1}{4}\cdot P\cdot l$, wobei nur eine Last P auf dem Träger, und zwar in Trägermitte steht.

1. Beispiel: Ein frei aufliegender Träger mit der Auflagerentfernung 6 m sei mit 6000 kg gleichmäßig belastet. Welches I-Profil ist zu wählen?

$$W = \frac{P\cdot l}{8\cdot k_b} = \frac{6000\ \text{kg}\cdot 600\ \text{cm}}{8\cdot 1200\ \text{kg/cm}^2} = 375\ \text{cm}^3$$

Dem entspricht ein I-Träger Nr. 26 (Seite 119).

2. Beispiel: Eine Last von 2500 kg soll von zwei einseitig eingespannten ⊏-Eisen aufgenommen werden. Die Last wirkt in der Entfernung 2 m von der Aufspannstelle.

$$W = \frac{P\cdot l}{k_b} = \frac{2500\ \text{kg}\cdot 200\ \text{cm}}{1200\ \text{kg/cm}^2} = 417\ \text{cm}^3.$$

Da die Last sich auf zwei Eisen verteilt, ist $\dfrac{W}{2} = 209\ \text{cm}^3$ in Rechnung zu stellen. Dem entspricht ein Profil Nr. 22 (Seite 121).

I-Eisen.

Abmessungen und statische Werte nach DIN 1025.

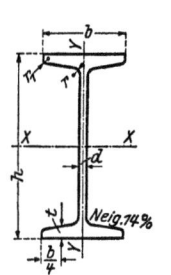

$h \leq 240$ mm	$h \geq 260$ mm
$b = 0,4\ h + 10$ mm	$b = 0,3\ h + 35$ mm
$d = 0,03\ h + 1,5$ mm	$d = 0,036\ h$
$r = d;\ r_1 \approx 0,6\ d$ mit Ausnahme für d, r und r_1, bei I 55	

$J =$ Trägheitsmoment
$W =$ Widerstandsmoment $\Bigg\}$ bezogen auf die zugehörige
$i = \sqrt{\dfrac{J}{F}} =$ Trägheitshalbmesser Biegungsachse

$S_x =$ Statisches Moment des halben Querschnittes

$s_x = \dfrac{J_x}{S_x} =$ Abstand der Druck- und Zugmittelpunkte

$k = \dfrac{F^2}{J_y} =$ Knickwert

Bezeichnung I	Abmessungen mm				Querschnitt F cm²	Gewicht G kg/m	Für die Biegungsachse							
							X – X			Y – Y				
	h	b	d	t			J_x cm⁴	W_x cm³	i_x cm	J_y cm⁴	W_y cm³	i_y cm	S_x cm³	s_x cm	k
8	80	42	3,9	5,9	7,58	5,95	77,8	19,5	3,20	6,29	3,00	0,91	11,4	6,84	9,13
10	100	50	4,5	6,8	10,6	8,32	171	34,2	4,01	12,2	4,88	1,07	19,9	8,57	9,21
12	120	58	5,1	7,7	14,2	11,2	328	54,7	4,81	21,5	7,41	1,23	31,8	10,3	9,38
14	140	66	5,7	8,6	18,3	14,4	573	81,9	5,61	35,2	10,7	1,40	47,7	12,0	9,51
16	160	74	6,3	9,5	22,8	17,9	935	117	6,40	54,7	14,8	1,55	68,0	13,7	9,50
18	180	82	6,9	10,4	27,9	21,9	1450	161	7,20	81,3	19,8	1,71	93,4	15,5	9,57
20	200	90	7,5	11,3	33,5	26,3	2140	214	8,00	117	26,0	1,87	125	17,2	9,59
22	220	98	8,1	12,2	39,6	31,1	3060	278	8,80	162	33,1	2,02	162	18,9	9,68
24	240	106	8,7	13,1	46,1	36,2	4250	354	9,59	221	41,7	2,20	206	20,6	9,62
26	260	113	9,4	14,1	53,4	41,9	5740	442	10,4	288	51,0	2,32	257	22,3	9,90
28	280	119	10,1	15,2	61,1	48,0	7590	542	11,1	364	61,2	2,45	316	24,0	10,3
30	300	125	10,8	16,2	69,1	54,2	9800	653	11,9	451	72,2	2,56	381	25,7	10,6
32	320	131	11,5	17,3	77,8	61,1	12510	782	12,7	555	84,7	2,67	457	27,4	10,9
34	340	137	12,2	18,3	86,8	68,1	15700	923	13,5	674	98,4	2,80	540	29,1	11,2
36	360	143	13,0	19,5	97,1	76,2	19610	1090	14,2	818	114	2,90	638	30,7	11,5
38	380	149	13,7	20,5	107	84,0	24010	1260	15,0	975	131	3,02	741	32,4	11,7
40	400	155	14,4	21,6	118	92,6	29210	1460	15,7	1160	149	3,13	857	34,1	12,0
42½	425	163	15,3	23,0	132	104	36970	1740	16,7	1440	176	3,30	1020	36,2	12,1
45	450	170	16,2	24,3	147	115	45850	2040	17,7	1730	203	3,43	1200	38,3	12,5
47½	475	178	17,1	25,6	163	128	56480	2380	18,6	2090	235	3,60	1400	40,4	12,7
50	500	185	18,0	27,0	180	141	68740	2750	19,6	2480	268	3,72	1620	42,4	13,1
55	550	200	19,0	30,0	213	167	99180	3610	21,4	3490	349	4,02	2120	46,8	13,0
60	600	215	21,6	32,4	254	199	139000	4630	23,4	4670	434	4,30	2730	50,9	13,8
I F	Fachwerkbau-I-Eisen														
14	140	60	4	5,5	11,7	9,16	365	52,2	5,59	15,6	5,21	1,15	—	—	8,73

Solange bei den Walzwerken die alten Walzen der früher normalen ungeraden I 9 bis I 29 vorhanden sind, sind diese Träger nach vorheriger Vereinbarung noch lieferbar. Streich- und Wurzelmaße siehe Seite 130.

I-Eisen.

Abmessungen und statische Werte nach DIN 1025.

Breit- und parallelflanschige I-Eisen.

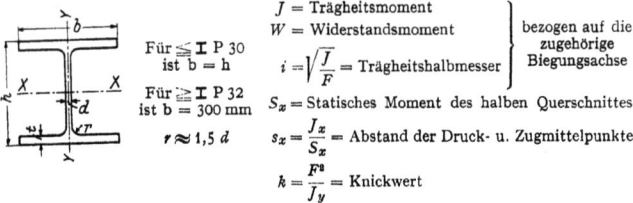

Für $\leq$ I P 30 ist b = h

Für $\geq$ I P 32 ist b = 300 mm

$r \approx 1{,}5\, d$

J = Trägheitsmoment
W = Widerstandsmoment
$i = \sqrt{\dfrac{J}{F}}$ = Trägheitshalbmesser

bezogen auf die zugehörige Biegungsachse

S_x = Statisches Moment des halben Querschnittes
$s_x = \dfrac{J_x}{S_x}$ = Abstand der Druck- u. Zugmittelpunkte
$k = \dfrac{F^2}{J_y}$ = Knickwert

Bezeichnung	Abmessungen mm				Querschnitt	Gewicht	Für die Biegungsachse							
							X – X			Y – Y				
I P	h	b	d	t	F cm²	G kg/m	J_x cm⁴	W_x cm³	i_x cm	J_y cm⁴	W_y cm³	i_y cm	S_x cm³	s_x cm	k
16	160	160	9	14	58,4	45,8	2630	329	6,72	958	120	4,05	188	14,0	3,56
18	180	180	9	14	65,8	51,6	3830	426	7,63	1360	151	4,55	241	15,9	3,17
20	200	200	10	16	82,7	64,9	5950	595	8,48	2140	214	5,08	337	17,7	3,20
22	220	220	10	16	91,1	71,5	8050	732	9,37	2840	258	5,59	412	19,5	2,92
24	240	240	11	18	111	87,4	11690	974	10,5	4150	346	6,11	549	21,3	2,98
26	260	260	11	18	121	94,8	15050	1160	11,2	5280	406	6,61	649	23,2	2,76
28	280	280	12	20	144	113	20720	1480	12,0	7320	523	7,14	831	24,9	2,81
30	300	300	12	20	154	121	25760	1720	12,9	9010	600	7,65	959	26,8	2,63
32	320	300	13	22	171	135	32250	2020	13,7	9910	661	7,60	1130	28,5	2,96
34	340	300	13	22	174	137	36940	2170	14,5	9910	661	7,55	1220	30,3	3,05
36	360	300	14	24	192	150	45120	2510	15,3	10810	721	7,51	1410	32,0	3,39
38	380	300	14	24	194	153	50950	2680	16,2	10810	721	7,46	1510	33,8	3,49
40	400	300	14	26	209	164	60640	3030	17,0	11710	781	7,49	1700	35,6	3,71
42½	425	300	14	26	212	166	69480	3270	18,1	11710	781	7,43	1830	37,8	3,83
45	450	300	15	28	232	182	84220	3740	19,0	12620	841	7,38	2110	40,0	4,25
47½	475	300	15	28	235	185	95120	4010	20,1	12620	841	7,32	2250	42,2	4,39
50	500	300	16	30	255	200	113200	4530	21,0	13530	902	7,28	2560	44,3	4,82
55	550	300	16	30	263	207	140300	5100	23,1	13530	902	7,17	2880	48,7	5,12
60	600	300	17	32	289	227	180800	6030	25,0	14440	962	7,07	3500	51,6	5,78
65	650	300	17	32	297	234	216800	6670	27,0	14440	962	6,97	3780	57,4	6,13

Die Lieferung der I P 16 und 18 erfolgt bis auf weiteres nur nach vorheriger Vereinbarung mit dem Walzwerk.

Streich- und Wurzelmaße siehe Seite 130.

⌶-Eisen.

Abmessungen und statische Werte nach DIN 1026.

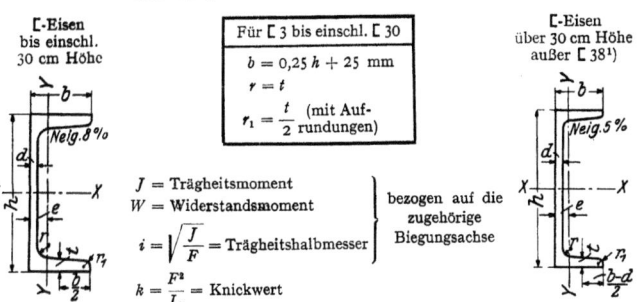

⌶-Eisen bis einschl. 30 cm Höhe

Für ⌶ 3 bis einschl. ⌶ 30
$b = 0{,}25\,h + 25$ mm
$r = t$
$r_1 = \dfrac{t}{2}$ (mit Aufrundungen)

⌶-Eisen über 30 cm Höhe außer ⌶ 38[1])

J = Trägheitsmoment
W = Widerstandsmoment
$i = \sqrt{\dfrac{J}{F}}$ = Trägheitshalbmesser
$k = \dfrac{F^2}{J_y}$ = Knickwert

bezogen auf die zugehörige Biegungsachse

Bezeichnung ⌶	Abmessungen mm				Querschnitt F cm²	Gewicht G kg/m	Für die Biegungsachse							k
							X – X			Y – Y				
	h	b	d	t			J_x cm⁴	W_x cm³	i_x cm	J_y cm⁴	W_y cm³	i_y cm	e cm	
3	30	33	5	7	5,44	4,27	6,39	4,26	1,08	5,33	2,68	0,99	1,31	5,55
4	40	35	5	7	6,21	4,87	14,1	7,05	1,50	6,68	3,08	1,04	1,33	5,77
5	50	38	5	7	7,12	5,59	26,4	10,6	1,92	9,12	3,75	1,13	1,37	5,56
6½	65	42	5,5	7,5	9,03	7,09	57,5	17,7	2,52	14,1	5,07	1,25	1,42	5,78
8	80	45	6	8	11,0	8,64	106	26,5	3,10	19,4	6,36	1,33	1,45	6,24
10	100	50	6	8,5	13,5	10,6	206	41,2	3,91	29,3	8,49	1,47	1,55	6,22
12	120	55	7	9	17,0	13,4	364	60,7	4,62	43,2	11,1	1,59	1,60	6,69
14	140	60	7	10	20,4	16,0	605	86,4	5,45	62,7	14,8	1,75	1,75	6,64
16	160	65	7,5	10,5	24,0	18,8	925	116	6,21	85,3	18,3	1,89	1,84	6,75
18	180	70	8	11	28,0	22,0	1350	150	6,95	114	22,4	2,02	1,92	6,88
20	200	75	8,5	11,5	32,2	25,3	1910	191	7,70	148	27,0	2,14	2,01	7,01
22	220	80	9	12,5	37,4	29,4	2690	245	8,48	197	33,6	2,26	2,14	7,10
24	240	85	9,5	13	42,3	33,2	3600	300	9,22	248	39,6	2,42	2,23	7,21
26	260	90	10	14	48,3	37,9	4820	371	9,99	317	47,7	2,56	2,36	7,36
28	280	95	10	15	53,3	41,8	6280	448	10,9	399	57,2	2,74	2,53	7,12
30	300	100	10	16	58,8	46,2	8030	535	11,7	495	67,8	2,90	2,70	6,98
32	320	100	14	17,5	75,8	59,5	10870	679	12,1	597	80,6	2,81	2,60	9,71
35	350	100	14	16	77,3	60,6	12840	734	12,9	570	75,0	2,72	2,40	10,5
38[1])	381	102	13,34	16	79,7	62,6	15730	826	14,1	613	78,4	2,78	2,35	10,3
40	400	110	14	18	91,5	71,8	20350	1020	14,9	846	102	3,04	2,65	9,90
⌶ F							**Fachwerkbau-⌶-Eisen.**							
14	140	40	4	6	9,90	7,78	285	40,6	5,36	12,5	4,21	1,02	1,02	7,85

[1]) ⌶ 38 entspricht dem alten englischen Normalprofil BSC 27 (15 · 4″) mit einer Neigung der inneren Flanschflächen von 2°; $r = t$; $r_1 = 0{,}7\,t$.
Streich- und Wurzelmaße s. Seite 130.

Gleichschenklige L-Eisen.

Abmessungen und statische Werte nach DIN 1028.

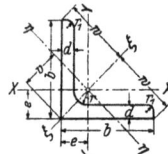

J = Trägheitsmoment
W = Widerstandsmoment
i = Trägheitshalbmesser
$\Big\}$ bezogen auf die zugehörige Biegungsachse

$k = \dfrac{F^2}{J\eta}$ = Knickwert

$r_1 = \dfrac{r}{2}$ (auf halbe mm gerundet)

Die Achse $\xi - \xi$ ist Winkelhalbierende.

Be-zeichnung L	Abmessungen mm			Quer-schnitt F cm²	Ge-wicht G kg/m	Abstände für die Achsen cm			Für die Biegungsachse $X-X = Y-Y$			k
	b	d	r			e	w	v	J_x cm⁴	W_x cm³	i_x cm	
15·15· 3	15	3	3,5	0,82	0,64	0,48	1,06	0,67	0,15	0,15	0,43	11,2
15·15· 4		4		1,05	0,82	0,51		0,73	0,19	0,19	0,42	13,8
20·20· 3	20	3	3,5	1,12	0,88	0,60	1,41	0,85	0,28	0,28	0,59	8,36
20·20· 4		4		1,45	1,14	0,64		0,90	0,48	0,35	0,58	11,1
25·25· 3	25	3	3,5	1,42	1,12	0,73	1,77	1,03	0,79	0,45	0,75	6,50
25·25· 4		4		1,85	1,45	0,76		1,08	1,01	0,58	0,74	8,56
25·25· 5		5		2,26	1,77	0,80		1,13	1,18	0,69	0,72	10,3
30·30· 3	30	3	5	1,74	1,36	0,84	2,12	1,18	1,14	0,65	0,90	5,33
30·30· 4		4		2,27	1,78	0,89		1,24	1,81	0,86	0,89	6,78
30·30· 5		5		2,78	2,18	0,92		1,30	2,16	1,04	0,88	8,50
35·35· 4	35	4	5	2,67	2,10	1,00	2,47	1,41	2,96	1,18	1,05	5,75
35·35· 6		6		3,87	3,04	1,08		1,53	4,14	1,71	1,04	8,46
40·40· 4	40	4	6	3,08	2,42	1,12	2,83	1,58	4,48	1,56	1,21	5,10
40·40· 5		5		3,79	2,97	1,16		1,64	5,43	1,91	1,20	6,47
40·40· 6		6		4,48	3,52	1,20		1,70	6,33	2,26	1,19	7,52
45·45· 5	45	5	7	4,30	3,38	1,28	3,18	1,81	7,83	2,43	1,35	5,69
45·45· 7		7		5,86	4,60	1,36		1,92	10,4	3,31	1,33	7,82
50·50· 5	50	5	7	4,80	3,77	1,40	3,54	1,98	11,0	3,05	1,51	5,02
50·50· 6		6		5,69	4,47	1,45		2,04	12,8	3,61	1,50	6,19
50·50· 7		7		6,56	5,15	1,49		2,11	14,6	4,15	1,49	7,15
50·50· 9		9		8,24	6,47	1,56		2,21	17,9	5,20	1,47	8,85
55·55· 6	55	6	8	6,31	4,95	1,56	3,89	2,21	17,3	4,40	1,66	5,50
55·55· 8		8		8,23	6,46	1,64		2,32	22,1	5,72	1,64	7,24
55·55·10		10		10,1	7,90	1,72		2,43	26,3	6,97	1,62	9,03
60·60· 6	60	6	8	6,91	5,42	1,69	4,24	2,39	22,8	5,29	1,82	5,06
60·60· 8		8		9,03	7,09	1,77		2,50	29,1	6,88	1,80	6,74
60·60·10		10		11,1	8,69	1,85		2,62	34,9	8,41	1,78	8,44
65·65· 7	65	7	9	8,70	6,83	1,85	4,60	2,62	33,4	7,18	1,96	5,48
65·65· 9		9		11,0	8,62	1,93		2,73	41,3	9,04	1,94	7,03
65·65·11		11		13,2	10,3	2,00		2,83	48,8	10,8	1,91	8,42
70·70· 7	70	7	9	9,40	7,38	1,97	4,95	2,79	42,4	8,43	2,12	5,02
70·70· 9		9		11,9	9,34	2,05		2,90	52,6	10,6	2,10	6,44
70·70·11		11		14,3	11,2	2,13		3,01	61,8	12,7	2,08	7,87
75·75· 7	75	7	10	10,1	7,94	2,09	5,30	2,95	52,4	9,67	2,28	4,85
75·75· 8		8		11,5	9,03	2,13		3,01	58,9	11,0	2,26	5,42
75·75·10		10		14,1	11,1	2,21		3,12	71,4	13,5	2,25	6,67
75·75·12		12		16,7	13,1	2,29		3,24	82,1	15,8	2,22	8,04

Streich- und Wurzelmaße s. S. 132.

Gleichschenklige L-Eisen.

Abmessungen und statische Werte nach DIN 1028.

Bezeichnung L	Abmessungen mm			Querschnitt F cm²	Gewicht G kg/m	Abstände für die Achsen cm			Für die Biegungsachse $X-X=Y-Y$			k
	b	d	r			e	w	v	J_x cm⁴	W_x cm³	i_x cm	
80·80·8	80	8	10	12,3	9,66	2,26	5,66	3,20	72,3	12,6	2,42	5,11
80·80·10		10		15,1	11,9	2,34		3,31	87,5	15,5	2,41	6,35
80·80·12		12		17,9	14,1	2,41		3,41	102	18,2	2,39	7,45
80·80·14		14		20,6	16,1	2,48		3,51	115	20,8	2,36	8,68
90·90·9	90	9	11	15,5	12,2	2,54	6,36	3,59	116	18,0	2,74	5,03
90·90·11		11		18,7	14,7	2,62		3,70	138	21,6	2,72	6,12
90·90·13		13		21,8	17,1	2,70		3,81	158	25,1	2,69	7,21
90·90·16*		16		26,4	20,7	2,81		3,97	186	30,1	2,66	8,79
100·100·10	100	10	12	19,2	15,1	2,82	7,07	3,99	177	24,7	3,04	5,03
100·100·12		12		22,7	17,8	2,90		4,10	207	29,2	3,02	5,98
100·100·14		14		26,2	20,6	2,98		4,21	235	33,5	3,00	6,98
100·100·20*		20		36,2	28,4	3,20		4,54	311	45,8	2,93	9,72
110·110·10	110	10	12	21,2	16,6	3,07	7,78	4,34	239	30,1	3,36	4,56
110·110·12		12		25,1	19,7	3,15		4,45	280	35,7	3,34	5,43
110·110·14		14		29,0	22,8	3,21		4,54	319	41,0	3,32	6,32
120·120·11	120	11	13	25,4	19,9	3,36	8,49	4,75	341	39,5	3,66	4,61
120·120·13		13		29,7	23,3	3,44		4,86	394	46,0	3,64	5,45
120·120·15		15		33,9	26,6	3,51		4,96	446	52,5	3,63	6,18
120·120·20*		20		44,2	34,7	3,70		5,24	562	67,7	3,57	8,26
130·130·12	130	12	14	30,0	23,6	3,64	9,19	5,15	472	50,4	3,97	4,64
130·130·14		14		34,7	27,2	3,72		5,26	540	58,2	3,94	5,40
130·130·16		16		39,3	30,9	3,80		5,37	605	65,8	3,92	6,15
140·140·13	140	13	15	35,0	27,5	3,92	9,90	5,54	638	63,3	4,27	4,68
140·140·15		15		40,0	31,4	4,00		5,66	723	72,3	4,25	5,37
140·140·17		17		45,0	35,3	4,08		5,77	805	81,2	4,23	6,06
150·150·14	150	14	16	40,3	31,6	4,21	10,6	5,95	845	78,2	4,58	4,68
150·150·16		16		45,7	35,9	4,29		6,07	949	88,7	4,56	5,34
150·150·18		18		51,0	40,1	4,36		6,17	1050	99,3	4,54	5,94
160·160·15	160	15	17	46,1	36,2	4,49	11,3	6,35	1100	95,6	4,88	4,69
160·160·17		17		51,8	40,7	4,57		6,46	1230	108	4,86	5,30
160·160·19		19		57,5	45,1	4,65		6,58	1350	118	4,84	5,93
180·180·16	180	16	18	55,4	43,5	5,02	12,7	7,11	1680	130	5,51	4,52
180·180·18		18		61,9	48,6	5,10		7,22	1870	145	5,49	5,07
180·180·20		20		68,4	53,7	5,18		7,33	2040	160	5,47	5,63
200·200·16	200	16	18	61,8	48,5	5,52	14,1	7,80	2340	162	6,15	4,05
200·200·18		18		69,1	54,3	5,60		7,92	2600	181	6,13	4,55
200·200·20		20		76,4	59,9	5,68		8,04	2850	199	6,11	5,04

* Die Lokomotivbau-L-Eisen 90·90·16, 100·100·20 und 120·120·20 mm können durch das Heben der Walzen hergestellt werden.

Streich- und Wurzelmaße s. S. 132.

Ungleichschenklige L-Eisen.

Abmessungen und statische Werte nach DIN 1029.

J = Trägheitsmoment
W = Widerstandsmoment
i = Trägheitshalbmesser
$\left.\right\}$ bezogen auf die zugehörige Biegungsachse

$k = \dfrac{F^2}{J_\eta}$ = Knickwert

$r_1 = \dfrac{r}{2}$ (auf halbe mm gerundet)

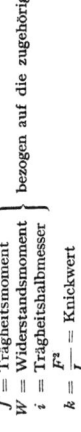

Bezeichnung L	Abmessungen mm				Quer-schnitt F cm²	Ge-wicht G kg/m	Abstände von den Achsen cm						Für die Biegungsachse						
													$x-x$			$y-y$			
	a	b	d	r			e_x	e_y	w	w_1	v	v_1	v_2	J_x cm⁴	W_x cm³	i_x cm	J_y cm⁴	W_y cm³	i_y cm	k
20·30·3	20	30	3	3,5	1,42	1,11	0,99	0,50	2,04	1,51	0,86	1,04	0,56	1,25	0,62	0,94	0,44	0,29	0,56	7,99
20·30·4			4		1,85	1,45	1,03	0,54	2,02	1,52	0,91	1,03	0,58	1,59	0,81	0,93	0,55	0,38	0,55	10,4
20·30·5			5		2,26	1,77	1,07	0,58	2,00	1,53	0,95	1,03	0,60	1,90	0,99	0,92	0,66	0,46	0,54	12,7
20·40·3	20	40	3	3,5	1,72	1,35	1,43	0,44	2,61	1,77	0,79	1,19	0,46	2,79	1,08	1,27	0,47	0,30	0,52	9,76
20·40·4			4		2,25	1,77	1,47	0,48	2,57	1,80	0,83	1,18	0,50	3,59	1,42	1,26	0,60	0,39	0,52	12,9
30·45·3	30	45	3	4,5	2,19	1,72	1,43	0,70	3,09	2,24	1,22	1,58	0,81	4,48	1,46	1,43	1,60	0,70	0,86	5,27
30·45·4			4		2,87	2,25	1,48	0,74	3,07	2,26	1,27	1,58	0,83	5,78	1,91	1,42	2,05	0,91	0,85	6,97
30·45·5			5		3,53	2,77	1,52	0,78	3,05	2,27	1,32	1,58	0,85	6,99	2,35	1,41	2,47	1,11	0,84	8,65
30·60·5	30	60	5	6	4,29	3,37	2,15	0,68	3,90	2,67	1,20	1,77	0,72	15,6	4,04	1,90	2,60	1,52	0,78	10,9
30·60·7			7		5,85	4,59	2,24	0,76	3,83	2,72	1,28	1,73	0,78	20,7	5,50	1,88	3,41	1,76	0,76	15,0
40·50·3	40	50	3	4	2,63	2,06	1,48	0,99	3,50	2,85	1,62	1,87	1,22	6,58	1,87	1,58	3,76	1,25	1,20	3,66
40·50·4			4		3,46	2,71	1,52	1,03	3,50	2,85	1,67	1,84	1,26	8,54	2,47	1,57	4,86	1,64	1,19	4,85
40·50·5			5		4,27	3,35	1,56	1,07	3,49	2,88	1,73	1,84	1,27	10,4	3,02	1,56	5,89	2,01	1,18	6,04

40·60·5	5	40	60		6	4,79	3,76	1,96	0,97	4,08	3,01	1,68	2,09	1,10	17,1	4,25	1,89	6,11	2,02	1,13	6,56
40·60·6	6					5,68	4,46	2,00	1,01	4,06	3,02	1,72	2,08	1,12	20,1	5,03	1,88	7,12	2,38	1,12	7,83
40·60·7	7					6,55	5,14	2,04	1,05	4,04	3,03	1,77	2,07	1,14	23,0	5,79	1,87	8,07	2,74	1,11	9,07
40·80·4	4	40	80		7	4,69	3,68	2,76	0,80	5,25	3,51	1,48	2,44	0,85	31,1	5,93	2,57	5,32	1,66	1,07	6,52
40·80·6	6					6,89	5,41	2,85	0,88	5,23	3,53	1,55	2,42	0,89	44,9	8,73	2,55	7,59	2,44	1,05	9,70
40·80·8	8					9,01	7,07	2,94	0,95	5,15	3,57	1,65	2,38	1,04	57,6	11,4	2,53	9,68	3,18	1,04	12,7
50·65·5	5	50	65		6,5	5,54	4,35	1,99	1,25	4,52	3,61	2,08	2,38	1,50	23,1	5,11	2,04	11,9	3,18	1,47	5,89
50·65·7	7					7,60	5,97	2,07	1,33	4,50	3,62	2,19	2,37	1,52	31,0	6,99	2,02	15,8	4,31	1,44	6,90
50·65·9	9					9,58	7,52	2,15	1,41	4,48	3,63	2,28	2,36	1,57	38,2	8,77	2,00	19,4	5,39	1,42	8,72
50·100·6	6	50	100		9	8,73	6,85	3,49	1,04	6,50	4,39	1,91	2,98	1,15	89,7	13,8	3,20	15,3	3,86	1,32	7,78
50·100·8	8					11,5	8,99	3,59	1,13	6,48	4,44	2,00	2,95	1,18	116	18,0	3,18	19,5	5,04	1,31	10,4
50·100·10	10					14,1	11,1	3,67	1,20	6,43	4,49	2,08	2,91	1,22	141	22,2	3,16	23,4	6,17	1,29	12,8
55·75·5	5	55	75		7	6,30	4,95	2,31	1,33	5,19	4,00	2,27	2,71	1,58	35,5	6,84	2,37	16,2	3,89	1,60	4,58
55·75·7	7					8,66	6,80	2,40	1,41	5,16	4,02	2,37	2,70	1,62	47,9	9,39	2,35	21,8	5,32	1,59	6,40
55·75·9	9					10,9	8,59	2,47	1,48	5,14	4,04	2,46	2,66	1,66	59,4	11,8	2,33	26,8	6,66	1,57	8,09
60·90·6	6	60	90		7	8,69	6,82	2,89	1,41	6,14	4,50	2,46	3,16	1,60	71,7	11,7	2,87	25,8	5,61	1,72	5,18
60·90·8	8					11,4	8,96	2,97	1,49	6,11	4,54	2,56	3,15	1,69	92,5	15,4	2,85	33,0	7,31	1,70	6,87
60·90·10	10					14,1	11,0	3,05	1,56	6,08	4,57	2,66	3,14	1,74	112	18,8	2,82	39,6	8,92	1,68	8,56
65·75·5	5	65	75		7	8,11	6,37	2,19	1,70	5,28	4,60	2,68	2,75	1,60	44,0	8,30	2,33	30,7	6,39	1,94	4,55
65·75·7	7					10,6	8,34	2,28	1,78	5,26	4,62	2,79	2,78	2,14	56,7	10,9	2,31	39,4	8,34	1,92	6,01
65·75·9	9					13,1	10,3	2,35	1,86	5,23	4,64	2,89	2,79	2,20	68,4	13,3	2,29	47,3	10,2	1,90	7,42
65·80·6	6	65	80		8	8,41	6,60	2,39	1,65	5,61	4,63	2,69	2,94	2,04	52,8	9,41	2,51	31,2	6,44	1,93	4,55
65·80·8	8					11,0	8,66	2,47	1,73	5,59	4,65	2,79	2,94	2,05	68,1	12,3	2,49	40,1	8,41	1,91	6,01
65·80·10	10					13,6	10,7	2,55	1,81	5,56	4,68	2,90	2,95	2,11	82,2	15,1	2,46	48,3	10,3	1,89	7,44
65·80·12	12					16,0	12,6	2,63	1,88	5,54	4,70	3,00	2,98	2,15	95,4	17,8	2,44	55,8	12,1	1,87	8,81
65·100·7	7	65	100		10	11,2	3,77	3,23	1,51	6,83	4,91	2,66	3,48	1,73	113	16,6	3,17	37,6	7,54	1,84	5,76
65·100·9	9					14,2	11,1	3,32	1,59	6,78	4,94	2,76	3,46	1,78	141	21,0	3,15	46,7	9,52	1,82	7,36
65·100·11	11					17,1	13,4	3,40	1,67	6,74	4,97	2,85	3,45	1,83	167	25,3	3,13	55,1	11,4	1,80	8,92
65·115·6	6	65	115		8	10,5	8,25	3,85	1,38	7,70	5,26	2,52	3,74	1,52	145	18,9	3,71	34,4	6,71	1,81	5,22
65·115·8	8					13,8	10,9	3,94	1,46	7,68	5,30	2,61	3,73	1,59	188	24,8	3,69	44,2	8,78	1,79	6,99
65·115·10	10					17,1	13,4	4,02	1,54	7,57	5,34	2,70	3,72	1,68	229	30,6	3,66	53,2	10,8	1,77	8,77

Fortsetzung siehe S. 126.

Ungleichschenklige L-Eisen (Fortsetzung).

Abmessungen und statische Werte.

Bezeichnung L	Abmessungen mm				Quer-schnitt F cm²	Ge-wicht G kg/m	Abstände von den Achsen cm						Für die Biegungsachse						
													$x-x$			$y-y$			
	a	b	d	r			e_x	e_y	w	w_1	v	v_1	v_2	J_x cm⁴	W_x cm³	i_x cm	J_y cm⁴	W_y cm³	i_y cm	k
65·130·8	65	130	8	11	15,1	11,9	4,56	1,37	8,50	5,71	2,49	3,86	1,47	263	31,1	4,17	44,8	8,72	1,72	7,95
65·130·10	65	130	10	11	18,6	14,6	4,65	1,45	8,43	5,76	2,58	3,82	1,54	321	38,4	4,15	54,2	10,7	1,71	9,93
65·130·12	65	130	12	11	22,1	17,3	4,74	1,53	8,37	5,81	2,66	3,80	1,60	376	45,5	4,12	63,0	12,7	1,69	11,8
75·90·7	75	90	7	8,5	11,1	8,74	2,67	1,93	6,32	5,33	3,11	3,32	2,38	88,1	13,9	2,81	55,5	9,98	2,23	4,57
75·90·9	75	90	9	8,5	14,1	11,1	2,76	2,01	6,30	5,35	3,22	3,34	2,41	110	17,6	2,79	69,1	12,6	2,21	5,83
75·90·11	75	90	11	8,5	17,0	13,4	2,83	2,09	6,28	5,37	3,33	3,35	2,45	130	21,1	2,77	81,7	18,5	2,19	7,07
75·100·7	75	100	7	10	11,9	9,32	3,06	1,83	6,96	5,42	3,10	3,61	2,18	118	17,0	3,15	56,9	10,0	2,19	4,69
75·100·9	75	100	9	10	15,1	11,8	3,15	1,91	6,91	5,45	3,22	3,63	2,22	148	21,5	3,13	71,0	12,7	2,17	5,99
75·100·11	75	100	11	10	18,2	14,3	3,23	1,99	6,87	5,49	3,32	3,65	2,27	176	25,9	3,11	84,0	15,3	2,15	7,26
75·130·8	75	130	8	10,5	15,9	12,5	4,36	1,65	8,73	6,01	2,99	4,26	1,83	276	31,9	4,17	68,3	11,7	2,08	6,10
75·130·10	75	130	10	10,5	19,6	15,4	4,45	1,73	8,66	6,05	3,08	4,24	1,88	337	39,4	4,14	82,9	14,4	2,06	7,60
75·130·12	75	130	12	10,5	23,3	18,3	4,53	1,81	8,61	6,09	3,18	4,21	1,95	395	46,6	4,12	96,5	17,0	2,04	9,09
75·150·9	75	150	9	10,5	19,5	15,3	5,28	1,57	9,79	6,62	2,90	4,46	1,72	455	46,8	4,83	78,3	13,2	2,00	7,65
75·150·11	75	150	11	10,5	23,6	18,6	5,37	1,65	9,73	6,66	2,97	4,44	1,77	545	56,6	4,80	93,0	15,9	1,98	9,35
75·150·13	75	150	13	10,5	27,7	21,7	5,45	1,73	9,67	6,70	3,04	4,42	1,85	631	66,1	4,78	107	18,5	1,96	11,0
75·170·10	75	170	10	11,5	23,7	18,6	6,21	1,52	10,9	7,33	2,81	4,62	1,81	709	65,7	5,47	88,2	14,8	1,93	9,56
75·170·12	75	170	12	11,5	28,1	22,1	6,30	1,60	10,8	7,38	2,89	4,59	1,75	834	78,0	5,45	103	17,4	1,91	11,5
75·170·14	75	170	14	11,5	32,5	25,5	6,39	1,68	10,7	7,44	2,96	4,56	1,70	955	90,0	5,42	117	20,0	1,89	13,4
75·170·16	75	170	16	11,5	36,8	28,9	6,47	1,76	10,7	7,48	3,03	4,54	1,65	1070	102	5,39	130	22,6	1,88	15,3

80·120·8	80	120	8	11	15,5	12,2	3,83	1,87	8,23	5,99	3,27	4,20	2,16	226	27,6	3,82	80,8	13,2	2,29	5,24
80·120·10			10		19,1	15,0	3,92	1,95	8,18	6,03	3,37	4,19	2,19	276	34,1	3,80	98,1	16,2	2,27	6,52
80·120·12			12		22,7	17,8	4,00	2,03	8,14	6,06	3,46	4,18	2,25	323	40,4	3,77	114	19,1	2,25	7,79
80·120·14			14		26,2	20,5	4,08	2,10	8,10	6,08	3,55	4,17	2,29	368	46,4	3,75	130	22,0	2,23	9,03
90·110·9	90	110	9	12	17,3	13,6	3,30	2,32	7,72	6,41	3,74	4,06	2,79	204	26,5	3,43	122	18,3	2,66	4,83
90·110·11			11		20,9	16,4	3,38	2,40	7,69	6,44	3,85	4,06	2,84	243	31,9	3,41	146	22,1	2,64	5,90
90·110·13			13		24,5	19,2	3,46	2,48	7,67	6,45	3,96	4,07	2,88	281	37,2	3,39	168	25,7	2,62	6,96
90·130·10	90	130	10	12	21,2	16,6	4,15	2,18	8,92	6,69	3,75	4,62	2,51	358	40,5	4,11	141	20,6	2,58	5,70
90·130·12			12		25,1	19,7	4,24	2,26	8,88	6,72	3,85	4,60	2,56	420	48,0	4,09	165	24,4	2,56	6,81
90·130·14			14		29,0	22,8	4,32	2,34	8,85	6,74	3,96	4,58	2,61	480	55,3	4,07	187	28,1	2,54	7,91
90·150·10	90	150	10	12,5	23,2	18,2	4,99	2,03	10,1	7,09	3,63	4,99	2,26	532	53,1	4,79	146	21,0	2,51	6,14
90·150·12			12		27,5	21,6	5,08	2,11	10,0	7,12	3,71	4,98	2,32	626	63,1	4,77	170	24,7	2,49	7,39
90·150·14			14		31,8	25,0	5,16	2,19	9,99	7,15	3,79	4,97	2,36	716	72,8	4,75	194	28,4	2,47	8,60
90·250·10	90	250	10	12,5	33,2	26,0	9,49	1,57	15,6	10,5	3,02	5,90	1,76	2170	140	8,09	163	22,0	2,22	9,75
90·250·12			12		39,5	31,0	9,59	1,65	15,5	10,6	3,09	5,87	1,80	2570	167	8,06	191	26,0	2,20	11,8
90·250·14			14		45,8	36,0	9,68	1,74	15,4	10,7	3,17	5,82	1,87	2960	193	8,03	218	30,0	2,18	13,8
90·250·16			16		52,0	40,8	9,77	1,82	15,3	10,8	3,24	5,78	1,96	3330	219	8,01	243	33,8	2,16	15,7
100·150·10	100	150	10	13	24,2	19,0	4,80	2,34	10,3	7,50	4,10	5,25	2,68	552	54,1	4,78	198	25,8	2,86	5,22
100·150·12			12		28,7	22,6	4,89	2,42	10,2	7,53	4,19	5,24	2,73	650	64,2	4,76	232	30,6	2,84	6,24
100·150·14			14		33,2	26,1	4,97	2,50	10,2	7,56	4,28	5,23	2,77	744	74,1	4,73	264	35,2	2,82	7,26
100·200·10	100	200	10	15	29,2	23,0	6,93	2,01	13,2	8,76	3,75	5,98	2,22	1220	93,2	6,46	210	26,3	2,68	6,41
100·200·12			12		34,8	27,3	7,03	2,10	13,1	8,82	3,84	5,95	2,26	1440	111	6,43	247	31,3	2,67	7,68
100·200·14			14		40,3	31,6	7,12	2,18	13,0	8,88	3,93	5,92	2,32	1650	128	6,41	282	36,1	2,65	8,95
100·200·16			16		45,7	35,9	7,20	2,26	12,9	8,93	4,02	5,88	2,39	1860	145	6,38	316	40,8	2,63	10,2
100·200·18			18		51,0	40,0	7,29	2,34	12,9	8,97	4,09	5,86	2,46	2060	162	6,36	347	45,3	2,61	11,5

Streich- und Wurzelmaße s. Seite 132.

⌐-Eisen.

Abmessungen und statische Werte nach DIN 1024.

Hochstegige ⌐-Eisen $h : b = 1 : 1$.

$r = d$; $r_1 = \dfrac{r}{2}$ und $r_2 = \dfrac{r_1}{2}$ (auf halbe mm gerundet).

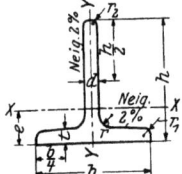

J = Trägheitsmoment
W = Widerstandsmoment
i = Trägheitshalbmesser
bezogen auf die zugehörige Biegungsachse

$k = \dfrac{F^2}{J_y}$ = Knickwert

Be-zeich-nung	Abmessungen mm		Quer-schnitt	Ge-wicht		Für die Biegungsachse						
							$X-X$			$Y-Y$		
⌐	$b=h$	$d=t$	F cm²	G kg/m	e cm	J_x cm⁴	W_x cm³	i_x cm	J_y cm⁴	W_y cm³	i_y cm	k
1½	15	3	0,82	0,65	0,46	0,15	0,14	0,43	0,08	0,11	0,32	8,31
2	20	3	1,12	0,88	0,58	0,38	0,27	0,58	0,20	0,20	0,42	6,27
2½	25	3,5	1,64	1,29	0,73	0,87	0,49	0,73	0,43	0,34	0,51	6,25
3	30	4	2,26	1,77	0,85	1,72	0,80	0,87	0,87	0,58	0,62	5,87
3½	35	4,5	2,97	2,33	0,99	3,10	1,23	1,04	1,57	0,90	0,73	5,62
4	40	5	3,77	2,96	1,12	5,28	1,84	1,18	2,58	1,29	0,83	5,51
4½	45	5,5	4,67	3,67	1,26	8,13	2,51	1,32	4,01	1,78	0,93	5,44
5	50	6	5,66	4,44	1,39	12,1	3,36	1,46	6,06	2,42	1,03	5,29
6	60	7	7,94	6,23	1,66	23,8	5,48	1,73	12,2	4,07	1,24	5,17
7	70	8	10,6	8,32	1,94	44,5	8,79	2,05	22,1	6,32	1,44	5,08
8	80	9	13,6	10,7	2,22	73,7	12,8	2,33	37,0	9,25	1,65	5,00
9	90	10	17,1	13,4	2,48	119	18,2	2,64	58,5	13,0	1,85	5,00
10	100	11	20,9	16,4	2,74	179	24,6	2,92	88,3	17,7	2,05	4,95
12	120	13	29,6	23,2	3,28	366	42,0	3,51	178	29,7	2,45	4,92
14	140	15	39,9	31,3	3,80	660	64,7	4,07	330	47,2	2,88	4,82
15	160	15	45,8	35,9	4,20	1010	85,5	4,68	490	61,3	3,27	4,28
18	180	18	61,7	48,5	4,80	1720	130	5,27	857	95,2	3,73	4,43

Breitfüßige ⊥-Eisen $b : h = 2 : 1$
nach DIN 1024.

$h = \dfrac{b}{2}$; $d = 0{,}15\,h + 1$ mm; $r = d$; $r_1 = \dfrac{r}{2}$ und $r_2 = \dfrac{r_1}{2}$ (auf halbe mm gerundet).

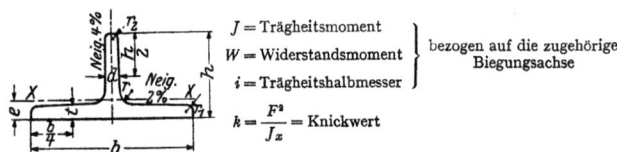

J = Trägheitsmoment
W = Widerstandsmoment
i = Trägheitshalbmesser
} bezogen auf die zugehörige Biegungsachse

$k = \dfrac{F^2}{J_x}$ = Knickwert

Be-zeich-nung	Abmessungen mm			Querschnitt	Gewicht		Für die Biegungsachse						
							X – X			Y – Y			
⊥	b	h	$d=t$	F cm²	G kg/m	e cm	J_x cm⁴	W_x cm³	i_x cm	J_y cm⁴	W_y cm³	i_y cm	k
6 · 3	60	30	5,5	4,64	3,64	0,67	2,58	1,11	0,75	8,62	2,87	1,36	8,35
7 · 3½	70	35	6	5,94	4,66	0,77	4,49	1,65	0,87	15,1	4,31	1,59	7,86
8 · 4	80	40	7	7,91	6,21	0,88	7,81	2,50	0,99	28,5	7,13	1,90	8,01
9 · 4½	90	45	8	10,2	8,01	1,00	12,7	3,63	1,11	46,1	10,2	2,12	8,19
10 · 5	100	50	8,5	12,0	9,42	1,09	18,7	4,78	1,25	67,7	13,5	2,38	7,70
12 · 6	120	60	10	17,0	13,4	1,30	38,0	8,09	1,49	137	22,8	2,84	7,61
14 · 7	140	70	11,5	22,8	17,9	1,51	68,9	12,6	1,74	258	36,9	3,30	7,55
16 · 8	160	80	13	29,5	23,2	1,72	117	18,6	1,99	422	52,8	3,78	7,44
18 · 9	180	90	14,5	37,0	29,1	1,93	185	26,2	2,24	670	74,4	4,25	7,40
20 ·10	200	100	16	45,4	35,6	2,14	277	35,2	2,47	1000	100	4,69	7,44
⊥W	Breitfüßige Wagenbau-⊥-Eisen; h und d weichen von der Regelform ab.												
$\dfrac{100 \cdot 90}{10}$	100	90	10	17,9	14,0	2,25	111	16,4	2,49[1])	79,7	15,9	2,11	4,04
$\dfrac{120 \cdot 80}{10}$	120	80	10	18,9	14,8	1,80	84,4	13,6	2,11	138	23,0	2,70	4,23
⊥S	Breitfüßiges Schiffbau-⊥-Eisen; h und d weichen von der Regelform ab.												
$\dfrac{200 \cdot 150}{19}$	200	150	19	62,5	49,1	3,60	1020	88,7	4,05	1190	119	4,36	3,83

[1]) Für ⊥W $\dfrac{100 \cdot 90}{10}$ ist i_y der kleinste Trägheitshalbmesser und $k = \dfrac{F^2}{J_y}$.

Streich- und Wurzelmaße siehe Seite 132.

Streich- und Wurzelmaße für Formeisen.

Nach DIN 996. Maße in mm.

I-Normalprofile[1]

Profil h (in cm)	b	c	h_1[2]	Flansch Größter Nietdurchmesser[4]	Flansch w	Flansch a
8	42	10,5	59	—	22	10
9	46	11,5	67	—	24	11
10	50	12,5	75	—	26	12
11	54	13,0	84	—	28	13
12	58	14,0	92	—	30	14
13	62	15,0	100	11	32	15
14	66	15,5	109	11	34	16
15	70	16,5	117	11	36	17
16	74	17,5	125	14	38	18
17	78	18,0	134	14	40	19
18	82	19,0	142	14	44	19
19	86	20,0	150	14	44	21

[-Normalprofile[3]

Profil h (in cm)	b	c	h_1[2]	Flansch Größter Nietdurchmesser[4]	Flansch w	Flansch a
3	33	14,5	1	—	—	—
4	35	14,5	11	—	20	15
5	38	15	20	—	20	18
6½	42	16	33	11	25	17
8	45	17	46	11	25	20
10	50	18	64	14	30	20
12	55	19	82	14	30	25
14	60	21	98	17	35	25
16	65	22,5	115	20	35	30
18	70	23,5	133	20	40	30
20	75	24,5	151	23	40	35
22	80	26,5	167	23	45	35

Parallelflansch-Träger[1]

Profil h (in cm)	b	c	h_1[2]	Größter Nietdurchmesser[4]	Flansch w	Flansch w_1	Flansch a
16	160	28	104	26	80	—	40
18	180	28	124	26	100	—	40
20	200	31	138	26	110	—	45
22	220	31	158	26	120	—	50
24	240	35	170	26	90	35	40
26	260	35	190	26	100	40	40
28	280	38	204	26	110	45	40
30	300	38	224	26	110	55	40
32	300	42	236	26	110	55	40
34	300	42	256	26	110	55	40
36	300	45	270	26	110	55	40
38	300	45	290	26	110	55	40

20	90	20,5	159	17	46	22	24	85	28	184	26	45	40	**40**	300	47	306	26	110	55	40
21	94	21,5	167	17	48	23	26	90	30	200	26	50	40	**42½**	300	47	331	26	110	55	40
22	98	22,5	175	17	52	23	28	95	32	216	26	50	45	**45**	300	51	348	26	110	55	40
23	102	23,0	184	17	54	24	**30**	100	34	232	26	55	45	**47½**	300	54	373	26	110	55	40
24	106	24,0	192	17	56	25	**32**	100	37	246	26	55	45	**50**	300	54	392	26	110	55	40
25	110	25,0	200	20	56	27	**35**	100	34	282	26	55	45	**55**	300	54	442	26	110	55	40
26	113	26,0	208	20	58	27,5	**38**	102	34	312	26	55	47	**60**	300	58	484	26	110	55	40
27	116	26,5	217	20	60	28	**40**	110	38	324	26	45 25	40	**65**	300	58	534	26	110	55	40
28	119	27,5	225	20	62	28,5	**F 14**	40	13	114	11	22	18								
29	122	28,5	233	20	62	30															
30	125	29,5	241	20	64	30,5															
32	131	31,5	257	20	70	30,5															
34	137	33,0	274	20	74	31,5															
36	143	35,0	290	20	74	34,5															
38	149	37,0	306	23	80	34,5															
40	155	38,5	323	23	84	35,5															
42½	163	41,0	343	26	86	38,5															
45	170	43,5	363	26	92	39															
47½	178	45,5	384	26	96	41															
50	185	48,0	404	26	100	42,5															
55	200	53,0	444	26	110	45															
60	215	57,5	485	26	120	47,5															
F 14	60	11	118	11	30	15															

Niete von kleinerem Durchmesser werden in dieselbe Nietrißlinie gesetzt.

¹) Vgl. Seite 119 u. 120.

²) Vgl. Seite 121.

³) h_1 gerundetes Maß der Steghöhe zwischen den Ausrundungen.

⁴) Durchmesser des geschlagenen Nietes.

Streich- und Wurzelmaße für Stabeisen.

Nach DIN 997. Maße in mm.

Gleich- und ungleichschenklige Winkeleisen[1])				⌐ Normalprofile[2])							Hochstegige und breitfüßige ⊥-Eisen[3])				
Schenkellänge	Größter Nietdurchmesser [5])	w	w_1	a	Profil h (in cm)	b	c	h_1	Flansch			Hochstegige Profile $b \cdot h$ (in cm)	Breitfüßige Profile $b \cdot h$ (in cm)	Größter Nietdurchmesser [5])	w	a
									Größter Nietdurchmesser [5])	w	a					
30	8,5	17	—	13	3	38	9	21	11	20	18	7· 7	7· 3½	11	40	11
35	11	20	—	15	4	40	10	30	11	22	18	8· 8	8· 4	11	50	15
40	11	22	—	18	5	43	11	39	11	25	18	9· 9	9· 4½	14	50	20
45	11	25	—	20	6	45	12	48	14	25	20	10·10	10· 5	14	60	20
50	14	30	—	20	8	50	14	66	14	30	20	12·12	12· 6	17	70	25
55	17	30	—	25	10	55	16	84	17	30	25	14·14	14· 7	20	80	30
60	17	35	—	25	12	60	18	102	17	35	25	16·16	16· 8	23	90	35
65	20	35	—	30	14	65	20	120	20	35	30	18·18	18· 9	26	100	40
70	20	40	—	30	16	70	22	138	20	40	30		20·10	26	110	45
75[4])	23	40	—	35	18	75	24	156	23	40	35					
80	23	45	—	35	20	80	26	174	23	45	35					
90	26	50	—	40												
100	26	55	—	45												
110	26	45	25	40												
115	26	50	25	40												
120	26	50	30	40												
130	26	50	40	40												
140	26	55	45	40												
150	26	55	55	40												
160	29	60	55	45												
170	29	60	65	45												
200	32	60	90	50												
250	32	60	140	50												

Niete von kleinerem Durchmesser werden in dieselbe Nietrißlinie gesetzt.

[1]) Vgl. Seite 122—127.
[2]) Vgl. Seite 135.
[3]) Vgl. Seite 128 u. 129.
[4]) Für L 75 · 170 · 14 und L 75 · 170 · 16 ist im 75er Schenkel der größte Nietdurchmesser 20 mm mit $w = 45$ und $a = 30$.
[5]) Durchmesser des geschlagenen Nietes.

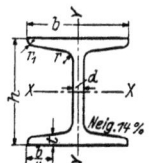
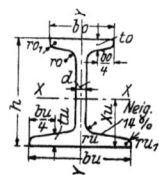

Wagenbau I-Eisen
nach DIN 1025.

$r = d$

Bezeich-nung	Abmessungen mm					Quer-schnitt F cm²	Ge-wicht G kg/m	Für die Biegungsachse						k
								$X-X$			$Y-Y$			
I W	h	b	d	t	r_1			J_x cm⁴	W_x cm³	i_x cm	J_y cm⁴	W_y cm³	i_y cm	
$\dfrac{76}{81}$	76	81	10	8,4	5	19,5	15,3	171	45,0	2,95	60,2	14,9	1,76	6,31
$80\dfrac{50}{80}$ ¹)	80	$\dfrac{50}{80}$	8	$\dfrac{8}{8}$	3,35 4	15,5	12,2	147	32,3	3,07	34,2	8,5	1,48	7,10
$\dfrac{100}{85}$	100	85	7	9	4,5	20,8	16,3	343	68,7	4,01	89,7	21,1	2,08	4,80

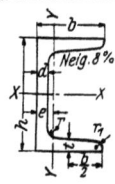
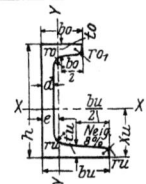

Wagenbau- und Stellwerkbau-[-Eisen
nach DIN 1026.

$r = t; \ r_1 = \dfrac{t}{2}$

Wagenbau-[-Eisen.														
Bezeich-nung	Abmessungen mm				Quer-schnitt F cm²	Ge-wicht G kg/m	Für die Biegungsachse						e cm	k
							$X-X$			$Y-Y$				
[W	h	b	d	t			J_x cm⁴	W_x cm³	i_x cm	J_y cm⁴	W_y cm³	i_y cm		
$\dfrac{76}{55}$	76	55	10	11,15	17,6	13,8	142	37,3	2,84	45,1	12,7	1,60	1,95	6,86
$80\dfrac{30}{50}$ ²)	80	$\dfrac{30}{50}$	8	$\dfrac{8}{8}$	11,5	9,02	97	21,2	2,91	18,2	4,90	1,26	1,25	7,26
$\dfrac{91,5}{26,5}$	91,5	26,5	8,5	10,7	11,8	9,27	119	26,0	3,18	5,40	3,00	0,68	0,85	25,8
$\dfrac{105}{65}$	105	65	8	8	17,3	13,6	287	54,7	4,07	61,2	13,2	1,88	1,88	4,88
$\dfrac{145}{60}$	145	60	8	8	19,8	15,6	585	80,7	5,43	53,6	11,9	1,65	1,50	7,32
$\dfrac{235}{90}$	235	90	10	12	42,4	33,3	3430	292	9,00	272	40,5	2,53	2,28	6,61
$\dfrac{300}{75}$	300	75	10	10	42,8	33,6	4930	328	10,7	145	24,2	1,84	1,50	12,6
$\dfrac{300}{78}$	300	78	10	13	47,6	37,4	5860	393	11,1	209	34,7	2,10	1,80	10,8
[St	Stellwerkbau-[-Eisen.													
$\dfrac{121,5}{35}$	121,5	35	5	6	9,65	7,58	193	31,7	4,47	8,50	3,20	0,94	0,85	11,0
$\dfrac{196}{78}$	196	78	13	18	49,1	38,6	2670	273	7,38	244	45,0	2,23	2,40	9,88

¹) Abstand der Schwerachse: $x_u \approx 35$ mm.   ²) Abstand der Schwerachse: $x_u \approx 34{,}5$ mm.

Quadranteisen.

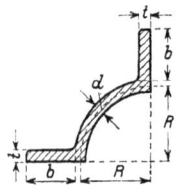
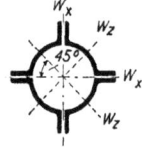

Normallängen . . . = 1—10 m
Lagerlängen . . . . = 5—14 m
In Abstufungen von 500 mm.

Vorprofile

mit 1 mm größeren Stärken werden gewalzt.

Profil-nummer	Abmessungen				Querschnitt des vollen Rohres	Gewicht des vollen Rohres	Widerstandsmoment des vollen Rohres
	R	b	d	t	F	G	$W_x = \min.$
	mm	mm	mm	mm	cm²	kg/m	cm³
5	50	35	4	6	29,8	23,36	66,2
5	50	35	8	8	48,0	37,68	102
7½	75	40	6	8	54,8	43,00	175
7½	75	40	10	10	80,0	62,80	248
10	100	45	8	10	88,0	69,08	367
10	100	45	12	12	120,0	94,20	495
12½	125	50	10	12	128,8	101,12	675
12½	125	50	14	14	168,8	132,52	867
15	150	55	12	14	178,4	140,04	1120
15	150	55	18	17	250,4	195,56	1510

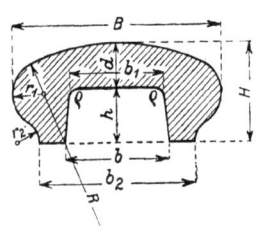

Handläufer-Eisen.

(Handleisten-Eisen.)

Normallängen . . . . = 4—8 m
Größte Längen . . . . . . = 12—16 m

Obere Abrundung mit dem Halbmesser $R = B$.

Profil-nummer	Abmessungen											Querschnitt	Gewicht
	B	H	b	h	R	d	r_1	r_2	ϱ	b_1	b_2	F	G
	mm	mm	mm	mm	mm	mm	mm	mm	mm	mm	mm	cm²	kg/m
4	40	18	20	10	40	8	6	4	2	18	30	4,17	3,27
6	60	27	30	15	60	12	9	6	3	27	45	9,43	7,40
8	80	36	40	20	80	16	12	8	4	36	60	16,7	13,11
10	100	45	50	25	100	20	15	10	5	45	75	26,0	20,41
12	120	54	60	30	120	24	18	12	6	54	90	37,7	29,59

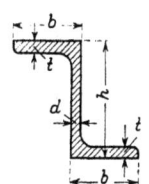

⌐-Eisen

(genormt in DIN 1027).

Normallängen = 4—10 m.
Lagerlängen = 4—10 m
in Abstufungen von 250 mm.
Die inneren Flanschflächen sind den
äußeren parallel.

Profil-Nummer	Höhe h mm	Breite b mm	Stegstärke d mm	Flansch-stärke t mm	Quer-schnitt F cm²	Gewicht G kg/m
3	30	38	4	4,5	4,32	3,39
4	40	40	4,5	5	5,43	4,26
5	50	43	5	5,5	6,77	5,31
6	60	45	5	6	7,91	6,21
8	80	50	6	7	11,1	8,71
10	100	55	6,5	8	14,5	11,4
12	120	60	7	9	18,2	14,3
14	140	65	8	10	22,9	18,0
16	160	70	8,5	11	27,5	21,6
18	180	75	9,5	12	3,33	26,1
20	200	80	10	13	38,7	30,4

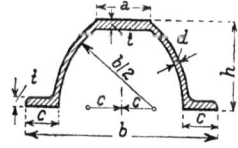

Belag-Eisen.

Normallängen = 4—12 m.
Lagerlängen = 4—12 m
in Abstufungen von 250 mm.

| Profil-Nummer | Höhe h mm | Breite | | | Steg-stärke d mm | Fuß- und Kopf-stärke t mm | Quer-schnitt F cm² | Gewicht G kg/m |
		obere a mm	untere b mm	am Fuße c mm				
5	50	33	120	21	3	5	6,74	5,29
6	60	38	140	24	3,5	6	9,33	7,32
7½	75	45,5	170	28,5	4	7	13,2	10,36
9	90	53	200	33	4,5	8	17,9	14,05
11	110	63	240	39	5	9	24,2	19,00

Profile für Schiffbauzwecke.

Genaue Abmessungen im „Verzeichnis der Schiffbau-Normalprofile"
herausgegeben durch das
Schiffbaustahl-Kontor, G. m. b. H., Essen-Ruhr.

Querschnitt	Bezeichnung	Abmessungen in mm
	Gleichschenklige Winkeleisen 22 Größen	$b = 15$ bis 160
	Ungleichschenklige Winkeleisen 46 Größen	$a = 30$ bis 250 $b = 20$,, 115
	Flachwulste 11 Größen	$h = 130$ bis 320 $d = 6$,, $17{,}5$ $b = 14$,, 30
	Wulstwinkel 22 Größen	$h = 100$ bis 180 $d = 7{,}5$,, 11 $b = 65$,, 85
	T-Wulstprofile 9 Größen	$h = 150$ bis 300 $d = 9{,}5$,, 15 $b = 120$,, 160 $a = 38$,, 60
	T-Profile 1. breitfüßige, 11 Größen 2. hochstegige, 5 Größen	$1\begin{cases} h = 30 \text{ bis } 150 \\ d = 5{,}5 \text{ ,, } 19 \\ b = 60 \text{ ,, } 200 \end{cases}$ $2\begin{cases} h = b = 80 \text{ bis } 140 \\ d = 9 \text{ bis } 15 \end{cases}$
	⌶-Profile 18 Größen	$h = 140$ bis 340 $d = 10$,, 18 $b = 80$,, 100

Querschnitt	Bezeichnung	Abmessungen in mm
	Breitflanschige ⊥-Profile 6 Größen	$h = b = 180$ bis 260 $d = 8{,}5$ bis 11
	⌐-Profile 11 Größen	$h = 30$ bis 200 $d = 4 \ ,, \ 10$ $b = 38 \ ,, \ 80$
	Halbrund-Profile scharfkantig 6 Größen	$h = 8$ bis 15 $b = 30 \ ,, \ 55$
	Halbrund-Profile mit abgerundeten Kanten 4 Größen	$h = 9$ bis 18 $b = 50 \ ,, \ 90$
	Hespen-Profile 9 Größen	$h = 7$ bis 17 $b = 20 \ ,, \ 70$ $d = 3 \ ,, \ 9$
	Luken-Profile 5 Größen	$h = 65$ bis 149,2 $b = 35 \ ,, \ 85{,}7$
	Jackstag-Profil 1 Größe	$B = 100; \ b = 50$ $h = 45; \ d = 13$
	Reeling-Profile Rundrücken 4 Größen	$h = 30$ bis 50 $b = 75 \ ,, \ 125$ $d = 5{,}5 \ ,, \ 11$
	Reeling-Profile Flachrücken 7 Größen	$h = 40$ bis 63 $b = 80 \ ,, \ 180$ $d = 7 \ ,, \ 13$

Deutsche Wellblech-
aufgestellt vom Verein

Flache
Welle aus

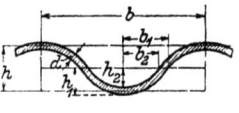

Querschnitt für 1 m Breite:

$$F = 12{,}5\, d \cdot \frac{b}{h} \left\{ \frac{4h}{b} \sqrt{1 + \left(\frac{4h}{b}\right)^2} \right.$$

$$\left. + \ln\left[\frac{4h}{b} + \sqrt{1 + \left(\frac{4h}{b}\right)^2}\right] \right\} \text{ cm}^2;$$

Profilbezeichnung	Breite b mm	Höhe h mm	Kern- stärke d mm	Normale Baubreite B mm	Quer- schnitt für 1 m Breite F cm²	Gewicht ohneÜber- deckungen g kg/m²
Ü { NP 60 · 20 · ³/₄ NP 60 · 20 · ⁷/₈ NP 60 · 20 · 1 NP 60 · 20 · 1¹/₄	60	20	³/₄ ⁷/₈ 1 1¹/₄	720	10,15 11,84 13,53 16,92	8,12 9,47 10,82 13,52
Ü { NP 76 · 20 · ³/₄ NP 76 · 20 · ⁷/₈ NP 76 · 20 · 1 NP 76 · 20 · 1¹/₄ NP 76 · 20 · 1¹/₂	76	20	³/₄ ⁷/₈ 1 1¹/₄ 1¹/₂	760	8,72 10,17 11,63 14,54 17,44	6,78 8,13 9,30 11,63 13,95
Ü { NP 100 · 30 · ³/₄ NP 100 · 30 · ⁷/₈ NP 100 · 30 · 1 NP 100 · 30 · 1¹/₄ NP 100 · 30 · 1¹/₂	100	30	³/₄ ⁷/₈ 1 1¹/₄ 1¹/₂	800	9,02 10,51 12,03 15,04 18,05	7,22 8,42 9,62 12,03 14,44
Ü { NP 100 · 40 · ³/₄ NP 100 · 40 · ⁷/₈ NP 100 · 40 · 1 NP 100 · 40 · 1¹/₄ NP 100 · 40 · 1¹/₂	100	40	³/₄ ⁷/₈ 1 1¹/₄ 1¹/₂	700	10,00 11,67 13,34 16,68 20,00	8,00 9,35 10,67 13,34 16,00
Ü { NP 135 · 30 · ³/₄ NP 135 · 30 · ⁷/₈ NP 135 · 30 · 1 NP 135 · 30 · 1¹/₄ NP 135 · 30 · 1¹/₂	135	30	³/₄ ⁷/₈ 1 1¹/₄ 1¹/₂	810	8,62 10,05 11,49 14,36 17,24	6,89 8,04 9,19 11,49 13,78
Ü { NP 150 · 40 · ³/₄ NP 150 · 40 · ⁷/₈ NP 150 · 40 · 1 NP 150 · 40 · 1¹/₄ NP 150 · 40 · 1¹/₂	150	40	³/₄ ⁷/₈ 1 1¹/₄ 1¹/₂	750	8,72 10,18 11,63 14,55 17,45	6,88 8,17 9,30 11,63 13,96
Ü { NP 150 · 60 · 1 NP 150 · 60 · 1¹/₄ NP 150 · 60 · 1¹/₂ NP 150 · 60 · 2	150	60	1 1¹/₄ 1¹/₂ 2	600	13,34 16,68 20,00 26,68	10,67 13,34 16,00 21,34

Normalprofile.
deutscher Eisenhüttenleute.

Wellbleche.
Parabelbogen.

Gewicht für 1 m Breite: $g = 0.8\ F$ kg;

Trägheitsmoment für 1 m Breite: $J = \dfrac{1280}{21} \cdot \dfrac{1}{b}(b_1 h_1^3 - b_2 h_2^3)$ cm^4;

Widerstandsmoment für 1 m Breite: $W = \dfrac{2J}{h+d}$ cm^3,

wobei $h_1 = \tfrac{1}{2}(h + d)$ $b_1 = \tfrac{1}{4}(b + 2{,}6\,d)$
$h_2 = \tfrac{1}{2}(h - d)$ $b_2 = \tfrac{1}{4}(b - 2{,}6\,d)$

Widerstands-moment für 1 m Breite W cm³	Zulässige gleichmäßige Belastung für gerades Wellblech in kg/m² bei einer Beanspruchung von 1400 kg/cm² und einer Freilänge von m						
	1	1,5	2	2,5	3	3,5	4
4,267	478	212	119	76	53	39	30
4,948	552	246	139	89	62	45	35
5,627	630	280	157	101	70	52	39
6,957	779	346	195	125	87	64	49
4,063	455	202	114	73	51	37	28
4,714	528	235	132	85	59	43	33
5,357	600	267	150	96	67	49	38
6,626	742	330	186	119	82	61	46
7,870	881	392	220	141	98	72	55
6,325	708	315	177	113	79	58	44
7,351	825	366	206	132	92	67	52
8,369	937	417	234	150	105	77	59
10,384	1163	517	291	186	129	95	73
12,370	1385	615	346	222	154	113	87
9,068	1015	451	254	162	113	83	63
10,543	1180	524	295	189	131	96	74
12,020	1346	598	337	215	150	110	84
14,939	1674	744	418	268	186	137	105
17,827	1996	887	499	320	222	163	125
5,987	670	298	168	107	75	55	42
6,957	779	346	195	125	87	64	49
7,921	887	395	222	142	99	72	55
9,826	1100	489	275	176	122	90	69
11,705	1311	582	328	210	146	107	82
8,290	929	413	232	149	103	76	58
9,642	1080	480	270	173	120	88	68
10,987	1230	548	307	197	137	100	77
13,655	1530	680	382	245	170	125	96
16,293	1825	811	456	292	203	149	114
18,171	2035	905	509	325	226	166	127
22,625	2534	1126	633	405	282	207	158
27,044	3030	1346	757	485	337	247	189
35,786	4008	1782	1002	641	445	327	250

Deutsche Wellblech-

aufgestellt vom Verein

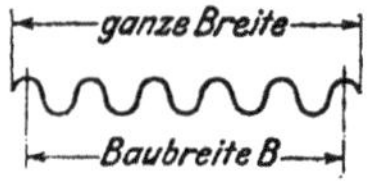

Träger-

Welle aus

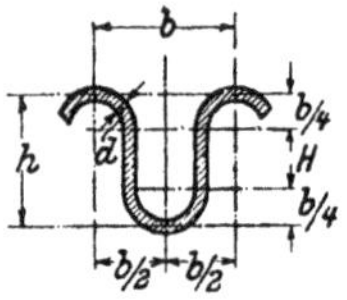

Querschnitt für 1 m Breite:

$$F = 100\,d \cdot \frac{1}{b}\left(\pi\,\frac{b}{2} + 2\,H\right)\ \text{cm}^2,$$

wobei $H = h - \frac{1}{2}b$;

Gewicht für 1 m Breite: $g = 0{,}8\ F$ kg;

Profilbezeichnung	Breite b mm	Höhe h mm	Kernstärke d mm	Normale Baubreite B mm	Querschnitt für 1 m Breite F cm²	Gewicht ohne Überdeckungen g kg/m²
Ʊ NP 90 · 70 · 1	90	70	1	450	21,25	17,00
Ʊ NP 90 · 70 · 1¼			1¼		26,58	21,25
Ʊ NP 90 · 70 · 1½			1½		31,88	25,50
Ʊ NP 90 · 70 · 2			2		42,50	34,00
Ʊ NP 100 · 50 · 1	100	50	1	600	15,70	12,56
Ʊ NP 100 · 50 · 1¼			1¼		19,62	15,70
Ʊ NP 100 · 50 · 1½			1½		23,56	18,84
Ʊ NP 100 · 50 · 2			2		31,40	25,12
Ʊ NP 100 · 60 · 1	100	60	1	500	17,70	14,16
Ʊ NP 100 · 60 · 1¼			1¼		22,12	17,70
Ʊ NP 100 · 60 · 1½			1½		26,57	21,22
Ʊ NP 100 · 60 · 2			2		35,40	28,32
Ʊ NP 100 · 80 · 1¼	100	80	1¼	400	27,12	21,68
Ʊ NP 100 · 80 · 1½			1½		32,54	26,05
Ʊ NP 100 · 80 · 2			2		43,40	34,74
Ʊ NP 100 · 100 · 1¼	100	100	1¼	400	32,11	25,68
Ʊ NP 100 · 100 · 1½			1½		38,58	30,84
Ʊ NP 100 · 100 · 2			2		51,40	41,12

Rolladen-

Abmessungen und Rechnungsgrundlagen

Profilbezeichnung	Breite b mm	Höhe h mm	Kernstärke d mm	Normale Baubreite B mm	Querschnitt für 1 m Breite F cm²	Gewicht ohne Überdeckungen g kg/m²
Ʊ NP 30 · 15 · ½	30	15	½	600	7,42	5,93
Ʊ NP 30 · 15 · ¾			¾		11,13	8,91
Ʊ NP 40 · 20 · ½	40	20	½	600	7,42	5,93
Ʊ NP 40 · 20 · ¾			¾		11,13	8,90
Ʊ NP 40 · 20 · 1			1		14,84	11,86

Normalprofile,
deutscher Eisenhüttenleute.

Wellbleche.
Kreisbogen.

Trägheitsmoment für 1 m Breite:

$$J = 25\,d \cdot \frac{1}{b}\left(\frac{\pi}{16} b^3 + b^2 H + \frac{\pi}{2} b H^2 + \frac{2}{3} H^3\right) \text{cm}^4;$$

Widerstandsmoment für 1 m Breite:

$$W = \frac{2J}{h+d} \text{ cm}^3.$$

Widerstands-moment für 1 m Breite W	Zulässige gleichmäßige Belastung für gerades Wellblech in kg/m² bei einer Beanspruchung von 1400 kg/cm² und einer Freilänge von m						
cm³	1	1,5	2	2,5	3	3,5	4
34,774	3890	1729	974	623	432	318	243
43,315	4852	2156	1213	776	539	296	303
51,797	5800	2579	1450	928	645	477	363
68,583	7678	3413	1918	1228	853	621	480
19,266	2158	960	540	345	240	176	135
23,957	2676	1190	671	428	298	218	167
28,609	3194	1426	800	513	356	260	199
37,778	4230	1880	1057	677	470	345	264
25,633	2872	1276	718	459	319	234	179
31,911	3572	1588	893	572	398	292	223
38,137	4270	1898	1067	683	475	349	267
50,439	5648	2511	1412	904	628	461	353
50,440	5648	2511	1412	904	628	461	353
60,342	6675	3001	1690	1082	752	553	423
79,966	8950	3980	2238	1432	995	732	558
72,369	8102	3602	2025	1297	901	662	506
86,629	9700	4310	2430	1554	1077	792	606
114,939	12860	5718	3218	2059	1429	1051	805

Wellbleche.
wie bei flachen Wellblechen.

Widerstands-moment für 1 m Breite W	Zulässige gleichmäßige Belastung für gerades Wellblech in kg/m² bei einer Beanspruchung von 1400 kg/cm² und einer Freilänge von m						
cm³	1	1,5	2	2,5	3	3,5	4
2,381	267	119	67	43	30	22	17
3,520	394	175	99	63	44	32	25
3,199	358	159	90	57	40	29	22
4,744	531	236	133	85	59	43	33
6,258	702	311	175	112	78	57	44

Gewichtsberechnung eines Gußstückes aus dem Modellgewicht.

(Nach Karmarsch.)

Das Gewicht eines Gußstückes ist angenähert dem Gewicht des Modelles, vermehrt mit der entsprechenden Zahl in der folgenden Tafel.

Das Modell besteht aus	Der Abguß besteht aus					
	Gußeisen	Messing	Rotguß oder Bronze	Glocken- oder Kanonen-metall	Zink	Alu-minium
Fichten- oder Tannen-holz	14,00	15,8	16,6	17,1	13,5	5,1
Eichenholz	9,0	10,1	10,4	10,9	8,6	3,3
Buchenholz	9,7	10,9	11,4	11,9	9,4	3,6
Lindenholz	13,4	15,1	15,6	16,3	12,9	4,9
Birnbaumholz	10,2	11,5	11,9	12,4	9,8	3,7
Birkenholz	10,6	11,9	12,3	12,9	10,2	3,9
Erlenholz	12,8	14,3	14,8	15,5	12,2	4,6
Mahagoniholz	11,7	13,2	13,6	14,2	11,2	4,3
Messing	0,84	0,95	0,99	1,0	0,81	0,31
Zink	1,00	1,13	1,17	1,22	0,96	0,36
Zinn (mit $1/8 - 1/4$ Blei)	0,89	1,00	1,03	1,12	0,85	0,32
Blei	0,64	0,72	0,74	0,78	0,61	0,23
Gußeisen	0,97	1,09	1,13	1,18	0,93	0,35

Beispiel:

Wiegt das Modell aus Eichenholz 1 kg, so wiegt das Gußstück aus Gußeisen 1 × 9,0 = 9 kg.

Gewichte geschichteter Körper.

Durchschnittsgewichte.

(Nach dem Runderlaß des preuß. Ministeriums der öffentl. Arbeiten vom 24. Dezbr. 1919.)

1 m³ wiegt kg:

Baustoffe:

Beton mit Granitbrocken	2200
„ „ Kalksteinbrocken	2000
„ „ Ziegelbrocken	1800
„ „ Hochofenschlacke	2200
Kalk- und Bruchsteine	2000
Mörtel (Kalk und Sand)	1700
Sand, Lehm, Erde, trocken	1600
„ „ „ naß	2100
Zement, lose	1400
„ eingerüttelt	2000
Ziegelsteine, gewöhnliche	1800
„ Klinker	1900

Früchte:

Gerste	690
Kartoffeln	750
Hafer	550
Malz	530
Obst	350
Roggen	680
Weizen	760
Mehl, lose	500

Hölzer, baureif:

Australische Harthölzer	1100
Buche	800
Eiche	900
Fichte	600
Gelbkiefer	800
Kiefer	700
Lärche	650
Pechkiefer	900
Tanne	600
Holz in Scheiten	400

Kohle:

Kohle, Braun-	750
„ Holz-	180
„ Preß-	1000
„ Stein-	900
Koks, Gas-	450
„ Zechen-	500

Verschiedenes:

Asche	900
Papier	1100
Salz	1250
Schnee, frisch gefallen	80–190
„ feucht	200–800
Stroh	45
Torfstreu	230

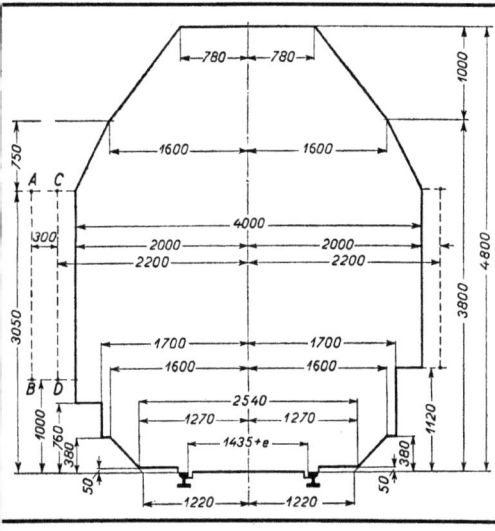

Umgrenzung des lichten Raumes für Haupt- und Nebenbahnen.

Links: Für die durchgehenden Hauptgleise und sonstigen Ein- und Umfahrgleise der Personenzüge; AB für die freie Strecke mit Ausnahme der Kunstbauten; CD für die Kunstbauten der freien Strecken.

Rechts: Für die übrigen Gleise.

Eine Ladung von 10000 kg enthält m³:

Braunkohlen, lufttrocken und in Stücken 12,8—15,4
Buchenholz in Scheiten 25,0
Eichenholz „   „   24,0
Fichtenholz „   „   31,5
Tannenholz „   „   29,5
Flußkies, trocken . 3,7—4,3
   „   naß . . . 3,5—4,0
Flußsand, trocken . 7,0—7,5
   „   naß . . 5,0—5,7
Formsand, aufgeschüttet. 8,3
   „   gestampft . . 6,1
Holzkohlen von weichem Holz 67

Holzkohlen von hartem Holz 45
Kalk, gebrannt . . . 7,7—8,4
Kalk und Bruchsteine . 5,0
Kartoffeln 14,0
Kohlen, Zwickauer. 12,5—13,0
   „   Oberschles. 12,5—13,2
   „   Niederschles. 11,5—12,2
   „   Saar- . . 12,5—13,9
   „   Ruhr- . . 11,6—12,5
   „   Zechen- . . . 19—26
Lehm, frisch gegraben . 6,0
Mörtel (Kalk u. Sand) 5,6—5,9

Preßkohlen . . . . 9,0—10,0
Rüben . . . . . . 15,5—17,5
Schlacken und Koksasche 16,7
Schwemmsteine (rheinische) 11,8
Teer, Steinkohlen- . . 8,3
Ton, trocken 5,6
   „   naß 5,0
Torf, lufttrocken . . 24—31
   „   feucht . . . . 15—18
Ziegelsteine, gewöhnliche . . . . . . 6,5— 7,5
Ziegelsteine, Klinker 5,6— 6,3

Angaben über Güterwagen und Ladungen.

Bezeichnung	Ladegewicht t	Lichte Kastenlänge m	Lichte Kastenbreite m	Kastenhöhe in der Mitte m	Laderauminhalt m³
Bedeckter Güterwagen	15	7,92	2,75	2,20	48,0
Kokswagen	15	7,92	2,834	1,6	35,0
Offener Güterwagen	15	6,72	2,834	1,10	20,9
Eiserner Kohlenwagen	15	5,3	2,89	1,45	22,2
Eiserner Kohlenwagen	20	6,00	2,85	1,5	25,6
Kalkdeckelwagen	15	5,29	2,89	1,78	—
Plattformwagen	15	10,12	2,67	0,40	—
Plattformwagen	30	12,0	2,9	—	—
Langholzwagen	10	4,38	2,48	—	—

Gewichtstafel für Quadrat-, Sechskant- und Rundeisen und Durchmesser der umschriebenen Kreise.

1 m³ Stabeisen (Flußeisen) wiegt 7850 kg.

Dicke d mm	Gewicht in kg/m	Durchm. des umschriebenen Kreises in mm	Gewicht in kg/m	Durchm. des umschriebenen Kreises in mm	Gewicht in kg/m	Dicke d mm
5	0,196	7,071	0,170	5,78	0,154	5
6	0,283	8,48	0,245	6,93	0,222	6
7	0,385	9,90	0,333	8,09	0,302	7
8	0,502	11,31	0,435	9,24	0,395	8
9	0,636	12,73	0,551	10,40	0,499	9
10	0,785	14,14	0,680	11,55	0,617	10
11	0,950	15,56	0,823	12,71	0,746	11
12	1,130	16,97	0,979	13,86	0,888	12
13	1,327	18,38	1,149	15,02	1,042	13
14	1,539	19,80	1,332	16,17	1,208	14
15	1,766	21,21	1,530	17,32	1,387	15
16	2,010	22,63	1,740	18,48	1,578	16
17	2,269	24,04	1,965	19,64	1,782	17
18	2,543	25,46	2,203	20,79	1,998	18
19	2,834	26,87	2,454	21,95	2,226	19
20	3,140	28,28	2,719	23,10	2,466	20
21	3,462	29,70	2,998	24,26	2,719	21
22	3,799	31,11	3,290	25,41	2,984	22
23	4,153	32,53	3,596	26,57	3,261	23
24	4,522	33,94	3,916	27,72	3,551	24
25	4,906	35,36	4,249	28,88	3,853	25
26	5,307	36,77	4,596	30,09	4,168	26
27	5,723	38,18	4,956	31,19	4,495	27
28	6,154	39,60	5,330	32,34	4,834	28
29	6,602	41,01	5,717	33,50	5,185	29
30	7,065	42,43	6,118	34,65	5,549	30
32	8,038	45,25	6,961	36,96	6,313	32
34	9,075	48,08	7,859	39,27	7,127	34
35	9,616	49,50	8,328	40,42	7,550	35
36	10,174	50,91	8,811	41,58	7,990	36
38	11,335	53,74	9,817	43,89	8,903	38
40	12,560	56,57	10,877	46,20	9,865	40
42	13,847	59,40	11,992	48,51	10,876	42
44	15,198	62,22	13,162	50,82	11,936	44
45	15,896	63,64	13,766	51,96	12,485	45
46	16,611	65,05	14,385	53,13	13,046	46
48	18,086	67,88	15,663	55,44	14,205	48
50	19,625	70,71	16,995	57,75	15,413	50
52	21,226	73,54	18,383	60,06	16,671	52
54	22,891	76,37	19,824	62,37	17,978	54
55	23,746	77,78	20,560	63,52	18,650	55
56	24,618	79,20	21,320	64,68	19,335	56
58	26,407	82,02	22,870	66,99	20,740	58

Entsprechende Werte für Zwischenmaße siehe Anm. Seite 146.

Gewichtstafel für Quadrat-, Sechskant- und Rundeisen und Durchmesser der umschriebenen Kreise.

1 m³ Stabeisen (Flußeisen) wiegt 7850 kg.

Dicke d mm	Gewicht in kg/m	Durchm. des umschriebenen Kreises in mm	Gewicht in kg/m	Durchm. des umschriebenen Kreises in mm	Gewicht in kg/m	Dicke d mm
60	28,260	84,85	24,474	69,30	22,195	60
62	30,175	87,68	26,133	71,61	23,700	62
64	32,154	91,51	27,846	73,92	25,253	64
65	33,160	91,92	28,720	75,07	26,050	65
66	34,195	94,34	29,614	76,23	26,856	66
68	36,298	97,17	31,436	78,54	28,509	68
70	38,465	99,00	33,312	80,85	30,210	70
72	40,694	101,82	35,243	83,16	31,961	72
74	42,987	104,65	37,228	85,47	33,762	74
75	44,130	106,06	38,240	86,62	34,680	75
76	45,342	107,48	39,267	87,78	35,611	76
78	47,759	110,31	41,361	90,09	37,510	78
80	50,240	113,14	43,509	92,40	39,458	80
85	56,716	120,21	49,118	98,18	44,545	85
90	63,585	127,28	55,067	103,95	49,940	90
95	70,846	134,35	61,355	109,73	55,643	95
100	78,500	141,42	67,983	115,50	61,654	100
105	86,546	148,50	74,951	121,28	67,973	105
110	94,985	155,56	82,260	127,05	74,601	110
115	103,816	162,63	89,908	132,83	81,537	115
120	113,040	169,70	97,896	138,60	88,781	120
125	122,656	176,78	106,224	144,38	96,334	125
130	132,665	183,85	114,891	150,15	104,195	130
135	143,066	190,92	123,899	155,93	112,364	135
140	153,860	197,99	133,247	161,70	120,841	140
145	165,046	205,06	142,934	167,48	129,627	145
150	176,625	212,13	152,962	173,25	138,721	150
155	188,596	219,20	163,329	179,03	148,123	155
160	200,960	226,27	174,036	184,80	157,834	160
165	213,716	233,34	185,084	190,58	167,852	165
170	226,865	240,41	196,471	196,35	178,179	170
175	240,406	247,49	208,198	202,13	188,815	175
180	254,340	254,56	220,265	207,90	199,758	180
185	268,666	261,63	232,638	213,68	211,010	185
190	283,385	268,70	245,419	219,45	222,570	190
195	298,496	275,77	258,506	225,23	234,438	195
200	314,000	282,84	271,932	231,00	246,615	200
205	329,896	289,91	285,927	236,78	259,100	205
210	346,185	296,98	299,805	242,55	271,893	210
215	362,866	304,05	314,251	248,33	284,994	215
220	379,940	311,12	329,037	254,10	298,404	220
225	397,406	318,20	344,164	259,88	312,122	225

Entsprechende Werte für Zwischenmaße siehe Anm. Seite 146.

Gewichtstafel für Quadrat-, Sechskant- und Rundeisen und Durchmesser der umschriebenen Kreise.

1 m³ Stabeisen (Flußeisen) wiegt 7850 kg.

Dicke d mm	Gewicht in kg/m	Durchm. des umschriebenen Kreises in mm	Gewicht in kg/m	Durchm. des umschriebenen Kreises in mm	Gewicht in kg/m	Dicke d mm
230	415,265	325,27	359,631	265,65	326,148	230
235	433,516	332,34	375,437	271,43	340,483	235
240	452,160	339,41	391,583	277,20	355,126	240
245	471,196	346,48	408,068	282,98	370,077	245
250	490,625	353,56	424,894	288,75	385,336	250
255	510,446	360,62	442,060	294,53	400,904	255
260	530,660	367,70	459,565	300,30	416,779	260
265	551,266	374,76	477,411	306,08	432,963	265
270	572,265	381,83	495,597	311,85	449,456	270
275	593,656	388,91	514,022	317,63	466,257	275
280	615,440	396,98	532,988	323,40	483,365	280
285	637,616	403,05	552,193	329,18	500,783	285
290	660,185	410,12	571,738	334,95	518,508	290
295	683,146	417,19	591,623	340,79	536,542	295
300	706,500	424,26	611,848	346,50	554,884	300
305	730,246	431,33	632,413	352,28	573,534	305
310	754,385	438,40	653,318	358,05	592,493	310
315	778,916	445,47	674,563	363,83	611,759	315
320	803,840	452,54	696,148	369,60	631,334	320
325	829,156	459,62	718,071	375,38	651,218	325
330	854,865	466,69	740,336	381,15	671,409	330
335	880,966	473,76	762,940	386,93	691,909	335
340	907,460	480,83	785,885	392,70	712,717	340
345	934,346	487,90	809,169	398,48	733,834	345
350	961,625	494,98	832,793	404,25	755,258	350

Die angegebenen Dicken des Quadrat- und Sechskanteisens entsprechen dem Durchmesser des eingeschriebenen Kreises.

Das Gewicht von 1 m Rundeisen in kg $= \dfrac{d^2 \pi}{4} \cdot \dfrac{\text{spez. Gewicht}}{1000}$ (d in mm). Die Werte $\dfrac{d^2 \pi}{4}$ sind in der letzten Spalte der Tafeln Seite 2 bis 21 angegeben.

Das Gewicht von Sechskanteisen beträgt das $2,5981 : \pi = 0,827$ fache (oder angenähert das ⅚ fache) des Gewichtes von Rundeisen, welches den Durchmesser des umschriebenen Kreises des Sechskanteisens hat.

Vorstehende Gewichtsangaben sind zu vermehren für

Schweißeisen	mit 0,994	Bronze .... mit 1,096
Gußeisen	„ 0,924	Zink .... „ 0,917
Kupfer	„ 1,134	Blei .... „ 1,448
Messing	„ 1,083	

Ist der Durchmesser 10 mal kleiner als in der Tafel angegeben, so ist das Gewicht 100 mal kleiner.

Beispiel: 35-mm-Vierkanteisen wiegt 9,616 kg für 1 m;
3,5- „   „   „   0,09616 „ „ 1 „

Auf diese Weise findet man die Zahlenwerte für die in den Gewichtstafeln nicht angegebenen kleineren Durchmesser und für die Zwischenmaße, z. B. für 8,5 mm.

Gewicht in kg von 1 m Schnellstahl.

Wolframgehalt vH	5	10	15	18
Spezifisches Gewicht	8,10	8,35	8,60	8,90

Ermittlung des spezifischen Gewichtes siehe Abschnitt Werkzeugstahl.

a) Quadratstahl.

Die Gewichtsberechnung nicht angegebener Abmessungen erfolgt nach Anm. auf S. 146.

Dicke mm		5	6	7	8	9	10	11	12	13	14	15	16
Wolf-	5	0,202	0,292	0,397	0,518	0,656	0,810	0,980	1,166	1,369	1,588	1,822	2,074
ram-	10	0,209	0,301	0,409	0,534	0,676	0,835	1,010	1,202	1,411	1,637	1,879	2,138
gehalt	15	0,215	0,310	0,421	0,550	0,697	0,860	1,041	1,238	1,453	1,686	1,935	2,202
vH	18	0,222	0,320	0,436	0,570	0,721	0,890	1,077	1,282	1,504	1,744	2,002	2,278

Dicke mm		17	18	19	20	21	22	23	24	25	26	28	30
Wolf-	5	2,341	2,624	2,924	3,240	3,572	3,920	4,285	4,666	5,062	5,476	6,350	7,290
ram-	10	2,413	2,705	3,014	3,340	3,682	4,041	4,417	4,810	5,219	5,645	6,546	7,515
gehalt	15	2,485	2,786	3,105	3,440	3,793	4,162	4,549	4,954	5,375	5,814	6,742	7,740
vH	18	2,572	2,884	3,213	3,560	3,925	4,308	4,708	5,126	5,562	6,016	6,978	8,010

Dicke mm		32	34	36	38	40	42	44	46	48	50
Wolf-	5	8,294	9,364	10,498	11,696	12,960	14,288	15,682	17,140	18,662	20,250
ram-	10	8,550	9,653	10,822	12,057	13,360	14,729	16,166	17,669	19,238	20,875
gehalt	15	8,806	9,942	11,456	12,418	13,760	15,170	16,650	18,198	19,814	21,500
vH	18	9,114	10,288	11,534	12,852	14,240	15,700	17,230	18,832	20,506	22,000

b) Rundstahl.

Die Gewichtsberechnung nicht angegebener Abmessungen erfolgt nach Anm. auf S. 146.

Durchm. mm		5	6	7	8	9	10	11	12	13	14	15	16
Wolf-	5	0,159	0,229	0,312	0,407	0,515	0,636	0,770	0,916	1,075	1,247	1,431	1,629
ram-	10	0,164	0,236	0,321	0,420	0,531	0,656	0,794	0,944	1,108	1,285	1,475	1,679
gehalt	15	0,169	0,243	0,331	0,432	0,547	0,675	0,817	0,973	1,141	1,324	1,520	1,729
vH	18	0,175	0,252	0,342	0,447	0,566	0,699	0,846	1,007	1,181	1,370	1,573	1,789

Durchm. mm		17	18	19	20	21	22	23	24	25	26	27	28
Wolf-	5	1,838	2,061	2,297	2,545	2,806	3,079	3,365	3,664	3,976	4,301	4,638	4,988
ram-	10	1,895	2,125	2,367	2,623	2,892	3,174	3,469	3,777	4,099	4,433	4,781	5,141
gehalt	15	1,952	2,188	2,438	2,702	2,979	3,269	3,573	3,890	4,221	4,566	4,924	5,295
vH	18	2,020	2,265	2,523	2,796	3,083	3,383	3,698	4,026	4,369	4,725	5,096	5,480

Durchm. mm		29	30	31	32	33	34	35	36	37	38	39
Wolf-	5	5,350	5,726	6,114	6,514	6,928	7,354	7,793	8,245	8,709	9,186	9,676
ram-	10	5,515	5,902	6,302	6,715	7,142	7,581	8,034	8,499	8,978	9,470	9,975
gehalt	15	5,680	6,079	6,491	6,916	7,356	7,808	8,274	8,754	9,247	9,753	10,273
vH	18	5,879	6,291	6,717	7,158	7,612	8,080	8,563	9,059	9,569	10,094	10,632

Durchm. mm		40	42	44	45	46	48	50	52	54	55
Wolf-	5	10,177	11,222	12,316	12,882	13,461	14,657	15,904	17,202	18,551	19,244
ram-	10	10,491	11,568	12,696	13,280	13,877	15,110	16,395	17,733	19,123	19,838
gehalt	15	10,805	11,915	13,077	13,678	14,292	15,562	16,886	18,264	19,696	20,432
vH	18	11,182	12,330	13,533	14,155	14,791	16,105	17,475	18,901	20,383	21,145

Durchm. mm		56	58	60	62	64	65	66	68	70	72
Wolf-	5	19,950	21,401	22,902	24,454	26,058	26,878	27,712	29,417	31,172	32,979
ram-	10	20,566	22,061	23,609	25,209	26,862	27,708	28,567	30,325	32,135	33,997
gehalt	15	21,182	22,722	24,316	25,964	27,666	28,537	29,422	31,232	33,097	35,015
vH	18	21,921	23,515	25,164	26,870	28,631	29,533	30,449	32,322	34,251	36,236

Durchm. mm		74	75	76	78	80	85	90	95	100
Wolf-	5	34,837	35,785	36,745	38,705	40,715	45,963	51,530	57,415	63,617
ram-	10	35,912	36,889	37,879	39,899	41,972	47,382	53,120	59,187	65,581
gehalt	15	36,987	37,993	39,014	41,094	43,228	48,801	54,711	60,959	67,544
vH	18	38,277	39,319	40,374	42,527	44,736	50,503	56,619	63,085	69,901

Gewicht in kg von 1 m Schnellstahl.
c) Flachstahl.

Dicke mm			3	5	6	8	10	13	15	20	25	30
Breite 6 mm	Wolfram-gehalt vH	5	0,146	0,243	0,292	0,389	0,486	0,632	0,729	0,972	1,215	1,458
		10	0,150	0,251	0,301	,0401	0,501	0,651	0,752	1,002	1,253	1,503
		15	0,155	0,258	0,310	0,413	0,516	0,671	0,774	1,032	1,290	1,548
		18	0,160	0,267	0,320	0,427	0,534	0,694	0,801	1,068	1,335	1,602

Dicke mm			3	5	6	8	10	13	15	20	25	30
Breite 8 mm	Wolfram-gehalt vH	5	0,194	0,324	0,389	0,518	0,648	0,842	0,972	1,296	1,620	1,944
		10	0,200	0,334	0,401	0,534	0,668	0,868	1,002	1,336	1,670	2,004
		15	0,206	0,344	0,413	0,550	0,688	0,894	1,032	1,376	1,720	2,064
		18	0,214	0,356	0,427	0,570	0,712	0,926	1,068	1,424	1,780	2,136

Dicke mm			3	5	6	8	10	13	15	20	25	30
Breite 10 mm	Wolfram-gehalt vH	5	0,243	0,405	0,486	0,648	0,810	1,053	1,215	1,620	2,025	2,430
		10	0,251	0,418	0,501	0,668	0,835	1,086	1,253	1,670	2,088	2,505
		15	0,258	0,430	0,516	0,688	0,860	1,118	1,290	1,720	2,150	2,580
		18	0,267	0,445	0,534	0,712	0,890	1,157	1,335	1,780	2,225	2,670

Dicke mm			3	5	6	8	10	13	15	20	25	30
Breite 12 mm	Wolfram-gehalt vH	5	0,292	0,486	0,583	0,778	0,972	1,264	1,458	1,944	2,430	2,916
		10	0,301	0,501	0,601	0,802	1,002	1,303	1,503	2,044	2,505	3,006
		15	0,310	0,516	0,619	0,826	1,032	1,342	1,548	2,064	2,580	3,096
		18	0,320	0,534	0,641	0,854	1,068	1,388	1,602	2,136	2,670	3,204

Dicke mm			3	5	6	8	10	13	15	20	25	30
Breite 16 mm	Wolfram-gehalt vH	5	0,389	0,648	0,778	1,037	1,296	1,685	1,944	2,592	3,240	3,888
		10	0,401	0,668	0,862	1,069	1,336	1,734	2,004	2,672	3,340	4,008
		15	0,413	0,688	0,826	1,101	1,376	1,789	2,064	2,752	3,440	4,128
		18	0,427	0,712	0,854	1,139	1,424	1,851	2,136	2,848	3,560	4,272

Dicke mm			3	5	6	8	10	13	15	20	25	30
Breite 20 mm	Wolfram-gehalt vH	5	0,486	0,810	0,972	1,296	1,620	2,106	2,430	3,240	4,050	4,860
		10	0,501	0,835	1,002	1,336	1,670	2,171	2,505	3,340	4,175	5,010
		15	0,516	0,860	1,032	1,376	1,720	2,236	2,580	3,440	4,300	5,160
		18	0,534	0,890	1,068	1,424	1,780	2,314	2,670	3,560	4,450	5,340

Dicke mm			3	5	6	8	10	13	15	20	25	30
Breite 23 mm	Wolfram-gehalt vH	5	0,559	0,932	1,118	1,490	1,863	2,422	2,795	3,726	4,658	5,589
		10	0,576	0,960	1,152	1,536	1,921	2,497	2,881	3,841	4,801	5,761
		15	0,593	0,989	1,187	1,582	1,978	2,571	2,967	3,956	4,945	5,934
		18	0,614	1,024	1,228	1,638	2,047	2,661	3,071	4,094	5,112	6,141

Dicke mm			3	5	6	8	10	13	15	20	25	30
Breite 25 mm	Wolfram-gehalt vH	5	0,608	1,013	1,215	1,620	2,025	2,633	3,038	4,050	5,063	6,075
		10	0,626	1,044	1,253	1,670	2,088	2,714	3,131	4,175	5,219	6,263
		15	0,645	1,075	1,290	1,720	2,150	2,795	3,225	4,300	5,375	6,450
		18	0,668	1,113	1,335	1,780	2,225	2,893	3,338	4,450	5,563	6,675

Dicke mm			3	5	6	8	10	13	15	20	25	30
Breite 30 mm	Wolfram-gehalt vH	5	0,729	1,215	1,458	1,944	2,430	3,159	3,645	4,860	6,075	7,290
		10	0,752	1,253	1,503	2,004	2,505	3,257	3,758	5,010	6,263	7,515
		15	0,774	1,290	1,548	2,064	2,580	3,354	3,870	5,160	6,450	7,740
		18	0,801	1,335	1,602	2,136	2,670	3,471	4,005	5,340	6,675	8,010

Dicke mm			3	5	6	8	10	13	15	20	25	30
Breite 40 mm	Wolfram-gehalt vH	5	0,972	1,620	1,944	2,592	3,240	4,212	4,860	6,480	8,100	9,720
		10	1,002	1,670	2,004	2,672	3,340	4,342	5,010	6,680	8,350	10,020
		15	1,032	1,720	2,064	2,752	3,440	4,472	5,160	6,880	8,600	10,320
		18	1,068	1,780	2,136	2,848	3,560	4,628	5,340	7,120	8,900	10,680

Gewicht in kg von 1 m Flacheisen.

1 m³ Stabeisen (Flacheisen) wiegt 7850 kg

(s. auch Anm. auf S. 146).

Dicke mm	\multicolumn{9}{c}{Breite in mm}	Dicke mm
	10	12	14	15	16	18	20	22	24	
1	0,079	0,094	0,110	0,118	0,126	0,141	0,157	0,173	0,188	1
2	0,157	0,188	0,220	0,236	0,251	0,283	0,314	0,345	0,377	2
3	0,236	0,283	0,330	0,353	0,377	0,424	0,471	0,518	0,565	3
4	0,314	0,377	0,440	0,471	0,502	0,565	0,628	0,691	0,754	4
5	0,393	0,471	0,550	0,589	0,628	0,707	0,785	0,864	0,942	5
6	0,471	0,565	0,659	0,707	0,754	0,848	0,942	1,036	1,130	6
7	0,550	0,659	0,769	0,824	0,879	0,989	1,099	1,209	1,319	7
8	0,628	0,754	0,879	0,942	1,005	1,130	1,256	1,382	1,507	8
9	0,707	0,848	0,989	1,060	1,130	1,272	1,413	1,554	1,606	9
10	0,785	0,942	1,099	1,178	1,256	1,413	1,570	1,727	1,884	10
11	0,864	1,036	1,209	1,295	1,382	1,554	1,727	1,900	2,072	11
12	0,942	1,130	1,319	1,413	1,507	1,696	1,884	2,072	2,261	12
13	1,021	1,225	1,429	1,531	1,633	1,837	2,041	2,245	2,440	13
14	1,099	1,319	1,539	1,649	1,758	1,978	2,198	2,418	2,638	14
15	1,178	1,413	1,649	1,766	1,884	2,120	2,355	2,591	2,826	15
16	1,256	1,507	1,758	1,884	2,010	2,261	2,512	2,763	3,014	16
17	1,335	1,601	1,868	2,002	2,135	2,402	2,669	2,936	3,203	17
18	1,413	1,696	1,978	2,120	2,261	2,543	2,826	3,109	3,391	18
19	1,492	1,790	2,088	2,237	2,386	2,685	2,983	3,281	3,580	19
20	1,570	1,884	2,198	2,355	2,512	2,826	3,140	3,454	3,768	20
21	1,649	1,978	2,308	2,473	2,638	2,967	3,297	3,627	3,956	21
22	1,727	2,072	2,418	2,591	2,763	3,109	3,454	3,799	4,145	22
23	1,806	2,167	2,528	2,708	2,889	3,250	3,611	3,972	4,333	23
24	1,884	2,261	2,638	2,826	3,014	3,391	3,768	4,145	4,522	24
25	1,963	2,355	2,748	2,944	3,140	3,533	3,925	4,318	4,710	25
26	2,041	2,449	2,857	3,062	3,266	3,674	4,082	4,190	4,898	26
27	2,120	2,543	2,967	3,179	3,391	3,815	4,239	4,663	5,087	27
28	2,198	2,638	3,077	3,297	3,517	3,956	4,396	4,836	5,275	28
29	2,277	2,732	3,187	3,415	3,642	4,098	4,553	5,008	5,464	29
30	2,355	2,826	3,297	3,533	3,768	4,239	4,710	5,181	5,652	30
31	2,434	2,920	3,407	3,650	3,894	4,380	4,867	5,354	5,840	31
32	2,512	3,014	3,517	3,768	4,019	4,522	5,024	5,526	6,029	32
33	2,591	3,109	3,627	3,886	4,145	4,663	5,181	5,699	6,217	33
34	2,669	3,203	3,737	4,004	4,270	4,804	5,338	5,872	6,406	34
35	2,748	3,297	3,847	4,121	4,396	4,946	5,495	6,045	6,594	35
36	2,826	3,391	3,956	4,239	4,522	5,087	5,652	6,217	6,782	36
37	2,905	3,485	4,066	4,357	4,647	5,228	5,809	6,390	6,971	37
38	2,983	3,580	4,176	4,475	4,773	5,369	5,966	6,563	7,159	38
39	3,062	3,674	4,286	4,592	4,898	5,511	6,123	6,735	7,348	39
40	3,140	3,768	4,396	4,710	5,024	5,652	6,280	6,908	7,536	40
41	3,219	3,862	4,506	4,828	5,150	5,793	6,437	7,081	7,724	41
42	3,297	3,956	4,616	4,946	5,295	5,935	6,594	7,253	7,913	42
43	3,376	4,059	4,726	5,063	5,401	6,076	6,751	7,426	8,101	43
44	3,454	4,145	4,836	5,181	5,526	6,217	6,908	7,599	8,290	44
45	3,533	4,239	4,946	5,299	5,652	6,359	7,065	7,772	8,478	45

Gewicht in kg von 1 m Flacheisen.

1 m³ Stabeisen (Flacheisen) wiegt 7850 kg

(s. auch Anm. auf S. 146).

Dicke mm	Breite in mm									Dicke mm
	25	26	28	30	32	34	35	36	38	
1	0,196	0,204	0,220	0,235	0,251	0,267	0,275	0,283	0,298	1
2	0,393	0,408	0,440	0,471	0,502	0,534	0,550	0,565	0,597	2
3	0,589	0,612	0,659	0,705	0,754	0,801	0,824	0,848	0,895	3
4	0,785	0,816	0,879	0,942	1,005	1,068	1,099	1,130	1,193	4
5	0,981	1,020	1,099	1,177	1,256	1,334	1,374	1,413	1,492	5
6	1,178	1,225	1,319	1,413	1,507	1,601	1,649	1,696	1,790	6
7	1,374	1,429	1,539	1,648	1,758	1,868	1,923	1,978	2,088	7
8	1,570	1,633	1,758	1,884	2,010	2,135	2,198	2,261	2,386	8
9	1,766	1,837	1,978	2,119	2,261	2,402	2,473	2,543	2,685	9
10	1,963	2,041	2,198	2,355	2,512	2,669	2,748	2,826	2,983	10
11	2,159	2,245	2,418	2,590	2,763	2,936	3,022	3,109	3,281	11
12	2,355	2,449	2,638	2,826	3,014	3,203	3,297	3,391	3,580	12
13	2,551	2,653	2,857	3,061	3,266	3,470	3,572	3,674	3,878	13
14	2,748	2,857	3,077	3,297	3,517	3,737	3,847	3,956	4,176	14
15	2,944	3,061	3,297	3,532	3,768	4,003	4,121	4,239	4,474	15
16	3,140	3,266	3,517	3,768	4,019	4,270	4,396	4,522	4,773	16
17	3,336	3,470	3,737	4,003	4,270	4,537	4,671	4,804	5,071	17
18	3,533	3,674	3,956	4,239	4,522	4,804	4,946	5,087	5,369	18
19	3,729	3,878	4,176	4,474	4,773	5,071	5,220	5,369	5,668	19
20	3,925	4,082	4,396	4,710	5,024	5,338	5,495	5,652	5,966	20
21	4,121	4,286	4,616	4,946	5,275	5,605	5,770	5,935	6,264	21
22	4,318	4,490	4,836	5,181	5,526	5,872	6,045	6,217	6,563	22
23	4,518	4,694	5,055	5,417	5,778	6,139	6,319	6,500	6,861	23
24	4,710	4,898	5,275	5,652	6,029	6,406	6,594	6,782	7,159	24
25	4,905	5,103	5,495	5,888	6,280	6,673	6,869	7,065	7,458	25
26	5,103	5,307	5,715	6,123	6,531	6,939	7,144	7,348	7,756	26
27	5,299	5,511	5,935	6,359	6,782	7,206	7,418	7,630	8,054	27
28	5,495	5,715	6,154	6,594	7,034	7,473	7,693	7,913	8,352	28
29	5,691	5,919	6,374	6,830	7,285	7,740	7,968	8,195	8,651	29
30	5,888	6,123	6,594	7,065	7,536	8,007	8,243	8,478	8,949	30
31	6,084	6,327	6,814	7,301	7,787	8,274	8,517	8,761	9,247	31
32	6,280	6,531	7,034	7,536	8,038	8,541	8,792	9,043	9,546	32
33	6,476	6,735	7,253	7,772	8,290	8,808	9,067	9,326	9,844	33
34	6,673	6,939	7,473	8,007	8,541	9,075	9,342	9,608	10,14	34
35	6,869	7,144	7,693	8,243	8,792	9,342	9,616	9,891	10,44	35
36	7,065	7,348	7,913	8,478	9,043	9,608	9,891	10,17	10,74	36
37	7,261	7,552	8,133	8,714	9,294	9,875	10,17	10,46	11,04	37
38	7,458	7,756	8,352	8,949	9,546	10,14	10,44	10,74	11,34	38
39	7,654	7,950	8,572	9,185	9,797	10,41	10,72	11,02	11,63	39
40	7,850	8,164	8,792	9,420	10,05	10,68	10,99	11,30	11,93	40
41	8,046	8,368	9,012	9,656	10,30	10,94	11,27	11,59	12,23	41
42	8,243	8,572	9,232	9,891	10,55	11,21	11,54	11,87	12,53	42
43	8,439	8,776	9,451	10,13	10,80	11,48	11,81	12,15	12,83	43
44	8,635	8,980	9,671	10,36	11,05	11,74	12,09	12,43	13,13	44
45	8,831	9,185	9,891	10,60	11,30	12,01	12,36	12,72	13,42	45

Gewicht in kg von 1 m Flacheisen.

1 m³ Stabeisen (Flußeisen) wiegt 7850 kg

(s. auch Anm. auf S. 146).

Dicke mm	Breite in mm									Dicke mm
	40	42	44	45	46	48	50	52	54	
1	0,314	0,330	0,345	0,353	0,361	0,377	0,392	0,408	0,424	1
2	0,628	0,659	0,691	0,707	0,722	0,754	0,785	0,816	0,848	2
3	0,942	0,989	1,036	1,060	1,083	1,130	1,177	1,225	1,272	3
4	1,256	1,319	1,382	1,413	1,444	1,507	1,570	1,633	1,696	4
5	1,570	1,649	1,727	1,766	1,805	1,884	1,962	2,041	2,119	5
6	1,884	1,978	2,072	2,120	2,167	2,261	2,355	2,449	2,543	6
7	2,198	2,308	2,418	2,473	2,528	2,638	2,747	2,857	2,967	7
8	2,512	2,638	2,763	2,826	2,889	3,014	3,140	3,266	3,391	8
9	2,826	2,967	3,109	3,179	3,250	3,391	3,532	3,674	3,815	9
10	3,140	3,297	3,454	3,533	3,610	3,768	3,925	4,082	4,239	10
11	3,454	3,627	3,799	3,886	3,972	4,145	4,317	4,490	4,463	11
12	3,768	3,956	4,145	4,239	4,333	4,522	4,710	4,898	5,087	12
13	4,082	4,286	4,490	4,592	4,694	4,898	5,102	5,307	5,511	13
14	4,396	4,616	4,836	4,946	5,055	5,275	5,495	5,715	5,935	14
15	4,710	4,945	5,181	5,299	5,416	5,652	5,887	6,123	6,358	15
16	5,024	5,275	5,526	5,652	5,778	6,029	6,280	6,531	6,782	16
17	5,338	5,605	5,872	6,005	6,139	6,406	6,672	6,939	7,206	17
18	5,652	5,935	6,217	6,359	6,500	6,782	7,065	7,348	7,630	18
19	5,966	6,264	6,563	6,712	6,861	7,159	7,457	7,756	8,054	19
20	6,280	6,594	6,908	7,065	7,222	7,536	7,850	8,164	8,478	20
21	6,594	6,924	7,253	7,418	7,583	7,913	8,243	8,572	8,902	21
22	6,908	7,253	7,599	7,772	7,944	8,290	8,635	8,980	9,326	22
23	7,222	7,583	7,944	8,125	8,305	8,666	9,028	9,389	9,750	23
24	7,536	7,913	8,290	8,478	8,666	9,043	9,420	9,797	10,174	24
25	7,850	8,243	8,635	8,831	9,028	9,420	9,813	10,21	10,598	25
26	8,164	8,572	8,980	9,185	9,389	9,797	10,21	10,613	11,021	26
27	8,478	8,902	9,326	9,538	9,750	10,17	10,60	11,021	11,445	27
28	8,792	9,232	9,671	9,891	10,11	10,55	10,99	11,43	11,869	28
29	9,106	9,561	10,02	10,24	10,47	10,93	11,38	11,84	12,293	29
30	9,420	9,891	10,36	10,60	10,83	11,30	11,78	12,25	12,717	30
31	9,734	10,22	10,71	10,95	11,19	11,68	12,17	12,654	13,141	31
32	10,05	10,55	11,05	11,30	11,56	12,06	12,56	13,062	13,565	32
33	10,36	10,88	11,40	11,66	11,92	12,43	12,95	13,471	13,989	33
34	10,68	11,21	11,74	12,01	12,28	12,81	13,35	13,88	14,413	34
35	10,99	11,54	12,09	12,36	12,64	13,19	13,74	14,287	14,84	35
36	11,30	11,87	12,43	12,72	13,00	13,57	14,13	14,695	15,26	36
37	11,62	12,20	12,78	13,07	13,36	13,94	14,52	15,103	15,684	37
38	11,93	12,53	13,13	13,42	13,72	14,32	14,92	15,512	16,11	38
39	12,25	12,86	13,47	13,78	14,08	14,70	15,31	15,92	16,532	39
40	12,56	13,19	13,82	14,13	14,44	15,07	15,70	16,33	16,956	40
41	12,87	13,52	14,16	14,48	14,81	15,45	16,09	16,74	17,38	41
42	13,19	13,85	14,51	14,84	15,17	15,83	16,49	17,144	17,804	42
43	13,50	14,18	14,85	15,19	15,53	16,20	16,88	17,553	18,23	43
44	13,82	14,51	15,20	15,54	15,89	16,58	17,27	17,961	18,652	44
45	14,13	14,84	15,54	15,90	16,25	16,96	17,66	18,369	19,076	45

Gewicht in kg von 1 m Flacheisen.

1 m³ Stabeisen (Flußeisen) wiegt 7850 kg

(s. auch Anm. auf S. 146).

Dicke mm	\multicolumn{9}{c}{Breite in mm}	Dicke mm
	55	56	58	60	62	64	65	70	75	
1	0,432	0,440	0,455	0,471	0,487	0,502	0,510	0,549	0,589	1
2	0,864	0,879	0,911	0,942	0,973	1,005	1,021	1,099	1,177	2
3	1,295	1,319	1,336	1,413	1,460	1,507	1,531	1,648	1,766	3
4	1,727	1,758	1,821	1,884	1,947	2,010	2,041	2,198	2,355	4
5	2,159	2,198	2,276	2,355	2,433	2,512	2,551	2,747	2,944	5
6	2,591	2,638	2,732	2,826	2,920	3,014	3,062	3,297	3,532	6
7	3,022	3,077	3,187	3,297	3,407	3,517	3,572	3,846	4,121	7
8	3,454	3,517	3,642	3,768	3,894	4,019	4,082	4,396	4,710	8
9	3,886	3,956	4,098	4,239	4,380	4,522	4,592	4,945	5,299	9
10	4,318	4,396	4,553	4,710	4,867	5,024	5,103	5,495	5,887	10
11	4,749	4,836	5,008	5,181	5,354	5,526	5,613	6,044	6,476	11
12	5,181	5,275	5,464	5,652	5,840	6,029	6,123	6,594	7,065	12
13	5,613	5,715	5,919	6,123	6,327	6,531	6,633	7,143	7,654	13
14	6,045	6,154	6,374	6,594	6,814	7,034	7,144	7,693	8,242	14
15	6,476	6,594	6,829	7,065	7,300	7,536	7,654	8,242	8,831	15
16	6,908	7,034	7,285	7,536	7,787	8,038	8,164	8,792	9,420	16
17	7,340	7,473	7,740	8,007	8,274	8,541	8,674	9,341	10,01	17
18	7,772	7,913	8,195	8,478	8,761	9,043	9,185	9,891	10,60	18
19	8,203	8,352	8,651	8,949	9,247	9,546	9,695	10,44	11,19	19
20	8,635	8,792	9,106	9,420	9,734	10,05	10,21	10,99	11,78	20
21	9,067	9,232	9,561	9,891	10,221	10,55	10,72	11,54	12,36	21
22	9,499	9,671	10,017	10,36	10,707	11,053	11,23	12,09	12,95	22
23	9,930	10,111	10,472	10,83	11,194	11,56	11,74	12,64	13,54	23
24	10,36	10,55	10,927	11,30	11,681	12,058	12,25	13,19	14,13	24
25	10,79	10,99	11,383	11,78	12,168	12,56	12,76	13,74	14,72	25
26	11,23	11,43	11,838	12,25	12,654	13,062	13,27	14,29	15,31	26
27	11,66	11,87	12,293	12,72	13,141	13,565	13,78	14,84	15,90	27
28	12,09	12,31	12,748	13,19	13,628	14,067	14,20	15,39	16,49	28
29	12,52	12,75	13,204	13,66	14,114	14,57	14,80	15,94	17,07	29
30	12,95	13,188	13,659	14,13	14,601	15,072	15,31	16,49	17,66	30
31	13,38	13,63	14,114	14,60	15,088	15,574	15,82	17,04	18,25	31
32	13,82	14,067	14,570	15,07	15,574	16,077	16,33	17,58	18,84	32
33	14,25	14,501	15,025	15,54	16,061	16,579	16,84	18,13	19,43	33
34	14,68	14,95	15,48	16,01	16,548	17,082	17,35	18,68	20,02	34
35	15,11	15,386	15,936	16,49	17,035	17,584	17,80	19,23	20,61	35
36	15,54	15,826	16,391	16,96	17,521	18,086	18,37	19,78	21,20	36
37	15,98	16,265	16,846	17,43	18,008	18,589	18,88	20,33	21,78	37
38	16,41	16,705	17,301	17,90	18,495	19,091	19,39	20,88	22,37	38
39	16,84	17,144	17,757	18,37	18,981	19,594	19,90	21,43	22,96	39
40	17,27	17,584	18,212	18,84	19,468	20,096	20,41	21,98	23,55	40
41	17,70	18,024	18,667	19,31	19,955	20,598	20,92	22,53	24,14	41
42	18,13	18,463	19,123	19,78	20,441	21,101	21,43	23,08	24,73	42
43	18,57	18,903	19,578	20,25	20,928	21,603	21,94	23,63	25,32	43
44	19,00	19,342	20,033	20,72	21,415	22,106	22,45	24,18	25,91	44
45	19,43	19,782	20,489	21,20	21,902	22,608	22,96	24,73	26,49	45

Gewicht in kg von 1 m Flacheisen.

1 m³ Stabeisen (Flußeisen) wiegt 7850 kg

(s. auch Anm. auf S. 146).

Dicke mm	Breite in mm									Dicke mm
	80	85	90	95	100	110	120	130	140	
1	0,628	0,667	0,707	0,746	0,785	0,864	0,942	1,021	1,099	1
2	1,256	1,335	1,413	1,492	1,570	1,727	1,884	2,041	2,198	2
3	1,884	2,002	2,120	2,237	2,355	2,591	2,826	3,062	3,297	3
4	2,512	2,669	2,826	2,983	3,140	3,454	3,768	4,082	4,396	4
5	3,140	3,336	3,532	3,729	3,925	4,317	4,710	5,103	5,495	5
6	3,768	4,003	4,239	4,474	4,710	5,181	5,652	6,123	6,594	6
7	4,396	4,671	4,946	5,220	5,495	6,044	6,594	7,144	7,603	7
8	5,024	5,338	5,652	5,966	6,280	6,908	7,536	8,164	8,792	8
9	5,652	6,005	6,358	6,712	7,065	7,771	8,478	9,185	9,891	9
10	6,280	6,672	7,065	7,457	7,850	8,635	9,420	10,21	10,99	10
11	6,908	7,340	7,771	8,203	8,635	9,498	10,36	11,23	12,09	11
12	7,536	8,007	8,478	8,949	9,420	10,36	11,30	12,25	13,19	12
13	8,164	8,674	9,184	9,695	10,20	11,23	12,25	13,27	14,29	13
14	8,792	9,341	9,891	10,44	10,99	12,09	13,19	14,29	15,39	14
15	9,420	10,01	10,60	11,19	11,77	12,95	14,13	15,31	16,49	15
16	10,05	10,68	11,30	11,93	12,56	13,82	15,07	16,33	17,58	16
17	10,68	11,34	12,01	12,68	13,35	14,68	16,01	17,35	18,68	17
18	11,30	12,01	12,72	13,42	14,13	15,54	16,96	18,37	19,78	18
19	11,93	12,68	13,42	14,17	14,92	16,41	17,90	19,39	20,88	19
20	12,56	13,35	14,13	14,92	15,70	17,27	18,84	20,41	21,98	20
21	13,19	14,01	14,84	15,66	16,49	18,13	19,78	21,43	23,08	21
22	13,82	14,68	15,54	16,41	17,27	19,00	20,72	22,45	24,18	22
23	14,44	15,35	16,25	17,15	18,06	19,86	21,67	23,47	25,28	23
24	15,07	16,01	16,96	17,90	18,84	20,72	22,61	24,49	26,38	24
25	15,70	16,68	17,66	18,64	19,63	21,59	23,55	25,51	27,48	25
26	16,33	17,35	18,37	19,39	20,41	22,45	24,49	26,53	28,57	26
27	16,96	18,02	19,08	20,14	21,20	23,31	25,43	27,55	29,67	27
28	17,58	18,68	19,78	20,88	21,98	24,18	26,38	28,57	30,77	28
29	18,21	19,35	20,49	21,63	22,77	25,04	27,32	29,60	31,87	29
30	18,84	20,02	21,20	22,37	23,55	25,91	28,26	30,62	32,97	30
31	19,47	20,68	21,90	23,12	24,34	26,77	29,20	31,64	34,07	31
32	20,10	21,35	22,61	23,86	25,12	27,63	30,14	32,66	35,17	32
33	20,72	22,02	23,31	24,61	25,91	28,50	31,09	33,68	36,27	33
34	21,35	22,69	24,02	25,36	26,69	29,36	32,03	34,70	37,37	34
35	21,98	23,35	24,73	26,10	27,48	30,22	32,97	35,72	38,47	35
36	22,61	24,02	25,43	26,85	28,26	31,09	33,94	36,74	39,56	36
37	23,24	24,69	26,14	27,59	29,05	31,95	34,85	37,76	40,66	37
38	23,86	25,36	26,85	28,34	29,83	32,81	35,80	38,78	41,76	38
39	24,49	26,02	27,55	29,08	30,62	33,68	36,74	39,80	42,86	39
40	25,12	26,69	28,26	29,83	31,40	34,54	37,68	40,82	43,96	40
41	25,75	27,36	28,97	30,58	32,19	35,40	38,62	41,84	45,06	41
42	26,38	28,03	29,67	31,32	32,97	36,27	39,56	42,86	46,16	42
43	27,00	28,69	30,38	32,07	33,76	37,13	40,51	43,88	47,26	43
44	27,63	29,36	31,09	32,81	34,54	37,99	41,45	44,90	48,36	44
45	28,26	30,03	31,79	33,56	35,33	38,86	42,39	45,92	49,46	45

Gewicht in kg von 1 m Flacheisen.

1 m³ Stabeisen (Flußeisen) wiegt 7850 kg

(s. auch Anm. auf S. 146).

Dicke mm	\multicolumn{9}{c}{Breite in mm}	Dicke mm
	150	160	170	180	190	200	210	220	230	
1	1,178	1,256	1,335	1,413	1,492	1,570	1,649	1,727	1,806	1
2	2,355	2,512	2,669	2,826	2,983	3,140	3,297	3,454	3,811	2
3	3,533	3,768	4,004	4,239	4,475	4,710	4,946	5,181	5,417	3
4	4,710	5,024	5,338	5,652	5,966	6,280	6,594	6,980	7,222	4
5	5,887	6,280	6,673	7,065	7,458	7,850	8,243	8,635	9,028	5
6	7,065	7,536	8,007	8,478	8,949	9,420	9,891	10,362	10,83	6
7	8,242	8,792	9,342	9,891	10,44	10,99	11,54	12,089	12,64	7
8	9,420	10,05	10,68	11,30	11,93	12,56	13,19	13,816	14,44	8
9	10,60	11,30	12,01	12,72	13,42	14,13	14,84	15,543	16,25	9
10	11,77	12,56	13,35	14,13	14,92	15,70	16,49	17,270	18,06	10
11	12,95	13,82	14,68	15,54	16,41	17,27	18,13	18,997	19,36	11
12	14,13	15,07	16,01	16,96	17,90	18,84	19,78	20,724	21,67	12
13	15,31	16,33	17,35	18,37	19,39	20,41	21,43	22,451	23,47	13
14	16,48	17,58	18,68	19,78	20,88	21,98	23,08	24,178	25,28	14
15	17,66	18,84	20,02	21,20	22,37	23,55	24,73	25,905	27,08	15
16	18,84	20,10	21,35	22,61	23,86	25,12	26,38	27,632	28,89	16
17	20,02	21,35	22,69	24,02	25,36	26,69	28,02	29,359	30,69	17
18	21,20	22,61	24,02	25,43	26,85	28,26	29,67	31,086	32,50	18
19	22,37	23,86	25,36	26,85	28,34	29,83	31,32	32,813	34,30	19
20	23,55	25,12	26,69	28,26	29,83	31,40	32,97	34,54	36,11	20
21	24,73	26,38	28,02	29,67	31,32	32,97	34,62	36,27	37,92	21
22	25,91	27,63	29,36	31,09	32,81	34,54	36,27	37,99	39,72	22
23	27,08	28,89	30,69	32,50	34,31	36,11	37,92	39,72	41,53	23
24	28,26	30,14	32,03	33,91	35,80	37,68	39,56	41,45	43,33	24
25	29,44	31,40	33,36	35,33	37,29	39,25	41,21	43,18	45,14	25
26	30,61	32,66	34,70	36,74	38,78	40,28	42,86	44,90	46,94	26
27	31,79	33,91	36,03	38,15	40,27	42,39	44,51	46,63	48,75	27
28	32,97	35,17	37,37	39,56	41,76	43,96	46,16	48,36	50,55	28
29	34,15	36,42	38,70	40,98	43,25	45,53	47,81	50,08	52,36	29
30	35,33	37,68	40,04	42,39	44,75	47,10	49,46	51,81	54,17	30
31	36,50	38,94	41,37	43,80	46,24	48,67	51,10	53,54	55,97	31
32	37,68	40,19	42,70	45,22	47,73	50,24	52,75	55,26	57,78	32
33	38,86	41,45	44,04	46,63	49,22	51,81	54,40	56,99	59,58	33
34	40,04	42,70	45,37	48,04	50,71	53,38	56,05	58,72	61,39	34
35	41,21	43,96	46,71	49,46	52,20	54,95	57,70	60,45	63,19	35
36	42,39	45,22	48,04	50,87	53,69	56,52	59,35	62,17	64,99	36
37	43,57	46,47	49,38	52,28	55,19	58,09	60,99	63,90	66,80	37
38	44,75	47,73	50,71	53,69	56,68	59,66	62,64	65,63	68,61	38
39	45,92	48,98	52,05	55,11	58,17	61,23	64,29	67,35	70,41	39
40	47,10	50,24	53,38	56,52	59,66	62,80	65,94	69,08	72,22	40
41	48,28	51,50	54,72	57,93	61,15	64,37	67,59	70,81	74,03	41
42	49,46	52,75	56,05	59,35	62,64	65,94	69,24	72,53	75,83	42
43	50,63	54,01	57,38	60,76	64,14	67,51	70,89	74,26	77,64	43
44	51,81	55,26	58,72	62,17	65,63	69,08	72,53	75,99	79,44	44
45	52,99	56,52	60,05	63,59	67,12	70,65	74,18	77,72	81,25	45

Gewicht von Metallplatten in kg/m².

Dicke mm	Gußeisen	Schweißeisen	Flußeisen	Flußstahl und gewalzter Stahl	Kupfer	Messing	Bronze	Zink	Blei
1	7,25	7,8	7,85	7,86	8,9	8,5	8,6	7,2	11,37
2	14,50	15,6	15,70	15,72	17,8	17,0	17,2	14,4	22,74
3	21,75	23,4	23,55	23,58	26,7	25,5	25,8	21,6	34,11
4	29,00	31,2	31,40	31,44	35,6	34,0	34,4	28,8	45,48
5	36,25	39,0	39,25	39,30	44,5	42,5	43,0	36,0	56,85
6	43,50	46,8	47,10	47,16	53,4	51,0	51,6	43,2	68,22
7	50,75	54,6	54,95	55,02	62,3	59,5	60,2	50,4	79,59
8	58,00	62,4	62,80	62,88	71,2	68,0	68,8	57,6	90,96
9	65,25	70,2	70,65	70,74	80,1	76,5	77,4	64,8	102,33
10	72,50	78,0	78,50	78,60	89,0	85,0	86,0	72,0	113,70
11	79,75	85,8	86,35	86,46	97,9	93,5	94,6	79,2	125,07
12	87,00	93,6	94,20	94,32	106,8	102,0	103,2	86,4	136,44
13	94,25	101,4	102,05	102,18	115,7	110,5	111,8	93,6	147,81
14	101,50	109,2	109,90	110,04	124,6	118,5	120,4	100,8	159,18
15	108,75	117,0	117,75	117,90	133,5	127,5	129,0	108,0	170,55
16	116,00	124,8	125,60	125,76	142,4	136	137,6	115,2	181,92
17	123,25	132,6	133,45	133,62	151,3	144,5	146,2	122,4	193,29
18	130,50	140,4	141,30	141,48	160,2	153	154,8	129,6	204,66
19	137,75	148,2	149,15	149,34	169,1	161,5	163,4	136,8	216,03
20	145,00	156,0	157,00	157,20	178,0	170,0	172,0	144,0	227,40
21	152,25	163,8	164,85	165,06	186,9	178,5	180,6	151,2	238,77
22	159,50	171,6	172,70	172,92	195,8	187,0	189,2	158,4	250,14
23	166,75	179,4	180,55	180,78	204,7	195,5	197,8	165,6	261,51
24	174,00	187,2	188,40	188,64	213,6	204,0	206,4	172,8	272,88
25	181,25	195,0	196,25	196,50	222,5	212,5	215,0	180,0	284,25
26	188,50	202,8	204,10	204,36	231,4	221,0	223,6	187,2	295,62
27	195,75	210,6	211,95	212,22	240,3	229,5	232,2	194,4	306,99
28	203,00	218,4	219,80	220,08	249,2	238,0	240,8	201,6	318,36
29	210,25	226,2	227,65	227,94	258,1	246,5	249,4	208,8	329,73
30	217,50	234,0	235,50	235,80	267,0	255,0	258,0	216,0	341,10

Gewichte vorstehender Metalle, bezogen auf:
(vgl. Seite 146)

Gußeisen . .	1	1,076	1,083	1,084	1,228	1,172	1,186	0,993	1,568
Schweißeisen	0,929	1	1,006	1,008	1,141	1,089	1,103	0,923	1,458
Flußeisen . .	0,924	0,994	1	1,001	1,134	1,083	1,096	0,917	1,448

Zulässige Maßabweichungen
für Stab- und Breiteisen nach DIN 1612.

Stabeisen (Rund-, Quadrat-, Sechskanteisen usw.)		Breiteisen			
Dicke mm	Zulässige Abweichung mm	Breite mm	Zulässige Abweichung	Dicke mm	Zulässige Abweichung
5— 25	± 0,5	5 mm u. dicker	± 2 %	unter 10 bei 10 und mehr	± 0,5 mm ± 5 %
über 25— 50	± 0,75				
„ 50— 80	± 1				
„ 80—100	± 1,25				
„ 100—120	± 1,5				
„ 120—160	± 2				
„ 160—200	± 2,5				

Der Gewichtsspielraum für die Gesamtlieferung beträgt ± 6 %. Obige Angaben sind die handelsüblichen groben Abmaße. Stab- und Breiteisen mit feineren Abmaßen wird nicht auf Lager gehalten und ist nur von Fall zu Fall lieferbar.

Gewicht von 1000 m Draht in kg.

Spez. Gewichte: Draht aus Schmiedeeisen 7,65, Stahl 7,956, Kupfer 8,90, Messing 8,50.

Dicke mm	Schmiedeeisen kg	Stahl kg	Kupfer kg	Messing kg	Dicke mm	Schmiedeeisen kg	Stahl kg	Kupfer kg	Messing kg
0,14	0,118	0,122	0,137	0,131	1,4	11,78	12,25	13,70	13,08
0,16	0,154	0,160	0,179	0,171	1,6	15,38	16,00	17,89	17,09
0,18	0,195	0,202	0,227	0,216	1,8	19,47	20,25	22,65	21,63
0,20	0,240	0,250	0,280	0,267	2,0	24,03	25,00	27,96	26,71
0,22	0,291	0,302	0,338	0,324	2,2	29,08	30,24	33,83	32,39
0,24	0,346	0,360	0,403	0,385	2,5	37,55	39,05	43,69	41,73
0,26	0,406	0,422	0,473	0,451	2,8	47,10	48,99	54,80	52,34
0,28	0,471	0,490	0,548	0,523	3,1	57,74	60,05	67,17	64,16
0,31	0,577	0,600	0,672	0,642	3,4	69,46	72,23	80,80	77,17
0,34	0,695	0,722	0,808	0,772	3,8	86,76	90,02	100,94	96,39
0,37	0,823	0,855	0,957	0,914	4,2	105,99	110,23	123,30	117,76
0,40	0,961	1,000	1,118	1,069	4,6	127,14	132,22	147,91	141,26
0,45	1,217	1,265	1,416	1,352	5,0	150,21	156,22	174,75	166,94
0,50	1,502	1,562	1,748	1,669	5,5	181,75	189,02	211,45	202
0,55	1,817	1,890	2,115	2,02	6,0	216,30	224,95	251,64	240
0,60	2,163	2,249	2,516	2,40	6,5	253,85	264,03	295,33	282
0,70	2,944	3,062	3,425	3,27	7,0	294,41	306,19	342,50	327
0,80	3,845	3,999	4,474	4,27	7,6	347,04	360,92	403,70	386
0,90	4,867	5,061	5,66	5,41	8,2	404,00	420,16	470	449
1,00	6,008	6,249	6,99	6,68	8,8	465,28	483,89	541	517
1,10	7,270	7,561	8,46	8,08	9,4	530,89	552,13	618	590
1,20	8,652	8,998	10,01	9,61	10,0	600,83	624,86	699	668
1,30	10,154	10,560	11,81	11,28					

Gewicht von Aluminium (Draht, Rohre).

Aluminium-Draht		Aluminium-Rohre Gewicht von 1 m in kg		
Durchmesser mm	Gewicht von 1 m g	Äußerer Durchmesser mm	Wandstärke in mm	
			0,5 kg	1 kg
0,5	0,53	5	0,0190	0,0340
1,0	2,12	6	0,0233	0,0424
1,5	4,77	8	0,0317	0,0590
2,0	8,48	10	0,0403	0,0763
2,5	13,23	12	0,0487	0,0933
3,0	19,06	15	0,0612	0,1185
3,5	25,97	20	0,0827	0,1612
4,0	33,91	25	0,1039	0,2035
4,5	42,93	30	0,1250	0,2460
5,0	53,0	35	0,1408	0,2884
5,5	64,12	40	0,1612	0,3308
6,0	76,32	45	0,1816	0,3731
6,5	89,58	50	0,2020	0,4156
7,0	103,9	55	0,2223	0,4579
7,5	119,3	60	0,2430	0,5005
8,0	135,7	65		0,5429
8,5	153,2	70		0,5825
9,0	171,7	80		0,6696
9,5	191,4			
10,0	212,0			

Gewichtstafeln für Feinbleche
der Deutschen und Dillinger Lehre. Gewicht in kg/m².

Dicke mm	Schweißeisen	Flußeisen	Flußstahl	Dicke mm	Schweißeisen	Flußeisen	Flußstahl
0,30	2,34	2,36	2,36	1,375	10,7	10,8	10,8
0,375	2,93	2,94	2,95	1,40	10,9	11,0	11,0
0,40	3,12	3,14	3,14	1,50	11,7	11,8	11,8
0,438	3,42	3,44	3,44	1,55	12,1	12,2	12,2
0,50	3,90	3,93	3,93	1,70	13,3	13,3	13,4
0,562	4,38	4,41	4,42	1,75	13,7	13,7	13,8
0,60	4,68	4,71	4,72	1,85	14,4	14,5	14,5
0,625	4,88	4,91	4,91	2,00	15,6	15,7	15,7
0,68	5,30	5,34	5,34	2,25	17,6	17,7	17,7
0,70	5,46	5,50	5,50	2,50	19,5	19,6	19,7
0,75	5,85	5,89	5,90	2,75	21,5	21,6	21,6
0,80	6,24	6,28	6,29	3,00	23,4	23,6	23,6
0,875	6,83	6,87	6,88	3,25	25,4	25,5	25,5
0,90	7,02	7,07	7,07	3,50	27,3	27,5	27,5
1,00	7,80	7,85	7,86	3,75	29,3	29,4	29,5
1,10	8,58	8,64	8,65	4,00	31,2	31,4	31,4
1,125	8,78	8,83	8,84	4,25	33,2	33,3	33,4
1,25	9,75	9,81	9,83	4,50	35,1	35,3	35,4

Tafel der gebräuchlichsten Fein- und Mittelbleche.

Weißbleche					Eisenbleche nach DIN 1542			Zinkbleche schlesische		
Dicke etwa mm	Marke	Form	Größe etwa mm	Gewicht einer Tafel etwa kg	Deutsche Blechlehre Nr.	Dicke etwa mm	Gewicht eines m² etwa kg	Nr.	Dicke etwa mm	Gewicht eines m² etwa kg
0,15	N	einfach	265/380	0,128	3	4,50	36	1	0,100	0,70
0,19	IC⁴/L		380/530	0,310	4	4,25	34	2	0,143	1,00
0,22	IC³/L		,,	0,347	5	4,00	32	3	0,186	1,30
0,24	ICLL	doppelbreit	,,	0,375	6	3,75	30	4	0,228	1,60
0,27	ICL		,,	0,445	7	3,50	28	5	0,250	1,75
0,32	IC		,,	0,510	8	3,25	26	6	0,300	2,10
0,36	IX		,,	0,590	9	3,00	24	7	0,350	2,45
0,24	DIC²/L		530/760	0,750	10	2,75	22	8	0,400	2,80
0,28	DICL		,,	0,890	11	2,50	20	9	0,450	3,15
0,31	DIC		,,	1,018	12	2,25	18	10	0,500	3,50
0,37	DIX		,,	1,178	13	2,00	16	11	0,580	4,06
0,41	DIXX		,,	1,356	14	1,75	14	12	0,660	4,62
0,46	DI³/X	vierfach	,,	1,447	15	1,50	12	13	0,740	5,18
0,52	DI⁴/X		,,	1,660	16	1,375	11	14	0,820	5,74
0,58	DI⁵/X		,,	1,840	17	1,25	10	15	0,950	6,65
0,64	DI⁶/X		,,	2,000	18	1,125	9	16	1,080	7,56
0,70	DI⁷/X		,,	2,180	19	1,00	8	17	1,210	8,47
0,80	DI⁸/X		,,	2,500	20	0,875	7	18	1,340	9,38
0,90	DI⁹/X		,,	2,779	21	0,75	6	19	1,470	10,29
1,00	DI¹⁰/X		,,	3,125	22	0,625	5	20	1,600	11,20
0,43	S	doppelbreit Ponton	435/650	0,920	23	0,562	4,5	21	1,780	12,46
0,50	²/S		,,	1,100	24	0,50	4	22	1,960	13,72
0,57	³/S		,,	1,280	25	0,438	3,5	23	2,140	14,98
0,66	⁴/S		,,	1,480	26	0,375	3	24	2,320	16,24
0,75	⁵/S		,,	1,660	27	0,3	2,4	25	2,500	17,50
								26	2,680	18,76

Gewichte von Messing-, Kupfer-, Aluminiumblechen
in kg/m².

Dicke mm	Messingblech DIN 1751	Kupferblech DIN 1752	Aluminiumblech DIN 1753	Dicke mm	Messingblech DIN 1751	Kupferblech DIN 1752	Aluminiumblech DIN 1753
0,1	0,85	0,89	—	1	8,50	8,90	2,73
0,15	1,27	1,33	—	1,1	—	—	3,00
0,2	1,70	1,78	0,55	1,2	10,20	10,68	3,28
0,22	—	1,96	—	1,3	—	—	3,55
0,25	2,12	2,22	0,68	1,4	—	—	3,82
0,28	—	2,49	—	1,5	12,75	13,35	4,09
0,3	2,55	2,67	0,82	1,8	15,30	16,02	4,91
0,35	2,97	3,11	0,96	2	17,00	17,80	5,46
0,4	3,40	3,56	1,09	2,2	—	—	6,01
0,45	3,82	4,00	1,23	2,5	21,25	—	6,83
0,5	4,25	4,45	1,37	3	25,50	—	8,19
0,6	5,10	5,34	1,64	3,5	29,75	—	9,55
0,7	5,95	6,23	1,91	4	34,00	—	10,92
0,8	6,80	7,12	2,18	4,5	—	—	12,28
0,9	7,65	8,01	2,46	5	—	—	13,65

Stahldraht (Eisendraht) gezogen
(Deutsche Millimeter-Drahtlehre) nach Din 177.

Durch-messer mm	Quer-schnitt mm²	Gewicht für 1000 m kg	Durch-messer mm	Quer-schnitt mm²	Gewicht für 1000 m kg
0,2	0,03142	0,247	1,6	2,011	15,78
0,22	0,03801	0,298	*1,7	2,270	17,82
0,23	0,04155	0,326	1,8	2,545	19,98
0,24	0,04524	0,355	*1,9	2,835	22,3
0,25	0,04909	0,385	2	3,142	24,7
0,26	0,05309	0,417	2,2	3,801	29,8
0,27	0,05726	0,449	*2,4	4,524	35,5
0,28	0,06158	0,483	2,5	4,909	38,5
0,31	0,07548	0,592	*2,6	5,309	41,7
0,34	0,09079	0,713	2,8	6,158	48,3
0,37	0,1075	0,844	*3	7,069	55,5
0,4	0,1257	0,986	3,1	7,548	59,2
0,45	0,1590	1,248	3,4	9,079	71,3
0,5	0,1963	1,541	3,8	11,34	89,0
0,55	0,2376	1,865	4,2	13,85	108,8
0,6	0,2827	2,22	4,6	16,62	130,5
*0,65	0,3318	2,60	5	19,63	154,1
0,7	0,3848	3,02	5,5	23,76	186,5
*0,75	0,4418	3,47	6	28,27	222
0,8	0,5027	3,95	6,5	33,18	260
*0,85	0,5675	4,45	7	38,48	302
0,9	0,6362	4,99	7,6	45,36	356
*0,95	0,7088	5,56	8,2	52,81	415
1	0,7854	6,17	8,8	60,82	477
1,1	0,9503	7,46	9,4	69,40	545
1,2	1,131	8,88	10	78,54	617
1,3	1,327	10,42			
1,4	1,539	12,08			
*1,5	1,767	13,87			

* Diese Durchmesser sind für Förder- und Drahtseile bestimmt und in der Deutschen Millimeter-Drahtlehre nicht enthalten.

Zulässige Abweichung vom Durchmesser:

Durchmesser	0,2—0,28	0,31—0,45	0,5—0,7	0,75—1	1,1—1,5	1,6—1,9	2—10
Abweichung ±	0,015	0,0175	0,02	0,025	0,035	0,05	0,1

Stubs Stahldraht-Buchstaben-Lehren.

Buch-staben	= Stärke in mm	Buch-staben	= Stärke in mm	Buch-staben	= Stärke in mm	Buch-staben	= Stärke in mm
A	5,943	H	6,756	O	8,026	V	9,576
B	6,045	I	6,909	P	8,204	W	9,804
C	6,147	J	7,036	Q	8,433	X	10,084
D	6,248	K	7,137	R	8,611	Y	10,262
E	6,350	L	7,366	S	8,839	Z	10,490
F	6,528	M	7,493	T	9,093		
G	6,629	N	7,671	U	9,347		

Deutsche Feinblech- und Drahtlehren[1]).

Dillinger Feinblechlehre[2])		Westfällsche Stift-Drahtlehre				Westfällsche Drahtlehre[3])	
Nr.	mm	Nr.	mm	Nr.	mm	Nr.	mm	Benennung	mm = Dicke

Nr.	mm	Nr.	mm	Nr.	mm	Nr.	mm	Benennung	mm = Dicke
0000	—	10	2,50	0000	—	10	1,40	Ketten	7,6
000	—	11	2,25	000	—	11	1,56	Schleppen	7,0
00	—	12	2,00	00	—	12	1,66	Grobrinken	6,0
0	—	13	1,85	0	—	13	1,84	Feinrinken	5,5
								Malgen	4,6
1	5,50	14	1,70	1	0,60	14	2,04	Grobmemel	4,2
2	5,00	15	1,55	2	0,68	15	2,20	Mittelmemel	3,8
2/2	—	16	1,40	2/2	—	16	2,40	Feinmemel	3,4
2/4	—	17	1,25	2/4	—	17	2,60	Klinkmemel	3,1
2/6	—	18	1,10	2/6	—	18	2,92	Natel	2,8
2/8	—	19	1,00	2/8	—	19	3,40	Mittel	2,5
3	4,50	20	0,90	3	0,76	20	3,84	Dünnmittel	2,2
3/1	—	21	0,80	3/1	—	21	4,20	3 Schilling	2,0
3/4	—	21½	0,70	3/4	—	21½	—	4 Schilling	1,8
3/7	—	22	0,60	3/7	—	22	4,65	2 Band *)	1,6
4	4,25	22½	0,50	4	0,80	22½	—	1 ,, ...	1,4
4/5	—	23	0,40	4/5	—	23	5,45	3 ,, ...	1,2
								4 ,, ...	1,1
5	4,00	24	0,30	5	0,88	24	—	5 ,, ...	1,0
5/5	—	25	—	5/5	—	25	7,0	6 ,, ...	0,9
6	3,50	26	—	6	1,00	26	7,6	7 ,, ...	0,8
7	3,25	27	—	7	1,12	27	8,8	ord. Münst. od. 1 Blei	0,7
8	3,00	28	—	8	1,20	28	9,4	fein Münst. od. 2 Blei	0,65
9	2,75	29	—	9	1,30	29	10,0	Gattung oder 3 Blei	0,6
								4 Blei	0,5
								5 ,,	0,45
								6 ,,	0,4
								7 ,,	0,37
								8 ,,	0,34
								10 ,,	0,31
								12 ,,	0,28
								14 ,,	0,26
								16 ,,	0,24
								18 ,,	0,22

*) Band 2 und 1 werden in anderen Tafeln vielfach irrig in umgekehrter Reihenfolge mit verwechselter Dickenbezeichnung angeführt.

Französische Feinblech- und Drahtlehre[4]).

Nr.	mm	Nr.	mm	Nr.	mm	Nr.	mm	Nr.	mm	Nr.	mm	Nr.	mm		
30	10	26	7,6	22	5,4	18	3,4	14	2,2	10	1,5	6	1,1	2	0,7
29	9,4	25	7	21	4,9	17	3	13	2	9	1,4	5	1	1	0,6
28	8,8	24	6,4	20	4,4	16	2,7	12	1,8	8	1,3	4	0,9		
27	8,2	23	5,9	19	3,9	15	2,4	11	1,6	7	1,2	3	0,8		

P.0	0,50	P.6	0,28	P.12	0,18
P.1	0,46	P.7	0,27	P.13	0,17
P.2	0,42	P.8	0,25	P.14	0,16
P.3	0,37	P.9	0,23	P.15	0,15
P.4	0,34	P.10	0,22		
P.5	0,30	P.11	0,20		

Englische Normallehren für Bleche und Drähte.

In Großbritannien sind als Normen maßgebend die Standard Wire Gange (S.W.G.), festgelegt am 23. 10. 1883, und die Birmingham Gange (B.G.), festgelegt am 16. 7. 1914. Es sind noch eine Anzahl anderer Lehren in Gebrauch; die beiden genannten sind aber die einzigen gesetzlichen.

S.W.G. ist identisch mit der in Amerika gebräuchlichen Imperial wire gange, wo auch die B.G. in Verwendung ist (Standard Birmingham Sheet and Hoops) (Maße siehe Seite 161).

[1]) Vom Deutschen Normenausschuß genormt: Blechlehren in DIN 1542 (siehe Seite 158) und Drahtlehren in DIN 177 (siehe Seite 159).

Vielfach ist in Deutschland auch noch die Englische Lehre (B.W.G. = Birmingham wire gange) für Bleche, Draht und Bandeisen in Gebrauch (siehe Seite 161).

[2]) Dillinger Lehre benutzen die Werke von Dillingen und Hayange.

[3]) Westfällische Drahtlehre (älteste Lehre) nur noch in der Gegend von Altena und Iserlohn üblich.

[4]) Französische Drahtlehre (Jauge de Paris, 1857) in Frankreich allgemein für Draht und Drahtstifte, in Deutschland für Drahtstifte, in Süddeutschland meist auch für Draht.

Blech- und Drahtlehren.

In den Vereinigten Staaten von Amerika gebräuchlich. Maße in mm.

Nr.	Washburn & Moen Steel Wire	American or Brown & Sharpe	Birmingham or Stubbs Iron Wire and Sheets	U. S. Standard for Sheet Iron and Steel	Stubbs Steel Wire	Imperial Wire Gage	Morse Twist Drill and Steel Wire	Wood and Machine Screws	Music Wire Gage	Standard Birmingham Sheet and Hoops	Trenton Iron Co
7/0	12,446	—		12,700	—	12,700	—	—	—	16,932	—
6/0	11,748	—		11,913	—	11,786	—	—	—	15,876	—
5/0	10,935	—	—	11,126	—	10,973	—	—	—	14,943	11,430
4/0	10,003	11,684	11,532	10,313	—	10,160	—	—	—	13,757	10,160
3/0	9,208	10,404	10,795	9,525	—	9,449	—	0,081	—	12,700	9,144
2/0	8,408	9,266	9,652	8,738	—	8,840	—	1,143	0,022	11,309	8,382
0	7,785	8,253	8,636	7,950	—	8,230	—	1,473	0,023	10,069	7,747
1	7,188	7,348	7,620	7,138	5,766	7,620	5,791	1,803	0,025	8,972	7,239
2	6,668	6,543	7,214	6,757	5,563	7,011	5,614	2,134	0,028	7,994	6,731
3	6,190	5,827	6,579	6,350	5,385	6,401	5,410	2,464	0,030	7,122	6,223
4	5,723	5,189	6,045	5,944	5,528	5,893	5,309	2,794	0,033	6,350	5,715
5	5,258	4,620	5,588	5,563	5,182	5,385	5,220	3,150	0,036	5,652	5,207
6	4,877	4,115	5,156	5,156	5,106	4,877	5,182	3,480	0,041	5,032	4,826
7	4,496	3,665	4,572	4,496	5,055	4,471	5,106	3,810	0,046	4,481	4,445
8	4,115	3,264	4,191	4,369	5,004	4,064	5,055	4,140	0,051	3,988	4,064
9	3,767	2,906	3,759	3,963	4,928	3,658	4,979	4,471	0,056	3,551	3,683
10	3,429	2,588	3,404	3,582	4,852	3,251	4,915	4,801	0,061	3,175	3,302
11	3,061	2,304	3,048	3,175	4,775	2,947	4,852	5,156	0,066	2,827	2,985
12	2,680	2,055	2,769	2,769	4,699	2,642	4,801	5,487	0,071	2,517	2,667
13	2,324	1,829	2,413	2,388	4,623	2,337	4,699	5,817	0,076	2,240	2,357
14	2,032	1,628	2,108	1,981	4,572	2,032	4,623	6,147	0,081	1,994	2,032
15	1,829	1,450	1,829	1,778	4,521	1,829	4,572	6,477	0,086	1,776	1,778
16	1,588	1,290	1,651	1,588	4,445	1,626	4,496	6,807	0,091	1,588	1,549
17	1,372	1,151	1,473	1,430	4,369	1,422	4,394	7,163	0,097	1,412	1,334
18	1,207	1,024	1,245	1,270	4,267	1,219	4,305	7,493	0,102	1,257	1,143
19	1,041	0,912	1,067	1,113	4,166	1,016	4,217	7,823	0,107	1,118	1,016
20	0,884	0,813	0,889	0,953	4,090	0,914	4,090	8,154	0,112	0,996	0,889
21	0,805	0,724	0,813	0,874	3,988	0,813	4,039	8,484	0,117	0,886	0,787
22	0,726	0,645	0,711	0,795	3,937	0,711	3,988	8,814	0,122	0,795	0,711
23	0,655	0,574	0,635	0,714	3,886	0,610	3,912	9,144	0,130	0,706	0,635
24	0,584	0,511	0,559	0,635	3,836	0,559	3,860	9,500	0,140	0,630	0,572
25	0,518	0,455	0,508	0,556	3,759	0,508	3,797	9,830	0,150	0,559	0,508
26	0,460	0,404	0,457	0,476	3,709	0,457	3,734	10,160	0,160	0,498	0,457
27	0,439	0,361	0,406	0,437	3,632	0,417	3,658	10,491	0,170	0,445	0,432
28	0,411	0,320	0,356	0,396	3,531	0,376	3,564	10,821	0,180	0,396	0,406
29	0,381	0,287	0,330	0,358	3,404	0,345	3,455	11,151	0,189	0,353	0,381
30	0,356	0,254	0,305	0,318	3,226	0,315	3,264	11,507	0,198	0,312	0,356
31	0,335	0,226	0,254	0,277	3,048	0,295	3,048	11,837	0,208	0,279	0,330
32	0,325	0,201	0,229	0,257	2,921	0,274	2,921	12,167	0,218	0,249	0,305
33	0,300	0,180	0,203	0,239	2,845	0,254	2,870	12,497	0,229	0,221	0,279
34	0,264	0,160	0,178	0,218	2,794	0,234	2,820	12,827	0,239	0,196	0,254
35	0,241	0,142	0,127	0,198	2,743	0,213	2,794	13,158	0,249	0,175	0,241
36	0,229	0,127	0,102	0,178	2,693	0,193	2,705	13,513	0,259	0,155	0,229
37	0,216	0,112	—	0,168	2,616	0,173	2,642	13,844	0,269	0,137	0,216
38	0,203	0,102	—	0,160	2,565	0,152	2,578	14,174	0,284	0,122	0,203
39	0,190	0,089	—		2,515	0,132	2,527	14,504	0,300	0,109	0,190
40	0,178	0,079	—		2,464	0,122	2,489	14,834	0,318	0,099	0,178
41	0,168				2,414	0,112	2,438	15,164	—	0,086	—
42	0,157				2,337	0,102	2,375	15,500	—	0,079	—

Nr.	Morse	Nr.	Morse	Nr.	Morse
52	1,613	62	0,965	72	0,635
53	1,511	63	0,940	73	0,610
54	1,397	64	0,914	74	0,572
55	1,321	65	0,889	75	0,533
56	1,181	66	0,838	76	0,508
57	1,092	67	0,813	77	0,457
58	1,067	68	0,787	78	0,406
59	1,041	69	0,744	79	0,368
60	1,016	70	0,711	80	0,343
61	0,991	71	0,660		

Nr.	Washburn	American	Birmingham		Stubbs	Imperial	Morse	Wood	Music	Standard Birm.	Trenton
43	0,152				2,235	0,091	2,260	15,850	—	0,069	—
44	0,147				2,159	0,081	2,184	16,180	—	0,061	—
45	0,140				2,057	0,071	2,083	16,511	—	0,056	—
46	0,132				2,007	0,061	2,057	16,841	—	0,048	—
47	0,127				1,956	0,051	1,994	17,171	—	0,043	—
48	0,122				1,905	0,041	1,930	17,527	—	0,038	—
49	0,117				1,829	0,030	1,854	17,857	—	0,033	—
50	0,112				1,753	0,025	1,778	18,187	—	0,030	—
51					—	—	1,702	—	—	—	—

Schuchardt & Schütte, Hilfsbuch. 7. A.

Gewicht und Leitungswiderstand von Kupferdrähten bei 15° C.

Spezifisches Gewicht = 8,9; spezifischer Leitwiderstand c bei 20° C = 0,01784 Ohm;

$$\text{Leitungswiderstand} = \frac{0{,}01784 \cdot \text{Länge (in m)}}{\text{Querschnitt (in mm}^2\text{)}}.$$

Durch-messer mm	Quer-schnitt mm²	Gewicht für 1 m g	Widerstand für 1 m Ohm	Durch-messer mm	Quer-schnitt mm²	Gewicht für 1 m g	Widerstand für 1 m Ohm
0,37	0,108	0,957	0,164	2,3	4,155	36,98	0,00426
0,45	0,159	1,416	0,111	2,8	6,158	54,81	0,00287
0,5	0,196	1,748	0,0903	3,2	8,04	71,59	0,00220
0,6	0,283	2,510	0,0625	3,6	10,18	90,60	0,00174
0,7	0,385	3,426	0,0460	4,0	12,57	111,9	0,00141
0,8	0,503	4,474	0,0352	4,4	15,21	135,4	0,00116
1,0	0,785	6,991	0,0225	5,1	20,43	181,8	0,000866
1,2	1,131	10,07	0,0156	5,7	25,52	217,1	0,000694
1,4	1,539	13,7	0,0115	6,5	33,18	295,4	0,000533
1,8	2,545	22,65	0,00695	8,0	50,77	447,4	0,000349

Beispiel: Durchmesser = 0,8 mm;

$$\text{Querschnitt} = \frac{3{,}14 \cdot 0{,}8^2}{4}\ \text{mm}^2 = 0{,}503\ \text{mm}^2\ \text{(siehe S. 2)};$$

$$\text{Leitungswiderstand} = \frac{0{,}01784 \cdot 1}{0{,}503}\ \text{Ohm} = 0{,}0355\ \text{Ohm}.$$

Gewichte und Bruchfestigkeit von Seilen.

Drahtseile.

Durch-messer mm	Arbeitslast bei 6facher Sicherheit			Gewicht auf 1 m Länge kg	Durch-messer mm	Arbeitslast bei 6facher Sicherheit			Gewicht auf 1 m Länge kg
	Eisen-draht geglüht kg	Eisen-draht blank kg	Guß-stahl-draht kg			Eisen-draht geglüht kg	Eisen-draht blank kg	Guß-stahl-draht kg	
9	150	200	450	0,22	19	740	1000	2250	1,10
10	175	250	520	0,26	20	800	1050	2400	1,20
11	210	280	620	0,31	21	880	1100	2650	1,30
12	260	370	820	0,40	22	960	1250	2850	1,45
13	315	430	950	0,46	23	1050	1400	3100	1,60
14	380	500	1100	0,52	24	1120	1500	3300	1,70
15	440	670	1450	0,70	25	1200	1600	3500	1,85
16	500	775	1650	0,82					
17	575	840	1800	0,86					
18	680	950	2100	1,05					

Sind die Seiltrommeln im Durchmesser kleiner als das 20fache des Seildurchmessers, so ist eine geringere Beanspruchung in die Berechnung aufzunehmen.

Hanfseile.

Durch-messer mm	Arbeitslast bei 8facher Sicherheit kg	Gewicht auf 1 m Länge kg	Durch-messer mm	Arbeitslast bei 8facher Sicherheit kg	Gewicht auf 1 m Länge kg
10	70	0,08	30	610	0,72
12	100	0,12	35	825	0,95
15	150	0,18	40	1100	1,20
18	225	0,26	45	1400	1,60
20	275	0,33	50	1700	1,90
23	360	0,42	60	2400	2,80
25	450	0,52	70	3400	4,00

Lastketten.

a) Bergwerks-, Schiffs- und Krankketten

der „Hansa", Kettenfabrik und Hammerwerk, G. m. b. H., Dortmund.

Eisen-stärke	Un-gefähres Gewicht für 100 m	Zulässige Belastung	Eisen-stärke	Un-gefähres Gewicht für 100 m	Zulässige Belastung	Eisen-stärke	Un-gefähres Gewicht für 100 m	Zulässige Belastung
mm	kg	kg	mm	kg	kg	mm	kg	kg
5	60	250	28	1850	7 810	52	6 200	26 990
6	80	360	29	1950	8 300	53	6 450	28 040
6½	90	400	30	2100	9 000	54	6 650	29 100
7	110	490	31	2230	9 600	55	6 780	30 190
8	140	640	32	2300	10 260	56	7 100	31 300
9	180	810	33	2500	10 890	57	7 400	32 430
10	230	1000	34	2750	11 550	58	7 520	33 580
11	270	1210	35	2900	12 225	59	7 840	34 750
12	320	1440	36	3000	12 960	60	8 200	35 930
13	380	1690	37	3300	13 670	61	8 400	37 150
14	440	1960	38	3400	14 420	62	8 770	38 370
15	510	2250	39	3520	15 185	63	9 000	39 600
16	600	2560	40	3600	16 030	64	9 250	40 880
17	700	2900	41	3800	16 840	65	9 570	42 170
18	730	3240	42	4000	17 660	66	9 980	43 460
19	810	3600	43	4300	18 460	67	10 200	44 800
20	900	4000	44	4600	19 325	68	10 600	46 150
21	1000	4400	45	4750	20 250	69	10 950	47 500
22	1100	4840	46	4950	21 120	70	11 200	48 910
23	1200	5300	47	5100	22 040	71	11 500	50 300
24	1300	5760	48	5400	23 050	72	11 880	51 725
25	1400	6260	49	5600	23 960	73	12 000	53 170
26	1600	6760	50	5800	24 950	74	12 400	54 035
27	1740	7280	51	5950	25 970	75	12 840	56 125

b) Gallsche Gelenkketten.

Trag-fähig-keit	Tei-lung	Breite	Ge-wicht für 1 m	Trag-fähig-keit	Tei-lung	Breite	Ge-wicht für 1 m	Trag-fähig-keit	Tei-lung	Breite	Ge-wicht für 1 m
kg	mm	mm	kg	kg	mm	mm	kg	kg	mm	mm	kg
100	15	23	0,7	3 000	50	88	11,5	12 500	85	182	46
250	20	28	1	4 000	55	108	16,5	15 000	90	190	51
500	25	38	2	5 000	60	115	19	17 500	95	218	55
750	30	45	2,7	6 000	65	125	25	20 000	100	225	62
1000	35	48	3,8	7 500	70	150	32	25 000	110	240	69
1500	40	56	5	8 500	75	155	34	30 000	125	300	112
2000	45	65	7,1	10 000	80	160	37				

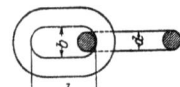

Ketten nach DIN
(aufgestellt vom Deutschen Kettenverband).

Förderketten nach DIN 670.

Durch-messer d	Innere Breite b	Innere Länge l	Gewicht[1]) für 1 m kg	Durch-messer d	Innere Breite b	Innere Länge l	Gewicht[1]) für 1 m kg
16	24	56	5,2	24	36	84	12
18	27	63	6,5	26	39	91	14,5
20	30	70	8,2	28	42	98	16,5
22	33	77	10	30	45	105	19

[1]) Die angegebenen Gewichte sind unverbindlich.
Bei Bestellung ist die Länge in m anzugeben, z. B. 800 m Förderkette 20 DIN 670.
Die Nutzkraft für unkalibrierte Förderketten nach obenstehender Zahlentafel darf bei ruhiger Last 6 kg je mm² Querschnitt betragen. Voraussetzung ist, daß keine Formänderungen der Glieder vorkommen, die eine Anpassung an den verzahnten Kettenscheiben behindern.
Sämtliche Ketten sind auf die zweifache Nutzzugkraft zu prüfen. Für Ketten, die unter ungünstigen Verhältnissen, z. B. bei stoßweisem Betrieb und mit größerer Geschwindigkeit arbeiten, ist die Nutzzugkraft entsprechend zu ermäßigen.
Werkstoff: Flußstahl. Puddelstahl (nur auf besondere Bestellung).

Kalibrierte Ketten für Hebezeuge nach DIN 671.

Durchmesser d	Innere Breite b	Innere Länge[1]) l	Nutzzugkraft nur für Handbetrieb[3]) kg	Gewicht[2]) für 1 m kg	Verwendung
5	8	18,5	175	0,5	Handketten
6	8	18,5	250	0,72	
7	8	22	350	1	
8	9,5	24	500	1,3	
9,5	11	27	750	1,9	
11	13	31	1000	2,7	Lastketten
13	16	36	1500	3,75	
16	19	45	2500	5,8	
19	23	53	3500	8	
23	28	64	5000	12	

Unkalibrierte Ketten für Hebemaschinen nach DIN 672.

Durch-messer d	Innere Breite b	Innere Länge l	Nutzzug-kraft[4]) kg	Gewicht[2]) für 1 m kg	Durch-messer d	Innere Breite b	Innere Länge l	Nutzzug-kraft[4]) kg	Gewicht[2]) für 1 m kg
7	10	22	350	1,1	24	36	67	5500	13
8	12	24	500	1,35	27	40	75	6750	17
9,5	14	27	750	2	30	45	84	8500	21
11	17	31	1000	2,7	33	49	92	10500	25
13	20	36	1500	3,8	36	54	100	12250	30
16	24	45	2500	6	40	60	110	15100	36
19	29	53	3500	8,1	44	66	120	18500	45
22	34	62	4500	11					

[1]) Für elektrisch geschweißte Ketten ist eine Abweichung von ± 0,25 vH für die innere Länge jedes einzelnen Gliedes zulässig. Die zulässige Abweichung der inneren Länge von handgeschweißten Kettengliedern ist mit dem Hersteller zu vereinbaren.
[2]) Die angegebenen Gewichte sind unverbindlich.
Die Ketten sind in ihrer ganzen Länge auf die 2fache Nutzzugkraft zu prüfen. Bei Abnahme ist den Ketten alle 50 m ein Probestück zur Prüfung der Bruchlast zu entnehmen. Bruchlast $\geq 4 \times$ Nutzzugkraft.
[3]) Der beim Senken durch Verzögerung entstehende Massendruck darf einschließlich der durch das Gewicht der ruhenden Last erzeugten Zugkraft nicht die in der Zahlentafel angegebene Nutzzugkraft überschreiten.
[4]) Unter ungünstigen Verhältnissen, z. B. bei stoßweisem Betriebe, müssen die angegebenen Werte für die Nutzzugkraft auf die Hälfte ermäßigt werden.
Werkstoff: Flußstahl, bei den kal. Ketten auf besondere Bestellung auch Puddelstahl.

Flußstahlrohre.

Gasrohre nach DIN 2440 und **Dampfrohre** (dickwandige Gasrohre) nach DIN 2441.

Vornormen.

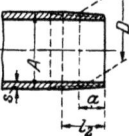 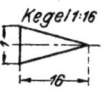 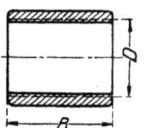

Handelsübliche Nennweite Zoll	Zugehörige Nennweite der Armaturen und Formstücke nach DIN 2402	Rohr					Gewinde		Muffe
		Außendurchmesser ≈ A	Gasrohre		Dampfrohre		Theoretischer Gewindedurchmesser D	Gangzahl auf 1 Zoll	Mindestlänge B
			Wanddicke ≈ s	Errechnetes Gewicht des glatten Rohres kg/m	Wanddicke ≈ s	Errechnetes Gewicht des glatten Rohres kg/m			
1/8″	6	10	2	0,39	2,5	0,46	9,729	28	20
1/4″	8	13,25	2,25	0,61	2,75	0,71	13,158	19	25
3/8″	10	16,75	2,25	0,80	2,75	0,95	16,663	19	30
1/2″	13	21,25	2,75	1,25	3,25	1,44	20,956	14	35
3/4″	20	26,75	2,75	1,63	3,5	2,01	26,442	14	40
1″	25	33,5	3,25	2,42	4	2,91	33,250	11	45
1 1/4″	32	42,25	3,25	3,13	4	3,77	41,912	11	50
1 1/2″	40	48,25	3,5	3,86	4,25	4,61	47,805	11	55
2″	50	60	3,75	5,20	4,5	6,16	59,616	11	60
2 1/4″	60	66	3,75	5,76	4,5	6,83	65,712	11	65
2 1/2″	70	75,5	3,75	6,64	4,5	7,88	75,187	11	65
3″	80	88,25	4	8,31	4,75	9,78	87,887	11	70
3 1/2″	90	101	4,25	10,14	5	11,84	100,334	11	80
4″	100	113,5	4,25	11,45	5	13,88	113,034	11	85
4 1/2″	110	126,5	4,25	12,81	5,5	16,41	125,735	11	85
5″	125	139	4,5	14,93	5,5	18,11	138,435	11	90
5 1/2″	140	152	4,5	16,37	5,5	19,87	151,136	11	100
6″	150	164,5	4,5	17,76	5,5	21,56	163,836	11	100

Gewindeform nach DIN 259.
Gewindedurchmesser D wird im Abstande a vom Rohrende über die Gewindespitzen gemessen.
Die beiden letzten Gewindegänge dürfen an der Spitze unvollkommen sein.
Maße a und l_2 (nutzbare Gewindelänge) siehe DIN 2999 „Whitworth Rohrgewinde für Fittinganschlüsse".

Ausführung: Nahtlos von Nennweite 1/8″ bis einschl. 6″ } schwarz, verzinkt, asphaltiert, asphalt. u. bejutet { Bei Bestellung besonders anzugeben
Stumpfgeschweißt von NW 1/8″ bis einschl. 6″

Werkstoff: Flußstahl St 00. (Weitere Angaben folgen später.) Spez. Gewicht zu 7,85 kg/dm³ angenommen.
Lieferart: Handelsüblich werden Gasrohre in wechselnden Herstellungslängen nach laufenden Metern, mit kegeligem Gewinde an beiden Enden und einer aufgeschraubten Muffe geliefert. Werden Gasrohre ohne Gewinde oder ohne Muffe gewünscht, so ist dies bei Bestellung besonders anzugeben. Abweichungen des Gewindekegels bis 1 : 32 sind zulässig.
Kaltwasserprobedruck: 15 kg/cm² für Gasrohre, 25 kg/cm² für Dampfrohre.

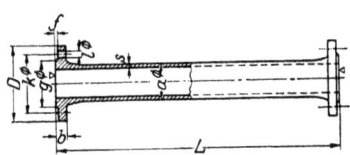

Gußeiserne Flanschenrohre für Nenndruck 10.

Betriebsdruck: W 10, nach DIN 2422.

Maße in mm.

Nennweite	Rohr		Flansch			Schrauben			Arbeitsleiste		Gewicht	
	Durchmesser	Wanddicke	Durchmesser	Dicke	Lochkreisdurchmesser	Anzahl	Gewinde	Lochdurchmesser	Durchmesser	Höhe	von 1 m Rohr ohne Flansch	eines Flanschenrohres von Lagerlänge $L=30\,0$
NW	a	s	D	b	k			l	g	f	kg/m	kg
40	55	7,5	150	18	110	4	⁵/₈"	18	88	3	8,11	27,909
50	65	7,5	165	20	125	4	⁵/₈"	18	102	3	9,82	34,352
60	76	8	175	20	135	4	⁵/₈"	18	112	3	12,39	42,44
70	86	8	185	20	145	4	⁵/₈"	18	122	3	14,21	48,353
80	97	8,5	200	22	160	4	⁵/₈"	18	138	3	17,13	58,922
90	107	8,5	210	22	170	8	⁵/₈"	18	148	3	19,07	65,040
100	118	9	220	22	180	8	⁵/₈"	18	158	3	22,34	75,239
110	128	9	230	22	190	8	⁵/₈"	18	168	3	24,39	81,933
125	144	9,5	250	24	210	8	⁵/₈"	18	188	3	29,10	98,457
(140)	159	9,5	265	24	225	8	⁵/₈"	18	202	3	32,35	109,091
150	170	10	285	24	240	8	³/₄"	22	212	3	36,66	123,466
(160)	180	10	295	24	250	8	³/₄"	22	222	3	38,72	130,300
175	197	11	315	26	270	8	³/₄"	22	242	3	46,60	157,250
200	222	11	340	26	295	12	³/₄"	22	268	3	52,86	177,401
225	249	12	370	26	325	12	³/₄"	22	295	3	65,14	217,343
250	274	12	395	28	350	12	³/₄"	22	320	3	71,67	240,078
275	299	12	420	28	375	12	³/₄"	22	345	4	78,44	261,814
300	326	13	445	28	400	12	³/₄"	22	370	4	92,68	305,484
(325)	351	13	475	30	430	16	³/₄"	22	400	4	100,08	334,205
350	378	14	505	30	460	16	³/₄"	22	430	4	116,07	384,772
(375)	403	14	540	32	490	16	⁷/₈"	25	456	4	124,04	416,846
400	428	14	565	32	515	16	⁷/₈"	25	482	4	132,01	443,403
450	480	15	615	32	565	20	⁷/₈"	25	532	4	158,87	526,607
500	532	16	670	34	620	20	⁷/₈"	25	585	4	188,04	625,331
550	582	16	730	36	675	20	1"	30	635	4	206,27	693,927
600	634	17	780	36	725	20	1"	30	685	5	238,91	794,803
700	738	19	895	40	840	24	1"	30	800	5	311,15	1043,321
800	842	21	1015	44	950	24	1¹/₈"	33	905	5	392,69	1330,183
900	946	23	1115	46	1050	28	1¹/₈"	33	1005	5	485,18	1627,059
1000	1048	24	1230	50	1160	28	1¹/₄"	36	1110	5	559,76	1905,509
1100	1152	26	1340	52	1270	32	1¹/₄"	36	1220	5	666,80	2261,900
1200	1256	28	1455	56	1380	32	1³/₈"	40	1330	5	783,15	2673,950

Rohrwanddicke s und Rohraußendurchmesser a sind Richtmaße. Sie lehnen sich eng an die Normen von 1882 an, so daß der Weiterverwendung vorhandener Modelle nach dieser Norm nichts im Wege steht.

Spez. Gewicht zu 7,25 kg/dm³ angenommen.

Lagerlänge bis NW 175 2 und 3 m, ab NW 200 3 und 4 m. Flanschenrohre größerer Nennweiten können auch bis zu 5 m Länge geliefert werden.

Halbrohe Sechskantschrauben mit Mutter nach DIN 418, Ausführung B.

Kennfarben für Rohrleitungen nach DIN 2403.

Kennfarbe[1])	Kennzeichnung der Rohrleitungen[2])	
rot — Dampf	rot — Sattdampf rot | weiß | rot — Heißdampf	rot | grün | rot — Abdampf
grün — Wasser	grün — Trinkwasser grün | weiß | grün — Warmwasser grün | rot | grün — Preßwasser / Speisewasser	grün | orange | grün — Salzwasser grün — Spülversatz grün | schwz | grün — Schmutzwasser / Abwasser
blau — Luft	blau — Gebläseluft blau | weiß | blau — Heißluft	blau | rot | blau — Preßluft
gelb — Gas	gelb — Gichtgas (Hochofeng. Schmelzofeng.) gereinigt gelb | schwz | gelb — Gichtgas (Hochofeng. Schmelzofeng.) roh gelb | blau | gelb — Generatorgas gelb | rot | gelb — Stadtgas (Leuchtgas) Koksöfengas	gelb | weiß | gelb — Azetylengas gelb | grün | gelb — Wassergas gelb | braun | gelb — Ölgas
orange — Säure	orange — Säure	orange | rot | orange — Säure konzentriert
lila — Lauge	lila — Lauge	lila | rot | lila — Lauge konzentriert
braun — Öl	braun — Öl braun | gelb | braun — Gasöl	braun | schwz | braun — Teeröl
schwarz — Teer	schwarz — Teer	
grau — Vakuum	grau — Vakuum	

[1]) Die Angabe gilt als Richtlinie für das Anreiben der streichfertigen Farben.
[2]) Gilt nur für fertig verlegte Rohrleitungen. Jedem Betriebe ist überlassen, die Rohrleitungen in ihrer ganzen Länge mit der Kennfarbe zu streichen oder die Kennzeichnung durch Anhängeschilder, farbige Bänder, farbige Pfeile — die gleichzeitig die Durchflußrichtung angeben — oder auf andere Weise vorzunehmen.

Für Rohrleitungspläne sind die Kennfarben nach Spalte 1 zu wählen. Dem Verwendungszweck entsprechende Unterscheidungen werden durch hellere oder dunklere Tönung der Kennfarben gemacht. Diese sind durch eine Farbtafel auf den Rohrleitungsplänen zu erläutern.

Den Firmen bleibt überlassen, Druckangaben durch Anbringen mehrerer farbige Striche zu kennzeichnen und diese Maßnahme entsprechend zu erläutern.

Oktober 1926.   Fachnormenausschuß für Rohrleitungen.

Handelsübliche, nahtlos gezogene Messingrohre (Ms 60)
nach DIN 1755.

Außen-durch-messer	Innendurchmesser in mm und Gewicht in kg (spez. Gew. = 8,5)														
mm	mm	kg	mm	kg	mm	kg	mm	kg	mm	kg	mm	kg	mm	kg	mm	kg
5			4	0,06	3,5	0,08	3	0,11	2	0,14						
6			5	0,07	4,5	0,10	4	0,13	3	0,18						
7			6	0,09	5,5	0,13	5	0,16	4	0,22						
8			7	0,10	6,5	0,15	6	0,19	5	0,26						
9			8	0,11	7,5	0,17	7	0,21	6	0,30						
10			9	0,13	8,5	0,19	8	0,24	7	0,34						
11			10	0,14	9,5	0,21	9	0,27	8	0,38						
12					10,5	0,23	10	0,29	9	0,42	8	0,53				
13							11	0,32	10	0,46	9	0,59				
15							13	0,37	12	0,54	11	0,69				
16							14	0,40	13	0,58						
17							15	0,43	14	0,62						
18							16	0,45	15	0,66	14	0,85				
19							17	0,48	16	0,70						
20	19,2	0,21					18	0,51	17	0,74	16	0,96	15	1,17		
22							20	0,56	19	0,82	18	1,07	17	1,30		
25	24,2	0,26					23	0,64	22	0,94	21	1,23	20	1,50		
28							26	0,72	25	1,06	24	1,39	23	1,70		
30	29,2	0,32					28	0,77	27	1,14	26	1,50	25	1,84		
32							30	0,83	29	1,22	28	1,60	27	1,97	26	2,32
35	34,2	0,37					33	0,91	32	1,34	31	1,76	30	2,17	29	2,56
38							36	0,99	35	1,46	34	1,92	33	2,37	32	2,80
40	39,2	0,43					38	1,04	37	1,54	36	2,03	35	2,50	34	2,96
42							40	1,09	39	1,62	38	2,14	37	2,64	36	3,12
45							43	1,17	42	1,74	41	2,30	40	2,84	39	3,36
50							48	1,31	47	1,94	46	2,56	45	3,17	44	3,77
54							52	1,42			50	2,78	49	3,44	48	4,09
60							58	1,57			56	3,10	55	3,84	54	4,57
70							68	1,84			66	3,63	65	4,51	64	5,37
80							78	2,11			76	4,17	75	5,17	74	6,17
Wanddicke mm	0,4		0,5		0,75		1		1,5		2		2,5		3	

Die zulässige Abweichung für Außen- und Innendurchmesser beträgt: bis 10 $\pm 0,08$, über 10 bis 18 $\pm 0,10$, über 18 bis 30 $\pm 0,12$, über 30 bis 50 $\pm 0,15$, über 50 bis 80 $\pm 0,20$ mm.

Die Exzentrizität darf eine Abweichung der Wanddicke bis zu ± 10 vH vom Nennmaß der Wanddicke betragen.

Genauigkeits=Messingrohre.

Für feinmechanische Werkstätten als Normalskala aufgestellt vom VIII. Deutschen Mechanikertag 1897.

Tafel A.

Rohre mit einer Wandstärke von 0,75 mm, bei welchen nach geringem Überpolieren sich das jeweilig dünnere Rohr in das nächstfolgende gut passend einschieben soll:

Nr.	Bezeichnung	Außenmaße mm	Innenmaße mm	Nr.	Bezeichnung	Außenmaße mm	Innenmaße mm
1	100 A.	11,5	10,0	14	295 A.	31,0	29,5
2	115 „	13,0	11,5	15	310 „	32,5	31,0
3	130 „	14,5	13,0	16	325 „	34,0	32,5
4	145 „	16,0	14,5	17	340 „	35,5	34,0
5	160 „	17,5	16,0	18	355 „	37,0	35,5
6	175 „	19,0	17,5	19	370 „	38,5	37,0
7	190 „	20,5	19,0	20	385 „	40,0	38,5
8	205 „	22,0	20,5	21	400 „	41,5	40,0
9	220 „	23,5	22,0	22	415 „	43,0	41,5
10	235 „	25,0	23,5	23	430 „	44,5	43,0
11	250 „	26,5	25,0	24	445 „	46,0	44,5
12	265 „	28,0	25,6	25	460 „	47,5	46,0
13	280 „	29,5	28,0				

Tafel B.

Rohre, bei welchen mit zunehmendem Durchmesser die Wandstärke wächst, und welche nach Bearbeitung durch Überdrehen auf die Maße der Rohre Nr. 1—25 der Tafel A gebracht und für diese passend gemacht werden können:

Nr.	Bezeichnung	Außenmaße mm	Innenmaße mm	Wandstärke mm	Nr.	Bezeichnung	Außenmaße mm	Innenmaße mm	Wandstärke mm
1a	100 B.	11,7	10,0	0,85	14a	295 B.	31,3	29,5	0,9
2a	115 „	13,2	11,5	0,85	15a	310 „	32,8	31,0	0,9
3a	130 „	14,7	13,0	0,85	16a	325 „	34,3	32,5	0,9
4a	145 „	16,2	14,5	0,85	17a	340 „	35,8	34,0	0,9
5a	160 „	17,7	16,0	0,85	18a	355 „	37,3	35,5	0,9
6a	175 „	19,2	17,5	0,85	19a	370 „	38,8	37,0	0,9
7a	190 „	20,7	19,0	0,85	20a	385 „	40,3	38,5	0,9
8a	205 „	22,2	20,5	0,85	21a	400 „	41,9	40,0	0,95
9a	220 „	23,7	22,0	0,85	22a	415 „	43,4	41,5	0,95
10a	235 „	25,2	23,5	0,85	23a	430 „	44,9	43,0	0,95
11a	250 „	26,8	25,0	0,9	24a	445 „	46,4	44,5	0,95
12a	265 „	28,3	26,5	0,9	25a	460 „	47,9	46,0	0,95
13a	280 „	29,8	28,0	0,9					

Niete (Übersicht).

Halbrundniete		Halb-versenkniete	Senkniete	Linsen-senkniete
für Kesselbau DIN 123	für Eisenbau DIN 124	DIN 301	DIN 302	DIN 303

Rohnietdurchmesser d: 10 13 16 22 25 28 31 34 37 40 43

Halbrundniete	Halbrundniete mit großem Kopf	Senkniete	Senkniete mit großem Kopf
DIN 660	DIN 663	DIN 661	DIN 664

Rohnietdurchmesser d: 1 1,2 1,4 1,7 2 2,3 2,6 3 3,5 4 5 6 7 8 9

Linsenniete	Linsenniete mit großem Kopf	Flachrundniete mit großem Kopf
DIN 662	DIN 673	DIN 674

Rohnietdurchmesser d: 1,6 1,8 2 2,2 2,5 2,7 3 3,3 3,6 3,9 4,2 4,5 4,9 5,3 5,8 6,2 6,5 6,9 7,2 7,6 8 8,4

Riemenniete
DIN 675

Rohnietdurchmesser d: 2,5 2,8 3,2 3,5 3,8 4 4,2 4,5 4,8 5 5,2 6 6,2 6,5

Sinnbilder für Niete bei Eisenkonstruktionen

nach DIN 407.

Durchmesser des fertig geschlagenen Nietes in mm	11	14	17	20	23	26	29	32	35	38	41	44
Sinnbild	+	●	⊕	⊕	⊘	⊛	⊕²⁹	⊕³²	⊕³⁵	⊕³⁸	⊕⁴¹	⊕⁴⁴

Für geschlagene Niete unter 29 mm Durchmesser bis 14 mm Durchmesser kann an Stelle der Sinnbilder ebenfalls die Kennzeichnung durch einen Kreis mit Maßangabe treten.

Bezeichnung	+¹¹	⊕¹⁴	⊕¹⁷	⊕²⁰	⊕²³	⊕²⁶

Für geschlagene Niete unter 11 mm wird zur Kennzeichnung das +-Zeichen wie für den 11-mm-Niet verwendet, und das Maß des geschlagenen Nietdurchmessers beigefügt, z. B. für den 9,5 mm geschlagenen Niet: $+^{9,5}$.

In Konstruktionszeichnungen bis zum Maßstab 1 : 5 genügt für die Sinnbilder die Größe des Schaftdurchmessers; bei kleineren Maßstäben ist der Deutlichkeit halber die Größe des Kopfdurchmessers zu wählen.

Senkniete werden durch zusätzliche Sinnbilder nach folgender Tabelle gekennzeichnet:

Senkniete.

	Senkniete DIN 302			Linsensenkniete DIN 303			auf Montage	
Zusatz-Sinnbild	Oberer Kopf	Unterer Kopf	Beiderseits	Oberer Kopf	Unterer Kopf	Beiderseits	zu schlagender Niet	zu bohrendes Nietloch
	⊕	⊕	⊕	+	+	+	⊬	⊬
Beispiel für 23 mm geschlagenen Niet	⊘	⊘	⊘	⊘	⊘	⊘	⊘	⊘

Passungen und Lehren.

Die Wirtschaftlichkeit einer Fabrikation bedingt möglichste Ausschaltung von Nacharbeit zum Zwecke des Zusammenpassens zusammengehöriger Teile, gleichviel, ob diese im gleichen Werke oder in verschiedenen Betrieben hergestellt sind.

Zu einer solchen Austausch-Fabrikation ist notwendig:

1. Die Aufstellung eines einheitlichen **Passungssystems**, d. h. die Festlegung von Grenzwerten, bei deren Einhaltung die gewünschte Passung erzielt wird,

2. die Einführung einer Meßmethode, die die Einhaltung dieser vorgeschriebenen Grenzwerte bei der Fabrikation ermöglicht, nämlich des **Lehrensystems**.

3. Möglichste Beschränkung in den zur Verwendung kommenden Durchmessern. Eine Richtlinie ist die vom Normenausschuß der deutschen Industrie aufgestellte **Normaldurchmesserreihe** (S. 177).

Passungssystem.

Der Deutsche Normenausschuß hat in mehrjähriger gründlichster Beratung aufbauend auf dem Bestehenden (Schlesinger-Toleranzen, Technisches Hilfsbuch, 4. Aufl.) ein Passungssystem ausgearbeitet, das in der ganzen deutschen Industrie bereits einheitlich zur Anwendung kommt. Es behandelt zunächst die Rundpassungen, d. h. das Zusammenpassen von Welle und Bohrung, und unterteilt sich, je nachdem die Welle oder Bohrung zum Ausgangspunkt genommen wird, in

1. das System der **Einheitswelle:** für einen bestimmten Durchmesser wird die gewünschte Passung bei gleichbleibender Welle durch die größere oder kleinere Bohrung erzielt,

2. das System der **Einheitsbohrung:** die gewünschte Passung wird bei gleichbleibender Bohrung durch die größere oder kleinere Welle bewirkt.

Die **Grundbegriffe** beider Systeme sind auf Tafel S. 174 zusammengestellt.

Die Aufstellung verschiedener **Gütegrade** (Edel-, Fein-, Schlicht- und Grobpassung) war notwendig mit Rücksicht auf die Herstellungskosten. Es wäre unwirtschaftlich, für Teile, bei denen es auf ein genaues Passen nicht ankommt, unnötig genaue Toleranzen vorzuschreiben.

Innerhalb der Gütegrade sind wieder verschiedene **Sitzarten** festgelegt, deren Abmaße nach Paßeinheiten abgestuft sind: Eine **Paßeinheit** ist gleich $0{,}005 \cdot \sqrt[3]{\text{Durchmesser}}$.

Die **Abmaße** sind auf den Seiten 178 bis 181 nach den Festlegungen des Deutschen Normenausschusses zusammengestellt. Eine graphische Übersicht über die sich daraus für die einzelnen Sitze ergebenden Toleranzgebiete bringt die Seite 175.

Für die Gütegrade und Sitzarten wurden zur Kennzeichnung der Lehren **abgekürzte Bezeichnungen** und Farben aufgestellt (siehe S. 176). Die Abkürzungen können, wenn nicht ein ziffernmäßiges Eintragen der Abmaße vorgezogen wird, auch auf den Zeichnungen Verwendung finden.

Lehrensystem.

Zur Einhaltung der im Passungssystem festgelegten Abmaße werden Schraublehren, Fühlhebel oder Fühltaster, Meßuhren und Grenzlehren verwendet. Bei Schraublehren empfiehlt es sich, das Maß jeweils nach einer Normalmeßscheibe oder genauer nach einem Parallel-

Endmaß einzustellen, um durch die Abnutzung entstandene geringe Abweichungen der Schraublehren und die unvermeidlichen Schraubenfehler auszuschalten. Das Messen mit der Schraublehre ist jedoch vom Gefühl des Messenden abhängig. Dieser Nachteil wird bei Verwendung von Fühlhebeln, Meßuhren und Grenzlehren vermieden.

Grenzlehren besitzen zwei Meßstellen, von denen die eine das Größtmaß und die andere das Kleinstmaß aufweist. **Zum Messen von Außenmaßen (Wellen) dienen die Grenzrachenlehren, zum Messen der Bohrungen die Grenzlehrdorne für die Durchmesser bis 100 mm, die Flachlehren für die Durchmesser über 100 bis 260 mm und die Kugelendmaße für die Durchmesser über 260 mm.** Die Werkstücke werden die gewünschte Passung aufweisen, wenn bei der Bohrungslehre (Dorn) die Seite mit dem Kleinstmaß (Gutseite) sich einführen läßt, die mit dem Größtmaß (Ausschußseite) jedoch nicht, und wenn die Wellenlehre (Rachenlehre) mit dem Größtmaß (Gutseite) sich über die Welle schieben läßt, mit dem Kleinstmaß (Ausschußseite) jedoch nicht.

Die Grenzlehren (Arbeitslehren), deren Abmaße auf den Seiten 178 bis 181 gebracht sind, müssen mit größter Genauigkeit herge-

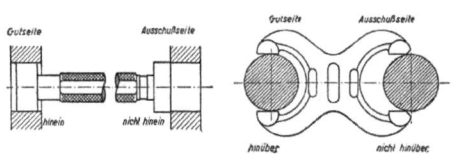

stellt werden, wofür vom Normenausschuß Toleranzen festgelegt sind (S. 186). Sie dürfen auch nicht über eine bestimmte Abnutzungsgrenze (siehe Tafel S. 187) hinaus benutzt werden, da sonst nicht mehr der gewünschte Sitz erreicht wird. Zur Prüfung der Grenzbohrungslehren dienen Normalrachenlehren (besser ist der Vergleich mit Parallel-Endmaßen durch Fühlhebel oder Meßmaschine), zur Prüfung der Grenzwellenlehren Meßscheiben. Die Ebenheit an Meßflächen wird mit Hilfe von planparallelen Glasplatten untersucht (siehe Interferenzprüfung S. 195).

Für die Abnahmelehren, d. h. die Lehren, die vom Besteller (vor allem von Behörden) zur Prüfung der Werkstücke auf Einhaltung der Toleranz benutzt werden, sind vom Normenausschuß besondere Abmaße vorgeschlagen (siehe S. 188 bis 191), die die Herstellungstoleranz (S. 186) und die Abnutzung (S. 187) der Arbeitslehren berücksichtigen. Der Vorschlag beruht auf folgendem:

Die Gutseite der Abnahmelehren erhält das Abmaß der völlig abgenutzten Gutseite der Arbeitslehren. Die Ausschußseite der Abnahmelehren erhält bei Bohrungslehren das Abmaß der unter Berücksichtigung der Herstellungstoleranz größten und bei Wellenlehren der entsprechenden kleinsten Ausschußseite. Die Herstellungstoleranz der Abnahmelehren ist für die Gut- und Ausschußseite gleich der für die Ausschußseite der Arbeitslehren in DIN 2057 (S. 186) festgesetzten.

Die Lehren erhalten eine Beschriftung, die das Passungssystem, Nennmaß, Abmaß und Sitzart angibt, und einen Farbanstrich zur Kenntlichmachung des Gütegrades. Die Ausschußseite wird außerdem noch durch einen roten Farbstreifen gekennzeichnet. Die Abnahmelehren erhalten zur Unterscheidung von den Arbeitslehren als besonderes Kennzeichen noch einen weißen Farbring bzw. Farbstrich. In DIN 249, 1811 und 1812 sind Richtlinien für die Kennzeichnung und Beschriftung der Arbeitsabnahme- und Prüflehren aufgestellt.

Passungen — Grundbegriffe.

Einheitswelle.

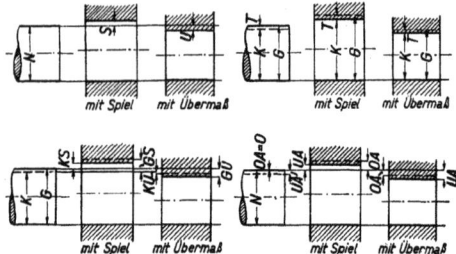

Kennzeichen: Die Welle wird innerhalb der einzelnen Gütegrade gleich gehalten, d. h. die Abmaße der Welle bleiben für alle Sitze die gleichen, während die Abmaße der Bohrung nach der Art des Sitzes verschieden ausgeführt werden. Das obere Abmaß der Welle ist Null, also Nullinie obere Begrenzungslinie der Wellenabmaße.

Wellen, auf denen verschiedene Sitze vorkommen, können glatt oder abgesetzt sein.

Einheitsbohrung.

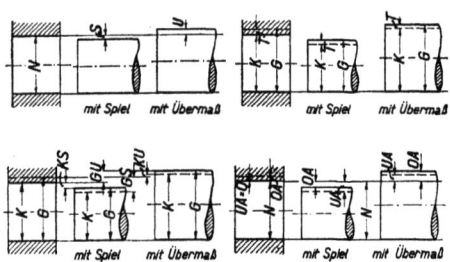

Kennzeichen: Die Bohrung wird innerhalb der einzelnen Gütegrade gleich gehalten, d. h. die Abmaße der Bohrung bleiben für alle Sitze die gleichen, während die Abmaße der Welle nach der Art des Sitzes verschieden ausgeführt werden. Das untere Abmaß der Bohrung ist Null, also Nullinie untere Begrenzungslinie der Bohrungsabmaße.

Wellen, auf denen verschiedene Sitze vorkommen, müssen abgesetzt sein.

Passung (im Sinne des Zusammenpassens) bezeichnet allgemein das körperliche Verhältnis zweier zusammengefügter Teile, gekennzeichnet durch das Spiel bzw. Übermaß.

Spiel (S) ist der freie Raum zwischen Bohrung und Welle.

Übermaß (U) ist das Maß, um das die einzuführende Welle größer ist als die Bohrung.

Größtmaß (G) und Kleinstmaß (K) sind die Grenzmaße, zwischen denen das ausgeführte Maß eines Werkstückes liegen muß.

Toleranz (T) ist der Unterschied zwischen dem größtzulässigen Maß (Größtmaß) und dem kleinstzulässigen Maß (Kleinstmaß) eines Werkstückes.

Kleinstes Spiel (KS) ist der Unterschied zwischen Kleinstmaß der Bohrung und Größtmaß der Welle.

Größtes Spiel (GS) ist der Unterschied zwischen Größtmaß der Bohrung und Kleinstmaß der Welle.

Kleinstes Übermaß (KU) ist der Unterschied zwischen Kleinstmaß der Welle und Größtmaß der Bohrung.

Größtes Übermaß (GU) ist der Unterschied zwischen Größtmaß der Welle und Kleinstmaß der Bohrung.

Nennmaß (N) ist das Maß, welches die Größe der Stücke kennzeichnet.

Abmaß ist das Maß, um das ein Stück vom Nennmaß abweicht, und zwar gibt das
  a) Obere Abmaß (OA) zum Nennmaß hinzugezählt, bzw. vom Nennmaß abgezogen das Größtmaß.
  b) Untere Abmaß (UA) zum Nennmaß hinzugezählt, bzw. vom Nennmaß abgezogen das Kleinstmaß.

Sitz ist eine Passung, gekennzeichnet durch das kleinste und größte Spiel, bzw. durch das größte und kleinste Übermaß.

Gütegrade sind Bearbeitungsgrade, nach denen die Feinheit von Passungen abgestuft ist. Es werden unterschieden: Edelpassung, Feinpassung, Schlichtpassung, Grobpassung.

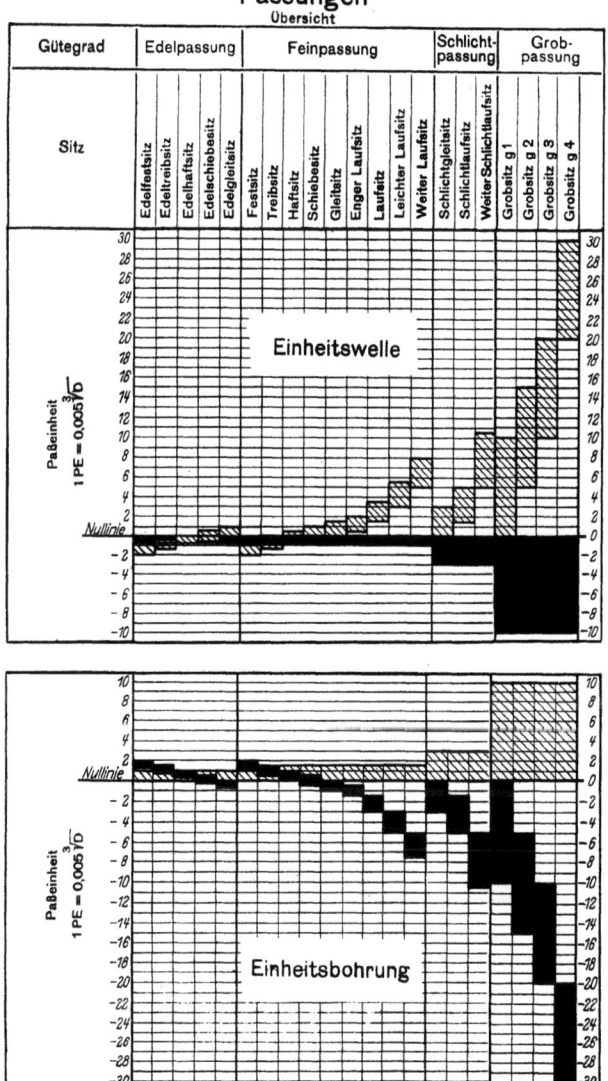

Passungen

(Bezeichnung der Gütegrade und Sitze)

nach DIN 776.

Gütegrad			Einheitsbohrung		Sitze	Einheitswelle	
Benennung	Kurzzeichen	Kennfarbe der Lehre	Bohrung	Wellen		Bohrungen	Welle
Edelpassung	e	kornblumenblau	eB	eF eT eH eS eG	Ruhesitze Edelfestsitz Edeltreibsitz Edelhaftsitz Edelschiebesitz Bewegungssitz Edelgleitsitz	eF eT eH eS eG	eW
Feinpassung		schwarz	B	P F T H S G EL L LL WL	Ruhesitze Preßsitz Festsitz Treibsitz Haftsitz Schiebesitz Bewegungssitze Gleitsitz Enger Laufsitz Laufsitz Leichter Laufsitz Weiter Laufsitz	P F T H S G EL L LL WL	W
Schlichtpassung	s	gelb	sB	sG sL sWL	Bewegungssitze Schlichtgleitsitz Schlichtlaufsitz Weiter Schlichtlaufsitz	sG sL sLW	sW
Grobpassung	g	hellgrün	gB	g_1 g_2 g_3 g_4	Bewegungssitze Grobsitz g_1 Grobsitz g_2 Grobsitz g_3 Grobsitz g_4	g_1 g_2 g_3 g_4	gW

Die Kennzeichen dienen:

zur Beschriftung der Grenzlehren (siehe DIN 249, 1811, 1812),
zur Angabe der Lehren auf den Zeichnungen (siehe DIN 406, Bl. 5).

Die Bohrungslehren im System Einheitsbohrung stimmen mit den Bohrungslehren für die Gleitsitze und Grobsitz g_1 im System Einheitswelle überein und sind wie folgt gezeichnet:

$$eB = eG \qquad B = G \qquad sB = sG \qquad gB = g_1.$$

Die Wellenlehren im System Einheitswelle stimmen mit den Wellenlehren für die Gleitsitze und Grobsitz g_1 im System Einheitsbohrung überein und sind wie folgt gezeichnet:

$$eW = eG \qquad W = G \qquad sW = sG \qquad gW = g_1$$

Normaldurchmesser

nach DIN 3.

Maße in mm.

		10,5[1])	26	52	105			
0,5	5,5[1])	11	27	55	110	210	310	410
0,8		11,5[1])	28	58	115			
1	6	12	30	60	120	220	320	420
1,2		12,5[1])	32	62	125			
1,5	6,5[1])	13	33	65	130	230	330	430
1,8		13,5[1])	34	68	135			
2	7	14	35	70	140	240	340	440
2,2		14,5[1])	36	72	145			
2,5	7,5[1])	15	37[2])	75	150	250	350	450
2,8	8	16	38	78	155			
3		17	40	80	160	260	360	460
		18	42	82	165			
3,5	8,5[1])	19		85	170	270	370	470
		20	44	88	175			
4	9	21	45	90	180	280	380	480
		22	46	92	185			
4,5	9,5[1])	23	47[2])	95	190	290	390	490
		24	48	98	195			
5	10	25	50	100	200	300	400	500

[1]) Für Feinmechanik.
[2]) Für Kugellager.

Die Normaldurchmesser dienen zur Beschränkung der Werkzeuge auf eine Mindestzahl; sie sind zu verwenden, wenn nicht besondere Gründe die Wahl anderer Durchmesser erfordern.

Sind bei Durchmessern über 100 mm Zwischenmaße unvermeidlich, so sollen sie wie bei den kleineren Durchmessern in den Abstufungen 2, 5 und 8 mm gewählt werden.

Abmaße der Arbeitslehren

Angabe der Abmaße in μ (1 μ = 0,001 mm).

Edelpassung | Feinpassung

Durchmesserbereich mm	Rachenlehre eW DIN 2056 Abmaße		Lehrdorne — Flachlehren — Kugelendmaße										Rachenlehre W DIN 40 Abmaße		Preßsitz P DIN 55 Abmaße		Festsitz F DIN 47 Abmaße	
			Edelfestsitz eF DIN 51 Abmaße		Edeltreibsitz eT DIN 56 Abmaße		Edelhaftsitz eH DIN 50 Abmaße		Edelschiebesitz eS DIN 49 Abmaße		Edelgleitsitz eG DIN 48 Abmaße							
	oberes Gutseite	unteres Ausschußseite −	oberes Ausschußseite −	unteres Gutseite −	oberes Ausschußseite −	unteres Gutseite −	oberes Ausschußseite −	unteres Gutseite −	oberes Ausschußseite +	unteres Gutseite −	oberes Ausschußseite +	unteres Gutseite −	oberes Gutseite	unteres Ausschußseite −	oberes Ausschußseite +	unteres Gutseite +	oberes Ausschußseite +	unteres Gutseite +
1— 3	—	—	—	—	—	—	—	—	—	—	—	—	—	—	7	15	3	12
über 3— 6	0	6	8	15	4	12	0	8	4	4	8	0	0	8	10	22	4	15
„ 6— 10	0	7	10	20	5	15	0	10	5	5	10	0	0	10	15	30	5	20
„ 10— 18	0	9	12	25	6	18	0	12	6	6	12	0	0	12	20	38	6	25
„ 18— 30	0	11	15	30	8	22	0	15	8	8	15	0	0	15	25	45	8	30
„ 30— 50	0	13	18	35	9	25	0	18	9	9	18	0	0	18	35	60	9	35
„ 50— 80	0	15	20	40	10	30	0	20	10	10	20	0	0	20	45	75	10	40
„ 80—120	0	17	22	45	11	35	0	22	11	11	22	0	0	22	55	90	11	45
„ 120—180	0	20	25	50	13	40	0	25	13	13	25	0	0	25	65	105	13	50
„ 180—260	0	22	30	60	15	45	0	30	15	15	30	0	0	30	85	130	15	60
„ 260—360	0	25	35	70	18	50	0	35	18	18	35	0	0	35	105	155	18	70
„ 360—500	0	28	40	80	20	60	0	40	20	20	40	0	0	40	120	180	20	80
Paßeinheiten	0	0,75	1	2	0,5	1,5	0	1	0,5	0,5	1	0	0	1	—	—	0,5	2

Schlichtpassung

Durchmesserbereich mm	Rachenlehre sW DIN 154 Abmaße		Lehrdorne — Flachlehren — Kugelendmaße					
			Schlichtgleitsitz sG DIN 157 Abmaße		Schlichtlaufsitz sL DIN 156 Abmaße		Weiter Schlichtlaufsitz sWL DIN 155 Abmaße	
	oberes Gutseite	unteres Ausschußseite −	oberes Ausschußseite +	unteres Gutseite	oberes Ausschußseite +	unteres Gutseite +	oberes Ausschußseite +	unteres Gutseite +
1— 3	5	18	18	0	30	9	60	30
über 3— 6	5	25	25	0	40	12	80	40
„ 6— 10	5	30	30	0	50	15	100	50
„ 10— 18	5	35	35	0	60	18	120	60
„ 18— 30	5	45	45	0	70	22	150	70
„ 30— 50	5	50	50	0	80	25	180	80
„ 50— 80	5	60	60	0	100	30	200	100
„ 80—120	5	70	70	0	120	35	250	120
„ 120—180	5	80	80	0	140	40	280	140
„ 180—260	5	90	90	0	150	45	320	150
„ 260—360	5	100	100	0	170	50	350	170
„ 360—500	5	120	120	0	200	60	400	200
Paßeinheiten	0,75	3	3	0	5	1,5	10,5	5

für die Einheitswelle.

Auf den Lehren sind die Abmaße in Millimetern angegeben.

Feinpassung

Treibsitz T DIN 57		Haftsitz H DIN 46		Schiebesitz S DIN 45		Gleitsitz G DIN 44		Enger Laufsitz E L DIN 43		Laufsitz L DIN 42		Leichter Laufsitz L L DIN 41		Weiter Laufsitz W L DIN 53		Durchmesserbereich
Abmaße		Abmaße		Abmaße		Abmaße		Abmaße		Abmaße		Abmaße		Abmaße		
oberes	unteres	oberes	unteres	oberes	unteres	oberes	unteres	oberes	unteres	oberes	unteres	oberes	unteres	oberes	unteres	
Ausschußseite –	Gutseite +	Ausschußseite –	Gutseite +	Ausschußseite –	Gutseite +	Ausschußseite –	Gutseite +	Ausschußseite +	Gutseite +	Ausschußseite +	Gutseite +	Ausschußseite +	Gutseite +	Ausschußseite +	Gutseite +	mm
0	9	3	6	6	3	9	0	12	3	20	9	35	18	50	30	1 – 3
0	12	4	8	8	4	12	0	15	4	30	12	45	25	60	40	über 3 – 6
0	15	5	10	10	5	15	0	20	5	35	15	55	30	80	50	„ 6 – 10
0	18	6	12	12	6	18	0	25	6	40	18	65	35	100	60	„ 10 – 18
0	22	8	15	15	8	22	0	30	8	50	22	80	45	120	70	„ 18 – 30
0	25	9	18	18	9	25	0	35	9	60	25	95	50	140	80	„ 30 – 50
0	30	10	20	20	10	30	0	40	10	70	30	110	60	160	100	„ 50 – 80
0	35	11	22	22	11	35	0	45	11	80	35	130	70	180	120	„ 80 – 120
0	40	13	25	25	13	40	0	50	13	95	40	150	80	210	140	„ 120 – 180
0	45	15	30	30	15	45	0	60	15	105	45	170	90	240	150	„ 180 – 260
0	50	18	35	35	18	50	0	70	18	120	50	190	100	270	170	„ 260 – 360
0	60	20	40	40	20	60	0	80	20	140	60	220	120	300	200	„ 360 – 500
0	1,5	0,5	1	1	0,5	1,5	0	2	0,5	3,5	1,5	5,5	3	8	5	Paßeinheiten

Grobpassung

Rachenlehre g W DIN 164		Grobsitz g 1 DIN 169		Grobsitz g 2 DIN 167		Grobsitz g 3 DIN 166		Grobsitz g 4 DIN 165		Durchmesserbereich
Abmaße		Abmaße		Abmaße		Abmaße		Abmaße		
oberes	unteres	oberes	unteres	oberes	unteres	oberes	unteres	oberes	unteres	
Gutseite	Ausschußseite –	Ausschußseite +	Gutseite	Ausschußseite +	Gutseite +	Ausschußseite +	Gutseite +	Ausschußseite +	Gutseite +	mm
0	50	50	0	80	30	100	50	180	100	1 – 3
0	80	80	0	120	40	150	80	250	150	über 3 – 6
0	100	100	0	150	50	200	100	300	200	„ 6 – 10
0	100	100	0	200	60	250	100	350	250	„ 10 – 18
0	150	150	0	250	70	300	150	450	300	„ 18 – 30
0	150	150	0	250	80	350	150	500	350	„ 30 – 50
0	200	200	0	300	100	400	200	600	400	„ 50 – 80
0	200	200	0	350	120	450	200	700	450	„ 80 – 120
0	250	250	0	400	140	500	250	800	500	„ 120 – 180
0	250	250	0	450	150	550	250	900	550	„ 180 – 260
0	300	300	0	500	170	600	300	1000	600	„ 260 – 360
0	350	350	0	550	200	700	350	1100	700	„ 360 – 500
0	10	10	0	15	5	20	10	30	20	Paßeinheiten

Abmaße der Arbeitslehren

Angabe der Abmaße in μ (1 μ = 0,001 mm).

Edelpassung / Feinpassung

Durchmesser-bereich mm	Lehrdorn, Flachlehre, Kugelendmaß eB DIN 18 Abmaße oberes Ausschußseite +	Lehrdorn, Flachlehre, Kugelendmaß eB DIN 18 Abmaße unteres Gutseite	Rachenlehren Edelfestsitz eF DIN 2051 Abmaße oberes Gutseite +	Rachenlehren Edelfestsitz eF DIN 2051 Abmaße unteres Ausschußseite +	Rachenlehren Edeltreibsitz eT DIN 2052 Abmaße oberes Gutseite +	Rachenlehren Edeltreibsitz eT DIN 2052 Abmaße unteres Ausschußseite +	Rachenlehren Edelhaftsitz eH DIN 2053 Abmaße oberes Gutseite +	Rachenlehren Edelhaftsitz eH DIN 2053 Abmaße unteres Ausschußseite +	Rachenlehren Edelschiebesitz eS DIN 2054 Abmaße oberes Gutseite +	Rachenlehren Edelschiebesitz eS DIN 2054 Abmaße unteres Ausschußseite −	Rachenlehren Edelgleitsitz eG DIN 2055 Abmaße oberes Gutseite −	Rachenlehren Edelgleitsitz eG DIN 2055 Abmaße unteres Ausschußseite −	Lehrdorn, Flachlehre, Kugelendmaß B DIN 19 Abmaße oberes Ausschußseite +	Lehrdorn, Flachlehre, Kugelendmaß B DIN 19 Abmaße unteres Gutseite	Rachenlehren Preßsitz P DIN 54 Abmaße oberes Gutseite +	Rachenlehren Preßsitz P DIN 54 Abmaße unteres Ausschußseite +	Rachenlehren Festsitz F DIN 26 Abmaße oberes Gutseite +	Rachenlehren Festsitz F DIN 26 Abmaße unteres Ausschußseite +
1 – 3	–	–	–	–	–	–	–	–	2	4	2	0	9	0	15	10	12	6
über 3 – 6	8	0	15	10	12	6	8	2	4	2	0	6	12	0	22	15	15	8
„ 6 – 10	10	0	20	12	15	7	10	2	5	2	0	7	15	0	30	20	20	10
„ 10 – 18	12	0	25	15	18	9	12	3	6	3	0	9	18	0	38	25	25	12
„ 18 – 30	15	0	30	18	22	11	15	4	8	4	0	11	22	0	45	32	30	15
„ 30 – 50	18	0	35	22	25	13	18	4	8	4	0	13	25	0	60	40	35	18
„ 50 – 80	20	0	40	25	30	15	20	5	10	5	0	15	30	0	75	55	40	20
„ 80 – 120	22	0	45	28	35	17	22	6	11	6	0	17	35	0	90	65	45	22
„ 120 – 180	25	0	50	32	40	20	25	7	13	7	0	20	40	0	105	80	50	25
„ 180 – 260	30	0	60	38	45	22	30	8	15	8	0	22	45	0	130	100	60	30
„ 260 – 360	35	0	70	43	50	25	35	9	18	9	0	25	50	0	155	120	70	35
„ 360 – 500	40	0	80	50	60	28	40	10	20	10	0	28	60	0	180	140	80	40
Paßeinheiten	1	0	2	1,25	1,5	0,75	1	0,25	0,5	0,25	0	0,75	1,5	0	–	–	2	1

Schlichtpassung

Durchmesserbereich	Lehrdorn, Flachlehre, Kugelendmaß sB DIN 148 Abmaße oberes Ausschußseite +	Lehrdorn, Flachlehre, Kugelendmaß sB DIN 148 Abmaße unteres Gutseite	Rachenlehren Schlichtgleitsitz sG DIN 151 Abmaße oberes Gutseite	Rachenlehren Schlichtgleitsitz sG DIN 151 Abmaße unteres Ausschußseite −	Rachenlehren Schlichtlaufsitz sL DIN 150 Abmaße oberes Gutseite −	Rachenlehren Schlichtlaufsitz sL DIN 150 Abmaße unteres Ausschußseite −	Rachenlehren Weiter Schlichtlaufsitz sWL DIN 149 Abmaße oberes Gutseite −	Rachenlehren Weiter Schlichtlaufsitz sWL DIN 149 Abmaße unteres Ausschußseite −
1 – 3	18	0	0	18	9	30	30	60
über 3 – 6	25	0	0	25	12	40	40	80
„ 6 – 10	30	0	0	30	15	50	50	100
„ 10 – 18	35	0	0	35	18	60	60	120
„ 18 – 30	45	0	0	45	22	70	70	150
„ 30 – 50	50	0	0	50	25	80	80	180
„ 50 – 80	60	0	0	60	30	100	100	200
„ 80 – 120	70	0	0	70	35	120	120	250
„ 120 – 180	80	0	0	80	40	140	140	280
„ 180 – 260	90	0	0	90	45	150	150	320
„ 260 – 360	100	0	0	100	50	170	170	350
„ 360 – 500	120	0	0	120	60	200	200	400
Paßeinheiten	3	0	0	3	1,5	5	5	10,5

ür die Einheitsbohrung.

Auf den Lehren sind die Abmaße in Millimeter angegeben.

Feinpassung

Treibsitz		Haftsitz		Schiebesitz		Gleitsitz		Enger Laufsitz		Laufsitz		Leichter Laufsitz		Weiter Laufsitz		Durchmesserbereich
T		H		S		G		EL		L		LL		WL		
DIN 5ᴺ		DIN 25		DIN 24		DIN 23		DIN 22		DIN 21		DIN 20		DIN 52		
Abmaße		Abmaße		Abmaße		Abmaße		Abmaße		Abmaße		Abmaße		Abmaße		
oberes	unteres	oberes	unteres	oberes	unteres	oberes	unteres	oberes	unteres	oberes	unteres	oberes	unteres	oberes	unteres	
Gutseite	Ausschußseite	Gutseite	Ausschußseite	Gutseite	Ausschußseite	Gutseite	Ausschußseite	Gutseite	Ausschußseite	Gutseite	Ausschußseite	Gutseite	Ausschußseite	Gutseite	Ausschußseite	
+	+	+	–	+	–	–	–	–	–	–	–	–	–	–	–	mm
9	3	6	0	3	0	3	0	6	3	9	9	18	18	30	30	50 über 1 – 3
12	4	8	0	4	0	4	0	8	4	12	12	25	25	40	40	60 ,, 3 – 6
15	5	10	0	5	0	5	0	10	5	15	15	30	30	50	50	75 ,, 6 – 10
18	6	12	0	6	0	6	0	12	6	18	18	35	35	60	60	90 ,, 10 – 18
22	8	15	0	8	0	8	0	15	8	22	22	45	45	70	70	110 ,, 18 – 30
25	9	18	0	9	0	9	0	18	9	25	25	50	50	80	80	130 ,, 30 – 50
30	10	20	0	10	0	10	0	20	10	30	30	60	60	100	100	150 ,, 50 – 80
35	11	22	0	11	0	11	0	22	11	35	35	70	70	120	120	180 ,, 80 – 120
40	13	25	0	13	0	13	0	25	13	40	40	80	80	140	140	200 ,, 120 – 180
45	15	30	0	15	0	15	0	30	15	45	45	90	90	150	150	220 ,, 180 – 220
50	18	35	0	18	0	18	0	35	18	50	50	100	100	170	170	250 ,, 260 – 360
60	20	40	0	20	0	20	0	40	20	60	60	120	120	200	200	280 ,, 360 – 500
1,5	0,5	1	0	0,5	0,5	0	0	1	0,5	1,5	1,5	3	3	5	5	7,5 Paßeinheiten

Grobpassung

Lehrdorn, Flachlehre, Kugelendmaß gB		Grobsitz g 1		Grobsitz g 2		Grobsitz g 3		Grobsitz g 4		Durchmesserbereich
DIN 159		DIN 163		DIN 162		DIN 161		DIN 160		
Abmaße		Abmaße		Abmaße		Abmaße		Abmaße		
oberes	unteres	oberes	unteres	oberes	unteres	oberes	unteres	oberes	unteres	
Ausschußseite +	Gutseite	Gutseite	Ausschußseite –	Gutseite –	Ausschußseite –	Gutseite –	Ausschußseite –	Gutseite –	Ausschußseite –	mm
50	0	0	50	30	80	50	100	100	180	über 1 – 3
80	0	0	80	40	120	80	150	150	250	,, 3 – 6
100	0	0	100	50	150	100	200	200	300	,, 6 – 10
100	0	0	100	60	200	100	250	250	350	,, 10 – 18
150	0	0	150	70	250	150	300	300	450	,, 18 – 30
150	0	0	150	80	250	150	350	350	500	,, 30 – 50
200	0	0	200	100	300	200	400	400	600	,, 50 – 80
200	0	0	200	120	350	200	450	450	700	,, 80 – 120
250	0	0	250	140	400	250	500	500	800	,, 120 – 180
250	0	0	250	150	450	250	550	550	900	,, 180 – 260
300	0	0	300	170	500	300	600	600	1000	,, 260 – 360
350	0	0	350	200	550	350	700	700	1100	,, 360 – 500
10	0	0	10	5	15	10	20	20	30	Paßeinheiten

Anwendungsbeispiele für die Passungen[1].

Edel- und Feinpassung.

Für die Erfordernisse des Feinmaschinenbaues, insbesondere bei Werkzeugmaschinen und bei Maschinen, die in bezug auf Genauigkeit ähnliche Anforderungen stellen (z. B. Zigarettenmaschinen), gelten die Abmaße der Edel- und Feinpassung. Der Unterschied der Edelpassung gegenüber der Feinpassung kommt nur in den verminderten Toleranzen der Bohrungslehren (Grenzlehrdorne) zur Geltung; als Wellenlehren werden für die Edelpassung die Grenzrachenlehren der Feinpassung verwendet.

Die Edelpassung kommt nur für die festen Sitze (Fest-, Treib-, Haft-, Schiebe- und Gleitsitz in Frage, wenn besonders hohe Ansprüche an die Gleichartigkeit der Ausführung gestellt werden.

Der **Preßsitz** wird bei Paßteilen verwendet, die unter allen Umständen festsitzen müssen und mit großem Druck zusammengefügt werden. Die Festigkeit der Verbindung ist von Form und Werkstoff der zu verbindenden Körper abhängig. Für gewisse Preßsitzverbindungen des Großmaschinenbaues sind größere Übermaße erforderlich.

Anwendungsbeispiele: Bronzekränze auf gußeisernen Zahn- und Schneckenrädern; Lagerbuchsen in Gehäusen, Zahnrädern und Pleuelstangen; Ankerbleche, Ventilatornaben, Lagerschilde in Bahnmotoren; Induktorkörper.

Der **Festsitz** wird bei Paßteilen verwendet, die unter allen Umständen sicher mit einer geringen Spannung festsitzen müssen. Die Paßteile können nur unter Druck zusammengefügt oder auseinandergenommen werden, sie sind jedoch gegen Verdrehung besonders zu sichern.

Anwendungsbeispiele: Radkränze auf Radkörpern, Lagerbuchsen in Lagerkörpern, Planscheiben auf Arbeitsspindeln der Kopfbänke, aufgezogene Bunde auf Spindeln oder Wellen; Schwinghebel und Kurbeln auf Wellen, eingesetzte Zapfen in Walzen, Schneckenräder sowie alle Teile, welche während ihres Umlaufes Stöße auszuhalten haben, wie Hubscheiben und Antriebsräder auf Wellen von Schüttelapparaten, Bronzekränze auf gußeisernen Zahn- und Schneckenradkörpern, ungeteilte Kupplungen auf Wellenenden, geteilte Reibungskupplungen und Zahnräder auf Motorwellen (z. B. bei Straßenbahnen).

Der **Treibsitz** wird bei Paßteilen verwendet, die stets festsitzen müssen und nur unter größerem Kraftaufwand, z. B. mit Handhammer, zusammengefügt oder auseinandergetrieben werden können. Die Teile sind gegen Verdrehung zu sichern.

Anwendungsbeispiele: Zahnräder, für die der Festsitz mit Rücksicht auf den Ausbau nicht anwendbar ist und die unbedingt festsitzen sollen und gegen Verdrehen durch Federn und gegen Längsverschiebungen gesichert sind, Riemenscheiben, Kugellager-Innenringe auf Wellen.

Der **Haftsitz** wird bei Paßteilen verwendet, die festsitzen sollen, aber ohne erheblichen Kraftaufwand mit dem Handhammer zusammengefügt oder auseinandergenommen werden können. Die Teile sind gegen Verdrehung und, je nach der Anordnung oder dem Verwendungszweck, auch gegen Verschiebung zu sichern.

---

[1] Nach Gramenz DIN-Buch 4 „Die Passungen und ihre Anwendung".

Anwendungsbeispiele: Teile, die durch Keile fest auf- oder nur selten abgekeilt werden, Lagerbuchsen in Rädern, Zahnräder auf Arbeitsspindeln (Drehbänke), Kuppelscheiben, Kugellager-Innenringe, Handräder, Handhebel u. dgl. auf Wellen, Steuer- oder Regulatorantriebsräder sowie Exzenterkörper auf Steuerwellen, Schwungräder auf Wellen, Turbinenlaufräder, Bremsscheiben, alle treibenden und getriebenen Teile, wenn sie auf einem Wellenende oder -ansatz sitzen und ein fester Sitz nicht erforderlich ist, Kugellager-Innenringe auf Wellen für mittlere Belastung, Anker auf Ankerwellen, einzutreibende einteilige Lagerbuchsen, Stopfbuchsenfutter, gehärtete Buchsen für Steuerungshebel.

Der **Schiebesitz** wird bei Paßteilen verwendet, die von Hand oder mit Holzhammer zusammengefügt oder auseinandergenommen werden können.

Anwendungsbeispiele: Teile, die oft auseinandergenommen werden müssen und durch Keile oder Vorbohren gegen Drehung gesichert sind, ruhende Achsen in ihren Lagerstellen, oft auszubauende Lagerbuchsen und Handräder, Kugellager-Außenringe in Gehäusen, Wechselräder, Zentrierungen, Stellringe, Kreiselräder auf Wellen, Kugellager-Innenringe für leichte Belastung, zylindrische Kolbenstangenansätze im Kreuzkopf, Gabelzapfen der Steuerung.

Der **Gleitsitz** wird bei Paßteilen verwendet, die sich bei Verwendung von Schmiermitteln von Hand eben noch verschieben lassen.

Anwendungsbeispiele: Pinole im Reitstock, Säulenführung der Radialbohrmaschinen, Bohrköpfe auf Bohrstangen, Stellringe, Wechselräder auf Wellen, Fräser auf Fräsdornen, Griffzapfen in Handrädern, Kolben für Ölbremsen, lose Buchsen für Kolbenbolzen, Kugellager-Außenringe in Gehäusen, ausrückbare Kupplungsscheiben, aufzukeilende ungeteilte Scheiben und Reibungskupplungen auf Wellen, Zentrierflansche für Rohrleitungen und Ventile.

Der **Enge Laufsitz** wird bei Paßteilen verwendet, die ineinander beweglich sein und kein merkliches Spiel haben sollen.

Anwendungsbeispiele: Ziehkeilräder, Rammschieber der Stoßmaschinen, leerlaufende Kupplungsteile für präzise Antriebe, Teilkopfspindeln, Spindellager an Patronenbänken und Schleifmaschinen, Schubzahnräder in Wechselgetrieben, Indexstifte an Teilköpfen in Führungsbuchsen, Kurbelstangenlager, Indikatorkolben, Regulier-, Steuer- und Isodromkolben für indirekte Regulierungen, verschiebbare Kupplungen.

Der **Laufsitz** wird bei Paßteilen verwendet, die ineinander beweglich sein und ein merkliches Spiel haben sollen.

Anwendungsbeispiele: Gewöhnliche genaue Lagerungen für Getriebewellen u. dgl., Sprengringe oder Reibungskupplungen, Hauptlager an Drehbänken, Fräs- und Bohrmaschinen, Kardanwellen, Kurbelwellen, Nockenwellen in Buchsen oder Lagern, sämtliche Lagerungen an Regulatoren und Beharrungsgehäusen, Hülsen und Gleitmuffen auf Wellen, Führungssteine in Führungen, Lagerstellen in Räder- und Schneckenkästen.

Der **Leichte Laufsitz** wird bei Paßteilen verwendet, die ineinander beweglich sein und reichliches Spiel haben sollen.

Anwendungsbeispiele: Gewindespindeln an Supporten, Konsolen, mehrfach gelagerte Wellen.

Der **Weite Laufsitz** wird bei Paßteilen verwendet, die ineinander beweglich sein und sehr reichliches Spiel haben sollen. Das Spiel beträgt im Mittel das $1^1/_2$fache mittlere Spiel des Leichten Laufsitzes.

Anwendungsbeispiele: Genaue Transmissionen und Vorgelege, sehr schnellaufende Maschinen, Sonderfälle, in denen sehr großes Spiel mit großer Genauigkeit eingehalten werden soll, Lagerschalen von Turbogeneratoren.

Schlichtpassung.

Die Schlichtpassung wird bei Paßteilen verwendet, wenn die Anforderungen an die Gleichartigkeit der Sitze nicht so groß wie bei der Feinpassung sind, aber eine gewisse Eigenart der einzelnen Sitze gewahrt bleiben soll.

Die Schlichtpassung gilt für Bewegungssitze; für Ruhesitze sind Bohrungslehren (Wellenlehren) der Feinpassung zu verwenden. Der sich ergebende Sitz ist dann höchstens so fest wie der Sitz, den diese Bohrungslehre in der Feinpassung ergibt, im allgemeinen aber lockerer.

Der **Schlichtgleitsitz** wird bei Paßteilen verwendet, die sich leicht ineinanderfügen und betriebsmäßig verschieben lassen sollen, ohne daß die Einhaltung eines satten Sitzes im Sinne der Feinpassung erforderlich ist.

Anwendungsbeispiele: Stellringe, Handkurbeln, Zahnräder, einteilige feste Riemenscheiben, Kupplungen usw., die über Wellen geschoben werden müssen.

Der **Schlichtlaufsitz** wird bei Paßteilen verwendet, die ineinander beweglich sein und merkliches bis reichliches Spiel haben sollen.

Anwendungsbeispiele: Achsbuchsen der Vorderräder im Kraftfahrbau, Hauptlager der Kurbelwellen, Kurbelstangenlager, Kolbenstangenführungen, Schieberstangen, Ventilspindeln bei Verbrennungsmotoren, Kolben und Kolbenschieber in Zylindern, Plunger in Buchsen; Dynamolager, Walzenlager, Lager für Kreiselpumpen-, Zahnradpumpen- und Ventilatorwellen, lose laufende Seilrollen, Stopfbuchsenbrillen, verschiebbare Muffen bei Kupplungen usw., Zapfen am Schieberstangenkreuzkopf, Steuerwellenlager.

Der **Weite Schlichtaufsitz** wird bei Paßteilen verwendet, die ineinander beweglich sein und sehr reichliches Spiel haben sollen.

Anwendungsbeispiele: Lager für Motorpflüge, Achsbuchsen für Fuhrwerke, Lager für landwirtschaftliche Maschinen, die auf unebenem Boden fahren sollen, Transmissionslager, Losscheiben, Zentrierungen von Zylinder- und Schieberkastendeckeln, Stopfbuchsenteile, Breite für Kolbenringe, Drehzapfen an der Schwinge.

Grobpassung.

Die Grobpassung wird bei Paßteilen verwendet, für die ein erhebliches Spiel und große Herstellungstoleranzen erforderlich sind, oder bei sehr lockeren Sitzen zur Vermeidung des Festsitzes durch Rostansatz.

Der **Grobsitz g_1** wird bei Paßteilen verwendet, die sich leicht zusammenstecken lassen sollen und bei denen trotz der großen Herstellungstoleranzen ein möglichst geringes Spiel vorhanden sein soll.

Anwendungsbeispiele: Distanzbuchsen, Teile, die zusammengesteckt und verschweißt werden, Teile, die auf Wellen verstiftet, festgeschraubt oder festgeklemmt werden, Lager für Hebelschalter, Bohrungen in Handkurbeln und Hebeln, Schreibmaschinenteile, Schieberstangenführung, Scharnierbolzen für Feuertüren.

Der **Grobsitz g_2** wird bei Paßteilen mit großen Herstellungstoleranzen verwendet, deren Beweglichkeit durch ein gewisses Kleinstspiel unter allen Umständen gewahrt werden soll, ohne daß unzulässig große Größtspiele entstehen können.

Anwendungsbeispiele: In allen Fällen, in denen der Grobsitz g_1 zu stramm wird, wenn die Teile nach der Gutseite ausfallen, z. B. bei weiten Laufsitzen unter Verwendung von gezogenem Werkstoff mit Genauigkeit $-10\,PE$, abnehmbare Hebel und Kurbeln, Hebel- und Gabelbolzen, Lager für Rollen, Lager für Andrehkurbel, Bohrungen in Federgehäusen, die gleichzeitig als Federführungen dienen; in der Feinmechanik für Teile, die — z. B. auch in vernickeltem Zustande — austauschbar zusammengesteckt werden sollen, Lagerung von Hebelachsen und Gelenkstiften, Stativzapfen mit Klemmhülsen, Nietzapfen und Nietbuchsen, Achsen an Apparaten, die häufig in axialer Richtung bewegt werden.

Der **Grobsitz g_3** wird bei Paßteilen mit großen Herstellungstoleranzen verwendet, die ein Kleinstspiel von $10\,PE$ haben sollen.

Anwendungsbeispiele: Lager für landwirtschaftliche Maschinen, Haushaltungsmaschinen, Schnappstifte für Schalthebel, Achslagerung für Drehschalter, Drehzapfen im Eisenbahnwagenbau.

Der **Grobsitz g_4** wird bei Paßteilen mit großen Herstellungstoleranzen verwendet, die sehr locker sitzen und ein Kleinstspiel von $20\,PE$ haben soll.

Anwendungsbeispiele: Reglerwelle an Lokomotiven, Rauchkammertüren, Feder- und Bremsgehänge, Bremswellenlager, Buchsen in Schiebetürrollen von Eisenbahn- und Straßenfahrzeugen, Kuppelbolzen für Lokomotiven.

Toleranzen für Kugellager.

Abmaße für Bohrung und Mantel nach DIN.

mm

Durchmesser	bis 30	über 30—50	über 50—80	über 80—120	über 120—180	über 180—230
Abmaße	0 −0,01	0 −0,012	0 −0,014	0 −0,018	0 −0,022	0 −0,027

Um die für den **Einbau der Kugellager** erforderlichen engen Sitze zu gewinnen, wurden vom Deutschen Normenausschuß die Toleranzen für die Welle der Edelpassung, die bisher wie die Welle der Feinpassung mit $1\,PE$ toleriert war, auf $^3/_4\,PE$ heruntergesetzt. Die Edelpassungslehren werden für die Bearbeitung der Gegenstücke zu den Kugellagern verwendet. Der Sitz ist je nach den Anforderungen, die an die Kugellager gestellt werden, aus der Reihe der Edelpassungssitze zu wählen. In Rücksicht auf die Kugellager wurde der Durchmesserbereich der Edelpassung auf 500 mm erweitert.

In den gebrachten Zahlentafeln sind die durch die neue Edelwelle bedingten Änderungen bereits berücksichtigt.

(Vgl. DIN-Mitteilungen Heft 1 vom 6. 1. 1927, S. 46, und Heft 6 vom 24. 3. 1927, S. 306.)

Herstellungsgenauigkeit der Arbeits- und der Abnahmelehren[1]
nach DIN 2057.

Bei Grenzlehren sind für die Sollmaße[2]) folgende Abweichungen zulässig:
1. Die **Gutseite** erhält eine der Abnutzung **entgegengesetzte Abweichung**, also:
   a) eine positive Abweichung bei Lehrdornen, Flachlehren, Kugelendmaßen;
   b) eine negative Abweichung bei Rachenlehren.
2. Die **Ausschußseite** erhält, entsprechend der geringen Abnutzung, eine **gleiche Abweichung nach beiden Seiten**, wobei die Toleranz für die Herstellung der Lehre die gleiche ist wie bei der Gutseite.

$$\mu \ (1\ \mu\ =\ ^{1}/_{1000}\ \text{mm}).$$

Durchmesser-bereich mm / Nennmaße	Edelpassung – Lehrdorne, Flachlehren und Kugelendmaße – Gutseite	Ausschußseite	Rachenlehren – Gutseite	Ausschußseite	Feinpassung – Lehrdorne, Flachlehren und Kugelendmaße – Gutseite	Ausschußseite	Rachenlehren – Gutseite	Ausschußseite
1–3	—	—	—	—	+ 2,5	± 1,3	− 2,5	± 1,3
über 3–6	+ 2,0	± 1,0	− 2,0	± 1,0	+ 3,0	± 1,5	− 3,0	± 1,5
„ 6–10	+ 2,5	± 1,3	− 2,5	± 1,3	+ 4,0	± 2,0	− 4,0	± 2,0
über 10–18	+ 2,5	± 1,3	− 2,5	± 1,3	+ 4,5	± 2,3	− 4,5	± 2,3
„ 18–30	+ 3,0	± 1,5	− 3,0	± 1,5	+ 4,5	± 2,3	− 4,5	± 2,3
„ 30–50	+ 3,5	± 1,8	− 3,5	± 1,8	+ 5,0	± 2,5	− 5,0	± 2,5
„ 50–80	+ 4,0	± 2,0	− 4,0	± 2,0	+ 6,5	± 3,3	− 6,5	± 3,3
über 80–120	+ 5,5	± 2,8	− 5,5	± 2,8	+ 8,5	± 4,3	− 8,5	± 4,3
„ 120–180	+ 7,0	± 3,5	− 7,0	± 3,5	+ 10,0	± 5,0	− 10,0	± 5,0
„ 180–260	+ 9,0	± 4,5	− 9,0	± 4,5	+ 12,0	± 6,0	− 12,0	± 6,0
über 260–360	+ 12,0	± 6,0	− 12,0	± 6,0	+ 16,0	± 8,0	− 16,0	± 8,0
„ 360–430	+ 14,0	± 7,0	− 14,0	± 7,0	+ 18,0	± 9,0	− 18,0	± 9,0
„ 430–500	+ 16,0	± 8,0	− 16,0	± 8,0	+ 20,0	± 10,0	− 20,0	± 10,0

Durchmesser-bereich mm / Nennmaße	Schlichtpassung – Lehrdorne, Flachlehren und Kugelendmaße – Gutseite	Ausschußseite	Rachenlehren – Gutseite	Ausschußseite	Grobpassung – Lehrdorne, Flachlehren und Kugelendmaße – Gutseite	Ausschußseite	Rachenlehren – Gutseite	Ausschußseite
1–3	+ 6	± 3	− 6	± 3	+ 10	± 5	− 10	± 5
über 3–6	+ 6	± 3	− 6	± 3	+ 10	± 5	− 10	± 5
„ 6–10	+ 6	± 3	− 6	± 3	+ 10	± 5	− 10	± 5
über 10–30	+ 7	± 3,5	− 7	± 3,5	+ 12	± 6	− 12	± 6
„ 30–50	+ 8	± 4	− 8	± 4	+ 12	± 6	− 12	± 6
„ 50–80	+ 10	± 5	− 10	± 5	+ 14	± 7	− 14	± 7
über 80–120	+ 12	± 6	− 12	± 6	+ 18	± 9	− 18	± 9
„ 120–180	+ 14	± 7	− 14	± 7	+ 22	± 11	− 22	± 11
„ 180–260	+ 18	± 9	− 18	± 9	+ 28	± 14	− 28	± 14
über 260–360	+ 22	± 11	− 22	± 11	+ 36	± 18	− 36	± 18
„ 360–430	+ 26	± 13	− 26	± 13	+ 44	± 22	− 44	± 22
„ 430–500	+ 30	± 15	− 30	± 15	+ 50	± 25	− 50	± 25

[1]) Als Herstellungsgenauigkeit der Abnahmelehren gilt die Herstellungsgenauigkeit für die Ausschußseite der Arbeitslehren.
Herstellungsgenauigkeit der Prüflehren nach DIN 2058 und 2059 (S. 193).
Sollmaß = Nennmaß + (bzw. −) Abmaß.

Zulässige Abnutzung der Arbeitslehren-Gutseite.

Abnutzungswerte in μ (1 μ = 0,001 mm).

Im System Einheitswelle.

Durch-messer-bereich mm	Rachenlehren				Lehrdorne, Flachlehren, Kugelendmaße						
	Edel-passung	Fein-passung	Schlicht-passung	Grob-passung	Edel-passung	Feinpassung				Schlicht-passung	Grob-passung
					alle Sitze	P.F.T.H. S.G.EL.	L	LL	WL	alle Sitze	
1 – 3	–	1,5	3	9	–	2	2,5	3	3	3	9
über 3 – 6	1,5	2	5	12	2	3	3	4	5	5	12
„ 6 – 10	2	2,5	5	15	2,5	3,5	4	5	5	5	15
„ 10 – 18	2,5	3	8	18	3	4	5	6	8	8	18
„ 18 – 30	3	4	8	22	4	5	6	8	8	8	22
„ 30 – 50	3,5	4,5	10	25	4,5	6	7	9	10	10	25
„ 50 – 80	4	5	12	30	5	7	8	10	12	12	30
„ 80 – 120	4,5	6	15	35	6	8	9	11	15	15	35
„ 120 – 180| 5	7	15	40	7	9	10	13	15	15	40
„ 180 – 260| 6	8	20	45	8	10	12	15	20	20	45
„ 260 – 360| 7	9	20	50	9	12	14	18	20	20	50
„ 360 – 500| 8	10	25	60	10	14	16	20	25	25	60
Paßeinheiten	0,2	0,25	0,6	1,5	0,25	0,35	0,4	0,5	0,6	0,6	1,5

Im System Einheitsbohrung.

Durch-messer-bereich mm	Lehrdorne, Flachlehren, Kugelendmaße				Rachenlehren						
	Edel-passung	Fein-passung	Schlicht-passung	Grob-passung	Edel-passung	Feinpassung				Schlicht-passung	Grob-passung
					alle Sitze	P.F.T.H. S.G.EL	L	LL	WL	alle Sitze	
1 – 3	–	2	3	9	–	1,5	2	2,5	3	3	9
über 3 – 6	2	3	5	12	1,5	2	3	4	4	5	12
„ 6 – 10	2,5	3,5	5	15	2	2,5	3,5	4	5	5	15
„ 10 – 18	3	4	8	18	2,5	3	4	5	6	8	18
„ 18 – 30	4	5	8	22	3	4	5	6	8	8	22
„ 30 – 50	4,5	6	10	25	3,5	4,5	6	7	9	10	25
„ 50 – 80	5	7	12	30	4	5	7	8	10	12	30
„ 80 – 120	6	8	15	35	4,5	6	8	9	11	15	35
„ 120 – 180| 7	9	15	40	5	7	9	10	13	15	40
„ 180 – 260| 8	10	20	45	6	8	10	12	15	20	45
„ 260 – 360| 9	12	20	50	7	9	12	14	18	20	50
„ 360 – 500| 10	14	25	60	8	10	14	16	20	25	60
Paßeinheiten	0,25	0,35	0,6	1,5	0,2	0,25	0,35	0,4	0,5	0,6	1,5

Abmaße der Abnahmelehren

Angabe der Abmaße in μ (1 μ = 0,001 mm)

Durch-messer-bereich mm	Edelpassung													Feinpassung					
	Rachen-lehre eW		Lehrdorne — Flachlehren — Kugelendmaße											Rachen-lehre W		Preßsitz p		Festsitz F	
			Edel-festsitz eF		Edel-treibsitz eT		Edel-haftsitz eH		Edel-schiebe-sitz eS		Edel-gleitsitz eG							
	Abmaße		Abmaße		Abmaße		Abmaße		Abmaße		Abmaße		Abmaße		Abmaße		Abmaße	
	oberes	unteres	oberes	unteres	oberes	unteres	oberes	unteres	oberes	unteres	oberes	unteres	oberes	unteres	oberes	unteres	oberes	unteres
	Gutseite +	Ausschuß-seite −	Ausschuß-seite −	Gutseite −	Ausschuß-seite −	Gutseite −	Ausschuß-seite +	Gutseite −	Ausschuß-seite +	Gutseite −	Ausschuß-seite +	Gutseite −	Gutseite +	Ausschuß-seite −	Ausschuß-seite −	Gutseite −	Ausschuß-seite −	Gutseite −
1 – 3	—	—	—	—	—	—	—	—	—	—	—	—	1,5	7,3	5,7	17	1,7	14
über 3 – 6	1,5	7	7	17	3	14	1	10	5	6	9	2	2	9,5	8,5	25	2,5	18
„ 6 – 10	2	8,3	8,7	22,5	3,7	17,5	1,3	12,5	6,3	7,5	11,3	2,5	2,5	12	13	33,5	3	23,
„ 10 – 18	2,5	10,3	10,7	28	4,7	21	1,3	15	7,3	9	13,3	3	3	14,3	17,7	42	3,7	29
„ 18 – 30	3	12,5	13,5	34	6,5	26	1,5	19	9,5	12	16,5	4	4	17,3	22,7	50	5,7	35
„ 30 – 50	3,5	14,8	16,2	39,5	7,2	29,5	1,8	22,5	10,8	13,5	19,8	4,5	4,5	20,5	32,5	66	6,5	41
„ 50 – 80	4	17	18	45	8	35	2	25	12	15	22	5	5	23,3	41,7	82	6,7	47
„ 80 – 120	4,5	19,8	19,2	51	8,2	41	2,8	28	13,8	17	24,8	6	6	26,3	50,7	98	6,7	53
„ 120 – 180	5	23,5	21,5	57	9,5	47	3,5	32	16,5	20	28,5	7	7	30	60	114	8	59
„ 180 – 260	6	26,5	25,5	68	10,5	53	4,5	38	19,5	23	34,5	8	8	36	79	140	9	70
„ 260 – 360	7	31	29	79	12	59	6	44	24	27	41	9	9	43	97	167	10	82
„ 360 – 430	8	35	33	90	13	70	7	50	27	30	47	10	10	49	111	194	11	94
„ 430 – 500	8	36	32	90	12	70	8	50	28	30	48	10	10	50	110	194	10	94

Schlichtpassung

Durch-messer-bereich mm	Rachenlehre sW		Lehrdorne — Flachlehren — Kugelendmaße					
			Schlichtgleitsitz sG		Schlichtlaufsitz sL		Weiter Schlichtlaufsitz sWL	
	Abmaße		Abmaße		Abmaße		Abmaße	
	oberes	unteres	oberes	unteres	oberes	unteres	oberes	unteres
	Gutseite +	Ausschuß-seite −	Ausschuß-seite +	Gutseite −	Ausschuß-seite +	Gutseite +	Ausschuß-seite +	Gutseite +
1 – 3	3	21	21	3	33	6	63	27
über 3 – 6	5	28	28	5	43	7	83	35
„ 6 – 10	5	33	33	5	53	10	103	45
„ 10 – 18	8	38,5	38,5	8	63,5	10	123,5	52
„ 18 – 30	8	48,5	48,5	8	73,5	14	153,5	62
„ 30 – 50	10	54	54	10	84	15	184	70
„ 50 – 80	12	65	65	12	105	18	205	88
„ 80 – 120	15	76	76	15	126	20	256	105
„ 120 – 180	15	87	87	15	147	25	287	125
„ 180 – 260	20	99	99	20	159	25	329	130
„ 260 – 360	20	111	111	20	181	30	361	150
„ 360 – 430	25	133	133	25	213	35	413	175
„ 430 – 500	25	135	135	25	215	35	415	175

für die Einheitswelle.

Auf den Lehren sind die Abmaße in Millimeter angegeben.

Feinpassung

Lehrdorne — Flachlehren — Kugelendmaße										
Treibsitz		Haftsitz		Schiebe-sitz		Gleitsitz		Enger Laufsitz		Laufsitz		Leichter Laufsitz		Weiter Laufsitz		Durch-messer-bereich
T		H		S		G		EL		L		LL		WL		
Abmaße		Abmaße		Abmaße		Abmaße		Abmaße		Abmaße		Abmaße		Abmaße		
oberes	unteres	oberes	unteres	oberes	unteres	oberes	unteres	oberes	unteres	oberes	unteres	oberes	unteres	oberes	unteres	
Ausschuß-seite	Gutseite	Ausschuß-seite	Gutseite	Ausschuß-seite	Gutseite	Ausschuß-seite	Gutseite	Ausschuß-seite	Gutseite	Ausschuß-seite	Gutseite	Ausschuß-seite	Gutseite	Ausschuß-seite	Gutseite	
+	−	+	−	+	−	+	−	+	+	+	+	+	+	+	+	mm
1,3	11	4,3	8	7,3	5	10,3	2	13,3	1	21,3	6,5	36,3	15	51,3	27	1 − 3
1,5	15	5,5	11	9,5	7	13,5	3	16,5	1	31,5	9	46,5	21	61,5	35	über 3 − 6
2	18,5	7	13,5	12	8,5	17	3,5	22	1,5	37	11	57	25	82	45	„ 6 − 10
2,3	22	8,3	16	14,3	10	20,3	4	27,3	2	42,3	13	67,3	29	102,3	52	„ 10 − 18
2,3	27	10,3	20	17,3	13	24,3	5	32,3	3	52,3	16	82,3	37	122,3	62	„ 18 − 30
2,5	31	11,5	24	20,5	15	27,5	6	37,5	3	62,5	18	97,5	41	142,5	70	„ 30 − 50
3,3	37	13,3	27	23,3	17	33,3	7	43,3	3	73,3	22	113,3	50	163,3	88	„ 50 − 80
4,3	43	15,3	30	26,3	19	39,3	8	49,3	3	84,3	26	134,3	59	184,3	105	„ 80 − 120
5	49	18	34	30	22	45	9	55	4	100	30	155	67	215	125	„ 120 − 180
6	55	21	40	36	25	51	10	66	5	111	33	176	75	246	130	„ 180 − 260
8	62	26	47	43	30	58	12	78	6	128	36	198	82	278	150	„ 260 − 360
9	74	29	54	49	34	69	14	89	6	149	44	229	100	309	175	„ 360 − 430
10	74	30	54	50	34	70	14	90	6	150	44	230	100	310	175	„ 430 − 500

Grobpassung

Rachenlehre		Lehrdorne — Flachlehren — Kugelendmaße								
gW		Grobsitz g1		Grobsitz g2		Grobsitz g3		Grobsitz g4		Durch-messer-bereich
Abmaße		Abmaße		Abmaße		Abmaße		Abmaße		
oberes	unteres	oberes	unteres	oberes	unteres	oberes	unteres	oberes	unteres	
Gutseite	Ausschuß-seite	Ausschuß-seite	Gutseite	Ausschuß-seite	Gutseite	Ausschuß-seite	Gutseite	Ausschuß-seite	Gutseite	
+	−	+	−	+	+	+	+	+	+	mm
9	55	55	9	85	21	105	41	185	91	1 − 3
12	85	85	12	125	28	155	68	255	138	über 3 − 6
15	105	105	15	155	35	205	85	305	185	„ 6 − 10
18	106	106	18	206	42	256	82	356	232	„ 10 − 18
22	156	156	22	256	48	306	128	456	278	„ 18 − 30
25	156	156	25	256	55	356	125	506	325	„ 30 − 50
30	207	207	30	307	70	407	170	607	370	„ 50 − 80
35	209	209	35	359	85	459	165	709	415	„ 80 − 120
40	261	261	40	411	100	511	210	811	460	„ 120 − 180
45	264	264	45	464	105	564	205	914	505	„ 180 − 260
50	318	318	50	518	120	618	250	1018	550	„ 260 − 360
60	372	372	60	572	140	722	290	1122	640	„ 360 − 430
60	375	375	60	575	140	725	290	1125	640	„ 430 − 500

Abmaße der Abnahmelehren

Angabe der Abmaße in μ (1 μ = 0,001 mm.)

Edelpassung | Feinpassung

Durch-messer-bereich mm	Lehrdorn, Flachlehre Kugelendmaß e B		Rachenlehren										Lehrdorn, Flachlehre, Kugelendmaß B		Rachenlehren			
			Edelfestsitz eF		Edeltreibsitz eT		Edelhaftsitz eH		Edelschiebesitz eS		Edelgleitsitz eG				Preßsitz p		Festsitz F	
	Abmaße		Abmaße		Abmaße		Abmaße		Abmaße		Abmaße		Abmaße		Abmaße		Abmaße	
	oberes	unteres	oberes	unteres	oberes	unteres	oberes	unteres	oberes	unteres	oberes	unteres	oberes	unteres	oberes	unteres	oberes	unteres
	Ausschußseite +	Gutseite −	Gutseite +	Ausschußseite +	Gutseite +	Ausschußseite +	Gutseite +	Ausschußseite −	Gutseite +	Ausschußseite −	Gutseite +	Ausschußseite −	Ausschußseite +	Gutseite −	Gutseite +	Ausschußseite +	Gutseite +	Ausschußseite +
1 − 3	—	—	—	—	—	—	—	—	—	—	—	—	10,3	2	16,5	8,7	13,5	4,7
über 3 − 6	9	2	16,5	9	13,5	5	9,5	1	5,5	3	1,5	7	13,5	3	24	13,5	17	6,5
,, 6 − 10	11,3	2,5	22	10,7	17	5,7	12	0,7	7	3,3	2	8,3	17	3,5	32,5	18	22,5	8
,, 10 − 18	13,3	3	27,5	13,7	20,5	7,7	14,5	1,7	8,5	4,3	2,5	10,3	20,3	4	41	22,7	28	9,7
,, 18 − 30	16,5	4	33	16,5	25	9,5	18	2,5	11	5,5	3	12,3	24,3	5	49	29,7	34	12,7
,, 30 − 50	19,8	4,5	38,5	20,2	28,5	11,2	21,5	2,2	12,5	5,8	3,5	14,8	27,5	6	64,5	37,5	39,5	15,5
,, 50 − 80	22	5	44	23	34	13	24	3	14	7	4	17	33,3	7	80	51,7	45	16,7
,, 80 − 120	24,8	6	49,5	25,2	39,5	14,2	26,5	3,2	15,5	8,8	4,5	19,8	39,3	8	96	60,7	51	17,7
,, 120 − 180	28,5	7	55	28,5	45	16,5	30	3,5	18	10,5	5	23,5	45	9	112	75	57	20
,, 180 − 200	34,5	8	66	33,5	51	17,5	36	3,5	21	12,5	6	26,5	51	10	138	94	68	24
,, 260 − 360	41	9	77	37	57	19	42	3	25	15	7	31	58	12	164	112	79	27
,, 360 − 430	47	10	88	43	68	21	48	3	28	17	8	35	69	14	190	131	90	31
,, 430 − 500	48	10	88	42	68	20	48	2	28	18	8	36	70	14	190	130	90	30

Schlichtpassung

Durch-messer-bereich mm	Lehrdorn, Flachlehre, Kugelendmaß s B		Rachenlehren					
			Schlichtgleitsitz sG		Schlichtlaufsitz sL		Weiter Schlichtlaufsitz sWL	
	Abmaße		Abmaße		Abmaße		Abmaße	
	oberes	unteres	oberes	unteres	oberes	unteres	oberes	unteres
	Ausschußseite +	Gutseite −	Gutseite +	Ausschußseite +	Gutseite −	Ausschußseite −	Gutseite −	Ausschußseite −
1 − 3	21	3	3	21	6	33	27	63
über 3 − 6	28	5	5	28	7	43	35	83
,, 6 − 10	33	5	5	33	10	53	45	103
,, 10 − 18	38,5	8	8	38,5	10	63,5	52	123,5
,, 18 − 30	48,5	8	8	48,5	14	73,5	62	153,5
,, 30 − 50	54	10	10	54	15	84	70	184
,, 50 − 80	65	12	12	65	18	105	88	205
,, 80 − 120	76	15	15	76	20	126	105	256
,, 120 − 180	87	15	15	87	25	147	125	287
,, 180 − 260	99	20	20	99	25	159	130	329
,, 260 − 360	111	20	20	111	30	181	150	361
,, 360 − 430	133	25	25	133	35	213	175	413
,, 430 − 500	135	25	25	135	35	215	175	415

für die Einheitsbohrung.

Auf den Lehren sind die Abmaße in Millimeter angegeben.

Feinpassung

Rachenlehren									Durch-messer-bereich
Treibsitz	Haftsitz	Schiebe-sitz	Gleitsitz	Enger Laufsitz	Laufsitz	Leichter Laufsitz	Weiter- Laufsitz	
T	H	S	G	EL	L	LL	WL	
Abmaße	Abmaße	Abmaße	Abmaße	Abmaße	Abmaße	Abmaße	Abmaße	
oberes / unteres	oberes / unteres	oberes / unteres	oberes / unteres	oberes / unteres	oberes / unteres	oberes / unteres	oberes / unteres	
Gutseite / Ausschuß-seite	Gutseite / Ausschuß-seite	Gutseite / Ausschuß-seite	Gutseite / Ausschuß-seite	Ausschuß-seite / Gutseite	Ausschuß-seite / Gutseite	Ausschuß-seite / Gutseite	Ausschuß-seite / Gutseite	
+ / +	+ / −	+ / −	+ / −	− / −	− / −	− / −	− / −	mm
10,5 1,7	7,5 1,3	4,5 4,3	1,5 7,3	1,5 10,3	7 19,3	15,5 31,3	27 51,3	1 – 3
14 2,5	10 1,5	6 5,5	2 9,5	2 13,5	9 26,5	22 41,5	36 61,5	über 3 – 6
17,5 3	12,5 2	7,5 7	2,5 12	2,5 17	11,5 32	26 52	45 77	„ 6 – 10
21 4	15 2,3	9 8,3	3 14,3	3 20,3	14 37,3	30 62,3	54 92,3	„ 10 – 18
26 5,7	19 2,3	12 10,3	4 17,3	4 24,3	17 47,3	39 72,3	62 112,3	„ 18 – 30
29,5 6,5	22,5 2,5	13,5 11,5	4,5 20,5	4,5 27,5	19 52,5	43 82,5	71 132,5	„ 30 – 50
35 6,7	25 3,3	15 13,3	5 23,3	5 33,3	23 63,3	52 103,3	90 153 3	„ 50 – 80
41 6,7	28 4,3	17 15,3	6 26,3	5 39,3	27 74,3	61 124,3	109 184,3	„ 80 – 120
47 8	32 5	20 18	7 30	6 45	31 85	70 145	127 205	„ 120 – 180
53 9	38 6	23 21	8 36	7 51	35 96	78 156	135 226	„ 180 – 260
59 10	44 8	27 26	9 43	9 58	38 108	86 178	152 258	„ 260 – 360
70 11	50 9	30 29	10 49	10 69	46 129	104 209	180 289	„ 360 – 430
70 10	50 10	30 30	10 50	10 70	46 130	104 210	180 290	„ 430 – 500

Grobpassung

Lehrdorn, Flachlehre, Kugelendmaß g B	Rachenlehren				Durch-messer-bereich
	Grobsitz g 1	Grobsitz g 2	Grobsitz g 3	Grobsitz g 4	
Abmaße	Abmaße	Abmaße	Abmaße	Abmaße	
oberes / unteres	oberes / unteres	oberes / unteres	oberes / unteres	oberes / unteres	
Ausschuß-seite / Gutseite	Gutseite / Ausschuß-seite	Gutseite / Ausschuß-seite	Gutseite / Ausschuß-seite	Gutseite / Ausschuß-seite	
+ / +	+ / −	− / −	− / −	− / −	mm
55 9	9 55	21 85	41 105	91 185	1 – 3
85 12	12 85	28 125	68 155	138 255	über 3 – 6
105 15	15 105	35 155	85 205	185 305	„ 6 – 10
106 18	18 106	42 206	82 256	232 356	„ 10 – 18
156 22	22 156	48 256	128 305	278 456	„ 18 – 30
156 25	25 156	55 256	125 356	325 506	„ 30 – 50
207 30	30 207	70 307	170 407	370 607	„ 50 – 80
209 35	35 209	85 359	165 459	415 709	„ 80 – 120
261 40	40 261	100 411	210 511	460 811	„ 120 – 180
264 45	45 264	105 464	205 564	505 914	„ 180 – 260
318 50	50 318	120 518	250 618	550 1018	„ 260 – 360
372 60	60 372	140 572	290 722	640 1122	„ 360 – 430
375 60	60 375	140 575	290 725	640 1125	„ 430 – 500

Lage der Herstellungsgenauigkeit der Prüflehren (vgl. S. 173).

Zu unterscheiden sind Prüflehren für:
1. die Gutseite der abgenutzten Arbeitslehre,
2. die Ausschußseite der Arbeitslehre,
3. gegebenenfalls für die Gutseite der neuen Arbeitslehre.

Prüflehren für Wellenarbeitslehren.

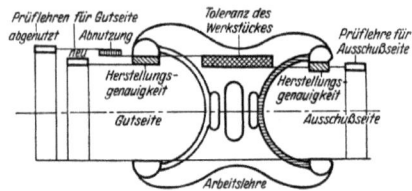

Die Herstellungsgenauigkeit ist bezogen:
1. auf das Größtmaß der abgenutzten Arbeitslehre Gutseite; dieses ist gleich Nennmaß + (bzw. −) oberes Abmaß + zulässige Abnutzung.
2. auf die Ausschußseite der Arbeitslehre; diese ist gleich Sollmaß, d. h. Nennmaß + (bzw. −) Abmaß,
3. auf das Kleinstmaß der neuen Arbeitslehre Gutseite; dieses ist gleich Nennmaß + (bzw. −) oberes Abmaß − Herstellungsgenauigkeit.

Prüflehren für Bohrungsarbeitslehren.

Vorzuziehen ist Messung durch Meßmaschinen und ähnliche Einrichtungen.

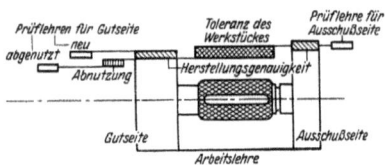

Die Herstellungsgenauigkeit ist bezogen:
1. auf das Kleinstmaß der abgenutzten Arbeitslehre Gutseite; dieses ist gleich Nennmaß + (bzw. −) unteres Abmaß − zulässige Abnutzung,
2. auf die Ausschußseite der Arbeitslehre; diese ist gleich Sollmaß, d. h. Nennmaß + (bzw. −) Abmaß,
3. auf das Größtmaß der neuen Arbeitslehre Gutseite; dieses ist gleich Nennmaß + (bzw. −) unteres Abmaß + Herstellungsgenauigkeit.

Größe der Herstellungsgenauigkeit der Prüflehren.

Werte in μ ($1\,\mu = {}^1/_{1000}$ mm).

Prüflehren für Wellenarbeitslehren nach DIN 2058.

Durchmesser-bereich	Prüflehren I. Güte Edelpassung		Prüflehren II. Güte Feinpassung		Prüflehren III. Güte Schlicht- und Grobpassung	
	für Gutseite abgenutzt und Ausschußseite	für Gutseite neu	für Gutseite abgenutzt und Ausschußseite	für Gutseite neu	für Gutseite abgenutzt und Ausschußseite	für Gutseite neu
1—3	—	—	± 1,0	+ 2,0	± 1,5	+ 3,0
über 3—6	± 0,7	+ 1,4	± 1,0	+ 2,0	± 1,5	+ 3,0
„ 6—10	± 0,8	+ 1,6	± 1,3	+ 2,5	± 1,8	+ 3,5
„ 10—18	± 0,9	+ 1,8	± 1,3	+ 2,5	± 2,0	+ 4,0
„ 18—30	± 1,0	+ 2,0	± 1,5	+ 3,0	± 2,3	+ 4,5
„ 30—50	± 1,3	+ 2,5	± 1,8	+ 3,5	± 2,5	+ 5,0
„ 50—80	± 1,5	+ 3,0	± 2,0	+ 4,0	± 3,0	+ 6,0
„ 80—120	± 2,0	+ 4,0	± 2,8	+ 5,5	± 4,0	+ 8,0
„ 120—180	± 2,5	+ 5,0	± 3,5	+ 7,0	± 5,0	+ 10,0
„ 180—260	± 3,0	+ 6,0	± 4,5	+ 9,0	± 7,0	+ 14,0
„ 260—360	± 4,0	+ 8,0	± 6,0	+ 12,0	± 9,0	+ 18,0
„ 360—430	± 5,0	+ 10,0	± 7,0	+ 14,0	± 10,0	+ 20,0
„ 430—500	± 6,0	+ 12,0	± 8,0	+ 16,0	± 11,0	+ 22,0

Prüflehren für Bohrungsarbeitslehren nach DIN 2059.

Die Bohrungsarbeitslehren werden zweckmäßig unmittelbar mit Endmaßen verglichen; wo dies nicht möglich ist, können Prüfrachenlehren mit nachstehender Herstellungsgenauigkeit Anwendung finden.

Durchmesser-bereich	Prüflehren I. Güte Edelpassung		Prüflehren II. Güte Feinpassung		Prüflehren III. Güte Schlicht- und Grobpassung	
	für Gutseite abgenutzt und Ausschußseite	für Gutseite neu	für Gutseite abgenutzt und Ausschußseite	für Gutseite neu	für Gutseite abgenutzt und Ausschußseite	für Gutseite neu
1—3	—	—	± 1,0	− 2,0	± 1,5	− 3,0
über 3—6	± 0,7	− 1,4	± 1,0	− 2,0	± 1,5	− 3,0
„ 6—10	± 0,8	− 1,6	± 1,3	− 2,5	± 1,8	− 3,5
„ 10—18	± 0,9	− 1,8	± 1,3	− 2,5	± 2,0	− 4,0
„ 18—30	± 1,0	− 2,0	± 1,5	− 3,0	± 2,3	− 4,5
„ 30—50	± 1,3	− 2,5	± 1,8	− 3,5	± 2,5	− 5,0
„ 50—80	± 1,5	− 3,0	± 2,0	− 4,0	± 3,0	− 6,0
„ 80—120	± 2,0	− 4,0	± 2,8	− 5,5	± 4,0	− 8,0
„ 120—180	± 2,5	− 5,0	± 3,5	− 7,0	± 5,0	− 10,0
„ 180—260	± 3,0	− 6,0	± 4,5	− 9,0	± 7,0	− 14,0
„ 260—360	± 4,0	− 8,0	± 6,0	− 12,0	± 9,0	− 18,0
„ 360—430	± 5,0	− 10,0	± 7,0	− 14,0	± 10,0	− 20,0
„ 430—500	± 6,0	− 12,0	± 8,0	− 16,0	± 11,0	− 22,0

Schleifzugaben
für ungehärtete gedrehte Wellen nach DIN 60.

Nennmaße der Welle Durchmesserbereich	Schleifzugaben zum Nennmaß der Welle						
	Länge der Welle	bis 400	über 400 bis 800	über 800 bis 1200	üb. 1200 bis 1600	üb. 1600 bis 2000	über 2000
bis 50	oberes Abmaß unteres Abmaß	+ 0,4 + 0,25	+ 0,45 + 0,3	+ 0,55 + 0,4	+ 0,6 + 0,45	+ 0,7 + 0,5	+ 0,8 + 0,6
über 50—120	oberes Abmaß unteres Abmaß	+ 0,45 + 0,3	+ 0,45 + 0,3	+ 0,55 + 0,4	+ 0,6 + 0,45	+ 0,7 + 0,5	+ 0,8 + 0,6
„ 120—180	oberes Abmaß unteres Abmaß	+ 0,55 + 0,4	+ 0,55 + 0,4	+ 0,55 + 0,4	+ 0,6 + 0,45	+ 0,7 + 0,5	+ 0,8 + 0,6
„ 180—260	oberes Abmaß unteres Abmaß	+ 0,6 + 0,45	+ 0,6 + 0,45	+ 0,6 + 0,45	+ 0,6 + 0,45	+ 0,7 + 0,5	+ 0,8 + 0,6
„ 260—360	oberes Abmaß unteres Abmaß	+ 0,7 + 0,5	+ 0,7 + 0,5	+ 0,7 + 0,5	+ 0,7 + 0,5	+ 0,7 + 0,5	+ 0,8 + 0,6
„ 360	oberes Abmaß unteres Abmaß	+ 0,8 + 0,6	+ 0,8 + 0,6	+ 0,8 + 0,6	+ 0,8 + 0,6	+ 0,8 + 0,6	+ 0,8 + 0,6

Die Angaben gelten für das Vordrehen von Wellen, die nachher in ungehärtetem Zustande auf Fertigmaß geschliffen werden sollen. Sie gelten für alle Sitze mit Ausnahme der Preß- und Schrumpfsitze der Einheitsbohrung, die größere Zugaben erfordern.

Kennzeichnung der Rachenlehre: Farbe grau, Bezeichnung gZ.

Große Spiele
nach DIN 170.

1. Für „Große Spiele", die in einem gröberen Gütegrade als dem Grobpassungsgrad entsprechen, gelten die Mindestwerte: 0,5 mm, 1 mm, 2 mm, 3 mm, 4 mm.

2. Diese Spiele werden auf der Zeichnung durch die Konstruktionsmaße angegeben, z. B. bei 1 mm Spiel: Welle 35 $\varnothing$, Bohrung 36 $\varnothing$; auf ein Nennmaß für Welle und Bohrung wird also verzichtet. Die großen Spiele gehören daher nicht mehr zu den Passungen im engeren Sinne.

3. Die so eingetragenen Wellenmaße gelten unter allen Umständen als Größtmaße: also ist das obere Abmaß 0, ihre unteren Abmaße sind negativ; die Bohrungsmaße gelten als Kleinstmaße, haben also das untere Abmaß 0, ihre oberen Abmaße sind positiv. Die Abmaße sind zahlenmäßig nach DIN 406, Bl. 5 einzutragen, z. B. Welle 35 $\varnothing_{-0,5}$, Bohrung 36 $\varnothing^{+0,5}$.

4. Sollen sich zwei Teile, die sich im Betrieb nicht gegenseitig bewegen, nur zusammenstecken lassen, so können Welle und Bohrung dasselbe Nennmaß und damit das Mindestspiel 0 erhalten.

5. Als Richtlinien für die oberen Abmaße der Bohrungen gelten bis 50 mm Durchmesser etwa 30 PE, über 50 mm Durchmesser bleibt das obere Abmaß 0,5 mm; siehe folgende Reihe:

Bohrungsdurchmesser..	7—18	über 18—20	über 30
Oberes Abmaß.....	+ 0,3	+ 0,4	+ 0,5
Unteres Abmaß....	0	0	0

6. Als Richtlinien für die unteren Abmaße der Wellen gelten gleichfalls bis 50 mm Durchmesser etwa 30 PE, über 50 mm Durchmesser bleibt das untere Abmaß 0,5 mm; siehe folgende Reihe:

Wellendurchmesser ..	7—18	über 18—30	über 30
Oberes Abmaß	0	0	0
Unteres Abmaß ...	— 0,3	— 0,4	— 0,5

Soll für die Wellen gezogenes Rundeisen verwendet werden, so ist dasselbe nach DIN 669 (Genauigkeit —15 Einheiten nach DIN 1750) zu wählen.

7. Im allgemeinen sollen die Wellen die Normaldurchmesser erhalten und die Spiele in die Bohrungen verlegt werden; ist jedoch z. B. auf gezogenen Werkstoff keine Rücksicht zu nehmen, so können die Spiele in die Wellen verlegt werden und die Bohrungen die Normaldurchmesser erhalten.

Prüfung von Meßflächen auf Ebenheit durch die Interferenzmethode mittels Planglasplatten[1]).

Das Verfahren beruht darauf, daß die zu prüfende Fläche (Endmaß, Meßfläche der Rachenlehre) mit einer optisch geschliffenen, genau ebenen Glasplatte überdeckt wird und aus den sich dann zeigenden **Interferenzstreifen**, die die Folge einer ungleichmäßigen Dicke der Luftschicht zwischen Prüffläche und Glasplatte oder mit anderen Worten der Abweichung der Prüffläche von der ebenen Glasplatte sind, ein Schluß auf den Grad der Unebenheit gezogen werden kann.

Das Entstehen der Interferenzstreifen, die bei weißem Licht (Tageslicht) Regenbogenfarben zeigen, erklärt sich auf folgende Weise: In Abb. I 1 ist G die untere ebene Fläche einer Glasplatte[1]), S die obere eines Stahlendmaßes, h der Abstand beider Flächen, P ist ein leuchtender Punkt, eine Lichtquelle. Der Punkt a der Fläche G erhält von P aus auf zwei Wegen Licht: 1. unmittelbar durch den Strahl Pa, der in die Richtung $a-b$ gespiegelt wird, 2. durch den an S gespiegelten Strahl $Pcda$, der in der Richtung ae weitergeht. Ein Auge, das die beiden Strahlen ab und ae aufnimmt, sieht in a die Summe der zwei dort hervorgerufenen Erregungen.

Die Fortpflanzung des Lichtes geschieht nun durch Wellen (Abb. I 2). Die Wege, die die beiden Lichtzüge zu machen haben, sind entsprechend dem Umweg cda des einen Strahles durch die dazwischenliegende Luft-

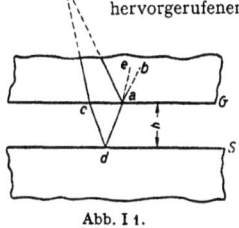

Abb. I 1.

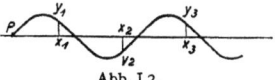

Abb. I 2.

schicht verschieden. Ist der Unterschied $1/2$, $3/2$, $5/2$ usw., d. h. eine ungerade Zahl von halben Lichtwellenlängen, so hebt sich der Schwingungszustand der beiden Lichtzüge ($x_1 y_1$ und $x_2 y_2$) auf. Der Punkt a erscheint dunkel. Ist der Unterschied eine gerade Zahl von halben, d. h. eine ganze oder mehrere ganze Lichtwellenlängen ($x_1 y_1$ und $x_3 y_3$), so verstärken sich die Schwingungszustände; der Punkt a erscheint hell. Die Fläche G zeigt eine Schar dunkler Linien (siehe Abb. I 3 bis I 7), welche die Orte gleicher Dicke der Luftschicht verbinden. Diese Linien stellen demnach — genau wie auf dem Höhenschichtenplan einer Landkarte die Punkte gleicher Höhe über dem Meeresspiegel verbunden sind — Linien gleicher Höhe, von der Meßplatte aus gerechnet, dar. Der Höhenunterschied von einer Schichtenlinie zur anderen beträgt eine halbe Lichtwellenlänge, d. h. rund 0,0003 mm oder $0,3 \mu$. Dieser Wert gilt nur angenähert, da er ein Durchschnitt der im weißen Licht vereinigten Wellenlängen der Spektralfarben ist.

Praktische Ausführung der Prüfung: Die Flächen sind mit einem sauberen trockenen Tuch abzureiben, um Staub- und Metallteilchen zu beseitigen. Reste des Poliermittels sind der Glasplatte sehr schädlich.

---

[1]) Die Firma Carl Zeiß in Jena (Generalvertrieb der Zeiß-Feinmeßwerkzeuge Schuchardt & Schütte) stellt genau geschliffene Planglasplatten aus einer besonders geeigneten Glassorte her. Der Durchmesser beträgt 45 und 60 mm, die Dicke 10 bzw. 15 mm.

Überflüssiges Reiben der Glasplatte auf der Stahlfläche ist zu vermeiden. Die Glasplatte wird seitlich mit leichtem Druck aufgeschoben, oder bei sehr gut gesäuberter Fläche auch aufgelegt. Zu starker Druck ist zu vermeiden, da er durch Krümmung der Flächen nicht vorhandene Unebenheiten vortäuschen, auch Fehler verdecken kann. Überflüssiges Anfassen soll auch vermieden werden, da die dabei entstehende Erwärmung bei der Empfindlichkeit der Methode die Bilder verändern kann.

Die Prüfung kann sowohl bei einfarbigem wie bei zusammengesetztem Licht (Tages-, elektrisches, Gaslicht) erfolgen. Für die werkstattmäßige Prüfung erübrigt sich in den meisten Fällen einfarbiges Licht. Dieses hat lediglich den Vorteil, daß die Wellenlängen genau bestimmt sind, während bei gemischtem Licht für die Wellenlängen ein fester Wert nicht angenommen werden kann. Wie bereits bemerkt, wird der Wert der halben Wellenlänge des Tageslichts, also des Streifenabstandes zu rund $0,3\,\mu$ geschätzt. Unter diesem Streifenabstand ist der Abstand des dunklen Farbtons des einen Streifens vom dunklen Farbton des nächsten Streifens zu verstehen. Es erfordert ziemliche Übung und Vertrautheit mit dem Prüfverfahren, hier zuverlässig auf den Zahlenwert der Abweichung von der Ebene zu schließen. In den meisten, ja man kann wohl sagen, in den überwiegenden Fällen, wie z. B. bei Rachenlehren, genügt es, wenn durch die Prüfung mit der Planglasplatte überhaupt ein Bild von der Oberflächenbeschaffenheit gewonnen wird, daß sich z. B. leicht die Streifen bilden und in erträglichen Abständen voneinander verlaufen. Enge unregelmäßig gekrümmte Streifen deuten stets auf eine mangelhafte Fläche.

Liegt die Glasplatte voll auf, bzw. sind Prüfstück und Glasplatte aneinander angesaugt, so verschwinden die Interferenzbilder. An der Stelle der vollkommenen Ansaugung tritt ein grauer Flecken mit verlaufendem Rande auf, der bei gemischtem Licht, allerdings nicht von jedem Beobachtungsstandpunkt aus, sichtbar ist, jedoch durch Hin- und Herdrehen leicht gefunden werden kann. Er zeigt an, daß zwischen Glasplatte und Prüfstück kein Zwischenraum mehr vorhanden ist, im Unterschied zum Lichtweg also nicht mehr entstehen kann. Der neben dem Fleck bis zum Auftreten der ersten Farbstreifen verlaufende hellere Rand kann so gedeutet werden, daß der Zwischenraum zwischen Glas- und Werkstückfläche geringer ist wie die kürzeste halbe Wellenlänge des Spektrums. Man kann annehmen, daß innerhalb des Fleckens und dessen Verlauf keine größere Abweichung von der Ebene als 0,0001 mm vorhanden ist.

Nun tritt aber Interferenzbildung nur dann auf, wenn die Oberflächenbeschaffenheit schon eine gewisse Güte aufweist. Für viele Fälle kann das Erscheinen von Interferenzfarben, gleichgültig wie diese auftreten, schon als genügender Gütegrad angesehen werden. Bei Endmaßen und anderen genauen Flächen genügt aber die Tatsache des Erscheinens von Interferenzbildern noch nicht, sondern es wird aus diesen noch zu ergründen sein, wie weit der Gütegrad der Fläche reicht. Für die Beurteilung mögen folgende Beispiele einen Anhalt geben:

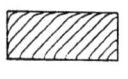

Abb. I 3.

Abb. I 3. Die Streifen laufen über die ganze Meßfläche parallel und in gleichen Abständen. Das Maß ist also vorzüglich eben, da die Luftschicht genau gleichmäßig keilförmig ist. Die leichte Krümmung der Streifen an en Rändern der Fläche rührt von dem unvermeidlichen Kantenabfall her, der auf 1 mm Breite beschränkt sein soll.

In einem solchen Falle wird es fast immer möglich sein, nach gründlicher Säuberung in weißem Licht den charakteristischen Fleck mit verlaufendem Rande zu erzeugen. Wenn sich das Endmaß auf die Glasplatte aufsaugt, werden die Streifen immer breiter, und schließlich erscheint die Fläche fast einfarbig. Ein Streifen ist dann so breit geworden, daß er fast die ganze Platte bedeckt.

Die Fläche ganz einfarbig zu erhalten, ist selten erreichbar. Doch liegt dies an der praktischen Ausführung des Versuches, da zum festen Ansaugen die Platte seitlich aufgeschoben werden muß und dann sofort der dunkle Fleck entsteht. Beim Verschieben wird meist erst gelbliches Braun sichtbar, dem dann Rot und Blau folgt.

Abb. 14. Die um ein, auf der Meßfläche selbst sichtbares oder außerhalb ihr liegendes, Zentrum herumlaufenden Streifen zeigen, daß an diesem Punkt eine Erhöhung oder Vertiefung vorhanden ist. Zur Beurteilung genügt ein leichter Druck mit einem Stift möglichst über der Mitte der Meßfläche. Wandern die Streifen nach außen, handelt es sich um eine Erhöhung, nach innen, um eine Vertiefung. Ist der dunkle Fleck zu sehen, ist die Erhöhung ohne weiteres ersichtlich.

In Abb. 15 ist schematisch dargestellt, daß die beiden Enden der Meßfläche parallel zueinander sind, weil die Streifenabstände auf ihnen gleich

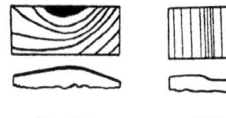 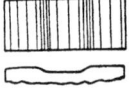 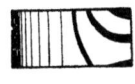 

Abb. 14.   Abb. 15.   Abb. 16.   Abb. 17.

sind. Dazwischen liegt eine Einsenkung mit verhältnismäßig ebenem Boden, die etwa 4 Streifenbreiten, d. h. 0,0012 mm tief ist.

Abb. 16. Das Maß ist in seinem rechten Teile ganz schwach gewölbt; da aber die Streifen sehr breit auseinandergezogen sind, kann man es als praktisch eben ansehen. Der linke Teil ist stark gekrümmt, und zwar nach der Anzahl der Streifen um mehrere tausendstel Millimeter.

Abb. 17. Ganz unregelmäßige Krümmungen in verschieden starken Beträgen; ein charakteristisches Beispiel für das Verziehen dünner Stahlbleche im Gebrauch. Glasscheiben aus Spiegelglas geben ähnliche Bilder.

Dünne Parallelendmaße zeigen meist dieses Bild. Die in der Planglasplatte ersichtliche Unregelmäßigkeit des Endmaßes hat aber nichts zu bedeuten, wenn sich das Endmaß beim Aufsaugen auf ein anderes Endmaß wieder geradezieht oder doch seine Unebenheit so weit vermindert, daß sie für den praktischen Gebrauch nicht mehr als schädlich angesprochen werden kann.

Die Lage der Linien ist eine zufällige, da sie von den vorhandenen Unebenheiten des Maßes und Verunreinigungen durch Staub u. dgl. abhängt. Deswegen wird auch das Bild der Streifen beim Verschieben oder bei der Neuauflage der Glasplatte bisweilen merklich verändert sein; der wesentliche Charakter muß aber erhalten bleiben. Das mag noch folgendes schematische Beispiel zeigen:

Abb. I 8. Links eine ebene Fläche, die nach rechts dachförmig ausläuft. Wird die Glasplatte im wesentlichen links aufgelegt, so entsteht das Streifenbild rechts oben; links sind parallele Streifen, die auf Ebenheit schließen lassen, rechts winkelförmige Streifen, die gleichzeitig zeigen, daß die beiden Dachflächen nach unten geneigt sind. Bei Steigungen nach oben würde die Winkelöffnung entgegengesetzt gerichtet sein. Wird die Glasplatte im wesentlichen rechts aufgelegt, so wird das Streifenbild ganz anders (rechts unten). Durch einen Druck kann man feststellen, daß rechts die Streifen entgegengesetzt laufen, daß also die Steigung der beiden Flächen entgegengesetzt ist; das Strichbild der linken Hälfte bleibt im wesentlichen unverändert; durch Abzählen der Streifen kann man in beiden Fällen ohne weiteres die Steigung der beiden Hälften der Fläche zueinander abschätzen.

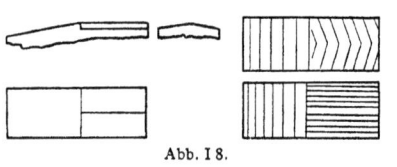

Abb. I 8.

Ein Urteil dafür, ob die Dicke der Luftschicht von einem Streifen zum andern zu- oder abnimmt, gibt folgende Regel: Beim Aufdrücken auf die Glasplatte wandern die Streifen stets von den höchsten Punkten der Fläche fort.

Die Interferenz des Lichtes kann neben der Prüfung der Ebenheit und Planparallelität von Meßflächen auch zur **Ermittlung von Längenunterschieden** benutzt werden. Diese Aufgabe erfüllt in einfacher Weise der von Dr. Kösters erdachte und von der Firma Carl Zeiß ausgeführte **Interferenz-Komparator**. Dieser gestattet durch Beurteilung der Interferenzstreifen nach Farbe, Richtung und Abstand die Feststellung

1. des Längenunterschiedes zweier Endmaße in Bruchteilen eines μ,
2. der Abweichungen beider Endflächen von einer genau ebenen Fläche,
3. des relativen oder absoluten thermischen Ausdehnungskoeffizienten.

Eine weitere Ausgestaltung erfuhr dieses Instrument im „Zeiß-Interferenz-Komparator für Absolutmessungen", der neben der Vergleichsmessung auch die direkte Ermittlung der Länge eines Parallelendmaßes mit einer Meßgenauigkeit von 0,02 μ ermöglicht. Meßmittel ist auch hier Licht von bekannter Wellenlänge.

Literatur.

van Keuren, H. L.: Das Messen von Kugeln und Lehrbolzen durch Lichtwellen. Machinery, Sept. 1920.

Interferometer zum Prüfen optischer Systeme. Engg. 21. XII. 1920.

Peters, C. G., und H. S. Boyd: Die Prüfung von Endmaßen. Am. Mach. (Europ. Ed.) 27. XI. 1920.

Berndt, Dr.: Interferenzmethoden zur Untersuchung von Endmaßen. Betrieb 10. IV. 1921.

Berndt, Prof. Dr., und Dr. H. Schulz: Grundlagen und Geräte technischer Längenmessungen. Berlin: Julius Springer 1921.

Gehrke, Dr. E.: Die Anwendung der Interferenzen in der Spektroskopie und Metronomie. Braunschweig: Vieweg.

Kösters, Dr.: Prüfung von Johannson-Endmaßen mit Lichtinterferenz. Feinmechanik Jg. 1, H. 1—3. 1922.

Kessler, Dr. H.: Endmaße und ihre Prüfung mit dem Kösterschen Interferenz-Komparator. Centr.-Zeit. Optik u. Mechanik 1922, H. 24 u. 25.

Kegel (Verjüngungen). Nach DIN 254.

Kegel 1:k	Kegelwinkel α	Einstellwinkel an der Bearbeitungsmaschine α/2	Beispiele für die Anwendung — Maschinenbau	Werkzeugbau	Schrauben, Niete
1:0,289	120°	60°	Schutzsenkung für Zentrierbohrungen	Spitzsenker DIN 347	Senk-Vierkantschrauben
1:0,350	110°	55°			Linsensenkholzschrauben
1:0,500	90°	45°	Ventilkegel, Bunde an Kolbenstangen	Spitzsenker DIN 335	Blanke Senkschrauben bis ³/₄" bzw. 20 mm Blanke Linsensenkschrauben Senkholzschrauben Rohe Senkschrauben mit Nase Blechniete mit Senkkopf
1:0,652	75°	37°30'			Senkniete und Linsensenkniete von 10 bis 16 mm ⌀
1:0,866	60°	30°	Dichtungskegel für leichte Rohrverschraubungen, V-Nuten, Zentrierbohrungen	Körnerspitzen Spitzsenker DIN 334	Blanke Senkschrauben von ⁷/₈" bis 1" bzw. von 22 bis 27 mm Senkniete und Linsensenkniete von 19 bis 25 mm ⌀
1:1,21	45°	22°30'			Senkniete und Linsensenkniete von 28 bis 43 mm ⌀
1:1,50	36°52'	18°26'	Dichtungskegel für schwere Rohrverschraubungen		
1:1,87	30°	15°		Senker DIN 348	Rohe Kegelsenkschrauben
1:3	18°56'	9°28'	Nur im Schiffsmaschinenbau zur Befestigung der Kolbenstange im Kolben und Kreuzkopf		
1:5	11°25'	5°42'30"	Spurzapfen, Reibungskupplungen, leicht abnehmbare Maschinenteile bei Beanspruchung quer zur Achse und auf Drehung		
1:6	9°32'	4°46'	Dichtungskegel für Hähne, Kreuzkopfzapfen für Lokomotiven		
1:10	5°44'	2°52'	Kupplungsbolzen, nachstellbare Lagerbuchsen, Maschinenteile bei Beanspruchung quer zur Achse, auf Drehung und längs der Achse		
1:15	3°49'	1°54'30"	Kolbenstangen für Lokomotiven, Propellernaben für Schiffe		
Morsekegel	Siehe DIN 231		Schäfte von Werkzeugen und Aufnahmekegel der Werkzeugmaschinenspindeln Reibahlen DIN 204 u. 205		
1:20	2°52'	1°26'			
1:30	1°54'34"	57'17"	Bohrungen der Aufsteckreibahlen und Aufstecksenker		
1:50	1°8'44"	34'22"	Kegelstifte	Reibahlen DIN 9	

Kegeldurchmesser: Die großen Durchmesser der Kegel sind der Reihe der Normaldurchmesser nach DIN 3 zu entnehmen. Ausgenommen sind diejenigen für Kegelstifte nach DIN 1 sowie für Schrauben, Niete und Morsekegel. Bei Kegel 1 : 20 sind möglichst die Durchmesser nach DIN 233 zu verwenden, da hierfür normale Reibahlen und Lehren vorhanden sind.

Kegellängen: Längen sind für Morsekegel, Werkzeugkegel 1 : 20 und Kegel 1 : 50 genormt. Werden diese Kegel für andere Zwecke verwendet, so sind die Längen der Kegelbohrungen nicht größer als die vorhandenen Reibahlenlängen zu wählen.

Kegelberechnung.

Zum Drehen eines Kegels ist der Oberteil des Werkzeugschlittens um einen Winkel $\alpha/2$ zu verstellen, der dem halben Kegelwinkel gleich ist (Bild K_1). Der Vorschub muß hierbei allerdings von Hand erfolgen. Bei Drehbänken mit Leitlineal wird dieses auf den $\sphericalangle \alpha/2$ eingestellt und der Vorschub durch Leit- oder Zugspindel bewirkt. Bei sehr langen Stücken für die das Leitlineal nicht mehr ausreicht oder der Kegel nicht mehr durch Verdrehung des Schlittenoberteils erzeugt werden kann, wird das Werkstück durch Verschiebung der Reitstockspitze um einen Betrag s um den $\sphericalangle \alpha/2$ verdreht (Bild K_2). Da aber dann die Körnerspitzen in den Körnerlöchern nicht mehr voll anliegen, wird der für s errechnete Wert geringe Abweichungen vom genauen Kegel ergeben, die durch Versuchseinstellungen zu beseitigen sind.

Gesucht	Bezeichnung	Berechnung
Größter Kegeldurchmesser............ mm	D	$V \cdot l + d; \quad 2 \operatorname{tg} \alpha/2 \cdot l + d$
Kleinster Kegeldurchmesser .... mm	d	$D - V \cdot l; \quad D - 2 \operatorname{tg} \alpha/2 \cdot l$
Kegellänge .... mm	l	$\dfrac{D-d}{V}; \quad \dfrac{D-d}{2 \cdot \operatorname{tg} \alpha/2}$
$1/_2$ Kegelwinkel = Verstellwinkel für den Schlitten	$\dfrac{\alpha}{2}$	$\operatorname{tg} \dfrac{\alpha}{2} = \dfrac{D-d}{2 \cdot l}; \quad \operatorname{tg} \dfrac{\alpha}{2} = \dfrac{V}{2}$
Verstellung der Körnerspitze............ mm	s	$L \cdot \sin \dfrac{\alpha}{2}$ angenähert $= L \cdot \operatorname{tg} \dfrac{\alpha}{2} = \dfrac{L \cdot V}{2} = \dfrac{L \cdot (D-d)}{2 l}$
Kegelverjüngung (Konizität)	V	$1 : \dfrac{l}{D-d}; \quad \dfrac{D-d}{l}; \quad 2 \cdot \operatorname{tg} \dfrac{\alpha}{2}$
Länge des Werkstückes...	L	

Beispiele:

1. Gegeben: $D = 90$ mm; $d = 50$ mm; $l = 80$ mm; gesucht: Einstellwinkel $\dfrac{\alpha}{2}$.

$\operatorname{tg} \dfrac{\alpha}{2} = \dfrac{D-d}{2 l} = \dfrac{90-50}{2 \cdot 80} = 0{,}25, \quad \dfrac{\alpha}{2} \backsim 14°$ (s. Tafel S. 32).

2. Gegeben: $D = 60$ mm; $l = 163$ mm; Verjüngung $V = 1 : 20 = 0{,}05$ (= metr. Kegel Nr. 7); gesucht d. $d = D - V \cdot l = 60 - 0{,}05 \cdot 163 = 60 - 8{,}15 = 51{,}85$ mm.

3. Gegeben: $D = 90$ mm; $d = 50$ mm; $l = 300$ mm; $L = 400$ mm; gesucht: Verschiebung s. $\quad s = L \cdot \sin \dfrac{\alpha}{2}$ aus $\operatorname{tg} \dfrac{\alpha}{2} = \dfrac{D-d}{2 l} = \dfrac{90-50}{2 \cdot 300} = 0{,}0667$;

$\dfrac{\alpha}{2} \backsim 3° 50' \quad s = 400 \cdot \sin 3° 50' \backsim 400 \cdot 0{,}0669 \backsim 27$ mm.

Mit Näherungsformel gerechnet: $s = \dfrac{L \cdot (D-d)}{2 \cdot l}$ mm $= \dfrac{400 \cdot 40}{600}$ mm $= \dfrac{80}{3}$ mm $= 27$ mm.

Prüfung von Verjüngungen mit Hilfe von Meßscheiben und Endmaßen.

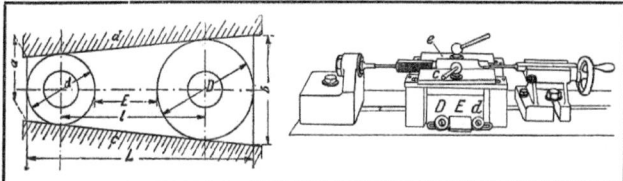

Die verstellbaren Meßschneiden c und e werden durch 2 Meßscheiben mit den Durchmessern D und d, die in einer durch Endmaße festzulegenden Entfernung E in einen Rahmen gespannt sind, auf die gewünschte Verjüngung V eingestellt und der Kegel hinsichtlich der Anlage an die Meßschneiden geprüft.

Gesucht	Gegeben	Berechnung
l	D, d, V	$l = \dfrac{D-d}{2 \cdot V} \cdot \sqrt{V^2+4}$
E	D, d, V	$E = \dfrac{D-d}{2 \cdot V} \cdot \sqrt{V^2+4} - \dfrac{D+d}{2}$
D	a, b, L	$D = \dfrac{b}{2 \cdot L} \cdot \left[\sqrt{4L^2+(b-a)^2} - (b-a)\right]$
d	a, b, L	$d = \dfrac{a}{2 \cdot L} \cdot \left[\sqrt{4L^2+(b-a)^2} + (b-a)\right]$
a	D, d, l	$a = d \cdot \sqrt{\dfrac{2 \cdot l - (D-d)}{2 \cdot l + (D-d)}}$
b	D, d, l	$b = D \cdot \sqrt{\dfrac{2 \cdot l + (D-d)}{2 \cdot l - (D-d)}}$
V	D, d, l	$V = \dfrac{2 \cdot (D-d)}{\sqrt{4l^2 - (D-d)^2}}$

Beispiel: Morsekegel.

Nr.	0	1	2	3	4	5	6	7
D	10	18	22	28	34	44	56	74
d	6	14	18	24	30	40	52	68
E	68,875	64,216	60,104	53,712	45,040	34,034	22,745	44,423

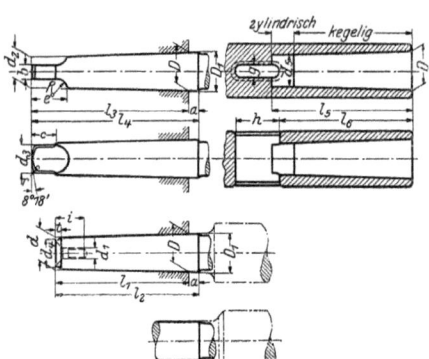

Morsekegel.
Schaft und Hülse.
(DIN 231.)

Den Mitnehmerlappen auf die Länge c abzusetzen, wird empfohlen, ist aber nicht unbedingt erforderlich. Das Maß a ist der Größtwert des überragenden Kegelendes.

Maße in mm.

Bezeichnung	Schaft									
	D	D_1	d	d_1	d_2	d_3	d_4	l_1	l_2	l_3
Morsekegel 0	9,045	9,212	6,401	—	6,115	5,9	5,5	50,8	54	56,3
,, 1	12,065	12,239	9,371	M 6	8,973	8,7	8	54	57,5	62
,, 2	17,781	17,981	14,534	M 10	14,060	13,6	13	65	69	74,5
,, 3	23,826	24,052	19,760	$^1/_8''$	19,133	18,6	18	81	85,5	93,5
,, 4	31,269	31,544	25,909	$^5/_8''$	25,156	24,6	24	103,2	108,5	117,7
,, 5	44,401	44,732	37,470	$^3/_4''$	36,549	35,7	35	131,7	138	149,2
,, 6	63,350	63,762	53,752	$1''$	52,422	51,3	50	184,1	192	209,6
,, 7	83,061	83,555	69,853	$1^3/_8''$	68,215	66,8	65	254	263,5	285,5

Bezeichnung	Schaft								
	l_4	a	b	c	e	i	R	r	t
Morsekegel 0	59,5	3,2	3,9	6,4	10,4	—	4	1	2,5
,, 1	65,5	3,5	5,2	9,5	14,5	15	5	1,25	3
,, 2	78,5	4,0	6,3	11,1	17,1	20	6	1,5	4
,, 3	98	4,5	7,9	14,3	21,3	30	7	2	4
,, 4	123	5,3	11,9	15,9	24,9	35	9	2,5	5
,, 5	155,5	6,3	15,9	19,0	30,0	45	11	3	6
,, 6	217,5	7,9	19,0	28,6	45,6	60	17	4	7
,, 7	295	9,5	28,5	35,0	55,0	80	20	5	8

Bezeichnung	Hülse						Verjüngung
	D	d_5	l_5	l_6	g	h	
Morsekegel 0	9,045	6,7	51,9	49	4,1	14,5	1 : 19,212 = 0,05205
,, 1	12,065	9,7	55,5	52	5,4	18,5	1 : 20,048 = 0,04988
,, 2	17,781	14,9	66,9	63	6,6	22	1 : 20,020 = 0,04995
,, 3	23,826	20,2	83,2	78	8,2	27,5	1 : 19,922 = 0,050196
,, 4	31,269	26,5	105,7	98	12,2	32	1 : 19,254 = 0,051938
,, 5	44,401	38,2	134,5	125	16,2	37,5	1 : 19,002 = 0,0526265
,, 6	63,350	54,8	187,1	177	19,3	47,5	1 : 19,180 = 0,052138
,, 7	83,061	71,1	257,2	241,5	28,8	67	1 : 19,231 = 0,052

Die metrischen Kegel 4 6 50 (nur für Fräsmaschinen) 80 100 120 140 160 180 200 und die Morsekegel 0 bis 6 sind Werkzeugkegel.

Metrische Kegel (Schaft und Hülse).

DIN 233. (Bild siehe Seite 202.) Kegel 1 : 20 = 0,05. Maße in mm.

Bezeichnung		Schaft									
		D	D_1	d	d_1	d_2	d_3	d_4	l_1	l_2	l_3	l_4
Metrischer Kegel	4	4	4,1	2,85	—	—	—	2	23	25	—	—
	6	6	6,15	4,4	—	—	—	3,5	32	35	—	—
	(9)	9	9,2	6,5	—	6,2	6	5,5	50	54	56	60
	(12)	12	12,2	9,4	M 6	9	8,5	8	52	56	60	64
	(18)	18	18,2	14,5	M 10	14	13,5	13	70	74	80	84
	(24)	24	24,2	19,6	$^1/_8''$	19	18	18	80	88	92	100	104
	(32)	32	32,2	26,7	$^5/_8''$	26	25	24	106	110	120	124
	(40)	40	40,2	33,8	$^3/_4''$	33	32	30	124	128	140	144
	50	50	50,25	42,9	$^3/_4''$	42	41	40	142	147	160	165
	(60)	60	60,30	52,0	$1''$	51	49	48	160	166	180	186
	(70)	70	70,35	61,1	$1''$	60	58	58	178	185	200	207
	80	80	80,40	70,2	$1^3/_8''$	69	67	65	196	204	220	228
	(90)	90	90,45	79,3	$1^3/_8''$	78	76	75	214	223	240	249
	100	100	100,50	88,4	$1^3/_8''$	87	85	85	232	242	260	270
	(110)	110	110,55	97,5	$1^3/_8''$	96	94	92	250	261	280	291
	120	120	120,60	106,6	$1^3/_8''$	105	103	100	268	280	300	312
	(130)	130	130,65	115,7	$1^1/_2''$	114	112	110	286	299	320	333
	140	140	140,70	124,8	$1^1/_2''$	123	121	120	304	318	340	354
	(150)	150	150,75	133,9	$1^1/_2''$	132	130	125	322	337	360	375
	160	160	160,8	143	$1^3/_4''$	141	139	135	340	356	380	396
	(170)	170	170,85	152,1	$1^3/_4''$	150	148	145	358	375	400	417
	180	180	180,9	161,2	$1^3/_4''$	159	157	150	376	394	420	438
	(190)	190	190,95	170,3	$2''$	168	166	160	394	413	440	459
	200	200	201	179,4	$2''$	177	175	170	412	432	460	480

Metrischer Kegel		Schaft							Hülse			
	a Größtmaß	b	c	e	i	R	r	t	d_5	l_5	l_6	g
4	2	—	—	—	—	—	0,5	2,2	3,0	25	21	2,5	8
6	3	—	—	—	—	—	0,5	2,5	4,6	34	29	3,5	12
(9)	4	3,9	6	10	—	4	1,0	2,5	6,7	52	49	4,3	17
(12)	4	5	8	13	15	5	1,25	3	9,7	54	51	5,3	20
(18)	4	6,5	10	16	20	6	1,5	4	14,8	72	68	6,8	24
(24)	4	8	12	19	30	7	2,0	4	20,0	90	85	8,3	28
(32)	4	11	14	23	35	9	2,5	5	27,2	109	103	11,3	32
(40)	4	14	16	27	45	11	3	5	34,4	127	119	14,3	36
50	5	17	18	32	45	14	3	6	43,6	145	136	17,3	40
(60)	6	20	20	37	60	17	4	7	52,9	164	153	20,3	44
(70)	7	23	22	42	60	20	4	8	62,1	182	170	23,3	48
80	8	26	24	47	80	23	5	8	71,4	200	186	26,3	52
(90)	9	29	26	52	80	26	5	9	80,6	219	204	29,3	56
100	10	32	28	58	80	30	6	10	89,9	237	220	32,3	60
(110)	11	35	30	63	80	33	6	10	99,2	255	236	35,3	64
120	12	38	32	68	80	36	6	11	108,4	274	254	38,3	68
(130)	13	41	34	73	90	39	8	12	117,7	292	270	41,3	72
140	14	44	36	78	90	42	8	13	126,9	310	286	44,3	76
(150)	15	47	38	83	90	45	8	14	136,2	329	305	47,3	80
160	16	50	40	88	100	48	8	14	145,4	347	321	50,3	84
(170)	17	53	42	93	100	51	8	15	154,7	365	338	53,3	88
180	18	56	44	98	100	54	10	16	163,9	384	355	56,3	92
(190)	19	59	46	103	110	57	10	17	173,2	402	372	59,3	96
200	20	62	48	108	110	60	10	18	182,4	420	388	62,3	100

Den Mitnehmerlappen auf die Länge c abzusetzen, wird empfohlen, ist aber nicht unbedingt erforderlich.

Die eingeklammerten Kegel sind keine normalen Werkzeugkegel (siehe Fußnote S. 202).

Die kleineren Kegel werden mit Rücksicht auf die Rundung r ohne Schutzsenkung ausgeführt.

Brown & Sharpe-Kegel.

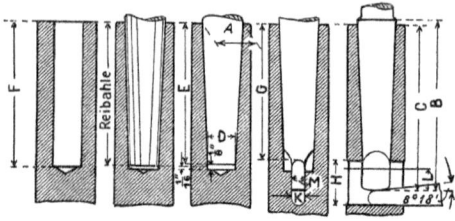

Kegelverjüngung 1 : 24; nur Nr. 10 haben 1 : 23¼.

Nr.	A	B	C	D	E	F	G	H	K	L	M
1	6,07	32,54	30,16	5,08	23,81	26,99	23,81	9,53	3,43	4,76	3,18
2	7,59	40,48	38,10	6,35	30,16	33,34	29,77	12,70	4,22	6,35	3,97
3	9,53	50,01	47,63	7,93	38,10	41,28	37,31	15,88	5,00	7,94	4,76
3	9,78	56,36	53,98	7,93	44,45	47,63	43,66	15,88	5,00	7,94	4,76
3	10,03	62,71	60,33	7,93	50,80	53,98	50,01	15,88	5,00	7,94	4,76
4	10,21	44,45	42,07	8,89	31,75	34,93	30,56	17,46	5,79	8,73	5,56
4	10,67	55,56	53,18	8,89	42,86	46,04	41,67	17,46	5,79	8,73	5,56
5	13,28	57,95	55,56	11,43	44,45	47,63	42,86	19,05	6,60	9,53	6,35
5	13,54	64,30	61,91	11,43	50,80	53,98	49,21	19,05	6,60	9,53	6,35
5	13,69	67,47	65,09	11,43	53,98	57,15	52,39	19,05	6,60	9,53	6,35
6	15,22	75,41	73,03	12,70	60,33	63,50	58,34	22,23	7,39	11,11	7,14
6	16,13	97,63	95,25	12,70	82,55	85,73	80,57	22,23	7,39	11,11	7,14
7[1])	17,88	79,38	77,00	15,24	63,50	66,68	61,12	23,81	8,18	11,91	7,94
7[2])	18,29	88,90	86,52	15,24	73,03	76,20	70,65	23,81	8,18	11,91	7,94
7[1])	18,42	92,08	89,70	15,24	76,20	79,38	73,82	23,81	8,18	11,91	7,94
7	19,48	117,48	115,10	15,24	101,60	104,78	99,22	23,81	8,18	11,91	7,94
8	22,81	107,95	104,78	19,05	90,49	93,67	87,71	25,40	8,97	12,70	8,73
8	23,29	119,07	115,89	19,05	101,60	104,78	98,83	25,40	8,97	12,70	8,73
9	27,10	120,65	117,48	22,86	101,60	104,78	98,43	28,58	9,78	14,29	9,53
9	27,36	127,00	123,83	22,86	107,95	111,13	104,78	28,58	9,78	14,29	9,53
10	32,01	148,44	145,26	26,53	127,00	130,18	123,04	33,34	11,35	16,67	11,11
10	32,74	165,90	162,72	26,53	144,47	147,64	140,50	33,34	11,35	16,67	11,11
10	33,33	179,40	176,22	26,53	157,96	161,14	153,99	33,34	11,35	16,67	11,11
11	38,05	172,25	169,08	31,75	150,82	153,99	146,85	33,34	11,35	16,67	11,11
11	38,89	192,89	189,71	31,75	171,46	174,63	167,49	33,34	11,35	16,67	11,11
12	45,65	204,80	201,62	38,10	180,98	184,16	176,22	38,10	12,95	19,05	12,70
13	52,66	220,67	217,50	44,45	196,86	200,03	192,09	38,10	12,95	19,05	12,70
14	59,54	235,75	232,58	50,80	209,56	212,73	204,00	44,45	14,53	21,43	14,29
15	66,42	248,45	245,28	57,15	222,26	225,43	216,70	44,45	14,53	21,43	14,29
16	73,28	263,53	260,36	63,50	234,96	238,13	228,61	47,63	16,13	23,81	15,88
17	80,17	—	—	69,85	247,66	250,83	—	—	—	—	—
18	87,05	—	—	76,20	260,36	263,53	—	—	—	—	—

[1]) Veraltet.
[2]) Nur in den Betrieben von Brown & Sharpe verwendet.

Gewinde[1]).
A. Herstellung von Innengewinden.

1. Gewindebohrer. Genormt sind:

	Whitworth-Gewinde	Metrisches Gewinde	Whitworth-Rohrgewinde
Hand-Gewindebohrer . . . . . DIN	351	352	353
Mutter-Gewindebohrer, kurz . . ,,	354	355	—
Mutter-Gewindebohrer, lang . . ,,	356	357	—
Schneideisen-Gewindebohrer . . ,,	358	359	360
Hand-Backengewindebohrer . . ,,	361	362	363
Maschinenbacken-Gewindebohrer ,,	510	511	512

Hand-Gewindebohrer werden für kurze durchgehende Gewinde kegelig überdreht nach Abb. G 1 und zylindrisch für Sacklöcher nach Abb. G 2 ausgeführt.

Bei den kegelig überdrehten Gewindebohrern ist der Anschnitt des Vorbohrers auf eine große Anzahl von Gewindegängen verteilt; der

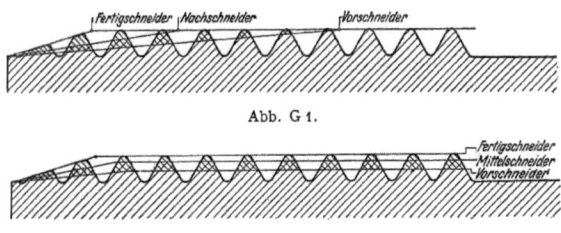

Abb. G 1.

Abb. G 2.

Bohrer liefert nach vollständigem Durchschneiden ein fertig ausgeschnittenes, aber zu kleines Gewinde. Dieses soll durch den Mittelschneider auf richtigen Durchmesser gebracht werden. Für Sacklöcher ist noch die Verwendung eines Fertigschneiders erforderlich, der die Gewindegänge bis auf etwa $1^1/_2$ bis 2 Gang ausschneidet.

Zylindrische Grundbohrer werden mit verschiedenen Flankendurchmessern nach Abb. G 3 ausgeführt. Diese Abstufung im Flankendurchmesser hat den Vorteil, kleine Steigungsunterschiede des Gewindes im Vor-, Mittel-

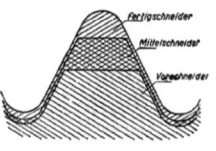

Abb. G 3.

und Fertigschneider auszugleichen, so daß Absätze an den Flanken des fertigen Gewindes vermieden werden. Die Fertigschneider sind bei beiden Ausführungen gleich, Handgewindebohrer werden sowohl im Außen- wie im Kerndurchmesser je nach dem Durchmesser zwischen 0,03 bis 0,1 mm größer gehalten.

---

[1]) Es sei hier auf das Buch „Die Gewinde, ihre Entwicklung, ihre Messung und ihre Toleranzen" von Prof. Dr. G. Berndt verwiesen, erschienen im Verlag von Jul. Springer, Berlin. Das Buch bringt ein umfassendes Literaturverzeichnis.

Mutterbohrer schneiden kurze Gewinde mit einem Werkzeug. Sie sind mit besonders langem kegeligen Anschnitt versehen und werden sowohl für den Hand- als auch für den Maschinengebrauch hergestellt. Die Mutterbohrer für Maschinengebrauch erhalten einen besonders langen Schaft, auf den eine Reihe von Muttern aufgereiht werden kann, bevor ein Ausspannen zur Entfernung der Arbeitsstücke erforderlich ist. Die Übermaße sind ähnlich wie bei den Handgewindebohrern.

Schneideisengewindebohrer werden sowohl als Einzelbohrer wie als Satzbohrer hergestellt. Sie sind wie die Mutterbohrer mit besonders langem Anschnitt versehen und erhalten Untermaße je nach Größe zwischen 0,01 bis 0,1 mm.

Hand-Backengewindebohrer dienen zum Einschneiden des Gewindes in die Backen von Schneidkluppen. Sie sind um die doppelte Gewindetiefe stärker als die Nenndurchmesser des Gewindes (Abb. G 4).

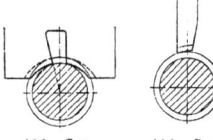

Maschinenbacken-Gewindebohrer zum Einschneiden des Gewindes in die Backen von Gewindeschneidköpfen werden in der Stärke der zu schneidenden Schraube ausgeführt (Abb. G 5). Sie sind mit einem Führungszapfen versehen.

Abb. G 4.   Abb. G 5.

Form der Gewindebohrer. Über die Nutenzahl der Handgewinde- und Mutterbohrer bestehen abweichende Ansichten. Vielfach wird dem dreinutigen Gewindebohrer nachgesagt, daß er leichter und ruckfreier schneidet. Einwandfreie Versuche, bei denen der Kraftverbrauch unter gleichen Verhältnissen gemessen worden wäre, sind aber bis jetzt noch nicht veröffentlicht. Beobachtungen in der Werkstatt haben gezeigt, daß beim Schneiden von Hand ein Unterschied zwischen drei- und vierschneidigen Gewindebohrern, sofern beide gleich gut geschärft sind, selbst bei größter Aufmerksamkeit nicht wahrzunehmen ist. Das ruckfreie Schneiden hängt weniger vom Gewindebohrer als von der Art des Schneidens und dem Werkstoff ab. Hier hat sich der vierschneidige Bohrer seiner besseren Führung beim Anschnitt wegen gegenüber dem dreischneidigen überlegen gezeigt. Für die Anordnung von 4 Nuten spricht aber entscheidend der Umstand, daß viernutige Bohrer leicht und sicher gemessen werden können, während

 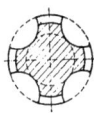 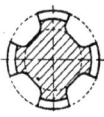 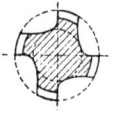

Abb. G 6.   Abb. G 7.   Abb. G 8.   Abb. G 9.

bei dreinutigen Bohrern die Messung sehr schwierig und kaum zuverlässig vorgenommen werden kann. Über die Nutenform sind ebenfalls die Meinungen geteilt. Die älteste Nutenform ist wohl die in Abb. G 6 dargestellte. Der Führungsteil des Bohrers ist durch Nachfeilen verschmälert. Diese Ausführung hat den Nachteil, daß sich beim Zurückdrehen des Bohrers Späne zwischen die im spitzen Winkel zum Gewindeumfang verlaufende Feilfläche klemmen und das Gewinde verderben. Dieser Übelstand wird durch die Nutenformen G 7 bis G 9 behoben. G 8 entspricht G 7, erzielt aber eine Verstärkung der Seele des Bohrers. Bei G9 soll der Rückenwinkel der Nut etwa 80° betragen. Dies genügt, um ein Klemmen der Späne zu verhindern. Gegen die Nutenformen G7 und G8 wird vielfach der Einwand vorgebracht, daß sie beim Zurückdrehen ebenfalls schneiden und so das fertige Gewinde wieder beschädigen können. Dieser Einwand hält einiger Überlegung nicht stand. Schneidarbeit leistet nur der Anschnitt des Bohrers (Abb. G10), der von oben hinterfeilt, hinterdreht oder hinterschliffen ist, während der übrige

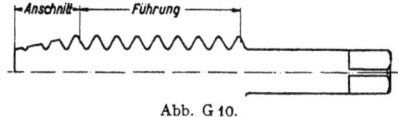

Abb. G 10.

mit Gewinde versehene Teil des Gewindebohrers lediglich als Führung dient. Der Anschnitteil ist aber bei allen Nutenformen gleich, der Führungsteil nach Abb. G7 und G8 kann beim Zurückdrehen nie Schneidarbeit leisten, da ihm die hierzu erforderliche Bewegungsfreiheit fehlt. Verdorbene Gewinde können nicht auf diese Nutenform zurückgeführt werden, sie entstehen meist dadurch, daß der Bohrer sich beim Härten verzogen hat und unregelmäßige Steigung aufweist. Hier wird das Muttergewinde schon beim Einschneiden, ohne Rücksicht auf die Nutenform, zu mager werden. Mitunter wird der Bohrer nach vollständigem Zurückdrehen nicht sofort abgehoben, sondern weiterbewegt. Das dadurch hervorgerufene Verdrücken des ersten Ganges kann durch die Nutenform nicht verhindert werden. Die durch das Verziehen der Gewindebohrer beim Härten hervorgerufenen Ungenauigkeiten werden dadurch vermieden, daß die Endform der Gewindegänge erst nach dem Härten durch Schleifen mit einer entsprechend geformten Scheibe erzeugt wird. Geschliffene Gewindebohrer sind genauer und auch untereinander gleichmäßiger, was für die jetzt geforderte Austauschbarkeit von Schrauben und Muttern eine ausschlaggebende Rolle spielt.

Gewindeloch (Abb. G11). Durch den großen Schneidwinkel des Gewindebohrers bildet sich bei zähem Werkstoffe vor den Schneiden Grat, der scheinbar den Lochdurchmesser verkleinert. Entspricht die Bohrung des Gewindeloches dem Kerndurchmesser des Gewindebohrers, so drückt das gestauchte Material auf den Grund des Gewindebohrers, klemmt diesen zu sehr ein und verursacht, daß entweder Gänge im Muttergewinde ausgerissen werden, oder daß der Bohrer bricht. Dies wird vermieden, indem das Gewindeloch größer gebohrt wird, wodurch zugleich eine bedeutende Kraftersparnis erzielt wird.

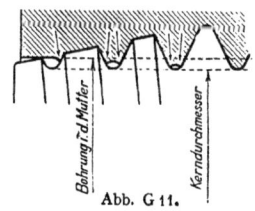

Abb. G 11.

Neuere Untersuchungen haben ergeben, daß bei Verwendung scharfer Gewindebohrer dieses Anstauchen (Aufschneiden) bei Flußeisen und Gußeisen nicht stattfindet.

Das Withworth-Gewinde erhält durch diese Vergrößerung des Kernloches ein bisher für das metrische Gewinde bereits vorgeschriebenes **Spitzenspiel**, wodurch eine gegenüber dem voll ausgeschnittenen Gewinde verbesserte Flankenanlage bewirkt wird. Die in den Tafeln für Withworth- und metrisches Gewinde angegebenen Werte des Kerndurchmessers der

Mutter sind theoretische Werte, die sich aus dem auf die Steigung bezogenen Spitzenspiel errechnen und bei Anwendung der vom Normenausschuß (DIN 336, siehe S. 208) vorgeschlagenen Gewindelochbohrerdurchmesser im Durchschnitt erreicht werden.

Gewindelochbohrer-Durchmesser.
Nach DIN 336.

\multicolumn{4}{c}{Für Witworth-Gewinde}	\multicolumn{4}{c}{Für metrisches Gewinde}
Für Gewinde	Durchmesser des Bohrers mm	Für Gewinde	Durchmesser des Bohrers mm	Für Gewinde	Durchmesser des Bohrers mm	Für Gewinde	Durchmesser des Bohrers mm
$1/16''$	1,15	$1\,1/8''$	24,7	M 1	0,8	M 11	9,4
$3/32''$	1,85	$1\,1/4''$	28	M 1,2	1,0	M 12	10
$1/8''$	2,6	$1\,3/8''$	30,5	M 1,4	1,15	M 14	11,7
$5/32''$	3,2	$1\,1/2''$	33,5	M 1,7	1,35	M 16	13,7
$3/16''$	3,7	$1\,5/8''$	36	M 2	1,6	M 18	15,1
$7/32''$	4,5	$1\,3/4''$	39	M 2,3	1,9	M 20	17,1
$1/4''$	5	$1\,7/8''$	41,5	M 2,6	2,15	M 22	19,1
$5/16''$	6,5	$2''$	45	M 3	2,5	M 24	20,5
$3/8''$	7,9			M 3,5	2,9	M 27	23,5
$7/16''$	9,2			M 4	3,3	M 30	26
$1/2''$	10,5			M 4,5	3,7	M 33	29
$9/16''$	12			M 5	4,2	M 36	31,5
$5/8''$	13,5			M 5,5	4,5	M 39	34,5
$11/16''$	15			M 6	5	M 42	37
$3/4''$	16,4			M 7	6	M 45	40
$13/16''$	18			M 8	6,7	M 48	42
$7/8''$	19,25			M 9	7,7	M 52	46
$1''$	22			M 10	8,4		

Die Werte sind Durchschnittswerte für allgemeine Zwecke, können aber auch, wenn keine besondere Bedingung auf Einhaltung der Kerndurchmessertoleranz gestellt ist, für Muttern mit Gewindegrenzmaßen nach DIN 2244 verwendet werden. Eine besondere Norm DIN 2244 entsprechend ist in Vorbereitung.

Instandhaltung. Gewindebohrer, die stumpf sind oder bei denen sich Grat zeigt, sollen sofort nachgeschliffen werden. Ein erheblicher Teil der Bohrerbrüche ist nicht nur auf zu enge Kernlöcher und ungeeignete Schmiermittel, sondern auch auf stumpfe Werkzeuge zurückzuführen. Das Nachschleifen kann entweder in der Nut des Bohrers oder am Rücken des Anschnittes erfolgen. Letzteres erfordert ziemliche Geschicklichkeit, da eine durchaus gleichmäßige Höhe der Anschnittzähne für gute Schneidarbeit des Bohrers unbedingt erforderlich ist. Von Schuchardt & Schütte wird zu diesem Zweck eine besondere Schleifvorrichtung hergestellt, die ein maschinelles Hinterschleifen der Gewindebohrer gestattet.

Schneiden mit der Maschine. Wenn irgend möglich, so soll das Schneiden von Gewindelöchern mit der Maschine geschehen, denn es werden dabei viel weniger Gewindebohrer abgebrochen, Schiefschneiden von Gewinden ist fast gänzlich ausgeschlossen, und die Arbeitskosten werden viel niedriger. Die meisten Bohrmaschinen sind deswegen mit Gewindeschneideinrichtung lieferbar. Ist keine solche Einrichtung an der Maschine vorhanden, so verwende man einen Gewindebohrkopf (Abb. G 12).

Beim Bau von Bohrlehren ist darauf zu achten, daß die Führungsbüchse des Spiralbohrers leicht herauszunehmen ist, damit das Gewindeschneiden vorgenommen werden kann, ohne das Arbeitsstück umspannen zu müssen.

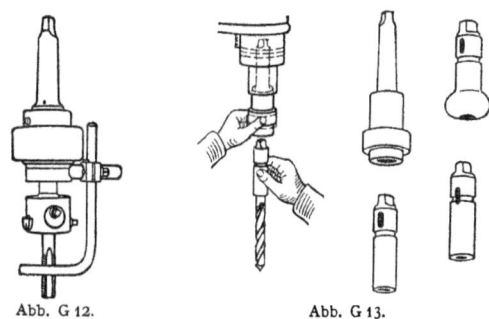

Abb. G 12.   Abb. G 13.

Erforderlich ist hierbei, daß eine mehrspindlige Bohrmaschine oder ein Schnellwechselfutter (Abb. G 13) zur Verfügung steht, da sonst durch das Auswechseln der Werkzeuge zu viel Zeit vergeudet wird.

2. Stahl und Strehler: Wenn das Innengewinde auf der Drehbank geschnitten werden soll, ohne Zuhilfenahme eines Gewindebohrers, so benutzt

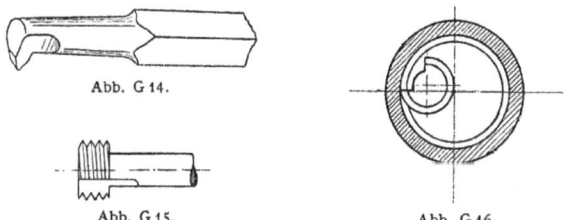

Abb. G 14.

Abb. G 15.   Abb. G 16.

man einen Gewindestahl (Abb. G 14) oder einen meist gedrehten Gewindestrehler (Abb. G 15 und G 16; siehe auch Abhandlung über runde Formstähle).

Ist es wie bei durchgehendem Gewinde zulässig, daß dieser Innenstrehler eine etwas kegelige Überdrehung der ersten Gänge aufweist, so erleichtert die dadurch erreichte Spanverteilung das Gewindeschneiden. Häufig wird das mit dem Stahl bzw. Strehler vorgeschnittene Gewinde mit dem Gewindebohrer nachgeschnitten.

3. Schmiermittel: Zum Schmieren von Gewindeschneidwerkzeugen verwende man beim Bearbeiten von Flußeisen und Messing entweder Seifenwasser oder in Wasser gelöstes Bohröl, für Stahl: Rüb- oder Lard-Öl oder gekochtes Schweinefett; für Gußeisen ist eine Mischung von Wachs und Talg zu empfehlen, wenn man saubere Gewindelöcher erzielen will, für sehr zähe, legierte Konstruktionsstähle Benzin, Benzol, Terpentin, für Aluminium

Spiritus, Petroleum ev. mit Rüböl vermischt. Maschinenöl ist vollkommen untauglich, und wenn kein anderes Öl vorhanden ist, wird besser trocken geschnitten. Bei Bearbeitung von Elektron erübrigt sich eine Schmierung. (Vgl. auch Betriebsblatt des Ausschusses für wirtschaftliche Fertigung AWF 37 „Kühlen und Schmieren bei der Metallbearbeitung".)

B. Herstellung von Außengewinden.

a) Gewindeschneiden auf der Drehbank.

Beim Schneiden von **Spitzgewinden** auf der Drehbank ist es bei größeren Steigungen zweckmäßig, dem Gewindestahl eine dem Steigungswinkel des zu schneidenden Gewindes entsprechende Neigung zu geben. Der Steigungswinkel δ errechnet sich aus dem rechtwinkligen Dreieck, das den abgewickelten Schraubengang vorstellt (Steigung S = kleine Kathete; Umfang $D \cdot \pi$ = große Kathete; Länge des Schraubengangs = Hypotenuse; siehe Abb. G 18) zu $\operatorname{tg} \delta = \dfrac{S}{D \cdot \pi}$. Der Steigungswinkel ist verschieden, je nachdem der Außendurchmesser D_a, der Kerndurchmesser D_k oder der Flankendurchmesser D_f zugrundegelegt wird (Abb. G 17). Der Steigungswinkel des Flankendurchmessers (mittlerer Durchmesser), der hier in Betracht zu ziehen ist, ergibt sich $\operatorname{tg} \delta = \dfrac{\text{Stg. in mm}}{D_f \cdot 3{,}14}$ oder bei Whitworth-Gewinde $\operatorname{tg} \delta = \dfrac{25{,}4}{\text{Gangzahl} \cdot D_f \cdot 3{,}14}$.

Nachstehend folgt eine Tafel, in der die Schrägstellung (Steigungswinkel) für Withworth-, metrisches und Rohrgewinde angegeben ist (Seite 212).

Durch die Schrägstellung des Stahles schneiden beide Flanken des Stahles gleich gut und das Gewinde wird sauberer, allerdings ist — bei der meist üblichen Stahlform — die Form ein klein wenig verzerrt.

Bei **Flachgewinden** ist die Einstellung des Stahles bzw. dessen Form besonders wichtig.

In den wenigsten Zeichnungen sind neben den Maßen für Kern- und Außendurchmesser und Steigung auch der Außen- und Kernsteigungswinkel für das Flachgewinde angegeben. Diese sind wichtig für Dreher oder Werkzeugmacher, damit sie dem Drehstahl den richtigen Anstellwinkel geben können.

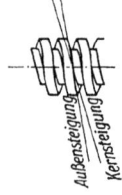

Abb. G 17.

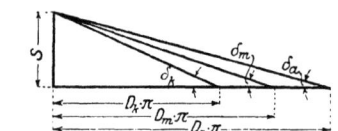

Abb. G 18.

Ist D_a, D_k, D_m Außen-, Kern-, mittlerer Durchmesser, S die Steigung, so errechnet sich δ_a, δ_k, δ_m, das ist Außen- Kern-, mittlerer Steigungswinkel, aus

$$\operatorname{tg} \delta_a = \frac{S}{D_a \cdot \pi}; \quad \operatorname{tg} \delta_k = \frac{S}{D_k \cdot \pi}; \quad \operatorname{tg} \delta_m = \frac{S}{D_m \cdot \pi} \quad \text{(Abb. G 17 u. G 18)}.$$

Bei Gewinden mit geringer Steigung, also bei den meisten eingängigen Gewinden, kann die Schneide des Stahls wagerecht angesetzt werden.

Die Form des Schneidstahles entspricht von oben gesehen dann im allgemeinen dem Gewindeprofil im Achsenschnitt (Abb. G 19). Der seitliche Anstellwinkel ist mit 3° angenommen. Diese Anordnung hat aber den Fehler, daß die beiden seitlichen Schneidwinkel ungleich sind. Bei steilgängigem Gewinde wird dabei der linke Schneidwinkel α (Abb. G 20) zu klein, so daß die linke Kante leicht abbricht; der rechte Schneidwinkel β dagegen wird zu groß, so daß die rechte Kante nicht schneidet, sondern nur schabt. Durch Ausmuldung (Abb. G 21) kann der Winkel β

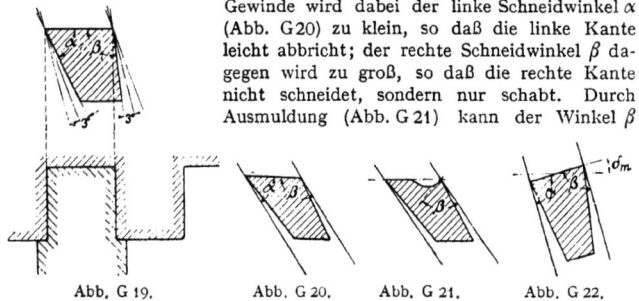

Abb. G 19.   Abb. G 20.   Abb. G 21.   Abb. G 22.

auch $< 90°$ gemacht und so ein besseres Arbeiten der rechten Kante erzielt werden; die Herstellung ist jedoch schwierig.

Bei steilgängigen Gewinden (über 4° mittlerer Steigungswinkel) also meist bei mehrgängigen Gewinden ist es daher vorteilhaft, die Meißelschneide schräg anzustellen, und zwar gewöhnlich senkrecht zur mittleren Schraubenlinie (Abb. G 22). Hierbei ergeben sich gleiche seitliche Schneidwinkel, wodurch ein gleichmäßiger Schnitt und gleichmäßige Beanspruchung der rechten und linken Schneide erzielt wird. Wie ohne weiteres ersichtlich, ist die Stahlbreite jetzt geringer als bei wagerechter Stellung (Abb. G 22). Auch ist die Breite auf der ganzen Gewindetiefe nicht gleichmäßig wie beim

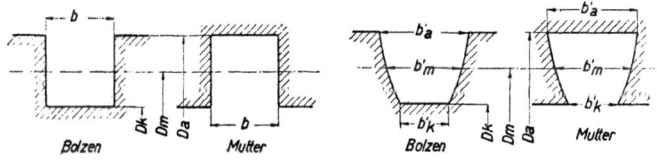

Abb. G 23. Flachgewinde im Achsenschnitt.   Abb. G 24. Flachgewinde im Senkrechtschnitt.

wagerechten Stahl, sondern beim Flachgewinde am äußeren (größeren) Durchmesser größer als beim inneren (kleineren) Durchmesser. Die Profile sind für Bolzen und Mutter gleich, nur stehen sie zum Meißelschaft entgegengesetzt (Abb. G 23 und G 24). Die ungleichmäßige Breite kommt daher, weil die Steigungswinkel sich dem Durchmesser der Gewindeteile (Kern-, Mittel-, Außen-) entsprechend verändern, die Breite aber von der Größe des Steigungswinkels abhängig ist, und zwar derart, daß die Breite abnimmt mit wachsendem Steigungswinkel. In den Bildern sind die Abweichungen zur besseren Kenntlichmachung übertrieben gezeichnet.

Steht die Stahlschneide senkrecht zur mittleren Schraubenlinie, so ist:

$$b'_a = \frac{\cos \delta_a}{\cos (\delta_m - \delta_a)} \cdot b; \quad b'_k = \frac{\cos \delta_k}{\cos (\delta_m - \delta_k)} \cdot b; \quad b'_m = \frac{\cos \delta_m}{\cos (\delta_m - \delta_m)} \cdot b.$$

Mittlerer Steigungswinkel.

Whitworth-Gewinde DIN 12			Metrisches Gewinde DIN 13 u. 14			Rohrgewinde DIN 259 u. 260		
Bolzen-durch-messer	Steigung	Stei-gungs-winkel	Bolzen-durch-messer	Steigung	Stei-gungs-winkel	Nenn-durch-messer	Steigung	Stei-gungs-winkel
Zoll	mm	Grad	mm	mm	Grad	Zoll	mm	Grad
$1/16$	0,423	$5^3/_4$	1	0,25	$5^1/_2$	$1/8$	0,907	$1^3/_4$
$1/8$	0,635	$4^1/_4$	1,2	0,25	$4^1/_2$	$1/4$	1,337	2
$1/4$	1,270	$4^1/_4$	2	0,4	$4^1/_4$	$3/8$	1,337	$1^1/_2$
$5/16$	1,411	$3^3/_4$	2,3	0,4	$3^3/_4$	$1/2$	1,814	$1^3/_4$
$3/8$	1,588	$3^1/_2$	3	0,5	$3^1/_2$	$5/8$	1,814	$1^1/_2$
$7/16$	1,814	$3^1/_2$	4	0,7	$3^1/_2$	$3/4$	1,814	$1^1/_4$
$1/2$	2,117	$3^1/_2$	4,5	0,75	$3^1/_2$	$7/8$	1,814	$1^1/_4$
$9/16$	2,117	3	5	0,8	$3^1/_4$	1	2,309	$1^1/_4$
$5/8$	2,309	3	6	1	$3^1/_2$	$1^1/_8$	2,309	$1^1/_4$
$11/16$	2,309	$2^3/_4$	8	1,25	$3^1/_4$	$1^1/_4$	2,309	1
$3/4$	2,540	$2^3/_4$	10	1,5	3	$1^3/_8$	2,309	1
$13/16$	2,540	$2^1/_2$	12	1,75	3	$1^3/_4$	2,309	$3/4$
$7/8$	2,822	$2^1/_2$	14	2	$2^3/_4$	2	2,309	$3/4$
1	3,175	$2^1/_2$	16	2	$2^1/_2$	$2^1/_4$	2,309	$3/4$
$1^1/_8$	3,629	$2^1/_2$	20	2,5	$2^1/_2$	$2^1/_2$	2,309	$3/4$
$1^1/_4$	3,629	$2^1/_4$	22	2,5	$2^1/_4$	$2^3/_4$	2,309	$1/2$
$1^3/_8$	4,233	$2^1/_2$	24	3	$2^1/_2$	3	2,309	$1/2$
$1^1/_2$	4,233	$2^1/_4$	30	3,5	$2^1/_4$	$3^1/_2$	2,309	$1/2$
$1^5/_8$	5,080	$2^1/_2$	36	4	$2^1/_4$	$3^3/_4$	2,309	$1/2$
$1^3/_4$	5,080	$2^1/_4$	39	4	2	4	2,309	$1/2$
$1^7/_8$	5,645	$2^1/_4$	42	4,5	2			
2	5,645	$2^1/_4$	48	5	2			
$2^1/_4$	6,350	$2^1/_4$	56	5,5	2			
$2^1/_2$	6,350	2	60	5,5	$1^3/_4$			
$2^3/_4$	7,257	2	72	6	$1^3/_4$			
3	7,257	2	76	6	$1^1/_2$			
$3^1/_2$	7,816	$1^3/_4$	84	6	$1^1/_2$			
$3^3/_4$	8,467	$1^3/_4$	89	6	$1^1/_4$			
4	8,467	$1^1/_2$	99	6	$1^1/_4$			
5	9,237	$1^1/_2$	104	6	1			
6	10,160	$1^1/_2$	149	6	1			

Steht die Schneide senkrecht zur inneren bzw. äußeren Schraubenlinie, so ist in den Formeln im Nenner statt δ_m δ_k bzw. δ_a zu setzen.

Die obigen Formeln für Flachgewinde gelten auch für **Trapezgewinde**, da das Flachgewinde als ein Trapezgewinde mit einem Flankenwinkel von 0°

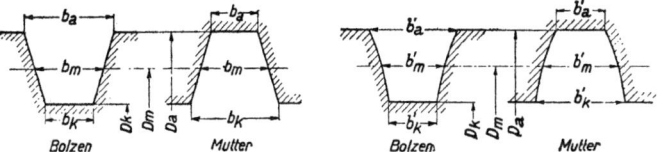

Abb. G 25. Trapezgewinde im Achsenschnitt.   Abb. G 26. Trapezgewinde im Senkrechtschnitt.

angesehen werden kann. Nur ist zu bedenken, daß die Breiten im Achsenschnitt nicht gleich sind. Dabei ist b_a beim Bolzen gleich b_k bei der Mutter und b_k beim Bolzen gleich b_a bei der Mutter; b_m ist bei Bolzen und Mutter gleich (Abb. G25). Die Formeln zur Bestimmung des Stahlprofils lauten dementsprechend:

$$b'_a = \frac{\cos \delta_a}{\cos (\delta_m - \delta_a)} \cdot b_a; \quad b'_k = \frac{\cos \delta_k}{\cos (\delta_m - \delta_k)} \cdot b_k; \quad b'_m = \frac{\cos \delta_m}{\cos (\delta_m - \delta_m)} \cdot b_m.$$

Die Profile für Bolzen und Mutter sind hier nicht wie beim Flachgewinde gleich.

Zeichnerische Bestimmung der Stahlbreiten.

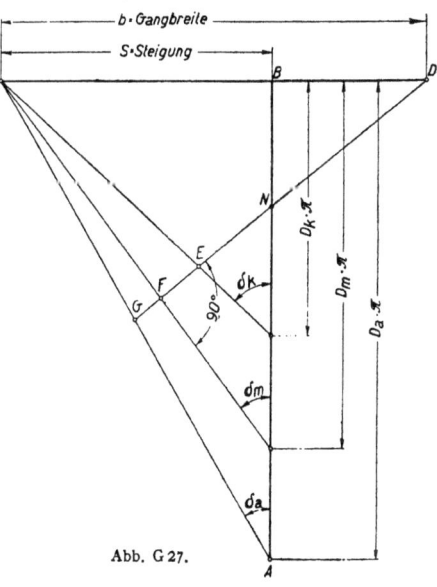

Abb. G 27.

Zu diesem Zwecke zeichnet man die Abwicklung der Schraubenlinie (Abb. G 27) für den äußeren, inneren und mittleren Durchmesser in der Weise, daß die entstehenden 3 Dreiecke die der Steigung S entsprechende Kathete gemeinsam haben. Beim **Flachgewinde** wird vom Punkt C aus auf CB die Gangbreite b, und zwar der Deutlichkeit wegen in vergrößertem Maßstab — vielleicht 10 : 1 — abgetragen. Vom Endpunkt D wird dann eine Senkrechte N zu derjenigen Schraubenlinie (Hypotenuse) gezogen, zu der die Stahlschneide senkrecht steht (im Bild zur mittleren). Die Länge dieser Senkrechten bis zur inneren Hypothenuse ($D-E$) gibt die innere (b'_k), die bis zur mittleren ($D-F$) die mittlere (b'_m) und die bis zur äußeren ($D-G$) die äußere Breite (b'_a) an, und zwar für Mutter und Bolzen. Natürlich sind diese Längen durch den Vergrößerungsfaktor (z. B. durch 10) zu dividieren.

Beim **Trapezgewinde** (Abb. G 28) sind auf BC drei Strecken (in vergrößertem Maßstab) abzutragen für die innere Breite b_k, die mittlere b_m und die äußere b_a. Die eingeklammerten Bezeichnungen beziehen sich auf die Mutter. Von den Endpunkten zieht man drei Parallelen, die zu derjenigen der drei Hypotenusen (Schraubenlinien) senkrecht stehen, mit der auch die Meißelschneide einen rechten Winkel bildet (im Bilde zur mittleren). Die Strecke D_3-E_3 bis zur inneren Hypotenuse gibt die innere Breite b'_k, die bis zur mittleren reichende D_2-G die mittlere b'_m und die bis zur äußeren gehende D_1-F_1 die äußere Breite b'_a an, und zwar für den Bolzen. Da b_a beim Bolzen gleich b_k bei der Mutter und b_k beim Bolzen gleich b_a bei der Mutter ist (Abb. G 25), so ist für die Mutter die Breite $b'_k = D_1-E_1$ und die Breite $b'_a = D_3-F_3$. Die Breite $b'_m = D_2-G$ ist für Mutter und Bolzen gleich.

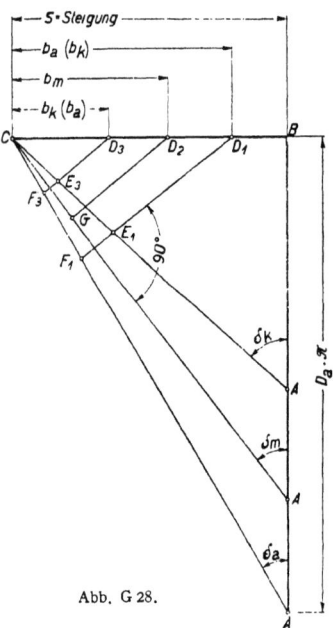

Abb. G 28.

Beim **Flachgewinde** ergeben sich sowohl für Bolzen als auch für Mutter bei allen Abmessungen des Gewindes nach außen gewölbte Flanken des Profils, und zwar bei jeder Schrägstellung des Stahls. Beim **Trapezgewinde** sind die Flanken des Profils beim Bolzen in der Regel nach innen gekrümmt, sie können aber auch je nach Größe des Flankenwinkels nach außen gewölbt oder gerade sein. Bei der Mutter ergibt sich aber stets ein nach außen gebogenes Profil. Die Größe der Krümmung ist in der Regel (abgesehen von großen Gewinden, Schnecken) sehr gering, so daß sie nur unwesentlich von der Geraden abweicht.

Die Schrägstellung der Stahlschneide hat den Nachteil, daß das Profil des Meißels schwerer herzustellen und zu schleifen ist; ferner ist die unterschnittene Form des Schraubenganges beim Flachgewinde der Mutter (Abb. G 24) schwierig auszuschneiden. Bei kleineren Gewinden behilft man sich daher in der Weise, daß man die Mutter rechteckig ausschneidet. Je nachdem die äußere (größere) oder innere (kleinere) Breite des Profils angenommen wird, muß das Profil des Bolzens am Kern entsprechend kleiner und im zweiten Falle außen größer werden.

Das Gewinde wird zunächst im Grunde und an den beiden Flanken mit besonderen Stählen vorgearbeitet und dann mit dem Formstahl nach dem genauen Profil fertiggeschnitten. Bei der Mutter mit Flachgewinde muß der Formstahl schmaler als die Lücke sein (wegen des unterschnittenen Profils), wenn sie nicht rechteckig ausgearbeitet wird; hierbei wird auch beim Fertigschneiden jede Flanke für sich bearbeitet.

Ein Grund dafür, daß Stähle mit vollem Lückenquerschnitt, wenn sie zum Ausschneiden von Anfang an benutzt werden, kein sauberes Gewinde geben, liegt in folgendem:

Bei jeder Spanabhebung tritt eine Stauchung des den Span bildenden Materials ein. Durch diese Stauchung quetscht sich das vor der Schneidkante befindliche Metall und sucht seitlich auszuweichen. In Abb. G 29 ist dieses seitliche Abfließen des Materials nach a hin noch durch einen Pfeil angedeutet. Wird aber eine Nute eingestochen, einerlei ob kreis- oder schraubenförmig, so reibt sich der Span an den Nutenwänden und verursacht das Rauhwerden.

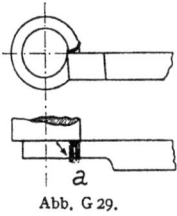

Abb. G 29.

Beim Schlichten tritt dieser Übelstand kaum in Erscheinung, da die Spanstärke ganz gering ist, das den Schlichtspan bildende Material auf dem größten Wege nur seitlich sitzt und so bequem nach innen abrollen oder abrutschen kann[1]).

Rechnungsbeispiele zur Bestimmung der Stahlbreiten bei schräggestelltem Stahl.

1. Flachgewinde.

Angenommen ein doppeltgängiges Flachgewinde von 40 mm Steigung und 100 mm äußerem Bolzendurchmesser. Schrägstellung der Stahlschneide senkrecht zur mittleren Schraubenlinie.

Gangweite (Teilung) $B = \dfrac{40}{2} = 20$ mm. Gangbreite $b =$ Gangtiefe $t = \dfrac{20}{2} = 10$ mm.

Steigungswinkel:

Bolzen: $\operatorname{tg}\delta_a = \dfrac{S}{D_a \cdot \pi} = \dfrac{40}{100 \cdot \pi} = 0{,}12732$, also $\delta_a = 7°15'$;

Bolzen: $\operatorname{tg}\delta_k = \dfrac{S}{D_k \cdot \pi} = \dfrac{40}{80 \cdot \pi} = 0{,}15915$, also $\delta_k = 9°3'$;

Mutter: $\operatorname{tg}\delta_a = \dfrac{S}{d_a \cdot \pi} = \dfrac{40}{101 \cdot \pi} = 0{,}12606$, also $\delta_a = 7°11'$;

Mutter: $\operatorname{tg}\delta_k = \dfrac{S}{d_k \cdot \pi} = \dfrac{40}{81 \cdot \pi} = 0{,}15719$, also $\delta_k = 8°56'$;

Bolzen und Mutter: $\operatorname{tg}\delta_m = \dfrac{S}{D_m \cdot \pi} = \dfrac{40}{90{,}5 \cdot \pi} = 0{,}14069$,

also $\delta_m = 8°$.

---

[1]) Näheres über steilgängige Gewinde siehe in dem Aufsatz von I. Fritzen: Werkst.-Techn. 1920, H. 3 u. 4.

Nun sind die Breiten im Senkrechtschnitt wie folgt zu rechnen:

Bolzen: $b'_a = \dfrac{\cos \delta_a}{\cos(\delta_m - \delta_a)} \cdot b = \dfrac{\cos 7°15'}{\cos(8° - 7°15')} \cdot 10$

$= \dfrac{0{,}99201}{0{,}99991} \cdot 10 = 9{,}9210$ mm;

Bolzen: $b'_k = \dfrac{\cos \delta_k}{\cos(\delta_m - \delta_k)} \cdot b = \dfrac{\cos 9°3'}{\cos(8° - 9°3')} \cdot 10$

$= \dfrac{0{,}98755}{0{,}99983} \cdot 10 = 9{,}8772$ mm;

Mutter: $b'_a = \dfrac{\cos \delta_a}{\cos(\delta_m - \delta_a)} \cdot b = \dfrac{\cos 7°11'}{\cos(8° - 7°11')} \cdot 10$

$= \dfrac{0{,}99215}{0{,}99989} \cdot 10 = 9{,}9226$ mm;

Abb. G 30. Flachgewinde im Achsenschnitt.

Mutter: $b'_k = \dfrac{\cos \delta_k}{\cos(\delta_m - \delta_k)} \cdot b = \dfrac{\cos 8°56'}{\cos(8° - 8°56')} \cdot 10$

$= \dfrac{0{,}98787}{0{,}99987} \cdot 10 = 9{,}8800$ mm;

Bolzen und Mutter: $b'_m = \dfrac{\cos \delta_m}{\cos(\delta_m - \delta_m)} \cdot b = \dfrac{\cos 8°}{\cos(8° - 8°)} \cdot 10$

$= \dfrac{0{,}99027}{1} \cdot 10 = 9{,}9027$ mm.

Bei der zeichnerischen Bestimmung der Profilbreiten ist zu beachten, daß die Dreiecke für den inneren und den äußeren Durchmesser gesondert für Bolzen und Mutter aufgezeichnet werden müssen wegen der verschiedenen Abmessungen.

2. Trapezgewinde.

Es soll ein doppelgängiges Trapezgewinde nach DIN 103 (siehe das) von 120 mm äußerem Bolzendurchmesser berechnet werden. Schrägstellung der Stahlschneide senkrecht zur mittleren Schraubenlinie. Steigung $S_1 = 2S = 2 \cdot 14 = 28$ mm; b_k des Bolzens $= b_a$ der Mutter; b_a des Bolzens ist dagegen $>b_k$ der Mutter. Es müssen zunächst die Breiten b_a, b_m und b_k festgelegt werden, und zwar nach Abb. G 31.

$h = 1{,}866\,S = 26{,}124 \sim 26$ mm,

b_m für Bolzen und Mutter $= \dfrac{14}{2} = 7$ mm,

b_a für Bolzen $= \dfrac{14 \cdot 16{,}5}{26} = 8{,}885$ mm,

b_k für Bolzen $= \dfrac{14 \cdot 9}{26} = 4{,}846$ mm,

b_a für Mutter $= 4{,}846$ mm,

b_k für Mutter $= \dfrac{14 \cdot 16{,}25}{26} = 8{,}750$ mm.

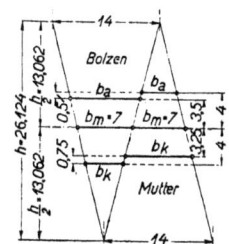

Abb. G 31. Schema für die Bestimmung der Breiten im Achsenschnitt für Trapezgewinde.

Dann werden die Steigungswinkel δ_a, δ_m und δ_k ermittelt:

Bolzen und Mutter: $\operatorname{tg}\delta_m = \dfrac{S}{D_m \cdot \pi} = \dfrac{28}{113 \cdot \pi} = 0{,}07887$,

also $\delta_m = 4° 30'$.

Bolzen: $\operatorname{tg}\delta_a = \dfrac{S}{D_a \cdot \pi} = \dfrac{28}{120 \cdot \pi} = 0{,}07427$, also $\delta_a = 4° 15'$;

Bolzen: $\operatorname{tg}\delta_k = \dfrac{S}{D_k \cdot \pi} = \dfrac{28}{105 \cdot \pi} = 0{,}08488$, also $\delta_k = 4° 51'$;

Mutter: $\operatorname{tg}\delta_a = \dfrac{S}{d_a \cdot \pi} = \dfrac{28}{121 \cdot \pi} = 0{,}07366$, also $\delta_a = 4° 13'$;

Mutter: $\operatorname{tg}\delta_k = \dfrac{S}{d_k \cdot \pi} = \dfrac{28}{106{,}5 \cdot \pi} = 0{,}08369$, also $\delta_k = 4° 47'$;

Die Breiten im Senkrechtschnitt sind dann:

Bolzen und Mutter:

$$b'_m = \dfrac{\cos\delta_m}{\cos(\delta_m - \delta_m)} \cdot b_m = \dfrac{\cos 4° 30'}{\cos(4° 30' - 4° 30')} \cdot 7$$

$$= \dfrac{0{,}99692}{1} \cdot 7 = 6{,}97844 \text{ mm},$$

Bolzen: $b'_a = \dfrac{\cos\delta_a}{\cos(\delta_m - \delta_a)} \cdot b_a = \dfrac{\cos 4° 15'}{\cos(4° 30' - 4° 15')} \cdot 8{,}885$,

$= \dfrac{0{,}99725}{0{,}99999} \cdot 8{,}885 = 8{,}86057$ mm,

Bolzen: $b'_k = \dfrac{\cos\delta_k}{\cos(\delta_m - \delta_k)} \cdot b_k = \dfrac{\cos 4° 51'}{\cos(4° 30' - 4° 51')} \cdot 4{,}846$,

$= \dfrac{0{,}99641}{0{,}99998} \cdot 4{,}846 = 4{,}82870$ mm,

Mutter: $b'_a = \dfrac{\cos \delta_a}{\cos(\delta_m - \delta_a)} \cdot b_a = \dfrac{\cos 4°13'}{\cos(4°30' - 4°13')} \cdot 4{,}846$,

$ = \dfrac{0{,}99729}{0{,}99999} \cdot 4{,}846 = 4{,}8329 \text{ mm}$,

Mutter: $b'_k = \dfrac{\cos \delta_k}{\cos(\delta_m - \delta_k)} \cdot b_k = \dfrac{\cos 4°47'}{\cos(4°30' - 4°47')} \cdot 8{,}750$,

$ = \dfrac{0{,}99651}{0{,}99999} \cdot 8{,}750 = 8{,}7195 \text{ mm}$.

Bei der zeichnerischen Bestimmung der Profilbreiten ist es wegen der verschiedenen äußeren und inneren Durchmesser von Bolzen und Mutter übersichtlicher, wenn je 1 Schaubild für Bolzen und Mutter verzeichnet wird; ebenso ist es bei den kleinen Steigungswinkeln im vorliegenden Beispiel zu empfehlen, den Vergrößerungsfaktor für die aufzutragenden Breiten im Achsenschnitt noch > 10 zu wählen.

Das vorstehend berechnete Gewinde mit $4°30'$ mittlerem Steigungswinkel liegt an der Grenze zwischen seicht- und steilgängigem Gewinde; in diesem Falle könnte die Stahlschneide auch wagerecht angestellt werden, wodurch sich ein Profil gleich dem Tiefgang im Achsenschnitt ergibt und die obige Berechnung sich erübrigt.

Die Flankenwinkel α_1 und β_1 (Abb. G 19) des Gewindestahls müssen sein bei Annahme eines seitlichen Anstellwinkels von $3°$:

$$\alpha_1 = 90° - (\delta_k + 3°);$$
$$\beta_1 = 90° + (\delta_a - 3°).$$

Im Rechnungsbeispiel für Flachgewinde wird beim Bolzen:

$$\alpha_1 = 90° - (9°\ 3' + 3°) = 77°\ 57';$$
$$\beta_1 = 90° + (7°\ 15' - 3°) = 94°\ 15'.$$

Würde statt des äußeren und inneren Steigungswinkels der mittlere für die Bestimmung der Winkel zugrunde gelegt, so ergäbe sich:

$$\alpha_1 = 90° - (8° + 3°) = 79°;$$
$$\beta_1 = 90° + (8° - 3°) = 95°.$$

b) Gewindeschneiden mit Kluppe und Schneideisen.

Beim Gewindeschneiden von Hand, also mit Kluppe oder Schneideisen, ist auf gute Werkzeugführung zu achten, um ein genaues Fluchten der Achsen des Innen- und Außengewindes zu sichern. Die Bolzen werden auf einen kleineren Durchmesser überdreht, als der Durchmesser des Außengewindes sein soll, und zwar sind hier die gleichen Gründe maßgebend, wie bei dem vorher behandelten Innengewinde (siehe S. 207). Dies hat auch Gültigkeit, wenn das Gewinde auf den bekannten Gewindeschneidmaschinen hergestellt wird. Die besten Ergebnisse erzielt man, wenn der Außendurchmesser des Bolzens um etwa $^2/_{10}$ der Gangtiefe kleiner ist, als der Sollwert des Außendurchmessers des Gewindes. Die geringe Verminderung der Festigkeit der Schraubenverbindung ist praktisch vollständig belanglos; dagegen wird die Leistungsfähigkeit der Maschine wesentlich erhöht, der Ausschuß wird geringer, da das Gewinde weniger ausbricht, und die Gewindeflanken werden sauberer, ein Umstand, der die Lebensdauer der

Schrauben günstig beeinflußt. Genaue Außen- und Kerndurchmesser sind nur für Dichtungsgewinde erforderlich, wenn man nicht auf einen Abschlußbund am Schraubenende oder auf besondere Dichtungsmittel rechnen darf. Die wichtigsten Maße sind Flankenmaß und Steigung.

Schmiermittel werden beim Schneiden der Außengewinde in gleicher Weise verwendet wie beim Innengewinde (siehe S. 209).

c) Gewindefräsen.

Das Fräsen der Gewinde hat durch die Abwälzung des schräggestellten Fräsers im Gewindegang eine Verzerrung der Gewindeform zur Folge. Die Gewindeform wird umsomehr verzerrt, je größer die Steigung und je tiefer das Gewinde ist. Auch der Flankenwinkel des Gewindes ist hierbei von Einfluß, und zwar arbeitet der Fräser bei rechtwinkliger Gewindeform (Flachgewinde) am ungünstigsten. Der Flankenwinkel soll nach Möglichkeit nicht kleiner als 10° sein; dann ist auch der Fehler der Form meist belanglos.

Wenn das Gewindefräsen für Spann- und Transportspindeln, Schnecken usw. immer weitere Verbreitung findet, so ist dies in der großen Wirtschaftlichkeit des Verfahrens begründet. Bei Genaugewinden, wie z. B. bei Leitspindeln und Schneckenfräsern, dient das Fräsen lediglich als Vorbearbeitung, während die Fertigstellung auf der Drehbank mit Hilfe des Schlichtstahles erfolgt.

Kurze Innen- und Außengewinde mit größerem Flankenwinkel (Metr. Whitworth-, Löwenherz-Gewinde und ähnliche) können mit einem walzenförmigen Fräser hergestellt werden, in dem die Gewindeform rillenförmig, also ohne Gewindesteigung, hinterdreht ist. Hierbei tritt durch die Vernachlässigung des Steigungswinkels allerdings eine geringe Verzerrung der Gewindeform ein, die jedoch praktisch belanglos ist.

d) Gewinderollen.

Zur Erzeugung von Gewinden durch Aufrollen oder Eindrücken der Gewindegänge in das Arbeitsstück kommen in der Hauptsache **Gewinderollmaschinen** in Frage, welche mit flachen, mit Rillen versehenen Backen arbeiten. Seltener werden Gewinde auf **Drehbänken** mit Hilfe eines scheibenförmigen Werkzeuges gerollt. Wenn auch in beiden Fällen der Arbeitsvorgang grundsätzlich der gleiche ist, so legt die Gewindeerzeugung mit dem Roller, sowohl in bezug auf das Material als auch auf das Gewinde selbst, manche Beschränkung auf.

1. Gewinderollen mit Rollbacken.

Auf Gewinderollmaschinen hergestellte Schrauben weisen allerdings nicht die Genauigkeit auf, die sich mit Gewindeschneidmaschinen erzielen läßt, doch sind sie für viele Zwecke von vollkommen entsprechender Güte. In der Elektrotechnik, für Befestigungsschrauben an Schaltern, Beleuchtungskörpern, Fernsprechern, bei hauswirtschaftlichen Geräten u. dgl. werden gerollte Schrauben in großem Umfange angewendet. In der Regel wird der Schraubenkörper auf Kaltschlagpressen in gleicher Weise wie Nieten hergestellt, und die Güte der fertigen Schraube ist sehr von der Beschaffenheit des vorgepreßten Körpers abhängig.

Als **Material** kommt meist weicher, gebeizter Stahl sowie Messing und Kupfer zur Verwendung, und nur bei Verwendung geeigneten Materials kommt der Vorzug des Gewinderollens, die große Wirtschaftlichkeit, voll zur Geltung. Wesentlich für den Ausfall der Arbeit ist der Durchmesser des Werkstückes. Die beim Rollen entstehende Verdichtung des Materiales ist so geringfügig, daß sie bei der Durchmesserbestimmung des Bolzens (Werkstückes) vernachlässigt werden kann. Der Bolzendurchmesser wird nach Formel auf folgender Seite berechnet. Wird dieses Maß erheblich überschritten, so entstehen ungenaue Gewinde, bei zu geringem Durchmesser wird dagegen das Gewinde nicht voll ausgerollt.

Der **Vorgang** beim Gewinderollen mit Rollbacken ist folgender:

Zwei Rollbacken A und B aus gehärtetem Stahl sind mit Rillen versehen, die in Form und Steigungswinkel dem aufgewickelten, auf dem Bolzen C zu erzeugenden Gewinde entsprechen (Abb. G 32 und G 33).

Abb. G 33 zeigt eine Backe für Rechtsgewinde. Backe A ist fest und senkrecht zu Backe B verstellbar, so daß der Abstand der Rillenspitzen gleich dem Kerndurchmesser des anzurollenden Gewindes gemacht werden kann (Abb. G 34).

Angaben zur Berechnung.

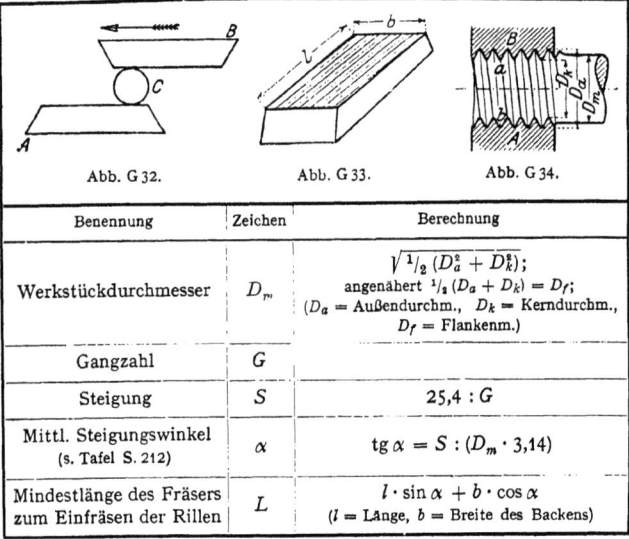

Benennung	Zeichen	Berechnung
Werkstückdurchmesser	D_m	$\sqrt{1/2\,(D_a^2 + D_k^2)}$; angenähert $1/2\,(D_a + D_k) = D_f$; (D_a = Außendurchm., D_k = Kerndurchm., D_f = Flankenm.)
Gangzahl	G	
Steigung	S	$25,4 : G$
Mittl. Steigungswinkel (s. Tafel S. 212)	α	$\operatorname{tg} \alpha = S : (D_m \cdot 3{,}14)$
Mindestlänge des Fräsers zum Einfräsen der Rillen	L	$l \cdot \sin \alpha + b \cdot \cos \alpha$ (l = Länge, b = Breite des Backens)

Um ein richtiges Gewinde zu erhalten, muß bei Einführung des Werkstückes die Gangspitze a der einen Backe dem Grunde b der anderen gegenüberstehen und das Werkstück selbst genau senkrecht zur Backe liegen. Die parallelen Rillen der Gewindebacken werden mit entsprechendem Gewindestahl eingehobelt oder besser eingefräst.

Das Einfräsen der Rillen geschieht am vorteilhaftesten durch einen hinterdrehten Fräser. Um die parallelen Rillen, deren Abstand gleich der Steigung des zu erzeugenden Gewindes sein muß, mit einem Schnitt einfräsen zu können, muß der Fräser länger sein, als die Rollbackenbreite, und zwar mindestens um den Betrag, der dem Steigungswinkel a des Gewindes entspricht.

Beim Rollen wird Material in die Rillenzwischenräume hochgedrückt; der Durchmesser des Werkstückes D_m vergrößert sich auf D_a. Um den vorgeschriebenen Außendurchmesser D_a zu erreichen, muß D_m entsprechend bestimmt werden.

Werkstückdurchmesser D_m in mm zum Gewinderollen.

	$D_a =$											
Whitworth	$D_a = ''$	$^1/_{16}$	$^3/_{32}$	$^1/_8$	$^5/_{32}$	$^3/_{16}$	$^7/_{32}$	$^1/_4$	$^5/_{16}$	$^3/_8$	$^7/_{16}$	$^1/_2$
Whitworth	$D_m =$ mm	1,35	2,07	2,80	3,50	4,14	4,93	5,60	7,10	8,57	10,00	11,43
Metr. Gew.	$D_a =$ mm	3	3,5	4	4,5	5	6	7	8	9	10	
Metr. Gew.	$D_m =$ mm	2,65	3,14	3,55	4,04	4,45	5,35	6,34	7,18	8,18	9,02	
Löwenherz	$D_a =$ mm	1	1,2	1,4	1,7	2	2,3	2,6	3	3,5	4	4,5
Löwenherz	$D_m =$ mm	0,84	1,03	1,20	1,46	1,73	2,02	2,29	2,65	3,08	3,51	3,98
Löwenherz	$D_a =$ mm	5	5,5	6	7	8	9	10				
Löwenherz	$D_m =$ mm	4,44	4,87	5,30	6,23	7,16	8,08	9,01				

Beispiel: Es soll ein Withworth-Gewinde von $^3/_8''$ Außendurchmesser gerollt werden.

$D_a = 9{,}525$ mm; $D_k = 7{,}492$ mm; $G = 16$; $S = 1{,}59$,

$$D_m = \sqrt{^1/_2\,(9{,}525^2 + 7{,}492^2)} \text{ mm} = \sqrt{73{,}43} \text{ mm} = 8{,}57 \text{ mm},$$

angenähert $D_m = D_f = ^1/_2\,(9{,}525 + 7{,}492)$ mm $= 8{,}51$ mm.

2. Gewinderollen auf Drehbänken.

Das Gewinderollen auf Drehbänken, Revolverbänken und selbsttätigen Drehbänken mit Hilfe eines scheibenförmigen Rollers ist als Behelf anzusehen und kommt dort in Frage, wo Gegenstände dicht an einem Bund mit Gewinde versehen werden sollen und die Anwendung eines Schneideisens untunlich ist oder einen weiteren Arbeitsgang bei besonderer Aufspannung erfordern würde.

Grobe Gewinde auf hartem Material lassen sich schwer rollen und setzen entsprechend kräftige Maschinen voraus.

Der Arbeitsgang ist hier folgender: Das Rollwerkzeug ist eine Scheibe aus Chromnickel- oder Wolframstahl, deren äußerer Durchmesser ein Vielfaches des Bolzendurchmessers D_m darstellt. Die Bestimmung des Bolzendurchmessers D_m (= Werkstückdurchmesser vor dem Rollen) geschieht auf die gleiche Weise wie beim Rollen mit Rollbacken. Das Gewinde des Rollers ist mehrgängig, der Vervielfachung des Durchmessers entsprechend, so daß das aufgeschnittene n-fache Gewinde den gleichen aber entgegengesetzten Steigungswinkel α hat, wie das zu erzeugende Gewinde. Die Gewindespirale drückt sich beim Abrollen auf das Arbeitsstück ein; ihre Länge Sp, muß genau ein n-faches der Länge der zu erzeugenden Spirale sein, weil nach n-Umdrehungen des Arbeitsstückes und einer Umdrehung des Rollers der folgende Gewindegang des Rollers mit dem am Arbeitsstück bereits eingedrückten wieder zusammentreffen muß.

Aus Abb. G 35 geht hervor, daß $S_r = n \cdot S$ und $G_r = \dfrac{G}{n}$, wenn mit S_r (S) und G_r (G) Steigung und Gangzahl des Rollergewindes (des zu erzeugenden Gewindes) bezeichnet wird.

Das Gewinde weicht in der Form vom normalen Gewinde dadurch ab, daß der Roller zur Überwindung des Materialwiderstandes mit scharfen anstatt mit abgerundeten oder abgeflachten Kanten ausgeführt wird. Das erzeugte Gewinde erhält dadurch größere Gewindetiefe und kleineren Kerndurchmesser wie normal.

Bei grobgängigem Gewinde oder hartem Material werden zur Erleichterung der Arbeit mit Vorteil 2 Gänge des Rollers ausgespart (Abb. G 36), bei weichem Material oder feingängigem Gewinde bleiben sämtliche Gänge stehen.

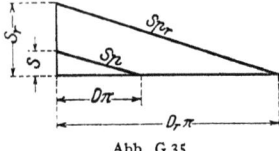

Abb. G 35.   Abb. G 36.

Die Enden des Rollers werden, um ein Ausbrechen des Gewindes zu verhindern, auf 45° abgeschrägt. Der Roller ist vorsichtig zu härten, damit die scharfen Kanten nicht verbrennen, und nach dem Härten auf der Drehbank mittels eines Stückes Hartholz, Öl und Schmirgel zu glätten.

Der Roller muß, um einen Zapfen leicht drehbar, gut in einen Halter (Abb. G 37) eingepaßt sein, der am Quersupport des Automaten befestigt wird.

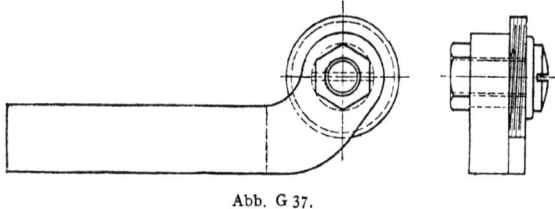

Abb. G 37.

Wichtig ist, daß der Roller tangential und nicht mit dem Drucke unmittelbar auf die Mitte wirkend gegen das Arbeitsstück angedrückt wird. Die Einführung auf die nötige Tiefe muß möglichst rasch geschehen.

Die Umfangsgeschwindigkeit des Werkstückes wähle man nicht zu hoch. Nach vollendetem Einrollen des Gewindes soll der Roller sofort zurückgezogen werden, da längeres Laufenlassen leicht zum Ausbrechen der Gewindegänge führt, zumindest aber die Lebensdauer des Rollers verkürzt. Springt das gerollte Gewinde in Ringen ab, so ist entweder der Rollerdurchmesser zu groß oder zu klein, oder dessen Gewindegänge sind nicht spitz genug.

Der Roller richtet sich in seinen Abmessungen nach dem Durchmesser des Werkstückes vor dem Rollen.

Angaben zur Berechnung.

Benennung	Bezeichnung	Berechnung
Werkstück-Durchmesser vor dem Rollen .	D_m	$\sqrt{1/2\,(D_a^2 + D_k^2)}$; ($D_a$ = Außendurchm., D_k = Kerndurchm.)
Außendurchmesser des Rollers	D_r	$D_m \cdot n + h$
Steigung des fertigen Gewindes. . . . mm	S	$25{,}4 : G$
Höhe des Gewindedreiecks	h	$0{,}96 \cdot S$ bei $55°$ $0{,}87 \cdot S$ bei $60°$
Steigung des Rollergewindes. . . . . mm	S_r	$n \cdot S;\ n \cdot \dfrac{25{,}4}{G}$
Gangzahl des fertigen Gewindes auf 1″ . .	G	
Gangzahl des Rollergewindes auf 1″. . . .	G_r	$G : n$
Angabe, wie oft D_r größer ist als D_m . . .	n	

Beispiel: Es soll ein Gewinde von 16 mm Außendurchmesser (D_a) 18 Gang auf 1″ ($S = 25{,}4 : G = 1{,}41$ mm) und $55°$ Kantenwinkel auf ein Arbeitsstück gerollt werden.

Wenn n gleich 4 gewählt wird, so ist

$$G_r = 18 : 4 = 4{,}5;\ S_r = 1{,}41 \cdot 4\ \text{mm} = 5{,}64\ \text{mm};$$

$$D_m = \sqrt{1/2\,(16^2 + 14{,}19^2)} = 15{,}12;\ D_r = 15{,}12 \cdot 4 + 1{,}41 \cdot 0{,}96 = 61{,}83.$$

C. Berechnung der Wechselräder[1]) zum Gewindeschneiden auf der Drehbank.

Durch die Wechselräder mit den Zähnezahlen a, b, c, d usw. werden die Umdrehungszahlen der Dreh- und Leitspindel in das zum Schneiden eines bestimmten Gewindes erforderliche Verhältnis gebracht. Es ist:

Steigung in mm des zu schneidenden Gewindes	oder	Gänge auf 1 Zoll der Leitspindel	=	Produkt der Zähnezahlen der treibenden Räder
Steigung in mm der Leitspindel		Gänge auf 1 Zoll des zu schneidenden Gewindes		Produkt der Zähnezahlen der getriebenen Räder
A			**=**	**B**

Für die Berechnung des Verhältnisses A dienen die in nachfolgender Tafel für alle vorkommenden Fälle unter A aufgeführten Formeln, in welche die gegebenen Werte einzusetzen sind.

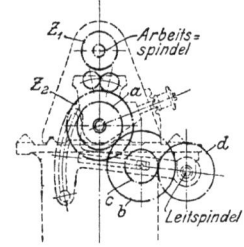

Abb. G 38.

Aus dem Verhältnisse A werden die Wechselräder B in der Weise abgeleitet, daß Zähler und Nenner mit derart gewählten gleichen Zahlen vermehrt werden, daß die Produkte die Zähnezahlen von zur Verfügung stehenden Rädern ergeben. Eine Hilfe bieten die Tafeln S. 48 bis 52.

Beispiele.

1. Auf einer Drehbank mit einer Leitspindel von 5 Gang auf 1″ engl. soll ein Gewinde mit einer Steigung = 2 mm geschnitten werden.

Auflösung: $G_2 = 5$; $S_1 = 2$

$$A = \frac{S_1 \cdot G_2 \cdot 5}{127} = \frac{2 \cdot 5 \cdot 5}{127} = \frac{50}{127} = \frac{a}{b}.$$

2. Es ist ein Gewinde von 30 Gang auf 1″ engl. zu schneiden. Die Leitspindel der Drehbank hat 4 Gang auf 1″ engl.

Auflösung: $G_1 = 30$; $G_2 = 4$; $A = \dfrac{G_2}{G_1} = \dfrac{4}{30} = \dfrac{a}{b}.$

In diesem Falle kommen wir mit einer 1 fachen Übersetzung $\dfrac{a}{b}$ nicht mehr aus und gehen zur 2fachen Übersetzung über:

$$\frac{a \cdot c}{b \cdot d} = \frac{4}{30} = \frac{4 \cdot 10}{30 \cdot 10} = \frac{40 \cdot 10}{30 \cdot 100} = \frac{40 \cdot 10 \cdot 3}{30 \cdot 3 \cdot 100} = \frac{40 \cdot 30}{90 \cdot 100}.$$

Bei **Herzübersetzung**, wenn $\dfrac{Z_2}{Z_1} = i = 5$ wird:

$$A = \frac{G_2 \cdot i}{G_1} = \frac{4 \cdot 5}{30} = \frac{20}{30} = \frac{30}{45} = \frac{40}{60} \text{ usf.} = \frac{a}{b}.$$

3. Auf einer Drehbank, deren Leitspindel 4 Gang auf 1″ engl. hat, ist eine Schnecke Modul 5 zu schneiden.

Auflösung: $M = 5$; $G_2 = 4$

$$A = \frac{M \cdot G_2 \cdot 157}{10 \cdot 127} = \frac{5 \cdot 4 \cdot 157}{10 \cdot 127} = \frac{20 \cdot 157}{10 \cdot 127} = \frac{100 \cdot 157}{50 \cdot 127} = \frac{a \cdot c}{b \cdot d}.$$

---

[1]) Zähnezahlen für Wechselräder siehe S. 226.

Berechnung $A = B$.

Gegebene Werte				A
Zu schneidendes Gewinde		Gewinde der Leitspindel		
Gangzahl auf 1″ engl.	G_1	Gangzahl auf 1″ engl.	G_2	$G_2 : G_1$
		Steigung mm	S_2	$\dfrac{25{,}4}{G_1 \cdot S_2} = \dfrac{127}{S_1 \cdot G_2 \cdot 5}$
		Steigung engl. Zoll	E_2	$\dfrac{1}{G_1 \cdot E_2}$
Steigung mm	S_1	Gangzahl auf 1″ engl.	G_2	$\dfrac{S_1 \cdot G_2}{25{,}4} = \dfrac{S_1 \cdot G_2 \cdot 5}{127}$
		Steigung mm	S_2	$S_1 : S_2$
		Steigung engl. Zoll	E_2	$\dfrac{S_1}{E_2 \cdot 25{,}4} = \dfrac{S_1 \cdot 5}{E_2 \cdot 127}$
Modul $S_1 : \pi$	M	Gangzahl auf 1″ engl.	G_2	$\dfrac{M \cdot G_2 \cdot 3{,}14}{25{,}4} = \dfrac{M \cdot G_2 \cdot 157}{10 \cdot 127}$
		Steigung mm	S_2	$\dfrac{M \cdot 3{,}14}{S_2} = \dfrac{M \cdot 157}{S_2 \cdot 50}$
		Steigung engl. Zoll	E_2	$\dfrac{M \cdot 3{,}14}{E_2 \cdot 25{,}4} = \dfrac{M \cdot 157}{50 \cdot E_2 \cdot 25{,}4} = \dfrac{M \cdot 157}{E_2 \cdot 127 \cdot 10}$
Steigung engl. Zoll	E_1	Gangzahl auf 1″ engl.	G_2	$E_1 \cdot G_2$
		Steigung mm	S_2	$\dfrac{E_1 \cdot 25{,}4}{S_2} = \dfrac{E_1 \cdot 127}{S_2 \cdot 5}$
		Steigung engl. Zoll	E_2	$\dfrac{E_2}{E_1}$

Bei Herzübersetzung (Abb. G 38) sind obige Werte mit dem Übersetzungsverhältnis $i = \dfrac{Z_2}{Z_1}$ zu vermehren.

Übersetzung	Anordnung der Räder	B
1 fach	a — Zwischenrad; b — Leitspindel	$\dfrac{a}{b}$
2 fach	$a - c$ Treib. Räder; Getr. Räder $b - d$; Leitspindel	$\dfrac{a \cdot c}{b \cdot d}$
3 fach	$a - c - e$ Treib. Räder; Getr. Räder $b - d - f$; Leitspindel	$\dfrac{a \cdot c \cdot e}{b \cdot d \cdot f}$

Zähnezahlen der Wechselräder

für Leitspindel-Drehbänke, Universal-Fräsmaschinen und Zahnräder-Bearbeitungsmaschinen
nach DIN 781.

Zähne-zahl	Zähnezahlen für			Zähne-zahl	Zähnezahlen für		
	Leitspindel-Drehbänke; Leitspindel mit Steigungen von 1/4″, 1/2″ und 3, 6, 12, 24 mm	Universal-Fräsmaschinen; Tischspindel mit 10 mm Steigung	Zahnräder-Bearbeitungs-maschinen		Leitspindel-Drehbänke; Leitspindel mit Steigungen von 1/4″, 1/2″ und 3, 6, 12, 24 mm	Universal-Fräsmaschinen; Tischspindel mit 10 mm Steigung	Zahnräder-Bearbeitungs-maschinen
20	20		20	68	68		68
21			21	69			69
22	22		22	70	70		70
23			23	71			71
24	24	24	24	72	72	72	72
25	25		25	73			73
26	26		26	74			74
27			27	75	75		75
28		28	28	76	76		76
29			29	77			77
30	30		30	78			78
31			31	79			79
32	32	32	32	80	80	80	80
33			33	81			81
34			34	82			82
35	35		35	83			83
36	36	36	36	84	84		84
37			37	85	85		85
38			38	86			86
39			39	87			87
40	40	40	40	88			88
41			41	89	89		89
42	42		42	90	90	90	90
43			43	91			91
44	44		44	92			92
45	45		45	93			93
46			46	94			94
47			47	95	95		95
48	48	48	48	96	96	96	96
49			49	97	97		97
50	50		50	98			98
51	51		51	99			99
52			52	100	100		100
53			53	105	105		
54	54		54	106			106
55	55		55	110	110		
56		56	56	112	112		
57	57		57	114	114		
58			58	115	115		
59			59	118			118
60	60		60	120	120		
61			61	125	125		
62			62	127	127		127
63			63	128			128
64		64	64	135			135
65	65		65	140	140		
66			66	144			144
67			67				

D. Gewindepassungen und Gewindeprüfung.

Um eine austauschbare Fertigung von Schrauben und Muttern zu ermöglichen, war es notwendig, für das Gewinde Grenzwerte, Toleranzen, aufzustellen und ein Lehrensystem zu schaffen, das die Einhaltung dieser Grenzwerte sicherstellt.

a) Gewindetoleranzen für Muttern und Schrauben.

Diese sind vom Deutschen Normenausschuß für metrisches und Whitworth-Gewinde in Vornorm DIN 2244 niedergelegt. Wie bei den Rundpassungen die Nullinie, so ist hier das theoretische Gewindeprofil zum

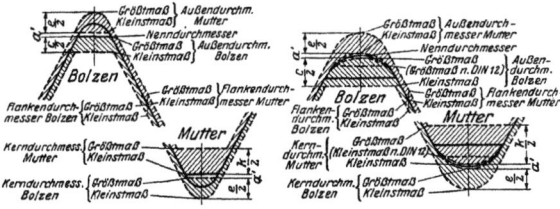

Abb. G 39. Metrisches Gewinde.   Abb. G 40. Whitworth-Gewinde.

Ausgangspunkt genommen (Abb. G 39 und G 40). Während bei jenen aber nur eine Größe, der Durchmesser, zu berücksichtigen war, sind bei den Gewindepassungen 5 in Wechselbeziehung stehende Größen gegenseitig abzustimmen: Flankendurchmesser, Steigung, Flankenwinkel, Außen- und Kerndurchmesser.

Für das Passen, d. h. für eine gute Flankenanlage am wichtigsten ist der Flankendurchmesser, das ist der durch zwei gegenüberliegende Gewinde-

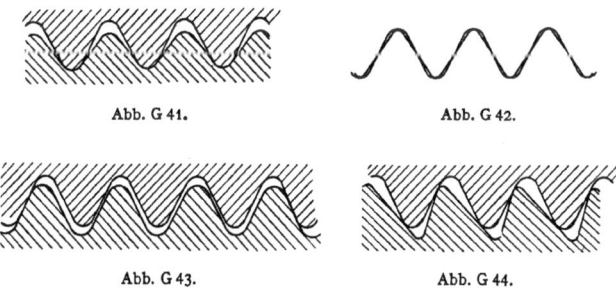

Abb. G 41.   Abb. G 42.

Abb. G 43.   Abb. G 44.

flanken begrenzte Abschnitt einer die Gewindeachse senkrecht schneidenden Geraden, ferner Steigung und Flankenwinkel. In Abb. G 41 ist der eine Gewindeteil mit zu großem Flankenwinkel geschnitten. Mutter und Schraube weisen verschiedenes Flankenmaß auf; die Schraube paßt trotzdem scheinbar. Ist bei beiden Gewindeteilen der Flankenwinkel falsch (Abb. G 42), so paßt trotz gleichen Flankenmaßes die Schraube nicht in die Mutter. In Abb. G 43 ist die Steigung verschieden; bei scheinbarem Passen des Gewindes ist das Flankenmaß von Mutter und Schraube verschieden. Abb. G 44 zeigt gleiche Steigung, aber einseitige Gewindeform eines Teiles, so daß die gleiche Erscheinung auftritt wie bei Abb. G 43.

Aus den wenigen Beispielen ist der Einfluß von Flankenwinkel, Steigung und Flankenmaß sowie deren gegenseitige Abhängigkeit zu ersehen. Die Toleranz für den Flankendurchmesser berücksichtigt gleichzeitig auch die Steigungs- und Winkelabweichungen; denn jede Veränderung (Vergrößerung oder Verkleinerung) des Winkels oder der Steigung bedingt bei der Mutter eine Vergrößerung und bei der Schraube eine Verkleinerung des Flankendurchmessers. Außen- und Kerndurchmesser spielen für das Passen nur eine untergeordnete Rolle und sind beeinflußt vom Stangenmaterial und vom Gewindelochbohrer (siehe Seite 208); die Grenzmaße hierfür sind nur als Richtmaße aufzufassen, deren Einhaltung im Bedarfsfalle besonders vorzuschreiben ist.

Die Toleranzen sind aufgebaut auf dem Begriff der Gewindepaßeinheit:

$$1 \text{ GPE (in } \mu\text{)} = 67 \sqrt{\text{Steigung}} \qquad \text{(Steigung in Millimetern)}.$$

Da nicht durchweg gleich hohe Ansprüche an die Güte der Schrauben gestellt werden, sind auch hier verschiedene Gütegrade vorgesehen, nämlich fein, mittel, grob, entsprechend der Einteilung der Schrauben:

Feinschrauben mit einer Flankendurchmessertoleranz von 1 GPE: werden für Zwecke verwendet, wo ein besonders guter Sitz notwendig ist.

Mittelschrauben mit einer Flankendurchmessertoleranz von $1^1/_2$ GPE: sind die normalen, handelsüblichen Schrauben, wie sie hauptsächlich als Blankschrauben geliefert werden.

Grobschrauben mit einer Flankendurchmessertoleranz von $2^1/_2$ GPE: sind die Schrauben, die für Zwecke Verwendung finden, bei denen es nicht auf große Genauigkeit ankommt.

Die Herstellungsgenauigkeiten sind also nach drei Gütegraden abgestuft.

Eine weitere Ähnlichkeit mit den Rundpassungen besteht insofern, als beim Gütegrad „Fein" der Flankendurchmesser der Schraube im Grenzfall ein Übermaß von $1/_6$ seiner Gesamttoleranz gegenüber der theoretischen Linie (Nullinie) hat, was den festen Sitzen bei der Einheitsbohrung entspricht, wo auch der Charakter des Sitzes durch ein Übermaß der Welle gegenüber der gleichbleibenden Bohrung erzielt wird. Das Übermaß ist in die Schraube und nicht in die Mutter verlegt, um die Muttern verschiedenen Gütegrades mit demselben Gewindebohrer schneiden zu können. Bei der Schraube ist man dagegen in der Lage, durch Verwendung von einstellbaren Schneideisen oder Gewindeschneidköpfen sich den jeweiligen Forderungen anzupassen. Es ist also das System der Einheitsbohrung gewählt.

Die Tafeln S. 237/238 geben eine Zusammenstellung der für Schraube und Mutter beim metrischen und Whitworth-Gewinde zulässigen Toleranzen. Die danach errechneten Grenzmaße finden sich auf S. 239 u. folgenden (DIN 2245 bis 2250).

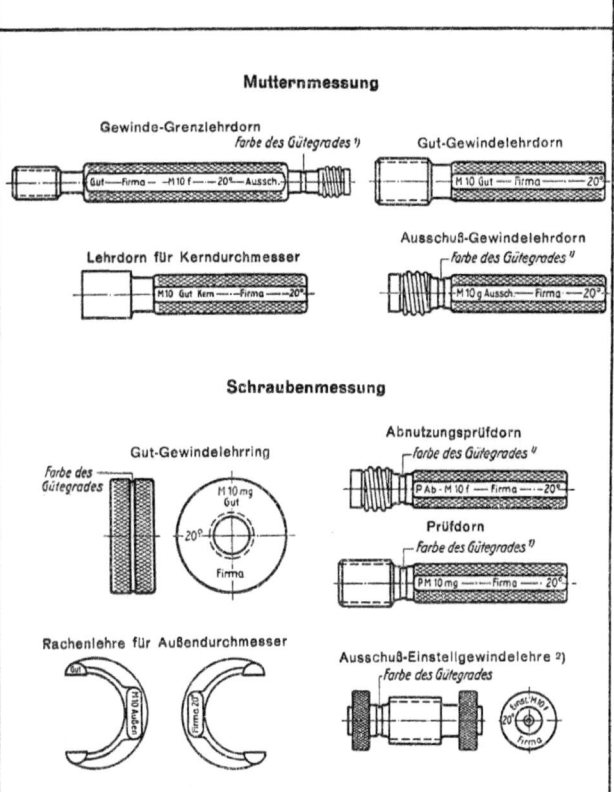

1. Die Farbringe (schwarz = fein, gelb = mittel, grün = grob) sind bis M 7 und für $^1/_4$ Zoll auf dem verjüngten Teil des Griffes anzubringen.
2. Bei den metrischen Lehren unter M 6 können die Beschriftungsangaben auf beide Scheiben verteilt werden.

Bei den Whitworthlehren fällt die Bezeichnung 20° fort.

Gewindebezeichnung nach DIN 202.

Bezeichnung des Gütegrades: fein = f, mittel = m, grob = g; der Gut-Gewindelehrring, der Prüfdorn und der Abnutzungsprüfdorn mit den Toleranzen mittel und grob erhalten die Bezeichnung mg, da sie in Bau- und Gewindemassen gleich sind; der Gütegrad ist in diesem Falle nur durch den Farbring unterschieden.

Die Kurzzeichen *P* und *Ab* sind, wenn der Platz zur Verfügung steht, durch Prüf und Abg zu ersetzen.

b) Toleranzgewindelehren nach DIN (s. S. 229).

Die Theorie der Toleranzen wird durch Vermittlung der Lehren in die Praxis umgesetzt. Wie für die Rundpassungen, so ist auch für die Gewindepassungen vom Normenausschuß ein besonderes Lehrensystem aufgestellt, ebenfalls auf dem Prinzip der festen Lehre und der Prüfung auf „Gut" und „Ausschuß" beruhend. Die bisher allgemein verwendeten Normalgewindelehren (DIN 445 bis 450) gewährleisten keine unbedingte Austauschbarkeit von Werk zu Werk.

Die vom Normenausschuß aufgestellten Toleranzgewindelehren sind auf S. 229 abgebildet. Die Bilder geben gleichzeitig einen Anhalt für die Kennzeichnung und Beschriftung.

Es kommen folgende Lehren in Frage:

1. Prüfung der Mutter (s. Tafel S. 229).

Die Mutter „Gut" wird geprüft durch einen Gewindelehrdorn, dessen Gewindeteil die Einschraublänge (= Schraubendurchmesser) besitzt, und sich in die Mutter einschrauben lassen muß. Das Gewindeprofil ist in Abb. G 49/50 wiedergegeben. Für sämtliche Gütegrade genügt ein Gewindelehrdorn. Da das Profil im Grunde frei gearbeitet ist, wird der Mutterkerndurchmesser, der ja von nachgeordneter Bedeutung ist, nicht mitgeprüft. Gegebenenfalls ist durch einen glatten Lehrdorn festzustellen, daß das zulässige Kleinmaß nach DIN 2245 bis 2247 bzw. DIN 2248 bis 2250 nicht unterschritten ist.

Die Mutter „Ausschuß" wird nur auf ihr Flankenmaß geprüft, da Steigung und Winkel bereits durch die Gutprüfung erfaßt sind. Die Prüfung findet statt durch einen Gewindelehrdorn, der nur zwei Gänge enthält. Das Profil (Abb. G 45) ist im Grund und an der Spitze freigearbeitet und hat möglichst verkürzte Maßflächen. Das Flankenmaß hat den größtzulässigen Wert. Dieser Gewindelehrdorn darf sich nicht einschrauben lassen. Infolge der verschieden großen Muttertoleranzen für fein, mittel, grob ist für jeden Gütegrad ein besonderer Gewinde-Ausschußlehrdorn notwendig.

Abb. G 45.

Gut- und Ausschußgewindelehrdorn werden normal in einem Griff vereinigt geliefert, können auf Wunsch aber auch getrennt mit je einem besonderen Griff gefertigt werden (s. S. 229).

2. Prüfung der Schraube (s. Tafel S. 229).

Die Schraube „Gut" wird geprüft durch einen Gewindelehrring, der sich über die Schraube schrauben lassen muß. Das Gewindeprofil ist in Abb. G 49/50 wiedergegeben. Da der Außendurchmesser frei gearbeitet ist und somit den Außendurchmesser der Schraube, der von nachgeordneter Bedeutung ist, nicht mitprüft, ist gegebenenfalls durch eine Rachenlehre oder ein entsprechendes Meßgerät festzustellen, ob der Außendurchmesser sein zulässiges Höchstmaß nach DIN 2245 bis 2247 bzw. DIN 2248 bis 2250 nicht überschritten hat.

Die Schraube „Ausschuß" wird wie die Mutter „Ausschuß" nur hinsichtlich des Flankendurchmessers geprüft, und zwar auf indirektem Wege durch Vergleichsmessung mit einem Einstellgewindelehrdorn, der mindestens vier Gänge enthält mit einem Gewindeprofil wie das in Abb. G 45. Die Vergleichsmessung erfolgt durch Abtasten mit Kugelstücken, die sich in den Gewindegängen am mittleren Teil der Flanke anlegen, sie sind in einem Rachen (Abb. G 46) oder in einem Zirkel (Abb. G 47) eingesetzt. Damit

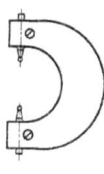
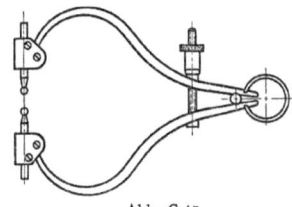

Abb. G 46.   Abb. G 47.

Winkelfehler der Gewindeflanken das Ergebnis nicht beeinflussen, sind die Kugeln so bemessen, daß sie möglichst in der Mitte der Flanke anliegen. Nachfolgende Aufstellung gibt eine Kugeldurchmesserreihe mit dem Anwendungsbereich, die diese Bedingung erfüllt. (Vgl. Mitt. des NDI, Heft 19, vom 7. Oktober 1926.)

Kugel-durch-messer mm	Anwendungsbereich für									
	Metrisches Gewinde						Whitworth-Gewinde			
0,16	1	1,2	1,4							
0,22	1,7	2	2,3	(2,6)						
0,30	2,6	3	3,5							
0,43	4	4,5	5	(5,5)						
0,55		5,5	6	7						
0,78	8	9	10	11				$1/4''$	$5/16''$		
0,98	10	11	12	(14)	(16)			$3/8''$	$7/16''$		
1,30	14	16	18	20	22			$1/2''$	$5/8''$	$3/4''$	
1,70	18	20	22	24	27	30	33	$7/8''$	$1''$		
2,20	30	33	36	39	42	45		$1 1/8''$	$1 1/4''$	$1 3/8''$	$1 1/2''$
2,90	42	45	48	52				$1 5/8''$	$1 3/4''$	$1 7/8''$	$2''$

Für die Messung der eingeklammerten Gewinde empfiehlt sich der nächstgrößere Kugeldurchmesser.

3. Sicherung der Maßgenauigkeit der Lehrwerkzeuge.

Ebenso wie die Grenzlehrwerkzeuge für Rundpassungen durch Prüfmeßscheiben, Rachenlehren usw. dauernd auf Maßgenauigkeit bzw. Abnutzung untersucht werden, muß auch bei den Lehrwerkzeugen für Gewinde hierfür Sorge getragen werden. Nur kommen hier etwas andere Gesichtspunkte in Frage.

Beim Gut-Gewindelehrdorn genügt öfter Nachprüfung des Flankendurchmessers daraufhin, ob die zulässige Abnutzung nicht überschritten ist. Die Prüfung kann erfolgen durch Vergleich (Abtasten) mit einem Vergleichsgewinde in der Art der Einstellehre (s. S. 229), das den Flankendurchmesser „Kleinstmaß abgenutzt" aufweist (vgl. Tafel Seite 243 u. 247).

Der Ausschuß-Gewindelehrdorn kann durch eine Flankenschraublehre nachgeprüft werden.

Zur Prüfung des neuen Gewindelehrrings für die Gutseite ist ein Gewindelehrdorn genormt, ein Prüfdorn (s. S. 229), der sich saugend in den Lehrring einführen läßt. Diese Prüfung ist nur einmal, und zwar bei Übernahme des Lehrgeräts durch das Werk vorzunehmen.

Im Werk ist dann nur zu beobachten, wann die Abnutzungsgrenze erreicht ist. Hierfür ist ein Gewindelehrdorn, ein Abnutzungsprüfer (s. S. 229), genormt, der sich erst bei Überschreitung der Abnutzungsgrenze in den Arbeitslehrring einführen läßt. Dieser Prüfdorn prüft nach der Art der Ausschußlehre für die Mutter nur in den Flanken, was für die Überprüfung in der Lehrenausgabe vollständig genügt, da sich beim Arbeitslehrring die Abnutzung hauptsächlich in den Gewindeflanken zeigen wird. Das Gewinde ist freigearbeitet wie in Abb. G 45.

4. Gewindetoleranzen für die Lehren.

Wie die Schrauben und Muttern, so können auch die Lehren nicht mit einem absolut genauen Maße hergestellt werden. Die zugelassene Herstellungsgenauigkeit ist jedoch erheblich größer, als die für Schrauben und Muttern. Tafel Seite 242 bringt die vom DNA in DIN 2244 hierfür festgesetzten Werte. Die Herstellungsgenauigkeit ist für die Lehren sämtlicher Gütegrade gleich. Da nun das Kleinstmaß der Mutter für alle Gütegrade gleich dem theoretischen Profil ist, so folgt, daß der dieses Kleinstmaß messende Gutgewindelehrdorn derselbe ist. Zur Prüfung der Schraube auf Gut (Größtmaß) sind jedoch zwei verschiedene Gutgewindelehrringe notwendig, einer für „fein" und einer für „mittel" und „grob". Die Ursache hierfür ist, daß das Größtmaß der Mittel- und Grobschrauben zwar mit dem theoretischen Profil zusammenfällt, das Größtmaß der Feinschraube gegenüber diesem ein Übermaß hat (siehe Seite 228). Zur Messung auf „Ausschuß" ist auf jeden Gütegrad wegen der verschiedenen Grenzmaße eine besondere Lehre nötig.

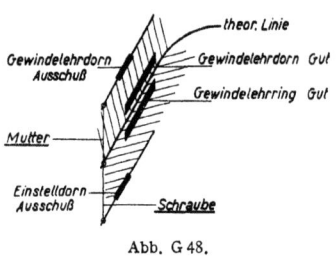

Abb. G 48.

Abb. G 48 zeigt die Lage der Lehrtoleranzen im Vergleich zu den Werkstückstoleranzen. Aus dem Bilde ist ersichtlich, daß das Lehrwerkzeug zur Prüfung der Mutter „Gut" (Gewindelehrdorn) über, und das Lehrwerkzeug zur Prüfung der Schraube „Gut" (Gewindelehrring) unter der theoretischen Linie liegt; beide lassen sich also im Gegensatz zu den bisher gebrauchten Normalgewindelehren nicht ineinanderschrauben. Geht eine Schraube in den Gewindelehrring und eine Mutter über den Gewindelehrdorn, so ist Gewähr gegeben, daß die so geprüften Teile sich zusammenschrauben lassen; denn eine Schraube kann bei dieser Art der Messung nie über ihr Größtmaß und eine Mutter nie unter ihr Kleinstmaß kommen.

Die Lehren für „Ausschuß" liegen naturgemäß bei der größten Mutter bzw. der kleinsten Schraube.

In den schwarz angelegten Toleranzfeldern der Gut-Lehren ist zugleich die zulässige Lehrenabnutzung mit einbegriffen. Es empfiehlt sich nicht, diese Lehren bis zum theoretischen Profil abzunützen, da dann die in den

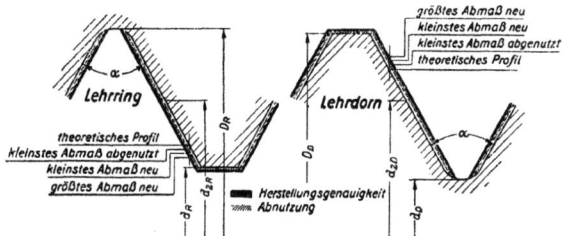

Abb. G 49. (Aus DIN 2244.) Lage der Herstellungsgenauigkeit und Abnutzung der Gut-Lehren für das metrische Gewinde.

Lehren enthaltenen Steigungs- und Winkelabweichungen zu falschen Prüfergebnissen führen könnten. Der Gutlehrring ist im Außendurchmesser freigearbeitet, mit dem Mutteraußendurchmesser nach DIN 13 bzw. 14 als Kleinstmaß und der Gutlehrdorn ist im Kern freigearbeitet, wobei der

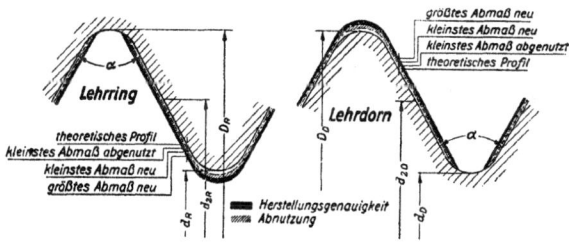

Abb. G 50. Lage der Flankentoleranz für Gewindelehrring, Prüfdorn und Abnutzungsprüfer.

Kerndurchmesser der Schraube Größtmaß ist. Aus Herstellungsgründen können bei den kleinen Gewindedurchmessern diese Maße unter- bzw. überschritten werden.

Die für die Lehren zulässigen Abweichungen und die auf Grund dieser Toleranzen errechneten Gewindegrenzmaße für die Lehren finden sich auf den Tafeln S. 243 bis 248.

Die Abb. G 49 und G 50 zeigen die Profilgebung sowie die Lage der Herstellungsgenauigkeit und Abnutzung dieser Gut-Lehren zum theoretischen

Profil, Abb. G 51 die Lage der Flankentoleranz für Gewindelehrring, Prüfdorn und Abnutzungsprüfer.

```
a  ─────────────── theor. Flanke
b  Kompensation ─────────── ½
   Abnutzung              ½
c  Herstellungsgenauigkeit
d
```

Gewindelehrring   Prüfdorn   Abnutzungsprüfer

Gewindelehrring: a = theor. Flanke;
$\qquad\qquad\qquad b$ = abgenutzter Lehrring, Größtmaß;
$\qquad\qquad\qquad c$ = neuer Lehrring, Größtmaß;
$\qquad\qquad\qquad d$ = neuer Lehrring, Kleinstmaß.

▨▨▨ = Herstellungsgenauigkeit des Gut-Gewindelehrrings;
    = Herstellungsgenauigkeit des Prüfdorns;
    = Herstellungsgenauigkeit des Abnutzungsprüfers.

Abb. G 51.

c) Sonderlehren und Meßwerkzeuge sowie Meßvorrichtungen für die Gewindemessung.

Durch das vom Normenausschuß aufgestellte Lehrensystem für die Gewindeprüfung sind natürlich nicht andere Möglichkeiten der Prüfung unterqunden, wie ja auch neben den genormten Lehren für die Rundpassung (Lehrdorn und Rachenlehre) sich noch andere Arten der Messung herausgebildet und weite Verbreitung gefunden haben, wie z. B. das Messen mit Fühlhebeln.

Für die Gewindemessung gilt das gleiche. Erwähnt sei hier nur die Aggralehre (Abb. G 52) (Ausschuß-, Gut-, Gewinde-Rachenlehre). Zwei Paar Maßrollen mit Gewindeform sind in einem Rachen vereinigt und ermöglichen die Gut- und Ausschußprüfung in einem Zug, wodurch gegenüber den DIN-Lehren eine etwa 12fache Meßgeschwindigkeit erreicht wird. Durch die Gutprüfung werden sämtliche Gewindegrößen erfaßt, während die Ausschußrollen nur die Flanke prüfen: die Rollen sind nach Einstellehren einzustellen. Ihre Verstellbarkeit ist so groß, daß die gleiche Lehre nacheinander für die verschiedenen

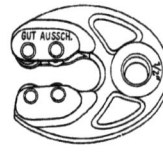

Abb. G 52.

Gütegrade Fein, Mittel, Grob eingestellt werden kann; weiterhin können auch Sondertoleranzen, z. B. ein Gewindetestsitz (Werkstatttechnik, Heft 4 und 11, 1927) gelehrt werden. Etwaige auftretende Abnutzungen können ohne weiteres durch Nachstellen ausgeglichen werden.

Auf der Vergleichsmessung beruht auch der optische Gewindetaster, dessen Gesichtsfeld Abb. G 53 wiedergibt. Durch eine Feinmeßschraube ist auch die Größe der Abweichung festzustellen.

Viel in Anwendung, insbesondere in Amerika, ist das **Gewindemessen mit Drähten.** Dieses hat den Vorzug, daß jede Schraublehre hierzu benutzt werden kann. Die Zuverlässigkeit der ermittelten Werte hängt aber von der Genauigkeit des Flankenwinkels ab. Die Drähte, deren Durchmesser sehr genau sein muß, werden, wie die schematische Darstellung Abb. G 54 zeigt, in die Gewindegänge eingelegt und der Abstand (Prüfmaß) mit der Schraublehre gemessen. Bei größeren Steigungen, bei denen die Scheitelpunkte der Drähte weiter auseinanderliegen als der Zapfendurchmesser der Schraublehre beträgt, ist ein Meßblock einzulegen, dessen Maß bei der Prüfung dann berücksichtigt werden muß. Bei der Prüfung mit der

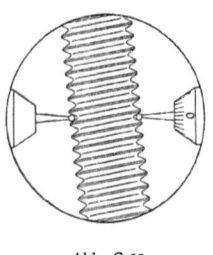
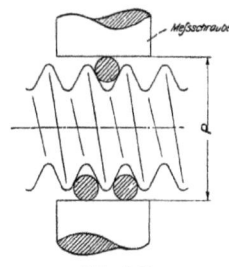

Abb. G 53.   Abb. G 54.

Schraublehre oder sonstigen Meßvorrichtungen wird die Genauigkeit der Prüfung sehr durch die Abplattung von Meßdraht und Gewindeflanke beeinflußt. Die Messungen werden wesentlich genauer und gleichmäßiger, wenn zur Ablesung Fühlhebel mit gleichbleibendem Meßdruck verwendet werden.

In der Tafel auf S. 236 sind die Prüfmaße P (Abstand der Maßflächen) aufgeführt, die sich bei ganz genau geschnittenen Gewinden ergeben müssen.

Das bisher am meisten in der Werkstatt verwendete Meßgerät zur Schraubenprüfung ist die **Flankenschraublehre**, die wegen ihres verhältnismäßig billigen Preises auch weiterhin ihre Stellung behaupten wird, zumal sie eine den maßtechnischen Erfordernissen Rechnung tragende Verbesserung erfahren hat, indem die anliegende Meßfläche verkleinert sind und durch Zuordnung der Einsätze zu bestimmten Steigungen erreicht ist, daß die Anlage der Meßfläche in der Mitte der Flanke erfolgt (siehe Abb. G 55).

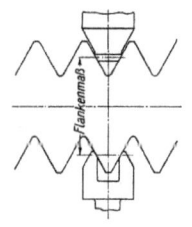

Abb. G 55.

Die bisher vorgeführten Lehren und Meßwerkzeuge haben das gemeinsam, daß sie nur die Messung des Flankendurchmessers oder die Feststellung ermöglichen, daß verschiedene Gewindegrößen, wie Steigung, Flankenwinkel und Flankenmaß in ihren gegenseitigen Beziehungen als Ganzes genommen, innerhalb der zulässigen Grenzen bleiben. Es ist aber zweifellos in vielen Fällen, insbesondere zur Lehrenprüfung, notwendig, Kenntnis zu erhalten, wie weit die einzelnen Gewindegrößen für sich genommen abweichen, um zu wissen, nach welcher Richtung hin eine Verbesserung in der Fabrikation einzutreten hat. Diese Meßgeräte bieten die höchste, auf optischem Wege erreichbare Genauigkeit. Es sind dies das **Werkstatt-Meßmikroskop**, der **Gewindemeßkomparator**, das **Universalmeßmikroskop**, Fabrikate der Firma Carl Zeiß, Jena.

Gewindemessen mit Drähten.

Drahtdurchmesser und Prüfmaße.

Whitworth-Gewinde			Metrisches (SI) Gewinde			Löwenherz-Gewinde			Whitworth-Rohrgewinde (DIN 259 u. 260)		
Gewindedurchmesser	Drahtdurchmesser	Prüfmaß	Gewindedurchmesser	Drahtdurchmesser	Prüfmaß	Gewindedurchmesser	Drahtdurchmesser	Prüfmaß	Lichte Weite	Drahtdurchmesser	Prüfmaß
Zoll	mm	mm	mm	mm	mm	mm	mm	mm	Zoll	mm	mm
1/16	0,24	1,670	1	0,18	1,162	1	0,18	1,146	1/8	0,6	10,176
3/32	0,3	2,483	1,2	0,18	1,362	1,2	0,18	1,346	1/4	0,79	13,519
1/8	0,37	3,330	1,4	0,24	1,666	1,4	0,18	1,459	3/8	0,79	17,024
5/32	0,48	4,219	1,7	0,24	1,891	1,7	0,24	1,865	1/2	1,19	21,818
3/16	0,6	4,969	2	0,24	2,115	2	0,24	2,078	5/8	1,19	23,775
7/32	0,6	5,763	2,3	0,24	2,414	2,3	0,24	2,378	3/4	1,19	27,305
1/4	0,79	6,821	2,6	0,3	2,819	2,6	0,3	2,784	7/8	1,19	31,065
5/16	0,79	8,182	3	0,3	3,143	3	0,3	3,097	1	1,43	34,080
3/8	0,98	10,089	3,5	0,48	4,032	3,5	0,48	4,005	1 1/8	1,43	38,728
7/16	1,19	11,978	4	0,48	4,380	4	0,48	4,330	1 1/4	1,43	42,742
1/2	1,19	13,082	4,5	0,48	4,805	4,5	0,48	4,743	1 3/8	1,43	45,155
9/16	1,19	14,630	5	0,6	5,589	5	0,48	5,155	1 1/2	1,43	48,635
5/8	1,43	16,708	5,5	0,6	5,937	5,5	0,6	5,868	1 3/4	1,43	54,578
11/16	1,43	18,294	6	0,6	6,286	6	0,6	6,193	2	1,43	60,446
3/4	1,43	19,513	7	0,6	7,286	7	0,6	7,018			
13/16	1,43	21,100	8	0,79	8,477	8	0,79	8,459			
7/8	1,78	23,345	9	0,79	9,477	9	0,79	9,283			
1	1,78	25,953	10	0,98	10,669	10	0,98	10,723			
1 1/8	2,38	30,304	11	0,98	11,669						
1 1/4	2,38	33,479	12	0,98	12,290						
1 3/8	2,38	35,686	14	1,43	15,261						
1 1/2	2,38	38,860	16	1,43	17,261						
1 5/8	3,17	43,183	18	1,43	18,503						
1 3/4	3,17	46,357	20	1,43	20,503						
1 7/8	3,17	48,629	22	1,43	22,503						
2	3,17	51,803									
			24	1,78	24,796						
			27	1,78	27,796						
			30	2,38	31,838						
			33	2,38	34,838						
			36	2,38	37,080						
			39	2,38	40,080						
			42	3,17	44,693						
			45	3,17	47,693						
			48	3,17	49,935						
			52	3,17	53,935						

Toleranzen für Metrische Gewinde nach DIN 2244 (siehe Abb. G 39).

Nenn-durch-messer d	Stei-gung	Außendurch-messer Schraube c			Kerndurch-messer Schraube Außendurch-messer Mutter e			Kern-dchm. Mutter h	Flankendurchmesser Schraube u. Mutter			
		fein	mittel	grob	fein	mittel	grob	f m g	fein	$^1/_{\mathrm{s}}{}^1)$	mittel	grob
mm	mm	µ	µ	µ	µ	µ	µ	µ	µ	µ	µ	µ
1, 1,2	0,25	50	75	126	67	101	168	126	34	6	50	84
1,4	0,3	55	82	138	73	110	183	138	37	6	55	92
1,7	0,35	59	89	149	79	119	199	149	40	7	59	99
2, 2,3	0,4	64	95	158	85	127	212	158	42	7	64	106
2,6	0,45	67	101	169	90	135	225	169	45	8	67	112
3	0,5	71	107	177	95	142	237	177	47	8	71	118
3,5	0,6	78	117	195	104	156	259	195	52	9	78	130
4	0,7	84	126	210	112	168	280	210	56	9	84	140
4,5	0,75	87	130	217	116	174	290	217	58	10	87	145
5	0,8	90	135	225	120	180	300	225	60	10	90	150
5,5	0,9	95	143	239	127	191	318	239	64	11	95	159
6, 7	1	101	151	251	134	201	335	251	67	11	101	168
8, 9	1,25	112	169	281	150	225	375	281	75	12	112	187
10, 11	1,5	123	184	307	164	246	410	307	82	14	123	205
12	1,75	133	199	332	177	266	443	332	88	15	133	222
14, 16	2	142	214	355	190	284	474	355	95	16	142	237
18, 20, 22	2,5	159	238	397	212	318	530	397	106	18	159	265
24, 27	3	174	261	435	232	348	580	435	116	19	174	290
30, 33	3,5	188	282	470	251	376	627	470	125	21	188	313
36, 39	4	201	302	502	270	402	670	502	134	22	201	335
42, 45	4,5	213	319	532	303	426	711	532	142	24	213	355
48, 52	5	225	337	561	338	449	749	561	150	25	225	375
56, 60	5,5	236	353	588	372	470	786	588	157	26	236	393
64 u. >	6	246	369	615	405	492	821	615	164	27	246	410

Nenn-durch-messer d	Stei-gung	Steigung			Halber Flankenwinkel			Spitzenspiel	
								nach DIN 13/14	Kleinst-maß a'
		fein	mittel	grob	fein	mittel	grob		f m g
mm	mm	±µ	±µ	±µ	±Min.	±Min.	±Min.	µ	µ
1, 1,2	0,25	13	19	32	103	151	254	12	3
1,4	0,3	14	21	35	93	139	232	13	3
1,7	0,35	15	23	38	87	128	214	16	4
2, 2,3	0,4	16	25	41	79	121	201	18	5
2,6	0,45	17	26	43	76	113	188	21	5
3	0,5	18	27	46	71	107	179	22	6
3,5	0,6	20	30	50	66	98	164	27	7
4	0,7	21	32	54	61	91	152	31	8
4,5	0,75	22	34	56	59	88	146	34	9
5	0,8	23	35	58	57	85	142	36	9
5,5	0,9	25	37	61	54	80	134	40	10
6, 7	1	26	39	65	51	77	127	45	11
8, 9	1,25	29	43	72	45	68	113	56	14
10, 11	1,5	31	47	79	41	62	103	68	17
12	1,75	34	51	86	38	58	96	78	20
14, 16	2	37	55	92	36	54	90	90	23
18, 20, 22	2,5	40	61	100	32	48	80	112	28
24, 27	3	44	67	110	29	44	73	135	34
30, 33	3,5	48	72	120	27	41	68	158	40
36, 39	4	51	78	128	25	38	64	180	45
42, 45	4,5	54	82	136	24	36	60	202	51
48, 52	5	57	87	143	23	34	57	225	56
56, 60	5,5	60	91	150	22	32	54	248	62
64 u. >	6	63	95	157	21	31	52	270	68

[1]) Vgl. Seite 228 Abs. 2 v. u.

Toleranzen für Whitworth-Gewinde

nach DIN 2244 (siehe Abb. G 40).

Nenn-durch-messer d	Gang-zahl auf 1 Zoll	Außendurchmesser Schraube c			Kerndurchmesser Schraube Außendurchmesser Mutter e			Kern-dchm. Mutter k	Flankendurchmesser Schraube u. Mutter			
		fein	mittel	grob	fein	mittel	grob	f m g	fein	$^1/_4$ [1])	mittel	grob
Zoll		μ	μ	μ	μ	μ	μ	μ	μ	μ	μ	μ
$^1/_4$	20	168	268	418	131	207	358	418	76	13	113	189
$^5/_{16}$	18	189	289	438	139	219	378	438	80	13	119	199
$^3/_8$	16	215	315	465	149	233	402	465	84	14	127	211
$^7/_{16}$	14	249	349	499	159	251	431	499	90	15	135	224
$^1/_2$	12	288	388	538	170	267	462	538	97	16	146	244
$^5/_8$	11	312	412	562	174	275	479	562	102	17	153	255
$^3/_4$	10	343	443	593	181	287	501	593	107	18	160	267
$^7/_8$	9	382	482	632	189	302	527	632	113	19	169	281
1	8	430	530	679	199	318	557	679	119	20	179	298
$1^1/_8$, $1^1/_4$	7	490	590	740	208	336	591	740	128	21	191	319
$1^3/_8$, $1^1/_2$	6	573	673	823	223	361	636	823	138	23	207	345
$1^5/_8$, $1^3/_4$	5	689	789	939	239	390	692	939	151	25	227	378
$1^7/_8$, 2	$4^1/_2$	766	866	1016	248	408	726	1016	159	27	239	398
$2^1/_4$, $2^1/_2$	4	860	960	1110	258	427	764	1110	169	28	253	422
$2^3/_4$, 3	$3^1/_2$	984	1084	1234	271	451	812	1234	180	30	271	451
$3^1/_4$, $3^1/_2$	$3^1/_4$	1059	1159	1310	278	465	840	1310	187	31	281	468
$3^3/_4$, 4	3	1151	1251	1401	287	482	872	1401	195	32	292	487
$4^1/_4$, $4^1/_2$	$2^7/_8$	1198	1298	1448	288	487	886	1448	199	33	299	498
$4^3/_4$, 5	$2^3/_4$	1255	1355	1504	294	493	905	1504	204	34	305	509
$5^1/_4$, $5^1/_2$	$2^5/_8$	1312	1412	1562	297	505	922	1562	208	35	313	521
$5^3/_4$, 6	$2^1/_2$	1377	1477	1627	300	514	941	1627	214	36	320	534

Nenn-durch-messer d	Stei-gung	Steigung			Halber Flankenwinkel			Spitzen-spiel Kleinst-maß a'
		fein	mittel	grob	fein	mittel	grob	f m g
Zoll	mm	±μ	±μ	±μ	±Min.	±Min.	±Min.	μ
$^1/_4$	1,270	26	39	66	56	85	142	20
$^5/_{16}$	1,411	28	41	69	54	90	134	20
$^3/_8$	1,588	29	44	73	50	76	126	20
$^7/_{16}$	1,814	31	47	78	47	71	117	20
$^1/_2$	2,117	34	51	85	44	66	109	25
$^5/_8$	2,309	35	53	89	42	63	105	30
$^3/_4$	2,540	37	56	93	40	60	100	33
$^7/_8$	2,822	39	59	97	38	57	95	36
1	3,175	41	62	103	36	54	89	40
$1^1/_8$, $1^1/_4$	3,629	44	66	110	34	50	84	47
$1^3/_8$, $1^1/_2$	4,233	48	72	119	31	47	78	53
$1^5/_8$, $1^3/_4$	5,080	52	79	131	28	43	71	63
$1^7/_8$, 2	5,645	55	83	138	27	40	67	70
$2^1/_4$, $2^1/_2$	6,350	59	88	146	25	38	63	80
$2^3/_4$, 3	7,257	62	94	156	24	36	59	90
$3^1/_4$, $3^1/_2$	7,816	65	97	162	23	34	57	97
$3^3/_4$, 4	8,467	68	101	169	22	33	55	103
$4^1/_4$, $4^1/_2$	8,835	69	104	173	21	32	53	110
$4^3/_4$, 5	9,237	71	106	177	21	31	52	113
$5^1/_4$, $5^1/_2$	9,677	72	108	181	20	31	51	120
$5^3/_4$, 6	10,160	74	111	185	20	30	50	127

[1]) Vgl. Seite 228 Abs. 2 v. u.

Grenzmaße für Metrische Gewinde DIN 13 und 14 nach Fein- (f), Mittel- (m) und Grob- (g) toleranz.

(DIN 2245 bis DIN 2247 gekürzt.)

Schraube.

Nenndurchmesser d	Außendurchmesser			Kerndurchmesser				Flankendurchmesser				
	Größtmaß	Kleinstmaß		Größtmaß	Kleinstmaß			Größtmaß		Kleinstmaß		
	f m g mm	f mm	m mm	g mm	f m g mm	f mm	m mm	g mm	f mm	m g mm	f mm	m mm	g mm
1	1	0,950	0,925	0,874	0,670	0,603	0,569	0,502	0,844	0,838	0,810	0,788	0,754
1,2	1,2	1,150	1,125	1,074	0,870	0,803	0,769	0,702	1,044	1,038	1,010	0,988	0,954
1,4	1,4	1,345	1,318	1,262	1,003	0,930	0,893	0,820	1,211	1,205	1,174	1,150	1,113
1,7	1,7	1,641	1,611	1,551	1,238	1,159	1,119	1,039	1,480	1,473	1,440	1,414	1,374
2	2	1,936	1,905	1,842	1,471	1,386	1,344	1,259	1,747	1,740	1,705	1,676	1,634
2,3	2,3	2,236	2,205	2,142	1,771	1,686	1,644	1,559	2,047	2,040	2,005	1,976	1,934
2,6	2,6	2,533	2,499	2,431	2,006	1,916	1,871	1,781	2,316	2,308	2,271	2,241	2,196
3	3	2,929	2,893	2,823	2,338	2,243	2,196	2,101	2,683	2,675	2,636	2,604	2,557
3,5	3,5	3,422	3,383	3,305	2,706	2,602	2,550	2,447	3,119	3,110	3,067	3,032	2,980
4	4	3,916	3,874	3,790	3,074	2,962	2,906	2,794	3,554	3,545	3,498	3,461	3,405
4,5	4,5	4,413	4,370	4,283	3,509	3,394	3,335	3,219	4,023	4,013	3,965	3,926	3,868
5	5	4,910	4,865	4,775	3,942	3,822	3,762	3,642	4,490	4,480	4,430	4,390	4,330
5,5	5,5	5,405	5,357	5,261	4,309	4,182	4,118	3,991	4,926	4,915	4,862	4,820	4,756
6	6	5,899	5,849	5,749	4,677	4,543	4,476	4,342	5,361	5,350	5,294	5,249	5,182
7	7	6,899	6,849	6,749	5,677	5,543	5,476	5,342	6,361	6,350	6,294	6,249	6,182
8	8	7,888	7,831	7,719	6,348	6,198	6,123	5,973	7,200	7,188	7,125	7,076	7,001
9	9	8,888	8,831	8,719	7,348	7,198	7,123	6,973	8,200	8,188	8,125	8,076	8,001
10	10	9,877	9,816	9,693	8,018	7,854	7,772	7,608	9,040	9,026	8,958	8,903	8,821
11	11	10,877	10,816	10,693	9,018	8,854	8,772	8,608	10,040	10,026	9,958	9,903	9,821
12	12	11,867	11,801	11,668	9,687	9,510	9,421	9,244	10,878	10,863	10,790	10,730	10,641
14	14	13,858	13,786	13,645	11,357	11,167	11,073	10,883	12,717	12,701	12,622	12,559	12,464
16	16	15,858	15,786	15,645	13,357	13,167	13,073	12,883	14,717	14,701	14,622	14,559	14,464
18	18	17,841	17,762	17,603	14,696	14,484	14,378	14,166	16,394	16,376	16,288	16,217	16,111
20	20	19,841	19,762	19,603	16,696	16,484	16,378	16,166	18,394	18,376	18,288	18,217	18,111
22	22	21,841	21,762	21,603	18,696	18,484	18,378	18,166	20,394	20,376	20,288	20,217	20,111
24	24	23,826	23,739	23,565	20,034	19,802	19,686	19,454	22,070	22,051	21,954	21,877	21,761
27	27	26,826	26,739	26,565	23,034	22,802	22,686	22,454	25,070	25,051	24,954	24,877	24,761
30	30	29,812	29,718	29,530	25,375	25,124	24,999	24,748	27,748	27,727	27,623	27,539	27,414
33	33	32,812	32,718	32,530	28,375	28,124	27,999	27,748	30,748	30,727	30,623	30,539	30,414
36	36	35,799	35,698	35,498	30,714	30,444	30,312	30,044	33,424	33,402	33,290	33,201	33,067
39	39	38,799	38,698	38,498	33,714	33,444	33,312	33,044	36,424	36,402	36,290	36,201	36,067
42	42	41,787	41,681	41,468	36,053	35,750	35,627	35,342	39,101	39,077	38,959	38,864	38,722
45	45	44,787	44,681	44,468	39,053	38,750	38,627	38,342	41,101	42,077	41,959	41,864	41,722
48	48	47,775	47,663	47,439	41,392	41,054	40,943	40,643	44,777	44,752	44,627	44,527	44,377
52	52	51,775	51,663	51,439	45,392	45,054	44,943	44,643	48,777	48,752	48,627	48,527	48,377

Grenzmaße für Metrische Gewinde DIN 13 und 14 nach Fein- (f), Mittel- (m) und Grob- (g) toleranz.

(DIN 2245 bis DIN 2247 gekürzt.)

Mutter.

Nenndurchmesser d	Außendurchmesser				Kerndurchmesser		Flankendurchmesser			
	Kleinstmaß	Größtmaß			Kleinstmaß	Größtmaß	Kleinstmaß	Größtmaß		
	f m g	f	m	g	f m g	f m g	f m g	f	m	g
	mm	mm	mm	mm	mm	mm	mm	mm	mm	mm
1	1,006	1,073	1,107	1,174	0,676	0,802	0,838	0,872	0,888	0,922
1,2	1,206	1,273	1,307	1,374	0,876	1,002	1,038	1,072	1,088	1,122
1,4	1,407	1,480	1,507	1,590	1,010	1,148	1,205	1,242	1,260	1,297
1,7	1,708	1,787	1,827	1,907	1,246	1,395	1,473	1,513	1,532	1,572
2	2,009	2,094	2,136	2,221	1,480	1,638	1,740	1,782	1,804	1,846
2,3	2,309	2,394	2,436	2,521	1,780	1,938	2,040	2,082	2,104	2,146
2,6	2,610	2,700	2,745	2,835	2,016	2,185	2,308	2,353	2,375	2,420
3	3,012	3,107	3,154	3,249	2,350	2,527	2,675	2,722	2,746	2,793
3,5	3,514	3,618	3,670	3,773	2,720	2,915	3,110	3,162	3,188	3,240
4	4,016	4,128	4,184	4,296	3,090	3,300	3,545	3,601	3,629	3,685
4,5	4,517	4,633	4,691	4,807	3,526	3,743	4,013	4,071	4,100	4,158
5	5,018	5,138	5,198	5,318	3,960	4,185	4,480	4,540	4,570	4,630
5,5	5,521	5,648	5,712	5,839	4,330	4,569	4,915	4,979	5,010	5,074
6	6,023	6,157	6,224	6,358	4,700	4,951	5,350	5,417	5,451	5,518
7	7,023	7,157	7,224	7,358	5,700	5,951	6,350	6,451	6,451	6,518
8	8,028	8,178	8,253	8,403	6,376	6,657	7,188	7,263	7,300	7,375
9	9,028	9,178	9,253	9,403	7,376	7,657	8,188	8,263	8,300	8,375
10	10,034	10,198	10,280	10,444	8,052	8,359	9,026	9,108	9,149	9,231
11	11,034	11,198	11,280	11,444	9,052	9,359	10,026	10,108	10,149	10,231
12	12,039	12,216	12,305	12,482	9,726	10,058	10,863	10,951	10,996	11,085
14	14,045	14,235	14,329	14,519	11,402	11,757	12,701	11,796	12,843	12,938
16	16,045	16,235	16,329	16,519	13,402	13,757	14,701	14,796	14,843	14,938
18	18,056	18,268	18,374	18,586	14,752	15,149	16,376	16,482	16,535	16,641
20	20,056	20,268	20,374	20,586	16,752	18,149	18,376	18,482	18,535	18,641
22	22,056	22,268	22,374	22,586	18,752	19,149	20,376	20,482	20,535	20,641
24	24,068	24,300	24,416	24,648	20,102	20,537	22,051	22,167	22,225	22,341
27	27,068	27,300	27,416	27,648	23,102	23,537	25,051	25,167	25,225	25,341
30	30,079	30,330	30,455	30,706	25,454	25,924	27,727	27,852	27,915	28,040
33	33,079	33,330	33,455	33,706	28,454	28,924	30,727	30,852	30,915	31,040
36	36,090	36,360	36,492	36,760	30,804	31,306	33,402	33,536	33,603	33,737
39	39,090	39,360	39,492	39,760	33,804	34,306	36,402	36,536	36,603	36,737
42	42,101	42,404	42,527	42,812	36,154	36,686	39,077	39,219	39,290	39,432
45	45,101	45,404	45 527	45 812	39,154	39,686	42,077	42,219	42,290	42,432
48	48,112	48,450	48,561	48,861	41,504	42,065	44,752	44,902	44,977	45,127
52	52,112	52,450	52,561	52,861	45,504	46,065	48,752	48,902	48,977	49,127

Grenzmaße für Whitworth-Gewinde DIN 11 und 12 mit Fein- (f) Mittel- (m) und Grobtoleranz (g).

(DIN 2248 bis DIN 2250 gekürzt.)

Schraube.

Messer d Zoll	Außendurchmesser					Kerndurchmesser				Flankendurchmesser				
	Größtmaß f m g		Kleinstmaß			Größtmaß f m g	Kleinstmaß			Größtmaß		Kleinstmaß		
	DIN 11 mm	DIN 12 mm	f mm	m mm	g mm	mm	f mm	m mm	g mm	f mm	m g mm	f mm	m mm	g mm
1/4	6,330	6,256	6,162	6,062	5,912	4,704	4,573	4,497	4,346	5,550	5,537	5,474	5,424	5,348
5/16	7,918	7,834	7,729	7,629	7,480	6,111	5,972	5,892	5,733	7,047	7,034	6,967	6,915	6,835
3/8	9,505	9,408	9,290	9,190	9,040	7,472	7,323	7,239	7,070	8,523	8,509	8,439	8,382	8,298
7/16	11,093	10,979	10,844	10,744	10,594	8,769	8,610	8,518	8,338	9,966	9,951	9,876	9,816	9,727
1/2	12,675	12,544	12,387	12,287	12,137	9,965	9,795	9,698	9,503	11,361	11,345	11,264	11,199	11,101
5/8	15,846	15,705	15,534	15,434	15,284	12,888	12,714	12,613	12,409	14,414	14,397	14,312	14,244	14,142
3/4	19,018	18,863	18,675	18,575	18,425	15,765	15,584	15,478	15,264	17,442	17,424	17,335	17,264	17,157
7/8	22,190	22,017	21,808	21,708	21,558	18,575	18,386	18,273	18,048	20,438	20,419	20,325	20,250	20,138
1	25,366	25,166	24,931	24,831	24,681	21,295	21,096	20,977	20,738	23,388	23,368	23,269	23,189	23,070
1 1/8	28,529	28,308	28,039	27,939	27,789	23,882	23,674	23,546	23,291	26,274	26,253	26,146	26,062	25,934
1 1/4	31,704	31,483	31,214	31,114	30,964	27,057	26,849	26,721	26,466	29,449	29,428	29,321	29,237	29,109
1 3/8	34,874	34,613	34,300	34,200	34,050	29,452	29,229	29,091	28,816	32,238	32,215	32,100	32,008	31,870
1 1/2	38,048	37,788	37,475	37,375	37,225	32,627	32,404	32,266	31,991	35,414	35,391	35,276	35,184	35,046
1 5/8	41,214	40,901	40,525	40,425	40,275	34,708	34,469	34,318	34,016	38,024	37,998	37,870	37,768	37,616
1 3/4	44,389	44,076	43,700	43,600	43,450	37,883	37,644	37,493	37,191	41,224	41,199	41,073	40,972	40,821
1 7/8	47,557	47,209	46,791	46,691	46,541	40,328	40,080	39,920	39,602	44,039	44,012	43,880	43,773	43,614
2	50,732	50,384	49,966	49,866	49,716	43,503	43,255	43,095	42,777	47,214	47,187	47,055	46,948	46,789

Mutter.

Messer d Zoll	Außendurchmesser				Kerndurchmesser			Flankendurchmesser				
	Kleinstmaß f m g	Größtmaß			Kleinstmaß f m g		Größtmaß f m g	Kleinstmaß f m g	Größtmaß			
	mm	f mm	m mm	g mm	DIN 11 mm	DIN 12 mm	mm	mm	f mm	m mm	g mm
1/4	6,370	6,501	6,577	6,728	4,744	4,818	5,162	5,537	5,613	5,650	5,726
5/16	7,958	8,097	8,177	8,336	6,151	6,234	6,589	7,034	7,114	7,153	7,233
3/8	9,545	9,694	9,778	9,947	7,512	7,609	7,977	8,509	8,593	8,636	8,720
7/16	11,133	11,292	11,384	11,564	8,809	8,923	9,308	9,951	10,041	10,086	10,175
1/2	12,725	12,895	12,992	13,187	10,015	10,146	10,553	11,345	11,442	11,491	11,589
5/8	15,906	16,080	16,181	16,385	12,948	13,089	13,510	14,397	14,499	14,550	14,652
3/4	19,084	19,265	19,371	19,585	15,831	15,986	16,424	17,424	17,531	17,584	17,691
7/8	22,262	22,451	22,564	22,789	18,647	18,820	19,279	20,419	20,532	20,588	20,700
1	25,441	25,640	25,759	25,998	21,375	21,570	22,054	23,368	23,487	23,547	23,666
1 1/8	28,623	28,831	28,959	29,214	23,976	24,197	24,716	26,253	26,381	26,444	26,572
1 1/4	31,798	32,006	32,134	32,389	27,151	27,372	27,891	29,428	29,556	29,619	29,747
1 3/8	34,979	35,202	35,340	35,615	29,558	29,818	30,381	32,215	32,353	32,422	32,560
1 1/2	38,154	38,377	38,515	38,790	32,733	32,993	33,556	35,391	35,529	35,598	35,736
1 5/8	41,340	41,579	41,730	42,032	34,834	35,146	35,773	38,024	38,175	38,251	38,402
1 3/4	44,515	44,754	44,905	45,207	38,009	38,322	38,948	41,199	41,350	41,426	41,577
1 7/8	47,697	47,945	48,105	48,423	40,468	40,815	41,484	44,012	44,171	44,251	44,410
2	50,872	51,120	51,280	51,598	43,643	43,990	44,659	47,187	47,346	47,426	47,585

Herstellungsgenauigkeit und Abnutzung der Grenzgewindelehren für Toleranz fein, mittel, grob.

Metrisches Gewinde.

Nenn-durch-messer d	Steigung	Gutseite								Steigung	Halber Flank.-winkel $1/2 \alpha$ ± Min.	Ausschub-seite
		Außendurchmesser Dorn Kerndurchmesser Ring				Flankendurchmesser Dorn und Ring				±		±
		Größt. Abmaß	Kleinst. Abmaß		Her-stllgs.-tolerz.	Größt. Abmaß	Kleinst. Abmaß		Her-stllgs.-tolerz.			
			neu	abgen.			neu	abgen.				
mm	mm	μ	μ	μ	μ	μ	μ	μ	μ	μ		μ
3	0,5	24	12	0	12	17	9	4	8	4	22	4
3,5	0,6	24	12	0	12	17	9	4	8	4	20	4
4	0,7	24	12	0	12	17	9	4	8	4	18	4
4,5	0,75	24	12	0	12	17	9	4	8	4	17	4
5	0,8	24	12	0	12	17	9	4	8	4	16	4
5,5	0,9	24	12	0	12	17	9	4	8	4	15	4
6, 7	1	25	13	0	12	18	10	5	8	4	14	4
8, 9	1,25	26	13	0	13	18	10	5	8	4	13	4
10, 11	1,5	28	15	0	13	20	11	5	9	4	12	4,5
12	1,75	28	15	0	13	20	11	5	9	4	11	4,5
14, 16	2	31	17	0	14	22	13	6	9	5	10	4,5
18, 20, 22	2,5	33	19	0	14	23	14	7	9	5	9	4,5
24, 27	3	34	20	0	14	24	15	7	9	5	9	4,5
30, 33	3,5	36	21	0	15	26	16	8	10	5	8	5
36, 39	4	37	22	0	15	27	17	8	10	5	8	5
42, 45	4,5	40	24	0	16	28	18	9	10	5	8	5
48, 52	5	42	26	0	16	30	19	10	11	6	8	5,5
56, 60	5,5	46	28	0	18	33	21	10	12	6	7	6
64—72	6	48	30	0	18	34	22	10	12	6	7	6
76—109	6	50	30	0	20	36	22	10	14	7	7	7
114—149	6	55	30	0	25	38	22	10	16	8	7	8

Whitworth-Gewinde.

Nenn-durch-messer d	Gangzahl	Steigung	Gutseite								Steigung	Halber Flank.-winkel $1/2 \alpha$ ± Min.	Ausschub-seite
			Außendurchmesser Dorn Kerndurchmesser Ring				Flankendurchmesser Dorn und Ring				±		±
			Größt. Abmaß	Kleinst. Abmaß		Her-stllgs.-tolerz.	Größt. Abmaß	Kleinst. Abmaß		Her-stllgs.-tolerz.			
				neu	abgen.			neu	abgen.				
Zoll		mm	μ	μ	μ	μ	μ	μ	μ	μ	μ		μ
1/4	20	1,270	27	15	7	12	18	10	5	8	4	14	4
5/16	18	1,411	28	16	8	12	19	11	5	8	4	14	4
3/8	16	1,588	28	16	8	12	19	11	5	8	4	13	4
7/16	14	1,814	30	18	9	12	21	12	6	9	4	12	4,5
1/2	12	2,117	31	18	9	13	21	12	6	9	4	11	4,5
5/8	11	2,309	33	20	10	13	22	13	6	9	5	11	4,5
3/4	10	2,540	34	21	10	13	23	14	7	9	5	10	4,5
7/8	9	2,822	36	22	10	14	24	15	7	9	5	10	4,5
1	8	3,175	37	23	11	14	24	15	7	9	5	9	4,5
1 1/8, 1 1/4	7	3,629	39	24	11	15	26	16	8	10	5	9	5
1 3/8, 1 1/2	6	4,233	39	24	11	15	27	17	8	10	5	9	5
1 5/8, 1 3/4	5	5,080	40	25	12	15	28	18	9	10	5	8	5
1 7/8, 2	4 1/2	5,645	43	27	13	16	31	20	10	11	6	8	5,5
2 1/4, 2 1/2	4	6,350	47	30	15	17	33	22	10	11	6	8	6
2 3/4, 3	3 1/2	7,257	50	32	16	18	36	24	11	12	6	8	6
3 1/4, 3 1/2	3 1/2	7,816	53	34	17	19	38	25	12	13	7	8	6,5
3 3/4, 4	3	8,467	55	35	17	20	40	26	13	14	7	7	7
4 1/4, 4 1/2	2 7/8	8,835	57	36	18	21	41	27	13	14	7	7	7
4 3/4, 5	2 3/4	9,237	60	37	19	23	43	28	14	15	8	7	7,5
5 1/4, 5 1/2	2 5/8	9,677	62	38	20	24	45	29	15	16	8	7	8
5 3/4, 6	2 1/2	10,160	64	40	20	24	46	30	15	16	8	7	8

Gut-Gewindelehrdorn für Metrisches Gewinde.

Grenzmaße fein, mittel, grob.

Für Metrisches Gewinde	Flankendurchmesser			Außendurchmesser			Kerndurch- messer Größtmaß mm
	Größt- maß mm	Kleinstmaß		Größt- maß mm	Kleinstmaß		
		neu mm	abgenutzt mm		neu mm	abgenutzt mm	
M 3	2,692	2,684	2,679	3,036	3,024	3,012	2,306
M 3,5	3,127	3,119	3,114	3,538	3,526	3,514	2,666
M 4	3,562	3,554	3,549	4,040	4,028	4,016	3,028
M 4,5	4,030	4,022	4,017	4,541	4,529	4,517	3,458
M 5	4,497	4,489	4,484	5,042	5,030	5,018	3,888
M 5,5	4,932	4,924	4,919	5,545	5,533	5,521	4,250
M 6	5,368	5,360	5,355	6,048	6,036	6,023	4,610
M 7	6,368	6,360	6,355	7,048	7,036	7,023	5,610
M 8	7,206	7,198	7,193	8,054	8,041	8,028	6,264
M 9	8,206	8,198	8,193	9,054	9,041	9,028	7,264
M 10	9,046	9,037	9,031	10,062	10,049	10,034	7,916
M 11	10,046	10,037	10,031	11,062	11,049	11,034	8,916
M 12	10,883	10,874	10,868	12,067	12,054	12,039	9,570
M 14	12,723	12,714	12,707	14,076	14,062	14,045	11,222
M 16	14,723	14,714	14,707	16,076	16,062	16,045	13,222
M 18	16,399	16,390	16,383	18,089	18,075	18,056	14,528
M 20	18,399	18,390	18,383	20,089	20,075	20,056	16,528
M 22	20,399	20,390	20,383	22,089	22,075	22,056	18,528
M 24	22,075	22,066	22,058	24,102	24,088	24,068	19,832
M 27	25,075	25,066	25,058	27,102	27,088	27,068	22,832
M 30	27,753	27,743	27,735	30,115	30,100	30,079	25,138
M 33	30,753	30,743	30,735	33,115	33,100	33,079	28,138
M 36	33,429	33,419	33,410	36,127	36,112	36,090	30,444
M 39	36,429	36,419	36,410	39,127	39,112	39,090	33,444
M 42	39,105	39,095	39,086	42,141	42,125	42,101	35,750
M 45	42,105	42,095	42,086	45,141	45,125	45,101	38,750
M 48	44,782	44,771	44,762	48,154	48,138	48,112	41,054
M 52	48,782	48,771	48,762	52,154	52,138	52,112	45,054

Gut-Gewindelehrring für Metrisches Gewinde.

Grenzmaße fein, mittel, grob.

Für Metrisches Gewinde	Flankendurchmesser						Außendurchmesser f m g Kleinstmaß mm	Kerndurchmesser		
	fein			mittel und grob				fein, mittel und grob		
	Kleinstmaß mm	Größtmaß		Kleinstmaß mm	Größtmaß			Kleinstmaß mm	Größtmaß	
		neu mm	abgen. mm		neu mm	abgen. mm			neu mm	abgen. mm
M 3	2,666	2,674	2,679	2,658	2,666	2,671	3,044	2,314	2,326	2,338
M 3,5	3,102	3,110	3,115	3,093	3,101	3,106	3,554	2,682	2,694	2,706
M 4	3,537	3,545	3,550	3,528	3,536	3,541	4,062	3,050	3,062	3,074
M 4 5	4 006	4,014	4,019	3,996	4,004	4,009	4,568	3,485	3,497	3,509
M 5	4,473	4,481	4,486	4,463	4,471	4,476	5,072	3,918	3,930	3,942
M 5,5	4,909	4,917	4,922	4,898	4,906	4,911	5,580	4,285	4,297	4,309
M 6	5,343	5,351	5,356	5,332	5,340	5,345	6,090	4,652	4,664	4,677
M 7	6,343	6,351	6,356	6,332	6,340	6,345	7,090	5,652	5,664	5,677
M 8	7,182	7,190	7,195	7,170	7,178	7,183	8,112	6,322	6,335	6,348
M 9	8,182	8,190	8,195	8,170	8,178	8,183	9,112	7,322	7,335	7,348
M 10	9,020	9,029	9,035	9,006	9,015	9,021	10,136	7,990	8,003	8,018
M 11	10,020	10,029	10,035	10,006	10,015	10,021	11,136	8,990	9,003	9,018
M 12	10,858	10,867	10,873	10,843	10,852	10,858	12,156	9,659	9,672	9,687
M 14	12,695	12,704	12,711	12,679	12,688	12,695	14,180	11,326	11,340	11,357
M 16	14,695	14,704	14,711	14,679	14,688	14,695	16,180	13,326	13,340	13,357
M 18	16,371	16,380	16,387	16,353	16,362	16,369	18,224	14,663	14,677	14,696
M 20	18,371	18,380	18,387	18,353	18,362	18,369	20,224	16,663	16,677	16,696
M 22	20,371	20,380	20,387	20,353	20,362	20,369	22,224	18,663	18,677	18,696
M 24	22,046	22,055	22,063	22,027	22,036	22,044	24,270	20,000	20,014	20,034
M 27	25,046	25,055	25,063	25,027	25,036	25,044	27,270	23,000	23,014	23,034
M 30	27,722	27,732	27,740	27,701	27,711	27,719	30,316	25,339	25,354	25,375
M 33	30,722	30,732	30,740	30,701	30,711	30,719	33,316	28,339	28,354	28,375
M 36	33,397	33,407	33,416	33,375	33,385	33,394	36,360	30,677	30,692	30,714
M 39	36,397	36,407	36,416	36,375	36,385	36,394	39,360	33,677	33,692	33,714
M 42	39,073	39,083	39,092	39,049	39,059	39,068	42,404	36,013	36,029	36,053
M 45	42,073	42,083	42,092	42,049	42,059	42,068	45,404	39,013	39,029	39,053
M 48	44,747	44,758	44,767	44,722	44,733	44,742	48,450	41,350	41,366	41,392
M 52	48,747	48,758	48,767	48,722	48,733	48,742	52,450	45,350	45,366	45,392

Ausschuß-Gewindelehrdorn für Metrisches Gewinde.

Grenzmaße fein, mittel, grob.

Für Metrisches Gewinde	Flankendurchmesser			Herstellungs-genauigkeit
	fein mm	mittel mm	grob mm	±mm
M 3	2,722	2,746	2,793	0,004
M 3,5	3,162	3,188	3,240	0,004
M 4	3,601	3,629	3,685	0,004
M 4,5	4,071	4,100	4,158	0,004
M 5	4,540	4,570	4,630	0,004
M 5,5	4,979	5,010	5,074	0,004
M 6	5,417	5,451	5,518	0,004
M 7	6,417	6,451	6,518	0,004
M 8	7,263	7,300	7,375	0,004
M 9	8,263	8,300	8,375	0,004
M 10	9,108	9,149	9,231	0,0045
M 11	10,108	10,149	10,231	0,0045
M 12	10,951	10,996	11,085	0,0045
M 14	12,796	12,843	12,938	0,0045
M 16	14,796	14,843	14,938	0,0045
M 18	16,482	16,535	16,641	0,0045
M 20	18,482	18,535	18,641	0,0045
M 22	20,482	20,535	20,641	0,0045
M 24	22,167	22,225	22,341	0,0045
M 27	25,167	25,225	25,341	0,0045
M 30	27,852	27,915	28,040	0,005
M 33	30,852	30,915	31,040	0,005
M 36	33,536	33,603	33,737	0,005
M 39	36,536	36,603	36,737	0,005
M 42	39,219	39,290	39,432	0,005
M 45	42,219	42,290	42,432	0,005
M 48	44,902	44,977	45,127	0,0055
M 52	48,902	48,977	49,127	0,0055

Ausschuß-Einstellgewindelehre für Metrisches Gewinde.

Grenzmaße fein, mittel, grob.

Für Metrisches Gewinde	Flankendurchmesser			Herstellungs-genauigkeit
	fein mm	mittel mm	grob mm	±mm
M 3	2,636	2,604	2,557	0,004
M 3,5	3,067	3,032	2,980	0,004
M 4	3,498	3,461	3,405	0,004
M 4,5	3,965	3,926	3,868	0,004
M 5	4,430	4,390	4,330	0,004
M 5,5	4,862	4,820	4,756	0,004
M 6	5,294	5,249	5,182	0,004
M 7	6,294	6,249	6,182	0,004
M 8	7,125	7,076	7,001	0,004
M 9	8,125	8,076	8,001	0,004
M 10	8,958	8,903	8,821	0,0045
M 11	9,958	9,903	9,821	0,0045
M 12	10,790	10,730	10,641	0,0045
M 14	12,622	12,559	12,464	0,0045
M 16	14,622	14,559	14,464	0,0045
M 18	16,288	16,217	16,111	0,0045
M 20	18,288	18,217	18,111	0,0045
M 22	20,288	20,217	20,111	0,0045
M 24	21,954	21,877	21,761	0,0045
M 27	24,954	24,877	24,761	0,0045
M 30	27,623	27,539	27,414	0,005
M 33	30,623	30,539	30,414	0,005
M 36	33,290	33,201	33,067	0,005
M 39	36,290	36,201	36,067	0,005
M 42	38,959	38,864	38,722	0,005
M 45	41,959	41,864	41,722	0,005
M 48	44,627	44,527	44,377	0,0055
M 52	48,627	48,527	48,377	0,0055

Prüfdorn für den Gut-Gewindelehrring für Metrisches Gewinde.

Grenzmaße fein, mittel, grob.

Für Metrisches Gewinde	Flankendurchmesser				Außendurchmesser f m g Größtmaß mm	Kerndurchmesser f m g Größtmaß mm
	fein		mittel und grob			
	Größtmaß mm	Kleinstmaß mm	Größtmaß mm	Kleinstmaß mm		
M 3	2,666	2,658	2,658	2,650	3,044	2,306
M 3,5	3,102	3,094	3,093	3,085	3,554	2,666
M 4	3,537	3,529	3,528	3,520	4,062	3,028
M 4,5	4,006	3,998	3,996	3,988	4,568	3,458
M 5	4,473	4,465	4,463	4,455	5,072	3,888
M 5,5	4,909	4,901	4,898	4,890	5,580	4,250
M 6	5,343	5,335	5,332	5,324	6,090	4,610
M 7	6,343	6,335	6,332	6,324	7,090	5,610
M 8	7,182	7,174	7,170	7,162	8,112	6,264
M 9	8,182	8,174	8,170	8,162	9,112	7,264
M10	9,020	9,011	9,006	8,997	10,136	7,916
M11	10,020	10,011	10,006	10,997	11,136	8,916
M12	10,858	10,849	10,843	10,834	12,156	9,570
M14	12,695	12,686	12,679	12,670	14,180	11,222
M16	14,695	14,686	14,679	14,670	16,180	13,222
M18	16,371	16,362	16,353	16,344	18,224	14,528
M20	18,371	18,362	18,353	18,344	20,224	16,528
M22	20,371	20,362	20,353	20,344	22,224	18,528
M24	22,046	22,037	22,027	22,018	24,270	19,832
M27	25,046	25,037	25,027	25,018	27,270	22,832
M30	27,722	27,712	27,701	27,691	30,316	25,138
M33	30,722	30,712	30,701	30,691	33,316	28,138
M36	33,397	33,387	33,375	33,365	36,360	30,444
M39	36,397	36,387	36,375	36,365	39,360	33,444
M42	39,073	39,063	39,049	39,039	42,404	35,750
M45	42,073	42,063	42,049	42,039	45,404	38,750
M48	44,747	44,736	44,722	44,711	48,450	41,054
M52	48,747	48,736	48,722	48,711	52,450	45,054

Abnutzungsprüfdorn für den Gut-Gewindelehrring für Metrisches Gewinde.

Grenzmaße fein, mittel, grob.

Für Metrisches Gewinde	Flankendurchmesser		Herstellungsgenauigkeit ±mm
	fein mm	mittel u. grob mm	
M 3	2,679	2,671	0,004
M 3,5	3,115	3,106	0,004
M 4	3,550	3,541	0,004
M 4,5	4,019	4,009	0,004
M 5	4,486	4,476	0,004
M 5,5	4,922	4,911	0,004
M 6	5,356	5,345	0,004
M 7	6,356	6,345	0,004
M 8	7,195	7,183	0,004
M 9	8,195	8,183	0,004
M10	9,035	9,021	0,0045
M11	10,035	10,021	0,0045
M12	10,873	10,858	0,0045
M14	12,711	12,695	0,0045
M16	14,711	14,695	0,0045
M18	16,387	16,369	0,0045
M20	18,387	18,369	0,0045
M22	20,387	20,369	0,0045
M24	22,063	22,044	0,0045
M27	25,063	25,044	0,0045
M30	27,740	27,719	0,005
M33	30,740	30,719	0,005
M36	33,416	33,394	0,005
M39	36,416	36,394	0,005
M42	39,092	39,068	0,005
M45	42,092	42,068	0,005
M48	44,767	44,742	0,0055
M52	48,767	48,742	0,0055

Gewinde-Grenzmaße der Toleranz-Gewindelehren für Whitworth-Gewinde.

Gut-Gewindelehrdorn, fein - mittel - grob.

Für Whitworth-Gewinde	Flankendurchmesser			Außendurchmesser			Kern-durchmesser Größtmaß
	Größtmaß	Kleinstmaß		Größtmaß	Kleinstmaß		
		neu	abgenutzt		neu	abgenutzt	
Zoll	mm	mm	mm	mm	mm	mm	mm
$1/4$	5,555	5,547	5,542	6,377	6,365	6,357	4,724
$5/16$	7,053	7,045	7,039	7,966	7,954	7,946	6,131
$3/8$	8,528	8,520	8,514	9,553	9,541	9,533	7,492
$7/16$	9,972	9,963	9,957	11,143	11,131	11,122	8,789
$1/2$	11,366	11,357	11,351	12,731	12,718	12,709	9,990
$5/8$	14,419	14,410	14,403	15,909	15,896	15,886	12,918
$3/4$	17,447	17,438	17,431	19,085	19,072	19,061	15,798
$7/8$	20,443	20,434	20,426	22,262	22,248	22,236	18,611
1	23,392	23,383	23,375	25,438	25,424	25,412	21,335
$1^1/8$	26,279	26,269	26,261	28,615	28,600	28,587	23,929
$1^1/4$	29,454	29,444	29,436	31,790	31,775	31,762	27,104
$1^3/8$	32,242	32,232	32,223	34,965	34,950	34,937	29,505
$1^1/2$	35,418	35,408	35,399	38,140	38,125	38,112	32,680
$1^5/8$	38,052	38,042	38,033	41,317	41,302	41,289	34,771
$1^3/4$	41,227	41,217	41,208	44,492	44,477	44,464	37,946
$1^7/8$	44,043	44,032	44,022	47,670	47,654	47,640	40,398
2	47,218	47,207	47,197	50,845	50,829	50 815	43,573

Gut-Gewindelehrring.

Für Whitworth-Gewinde	Flankendurchmesser						Kerndurchmesser			Außen-durchmesser f m g Kleinst-maß
	fein			mittel und grob			fein, mittel und grob			
	Kleinst-maß	Größtmaß		Kleinst-maß	Größtmaß		Kleinst-maß	Größtmaß		
		neu	abgen.		neu	abgen.		neu	abgen.	
Zoll	mm	mm	mm	mm	mm	mm	mm	mm	mm	mm
$1/4$	5,532	5,540	5,545	5,519	5,527	5,532	4,697	4,709	4,717	6,350
$5/16$	7,028	7,036	7,042	7,015	7,023	7,029	6,103	6,115	6,123	7,938
$3/8$	8,504	8,512	8,518	8,490	8,498	8,504	7,464	7,476	7,484	9,525
$7/16$	9,945	9,954	9,966	9,930	9,939	9,945	8,759	8,771	8,780	11,113
$1/2$	11,340	11,349	11,355	11,324	11,333	11,339	9,959	9,972	9,981	12,700
$5/8$	14,392	14,401	14,408	14,375	14,384	14,391	12,885	12,898	12,908	15,876
$3/4$	17,419	17,428	17,435	17,401	17,410	17,417	15,764	15,777	15,788	19,051
$7/8$	20,414	20,423	20,431	20,395	20,404	20,412	18,575	18,589	18,601	22,226
1	23,364	23,373	23,381	23,344	23,353	23,361	21,298	21,312	21,324	25,401
$1^1/8$	26,248	26,258	26,266	26,227	26,236	26,245	23,890	23,905	23,918	28,576
$1^1/4$	29,423	29,433	29,441	29,402	29,412	29,420	27,065	27,080	27,093	31,751
$1^3/8$	32,211	32,221	32,230	32,188	32,198	32,207	29,466	29,481	29,494	34,926
$1^1/2$	35,387	35,397	35,406	35,364	35,374	35,383	32,641	32,656	32,669	38,101
$1^5/8$	38,021	38,031	38,040	37,996	38,006	38,015	34,731	34,746	34,759	41,277
$1^3/4$	41,196	41,206	41,215	41,171	41,181	42,190	37,906	37,921	37,934	44,452
$1^7/8$	44,008	44,019	44,029	43,981	43,992	44,002	40,355	40,371	40,385	47,627
2	47,183	47,194	47,204	47,156	47,167	47,177	43,530	43,546	43,560	50,802

Gewinde-Grenzmaße der Toleranz-Gewindelehren für Whitworth-Gewinde.

Ausschuß-Gewindelehrdorn.

Für Whitworth-Gewinde Zoll	Flankendurchmesser fein mm	Flankendurchmesser mittel mm	Flankendurchmesser grob mm	Herstellungs-genauigkeit ± mm
$^1/_4$	5,613	5,650	5,726	0,004
$^5/_{16}$	7,114	7,153	7,233	0,004
$^3/_8$	8,593	8,636	8,720	0,004
$^7/_{16}$	10,041	10,086	10,175	0,0045
$^1/_2$	11,442	11,491	11,589	0,0045
$^5/_8$	14,499	14,550	14,652	0,0045
$^3/_4$	17,531	17,584	17,691	0,0045
$^7/_8$	20,532	20,588	20,700	0,0045
1	23,487	23,547	23,666	0,0045
$1^1/_8$	26,381	26,444	26,572	0,005
$1^1/_4$	29,556	29,619	29,747	0,005
$1^3/_8$	32,353	32,422	32,560	0,005
$1^1/_2$	35,529	35,598	35,736	0,005
$1^5/_8$	38,175	38,251	38,402	0,005
$1^3/_4$	41,350	41,426	41,577	0,005
$1^7/_8$	44,171	44,251	44,410	0,0055
2	47,346	47,426	47,585	0,0055

Ausschuß-Einstellgewindelehre.

Für Whitworth-Gewinde Zoll	Flankendurchmesser fein mm	Flankendurchmesser mittel mm	Flankendurchmesser grob mm	Herstellungs-genauigkeit ± mm
$^1/_4$	5,474	5,424	5,348	0,004
$^5/_{16}$	6,967	6,915	6,835	0,004
$^3/_8$	8,439	8,382	8,298	0,004
$^7/_{16}$	9,876	9,816	9,727	0,0045
$^1/_2$	11,264	11,199	11,101	0,0045
$^5/_8$	14,312	14,244	14,142	0,0045
$^3/_4$	17,335	17,264	17,157	0,0045
$^7/_8$	20,325	20,250	20,138	0,0045
1	23,269	23,189	23,070	0,0045
$1^1/_8$	26,146	26,062	25,934	0,005
$1^1/_4$	29,321	29,237	29,109	0,005
$1^3/_8$	32,100	32,008	31,870	0,005
$1^1/_2$	35,276	35,184	35,046	0,005
$1^5/_8$	37,898	37,797	37,646	0,005
$1^3/_4$	41,073	40,972	40,821	0,005
$1^7/_8$	43,880	43,773	43,614	0,0055
2	47,055	46,948	46,789	0,0055

Prüfdorn für den Gut-Gewindelehrring.

Für Whitworth-Gewinde Zoll	Flankendurchmesser fein Größtmaß mm	Flankendurchmesser fein Kleinstmaß mm	Flankendurchmesser mittel und grob Größtmaß mm	Flankendurchmesser mittel und grob Kleinstmaß mm	Außendurchmesser f m g Größtmaß mm	Kerndurchmesser f m g Größtmaß mm
$^1/_4$	5,532	5,524	5,519	5,511	6,350	4,697
$^5/_{16}$	7,028	7,020	7,015	7,007	7,938	6,103
$^3/_8$	8,504	8,496	8,490	8,482	9,525	7,464
$^7/_{16}$	9,945	9,936	9,930	9,921	11,113	8,759
$^1/_2$	11,340	11,331	11,324	11,315	12,700	9,959
$^5/_8$	14,392	14,383	14,375	14,366	15,876	12,885
$^3/_4$	17,419	17,410	17,401	17,392	19,051	15,764
$^7/_8$	20,414	20,405	20,395	20,386	22,226	18,575
1	23,364	23,355	23,344	23,335	25,401	21,298
$1^1/_2$	26,248	26,238	26,227	26,217	28,576	23,890
$1^1/_4$	29,423	29,413	29,402	29,392	31,751	27,065
$1^3/_8$	32,211	32,201	32,188	32,178	34,926	29,466
$1^1/_2$	35,387	35,377	35,364	35,354	38 101	32 641
$1^5/_8$	38,021	38,011	37,996	37,986	37,277	34,731
$1^3/_4$	41,196	41,186	41,171	41,161	44,452	37,906
$1^7/_8$	44,008	43,997	43,981	43,370	47,627	40,355
2	47,183	47,172	47,156	47,145	50,802	43,530

Abnutzungsprüfdorn für den Gut-Gewindelehrring.

Für Whitworth-Gewinde	Flankendurchmesser fein mm	Flankendurchmesser mittel u. grob mm	Herstellungsgenauigkeit ± mm
$^1/_4$	5,545	5,532	0,004
$^5/_{16}$	7,042	7,029	0,004
$^3/_8$	8,518	8,504	0,004
$^7/_{16}$	9,966	9,945	0,0045
$^1/_2$	11,355	11,339	0,0045
$^5/_8$	14,408	14,391	0,0045
$^3/_4$	17,435	17,417	0,0045
$^7/_8$	20,431	20,412	0,0045
1	23,381	23,361	0,0045
$1^1/_8$	26,266	26,245	0,005
$1^1/_4$	29,441	29,420	0,005
$1^3/_8$	32,230	32,207	0,005
$1^1/_2$	35 406	35,383	0,005
$1^5/_8$	38,040	38,015	0,005
$1^3/_4$	41,215	41,190	0,005
$1^7/_8$	44,029	44,002	0,0055
2	47,204	47,177	0,0055

Normalgewindelehren.

Die bisher üblichen Normalgewindelehren unterscheiden sich von den Grenz-Gewindelehren dadurch, daß Lehrdorn und Lehrring ineinanderschraubbar sind und Schraube und Mutter nur nach der Gutseite hin geprüft werden. Die nachstehend aufgeführten Herstellungsgenauigkeiten gelten für den Dorn und liegen symmetrisch zum theoretischen Profil. Da der Lehrring auf den Dorn aufgepaßt wird, kann die Auswechselbarkeit zwischen verschiedenen Ringen und Dornen nicht gefordert werden. Die Abbildungen zeigen das Gewindeprofil der Lehren für Metrische und Whitworth-Gewinde. Der Kerndurchmesser des Lehrdorns und der Außendurchmesser des Lehrrings sind frei gearbeitet. Die Baumaße der Normalgewindelehren sind in DIN 445 bis 450 genormt.

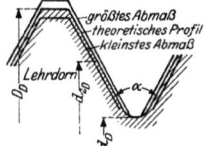 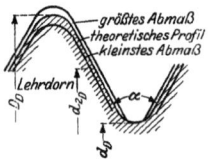

Lehrenprofil für Metrisches Gewinde.   Lehrenprofil für Whitworth-Gewinde.

Herstellungsgenauigkeit der Lehren nach DIN 2151 und 2152.
Metrisches Gewinde.   Whitworth-Gewinde.

Nenn-durch-messer	Steigung	Zulässige Abweichung					Nenn-durch-messer	Gangzahl auf 1 Zoll	Steigung	Zulässige Abweichung			
		Außen-durch-messer D_D ±[1]	Flanken-durch-messer $d_2 D$ ±	Steigung ±[2]	Halber Flanken-winkel $1/_2 \alpha$ ±					Außen-durch-messer D_D ±[1]	Flanken-durch-messer $d_2 D$ ±	Steigung ±[2]	Halber Flanken-winkel $1/_2 \alpha$ ±
mm	mm	μ	μ	μ	Minuten	Zoll		mm	μ	μ	μ	Minuten
1	0,25	6	4	4	38	$^1/_{16}$	60	0,423	6	4	4	31
1,2	0,25	6	4	4	38	$^3/_{32}$	48	0,529	6	4	4	26
1,4	0,3	6	4	4	23	$^1/_8$	40	0,635	6	4	4	23
1,7	0,35	6	4	4	29	$^5/_{32}$	32	0,794	6	4	4	20
2	0,4	6	4	4	26	$^3/_{16}$; $^7/_{32}$	24	1,058	6	4	4	16
2,3	0,4	6	4	4	26							
2,6	0,45	6	4	4	24							
3	0,50	6	4	4	22	$^1/_4$	20	1,270	6	4	4	14
3,5	0,60	6	4	4	20	$^5/_{16}$	18	1,411	6	4	4	14
4	0,70	6	4	4	18	$^3/_8$	16	1,588	6	4	4	13
4,5	0,75	6	4	4	17	$^7/_{16}$	14	1,814	6	4,5	4	12
5	0,80	6	4	4	16	$^1/_2$	12	2,117	6,5	4,5	4	11
5,5	0,90	6	4	4	15							
6; 7	1,0	6	4	4	14							
8; 9	1,25	6,5	4	4	13	$^5/_8$	11	2,309	6,5	4,5	5	11
10; 11	1,5	6,5	4,5	4	12	$^3/_4$	10	2,540	6,5	4,5	5	10
12	1,75	6,5	4,5	4	11	$^7/_8$	9	2,822	7	4,5	5	10
14; 16	2,0	7	4,5	5	10	1	8	3,175	7	4,5	5	9
18 bis 22	2,5	7	4,5	5	9	$1^1/_8$; $1^1/_4$	7	3,629	7,5	5	5	9
24; 27	3,0	7	4,5	5	9							
30; 33	3,5	7,5	5	5	8	$1^3/_8$; $1^1/_2$	6	4,233	7,5	5	5	9
36; 39	4,0	7,5	5	5	8	$1^5/_8$; $1^3/_4$	5	5,080	7,5	5	5	8
42; 45	4,5	8	5	5	8	$1^7/_8$; 2	$4^1/_2$	5,645	8	5,5	6	8
48; 52	5,0	8	5,5	6	8							

[1]) Gilt auch für den Durchmesser des Kernmeßzapfens.
[2]) Die Steigungstoleranz gilt für zwei beliebig innerhalb der Einschraublänge liegende Gänge.

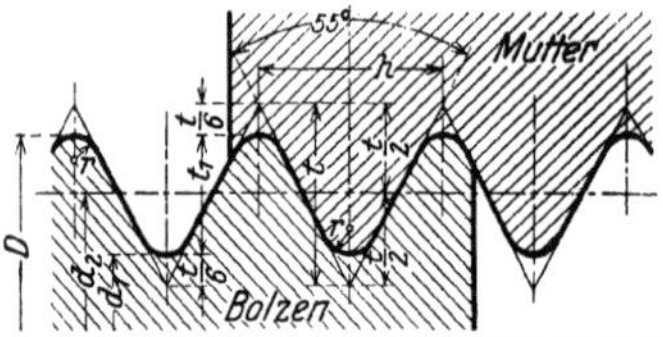

Whitworth-Gewinde
nach DIN 11.

Dreieckshöhe	t	$0{,}96049 \cdot h$
Gewindetiefe	t_1	$0{,}64033 \cdot h$
Steigung . .	h	$\{25{,}40095$: Gangzahl
Rundung . .	r	$0{,}13733 \cdot h$

D		Kerndurchmesser	Gewindetiefe	Flankendurchmesser	Steigung	Gang auf 1″
″	mm	d_1	t_1	d_2	h	
¼″	6,350	4,724	0,813	5,537	1,270	20
⁵⁄₁₆″	7,938	6,131	0,904	7,034	1,411	18
⅜″	9,525	7,492	1,017	8,509	1,588	16
(⁷⁄₁₆″)	11,113	8,789	1,162	9,951	1,814	14
½″	12,700	9,990	1,355	11,345	2,117	12
⅝″	15,876	12,918	1,479	14,397	2,309	11
¾″	19,051	15,798	1,627	17,424	2,540	10
⅞″	22,226	18,611	1,807	20,419	2,822	9
1″	25,401	21,335	2,033	23,368	3,175	8
1⅛″	28,576	23,929	2,324	26,253	3,629	7
1¼″	31,751	27,104	2,324	29,428	3,629	7
1⅜″	34,926	29,505	2,711	32,215	4,233	6
1½″	38,101	32,680	2,711	35,391	4,233	6
1⅝″	41,277	34,771	3,253	38,024	5,080	5
1¾″	44,452	37,946	3,253	41,199	5,080	5
(1⅞″)	47,627	40,398	3,614	44,012	5,645	4½
2″	50,802	43,573	3,614	47,187	5,645	4½
2¼″	57,152	49,020	4,066	53,086	6,350	4
2½″	63,502	55,370	4,066	59,436	6,350	4
2¾″	69,853	60,558	4,647	65,205	7,257	3½
3″	76,203	66,909	4,647	71,556	7,257	3½
3¼″	82,553	72,544	5,005	77,548	7,816	3¼
3½″	88,903	78,894	5,005	83,899	7,816	3¼
3¾″	95,254	84,410	5,422	89,832	8,467	3
4″	101,604	90,760	5,422	96,182	8,467	3
4¼″	107,954	96,639	5,657	102,297	8,835	2⅞
4½″	114,304	102,990	5,657	108,647	8,835	2⅞
4¾″	120,655	108,825	5,915	114,740	9,237	2¾
5″	127,005	115,176	5,915	121,090	9,237	2¾
5¼″	133,355	120,963	6,196	127,159	9,677	2⅝
5½″	139,705	127,313	6,196	133,509	9,677	2⅝
5¾″	146,055	133,043	6,506	139,549	10,160	2½
6″	152,406	139,394	6,506	145,900	10,160	2½
Nicht genormt, nur für die Übergangszeit:						
¹⁄₁₆″	1,588	1,045	0,271	1,317	0,423	60
³⁄₃₂″	2,381	1,704	0,339	2,042	0,529	48
⅛″	3,175	2,362	0,407	2,768	0,635	40
⁵⁄₃₂″	3,969	2,952	0,508	3,461	0,794	32
³⁄₁₆″	4,763	3,407	0,678	4,085	1,058	24
⁷⁄₃₂″	5,556	4,201	0,678	4,878	1,058	24
⁹⁄₁₆″	14,288	11,577	1,355	12,933	2,117	12
¹¹⁄₁₆″	17,463	14,506	1,479	15,985	2,309	11
¹³⁄₁₆″	20,638	17,385	1,627	19,012	2,540	10
¹⁵⁄₁₆″	23,813	20,199	1,807	22,006	2,822	9
2⅛″	53,977	46,748	3,614	50,363	5,645	4½
2⅜″	60,327	52,195	4,066	56,261	6,350	4
2⅝″	66,677	58,545	4,066	62,611	6,350	4
2⅞″	73,028	63,734	4,647	68,381	7,257	3½
3⅛″	79,378	70,084	4,647	74,731	7,257	3½
3⅜″	85,728	75,718	5,005	80,723	7,816	3¼
3⅝″	92,078	82,068	5,005	87,073	7,816	3¼
3⅞″	98,429	87,585	5,422	93,007	8,467	3

Die eingeklammerten Gewinde sind möglichst zu vermeiden.

Whitworth-Gewinde mit Spitzenspiel
nach DIN 12.

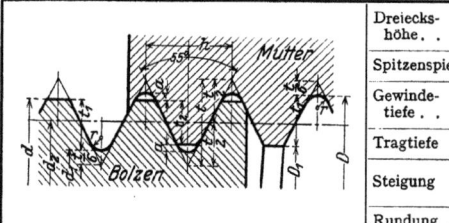

Dreieckshöhe...	t	$0{,}96049 \cdot h$
Spitzenspiel	a	$0{,}074 \cdot h$
Gewindetiefe...	t_1	$0{,}56633 \cdot h$
Tragtiefe	t_2	$0{,}49233 \cdot h$
Steigung	h	$25{,}40095$: Gangzahl
Rundung	r	$0{,}13733 \cdot h$

mm

Nenndurchmesser Zoll	Bolzen			Steigung h	Gangzahl auf 1 Zoll z	Gewindetiefe t_1	Tragtiefe t_2	Mutter	
	Gewindedurchmesser d	Kerndurchmesser d_1	Flankendurchmesser d_2					Gewindedurchmesser D	Kerndurchmesser D_1
$1/4''$	6,162	4,724	5,537	1,270	20	0,719	0,625	6,350	4,912
$5/16''$	7,729	6,131	7,034	1,411	18	0,799	0,695	7,938	6,339
$3/8''$	9,290	7,492	8,509	1,588	16	0,899	0,782	9,525	7,727
($7/16''$)	10,844	8,789	9,951	1,814	14	1,028	0,893	11,113	9,058
$1/2''$	12,387	9,990	11,345	2,117	12	1,199	1,042	12,700	10,303
$5/8''$	15,534	12,918	14,397	2,309	11	1,308	1,137	15,876	13,260
$3/4''$	18,675	15,798	17,424	2,540	10	1,439	1,251	19,051	16,174
$7/8''$	21,808	18,611	20,419	2,822	9	1,598	1,390	22,226	19,029
$1''$	24,931	21,335	23,368	3,175	8	1,798	1,563	25,401	21,805
$1 1/8''$	28,039	23,929	26,253	3,629	7	2,055	1,787	28,576	24,466
$1 1/4''$	31,214	27,104	29,428	3,629	7	2,055	1,787	31,751	27,641
$1 3/8''$	34,300	29,505	32,215	4,233	6	2,397	2,084	34,926	30,131
$1 1/2''$	37,475	32,680	35,391	4,233	6	2,397	2,084	38,101	33,306
$1 5/8''$	40,525	34,771	38,024	5,080	5	2,877	2,501	41,277	35,522
$1 3/4''$	43,700	37,946	41,199	5,080	5	2,877	2,501	44,452	38,698
($1 7/8''$)	46,791	40,398	44,012	5,645	$4 1/2$	3,197	2,779	47,627	41,233
$2''$	49,966	43,573	47,187	5,645	$4 1/2$	3,197	2,779	50,802	44,408
$2 1/4''$	56,212	49,020	53,086	6,350	4	3,596	3,126	57,152	49,960
$2 1/2''$	62,563	55,370	59,436	6,350	4	3,596	3,126	63,502	56,310
$2 3/4''$	68,779	60,558	65,205	7,257	$3 1/2$	4,110	3,573	69,853	61,632
$3''$	75,129	66,909	71,556	7,257	$3 1/2$	4,110	3,573	76,203	67,983
$3 1/4''$	81,396	72,544	77,548	7,816	$3 1/4$	4,426	3,848	82,553	73,701
$3 1/2''$	87,747	78,894	83,899	7,816	$3 1/4$	4,426	3,848	88,903	80,051
$3 3/4''$	94,000	84,410	89,832	8,467	3	4,795	4,169	95,254	85,663
$4''$	100,351	90,760	96,182	8,467	3	4,795	4,169	101,604	92,014
$4 1/4''$	106,646	96,039	102,297	8,835	$2 7/8$	5,004	4,350	107,954	97,947
$4 1/2''$	112,997	102,990	108,647	8,835	$2 7/8$	5,004	4,350	114,304	104,297
$4 3/4''$	119,287	108,825	114,740	9,237	$2 3/4$	5,231	4,548	120,655	110,192
$5''$	125,638	115,176	121,090	9,237	$2 3/4$	5,231	4,548	127,005	116,543
$5 1/4''$	131,923	120,963	127,159	9,677	$2 5/8$	5,480	4,764	133,355	122,395
$5 1/2''$	138,273	127,313	133,509	9,677	$2 5/8$	5,480	4,764	139,705	128,745
$5 3/4''$	144,552	133,043	139,549	10,160	$2 1/2$	5,754	5,002	146,055	134,547
$6''$	150,902	139,394	145,900	10,160	$2 1/2$	5,754	5,002	152,406	140,897

Die eingeklammerten Gewinde sind möglichst zu vermeiden.

Whitworth-Feingewinde 1 [1)]

nach DIN 239.

Gangzahl für alle Durchmesser 4'' (Steigung = 6,3502).

Nenndurch-messer mm	Bolzen			Mutter		Nenndurch-messer mm	Bolzen			Mutter	
	d mm	d_1 mm	d_2 mm	D mm	D_1 mm		d mm	d_1 mm	d_2 mm	D mm	D_1 mm
56	55,060	47,868	51,934	56	48,808	224	223,060	215,868	219,934	224	216,808
60	59,060	51,868	55,934	60	52,808	229	228,060	220,868	224,934	229	221,808
64	63,060	55,868	59,934	64	56,808	234	233,060	225,868	229,934	234	226,808
68	67,060	59,868	63,934	68	60,808	239	238,060	230,868	234,934	239	231,808
72	71,060	63,868	67,934	72	64,808	244	243,060	235,868	239,934	244	236,808
76	75,060	67,868	71,934	76	68,808	249	248,060	240,868	244,934	249	241,808
80	79,060	71,868	75,934	80	72,808	254	253,060	245,868	249,934	254	246,808
84	83,060	75,868	79,934	84	76,808	259	258,060	250,868	254,934	259	251,808
89	88,060	80,868	84,934	89	81,808	264	263,060	255,868	259,934	264	256,808
94	93,060	85,868	89,934	94	86,808	269	268,060	260,868	264,934	269	261,808
99	98,060	90,868	94,934	99	91,808	274	273,060	265,868	269,934	274	266,808
104	103,060	95,868	99,934	104	96,808	279	278,060	270,868	274,934	279	271,808
109	108,060	100,868	104,934	109	101,808	284	283,060	275,868	279,934	284	276,808
114	113,060	105,868	109,934	114	106,808	289	288,060	280,868	284,934	289	281,808
119	118,060	110,868	114,934	119	111,808	294	293,060	285,868	289,934	294	286,808
124	123,060	115,868	119,934	124	116,808	299	298,060	290,868	294,934	299	291,808
129	128,060	120,868	124,934	129	121,808	309	308,060	300,868	304,934	309	301,808
134	133,060	125,868	129,934	134	126,808	319	318,060	310,868	314,934	319	311,808
139	138,060	130,868	134,934	139	131,808	329	328,060	320,868	324,934	329	321,808
144	143,060	135,868	139,934	144	136,808	339	338,060	330,868	334,934	339	331,808
149	148,060	140,868	144,934	149	141,808	349	348,060	340,868	344,934	349	341,808
154	153,060	145,868	149,934	154	146,808	359	358,060	350,868	354,934	359	351,808
159	158,060	150,868	154,934	159	151,808	369	368,060	360,868	364,934	369	361,808
164	163,060	155,868	159,934	164	156,808	379	378,060	370,868	374,934	379	371,808
169	168,060	160,868	164,934	169	161,808	389	388,060	380,868	384,934	389	381,808
174	173,060	165,868	169,934	174	166,808	399	398,060	390,868	394,934	399	391,808
179	178,060	170,868	174,934	179	171,808	409	408,060	400,868	404,934	409	401,808
184	183,060	175,868	179,934	184	176,808	419	418,060	410,868	414,934	419	411,808
189	188,060	180,868	184,934	189	181,808	429	428,060	420,868	424,934	429	421,808
194	193,060	185,868	189,934	194	186,808	439	438,060	430,868	434,934	439	431,808
199	198,060	190,868	194,934	199	191,808	449	448,060	440,868	444,934	449	441,808
204	203,060	195,868	199,934	204	196,808	459	458,060	450,868	454,934	459	451,808
209	208,060	200,868	204,934	209	201,808	469	468,060	460,868	464,934	469	461,808
214	213,060	205,868	209,934	214	206,808	479	478,060	470,868	474,934	479	471,808
219	218,060	210,868	214,934	219	211,808	489	488,060	480,868	484,934	489	481,808
						499	498,060	490,868	494,934	499	491,808

[1)] Gewindeform wie für DIN 12 auf S. 251.

Whitworth-Feingewinde 2 [1]

nach DIN 240.

Durchmesser .... mm	20—33	36—52	56—189
Gangzahl	10	8	6
Steigung. ..... mm	2,5401	3,1751	4,2335

Nenndurchmesser mm	Bolzen			Mutter		Nenndurchmesser mm	Bolzen			Mutter	
	d mm	d_1 mm	d_2 mm	D mm	D_1 mm		d mm	d_1 mm	d_2 mm	D mm	D_1 mm
20	19,624	16,746	18,373	20	17,122	94	93,374	88,580	91,290	94	89,206
22	21,624	18,746	20,373	22	19,122	99	98,374	93,580	96,290	99	94,206
24	23,624	20,746	22,373	24	21,122	104	103,374	98,580	101,290	104	99,206
27	26,624	23,746	25,373	27	24,122	109	108,374	103,580	106,290	109	104,206
30	29,624	26,746	28,373	30	27,122	114	113,374	108,580	111,290	114	109,206
33	32,624	29,746	31,373	33	30,122	119	118,374	113,580	116,290	119	114,206
36	35,530	31,934	33,967	36	32,404	124	123,374	118,580	121,290	124	119,206
39	38,530	34,934	36,967	39	35,404	129	128,374	123,580	126,290	129	124,206
42	41,530	37,934	39,967	42	38,404	134	133,374	128,580	131,290	134	129,206
45	44,530	40,934	42,967	45	41,404	139	138,374	133,580	136,290	139	134,206
48	47,530	43,934	45,967	48	44,404	144	143,374	138,580	141,290	144	139,206
52	51,530	47,934	49,967	52	48,404	149	148,374	143,580	146,290	149	144,206
56	55,374	50,580	53,290	56	51,206	154	153,374	148,580	151,290	154	149,206
60	59,374	54,580	57,290	60	55,206	159	158,374	153,580	156,290	159	154,206
64	63,374	58,580	61,290	64	59,206	164	163,374	158,580	161,290	164	159,206
68	67,374	62,580	65,290	68	63,206	169	168,374	163,580	166,290	169	164,206
72	71,374	66,580	69,290	72	67,206	174	173,374	168,580	171,290	174	169,206
76	75,374	70,580	73,290	76	71,206	179	178,374	173,580	176,290	179	174,206
80	79,374	74,580	77,290	80	75,206	184	183,374	178,580	181,290	184	179,206
84	83,374	78,580	81,290	84	79,206	189	188,374	183,580	186,290	189	184,206
89	88,374	83,580	86,290	89	84,206						

[1] Gewindeform wie für DIN 12 auf S. 251.

Metrisches Gewinde
nach DIN 13 und 14.

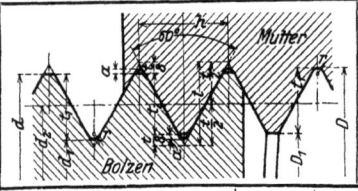

Dreieckshöhe	t	$0{,}8660 \cdot h$
Spitzenspiel	a	$0{,}045 \cdot h$
Gewindetiefe	t_1	$0{,}6945 \cdot h$
Tragtiefe	t_2	$0{,}6495 \cdot h$
Rundung	r	$0{,}0633 \cdot h$
Steigung	h	

Bolzen						Mutter	
Gewinde-durch-messer d mm	Kern-durch-messer d_1 mm	Kern-quer-schnitt cm²	Flanken-durch-messer d_2 mm	Steigung h mm	Ge-winde-tiefe t_1 mm	Gewinde-durch-messer D mm	Kern-durch-messer D_1 mm
1	0,652	0,0033	0,838	0,25	0,174	1,024	0,676
1,2	0,852	0,0057	1,038	0,25	0,174	1,224	0,876
1,4	0,984	0,0076	1,205	0,3	0,208	1,426	1,010
1,7	1,214	0,0116	1,473	0,35	0,243	1,732	1,246
2	1,444	0,0164	1,740	0,4	0,278	2,036	1,480
2,3	1,744	0,0239	2,040	0,4	0,278	2,336	1,780
2,6	1,974	0,0306	2,308	0,45	0,313	2,642	2,016
3	2,306	0,0418	2,675	0,5	0,347	3,044	2,350
3,5	2,666	0,0558	3,110	0,6	0,417	3,554	2,720
4	3,028	0,072	3,545	0,7	0,486	4,062	3,090
(4,5)	3,458	0,094	4,013	0,75	0,521	4,568	3,526
5	3,888	0,119	4,480	0,8	0,556	5,072	3,960
(5,5)	4,250	0,142	4,915	0,9	0,625	5,580	4,330
6	4,610	0,167	5,350	1	0,695	6,090	4,700
(7)	5,610	0,247	6,350	1	0,695	7,090	5,700
8	6,264	0,308	7,188	1,25	0,868	8,112	6,376
(9)	7,264	0,414	8,188	1,25	0,868	9,112	7,376
10	7,916	0,492	9,026	1,5	1,042	10,136	8,052
(11)	8,916	0,624	10,026	1,5	1,042	11,136	9,052
12	9,570	0,718	10,863	1,75	1,215	12,156	9,726
14	11,222	0,989	12,701	2	1,389	14,180	11,402
16	13,222	1,373	14,701	2	1,389	16,180	13,402
(18)	14,528	1,657	16,376	2,5	1,736	18,224	14,752
20	16,528	2,145	18,376	2,5	1,736	20,224	16,752
22	18,528	2,696	20,376	2,5	1,736	22,224	18,752
24	19,832	3,089	22,051	3	2,084	24,270	20,102
27	22,832	4,094	25,051	3	2,084	27,270	23,102
30	25,138	4,963	27,727	3,5	2,431	30,316	25,454
33	28,138	6,218	30,727	3,5	2,431	33,316	28,454
36	30,444	7,279	33,402	4	2,778	36,360	30,804
39	33,444	8,785	36,402	4	2,778	39,360	33,804
42	35,750	10,04	39,077	4,5	3,125	42,404	36,154
45	38,750	11,79	42,077	4,5	3,125	45,404	39,154
48	41,054	13,23	44,752	5	3,473	48,450	41,504
52	45,054	15,94	48,752	5	3,473	52,450	45,504
56	48,360	18,37	52,428	5,5	3,820	56,496	48,856
60	52,360	21,53	56,428	5,5	3,820	60,496	52,856
64	55,666	24,34	60,103	6	4,167	64,54	56,206
68	59,666	27,96	64,103	6	4,167	68,54	60,206
72	63,666	31,83	68,103	6	4,167	72,54	64,206

Fortsetzung von S. 254.

Metrisches Gewinde nach DIN 13 und 14.

Bolzen			Flanken-durch-messer d_2 mm	Steigung h mm	Ge-winde-tiefe t_1 mm	Mutter	
Gewinde-durch-messer d mm	Kern-durch-messer d_1 mm	Kern-quer-schnitt cm²				Gewinde-durch-messer D mm	Kern-durch-messer D_1 mm
76	67,666	35,96	72,103	6	4,167	76,54	68,206
80	71,666	40,34	76,103	6	4,167	80,54	72,206
84	75,666	44,96	80,103	6	4,167	84,54	76,206
89	80,666	51,10	85,103	6	4,167	89,54	81,206
94	85,666	57,64	90,103	6	4,167	94,54	86,206
99	90,666	64,56	95,103	6	4,167	99,54	91,206
104	95,666	71,88	100,103	6	4,167	104,54	96,206
109	100,666	79,59	105,103	6	4,167	109,54	101,206
114	105,666	87,69	110,103	6	4,167	114,54	106,206
119	110,666	96,18	115,103	6	4,167	119,54	111,206
124	115,666	105,07	120,103	6	4,167	124,54	116,206
129	120,666	114,35	125,103	6	4,167	129,54	121,206
134	125,666	124,04	130,103	6	4,167	134,54	126,206
139	130,666	134,09	135,103	6	4,167	139,54	131,206
144	135,666	144,10	140,103	6	4,167	144,54	136,206
149	140,666	155,40	145,103	6	4,167	149,54	141,206

Die Gewinde unter 6 mm und über 68 mm Durchmesser sind die deutsche Fortsetzung des im Jahre 1898 in Zürich für den Bereich von 6÷80 mm Durchmesser festgelegten internationalen Systems (S. I.).

Die eingeklammerten Gewinde sind möglichst zu vermeiden.

Metrisches Feingewinde 1[1]) nach DIN 241.

Steigung für alle Durchmesser 6 mm.

Bolzen		d_2	Mutter		Bolzen		d_2	Mutter	
d mm	d_1 mm	mm	D mm	D_1 mm	d mm	d_1 mm	mm	D mm	D_1 mm
154	145,666	150,103	154,540	146,206	279	270,666	275,103	279,540	271,206
159	150,666	155,103	159,540	151,206	284	275,666	280,103	284,540	276,206
164	155,666	160,103	164,540	156,206	289	280,666	285,103	289,540	281,206
169	160,666	165,103	169,540	161,206	294	285,666	290,103	294,540	286,206
174	165,666	170,103	174,540	166,206	299	290,666	295,103	299,540	291,206
179	170,666	175,103	179,540	171,206	309	300,666	305,103	309,540	301,206
184	175,666	180,103	184,540	176,206	319	310,666	315,103	319,540	311,206
189	180,666	185,103	189,540	181,206	329	320,666	325,103	329,540	321,206
194	185,666	190,103	194,540	186,206	339	330,666	335,103	339,540	331,206
199	190,666	195,103	199,540	191,206	349	340,666	345,103	349,540	341,206
204	195,666	200,103	204,540	196,206	359	350,666	355,103	359,540	351,206
209	200,666	205,103	209,540	201,206	369	360,666	365,103	369,540	361,206
214	205,666	210,103	214,540	206,206	379	370,666	375,103	379,540	371,206
219	210,666	215,103	219,540	211,206	389	380,666	385,103	389,540	381,206
224	215,666	220,103	224,540	216,206	399	390,666	395,103	399,540	391,206
229	220,666	225,103	229,540	221,206	409	400,666	405,103	409,540	401,206
234	225,666	230,103	234,540	226,206	419	410,666	415,103	419,540	411,206
239	230,666	235,103	239,540	231,206	429	420,666	425,104	429,540	421,206
244	235,666	240,153	244,540	236,206	439	430,666	435,103	439,540	431,206
249	240,666	245,103	249,540	241,206	449	440,666	445,103	449,540	441,206
254	245,666	250,103	254,540	246,206	459	450,666	455,103	459,540	451,206
259	250,666	255,103	259,540	251,206	469	460,666	465,103	469,540	461,206
264	255,666	260,103	264,540	256,206	479	470,666	475,103	479,540	471,206
269	260,666	265,103	269,540	261,206	489	480,666	485,103	489,540	481,206
274	265,666	270,103	274,540	266,206	499	490,666	495,103	499,540	491,206

[1]) Gewindeform wie für DIN 13 und 14 auf S. 254.

Metrisches Feingewinde 2[1]) nach DIN 242.

Durchmesser ... mm	24—33	36—52	56—189
Steigung ..... mm	2	3	4

Bolzen		d_2	Mutter		Bolzen		d_2	Mutter	
d mm	d_1 mm	mm	D mm	D_1 mm	d mm	d_1 mm	mm	D mm	D_1 mm
24	21,222	22,701	24,180	21,402	99	93,444	96,402	99,360	93,804
27	24,222	25,701	27,180	24,402	104	98,444	101,402	104,360	98,804
30	27,222	28,701	30,180	27,402	109	103,444	106,402	109,360	103,804
33	30,222	31,701	33,180	30,402	114	108,444	111,402	114,360	108,804
36	31,832	34,051	36,270	32,102	119	113,444	116,402	119,360	113,804
39	34,832	37,051	39,270	35,102	124	118,444	121,402	124,360	118,804
42	37,832	40,051	42,270	38,102	129	123,444	126,402	129,360	123,804
45	40,832	43,051	45,270	41,102	134	128,444	131,402	134,360	128,804
48	43,832	46,051	48,270	44,102	139	133,444	136,402	139,360	133,804
52	47,832	50,051	52,270	48,102	144	138,444	141,402	144,360	138,804
56	50,444	53,402	56,360	50,804	149	143,444	146,402	149,360	143,804
60	54,444	57,402	60,360	54,804	154	148,444	151,402	154,360	148,804
64	58,444	61,402	64,360	58,804	159	153,444	156,402	159,360	153,804
68	62,444	65,402	68,360	62,804	164	158,444	161,402	164,360	158,804
72	66,444	69,402	72,360	66,804	169	163,444	166,402	169,360	163,804
76	70,444	73,402	76,360	70,804	174	168,444	171,402	174,360	168,804
80	74,444	77,402	80,360	74,804	179	173,444	176,402	179,360	173,804
84	78,444	81,402	84,360	78,804	184	178,444	181,402	184,360	178,804
89	83,444	86,402	89,360	83,804	189	183,444	186,402	189,360	183,904
94	88,444	91,402	94,360	88,804					

Metrisches Feingewinde 3[1]) nach DIN 243.

Durchmesser ... mm	1—2	2,3—2,6	3—4	4,5—5,5	6—8
Steigung ..... mm	0,20	0,25	0,35	0,5	0,75
Durchmesser ... mm	9—11	12—52	53—100	102—190	192—300
Steigung ..... mm	1	1,5	2	3	4

Bolzen		d_2	Mutter		Bolzen		d_2	Mutter	
d mm	d_1 mm	mm	D mm	D_1 mm	d mm	d_1 mm	mm	D mm	D_1 mm
1	0,722	0,870	1,018	0,740	8	6,958	7,513	8,068	7,026
1,2	0,922	1,070	1,218	0,940	9	7,610	8,350	9,090	7,700
1,4	1,122	1,270	1,418	1,140	10	8,610	9,350	10,090	8,700
1,7	1,422	1,570	1,718	1,440	11	9,610	10,350	11,090	9,700
2	1,722	1,870	2,018	1,740	12	9,916	11,026	12,136	10,052
2,3	1,952	2,138	2,324	1,976	13	10,916	12,026	13,136	11,052
2,6	2,252	2,438	2,624	2,276	14	11,916	13,026	14,136	12,052
3	2,514	2,773	3,032	2,546	15	12,916	14,026	15,136	13,052
3,5	3,014	3,273	3,532	3,046	16	13,916	15,026	16,136	14,052
4	3,514	3,773	4,032	3,546	17	14,916	16,026	17,136	15,052
4,5	3,806	4,175	4,544	3,850	18[2])	15,916	17,026	18,136	16,052
5	4,306	4,675	5,044	4,350	19	16,916	18,026	19,136	17,052
5,5	4,806	5,175	5,544	4,850	20	17,916	19,026	20,136	18,052
6	4,958	5,513	6,068	5,026	21	18,916	20,026	21,136	19,052
7	5,958	6,513	7,068	6,026	22	19,916	21,026	22,136	20,052

[1]) Gewindeform wie für DIN 13 und 14 auf S. 254.
[2]) Zündkerzengewinde; Länge = 12 mm.

Fortsetzung S. 257.

Metrisches Feingewinde 3.

Fortsetzung von S. 256.

Bolzen		d_2	Mutter		Bolzen		d_2	Mutter	
d mm	d_1 mm	mm	D mm	D_1 mm	d mm	d_1 mm	mm	D mm	D_1 mm
23	20,916	22,026	23,136	21,052	68	65,222	66,701	68,180	65,402
24	21,916	23,026	24,136	22,052	69	66,222	67,701	69,180	66,402
25	22,916	24,026	25,136	23,052	70	67,222	68,701	70,180	67,402
26	23,916	25,026	26,136	24,052	71	68,222	69,701	71,180	68,402
27	24,916	26,026	27,136	25,052	72	69,222	70,701	72,180	69,402
28	25,916	27,026	28,136	26,052	73	70,222	71,701	73,180	70,402
29	26,916	28,026	29,136	27,052	74	71,222	72,701	74,180	71,402
30	27,916	29,026	30,136	28,052	75	72,222	73,701	75,180	72,402
31	28,916	30,026	31,136	29,052	76	73,222	74,701	76,180	73,402
32	29,916	31,026	32,136	30,052	77	74,222	75,701	77,180	74,402
33	30,916	32,026	33,136	31,052	78	75,222	76,701	78,180	75,402
34	31,916	33,026	34,126	32,052	79	76,222	77,701	79,180	76,402
35	32,916	34,026	35,136	33,052	80	77,222	78,701	80,180	77,402
36	33,916	35,026	36,136	34,052	81	78,222	79,701	81,180	78,402
37	34,916	36,026	37,136	35,052	82	79,222	80,701	82,180	79,402
38	35,916	37,026	38,136	36,052	83	80,222	81,701	83,180	80,402
39	36,916	38,029	39,136	37,052	84	81,222	82,701	84,180	81,402
40	37,916	39,026	40,136	38,052	85	82,222	83,701	85,180	82,402
41	38,916	40,026	41,136	39,052	86	83,222	84,701	86,180	83,402
42	39,916	41,026	42,136	40,052	87	84,222	85,701	87,180	84,402
43	40,916	42,026	43,136	41,052	88	85,222	86,701	88,180	85,402
44	41,916	43,026	44,136	42,052	89	86,222	87,701	89,180	86,402
45	42,916	44,026	45,136	43,052	90	87,222	88,701	90,180	87,402
46	43,916	45,026	46,136	44,052	91	88,222	89,701	91,180	88,402
47	44,916	46,026	47,136	45,052	92	90,222	90,701	92,180	89,402
48	45,916	47,026	48,136	46,052	93	90,222	91,701	93,180	90,402
49	46,916	48,026	49,136	47,052	94	91,222	92,701	94,180	91,402
50	47,916	49,026	50,136	48,052	95	92,222	93,701	95,180	92,402
51	48,916	50,026	51,136	49,052	96	93,222	94,701	96,180	93,402
52	49,916	51,026	52,136	50,052	97	94,222	95,701	97,180	94,402
53	50,222	51,701	53,180	50,402	98	95,222	96,701	98,180	95,402
54	51,222	52,701	54,180	51,402	99	96,222	97,701	99,180	96,402
55	52,222	53,701	55,180	52,402	100	97,222	98,701	100,180	97,402
56	53,222	54,701	56,180	53,402	102	97,832	100,051	102,270	98,102
57	54,222	55,701	57,180	54,402	105	100,832	103,051	105,270	101,102
58	55,222	56,701	58,180	55,402	108	103,832	106,051	108,270	104,102
59	56,222	57,701	59,180	56,402	110	105,832	108,051	110,270	106,102
60	57,222	58,701	60,180	57,402	112	107,832	110,051	112,270	108,102
61	58,222	59,701	61,180	58,402	115	110,832	113,051	115,270	111,102
62	59,222	60,701	62,180	59,402	118	113,832	116,051	118,270	114,102
63	60,222	61,701	63,180	60,402	120	115,832	118,051	120,270	116,102
64	61,222	62,701	64,180	61,402	122	117,832	120,051	122,270	118,102
65	62,222	63,701	65,180	62,401	125	120,832	123,051	125,270	121,102
66	63,222	64,701	66,180	63,402	128	123,832	126,051	128,270	124,102
67	64,222	65,701	67,180	64,402	130	125,832	128,051	130,270	126,102

Fortsetzung S. 258.

Metrisches Feingewinde 3.

Fortsetzung von S. 257.

Bolzen		d_2	Mutter		Bolzen		d_2	Mutter	
d mm	d_1 mm	mm	D mm	D_1 mm	d mm	d_1 mm	mm	D mm	D_1 mm
132	127,832	130,051	132,270	128,102	218	212,444	215,402	218,360	212,804
135	130,832	133,051	135,270	131,102	220	214,444	217,402	220,360	214,804
138	133,832	136,051	138,270	134,102	222	216,444	219,402	222,360	216,804
140	135,832	138,051	140,270	136,102	225	219,444	222,402	225,360	219,804
142	137,832	140,051	142,270	138,102	228	222,444	225,402	228,360	222,804
145	140,832	143,051	145,270	141,102	230	224,444	227,402	230,360	224,804
148	143,832	146,051	148,270	144,102	232	226,444	229,402	232,360	226,804
150	145,832	148,051	150,270	146,102	235	229,444	232,402	235,360	229,804
152	147,832	150,051	152,270	148,102	238	232,444	235,402	238,360	232,804
155	150,832	153,051	155,270	151,102	240	234,444	237,402	240,360	234,804
158	153,832	156,051	158,270	154,102	242	236,444	239,402	242,360	236,804
160	155,832	158,051	160,270	156,102	245	239,444	242,402	245,360	239,804
162	157,832	160,051	162,270	158,102	248	242,444	245,402	248,360	242,804
165	160,832	163,051	165,270	161,102	250	244,444	247,402	250,360	244,804
168	163,832	166,051	168,270	164,102	252	246,444	249,402	252,360	246,804
170	165,832	168,051	170,270	166,102	255	249,444	252,402	255,360	249,804
172	167,832	170,051	172,270	168,102	258	252,444	255,360	258,804	252,804
175	170,832	173,051	175,270	171,102	260	254,444	257,402	260,360	254,804
178	173,832	176,051	178,270	174,102	262	256,444	259,402	262,360	256,804
180	175,832	178,051	180,270	176,102	265	259,444	262,402	265,360	259,804
182	177,832	180,051	182,270	178,102	268	262,444	265,402	268,360	262,804
185	180,832	183,051	185,270	181,102	270	264,444	267,402	270,360	264,804
188	183,832	186,051	188,270	184,102	272	266,444	269,402	272,360	266,804
190	185,832	188,051	190,270	186,102	275	269,444	272,402	275,360	269,804
192	186,444	189,402	192,360	186,804	278	272,444	275,402	278,360	272,804
195	189,444	192,402	195,360	189,804	280	274,444	277,402	280,360	274,804
198	192,444	195,402	198,360	192,804	282	276,444	279,402	282,360	276,804
200	194,444	197,402	200,360	194,804	285	279,444	282,402	285,360	279,804
202	196,444	199,402	202,360	196,804	288	282,444	285,402	288,360	282,804
205	199,444	202,402	205,360	199,804	290	284,444	287,402	290,360	284,804
208	202,444	205,402	208,360	202,804	292	286,444	289,402	292,360	286,804
210	204,444	207,402	210,360	204,804	295	289,444	292,402	295,360	289,804
212	206,444	209,402	212,360	206,804	298	292,444	295,402	298,360	292,804
215	209,444	212,402	215,360	209,804	300	294,444	297,402	300,360	294,804

Metrische Feingewinde 4, 5, 6, 7, 8, 9.

Gewindeform wie DIN 13 und 14 S. 254.

Diese Feingewinde werden mit folgenden Bolzendurchmessern (d) und Steigungen (h) ausgeführt:

Metrisches Feingew. 4 DIN 516	Metrisches Feingew. 5 DIN 517	Metrisches Feingew. 6 DIN 518	Metrisches Feingew. 7 DIN 519	Metrisches Feingew. 8 DIN 520	Metrisches Feingew. 9 DIN 521
Steigung $h =$					
1,5	1	0,75	0,50	0,35	0,25
Bolzendurchmesser $d =$					
12 12,5 13	9 9,5 10	6 6,5 7	4,5 5 5,5	3 3,5 4	2,3 2,6 3
13,5 14 14,5	10,5 11 11,5	7,5 8 8,5	6 6,5 7	4,5 5 5,5	3,5 4 4,5
15 16 17	12 12,5 13	9 9,5 10	7,5 8 8,5	6 6,5 7	5 5,5 6
18 19 20	13,5 14 14,5	10,5 11 11,5	9 9,5 10	7,5 8 8,5	6,5 7 7,5
21 22 23	15 16 17	12 12,5 13	10,5 11 11,5	9 9,5 10	8 8,5 9
24 25 26	18 19 20	13,5 14 14,5	12 12,5 13	10,5 11 11,5	9,5 10 10,5
27 28 29	21 22 23	15 16 17	13,5 14 14,5	12 12,5 13	11 11,5 12
30 31 32	24 25 26	18 19 20	15 16 17	13,5 14 14,5	12,5 13 13,5
33 34 35	27 28 30	21 22 23	18 19 20	15 16 17	14 14,5 15
36 37 38	32 33 34	24 25 26	21 22 23	18 19 20	16 17 18
39. 40 42	35 36 38	27 28 30	24 25 26	21 22 23	19 20 21
42 43 44	40 42 44	32 33 34	27 28 30	24 25 26	22
45 46 47	45 46 48	35 36 38	32 33 34	27 28 30	
48 49 50	50 52 55	40 42 44	35 36 38	32 33 34	
51 52 55	58 60 62	45 46 48	40 42 44	35 36 38	
58 60 62	65 68 70	50 52 55	45 46 48	40 42 44	
65 68 70	72 75 78	58 60 62	50 52 55	45 46 48	
72 75 78	80 82	65 68 70	58 60 62	50	
80 82 85		72 75 78	65 68 70		
88 90 92		80	72 75 78		
95 98 100			80		
105 110 115					
120 125 130					
135 140 145					
150 155 160					
165 170 175					
180 185 190					
195 200 210					
220 230 240					
250					

Berechnung der Gewindedurchmesser.

Feingewinde . . . . . . Nr.	4	5	6	7	8	9
Steigung h	1,5	1	0,75	0,50	0,35	0,25
Außendurchm. des Bolzens d	siehe obige Tafel					
Kerndurchm. des Bolzens d_1	$d-2{,}084$	$d-1{,}390$	$d-1{,}042$	$d-0{,}694$	$d-0{,}486$	$d-0{,}348$
Außendurchm. der Mutter D	$d+0{,}136$	$d+0{,}090$	$d+0{,}068$	$d+0{,}044$	$d+0{,}032$	$d+0{,}024$
Kerndurchm. der Mutter D_1	$d-1{,}948$	$d-1{,}300$	$d-0{,}974$	$d-0{,}650$	$d-0{,}454$	$d-0{,}324$
Flankendurchmesser d_2 . . .	$d-0{,}974$	$d-0{,}650$	$d-0{,}487$	$d-0{,}325$	$d-0{,}227$	$d-0{,}162$

Durchgangslöcher für Schrauben.

Nach DIN 69. Maße in mm.

Für Gewinde-durchmesser		Durchgangsloch					Für Gewinde-durchmesser		Durchgangsloch			
Whit-worth	Me-trisch	gebohrt[1])				gegossen	Whit-worth	Me-trisch	gebohrt[1])			gegossen
		sehr fein	fein	mittel	grob				fein	mittel	grob	
	1	1,1	1,1	1,3			1″		27	28	30	32
	1,2	1,3	1,3	1,5				27	29	30		35
	1,4	1,5	1,5	1,8			1¹/₈″		30	32	33	35
	1,7	1,8	1,8	2,1				30	32	33		38
	2	2,1	2,2	2,4			1¹/₄″		33	35	36	38
	2,3	2,4	2,5	2,8				33	35	36		42
	2,6	2,7	2,8	3,1			1³/₈″		36	38	40	42
	3	3,2	3,2	3,6				36	38	40		45
	3,5	3,7	3,7	4,2			1¹/₂″		40	42	43	45
	4	4,2	4,3	4,8				39	40	42		48
	4,5	4,7	4,8	5,3			1⁵/₈″	42	44	45	47	50
	5	5,2	5,3	5,8			1³/₄″	45	47	48	50	55
	5,5	5,7	5,8	6,4			1⁷/₈″	48	50	52	55	60
	6	6,2	6,4	7			2″		52	55	58	65
¹/₄″			6,4	7,4				52	54	56		65
	7	7,2	7,4	8			2¹/₄″	56		62		70
⁵/₁₆″	8	8,2	8,4	9,5				60		65		75
	9	9,3	9,5	10,5			2¹/₂″			68		80
³/₈″			9,8	10,5				64		70		80
	10	10,3	10,5	11,5			2³/₄″	68		74		85
⁷/₁₆″	11	11,3	11,5	13				72		78		90
	12	12,3	13	14		18	3″	76		82		95
¹/₂″			13	15		18		80		86		100
	14	14,3	15	16		20	3¹/₄″			88		100
⁵/₈″	16	16,3	17	18		22		84		90		105
	18	18,3	19	20		24	3¹/₂″	89		95		110
³/₄″			20	22	23	25	3³/₄″	94		102		115
	20	20,3	21	23		26	4″	99		108		120
⁷/₈″	22	22,3	23	25	26	28						
	24	24,3	25	27		30						

[1]) Die gebohrten Löcher der Spalten: sehr fein und fein gelten für Feinmechanik und Präzisionswerkzeugmaschinenbau, mittel für allgemeinen Maschinenbau, grob für Rohrleitungsbau, für Rohre über 500 mm Innendurchmesser.

Berechnung der Schrauben.

	Beanspruchung nur auf Druck	Beanspruchung auf Zug u. Drehung
Tragfähigkeit P . . . . . in kg =	$\dfrac{\pi \cdot D_k^2}{4} \cdot k$	$\dfrac{3}{4} \cdot \dfrac{\pi \cdot D_k^2}{4} \cdot k$
Notw. Kernquerschnitt . $\dfrac{\pi \cdot D_k^2}{4}$ cm² = [D_k = Kerndurchmesser]	$\dfrac{P}{k}$	$\dfrac{4}{3} \cdot \dfrac{P}{k}$
Zulässige Beanspruchung k in kg/cm² =	\{ für Schmiedeeisen 480 bis 600 „ Stahl . . . . 600 „ 800	

Zulässige Schraubenbelastungen in kg.

Whitworth-Gewinde						Metrisches Gewinde					
Nenn-durch-messer engl. Zoll	Kern-quer-schnitt cm²	Bei Beanspruchung auf Zug kg/cm²				Nenn-durch-messer mm	Kern-quer-schnitt cm²	Bei Beanspruchung auf Zug kg/cm²			
		500	600	700	800			500	600	700	800
¼	0,18	90	105	125	140	5	0,12	60	70	85	95
⅜	0,44	220	265	310	355	10	0,49	245	295	345	395
½	0,78	390	470	550	630	12	0,72	360	430	500	575
⅝	1,31	655	785	920	1050	16	1,37	690	825	960	1100
¾	1,96	980	1175	1370	1570	20	2,15	1075	1290	1500	1715
⅞	2,72	1360	1630	1905	2170	22	2,70	1350	1620	1890	2160
1	3,58	1790	2145	2500	2860	24	3,09	1550	1850	2160	2470
1¼	5,77	2890	3460	4040	4620	30	4,96	2480	2980	3470	3970
1½	8,39	4190	5030	5870	6710	36	7,28	3640	4370	5100	5820
1¾	11,31	5660	6790	7920	9050	45	11,79	5900	7070	8250	9430
2	14,91	7460	8950	10440	11930	52	15,94	7970	9560	11160	12750
2½	24,08	10040	14490	16860	19270	64	24,34	12170	14600	17040	19470
3	35,16	17580	21100	24610	28130	76	35,96	17980	21580	25170	28770
4	64,70	32350	38820	45290	51760	99	57,64	32280	38740	45190	51650

Sinnbilder für Schraubendurchmesser
bei Eisenkonstruktionen (nach DIN 407).

Durchmesser	5/16″ 8 mm	3/8″ 1 mm	½″	⅝″	¾″	⅞″	1″	1⅛″	1¼″	1⅜″	1½″	1⅝″	1¾″
Sinnbild für Schraube	✳	✳	✳	✳	✳	✳	✳	✳	✳	✳	✳	✳	✳
mit normalem Durchgangsloch für den Eisenbau	9	11	14	17	20	23	26	30	33	36	39	42	46
für alle übr. Durchgangslöcher ist das D.-loch zuzufügen z. B.	✳ 8/4	✳ 10/5	✳ 1/3				✳ 27						
Sinnbild für Gewindeloch	⊕	⊕	⊕	⊕	⊕	⊕	⊕	⊕	⊕	⊕	⊕	⊕	⊕

Schlüsselweiten nach DIN 475.

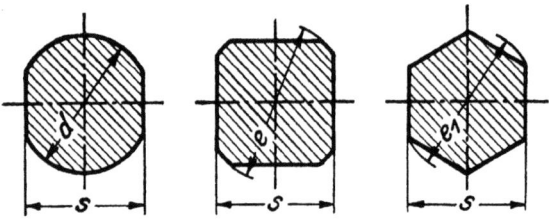

Schlüssel-weite s mm	Zwei-kant d mm	Vier-kant e mm	Sechs-kant ≈ e_1 mm	Zugehörige Gewindedurchmesser Zoll	mm	Schlüssel-weite s mm	Sechs-kant ≈ e_1 mm	Zugehörige Gewindedurchmesser Zoll	mm
3	3,5	4	3,5	—	1	155	179	$4^1/_4$	109
3,5	4	4,5	4,0	—	1,2 1,4	165	191	$4^1/_2$	114
4	4,5	5	4,6	—	1,7	175	202	$4^3/_4$	119
4,5	5	6	5,2	—	2	180	208	5	124
5	6	6,5	5,8	—	2,3	185	214	—	129
5,5	7	7	6,4	—	2,6	190	219	$5^1/_4$	134
6	7	8	6,9	—	3	200	231	$5^1/_2$	139
7	8	9	8,1	—	3,5	210	242	$5^3/_4$	144 149
8	9	10	9,2	—	4	220	254	6	154
9	10	12	10,4	—	4,5 5	230	266	—	159
10	12	13	11,5	—	5,5	235	271	—	164
11	13	14	12,7	$^1/_4$	6 7	245	283	—	169 174
12[1])	14	16	13,8	—	—	255	294	—	179
14	16	18	16,2	$^5/_{16}$	8	265	306	—	184
17	19	22	19,6	$^3/_8$	9 10	270	312	—	189
19	22	25	21,9	$^7/_{16}$	11	280	323	—	194 199
22	25	28	25,4	$^1/_2$	12 14	290	335	—	204
24[1])	28	32	27,7	—	—	300	346	—	209
27	32	36	31,2	$^5/_8$	16	310	358	—	214 219
30[1])	35	40	34,6	—	—	320	370	—	224
32	38	42	36,9	$^3/_4$	18 20	330	381	—	229
36	42	48	41,6	$^7/_8$	22 24	340	393	—	234 239
41	48	52	47,3	1	27	350	404	—	244 249
46	52	60	53,1	$1^1/_8$	30	365	421	—	254 259
50	58	65	57,7	$1^1/_4$	33	380	439	—	264 269
55	65	72	63,5	$1^3/_8$	36	395	456	—	274 279
60	70	80	69,3	$1^1/_2$	39	410	473	—	284 289
65	75	85	75,0	$1^5/_8$	42	425	491	—	294 299
70	82	92	80,8	$1^3/_4$	45	440	508	—	309
75	88	98	86,5	$1^7/_8$	48	455	525	—	319
80	92	105	92,4	2	52	470	543	—	329
85	98	112	98	$2^1/_4$	56	480	554	—	339
90	105	118	104	—	60	495	572	—	349
95	110	125	110	$2^1/_2$	64	510	589	—	359
100	115	132	116	—	68	525	606	—	369
105	122	138	121	$2^3/_4$	72				
110	128	145	127	3	76				
115	132	152	133	—	80				
120	140	160	139	$3^1/_4$	84				
130	150	170	150	$3^1/_2$	89				
135	158	178	156	$3^3/_4$	94				
145	168	190	167	4	99				
150	175	200	173	—	104				

[1]) Die Schlüsselweiten 12, 24 und 30 gelten für Verschraubungen, Armaturen usw.

Wird für Schrauben oder Muttern zwecks leichterer Bauart oder geringsten Platzbedarfs Werkstoff von hoher Festigkeit, z. B. Bronze, Stahl od. dgl., verwendet, so können für die angegebenen Gewinde auch kleinere Schlüsselweiten gewählt werden. Vierkante für Werkzeuge nach DIN 10 (S. 263).

Vierkante für Werkzeuge

nach DIN 10.

Maße in mm.

| Halsdurchmesser || Vierkant || Halsdurchmesser || Vierkant ||
von	bis	Nenn-maß	Länge	von	bis	Nenn-maß	Länge
2,48	2,83	2,1	5	17,34	19,33	14,5	17
2,84	3,20	2,4	5	19,34	21,33	16	19
3,21	3,60	2,7	6	21,34	24,00	18	21
3,61	4,01	3	6	24,01	26,67	20	23
4,02	4,53	3,4	6	26,68	29,33	22	25
4,54	5,08	3,8	7	29,34	32,00	24	27
5,09	5,79	4,3	7	32,01	34,67	26	29
5,80	6,53	4,9	8	34,68	38,67	29	32
6,54	7,33	5,5	8	38,68	42,67	32	35
7,34	8,27	6,2	9	42,68	46,67	35	38
8,28	9,46	7	10	46,68	52,06	39	42
9,47	10,67	8	11	52,07	58,67	44	47
10,68	12,00	9	12	58,68	65,33	49	52
12,01	13,33	10	13	65,34	73,33	55	58
13,34	14,67	11	14	73,34	81,33	61	64
14,68	16,00	12	15	81,34	90,66	68	71
16,01	17,33	13	16	90,67	101,33	76	79

Liegt der Halsdurchmesser nicht durch die Art des Werkzeuges (Gewindebohrer, Reibahle usw.) fest, so ist er in die Nähe des Größtwertes der Halsdurchmesserstufe zu legen.

Mindestspiel zwischen Vierkant und Windeisenloch.

Vierkant	Unteres Grenzmaß für das Windeisenloch	Oberes Grenzmaß für den Vierkant
2,1 – 3	Nennmaß + 0,03	ist das Nennmaß des Vierkants
3,4 – 5,5	,, + 0,04	
6,2 – 10	,, + 0,05	
11 – 18	,, + 0,06	
20 – 29	,, + 0,07	
32 – 49	,, + 0,08	
55 – 76	,, + 0,1	

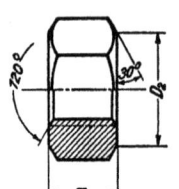
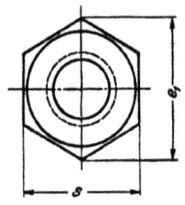

Blanke Sechskantmuttern.

	Whitworth-Gewinde					Metrisches Gewinde				
Gewindedurchmesser d ''	Mutterhöhe m		Schlüsselweite s Größtmaß	Eckenmaß e_1 ≈	Spiegeldurchmesser D_s ≈		Mutterhöhe m		Schlüsselweite s Größtmaß	Eckenmaß e_1 ≈	Spiegeldurchmesser D_s ≈
	1 d- hoch DIN 70	0,8 d- hoch DIN 934					1 d- hoch DIN 89	0,8 d- hoch DIN 934			
1/4	6	5,5	11	12,7	10,5	M 1,7	1,7	1,7	4	4,6	3,8
5/16	8	6,5	14	16,2	13,5	M 2	2	2	4,5	5,2	4,3
3/8	9	8	17	19,6	16,5	M 2,3	2,3	2,3	5	5,8	4,8
7/16	11	9,5	19	21,9	18	M 2,6	2,6	2,6	5,5	6,4	5,3
1/2	13	11	22	25,4	21	M 3	3	3	6	6,9	5,8
5/8	16	13	27	31,2	26	M 3,5	3,5	3,5	7	8,1	6,8
3/4	19	16	32	36,9	31	M 4	4	4	8	9,2	7,8
7/8	22	18	36	41,6	34	M 4,5	4,5	4	9	10,4	8,8
1	25	20	41	47,3	39	M 5	5	4,5	9	10,4	8,8
1 1/8	28	22	46	53,1	44	M 5,5	5,5	5	10	11,5	9,8
1 1/4	32	25	50	57,7	48	M 6	6	5,5	11	12,7	10,5
1 3/8	35	28	55	63,5	53	M 7	7	5,5	11	12,7	10,5
1 1/2	38	30	60	69,3	57	M 8	8	6,5	14	16,2	13,5
1 5/8	41	32	65	75,0	62	M 9	9	8	17	19,6	16,5
1 3/4	45	35	70	80,8	67	M 10	10	8	17	19,6	16,5
1 7/8	48	38	75	86,5	72	M 11	11	9,5	19	21,9	18
2	50	40	80	92,4	77	M 12	12	11	22	25,4	21
						M 14	14	11	22	25,4	21
						M 16	16	13	27	31,2	26
						M 18	18	16	32	36,9	31
						M 20	20	16	32	36,9	31
						M 22	22	18	36	41,6	34
						M 24	24	18	36	41,6	34
						M 27	27	20	41	47,3	39
						M 30	30	22	46	53,1	44
						M 33	33	25	50	57,7	48
						M 36	36	28	55	63,5	53
						M 39	39	30	60	69,3	57
						M 42	42	32	65	75,0	62
						M 45	45	35	70	80,8	67
						M 48	48	38	75	86,5	72
						M 52	52	40	80	92,4	77

Unterlegscheiben.

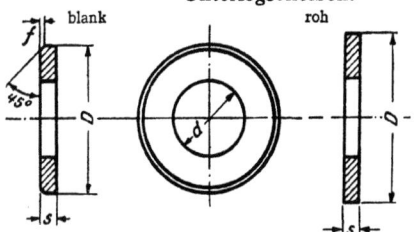

Die eingeklammerten Größen sind möglichst zu vermeiden.

blank (DIN 125, Bl. 1)				roh (DIN 126)			
Whitworth-Gewinde				Whitworth-Gewinde			
Gewindedurchmesser Zoll	d mm	D mm	s mm	f mm	Gewindedurchmesser Zoll	d mm	D mm	s mm

Gewindedurchmesser Zoll	d mm	D mm	s mm	f mm	Gewindedurchmesser Zoll	d mm	D mm	s mm
1/4	6,5	14	1,5	0,4	1/4	7	14	1,5
5/16	8,3	18	2	0,5	5/16	9	18	2
3/8	9,8	22	2,5	0,5	3/8	11	22	2,5
(7/16)	11,5	24	3	0,5	(7/16)	12,5	24	3
1/2	13,2	28	3	0,5	1/2	14	28	3
5/8	16,5	34	3	0,5	5/8	17,5	34	3
3/4	20	40	4	1	3/4	21	40	4
7/8	23	45	4	1	7/8	24	45	4
1	26,5	52	5	1	1	27	52	5
1 1/8	29,5	58	5	1	1 1/8	31	58	5
1 1/4	33	62	5	1	1 1/4	34	62	5
1 3/8	36	68	6	1,5	1 3/8	37	68	6
1 1/2	39	75	6	1,5	1 1/2	40	75	6
1 5/8	43	80	7	1,5	1 5/8	44	80	7
1 3/4	46	85	7	1,5	1 3/4	47	85	7
(1 7/8)	50	92	8	1,5	(1 7/8)	50	92	8
2	52	98	8	1,5	2	54	98	8
Metrisches Gewinde				Metrisches Gewinde				
M 4	4,2	10	0,8	0,2	—	—	—	—
M (4,5)	4,7	12	0,8	0,3	—	—	—	—
M 5	5,2	12	0,8	0,3	M 5	5,5	12	1
M (5,5)	5,7	13	1	0,4	—	—	—	—
M 6	6,2	14	1,5	0,4	M 6	7	14	1,5
M (7)	7,2	16	1,5	0,4	M (7)	8	16	1,5
M 8	8,3	18	2	0,5	M 8	9	18	2
M (9)	9,3	22	2,5	0,5	M (9)	10	22	2,5
M 10	10,3	22	2,5	0,5	M 10	11	22	2,5
M (11)	11,5	24	3	0,5	M (11)	12,5	24	3
M 12	12,5	28	3	0,5	M 12	14	28	3
M 14	14,5	30	3	0,5	M 14	15,5	30	3
M 16	16,5	34	3	0,5	M 16	17,5	34	3
M 18	19	40	4	1	M 18	20	40	4
M 20	21	40	4	1	M 20	21	40	4
M 22	23	45	4	1	M 22	24	45	4
M 24	25	45	4	1	M 24	26	45	4
M 27	28	52	5	1	M 27	29	52	5
M 30	31	58	5	1	M 30	31	58	5
M 33	34	62	5	1	M 33	34	62	5
M 36	37	68	6	1,5	M 36	37	68	6
M 39	40	75	6	1,5	M 39	40	75	6
M 42	43	80	7	1,5	M 42	44	80	7
M 45	46	85	7	1,5	M 45	47	85	7
M 48	50	92	8	1,5	M 48	50	92	8
M 52	54	98	8	1,5	M 52	54	98	8

Mechaniker-Normalgewinde.
Siemens & Halske-Gewinde (S. & H.)

Aus der Praxis entstanden, in feinmechanischen Betrieben, insbesondere für Telephon- und Telegraphenapparate viel verwendet. Nunmehr ersetzt durch das metr. Gewinde DIN 13 und 14.

Das Gewindeprofil ist abgerundet und hat verschiedene Flankenwinkel.

Nr.	Alte Bezeichnung	Außendurchmesser mm	Kerndurchmesser mm	Flankendurchmesser mm	Flankenwinkel Grad	Gänge auf 1″	Steigung mm	Rundungshalbmesser ∞ mm
1	Gl 16	15,84	14,93	15,385	75	$28^1/_2$	0,8965	0,10
2	Gl 13	13,07	11,61	12,34	52	25	1,0160	0,12
3	15	12,30	10,00	11,15	54	$17^{17}/_{64}$	1,4711	0,12
4	13a	11,37	8,75	10,06	59	$13^{13}/_{25}$	1,8246	0,15
5	14	11,02	9,45	10,235	52	$24^3/_{32}$	1,0477	0,11
6	13	10,86	8,94	9,90	57	$19^2/_7$	1,3170	0,12
7	Gl 10	10,16	9,07	9,615	66	$26^8/_{17}$	0,9596	0,12
8	12	9,40	7,54	8,47	52	22	1,1545	0,10
9	11	9,24	7,30	8,27	55	$20^1/_4$	1,2543	0,11
10	12a	8,91	6,63	7,77	58	$16^1/_{14}$	1,5804	0,13
*11	10	8,965	7,065	6,015	50	$20^5/_6$	1,2192	0,13
12	10a	8,75	6,53	7,64	57	$16^{268}/_{377}$	1,4962	0,12
13	9	8,28	6,77	7,525	52	$26^1/_{31}$	0,9721	0,10
*14	8	7,20	5,75	6,475	58	$24^1/_2$	1,0367	0,10
15	3a	6,64	5,87	6,255	58	42	0,6047	0,08
16	7	6,28	4,73	5,505	62	$21^2/_3$	1,1723	0,11
*17	6	6,00	4,68	5,34	55	$28^1/_2$	0,8965	0,06
*18	4	5,75	4,51	5,13	48	$32^1/_2$	0,7815	0,09
19	5	5,58	4,27	4,925	62	$24^1/_2$	1,0367	0,11
20	3	5,30	4,60	4,95	53	$48^4/_7$	0,5229	0,07
*21	2	5,12	4,05	4,585	58	$32^1/_2$	0,7815	0,08
22	3b	4,67	4,02	4,345	62	$48^4/_7$	0,5229	0,06
23	3c	4,21	3,71	3,96	60	$61^7/_{19}$	0,4127	0,05
24	1	4,21	3,25	3,73	63	$31^7/_8$	0,7968	0,09
*25	10	4,00	3,20	3,60	61	38	0,6684	0,09
26	20	3,43	2,71	3,07	55	$42^2/_4$	0,5941	0,09
*27	30	3,37	2,60	2,985	68	38	0,6684	0,07
28	Gl 30	2,89	2,21	2,55	68	38	0,6684	0,10
*29	40	2,80	2,24	2,52	66	$47^1/_2$	0,5347	0,08
30	50	2,61	2,10	2,355	58	$50^{10}/_{19}$	0,5027	0,09
*31	60	2,16	1,65	1,905	68	51	0,4980	0,07
32	H	1,80	1,44	1,62	75	$61^1/_2$	0,4141	0,07
*33	70	1,78	1,40	1,59	59	$73^1/_3$	0,3463	0,06
*34	80	1,63	1,30	1,465	55	84	0,3023	0,05
35	90	1,38	1,10	1,24	72	90	0,2822	0,04
*36	100	1,22	0,93	1,075	50	$112^9/_{26}$	0,2266	0,04

* Früher bevorzugte Postgewinde.

Ducommun-Steinlen-Gewinde

für mechanische und optische Instrumente, aufgestellt 1873 von den Ducommunschen Werkstätten (Heilmann, Ducommun & Steinlen) in Mülhausen i. E. Flankenwinkel 60°, Abflachung gleich $S/10$.

D_a .... mm	3	4	5	6	7	8	9	10	12	15
S .... mm	0,5	0,75	0,75	1	1,25	1,25	1,50	1,50	1,75	2
D_k ... ,,	2,33	3,00	4,00	4,67	5,33	6,33	7,00	8,00	9,67	12,33
D_a ... mm	18	20	23	25	28	30	32	35	38	40
S .... mm	2,5	2,5	3	3	3	3,5	3,5	4	4	4
D_k ... ,,	14,67	16,67	19,00	21,00	24,00	25,33	27,33	29,67	31,67	34,68
D_a ... mm	45	48	50	55	60	65	70	75	80	
S .... mm	4,5	5	5	5	6	6	7	7	7	
D_k ... ,,	39,00	40,33	43,33	48,33	52,00	57,00	60,67	65,67	70,67	

Karmarsch[1]-Gewinde

für mechanische und optische Instrumente. (Form wie Löwenherz.)

G = Gangzahl auf 10 mm Länge.

	Grobes Gewinde					Feines Gewinde				
D_a ... mm	4	5	6	8	10	4	5	6	8	10
G .... mm	12	10	9	8	6	24	20	18	16	12
S .... ,,	0,834	1,0	1,111	1,25	1,667	0,417	0,50	0,556	0,625	0,834
D_k ... ,,	2,749	3,5	4,333	6,13	7,5	3,37	4,25	5,16	7,06	8,75

[1]) Karmarsch, Prof. der Technologie an der Techn. Hochschule in Hannover, geb. 1803 in Wien, gest. 1879 in Hannover.

Metrisches Gewinde

des Vereins deutscher Ingenieure (nach Delisle[1]).

(Form wie Löwenherz-Gewinde.)

Das von Delisle 1876 vorgeschlagene Gewinde wurde vom VDI. 1888 in Breslau angenommen, zugunsten des vom Intern. Kongreß zur Vereinheitlichung der Gewinde, Zürich, 3. und 4. Okt. 1898, festgelegten S.I.-Gewindes fallen gelassen und ist kaum noch in Gebrauch.

Außendurchmesser ... mm	6	7	8	9	10	12	14	16	18
Steigung .... mm	1,0	1,1	1,2	1,3	1,4	1,6	1,8	2,0	2,2
Kerndurchmesser ... ,,	4,5	5,35	6,2	7,05	7,9	9,6	11,3	13	14,7
Flankendurchmesser .. ,,	5,25	6,1	7,1	7,95	8,95	10,8	12,65	14,5	16,35
Schlüsselweite ..... ,,	11	14	14	18	18	22	25	28	31
Außendurchmesser ... mm	20	22	24	26	28	30	32	36	40
Steigung .... mm	2,4	2,8	2,8	3,2	3,2	3,6	3,6	4,0	4,4
Kerndurchmesser ... ,,	16,4	17,8	19,8	21,2	23,2	24,6	26,6	30	33,4
Flankendurchmesser .. ,,	18,2	19,9	21,9	23,6	25,6	27,3	29,3	33	36,7
Schlüsselweite ..... ,,	34	37	40	43	46	49	52	58	64

[1]) Karl Delisle, Oberingenieur der badischen Staatseisenbahn, gest. 1909.

Hamann[1]) = Patronengewinde

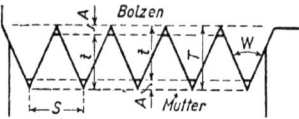

für mechanische und optische Instrumente
sehr verbreitet.

Gew.-Nr.	S mm	Gg. auf 1"	A mm	t mm	T mm	W	Beispiel für die Bezeichnung
1	3,907	6¹/₈	0,29	3,902	4,192	50°	57,2×65 Gew. 1
2	3,092	8³/₁₄	0,27	3,045	3,315	50°	53,9×60 „ 2
3	2,739	9³/₁₁	0,25	2,687	2,937	50°	52,7×58 „ 3
4	1,953	13	0,22	1,873	2,093	50°	35,3×39 „ 4
5	1,546	16³/₇	0,195	1,463	1,658	50°	47,1×50 „ 5
6	1,270	20	0,175	1,187	1,362	50°	18,6×21 „ 6
7	1,154	22	0,155	1,082	1,237	50°	22 ×24 „ 7
8	0,976	26	0,135	0,911	1,046	50°	27,2×29 „ 8
9	0,873	29¹/₁₉	0,115	0,820	0,935	50°	34,4×36 „ 9
10	0,705	36	0,085	0,670	0,755	50°	20,7×22 „ 10
11	0,635	40	0,065	0,443	0,508	64°	26,1×27 „ 11
12 tf.	0,461	55	0,065	0,428	0,493	50°	12,1×13 „ 12 tf.
12 fl.	0,461	55	0,035	0,259	0,294	76°	17,5×18 „ 12 fl.
13	0,288	88	0,035	0,273	0,308	50°	26 ×26,5 „ 13

[1]) Hamann, Maschinenfabrikant (Mechaniker-Drehbänke) in Berlin, in der zweiten Hälfte des vorigen Jahrhunderts.

Uhrschrauben = Gewinde

der Systeme „Thury"[1]) und „British Association Standard Screw Threads" (B. A.)
(gebräuchlich für Instrumente und Uhren).

	$h = 1,1364 \cdot S$; $t = 0,6 \cdot S$ Abrundungen	
	äußere (r)	innere (R)
B. A.	²/₁₁ · S	²/₁₁ · S
Thury	1/₆ · S	1/₅ · S

Nr.	0	1	2	3	4	5	6	7	8
D_a . . mm	6	5,3	4,7	4,1	3,6	3,2	2,8	2,5	2,2
S . . . „	1	0,9	0,81	0,73	0,66	0,59	0,53	0,48	0,43
D_k . . „	4,8	4,22	3,728	3,224	2,808	2,492	2,164	1,924	1,684

Nr.	9	10	11	12	13	14	15	16	17
D_a . . mm	1,9	1,7	1,5	1,3	1,2	1	0,9	0,79	0,7
S . . . „	0,39	0,35	0,3	0,28	0,25	0,23	0,21	0,19	0,17
D_k . . „	1,432	1,28	1,128	0,964	0,9	0,724	0,648	0,562	0,496

Nr.	18	19	20	21	22	23	24	25	
D_a . . mm	0,62	0,54	0,48	0,42	0,37	0,33	0,29	0,25	
S . . . „	0,15	0,14	0,12	0,11	0,098	0,098	0,08	0,072	
D_k . . „	0,44	0,372	0,336	0,288	0,252	0,223	0,194	0,164	

[1]) Thury, Ingenieur, Universitätsprofessor in Genf, gest. am 17. Januar 1905.

Neues Britisches Normal-Fein-Gewinde.

(B.S.F. = British Standard Fine Screw Thread.)

Außendurchmesser	D_a	$D_k + 2t$; $D_f + t$	
Kerndurchmesser	D_k	$D_a - 2t$; $D_f - t$	
Flankendurchmesser	D_f	$^1/_2 (D_a + D_k)$; $D_a - t$	
Steigung	S	25,4 : Gangzahl auf 1″	
Gewindetiefe	t	$^2/_3 h$; $0{,}64033 \cdot S$; $16{,}264 \cdot G$	
Gangzahl	G		
Dreieckshöhe	h	$0{,}96049 \cdot S$	

D_a	engl. Zoll	$^1/_4$	$^5/_{16}$	$^3/_8$	$^7/_{16}$	$^1/_2$	$^9/_{16}$	$^5/_8$	$^{11}/_{16}$	$^3/_4$
	mm	6,350	7,938	9,525	11,113	12,701	14,288	15,876	17,463	19,051
D_k	mm	5,049	6,457	7,899	9,305	10,668	12,254	13,552	15,139	16,341
G		26	22	20	18	16	16	14	14	12
S	mm	1,016	1,156	1,270	1,411	1,588	1,588	1,814	1,814	2,117

D_a	engl. Zoll	$^{13}/_{16}$	$^7/_8$	$^{15}/_{16}$	1	$1^1/_8$	$1^1/_4$	$1^3/_8$	$1^1/_2$	$1^5/_8$
	mm	20,638	22,225	23,813	25,401	28,576	31,751	34,926	38,101	41,277
D_k	mm	17,928	19,267	20,855	22,147	24,962	28,137	30,860	34,035	37,211
G		12	11	11	10	9	9	8	8	8
S	mm	2,117	2,309	2,309	2,540	2,822	2,822	3,175	3,175	3,175

D_a	engl. Zoll	$1^3/_4$	$1^7/_8$	2	$2^1/_4$	$2^1/_2$	$2^3/_4$	3	$3^1/_4$	$3^1/_2$
	mm	44,452	47,627	50,802	57,152	63,502	69,853	76,203	82,55	88,90
D_k	mm	39,804	42,979	46,154	51,727	58,077	64,427	69,693	76,04	81,67
G		7	7	7	6	6	6	5	5	$4^1/_2$
S	mm	3,629	3,629	3,629	4,233	4,233	4,233	5,080	5,080	5,645

D_a	engl. Zoll	$3^3/_4$	4	$4^1/_4$	$4^1/_2$	$4^3/_4$	5	$5^1/_4$	$5^1/_2$	$5^3/_4$	6
	mm	95,25	101,60	107,95	114,30	120,65	127,00	133,35	139,70	146,05	152,40
D_k	mm	88,02	94,37	99,83	106,18	112,52	118,87	124,06	130,41	136,76	143,11
G		$4^1/_2$	$4^1/_2$	4	4	4	4	$3^1/_2$	$3^1/_2$	$3^1/_2$	$3^1/_2$
S	mm	5,645	5,645	6,350	6,350	6,350	6,350	7,257	7,257	7,257	7,257

Amerikanisches Feingewinde.

(A.S.M.E., aufgestellt von American Society of Mechanical Engineers 1907.) Gewindeform wie bei Sellers-Gewinde (S. 272).

Außendurchmesser engl. Zoll	0,060	0,073	0,086	0,099	0,112	0,125	0,138
Außendurchmesser mm	1,524	1,854	2,184	2,515	2,845	3,175	3,505
Gänge auf 1 engl. Zoll	80	72	64	56	48	44	40
Kerndurchmesser mm	1,112	1,397	1,669	1,925	2,156	2,426	2,680

Außendurchmesser engl. Zoll	0,151	0,164	0,177	0,190	0,216	0,242	0,268
Außendurchmesser mm	3,835	4,166	4,496	4,826	5,486	6,147	6,807
Gänge auf 1 engl. Zoll	36	36	32	30	28	24	22
Kerndurchmesser mm	2,918	3,249	3,464	3,726	4,308	4,773	5,308

Außendurchmesser engl. Zoll	0,294	0,320	0,346	0,372	0,398	0,424	0,450
Außendurchmesser mm	7,467	8,128	8,788	9,449	10,109	10,769	11,430
Gänge auf 1 engl. Zoll	20	20	18	16	16	14	14
Kerndurchmesser mm	5,816	6,477	6,954	7,386	8,047	8,412	9,073

Engl. „C. E. I."- Gewinde.
(Cycle Engineers Institute Thread.)

Außendurchmesser	D_a	
Kerndurchmesser	D_k	$D_a - 2t$
Flankendurchmesser	D_f	$^1/_2(D_a + D_k)$; $D_a - t$
Steigung . . . . . mm	S	$25,4 : G$
Gewindetiefe	t	$0,5327 \cdot S$
Gangzahl auf 1 Zoll engl.	G	

D_a	engl. Zoll	**0,056**	**0,064**	**0,072**	**0,080**	**0,092**	**0,104**	**0,125**
	mm	1,422	1,626	1,829	2,032	2,337	2,642	3,175
D_k	engl. Zoll	0,038	0,044	0,055	0,063	0,073	0,080	0,098
	mm	0,965	1,190	1,393	1,596	1,854	2,028	2,499
G		62	62	62	62	56	44	40
S	mm	0,409	0,409	0,409	0,409	0,453	0,577	0,635
D_a	engl. Zoll	**0,154**	**0,175**	**0,1875**	**0,250**	**0,266**	**0,281**	**0,3125**
	mm	3,912	4,445	4,762	6,35	6,756	7,137	7,937
D_k	engl. Zoll	0,127	0,142	0,154	0,209	0,225	0,240	0,271
	mm	3,236	3,600	3,917	5,309	5,715	6,096	6,896
G		40	32	32	26	26	26	26
S	mm	0,635	0,794	0,794	0,977	0,977	0,977	0,977
D_a	engl. Zoll	**0,375**	**0,5625**	**1,000**	**1,290**	**1,370**	**1,4375**	**1,5**
	mm	9,525	14,287	25,4	32,766	34,797	36,512	38,10
D_k	engl. Zoll	0,334	0,509	0,959	1,245	1,325	1,393	1,455
	mm	8,484	12,934	24,359	31,639	33,670	35,385	36,973
G		26	20	26	24	24	24	24
S	mm	0,977	1,270	0,977	1,058	1,058	1,058	1,058

Französisches Gewinde.

(S.F. = System Français.) Gewindeform wie Sellers.

War in Frankreich vor Einführung des S. I.-Gewindes im Gebrauch und wird dort auch jetzt noch vielfach angewendet.

Nr.	0	—	1	—	2	—	3	—	—	4	—	—
D_a . . . mm	6	8	10	12	14	16	18	20	22	24	26	28
S . . . „	1	1	1,5	1,5	2	2	2,5	2,5	2,5	3	3	3
D_k . . . „	4,7	6,7	8,05	10,05	11,4	13,4	14,75	16,75	18,75	20,1	22,1	24,1
D_f . . . „	5,35	7,35	9,02	11,02	12,7	14,7	16,37	18,37	20,37	22,05	24,05	26,05

Nr.	5	—	—	6	—	—	7	—	—	8	—	9
D_a . . . mm	30	32	34	36	38	40	42	44	46	48	50	56
S . . . „	3,5	3,5	3,5	4	4	4	4,5	4,5	4,5	5	5	5,5
D_k . . . „	25,45	27,45	29,45	30,8	32,8	34,8	36,15	38,15	40,15	41,5	43,5	48,85
D_f . . . „	27,72	29,72	31,72	33,4	35,4	37,4	39,07	41,07	43,07	44,75	46,75	52,42

Nr.	10	11	12	13	14	15	16	17	18	19
D_a . . . mm	64	72	80	88	96	106	116	126	136	148
S . . . „	6	6,5	7	7,5	8	8,5	9	9,5	10	10,5
D_k . . . „	56,2	63,55	70,9	78,25	85,6	95,95	104,3	113,65	123	134,05
D_f . . . „	60,1	67,77	75,45	83,12	90,8	100,97	110,15	119,82	129,5	141,02

Löwenherz[1]-Gewinde.

Feinmechanikergewinde, hauptsächlich in Deutschland und Österreich in Gebrauch gewesen. Ursprünglich Spitzgewinde, in der abgeflachten Form angenommen auf dem Kongreß zur Einführung einheitlicher Gewinde für Befestigungsschrauben in der Feinmechanik in München 1892. Jetzt durch das metrische Gewinde DIN 13 ersetzt.
(53° 8' = Spitzenwinkel des in ein Quadrat eingeschriebenen gleichschenkligen Dreiecks.)

Außendurchmesser .	D_a	
Kerndurchmesser . .	D_k	$D_a - 2t$; $D_a - 1,5 \cdot S$
Flankendurchmesser	D_f	$\frac{1}{2}(D_a + D_k)$; $D_a - 0,75 \cdot S$
Steigung = Dreieckshöhe	$S = h$	
Gewindetiefe	t	$0,75 \cdot h$; $0,75 \cdot S$

Außendurchmesser . . . . mm	1	1,2	1,4	1,7	2	2,3	2,6	3	3,5
Steigung . . . . mm	0,25	0,25	0,3	0,35	0,4	0,4	0,45	0,5	0,6
Kerndurchmesser . . . . ,,	0,625	0,825	0,95	1,175	1,4	1,7	1,925	2,25	2,6
Flankendurchmesser . . . ,,	0,812	1,012	1,175	1,437	1,700	2,000	2,262	2,625	3,050
Spiralbohrer . . . . { Nr.	71	66	61	56	53	50	47	42	36
{ mm	0,66	0,84	1	1,2	1,5	1,78	2	2,38	2,7
Schlüsselweite . . . . . mm	3	4	5	5	6	6	7	7	8

Außendurchmesser . . . . mm	4	4,5	5	5,5	6	7	8	9	10
Steigung . . . . mm	0,7	0,75	0,8	0,9	1	1,1	1,2	1,3	1,4
Kerndurchmesser . . . . ,,	2,95	3,375	3,8	4,15	4,5	5,35	6,2	7,05	7,9
Flankendurchmesser . . . ,,	3,475	3,937	4,400	4,825	5,250	6,175	7,100	8,025	8,950
Spiralbohrer . . . . { Nr.	31	29	23	18	14	—	E	—	P
{ mm	3,1	3,5	3,9	4,3	4,6	5,5	6,4	7,25	8,2
Schlüsselweite . . . . . mm	8	10	10	12	12	14	14	17	17

[1]) Dr. Leop. Löwenherz, geb. 1847 zu Czarnikau in Posen, Abteilungs-Direktor der Phys.-Techn. Reichsanstalt in Charlottenburg, gest. 1892.

Bodmer[1])-Gewinde für mechanische und optische Instrumente.

Außendurchmesser .	D_a	
Kerndurchmesser .	D_k	$D_a - 2t$; $D_a - 1,42968 \cdot S$
Flankendurchmesser	D_f	$\frac{1}{2}(D_a + D_k)$; $D_a - t$
Steigung	S	
Gewindetiefe . . .	t	$^2/_3 \cdot h$; $0,71484 \cdot S$
Dreieckshöhe . . .	h	$1,07225 \cdot S$
Gangzahl auf 25 mm	G	

D_a . . mm	3,0	3,5	4	4,5	5	5,5	6	7	8	9	10	11
S . . mm	0,625	0,625	0,715	0,715	0,834	0,834	0,834	1,00	1,00	1,25	1,25	1,25
G . . .	40	40	35	35	30	30	30	25	25	20	20	20
D_k . . mm	2,107	2,607	2,978	3,478	3,808	4,308	4,808	5,57	6,67	7,213	8,213	9,213

D_a . . mm	12	13	14	15	16	18	20	22	24
S . . mm	1,471	1,471	1,724	1,724	2	2	2,5	2,5	2,78
G . . .	17	17	14,5	14,5	12,5	12,5	10	10	9
D_k . . mm	9,897	10,897	11,535	12,535	13,141	15,141	16,426	18,426	20,026

D_a . . mm	26	28	30	32	34	38	42	46	50
S . . mm	2,78	3,125	3,125	3,571	3,571	4,167	4,167	5	5
G . . .	9	8	8	7	7	6	6	5	5
D_k . . mm	22,026	23,532	25,532	26,895	28,895	32,043	36,043	38,852	42,852

[1]) Bodmer, zuerst Mechaniker, später Artillerieoffizier, Fabrikleiter usw., geb 1786 in Zürich, gest. 1864 in Zürich.

U. S. St.=Gewinde [Sellers[1])=Gewinde].
(United-States-Standard-System.)
Amerikanisches Normalgewinde.

Nach dem „Report of the Working Comittee to the Sectiona lComittee on the Standardization and Unification of Screw Threads, organized under the rules of the American Engineering Standards Commission" vom Mai 1924. Es sind 2 Gewinde (gleichen Profils), ein Grob- und ein Feingewinde aufgestellt, wovon das erste dem Sellers-Gewinde entspricht. Der Bolzen kann im Grunde und die Mutter im Außendurchmesser gerundet sein; das Spitzenspiel im Außendurchmesser kann wegfallen. In nachfolgenden Tafeln sind nur die Bolzenabmessungen gebracht.

Außendurchmesser	D_a	$d_a = D_a + \frac{1}{9} t$
Kerndurchmesser	D_k	$D_a - 2t$; $d_k = D_k + \frac{1}{3} t$
Flankendurchmesser	D_f	$^1/_2 (D_a + D_k)$; $D_a - t$
Steigung...	S	1 Zoll : Gangzahl
Gewindetiefe.	t	$^3/_4 h$; $0{,}649519 \cdot S$
Dreieckshöhe.	h	$0{,}866025 \cdot S$

Bezeichnung	Grobgewinde						Feingewinde					
	D_a	D_k	D_f	Gang auf 1"	S	t	D_a	D_k	D_f	Gang auf 1"	S	t
Nr. 0	—	—	—	—	—	—	1,524	1,112	1,318	80	0,318	0,206
„ 1	1,854	1,338	1,596	64	0,397	0,258	1,854	1,395	1,625	72	0,353	0,229
„ 2	2,184	1,594	1,889	56	0,454	0,295	2,184	1,668	1,926	64	0,397	0,258
„ 3	2,515	1,827	2,171	48	0,529	0,344	2,515	1,925	2,220	56	0,454	0,295
„ 4	2,845	2,021	2,433	40	0,635	0,412	2,845	2,157	2,501	48	0,529	0,344
„ 5	3,175	2,351	2,763	40	0,635	0,412	3,175	2,425	2,800	44	0,577	0,375
„ 6	3,505	2,473	2,989	32	0,794	0,516	3,505	2,681	3,093	40	0,635	0,412
„ 8	4,166	3,134	3,650	32	0,794	0,516	4,166	3,250	3,708	36	0,706	0,458
„ 10	4,826	3,450	4,138	24	1,058	0,688	4,826	3,794	4,310	32	0,794	0,516
„ 12	5,486	4,110	4,798	24	1,058	0,688	5,486	4,374	4,900	28	0,907	0,586
$^1/_4''$	6,350	4,700	5,525	20	1,270	0,825	6,350	4,974	5,662	24	1,058	0,688
$^5/_{16}''$	7,938	6,104	7,021	18	1,411	0,917	7,938	6,562	7,250	24	1,058	0,688
$^3/_8''$	9,525	7,463	8,494	16	1,588	1,031	9,525	7,875	8,700	20	1,270	0,825
$^7/_{16}''$	11,113	8,755	9,934	14	1,814	1,179	11,113	9,463	10,288	20	1,270	0,825
$^1/_2''$	12,700	10,162	11,431	13	1,954	1,269	12,700	10,866	11,783	18	1,411	0,917
$^9/_{16}''$	14,288	11,538	12,913	12	2,117	1,375	14,288	12,354	13,371	18	1,411	0,917
$^5/_8''$	15,875	12,875	14,375	11	2,309	1,500	15,875	13,813	14,844	16	1,588	1,031
$^3/_4''$	19,050	15,750	17,400	10	2,540	1,650	19,050	16,692	17,871	14	1,814	1,179
$^7/_8''$	22,225	18,559	20,392	9	2,822	1,833	22,225	19,867	21,046	14	1,814	1,179
1	25,400	21,276	23,338	8	3,175	2,062	25,400	22,650	24,025	12	2,117	1,375
$^1/_8''$	28,575	23,861	26,218	7	3,629	2,357	28,575	25,825	27,200	12	2,117	1,375
$^1/_4''$	31,750	27,036	29,393	7	3,629	2,357	31,750	29,000	30,375	12	2,117	1,375
$^1/_2''$	38,100	32,600	35,350	6	4,234	2,750	38,100	35,350	36,725	12	2,117	1,375
$^3/_4''$	44,450	37,850	41,150	5	5,080	3,300						
2	50,800	43,468	47,134	$4^1/_2$	5,645	3,666						
$^1/_4''$	57,150	49,818	53,484	$4^1/_2$	5,645	3,666						
$^1/_2''$	63,500	55,250	59,375	4	6,350	4,125						
$^3/_4''$	69,850	61,600	65,725	4	6,350	4,125						
3	76,200	67,950	72,075	4	6,350	4,125						

[1]) William Sellers, Prof. am Stevens-Institut, Leiter der Kanadischen Niagara-Kraft-Gesellschaft, geb. 1827 in Philadelphia.

Amerikanisches scharfes „V"-Gewinde.

Außendurchmesser	D_a	
Kerndurchmesser	D_k	$D_a - 2t;\ D_a - 1{,}73206 \cdot S$
Flankendurchmesser	D_f	$D_a - t;$ $D_a - 0{,}86603 \cdot S$
Steigung	S	
Gewindetiefe	t	$S \cdot 0{,}86603$
Gangzahl auf 1 Zoll englisch	G	

Außendurchmesser		Gangzahl auf 1 engl. Zoll	Steigung	Gewindetiefe	Kerndurchmesser	Flankendurchmesser
engl. Zoll	mm		mm	mm	mm	mm
¹/₄	6,35	20	1,27	1,10	4,15	5,25
⁵/₁₆	7,94	18	1,41	1,22	5,50	6,72
³/₈	9,52	16	1,59	1,37	6,78	8,15
⁷/₁₆	11,11	14	1,81	1,57	7,97	9,54
¹/₂	12,70	12	2,12	1,83	9,04	10,87
⁹/₁₆	14,29	12	2,12	1,83	10,63	12,46
⁵/₈	15,87	11	2,31	2,00	11,87	13,87
¹¹/₁₆	17,46	11	2,31	2,00	13,46	15,46
³/₄	19,05	10	2,54	2,20	14,65	16,85
¹³/₁₆	20,64	10	2,54	2,20	16,24	18,44
⁷/₈	22,22	9	2,82	2,44	17,34	19,78
¹⁵/₁₆	23,81	9	2,82	2,44	18,93	21,37
1	25,40	8	3,17	2,75	19,90	22,65
1¹/₈	28,57	7	3,63	3,14	22,29	25,43
1¹/₄	31,75	7	3,63	3,14	25,47	28,61
1³/₈	34,92	6	4,23	3,67	27,58	31,25
1¹/₂	38,10	6	4,23	3,67	30,76	34,43
1⁵/₈	41,27	5	5,08	4,40	32,47	36,87
1³/₄	44,45	5	5,08	4,40	35,65	40,50
1⁷/₈	47,62	4¹/₂	5,64	4,89	37,84	42,73
2	50,80	4¹/₂	5,64	4,89	41,02	45,91
2¹/₈	53,97	4¹/₂	5,64	4,89	44,19	49,08
2¹/₄	57,15	4¹/₂	5,64	4,89	47,37	52,26
2³/₈	60,32	4¹/₂	5,64	4,89	50,54	55,43
2¹/₂	63,50	4	6,35	5,50	52,50	58,00
2⁵/₈	66,67	4	6,35	5,50	55,67	61,17
2³/₄	69,85	4	6,35	5,50	58,85	64,35
2⁷/₈	73,02	4	6,35	5,50	62,04	67,52
3	76,20	3¹/₂	7,26	6,28	63,64	69,92
3¹/₈	79,37	3¹/₂	7,26	6,28	66,81	73,09
3¹/₄	82,55	3¹/₂	7,26	6,28	69,99	76,27
3³/₈	85,72	3¹/₄	7,82	6,77	72,18	78,95
3¹/₂	88,90	3¹/₄	7,82	6,77	75,36	82,13
3⁵/₈	92,07	3¹/₄	7,82	6,77	78,53	85,30
3³/₄	95,25	3	8,47	7,33	80,59	87,92
3⁷/₈	98,42	3	8,47	7,33	83,76	91,09
4	101,60	3	8,47	7,33	86,94	94,27

Amerikanische Automobil-Schrauben.

(S.A.E.-Gewinde, aufgestellt von The Society of Automobile Engineers, U.S.A., Juni 1911.)

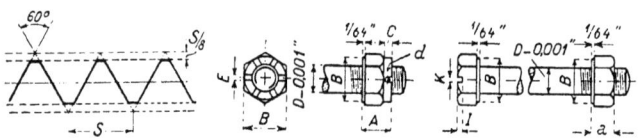

Gewindelänge = 1,5fache des Durchmessers.

Abflachung = $^1/_8$ der Gewindeganghöhe = $\frac{S}{8}$.

D = Durchmesser . . . . engl. Zoll	$^1/_4$	$^5/_{16}$	$^3/_8$	$^7/_{16}$	$^1/_2$	$^9/_{16}$	$^5/_8$	$^{11}/_{16}$
P = Gangzahl . . auf 1 engl. Zoll	28	24	24	20	20	18	18	16
A = Kronmutterhöhe . . ,, ,,	$^9/_{32}$	$^{21}/_{64}$	$^{13}/_{32}$	$^{29}/_{64}$	$^9/_{16}$	$^{39}/_{64}$	$^{21}/_{32}$	$^{49}/_{64}$
a = Mutterhöhe . . . . ,, ,,	$^7/_{32}$	$^{17}/_{64}$	$^{21}/_{64}$	$^9/_8$	$^7/_{16}$	$^{31}/_{64}$	$^{35}/_{64}$	$^{19}/_{32}$
B = Schlüsselweite . . . ,, ,,	$^7/_{16}$	$^1/_2$	$^9/_{16}$	$^5/_8$	$^3/_4$	$^7/_8$	$^{15}/_{16}$	1
C = Kronhöhe . . . . . ,, ,,	$^3/_{32}$	$^3/_{32}$	$^1/_8$	$^1/_8$	$^3/_{16}$	$^3/_{16}$	$^1/_4$	$^1/_4$
E = Kronschlitzbreite . ,, ,,	$^5/_{64}$	$^5/_{64}$	$^1/_8$	$^1/_8$	$^1/_8$	$^5/_{32}$	$^5/_{32}$	$^5/_{32}$
H = Kopfhöhe . . . . . ,, ,,	$^3/_{16}$	$^{15}/_{64}$	$^9/_{32}$	$^{21}/_{64}$	$^3/_8$	$^{27}/_{64}$	$^{15}/_{32}$	$^{33}/_{64}$
I = Schlitztiefe i. Kopf. ,, ,,	$^3/_{32}$	$^7/_{64}$	$^1/_8$	$^1/_8$	$^1/_8$	$^1/_8$	$^1/_8$	$^1/_8$
K = Schlitzbreite . . . . ,, ,,	$^1/_{16}$	$^1/_{16}$	$^3/_{32}$	$^3/_{32}$	$^3/_{32}$	$^3/_{32}$	$^3/_{32}$	$^3/_{32}$
d = Splintstärke . . . . ,, ,,	$^1/_{16}$	$^1/_{16}$	$^3/_{32}$	$^3/_{32}$	$^3/_{32}$	$^1/_8$	$^1/_8$	$^1/_8$
D = Durchmesser . . . engl. Zoll	$^3/_4$	$^7/_8$	1	$1^1/_8$	$1^1/_4$	$1^3/_8$	$1^1/_2$	
P = Gangzahl . . auf 1 engl. Zoll	16	14	14	12	12	12	12	
A = Kronmutterhöhe . . ,, ,,	$^{13}/_{16}$	$^{29}/_{32}$	1	$^{15}/_{32}$	$1^1/_4$	$1^{13}/_{32}$	$1^1/_2$	
a = Mutterhöhe . . . . ,, ,,	$^{21}/_{32}$	$^{49}/_{64}$	$^7/_8$	$^{63}/_{64}$	$1^3/_{32}$	$1^{13}/_{64}$	$1^5/_{16}$	
B = Schlüsselweite . . . ,, ,,	$1^1/_{16}$	$1^1/_4$	$1^7/_{16}$	$1^5/_8$	$1^{13}/_{16}$	2	$2^3/_{16}$	
C = Kronhöhe . . . . . ,, ,,	$^1/_4$	$^1/_4$	$^1/_4$	$^5/_{16}$	$^5/_{16}$	$^3/_8$	$^3/_8$	
E = Kronschlitzbreite . . ,, ,,	$^5/_{32}$	$^5/_{32}$	$^5/_{32}$	$^7/_{32}$	$^7/_{32}$	$^1/_4$	$^1/_4$	
H = Kopfhöhe . . . . . ,, ,,	$^9/_{16}$	$^{21}/_{32}$	$^3/_4$	$^{27}/_{32}$	$^{15}/_{16}$	$1^1/_{32}$	$1^1/_8$	
I = Schlitztiefe i. Kopf. ,, ,,	$^1/_8$	$^1/_8$	$^1/_8$	$^7/_{32}$	$^7/_{32}$	$^1/_4$	$^1/_4$	
K = Schlitzbreite . . . . ,, ,,	$^3/_{32}$	$^3/_{32}$	$^3/_{32}$	$^5/_{32}$	$^5/_{32}$	$^3/_{16}$	$^3/_{16}$	
d = Splintstärke . . . . ,, ,,	$^1/_8$	$^1/_8$	$^1/_8$	$^{11}/_{64}$	$^{11}/_{64}$	$^{13}/_{64}$	$^{13}/_{64}$	

Alle Köpfe und Muttern blank.

Für Schrauben und Muttern ist Stahl von mindestens 80 kg Bruchfestigkeit und einer zulässigen Beanspruchung auf Zug mit 50 kg zu verwenden.

Schaft, Kopf und Mutter bleiben weich, nur Kronmuttern werden gehärtet.

In Gußeisen, Bronze und Aluminium wird das U. S.-Gewinde verwendet.

Gasflaschen-Ventile (DIN 477).
Abmessungen der Anschlußstutzen.

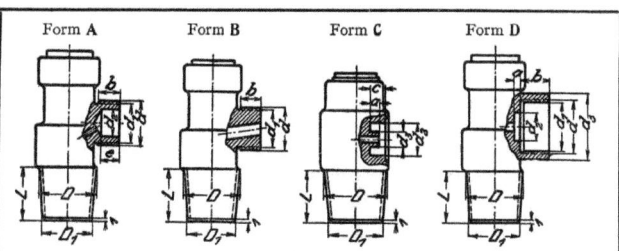

Gasflaschenanschluß. Kegel 3:25; das Gewinde ist senkrecht zum Kegelmantel zu schneiden. Whitworth-Form nach DIN 259.

Seitenanschlußgewinde: Whitworth-Form mit Spitzenspiel nach DIN 260.

Maße in mm.

Form	Gasart	Chemisches Zeichen	Seitenanschluß									c Größtmaß
			Gewinde				b Kleinstmaß	d_2	d_3	e	a	
			Ausführung	d	d_1	Gangzahl auf 1"						
A	Chloräthyl . .	C_2H_5Cl	Linksgewinde	21,80	19,48	14	11	13	13	—	10	—
	Wasserstoff .	H					11	13	13	—	10	—
	Blau- od. Ölgas	—						13				
	Kohlenoxyd .	CO						13				
	Kohlensäure .	CO_2		21,80	19,48		11	13	—	—	—	—
	Ammoniak. .	NH_3					11	13	—	—	—	—
	Schwefl. Säure	SO_2	Rechtsgewinde	22,643[1])	20,588	14	11	13	—	—	10	—
	Stickstoff . .	N		24,32	22,00		13	14	—	—		—
	Sauerstoff . .	O		26,174[1])	24,119		13	14	—	—		—
	Stickoxydul .	N_2O		16,465[1])	14,951	19	11	10	—	—		—
B	Chlor	Cl	Rechtsgewinde	24,931[2])	21,335	8	13	—	—	—	—	—
	Phosgen. . .	$COCl_2$										
C	Acetylen . .	C_2H_2	—	—	—	—	—	15,5	7,5	—	5	10
D	Preßluft . . .	—	Rechtsgewinde	22,912[1])	20,857	14	15	13	Klst.- Maß 32		4	—

Gasflaschenanschluß-Rechtsgewinde.

Form	Großes Ventil				Kleines Ventil			
	D	D_1	L	Gangzahl auf 1"	D	D_1	L	Gangzahl auf 1"
A, B, D	28,80	25,80	26	14	19,80	17,40	20	14
C	31,30	28,30						

[1]) Diese Gewinde stimmen überein mit dem Whitworth-Rohrgewinde mit Spitzenspiel nach DIN 260 (S. 277).

[2]) Whitworth-Gewinde mit Spitzenspiel nach DIN 12 (S. 251).

Die fehlenden Maße sind freie Konstruktionsmaße.

Whitworth-Rohrgewinde ohne Spitzenspiel
nach DIN 259. (Gewindeform S. 250.)

Dieses vollausgeschnittene Gewinde wird verwendet, wenn Dichthalten gefordert ist.

Steigung $h = 25{,}40095 : z$,
Dreieckshöhe $t = 0{,}96049 \cdot h$,
Rundung $r = 0{,}13733 \cdot h$,
Gewindetiefe $t_1 = 0{,}64033 \cdot h$.

Nenn-durch-messer Zoll	Bolzen und Mutter						Gangzahl auf 1 Zoll z
	Gewinde-durch-messer D mm	Kern-durch-messer d_1 mm	Gewinde-tiefe t_1 mm	Rundung r	Flanken-durch-messer d_2 mm	Steigung h mm	
1/8	9,729	8,567	0,581	0,125	9,148	0,907	28
1/4	13,158	11,446	0,856	0,184	12,302	1,337	19
3/8	16,663	14,951	0,856	0,184	15,807	1,337	19
1/2	20,956	18,632	1,162	0,249	19,794	1,814	14
5/8	22,912	20,588	1,162	0,249	21,750	1,814	14
3/4	26,442	24,119	1,162	0,249	25,281	1,814	14
7/8	30,202	27,878	1,162	0,249	29,040	1,814	14
1	33,250	30,293	1,479	0,317	31,771	2,309	11
(1 1/8)	37,898	34,941	1,479	0,317	36,420	2,309	11
1 1/4	41,912	38,954	1,479	0,317	40,433	2,309	11
(1 3/8)	44,325	41,367	1,479	0,317	42,846	2,309	11
1 1/2	47,805	44,847	1,479	0,317	46,326	2,309	11
(1 5/8)	51,990	49,032	1,479	0,317	50,511	2,309	11
1 3/4	53,748	50,791	1,479	0,317	52,270	2,309	11
2	59,616	56,659	1,479	0,317	58,137	2,309	11
2 1/4	65,712	62,755	1,479	0,317	64,234	2,309	11
(2 3/8)	69,400	66,443	1,479	0,317	67,921	2,309	11
2 1/2	75,187	72,230	1,479	0,317	73,708	2,309	11
2 3/4	81,537	78,580	1,479	0,317	80,058	2,309	11
3	87,887	84,930	1,479	0,317	86,409	2,309	11
3 1/4	93,984	91,026	1,479	0,317	92,505	2,309	11
3 1/2	100,334	97,376	1,479	0,317	98,855	2,309	11
3 3/4	106,684	103,727	1,479	0,317	105,205	2,309	11
4	113,034	110,077	1,479	0,317	111,556	2,309	11
4 1/2	125,735	122,777	1,479	0,317	124,256	2,309	11
5	138,435	135,478	1,479	0,317	136,957	2,309	11
5 1/2	151,136	148,178	1,479	0,317	149,657	2,309	11
6	163,836	160,879	1,479	0,317	162,357	2,309	11
7	189,237	185,984	1,627	0,349	187,611	2,540	10
8	214,638	211,385	1,627	0,349	213,012	2,540	10
9	240,039	236,786	1,627	0,349	238,412	2,540	10
10	265,440	262,187	1,627	0,349	263,813	2,540	10
11	290,841	286,775	2,033	0,436	288,808	3,175	8
12	316,242	312,176	2,033	0,436	314,209	3,175	8
13	347,485	343,419	2,033	0,436	345,452	3,175	8
14	372,886	368,820	2,033	0,436	370,853	3,175	8
15	398,287	394,221	2,033	0,436	396,254	3,175	8
16	423,688	419,622	2,033	0,436	421,655	3,175	8
17	449,089	445,023	2,033	0,436	447,056	3,175	8
18	474,490	470,424	2,033	0,436	472,457	3,175	8

Die Werte der Zahlentafel entsprechen (ausgenommen 1 5/8" und 2 3/8") der englischen Tafel „Report on British Standard Pipe Threads for Iron or Steel Pipes and Tubes, May 1918", unter Zugrundelegung eines Umrechnungswertes von 25,40095 mm für 1" bei der deutschen Bezugstemperatur von 20° C.

Die eingeklammerten Werte werden für Kupferrohre mit hohem Druck verwendet und sind sonst möglichst zu vermeiden.

Whitworth-Rohrgewinde mit Spitzenspiel
nach DIN 260. (Gewindeform und Aufbau S. 251.)

Das Bolzengewinde erhält am Kopf, das Muttergewinde am Kern ein Spiel a.

Steigung $h = 25{,}40095 : z$ Rundung $r = 0{,}13733 \cdot h$ Gewindetiefe $t_1 = 0{,}56633 \cdot h$
Abflachung $a = 0{,}074 \cdot h$ Dreieckshöhe $t = 0{,}96049 \cdot h$ Tragtiefe $t_2 = 0{,}49233 \cdot h$

mm

Nenn-durch-messer Zoll	Mutter		Bolzen			Flanken-durch-messer d_2	Steigung h	Gang-zahl auf 1 Zoll z
	Gewinde-durch-messer D	Kern-durch-messer D_1	Gewinde-durch-messer d	Kern-durch-messer d_1	Gewinde-tiefe t_1			
1/8	9,729	8,701	9,594	8,567	0,514	9,148	0,907	28
1/4	13,158	11,643	12,960	11,446	0,757	12,302	1,337	19
3/8	16,663	15,149	16,465	14,951	0,757	15,807	1,337	19
1/2	20,956	18,901	20,687	18,632	1,028	19,794	1,814	14
5/8	22,912	20,857	22,643	20,588	1,028	21,750	1,814	14
3/4	26,442	24,387	26,174	24,119	1,028	25,281	1,814	14
7/8	30,202	28,147	29,933	27,878	1,028	29,040	1,814	14
1	33,250	30,634	32,908	30,293	1,308	31,771	2,309	11
(1 1/8)	37,898	35,283	37,556	34,941	1,308	36,420	2,309	11
1 1/4	41,912	39,296	41,570	38,954	1,308	40,433	2,309	11
(1 3/8)	44,325	41,709	43,983	41,367	1,308	42,846	2,309	11
1 1/2	47,805	45,189	47,463	44,847	1,308	46,326	2,309	11
(1 5/8)	51,990	49,374	51,648	49,032	1,308	50,511	2,309	11
1 3/4	53,748	51,133	53,407	50,791	1,308	52,270	2,309	11
2	59,616	57,001	59,274	56,659	1,308	58,137	2,309	11
2 1/4	65,712	63,097	65,371	62,755	1,308	64,234	2,309	11
(2 3/8)	69,400	66,785	69,058	66,443	1,308	67,921	2,309	11
2 1/2	75,187	72,571	74,845	72,230	1,308	73,708	2,309	11
2 3/4	81,537	78,922	81,195	78,580	1,308	80,058	2,309	11
3	87,887	85,272	87,546	84,930	1,308	86,409	2,309	11
3 1/4	93,984	91,368	93,642	91,026	1,308	92,505	2,309	11
3 1/2	100,334	97,718	99,992	97,376	1,308	98,855	2,309	11
3 3/4	106,684	104,068	106,342	103,727	1,308	105,205	2,309	11
4	113,034	110,419	112,692	110,077	1,308	111,556	2,309	11
4 1/2	125,735	123,119	125,393	122,777	1,308	124,256	2,309	11
5	138,435	135,820	138,093	135,478	1,308	136,957	2,309	11
5 1/2	151,136	148,520	150,794	148,178	1,308	149,657	2,309	11
6	163,836	161,221	163,494	160,879	1,308	162,357	2,309	11
7	189,237	186,360	188,861	185,984	1,439	187,611	2,540	10
8	214,638	211,761	214,262	211,385	1,439	213,012	2,540	10
9	240,039	237,162	239,663	236,786	1,439	238,412	2,540	10
10	265,440	262,563	265,064	262,187	1,439	263,813	2,540	10
11	290,841	287,245	290,371	286,775	1,798	288,808	3,175	8
12	316,242	312,645	315,772	312,176	1,798	314,209	3,175	8
13	347,485	343,889	347,015	343,419	1,798	345,452	3,175	8
14	372,886	369,290	372,416	368,820	1,798	370,853	3,175	8
15	398,287	394,691	397,817	394,221	1,798	396,254	3,175	8
16	423,688	420,092	423,218	419,622	1,798	421,655	3,175	8
17	449,089	445,492	448,619	445,023	1,798	447,056	3,175	8
18	474,490	470,893	474,020	470,424	1,798	472,457	3,175	8

Die eingeklammerten Werte werden nur bei Kupferrohren für hohen Druck und deren Armaturen verwendet und sind sonst möglichst zu vermeiden.

Die Werte der Zahlentafel sind (ausgenommen 1 5/8″ und 2 3/8″) die theoretischen Abmessungen des Gewindes. Die entsprechenden Schneidwerkzeuge sind in der Form nach DIN 259 herzustellen und den Erfahrungen gemäß stärker oder schwächer zu wählen.

Die Werte der Zahlentafel stimmen mit der englischen Tabelle „Report on British Standard Pipe Threads for Iron or Steel Pipes and Tubes, May 1918" überein.

Whitworth-Rohrgewinde ohne Spitzenspiel für Fittingsanschlüsse.
(Gewindeform wie DIN 11.) Nach DIN 2999.

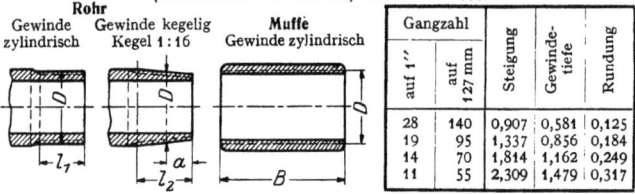

Gangzahl auf 1″	auf 127 mm	Steigung	Gewindetiefe	Rundung
28	140	0,907	0,581	0,125
19	95	1,337	0,856	0,184
14	70	1,814	1,162	0,249
11	55	2,309	1,479	0,317

Handelsübliche Nennweite		Gewinde							Muffe	Nennweite der zugehörigen Armaturen und Formstücke nach DIN 2003
		Gewindedurchmesser	Kerndurchmesser	Flankendurchmesser (Lehrdurchmesser)	1 Zoll	zylindrisch	kegelig		Mindestlänge	
						Nutzbare Gewindelänge²) l_1	Nutzbare Gewindelänge²) l_2	Abstand des Gewindedurchm. D vom Rohrende a		
Zoll	mm¹)	D	d_1	d_2	z	Größtmaß	Größtmaß	Größtmaß	Kleinstmaß	B	
¹/₈	5—10	9,729	8,567	9,148	28	8	10	5,5	4	20	6
¹/₄	8—13	13,158	11,446	12,302	19	9	11	7	5	25	8
³/₈	12—17	16,663	14,951	15,807	19	11	13	8	6	30	10
¹/₂	15—21	20,956	18,632	19,794	14	14	16	9	6	35	13
(⁵/₈)	16—23	22,912	20,588	21,750	14	14	16	9	6	35	16
³/₄	20—27	26,442	24,119	25,281	14	16	19	13	10	40	20
(⁷/₈)	24—31	30,202	27,878	29,040	14	16	19	13	10	40	—
1	26—34	33,250	30,293	31,771	11	19	22	14	10	45	25
1¹/₄	33—42	41,912	38,954	40,433	11	21	25	17	13	50	32
1¹/₂	40—49	47,805	44,847	46,326	11	21	25	17	13	55	40
(1³/₄)	45—55	53,748	50,791	52,270	11	24	28	20	16	60	—
2	50—60	59,616	56,659	58,137	11	24	28	20	16	60	50
2¹/₄	60—70	65,712	62,755	64,234	11	27	32	23	18	65	60
2¹/₂	66—76	75,187	72,230	73,708	11	27	32	23	18	65	70
(2³/₄)	72—82	81,537	78,580	80,058	11	30	35	26	21	70	—
3	80—90	87,887	84,930	86,409	11	30	35	26	21	70	80
3¹/₂	90—102	100,334	97,376	98,855	11	32	38	28	22	80	90
4	102—114	113,034	110,077	111,556	11	36	41	32	25	85	100
4¹/₂	115—127	125,735	122,777	124,256	11	36	41	32	25	85	110
5	127—140	138,435	135,478	136,957	11	38	44	35	28	90	125
5¹/₂*	—	151,136	148,178	149,657	11	40	48	39	32	100	140
6	152—165	163,836	160,879	162,357	11	42	51	42	35	100	150

Die eingeklammerten Größen sind möglichst zu vermeiden.
Die durch * gekennzeichnete Größe ist in der Fittingsindustrie nicht gebräuchlich.

¹) Die Angabe der Nennweite in zwei Millimeterzahlen ist besonders in Frankreich handelsüblich. Die erste Zahl entspricht ungefähr dem inneren, die zweite Zahl ungefähr dem äußeren Rohrdurchmesser, und zwar wird bezeichnet:
Egales Stück nach innerem und äußerem Rohrdurchmesser, z.B. 40—49 entsprechend 1¹/₂″,
Reduziertes Stück dagegen nur nach innerem Rohrdurchmesser, z. B. 40—15—26—15 entsprechend 1¹/₂″—¹/₂″—1″—¹/₂″.
Die Werte l_1 und a entsprechen der bisherigen Pyxis.

²) Innerhalb der nutzbaren Gewindelänge sind alle Gewindegänge im Grunde und an der Spitze voll ausgeschnitten. Beim kegeligen Gewinde dürfen jedoch die beiden letzten Gewindegänge an den Gewindespitzen unvollkommen sein. Das Gewindeprofil des kegeligen Außengewindes ist senkrecht zum Kegelmantel zu schneiden.

$$\text{Ganghöhe } h = \frac{25{,}40095}{z} = \infty \frac{127}{z_1} \begin{cases} \text{beim zylindr. Gewinde parallel zur Rohrachse gemessen.} \\ \text{,, kegelig. Gewinde parallel zum Kegelmantel gemessen.} \end{cases}$$

Die Muffe soll ohne merkliches Spiel auf das zylindrische Normal-Bolzengewinde aufgeschraubt werden können.

Die Gewindelänge an Verbindungsstücken entspricht der Gewindelänge l_2 des kegeligen Rohrgewindes, jedoch ist eine Gewindekürzung bis zu 15% zulässig.

Deutsche Röhrengewinde.

Angenommen im Jahre 1903 vom Verein Deutscher Ingenieure, vom Verein deutscher Gas- und Wasserfachmänner, vom Verein deutscher Zentralheizungsindustrieller, vom Verband deutscher Röhrenwerke.

Durch DIN 259 u. 260 (S. 276, 277) ersetzt.

(Whitworth-Gewindeform.)

Lichter Rohrdurchmesser engl. Zoll	$1/4$	$3/8$	$1/2$	$5/8$	$3/4$
„ „ mm	6,35	9,525	12,7	15,875	19,05
Anzahl der Gänge auf 1 engl. Zoll	19	19	14	14	14
Äuß. Rohr- u. Gewindedurchm. mm	13	16,5	20,5	23	26,5
Kerndurchmesser . . . . . . „	11,29	14,79	18,18	20,68	24,18
Flankenmaß . . . . „	12,145	15,645	19,34	21,84	25,34
Lichter Rohrdurchmesser engl. Zoll	1	$1\,1/4$	$1\,1/2$	$1\,3/4$	2
„ „ mm	25,4	31,749	38,099	44,449	50,799
Anzahl der Gänge auf 1 engl. Zoll	11	11	11	11	11
Äuß. Rohr- u. Gewindedurchm. mm	33	42	48	52	59
Kerndurchmesser . . . . . . „	30,04	39,04	45,04	49,04	56,04
Flankenmaß . . . . „	31,52	40,52	46,52	50,52	57,52
Lichter Rohrdurchmesser engl. Zoll	$2\,1/2$	$2\,1/2$	3	$3\,1/2$	4
„ „ mm	57,149	63,499	76,199	88,898	101,6
Anzahl der Gänge auf 1 engl. Zoll	11	11	11	11	11
Äuß. Rohr- u. Gewindedurchm. mm	70	76	89	101,5	114
Kerndurchmesser . . . . . . „	67,04	73,04	86,04	98,54	11,04
Flankenmaß . . . . „	68,52	74,52	87,52	100,02	112,52

Anmerkung: Das unabänderliche Maß des Rohres ist sein äußerer Durchmesser. Verschiedenheiten der Wandstärken werden durch Änderungen des inneren Durchmessers herbeigeführt. Die Bezeichnung nach der lichten Weite in engl. Zoll ist nur Handelsbezeichnung einer Rohrsorte. Das äußere Maß des Gewindes ist gleich dem äußeren Rohrdurchmesser.

Röhrengewinde nach Sellers.

Flankenwinkel = 60°.

Diese Sellers-Tafel wird sehr häufig mit der Whitworth-Tafel verschmolzen, indem man die Außendurchmesser nach Sellers, die Gewindeform nach Whitworth ausführt.

Lichte Rohrweite . . engl. Zoll	$1/8$	$1/4$	$3/8$	$1/2$	$5/8$	$3/4$	$7/8$
„ „ . . . . mm	3,18	6,35	9,53	12,7	15,88	19,05	22,23
Gangzahl auf 1 engl. Zoll . .	26	19	19	14	14	14	14
Außendurchmesser . . . mm	10,32	13,49	15,87	20,64	23,02	26,20	30,16
Kerndurchmesser . . . . „	9,14	11,76	14,14	18,29	20,67	23,84	27,81
Lichte Rohrweite . . engl. Zoll	1	$1\,1/8$	$1\,1/4$	$1\,3/8$	$1\,1/2$	$1\,5/8$	$1\,3/4$
„ „ . . . . mm	25,4	28,58	31,75	34,93	38,1	41,28	44,45
Gangzahl auf 1 engl. Zoll . .	11	11	11	11	11	11	11
Außendurchmesser . . . mm	33,34	37,27	41,27	44,45	47,62	50,80	53,97
Kerndurchmesser . . . . „	30,34	34,27	38,27	41,45	44,62	47,80	50,97
Lichte Rohrweite . . engl. Zoll	2	$2\,1/4$	$2\,1/2$	$2\,3/4$	3	$3\,1/2$	4
„ „ . . . . mm	50,8	57,15	63,5	69,85	76,2	88,9	101,6
Gangzahl auf 1 engl. Zoll . .	11	11	11	11	11	11	11
Außendurchmesser . . . mm	60,32	66,67	76,20	79,37	88,90	100,01	112,71
Kerndurchmesser . . . . „	57,32	63,67	73,20	76,37	85,90	97,00	109,71

Amerikanisches Rohrgewinde. American Standard Taper Pipe (ASTP).

Das ASTP-Gewinde ist das erweiterte **Briggs**-Gewinde und wurde 1919 genormt und von einer großen Reihe technischer Gesellschaften anerkannt. Flankenwinkel 60°, Abflachung $1/25$ Dreieckshöhe, Kegel 1:16 (halber Kegelwinkel 1° 47′ 22″), Gänge senkrecht zur Achse geschnitten.

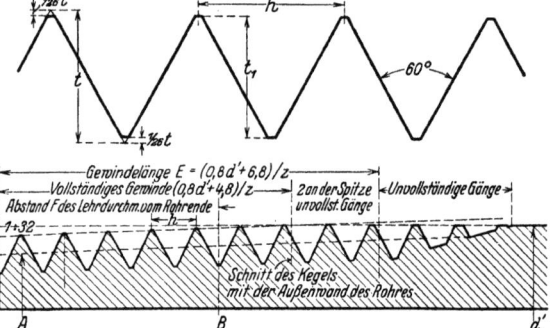

Nenn-durch-messer		Gangzahl auf		Stei-gung h	Außen-durch-messer d'	Flanken-durch-messer B im Abstand F	Flanken-durch-messer A am Rohr-ende	Ge-winde-länge E	Ein-schraub-länge F
″	mm	1″	254 mm	mm	mm	mm	mm	mm	mm
1/8	3	27	270	0,9408	10,287	9,519	9,233	6,700	4,572
1/4	6	18	180	1,4112	13,716	12,443	12,126	10,206	5,080
3/8	10	18	180	1,4112	17,145	15,926	15,545	10,358	6,096
1/2	13	14	140	1,8144	21,336	19,772	19,264	13,556	8,128
3/4	19	14	140	1,8144	26,670	25,117	24,579	13,861	8,611
1	25	11 1/2	115	2,2088	33,401	31,461	30,826	17,343	10,160
1 1/4	32	11 1/2	115	2,2088	42,164	40,218	39,551	17,953	10,668
1 1/2	38	11 1/2	115	2,2088	48,260	46,287	45,621	18,377	10,668
2	50	11 1/2	115	2,2088	60,325	58,325	57,633	19,215	11,075
2 1/2	64	8	80	3,1751	73,025	70,159	69,076	28,892	17,323
3	76	8	80	3,1751	88,900	86,068	84,852	30,480	19,456
3 1/4	90	8	80	3,1751	101,600	98,776	97,473	31,750	20,853
4	100	8	80	3,1751	114,300	111,433	110,093	33,020	21,438
4 1/2	113	8	80	3,1751	127,000	124,103	122,714	34,290	22,225
5	125	8	80	3,1751	141,300	138,412	136,925	35,720	23,800
6	150	8	80	3,1751	168,275	165,252	163,731	38,417	24,333
7	175	8	80	3,1751	193,675	190,560	188,972	40,957	25,400
8	200	8	80	3,1751	219,075	215,901	214,214	43,497	27,000
9	225	8	80	3,1751	244,475	241,249	239,455	46,037	28,702
10	250	8	80	3,1751	273,050	269,772	267,815	48,895	30,734
11	275	8	80	3,1751	298,450	295,133	293,093	51,435	32,639
12	300	8	80	3,1751	323,851	320,493	318,334	53,975	34,544
14	350	8	80	3,1751	355,600	352,365	349,886	57,150	39,675
15	375	8	80	3,1751	381,001	377,805	375,127	59,690	42,850
16	400	8	80	3,1751	406,401	403,245	400,368	62,230	46,025
17	425	8	80	3,1751	431,801	428,626	425,609	64,770	48,260
18	450	8	80	3,1751	457,201	454,026	450,851	67,310	50,800
20	500	8	80	3,1751	508,001	504,707	501,333	72,390	53,975
22	550	8	80	3,1751	558,810	555,388	551,816	77,470	57,150
24	600	8	80	3,1751	609,601	606,069	602,299	82,550	60,325
26	650	8	80	3,1751	660,401	656,750	652,781	87,630	63,500
28	700	8	80	3,1751	711,201	707,431	703,264	92,710	66,675
30	750	8	80	3,1751	762,001	758,112	753,764	97,790	69,850

Trapezgewinde (nach DIN).

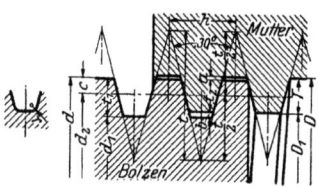

Aufbau des Gewindes.

$t = 1{,}866 \cdot h;$ $t_1 = 0{,}5 \cdot h + a;$
$t_2 = 0{,}5\,h + a - b;$ $T = 0{,}5\,h + 2a - b;$
$c = 0{,}25\,h.$

Bolzen-Außendurchmesser $= d;$
Bolzen-Kerndurchmesser $= d_1 = d - 2\,t_1;$
Mutter-Außendurchmesser $= D = d + 2\,a;$
Mutter-Kerndurchm. $= D_1 = d - 2\,(T - a);$
Flankendurchmesser für Bolzen und
Mutter $= d_2 = d - 0{,}5 \cdot h.$

mm

Für Steigung h	Gewindetiefe t_1	Tragtiefe t_2	Spiel a	Spiel b	Rundung $r^{1)}$	Gewindetiefe T
2	1,25	0,75	0,25	0,5	0,25	1,00
3	1,75	1,25	0,25	0,5	0,25	1,50
4	2,25	1,75	0,25	0,5	0,25	2,00
5	2,75	2	0,25	0,75	0,25	2,25
6	3,25	2,5	0,25	0,75	0,25	2,75
7	3,75	3	0,25	0,75	0,25	3,25
8	4,25	3,5	0,25	0,75	0,25	3,75
9	4,75	4	0,25	0,75	0,25	4,25
10	5,25	4,5	0,25	0,75	0,25	4,75
12	6,25	5,5	0,25	0,75	0,25	5,75
14	7,5	6	0,5	1,5	0,5	6,5
16	8,5	7	0,5	1,5	0,5	7,5
18	9,5	8	0,5	1,5	0,5	8,5
20	10,5	9	0,5	1,5	0,5	9,5
22	11,5	10	0,5	1,5	0,5	10,5
24	12,5	11	0,5	1,5	0,5	11,5
26	13,5	12	0,5	1,5	0,5	12,5
28	14,5	13	0,5	1,5	0,5	13,5
32	16,5	15	0,5	1,5	0,5	15,5
36	18,5	17	0,5	1,5	0,5	17,5
40	20,5	19	0,5	1,5	0,5	19,5
44	22,5	21	0,5	1,5	0,5	21,5
48	24,5	23	0,5	1,5	0,5	23,5

Das Trapezgewinde wird mit folgenden Bolzen-Außendurchmessern (vgl. S. 282, 283) ausgeführt:

10	12	14	16	18		100	105	110	115	120	125
20	22	24	26	28		130	135	140	145	150	155
30	32	(34)	36	(38)		160	165	170	175	180	185
40	(42)	44	46	48		190	195	200	210	220	230
50	52	55	(58)			240	250	260	270	280	290
60	62	65	(68)			300	320	340	360	380
70	72	75	(78)			400	420	440	460	480
80	(82)	85	(88)			500	520	540	560	580
90	(92)	95	(98)			600	620	640

[1]) Werden Trapezgewinde als Kraftgewinde verwendet, so ist das Gewindeprofil im Kern der Spindel mit dem Halbmesser r auszurunden.

Zwei-, drei- und mehrgängige Gewinde erhalten die zwei-, drei- oder mehrfache Steigung mit dem der einfachen Steigung entsprechenden Gewindeprofil.

Trapezgewinde eingängig

nach DIN 103.

(Gewindeprofil siehe Seite 281.)

Bolzen					Mutter		Bolzen					Mutter	
Gewinde-durchmesser	Kern-durchmesser	Kern-querschnitt	Flanken-durchmesser	Steigung	Gewinde-durchmesser	Kern-durchmesser	Gewinde-durchmesser	Kern-durchmesser	Kern-querschnitt	Flanken-durchmesser	Steigung	Gewinde-durchmesser	Kern-durchmesser
d	d_1	cm²	d_2	h	D	D_1	d	d_1	cm²	d_2	h	D	D_1
10	6,5	0,33	8,6	3	10,5	7,5	90	77,5	47,17	84	12	90,5	79
12	8,5	0,57	10,5	3	12,5	9,5	(92)	79,5	49,64	86	12	92,5	81
14	9,5	0,71	12	4	14,5	10,5	95	82,5	53,46	89	12	95,5	84
16	11,5	1,04	14	4	16,5	12,5	(98)	85,5	57,41	92	12	98,5	87
18	13,5	1,43	16	4	18,5	14,5	100	87,5	60,18	94	12	100,5	89
20	13,5	1,89	18	4	20,5	16,5	(105)	92,5	67,20	99	12	105,5	94
22	16,5	2,14	19,5	5	22,5	18	110	97,5	74,66	104	12	110,5	99
24	18,5	2,69	21,5	5	24,5	20	(115)	100	78,54	108	14	116	103
26	20,5	3,80	23,5	5	26,5	22	120	105	86,59	113	14	121	108
28	22,5	3,98	25,5	5	28,5	24	(125)	110	95,03	118	14	126	113
30	23,5	4,34	27	8	30,5	25	130	115	103,87	123	14	131	118
32	26,5	5,11	29	6	32,5	27	(135)	120	113,1	128	14	136	123
(34)	27,5	5,94	31	6	34,5	29	140	125	122,72	133	14	141	128
36	29,5	6,83	33	6	36,5	31	(145)	130	132,73	138	14	146	133
(38)	30,6	7,31	34,5	7	38,5	32	150	133	138,93	142	16	151	138
40	32,5	8,30	36,5	7	40,5	34	(155)	138	149,57	147	16	156	141
(42)	34,5	9,35	38,5	7	42,5	36	160	143	160,61	152	16	161	146
44	36,5	10,46	40,6	7	44,5	38	(165)	148	172,03	157	16	166	151
(46)	37,5	11,04	42	8	46,5	39	170	153	183,85	162	16	171	156
48	39,5	12,25	44	8	48,5	41	(175)	158	196,07	167	16	176	161
50	41,5	13,53	46	8	50,5	43	180	161	203,58	171	18	181	164
52	43,5	14,88	48	8	52,5	45	(185)	166	216,42	176	18	188	169
55	46,5	16,26	50,5	9	55,5	47	190	171	229,66	181	18	191	174
(58)	48,5	18,47	53,5	9	58,5	50	(195)	176	248,29	186	18	198	179
60	50,5	20,03	55,5	9	60,5	52	200	181	257,30	191	18	201	184
(62)	52,5	21,65	57,5	9	62,5	54	210	189	280,55	200	20	211	192
66	54,6	23,33	60	10	65,5	56	220	199	311,03	210	20	221	202
(68)	57,5	25,97	63	10	68,5	59	230	209	343,07	220	20	231	212
70	59,5	27,81	65	10	70,5	61	240	217	369,84	229	22	241	220
(72)	61,5	29,71	67	10	72,5	63	250	227	404,71	239	22	251	230
75	64,5	32,67	70	10	75,5	66	260	237	441,15	249	22	261	240
(78)	67,5	35,78	73	10	78,5	69	270	245	471,44	258	24	271	248
80	69,5	37,94	75	10	80,5	71	280	255	510,71	268	24	281	258
(82)	71,5	40,15	77	10	82,5	73	290	265	551,55	278	24	291	268
85	72,5	41,28	79	12	85,5	74	300	273	585,35	287	26	301	276
(88)	75,5	44,77	82	12	88,5	77							

Trapezgewinde fein eingängig
nach DIN 378.

(Gewindeform und Berechnung siehe S. 281.)

Gewindedurchmesser d	mm	10—20	22—62	65—110	115—175
Steigung h	mm	2	3	4	6
Gewindedurchmesser d	mm	180—240	250—400	420—500	520—640
Steigung h	mm	8	12	18	24

Trapezgewinde grob eingängig
nach DIN 379.

(Gewindeform und Berechnung siehe S. 281.)

Gewindedurchmesser d mm	22—28	30—38	40—52	55—62	65—82
Steigung h mm	8	10	12	14	16
Gewindedurchmesser d mm	85—98	100—110	115—130	135—155	160—180
Steigung h mm	18	20	22	24	28
Gewindedurchmesser d mm	185—200	210—240	250—280	290—340	360—400
Steigung h mm	32	36	40	44	48

Bremsspindelgewinde für das Eisenbahnwesen[1])
nach DIN 263.

Doppelgängiges Trapezgewinde.

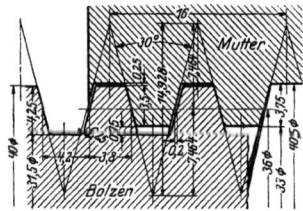

Kernquerschnitt: 7,79 cm².

Das Gewindeprofil der Mutter entspricht dem Gewindeprofil eines eingängigen Trapezgewindes von 8 mm Steigung nach DIN 103, erhält aber als doppelgängiges Gewinde eine Steigung von $2 \cdot 8 = 16$ mm.

Das Spindelgewinde erhält in Achsrichtung ein Flankenspiel von 0,2 mm.

Als Flankendurchmesser des zweigängigen Gewindes ist derjenige des eingängigen Gewindes mit gleichem Profil anzunehmen. Unter dieser Voraussetzung ist der

Flankendurchmesser der Mutter 36 mm und der

Flankendurchmesser des Bolzens 32,2536 mm.

Für das Fräsen der Spindel und des Gewindebohrers kann der gleiche Fräser benutzt werden, wenn die Unterschiede im Flankendurchmesser des Muttergewindes und des Bolzengewindes beim Fräsen durch tiefere oder höhere Einstellung des Fräsers zum Werkstück berücksichtigt werden.

---

[1]) Anerkannt durch Erlaß des Reichsverkehrsministers vom 9. Juli 1923. — E. VII. 72. D. 12 923.

Trapezgewinde: a) metrisches.

Durch das genormte Trapezgewinde (S. 281 bis 283) ersetzt.
Flankenwinkel 29°.

Alle Maße in mm		Spindel		Gewindebohrer	
Außendurchmesser	D_a	bei Wanderer beliebig		D_a'	$D_a + 0,5$
Kerndurchmesser	D_k	$D_a - (S + 0,5)$		D_k'	$D_a - S$
Flankendurchmesser	D_f	$D_a - S/2$		D_f	$D_a - S/2$
Gewindetiefe	t	$S/2 + 0,25$		t	$S/2 + 0,25$
Zahnbreite an der Spitze	b	$0,3706 \cdot S$		z_1	$0,3706 \cdot S - 0,129$
Zahnbreite am Kern	b_1	$0,6293 \cdot S + 0,129$		z	$0,6293 \cdot S$
Lückenbreite an der Spitze	z	$0,6293 \cdot S$		b_1	$0,6293 \cdot S + 0,129$
Lückenbreite am Kern	z_1	$0,3706 \cdot S - 0,129$		b	$0,3706 \cdot S$

1. Trapezgewinde der Wanderer-Werke (Abmessungen 1917).

Durchmesser beliebig

S	3	4	5	6	8	10	12	14	16	18	20	25	30
t	1,75	2,25	2,75	3,25	4,25	5,25	6,25	7,25	8,25	9,25	10,25	12,25	15,25
b	1,11	1,48	1,85	2,22	2,97	3,71	4,45	5,19	5,93	6,67	7,41	9,27	11,12
b_1	2,02	2,65	3,28	3,91	5,16	6,42	7,68	8,94	10,20	11,46	12,72	15,86	19,01
z	1,89	2,52	3,15	3,78	5,03	6,29	7,55	8,81	10,07	11,33	12,59	15,73	18,88
z_1	0,98	1,35	1,72	2,09	2,84	3,58	4,32	5,06	5,80	6,54	7,28	9,14	10,99

2. Trapezgewinde der Ludw. Loewe & Co. A.-G.

D_a				12	14	16	18	20	22	24	26
D_k				8,3	10,3	11,9	13,9	15,5	17,5	19,1	21,1
D_a'				12,5	14,5	16,5	18,5	20,5	22,5	24,5	26,5
D_k'				8,8	10,8	12,4	14,4	16	17,6	19,6	21,6
S	2	2,4	2,8	3,2	3,2	3,6	3,6	4	4	4,4	4,4
t	1,25	1,45	1,65	1,85	1,85	2,05	2,05	2,25	2,25	2,45	2,45
b	0,74	0,89	1,04	1,19	1,19	1,33	1,33	1,48	1,48	1,63	1,63
b_1	1,39	1,64	1,89	2,14	2,14	2,4	2,4	2,65	2,65	2,9	2,9
z	1,26	1,51	1,76	2,01	2,01	2,27	2,27	2,52	2,52	2,77	2,77
z_1	0,61	0,76	0,91	1,06	1,06	1,20	1,20	1,35	1,35	1,50	1,50
D_a	28	30	32	35	38	40					
D_k	22,7	24,7	26,3	28,9	31,5	33,1					
D_a'	28,5	30,5	32,5	35,5	38,5	40,5					
D_k'	23,2	25,2	26,8	29,4	32	33,6					
S	4,8	4,8	5,2	5,6	6	6,4	7,2	8	8,8	9,6	12
t	2,65	2,65	2,85	3,05	3,25	3,45	3,85	4,25	4,65	5,05	6,25
b	1,78	1,78	1,93	2,08	2,22	2,37	2,67	2,97	3,26	3,56	4,45
b_1	3,15	3,15	3,4	3,65	3,91	4,16	4,66	5,16	5,67	6,17	7,68
z	3,02	3,02	3,27	3,52	3,78	4,03	4,53	5,03	5,54	6,04	7,55
z_1	1,65	1,65	1,80	1,95	2,09	2,24	2,54	2,84	3,13	3,43	4,32

b) Zollgewinde „Acme Standard".

Form wie beim metrischen Trapezgewinde. Wird angefertigt entweder mit allen Abmessungen in engl. Zoll oder nur mit Steigung im Zollmaß und Durchmesser in Millimetern. Bezeichnungen wie beim metrischen Trapezgewinde.

	D_a, D_k, D_f, t, b, z_1 in engl. Zoll		
	Spindel		Gewindebohrer
D_a	D_a	D_a'	$D_a + 0{,}02''$
D_k	$D_a - 2t$	D_k'	$D_a + 0{,}02'' - 2t$
D_f	$D_a - \dfrac{1}{2 \cdot \text{Gangzahl auf 1 Zoll}}$	D_f'	$D_a - \dfrac{1}{2 \cdot \text{Gangzahl auf 1 Zoll}}$
t	$\dfrac{1}{2 \cdot \text{Gangzahl auf 1 Zoll}} + 0{,}01''$	t	$\dfrac{1}{2 \cdot \text{Gangzahl auf 1 Zoll}} + 0{,}01''$
b	$\dfrac{0{,}3707}{\text{Gangzahl auf 1 Zoll}}$	z_1	$\dfrac{0{,}3707}{\text{Gangzahl auf 1 Zoll}} - 0{,}0052''$
z_1	$\dfrac{0{,}3707}{\text{Gangzahl auf 1 Zoll}} - 0{,}0052''$	b	$\dfrac{0{,}3707}{\text{Gangzahl auf 1 Zoll}}$

	D_a, D_k, D_f, t, b, z_1 in Millimeter		
	Spindel		Gewindebohrer
D_a	D_a	D_a'	$D_a + 0{,}508$ mm
D_k	$D_a - 2t$	D_k'	$D_a + 0{,}508$ mm $- 2t$
D_f	$D_a - \dfrac{12{,}7}{\text{Gangzahl auf 1 Zoll}}$	D_f	$D_a - \dfrac{12{,}7}{\text{Gangzahl auf 1 Zoll}}$
t	$\dfrac{12{,}7}{\text{Gangzahl auf 1 Zoll}} + 0{,}254$ mm	t	$\dfrac{12{,}7}{\text{Gangzahl auf 1 Zoll}} + 0{,}254$ mm
b	$\dfrac{9{,}416}{\text{Gangzahl auf 1 Zoll}}$	z	$\dfrac{9{,}416}{\text{Gangzahl auf 1 Zoll}} - 0{,}1321$ mm
z_1	$\dfrac{9{,}416}{\text{Gangzahl auf 1 Zoll}} - 0{,}1321$ mm	b	$\dfrac{9{,}416}{\text{Gangzahl auf 1 Zoll}}$

Gangzahl auf $1'' = \dfrac{1''}{S}$		1	1¹/₂	2	3	4	5
$t =$	engl. Zoll	0,5100	0,3850	0,2600	0,1767	0,1350	0,1100
	mm	12,954	9,779	6,604	4,488	3,429	2,794
$b =$	engl. Zoll	0,3707	0,2780	0,1853	0,1235	0,0927	0,0741
	mm	9,416	7,061	4,707	3,137	2,355	1,882
$b_1 =$	engl. Zoll	0,6345	0,4772	0,3199	0,2150	0,1623	0,1311
	mm	16,116	12,121	8,215	5,461	4,127	3,330
$z =$	engl. Zoll	0,6293	0,4720	0,3147	0,2093	0,1573	0,1259
	mm	15,984	11,989	7,993	5,329	3,995	3,198
$z_1 =$	engl. Zoll	0,3655	0,2728	0,1801	0,1183	0,0875	0,0689
	mm	9,284	6,929	4,575	3,005	2,222	1,750

Gangzahl auf $1'' = \dfrac{1''}{S}$		6	7	8	9	10	
$t =$	engl. Zoll	0,0933	0,0814	0,0725	0,0655	0,0600	
	mm	2,370	2,067	1,841	1,664	1,524	
$b =$	engl. Zoll	0,0618	0,0529	0,0463	0,0413	0,0371	
	mm	1,570	1,344	1,176	1,049	0,942	
$b_1 =$	engl. Zoll	0,1101	0,0951	0,0839	0,0751	0,0681	
	mm	2,797	2,416	2,131	1,908	1,730	
$z =$	engl. Zoll	0,1049	0,0899	0,0787	0,0699	0,0629	
	mm	2,664	2,283	1,999	1,775	1,598	
$z_1 =$	engl. Zoll	0,0566	0,0478	0,0411	0,0361	0,0319	
	mm	1,438	1,214	1,044	0,916	0,810	

Außen- und Kerndurchmesser des Mutterbohrers sind um 0,02 engl. Zoll (0,508 mm) größer als an der Spindel. Außerdem die Gewindebohrermaße b, z_1, z, b_1 mit Spindelmaßen z_1, b, b_1, z vertauscht.

Rundgewinde (DIN 405)
für Zwecke der Feuerwehr und Armaturen.

Die Eisenbahn behält ihr Kupplungsgewinde (siehe S. 287) als Sondergewinde bei.

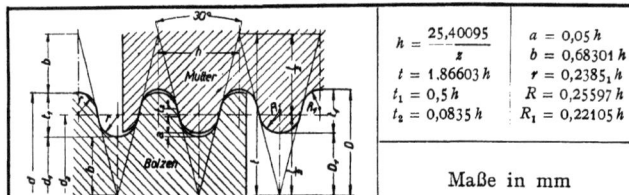

$$h = \frac{25{,}40095}{z}$$
$t = 1{,}86603\,h$
$t_1 = 0{,}5\,h$
$t_2 = 0{,}0835\,h$

$a = 0{,}05\,h$
$b = 0{,}68301\,h$
$r = 0{,}2385_1\,h$
$R = 0{,}25597\,h$
$R_1 = 0{,}22105\,h$

Maße in mm

Gewinde-durchmesser	Gang-zahl auf 1 Zoll	Steigung	Gewinde-tiefe	Tragtiefe	Rundungen		
					Bolzen	Mutter	
d	z	h	t_1	t_2	r	R	R_1
8 – 12	10	2,540	1,270	0,212	0,606	0,650	0,561
14 – 38	8	3,175	1,588	0,265	0,757	0,813	0,702
40 – 100	6	4,233	2,117	0,353	1,010	1,084	0,936
105 – 200	4	6,350	3,175	0,530	1,515	1,625	1,404

Bolzen		Flanken-durchmesser	Mutter		Bolzen		Flanken-durchmesser	Mutter	
Gewinde-durchmesser	Kern-durchmesser		Gewinde-durchmesser	Kern-durchmesser	Gewinde-durchmesser	Kern-durchmesser		Gewinde-durchmesser	Kern-durchmesser
d	d_1	d_2	D	D_1	d	d_1	d_2	D	D_1
8	5,460	6,730	8,254	5,714	75	70,767	72,883	75,423	71,190
9	6,460	7,730	9,254	6,714	(78)	73,767	75,883	78,423	74,190
10	7,460	8,730	10,254	7,714	80	75,767	77,883	80,423	76,190
12	9,460	10,730	12,254	9,714	(82)	77,767	79,883	82,423	78,190
14	10,825	12,412	14,318	11,142	85	80,767	82,883	85,423	81,190
16	12,825	14,412	16,318	13,142	(88)	83,767	85,883	88,423	84,190
18	14,825	16,412	18,318	15,142	90	85,767	87,883	90,423	86,190
20	16,825	18,412	20,318	17,142	(92)	87,767	89,883	92,423	88,190
22	18,825	20,412	22,318	19,142	95	90,767	92,883	95,423	91,190
24	20,825	22,412	24,318	21,142	(98)	93,767	95,883	98,423	94,190
26	22,825	24,412	26,318	23,142	100	95,767	97,883	100,423	96,190
28	24,825	26,412	28,318	25,142	(105)	98,650	101,825	105,635	99,285
30	26,825	28,412	30,318	27,142	110	103,650	106,825	110,635	104,285
32	28,825	30,412	32,318	29,142	(115)	108,650	111,825	115,635	109,285
(34)	30,825	32,412	34,318	31,142	120	113,650	116,825	120,635	114,285
36	32,825	34,412	36,318	33,142	(125)	118,650	121,825	125,635	119,285
(38)	34,825	36,412	38,318	35,142	130	123,650	126,825	130,635	124,285
40	35,767	37,883	40,423	36,190	(135)	128,650	131,825	135,635	129,285
(42)	37,767	39,883	42,423	38,190	140	133,650	136,825	140,635	134,285
44	39,767	41,883	44,423	40,190	(145)	138,650	141,825	145,635	139,285
(46)	41,767	43,883	46,423	32,190	150	143,650	146,825	150,635	144,285
48	43,767	45,883	48,423	44,190	(155)	148,650	151,825	155,635	149,285
(50)	45,767	47,883	50,423	46,190	160	153,650	156,825	160,635	154,285
52	47,767	49,883	52,423	48,190	(165)	158,650	161,825	165,635	159,285
55	50,767	52,883	55,423	51,190	170	163,650	166,825	170,635	164,285
(58)	53,767	55,883	58,423	54,190	(175)	168,650	171,825	175,635	169,285
60	55,767	57,883	60,423	56,190	180	173,650	176,825	180,635	174,285
(62)	57,767	59,883	62,423	58,190	(185)	178,650	181,825	185,635	179,285
65	60,767	62,883	65,423	61,190	190	183,650	186,825	190,635	184,285
(68)	63,767	65,883	68,423	64,190	(195)	188,650	191,825	195,635	189,285
70	65,767	67,883	70,423	66,190	200	193,650	196,825	200,635	194,285
(72)	67,767	69,883	72,423	68,190					

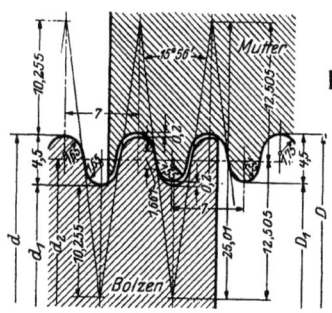

Rundgewinde mit Spitzen- und Flankenspiel

für Kupplungspindeln alter Bauart, Zughaken und Bremszugstangen im Eisenbahnwesen

nach DIN 262.

Bolzen			Flanken-durch-messer	Mutter		Bolzen			Flanken-durch-messer	Mutter	
Gewinde-durch-messer	Kern-durch-messer	Kern-quer-schnitt		Gewinde-durch-messer	Kern-durch-messer	Gewinde-durch-messer	Kern-durch-messer	Kern-quer-schnitt		Gewinde-durch-messer	Kern-durch-messer
d	d_1	cm²	d_2	D	D_1	d	d_1	cm²	d_2	D	D_1
34	25	4,91	29,5	34,4	25,4	**59**	50	19,63	54,5	59,4	50,4
39	30	7,07	34,5	39,4	30,4	**64**	55	23,76	59,5	64,4	55,4
42[1])	33	8,55	37,5	42,4	33,4	**69**	60	28,27	64,5	69,4	60,4
44	35	9,62	39,5	44,4	35,4	**70**[2])	61	29,22	65,5	70,4	61,4
49	40	12,56	44,5	49,4	40,4	**74**	65	33,18	69,5	74,4	65,4
54	45	15,90	49,5	54,4	45,4	**79**	70	38,48	74,5	79,4	70,4

[1]) Nur für Kupplungspindeln alter Bauart.
[2]) Nur für Zughaken bereits im Betrieb befindlicher Lokomotiven zu verwenden.

Sind weitere Gewindedurchmesser unvermeidlich, so sind dieselben mit den Endzahlen 4 und 9 zu wählen.

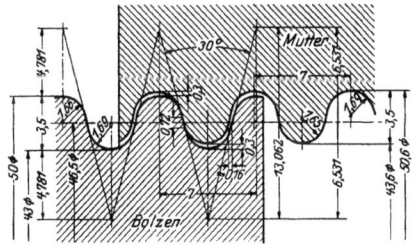

Rundgewinde mit Spitzen- und Flankenspiel

für Eisenbahnkupplungspindeln Bauart 1925

nach DIN 264

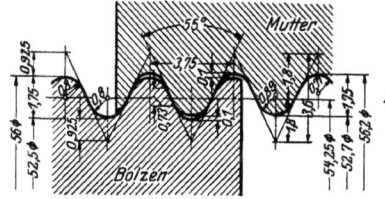

Rundgewinde

für Feuerlöschstutzen und Anschluß für Kesselablaßhähne im Lokomotivbau

nach DIN LON 293

Sägengewinde

nach DIN.

Aufbau des Gewindes.

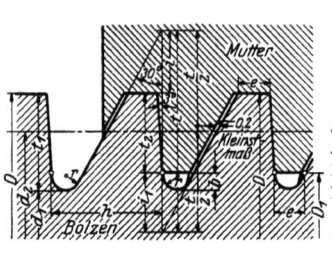

$t = 1{,}73205\ h;\qquad i = 0{,}52507\ h;$
$t_1 = t_2 + b;\qquad i_1 = 0{,}45698\ h;$
$t_2 = 0{,}75\ h;\qquad b = 0{,}11777\ h;$
$e = 0{,}26384\ h;\qquad r = 0{,}12427\ h;$

Passung der Gewindedurchmesser von
Bolzen und Mutter: sWL;
Außendurchmesser des Bolzens $= D$;
Außendurchmesser der Mutter $= D$;
Kerndurchmesser des Bolzens $d_1 = D - 2\,t_1$;
Kerndurchmesser der Mutter $D_1 = D - 2\,t_2$;
Flankendurchmesser des Bolzens
$=$ Flankendurchmesser der Mutter
$= d_2 = D + 2\,i - t = D - 0{,}68191 \cdot h$.

Für Steigung h	Gewindetiefe t_1	Tragtiefe t_2	e	b	r	Für Steigung h	Gewindetiefe t_1	Tragtiefe t_2	e	b	r
2	1,736	1,5	0,528	0,236	0,249	18	15,620	13,5	4,749	2,120	2,237
3	2,603	2,25	0,792	0,353	0,373	20	17,355	15	5,277	2,355	2,485
4	3,471	3	1,055	0,471	0,497	22	19,091	15,5	5,804	2,591	2,734
5	4,339	3,75	1,319	0,589	0,621	24	20,826	18	6,332	2,826	2,982
6	5,207	4,5	1,583	0,707	0,746	26	22,562	19,5	6,860	3,062	3,231
7	6,074	5,25	1,847	0,824	0,870	28	24,298	21	7,388	3,298	3,480
8	6,942	6	2,111	0,942	0,994	32	27,769	24	8,443	3,769	3,977
9	7,810	6,75	2,375	1,060	1,118	36	31,240	27	9,498	4,240	4,474
10	8,678	7,5	2,638	1,178	1,243	40	34,711	30	10,554	4,711	4,971
12	10,413	9	3,166	1,413	1,491	44	38,182	33	11,609	5,182	5,468
14	12,149	10,5	3,694	1,649	1,740	48	41,653	36	12,664	5,653	5,965
16	13,884	12	4,221	1,884	1,988						

Das Sägengewinde wird mit den gleichen Durchmessern ausgeführt wie das DIN-Trapezgewinde (siehe S. 281).

Zwei-, drei- und mehrgängige Gewinde erhalten die zwei-, drei- und mehrfache Steigung mit dem der einfachen Steigung entsprechenden Gewindeprofil.

Sägengewinde eingängig nach DIN 513 siehe S. 289.

Sägengewinde eingängig fein nach DIN 514 stimmt in den Steigungen und den zugehörigen Durchmesserbereichen mit dem Trapezgewinde eingängig fein überein (siehe S. 281).

Sägengewinde eingängig grob nach DIN 515 stimmt in den Steigungen und den zugehörigen Durchmesserbereichen mit dem Trapezgewinde grob überein (siehe S. 281).

Sägengewinde eingängig

nach DIN 513.

Gewindeform siehe S. 288.

Bolzen				Steigung	Mutter		Bolzen				Steigung	Mutter	
Gewinde-durchmesser	Kern-durchmesser	Kern-querschnitt	Flanken-durchmesser		Gewinde-durchmesser	Kern-durchmesser	Gewinde-durchmesser	Kern-durchmesser	Kern-querschnitt	Flanken-durchmesser		Gewinde-durchmesser	Kern-durchmesser
D	d_1	cm²	d_2	h	D	D_1	D	d_1	cm²	d_2	h	D	D_1
22	13,322	1,39	18,590	5	22	14,5	(98)	77,174	46,78	89,817	12	98	80
24	15,322	1,84	20,590	5	24	16,5	100	79,174	49,23	91,817	12	100	82
26	17,322	2,36	22,590	5	26	18,5	(105)	84,174	55,65	96,817	12	105	87
28	19,322	2,93	24,590	5	28	20,5	110	89,174	62,46	101,817	12	110	92
30	19,586	3,01	25,909	6	30	21	(115)	90,702	64,61	105,453	14	115	94
32	21,586	3,70	27,909	6	32	23	120	95,702	71,93	110,453	14	120	99
(34)	23,586	4,37	29,909	6	34	25	(125)	100,702	79,65	115,453	14	125	104
36	25,586	5,14	31,909	6	36	27	130	105,702	87,75	120,453	14	130	109
(38)	25,852	5,25	33,227	7	38	27,5	(135)	110,702	96,25	125,453	14	135	114
40	27,852	6,09	35,227	7	40	29,5	140	115,702	105,14	130,453	14	140	119
(42)	29,852	7,00	37,227	7	42	31,5	(145)	120,702	114,42	135,453	14	145	124
44	31,852	7,97	39,227	7	44	33,5	150	122,232	117,34	139,089	16	150	126
(46)	32,116	8,11	40,545	8	46	34	(155)	127,232	127,14	144,089	16	155	131
48	34,116	9,14	42,545	8	48	36	160	132,232	137,33	149,089	16	160	136
50	36,116	10,24	44,545	8	50	38	(165)	137,232	147,91	154,089	16	165	141
52	38,116	11,41	46,545	8	52	40	170	142,232	158,89	159,089	16	170	146
55	39,380	12,18	48,863	9	55	41,5	(175)	147,232	170,25	164,089	16	175	151
(58)	42,380	14,11	51,863	9	58	44,5	180	148,760	173,81	167,726	18	180	153
60	44,380	15,47	53,863	9	60	46,5	(185)	153,760	185,69	172,726	18	185	158
(62)	46,380	16,89	55,863	9	62	48,5	190	158,760	197,96	177,726	18	190	163
65	47,644	17,09	58,181	10	65	50	(195)	163,760	210,62	182,726	18	195	168
(68)	50,644	20,14	61,181	10	68	53	200	168,760	223,68	187,726	18	200	173
70	52,644	21,77	63,181	10	70	55	210	175,290	241,33	196,362	20	210	180
(72)	54,644	23,45	65,181	10	72	57	220	185,290	269,65	206,362	20	220	190
75	57,644	26,10	68,181	10	75	60	230	195,290	299,54	216,362	20	230	200
(78)	60,644	28,83	71,181	10	78	63	240	201,818	319,90	224,998	22	240	207
80	62,644	30,82	73,181	10	80	65	250	211,818	352,38	234,998	22	250	217
(82)	64,644	32,82	75,181	10	82	67	260	221,818	386,44	244,998	22	260	227
85	64,174	32,35	76,817	12	85	67	270	228,348	409,53	253,634	24	270	234
(88)	67,174	35,44	79,817	12	88	70	280	238,348	446,18	263,634	24	280	244
90	69,174	37,58	81,817	12	90	72	290	248,348	484,41	273,634	24	290	254
(92)	71,174	39,79	83,817	12	92	74	300	254,876	510,21	282,270	26	300	261
95	74,174	43,21	86,817	12	95	77							

Nippelgewinde
nach VDE 420.

mm

Gewinde-bezeichnung	Bolzen		Flanken-durch-messer d_2	Gang-zahl auf 1 Zoll z	Stei-gung h	Ge-winde-tiefe t_1	Trag-tiefe t_2	Run-dung r	Mutter	
	Gewinde-durch-messer d	Kern-durch-messer d_1							Gewinde-durch-messer D	Kern-durch-messer D_1
M 10×1	10	8,610	9,350	25,4	1	0,695	0,650	0,06	10,090	8,700
M 13×1	13	11,610	12,350	25,4	1	0,695	0,650	0,06	13,090	11,700
M 16×1	16	14,610	15,350	25,4	1	0,695	0,650	0,06	16,090	14,700

Das Nippelgewinde entspricht dem Metrischen Feingewinde 5 nach DIN 517.

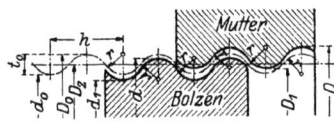

Edison-Gewinde.
Gewindeform und Grenzmaße.
Nach VDE 400.

mm

	Gewindeform (Idealgewinde)								
Kurz-zeichen	Benennung	Außen-durch-messer D_0	Innen-durch-messer d_0	Flanken-durch-messer D_1	Gang-zahl auf 1" z	Stei-gung h	Ge-winde-tiefe t_0	Run-dung r	Frühere Benennung
E 10	Edison-Gewinde 10	9,60	8,60	9,10	14	1,814	0,50	0,536	Zwerg-Edison
E 14	Edison-Gewinde 14	13,93	12,33	13,13	9	2,822	0,80	0,825	Mignon
E 27	Edison-Gewinde 27	26,60	24,30	25,45	7	3,629	1,15	1,00	Normal-Edison
E 33	Edison-Gewinde 33	33,10	30,50	31,80	6	4,233	1,30	1,19	Großes Edison
E 40	Edison-Gewinde 40	39,55	35,95	37,75	4	6,350	1,80	1,85	Goliath-Edison

	Grenzmaße des Bolzen- und Muttergewindes							
Kurz-zeichen	Bolzen				Mutter			
	Außendurchmesser d		Kerndurchmesser d_1		Außendurchmesser D		Kerndurchmesser D_1	
	Größtmaß	Kleinstmaß	Größtmaß	Kleinstmaß	Kleinstmaß	Größtmaß	Kleinstmaß	Größtmaß
E 10	9,57	9,40	8,57	8,40	9,63	9,80	8,63	8,80
E 14	13,90	13,70	12,30	12,10	13,96	14,16	12,36	12,56
E 27	26,55	26,20	24,25	23,90	26,65	27,00	24,35	24,70
E 33	33,05	32,65	30,45	30,05	33,15	33,55	30,55	30,95
E 40	39,50	39,05	35,90	35,45	39,60	40,05	36,00	36,45

Stahlpanzerrohr - Gewinde
nach DIN VDE 430. Gewindeform.

$$h = \frac{25{,}400\ 95}{z}; \quad r = 0{,}107\,h;$$
$$t = 0{,}595\,87\,h; \quad t_1 = 0{,}8\,t = 0{,}4767\,h.$$

Maße in mm.

Kurzzeichen	Benennung	Außendurchmesser D	Kerndurchmesser d_1	Gewindetiefe t_1	Rundung r	Flankendurchmesser d_2	Steigung h	Gangzahl auf 1″ z
Pg 9	Panzerrohr-Gewinde 9	15,20	13,86	0,67	0,15	14,53	1,41	18
Pg 11	Panzerrohr-Gewinde 11	18,60	17,26	0,67	0,15	17,93	1,41	18
Pg 13,5	Panzerrohr-Gewinde 13,5	20,40	19,06	0,67	0,15	19,73	1,41	18
Pg 16	Panzerrohr-Gewinde 16	22,50	21,16	0,67	0,15	21,83	1,41	18
Pg 21	Panzerrohr-Gewinde 21	28,30	26,78	0,76	0,17	27,54	1,587	16
Pg 29	Panzerrohr-Gewinde 29	37,00	35,48	0,76	0,17	36,24	1,587	16
Pg 36	Panzerrohr-Gewinde 36	47,00	45,48	0,76	0,17	46,24	1,587	16
Pg 42	Panzerrohr-Gewinde 42	54,00	52,48	0,76	0,17	53,24	1,587	16

Holzschrauben.

Schaftstärke .... mm	1,35	1,5	1,65	1,85	2,1	2,4	2,7	3,0	2,3	3,6
Deutsche Lehre, alte Nr.	000	00	0	1	2	3	4	5	6	7
„ „ neue „	13	15	16	18	21	24	27	30	33	36
Englische „ . . . „	000	00	0	1	2	3	4	5	6	7
Französische Lehre . „	11	12	13	14	15	16	17	18	—	9
Spanische Lehre . . „	10	11	12	13	14	15	16	17	18	19
Österreichische Lehre „	14	16	18	20	22	25	28	31	34	38
Steigung der Gewinde mm	0,6	0,7	0,8	0,9	1,0	1,1	1,2	1,3	1,4	1,5
Schlitzweite . . . . „	0,4	0,4	0,5	0,6	0,6	0,7	0,8	0,9	1,0	1,0
Schaftstärke .... mm	3,9	4,2	4,6	5,0	5,4	5,8	6,2	6,6	7,0	
Deutsche Lehre, alte Nr.	8	9	10	11	12	13	14	15	16	
„ „ neue „	39	42	46	50	54	58	62	66	70	
Englische „ . . . „	8	9	10	11	12	13	14	16	17	
Französische Lehre . „	20	—	21	22	—	23	—	24	25	
Spanische Lehre . . „	20	—	21	22	—	23	—	24	—	
Österreichische Lehre „	—	42	46	50	55	60	—	65	70	
Steigung der Gewinde mm	1,6	1,8	2,0	2,2	2,4	2,5	2,6	2,8	3,0	
Schlitzweite . . . . „	1,1	1,2	1,3	1,4	1,5	1,6	1,7	1,7	1,8	
Schaftstärke. . . . mm	7,4	7,8	8,2	8,6	9,0	9,5	10,0	10,5	11,0	
Deutsche Lehre, alte Nr.	17	18	19	20	21	22	23	24	7/16	
„ „ neue „	74	78	82	86	90	95	100	105	110	
Englische „ . . . „	18	20	21	22	23	24	25	—	—	
Französische Lehre . „	—	26	—	27	—	28	29	—	—	
Spanische Lehre . . „	25	—	26	27	—	28	29	30	31	
Österreichische Lehre „	76	—	82	88	—	94	100	—	110	
Steigung der Gewinde mm	3,3	3,5	3,7	4,0	4,3	4,5	4,5	4,8	4,8	
Schlitzweite . . . . „	1,8	1,9	2,0	2,1	2,2	2,3	2,4	2,5	2,5	

Die flachen Schraubenköpfe haben bei der deutschen Lehre einen Durchmesser von 2 × Schaftstärke + 1 mm, bei allen übrigen Lehren sowie bei sämtlichen Rund- und Linsenköpfen 2 × Schaftstärke.

Das Versenk der Flachköpfe bildet einen rechten Winkel.

Gewindetiefe = $^1/_6$ Schaftstärke. Gangwinkel = 50°.

Holzschrauben (DIN 95, 96, 97).

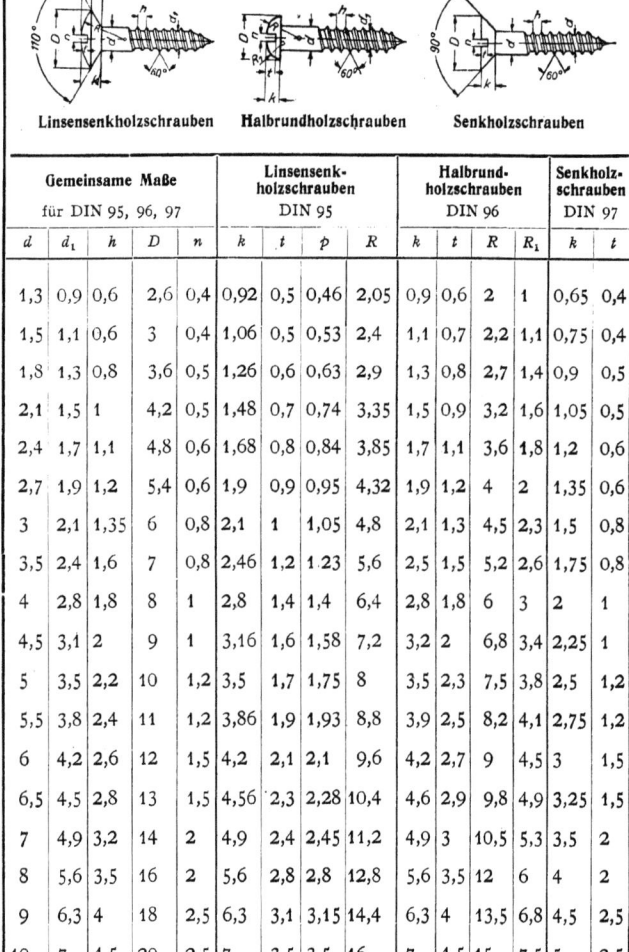

Linsensenkholzschrauben — Halbrundholzschrauben — Senkholzschrauben

Gemeinsame Maße für DIN 95, 96, 97					Linsensenkholzschrauben DIN 95				Halbrundholzschrauben DIN 96				Senkholzschrauben DIN 97	
d	d_1	h	D	n	k	t	p	R	k	t	R	R_1	k	t
1,3	0,9	0,6	2,6	0,4	0,92	0,5	0,46	2,05	0,9	0,6	2	1	0,65	0,4
1,5	1,1	0,6	3	0,4	1,06	0,5	0,53	2,4	1,1	0,7	2,2	1,1	0,75	0,4
1,8	1,3	0,8	3,6	0,5	1,26	0,6	0,63	2,9	1,3	0,8	2,7	1,4	0,9	0,5
2,1	1,5	1	4,2	0,5	1,48	0,7	0,74	3,35	1,5	0,9	3,2	1,6	1,05	0,5
2,4	1,7	1,1	4,8	0,6	1,68	0,8	0,84	3,85	1,7	1,1	3,6	1,8	1,2	0,6
2,7	1,9	1,2	5,4	0,6	1,9	0,9	0,95	4,32	1,9	1,2	4	2	1,35	0,6
3	2,1	1,35	6	0,8	2,1	1	1,05	4,8	2,1	1,3	4,5	2,3	1,5	0,8
3,5	2,4	1,6	7	0,8	2,46	1,2	1.23	5,6	2,5	1,5	5,2	2,6	1,75	0,8
4	2,8	1,8	8	1	2,8	1,4	1,4	6,4	2,8	1,8	6	3	2	1
4,5	3,1	2	9	1	3,16	1,6	1,58	7,2	3,2	2	6,8	3,4	2,25	1
5	3,5	2,2	10	1,2	3,5	1,7	1,75	8	3,5	2,3	7,5	3,8	2,5	1,2
5,5	3,8	2,4	11	1,2	3,86	1,9	1,93	8,8	3,9	2,5	8,2	4,1	2,75	1,2
6	4,2	2,6	12	1,5	4,2	2,1	2,1	9,6	4,2	2,7	9	4,5	3	1,5
6,5	4,5	2,8	13	1,5	4,56	2,3	2,28	10,4	4,6	2,9	9,8	4,9	3,25	1,5
7	4,9	3,2	14	2	4,9	2,4	2,45	11,2	4,9	3	10,5	5,3	3,5	2
8	5,6	3,5	16	2	5,6	2,8	2,8	12,8	5,6	3,5	12	6	4	2
9	6,3	4	18	2,5	6,3	3,1	3,15	14,4	6,3	4	13,5	6,8	4,5	2,5
10	7	4,5	20	2,5	7	3,5	3,5	16	7	4,5	15	7,5	5	2,5

Von den Holzschrauben sind in den DIN 95, 96, 97 auch die Lagerlängen festgelegt.

Eisengewindeschrauben.
(Gewindeform wie Whitworth.)
Abmessungen der Karl Bauer G. m. b. H., Cronenberg.

Stärke in Nr.	3	4	5	6	7	8	9
Äußerer Durchmesser mm	2,65	2,90	3,15	3,45	3,85	4,20	4,60
Gewindegänge auf 1 engl. Zoll	40	40	40	28,5	28,5	28,5	26,354
Steigung mm	0,635	0,635	0,635	0,89	0,89	0,89	0,963

Stärke in Nr.	10	11	12	13	14	15	16
Äußerer Durchmesser mm	4,90	5,20	5,60	5,90	6,30	6,70	7,05
Gewindegänge auf 1 engl. Zoll	26,354	26,354	26,354	19,5	19,5	19,5	17,5
Steigung mm	0,963	0,963	0,963	1,13	1,13	1,13	1,145

Stärke in Nr.	17	18	19	20	21	22	23
Äußerer Durchmesser mm	7,50	7,90	8,30	8,70	9,00	9,50	10,00
Gewindegänge auf 1 engl. Zoll	17,5	17,5	17,5	16	16	16	16
Steigung mm	1,145	1,145	1,145	1,157	1,157	1,157	1,157

Eisengewindeschrauben.
Die unterstrichenen Gangzahlen sind die gebräuchlichsten.

Nr. der Eisengewinde-Schraubenlehre	1	1¹/₂	2	3	4	5	6	7	8	9
Durchm. mm	1,70	1,97	2,14	2,47	2,81	3,14	3,52	3,81	4,14	4,48
etwa engl. Zoll	¹/₁₆	⁵/₆₄	⁵/₆₄	³/₃₂	⁷/₆₄	¹/₈	⁹/₆₄	⁵/₃₂	⁵/₃₂	¹¹/₆₄
Gänge auf 1 engl. Zoll	56 60 / 64 72	56	48 56 / 64	40 44 / 48 56	32 36 / 40 42 / 48	32 36 / 40	30 32 / 36 38 / 40 48	30 32 / 40	30 32 / 36 44	24 27 / 28 30 / 32

Nr. der Eisengewinde-Schraubenlehre	10	11	12	13	14	15	16	17	18	19
Durchm. mm	4,81	5,15	5,48	5,81	6,15	6,48	6,82	7,15	7,48	7,82
etwa engl. Zoll	³/₁₆	¹³/₆₄	⁷/₃₂	¹⁵/₆₄	¹⁵/₆₄	¹/₄	¹⁷/₆₄	⁹/₃₂	¹⁹/₆₄	⁵/₁₆
Gänge auf 1 engl. Zoll	24 28 / 30 32 / 36	24 28 / 30	20 24 / 32	20 22 / 24 32	18 20 / 24	18 20	16 18 / 20	16 18 / 20	16 18 / 20	16 18 / 20

Nr. der Eisengewinde-Schraubenlehre	20	21	22	23	24	25	26	28	30
Durchm. mm	8,15	8,50	8,82	9,15	9,49	9,80	10,16	10,83	11,5
etwa engl. Zoll	²¹/₆₄	¹¹/₃₂	¹¹/₃₂	²³/₆₄	³/₈	²⁵/₆₄	⅖	0,424	0,45
Gänge auf 1 engl. Zoll	16 18	18	16 18	16	14 16 / 18	16	16 14 / 14 16	14 16	14 16

Gewinde nach der Birmingham-Drahtlehre.

Nr. der Birmingham-Drahtlehre	17	16	15	14	13	12
Durchmesser mm	1,47	1,65	1,83	2,11	2,41	2,77
Gänge auf 1 engl. Zoll	56 72	50 60 / 64	54 56 / 60 64	56 60 / 64	48 54 / 56	40 42 / 48 50 / 56

Nr. der Birmingham-Drahtlehre	11	10	9	8	7
Durchmesser mm	3,5	3,40	3,76	4,19	4,57
Gänge auf 1 engl. Zoll	38 40 / 42 50 / 56	38 40 / 42	38	38 40	38

Kordelgewinde.

r = Halbmesser der Abrundung;
S = Steigung;
$r = \dfrac{S}{4}$.

Außendurchmesser mm	10	12	14	16	18	20	22	24	26	28	30
Steigung . . . . . mm	2	2,5	3	3,5	4	4	4,5	4,5	5	5	5,5
Kerndurchmesser . mm	8	9,5	11	12,5	13,5	15,5	17	19	20	22	23,5

Außendurchmesser mm	32	34	36	38	40	42	44	46	48	50
Steigung . . . . . mm	5,5	6	6	6,5	6,5	7	7	7,5	7,5	8
Kerndurchmesser . mm	25,5	26,5	28,5	30	32	33	35	38,5	36,5	40

Rohrgewinde für die Rohre der Feinmechanik.

Aufgestellt vom XVI. Deutschen Mechanikertag 1905.

Wandstärke mm	Ganghöhe mm	Gangtiefe mm	Wandstärke mm	Ganghöhe mm	Gangtiefe mm
0,50	0,4	0,300	1,00	0,7	0,525
0,75	0,5	0,375	1,25	0,8	0,600

Als Ganghöhe des auf ein Rohr zu schneidenden Gewindes ist diejenige Ganghöhe gewählt worden, welche in der Tafel über die Befestigungsschrauben (Löwenherz-Gewinde, S. 271) für denjenigen Durchmesser vorgeschrieben ist, der das Vierfache der Wandstärke des betreffenden Rohres beträgt.

Messingrohrgewinde.

Messingrohre von $^3/_8$, $^1/_2$, $^5/_8$ und $^3/_4$ engl. Zoll lichter Weite werden mit Gewinde, das 26 Umgänge auf 1 engl. Zoll besitzt, geschnitten; die Steigung beträgt demnach 0,98 mm. Der Flankenwinkel beträgt bei spitzem Gewinde $62^1/_2°$ und die Gewindetiefe 0,8 mm. Meistens werden die Gewinde mit 60° Flankenwinkel geschnitten.

Dampfarmaturen und Stehbolzen erhalten gewöhnlich ein Gewinde von 10 Gängen auf 1 Zoll, wenn der Gewindedurchmesser $\geqq$ 20 mm.

Gewinde.

Abgekürzte Bezeichnungen nach DIN 202.

A. Für eingängige Rechtsgewinde.

Art des eingängigen Rechtsgewindes	Zeichen vor der Maßzahl	Maßangabe	Beispiel	Für Gewinde nach DIN
Withworth-Gewinde	—	Außengewindedurchmesser in Zoll mit zugefügtem Zollzeichen	2″	11[1])
Whitworth-Feingewinde	W	Außengewindedurchmesser in Millimetern mal Steigung in Zoll	W 104 × $^1/_6$″	239 und 240
Withworth-Rohrgewinde	R	Innendurchmesser des Rohres in Zoll mit zugefügtem Zollzeichen	R 4″	259
Metrisches Gewinde	M	Außengewindedurchmesser in Millimetern	M 80	13 und 14
Metrisches Feingewinde	M	Außengewindedurchmesser in Millimetern mal Steigung in Millimetern	M 104 × 4	241, 242, 243 Bl. 1 bis 3, 516, 517, 518, 519, 520 u. 521
Trapezgewinde	Trapg	Außengewindedurchmesser in Millimetern mal Steigung in Millimetern	Trapg 48 × 8	103 Bl.1 und 2, 378 und 379
Rundgewinde	Rundg	Außengewindedurchmesser in Millimetern mal Steigung in Zoll	Rundg 40 × $^1/_6$″	405
Sägengewinde	Sägg	Außengewindedurchmesser in Millimetern mal Steigung in Millimetern	Sägg 70 × 10	513, 514 und 515

B. Für Gewinde mit Spitzenspiel, Links- und mehrgängige Gewinde.

Bezeichnung des Zusatzes für	Abkürzung	Zeichenort	Beispiel	Für Gewinde	Gültig für
Mit Spitzenspiel	m Sp	hinter der Gewindebezeichnung	2″ m Sp	—	DIN 12
			R 4″ m Sp	R	DIN 260
Gas- und dampfdicht	dicht		2″ dicht	—	DIN 11 und 259
Linksgewinde[2])	links	vor der Gewindebezeichnung	links W 104 × $^1/_6$″	W	alle Gewinde unter A
			links M 80	M	
			links R 4″	R	
			links Trapg 48 × 8	Trapg	
Mehrgängiges Gewinde rechts	*) gäng		2gäng 2″	—	
			2gäng Trapg 48 × 16	Trapg	
Mehrgängiges Gewinde links	*) gäng links		2gäng links 2″	—	
			2gäng links Trapg 48 × 16	Trapg	

*) Die Gangzahl ist von Fall zu Fall einzusetzen.
[1]) Die Toleranzen nach DIN 2244 legen für Withworth-Gewinde nach DIN 11 ein kleines Spitzenspiel fest. Dieses wird in der Bezeichnung nicht ausgedrückt.
[2]) Bei Teilen, die mit Rechts- und mit Linksgewinde versehen sind, z. B. Stangenschlössern, Eisenbahn-Kupplungsspindeln, ist auch vor die Gewindebezeichnung des Rechtsgewindes das Wort „rechts" zu setzen.

Riemen und Riementriebe.

Ledertreibriemen. Die besten Riemen erhält man von Ochsenhäuten. Als zweckmäßige Gerbung gilt im allgemeinen die Grubengerbung mit Eichenlohe; doch ist dieses Verfahren neuerdings durch Behandlung mit mineralischen Stoffen überholt. Das Gerben bezweckt, aus der wirrfaserigen, filzartigen Haut die verweslichen Gallertstoffe auszuscheiden; an ihre Stelle treten dann besonders zugerichtete Öle, die das Gewebe wieder geschmeidig machen und den Fasern die nötige flüssige Reibung geben.

Ein guter Riemen läuft gerade und hat bei pfleglicher Behandlung eine Lebensdauer von 10 bis 20 Jahren und mehr, vorausgesetzt, daß er reichlich breit gewählt ist. Ein etwa 20 cm breiter Streifen längs der Wirbelsäule ist das Allerbeste der ganzen Haut; seine Dicke beträgt bei Eichenlohgerbung etwa 5 bis 8 mm, bei mineralischer Gerbung etwa 3 bis 5 mm.

Die Ochsenhäute wechseln in der Schwere je nach Herkunft; das Gewicht schwankt zwischen 28 bis 30 kg bei überseeischem Weidevieh und 50 bis 60 kg bei Stallfütterung. Bullenhäute sind schwammiger und ungleich in der Stärke; das erstere ist auch bei der Bauchhaut im allgemeinen der Fall; Riemen daraus laufen schlechter und halten weniger als solche aus dem Kernstück, das etwa 40 vH der Haut umfaßt. Auch Schulterstücke geben schlechtes Riemenleder.

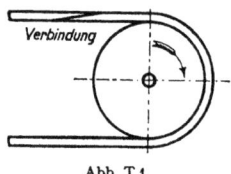

Abb. T 1.

Doppelriemen übertragen nur etwa das $1^1/_2$ fache des einfachen Riemens, empfehlen sich aber vielfach für Hochleistungsmaschinen. Über 100 mm breite Riemen müssen mit Riemenspanner aufgelegt werden, weil sie sonst leicht an den Rändern beschädigt werden (einreißen), sich auch leicht schiefziehen und dann zum Ablaufen neigen.

Bei geleimten Riemen ist darauf zu achten, daß durch die gegenseitige Bewegung zwischen Riemen und Scheibe, den Schlupf, die Leimstelle nicht aufgerollt wird. Da der Schlupf auf den beiden Scheiben entgegengesetzt stattfindet, richtet man sich nach der kleineren Scheibe, auf der der Schlupf größer ist. Die innere Verbindung darf nicht gegen diese Scheibe laufen (Abb. T 1).

Die Riemen werden im allgemeinen mit der Fleischseite auf die Scheiben gelegt; die amerikanische Praxis wie auch Versuchsergebnisse zeigen aber, daß die Haarseite eine bessere Adhäsion aufweist. Hier liegt der Hauptvorteil des mineralisch gerbten Riemens, dessen Adhäsion etwa 20 vH größer ist als die des lohgaren, während das Anzugsmoment nach den Untersuchungen von Prof. Norman (Ohio State University) etwa doppelt so hoch liegt. Diese Eigenschaft ist besonders wichtig, da das Gleiten von Riemen, das durch Überhitzung infolge der Reibung zur Zerstörung führen kann, besonders beim Anlaufen unter Last eintritt, weniger bei dem mit voller Geschwindigkeit laufenden Riemen.

Sind an einem Riemen Krümmungen aufgetreten, so feuchte man sie auf der kurzen Seite mit warmem Wasser an, sodann klopfe man den Riemen (die kurze Stelle) unter gleichzeitigem Anspannen mit einem Hammer; auf diese Weise kann der Riemen gerichtet werden.

Diese Behandlung kann aber nur als Notbehelf dienen. Wirkliche Abhilfe wird man nur schaffen, wenn der Riemen in einer gut eingerichteten Fabrik auf einer Einlauf- und Streckmaschine unter mehrfacher Betriebsbelastung nachbehandelt wird.

Wichtig ist, beim Einkauf nur Riemen zu wählen, die aus selbsttätig naß gestrecktem Leder hergestellt sind, da diese sich im Gebrauch weniger verändern, insbesondere weniger längen. Auch soll der fertige Riemen unter Streckung eingelaufen sein, ehe er die Fabrik verläßt.

Die Erfahrung ergab, daß ein guter Ledertreibriemen allen anderen Riemenarten und auch dem Seilbetrieb überlegen ist. Soll der Ledertreibriemen aber eine jahrzehntelange Haltbarkeit aufweisen, so muß er gut instand gehalten werden. Ist er durch Öl und Staub verkrustet, so soll er hin und wieder mit lauwarmem Seifenwasser kurz abgewaschen und danach sorgfältig abgetrocknet werden. Völliges Durchweichen, also das Eindringen von Wasser in das Innere des Riemens ist möglichst zu vermeiden. Zum Trocknen kann der Riemen auf den Scheiben liegenbleiben; halb getrocknet ist er mit einer harz- und säurefreien Riemenschmiere zu behandeln, wie sie von sachverständigen Riemenfabrikanten geliefert wird. Ist ein Lederriemen stark durchfettet und infolgedessen zu weich geworden, so daß er nicht mehr richtig durchzieht, so entfettet man ihn durch Auftragung eines Breies, den man aus gepulvertem Ton (Pfeifenerde) mit Benzin dick anrührt. Nachdem dieser Brei angetrocknet ist, wird das aufsitzende, trockene Pulver abgebürstet. Im Bedarfsfalle muß dieses Verfahren einige Male wiederholt werden. Falls dabei der Oberfläche des Lederriemens zu viel Fett entzogen wurde, so muß man mit frischem Tran leicht nachfetten. Zu verwerfen sind insbesondere alle klebenden, harzhaltigen Anhaftungsmittel, welche den Schlupf verhindern. Ein gewisser Schlupf ist erwünscht. Gerade Ledertreibriemen wirken um so besser, je leichter sie laufen, und übertragen nach den Untersuchungen Prof. Kammerers bis 97 vH der Kraft ohne Anwendung von klebenden Anhaftungsmitteln. Hat man aber solche Mittel angewendet, und hat sich auf der Laufseite eine Kruste von harzigen Bestandteilen, Staub usw. gebildet, so schabe man diese mittels eines zugespitzten weichen Holzspatels oder eines Messerrückens herunter. Nach Entfernung der Schmutzschicht wird der Riemen wie oben angegeben entfettet.

Baumwollriemen sind billiger und weicher, aber weniger haltbar als Lederriemen und gegen Feuchtigkeit sehr empfindlich. Sie werden deshalb mit Leinölfirnis getränkt, wobei aber die Fasern verkrusten und die Elastizität verlorengeht. Kamelhaarriemen sind, wenn sie aus reiner Kamelwolle hergestellt sind, durchaus nicht billiger als Lederriemen, denen sie in der Lebensdauer nachstehen. Mit Baumwolle oder aus anderen Haaren hergestellte sogenannte Kamelhaarriemen haben gegenüber den billigeren Baumwollriemen keinerlei Vorteile. Durch Tränkung mit Firnis usw. leidet ihre Elastizität ebenfalls. Aus diesem Geflecht von Baumwolle und Jute werden Treibbänder hergestellt bis zu einer Breite von 1 m und einer Stärke von 1 cm.

Kunstriemen (Gummi- und Balata-Riemen) werden aus mehreren Lagen Baumwollstoff hergestellt, die mit Gummi oder Balata durchtränkt und untereinander verleimt und vernäht sind. Für besondere Beanspruchung werden sie ein- oder zweiseitig mit einer Gummi- oder ähnlichen Decke versehen. In Anbetracht ihrer kürzeren Lebensdauer stellen sich Kunstriemen wesentlich teurer als Ledertreibriemen. Man verwendet sie in Räumen, wo sie mit Laugen, Säuren usw. sowie deren Dämpfen in Berührung kommen. Balata ist gegen Hitze sehr empfindlich.

Für Riemen, die in Gabeln und auf Stufenscheiben laufen, hat sich Leder am besten bewährt.

Über die Festigkeit verschiedener Riemenarten geben nachstehende Ergebnisse der vom Kaiserl. Materialprüfungsamt zu Berlin-Lichterfelde in den Betriebsjahren 1914/15/16 veranstalteten Prüfungen Aufschluß:

Riemenart	Bruchspannungen kg/cm²	Reißlängen m
Balata-Riemen	360—668 im Mittel 570	3950—6750 im Mittel 5900
3 Arten Textilriemen	310, 230, 200	2760, 2110, 1920
Baumwollriemen	339	3170
3 facher Hanftuchriemen mit zwei eisernen Längsdrahteinlagen von 7 mm Durchmesser	310	2720
Lederriemen von gleicher Abmessung und Gewicht, wie der Hanftuchriemen	455	3920
Haarriemen	im Mittel 200	2000

Die Bruchfestigkeit des Riemens ist im allgemeinen bei genügender Breite mehr als ausreichend; für die Leistung ist die Reibung maßgebend.

Riemenverbindung: Man unterscheidet feste und lösbare Riemenverbindungen. Zu den ersteren gehören die Verbindungen durch Leimen, Nähen, Nieten u. dgl.; die lösbaren werden durch Riemenschlösser sowie durch Drahthaken hergestellt.

Eine gute Verbindung weist keine Verdickungen oder Knüppel an der Verbindungsstelle auf, sie verbindet die Riemenenden zu einem ununterbrochenen, gleichmäßigen Bande. Die Verbindung darf den Riemen nicht schwächen und keine hervorstehenden Teile besitzen. Dicke Ansätze oder schwere Schlösser wirken sehr schädlich durch Stöße gegen die Scheiben und ruckweises Spannen des Riemens, wodurch der Riemen in kurzer Zeit zerreißt. Wenn Dynamomaschinen durch schlecht verbundene Riemen angetrieben werden, gibt es immer Zuckungen im elektrischen Strom, was sich bei Lichtleitungen sehr unangenehm bemerkbar macht. Schlechte Riemenverbindung verursacht Stöße in den Arbeitsspindeln schnellaufender Maschinen und beeinträchtigt dadurch deren Leistung, besonders wenn solche einen gleichmäßigen Antrieb verlangen, wie dies z. B. bei Rundschleif- und Holzbearbeitungsmaschinen der Fall ist.

Mit der Riemenverbindevorrichtung (Abb. T 2, T 3, T 4) verbundene Riemen unterscheiden sich kaum von endlos gekitteten Ledertreibriemen, bei denen die abgeschrägten Enden so miteinander verleimt werden, daß keinerlei vorstehende Teile entstehen.

Übersetzungsverhältnis: Es empfiehlt sich, kein größeres Verhältnis als 1 : 5 zu wählen, werden aber Spannrollen verwendet, so kann mit einem beliebig großen Verhältnis gearbeitet werden.

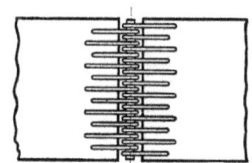

Abb. T 4. Fertige Drahthakenverbindung.

Abb. T 2. Riemenverbindevorrichtung.

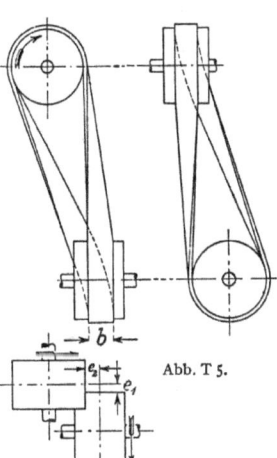

Abb. T 5.

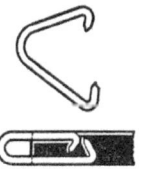

Abb. T 3. Drahthaken, lose und eingedrückt.

Der **Riemenschlupf** schwankt zwischen 0,5 bis 15 vH, ohne daß der Lederriemen abfällt, und wächst mit dem Übersetzungsverhältnis, der Beanspruchung, dem Wechsel der Belastung und mit der Geschwindigkeit; letztere verursacht viel Schlupf, wenn der Riementrieb steil und lang ist. Mit Rücksicht auf die Lebensdauer soll der Schlupf nicht mehr als 2 vH betragen.

Gekreuzte Riementriebe: Der Achsenabstand muß möglichst groß sein, weil sonst der Verdrehungswinkel zu schädlich wirkt, unter 10 mal Riemenbreite vom Kreuzungspunkte bis zur nächsten Scheibe soll man nicht gehen. Die Riemenverbindung darf keine Verdickungen oder Ansätze aufweisen, sondern muß glatt sein.

Halbkreuz-Riementriebe: Anordnung der genau zylindrisch gedrehten Scheiben nach Bach gemäß Abb. T 5; darin ist die treibende Scheibe um etwa $e_1 = 0{,}1$ bis $0{,}2\,b$, die getriebene um $e_2 = 0{,}5$ bis $0{,}6\,b$ gegen das gezeichnete Mittelkreuz verschoben.

Die genaue Stellung der Scheiben erreicht man am besten, indem man die Scheiben unaufgekeilt durch den Riemen antreibt, dadurch stellen sie sich selbsttätig ein. Die getriebene Scheibe muß sehr breit sein, weil der Riemen mit wechselnder Belastung wandert.

Die Kräfte am Riementriebe zeigen drei Besonderheiten:

1. Die von einem Riemen höchstens übertragene Umfangskraft (= Unterschied der beiden Trumkräfte) wächst mit der Vorspannung, mit der der Riemen aufgelegt wird, mit dem Scheibendurchmesser und mit der Riemengeschwindigkeit. Letzteres erklärt sich durch den mit der Geschwindigkeit wachsenden Schlupf, wodurch die Reibungszahl zwischen Riemen und Scheibe zunimmt (siehe darüber die Tafel auf S. 301; diese berücksichtigt allerdings nicht die Vorspannung).

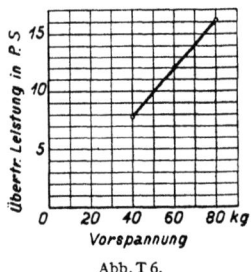

Abb. T 6.

Abb. T 6 zeigt die Zunahme der übertragenen Leistung mit der Vorspannung für einen Lederriemen, 200 mm breit, bei 15 m/sek Geschwindigkeit und 300 mm Scheibendurchmesser.

2. Im Laufen wird durch Fliehkraft die Vorspannung vermindert, und zwar um so mehr, je größer die Geschwindigkeit und die Vorspannung selbst sind; jedoch kann die Vorspannung niemals O werden.

3. Die Summe der beiden Trumkräfte, der durch die Lagerung der Wellen das Gleichgewicht gehalten wird, wächst mit der übertragenen Umfangskraft. Die Ursache liegt darin, daß besonders das lose Trum in Gestalt einer Kettenlinie hängt.

Berechnung der durch Lederriemen übertragbaren Anzahl PS.

Für die Bestimmung der übertragbaren Anzahl PS ist in den meisten Fällen der Riemenscheibendurchmesser und die minutliche Umlaufzahl der Scheibe gegeben. Die Berechnung kann nach der Abb. T 7 erfolgen. Es sei der Riemenscheibendurchmesser = 500 mm und die minutliche Umlaufzahl = 390. In dem rechtsseitigen Teile des Bildes sucht man den Kreuzungspunkt von den zum entsprechenden Scheibendurchmesser und zur Umlaufzahl gehörigen Linien auf. Im vorliegenden Falle treffen

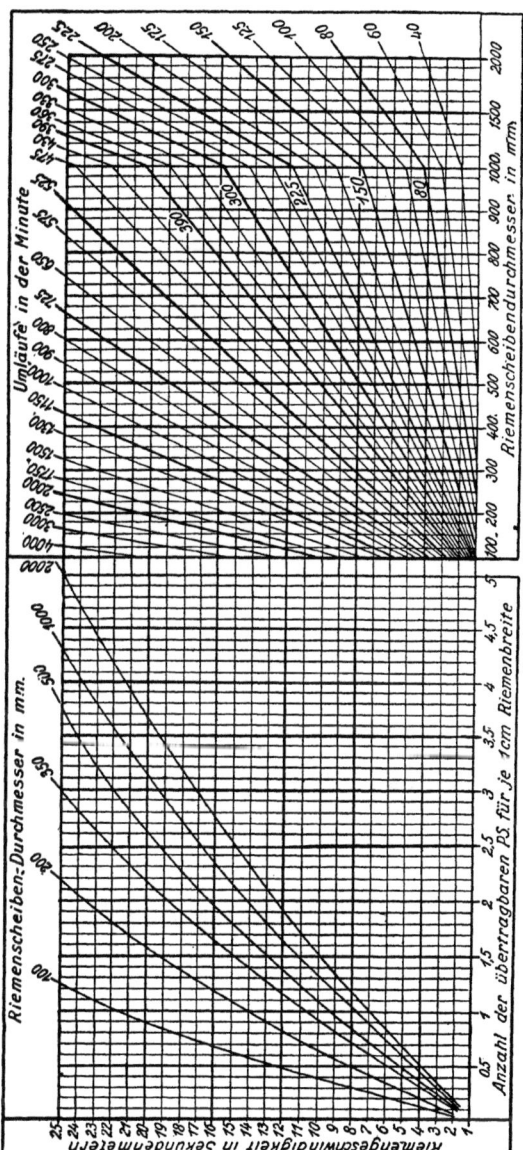

Abb. T 7.

sich die beiden Linien auf derjenigen Linie, die eine Umfangsgeschwindigkeit von 10 m in der Sekunde ergibt. Fährt man nun auf dieser wagerechten Linie nach links, bis man die zum Riemenscheibendurchmesser 500 gehörige Kurvenlinie schneidet und sodann von diesem Schnittpunkte senkrecht abwärts, so ist unten die für 1 cm Riemenbreite übertragbare Anzahl PS mit 1,1 PS angegeben.

Für Werkzeugmaschinen kann als zulässige Riemenbelastung 5 bis 8 kg, für schwere Maschinen bis etwa 12 kg für den Zentimeter Riemenbreite angesetzt werden; diese Werte erhöhen sich bei Verwendung von Spannrollen um etwa 50 vH.

Befestigung von Deckenvorgelegen an I- und U-Schienen.

Die in Abb. T 8 gebrachte Ausführung gestattet ein rasches und bequemes Anbringen und Ausrichten der Lager, da sie ein Bohren von Schrauben-

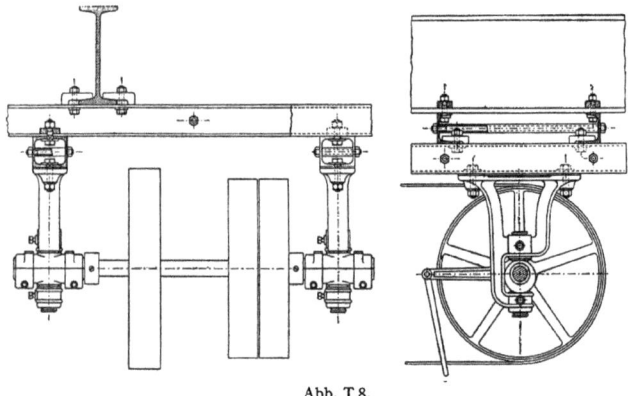

Abb. T 8.

löchern an Decke und Gebälk unnötig machen. Es empfiehlt sich, bei Neuentwürfen von Werkstätten diese Anordnung der Vorgelege in Erwägung zu ziehen.

Durchmesser in mm für Transmissionswellen nach DIN 114.

25 30 35 40 45 50 55 60 70 80 90 100 110 125 140 160 180 200
220 240 260 280 300 320 340 360 380 400 420 440 460 480 500

Riemenbreiten b und Riemenscheibenbreiten B für Transmissionen nach DIN 120.

b	30	40	50	60	70	85	100	120	140	170	200	230	260	300	350	400	450	550
B	40	50	60	70	85	100	120	140	170	200	230	260	300	350	400	450	500	600

Riementrieb.

Benennung	Bezeichnung	Berechnung
Übertragbare Leistung .... PS	N	$\dfrac{P \cdot v}{75}$; $\dfrac{p \cdot b \cdot v}{75}$ $\dfrac{p \cdot b \cdot d \cdot \pi \cdot n}{60 \cdot 75}$
Umfangskraft ... kg	P	$p \cdot b$; $\dfrac{N \cdot 75}{v}$
Riemenbreite ... cm	b	$\dfrac{P}{p}$
Durchmesser der kleinen Scheibe .. m	d	
Umfangsgeschw. der kl. Scheibe in m/sek.	v	$\dfrac{d \cdot \pi \cdot n}{60}$; zwischen 5 und 40 m/sek.
Umdrehungen der klein. Scheibe in der Minute	n	$\dfrac{v \cdot 60}{d \cdot \pi}$
Riemendicke ... mm (Erfahrungswerte)	s	$< d/100$ $> d/400$ einf. Riemen $s=\begin{cases}4{,}5\\5\end{cases}$ dopp. ″ $\begin{matrix}b= & 4 & 5 & 8 & 16 & 25\text{ u. mehr}\\ & 4{,}5 & 5 & 5{,}5 & 6 & 6{,}5\\ & 5 & 10 & 11 & 12 & 13\end{matrix}$

Zulässige Riemenbelastung in kg für 1 cm Riemenbreite nach Gehrckens (für offene Riemen und günstige Betriebsverhältnisse) p

Durchm. d. kl. Sch. d mm	\multicolumn{2}{c}{3}	\multicolumn{2}{c}{5}	\multicolumn{2}{c}{10}	\multicolumn{2}{c}{20}	\multicolumn{2}{c}{30}	\multicolumn{2}{c}{40}	\multicolumn{2}{c}{50}
	I	II	I	II	I	II	I	II	I	II	I	II	I	II
100	2	—	2,5	—	3	—	3,5	—	3,5	—	3,5	—	3	—
200	3	—	4	—	5	—	6	—	6,5	—	6,5	—	6,5	—
300	4	5	5	6	6	7	7,5	9	8,5	10	9	10	9	10
400	5	6,5	6	8	7	9	9	11	10	12	10,5	12,5	11	12,5
500	6	8	7	9,5	8	11	10	13	11	13,5	11,5	14	12	14
600	7	9,5	8	11	9	12	11	15	12,5	16	13	16,5	13,5	17
750	8	11	9	12,5	10	14	12	17,5	13	18,5	13,5	19,5	14	20
1000	9	13	10	15	11	17	13	21	14	22	14,5	23	15	24
1500	10	15	11	17	12	19	13,5	23	14,5	26	15	27	15,5	28
2000	11	17	12	19	13	21	14	25	15	28	15,5	29	16	30

Werte in Spalte { I gelten für einf. Riemen   für ungleichförmigen Betrieb $0{,}5 \cdot p$
                II   ″   ″ dopp. ″   für gekreuzte Riemen $0{,}7 - 0{,}9 \cdot p$

Zulässige Belastung für den cm² Querschnitt		35 kg (Erfahrungswert)
Achsenabstand	E	$\geq 20 \cdot b$ wenn $b < 10$ cm: ohne Spannrolle < 6 m mit ″ < 15 m bei gekreuztem Trieb: Entfernung Kreuzungspunkt bis nächste Scheibe $> 10 \cdot b$ bei Halbkreuztrieb: $> 10 \cdot \sqrt{b \cdot \text{Durchmesser der treibenden Scheibe}}$ (nach Völkers)
Scheibenbreite	B	nach DIN 120 (siehe S. 302)

Scheibendurchmesser, Umdrehungszahl, Übersetzung.

$$\frac{\text{Umdrehungen der getriebenen Scheiben}}{\text{Umdrehungen der treibenden Scheiben}} = \frac{\text{Durchmesser der treibenden Scheiben}}{\text{Durchmesser der getriebenen Scheiben}} = J$$

Benennung	Zeichen
Übersetzung des Hauptantriebs zur Maschine	J
Übersetzung zwischen einem Scheibenpaar	i
Umdrehungen der Wellen (Scheiben) in der Minute	n
Durchmesser der treibenden Scheiben	D
Durchmesser der getriebenen Scheiben	d

Übersetzung	Anordnung der Scheiben	Zeichen	Berechnung	
Einfach	*Haupttrieb, Maschine*	J	$\dfrac{nm}{n_1}$; $\dfrac{D_1}{dm}$ $\dfrac{D_1}{dm} \leq 5$	
		n_1	$\dfrac{dm \cdot nm}{D_1}$	
		D_1	$\dfrac{dm \cdot nm}{n_1}$	
Zweifach	*Vorgelege, Haupttrieb, Maschine*	J	$\dfrac{nm}{n_1}$; $\dfrac{D_1 \cdot D_2}{d_2 \cdot dm}$; $i_1 \cdot i_2$	
		i_1	$\dfrac{n_2}{n_1}$; $\dfrac{D_1}{d_2}$	$n_2 = i_1 \cdot n_1$
		i_2	$\dfrac{nm}{n_2}$; $\dfrac{D_2}{dm}$	$D_2 = i_2 \cdot dm$
Dreifach	*Vorgelege, Nebentrieb, Haupttrieb, Maschine*	J	$\dfrac{nm}{n_1}$; $\dfrac{D_1 \cdot D_2 \cdot D_3}{d_2 \cdot d_3 \cdot dm}$; $i_1 \cdot i_2 \cdot i_3$	
		i_1	$\dfrac{n_2}{n_1}$; $\dfrac{D_1}{d_2}$	$n_2 = i_1 \cdot n_1$ $D_2 = i_2 \cdot d_3$
		i_2	$\dfrac{n_3}{n_2}$; $\dfrac{D_2}{d_3}$	$n_3 = i_2 \cdot n_2$
		i_3	$\dfrac{nm}{n_3}$; $\dfrac{D_3}{dm}$	$D_3 = i_3 \cdot dm$

Beispiel: $dm = 18$ cm; $nm = 1200$; $n_1 = 200$.

$J = nm : n_1 = 1200 : 200 = 6$; da $J > 5$, ist zweifache Übersetzung zu nehmen;
$J = i_1 \cdot i_2 = 2 \cdot 3 = 6$; $i_1 = D_1 : d_2 = 2$; D_1 gewählt zu 80 cm; $d_2 = D_1 : 2 = 40$ cm
$D_2 = i_2 \cdot dm = 3 \cdot 18$ cm $= 54$ cm.

Probe: $J = \dfrac{D_1 \cdot D_2}{d_2 \cdot dm} = \dfrac{80 \cdot 54}{40 \cdot 18} = 6.$

Riemenlänge, Stufenscheiben.

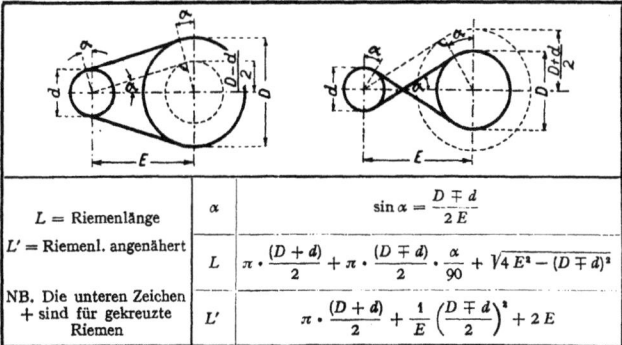

L = Riemenlänge	α	$\sin \alpha = \dfrac{D \mp d}{2E}$
L' = Riemenl. angenähert	L	$\pi \cdot \dfrac{(D+d)}{2} + \pi \cdot \dfrac{(D \mp d)}{2} \cdot \dfrac{\alpha}{90} + \sqrt{4E^2 - (D \mp d)^2}$
NB. Die unteren Zeichen $\mp$ sind für gekreuzte Riemen	L'	$\pi \cdot \dfrac{(D+d)}{2} + \dfrac{1}{E}\left(\dfrac{D \mp d}{2}\right)^2 + 2E$

Durchmesserberechnung der Stufenscheiben für kleine Achsenentfernung

Umdrehungszahlen (Übersetzungsverhältnisse) sollen die Glieder einer geometrischen Reihe mit dem Quotienten φ bilden.

$$\varphi = \sqrt[r-1]{\dfrac{n_r}{n_1}} \quad \begin{array}{l}\varphi = \text{bis } 1{,}5 \text{ für kleinere Abstufungen} \\ \varphi = 1{,}5 \text{ bis } 2 \text{ für größere Abstufungen}\end{array} \bigg\} r = \text{Stufenzahl}$$

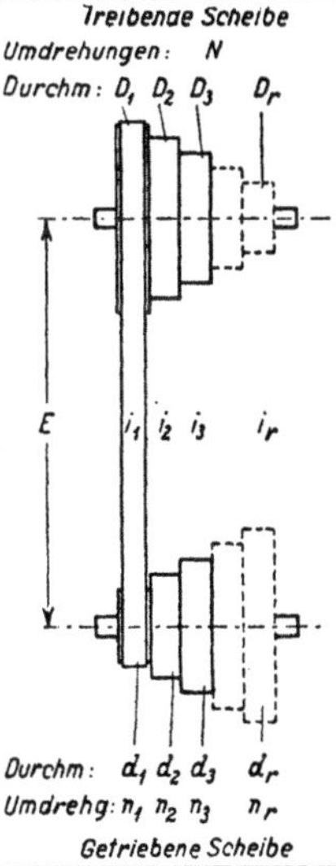

Treibende Scheibe
Umdrehungen: N
Durchm: $D_1\ D_2\ D_3\ \ldots\ D_r$

Umdrehungen i. d. Minute	N der treibenden Welle	Übersetzung	
	$n_1 = N \cdot i_1$		$i_1 = \dfrac{n_1}{N}; \dfrac{D_1}{d_1}$
	$n_2 = n_1 \cdot \varphi$		$i_2 = i_1 \cdot \varphi$
	$n_3 = n_1 \cdot \varphi^2 = n_2 \cdot \varphi$		$i_3 = i_1 \cdot \varphi^2 = i_2 \cdot \varphi$
	$n_r = n_1 \cdot \varphi^{r-1} = n_{r-1} \cdot \varphi$		$i_r = i_1 \cdot \varphi^{r-1} = i_{r-1} \cdot \varphi$

Beziehung zwischen Durchm., Umdreh. u. Übersetzung

$$d = \dfrac{D}{i} = \dfrac{D \cdot N}{n}; \quad D = d \cdot i = \dfrac{d \cdot n}{N}$$

$$i = \dfrac{D}{d} = \dfrac{n}{N}; \quad N = \dfrac{n}{i} = \dfrac{n \cdot d}{D}$$

Berechnung der Scheibendurchmesser

a) gegeben E, L, i $\quad \left(k = E \cdot \pi \cdot \dfrac{i+1}{i-1}\right)$

$$d = \dfrac{1}{i-1}(\sqrt{k^2 + 4E(L-2E)} - k); \quad D = i \cdot d$$

b) gegeben E, L, d
$D = d \pm a; \; a =$ Durchmesserunterschied eines Scheibenpaares

$$a = -\pi \cdot E + \sqrt{E(1{,}8696 \cdot E + 4L - 12{,}566 \cdot d)}$$

Durchm: $d_1\ d_2\ d_3\ \ldots\ d_r$
Umdrehg: $n_1\ n_2\ n_3\ \ldots\ n_r$
Getriebene Scheibe

Für gekreuzte Riemen, oder wenn E größer als die 10fache größte Durchmesserdifferenz eines Scheibenpaares ist, werden die Summen der zusammengehörigen Scheiben für alle Übersetzungen gleich genommen.

Beispiele:

1. Gegeben höchste Drehzahl $n_r = 500$, kleinste $n_1 = 50$. Es sind 5 Stufen zu bilden, also $r = 5$.

$$\varphi = \sqrt[5-1]{\frac{500}{50}} = \sqrt[4]{10} = 1{,}7783; \qquad n_2 = n_1 \cdot \varphi = 50 \cdot 1{,}7783 = 89;$$

$$n_3 = n_2 \cdot \varphi = 89 \cdot 1{,}7783 = 158; \quad n_4 = n_3 \cdot \varphi = 158 \cdot 1{,}7783 = 281;$$

$$n_5 = n_4 \cdot \varphi = 281 \cdot 1{,}7783 = 500\,.$$

II. Gegeben Stufenscheibe $D_1 = 300$ mm; $D_2 = 240$ mm; $D_3 = 180$ mm; Achsenentfernung $E = 1000$ mm; gewählt $d_1 = 220$ mm (offener Riemen).

$$\text{Riemenlänge } L = \pi \cdot \frac{520}{2} + \frac{1}{1000} \cdot \left(\frac{300-220}{2}\right)^2 + 2 \cdot 1000 = \pi \cdot 260 + \frac{1}{1000} \cdot \frac{6400}{4}$$
$$+ 2000 = 816{,}8 + 1{,}6 + 2000 = 2818{,}4 \text{ mm}.$$

Durchmesserunterschied des zweiten Scheibenpaares

$$a = -\pi \cdot 1000 + \sqrt{1000\,(1{,}8696 \cdot 1000 + 4 \cdot 2818{,}4 - 12{,}566 \cdot 220)} = -3141{,}6 + \sqrt{10127360}$$
$$= -3141{,}6 + 3182{,}3 = 40{,}7 \text{ mm}; \qquad d_2 = D_2 + a = 240 + 40{,}7 = 280{,}7 \text{ mm}.$$

Durchmesserunterschied des dritten Scheibenpaares

$$a = -\pi \cdot 1000 + \sqrt{1000\,(1{,}8696 \cdot 1000 + 4 \cdot 2818{,}4 - 12{,}566 \cdot 180)} = -3141{,}6 + \sqrt{10881320}$$
$$= -3141{,}6 + 3298{,}7 = 157{,}1 \text{ mm}; \qquad d_3 = D_3 + a = 180 + 157{,}1 = 337{,}1 \text{ mm}.$$

Probe:

Riemenlänge für das 2. Paar $L = \pi \cdot \dfrac{240 + 280{,}7}{2} + \dfrac{1}{1000} \cdot \left(\dfrac{280{,}7 - 240}{2}\right)^2 + 2000$
$= 2818{,}3 \text{ mm}.$

,,   ,,   ,, 3. ,, $L = \pi \cdot \dfrac{180 + 337{,}1}{2} + \dfrac{1}{1000} \cdot \left(\dfrac{337{,}1 - 180}{2}\right)^2 + 2000$
$= 2818{,}5 \text{ mm}.$

III. Gegeben ein Scheibenpaar $D_1 = 300$ mm; $d_1 = 220$ mm; $E = 1000$ mm. Zu berechnen sind die Durchmesser eines anderen Paares unter Zugrundelegung der gleichen Riemenlänge, wenn die verlangte Übersetzung 3 : 1 ist.

$L = 2818$ mm (Berechnung siehe Beispiel II); $i_2 = 3$.

$$d_2 = \frac{1}{i_2 - 1} \cdot \left(\sqrt{k_2^2 + 4E(L - 2E)} - k_2\right); \quad k_2 = 1000 \cdot \pi \cdot \frac{3+1}{3-1} = 6283{,}2;$$

$$d_2 = \frac{1}{3-1} \cdot \left(\sqrt{39478602 + 4000 \cdot (2818 - 2000)} - 6283{,}2\right) = \frac{1}{2}\,(6538{,}4 - 6283{,}2)$$
$$= 127{,}6 \text{ mm}; \qquad D_2 = i_2 \cdot d_2 = 3 \cdot 127{,}6 \text{ mm} = 382{,}8 \text{ mm}.$$

Probe: $L = \pi \cdot \dfrac{382{,}2 + 127{,}6}{2} + \left(\dfrac{382 - 127{,}6}{2}\right)^2 \cdot \dfrac{1}{1000} + 2000 = 2818$ mm.

Für Wechselgetriebe werden auch Kegelscheiben verwendet, die einen bequemen Wechsel der Übersetzung gestatten. Die Kegelsteigung soll nicht mehr wie 10 vH betragen, d. h. der ganze Kegelwinkel etwa 10° nicht überschreiten. Die Riemen müssen durch Gabelrollen am Klettern verhindert werden.

Gruppenantrieb.

Der Gruppenantrieb bedeutet eine Kraftersparnis und erhöht die Leistungsfähigkeit des ganzen Betriebes in sehr beträchtlichem Maße. Da die gleichartigen Maschinen meistens nebeneinandergestellt werden, so können sie in vielen Fällen von einem Gruppentriebwerk aus angetrieben werden; dieses kann daher die geeigneten Umlaufzahlen erhalten und die einzelnen Deckenvorgelege mit ihren vielen Lagern und Riemen ausschalten. Wo elektrische Kraft zur Verfügung steht, sollte man auf die großen schweren Triebwerke ganz verzichten; denn muß aus irgendeinem Grunde der Betrieb abgestellt werden, so steht beim Gruppenantriebe nur ein Teil des Betriebes still.

Außerdem benötigt man keine so schweren Wellen und Lager, und man kann die Räumlichkeiten besser ausnutzen. Die geteilten Stahlblech-Riemenscheiben (Abb. T 9) eignen sich sehr gut für den Gruppenantrieb.

Abb. T 9.

Draht- und Hanfseile.

Im Triebwerksbau kommen diese Maschinenteile immer mehr außer Gebrauch, denn nach den Untersuchungen Prof. Kammerers ist der Riementrieb dem Seiltrieb insofern überlegen, als er weniger Kraftverluste verursacht. Vielfach werden Seiltriebe in Riementriebe umgeändert, wobei sich sehr große Kraftersparnisse (bis etwa 20 vH) feststellen ließen. Die Umänderung der Seilscheiben in Riemenscheiben ist sehr einfach und geschieht lediglich durch Auflegen eines Blechreifens. Zur Erhöhung der Riemengeschwindigkeit, die beim Riemenbetrieb besondere Wirtschaftlichkeit auslöst, vergrößert man den Durchmesser der Scheiben durch Auflegen von Holzkränzen. Im Hebezeugbau sowie bei den Schwebebahnen finden die Seile aber noch ein großes Verwendungsgebiet.

Werden Drahtseile verwendet, so wähle man den Seilscheibendurchmesser mindestens 150mal den Seildurchmesser. Die Seilscheiben sollen nicht aufgekeilt, sondern aufgeklemmt werden, und die Bohrung muß sehr genau zur Welle passen, denn sonst fangen die Seile sofort an zu schlingern. Die Rille soll doppelt so tief sein wie das Seil dick ist, und der Halbmesser des Rillenbodens nur ein klein wenig größer als der halbe Seildurchmesser. Ausfüttern der Rille mit Leder oder Holz ist sehr zweckdienlich (vgl. DIN 121 „Rillen der Hanfseilscheiben für Transmissionen").

Die Seilverbindung wird am besten durch Verspleißen hergestellt, was aber nur von sachkundigen Leuten ausgeführt werden soll. Seilschlösser sind in vielen Fällen ganz unbrauchbar.

Leistung in PS von Drahtseilen.

Drahtseil. Beanspruchung: dünne Seile etwa 75 kg/cm², dicke etwa 55 kg/cm²											
Seildurchm. mm	Geschwindigkeit in m/sek					Seildurchm. mm	Geschwindigkeit in m/sek				
	7,5	10	15	20	25		7,5	10	15	20	25
10	6	8	12	15	20	22	24	30	44	60	80
12	8	11	16	20	27	24	27	35	54	70	90
14	12	16	24	30	40	26	30	40	60	80	100
16	16	21	32	40	50	28	33	44	65	90	110
18	18	24	36	45	60	30	36	48	70	95	120
20	21	28	40	55	70						

Leistung in PS von Hanfseilen.

Seil- durchm. mm	Hanfseil. Beanspruchung: 8 kg/cm²				Seil- durchm. mm	Geschwindigkeit in m/sek			
	Geschwindigkeit in m/sek								
	10	15	20	25		10	15	20	25
25	5	8	10	13	45	17	25	34	40
30	7½	11	15	19	50	21	30	42	50
35	10	15	20	25	55	25	37	50	62
40	13	20	27	32	60	30	45	60	75

Stahlbandantrieb.

Der Stahlbandantrieb verbietet sich für kleine Kraftübertragungen wegen der hier meist vorhandenen kleinen Scheibendurchmesser, er kommt erst in Frage für Scheiben von 500 mm Durchmesser an und zeigt seine Vorteile hauptsächlich bei schweren Einzelantrieben und Haupttransmissionen. In ausgeführten Anlagen werden bis zu 3000 PS übertragen.

Von Wichtigkeit ist, daß die Wellen parallel liegen, die Scheiben genau fluchten und rundlaufen und daß die Lagerung vibrationsfrei und stabil ausgeführt ist, damit der einmal vorhandene Achsenabstand dauernd eingehalten wird. Die Scheiben dürfen keine Ballung haben, müssen glatt gedreht sein und erhalten, damit die blanken Stahlbänder nicht gleiten, einen Reibungsbelag; es werden auf den beiden Scheibenlaufbahnen Streifen eines festen Papiers und darauf, dicht aneinanderstoßend, Korkblättchen befestigt.

Die Stahlbänder sind aus kaltgewalztem, gehärtetem Kohlenstoffstahl und haben eine Zerreißfestigkeit von etwa 15 000 kg auf 1 cm². Sie werden in Dicken von 0,3 bis 1,1 mm und in Breiten von 80 bis 250 mm hergestellt. Zur Ummantelung von Seilscheiben werden Stahlbänder von 2,5 mm Dicke und 150 bis 300 mm Breite verwendet.

Der Achsdruck ist bei Stahlbandantrieben nicht höher wie beim Riemen- und Seiltrieb; das Gewicht eines Stahlbandantriebes ist etwa $1/5$ eines Riemen- und $1/9$ eines Seiltriebes von gleicher Übertragungsfähigkeit.

Die Stahlbandantriebe sind gegen Feuchtigkeit, Öl und Schmutz durch Rostschutzlack, Abdecken evtl. Einschalen zu schützen.

Die erste Montage ist zweckmäßig durch die herstellende Firma auszuführen.

Riemenscheiben.

Auf die Güte eines Riementriebes übt die Beschaffenheit der ganzen Kraftübertragungsanlage einen entscheidenden Einfluß aus. Beim An- aufenlassen eines Triebwerks oder Maschine soll die aufzuwendende Antriebskraft nicht zu groß sein im Verhältnis zu dem für die Berechnung der Kraftübertragungsorgane zugrunde gelegten Kraftbedarf. Ein Verbiegen der Triebwerkswelle und der Vorgelege, sowie ein Abgleiten und frühes Verschleißen der Riemen ist die Folge solch unrichtiger Anlagen. An schnell-laufenden Maschinen, z. B. Schleifmaschinen, trifft man hin und wieder auf Riemenscheiben, die dem durchschnittlichen Kraftbedarf entsprechend gehalten sind, aber nicht demjenigen für das Anlaufen.

Als Regel gilt: Je größer die Riemenscheibe, um so besser für den Betrieb, denn der Riemen wird auf einer großen Scheibe nicht so stark beansprucht wie auf einer kleinen. Große Riemenscheiben sind zwar etwas teurer als kleine, verbrauchen aber viel weniger Riemen.

Die Wölbung der Riemenscheiben darf nicht zu stark sein, weil der Riemen dadurch unsicher läuft und in der Mitte zu stark gestreckt wird. Pumpen und Holzbearbeitungsmaschinen weisen oftmals diesen Fehler auf. Am besten bewährt sich die Wölbungshöhe, wenn sie $= {}^1/_4 \sqrt{B}$ bis ${}^1/_3 \sqrt{B}$ (B = Scheibenbreite) gehalten wird. Kleiner Achsenabstand und große Riemenbreite erfordern keine starke Wölbung.

Die treibenden Scheiben sollen nie gewölbt sein, bei Kreuztrieben sogar die getriebene nicht. Die Scheiben müssen glatt sein, weil zwischen Riemen und Scheiben stets ein kleiner Geschwindigkeitsunterschied besteht, der bei rauhen Scheiben (schlecht überdrehte Gußeisen- oder Holzriemenscheiben) zu starker Riemenabnutzung führt.

Geteilte Riemenscheiben finden immer mehr Anklang; denn man vermeidet gern, die in Ringschmier- oder Kugellagern laufenden Wellen aus den Lagern herauszunehmen. Geteilte Riemenscheiben bis etwa 20 PS Kraftübertragung bedürfen keinerlei Keile, wenn die Welle nicht zu geringen Duchmesser hat. In diesem Falle können gepreßte Wellen verwendet werden, die, wenn genutet, sich leicht verziehen.

Sehr gute Erfolge erzielt man mit den Stahlblech-Riemenscheiben. Diese haben eine glatte Riemenlauffläche und werden zylindrisch oder mit der zweckentsprechenden Wölbung geliefert. Sie sind leichter als gußeiserne, dabei unempfindlich gegen Wärme und Feuchtigkeit, was bei Holzscheiben nicht der Fall ist.

Übertragbare Kraft in PS der Stahlblechriemenscheibe.

Riemen-geschwindig-keit in m/sek	Breite der Scheiben				Riemen-geschwindig-keit in m/sek	Breite der Scheiben			
	75 mm	100 mm	125 mm	150 mm		75 mm	100 mm	125 mm	150 mm
1	0,9	1,1	1,4	1,7	9	8,0	10,0	13,0	15,5
2	1,7	2,2	2,8	3,4	10	9,0	11,0	14,5	17,0
3	2,6	3,5	4,5	5,0	12	10,0	13,0	17,0	20,0
4	3,4	4,5	5,5	7,0	14	12,0	16,0	20,0	24,0
5	4,2	5,5	7,0	8,5	16	13,0	18,0	22,0	27,0
6	5,0	6,5	8,5	10,0	18	15,0	21,0	26,0	31,0
7	6,0	8,0	10,0	12,0	20	17,0	23,0	29,0	34,0
8	7,0	9,0	11,0	13,5					

Die Dicke des Riemens wurde mit 7 mm angenommen und die Beanspruchung mit 12,5 kg für 1 cm^2.

Spannrollen.

Spannrollen werden angewendet, wenn große Übersetzungen (z. B. von Elektromotoren aus) oder kurze Achsenabstände vorhanden sind und man Zwischenübersetzungen vermeiden will. Sie vermindern den Kraftverbrauch, den Riemenverschleiß und erhöhen die Betriebssicherheit.

Wichtig ist für Spannrollenbetrieb die fachtechnisch richtige Herstellung des Riemens, der aus bestem Kernleder gefertigt und beiderseitig glatt sein muß. Da der Riemen auf doppelte, gegeneinander wirkende Biegung beansprucht wird, müssen besonders elastisch-schmiegsame Ledersorten Verwendung finden. Der höhere Preis dieser Sondersorten wird durch deren längere Lebensdauer sowie durch Ersparnis an Betriebskosten reichlich ausgeglichen.

Wellen[1]).

Die Durchbiegung einer Welle (zwischen zwei Lagern) soll 0,3 mm auf 1 m Länge als höchstzulässiges Maß nicht überschreiten.

Länge: Wellen bis 45 mm Durchmesser sollen nicht über 5 m, bis 55 mm nicht über 6 m und stärkere Wellen nicht über 6950 mm lang sein, weil sie sich sonst auf dem Versand und während des Einbaues leicht verbiegen, und weil Wellen mit über 7 m und unter 2 m Länge Mehrpreise bedingen. Bevor man die Wellenlänge bestimmt, sollen die Lagerstellen bestimmt werden. Jedes Wellenstück muß in mindestens 2 Lagern ruhen. Die Kupplungen müssen dicht an den Lagern sitzen, und zwar hinter den Lagern, wenn man vom Antriebe ausgeht, damit die Anschlußwellen ohne Betriebsstörung ausgekuppelt werden können.

Umlaufzahl: Bei raschlaufenden Maschinen muß der Wellendurchmesser mit Rücksicht auf die kritische Drehzahl verhältnismäßig groß genommen werden und ist infolgedessen oft für die Größe der ganzen Maschine bestimmend. Die kritische Drehzahl ist $10^3 \sqrt{5,3 \cdot 10^6 \frac{J\max}{G \cdot l^3}}$, wobei $J\max$ das Trägheitsmoment des Wellenquerschnittes in der Mitte (s. S. 112), G die Wellenbelastung und l die Wellenlänge bedeutet[2]). Je höher die Umlaufzahl, um so kleiner die Abmessungen und um so billiger die Anlage, doch darf die Umlaufzahl nicht zu hoch sein, weil sonst die Riemenscheiben zu klein werden. Man wähle für schwere Triebwerke und für Wellen, die langsam laufende Maschinen antreiben, 100 bis 150 Umläufe minutlich. Die Wellenumlaufzahl für leichte Werkzeugmaschinen soll etwa 150 bis 250, für Holzbearbeitungs- und Textilmaschinen etwa 250 bis 400 minutlich sein.

Lagerabstände: Wenn die Antriebscheibe oder das Antriebsrad sowie die stark belasteten Triebscheiben nahe an den Lagern sitzen und nicht mehr als drei Scheiben zwischen zwei Lagern sind, so halte man sich an folgende Abstände:

Wellendurchmesser mm	25—40	45—60	70—80	90—100	110—160
Lagerentfernung . . m	1,75	2	2,50	3	3,50

Stellringe werden angebracht, um ein Verschieben der Welle in axialer Richtung zu verhüten. Es ist am besten, man ordnet die Stellringe an der Antriebstelle an. Lange Wellen, die zudem noch großen Temperaturschwankungen unterworfen sind, werden mit Ausdehnungskupplungen versehen (siehe Abb. T 10).

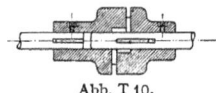

Abb. T 10.

Die erforderlichen Wellendurchmesser sind aus den Tabellen zu ersehen, doch ist es von Vorteil, einheitliche Wellen zu besitzen, damit die Anzahl der erforderlichen Ersatzteile möglichst klein ist und die Riemenscheiben vertauscht werden können.

---

[1]) Durchmesser für Transmissionswellen nach DIN 114 siehe S. 302.
[2]) Elektrische Zeitschrift 1923, Heft 46, S. 1018.

Kraftübertragung durch Wellen (Durchmesser in mm).

PS	Minutliche Umlaufzahl													
	40	60	80	100	120	140	160	180	200	225	250	275	300	350	400
1	50	45	45	40	40	35	35	35	35	35	35	30	30	30	30
2	60	55	50	50	45	45	40	40	40	40	40	35	35	35	35
3	65	60	55	50	50	50	45	45	45	45	40	40	40	40	40
4	70	65	60	55	55	50	50	50	50	45	45	45	45	40	40
5	75	65	60	60	55	55	55	50	50	50	50	45	45	45	45
6	75	70	65	60	60	55	55	55	50	50	50	50	50	45	45
8	85	75	70	65	65	60	60	55	55	55	55	50	50	50	50
10	85	80	75	70	65	65	60	60	60	55	55	55	55	50	50
12	90	85	75	75	70	65	65	65	60	60	60	55	55	55	50
14	95	85	80	75	75	70	70	65	65	60	60	60	60	55	55
15	95	85	80	75	75	70	70	65	65	65	60	60	60	55	55
16	100	90	85	80	75	70	70	70	65	65	65	60	60	55	55
18	100	90	85	80	75	75	70	70	70	65	65	65	60	60	60
20	105	95	85	85	80	75	75	70	70	70	65	65	65	60	60
25	110	100	90	85	85	80	80	75	75	70	70	70	65	65	60
30	115	105	95	90	85	85	80	80	75	75	70	70	70	65	65
35	120	105	100	95	90	85	85	80	80	80	75	75	75	70	70
40	120	110	105	100	95	90	85	85	85	80	80	75	75	70	70
45	125	115	105	100	95	95	90	85	85	85	80	80	75	75	70
50	130	115	110	105	100	95	90	90	85	85	85	80	80	75	75
55	130	120	110	105	100	95	95	90	90	85	85	85	80	80	75
60	135	120	115	110	105	100	95	95	90	90	85	85	85	80	75
65	140	125	115	110	105	100	100	95	95	90	90	85	85	80	80
70	140	125	120	110	105	105	100	95	95	90	90	90	85	85	80
75	145	130	120	115	110	105	100	100	95	95	90	90	85	85	80
80	145	130	120	115	110	105	105	100	100	95	95	90	90	85	85
85	145	135	125	120	115	110	105	100	100	95	95	90	90	85	85
90	150	135	125	120	115	110	105	105	100	100	95	95	90	90	85
95	150	135	130	120	115	110	110	105	100	100	95	95	90	90	85
100	155	140	130	120	115	115	110	105	105	100	100	95	95	90	85

Biegsame Wellen

zur rotierenden Kraftübertragung zwischen zwei axial versetzten Punkten an Maschinen aller Art und Taxametern, Tachometern usw., sowie als Antriebsmittel für frei bewegliche Werkzeuge zum Schleifen, Polieren, Bohren, Reinigen usw. Sie werden hergestellt in Durchmessern von 2 bis 50 mm. Kleinster Krümmungsradius 12 bis 15 d je nach Ausführung. Die Drehrichtung ist bei Bestellung aufzugeben. Die ungefähren Leistungen sind aus nachstehender Tabelle ersichtlich:

Leistung in PS	Umdrehungen in der Minute							
	200	400	800	1200	1600	2000	2400	3000	4000
	Durchmesser in mm								
$1/_{20}$	15	10	7	5	4	4	3	2	2
$1/_{10}$	18	15	10	8	7	6	5	4	4
$1/_6$	20	18	12	10	9	8	7	6	5
$1/_4$	25	20	15	12	11	10	9	8	7
$1/_2$	35	25	18	18	15	15	12	11	10
$3/_4$		30	20	20	18	18	15	12	11
1		35	25	25	20	20	18	15	12
$1^1/_2$			30	30	25	25	20	18	15
2			35	35	30	25	25	20	18
3				40	35	30	30	25	20
4					40	35	30	30	25

Bei Längen unter 1 m kann die nächstschwächere Welle, bei Längen über 5 m muß die nächststärkere Welle gewählt werden.

Keile.

Scheibenfedern
nach DIN 304 u. 122. (Woodruff-Keile).

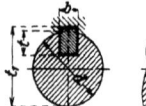 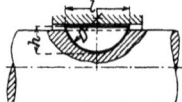

Die Scheibenfeder wird in die halbkreisförmige, mit dem entsprechenden Fräser hergestellte Nut leicht eingetrieben; Keil und Nutenfräser sind nach Normallehren hergestellt; daher leichte Auswechselbarkeit ohne Nacharbeit. Das zeitraubende Einpassen in die Nuten fällt weg.

Bei längeren Naben können zwei oder mehrere Keile hintereinander angewendet werden.

Die Feder soll nur bis zur Hälfte ihrer Breite aus der Welle hervorragen.

Die Vorteile gegenüber dem gewöhnlichen Federkeil sind:

1. Billige, genaue Keilverbindung, die keiner Nacharbeit bedarf und von angelernten Hilfsarbeitern leicht hergestellt werden kann.
2. Große Sicherheit, da die Scheibenfeder tiefer in die Welle hineinreicht und nicht herausgerissen werden kann; eine Schwächung der Welle konnte bei eingesetztem Keile bisher noch nie bemerkt werden. Wellenbrüche in der Keilnute sind noch nie vorgekommen.

$b \times h$	l	D	d	t	t_1	$b \times h$	l	D	d	t	t_1
1 × 1,4	3,82	4	3–4	0,9	$d+0,6$	8 × 11	27,35	28	28–38	9,5	$d+1,7$
1,5 × 1,4	3,82	4	4–5	0,9	$d+0,6$	6 × 13	31,43	32	22–28	11,4	$d+1,8$
1,5 × 2,6	6,76	7	4–5	2,1	$d+0,6$	7 × 13	31,43	32	—	—	—
2 × 2,6	6,76	7	5–7	1,8	$d+0,9$	8 × 13	31,43	32	28–38	11,5	$d+1,7$
2 × 3,7	9,66	10	5–7	2,9	$d+0,9$	7 × 15	37,15	38	—	—	—
2,5 × 3,7	9,66	10	7–9	2,9	$d+0,9$	8 × 15	37,15	38	28–38	13,5	$d+1,7$
3 × 3,7	9,66	10	9–13	2,5	$d+1,3$	9 × 15	37,15	38	—	—	—
2 × 5	12,65	13	5–7	4,2	$d+0,9$	7 × 16	43,08	45	—	—	—
3 × 5	12,65	13	9–13	3,8	$d+1,3$	8 × 16	43,08	45	28–38	14,5	$d+1,7$
4 × 5	12,65	13	13–17	3,8	$d+1,4$	9 × 16	43,08	45	—	—	—
3 × 6,5	15,72	16	9–13	5,3	$d+1,3$	10 × 16	43,08	45	38–48	14	$d+2,2$
4 × 6,5	15,72	16	13–17	5,3	$d+1,4$	8 × 17	50,83	55	28–38	15,5	$d+1,7$
5 × 6,5	15,72	16	17–22	4,9	$d+1,8$	9 × 17	50,83	55	—	—	—
3 × 7,5	18,57	19	9–13	6,3	$d+1,3$	10 × 17	50,83	55	38–48	15	$d+2,2$
4 × 7,5	18,57	19	13–17	6,3	$d+1,4$	11 × 17	50,83	55	—	—	—
5 × 7,5	18,57	19	17–22	5,9	$d+1,8$	9 × 19	59,13	65	—	—	—
4 × 9	21,63	22	13–17	7,8	$d+1,8$	10 × 19	59,13	65	38–48	17	$d+2,2$
5 × 9	21,63	22	17–22	7,4	$d+1,8$	11 × 19	59,13	65	—	—	—
6 × 9	21,63	22	22–28	7,4	$d+1,8$	12 × 19	59,13	65	48–58	16,5	$d+2,7$
5 × 10	24,49	25	17–22	8,4	$d+1,8$	9 × 24	73,32	80	—	—	—
6 × 10	24,49	25	22–28	8,4	$d+1,8$	10 × 24	73,32	80	38–48	22	$d+2,2$
7 × 10	24,49	25	—	—	—	11 × 24	73,32	80	—	—	—
6 × 11	27,35	28	22–28	9,4	$d+1,8$	12 × 24	73,32	80	48–58	21,5	$d+2,7$
7 × 11	27,35	28	—	—	—						

Keilquerschnitte

nach den Festlegungen des Deutschen Normenausschusses.

Treib- u. Einlegekeile (DIN 490) Nasenkeile (DIN 493)	Hohlkeile (DIN 492) Nasenhohlkeile (DIN 495)	Flachkeile (DI-Norm 491) Nasenflachkeile (DI-Norm 494)	Für Wellendurchmesser	Paßfedern und Gleitfedern für Werkzeugmaschinen und Werkzeuge (DIN 496)					für Wellendurchmesser
				Querschnitte	Abmaße für Breite		für Höhe		
					oberes	unteres	oberes	unteres	
mm	mm	mm	mm	mm	mm	mm	mm	mm	mm
				2×2*	+0,018	0	+0,018	0	—
				3×3	+0,018	0	+0,018	0	10— 13
4×4			10— 12	4×4	+0,025	0	+0,025	0	über 13— 17
5×5			über 12— 17	5×5	+0,025	0	+0,025	0	„ 17— 22
6×6			„ 17— 22	6×6	+0,025	0	+0,025	0	„ 22— 28
				7×7*	+0,030	0	+0,030	0	—
8×7	8×3	8×4	„ 22— 30	8×7	+0,030	0	+0,20	+0,10	„ 28— 38
10×8	10×3,5	10×5	„ 30— 38	10×8	+0,030	0	+0,20	+0,10	„ 38— 48
12×8	12×3,5	12×5	„ 38— 44	12×8	+0,035	0	+0,20	+0,10	„ 48— 58
14×9	14×4	14×5	„ 44— 50	14×9	+0,035	0	+0,20	+0,10	„ 58— 68
16×10	16×5	16×6	„ 50— 58	16×10	+0,035	0	+0,20	+0,10	„ 68— 78
18×11	18×5	18×7	„ 58— 68	18×11	+0,035	0	+0,25	+0,10	„ 78— 88
20×12	20×6	20×8	„ 68— 78	20×12	+0,045	0	+0,25	+0,10	„ 88— 98
24×14	24×7	24×9	„ 78— 92	24×14	+0,045	0	+0,25	+0,10	„ 98—120
28×16	28×8	28×10	„ 92—110	28×17	+0,045	0	+0,25	+0,10	„ 120—150
32×18	32×9	32×11	„ 110—130	32×20	+0,045	0	+0,30	+0,15	„ 150—180
36×20	36×10	36×13	„ 130—150	36×23	+0,050	0	+0,30	+0,15	„ 180—240
40×22		40×14	„ 150—170	40×26	+0,050	0	+0,30	+0,15	„ 240—300
45×25		45×16	„ 170—200						
50×28		50×18	„ 200—230						
55×30			„ 230—260						
60×32			„ 260—290						
70×36			„ 290—330						
80×40			„ 330—380						
90×45			„ 380—440						
100×50			„ 440—500						

* Nur für Werkzeuge

Die Keile (DIN 490 bis 495) erhalten einen Anzug 1 : 100; die angegebenen Maße gelten für den Querschnitt des eingepaßten Keiles beim Eintritt in die Nabe. Für das Einpassen erhalten die Keile bei der Herstellung eine Zugabe auf dem Rücken. Bei den Hohlkeilen ist die Höhe vom Scheitelpunkt der Welle ab gemessen.

Schraubenfedern.

Äußerer Durchmesser der gewundenen Feder D mm	\multicolumn{16}{c}{Drahtdurchmesser d in mm}
	1	1,5	2	2,5	3	3,5	4	4,5	5	6	7	8	9	10	12	15
	\multicolumn{16}{c}{Zulässige Belastung in Kilogramm}
	\multicolumn{16}{c}{$\frac{P}{F}$ = Verlängerung bzw. Verkürzung einer Windung in mm durch Belastung von P}
10	1,750 1,36	6,200 0,8	15,2 0,35	32 0,38	60 0,28											
12	1,400 2,02	5,00 1,22	12,2 0,85	25 0,6	47 0,45	80 0,35										
15	1,100 3,3	3,9 2,05	9,5 1,4	19 1,05	35 0,8	58 0,64	90 0,52	135 0,41								
20	0,830 6	2,8 3,8	6,8 2,7	14 2,1	25 1,6	41 1,3	62 1,07	92 0,9	130 0,75							
25	0,630 9,6	2,25 6,2	5,3 4,4	10 3,5	19 2,7	31 2,2	46 1,85	68 1,56	97 1,35	180 1,1	295 0,78					
30	0,540 14	1,85 9	4,4 6,6	8,5 5	15,5 4	25,5 3,3	38 2,85	54 2,45	78 2,1	140 1,6	230 1,3	360 1,2				
35	0,460 19,5	1,55 11,6	3,7 9	7,5 7	13 5,8	21 4,8	32 4,1	45 3,5	65 3	115 2,35	190 1,9	295 1,55	430 1,25			
40	0,400 25,5	1,35 16,5	3,2 12	6,5 9,5	11,5 7,7	18,5 6,4	27,5 5,5	40 4,7	56 4,1	100 3,25	160 2,65	250 2,15	370 1,8	520 1,5	960 1,1	

1	2	3	4	5	6	7	8	9	10	11	12	13	14	15	16	17
45	0,350 / 34	1,2 / 21	2,8 / 15,5	5,5 / 12,5	10 / 9,8	16 / 8,2	24 / 7	35 / 6,3	49 / 5,4	87 / 4,25	140 / 3,5	215 / 2,9	315 / 2,4	450 / 2,05	820 / 1,5	1750 / 1
50	0,320 / 40	1,1 / 26	2,5 / 19	5 / 15	9 / 12,5	14,5 / 10,4	21,5 / 9	31 / 7,8	43 / 6,8	77 / 5,4	125 / 4,5	190 / 3,7	275 / 3,15	390 / 2,7	700 / 2,05	1500 / 1,35
60	0,265 / 58	0,9 / 38	2,1 / 28	4 / 22,5	7,5 / 18	12 / 15,3	18 / 13	25 / 11,5	35 / 10,4	63 / 8,1	100 / 6,7	150 / 5,7	225 / 4,9	315 / 4,2	560 / 3,25	1150 / 2,3
70	0,225 / 80	0,75 / 52	1,8 / 39	3,5 / 30	6,3 / 25	10 / 22	15 / 18	22 / 16	30 / 14	53 / 12,1	85 / 9,5	130 / 8	185 / 7	260 / 6	460 / 4,7	930 / 3,4
80	0,200 / 105	0,65 / 69	1,58 / 52	3 / 40	5,5 / 33	8,8 / 30	13 / 24,5	19 / 21,5	26 / 19	46 / 15	73 / 12,5	110 / 11	160 / 9,4	225 / 8,2	400 / 6,5	800 / 4,7
90	0,175 / 135	0,6 / 88	1,4 / 67	2,8 / 52	4,8 / 43	7,8 / 36	11,5 / 31	17 / 26,5	23 / 24	39 / 20	64 / 16,5	98 / 14	140 / 12,2	200 / 10,8	345 / 8,5	700 / 6,3
100		0,52 / 108	1,25 / 80	2,5 / 64	4,3 / 53	7 / 45	10,5 / 39	15 / 34	20,5 / 30	36 / 24,5	57 / 21	87 / 18	125 / 15,5	175 / 13,5	310 / 11	625 / 8,1
120		0,45 / 155	1,20 / 110	2 / 92	3,6 / 78	5,8 / 65	8,5 / 57	12 / 50	17 / 45	30 / 36	47 / 30	70 / 27	100 / 23	140 / 20,5	250 / 16,5	500 / 12,5
150		0,35 / 250	0,83 / 180	1,6 / 178	2,8 / 120	4,6 / 130	6,7 / 90	9,8 / 80	13,5 / 71	23,5 / 58	37 / 49	56 / 42	80 / 37	110 / 33	195 / 27	390 / 20,5

In dieser Tafel wurde die zulässige Verdrehungsspannung $kd = 4000$ kg/cm² gesetzt und der Gleitmodul G mit $750\,000$ kg/cm² angenommen. Stehen die Federn unter rasch wechselnder Belastung, wie dies bei hin und her gehenden Maschinenteilen der Fall ist, so gehe man höchstens bis zur Hälfte der zulässigen Belastung. — Die Tafel wurde aufgestellt nach der Formel:

$$P = \frac{\pi \cdot d^3 \cdot kd}{16 \, r}$$

$$r = \frac{\text{äußerer Durchmesser} - d}{2} = \frac{D}{2}$$

$$f = \frac{64 \cdot n \cdot r^3 \cdot P}{d^4 \cdot G}$$

$n =$ Anzahl der Windungen.

Zahnräder.

I. Stirnräder.

Als grundlegende Form für die Verzahnung wird jetzt fast allgemein die Evolvente angenommen, deren erzeugende Gerade gewöhnlich unter einem Winkel von 15° oder 20° (genormt in DIN 867) zur Tangente an den Teilkreis geneigt ist. Die von den Werkzeugfabriken vorrätig gehaltenen Werkzeuge sind wohl ausnahmslos für diese Kurvenform bestimmt. Mit der Zeit nehmen die Evolventenzähne, infolge der Abnutzung, eine andere, der Zykloidenkurve ähnliche und sich nur noch langsam abnutzende Zahnform an.

Räder mit einem Eingriffswinkel von 15° bekommen unterschnittene Zähne, also geschwächte Füße, sobald die Zähnezahl geringer als 30 ist, und zwar ist der Unterschnitt um so größer, je kleiner die Zähnezahl. Dieser Mangel, der Räder mit geringer Zähnezahl zur Kraftübertragung untauglich machen würde, kann behoben werden einmal durch Vergrößerung des Eingriffswinkels, wodurch die Unterschneidung nahezu vermieden wird. Für die Wahl des Winkels gibt die nachfolgende Tafel Aufschluß.

Rad mit Zähnezahl . . .	8	10	15	20
Eingriffswinkel	25°	22° 30′	20°	17° 30′

Es muß somit bei einem Rädersatze der Eingriffswinkel für das Rad mit der kleinsten Zähnezahl gewählt werden. Dieses Hilfsmittel bedingt eigene für den vergrößerten Eingriffswinkel gebaute Werkzeuge.

Bei Anwendung von Räderfräsmaschinen nach dem Abwälzverfahren kann man das Unterschneiden auch umgehen, indem man unter Beibehaltung des Eingriffswinkels von 15° am Werkzeug den Außendurchmesser um den Betrag der Höhe des Unterschnittes am Zahnfuße (in radialer Richtung gemessen) vergrößert, wie Abb. Z 1 und Z 2 zeigen.

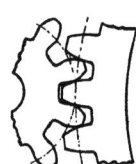 

Abb. Z 1. Normaler Durchmesser.   Abb. Z 2. Vergrößerter Durchmesser.

Der Berechnung lege man in diesem Falle folgende Werte zugrunde (vgl. Tafel S. 319):

$$h_2 = 1{,}5 \cdot M; \quad h_1 = 0{,}666 \cdot M; \quad D_a = D_t + 3M = (Z + 3) \cdot M.$$

Bei gleichbleibender Zahnhöhe erreicht man dadurch eine Verstärkung des Zahnes im Teilkreis. Wohl zu beachten ist, daß auch der Achsenabstand E sich ändert. Es wird

$$E = \left(\frac{Z_1 + Z_2}{2} + 0{,}5\right) \cdot M = \frac{D_{t_1} + D_{t_2}}{2} + 0{,}5 \cdot M.$$

Ist die sich ergebende Vergrößerung des Achsenabstandes nicht zulässig, so wird einfach ein kleinerer Modul und ein breiter Zahn gewählt, oder man verkleinert das große Rad, wenn es über 40 Zähne hat, um den am kleinen Rade vergrößerten Betrag.

Grundbedingung für einen ruhigen Lauf der Räder ist ein spielfreier Gang, d. h. eine einwandfreie Verzahnung. Diese ist aber trotz größter Aufmerksamkeit bei der Bearbeitung kaum zu erreichen, da es eben nicht möglich ist, die vielen in der Herstellungsart liegenden Fehlerquellen (nicht schlagfreier Aufnahmedorn, falscher Achsenabstand, Teilungsfehler usw.) vollständig auszuschalten. Um die Leistungsfähigkeit zu erhöhen, unterwirft man die Räder neuerdings mit bestem Erfolg einer Nachbehandlung durch Schleifen.

1. Zähnezahl. Die Zähnezahlen der Räder eines zusammengehörigen Räderpaares verhalten sich umgekehrt wie die Umlaufzahlen, folglich:

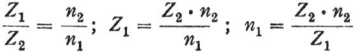

$$\frac{Z_1}{Z_2} = \frac{n_2}{n_1}; \quad Z_1 = \frac{Z_2 \cdot n_2}{n_1}; \quad n_1 = \frac{Z_2 \cdot n_2}{Z_1}.$$

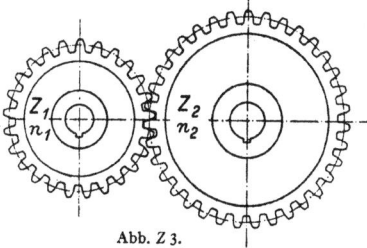

Abb. Z 3.

Weniger als 24 Zähne sind bei Rädern, die ruhig laufen sollen, nicht anzuwenden. Bei Krafträdern und Winden geht man oft bis auf 11 Zähne herab, unter 11 Zähne aber nur in besonderen Fällen.

Für Zahnräder, die mit gleichmäßigem Druck arbeiten, sind, wenn irgend möglich, einfache Verhältnisse zu wählen wie 1 : 2, 1 : 3 usw., dadurch kämmen immer wieder die gleichen Zähne miteinander und laufen gut ein.

Ist aber stark wechselnder Druck vorhanden, so wähle man ungleiche Verhältnisse, wie z. B. 29 : 53, 19 : 37 usw., damit nimmt immer der gleiche Zahn die plötzliche Drucksteigerung aufnehmen muß.

Die Zähnezahl soll so groß als möglich genommen werden; bei ihrer Berechnung ist stets die erforderliche Zahnstärke zu berücksichtigen. Aus dieser und aus dem Teilkreise ergibt sich die Zähnezahl.

2. Die höchste zulässige **Umlaufgeschwindigkeit** wird meist durch das auftretende Geräusch begrenzt und ist daher von der Genauigkeit der Zahnformen, von der Eingriffsdauer und vom Material abhängig.

Obere Werte für die Umlaufgeschwindigkeit sind:

bis 2,5 m/sek gegossene Räder (auch Stahlguß),
2,5 „ 5 „ gegossene Räder mit geschnittenen Zähnen,
5 „ 10 „ gewöhnliche Zahnräder, Stahlgußräder in Ölbad (Holzzähne am großen Rad),
10 „ 30 „ Pfeilzahnräder aus Chromnickelstahl in Ölbad.

Innenverzahnungen verursachen wegen der günstigeren Abwälzverhältnisse weniger Geräusch als Außenverzahnungen.

3. Die Berechnung der Teilung oder des Moduls sowie der Zahnbreite richtet sich nach dem Zahndruck, d. h. nach der zu übertragenden Umfangskraft. Letztere läßt sich nicht immer zuverlässig berechnen, denn gerade die größten Zahndrücke werden von den in manchen Maschinen auftretenden Stößen, deren Kraftgröße schwer zu bestimmen ist, hervorgerufen.

Bei der Berechnung ist der Sicherheit wegen anzunehmen, daß der Druck von einem einzigen Zahne aufgenommen wird, wie in Abb. Z 4 dargestellt ist. Ergibt sich aber, daß stets mindestens 2 Zähne kämmen, so kann dieses berücksichtigt werden.

Modulreihe nach DIN 780.

0,3 (0,35), 0,4 (0,45), 0,5 (0,55), 0,6 (0,65), 0,7, 0,8, 0,9, 1, 1,25, 1,5, 1,75, 2, 2,25, 2,5, 2,75, 3, 3,25, 3,5, 3,75, 4, 4,5, 5, 5,5, 6, 6,5, 7, 8, 9, 10, 11, 12, 13, 14, 15, 16, 18, 20, 22, 24, 27, 30, 33, 36, 39, 42, 45, 50, 55, 60, 65, 70, 75.

$$\text{Modul} = \frac{\text{Teilung in mm}}{\pi}.$$

Innenverzahnung.

Diese Getriebeart besteht aus 2 ungleich großen Stirnrädern, wovon das kleine als gewöhnliches Zahnrad mit Außenverzahnung ausgebildet ist und innerhalb des mit Innenverzahnung versehenen großen Rades sich abrollt. Die Teilkreise berühren sich innen; die Wellenachsen haben gleichen Drehsinn.

Die Zahnflanken derartiger Getriebe bekommen vorwiegend Evolventenform. Beim größeren Rade sind sie hohlgeformt und werden durch Abrollen auf dem größeren Grundkreis erhalten.

Wenn das große Rad mit einer dazugehörigen Nabe aus einem Stück hergestellt werden soll, so muß der Radkörper zwischen der Verzahnung und dem Boden in einer Breite von 10—20 mm bis auf Zahntiefe unterstochen werden, um ein Auslaufen des Werkzeuges zu ermöglichen.

Innenverzahnungen können mit einem Trieb ausgeführt werden, das nur 2 Zähne weniger hat als das Außenrad. Soll jedoch Rad und Trieb in radialer Richtung in und außer Eingriff gebracht werden können, so muß das Rad mindestens 15 Zähne mehr haben als das Trieb. Ist der Unterschied geringer, so ist nur noch eine axiale Verschiebung möglich.

Infolge des längeren Zahneingriffes zeichnet sich die Innenverzahnung gegenüber der Außenverzahnung durch ruhigen Gang aus. Weitere Vorteile sind: Raumersparnis, die geschützte Lage des Getriebes, die Möglichkeit, das Außenrad als Riemenscheibe oder als Stirnrad auszubilden.

Berechnung der Stirnräder.

Gesucht	Bezeichnung	Ausrechnung
Modul. . . . . mm	M	$\dfrac{t}{\pi}$; $\dfrac{D_a}{Z+2}$; $\dfrac{D_t}{Z}$; $\dfrac{D_a - D_t}{2}$
Teilung . . . mm	t	$M \cdot \pi$; $\dfrac{D_t \cdot \pi}{Z}$; $\dfrac{D_a \cdot \pi}{Z+2}$; $\dfrac{P}{b \cdot c}$; $\dfrac{75 \cdot N}{b \cdot v \cdot c}$; $l + a$
Zähnezahl	Z	$\dfrac{D_t}{M}$; $\dfrac{D_a - 2M}{M}$; $\dfrac{D_t \cdot \pi}{t}$
Außendurchmesser . mm	D_a	$M(Z+2)$; $D_t + 2 \cdot M$; $\dfrac{t}{\pi} \cdot (Z+2)$
Teilkreisdurchmesser mm	D_t	$D_a - 2 \cdot M$; $Z \cdot M$; $\dfrac{t}{\pi} \cdot Z$
Zahnbreite. . . mm	b	für Krafträder: $2t$ / $9M$ für gewöhnl. Arbeitsräder: $2-3t$ / $6-10M$ f. größere Kraftübertrg. bei hohen Umlaufzahlen: $3-5t$ / $10-15M$
Zahnhöhe . . . mm	h	$2{,}1666\,M$; $2{,}1666\,\dfrac{t}{\pi}$
Fußhöhe . . . mm	h_1	$1{,}1666\,M$; $1{,}1666\,\dfrac{t}{\pi}$
Kopfhöhe . . mm	h_2	M; $\dfrac{t}{\pi}$
auf dem Teilkreis gemessen — Zahnstärke mm	a	$\dfrac{M \cdot \pi}{2}$; $\dfrac{t}{2}$
auf dem Teilkreis gemessen — Lückenweite mm	l	$\dfrac{M \cdot \pi}{2}$; $\dfrac{t}{2}$
Kranzstärke . . mm	k	etwa $0{,}5\,t$
Übertragene Pferdestärken	N	
Zahndruck. . . . kg	P	$\dfrac{N \cdot 75}{v} \cong \dfrac{N \cdot 143{,}200}{n \cdot D_t \text{ (in cm)}}$; $c \cdot b \cdot t$ (s. Tafel S. 321)
Umlaufzahl minutlich	n	
Umfangsgeschwindigkeit des Teilkreises in m/sek	v	$\dfrac{n \cdot D_t \cdot \pi}{60 \cdot 100}$ (D_t in cm)
Wertziffer für die Materialbeanspruchung	c	Siehe Tafel S. 320
Achsenentfernung . .	E	$\dfrac{Z_1 + Z_2}{2} \cdot M$; $\dfrac{Dt_1 + Dt_2}{2}$

Abb. Z 4.

Für **elektromotorische Antriebe** wird mit Vorliebe für das auf der Ankerwelle sitzende Ritzel elastisches Material, wie Rohhaut, Vulkanfiber[1]), Novotext, Hartex u. dgl. und folgende Verzahnungen gewählt:

Motorstärke PS	Minutliche Umläufe etwa	Modul	Radbreite etwa mm	Ritzelbreite etwa mm
0,5	1400	3	30	40
1	1400	3	30	40
1,5	1400	3,5	35	45
2	1400	4	40	50
2,5	1400	4	45	55
3	1400	5	50	60
4	1400	5	50	60
6	950 oder 1400	7 oder 6	70 oder 60	80 oder 70
8	950 ,, 1400	7 ,, 6	75 ,, 65	85 ,, 75
10	950 ,, 1400	7 ,, 6	75 ,, 65	85 ,, 75
12	950 ,, 1400	8 ,, 7	80 ,, 70	90 ,, 80
15	950 ,, 1400	8 ,, 7	80 ,, 70	90 ,, 80
20	950 ,, 1400	9 ,, 8	90 ,, 80	100 ,, 90
25	950 ,, 1400	10 ,, 8	100 ,, 80	110 ,, 90
30	950 ,, 1400	11 ,, 9	110 ,, 90	125 ,, 105
35	950 ,, 1400	11 ,, 9	110 ,, 90	125 ,, 105
40	950 ,, 1400	12 ,, 10	120 ,, 100	135 ,, 115
50	950 ,, 1400	12 ,, 10	130 ,, 110	145 ,, 125

[1]) Vulkanfiber besitzt nur halb so große Festigkeit wie Rohhaut.

Werte von c für Stirn- und Kegelräder.
(Zähne bearbeitet.)

Werkstoff	Umfangsgeschwindigkeit v in m/sek												
	0,25	0,5	1	2	3	4	5	6	7	8	9	10	11	12-15
Gußeisen	28	27	26	23	21	19	18	17	16	14	13	12	11	10
Stahlguß	56	54	52	46	42	38	36	34	32	28	26	24	22	20
Bessemer- u. geschm. S.M.-Stahl	84	81	78	69	63	57	54	51	48	42	39	36	33	30
Phosphorbronze . . .	48	46	44	39	36	32	31	29	27	24	22	20	19	17
Rotguß.	36	35	34	30	27	25	23	22	21	18	17	16	14	13
Nickelstahl, naturhart	168	162	156	138	126	114	108	102	96	84	78	72	66	60
Chromnickelstahl Räder in Öl gehärtet	224	216	208	184	168	152	144	136	128	112	104	96	88	80
Deltametall	73	70	68	60	55	49	47	44	42	36	34	31	29	26
Rohhaut u. Buchenholz	17	16	16	14	13	11	11	10	10	8	8	7	7	6

Beziehung zwischen Modul und errechnetem Zahndruck P in kg für Gußeisenräder mit bearbeiteten Zähnen von der normalen Breite b = 10 × Modul.

v in m/sek	Modul =												
	1	1,25	1,50	1,75	2	2,25	2,50	2,75	3	3,25	3,50	3,75	4	4,25
0,25	9	14	20	27	35	45	55	66	79	95	108	124	141	159
0,50	8	13	19	26	34	43	54	64	76	89	104	119	136	153
1	8	13	18	25	33	41	51	61	74	86	100	115	131	147
2	7	11	16	22	29	37	45	54	65	76	88	102	116	130
3	7	10	15	20	26	33	41	50	59	69	81	93	106	119
4	6	9	13	18	24	30	37	45	54	63	73	84	96	108
5	6	9	13	17	23	29	35	43	51	60	69	80	91	102
6	5	8	12	15	21	27	33	40	48	56	65	75	86	96
7	5	8	11	14	20	25	31	38	45	53	61	70	80	91
8	4	7	10	13	18	22	27	35	40	46	54	62	70	79
9	4	6	9	12	16	21	25	33	37	43	50	57	65	74
10	4	6	8	11	15	19	24	28	34	40	46	53	60	68
11	3	5	8	10	14	17	22	26	31	36	42	49	53	62
12	3	5	7	10	13	16	20	24	28	33	38	44	50	57

v in m/sek	Modul =												
	4,50	4,75	5	5,25	5,50	5,75	6	6,5	7	7,5	8	9	10	11
0,25	178	198	220	241	266	291	317	371	431	495	563	713	880	1065
0,50	172	191	212	234	256	280	305	358	416	477	543	687	848	1026
1	165	184	204	225	247	270	294	345	400	459	523	662	817	988
2	146	163	181	199	218	239	260	305	354	406	462	585	723	874
3	134	149	165	182	199	218	238	279	323	371	422	534	660	798
4	121	135	149	164	180	197	215	252	292	336	382	483	597	722
5	114	128	141	156	171	187	204	239	277	318	362	458	565	684
6	108	120	134	147	161	176	192	226	262	300	342	433	534	646
7	102	113	126	138	151	166	181	212	246	283	321	407	502	608
8	89	99	110	121	133	145	158	186	215	247	281	356	440	532
9	83	92	102	113	123	135	147	172	200	230	261	331	408	494
10	76	85	94	104	114	125	136	159	185	212	241	305	377	456
11	70	78	86	95	104	114	124	146	169	194	221	280	346	418
12	64	71	79	87	95	104	113	133	154	177	201	254	314	380

v in m/sek	Modul =												
	12	13	14	15	16	17	18	19	20	22	24	26	28	30
0,25	1267	1487	1724	1980	2252	2512	2850	3175	3520	4259	5064	5947	6896	7920
0,50	1221	1433	1663	1909	2172	2451	2748	3062	3394	4107	4887	5735	6650	7633
1	1176	1380	1601	1838	2091	2360	2647	3248	3948	3268	3955	4706	5522	6404	7350
2	1041	1221	1416	1626	1850	2088	2341	2601	2891	3498	4163	4885	5665	6502
3	950	1115	1293	1484	1689	1907	2138	2381	2640	3194	3801	4460	5172	5937
4	860	1009	1170	1343	1528	1725	1934	2155	2388	2890	3439	4036	4680	5371
5	814	956	1108	1272	1448	1634	1832	2041	2263	2738	3258	3823	4433	5089
6	769	903	1047	1202	1367	1534	1730	1928	2137	2586	3077	3611	4187	4806
7	724	849	985	1131	1287	1453	1629	1814	2011	2434	2896	3398	3941	4523
8	633	743	862	990	1126	1271	1425	1588	1760	2129	2534	2974	3448	3958
9	588	690	800	919	1046	1180	1323	1474	1634	1977	2353	2761	3202	3675
10	543	637	739	848	965	1089	1221	1361	1508	1825	2172	2549	2956	3392
11	498	584	677	776	885	999	1120	1247	1383	1673	1991	2336	2709	3110
12	452	531	616	707	804	908	1018	1134	1257	1521	1810	2124	2463	2827

Vorstehende Tafelwerte für P sind bei gleichem Modul und gleichem v zu vermehren bei Rädern aus

Stahlguß	mit 6	Nickelstahl, naturhart	mit 6
Bessemer- u. S.M.-Stahl	„ 3	Chromnickelstahl	„ 8
Phosphorbronze	„ 1,7	Deltametall	„ 2,6
Rotguß	„ 1,3	Rohhaut u. Buchenholz	„ 2,6

Für stoßweisen Betrieb hat man mit einem 35 bis 50 vH größeren Zahndruck zu rechnen. Ist die Zahnbreite $b = x \cdot$ Modul, so bestimmt sich der zugehörige Modul nicht nach dem errechneten Zahndruck P, sondern nach einem Druck $P' = 10/x \cdot P$.

Zahnabmessungen bei Modulteilung.

Modul . . .	M	0,25	0,5	0,75	1	1,25	1,5	1,75	2	2,25	2,5
Teilung. . .	t mm	0,785	1,571	2,356	3,142	3,927	4,712	5,498	6,283	7,069	7,854
Zahnlücke =Zahnstärke	$l=a$ mm	0,393	0,785	1,178	1,571	1,963	2,356	2,749	3,142	3,534	9,327
Fußhöhe . .	h_1 mm	0,292	0,583	0,875	1,167	1,458	1,750	2,042	2,333	2,625	2,917
Kopfhöhe . .	h_2 mm	0,25	0,5	0,75	1	1,25	1,5	1,75	2	2,25	2,5
Zahnhöhe $= h_1 + h_2$	h mm	0,542	1,083	1,625	2,167	2,708	3,25	3,792	4,333	4,875	5,417
Modul . . .	M	2,75	3	3,25	3,5	3,75	4	4,25	4,5	4,75	5
Teilung. . .	t mm	8,639	9,425	10,210	10,996	11,781	12,566	13,351	14,137	14,923	15 708
Zahnlücke =Zahnstärke	$l=a$ mm	4,320	4,712	5,105	5,498	5,891	6,283	6,675	7,069	7,462	7,854
Fußhöhe . .	h_1 mm	3,208	3,5	3,791	4,083	4,375	4,666	4,958	5,25	5,541	5,833
Kopfhöhe . .	h_2 mm	2,75	3	3,25	3,5	3,75	4	4,25	4,5	4,75	5
Zahnhöhe $= h_1 + h_2$	h mm	5,958	6,5	7,041	7,583	8,125	8,666	9,208	9,75	10,291	10,833
Modul . . .	M	5,5	6	6,5	7	7,5	8	8,5	9	9,5	10
Teilung. . .	t mm	17,279	18,850	20,420	21,991	23,562	25,132	26,704	28,274	29,845	31,416
Zahnlücke =Zahnstärke	$l=a$ mm	8,639	9,425	10,210	10,995	11,781	12,566	13,352	14,137	14,923	15,708
Fußhöhe . .	h_1 mm	6,416	7	7,583	8,166	8,75	9,333	9,916	10,499	11,083	11,666
Kopfhöhe . .	h_2 mm	5,5	6	6,5	7	7,5	8	8,5	9	9,5	10
Zahnhöhe $= h_1 + h_2$	h mm	11,916	13	14,083	15,166	16,25	17,333	18,416	19,499	20,583	21,666
Modul . . .	M	11	12	13	14	15	16	17	18	19	20
Teilung. . .	t mm	34,558	37,699	40,841	43,982	47,124	50,266	53,407	56,549	59,690	62,832
Zahnlücke =Zahnstärke	$l=a$ mm	17,279	18,85	20,42	21,991	23,562	25,133	26,704	28,274	29,845	31,416
Fußhöhe . .	h_1 mm	12,833	14	15,166	16,332	17,499	18,666	19,832	21	22,165	23,332
Kopfhöhe . .	h_2 mm	11	12	13	14	15	16	17	18	19	20
Zahnhöhe $= h_1 + h_2$	h mm	23,833	26	28,166	30,332	32,499	34,666	36,832	39	41,165	43,332
Modul . . .	M	21	22	23	24	25	26	27	28	29	30
Teilung. . .	t mm	65,974	69,115	72,257	75,398	78,54	81,682	84,823	87,695	91,106	94,248
Zahnlücke =Zahnstärke	$l=a$ mm	32,987	34,557	36,128	37,699	39,27	40,841	42,412	43,982	45,553	47,124
Fußhöhe . .	h_1 mm	24,499	25,665	26,832	28	29,165	30,332	31,498	32,665	33,831	35
Kopfhöhe . .	h_2 mm	21	22	23	24	25	26	27	28	29	30
Zahnhöhe $= h_1 + h_2$	h mm	45,499	47,665	49,832	52	54,165	56,332	58,498	60,665	62,831	65

Beispiel: Welcher Modul ist für ein gußeisernes Räderpaar mit gefrästen Zähnen zu wählen, wenn 8 PS zu übertragen sind und das eine Rad etwa 40 cm Durchmesser haben soll und 250 Umlaufe in der Minute macht?

1. Für regelmäßigen Betrieb:

$$v = \frac{n \cdot D_t \cdot \pi}{60 \cdot 100} = \frac{250 \cdot 40 \cdot 3{,}14}{60 \cdot 100} \cong 5^{1}/_{4} \text{ m/sek},$$

$$P = \frac{N \cdot 75}{v} = \frac{8 \cdot 75}{5{,}25} = 114 \text{ kg}.$$

Bei einer Zahnbreite von $b = 10 \cdot M$ kann aus der Tafel auf S. 321 für $P = 114$ kg und $v \cong 5$ m/sek ohne weiteres der Modul entnommen werden $M = 4{,}5$.

Der Modul kann auch aus der Gleichung $M = \dfrac{t}{\pi}$ berechnet werden, wobei sich t aus $P = c \cdot b \cdot t$ ergibt. Für $v = 5$ m/sek ist c nach der Tafel auf S. 320 gleich 18; wird $b = 3\,t$ angenommen und werden diese Werte von v und b eingesetzt, so wird $114 = 18 \cdot 3 \cdot t^2$; daraus $t = 1{,}45$ und $M = \dfrac{1{,}45}{3{,}14} \cong 4{,}5$ mm.

2. Für unregelmäßigen Betrieb (z. B. Stoßmaschinen):

In diesem Falle ist der Rechnung ein 35 bis 40 vH höherer Zahndruck zugrunde zu legen. Bei einem um 40 vH erhöhten Zahndrucke wird $P = 114 + \dfrac{40}{100} \cdot 114 = 160$ kg und $M = 5{,}25$ (siehe Tafel auf S. 321).

Für $M = 4{,}5$ wird $Z = \dfrac{D}{M} = \dfrac{400}{4{,}5} = 89$. Weil 89 Primzahl ist, so eignet sich diese Zähnezahl für unregelmäßigen Betrieb, da dann nicht immer der gleiche Zahn die plötzliche Drucksteigerung auszuhalten hat. Für regelmäßigen Betrieb ist zu nehmen $Z = 90$, dann wird $D_t = Z \cdot M = 90 \cdot 4{,}5 = 405$ mm.

Wäre $b = 8\,M$ gewählt, so würde

$$P' = \frac{10}{8} \cdot P = \frac{10}{8} \cdot 114 = 143 \text{ kg und } M = 5 \text{ mm}.$$

Wäre $b = 12\,M$ gewählt, so würde

$$P' = \frac{10}{12} \cdot P = \frac{10}{12} \cdot 114 = 95 \text{ kg und } M = 4 \text{ mm}.$$

Diametral- und Circular-pitch.

In Ländern des englischen Maßsystems werden Zahnräder nach Diametral- oder nach Circular-pitch berechnet.

Mit Diametral-pitch Dp bezeichnet man die Anzahl Zahnteilungen auf 1 Zoll Länge des Teilkreisdurchmessers, mit Circular-pitch dagegen die Länge einer Zahnteilung in Zoll auf dem Teilkreis gemessen.

$$\text{Diametral-pitch } Dp = \frac{3,14}{Cp} = \frac{25,4}{M};$$

$$\text{Circular-pitch } Cp = \frac{3,14}{Dp} = \frac{M}{8,09};$$

$$\text{Modul } M = \frac{25,4}{Dp} = 8,09 \cdot Cp.$$

Diametral-pitch	1	1¼	1½	1¾	2	2¼	2½
Modul	25,4	20,32	16,93	14,51	12,7	11,29	10,16
Teilung	79,8	63,84	53,19	45,58	39,9	35,47	31,92
Diametral-pitch	2¾	3	3½	4	5	6	7
Modul	9,23	8,47	7,26	6,35	5,08	4,23	3,63
Teilung	29	26,61	22,81	19,95	15,96	13,29	11,40
Diametral-pitch	8	9	10	11	12	14	16
Modul	3,17	2,82	2,54	2,31	2,12	1,81	1,59
Teilung	9,96	8,86	7,98	7,26	6,66	5,69	5
Diametral-pitch	18	20	22	24	26	28	
Modul	1,41	1,27	1,15	1,06	0,98	0,91	
Teilung	4,43	3,99	3,61	3,33	3,08	2,86	

Circular-pitch	1/16	1/8	3/16	1/4	5/16	3/8	7/16
Modul	0,505	1,01	1,51	2,02	2,52	3,03	3,53
Teilung	1,586	3,17	4,74	6,35	7,92	9,52	11,09
Circular-pitch	1/2	9/16	5/8	11/16	3/4	13/16	7/8
Modul	4,04	4,54	5,05	5,56	6,06	6,57	7,08
Teilung	12,69	14,26	15,87	17,47	19,04	20,63	22,24
Circular-pitch	15/16	1	1 1/16	1 1/8	1 3/16	1 1/4	1 5/16
Modul	7,58	8,09	8,59	9,10	9,60	10,11	10,62
Teilung	23,81	25,42	26,99	28,59	30,16	31,76	33,36
Circular-pitch	1 3/8	1 7/16	1 1/2	1 5/8	1 3/4	1 7/8	2
Modul	11,12	11,62	12,13	13,14	14,15	15,17	16,18
Teilung	34,93	36,49	38,11	41,28	44,45	47,66	50,83

Pitsch-Formeln.
(Alle Maße in engl. Zoll.)

Gesucht	Bezeichnung	Formel zur Berechnung
Diametral-pitch	D_p	$\dfrac{Z}{D_t}; \quad \dfrac{Z+2}{D_a}; \quad \dfrac{3{,}1416}{C_p}$
Circular-pitch (in engl. Zoll im Bogen gemessen)	C_p	$\dfrac{3{,}1416 \cdot D_t}{Z}; \quad \dfrac{3{,}1416 \cdot D_a}{Z+2}; \quad \dfrac{3{,}1416}{D_p}$
Außendurchmesser des Rades	D_a	$\dfrac{Z+2}{D_p}; \quad \dfrac{(Z+2)C_p}{3{,}1416}; \quad D_t + 2 \cdot h_2$
Teilkreisdurchmesser ..	D_t	$\dfrac{Z}{D_p}; \quad \dfrac{Z \cdot C_p}{3{,}1416}$
Zähnezahl	Z	$D_a \cdot D_p - 2; \quad D_t \cdot D_p$
Zahnlücke (im Bogen gemessen)	l	$\dfrac{1{,}5708}{D_p}; \quad \dfrac{C_p}{2}$
Zahnstärke (im Bogen gemessen)	a	$\dfrac{1{,}5708}{D_p}; \quad \dfrac{C_p}{2}$
Zahnhöhe	h	$\dfrac{2{,}1571}{D_p}; \quad 0{,}6897 \cdot C_p$
Zahnkopfhöhe.....	h_2	$\dfrac{D_a}{Z+2}; \quad \dfrac{D_t}{Z}; \quad \dfrac{1}{D_p}; \quad 0{,}3183 \cdot C_p$
Zahnfußhöhe	h_1	$\dfrac{1{,}1571}{D_p}; \quad 0{,}3714 \cdot C_p$
Achsenabstand zweier Räder mit den Zähnezahlen Z_1 und Z_2	E	$\dfrac{Z_1 + Z_2}{2 \cdot D_p}; \quad \dfrac{(Z_1 + Z_2) \cdot C_p}{6{,}2832}$

Beispiel: Ein Rad hat 30 Zähne und 5" Teilkreisdurchmesser

$$D_p = \frac{30}{5} = 6''; \quad C_p = \frac{3{,}14}{6} = 0{,}523''; \quad D_a = \frac{30+2}{6} = 5{,}333''.$$

Messen der Zahnräder.

Mit Ausnahme der Kettenräder wird das Maß der Teilung (Zahnstärke und Zahnlücke) auf den Teilkreis bezogen, also auf eine gekrümmte Linie.

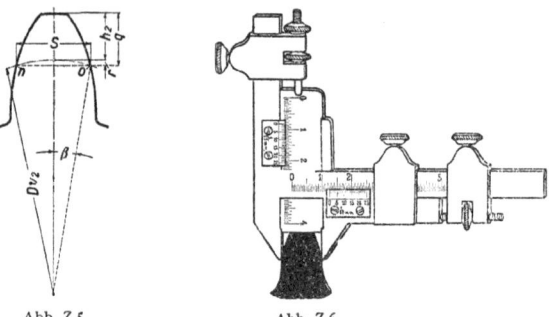

Abb. Z 5.   Abb. Z 6.

Da die mit der Zahnmeß-Schieblehre gemessene Strecke s Sehne des Bogens $n-o$ ist, so ergibt sich beim Messen der Zähne von Rädern mit geringen Zähnezahlen eine erhebliche Abweichung von der nach dem Bogenmaß errechneten Zahnstärke.

Die Berechnung der Maße s und q, die auf der Lehre einzustellen sind, geschieht nach folgender Tafel.

Zahnkopfhöhe	h_2	M
Bogenhöhe	r	$\dfrac{D_t}{2}(1-\cos\beta);\quad \dfrac{Z \cdot M}{2}(1-\cos\beta)$
Zentriwinkel	β	$\dfrac{90°}{Z}$
Einstellmaß für die Zahnstärke	s	$D_t \cdot \sin\beta;\quad M \cdot Z \cdot \sin\beta = M \cdot s'$ $t \cdot \dfrac{Z}{\pi} \cdot \sin\beta = t \cdot s''$ (siehe S. 328)
Einstellmaß für die Zahnkopfhöhe	q	$h_2 + r;\quad M \cdot \left[\dfrac{Z}{2}(1-\cos\beta)+1\right] = M \cdot q'$ $t \cdot \dfrac{1}{\pi}\left[\dfrac{Z}{2}(1-\cos\beta)+1\right] = t \cdot q''$ (s. S. 328)

Beispiel: Bei einem 12zähnigen Rade mit Modul 15 ist die Zahnstärke auf dem Teilkreisbogen gemessen $= \dfrac{t}{2} = \dfrac{D_t \cdot \pi}{24} = \dfrac{12 \cdot 15 \cdot \pi}{24} = 23{,}56$ mm $\measuredangle \beta = \dfrac{90°}{12} = 7°\,30'$. Die Länge der Sehne s ist aber $D_t \cdot \sin\beta = 180 \cdot 0{,}13053 = 23{,}49$, das ist also 0,07 mm weniger als $\dfrac{t}{2}$. Das Maß q ist $= h_2 + r = 15 + \dfrac{180}{2}(1-0{,}99144) = 15{,}77$ mm.

Die Zahnmeß-Schieblehre ist demnach für dieses Zahnrad mit 23,49 mm für die Zahnstärke und mit 15,77 mm für die Höhe q einzustellen.

Eine Erleichterung der Berechnung von q und s bietet die Tafel auf S. 328.

Beispiel: 1. Gegeben $Z = 12$; $M = 15$;

$q = q' \cdot M = 1,0513 \cdot 15 = 15,77$; $s = s' \cdot M = 1,5663 \cdot 15 = 23,49$.

2. Gegeben $Z = 12$; $t = 47,124$;

$q = q'' \cdot t = 0,3346 \cdot 47,124 = 15,77$; $s = s'' \cdot t = 0,4985 \cdot 47,124 = 23,49$.

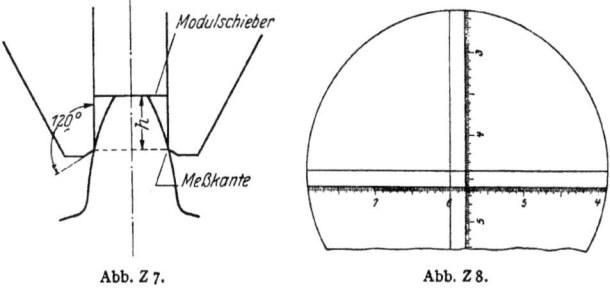

Abb. Z 7. Abb. Z 8.

Dem gleichen Zwecke wie die Zahnmeß-Schieblehre dient auch die optische Zahnmeßschraublehre (Erzeugnis Carl Zeiß, Jena). Das Prinzip der Messung ist das gleiche (Abb. Z 7). Mit einer senkrecht beweglichen Zunge, dem Modulschieber, wird die Zahnhöhe q vom Kopf bis zum Teilkreis, mit den wagerecht vorstellbaren Schnäbeln die Zahnstärke im Teilkreise so gemessen. Die Einstellung ist durch eine Lupe an zwei aufeinander senkrechten Teilungen auf 0,02 mm unmittelbar ohne Nonius abzulesen; kleinere Werte können noch gut geschätzt werden. Abb. Z 8 zeigt das Gesichtsfeld.

Tafel zur Ermittlung der Werte q und s zum Einstellen der Zahnmeß-Schieblehre und der optischen Zahnmeßschraublehre.

(Siehe S. 326 u. 327.)

$$q = q' \cdot M \text{ oder } q'' \cdot t; \quad s = s' \cdot M \text{ oder } s'' \cdot t.$$

Zähnezahl des Rades	I. Bei bekanntem Modul M		II. Bei bekannter Millimeterteilung t	
	$q = M \cdot q'$	$s = M \cdot s'$	$q = t \cdot q''$	$s = t \cdot s''$
	q'	s'	q''	s''
10	1,0615	1,5643	0,3376	0,4979
11	1,0559	1,5654	0,3360	0,4982
12	1,0513	1,5663	0,3346	0,4985
13	1,0473	1,5669	0,3333	0,4987
14	1,0440	1,5675	0,3323	0,4989
15	1,0410	1,5679	0,3313	0,4990
16	1,0385	1,5682	0,3305	0,4991
17	1,0362	1,5685	0,3298	0,4992
18	1,0342	1,5688	0,3291	0,4993
19	1,0324	1,5690	0,3286	0,4994
20	1,0308	1,5691	0,3281	0,4994
21	1,0293	1,5693	0,3276	0,4994
22	1,0280	1,5694	0,3272	0,4995
23	1,0268	1,5695	0,3268	0,4995
24	1,0256	1,5696	0,3264	0,4996
25	1,0245	1,5697	0,3260	0,4996
26	1,0237	1,5698	0,3258	0,4996
27	1,0228	1,5699	0,3255	0,4996
28	1,0220	1,5699	0,3253	0,4996
29	1,0212	1,5700	0,3250	0,4997
30	1,0206	1,5700	0,3248	0,4997
32	1,0192	1,5701	0,3244	0,4997
34	1,0183	1,5702	0,3241	0,4997
35	1,0176	1,5702	0,3239	0,4997
38	1,0162	1,5703	0,3234	0,4998
40	1,0154	1,5703	0,3232	0,4998
42	1,0146	1,5704	0,3229	0,4998
45	1,0137	1,5704	0,3226	0,4998
48	1,0128	1,5705	0,3223	0,4998
50	1,0123	1,5705	0,3222	0,4998
55	1,0112	1,5705	0,3218	0,4998
80	1,0077	1,5706	0,3209	0,4999
135	1,0045	1,5707	0,3197	0,4999
Zahnstange	1,0000	1,5708	0,3183	0,5000

II. Kegelräder.

Die Grenzfälle für das Kegelrad bilden Stirnrad und Kronrad; beim Stirnrad beträgt der ganze Kegelwinkel 0°, beim Kronrad 180° (in der folgenden Berechnungstafel ist unter „Winkel des Zahnkegels $= \gamma_2$" nur der halbe Kegelwinkel zu verstehen, also der von Kegelachse und Kegelmantel eingeschlossene). Die Herstellung sowie das Einbauen der Kegelräder erfordert große Sorgfalt, denn wenn die Räder nicht sehr genau gearbeitet und nicht so eingebaut sind, daß sich die beiden Kegelspitzen am Kreuzungspunkte der verlängert gedachten Triebachsen treffen und der von den Achsen eingeschlossene Winkel gleich der halben Summe beider Kegelwinkel ist, so erhält man schlechten Zahneingriff. Großer Kraftverlust, starkes Geräusch und rasches Verschleifen der Zähne sind die Folgen solches Baufehlers. Besondere Beachtung ist der Lagerung und den Abmessungen der mit einem Kegelrad ausgerüsteten Welle zu schenken, denn die im Betriebe eintretenden Abnutzungen und Verbiegungen wirken auf den Zahneingriff ungünstig ein.

Die beim Entwurf festgelegten Winkelgrößen und Abmessungen sind mit Rücksicht auf das oben Gesagte bei der Ausführung und beim Einbau streng einzuhalten.

Da sich bei Veränderung des Übersetzungsverhältnisses auch der Winkel der Zähne zur Radachse ändert, so ergibt sich, daß niemals von zwei zusammenarbeitenden Rädern eines Getriebes das eine gegen ein anderes mit veränderter Zähnezahl ausgewechselt werden darf, es sei denn, man verstelle die Lage der beiden Achsen.

Als Baustoffe kommen für Kegelräder alle diejenigen in Betracht, die auch für Stirnräder Verwendung finden. Die größten Räder erhalten gußeiserne Kränze mit eingesetzten Stockzähnen. Im Maschinenbau kommen vielfach gußeiserne Kegelräder vor neben solchen aus Stahl. Letztere finden da Verwendung, wo große Zahnbelastungen und Stöße auftreten. Für große Geschwindigkeiten eignen sich ungehärtete Stahlräder jedoch nicht besonders gut, da sie sich rascher abnutzen als gußeiserne. Gehärtete Stahlräder finden im Kraftwagenbau ausgedehnte Anwendung. Die besten Ergebnisse wurden erzielt durch Verwendung von zwei verschiedenen Stoffen für ein zusammenarbeitendes Räderpaar: Holz auf Gußeisen, Gußeisen auf Stahl oder Stahl auf Bronze sind die gebräuchlichsten Zusammenstellungen. Das kleinere Rad wird in der Regel aus dem dauerhafteren Stoffe hergestellt. Sollen sehr rasch umlaufende Räder möglichst wenig Geräusch verursachen, so läßt man sie in Öl laufen oder verwendet auch für das kleinere Rad entweder Rohhaut oder Fiber; letzteres kommt nur für geringe Zahndrücke in Frage. Sehr gut haben sich die Textilstoffe Novotext und Hartex bewährt.

Die Aufzeichnung der Zahnform erfolgt annähernd genau auf dem Ergänzungskegel, theoretisch genau aber nur auf einer Kugelfläche, die C zum Mittelpunkte und $C-B$ zum Halbmesser hat.

Der Ergänzungskegel ist durch den Teilkegel gegeben, denn beide Kegel besitzen gemeinschaftliche Achse, und die Mantelflächen stehen senkrecht aufeinander.

Den Unterschnitt des Zahnfußes vermeidet man durch Vergrößern des Raddurchmessers, verfährt also genau, wie bei Stirnrädern beschrieben wurde (siehe S. 319).

Die Anzahl der PS, der minutlichen Umläufe, die Nabenberechnung und der von den Wellen eingeschlossene Winkel sind gewöhnlich gegeben, der Nabendurchmesser ist in der Regel = 2 × Bohrung. Die Rückenlänge U bzw. u ist möglichst kurz zu wählen. Je geringer die Rückenlänge, um so weniger wird die Welle auf Biegung beansprucht, und die Zähne tragen viel gleichmäßiger. Günstige Abmessungen ergeben die Formeln der Tafel auf S. 331.

Im übrigen erfolgt die Berechnung wie bei Stirnrädern. Die Zahnstärke ist jedoch an den verschiedenen Stellen des Zahnes verschieden, und zwar verhältnisgleich dem Quadrat des senkrechten Abstandes dieser Stellen von der Radachse.

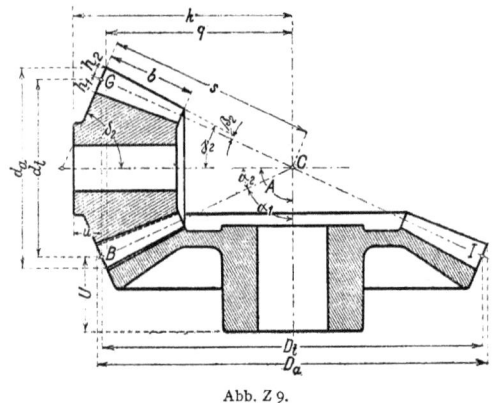

Abb. Z 9.

Das zu berechnende Räderpaar entwerfe man nach Abb. Z 9. Zuerst werden die Radachsen im gegebenen Winkel A festgelegt. Die Teilkreisdurchmesser D_i bzw. d_i, die sich im Punkte B schneiden, werden auf die Radachsen aufgetragen. Verbindet man den Radachsenschnittpunkt C mit den Endpunkten von D_i und d_i, so sind die Teilkegel, die auch Abwälzkegel genannt werden, aufgezeichnet. Den halben Teilkegelwinkel bezeichnet man als Teilkreiswinkel (α_1 bzw. α_2); $A = \alpha_1 + \alpha_2$. Die Schnittpunkte der Linien von Teilkegel und Teilkreis sind in Abb. Z 9 mit G, B, I bezeichnet. In diesen Punkten und im Abstande b (Zahnbreite) davon werden Lotrechte zu den Teilkegellinien gezogen, wodurch die Zahnbreiten dargestellt sind. Auf der äußeren Zahnstirnseite trägt man nach oben die Zahnkopfhöhe h_2 = Modul, nach unten die Zahnfußhöhen $h_1 = 1{,}166$ Modul ab und zieht dann nach dem Achsenschnittpunkt C die Zahnkopf- und Zahnfußlinien. Die anderen Abmessungen und Formen entwirft man, wie es die vorliegenden Verhältnisse bedingen.

Berechnung der Kegelräder.

a) Achsenwinkel 90°.

Gesucht	Bezeichnung	großes Rad	Bezeichnung	kleines Rad
Modul	M	$\dfrac{t}{\pi}$; $\dfrac{D_t}{Z}$	M	$\dfrac{t}{\pi}$; $\dfrac{d_t}{z}$
Teilung	t	$M \cdot \pi$; $\dfrac{D_t \cdot \pi}{Z}$	t	$M \cdot \pi$; $\dfrac{d_t \cdot \pi}{z}$
Teilkreisdurchmesser . . .	D_t	$Z \cdot M$; $\dfrac{t \cdot Z}{\pi}$	d_t	$z \cdot M$; $\dfrac{t \cdot z}{\pi}$
Außendurchm.	D_a	$D_t + 2 \cdot M \cdot \cos \alpha_1$	d_a	$d_t + 2 \cdot M \cdot \cos \alpha_2$
Zähnezahl . .	Z	$\dfrac{D_t}{M}$; $\dfrac{D_t \cdot \pi}{t}$	z	$\dfrac{d_t}{M}$; $\dfrac{d_t \cdot \pi}{t}$
Achsenwinkel .	A		$90° = \alpha_1 + \alpha_2$	
Teilkreiswinkel	α_1	$90° - \alpha_2$; $\operatorname{tg} \alpha_1 = \dfrac{D_t}{d_t} = \dfrac{Z}{z}$	α_2	$90° - \alpha_1$; $\operatorname{tg} \alpha_2 = \dfrac{d_t}{D_t} = \dfrac{z}{Z}$
Zahnkopfwinkel	β_1	$\gamma_1 - \alpha_1$; $\operatorname{tg} \beta_1 = \dfrac{2 \cdot \sin \alpha_1}{Z}$	β_2	$\gamma_2 - \alpha_2$; $\operatorname{tg} \beta_2 = \dfrac{2 \cdot \sin \alpha_2}{z}$
Winkel des Zahnkegels .	γ_1	$\alpha_1 + \beta_1$; $\operatorname{tg} \gamma_1 = \dfrac{Z + 2 \cdot \cos \alpha_1}{z - 2 \cdot \sin \alpha_1}$	γ_2	$\alpha_2 + \beta_2$; $\operatorname{tg} \gamma_2 = \dfrac{z + 2 \cdot \cos \alpha_2}{Z - 2 \cdot \sin \alpha_2}$
Winkel des Ergänzungskegels	δ_1	$90° - \alpha_1$; $\operatorname{ctg} \delta_1 = \dfrac{D_t}{d_t} = \dfrac{Z}{z}$	δ_2	$90° - \alpha_2$; $\operatorname{ctg} \delta_2 = \dfrac{d_t}{D_t} = \dfrac{z}{Z}$
Kegellänge . .	s		$\dfrac{D_a}{2 \cdot \sin \gamma_1} = \dfrac{d_a}{2 \cdot \sin \gamma_2}$	
Kegelhöhe . .	Q	$\tfrac{1}{2} \cdot D_a \cdot \operatorname{ctg} \gamma_1$	q	$\tfrac{1}{2} \cdot d_a \cdot \operatorname{ctg} \gamma_2$
Abstand der hinteren Nabenseite von der Kegelspitze	K	$\dfrac{D_t}{2} \cdot \operatorname{ctg} \alpha_1 + U$	k	$\dfrac{d_t}{2} \cdot \operatorname{ctg} \alpha_2 + u$
Rückenlänge .	U	$\dfrac{5 \cdot Z \cdot r}{4z}$ (r=Wellenhalbmesser)	u	$\dfrac{d_t}{15} + 6$

Die Abmessungen der Zähne, ferner PS, n usw. sind nach den Angaben der Tafel auf S. 319 zu berechnen.

Berechnung der Kegelräder.

b) Achsenwinkel $\gtreqless 90°$.

Für Kegelräder, deren Achsen nicht unter 90° zueinander liegen (vgl. Abb. Z 10 bis Z 13), gilt

$$\operatorname{ctg}\alpha_1 = \frac{z}{Z \cdot \sin A} + \operatorname{ctg} A; \qquad \operatorname{ctg}\alpha_2 \doteq \frac{Z}{z \cdot \sin A} + \operatorname{ctg} A.$$

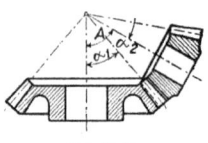

Abb. Z 10.

Spitzer Achsenwinkel.

∢ A kleiner als 90°.

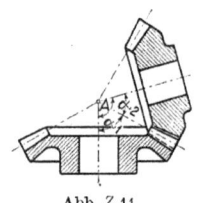

Abb. Z 11.

Stumpfer Achsenwinkel.

∢ A größer als 90°; Achsenschnittpunkt **über** der Teilkreisebene des großen Rades.

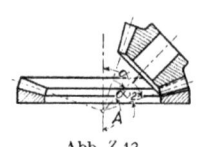

Abb. Z 12.

Innenkegelradtrieb.

∢ A größer als 90°; Achsenschnittpunkt **unter** der Teilkreisebene des großen Rades. (Diese Räderart ist, wenn irgend möglich, zu vermeiden, da schwierig auszuführen.)

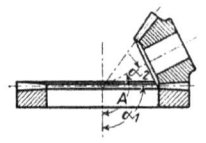

Abb. Z 13.

Kronradtrieb.

∢ A größer als 90°; Achsenschnittpunkt **auf** der Teilkreisebene des großen Rades.

Es ist hier $\alpha_1 = 90°$; $\alpha_2 = A - 90°$.

Zahnradfräser für Kegelräder.

Kegelräder erhalten nur auf besonderen Kegelrad-, Hobel- oder Fräsmaschinen genaue Verzahnung. Für viele Zwecke ist aber hohe Genauigkeit der Zahnform nicht erforderlich, so daß Kegelräder auch auf Universal-Fräsmaschinen mit scheibenförmigen Zahnradfräsern bearbeitet werden können. Vorausgesetzt ist dabei jedoch, daß die Zähnezahl der Räder nicht unter 25 liegt und die Zahnlänge nicht größer als ein Drittel der Kegelseite ist.

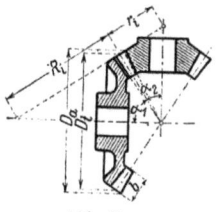

Abb. Z 14.

Die Fräserform entspricht der Zahnkurve an der Außenseite. Da sich die Teilung der Kegelräder nach der Mitte des Rades verjüngt, darf die Fräserform nicht breiter als die Zahnlücke an der Innenseite des Kegelrades sein. Bei kleiner Teilung und weichem Material genügt zweimaliges Durchfräsen, so daß erst die eine, dann die andere Flanke fertiggestellt wird. Bei größeren Teilungen wird zweckmäßig erst die Lücke, dann jede Flanke gefräst. Die Lückenform an der Innenseite wird um so fehlerhafter, je größer die Zahnlänge ist, so daß unter Umständen ein geringes mit der Feile nachgeholfen werden muß. Die Fräserform für eine bestimmte Teilung wird nicht nach der Zähnezahl des zu verzahnenden Kegelrades gefunden, sondern nach der Zähnezahl Z_i eines Stirnrades, das die Seiten R_i des Ergänzungskegels als Halbmesser hat.

Die Zähnezahl zur Ermittlung der Fräserform für Kegelräder, deren Achsen einen rechten Winkel bilden, wird wie folgt bestimmt.

Gesucht	Bezeichnung	Berechnung großes Rad	Bezeichnung	kleines Rad
Modul der äußeren Zahnteilung mm	M	$\dfrac{D_t}{Z}$		$\dfrac{d_t}{z}$
Modul der inneren Zahnteilung mm	m	$\dfrac{D_t - 2b \cdot \sin\alpha_1}{Z}$		$\dfrac{d_t - 2b \cdot \sin\alpha_2}{z}$
Teilkreiswinkel . .	α_1	$\operatorname{tg}\alpha_1 = \dfrac{D_t}{d_t} = \dfrac{Z}{z}$	α_2	$\operatorname{tg}\alpha_2 = \dfrac{d_t}{D_t} = \dfrac{z}{Z}$
Ideeller Halbmesser	R_i	$\dfrac{D_t}{2 \cdot \cos\alpha_1}$; $\dfrac{M \cdot Z}{2 \cdot \cos\alpha_1}$	r_i	$\dfrac{d_t}{2 \cdot \cos\alpha_2}$; $\dfrac{M \cdot z}{2 \cdot \cos\alpha_2}$
Ideelle Zähnezahl .	Z_i	$\dfrac{2 R_i}{M}$; $\dfrac{Z}{\cos\alpha_1}$	z_i	$\dfrac{2 r_i}{M}$; $\dfrac{z}{\cos\alpha_2}$
Zahnbreite . . mm	b	höchstens $\dfrac{M \cdot Z}{6 \cdot \sin\alpha} = {}^1/_3$ Kegelseite		
Zahnlücke der inneren Teilung mm	l	höchstens $\dfrac{m \cdot \pi}{2} = \dfrac{(M \cdot Z - 2b \cdot \sin\alpha_1) \cdot \pi}{2 \cdot Z}$		

Der Wert l gibt die größte zulässige Breite des Fräsers in der Teilkreislinie an. Z und z sind die Zähnezahlen, D_t und d_t die Teilkreisdurchm. des großen bzw. kleinen Kegelrades.

Beispiel: Welche Flankenform und welche Breite in der Teilkreislinie erhalten die Zahnradfräser zur Verzahnung von 2, einem Kegelradgetriebe angehörigen Kegelrädern, die eine Zähnezahl von 60 resp. 40 Zähnen und eine Zahnbreite von 50 mm haben?

Die Achsen der Räder bilden 90°, der Modul M ist gleich 6.

$$\operatorname{tg} \alpha_1 = \frac{Z}{z} = \frac{60}{40} = 1{,}5;$$

$$\alpha_1 = 56°20'; \quad \alpha_2 = 33°40';$$

$$\cos \alpha_1 = 0{,}554; \quad \cos \alpha_2 = 0{,}832;$$

$$Z_i = \frac{60}{0{,}554} = \infty\, 108 \text{ Zähne}; \quad z_i = \frac{40}{0{,}832} = \infty\, 48 \text{ Zähne}.$$

Prüfung der zulässigen Breite der Zähne: $b = \frac{40}{0{,}554} \cong 72$ mm oder $b = \frac{60}{0{,}832} = \infty\, 72$ mm, wogegen die zu verzahnenden Räder eine noch günstigere Breite von nur 50 mm haben.

Zum Fräsen des großen Rades käme demnach ein Zahnradfräser in Betracht, dessen Flankenform gleich dem Fräser des Satzes Nr. 7 für 55 bis 134 Zähne Modul 6 ist: zum Fräsen des kleinen Rades gleich dem des Satzes Nr. 6 für 35—54 Zähne Modul 6.

Die Breite dieser Fräser in der Teilkreislinie darf nicht größer sein als

$$l = \frac{(6 \cdot 60 - 2 \cdot 0{,}832 \cdot 50) \cdot 3{,}14}{2 \cdot 60} = \infty\, 7{,}25 \text{ mm}.$$

III. Schraubenräder.

Als Schraubenräder werden alle Zahnräder bezeichnet, deren Zähne in Schraubenlinie auf dem zylindrischen Radkörper verlaufen. Man kann sich ein Schraubenrad entstanden denken durch Vereinigung von unendlich dünnen, fächerartig gegeneinander verschobenen Stirnrädern, wodurch rascheste Zahnfolge gegeben ist. Die Schraubenräder haben infolgedessen selbst bei großer Teilung ruhigen, stoßfreien Gang und hohen Wirkungsgrad. Bei gekreuzten Achsen geht man mit der Übersetzung nicht höher als 1 : 5. Die vorhandenen Werkzeuge müssen der Normalteilung t_n (d. h. der Teilung senkrecht zur Schraubenlinie) und nicht der Stirnteilung t_{st} (gemessen an der Stirnseite des Rades) entsprechen (Abb. Z 15). Zu beachten ist ferner die Drehrichtung, da diese bei Schraubenrädern, deren Achsen einen Winkel bilden, von der Richtung der Schraubenlinie abhängig ist. Die Achsen eines Räderpaares können parallel oder gekreuzt sein.

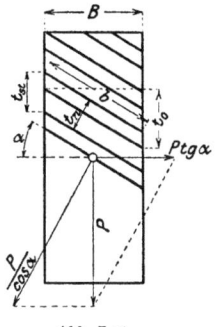

Abb. Z 15.

Schraubenräder mit parallelen Achsen führen sich dank der billigen Herstellung durch Abwälzfräser immer mehr ein. Da sie geräuschloser laufen als gewöhnliche Stirnräder, so sind sie für hohe Geschwindigkeiten gut geeignet. Um den von der Zahnschräge herrührenden axialen Druck niedrig zu halten, wird der Zahnwinkel α nicht über 20° genommen. Er soll jedoch wenigstens so groß sein, daß der Zahn in der Radbreite um mindestens eine Teilung steigt; wenn die Radbreite dreimal Normalteilung genommen wird, so ist

$$\frac{t_n}{B} = \frac{t_n}{3 t_n} = \sin\alpha = 0{,}3333; \quad \alpha = 19°\,28'.$$

Beide Räder haben gleichen Zahnwinkel $\alpha_1 = \alpha_2$ und gleiche Normalteilung. Das eine Rad erhält Rechts-, das andere Linksspirale bei gleichem Steigungswinkel. Die Durchmesser entsprechen dem Übersetzungsverhältnis.

Schraubenräder mit gekreuzten Achsen:

a) Bei Rädern mit gleichen Durchmessern wird das Übersetzungsverhältnis durch die verschieden großen Zahnwinkel (α_1 und α_2) erzielt. Ist der Kreuzungswinkel der Achsen gleich β, so muß sein $\alpha_1 + \alpha_2 = \beta$.

Das treibende Rad erhält hierbei den größeren Zahnwinkel.

Gangrichtung und Normalteilung beider Räder sind gleich.

Die Abb. Z 16 und Z 17 zeigen die Abhängigkeit der Drehrichtung von der verschiedenartigen Neigung der Zähne.

b) Bei Rädern mit gleichem Zahnwinkel ($\alpha_1 = \alpha_2$) entspricht das Übersetzungsverhältnis den Durchmessern. Gangrichtung, Normalteilung und Stirnteilung sind gleich. Wenn abwechselnd bald das eine, bald das andere Rad treibend sein soll, so bekommen beide einen Zahnwinkel von 45°.

c) Bei ungleichen Zahnwinkeln und ungleichen Durchmessern entspricht das Übersetzungsverhältnis den Zähnezahlen.

Wenn beide Räder gleichen Durchmesser erhalten und n_1 bzw. n_2 Umdrehungen machen sollen, so gilt:

$$\operatorname{ctg}\alpha_1 = \frac{n_2}{n_1}; \quad \alpha_2 = 90° - \alpha_1.$$

Das Übersetzungsverhältnis y errechnet sich aus

$$y = \frac{n_2}{n_1} = \frac{z_1}{z_2} = \frac{D_{t_1} \cdot \cos\alpha_1}{D_{t_2} \cdot \cos\alpha_2}.$$

Abb. Z 16.

Abb. Z 17.

Für die gebräuchlichsten Übersetzungsverhältnisse ergeben sich demnach folgende Zahnwinkel:

Übersetzung	Zahnwinkel	
	des treibenden Rades α_1	des getriebenen Rades α_2
1 : 1	45°	45°
1 : 1½	56° 19'	33° 41'
1 : 2	63° 26'	26° 34'
1 : 2½	68° 12'	21° 48'
1 : 3	71° 34'	18° 26'
1 : 3½	74° 3'	15° 57'
1 : 4	75° 58'	14° 2'
1 : 4½	77° 28'	12° 32'
1 : 5	78° 41'	11° 19'

Die Berechnung der Schraubenräder, deren Achsen sich kreuzen, muß von Fall zu Fall sorgfältig geprüft werden. Der zulässige Zahndruck verändert sich mit dem Achsenwinkel, dem Raddurchmesser, der Zahnsteigung, der Anzahl der übertragbaren PS, dem Übersetzungsverhältnisse, dem verwendeten Material und der Schmierung. Je nach dem Zahnsteigungs- und Achsenwinkel nähert sich die Berechnung mehr der für Stirnräder gebräuchlichen oder der Schneckengetriebeberechnung. Die Umfangskraft P zerlegt sich nämlich in einen Normaldruck senkrecht zur Zahnrichtung gleich $\dfrac{P}{\cos \alpha}$ und einen Axialdruck $P \cdot \operatorname{tg} \alpha$ (Abb. Z 15). Für kleine Winkel ist der Cosinus nahezu 1, so daß statt des Wertes $\dfrac{P}{\cos \alpha}$ der Rechnung einfach der Wert P wie bei Stirnrädern zugrunde gelegt werden kann.

Die Wertziffer der zulässigen Materialbeanspruchung c ist für Schraubenräder mit parallelen Achsen gleich dem für Stirnräder angegebenen (S. 320). Für gekreuzte Achsen ist die Gleitgeschwindigkeit v_g in Rechnung zu stellen.

Wenn der Achsenwinkel $\beta = 90°$, so ist

$$v_g = \frac{v}{\sin \alpha}.$$

Allgemein gilt:

$$v_g = \frac{v_1 \cdot \sin \beta}{\cos \alpha_2} = \frac{v_2 \cdot \sin \beta}{\cos \alpha_1},$$

wobei $v_1 = \dfrac{\pi \cdot D_{t1} \cdot n_1}{60}$ und $v_2 = \dfrac{\pi \cdot D_{t2} \cdot n_2}{60}$ ist.

Für Schraubenräder mit sich kreuzenden Achsen ist c wie folgt zu wählen:

$v_g =$ 1 2 3 4 5 6 7 8 m in der Sekunde,

$c =$ 22 17 14 12 10 9 8 7 kg/cm².

Diese Werte gelten nur dann, wenn Treibrad aus Stahl und getriebenes Rad aus Bronze. Wenn beide Räder aus Gußeisen sind, dann ist c nur $^6/_{10}$ so groß zu nehmen.

Die Schraubenräder eignen sich nur für große Kraftübertragung, wenn die Radachsen parallel verlaufen. Bei Schraubenrädern mit sich kreuzenden Achsen wird für das treibende Rad meistens Stahl oder Stahlguß verwendet, für das getriebene hingegen Phosphor- oder Sonderbronze. Schraubenräder mit sich kreuzenden Achsen bedürfen, wie die Schneckengetriebe, einer guten Schmierung, nicht nur zeitweise, sondern beständig, weshalb die Anordnung eines Ölbades sehr zu empfehlen ist.

Die Zähne der Schraubenräder besitzen größere Festigkeit als die geraden Stirnradzähne der gleichen Radbreite und Normalteilung, denn sie berechnen sich aus der Größe der Normalteilung, vermehrt mit dem Werte Radbreite, geteilt durch Cosinus der Zahnsteigung. Dieses gegenüber Stirnrädern mit gerader Verzahnung erhöhte Widerstandsmoment tritt aber nur bei Schrauben- oder Pfeilrädern ein, wenn jeweils mindestens ein Zahn der ganzen Länge nach in Eingriff steht, was aber bei sich kreuzenden Achsen nicht der Fall ist, da diese Räder sich nur an kleinen Flächenteilen berühren.

Berechnung der Schraubenräder.

Gesucht	Bezeichnung	Berechnung
Modul der Normalteilung	M_n	$\dfrac{t_n}{\pi}$; $M_{st} \cdot \cos \alpha$
Modul der Stirnteilung . mm	M_{st}	$\dfrac{t_{st}}{\pi}$; $\dfrac{M_n}{\cos \alpha}$
Normalteilung . . . . . mm	t_n	$t_{st} \cdot \cos \alpha$; $M_n \cdot \pi$
Stirnteilung . . . . . mm	t_{st}	$\dfrac{t_n}{\cos \alpha}$; $\dfrac{M_n \cdot \pi}{\cos \alpha}$; $\dfrac{D_t \cdot \pi}{Z}$
Außendurchmesser . . . mm	D_a	$D_t + 2 M_n$
Teilkreisdurchmesser . . mm	D_t	$Z \cdot M_{st}$; $\dfrac{Z \cdot M_n}{\cos \alpha}$; $\dfrac{Z \cdot t_n}{\pi \cdot \cos \alpha}$
Sprung . . . . mm	t_o	$B \cdot \operatorname{tg} \alpha$
Steigung der Zahnspirale mm	S_p	$D_t \cdot \pi \cdot \operatorname{ctg} \alpha$
Zahnwinkel des treibenden Rades .	α_1	Achsen parallel: $\alpha_1 = \alpha_2$ höchstens $20°$
Zahnwinkel des getriebenen Rades .	α_2	Achsen gekreuzt: $\alpha_1 + \alpha_2 = \beta$; $\alpha_1 > \alpha_2$
Achsenwinkel	β	$\alpha_1 + \alpha_2$
Zähnezahl	z	$\dfrac{D_t}{M_{st}}$; $\dfrac{D_t \cdot \pi}{t_{st}}$; $\dfrac{D_t \cdot \cos \alpha}{M_n}$
Zahnbreite . . . . . mm	b	$\dfrac{B}{\cos \alpha}$
Zahnhöhe . . . . . . mm	h	$2{,}1666 \cdot M_n$
Fußhöhe . . . . . . mm	h_1	$1{,}1666 \cdot M_n$
Kopfhöhe . . . . . mm	h_2	M_n; $\dfrac{t_n}{\pi}$
Radbreite . . . . . mm	B	$b \cdot \cos \alpha$; etwa $3 t_n$ oder $10 M_n$
Minutliche Umlaufzahl . . .	n	
Umfangsgeschwindigkeit m/sek	v	$\dfrac{n \cdot D_t \cdot \pi}{60\,000}$
Gleitgeschwindigkeit . . m/sek	v_g	$\dfrac{n \cdot D_t \cdot \pi}{60\,000 \cdot \sin \alpha}$; $\dfrac{v}{\sin \alpha}$
Anzahl der PS	N	
Zahndruck . . . . . . kg	P	etwa $\dfrac{N \cdot 75}{v}$; $\dfrac{N \cdot 143\,200}{n \cdot D_t}$; $c \cdot B \cdot t_n$
Wertziffer der Materialbeanspruchung	c	siehe S. 320

Beispiel für die Berechnung von Schraubenrädern.

a) Achsen parallel.

Übertragungskraft . . . . = 8 PS

Übersetzung. . . . . = 1 : 3

Minutliche Umlaufzahl des treibenden Rades
(kleines Rad) . . . . = 150

Durchmesser des Treibrades. . . . . = etwa 200 mm

Material Gußeisen.

Es ist daher:

$$v = \frac{150 \cdot 200 \cdot \pi}{60\,000} = 1{,}57 \text{ m in der Sekunde};$$

$$P = \frac{8 \cdot 75}{1{,}57} = 382 \text{ kg}.$$

Nach Tafel auf S. 320 ist $c = 24$; $B = 3\,t_n$.
Diese Werte werden eingesetzt in $P = B \cdot c \cdot t_n$; $382 = 3\,t_n \cdot 24 \cdot t_n$; $t_n^2 = \frac{382}{72}$; $t_n = 2{,}3$ cm; $M_n = \frac{t_n}{\pi} = \frac{23}{3{,}14} = 7{,}32$, wofür besser Modul 8 gesetzt wird. t_n wird dann $8 \cdot \pi$; $t_n = 25{,}133$.

Der Steigungswinkel muß mindestens so groß sein, daß der Zahn in der Radbreite um wenigstens eine Teilung steigt. Bei Annahme von $B = 3\,t_n$ wird in diesem Falle

$$\frac{t_n}{B} = \frac{t_n}{3\,t_n} = \frac{1}{3} = 0{,}3333 = \sin\alpha;\quad \alpha = 19°\,28';$$

$$t_{st} = \frac{t_n}{\cos\alpha} = \frac{25{,}133}{0{,}94284} = 26{,}56 \text{ mm};$$

$$B = 3 \cdot t_n = 3 \cdot 25{,}133 \cong 80 \text{ mm};$$

$$b = \frac{B}{\cos\alpha} = \frac{80}{0{,}94284} \cong 85 \text{ mm}.$$

Zähnezahl des Treibrades $Z = \dfrac{D_t \cdot \pi}{t_{st}} = \dfrac{200 \cdot 3{,}14}{26{,}56} \cong 24$.

Genauer Durchmesser des Treibrades

$$D_t = \frac{Z \cdot t_{st}}{\pi} = \frac{24 \cdot 26{,}56}{3{,}14} = 203 \text{ mm}.$$

Das große Rad erhält $3 \cdot 24 = 72$ Zähne und einen Teilkreisdurchmesser von $203 \cdot 3 = 609$ mm.

b) Berechnung eines Schraubenradpaares mit sich kreuzenden Achsen.

Übertragungskraft . . . . = 3 PS
Übersetzungsverhältnis . . . . = 2 : 1
Durchmesser des kleinen Rades . . . . . = 200 mm
Minutliche Umlaufzahl des kleinen Rades = 350
Kreuzungswinkel β . . . . = 90°

Das Getriebe soll rechts und links laufen, es muß also sein

$$\alpha_1 = \alpha_2 = 45°;$$

$$v = \frac{n \cdot D \cdot \pi}{60\,000} = \frac{350 \cdot 200 \cdot 3{,}14}{60\,000} = 3{,}66 \text{ m/sek};$$

$$P = \frac{N \cdot 75}{v} = \frac{3 \cdot 75}{3{,}66} = 61{,}5 \text{ kg};$$

$$v_\varrho = \frac{v}{\sin \alpha} = \frac{3{,}66}{0{,}70711} = 5{,}15 \text{ m/sek}.$$

Die Werte $c = 10$ (siehe Tafel auf S. 320) und $B = 3\,t_n$ eingesetzt in die Gleichung $P = B \cdot c \cdot t_n$ ergeben $61{,}5 = 3\,t_n \cdot 10 \cdot t_n = 30 \cdot t_n^2$;

$$t_n = \sqrt{\frac{61{,}5}{30}} = 1{,}43 \text{ cm};$$

$$M_n = \frac{t_n}{\pi} = \frac{14{,}3}{3{,}14} = 4{,}55 \cong 5; \text{ daraus } t_n = M_n \cdot \pi = 5 \cdot \pi = 15{,}708 \text{ mm};$$

$$t_{st} = \frac{t_n}{\cos \alpha} = \frac{15{,}708}{0{,}70711} = 22{,}21 \text{ mm};$$

$$Z = \frac{D_t \cdot \pi}{t_{st}} = \frac{200 \cdot 3{,}14}{22{,}21} \cong 28;$$

$$D_t = \frac{Z \cdot t_{st}}{\pi} = \frac{28 \cdot 22{,}21}{3{,}14} = 197{,}50 \text{ mm};$$

$$D_a = D_t + 2\,M_n = 197{,}50 + 2 \cdot 5 = 207{,}50 \text{ mm};$$

$$B = 3 \cdot t_n = 3 \cdot 15{,}7 = 47{,}1 \cong 48 \text{ mm};$$

$$b = \frac{B}{\cos \alpha} = \frac{48}{0{,}70711} = 68 \text{ mm}.$$

Normalteilung ($t_n = 15{,}7$), Modul ($M = 5$), Zahnwinkel ($\alpha = 45°$), Zahnbreite ($b = 68$ mm) sind beiden Rädern gemeinsam. Verschieden sind Zähnezahl und Durchmesser:

kleines Rad $Z = 28;\ D_t = 197{,}50$ mm;
großes Rad $Z = 2 \cdot 28 = 56;\ D_t = 395$ mm.

Würde verlangt, daß beide Räder gleich groß sein sollen, so würden sich die Zahnwinkel ändern. Nach Tafel auf S. 336 wäre der Zahnwinkel des einen Rades 26° 34′, der des anderen 63° 26′. Es könnte dann nur noch das eine Rad als Triebrad wirken.

Verwendung von normalen, hinterdrehten, scheibenförmigen Zahnradfräsern zum Fräsen von Schraubenrädern.

Die Verzahnung von Schraubenrädern erfolgt am vorteilhaftesten mit schneckenförmigen Zahnradfräsern auf Abwälz-Räderfräsmaschinen; sie läßt sich jedoch auch mit scheibenförmigen Zahnradfräsern auf Universal-Fräsmaschinen vornehmen. Vorausgesetzt ist jedoch dabei, daß die Normalteilung t_n der zu verzahnenden Schraubenräder, d. i. die Teilung senkrecht zur Schraubenlinie der Räder (siehe Abb. Z 18), einer Modulteilung bzw. Teilung nach Diametral pitch entspricht.

Die Auswahl des Fräsers wird nun nicht nach der Zähnezahl Z des zu verzahnenden Schraubenrades vorgenommen, sondern nach der sog. ideellen Zähnezahl Z_i, die einem ideellen Rade entspricht, dessen Durchmesser D_i in folgender Weise gefunden wird:

Man denke sich durch einen Zylinder, dessen Durchmesser gleich groß ist wie der Durchmesser D_t des Teilkreises des betreffenden Schraubenrades,

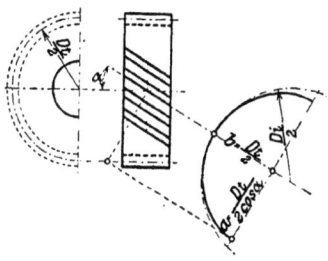

Abb. Z 18.

senkrecht zur Zahnschräge einen Schnitt gelegt. Dieser Schnitt stellt dann eine Ellipse dar, deren kleine Achse b gleich dem halben Teilkreisdurchmesser D_t und deren große Achse a gleich $\dfrac{D_t}{2 \cdot \cos \alpha}$ ist. Der Teilkreishalbmesser $\dfrac{D_i}{2}$ des ideellen Stirnrades ist gleich dem Krümmungshalbmesser, den diese Ellipse in der Richtung ihrer kleinen Achse aufweist.

Es ist nun bekanntlich der den Bogen über der kleinen Achse einer Ellipse beschreibende Krümmungshalbmesser gleich dem Quadrat der großen Achse geteilt durch die kleine halbe Achse, oder in Formeln ausgedrückt:

$$\frac{D_i}{2} = \frac{a^2}{b}; \quad \text{da} \quad a = \frac{D_t}{2 \cdot \cos \alpha} \quad \text{und} \quad b = \frac{D_t}{2},$$

so ist

$$\frac{D_i}{2} = \frac{\left(\dfrac{D_t}{2 \cos \alpha}\right)^2}{\dfrac{D_t}{2}} = \frac{D_t}{2 \cdot \cos^2 \alpha}.$$

Ist M_n der Modul der Normalteilung, so berechnet sich die ideelle Zähnezahl $Z_i = \dfrac{D_i}{M_n} = \dfrac{D_t}{\cos^2 \alpha \cdot M_n}$.

Nach Tafel auf S. 338 ist $D_t = \dfrac{Z \cdot M_n}{\cos \alpha}$. Durch Einsetzen dieses Wertes ergibt sich $Z_i = \dfrac{Z \cdot M_n}{\cos \alpha \cdot \cos^2 \alpha \cdot M_n}$.

Demnach:
$$Z_i = \dfrac{Z}{\cos^3 \alpha}.$$

Für die Berechnung der ideellen Zähnezahl zur Bestimmung des Zahnradfräsers nach Diametral-pitch gilt dieselbe Formel.

Beispiel: Zu verzahnen ist ein Schraubenrad von 20 Zähnen, der Modul der Normalteilung sei 4, der Steigungswinkel $\alpha = 30°$. Welcher Modulfräser kommt beim Fräsen des Rades in Betracht?

$$Z_i = \dfrac{Z}{\cos^3 \alpha} = \dfrac{20}{0{,}866^3} = \infty\ 31\ \text{Zähne};$$

zu wählen ist also ein Fräser des achtteiligen Satzes Nr. 5 für 26 bis 34 Zähne, Modul 4.

IV. Pfeilräder.

Der bei den einfachen Schraubenrädern auftretende Axialdruck, der diese Art von Rädern hauptsächlich nur für leichtere Triebe geeignet erscheinen läßt, wird aufgehoben, indem man 2 derartige Räder mit gleich großer, aber entgegengesetzter Zahnschräge zu einem einzigen Rade vereinigt. Wegen der dadurch entstehenden Zahnform werden solche Räder als Pfeil- oder Winkelräder bezeichnet.

Die Spitze des Winkelzahnes soll nach der Drehrichtung zeigen. Wegen der großen Widerstandskraft sind Pfeilräder für schweren, stoßenden Trieb besonders geeignet.

Die Pfeilräder werden wie Schraubenräder mit parallelen Achsen berechnet. Die Zahnform im Normalschnitt ist die Evolvente, deren erzeugende Gerade unter einem Winkel von 15° bis 18° bei großen Rädern, von 18° bis 25° bei kleineren Rädern zur Tangente an den Teilkreis geneigt ist. Die Zahnstärke an der Stirnseite im Teilkreis gemessen ist gleich $0{,}46\ t_{st}$. Der Sprung t_0 schwankt je nach der Zähnezahl zwischen 0,5 und $1{,}4\ t_{st}$; es müssen mindestens 2 Zähne des einen Rades mit denen des andern kämmen. Der Winkel der Zahnschräge ist 35° bis 25° (gewöhnlich 35°). Die Radbreite B ist das drei- bis vierfache der Stirnteilung.

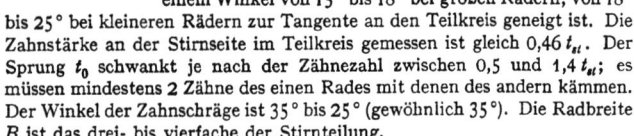

Abb. Z 19.

V. Schneckengetriebe.

Die Schneckengetriebe dienen vorwiegend für große Übersetzungsverhältnisse.

Für die Bestimmung der Zähnezahl des Schneckenrades ist neben dem Übersetzungsverhältnis noch die Zahl der im Eingriff stehenden Zähne, die mehr als 2 sein soll, maßgebend. Durch Erhöhung der Gangzahl an der Schnecke wird der Wirkungsgrad, und durch Vermehrung der Zähnezahl am Schneckenrad die Wärmeabfuhr günstig beeinflußt. Mangelhafte Schmierung vergrößert den Verschleiß und vermindert den Wirkungsgrad.

Ein besonderer Umstand ist bei der Herstellung und dem Einbau von Schneckengetrieben ins Auge zu fassen, nämlich, daß der Achsenabstand unter allen Umständen genau einzuhalten ist (siehe C. von Bach: Maschinenelemente 1908; Ernst: Über die Eingriffsverhältnisse der Schneckengetriebe; Verlag von Julius Springer, Berlin. Striebeck: Z. V. d. I. 1897, worin das Verstellen der Schnecke in radialer Richtung als eine durchaus falsche Maßnahme klargelegt wird). Ebenso ist auf genaue Einhaltung der Rad-

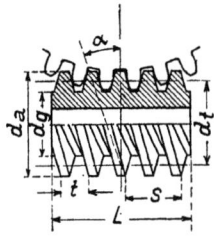

Abb. Z 20.

mittelebenen zu achten. Schnecke und schneckenförmige Radfräser müssen genau gleiche Radform und genau gleich großen Teilkreisdurchmesser besitzen.

Am vorteilhaftesten wird für den Entwurf eines Schneckengetriebes von dem schneckenförmigen Radfräser ausgegangen, um nicht einen neuen Fräser anschaffen zu müssen. Für genaue Getriebe ist hierbei die durch Nachschärfen hervorgerufene Teilkreisverminderung in Betracht zu ziehen. Es sei hier in kurzen Worten versucht, klarzulegen, warum der Achsenabstand nicht verändert werden darf. Der Steigungswinkel eines Schraubenganges einer Schnecke ist naturgemäß auf dem Kern viel größer als am Umfange. Eine Schnecke mit einfachem Gange und 31,416 mm Steigung hat bei einem Außendurchmesser von 90 mm und einem Kerndurchmesser von 52 mm einen äußeren Steigungswinkel von etwa 6° 20' und einen inneren von 9° 54'; der mittlere Steigungswinkel α beträgt etwa 7° 30'. Entsprechend sind auch die Steigungswinkel an den Zähnen des Schneckenrades. Am Zahnfuß ist ein Steigungswinkel von 6° 20' und im Teilkreis ein solcher von 7° 30', während oben am Zahnkopf ein Winkel von 9° 54' zu finden ist. Bei einer Schnecke gleichen Durchmessers aber mit 4fachem Gange und Steigung von 127 mm ist der äußere Steigungswinkel 24° 13', der mittlere 29° 41' und der innere 37° 55'. Der Unterschied der Steigungswinkel beträgt nahezu 14°.

Abb. Z 22 stellt einen Schnitt dar, der durch die Radachse senkrecht zur Schneckenachse gedacht ist. Die Linie $g-h$ ist die gemeinsame Teilkreislinie. Der Achsabstand werde nun um den Betrag x verkleinert, so daß $g-h$ nach $e-f$ verlegt wird. In Abb. Z 21 ist der $g-h$ entsprechende Steigungswinkel mit α und derjenige für $e-f$ mit β bezeichnet. Man ersieht ohne weiteres, daß die Schnecke und das Rad nicht mehr eine gemeinsame Berührungsfläche haben, sondern nur noch 2 Berührungspunkte (eg und hf). Diese beiden Punkte haben nun den ganzen Druck, für den die ursprünglich vorhanden gewesene Berührungsfläche berechnet wurde, aufzunehmen, und durch diese, nun auf 2 Punkte verlegte Belastung wird ein außerordentlich hoher Verschleiß hervorgerufen.

Aber nicht nur die Veränderung des Achsenabstandes verschlechtert den Eingriff, sondern auch derjenige der Radmittelebenen, worauf sowohl beim Entwurf als auch bei der Herstellung und beim Einbau sehr zu achten ist. Damit die Lagerabnutzung, die eine Verschiebung der Radachsen und Radmittelebenen bewirkt, sehr gering ausfalle, müssen die Lager große Abmessungen erhalten, oder noch besser Kugellager verwendet werden.

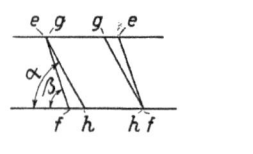

Abb. Z 21.

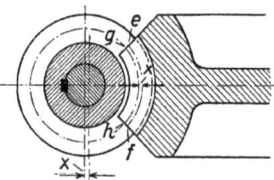

Abb. Z 22.

Wegen der größeren Flankenreibung ist der Kraftverlust beim Schneckengetriebe größer als bei den Stirn- und Kegelrädern. Die durch die Reibung hervorgerufene Erhitzung vermindert die Wirkung der Schmierung. Es empfiehlt sich daher, besonders bei Dauerbetrieb, die Abmessungen des Getriebes möglichst groß zu halten. Bei Hebezeug-Schneckengetrieben ist auch noch die durch die Bremswirkung beim Senken der Last entstehende Wärmeentwicklung, die einen sehr hohen Grad annehmen kann, zu berücksichtigen.

Damit Selbsthemmung eintrete, darf der Steigungswinkel an der Schnecke nicht größer als 5° sein bei Verwendung von Kugellagern und als 6° 45′ bei Zapfen- und Kammlagern.

Gußeisen wird nur verwendet, wenn der Zahndruck klein ist und die Gleitgeschwindigkeit der Schnecke 3 m in der Sekunde nicht übersteigt. Meist nimmt man Bronze für das Rad und Stahl für die Schnecke.

Bei Schneckenrädern mit weniger als 30 Zähnen ist der Raddurchmesser zu erhöhen, damit man keine unterschnittenen Zähne erhält. Durch diese Maßnahme vergrößert sich der Achsabstand. Wenn irgend zulässig, so gehe man aber nicht unter 30 Zähne; ist dieses jedoch notwendig, so prüfe man jeweils durch genaues Entwerfen und Berechnen der Radzahnform, ob keine unzulässig hohen Zahndrucke entstehen.

Berechnung des Schneckengetriebes.

Gesucht	Bezeichnung	Schneckenrad	Bezeichnung	Schnecke
Modul	M	$\dfrac{t}{\pi}$		
Zahnteilung	t	$M \cdot \pi;\ S, \dfrac{S}{2}, \dfrac{S}{3}$, wenn Schnecke 1-, 2-, 3 gängig		
Steigung			S	$t, 2t, 3t$, wenn Schnecke 1-, 2-, 3 gängig
Gangzahl			G	$\dfrac{S}{t}$
Zähnezahl	Z	$\dfrac{D_t}{M}$		
Teilkreisdurchmesser	D_t	bei 30 und mehr Zähnen: $Z \cdot t \cdot 0{,}3183;\ Z \cdot \dfrac{t}{\pi};\ Z \cdot M;$ bei weniger als 30 Zähnen: $Z \cdot t \cdot 0{,}29823 + 0{,}6366 \cdot t;$ $Z \cdot M \cdot 0{,}937 + 2 \cdot M$ (in Mittelebene des Rades)	d_t	$\dfrac{S}{\operatorname{tg}\alpha \cdot \pi};\ \dfrac{v_1 \cdot 6000}{\pi \cdot n_1}$
Außendurchmesser	D_a	$D_t + 2 \cdot M$ (in Mittelebene des Rades)	d_a	$d_t + 2 \cdot M \cdot \cos\alpha$
Durchm. über die scharf gedrehten Zahnspitzen	D_t	$D_a + (d_t - 2M)(1 - \cos\delta)$ (= größter Raddurchmesser)		
Grunddurchmesser			d_g	$d_t - 2{,}33 \cdot M$
Breite im Zahngrund	b	$d_a \cdot \sin\delta;\ 1{,}5$ bis $2t$ (bei kleinem d_a ist $b = t$)		
Gesamtbreite	B	$d_a \cdot \sin\delta + 0{,}25 \cdot t$		
Gewindelänge			L	$2 \cdot M \cdot \sqrt{Z} + 2 \cdot M$ (Schneckenlänge)
Steigungswinkel			α	$\operatorname{tg}\alpha = \dfrac{S}{d_t \cdot \pi}$
Halber Zentriwinkel der Radfasen	δ	$\operatorname{tg}\delta = \dfrac{2a \cdot t}{d_t + 1{,}2 \cdot t}$		
Flankenwinkel des Gewindezahnes			γ	meist $30°$
Konstante für den Radfasenwinkel	α	$Z = 28 \mid 35 \mid 45 \mid 55 \mid 65 \mid 75 \mid 85$ $\alpha = 1{,}9 \mid 2{,}1 \mid 2{,}3 \mid 2{,}5 \mid 2{,}6 \mid 2{,}8 \mid 2{,}9$		
Minutliche Umläufe	n	$\dfrac{n_1 \cdot G}{Z}$	n_1	$\dfrac{n \cdot Z}{G}$
Umlaufgeschwindigkeit m/sek	v	$\dfrac{n_1 \cdot S}{6000};\ \dfrac{n \cdot D_t \cdot \pi}{6000}$ (S und D_t in cm)	v_1	$\dfrac{n_1 \cdot d_t \cdot \pi}{6000}$ (d_t in cm)
Gleitgeschwindigkeit m/sek	v_2	$\dfrac{v_1}{\cos\alpha}$, soll 10 m/sek nicht überschreiten		

Berechnung des Schneckengetriebes.

Gesucht	Bezeichnung	Ausrechnung
Anzahl der zu übertragenden Pferdestärken	N	
Zahndruck . . kg	P	$\dfrac{N \cdot 75}{v};\quad c \cdot b \cdot t;\quad (b,\,t \text{ in cm})$
Wertziffer für Materialbeanspruchung	c	Für Gußeisen: $c = 18-28$ kg/cm², wenn nur Festigkeit in Betracht kommt, $c = 8-12$ kg/cm², wenn Abnutzung maßgebend ist. Für Bronze: bei zeitweisem Betriebe $c = 30-40$ kg/cm², bei Dauerbetrieb $\dfrac{c = 40 \cdot 30 \cdot 25 \cdot 21 \cdot 18 \cdot 15 \cdot 13 \text{ kg/cm}^2}{\text{wenn } v_1 =\ 1\ \ 2\ \ 3\ \ 4\ \ 5\ \ 6\ \ 7\ \text{m/sek.}}$
Reibungswinkel . . und Wirkungsgrad. . . Reibungszahl . . . Antriebsmoment . .	ϱ η μ M_d	Soll das Schneckengetriebe selbsthemmend sein, so muß $\operatorname{tg}\varrho = \operatorname{tg}\alpha = \dfrac{S}{2\pi \cdot r} \lessgtr \mu \lessgtr \dfrac{1}{10}$ sein; bei Fahrstühlen und Hebezeugen, die Erschütterungen unterworfen sind, darf μ nicht größer sein als $\dfrac{1}{12}$; der Wirkungsgrad solcher Hebezeuge ist schlecht und sinkt auf etwa $\eta \lessgtr 0{,}4$, da $\eta = \dfrac{\operatorname{tg}\alpha}{\operatorname{tg}(\alpha+\varrho)}$. Das zum Drehen der Schneckenwelle erforderliche Antriebsmoment M_d beträgt, wenn ein Zuschlag von 10 vH für die Lagerreibung in Rechnung gezogen wird, in cm/kg: $M_d = 0{,}55 \cdot P \cdot d_t \cdot \dfrac{S + \pi \cdot d_t \cdot \mu}{\pi \cdot d_t - \mu \cdot S}$

Räder, die eine kleine Zähnezahl besitzen und mit Schnecken von großer Steigung arbeiten, werden, wie Abb. Z 23 zeigt, geformt, damit die Zahnspitzen nicht zu spitzig werden.

Die Schneckenräder erhalten stets Evolventenverzahnung, doch hat nur die Mittelebene eine reine Evolventenverzahnung, in allen übrigen Eingriffsebenen weicht die Kurve der Zahnflanke des Schneckenrades von der Evolvente ab, und jede Veränderung der Radmittelebenen ist daher ebenso sehr zu vermeiden wie die Veränderung des Achsenabstandes.

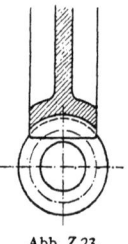

Abb. Z 23.

Die Herstellung der Zahnräder.

Die Herstellung der Zahnräder kann in 4 Hauptgruppen geteilt werden, in

1. Gießen,
2. Ziehen,
3. Stanzen,
4. a) Fräsen,
   b) Hobeln und
   Stoßen.

Gegossene Räder werden für landwirtschaftliche Maschinen, billige Hebezeuge, sehr große Zahnräder usw. verwendet, also überall da, wo mehr auf niederen Preis der Verzahnung als auf Genauigkeit Wert gelegt wird.

Gezogene Räder kommen mehr für die Uhren- und Instrumentenmacherei in Betracht, wenn der ausgelegte Preis niedrig sein soll und die Radbreite verhältnismäßig groß ist.

Im Werkzeugmaschinenbau und überall da, wo auf die Güte der Zahnräder geachtet wird, kommen nur Räder in Frage, die nach der vierten Herstellungsart gefertigt wurden.

Das Fräsen der Räder erfolgt entweder nach dem Teilverfahren oder nach dem Abwälzverfahren. Beim Teilverfahren wird ein Zahn nach dem andern durch einen scheibenförmigen Fräser hergestellt, dessen Form der Zahnlücke entspricht. Wenngleich die Lückenform für jede Zähnezahl eine andere ist, so lassen sich dennoch bei größeren Zähnezahlen infolge der geringen Profilunterschiede Räder verschiedener Zähnezahl aber gleicher Teilung aus einem Fräser herstellen, dessen Form der Zahnlücke bei kleinster Zähnezahl entspricht. Auf diese Weise lassen sich alle Zähnezahlen von 12 aufwärts bei den kleinen Teilungen mit einem achtteiligen und bei den größeren Teilungen mit einem vierzehn- oder fünfzehnteiligen Fräsersatze herstellen.

Einteilung des Satzes von 15 Fräsern.

Nr. . . .	1	$1^1/_2$	2	$2^1/_2$	3	$3^1/_2$	4	$4^1/_2$
Zähnezahl	12	13	14	15—16	17—18	19—20	21—22	23—25
Nr. . . .	5	$5^1/_2$	6	$6^1/_2$	7	$7^1/_2$	8	
Zähnezahl	26—29	30—34	35—41	42—54	55—79	80—134	135 bis Zahnstange	

Einteilung des Satzes von 8 Fräsern.

Nr. . . .	1	2	3	4	5	6	7	8
Zähnezahl	12—13	14—16	17—20	21—25	26—34	35—54	55—134	135 bis Zahnst.

Beim Abwälzverfahren dient als Werkzeug ein schneckenförmiger Zahnradfräser, dessen Zahnform in der Schnittspirale der einer Zahnstange entspricht. Die Erzeugung der richtigen Zahnform (Evolvente) des zu bearbeitenden Rades geschieht durch Abwälzen des Rades in dem Fräser. Alle

Zähne werden gleichzeitig bearbeitet; Rad und Fräser sind derart zwangläufig verbunden, daß die Rundbewegung des Rades während einer Fräserumdrehung der Zahnteilung des Rades entspricht. Nach diesem Verfahren können mit einem Fräser alle Zähnezahlen einer Teilung hergestellt werden. Abwälzfräsmaschinen können sowohl zur Herstellung von Stirn-, Schrauben- und Schneckenrädern als auch für Rundfräsarbeiten verwendet werden. Mit Hilfe besonderer Einrichtungen können auch Zahnradsegmente und Innenverzahnungen nach dem Teilverfahren hergestellt werden.

Die Zahnradbearbeitung durch Stoßen und Hobeln wird für Stirn- und für Kegelräder angewendet. Als Werkzeug dienen hierbei geradflankige Stichel oder zahnradartige Formstähle. Die Bildung der Zahnkurve erfolgt durch Abwälzung oder durch Kopieren nach einer Schablone.

Kegelräder werden außerdem auf besonderen Maschinen durch schwingende, scheibenförmige Fräser bearbeitet, die eine Vorschubbewegung nach der Kegelspitze zu erhalten.

Innenverzahnungen, die den Vorzug eines längeren Zahneingriffes, ruhigen Ganges, geringeren Raumbedarfes und verdeckt liegender Zähne haben, werden sowohl nach dem Teilverfahren als auch durch Abwälzhobelmaschinen hergestellt.

Rädertriebe.

Anordnung der Räder	Gesucht	Zeichen	Berechnung
(Treibendes Rad, Getriebenes Rad)	Umdrehungen der treibenden Welle in der Minute...	N	
	Umdrehungen der getriebenen Welle in der Minute...	n	$N \cdot i;\ \dfrac{N \cdot Z}{z}$
	Achsenentfernung mm	E	$\dfrac{Z+z}{2} \cdot$ Modul
	Übersetzungsverhältnis	i	$\dfrac{Z}{z};\ \dfrac{n}{N}$
	Zähnezahl des treibenden Rades..	Z	$i \cdot z;\ \dfrac{n \cdot z}{N}$
	Zähnezahl des getriebenen Rades.	z	$\dfrac{Z}{i};\ \dfrac{Z \cdot N}{n}$

Umdrehungszahlen (Übersetzungsverhältnisse) sollen die Glieder einer geometrischen Reihe bilden;

$$\varphi = \sqrt[r-1]{\dfrac{n_r}{n_1}} \qquad (r = \text{Stufenzahl})$$

			Treibende Welle			
Treibende Räder Umdrehungen: N Zähnezahl: $Z_1\ Z_2\ Z_3\ Z_r$	Umdrehung i. d. Min.	N		Übersetzung	i_1	$\dfrac{n_1}{N};\ \dfrac{Z_1}{z_1}$
		n_1	$N \cdot i_1;\ \dfrac{N \cdot Z_1}{z_1}$			
		n_2	$n_1 \cdot \varphi$		i_2	$i_1 \cdot \varphi$
		n_3	$n_1 \cdot \varphi^2$		i_3	$i_1 \cdot \varphi^2$
		n_r	$n_1 \cdot \varphi^{r-1};\ n_{r-1} \cdot \varphi$		i_r	$i_1 \cdot \varphi^{r-1};\ i_{r-1} \cdot \varphi$

	Summe der Zähnezahlen zweier zusammengehöriger Räder	a	$= Z_1+z_1 = Z_2+z_2$ $= Z_3+z_3 = Z_r+z_r$

Zähnezahl: $z_1\ z_2\ z_3\ z_r$ Umdrehg: $n_1\ n_2\ n_3\ n_r$ Getriebene Räder	Zähnezahl der getriebenen Räder	z_1	$\dfrac{Z_1}{i_1};\ \dfrac{Z_1 \cdot N}{n_1}$	Zähnezahl der treibenden Räder	Z_1	$i_1 \cdot z_1;\ \dfrac{n_1 \cdot z_1}{N}$
		z_2	$\dfrac{Z_2}{i_1 \cdot \varphi};\ \dfrac{Z_2 \cdot N}{n_1 \cdot \varphi}$		Z_2	$i_1 \cdot \varphi;\ \dfrac{n_1 \cdot \varphi \cdot z_2}{N}$
		z_3	$\dfrac{Z_3}{i_1 \cdot \varphi^2};\ \dfrac{Z_3 \cdot N}{n_1 \cdot \varphi^2}$		Z_3	$i_1 \cdot \varphi^2;\ \dfrac{n_1 \cdot \varphi^2 \cdot z_3}{N}$
		z_r	$\dfrac{Z_r}{i_1 \cdot \varphi^{r-1}};\ \dfrac{Z_3 \cdot N}{n_1 \cdot \varphi^{r-1}}$		Z_r	$i_1 \cdot \varphi^{r-1};\ \dfrac{n_1 \cdot \varphi^{r-1} \cdot z_r}{N}$

Kettengetriebe.

Im Maschinenbau wird für Kettengetriebe vorwiegend die Rollen- und die Zahnkette — auch ,,geräuschlose Kette" genannt — verwendet. Die Blockkette kommt fast nur noch für den Fahradbau in Frage. Die Zahnkette gelangt immer mehr zur Anwendung, besonders zur Übertragung der Kraft vom Elektromotor auf die Maschine oder auf die Transmission.

Die Zahnkette arbeitet bedeutend ruhiger als die Rollenkette. Diese wird, wenn die Teilung infolge Streckens der Kettenglieder größer wurde, sich nur noch an einem einzigen Radzahn anlegen und gleitet daher ruckweise von Zahn zu Zahn ab. Gestreckte Zahnketten hingegen nehmen im Rade nur eine der vergrößerten Teilung entsprechend höhere Lage ein; alle Zähne erhalten gleichmäßigen Druck, und der Verschleiß hat keinen Einfluß auf den Getriebegang. Rollenketten gestatten bis 4 m/sek, Zahnketten bis 6,5 m/sek Geschwindigkeit. Sind Kraftstöße zu erwarten, so sind entweder unter Federwirkung stehende Spannräder zu verwenden, oder der Zahnkranz eines Rades ist drehbar und durch eine federnde Kupplung verbunden, auf der Nabe anzuordnen.

Das Übersetzungsverhältnis soll 1 : 7 nicht übersteigen, und die Mindestzahl der Zähne bei Rollenketten nicht unter 10, bei Zahnketten nicht unter 17 betragen. Der Wellenabstand soll einstellbar und mindestens das $1^1/_2$fache vom Durchmesser des großen Rades sein, höchstens aber 3 bis 4 m bei Rollenketten und 4 bis 6 m bei Zahnketten. Senkrechte Anordnung der Ketten ist zu vermeiden.

Für gleiche Kraftübertragung ist eine kurze Kette stärker zu wählen als eine lange, da sie sich rascher abnutzt, indem jedes Glied öfter zum Eingriff kommt. Kettengetriebe müssen mit Sorgfalt eingebaut werden, ganz besonders ist auf Gleichfluchtigkeit der Wellen zu achten. Das axiale Spiel des Motorankers muß nach beiden Seiten des Kettenrades gleichmäßig verteilt sein. Schutzgehäuse sind sehr zu empfehlen, sie halten Schmutz und Staub ab, sparen Schmiermaterial, indem sie das abgeschleuderte der Kette wieder zuführen. Kettengetriebe erfordern Schmierung, am besten durch Tropföler alle 2 bis 3 Minuten einen Tropfen.

Im Maschinenbau werden die Kettenräder meistens aus Grauguß gemacht, im Kraftfahrzeugbau hingegen aus Stahl. Die Berechnung der Radabmessungen und der Kette hat unter Berücksichtigung einer Reihe von Betriebsbedingungen zu erfolgen. Plötzliches Einschalten und Kraftstöße, stauberfüllte Luft, ungenauer Einbau, Unvollkommenheiten der Kette und mangelhafte Schmierung setzen die höchstzulässige Beanspruchung ganz bedeutend herab.

Um eine gleichmäßige Kettenabnutzung zu erzielen, erhält das kleine Rad eine ungerade, das große eine gerade Zähnezahl. —

Die Zahnformen und Berechnungen der Räder sind aus folgenden Angaben abzuleiten. Für die Zahnketten gelten die vom Kettenhersteller festgelegten Abmessungen, die keinen allgemein anerkannten Normalien unterworfen sind. Genormt sind bis jetzt die Rollenketten für den Kraftfahrzeugbau in DIN KrW 501 mit Teilungen von 9,5 bis 76,3.

Die Kettenlänge wird, wenn die Durchmesser der Räder und der Achsenabstand gegeben sind, wie die Riemenlänge beim offenen Riementrieb

(S. 305) berechnet, wobei aber zu beachten ist, daß an Stelle der Raddurchmesser die Teilkreisdurchmesser der Räder zu setzen sind. Der halbe Teilkreisdurchmesser ist gleich dem Abstande von Mitte des Kettengelenkes bis Radmitte. Die Kettenlänge selbst muß immer ein ganzzahliges Vielfaches der Kettenteilung sein.

Blockkettenrad mit Formfräser	**Rollenkettenrad** mit Abwälzfräser
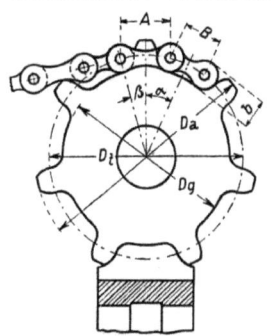	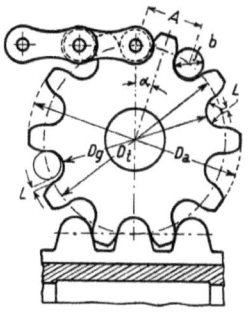
Außendurchm. $D_a = D_t + b$ Grundkreisdurchm. $D_g = D_t - b$ Teilkreisdurchm. $D_t = A : \sin \beta$ Zähnezahl des Rades z $\alpha = 180° : z$ $\operatorname{tg} \beta = \sin \alpha : \left(\dfrac{B}{A} + \cos \alpha\right)$	Außendurchm. $D_a = D_t + b$ Grundkreisdurchm. $D_g = D_t - b$ Teilkreisdurchm. $D_t = A : \sin \alpha$ Zähnezahl des Rades z $\alpha = 180° : z$ Lückenspiel $L = 0{,}1$ bis $0{,}2\,b$
Zahnkettenrad mit Formfräser	**Führung der Zahnkette**
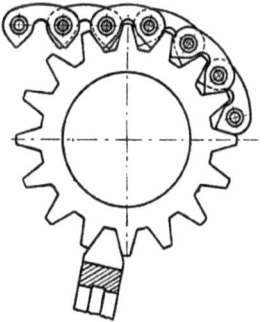	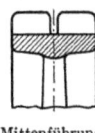 Mittenführung 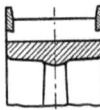 Seitenführung
Die Formen werden nicht einheitlich hergestellt	

Drehen.

Die wirtschaftlichste Art, ein Werkstück durch Drehen zu bearbeiten, erfordert die Bestimmung einer Reihe von verschiedenen Größen:

1. Des richtigen Spanquerschnittes und der dazugehörigen Schnittgeschwindigkeit (richtige Bearbeitungsweise).

2. Die Auswahl der richtigen Drehbank (richtige Werkzeugmaschine).

3. Die Auswahl des richtigen Drehstahles (richtiges Werkzeug).

1. Spanquerschnitt und Schnittgeschwindigkeit.

Der Spanquerschnitt.

Der Spanquerschnitt richtet sich nach dem zulässigen Schnittdruck und auch nach der bereits vorhandenen Bearbeitungszugabe. Der Schnittdruck P (Abb. D1) wirkt hauptsächlich senkrecht zur Schnittfläche nach unten.

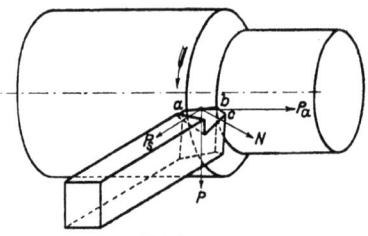

Abb. D. 1.

Er ist abhängig von dem spezifischen Schnittwiderstand k_s und dem Spanquerschnitt F. Dieser setzt sich zusammen aus Schnittiefe t und Vorschub s. Der spezifische Schnittwiderstand k_s für ein bestimmtes Material stellt den Druck dar, welcher zu überwinden ist, um 1 mm² Querschnitt eines Drehspans abzuheben. Es gilt also:

$$P = k_s \cdot F = k_s \cdot (s \cdot t).$$

Der spezifische Schnittwiderstand k_s ist um so größer, je höher die Härte, Festigkeit und Zähigkeit des betreffenden Materiales ist. Nachstehend sind für eine Reihe von Werkstoffen die Werte für k_s für Spanquerschnitte von 1 und 50 qmm angegeben.

(Anm.: Die Zahlen sind den Richtwerten des A.W.F.[1]) entnommen. Näheres über Schnittdruck und Schnittgeschwindigkeit siehe auch Kronenberg: „Grundzüge der Zerspanungslehre", Verlag Julius Springer, Berlin.)

---

[1]) Die A.W.F.- (A.W.F. = Ausschuß für wirtschaftliche Fertigung) Richtwerte für Spanquerschnitt und Schnittgeschwindigkeit können vom Beuth-Verlag, Berlin S 14, Dresdener Str. 97, bezogen werden.

Spezifischer Schnittwiderstand.

Werkstoff	k_s in kg/mm²	
	$F = 1$ mm²	$F = 50$ mm²
Stahl 30/40 kg	170	102,7
,, 40/50 ,, ...	210	127
,, 50/60 ,, ...	250	151
,, 60/70 ,, ...	300	181
,, 70/80 ,, ...	359	217
Chromnickelstahl H_n[1]) = 210/220	241	164,4
Stahlguß ,, 135/150	176	98,3
Grauguß ,, 140/160	85	50,1
Messing ,, 80/120	70	38,6
Rotguß ,, 60/70	79	32
Aluminium ,, 65/70	54	43,8
Elektron ,, 50/60	24,5	16,8

Aus der Zahlentafel ist ersichtlich, daß k_s auch für das gleiche Material veränderlich ist, je nach der Größe des Spanquerschnittes. Je größer der Spanquerschnitt, desto geringer die Kraft, die auf den einzelnen Quadratmillimeter des Spanquerschnittes wirken muß, um den Span abzutrennen. Bei S.M.-Stahl von 50/60 kg genügt bei einem Spanquerschnitt von 50 mm² schon ein Druck von 152 kg auf den einzelnen Quadratmillimeter zur Spanabhebung, während bei einem Gesamtspanquerschnitt von 1 mm² bereits ein Druck von 250 kg erforderlich ist. Je feiner die Späne werden, desto rascher wächst der spezifische Schnittwiderstand k_s.

Genaue Werte für die Größe von k_s für die einzelnen im Maschinenbau gebräuchlichen Materialien unter Zugrundelegung beliebiger Spanquerschnitte sind in den nachfolgenden Schaubildern (Abb. D 2 — D 13) angegegeben (k_s-Linie).

Der Querschnitt eines Spanes kann sich bei gleicher Größe verschieden zusammensetzen, je nach Wahl von Vorschub und Schnittiefe. Flache Späne, d. h. große Schnittiefe und kleiner Vorschub, erhöhen etwas den Kraftbedarf, während dicke Späne, d. h. Schnittiefe etwa gleich dem Vorschub, den Kraftverbrauch etwas herabsetzen[2]).

Die Schnittgeschwindigkeit.

Die Schnittgeschwindigkeit, mit welcher der Span eines bestimmten Materials abgehoben werden kann, ist außer vom Material abhängig von der Größe des Spanquerschnittes und zum Teil auch von dessen Zusammensetzung. Die zulässige Schnittgeschwindigkeit ist um so niedriger, je höher die Härte und Festigkeit des betreffenden Werkstoffes ist.

Ein kleiner Spanquerschnitt läßt eine höhere Schnittgeschwindigkeit zu als ein großer Spanquerschnitt. Nachstehend sind wiederum für die gleichen

---

[1]) = Brinellhärte (siehe das).
[2]) Klopstock, Die Untersuchung der Dreharbeit. Berichte des Versuchsfeldes für Werkzeugmaschinen an der technischen Hochschule Berlin, Heft 8. Berlin: Julius Springer 1926. Gottwein, Maschinenbau, Jg. 5, S. 505 ff. 1926.

Materialien wie oben die zulässigen Schnittgeschwindigkeiten für 1 mm² und 50 mm² Spanquerschnitt angegeben. (Bei den A.W.F.-Richtwerten ist ein Schnellstahl von 16—18% Wolfram und ohne Kühlung eine Lebensdauer von 60 Minuten zugrunde gelegt.)

Wirtschaftliche Schnittgeschwindigkeit.

Werkstoff	v in m/min	
	$F = 1$ mm²	$F = 50$ mm²
Stahl 30/40 kg	55	11
,, 40/50 ,, ...	44	8,8
,, 50/60 ,, ...	35	7
,, 60/70 ,, ...	27,5	5,5
,, 70/80 ,, ...	19,7	3,9
Chromnickelstahl H_n[1]) = 210/220	29	2,9
Stahlguß ,, 135/150	29	6,8
Grauguß ,, 140/160	26	9,1
Messing ,, 80/120	112	9,8
Rotguß ,, 60/70	77	13,8
Aluminium ,, 65/70	250	17,6
Elektron ,, 50/60	400	22,5

Die genauen Zahlen für die zulässigen Schnittgeschwindigkeiten für verschiedene Materialien und beliebig gewählte Spanquerschnitte sind ebenfalls in den Schaubildern (Abb. D2—D13) graphisch aufgetragen (v-Linie).

Für die Lebensdauer des Drehstahles bei Verwendung der angegebenen Schnittgeschwindigkeiten sind 60 Minuten zugrunde gelegt. Für kürzere Lebensdauer können die Schnittgeschwindigkeiten etwas höher bzw. bei einer längeren gewünschten Lebensdauer müssen sie etwas niedriger als in den Schaubildern vermerkt gewählt werden.

Auch bei der Schnittgeschwindigkeit übt die Zusammensetzung des Spanquerschnittes einen wenn auch nur geringen Einfluß aus. Ein flacher Spanquerschnitt läßt die Zerspanungswärme infolge der größeren Oberfläche besser abfließen und erhöht bei gleicher Schnittgeschwindigkeit die Lebensdauer des Stahles oder aber ermöglicht bei gleicher Lebensdauer eine höhere Schnittgeschwindigkeit. Man wird deshalb überall da, wo es sich darum handelt, den Drehstahl möglichst selten auszuwechseln, lieber flache Späne (große Schnittiefe und geringer Vorschub) wählen, trotz des dadurch bedingten größeren Kraftverbrauches[2]).

Die Leistung.

Die Leistung N, die erforderlich ist, um einen bestimmten Spanquerschnitt mit der dazugehörigen Schnittgeschwindigkeit abzuheben, errechnet sich zu
$$N = \frac{P \cdot v}{4500} \text{ in PS.}$$

---

[1]) = Brinellhärte (siehe das).
[2]) Gottwein, Die Schneidentemperatur beim Drehen in Abhängigkeit von der Form des Spanquerschnitts. Maschinenbau 1926, S. 505. Ferner: Sonderheft „Zerspanung" der Zeitschrift Maschinenbau 1926. Klopstock, Die Temperaturmessung an der Stahlschneide. Werkstattstechnik 1926, S. 663.

Hierin ist P der Gesamtschnittdruck $(F \cdot k_s)$ in kg, v die Schnittgeschwindigkeit in m/min und N die Leistung in PS einzusetzen. Da nun jeder Spanquerschnitt nur eine wirtschaftliche Schnittgeschwindigkeit v_s zuläßt, so gehört mithin auch zu jedem Spanquerschnitt eine bestimmte Zerspanungsleistung N (Kraftverbrauch).

In den Schaubildern (Abb. D 2—D 13) sind deshalb für die gebräuchlichen Materialien außer den zulässigen Schnittgeschwindigkeiten und den spezifischen Schnittdrücken auch die zu jedem Spanquerschnitt erforderliche Leistung N in PS. eingetragen. **Hiernach ist es möglich, für einen beliebigen Spanquerschnitt irgendeines Materials die zulässige Schnittgeschwindigkeit abzulesen und gleichzeitig den hierbei erforderlichen Kraftbedarf aus dem Schaubild zu entnehmen.**

1. Beispiel: An einem Werkstück von S.M.-Stahl 50/60 kg ist ein Spanquerschnitt von 8 mm² abzunehmen. Schnittgeschwindigkeit und Kraftverbrauch sind zu bestimmen.

Aus dem Schaubild D 4 ergibt sich bei einem Spanquerschnitt von 8 mm² eine Schnittgeschwindigkeit von 15 m/min und eine hierbei erforderliche Leistung $N = 5$ PS. Rechnet man den Wirkungsgrad der Drehbank mit 75%, so müßten 6,67 PS. zur Verfügung stehen, um diese Leistung durchzuführen.

2. Beispiel: Die im Beispiel 1 errechnete Schnittgeschwindigkeit $v = 15$ m/min kann an der Bank nicht eingestellt werden. Die nächste niedrigere ist 12,4 m/min. Wie groß ist der Kraftverbrauch? (Abb. D4.)

Man geht auf der F-Geraden für 8 mm² von dem Schnittpunkt mit der geneigten v-Geraden bei 15 m/min senkrecht herunter bis zum Punkt 12,4. Diese Länge „a" trägt man nun in gleicher Weise mit dem Zirkel von dem Schnittpunkt der $F = 8$ mm²-Geraden und der N-Linie bei 5 PS senkrecht nach unten ab und erhält $N = 4,13$ PS für $F = 8$ qmm und $v = 12,4$ m/min.

3. Beispiel: Welcher Spanquerschnitt kann bei einer zur Verfügung stehenden Schnittgeschwindigkeit von 12,4 m/min noch abgedreht werden, und wie groß ist dann der Kraftverbrauch?

Man suche den Schnittpunkt der Wagerechten von 12,4 und der v-Linie, gehe von hier senkrecht herunter und finde $F = 12,8$ mm². Diese Senkrechte schneidet die N-Linie bei $N = 6,25$ PS.

Die angegebenen Zahlenwerte der Schaubilder beziehen sich auf Schnellstahl von 16—18% Wolfram und eine Bearbeitung ohne Kühlung.

Kühlung führt eine Verminderung der auf den Stahl wirkenden Zerspanungswärme herbei, so daß die zulässige Schnittgeschwindigkeit gegenüber den in den Schaubildern angegebenen Werten erhöht bzw. bei ihrer Anwendung die Lebensdauer des Stahles verlängert werden kann. Gleichzeitig bewirkt die Verwendung von Kühl- und Schmiermitteln oft eine Verbesserung der bearbeiteten Oberfläche[1]).

Kohlenstoffstahl, Schnellstahl und Schneidmetall.

Die Schnittgeschwindigkeiten der Schaubilder können bei Verwendung von Schneidmetallen erhöht werden, umgekehrt muß bei Verwendung von Kohlenstoffstählen eine Herabsetzung der Schnittgeschwindigkeit erfolgen.

---

[1]) Näheres siehe Gottwein, Kühlung und Schmierung der Schneidwerkzeuge. Maschinenbau 1927, S. 221. Ferner A.W.F. Berlin 1927, Beuth-Verlag, Kühlen und Schmieren bei der Metallbearbeitung.

Die Steigerung und Verminderung beträgt etwa 50 % und darüber. Hierbei ist folgendes zu berücksichtigen. Eine Leistung, die mit Schnellstahl ausgenutzt ist, auf Grund der Zahlenwerte der Schaubilder, bedingt bei Kohlenstoffstahl eine niedrigere Schnittgeschwindigkeit, allerdings bei einem größeren Spanquerschnitt[1]). Da nun die Zerspanung bei stärkeren Spanquerschnitten wirtschaftlicher wird, infolge des niedrigeren spezifischen Schnittdruckes, so ist scheinbar die Verwendung von Kohlenstoffstahl auch wirtschaftlicher. In Wirklichkeit müssen aber so starke Spanquerschnitte gewählt werden, um den Kohlenstoffstahl auszunutzen (nach Kronenberg etwa das Sechsfache des Spanquerschnittes, bei S.M.-Stahl 50/60), daß die damit verbundenen Schnittdrücke, welche über das Vierfache betragen[2]), die Bank einem sehr erheblichen Verschleiß unterwerfen.

Beim Schneidmetall dagegen kann eine höhere Schnittgeschwindigkeit angewandt werden, wodurch sich bei gleicher Leistung der zulässige Spanquerschnitt verkleinert. Bei schwächeren Spänen wird die Zerspanung infolge der größeren spezifischen Schnittdrücke unwirtschaftlicher, so daß für das gleiche Spanvolumen eine größere Antriebskraft erforderlich wird. Infolge der geringeren Schnittdrücke wird die Bank jedoch auch geschont.

Die Verwendung anderer Stahlsorten oder Schneidmetalle als Schnellstahl muß deshalb von Fall zu Fall sorgfältig geprüft werden.

2. Die Auswahl der richtigen Drehbank.

Die Feststellung, welche Drehbank des zur Verfügung stehenden Maschinenparkes zur Bearbeitung eines bestimmten Werkstückes geeignet ist, wird am besten an Hand der Schaubilder vorgenommen. Soll beispielsweise ein Spanquerschnitt von 4 mm² abgehoben werden, so ergibt sich nach Schaubild D4 eine Leistung N von 2,9 PS. Unter Berücksichtigung des Wirkungsgrades der Drehbank von 75 % wäre eine Antriebsleistung von 3,87 PS erforderlich.

Steht nun nur eine schwächere Bank zur Verfügung, so muß, um die Bank nicht zu überlasten, entweder ein geringerer Spanquerschnitt mit der dazugehörigen Schnittgeschwindigkeit oder aber der Spanquerschnitt von 4 mm² mit einer geringeren Schnittgeschwindigkeit gewählt werden. Im ersteren Fall wird die Bearbeitungsmöglichkeit des Werkstückes nicht ausgenutzt, im zweiten Fall die Leistungsfähigkeit des Werkzeuges nicht erreicht werden.

Bei Bänken, welche eine größere Leistung als die verlangte von rund 4 PS aufweisen, besteht die Möglichkeit, einen stärkeren Spanquerschnitt als 4 mm² abzuheben, was jedoch mit Rücksicht auf das Werkstück nicht immer zulässig ist. Andererseits kann trotz der höheren verfügbaren Antriebsleistung die Schnittgeschwindigkeit mit Rücksicht auf das Werkzeug nicht erhöht werden. Die Verwendung einer stärkeren Bank bringt mithin keinerlei Vorteil.

Die Verwendung einer anderen Bank als der auf Grund der Schaubilder als wirtschaftlich bestimmten ergibt deshalb folgende Nachteile:

Eine schwächere Bank ruft Zeitverlust,
eine stärkere Bank ruft Kraftverlust hervor.

Man wird deshalb im Zweifelsfalle lieber eine stärkere Bank zur Vermeidung von Zeitverlusten bevorzugen und die Nachteile der nicht voll ausgenutzten Antriebskraft mit in Kauf nehmen.

---

[1]) Hippler, „Wirtschaftliches Zerspanen" in Reindl, Spanabhebende Werkzeuge für die Metallbearbeitung. Berlin: Julius Springer 1925.
[2]) Kronenberg, Zerspanungslehre, S. 194 ff. Berlin: Julius Springer 1927.

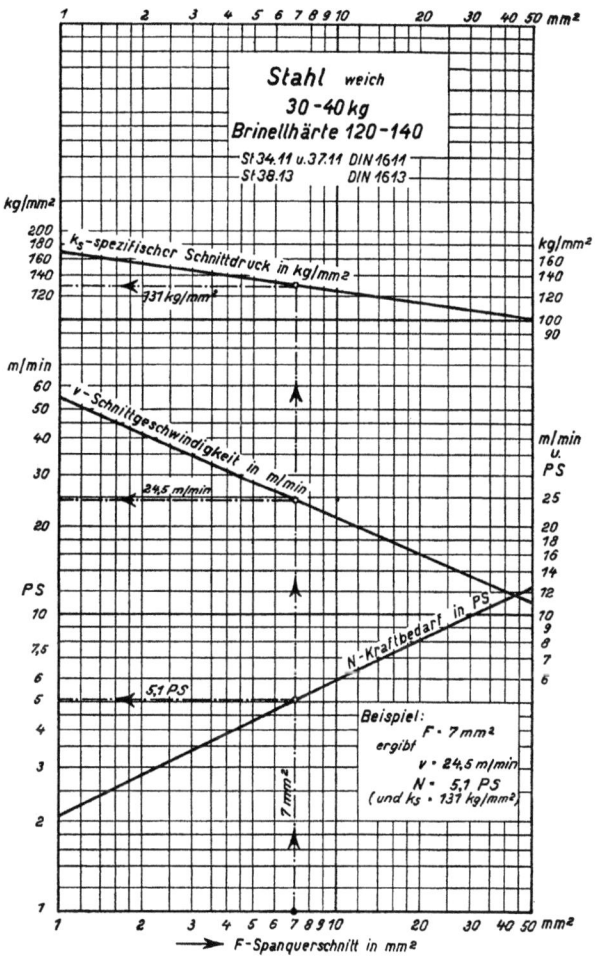

Abb. D 2.
Spanquerschnitt, Schnittgeschwindigkeit und Leistung beim Drehen.

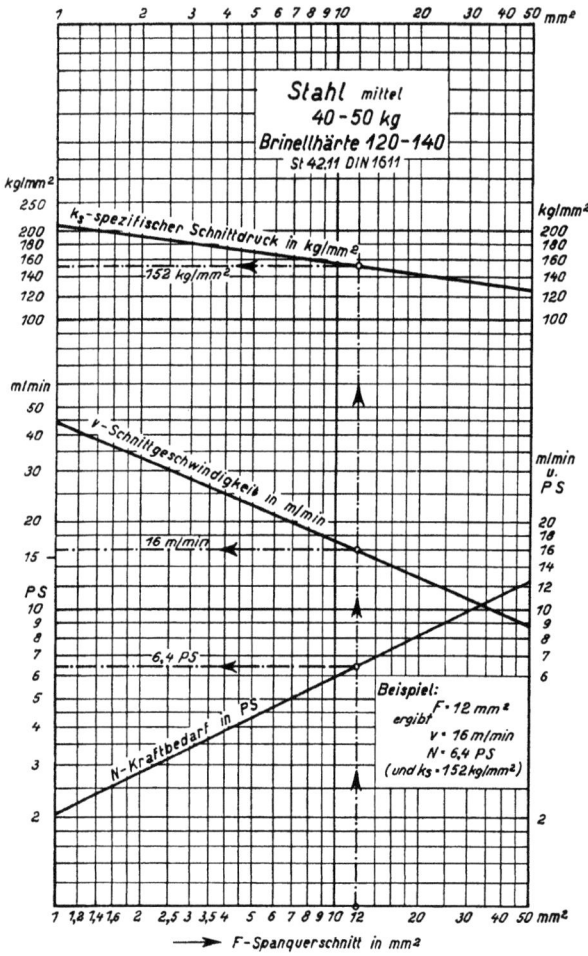

Abb. D 3.
Spanquerschnitt, Schnittgeschwindigkeit und Leistung beim Drehen.

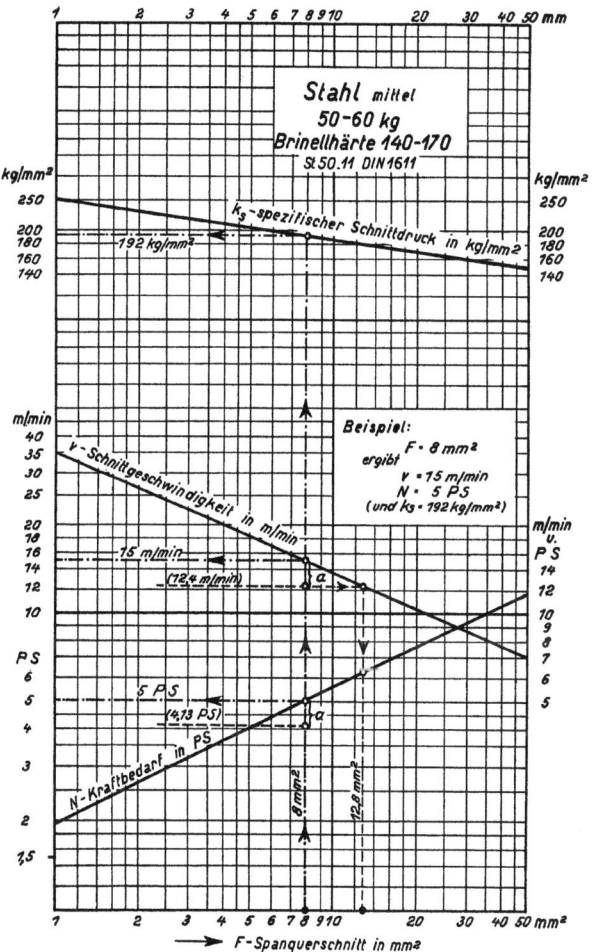

Abb. D 4.
Spanquerschnitt, Schnittgeschwindigkeit und Leistung beim Drehen.

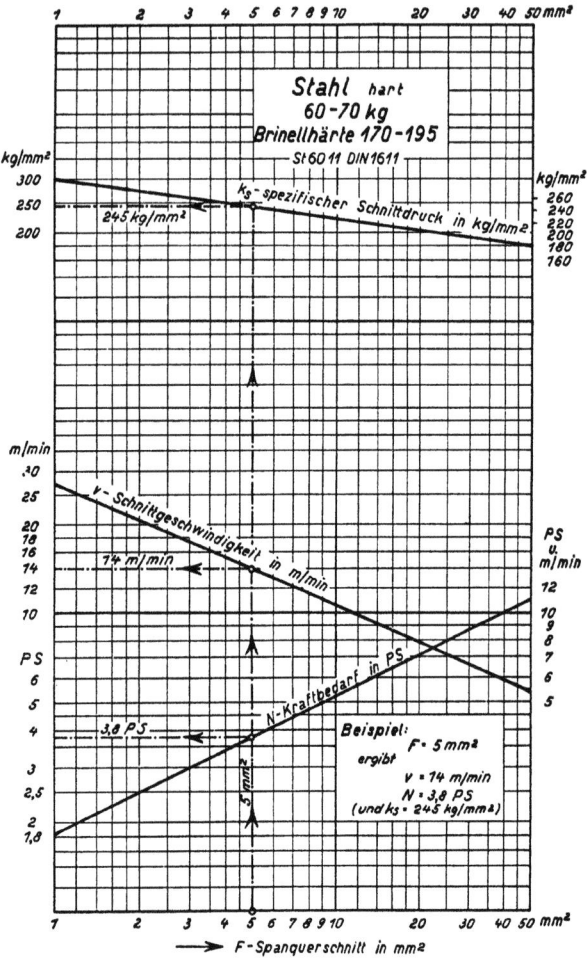

Abb. D 5.
Spanquerschnitt, Schnittgeschwindigkeit und Leistung beim Drehen.

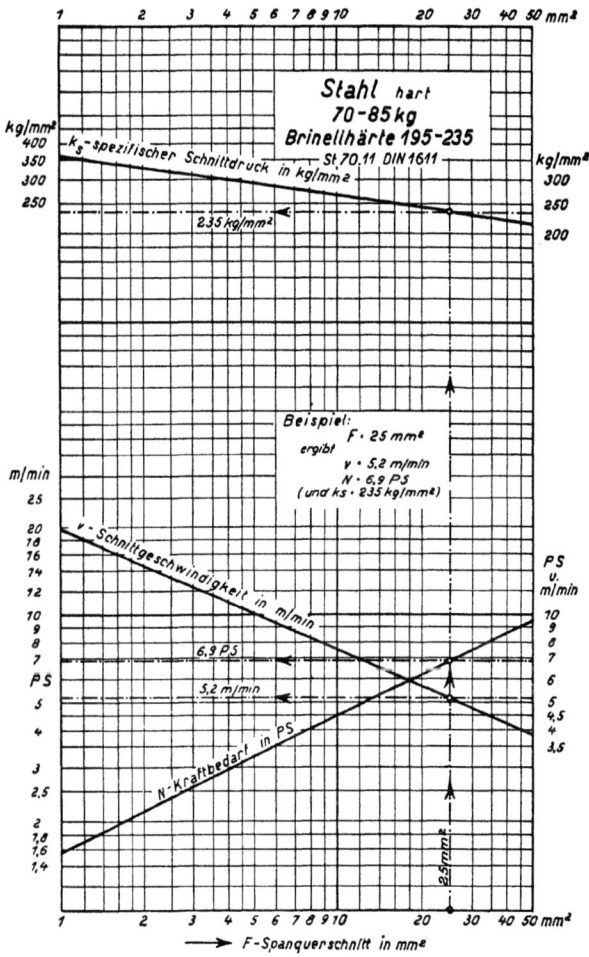

Abb. D 6.
Spanquerschnitt, Schnittgeschwindigkeit und Leistung beim Drehen.

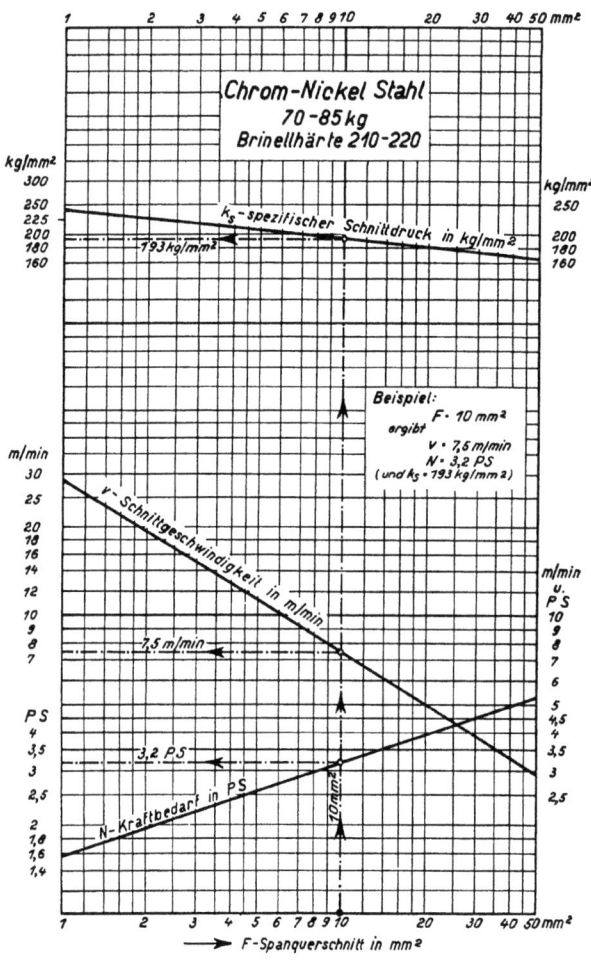

Abb. D 7.
Spanquerschnitt, Schnittgeschwindigkeit und Leistung beim Drehen.

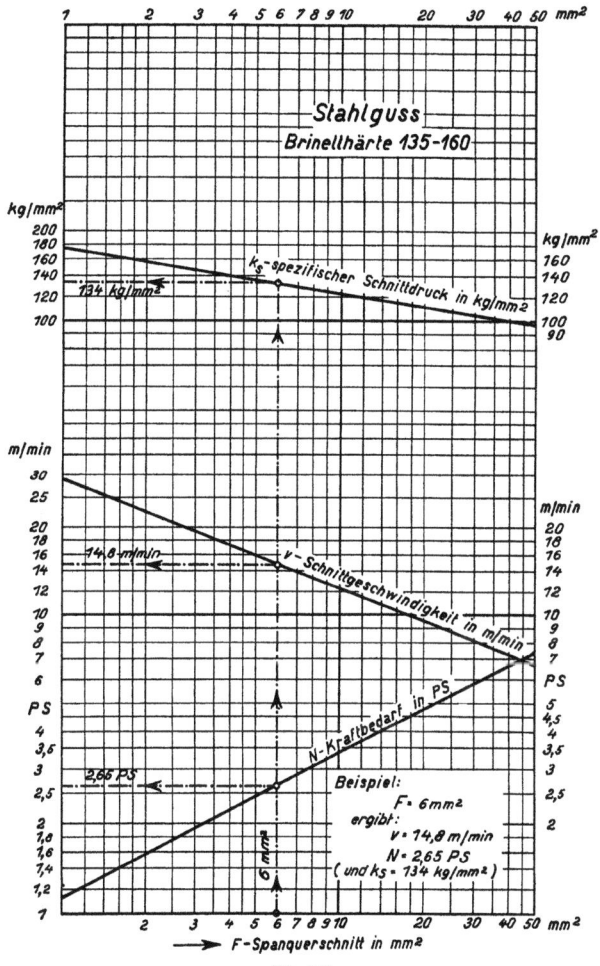

Abb. D 8.
Spanquerschnitt, Schnittgeschwindigkeit und Leistung beim Drehen.

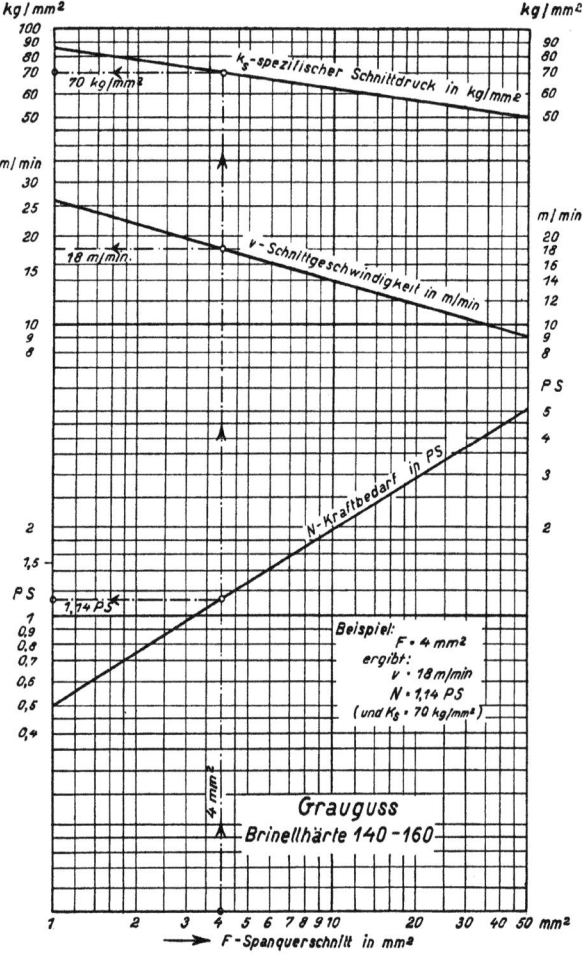

Abb. D 9.
Spanquerschnitt, Schnittgeschwindigkeit und Leistung beim Drehen.

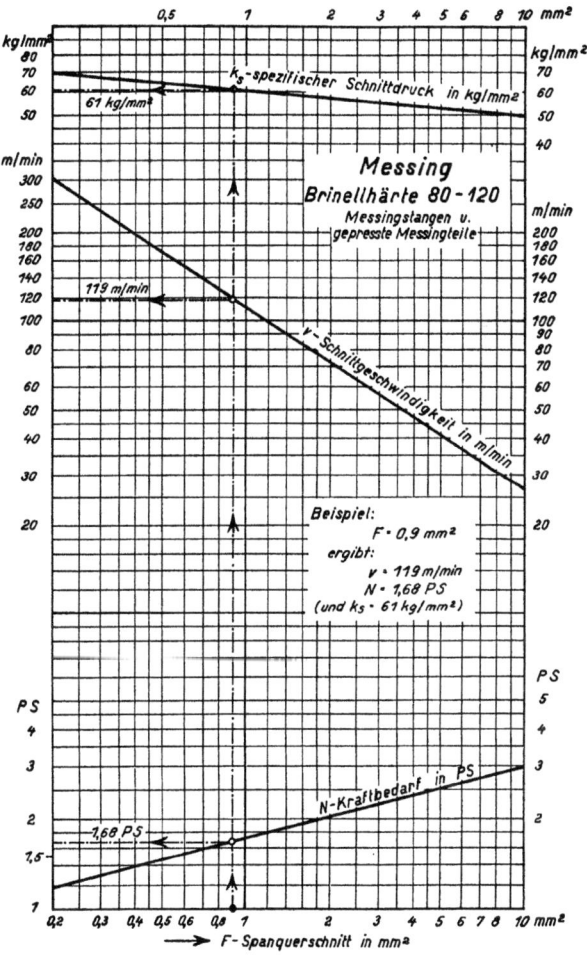

Abb. D 10.
Spanquerschnitt, Schnittgeschwindigkeit und Leistung beim Drehen.

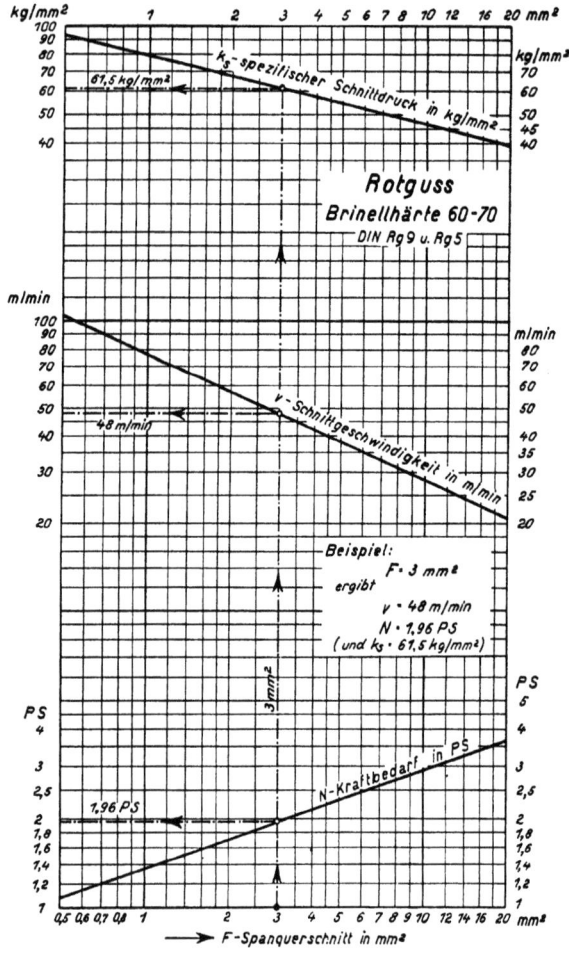

Abb. D 11.
Spanquerschnitt, Schnittgeschwindigkeit und Leistung beim Drehen.

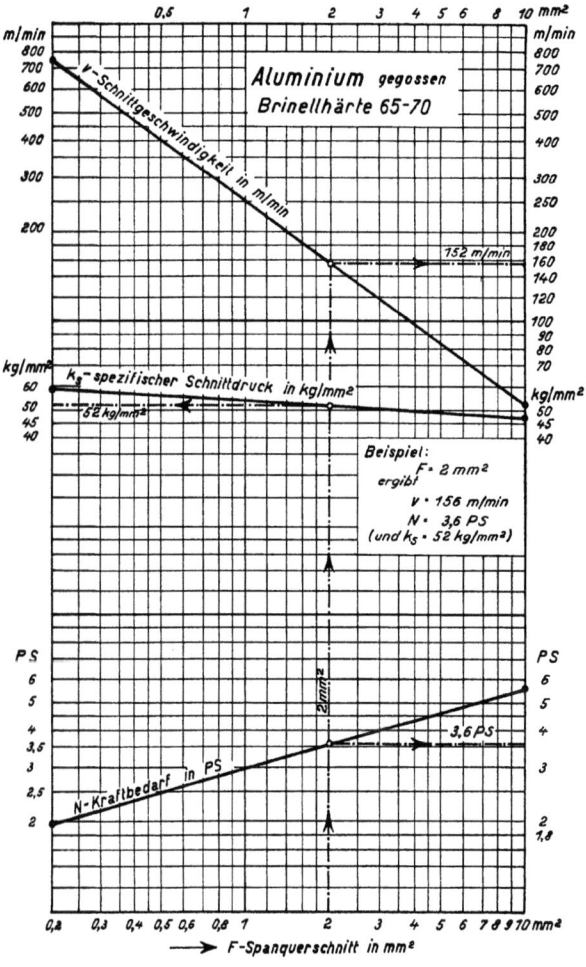

Abb. D 12.
Spanquerschnitt, Schnittgeschwindigkeit und Leistung beim Drehen.

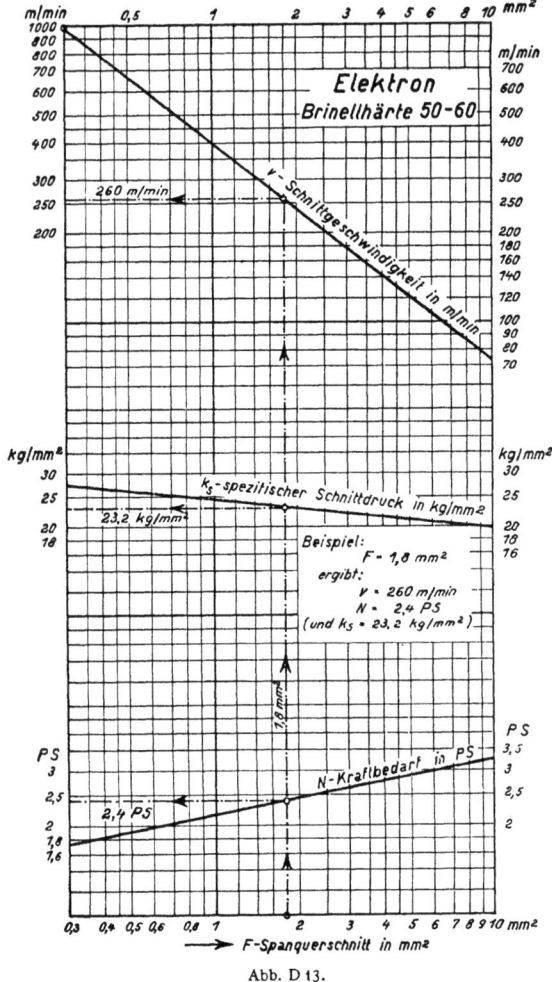

Abb. D 13.
Spanquerschnitt, Schnittgeschwindigkeit und Leistung beim Drehen.

3. Auswahl des richtigen Drehstahles.

Sie hat zu erfolgen nach Größe, Form und Werkstoff.

Größe (Schaftquerschnitt) des Drehstahles.

Die an der Schneide beim Arbeiten auftretende Gesamtschnittkraft zerlegt man zweckmäßig nach Abb. D 1 in drei zueinander senkrechte Teilkräfte P, P_a, P_b, deren Richtungen durch die Maschine und den Bearbeitungsvorgang gegeben sind: Hauptschnittdruck P in Richtung der Schnittbewegung, Vorschubdruck P_a in Richtung des Längsvorschubs, parallel zur Drehachse, Rückdruck P_b in Richtung des Schaftes (senkrecht zu P und P_a).

Über die Größe von P in Abhängigkeit vom Spanquerschnitt und Werkstoff und über die durch P und die Schnittgeschwindigkeit bestimmte Nutzleistung N ist in Abschnitt 1 und 2 das Nötige gesagt. P_a kann (bei scharfer Schneide) zu $P/8$ bis $P/4$ und P_b zu $P/3$ bis $P/2$ angenommen werden. Die Leistung von P_a ist gegenüber von N so gering, daß sie vernachlässigt werden kann, P_b gibt überhaupt keine Leistung.

Alle 3 Kräfte beanspruchen Schneide und Schaft des Drehstahls: P gibt nach Abb. D 14 ein Biegungsmoment P_x für die Schneide und $P \cdot l$ für den Schaft (daneben eine Schubkraft); P_a ergibt die entsprechende Beanspruchung in einer um 90° gedrehten Richtung; P_b meist ein zu vernachlässigendes Biegungsmoment und eine Druckkraft.

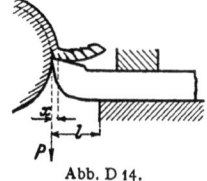

Abb. D 14.

Dadurch kann man den Querschnitt berechnen, doch begnügt man sich in der Werkstatt gewöhnlich damit, ihn nach Gefühl zu wählen. Mit Rücksicht auf das Biegungsmoment von P wählt man ihn meist rechteckig, hochkant. Für mittelgroße Spanquerschnitte werden etwa folgende Schaftquerschnitte gebraucht[1])

Schaftquerschnitt mm	16·25 20·30 30·50 40·50
	20·20 25·25 40·40 50·50
Zulässiger Spanquerschnitt mm²	bis 5 5—10 10—16 16 25

Form von Schneide und Schneidkopf.

Die Stahlformen, Winkel und Flächen seien gemäß Abb. D 15 nach den Vorschlägen des DNA, wie folgt bezeichnet:

a) Schaft und Schneide.

1. Grundregel: Man halte den Stahl mit dem Schneidenkopf zu sich gewandt (wagerecht) mit der Schneide nach oben.

Rechter Stahl: Liegt die Hauptschneide rechts, so ist es ein rechter Stahl.

Linker Stahl: Liegt die Hauptschneide links, so ist es ein linker Stahl.

(Hauptschneide ist der in Vorschubrichtung am weitesten vorragende Teil der Schneide bis zum äußersten Punkt; von da an Nebenschneide).

---

[1]) Siehe Engel im Sonderheft: Zerspanung (Maschinenbau) 1926.

2. Nach der Lage des Schneidenkopfes zum Schaft werden unterschieden:

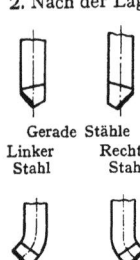

Gerade Stähle
Linker Stahl — Rechter Stahl

Gerader Stahl: Mittellinie, von oben und von der Seite gesehen, gerade.

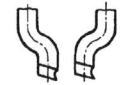

links rechts
gebogener Stahl

Gebogener Stahl: Mittellinie von oben gesehen gebogen. Zu unterscheiden sind links- und rechtsgebogene Stähle.

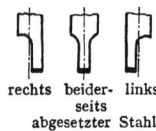

vor   zurück
gekröpfter Stahl

Gekröpfter Stahl: Mittellinie in der Seitenansicht gekröpft. Zu unterscheiden sind nach oben (vor) und nach unten (zurück) gekröpfte Stähle.

rechts beider- links
seits
abgesetzter Stahl

Abgesetzter Stahl: Schneidenkopf gegen den Schaft abgesetzt. Zu unterscheiden sind beiderseits abgesetzte, rechts abgesetzte und links abgesetzte Stähle, je nachdem sich der verjüngte Kopf rechts oder links von der Mittellinie des Schaftes an diesen anschließt.

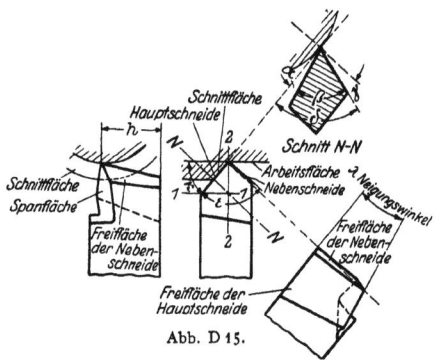

Abb. D 15.

b) Schneide und Werkstück.

A. Die Flächen am Werkstück.

1. **Schnittfläche** ist die am Werkstück unmittelbar unter der Schneide entstehende Fläche.

2. **Arbeitsfläche** ist die durch den Schneidvorgang erzielte Oberfläche des Werkstückes.

B. **Winkel und Flächen der Schneide.** Die Schneidenwinkel werden in ihrer Beziehung zum Werkstücke (Schnittfläche) festgelegt und in einer Ebene gemessen, die senkrecht steht auf der 3. Hauptebene und auf der Projektion der Schneidkante auf die 3. Hauptebene (Messung in Ebene $N \div N$). In den Hauptebenen 1, 2, 3 gemessene Winkel werden durch die Indizes 1, 2, 3 gekennzeichnet.

Spanfläche heißt die Fläche des Keiles, über die der Span abläuft.

Freifläche heißt die gegen die Schnittfläche gerichtete Fläche des Keiles.

Freiwinkel α heißt der Winkel zwischen Schnitt- und Freifläche.

Keilwinkel β heißt der Winkel zwischen Frei- und Spanfläche.

Spanwinkel γ heißt der Winkel zwischen der Normalen auf die Schnittfläche und der Spanfläche. Freiwinkel, Keilwinkel und Spanwinkel ergänzen sich zu 90° (ist γ negativ, wie wohl bei Hartguß, ist die Summe $> 90°$).

Schnittwinkel δ heißt der Winkel zwischen Schnitt- und Spanfläche.

Spitzenwinkel ε heißt der Winkel zwischen Haupt- und Nebenschneide in der Projektion auf die 3. Hauptebene.

Einstellwinkel $\varkappa$ heißt der Winkel zwischen der Projektion der Schneidkante auf die 3. Hauptebene und der 1. Hauptebene.

Neigungswinkel λ heißt der Winkel der Schneidkante gegen die 3. Hauptebene. Bei abfallender Schneide, d. h. wenn die Schneide nach der Spitze zu abfällt, ist der Winkel positiv.

Schneidenhöhe h heißt die Höhe von der Spitze des Stahles bis zur Auflage. Bei gekröpftem Stahl kann h auch negativ werden.

Grundsätzliches über die Größe der Winkel.

Die Größe des Spanwinkels γ beeinflußt zunächst den Schnittdruck: Mit wachsendem γ nimmt bis zu einer gewissen Grenze der Schnittdruck ab. Da aber andererseits mit γ auch die Widerstandsfähigkeit der Schneide abnimmt (Keilwinkel β wird kleiner), so muß γ um so kleiner sein, je härter und fester der Werkstoff des Werkstückes ist. Spröder Werkstoff verlangt ein besonders kleines γ, da er unmittelbar an der Schneide zerbröckelt. Auch Sprödigkeit des Werkstoffes des Werkzeuges bedingt ein recht kleines γ, weshalb für Schneidmetalle (siehe S. 372) γ erheblich kleiner genommen wird als für Schnellstahl und gewöhnlichen Werkzeugstahl.

Für den Freiwinkel, gemessen gegen die Tangente an die Schnittfläche, genügen einige Grad. Ein unnötig großer Winkel schwächt den Keilwinkel und fördert das Rattern und Einhaken. Der Einstellwinkel $\varkappa$ fördert die Lebensdauer der Schneide um so mehr, je kleiner er ist, da die Spanbreite l (Abb. D 16) bei gegebenem Vorschub f und gegebener Schnittiefe a um so größer, die Spanstärke m um so kleiner ist, je kleiner $\varkappa$ ist gemäß der Gleichung:

$$l = \frac{a}{\sin \varkappa} \quad \text{und} \quad m = s \cdot \sin \varkappa.$$

Weiteres über die Ausbildung des Schneidkopfes siehe übernächsten Abschnitt.

Von den **günstigsten Winkeln** wird verlangt: Die Schneide soll nicht allzu leicht stumpf werden, der Stahl soll nicht rattern und einhaken, der Kraftverbrauch soll nicht zu groß sein. Bald steht die eine, bald die andere dieser Forderungen im Vordergrund.

Mittelwerte der Winkelgrößen, die für die in der Werkstatt vorkommenden Arbeiten geeignet sind, enthält folgende Tafel.

Winkel der Drehstahlschneiden (Abb. D 15).

Werkstoff	Weiche Stoffe, wie Kupfer, Aluminium, Blei, Elektron, Galalith	Eisen und weicher Stahl	Mittelharter Stahl, weicher Stahlguß, weicher Grauguß	Harter Stahl, gewöhnlicher Stahlguß Grauguß	Sehr harter Stahl, harter Guß, sprödes Messing
Spanwinkel γ	bis 50° [1]	20 bis 25°	15 bis 20°	10 bis 15°	0 bis 10° [2]
Freiwinkel α	bis 15°	6 bis 10°	5 bis 8°	5 bis 8°	3 bis 6°

Form der Schneidkante bei Schruppstählen.

Bewährt haben sich sowohl gerade (Abb. D 16), wie gebogene (Abb. D 17) Schneiden, doch wird die gerade Schneide weit überwiegend gebraucht, da sie leichter herzustellen und instand zu halten ist, als die gebogene, die allerdings eine glattere Arbeitsfläche liefert und bei sehr schweren Schnitten weniger leicht rattert. Wird bei der geraden Schneide die Spitze etwas abgerundet, so verringert das die Rauhigkeit der Arbeitsfläche und erhöht die Lebensdauer der Schneide.

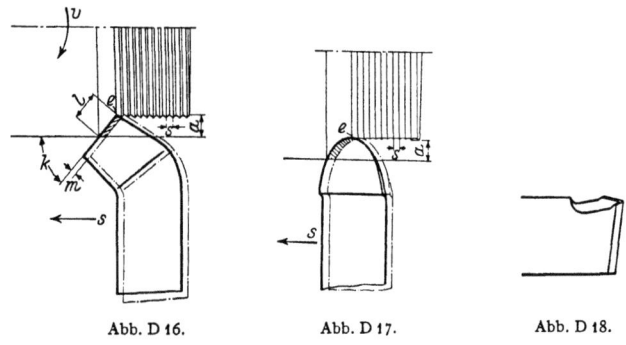

Abb. D 16.   Abb. D 17.   Abb. D 18.

In allen Fällen reicht die Schneide nicht nur bis zu der äußersten Stelle e (Abb. D 16 und D 17), sondern ein Stück darüber hinaus, d. h. es schneidet nicht nur die Hauptschneide, sondern auch ein kleines Stück der Nebenschneide. Für den Einstellwinkel $\varkappa$ der geraden Schneiden ist zwar eine geringe Größe (40—45°) günstig, doch da die Kraft P_b wächst, wenn $\varkappa$ abnimmt, und ein großes P_b das Werkstück durchzubiegen bzw. abzubiegen sucht, so darf man ein kleines $\varkappa$ nur wählen, wenn das Werkstück genügend starr, also seine Länge nicht zu groß zum Durchmesser ist.

Sehr günstig im Kraftverbrauch, besonders bei schweren Schnitten, ist die Klopstock-Schneide (D. R. P.) nach Abb. D 18.

---
[1] Abhängig auch von der Schnittgeschwindigkeit.
[2] Zuweilen, wie beim Schlichten von Hartguß, γ negativ.

Form und Stellung des Schneidkopfs bei Schruppstählen.

Meist werden in Richtung des Vorschubes vorgebogene Stähle benutzt, also rechtsgebogene, rechtsschneidende (Abb. D 19), da sie sehr gut bis nahe an die Einspannung und auch sehr mannigfaltig arbeiten können. Nach links gebogene, rechts schneidende Stähle (Abb. D 20) vermeiden sicher das Einhaken, während gerade Stähle (Abb. D 21) am einfachsten (ohne Schmie-

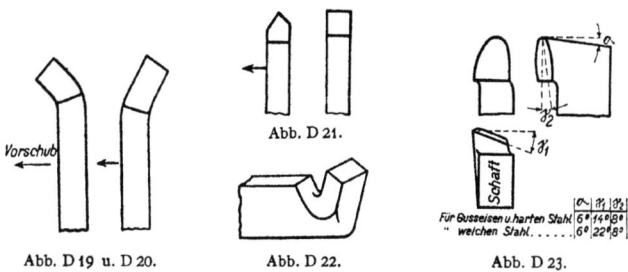

Abb. D 19 u. D 20.   Abb. D 22.   Abb. D 23.

den) herzustellen sind. Nach oben gekröpfte Stähle (Abb. D 22) sind wohl sehr leicht instand zu halten, verlangen aber zu viel Schmiedearbeit, während die Taylorform (Abb. D 23) wohl gut arbeitet, aber schwer herzustellen und nicht leicht instandzuhalten ist. Der einfache gerade Stahl, der zum Schruppen schräg stehen muß, kann vielseitig verwendet werden.

Schlichtstähle.

Schlichtstähle haben, seit das Schlichten vielfach durch das Schleifen verdrängt ist, sehr an Bedeutung verloren.

Sie haben eine gerundete oder eine gerade Schneide, mit stets einem Stück parallel zur Arbeitsfläche, das länger ist als der Vorschub, zum Breitschlichten von Gußeisen bis zu 20 mm und mehr. Sehr gut arbeiten die Gänsehälse Abb. D 24, da sie mit Sicherheit das „Einhaken" vermeiden. Wirklich saubere Schlichtarbeit, wenigstens bei schmiedbarem Eisen, wird aber nur unter Anwendung eines geeigneten Schneidöles erzielt.

Abb. D 24.

Formstähle.

Arten der Formstähle. Die Formstähle, die in großer Zahl an Revolver- und selbsttätigen Drehbänken benutzt werden, sind nach ihrer äußeren Gestalt in 2 Gruppen zu scheiden: Runde Formstähle und gerade prismatische Formstähle.

Die runden Formstähle (Abb. D 25), die meist nur für schmale und mittelbreite Teile benutzt werden, haben den Vorzug, daß sie bequem auf der Drehbank hergestellt und, wenn nötig, aus mehreren Teilen zusammengesetzt werden können, ferner, daß sie in der Höhe verhältnismäßig wenig Raum gebrauchen; den Nachteil dagegen, daß ihre sichere Befestigung schwieriger ist. Die geraden Formstähle (Abb. D 26), die gehobelt (und auch geschliffen) werden, kommen in allen Größen vor.

Schleifen der Formstähle. Runde wie gerade Formstähle werden nur an der ebenen Spanfläche nachgeschliffen; sie ändern hierbei ihre Schneidenform nicht und erzeugen bis zuletzt richtige Profile.

Spanwinkel. Er ist für die Bearbeitung von Eisen und Stahl meist = 0 oder doch nur wenige Grad groß, weil erfahrungsgemäß der Stahl dann am ruhigsten arbeitet. Bei Kupfer, Aluminium und ähnlichen Stoffen wird er dagegen bis 45° groß genommen.

Freiwinkel. Der Freiwinkel α schwankt zwischen 3 und 15°. Er wird beim geraden Stahl dadurch erhalten, daß von vornherein die Freifläche unter dem vorgeschriebenen Winkel gearbeitet wird, beim runden dadurch, daß die Spanfläche nicht radial zum Mittelpunkt läuft, sondern tangential an einen Kreis vom Halbmesser h (Abb. D 27). Ist r der Halbmesser des Formstahles, so kann für jeden Freiwinkel α der Halbmesser h bestimmt werden aus der Gleichung $h = r \cdot \sin \alpha$.

Für häufig vorkommende Werte ist h der Schleiftafel (S. 382) zu entnehmen. Um das Maß h muß die Achse des Rundstahles höher stehen als die Achse des Arbeitsstückes.

Bei tiefen Profilen kann für r der Halbmesser r', der ungefähr der Mitte des Profils entspricht, eingesetzt werden, weil α sich an den verschieden

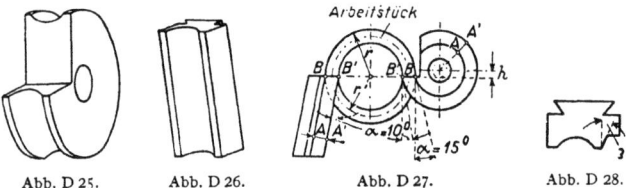

Abb. D 25. Abb. D 26. Abb. D 27. Abb. D 28.

tiefen Stellen des Profils verschieden ergibt. Für runde Stähle kann der Freiwinkel kleiner sein als für gerade, da die Freifläche sich schneller nach hinten fortzieht (Abb. D 27). Demgemäß kann er auch für runde Stähle um so kleiner sein, je kleiner der Durchmesser des Stahles und des Arbeitsstückes ist.

Weiter hat aber auch die Form einen Einfluß auf den Freiwinkel: Je mehr ein Kantenstück der Schneide sich der senkrechten Lage zur Drehachse nähert, um so größer muß der Freiwinkel sein; denn das seitliche Freischneiden eines schrägen Kantenstückes hängt außer vom Neigungswinkel ε vom Freiwinkel α ab (Abb. D 28), in der Weise, daß es zugleich mit ε und α wächst. Der seitliche Freiwinkel α_s, der ein Maß für das Freischneiden ist, bestimmt sich aus der Gleichung $\mathrm{tg}\, \alpha_s = \mathrm{tg}\, \alpha \cdot \sin \varepsilon$.

Profilverzerrung. Das Profil AA' (Abb. D 27), senkrecht zur Formfläche beim geraden Stahl und radial beim runden Stahl, das für die Herstellung der Stähle maßgebend ist, ist anders als das Profil BB' der Spanfläche, das auf das Arbeitsstück übertragen wird. Das Arbeitsstück wird also nicht genau das gewünschte Profil bekommen, wenn dieses selbst in den Formstahl eingearbeitet wird. Solange der Freiwinkel klein ist, etwa bis 5°, also bei den meisten kleineren Winkeln, ist diese Verzerrung jedoch gering und fast immer belanglos. Für größere Freiwinkel dagegen muß in den Formstahl, wenn er genau das verlangte Profil schneiden soll, ein etwas verzerrtes Profil eingearbeitet werden. Das geschieht beim runden Formstahl dadurch, daß der ihn erzeugende Stahl beim Drehen um h unter Mitte gestellt wird, beim flachen Formstahl durch Hobeln mit einem Messer, welches das Werkstückprofil besitzt und um den ⊰ α schräg gestellt wird.

Das für jeden gewählten ⊰ α erforderliche verzerrte Profil ist, wenn nötig, leicht zeichnerisch zu ermitteln (Abb. D 29 und D 30) und kann danach unmittelbar in den runden wie in den geraden Formstahl eingearbeitet werden:

t sei die Tiefe des richtigen, im Arbeitsstück zu erzeugenden Profils, t' die des korrigierten Profils, z. B. eines runden Formstahls (Abb. D29). Dann ergibt sich t' ohne weiteres aus t, r und α, indem man von Punkt a aus unter dem Winkel α den Halbmesser $r = ac$ aufträgt und aus c die Kreise durch a und b zieht. Die radiale Entfernung $a'b'$ dieser Kreise ist t'. Alle anderen Höhen des Profils verkürzen sich im Verhältnis $t : t'$, so daß sich die veränderte Form in folgender Weise aufzeichnen läßt (Abb. D 30):

Auf den einen Schenkel eines beliebigen Winkels wird die Höhe $t = 0-6$ aufgetragen und auf den anderen die korrigierte Höhe $t' = 0-6'$. 6 und 6'

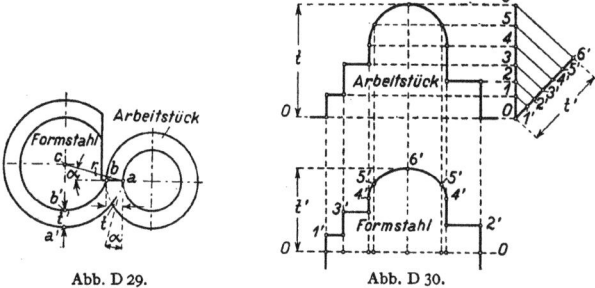

Abb. D 29.   Abb. D 30.

werden verbunden und von den Punkten 1—5 des einen Schenkels, die bestimmten Punkten des Profils entsprechen, werden die Verbindungslinien 1—1', 2—2' usw. parallel zu 6—6' gezogen. Die Höhen 0—1', 0—2' usw. sind dann die korrigierten Höhen; sie werden in das Profil des Formstahles eingetragen, dessen Breiten gleich den gegebenen, d. h. gleich denen der Form des Werkstückprofils bleiben.

Schwieriger ist die Bestimmung für beide Stahlformen, wenn der Spanwinkel > 0 ist. Näheres darüber siehe Werkstatts-Technik 1916, S. 97 ff.

Meistens kann das Musterstück als Lehre benutzt werden. Sind ausnahmsweise sehr genaue Lehren nötig, so können sie folgendermaßen hergestellt werden: Das Profil wird vergrößert aufgezeichnet und dann photographisch verkleinert, oder es wird erst eine vergrößerte Lehre ausgearbeitet und diese auf mechanischem Wege verkleinert.

Stahlhalter.

Allgemeines. Stahlhalter sind im Handel in verschiedenen Formen und Ausführungen zu haben. Ihr Hauptvorzug ist: Ersparnis an Werkzeugstahl dadurch, daß ein verhältnismäßig schwacher Stahl nur wenig aus dem Halter vorsteht; daneben aber sollen sie auch die Herstellung und Instandhaltung der Einsteckstähle erleichtern. Demnach sind an einen guten Stahlhalter folgende Anforderungen zu stellen:

1. Er muß den Einsteckstahl sicher festhalten und bis nahe der Schneide unterstützen.

2. Er muß den Einsteckstahl so halten, daß Frei- oder Spanwinkel sich von selbst ergeben, oder doch Nachschleifen wie auch Nachstellen erleichtert werden.

3. Er muß starr und einfach sein (aus wenigen, nicht losen Teilen bestehen).

Aufschweißstähle. Eine besondere Gruppe von Haltern bilden die Schäfte aus Flußstahl mit aufgeschweißten oder aufgelöteten Plättchen aus Schnellstahl oder Schneidmetall (s. S. 378). Ihre Vorzüge sind:

1. Sie nutzen den Schnellstahl (bzw. das Schneidmetall) noch besser aus als die gewöhnlichen Halter und gestatten auch, das letzte Stückchen zu verwenden.

2. Ihre Schruppleistung steht der der vollen Stähle nicht nach.

3. Ihr Schaft ist gegen jede Beanspruchung widerstandsfähiger als der der Vollstähle.

Darum hat die Verwendung der aufgeschweißten Stähle gerade während des Krieges mit seinem Mangel und hohen Preis für Schnellstahl so gewaltig zugenommen.

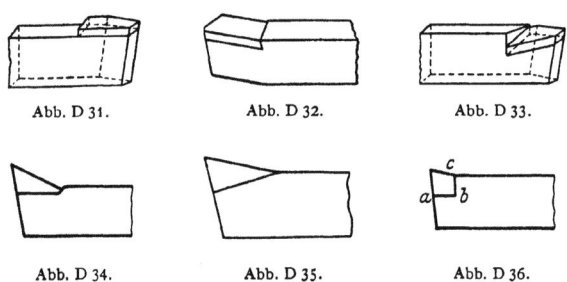

Abb. D 31.   Abb. D 32.   Abb. D 33.

Abb. D 34.   Abb. D 35.   Abb. D 36.

Es sind drei Formen von Plättchen zu unterscheiden: Die flachen (Abb. D 31, 32, 33), die dreieckigen (Abb. D 34 und D 35) und die viereckigen (Abb. D 36). Alle drei Formen sind genormt (siehe den nächsten Abschnitt) und können in Stangen von den Stahlwerken bezogen werden.

Früher wurde ausschließlich die flache Form benutzt, doch ist sie nur dann wirtschaftlich, wenn der Schneidkopf nur vorn an der Freifläche geschliffen wird. Wird er dagegen hauptsächlich oben, d. i. an der Spanfläche geschliffen, was besonders nach kräftigem Schruppen nötig ist, so ist die dreieckige Form besser. Die viereckige Form ist in manchen Fällen vielleicht noch wirtschaftlicher, doch kann sie zweckmäßig nur durch elektrisches Stumpfschweißen, höchstens noch durch Löten befestigt werden, da das Plättchen nicht nur an der Grundfläche a bis b (Abb. D 36), sondern auch an der Fläche b bis c festhaften muß.

Die viereckigen und besonders die flachen Plättchen müssen so auf den Schaft gesetzt werden, daß ihre Spanflächen den gewollten Spanwinkel schon vor dem Schleifen haben. Dazu ist es meist nötig, den Schaft abzusetzen und die abgesetzte Fläche zu neigen (Abb. D 32 und D 33). Bei den dreieckigen Plättchen ist das weniger wichtig, weil man durch geringes Schleifen an der Spitze leicht den gewünschten Spanwinkel erhalten kann (Abb. D 34); doch empfiehlt es sich auch hier oft, dem Dreieck durch abschrägende Auflagefläche des Schaftes (Abb. D 35) von vornherein eine zweckmäßige Stellung zu geben.

Über die Auswahl des Werkstoffes für die Drehstähle siehe Abschnitt „Auswahl der Stähle für Werkzeuge".

Normung: Genormt sind

Schneidstähle, Querschnitte DIN 770 (siehe S. 377),

Aufschweißplatten, Querschnitte der Walzstangen DIN 771 (siehe S. 378),

ferner die Revolverkopfbohrungen zur Aufnahme der Werkzeugschäfte in DIN 1815. Es kommen folgende Bohrungen in Frage:

12 16 20 (25) 26 32 40 50 60 (70) 80 (90) 100.

Schneidstähle
nach DIN 770 (Querschnitte).

Schaftquerschnitte für Vollstähle und Stahlhalter		
rund	quadratisch	rechteckig
d mm	a mm	Seitenverhältnis $b : h$
		$\approx 1:1{,}5$ mm	$\approx 1:2$ mm

d mm	a mm	$\approx 1:1{,}5$ mm	$\approx 1:2$ mm
4	4		4 × 8
6	6	6 × 10	6 × 12
8	8	8 × 12	8 × 16
	(9)		
10	10	10 × 16	10 × 20
12	12	12 × 20	12 × 25
(15)	(15)		
16	16	16 × 25	16 × 30
20	20	20 × 30	20 × 40
25	25	25 × 40	25 × 50
(26)[1]			
30	30	30 × 50	30 × 60
(32)[1]			
	(35)		
40	40	40 × 60	
50	50		

[1] Die runden Querschnitte 26 und 32 mm dienen nur zur Aufnahme von Werkzeugen in Revolverköpfe. Die eingeklammerten Querschnitte sind möglichst zu vermeiden. Die angegebenen Werte sind Kleinstmaße; die Größe der Plustoleranz wird später festgelegt.

Aufschweißplatten
nach DIN 771 (Querschnitte der Walzstangen).

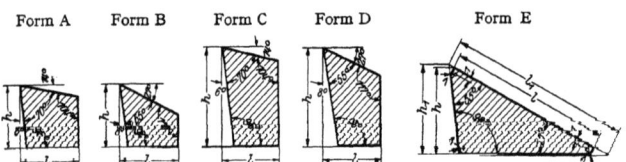

Form A Form B Form C Form D Form E

Ecken der Querschnitte (Kanten der Walzstangen) aus Herstellungsgründen gebrochen.

Querschnitt viereckig.

l	h	
	Form A u. B	Form C u. D
mm	mm	mm
6	6	10
8	8	12
10	10	16
12	12	20
16	16	25
20	20	30
25	25	40

Querschnitt dreieckig.

l	h	l_1	h_1
mm	mm	mm	mm
20	10,5	24,1	10,9
25	12,8	29,1	13,2
30	15,1	34,1	15,5
35	17,3	39,1	17,7
40	19,6	44,1	20
45	21,9	49,1	22,3
55	26,4	59,1	26,8

Die Querschnitte für flache rechteckige Aufschweißplatten werden DIN 770 entnommen. Das Verfahren zur Herstellung von Werkzeugen, deren Hauptkörper aus gewöhnlichem Stahl mit dem Arbeitsteil aus einem hochwertigen Schneidmetall durch Schweißen, Löten, Verschmelzen oder dgl. unlöslich verbunden ist, ist bis zum 7. August 1929 durch D. R. P. 195054 geschützt. Die Lizenz kann durch Beteiligung an dem Lizenzumlageverfahren von der Patent-Ludwig-Verwertungsgemeinschaft G. m. b. H., Charlottenburg 2, Grolmanstr. 6, erworben werden.

4. Herstellung der Drehstähle.

Schmieden. Das Schmieden von Werkzeugstahl erfordert große Aufmerksamkeit, da bei ungenügender Vorsicht oder Erfahrung der Stahl leicht verdorben wird; es darf nur zwischen bestimmten höchsten und tiefsten Temperaturen geschmiedet werden:

Bei Kohlenstoff-Stahl zwischen 900 und 700°,
„ Schnellstahl zwischen 1200 und 900°.

Gleichmäßig und anfangs langsam erwärmen. Mit kräftigen Schlägen schmieden nach Musterstahl oder Lehre oder, bei großer Fabrikation, im Gesenk.

Vorteilhafter als Holzkohlen- und Koksfeuer sind die nachstehend abgebildeten, besonders zur Erhitzung von Schnellstählen gebauten Gasschmiedeöfen (Abb. D 37). Durch Regelung der Gaszufuhr läßt sich der Stahl langsam erwärmen und dann schnell auf die richtige Hitze bringen.

Das Gas- und Luftgemisch läßt sich so einstellen, daß ein Sauerstoffüberschuß und damit ein Oxydieren und Entkohlen des Stahles vermieden wird. Das Werkzeug läßt sich während des Erwärmungsvorganges stets beobachten und wird nicht durch Kohlenstücke bedeckt. Als besonderer Vorzug der Gasschmiedeöfen ist noch anzuführen, daß keine Rauchentwicklung stattfindet und sie daher ohne weiteres in dem Arbeitssaal der Werkzeugmacherei aufgestellt werden können.

Das Aufschweißen der Plättchen. Daß das eigentliche Schmieden am Schnellstahl fortfällt und nur das verhältnismäßig einfache Aufschweißen des Plättchens nötig ist, gehört mit zu den großen Vorzügen der Aufschweißstähle, ebenso die leichte und gute Durchhärtung des Plättchens oft unmittelbar aus der Schweißhitze.

Es kommen vor:
>Das Feuerschweißen,
>,, elektrische Stumpf- oder Punktschweißen,
>,, Löten.

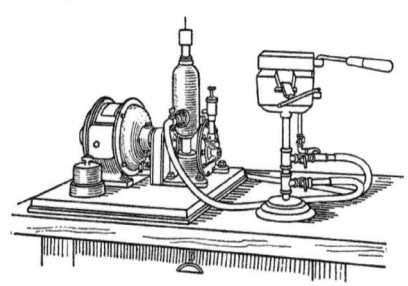

Abb. D 37.

Beim Feuerschweißen, das am meisten angewandt wird, sind folgende Arbeitsgänge nötig:

1. Vorwärmen beider Teile auf etwa 1000° (helle Kirschrotglut), reinigen der Auflageflächen auf dem Amboß mit Drahtbürste oder alter Feile, aufgeben von reichlich Schweißpulver, anheften der Schnellstahlplatte durch leichten Druck mit Hammerbahn.

2. Zusammen erhitzen auf Schweißwärme, 1200—1350° (Weißglut), aufdrücken der Platte in Presse oder Schraubstock mit starkem, stoßfreiem Druck.

3. Härten: entweder unmittelbar aus der Schweißhitze oder erst erkalten lassen und dann nochmals erwärmen.

Schweißpulver enthält meistens: Feine Späne (z. B. Frässpäne) von Grauguß oder hochgekohltem Stahl und Borax, der vorher in einem eisernen Gießlöffel dunkelrot erhitzt und nach dem Erkalten fein zerstoßen worden ist. Verhältnis von Eisen zu Borax = 1 : 1 bis 1 : 2.

Weitere Zusätze von Aluminium, Braunstein, Zyankali od. dgl. scheinen wenig Bedeutung zu haben. Fertige Schweißpulver sind vielfach im Handel.

Öfen. Zweckmäßiger als der Schmiedeherd wird zum Erhitzen wieder der Gasofen Abb. D 37 benutzt oder für größere Erzeugung ein entsprechender Plattenglühofen. Der Vorzug dieser Öfen, außer den oben angeführten, ist die Möglichkeit, sie ganz nahe der Presse aufzustellen.

Das elektrische Stumpfschweißen ist an das Vorhandensein einer elektrischen Schweißmaschine gebunden. Es ist die sicherste, einfachste, bequemste und billigste Art des Schweißens. Besser als mit dem Abschmelzverfahren arbeitet man mit dem eigentlichen Stumpfschweißen, das allerdings für das Plättchenschweißen eine besondere Einrichtung verlangt oder mit Punktschweißen.

Das Löten geschieht mit Kupfer. Das Plättchen wird mit Borax und etwas Kupfer an den Schaft durch Bindedraht oder eine Zwinge gehalten und im Gas- oder elektrischen Ofen erhitzt. Man kann auch mit elektrischen Schweißmaschinen löten.

Vorschleifen. Nach dem Schmieden (vor dem Härten) erhalten die Stähle am besten durch Schleifen an einer großen Schleifscheibe ihre genauere Form, zuweilen auch durch Feilen (besonders Kohlenstoffstähle). Werden die Schnellstähle noch in der Rotglut geschliffen, so dürfen sie keinesfalls mit Wasser in Berührung kommen.

Härten siehe Abschnitt „Härten".

Schleifen nach dem Härten. Vielfach wird zum Schleifen von Dreh- und Hobelstählen noch der alte Sandstein verwendet, der in irgendeiner dunklen Ecke der Werkstatt steht. Der Sandstein ist selten vollkommen rund, das Schleifen geht daher meist recht holprig vonstatten, eine dichte Lehmschicht bedeckt den Umfang des Steines und setzt sich auf dem Werkzeug ab, so dessen Beobachtung erschwerend. Am Umfange ziehen sich tiefe Rinnen und Löcher hin. Um überhaupt Schleifarbeit zu erreichen, muß der Stahl mit ziemlicher Kraft angedrückt werden, ein Umstand, der die Formgebung, d. h. die Einhaltung der richtigen Schneidwinkel, nicht erleichtert. Die Schleifarbeit selbst geht nur langsam vonstatten.

Es ist daher empfehlenswert, zum Schleifen von Stählen besonders hierfür gebaute Schleifmaschinen nach Abb. D 38 zu verwenden. Im Gegensatz zu dem unzulänglich ausgeführten Schleifsteintrog ist die Schleifmaschine eine mit aller Sorgfalt hergestellte Werkzeugmaschine. Das Spritzwasser wird aufgefangen. Die Schleifscheibe taucht in einen Wassertrog, der durch einen Fußhebel beliebig gehoben und gesenkt werden kann. Auf dieser Maschine lassen sich unter Anwendung einer geeigneten Schleifscheibe Dreh- und Hobelstähle außergewöhnlich schnell und genau schleifen.

Starkes Andrücken ist bei der künstlichen Schleifscheibe zu vermeiden, da es schädlich und zwecklos ist. Einmal wird die Schleifleistung beeinträchtigt, da die Schleifkörner ausbrechen, ohne Arbeit geleistet zu haben; dann tritt leicht unzulässige Erwärmung der Stahlschneiden ein, nicht nur bei Kohlenstoffstahl, sondern auch bei Schnellstahl.

Es empfiehlt sich, neben der Schleifmaschine einen Anschlag mit etwa folgendem Inhalt anzubringen:

Nur bei leichtem Vorbeiführen des Stahles an der Scheibe wird eine gute Schneide erzielt.

Starkes Andrücken erhitzt den Stahl und verursacht Schleifrisse. Schleifscheiben leisten bei leichtem Vorbeiführen des Stahles mehr Schleifarbeit als der Sandstein bei starkem Andrücken.

Für größere Betriebe erweisen sich Schleifmaschinen mit Winkelanstellung nach Abb. D 39 für sehr wirtschaftlich. Die in dem Werkzeughalter eingespannten Stähle sind mit Hilfe von Gradeinteilungen im beliebigen Winkel einstellbar. Mit Handrad und Gewindespindel werden die Stähle der Topf-

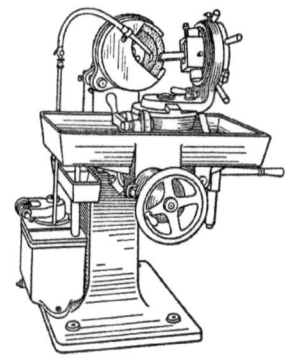

Abb. D 38.   Abb. D 39.

scheibe zugeführt und durch den rechts in der Abbildung sichtbaren Hebel an der Scheibe vorbeigeschwenkt. So können die als die besten erkannten Schneidwinkel stets schnell und sicher erhalten werden. Man nimmt zweckmäßig dem einzelnen Dreher die Pflicht, die stumpf gewordenen Stähle selbst wieder anzuschleifen, ab. Denn sonst wird er nicht nur geraume Zeit seiner Bank und eigentlichen Tätigkeit entzogen, sondern es wird auch der Stahl nur selten die wirklich günstigste Form erhalten. In den am besten geleiteten Betrieben werden alle Stähle in der Werkzeugmacherei hergestellt und dauernd instand gehalten, und der Dreher tauscht die stumpf gewordenen Stähle bei der Werkzeugausgabe gegen scharfe um.

Messen. Eine Kontrolle aller wichtigen Schneidwinkel ist auch bei Benutzung von Schleifmaschinen mit

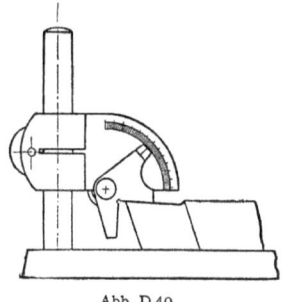

Abb. D 40.

Winkelanstellung unumgänglich, wenn man Wert darauf legt, daß die Winkel die günstigste, von der Betriebsleitung festzulegende Größe haben.

Ein geeignetes Meßinstrument ist der Schneidstahl-Winkelmesser (Abb. D 40). Er ist für jede Form und Größe einzustellen und so einfach, daß auch angelernte Leute ihn leicht handhaben können.

Schleifwinkel
für
Schrupp- Schlicht- Jnnen- u. Abstechstähle
Zum Bearbeiten von S-M-Stahl (oder Gusseisen)

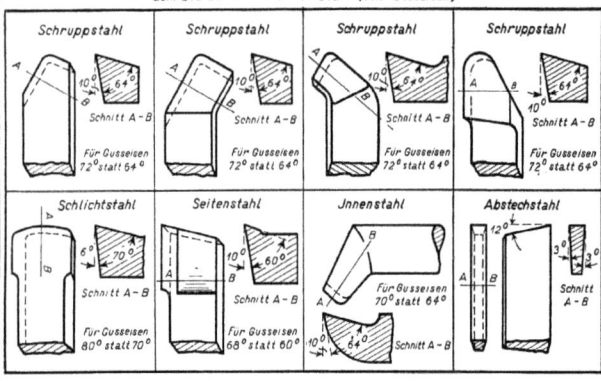

Gewindestahlformen

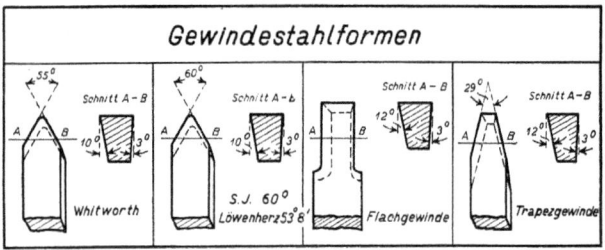

Revolverbank- und Automatenstähle

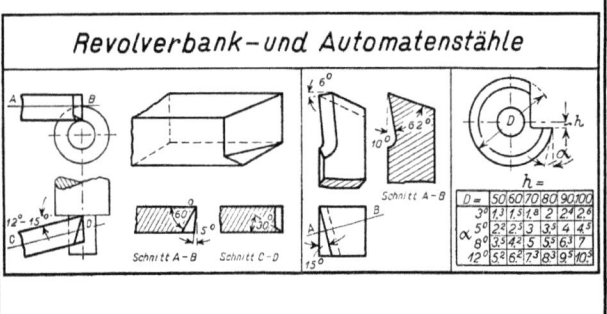

Bohren und Reiben.
Bohren.

Gute Bohrarbeit hängt ebenso sehr von der Güte des Werkzeuges, wie von seiner und der Maschine Instandhaltung ab. Bohrspindel-, Bohrer- und Bohrachse müssen genau übereinstimmen. Der Befestigungskegel des Bohrers bzw. der Innenkegel der Maschine müssen genau, sehr sauber gehalten und frei von Beschädigungen sein. Mit Stoßstellen behaftete, unsaubere Befestigungskegel verursachen eine Überbeanspruchung des Mitnehmerlappens und sind vielfach Ursache für das Schlagen des Bohrers. Die in manchen Werkstätten noch als unvermeidlich gehaltene derbe Behandlung der Werkzeuge ist eine bedeutende Verlustquelle. Einsichtige Betriebsleiter werden sowohl durch Belehrung der Arbeiter wie durch die Art der Werkzeugausgabe (Schutzhülsen usw.) diese Verlustquelle zu beseitigen suchen.

Hohe Lochgenauigkeiten und große Leistungen lassen sich nur mit kräftigen Maschinen erzielen, da der Maschinenständer die Neigung hat, unter dem Vorschubdruck auszubiegen. Je größer die Ausbiegung des Maschinenständers ist, um so mehr steht die Bohrspindel im Winkel zur angestrebten Lochachse; das Loch wird nicht zylindrisch und meist an der Anbohrstelle wesentlich größer als an der Austrittsstelle; der Bohrer verläuft sich. Es ergibt sich daraus die Folgerung, den Vorschub des Werkzeuges der Maschine anzupassen und auf schwachen Maschinen nicht Gewaltleistungen anzustreben, deren Erfolg nur eine mindere Güte der Arbeit sein kann. Anderseits wird durch das Vorhergesagte der Wert des Vorbohrens in den Vordergrund gerückt. Sommerfeld[1]) hatte ein Loch von 50 mm mit einem 10-mm-Bohrer vorgebohrt, um die für die Querschneide bzw. Seele des 50-mm-Bohrers erforderliche Vorschubkraft auszuschalten. Bei gleichem Vorschub und gleichem Bohrerdurchmesser ging die Vorschubkraft P von 3425 kg bei nicht vorgebohrtem Loch auf 625 kg bei vorgebohrtem Loch in Gußeisen, entsprechend 3425 kg auf 1175 kg in Flußeisen zurück, wenn jedesmal ihr Größtwert eingesetzt wurde. Es handelte sich also um eine Verminderung der Vorschubkraft auf 18 bzw. 34 % des Betrages, der für das nicht vorgebohrte Loch erforderlich ist. Mögen sich diese Zahlen unter anderen Verhältnissen auch ändern, immer bleibt zu berücksichtigen, daß sich selbst größere Löcher auf kleineren Maschinen genau bohren lassen, wenn die erforderliche Vorschubkraft durch geeignetes Vorbohren vermindert wird.

Die Werkstatterfahrung hat gezeigt, daß die Gefahr des Verlaufens geringer ist, wenn von unten gebohrt wird. Der Bohrer steht still, das Werkstück vollführt die Dreh- und Vorschubbewegung. Die Erklärung für diese Erscheinung dürfte in dem besseren Abfluß der Späne zu suchen sein, die zum Teil durch ihr Gewicht von selbst aus dem Loch fallen. Es würde also keinen Vorteil bieten, wenn von oben gebohrt wird, dem Werkstück die Drehbewegung zuzuweisen. Die Anwendungsmöglichkeit dieser Bohrart ist aber beschränkt.

Bei Genaubohrungen soll der Bohrer mindestens beim Anbohren durch Bohrbuchsen (DIN 179 und 180) geführt sein. Die Bohrbuchsen müssen glashart und innen poliert sein. Ihr Abstand von dem zu bohrenden Stück

---
[1]) Sommerfeld: Über den Hinterschliff von Spiralbohrern, Werkst.-Techn. 1914. Forschungsarb. d. V. d. I. Heft 161.

ist so klein als möglich zu halten, um den Bohrer kürzer zu führen und ein Klemmen der Späne zwischen Werkstück und Buchse zu vermeiden. Vielfach werden die Bohrbuchsen so angeordnet, daß sie nach dem Anbohren entfernt werden können. Hierdurch werden die Buchsen wesentlich geschont, und die Späneabfuhr ist durch das freiliegende Werkstück erleichtert.

Schnittgeschwindigkeiten und Vorschübe. Angaben über Schnittgeschwindigkeiten beim Bohren finden sich auf Seite 494; mit Hilfe der Tafel Seite 496 lassen sich die entsprechenden Umlaufzahlen ermitteln. Über Vorschübe siehe Seite 493.

Wenn auf großen Bohrmaschinen kleine Löcher zu bohren sind, so reichen meist die Umlaufzahlen der Bohrspindel nicht aus. Gute Dienste leistet in solchem Falle eine Schnellbohrvorrichtung nach Abb. B 1. Die Bohrvorrichtung wird mit ihrem Kegel in die Bohrspindel eingesetzt, ein langer, an das Maschinengestell anliegender Stift verhindert die Mitdrehung des feststehenden Teiles. Durch ein im Gehäuse eingeschlossenes Getriebe wird die Umlaufzahl des Bohrers gegen die der Bohrspindel im Verhältnis von 3 bis 4 zu 1 erhöht.

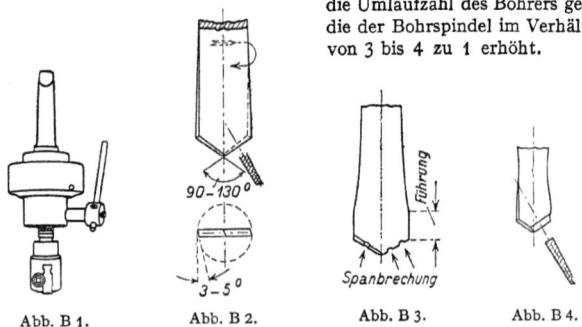

Abb. B 1.   Abb. B 2.   Abb. B 3.   Abb. B 4.

Spitzbohrer. Für wirtschaftliche Fertigung kommt der Spitzbohrer nicht in Frage; ob er für verschiedene Sonderzwecke noch Berechtigung hat, könnte nur im einzelnen Fall entschieden werden. Der Schneidwinkel kann bei sehr hartem, sprödem Werkstoff bis 130°, bei weichem Werkstoff bis 90° betragen. In der Regel wird ein Mittelwert 116 bis 120° angewendet. Der Hinterschliff beträgt etwa 5 bis 6°. Zu großer Hinterschliff hat rasche Schneidenabnutzung zur Folge und verursacht Hacken des Bohrers, zu kleiner Hinterschliff erhöht die erforderliche Vorschubkraft.

Abb. B 2 zeigt einen einfachen Spitzbohrer, Abb. B 3 einen Spitzbohrer mit Geradführung und Spanbrechernuten. Der erstere ist weniger empfindlich gegen Schiefhalten, wie es z. B. in Brustleiern und Bohrknarren leicht vorkommt, der letztere verläuft sich weniger. Spanbrechernuten sind beim Bohren von großen Löchern aus dem Vollen in sprödes Material (Gußeisen, Bronze usw.) zweckmäßig. Für zähes Material empfiehlt sich der Spitzbohrer mit Hohlkehle (Abb. B 4). Der Zahnbrustwinkel ist hierbei möglichst klein zu halten, weil dann die Späne kurz gebrochen und ein Verschlingen derselben und damit ein Verstopfen des Bohrloches verhindert wird; für größere Bohrungen sind auch hier zur Verringerung der Vorschubkraft Spanbrechernuten vorzusehen. Allerdings haben diese den Nachteil, daß sie nach mehrmaligem Nachschleifen neu geschmiedet werden müssen. In allen Fällen ist es zweckmäßig, den Bohrer nach der Querschneide hin zu verjüngen, da dort nur drückend wirkt und an dieser Stelle die größte Vorschubkraft erfordert.

Die Querschneide muß genau in der Bohrermitte (Achse) liegen; bei der Ausgestaltung der Seitenschneiden (Abb. B 2) ist darauf zu achten, daß diese gleiche Schneidenlängen besitzen, gleich hoch liegen und mit der Bohrerachse gleiche Winkel einschließen.

Die Urform des Spitzbohrers war der „Drillbohrer" (Abb. B 5), der in einem schraubenförmig verwundenen Halter befestigt ist und durch einen hin und her bewegten Wirbel in Drehung versetzt wird. Der eigentliche Bohrer macht eine Vor- und Rückwärtsbewegung, die Schneiden wirken daher nur reibend. Für manche Zwecke, für das Bohren kleinster Löcher von geringer Tiefe außerhalb der regelrechten Fabrikation werden Drillbohrer noch immer verwendet, jedoch immer mehr von den elektrischen Handbohrmaschinen verdrängt.

Spiralbohrer. Nutenform. Die Schneidlippen a, b des Spiralbohrers bilden Gerade, die als Berührende zum Durchmesser c der Bohrerseele verlaufen (Abb. B 6). Abb. B 7 zeigt eine Fräserform für Spiralbohrer mit geraden Schneidlippen. Der Fräserform ist ein Spiralsteigungswinkel von 30° und ein Spitzenwinkel von 116° bei einer Seelenstärke an der Spitze von 0,15 d zugrunde gelegt. Kleinere Abweichungen in Drall, Spitzenwinkel und Seelenstärke sind belanglos und beeinflussen nicht die Verwendung des Fräserprofiles. Die in Abb. B 7 angegebenen Werte sind mit dem Bohrerdurchmesser d zu vervielfachen.

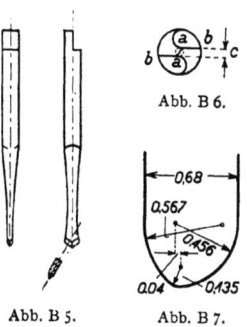

Abb. B 6.

Abb. B 5. Abb. B 7.

Die Fräserform ist in Anlehnung an die Angaben der Zeitschrift für Mathematik und Physik, 1909, Heft 3, konstruiert.

Andere Darstellungen von Fräserformen finden sich in verschiedenen Werken und Zeitschriften, die alle so ziemlich dem Zweck entsprechen, da die Form der Nute nicht allein von der Form, sondern auch von der Einstellung des Fräsers abhängig ist. Die Fräserform Abb. B 7 ergibt leicht hohlgekrümmte Schneiden, deren Eigenschaften im Abschnitt „Anspitzen" auf S. 388 beschrieben sind.

Der Drall, das ist die Steigung der Spiralnuten auf den Außendurchmesser bezogen, wird für den normalen Bohrer für Stahl und Gußeisen in der Regel so gewählt, daß der Schneidwinkel etwa 60° beträgt, was einem Steigungswinkel (Drallwinkel) α von 30° entspricht. Der günstigste Drallwinkel hängt u. a. von der Schnittgeschwindigkeit ab. Bei Messing und ähnlichen Legierungen wird man bei entsprechender Schnittgeschwindigkeit die besten Ergebnisse mit Drallwinkeln bis 35°, bei Leichtmetallen mit solchen bis 45° erzielen[1]). Vogelsang fand das geringste Drehmoment beim Bohren in Aluminium und Skleron bei Bohrern mit 45° Drallwinkel, für Silumin und Elektron waren 40° günstiger. Dies gilt für tiefe Bohrungen;

---

[1]) Kurrein: Monatsbl. des Berl. Bez. Ver. Januar 1925. Vogelsang: Werkst. Techn. 1927 S. 622 u. Zeitschr. f. Metallkunde Heft 3 v. März 1927.

für geringere Bohrtiefen verschwinden die durch den Drallwinkel hervorgerufenen Unterschiede in dem Maße, je geringer die Tiefen werden, um bei Bohrtiefen, die mehr als das Zwei- und Dreifache des Durchmessers betragen, fast ganz zu verschwinden. Zu beachten ist aber noch, daß für die verschiedenen Legierungen der Spitzenwinkel entsprechend zu wählen ist.

Die Berechnung des Dralles aus dem Steigungswinkel α ist folgende:

$$\text{Spiralsteigung in mm} = D \text{ (in mm)} \cdot \pi \cdot \operatorname{ctg} \alpha,$$

$$\text{,, in engl. Zoll} = \frac{D \text{ (in mm)} \cdot \pi \cdot \operatorname{ctg} \alpha}{25{,}4}.$$

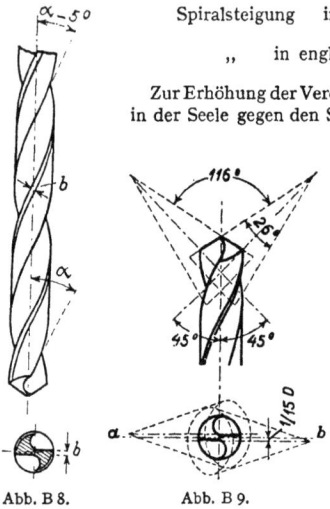

Zur Erhöhung der Verdrehungsfestigkeit werden die Bohrer in der Seele gegen den Schaft zu durch allmähliches Zurücknehmen des Nutenfräsers gleichmäßig verstärkt. Um dabei mit Rücksicht auf leichten Spanabfluß ein Schmälerwerden der Bohrernute zu vermeiden, wird bei gleichbleibender Fräserlage der Drall vergrößert oder bei gleichbleibendem Drall eine Winkelverstellung des Nutenfräsers vorgenommen. Die mit der Drallvergrößerung verbundene Abnahme des Steigungswinkels bzw. die Nutenfräserverstellung beträgt etwa 5° für eine Bohrerumdrehung (Abb. B 8). Derartige Bohrer werden auf Sondermaschinen hergestellt.

Abb. B 8. Abb. B 9.

Führungsfase. Zur sicheren Führung des Bohrers im Bohrloch bleibt längs der Drallnute eine schmale Fase b stehen (Abb. B 8), die durch Hinterfräsen erzeugt wird, deren annähernde Breite nachstehend gegeben ist:

Bohrerdurchmesser mm	10	20	30	40	50	60	80	100
Breite	1,3	2,0	2,6	3,0	3,4	3,6	3,8	4

Nach dem Härten wird der Bohrer rundgeschliffen, und zwar, um schädliche Reibung zu verhindern, gegen den Schaft zu schwach verjüngt. Die Verjüngung beträgt für je 100 mm Länge etwa 0,1 bis 0,15 mm und hat allerdings den Nachteil, daß die Bohrlöcher mit zunehmendem Spitzenabschliff kleiner werden. Zieht man aber in Betracht, daß genau zylindrisch geschliffene Bohrer, sofern sie tiefere Löcher zu bohren haben, selten eine längere Lebensdauer aufweisen, so wird man diesen Übelstand gern in Kauf nehmen. Die starke Erwärmung und das Knirschen arbeitender Bohrer hat neben unsachgemäßem Spitzenanschliff häufig seine Ursache in fehlender oder zu schwacher Verjüngung des Bohrerdurchmessers.

Spitzenwinkel. Für den Anschliff der Spitzen ist überwiegend 116° angenommen (Abb. B 9), doch finden sich auch Schleifmaschinen, die einen Spitzenwinkel von 118° anschleifen. Diese Winkel stellen einen Mittelwert dar, der sowohl für harte als auch für weiche Werkstoffe befriedigende Leistungen ergibt, für weiche unter der Voraussetzung, daß es sich um geringe Lochtiefen handelt.

Die bisherige Annahme, daß bei hartem, spröden Werkstoff ein größerer Winkel bis 130° richtiger und bei weichem ein kleinerer bis etwa 90° günstiger sei, hat sich nach den neueren Veröffentlichungen besonders von Schlesinger, Kurrein und Vogelsang nicht haltbar gezeigt. Vogelsang fand für Silumin- und Aluminiumbohrer den günstigsten Spitzenanschliff mit 140°, für Elektron und Skleron mit 100°. Andere Versuche ließen Spiralbohrer mit 35° Drallwinkel und 90° Spitzenanschliff beim Bohren in Silumin besonders geeignet erscheinen.

Die Schwierigkeit der Anwendung von Spitzenwinkeln, die von 116 oder 118° abweichen, liegt meist in dem Fehlen geeigneter Spiralbohrerschleifmaschinen. Aber auch beim Vorhandensein von für den jeweiligen Spitzenanschliff geeigneten Maschinen ist zu beachten, daß der Bohrer bzw. dessen Drallnutform für diesen Spitzenwinkel vorgesehen sein muß. Ein Nachschleifen des Spitzenwinkels nach Bedarf ist untunlich, da dadurch die Form der Schneidlippe verändert wird. Erhält die Schneide an Stelle der geraden Kante eine leicht hohlrund gekrümmte, so ist dies wohl günstig, ungünstig aber, wenn das Gegenteil eintritt.

Die Schneidwirkung wird nun durch entsprechenden Hinterschliff erzielt. In Abb. B 10 ist die Linie A-B abgewickelt eingezeichnet. Sie entspricht der Schnittlinie der Hinterschleiffläche mit der eines Zylinders, der den Außendurchmesser des Bohrers hat. Der Winkel β ist dann der Keil-, α der Ansatz-, δ der Schneid-, ε der Hinterschleifwinkel; der Winkel γ ergibt sich aus $\operatorname{tg}\gamma = \dfrac{S}{d \cdot \pi}$. Hierin ist S der Bohrervorschub

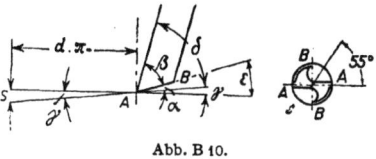

Abb. B 10.

für eine Umdrehung, d der entsprechende Bohrerdurchmesser. Bei gleichem Vorschub wird dieser Winkel γ nach der Mitte des Bohrers zu immer größer, S ist gleichbleibend, während d immer kleiner wird. Für die Spanabnahme bestehen die gleichen Verhältnisse wie beim Drehstahl.

Die bekannten Spiralbohrerschleifmaschinen erzeugen nun die Hinterschleiffläche in verschiedener Art. Einige schleifen Kegelflächen, andere davon abgeleitete Flächen an[1]). Die Versuche von Sommerfeld gingen dahin, den Einfluß verschiedenen Hinterschliffes auf den Kraftverbrauch beim Bohren festzustellen, um aus den gefundenen Ergebnissen Rückschlüsse auf die Schneidhaltigkeit der einzelnen Anschliffe zu machen. Diese im Versuchsfeld für Werkzeugmaschinen an der Technischen Hochschule in Charlottenburg vorgenommenen Versuche brachten folgende Ergebnisse:

Der Hinterschliff hat beim Bohren in Flußeisen und in Gußeisen keinen Einfluß auf die Größe des Drehmomentes.

Der Hinterschliff kann beim Bohren in Gußeisen einen wesentlichen Einfluß auf die Größe der Vorschubkraft haben. In Flußeisen sind diese Unterschiede innerhalb der für die Versuche angenommenen Grenzen der Hinterschleifwinkel nur gering.

---

[1]) Vgl. Wallichs-Barth: Über Spiralbohrerschleifmaschinen, Werkst.-Techn. 1911, und Sommerfeld: Über den Hinterschliff von Spiralbohrern, Werkst.-Techn. 1914, und Forschungsarbeiten des Vereins deutscher Ingenieure, Heft 161.

Die Unterschiede in der Größe der Vorschubkraft werden nur durch die verschieden großen Schneidwinkel η (Abb. B 11) an der Querschneide hervorgerufen.

Die Lage der Querschneide muß mit einer parallel zu den Schneidkanten gezogenen Geraden einen Winkel von etwa 55° bilden (Abb. B 11). **Jede andere Lage vergrößert die Vorschubkraft, ohne das Drehmoment wesentlich zu beeinflußen.**

Die an den eigentlichen Schneidkanten wirkenden Kräfte sind demnach für jeden Hinterschliff gleich.

Daraus ergibt sich, die Hinterschleifwinkel an den Bohrschneiden nicht übermäßig groß zu machen. Ein Hinterschleifwinkel von 6° am äußeren Umfange, der nach der Mitte zu in Rücksicht auf die Schneidwinkel η der Querschneide und damit auf die Größe der Vorschubkraft auf 20 bis 24° steigt, wird am zweckmäßigsten sein. Da aber der Winkel η der Querschneide von der Art des Hinterschliffes abhängig ist und die Art des Hinterschliffes bei den verschiedenen Bauarten von Spiralbohrerschleifmaschinen sich ändert, **so ist es wichtig, jewells den Hinterschleifwinkel so zu wählen,**

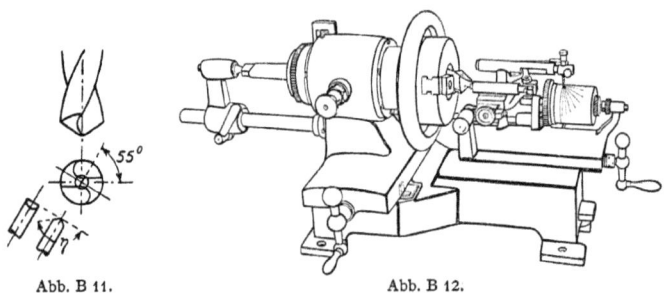

Abb. B 11.   Abb. B 12.

daß die Querschneide mit der Schneidkante einen Winkel von 55° bildet. Es ist ferner zweckmäßig, den Bohrer beim Bohren in Flußeisen anzuspitzen, da durch die Verkürzung der Querschneide die Vorschubkraft verringert wird.

Der Hinterschliff beeinflußt die Leistung eines Bohrers in außerordentlichem Maße. Spiralbohrerschleifmaschinen, die durch Abnutzung, unrichtige Einstellung usw. mangelhaften Hinterschliff erzeugen, sind Verlustquellen und können einen Betrieb durch Minderleistung der Werkzeuge um hohe Beträge schädigen. Es ist naheliegend, die Arbeit der Spiralbohrerschleifmaschinen laufend zu überwachen, und hierzu ist die von Prof. Schlesinger konstruierte Meßvorrichtung für den Hinterschliff von Spiralbohrern (Abb. B 12) hervorragend geeignet. Sie dürfte in keinem Betriebe fehlen.

Anspitzen. Das Anspitzen erfolgt mit einer schmalen Schleifscheibe und muß gleichmäßig auf beiden Seiten vorgenommen werden. Sommerfeld nahm Vergleichsversuche mit ungespitzten und gespitzten Bohrern vor; bei Bohrern von $D = 50$ mm, deren Querschneidenlänge 9 mm und nach der Zuspitzung 5,5 mm betrug, zeigte sich infolge der Zuspitzung eine Abnahme des Axialdruckes beim Bohren in Gußeisen um 4,5 vH, in Flußeisen dagegen um 15,5 vH.

Ungespitzte Bohrer brechen bei Bearbeitung von Flußeisen und Stahl leicht an den Schneidlippen in der Nähe der Querschneide aus; der Bohrer hat also das Bestreben, sich selbst anzuspitzen. Da in den meisten Betrieben Spiralbohrer wechselnd zum Bohren verschiedener Materialien verwendet werden, empfiehlt es sich, alle Bohrer von größerem Durchmesser anzuspitzen.

Beim Anspitzen sollen möglichst scharfe Ecken (A) vermieden werden da diese zum Ausbrechen neigen und so die Arbeitsleistung des Bohrers sehr beeinträchtigen (Abb. B 13). Eine Anspitzart nach Abb. B 14 vermindert wohl bei geeigneter Ausführung die erforderliche Vorschubkraft, da für den von der Querschneide weggedrückten Werkstoff mehr Raum geschaffen wird, hat aber auch den Nachteil scharfer Ecken (A). Anspitzen nach Abb. B 15 vermeidet scharfe Ecken, die ursprünglich gerade Schneidkante ähnelt aber einer erhaben runden Kante.

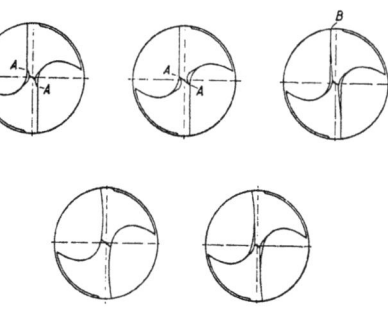

Abb. B 13 bis B 17.

Der abfließende Span wird an die Lochwandung gedrückt, die Fasenschneide bei B ist stärkerem Verschleiß unterworfen. Es ist daher zweckmäßig, der Spiralnut eine solche Form zu geben, daß die Schneidkante leicht hohlrund wird (Abb. B 16). Wird dieser Bohrer dann angespitzt (Abb. B 17), so nähert sich die Form der Schneidkante einer Geraden, der Spanabschluß wird günstig, die Fasenschneide bleibt geschont. Durch das Anspitzen wird der Schneidwinkel

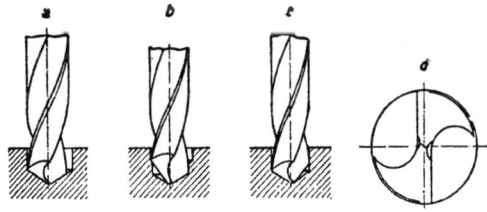

Abb. B 18.

etwas verändert, und zwar um so mehr, je kürzer der Anspitzanschliff in der Drallnut verläuft. Es ist daher für einen nicht zu kurzen Auslauf des Anspitzanschliffes in der Drallnut Sorge zu tragen.

Instandhaltung der Spiralbohrer. Hohe Leistungen werden nur mit einwandfreien Werkzeugen erzielt. Spiralbohrer, die von Hand angeschliffen werden, können nie gute Arbeit leisten, da es unmöglich ist, von Hand beide Schneiden genau gleich zu schleifen. Die auf Seite 390 angeführten Fehler (Abb. B18) sind hierbei kaum zu vermeiden, so daß die

Verwendung einer guten Spiralbohrer-Schleifmaschine unbedingt erforderlich ist. Abb. B 19 zeigt eine solche Maschine für Trocken-, Abb. B 20 für Naßschliff.

Die hauptsächlich auftretenden Fehler sind:

a) Ungleiche Schnittkantenlängen; Mitte der Querschneide außerhalb der Bohrerachse. Die Schneiden sind ungleich belastet; das Bohrloch wird größer als der Bohrerdurchmesser. Der Bohrer verläuft.

b) Ungleiche Schnittkantenwinkel; Mitte der Querschneide in Bohrerachse. Einseitige Belastung des Bohrers; das Loch wird zu groß. Der Bohrer verläuft.

c) Gleiche Schneidenlängen, jedoch ungleiche Kantenwinkel. Mitte der Querschneide liegt außerhalb der Bohrerachse. Ungleiche Belastung der Schneiden; Bohrloch meist größer als Bohrerdurchmesser. Der Bohrer verläuft.

d) Einseitiges Anspitzen; die Bohrerachse geht nicht durch die Mitte der Querschneide. Das Loch wird zu groß. Der Bohrer verläuft.

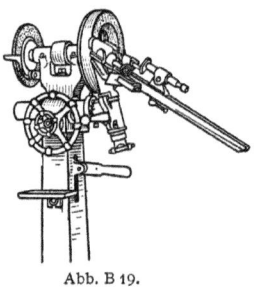 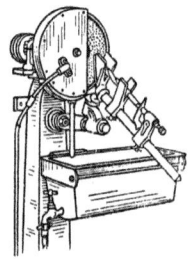

Abb. B 19.   Abb. B 20.

Während die unter a, b und c angeführten Fehler bei einiger Sorgfalt mit Hilfe der Spiralbohrer-Schleifmaschine leicht zu vermeiden sind, stößt dies beim Anspitzen auf gewisse Schwierigkeiten, da diese Arbeit in der Regel nur von Hand ausgeführt werden kann. Ein sehr erheblicher Prozentsatz zu groß gebohrter Löcher ist auf die einseitige Lage der Querschneide zurückzuführen, die durch ungleichmäßiges Anspitzen entsteht.

Zur Prüfung gleichmäßigen Spitzenanschliffes dient eine von Carl Zeiss in Jena gebaute optische Vorrichtung (Abb. B 21). In einer Prismenführung wird der Bohrer gehalten und die Spitze durch eine starke Lupe mit 3 Strichen beobachtet. Der Mittelstrich gibt die Bohrerachse an, die Seitenstriche sind lediglich Hilfsmittel, um die symmetrische Verteilung der Querschneide besser schätzen zu können. Durch Drehen des Bohrers um 90° kann ferner geprüft werden, ob die Querschneide durch die Bohrerachse geht.

Ebenso wichtig wie sachgemäßer Anschliff des Bohrers ist der gute Zustand der Bohrmaschine. Hat die Bohrmaschine in axialer Richtung Spiel, so hakt sich der Bohrer beim Durchkommen aus dem Loch ein und wird der Länge nach aufgespalten. Von den Spiralbohrerfabriken wird daher fast allgemein Ersatzleistung für aufgespaltene und abgebrochene Spiralbohrer verweigert.

Beim Bohren tiefer Löcher muß der Bohrer zur Entfernung der Späne öfter aus dem Bohrloch gezogen werden.

Kühlung. Reichliche Zufuhr eines Kühlmittels ist für Schmiedeeisen und Stahl unumgänglich notwendig und auch für Gußeisen empfehlenswert. Besonders zweckmäßig sind Bohrer mit Schmierröhren (Abb. B 22). Die Kühlflüssigkeit wird hierbei unter Druck zugeführt und wirkt gleichzeitig günstig auf die Entfernung der Späne aus dem Bohrloch ein. Allerdings muß bei solchen Bohrern das Arbeitsstück die rundlaufende Bewegung ausführen, während der Bohrer nur in der Vorschubrichtung bewegt wird.

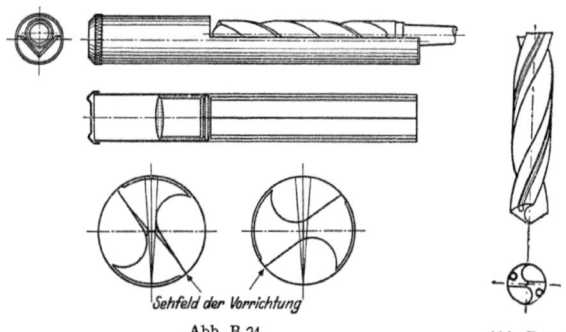

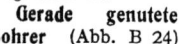

Abb. B 21. Abb. B 22.

Soll der Bohrer die umlaufende Bewegung ausführen, so muß eine besondere Einspannhülse mit feststehendem Ölzuführungsring verwendet werden, oder die Ölzuführung erfolgt wie bei selbsttätigen Drehbänken durch die durchbohrte Spindel, die hinten einen feststehenden, abgedichteten Verschluß hat. In beiden Fällen begegnet die Abdichtung, besonders bei längerem Dauerbetrieb, Schwierigkeiten.

Gewundene Flachbohrer (Abb. B 23). Diese aus Flachstahl gewundenen Bohrer haben infolge des geringen Querschnittes eine größere Durchfederung als die aus dem Vollen gefrästen Spiralbohrer. Aus diesem Grunde verwendet man vielfach an Stelle des Flachstahles Formstahl, in dem die Nutenform eingewalzt ist.

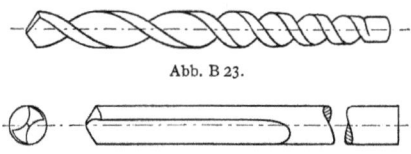

Abb. B 23.

Abb. B 24.

Gerade genutete Bohrer (Abb. B 24) wurden früher für zähe Metalle von geringer Festigkeit, wie Kupfer, Aluminium, Elektron u. dgl., verwendet. Neuerdings benutzt man vorteilhafter Spiralbohrer, deren günstigster Steigungswinkel durch eingehende Versuche ermittelt wurde (s. S. 387).

Kanonenbohrer (Abb. B 25) dienen zum Bohren tiefer Löcher; der Hinterschliff beträgt etwa 6 bis 10°. Je größer der Bohrer, desto kleiner der Vorschub und der Hinterschliffwinkel. Um den Bohrer rund schleifen zu können, erhält er vorher die in Abb. B 26 dargestellte Form. Der Schliff erfolgt schwach kegelig, so daß der Bohrer hinten um einige hundertstel Millimeter dünner wird. Der Ansatz an der Spitze wird nach dem Schleifen abgesprengt und dann die Schneide angeschliffen.

Gewehrlaufbohrer (Abb. B 27) sind einlippige Bohrer mit einem Bohrstück aus Schnellstahl, das in ein Bohrrohr eingelötet, etwa das 6- bis 8fache des Durchmessers lang und mit einem Schmierloch versehen ist. Durch dieses wird die Kühlflüssigkeit unter hohem Druck (bis zu 50 Atm.) zugeführt, um ein Verstopfen des Bohrloches durch Späne zu verhüten.

Dieser Bohrer liefert saubere Bohrungen; die Bohrriefen sind flacher als beim Spiralbohrer, was bei hartem Material, bei dem das Aufreiben der Bohrungen Schwierigkeiten bietet, sehr wesentlich ist. Die Vorschubkraft ist bis zu 50 vH geringer als beim Spiralbohrer, sofern die Spannute genügend tief ist. Die Gefahr einer Knickung ist erheblich geringer, weshalb dieser Bohrer für tiefe Bohrungen (Läufe) besonders geeignet ist. Die Spannute muß möglichst bis auf die Bohrerachse gefräst sein; ihre gute Glättung durch Feinschliff erleichtert das Abfließen der Späne und verhindert ein Verstopfen. Als Bohrrohr dient ein Stahlrohr, in das mit Hilfe einer Vorrichtung durch eine gehärtete Stahlrolle eine Rille eingedrückt ist. Zur

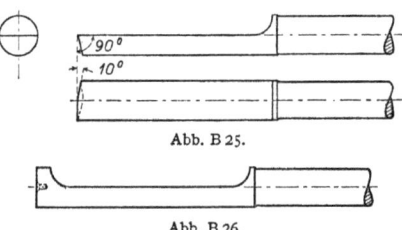

Abb. B 25.

Abb. B 26.

Verstärkung gegen Verdrehung empfiehlt es sich, kürzere Rohre im Einsatz zu härten. Bei längeren läßt sich das nicht mehr ausführen; es ist dann der Vorschub der Verdrehungsfestigkeit des Bohrers anzupassen.

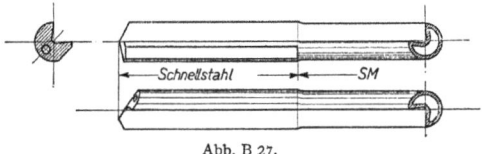

Abb. B 27.

Beim einlippigen Bohrer wird das Bohren „von unten" mit Vorteil angewendet, weil hierbei die Zufuhr des Kühlmittels leichter auszuführen ist. Beim Bohren muß das Werkstück sich drehen, während der Bohrer feststeht, weil er sonst wegen seines unebenmäßigen Querschnittes bei der Drehung ausknicken würde (s. auch S. 383).

Der Querschnitt des Bohrers wird zweckmäßig nach Abb. B 28 ausgeführt. Der Bohrer hat an 3 Stellen a, b, c Führung; die Fase a ist höchstens 0,5 mm breit und stark hinterschliffen und dient dazu, die kleinen Späne, die sich hinter den Bohrer zwängen wollen, zu erfassen und in die Spannute zu leiten. Sie soll sich federnd und schabend an die Wand der Bohrung anlegen. Die Führung a liegt an der Schneidkante. Verwendet man einfache rund geschliffene Bohrer ohne Fase a, so entstehen durch Einklemmen von Spänen zwischen Bohrer und Bohrungswand tiefe Bohrriefen, in denen sich Späne mit der gewöhnlichen Folge des Bohrerbruches klemmen.

Die Umdrehungszahl des Werkstückes ist bis doppelt höher als beim Spiralbohrer zu wählen. Der Vorschub beträgt für Gußstahl bei 8 mm Bohrung etwa 8 bis 12 mm minutlich, je nach der Güte des verwendeten Werkzeugstahles und des Kühlmittels. Am besten hat sich Rüböl bewährt. Die Spanstärke ist etwa 0,01 mm.

Beim richtig geschliffenen Bohrer entsteht ein langer zusammenhängender Span. Ein stumpfer oder unrichtig geschliffener Bohrer erzeugt kleine Spänekörner, die das Kühlröhrchen leicht verstopfen, wodurch die Späneabfuhr versagt und Bruch des Bohrers eintritt. Das Anschleifen und Nachschleifen darf nicht von Hand, sondern muß sehr sorgfältig mit Hilfe besonderer Vorrichtungen erfolgen. Die Schneidspitze muß genau im ersten Viertel des Bohrerdurchmessers stehen (Abb. B 29); die Schneidwinkel müssen beiderseits genau gleich groß

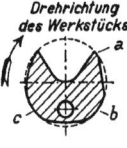
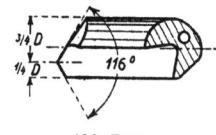

Abb. B 28. Abb. B 29.

sein, damit der Bohrer nicht seitlich abgedrängt wird und infolge der erhöhten Reibung an der Lochwandung bricht.

Aufbohrer und Senker. Zum Aufbohren vorgebohrter oder gegossener Löcher dienen die nachbeschriebenen Aufbohrer; sie sind zum Bohren in das volle Material nicht geeignet.

Spiralsenker (Dreischneider, DIN 344) (Abb. B 30) sind durch die dreifache Führung nicht so sehr der Gefahr des Verlaufens ausgesetzt wie Spiralbohrer, denen sie sonst in der Steigung des Dralles, der Fase und den Spitzen-, Schneid- und Hinterschleifwinkeln gleichen. Das Anschleifen der Schneidlippen muß mit großer Sorgfalt vorgenommen werden. Spiralsenker arbeiten nur dann zufriedenstellend, wenn alle 3 Schneiden gleichmäßig zum Schnitt kommen, was nur möglich ist, wenn die Spitzenwinkel durchaus gleich und die Schneidkanten genau in gleicher Höhe stehen. Spiralsenker

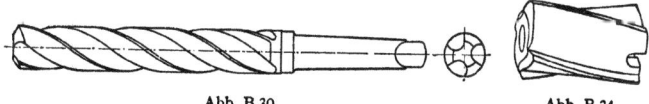

Abb. B 30. Abb. B 31.

dürfen nicht von Hand angeschliffen werden. Das Nachschleifen kann auf den meisten Spiralbohrerschleifmaschinen erfolgen. Um gleiche Höhe der Schneidkanten zu erzielen, muß der Senker mit seinem Schaftende an dem verstellbaren Anschlag des Bohrerhalters der Schleifmaschine anliegen.

Aufstecksenker (Vierschneider, DIN 222) (Abb. B 31). Aufstecksenker dienen dem gleichen Zwecke wie Spiralsenker. Die Senker werden an den Führungsflächen rund geschliffen, und zwar so, daß das Werkzeug hinten um einige hundertstel Millimeter schwächer ist. Die Spiralsteigung des Dralles beträgt etwa 12 bis 15° (Berechnung wie bei Fräser S. 421), der dem Spitzenwinkel des Spiralbohrers entsprechende schräge Anschliff der Schneiden 30 bis 45°. Für hartes Gußeisen wird der größere Spitzenwinkel gewählt. Der Hinterschliff soll etwa 6° betragen. Bezüglich des Nachschleifens gilt in verstärktem Maße das bereits beim Spiralsenker Gesagte.

In den meisten Werken bedient man sich zum Nachschleifen der Aufstecksenker besonderer Vorrichtungen, die auf Werkzeugschleifmaschinen benutzt werden. Diese Vorrichtungen bestehen in der Hauptsache in einem gut gelagerten Dorn, der vorn zur Aufnahme des Senkers dient und hinter dem Lager eine kleine Teilscheibe mit 4 Löchern trägt. Zwischen Fußplatte der Vorrichtung und Dornlager ist ein feststellbares Gesenk mit Gradeinteilung vorgesehen, das die Einstellung des Spitzenwinkels gestattet. Mitunter ist noch eine besondere Einstellung des Hinterschleifwinkels vorgesehen, die sich aber bei den meisten Werkzeugschleifmaschinen erübrigt. Praktisch ist es belanglos, ob der Hinterschliff nach Art des Spiralbohrers als gekrümmte oder wie beim Drehstahl als gerade Fläche ausgeführt wird. **Wichtig ist nur die vollkommene Übereinstimmung aller 4 Schneiden, sowohl in bezug auf Spitzenwinkel als auf Schneidenhöhe.**

Beim Arbeiten rauh gewordene Führungsflächen sind mit dem Ölstein zu glätten, bevor die Zerstörung der Flächen größeren Umfang angenommen hat. Für Spiralbohrer und Senker hat der Normenausschuß folgende Untermaße festgelegt.

Untermaße für Spiralsenker und Aufstecksenker (DIN 342).

Neudurchmesser	Untermaß	
	Spiralsenker DIN 343 u. 344 (Dreischneider)	Aufstecksenker DIN 222 (Vierschneider)
12— 18	0,3	—
über 18— 30	0,4	0,3
„ 30— 50	0,5	0,4
„ 50— 80	—	0,5
„ 80—110		0,6

Herstellungsgenauigkeit der Spiralbohrer, rund geschliffen (DIN 365).

Neudurchmesser	Herstellungsgenauigkeit	Neudurchmesser	Herstellungsgenauigkeit
3	— 0,018	über 18— 30	— 0,045
über 3— 6	— 0,025	„ 30— 50	— 0,050
„ 6— 10	— 0,030	„ 50— 80	— 0,060
„ 10— 18	— 0,035	„ 80—120	— 0,070

Aufreiben.

Bohrungen, die besonders glatt und im Durchmesser mit einer zugehörigen Welle nach einer Passung übereinstimmen sollen, müssen nach dem Bohren durch Reibahlen auf den gewünschten Durchmesser aufgerieben werden. Dieser Zweckbestimmung, genaue Paßarbeit zu leisten, widerspricht eine zu starke Inanspruchnahme durch Zerspanungsarbeit. Bei größeren Bohrungen ist deshalb meist eine Bearbeitung durch 2 Reibahlen (Vor- und Nachreibahle) erforderlich.

Die Größe des mit einer Reibahle erzeugten Loches hängt nicht lediglich vom Durchmesser des Werkzeuges, sondern auch vom Werkstoff, von der Art der Befestigung der Reibahle und von der Starrheit der Maschine ab.

Eine Reibahle wird in bröckligem Gußeisen einen anderen Lochdurchmesser erzeugen als in zähem Stahl. Ungenaues Fluchten der Reibahlenachse mit dem vorgebohrten Loch ergibt zu große Löcher. Selbst bei pendelnd angeordneten Reibahlen ist auf genauestes Fluchten zu sehen, da die Bewegungsfreiheit der Reibahle nur während des Arbeitens auftretende Störungen unschädlich machen soll.

Handreibahlen. (DIN 206, 207.) Sie werden in verschiedenen Ausführungen hergestellt. Abb. B 32 zeigt eine nichtgeschliffene Handreibahle

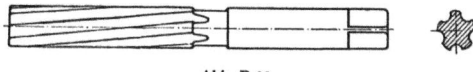

Abb. B 32.

für grobe Arbeit. Sie hat allerdings den Vorzug geringerer Empfindlichkeit gegen derbe Behandlung, liefert aber keine genauen Löcher. Der Kraftbedarf ist erheblich; denn Reibahlen erfordern, wie kaum ein anderes Werkzeug, scharfe Schneiden. Versuche haben ergeben, daß nach dem Schärfen einer einige Zeit im Gebrauch befindlichen Reibahle eine Verminderung des Drehmomentes um 64 vH und des Vorschubdruckes um 76 vH erzielt wurde[1]). Es ist überhaupt anzuzweifeln, ob ungeschliffene Reibahlen noch Berechtigung haben.

Geschliffene Reibahlen (Abb. B 33, B 34, B 35) werden mit geraden und spiralgenuteten Zähnen ausgeführt. Bisher erfreute sich die spiralgenutete

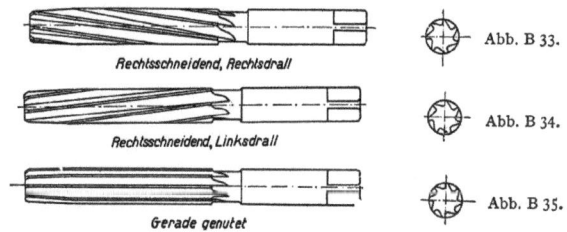

Abb. B 33.

Rechtsschneidend, Rechtsdrall

Abb. B 34.

Rechtsschneidend, Linksdrall

Abb. B 35.

Gerade genutet

Reibahle einer gewissen Bevorzugung, die aber ganz zu Unrecht bestand, indem man annahm, daß durch die Spiralzahnung Rattermarken vermieden werden.

Abb. B 35 zeigt eine gerade genutete Handreibahle. Wirkliche Aufreibearbeit leistet nur der Anschnitt, während der mit einer schmalen Fase der Mantelfläche versehene zylindrische Teil lediglich zur Führung dient. Durch starken Vorschubdruck haken sich die Zähne des Anschnittes ein, die Reibahle steckt und kann erst nach leichtem Lockern wieder in Gang gebracht werden. Durch dieses Lockern werden die Späne abgebrochen. Beim Weiterdrehen stoßen die Zähne wieder auf die Bruchstelle des Spanes und werden dadurch so lange mehr belastet, bis wieder ein Spanbruch erfolgt, was bei Bedienung der Reibahle von Hand ohne weiteres fühlbar ist. Die Bruchstellen zeigen sich bei Reibahlen mit gleichmäßiger Zahnteilung an

---

[1]) Machinery, Dezember 1917, Power required for Drawing Reamers, Versuche von Rice-Riggs am Worcester Pocytechnischen Institut.

allen Teilungsstellen und schreiten — von der ersten Bruchstelle ausgehend — in gleichmäßigen, meist engen Abständen fort, so daß schließlich der ganze Umfang der Bohrung unsauber ist. Mitunter mag wohl auch eine harte Stelle im Werkstoff die Ursache der Rattermarkenbildung sein; meist ist aber der Grund in den vorbeschriebenen Vorgängen zu suchen.

Wie schon erwähnt, wurde versucht, die Bildung von Rattermarken durch eine ungerade Anzahl der Schneidzähne der Reibahle bzw. durch spirale Anordnung der Schneidzähne zu verhindern.

Eine Beseitigung der durch ungleichmäßigen Arbeitsdruck entstehenden Rattermarken ist nur dadurch möglich, daß die Zähne der Reibahle unregelmäßig auf den Umfang verteilt sind. Beim Festsetzen der Reibahle werden so viele Ruckstellen entstehen, wie die Reibahle Zähne hat. Von der ungleich geteilten Reibahle greift beim Weiterdrehen des Werkzeuges nur ein Zahn oder — je nach Ausführung der Teilung — ein Paar sich gegenüberliegender Zähne an der Ruckstelle an. Die anderen Zähne kommen erst nach etwas weiterer Drehung zum Angriff, wenn der erste Zahn bereits die ihm zuliegende Ratterstelle überschritten hat und wieder in glattem Werkstoff arbeitet. Dadurch unterstützen und entlasten sich die Zähne gegenseitig und sind imstande, die anfänglichen Ruckstellen wirklich wegzureiben und damit ein glattes Loch zu erzeugen.

Die Anordnung ungerader Zähnezahlen ändert an der Rattermarkenbildung nichts, sofern die Zahnteilung gleichmäßig ist; ebensowenig vermag die Spiralzahnung die Rattermarkenbildung zu verhindern. In Wirklichkeit verteilen sich bei spiralgenuteten Reibahlen mit gleichmäßigem Zahnabstand die Rattermarken spiralig auf den Umfang der Lochwandung. Eine Ausnahme machen Leichtmetallreibahlen mit sehr kurzem Drall (stark gewundener Spirale). Die Tafel auf Seite 397 gibt eine Zusammenstellung einer zweckmäßigen Ungleichteilung für Reibahlen.

Diese Ungleichteilung hat den Vorzug, daß sich stets 2 Zähne gegenüberstehen, so daß das Messen auch mit Schraublehren sicher und leicht vorzunehmen ist, was bei Genaureibahlen besonders wichtig ist.

Zahnform. Für Genaulöcher kommen nur geschliffene Handreibahlen in Betracht. Diese werden zum Teil mit Spiralnuten, zum Teil mit geraden Nuten ausgeführt. Ist der Drall der Schnittrichtung gleichgerichtet (Abb. B 33), so hat das Werkzeug die Neigung, sich in das Werkstückhineinzuziehen, was zu einem übergroßen Vorschub und zu einem Steckenbleiben führen kann. Damit scheidet diese Ausführungsart überhaupt aus. Ist der Drall der Schnittrichtung entgegengesetzt (Abb. B 34), so tritt die genannte Erscheinung nicht auf, dafür ist aber eine größere Kraft in der Richtung des Vorschubs auszuüben. Versuche haben nun ergeben, daß der Kraftbedarf der Reibahlen mit der Zähnezahl steigt; bei gleicher Zähnezahl verbraucht die Reibahle mit Spiralnuten stets mehr Kraft als die mit geraden Nuten (Abb. B 33).

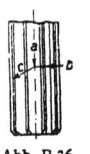

In Abb. B 36 und B 37 stellt a die Vorschubrichtung, b die Drehbewegung dar, c ist die Resultierende aus beiden Bewegungen. Es zeigt sich, daß bei geraden Nuten die Spanabnahme viel mehr schälend erfolgt

Abb. B 36.   Abb. B 37.

als bei gewundenen, da hierbei die Schnittrichtung stets schräg zur Schneide sein wird. Bei links gewundenen Zähnen wird das Abfließen des Spanes gerade durch die Spiralwindung erschwert.

Reibahlen mit ungleicher Teilung.

Zähnezahl	Teilwinkel											
	$W_1 =$	Umdrehungen	Löcher	$W_2 =$	Umdrehungen	Löcher	$W_3 =$	Umdrehungen	Löcher	$W_4 =$	Umdrehungen	Löcher
6	58° 2'	6	22	59° 53'	6	32	62° 5'	6	44			
8	42°	4	32	44'	4	44	46°	5	6	48°	5	16
10	33°	3	34	34° 30'	3	41	36°	4	—	37° 30'	4	8
12	27° 30'	3	3	28° 30'	3	8	29° 30'	3	14	30° 30'	3	19
14	23° 30'	2	30	24° 15'	2	34	25°	2	38	25° 45'	2	43
16	20° 30'	2	14	21°	2	17	21° 30'	2	20	22° 15'	2	23
18	17° 20'	1	25	18°	2	—	18° 40'	2	2	19° 20'	2	4
20	15°	1	18	15° 40'	1	20	16° 20'	1	22	17°	1	24
22	13°	1	12	13° 40'	1	14	14° 20'	1	16	15°	1	18

Zähnezahl	Teilwinkel											
	$W_5 =$	Umdrehungen	Löcher	$W_6 =$	Umdrehungen	Löcher	$W_7 =$	Umdrehungen	Löcher	$W_8 =$	Umdrehungen	Löcher
6												
8												
10	39°	4	15									
12	31° 30'	3	24	32° 30'	3	30						
14	26° 30'	2	46	27°	3	—	28°	3	5			
16	22° 45'	2	26	23° 15'	2	29	24°	2	32	24° 45'	2	35
18	20°	2	6	20° 40'	2	8	21° 20'	2	10	22°	2	12
20	17° 40'	1	26	18° 20'	2	1	19°	2	3	19° 40'	2	5
22	15° 40'	1	20	16° 20'	1	22	17°	1	24	17° 40'	1	26

Zähnezahl	Teilwinkel								
	$W_9 =$	Umdrehungen	Löcher	$W_{10} =$	Umdrehungen	Löcher	$W_{11} =$	Umdrehungen	Löcher
6									
8									
10									
12									
14									
16									
18	22° 40'	2	14						
20	20° 20'	2	7	21°	2	9			
22	18° 20'	2	1	19°	2	3	20°	2	6

Von 6—16 Zähnen, Indexscheibe mit 49 Löchern
„ 18—22 „ „ „ 27 „
(40 Kurbelumdrehungen = 1 Werkstückumdrehung.)

Spiralzähne bei Reibahlen hätten, außer bei Leichtmetallen, nur bei Bearbeitung mehrfach genuteter Bohrungen Berechtigung; bei geteilten Lagerstellen haben sich gerade genutete Reibahlen durchaus bewährt, wenn das Loch vorgedreht oder mit dem Senker vorgearbeitet war.

Die Frage, ob spiral- oder geradegenutete Reibahlen vorzuziehen sind, ist zur Zeit besonders brennend. Für die Entscheidung kommen folgende Gesichtspunkte in Frage: 1. Ermöglichung eines bequemen Messens des Durchmessers, 2. Erzielung eines möglichst geringen Kraftaufwandes, 3. Möglichkeit der Zurichtung, 4. Art des Werkstoffes.

Vogelsang gibt an, daß beim Reiben der meisten Leichtmetalle das gewünschte Abschaben ohne Reißwirkung nicht zu erreichen ist. Man erhält eine Schabe- oder Schälwirkung nur mit auf Schnitt gestellten Zähnen, d. h. mit Zähnen kleineren Schnittwinkels. Die Gefahr des Einhakens und Ratterns wird durch Führung der Zähne in stark gewundener Spirale entgegen der Drehrichtung vermieden.

Durch die immer mehr zur Einführung kommende austauschbare Fertigung ist die Messung der Reibahlen in den Vordergrund gerückt. Wenn auch zu diesem Zweck in der Hauptsache Einstellringe verwendet werden, so ist doch in vielen Fällen eine Prüfung mit der Schraublehre erforderlich, und diese läßt sich selbst bei gerader Zähnezahl und gleichmäßiger Zahn-

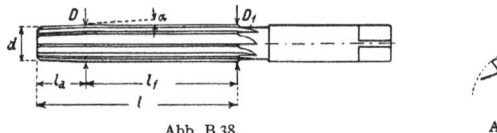

Abb. B 38.   Abb. B 39.

teilung bei spiralgenuteten Reibahlen nie mit voller Sicherheit vornehmen. Diese Werkzeuge sind also vom Gesichtspunkt des Messens aus nicht günstig. Was für die Messung gilt, gilt natürlich auch für die Zurichtung.

Die Handreibahlen erhalten nach Abb. B 38 einen Anschnitt l_a, der durchschnittlich einem Viertel der Zahnlänge l entspricht. Der Anschnitt ist je nach Größe um 0,2 bis 0,5 mm schwach kegelförmig. Genauere Angaben siehe in der Zeitschrift „Der Betrieb" 1921, Nr. 16.

Vor dem Schärfen wird die Reibahle rund geschliffen, und zwar in der Weise, daß sie bei D ihr richtiges Maß erhält. D_1 soll je nach dem Durchmesser um 0,001 bis 0,003 mm dünner sein. Diese Verjüngung ist durchaus erforderlich, um ein zu starkes Reiben des Führungsteiles l_f an den Lochwandungen zu vermeiden, das zu einer unerwünschten Durchmesservergrößerung führen könnte.

Der Schaft der Reibahle wird je nach Größe um 0,1 bis 0,2 mm kleiner gehalten, damit die Reibahle durch das geriebene Loch fallen kann.

Nach dem Rundschleifen wird der Führungsteil l_f mit einem Hinterschliff von etwa 5° in der Weise versehen, daß noch eine etwa 0,2 bis 0,3 mm breite Stelle f (Abb. B 39) des Rundschliffes stehenbleibt, die dann als Führung dient.

Der Anschnitt erhält ebenfalls einen Hinterschliff von 5°. Auf durchaus glatte und scharfe Schneiden ist zu sehen.

Scharfhalten des Reibahlenanschnittes ist die erste Vorbedingung für gutes und sauberes Arbeiten.

Maschinenreibahlen. (DIN 208—215.) Zum Ausreiben vorgebohrter Löcher werden auf Bohrmaschinen, Bohrwerken, Revolverbänken, Reibahlen nach Abb. B 40 und B 41 verwendet, für größere Durchmesser kommen Aufsteckreibahlen nach Abb. B 42 (DIN 219) in Frage, die auf besonderen Haltern nach Abb. B 43 (DIN 217 und 218) befestigt werden. Der Anschnitt ist hier sehr kurz und etwa 40 bis 50° zur Werkzeugachse geneigt. Anstatt der abgeschrägten Schnittkante kann der Anschliff auch in Form einer Abrundung ausgeführt werden. Abgerundeter Anschnitt ergibt sehr saubere Löcher, ist aber nur mit Hilfe einer besonderen Schleif-

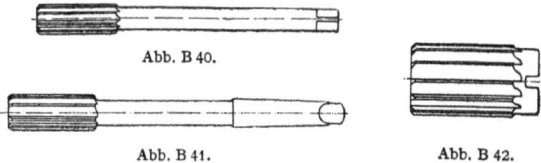

Abb. B 40.

Abb. B 41.   Abb. B 42.

vorrichtung ausführbar. Bei schrägem Anschnitt kann die gleiche Sauberkeit erzielt werden. Der Hinterschliff des Anschnitts beträgt etwa 5°. Auch Maschinenreibahlen werden am Umfang rundgeschliffen; es kommen hier die gleichen Gesichtspunkte wie bei den Handreibahlen in Frage.

Ursachen und Verhütung des Verlaufens bei Reibahlen. Pendelgelenke.
Im allgemeinen ist der Vorschubdruck bei Reibahlen mit Rücksicht auf die geringeren wegzunehmenden Werkstoffmengen wesentlich niedriger als bei Spiralbohrern. Das Verlaufen findet hier fast ausschließlich seine Ursache in der fehlenden Achsenfluchtung zwischen Bohrloch und Werk-

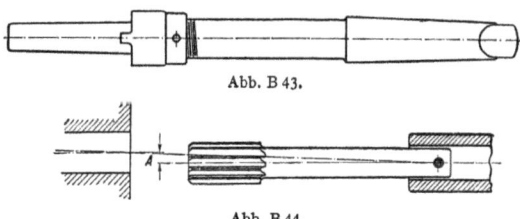

Abb. B 43.

Abb. B 44.

zeug. Abb. B 44 zeigt schematisch die pendelnde Anordnung einer Reibahle, wobei das Werkzeug in seinem Befestigungspunkt schwingt. Die Reibahle muß verlaufen und größer reiben, denn sie tritt in schräger Richtung in das Loch ein und vermag sich der Achsenrichtung des vorgebohrten Loches nicht anzupassen. Wenn auch am Befestigungsstift Spiel gelassen wurde, so kommt dies doch nicht voll zur Geltung, da der zylindrische Stift durch den Vorschubdruck auf die Mitte des ihn haltenden Loches gedrängt wird.

In manchen Werkstätten werden auf der Drehbank Löcher in der Weise gerieben, daß die mit Vierkant versehenen Maschinenreibahlen mit ihrem Körnerloch in die Spitze des Reitstockes gesetzt und durch die Pinole vorgeschoben werden. Liegt die Reitstockspitze nicht in der Spindelachse, so muß das Loch schräg werden. Diese vom werkstattechnischen Stand anfechtbare Arbeitsweise wird gern mit der Begründung einer freien Beweglichkeit der Reibahle entschuldigt, die in Wirklichkeit nicht vorhanden ist.

Der Unterschied A zwischen den beiden Achsen kann nur ausgeglichen werden, wenn die Reibahle diesem Unterschied Rechnung tragen kann,

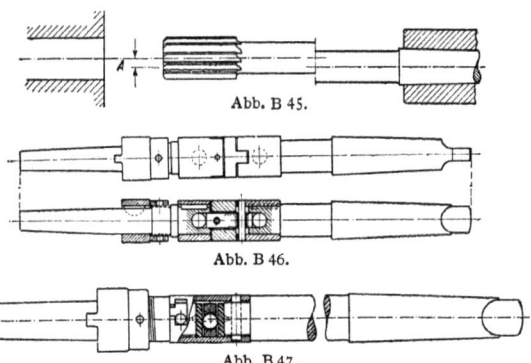

Abb. B 45.

Abb. B 46.

Abb. B 47.

ohne die Achsenrichtung zu verändern, wie dies Abb. B 45 zeigt. Zu diesem Zwecke sind verschiedene Bauarten von Pendelreibahlen üblich. Für eine gute Wirkung des Pendelgelenkes ist ein möglichst geringer Reibungswiderstand am Gelenk für die Einstellung Bedingung. Diese Forderung ist nicht ganz leicht zu erfüllen, da das Gelenk neben der Drehungsbeanspruchung auch den Vorschubdruck zu überwinden hat. Man hat daher

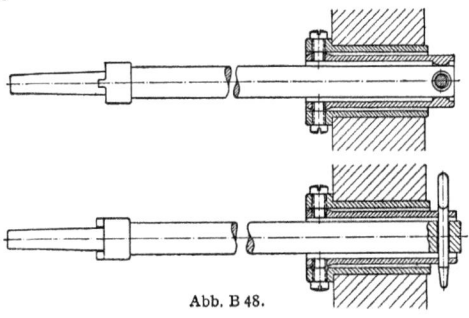

Abb. B 48.

versucht, die durch den Vorschubdruck bewirkte Hemmung durch Einlage von Kugeln zu vermindern, wie dies Abb. B 46 und B 47 zeigt.

Zum Teil wird das Pendelgelenk in die Nähe der Schneiden gelegt, um den als Hebelarm wirkenden Teil des Schaftes möglichst zu verkürzen, z. T. wird die Beweglichkeit absichtlich an das Ende des Schaftes gelegt, um der Reibahle, besonders beim Anschnitt, eine gewisse Führung zu geben, wie dies die in Abb. B 48 dargestellten von Dr. Kühn entworfenen pendelnden Reibahlenhalter zeigen.

Es hängt von den jeweils vorliegenden Verhältnissen ab, ob der einen oder anderen Ausführung der Vorzug zu geben ist.

Kegelreibahlen (DIN 232). Bei Hohlkegeln ist verhältnismäßig viel Werkstoff zu entfernen, so daß 3 Reibahlen erforderlich sind. Die Schrupp-

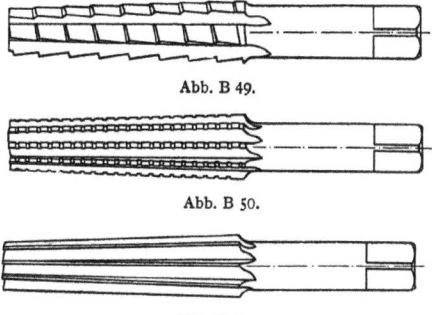

Abb. B 49.

Abb. B 50.

Abb. B 51.

reibahlen (Abb. B 49) sind stufenförmig abgesetzt und hinterdreht; sie arbeiten das zylindrische Loch kegelförmig, aber mit Absätzen vor. Die mit Spanbrechernuten versehene Vorreibahle (Abb. B 50) gibt die genaue Form. Die Fertigreibahle (Abb. B 51) hat nur die letzte Glättarbeit vorzunehmen.

Stiftlochreibahlen nach Abb. B 52 und B 53 (DIN 9) für Kegelstifte (DIN 1) werden bis zu 5 mm fünfkantig und darüber hinaus mit geraden Nuten hergestellt. Die Zähne der Stiftloch-Schälreibahlen (Abb. B 54) sind spiralförmig mit Linksdrall ausgebildet, um das Festhaken im Loch zu verhindern. Die günstige Zahnstellung ermöglicht einen schälenden Schnitt und ergibt sehr saubere Löcher.

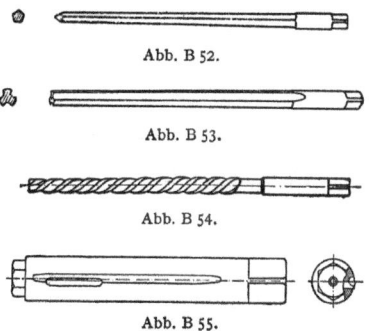

Abb. B 52.

Abb. B 53.

Abb. B 54.

Abb. B 55.

Nachstellbare Reibahlen. Die nachstellbaren Reibahlen sind ausnahmslos nach jedem Verstellen vor dem Schärfen erst rund zu schleifen. Mit Einmesserreibahlen nach Abb. B 55 kann hohe Genauigkeit erzielt werden, wenn eine ganz geringe Spanabnahme genügt, d. h. die Löcher bereits durch andere Reibahlen vorgerieben waren. Schon bei mäßiger Spanabnahme entstehen Rattermarken, und es sind dann Reibahlen mit mehreren Schneiden nach Abb. B 56 vorzusehen. Die Verstellbarkeit ist verhältnismäßig gering, beträgt bei einem Durchmesser von 15 mm höchstens 0,2 mm und gilt nur für die Mitte der Schneiden. An den Enden ist keine

Verstellung möglich, weswegen dieses Werkzeug nur für durchgehende Bohrung anzuwenden ist.

Bei der Ausführung nach Abb. B 57 sind die Messer in den Schaftkörper eingesetzt. Auch hier dient die Verstellbarkeit nur zum Ausgleich der Abnutzung, nicht zum Einstellen auf beliebiges Maß. Beim Rundschleifen ist sehr zu achten auf Rundlaufen des Schaftes.

Für größere Bohrungen werden Aufsteckreibahlen (Abb. B 58) verwendet. Durch besondere Widerstandsfähigkeit zeichnet sich die Gisholt-Reibahle

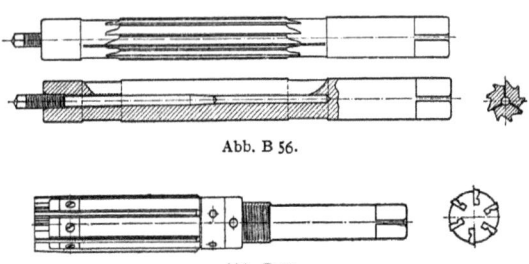

Abb. B 56.

Abb. B 57.

(Abb. B 59) aus. Die aufgeschraubten Messer aus Schnellstahl oder Sonderstahl mit guter Schlichtfähigkeit können nach Abnutzung mit Papier oder dünnen Blechplättchen unterlegt werden, um den Durchmesser zu vergrößern. Nach erfolgter Durchmesservergrößerung sind sie wieder rund zu schleifen. Für größere Durchmesser werden diese Werkzeuge, wie in der Abbildung gezeigt, als Aufsteckreibahlen ausgeführt.

Aufbohrwerkzeuge. Diese werden in überaus großer Verschiedenheit ausgeführt. Bei allen Aufbohrwerkzeugen ist in erster Linie auf gute Führung des Werkzeuges zu achten. Der Bohrstangendurchmesser soll immer so groß als möglich genommen werden, um Durchbiegungen zu vermeiden.

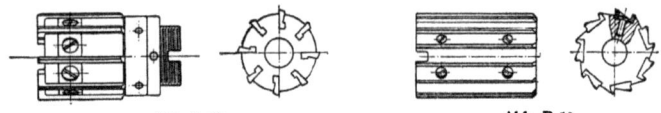

Abb. B 58.   Abb. B 59.

Wenn irgend möglich, ist das Bohrwerkzeug in unmittelbarer Nähe und auf beiden Seiten der Arbeitsstelle zu führen. Die Vorschubrichtung des Werkzeuges bzw. des Arbeitsstückes muß mit der Drehachse und der Führungsrichtung gleichgefluchtet sein. Hiergegen wird von unachtsamen Arbeitern öfter gefehlt, und kegelige, ungenaue Bohrungen, sowie Bohrstangenbruch sind die üblen Folgen davon. Allerdings kann der Fehler auch derart an der Maschine liegen, daß er kaum noch zu beheben ist, ohne große Änderungen vorzunehmen. Am empfehlenswertesten sind jene Bohrarten, bei denen das Bohrwerkzeug sich dreht und gleichzeitig den Vorschub ausführt, der Vorschubdruck aber hinter den Bohrstangenführungen ausgeübt wird. Im folgenden sind einige bewährte Bauarten von Bohrwerkzeugen wiedergegeben.

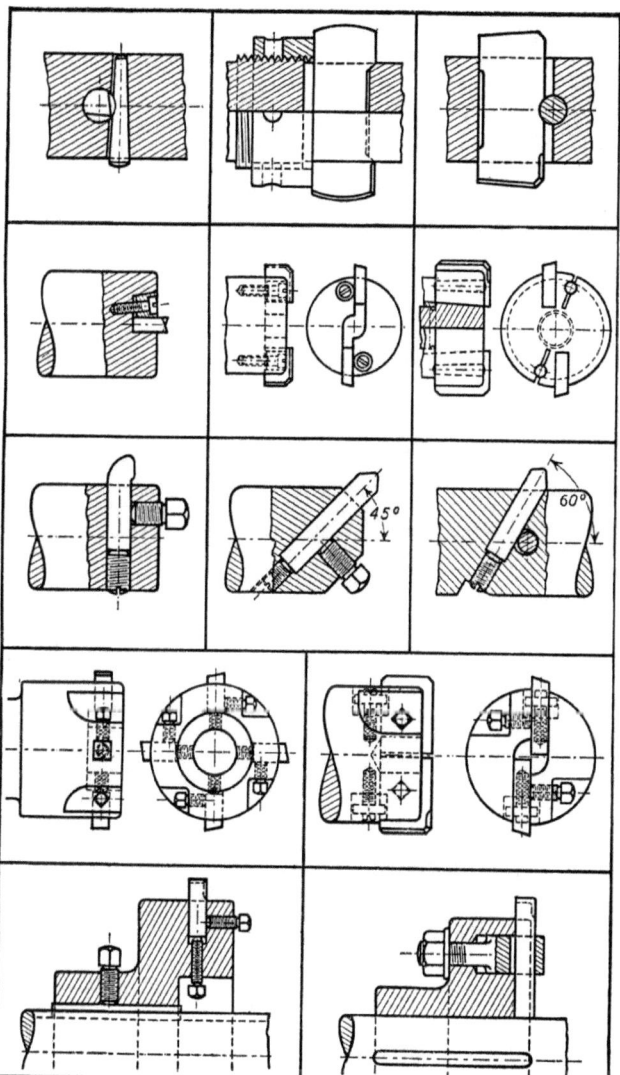

Räumen.

Wegen der Verschiedenheit des zu bearbeitenden Werkstoffes lassen sich keine einheitlichen Grundsätze für die Berechnung angeben; die folgenden Angaben gründen sich auf Erfahrungen in der Praxis.

Berechnung. Der wesentlichste Punkt, die Teilung S, ist abhängig von der Länge L des auszuräumenden Loches und der Werkstoffbeschaffenheit des Werkstückes. Um eine zu große Beanspruchung der Nadel auf Zug und damit Bruchgefahr zu vermeiden, ist S so zu wählen, daß nicht mehr als 2 bis 3 Zähne gleichzeitig arbeiten. Gute Werte ergibt die Formel:

$$S = 1{,}5 \text{ bis } 2{,}5 \sqrt{L}.$$

Bei einer Räumlänge von 36 mm würde sich hiernach eine Zahnteilung von $1{,}5$ bis $2{,}5 \cdot \sqrt{36} = 9$ bis 15 mm ergeben. Bei größeren Querschnitten, wo die Bildung einer größeren Spänekammer durch eine größere Zahntiefe möglich ist, kann die Teilung S kleiner gewählt werden, so daß mehr Zähne zum Eingriff kommen und die Nadel kürzer gehalten werden kann.

Der Anstellwinkel α (Abb. R 1) wird etwa 3 bis 5° genommen. In manchen Fällen genügt es schon, den Zahn mit einem harten Ölstein abzuziehen. Die Zahntiefe beträgt 0,4 bis $0{,}5 \cdot S$. Zur Verringerung des Kraftverbrauches erhält die Zahnbrust noch einen Unterschnittwinkel γ. Dieser beträgt für Stahl etwa 15°, für Gußeisen 6°, für Bronze 4°. Die Rundung b ist nicht zu klein zu wählen, um das Rollen der Späne besonders bei hartem Material zu fördern.

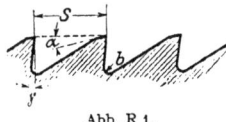

Abb. R 1.

Bei gedrehten Räumnadeln wird der Zahnrücken mit Rücksicht auf die größere Festigkeit gewölbt nach einem Halbmesser, der etwa gleich dem der Räumnadel ist.

Bei größeren 4- und 6-Kanträumnadeln sind die Zähne mit versetzten Spanbrechernuten versehen, die eine Breite und Tiefe von etwa 0,5 bis 1 mm aufweisen.

Die Anzahl der Räumnadeln für ein Loch hängt von dem zu bearbeitenden Material ab. Wenn auch in vielen Fällen ein Werkzeug genügt, so werden auch 2 bis 3 Nadeln angewendet, so daß sich der Arbeitsvorgang auf Vorräumen (1 bis 2 Werkzeuge) und Schlichten (1 Werkzeug) verteilt. Die Zunahme der Stärke von Zahn zu Zahn richtet sich ganz nach der Art des Materials und die Zunahme der Räumnadeln unter sich ganz nach ihrer Anzahl. Beim Entwurf ist darauf zu achten, daß der erste Zahn der ersten Räumnadel C_1 die gleiche Abmessung hat wie der Schaft F und daß der Anfangszahn einer folgenden Nadel um ein geringes schwächer ist wie der letzte Zahn der vorausgehenden, also $C_2 < B_1$. Als Anhalt mögen die Abmessungen einer sechskantigen Räumnadel dienen (Abb. R 2).

Nr.	A	B	C	F	G	H	S	K	Bemerkung
1	34,21	37,06	35,79	35,79	580	860	20	4,5	
2	34,21	38,28	37,01	35,79	580	860	20	4,5	
3	34,21	39,50	38,23	35,79	580	860	20	4,5	letzten 4 Zähne gerade

Bei Bohrungen in sehr zähem Material, die unbedingt genau sein müssen, benutze man zum Schlusse eine Glätt-Räumnadel. Diese darf nicht mehr schneiden; ihre Arbeit besteht vielmehr darin, durch

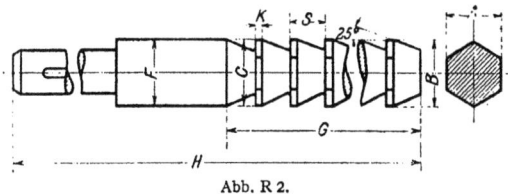

Abb. R 2.

Drücken und Schaben alle Unebenheiten in der Bohrung wegzubringen. Zur Erläuterung dient Abb. R 3. Der neunte und zehnte Ring ist hier als Schabezahn ausgebildet.

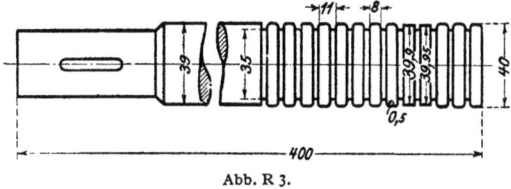

Abb. R 3.

Um bei Räumnadeln von größeren Abmessungen ein Zittern zu vermeiden, werden, ähnlich wie bei Reibahlen, die Zähne versetzt. Bei viereckigen Nadeln werden die Zähne auf den beiden gegenüberliegenden Seiten in entgegengesetzter Richtung schräg gelegt; durch Versetzung der Zähne wird der Seitendruck aufgehoben (Abb. R 4).

Herstellung. Bei der Herstellung der Räumnadeln ist besondere Sorgfalt anzuwenden, da hiervon die Lebensdauer der Nadel abhängt. Man verwendet Werkzeugstahl, der nach dem Härten einen zähen Kern aufweisen muß; in seltenen Fällen, hauptsächlich für Fertigräumnadeln, auch Schnellstahl.

Für Bearbeitung der Räumnadeln genügen die gebräuchlichen Werkzeugmaschinen, doch ist in manchen Fällen die Verwendung von Hilfswerkzeugen vorteilhaft. So bereitet z. B. das Drehen von langen und dünnen Räumnadeln wegen des hierbei auftretenden Federns

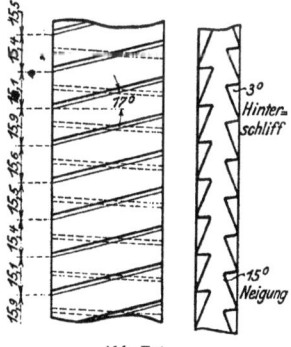

Abb. R 4.

und Zitterns beträchtliche Schwierigkeiten. Eine Abhilfe hiergegen — eine gewöhnliche mitgehende Lünette kann wegen der Verjüngung des Werkstückes nicht angewendet werden — bietet die in Abb. R5 dargestellte Vorrichtung. Sie besteht aus einem mit einer Kerbe versehenen, auf das Werkstück passenden Stück Holz A. In dessen beiden Enden sind Stifte eingeschlagen, in welche durchlochte Eisengewichte B eingehängt werden. Die Größe und Lage der Gewichte B, welche erforderlichenfalls vertauscht werden können, wird durch Versuche ermittelt. Das hintere Ende des Holzes ruht auf dem hinteren Teil des Schlittens. Vier- oder sechseckige Räumnadeln werden zwischen Spitzen genommen und mittels einer Teilvorrichtung gehobelt oder gefräst und nach dem Härten geschliffen.

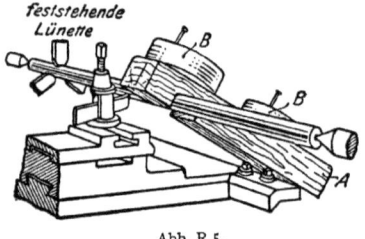

Abb. R 5.

Härten. Beim Härten der Räumnadel muß des Verziehens wegen sehr vorsichtig vorgegangen werden. Es empfiehlt sich, die Räumnadeln zum Erhitzen in eine Röhre mit Holzkohle zu packen und beide Enden luftdicht zu verschließen. Sollte sich die Räumnadel beim Härten verzogen haben, so wird sie am besten beim Anlassen auf einer Dornpresse ausgerichtet.

Die Zugabe für das Schleifen der Nadel bewegt sich je nach deren Stärke zwischen 0,6 bis 1 mm im Durchmesser. Zu beachten ist dabei, daß die Räumnadel nach dem Härten auch an der Zahnbrust geschliffen wird; das Schleifmaß für die Zahnbrust beträgt etwa 0,2 bis 0,4 mm.

Ehe die Räumnadel in Betrieb genommen wird, ist zu prüfen, ob kein Zahn zu hoch steht und ob jeder Zahn die gleiche Menge Werkstoff schneidet, da bei ungleichem Angreifen die Nadel leicht bricht.

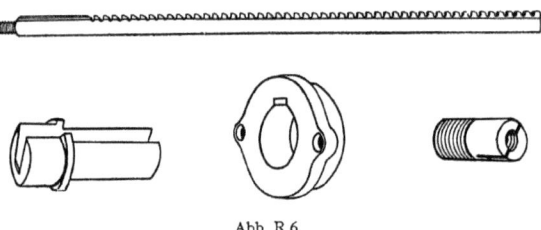

Abb. R 6.

Als Schmiermittel benutze man Rüböl oder ähnliche Öle; Maschinenöl ist durchaus ungeeignet.

Abb. R 6 zeigt eine Räumnadel für Keilnuten, eine Führung, die mit dem Flansch gehalten wird, und einen Einsatz zur Befestigung der Nadel. Je nach Größe der Nadel sowie Bohrung des Arbeitsstückes sind besondere Einsätze und Führungen erforderlich. Die Flanschen können für mehrere Führungen benutzt werden; das Befestigungsende der letzteren ist der Flanschenbohrung anzupassen.

Arbeitsbeispiele.

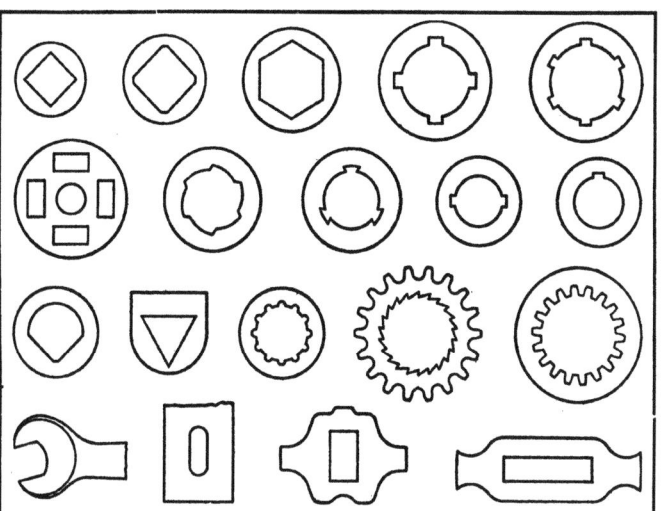

Fräsen.

Um in wirtschaftlichster Art ein Werkstück durch Fräsen zu bearbeiten, sind folgende Größen zu bestimmen:

I. Die richtige Bearbeitungsweise, d. h. die Wahl des richtigen Spanquerschnitts. Dieser wird bestimmt durch
    a) Schnittbreite,
    b) Schnittiefe,
    c) Vorschub für 1 Zahn,
    d) Fräserdurchmesser,
    e) Zähnezahl.

II. Die richtige Werkzeugmaschine, d. h. die Auswahl der zweckmäßigen Fräsmaschine.

III. Das richtige Werkzeug, d. h. die Auswahl des richtigen Fräsers.

I. Spanquerschnitt und Schnittdruck beim Fräsen.

Die Bestimmung des Spanquerschnittes beim Fräsen ist von 5 Größen abhängig:

beim Werkstück von Schnittbreite b und Schnittiefe t;
bei der Maschine vom Vorschub für eine Umdrehung s_n,
beim Werkzeug vom Fräserdurchmesser D und Zähnezahl z.

Beim Fräsen nach Abb. F 1 hebt ein Fräserzahn einen kommaförmigen Span ab (OAB), dessen Querschnitt von Null bis zu einem Größtwert anwächst. Der auf den Fräserzahn wirksame Schnittdruck setzt sich aus dem Produkt: Spanquerschnitt × spezifischer Schnittdruck zusammen:

$$P = (b \cdot s_e) \cdot k_s. \quad (1)$$

Hierbei bleibt die Fräsbreite (b) unveränderlich, während die Spandicke (s_e) veränderlich ist. Damit wird auch die am Fräserzahn wirkende Umfangskraft beim Abheben eines Frässpanes veränderlich.

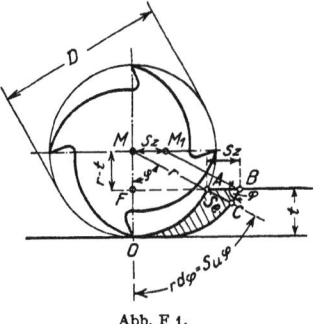

Abb. F 1.

Der Fräsvorgang unterscheidet sich dadurch grundsätzlich vom Drehen, Hobeln, Bohren und Stoßen, indem periodisch wechselnde Kräfte auftreten und die Betrachtung des Vorganges außerordentlich schwierig gestalten.

Die tatsächliche Spandicke s_e berechnet sich nach Abb. F 1 wie folgt: Ist $AB = s_z$ der Vorschub für 1 Zahn, t die Schnittiefe und D der Fräserdurchmesser, so wird

$$s_e = s_z \cdot \sin \varphi \quad \text{(Dreieck } ABC\text{)}. \quad (2)$$

Der Winkel $\varphi = OMA$ ist der Spanumfangswinkel und findet sich in dem Dreieck ABC bei B wieder.

Nun ist
$$\cos \varphi = 1 - \frac{2t}{D}$$
und damit wird
$$\sin \varphi = 2\sqrt{\frac{t}{D} - \frac{t^2}{D^2}}.$$

Setzt man diesen Ausdruck in die Gleichung (2) ein, so ergibt sich

$$s_e = s_t \cdot 2\sqrt{\frac{t}{D} - \frac{t^2}{D^2}}. \tag{3}$$

Die Berechnung dieses Ausdruckes ist für die Praxis recht umständlich und deshalb in der Tafel 1 und Abb. F 2 für wichtige Werte bereits durchgeführt. Sie ermöglicht jedoch ohne weiteres die Betrachtung der verschiedenen Einflüsse beim Fräsvorgang. Ein großer Fräserdurchmesser wird bei gleichem Vorschub für 1 Zahn einen langen und dünnen Span, ein kleiner Fräserdurchmesser bei gleichem Vorschub für 1 Zahn einen kurzen und dicken Span abtrennen.

Tafel 1
zur Berechnung von $\sin \varphi = 2 \cdot \sqrt{\frac{t}{D} - \left(\frac{t}{D}\right)^2}$.

t/D	$\sin \varphi$	t/D	$\sin \varphi$	t/D	$\sin \varphi$	t/D	$\sin \varphi$
0,001	0,06	0,02	0,28	0,2	0,80	0,7	0,9165
0,0025	0,0999	0,04	0,392	0,3	0,9165	0,8	0,8
0,005	0,141	0,06	0,4744	0,4	0,9798	0,9	0,6
0,0075	0,1724	0,08	0,542	[$\varphi = 90°$] 0,5	1,00	1,0	0,00
0,01	0,1989	0,1	0,60	0,6	0,9798		

Die Umfangskräfte richten sich nach dem Spanquerschnitt, so daß ein großer Fräserdurchmesser eine geringere Zahnbeanspruchung als ein kleinerer Fräserdurchmesser aufzuweisen wird.

Wie beim Drehen ist der Schnittdruck abhängig vom Spanquerschnitt und dem spezifischen Schnittwiderstand. Der spezifische Schnittwiderstand k_s ist bei großen Spandicken kleiner und bei dünnem Span größer (Abb. F 3).

Die Frässpäne sind erheblich dünner als die in der Praxis verwendeten Drehspäne, so daß der spezifische Schnittwiderstand gleichfalls beträchtlich höhere Werte annimmt als beim Drehen. Der spezifische Schnittwiderstand beim Fräsen ist nur abhängig von der Spanstärke (s_e) und praktisch unabhängig von der Schnittbreite b.

Nach deutschen und ausländischen Versuchen[1]) sind die Werte für den spezifischen Schnittwiderstand für Stahl von 50 bis 60 kg Festigkeit in

---

[1]) Airey u. Oxford, Trans. A. S. M. E. 1921, Nr. 1804 v. 5. XII. 1921. — Beckh, Diss. Stuttgart; mit Versuchsergebnissen der Demag. „Die Metallbearbeitung mittels Walzenfräser". Maschb. 1926, Heft 11/12. — Salomon, Diss. München 1924. „Über den Einfluß der Veränderlichkeit des spezifischen Schnittdrucks beim Fräsvorgang unter besonderer Berücksichtigung der Wirkung der Spiralsteigung." Vgl. auch „Die Fräsarbeit." Werkstattst. 1926 v. 15. Aug., H. 16.

Abb. F 3 angegeben. Die Berücksichtigung dieser Veränderlichkeit führt zu folgenden Ergebnissen:

Die **Schnittbreite** ist ohne nennenswerten Einfluß auf k_s.

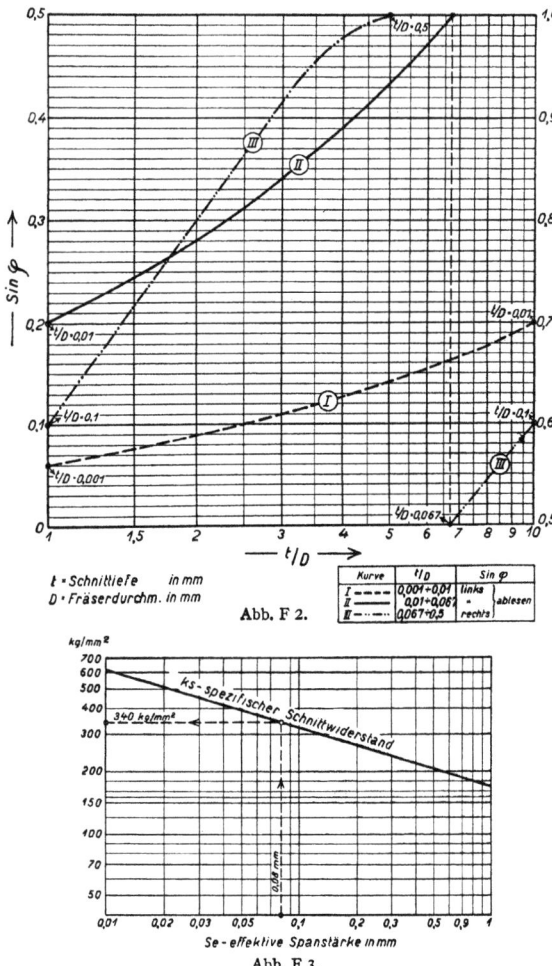

Abb. F 2.

Abb. F 3.

Der **Fräserdurchmesser** soll möglichst klein gewählt werden, da dadurch dicke Späne abgehoben werden und mithin die wirtschaftliche Zerspanung gewährleistet wird.

Je geringer die **Zähnezahl**, desto weniger Späne und desto dickere Späne werden erzielt. Der Einfluß der Zähnezahl auf die Leistung ist in Abb. F 4 gezeigt. Daraus ergibt sich, daß grobgezahnte Fräser feingezahnten Fräsern bezüglich des Leistungsbedarfs erheblich überlegen sind. Der Vorschub für 1 Zahn, welcher die Spandicke außerdem bestimmt, soll möglichst groß gewählt werden.

Bei steigender **Schnittiefe** wächst der Kraftverbrauch nicht proportional. Bei gleichem Spanquerschnitt am Werkstück

$$b \cdot t \cdot s_z$$

wird die geringste Leistung verbraucht, wenn die Schnittbreite möglichst klein, der Vorschub für 1 Zahn s_z und damit die Spandicke s_e möglichst groß wird und die Schnittiefe möglichst klein bleibt.

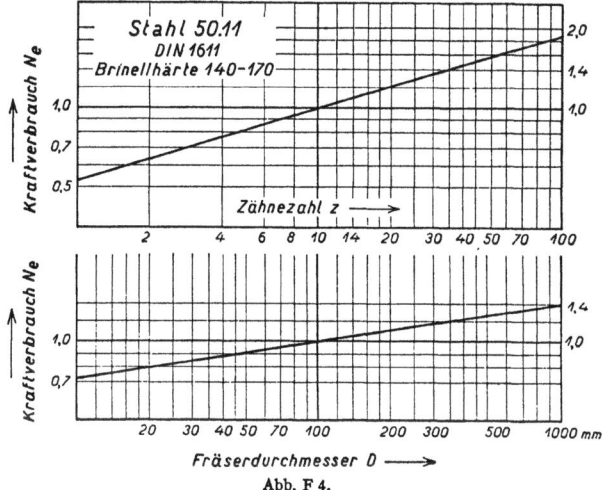

Abb. F 4.

Damit ergibt sich, daß man mit kleinen Schnittiefen bei großem Vorschub und kleinen Schnittbreiten wirtschaftlicher fräsen kann als mit großen Schnittiefen, kleinem Vorschub und großen Schnittbreiten. Die Auswahl der Größen richtet sich nach den praktisch vorliegenden Verhältnissen.

II. Die richtige Werkzeugmaschine.

Die Auswahl der richtigen Werkzeugmaschine erfordert zunächst die rechnerische Bestimmung der Leistung der Fräsarbeit. Man ermittelt zweckmäßig zunächst die Spanarbeit A_s, die aufzuwenden ist, um einen Frässpan von bestimmtem Querschnitt abzuheben. Diese Arbeit ist gleich dem mittleren Schnittdruck P_m × dem Weg, den der Fräserzahn durchläuft, d. h. dem Spanbogen s_u:

$$A_s = P_m'' \cdot s_u. \qquad (4)$$

Die Leistung ist dann gleich Spanarbeit $A_z \times$ Zähnezahl $z \times$ Fräserumdrehung n in der Zeiteinheit. In PS ausgedrückt wird die Zerspanungsleistung N_e dann

$$N_e = \frac{A_z \cdot z \cdot n}{60 \cdot 75}. \tag{5}$$

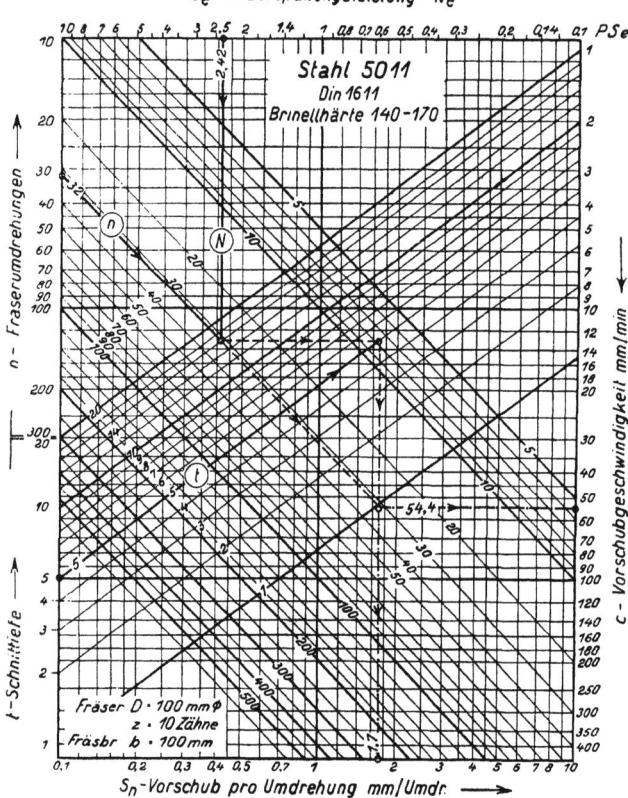

Abb. F 5.

Die Gleichung (4) ist nur schematisch, da die Kraft P_m einen Mittelwert des während einer Frässpanabhebung stets veränderlichen tatsächlichen Schnittdruckes P_u ist. Da die zu diesen Berechnungen erforderlichen verwickelten mathematischen Betrachtungen für die Praxis nur mittelbaren Wert besitzen, sind auf Grund der neuesten Versuche und Forschungen die Ergebnisse in Abb. F 5 in einem Nomogramm[1]) wiedergegeben, das die unmittelbare Bestimmung der für die Werkstatt erforderlichen Daten ermöglicht. Hierbei ist zunächst zur Vereinfachung ein mittlerer Fräserdurchmesser $D = 100$ mm und eine mittlere Zähnezahl $z = 10$ Zähne, sowie eine Schnittbreite $b = 100$ mm zugrunde gelegt. Aus dem Nomogramm kann entweder die für eine bestimmte Antriebsleistung N_e noch erreichbare Vorschubgeschwindigkeit c in mm/min, sowie gleichfalls der Vorschub s_n in mm/Umdr. oder bei einer gewünschten Vorschubgeschwindigkeit der günstigste Vorschub für 1 Umdrehung und die hierzu erforderliche Leistung abgelesen werden.

Als weitere allgemeine Richtlinie für die Benutzung des Nomogramms entsprechend den praktischen Verhältnissen in der Werkstatt möge noch folgendes gelten:

Da die Wirkungsgrade bei Fräsmaschinen[2]) durch die große Anzahl von im Eingriff befindlichen Zahnräderpaaren in den Getrieben wesentlich ungünstiger wie bei Drehbänken sind, lege man zweckmäßig einen Wirkungsgrad von rund 50 % zugrunde. Bei voller Belastung steigen die Wirkungsgrade bei Fräsmaschinen bis auf höchstens 60 %, bei schwacher Ausnutzung sinken sie bis auf etwa 15 %.

Die Schnittgeschwindigkeit spielt beim Fräsen nicht die Rolle wie beim Drehen, da es üblich ist, die Arbeitsgeschwindigkeit, d. h. die minutliche Vorschubgeschwindigkeit c der Berechnung zugrunde zu legen. Man wählt besser mäßige Schnittgeschwindigkeiten, da die Lebensdauer eines Fräsers infolge seiner verwickelten Form und der höheren Kosten des Wiederscharfschleifens 8 bis 10 fach so groß ist wie die eines gewöhnlichen Drehstahls.

Der Einfluß von Werkzeugstahl, Schnellstahl und Schneidmetallen wirkt sich beim Fräsen mehr in der erhöhten Lebensdauer als in der Anwendungsmöglichkeit höherer Schnittgeschwindigkeiten aus. Eine Steigerung der Schnittgeschwindigkeit hat nur zur Erhöhung der Oberflächengüte des Werkstückes (Schlichtarbeit) Zweck, zur Erreichung einer möglichst großen Materialzerspanung (Schrupparbeit) ist der Schnittgeschwindigkeit in der Kraftabgabemöglichkeit eine Grenze gesetzt; ist diese bei einer bestimmten Schnittgeschwindigkeit und Schnittiefe voll ausgenutzt, so ist eine Erhöhung dieser Schnittgeschwindigkeit nur bei gleichzeitiger Verminderung von Schnittiefe oder Vorschub möglich. Die Spanleistung sinkt dann.

Beispiel 1. Gegeben ist eine Antriebsleistung der Fräsmaschine von 5 PS, der Wirkungsgrad der Fräsmaschine soll 48,3 % sein, so daß als Zerspanungsleistung 2,42 PS zur Verfügung stehen. Bei einem Fräser von 100 mm Durchmesser und 10 Zähnen soll mit einer Schnittgeschwindigkeit von 10 m/min — entsprechend 32 Fräserumdrehungen — gearbeitet werden. Die Schnittiefe t ist 5 mm und die Schnittbreite $b = 100$ mm.

Gesucht: Der erreichbare Vorschub pro Umdrehung s_n und die erreichbare Vorschubgeschwindigkeit c in mm/min.

Gefunden: Man fährt von der gegebenen Zerspanungsleistung $N_e = 2,42$ PS senkrecht herunter bis zum Schnitt mit der nach rechts abfallenden Geraden $n = 32$ Fräserumdrehungen. Von diesem Schnittpunkt geht man wagerecht weiter bis zum Schnitt mit der nach rechts aufsteigenden Geraden $t = 5$ mm Schnittiefe. Fällt man von diesem zweiten Schnittpunkt ein Lot, so schneidet dieses die Gerade für $n = 32$ im dritten Schnittpunkt. Von hier aus ergibt sich senkrecht nach unten 1,7 mm Vorschub pro Umdrehung $= s_n$ und wagerecht nach rechts 54,4 mm pro Minute Vorschubgeschwindigkeit $= c$.

Anmerkung: Liegen andere Fräserdurchmesser, andere Zähnezahlen und andere Schnittbreiten vor, so reduziert man die nach besten die Zerspanungsleistung N_e, um s_n und c zu ermitteln. Man benutzt hierzu die Hilfstafel Abb. F 4.

---

[1]) Mit Genehmigung der Firma L. Loewe & Co., A.-G. Vgl. auch Dr. Salomon: „Die Loewe-Frästafel", Loewe-Notizen Februar/März 1928, S. 65 ff.
[2]) Bei Einzelantrieb.

Beispiel 2. Bei gleichen Angaben wie für das erste Beispiel soll der Fräserdurchmesser D jedoch 75 mm und die Zähnezahl z gleich 4 betragen. Aus Abb. F 5 ergibt sich, daß bei 75 mm Durchmesser der Kraftbedarf nur 0,97 ist, man also einen Vorschub erreichen kann, der einer um $1/0,97 = 1,031$fach höheren Antriebsleistung als für D gleich 100 mm entspricht. Auf dem Nomogramm Abb. F 5 ist also statt von 2,42 PS von einer Antriebsleistung $2,42 \cdot 1,031 = 2,49$ PS auszugehen. (Für ein größeres D als 100 mm ist in gleicher Weise eine entsprechend verringerte Antriebsleistung anzunehmen.)

Für eine Zähnezahl 4 ergibt sich nach Abb. F 5 ein Kraftbedarf von nur 0,775. In gleicher Weise wie oben ist dann von einer Zerspanungsleistung $2,49 : 0,775 = 3,23$ PS auszugehen. Damit ergibt sich dann ein Vorschub pro Umdrehung $s_n = 2,45$ mm/Umdr. und eine Vorschubgeschwindigkeit $c = 75,0$ mm/min.

III. Der Fräser.

Allgemeines. Nach ihrer Herstellungsweise werden gefräste (spitzgezahnte) und hinterdrehte Fräser unterschieden.

Beim gefrästen Fräser (Abb. F 6) wird der Zahn lediglich durch Fräsen hergestellt. Das Schärfen erfolgt an der Fase F; das Werkzeug hat bei sachgemäßem Schärfen den Vorzug genauen Rundlaufens. Ein Nachteil ist, daß seine Anwendung auf die Bearbeitung ebener Flächen beschränkt ist.

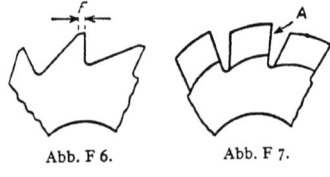

Abb. F 6.   Abb. F 7.

Die Zähne werden durch das Nachschleifen am Umfang immer niedriger, und damit verringert sich der Raum für die Späne. Bei den neuen grobgezahnten Fräsern fällt dieser Nachteil weniger ins Gewicht, um so mehr, als die Materialabnahme beim Schärfen geringer ist als beim hinterdrehten Fräser.

Gefräste Fräser zur Bearbeitung gekrümmter Flächen sind schwierig herzustellen und erfordern für das Schärfen besondere Vorrichtungen. Trotzdem werden sie vielfach für die Bearbeitung nicht zu verwickelter Formen verwendet, weil sie durch ihr genaues Rundlaufen saubere Arbeit gewährleisten.

Beim hinterdrehten Fräser (Abb. F 7) wird der Zahnrücken durch Sondermaschinen (Hinterdrehbänke) nach hinten abfallend gekrümmt. Durch die Krümmung nach einer logarithmischen Spirale wird erreicht, daß sich das Profil des Fräserzahnes beim Nachschleifen an der Zahnbrust nicht ändert, sofern diese zur Fräsermitte verläuft.

Das Nachschleifen an der Brustfläche A muß sehr gleichmäßig vorgenommen werden, damit alle Zähne gleiche Höhe aufweisen und beim Arbeiten gleich stark beansprucht werden. Beim Härten entstandene Formveränderungen (durch Verziehen usw.) beeinflussen ebenfalls das Rundlaufen des Fräsers ungünstig. Selbst durch sorgfältigstes Nachschleifen läßt sich dann ein genaues Rundlaufen nicht erzielen. Der ungleichen Beanspruchung der Zähne wegen ist der hinterdrehte Fräser für schwere Schnitte durchaus ungeeignet. Profile mit großen Höhenunterschieden erfordern große Zahnteilung des Fräsers. Die dadurch bedingte geringe Zähnezahl gestattet nur einen geringen Vorschub, wenn die gefräste Fläche glatt sein soll. In diesem Falle muß auch die Maschine besonders kräftig sein, damit sie bei dem stark wechselnden Schnittdrucke erschütterungsfrei bleibt.

Der große Vorzug des hinterdrehten Fräsers kommt bei der Bearbeitung von gekrümmten Flächen, wie Zahnkurven und verwickelten Formen, zur Geltung. Seine Lebensdauer ist bei guter Instandhaltung und sachgemäßer Behandlung sehr lang. Dazu gehört häufiges Nachschleifen, da längeres Arbeiten mit dem stumpfen Fräser Reibung am Schneidrücken zur Folge hat, so daß beim folgenden Schärfen so viel von der Zahnbrust abgeschliffen werden muß, bis die abgeriebenen Stellen des Zahnrückens entfernt sind.

Spanabnahme. Für die Spanabnahme sind Fräser, deren Zähne gleichlaufend zur Fräserachse sind, am ungünstigsten, da die Belastung, besonders bei grober Zahnteilung, dauernd wechselt. Wesentlich günstiger arbeiten Fräser mit schraubenförmig gewundenen Zähnen, da diese das Material schälend abheben und je nach der Breite der Fläche und der Spiralsteigung zwei oder mehr Zähne im Eingriff stehen, so daß Unterbrechungen in der Belastung vermieden werden.

Fräser, die nur mit der Stirnseite arbeiten, schneiden freier als spiralgezahnte Walzenfräser und sind für Flächenbearbeitung bei höherer Arbeitsleistung unter Umständen wirtschaftlicher. Bei größeren Durchmessern werden Messerköpfe verwendet, das sind Fräser, in deren Körper aus Gußeisen oder Maschinenstahl Messer aus Schnellstahl befestigt sind (S. 447). Besonders günstig arbeiten Messerköpfe, deren Zähne am Umfang etwa 7° schräg zur Achse gestellt sind und deren Stirnschneiden etwa im Winkel von 15° von der Fräsermitte abweichen. Versuche von de Leeuw (Trans. Am. Soc. Mech. Eng. Bd. XI, S. 28. 1908) ergaben, daß ein Messerkopf mit um 15° schräggestellten Zähnen eine um rund 50 vH größere Zerspanung aufwies als ein Messerkopf, dessen Stirnzahnschneiden zur Mitte verlaufen. Die erreichten Höchstleistungen waren:

Messerkopf mit zur Mitte verlaufenden Zähnen 10 cm^3 für die PS/min

Messerkopf mit um 15° schräggestellten Stirnschneiden . . . . 15,7 ,, ,, ,, ,,

Bei letzterem Fräser wurde in einzelnen Fällen die angegebene Leistung noch überschritten.

Bei sämtlichen Versuchen wurden Schmiedeeisenblöcke von 37 kg/mm^2 Festigkeit, 21 kg/mm^2 Elastizitätsgrenze und 50 vH Dehnung auf besonders schweren Maschinen abgefräst.

Schnittgeschwindigkeit — Vorschub. Für Schrupparbeiten ist geringe Schnittgeschwindigkeit (Umlaufgeschwindigkeit des Fräsers) und großer Vorschub zu wählen, für Schlichtarbeiten empfiehlt sich größere Schnittgeschwindigkeit bei kleinem Vorschub. Je höher die Schnittgeschwindigkeit, desto größer ist bei gleichbleibendem Vorschub der Kraftverbrauch. Die Wirtschaftlichkeit der Fräsarbeit wird aber durch zu hohe Schnittgeschwindigkeit vermindert.

Diese günstigste Schnittgeschwindigkeit ist für Schnellstahl- und Kohlenstoffstahl-Fräser fast gleich. Der Vorzug des Schnellstahlfräsers besteht in der höheren Schneidhaltigkeit, die selteneres Nachschleifen erfordert, und in der Zulässigkeit größerer Vorschübe; ein Überschreiten der günstigsten Schnittgeschwindigkeit vermindert die Leistung. Versuche ergaben nachstehende Werte[1]). Bei den Versuchen wurden

---

[1]) **Reindl:** Schnittgeschwindigkeiten für Fräser, Zeitschr. f. prakt. Maschinenbau 1910, S. 55.

mit einem Walzenfräser aus Schnellstahl von 90 mm Durchmesser, 18 Zähnen, Spiralsteigung, 12°, mittelharte Gußeisenblöcke von 130 mm Breite abgefräst. Der Vorschub betrug bei jedem Versuch 508 mm, die Schnitttiefe 4 mm.

Schnittgeschwindigkeit m/min	6	7,3	9	11,5	14	17,5	21,5	26,5	32,5
In die Maschine eingeleitete Kraft . . . . . PS	6,75	6,95	7,05	7,45	7,95	8,25	8,85	9,55	10,45
Zerspanung für die PS/st . kg	15,3	15,1	14,7	14	13,2	12,8	12	11,2	10,3

Bei den kleinsten Schnittgeschwindigkeiten war die Sauberkeit der Arbeit vermindert; für den vorliegenden Fall konnte — unter Berücksichtigung der Sauberkeit der Arbeit — die günstigste Schnittgeschwindigkeit mit etwa 12 m/min angenommen werden. Wenn vielfach für Schnellstahlfräser bei Gußeisen zum Schruppen Schnittgeschwindigkeiten von 20 bis 25, ja bis 40 m/min angegeben werden, so sprechen die angeführten Versuchsergebnisse dagegen.

An anderer Stelle veröffentlichte Versuche führten für Maschinenstahl zu einem ähnlichen Ergebnisse, das der Gepflogenheit widerspricht, bei Schrupparbeiten mit Schnellstahlfräsern höhere Schnittgeschwindigkeiten anzuwenden, als mit Kohlenstoffstahlfräsern. Wenn Wert auf saubere glatte Fräsflächen gelegt wird, so bedingt die zu diesem Zwecke nötige Erhöhung der Geschwindigkeit bei den Fräsern aus beiden Stahlarten eine Herabminderung des Vorschubes.

Kühlung. Reichlich zugeführte, gleichmäßig über die ganze Fräserbreite verteilte Kühlflüssigkeit ist beim Fräsen unbedingt erforderlich; für weichen Stahl und für Gußeisen genügt manchmal eine Ölemulsion, auch Seifenwasser; für hartes Material und Hochleistung ist aber reines Öl vorteilhafter. Steht Preßluft zur Verfügung, so kann sie beim Fräsen von Nuten und Schlitzen in Gußeisen zum Wegblasen der Späne angewendet werden.

Erschütterungen beim Fräsen.

Beim Arbeiten auf Fräsmaschinen treten häufig Erschütterungen auf, die entweder eine normale Zerspanung oft stark beeinträchtigen oder sehr häufig sogar ein sachgemäßes Bearbeiten des Werkstücks überhaupt in Frage stellen. Diese Erscheinungen werden durch die periodischen Kräfteschwankungen des Fräsvorganges infolge verschiedenen Eingriffs der einzelnen Zähne anderseits, durch ungünstige Spanbildung beim Abheben des einzelnen Spanes anderseits hervorgerufen. Durch diese Ungleichförmigkeiten werden Erregerschwingungen bedingt, die eine Resonanz in den schwingenden Maschinenteilen auf Fräsmaschinen finden und so zu starken Resonanzschwingungen Anlaß geben.

Die Gefahr der Schwingungen, in der Praxis mit „Rattern" bezeichnet, ist am größten bei raschlaufenden geradzahnigen Fräsern (ohne Spiralsteigung) mit radial verlaufender Zahnbrustfläche auf schwachen und weit gelagerten Dornen.

Am besten vermeidet man derartige Schwingungen durch Herabsetzung der Frequenz der Erregerschwingungen. Die Frequenz ist gleich der Anzahl der in der Zeiteinheit eingreifenden Zähne. Die Verringerung der

Frequenz kann infolgedessen entweder durch Verringerung der Zähnezahl (Herausschleifen jeden zweiten Zahnes bei vielzahnigen Fräsern und Metallsägen) oder durch langsames Laufenlassen des gegebenen Fräsers herbeigeführt werden. Kann die Form des Fräsers gewählt werden, so verwende man, soweit angängig, möglichst steile Spiralen bei geringer Zähnezahl. Der Verlauf der Schnittdruckkräfte bei verschiedener Spiralsteigung ist durch die nachstehende Abb. F 8 erläutert.

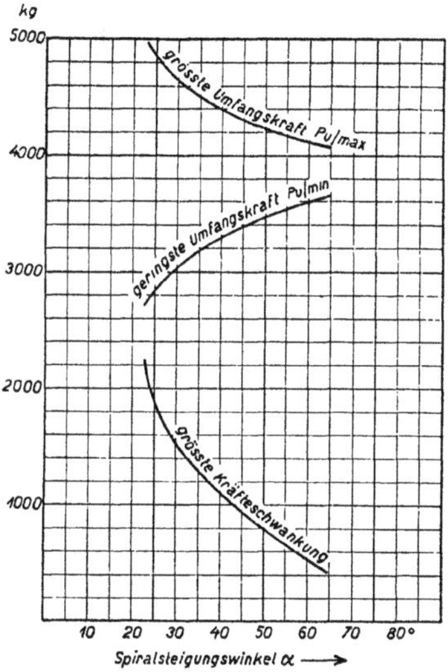

Abb. F 8.

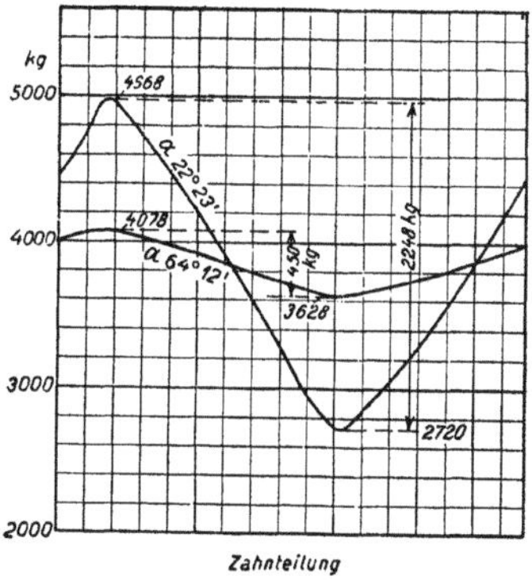

Abb. F 9.

In welcher Weise eine Erhöhung der Spiralsteigung bei gleicher Zähnezahl die Kraftschwankungen und größten auftretenden Kräfte beeinflußt, geht aus Abb. F 9 und Tafel 2 hervor.

Tafel 2. Einfluß der Spiralsteigung auf die Schnittdruckbelastung.

Spiralsteigung Grad	Größter Schnittdruck am Fräserumfang kg	Kleinster Schnittdruck kg	Schnittdruckschwankung kg
22° 23'	4968	2720	2248
33° 25'	5431	3180	1351
43° 48'	4336	3371	965
50° 58'	4228	3477	751
56° 26'	4157	3543	614
60° 40'	4117	3597	520
64° 12'	4078	3628	450

Auch feine Späne können bei ungünstigen Verhältnissen Schwingungen erregen, die durch starke Resonanz in der Maschine sich zu dem gefürchteten „Rattern" auswachsen. Können derartige Schwingungen durch Änderungen des Werkzeuges oder der Arbeitsweise nicht behoben werden, so müssen starke und starre Maschinen verwendet werden, die für die hervorgerufenen Schwingungen des Fräsvorganges keine Resonanzmöglichkeit bieten.

Die Zahnteilung der Fräser und die Leistung der Fräsmaschinen.

Fräser mit kleiner Zahnteilung auf der Mantelfläche, wie Abb. F 10 zeigt, sind vorteilhaft für die Erreichung sauberer Flächen, weil der Spanquerschnitt für einen Fräserzahn bei gleichbleibendem Vorschub mit der Zunahme der Zähnezahl abnimmt. Je kleiner aber der Spanquerschnitt ist, desto sauberer wird die gefräste Fläche.

Die Leistung der Maschine und ihr Kraftverbrauch werden ungünstig durch die kleine Zahnteilung beeinflußt, denn der Schnittwiderstand wächst mit der Zahl der gleichzeitig schneidenden Zähne. Zu kleine Zahnteilung ist oft Ursache des Bruches der Fräser oder des Vorschubgetriebes der Maschine. Sind größere Materialmengen wegzufräsen und soll die Fläche sehr sauber ausfallen, so ist es wirtschaftlicher, feingezahnte Fräser nur zum Schlichten zu benutzen, zum Schruppen jedoch grobgezahnte.

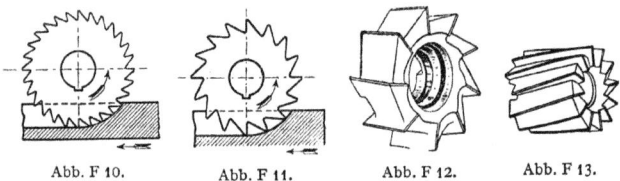

Abb. F 10.   Abb. F 11.   Abb. F 12.   Abb. F 13.

Fräser mit großer Zahnteilung auf der Mantelfläche (siehe Abb. F 11). Der Spanquerschnitt für einen Fräserzahn wächst bei gleichbleibendem Vorschub mit der Abnahme der Zähnezahl. Die Beanspruchung jedes Zahnes, also auch des Fräsermaterials, wächst, weshalb es vorteilhaft ist, für grobgezahnte Fräser nur Schnellstahl zu verwenden.

Die Leistung der Maschine läßt sich mit grobgezahntem Fräser wesentlich steigern, weil der Schnittwiderstand geringer ist. Bei den neueren Hochleistungsfräsern ist die sehr große Zahnteilung in erster Linie die Ursache der hohen Leistungsfähigkeit.

Fräser mit verzahnter Stirnfläche (Abb. F 12 und F 13). Sollen Stirnfräser nur ebene Flächen senkrecht zur Fräserachse fräsen, so ist große Zahnteilung angebracht. Die Sauberkeit der Fläche wird selbst bei großem Vorschub gut, und die Leistung der Maschine wird günstig beeinflußt.

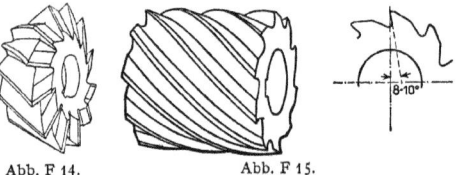

Abb. F 14.   Abb. F 15.

Für Stirnfräser, die auch Flächen parallel zur Fräserachse bearbeiten, wie Walzenfräser, gilt das vorstehend Gesagte über Fräser mit Zähnen auf der Mantelfläche.

Die Zähne der **Hochleistungsfräser** sind außerdem unterschnitten und verlaufen spiralig, um einen ruhigen schälenden Schnitt ohne Rattermarken zu erzielen. (Siehe „Fräser mit Spiralzähnen" Seite 420.) Die Abb. F 14 und F 15 zeigen Beispiele von Hochleistungsfräsern. Sie werden aus Schnellstahl mit 20 bis 22 Legierungseinheiten hergestellt.

Fräserverzahnung. Zur Herstellung von Verzahnungen am Fräserumfang, z. B. bei Walzenfräsern, werden doppelseitige Winkelfräser verwendet, deren eine Seite 12 bis 20° zur Fräserscheibe geneigt ist (Abb. F 16). Dieser Winkel β ist aus zwei Gründen notwendig. Würde ein nur einseitig geneigter Winkelfräser verwendet, dessen rechtwinklig zur Fräserachse stehende Schneidkante die Zahnbrust bearbeitet, so beeinflussen die entstehenden bogenförmigen Fräsrisse die Sauberkeit der Schneidkante ungünstig, und es ist unter Umständen ein Nachschleifen der Fräserbrust erforderlich. Bei spiralgezahnten Fräsern würde aber eine Abwälzung des

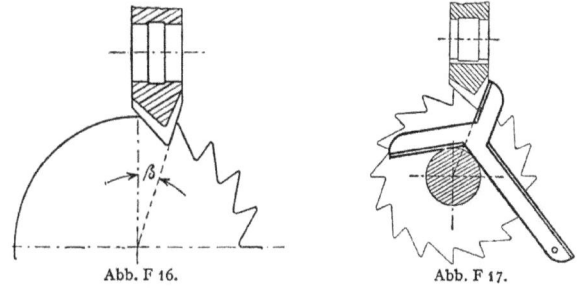

Abb. F 16.   Abb. F 17.

Fräsers in der Nut entstehen, die anstatt einer geraden eine gekrümmte Zahnbrust und damit einen ungünstigen Spanwinkel zur Folge hätte. Es tritt hier ein ähnlicher Fall ein, wie er in diesem Buche bei den Angaben zum Schleifen spiralgenuteter hinterdrehter Fräser mit der Tellerscheibe (S. 449) beschrieben ist.

Zur Einstellung des Fräsers auf die richtige Lage dient die in Abb. F 17 dargestellte Lehre, die auch zum Einstellen der Kegelseite von Tellerscheiben bei spiralgenuteten hinterdrehten Fräsern verwendet wird. Vereinzelt wird bei gefrästen Fräsern ein Spanwinkel von etwa 5° angewendet (Abb. F 18).

Zum Fräsen von Stirnverzahnungen werden einseitig abgeschrägte Winkelfräser verwendet (Abb. F 19), da die Anwendung doppelseitiger Winkelfräser für Stirnverzahnungen mit erheblichen Schwierigkeiten verbunden ist.

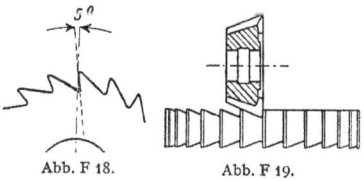

Abb. F 18.   Abb. F 19.

Nachschleifen der Zahnbrust bei gefrästen Fräsern. Vielfach wird die Zahnbrust gefräster Fräser vor dem Härten mit winklig abgerichteten Schleifscheiben geglättet. Durch diesen Mehraufwand an Arbeit wird, besonders für Schlichtarbeiten, eine bedeutende Verbesserung des Fräsers erzielt. Aber auch für Schrupparbeiten ist die glatte Zahnbrust vorteilhaft, da sie das Abfließen des Spanes erleichtert. Außerdem neigen saubere Schneiden weniger zum Stumpfwerden.

Da das Nachschleifen vor dem Härten erfolgt, ist ein Ausglühen der Schneiden nicht zu befürchten. Die Einstellung der Schleifscheibe muß genau wie die eines Fräsers mit der in Abb. F 17 dargestellten Lehre erfolgen.

Fräser mit Spiralzähnen.

Größe des Steigungswinkels. Mit der Vergrößerung des Steigungswinkels wird der Schnitt des Fräsers günstiger, jedoch der Axialdruck des Fräsdornes gegen das Fräsmaschinenlager bzw. der seitliche Arbeitsdruck auf das Arbeitsstück erhöht. Der Druck in der Arbeitsrichtung wird geringer, je größer der Steigungswinkel des Spiralzahnes ist. Teile mit hohen Rippen, die quer zur Fräsrichtung stehen, erfordern daher Fräser mit größerem Steigungswinkel des Fräserzahnes. Für allgemeine Zwecke hat sich ein Steigungswinkel von 25° gut bewährt; für Schrupparbeiten bei grober Zahnteilung werden Winkel von 45° und darüber verwandt. Bei Schaftfräsern wird vielfach ein größerer Steigungswinkel angewandt, bei Satzfräsern ist ein Steigungswinkel von 10 bis 12° zu wählen.

Will man die Vorteile des großen Spiralwinkels haben, ohne den Nachteil des hohen Axialdruckes, so gibt man der einen Hälfte des Fräsers rechts-, der anderen Hälfte linkssteigende Spiralzähne, so daß die Drucke

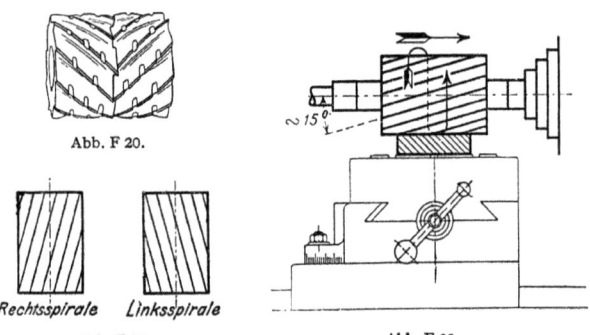

Abb. F 20.

Abb. F 21.   Abb. F 22.

Rechtsspirale   Linksspirale

sich aufheben. Das geschieht vielfach bei Schruppfräsern, indem man sie aus zwei Stücken zusammensetzt (Abb. F 20).

Rechts- und Linksspirale. Verläuft die Spirale wie ein gewöhnlicher Schraubenzug von links unten nach rechts oben, so wird sie rechtsgängig (Rechtsspirale) und beim umgekehrten Verlauf linksgängig (Linksspirale) genannt (Abb. F 21). Die Richtung der Spirale muß stets so gewählt werden, daß der Axialdruck von der Fräsmaschinenspindel aufgenommen wird (Abb. F 22). Aus diesem Grunde erhalten Schaft- und Stirnfräser, die rechtsschneidend sind, vielfach Linksspirale und umgekehrt (Abb. F 23).

Mit „rechtsschneidend" und „linksschneidend" bezeichnet man die Umlaufrichtung eines Fräsers. Wie diese Worte in bezug auf die Schnittrichtung allgemein in der Praxis verstanden werden, geht aus den Bildern F 23 bis F 25 ohne weiteres hervor.

Sollen auch am Umfang arbeitende Fräser der besseren Schneidwirkung der Stirnzähne wegen eine mit der Schneidrichtung gleiche Spiralsteigung erhalten, so muß der Schaftkegel an Stelle des Mitnehmerlappens ein Gewindeloch zur Befestigung einer durch die hohle Frässpindel gehenden

Anzugschraube haben. Vielfach genügt auch die Ausführung mit zylindrischem Schaft bei Befestigung in einer Spannhülse.

Herstellung der Spiralzähne. Die Brust der Spiralzähne muß stets gegen die Fräsermitte gerichtet sein. Zur Einstellung kann die in Abb. F 17 auf S. 419 dargestellte einfache Lehre benutzt werden, die gleichzeitig als Einstellehre zum Schleifen hinterdrehter Fräser dient. Der Tisch der Universal-Fräsmaschine muß auf den Steigungswinkel des Fräserzahnes eingestellt sein.

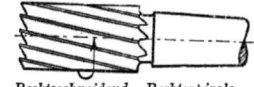

Rechtsschneidend. Rechtsspirale.

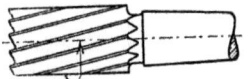

Rechtsschneidend. Linksspirale.
Abb. F 23.

Ermittlung der Spiralsteigung S. Diese kann erfolgen auf zeichnerischem

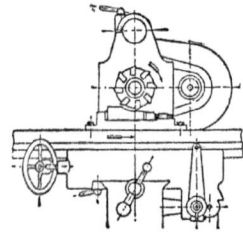

Abb. F 24. Linksschneidend.

Abb. F 25. Rechtsschneidend.

(Abb. F 26) oder auf rechnerischem Wege. Wenn der Einstellwinkel α gegeben ist, so ist

$$S \text{ (cm)} = D \text{ (cm)} \cdot 3{,}14 \cdot \operatorname{ctg}\alpha\,^1), \quad S \text{ (engl. Zoll)} = \frac{D \text{ (mm)} \cdot 3{,}14 \cdot \operatorname{ctg}\alpha}{25{,}4}\,^1).$$

Der Einstellwinkel α ergibt sich aus

$$\operatorname{tg}\alpha = \frac{D \text{ (cm)} \cdot 3{,}14}{S \text{ (cm)}}$$
$$= \frac{D \text{ (mm)} \cdot 3{,}14}{S \text{ (engl. Zoll)} \cdot 25{,}4}.$$

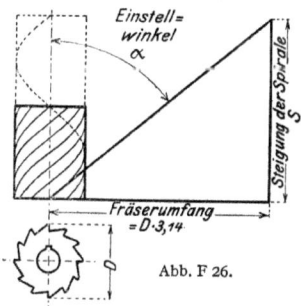

Abb. F 26.

Für D wäre nicht der Fräserdurchmesser, sondern dessen Wert weniger einer Zahntiefe zu setzen, da der Einstellwinkel am Grund des Zahnes ein anderer ist wie am Fräserumfang. In der Praxis wird aber stets für D der Fräserdurchmesser angenommen, da die hierbei entstehenden Fehler belanglos sind und vernachlässigt werden können. Eine Ausnahme machen schneckenrad- und schneckenförmige Zahnradfräser (Abwälzfräser). Hier ist:

D = Fräserdurchmesser − 2 · 1,166 Modul,
  = Fräserdurchmesser − 2,33 · Modul.

Geringe Abweichungen sind auch hier, besonders bei Fräsern mit eingängigem Gewinde kleinerer Teilung, belanglos.

[1]) Siehe Tafeln Seite 426 bis 429.

Fräser mit hinterdrehten Zähnen.

Von der Geraden abweichende Formen werden in der Regel mit hinterdrehten Fräsern hergestellt. Das Nachschleifen erfolgt an der Zahnbrust A, die gegen den Mittelpunkt des Fräsers gerichtet sein muß, damit beim Nachschleifen die Form unverändert bleibt.

Die Größe der Hinterdrehung, d. i. die Hubhöhe h, nach welcher der Fräserzahn zu hinterdrehen ist, wird bestimmt:

1. durch die Zahnteilung t,
2. durch die Größe des Anstellungswinkels β.

Die erste Größe ist durch den Durchmesser und seine Zähnezahl gegeben, dagegen ist die Wahl von β abhängig von der Form des Profiles. β muß um so größer sein, je mehr sich die Tangenten an irgendeiner Stelle der zu fräsenden Form der Senkrechten nähern, also wenn γ den Winkel der Formtangente mit der Fräserachse bezeichnet (Abb. F 27 und F 28), je

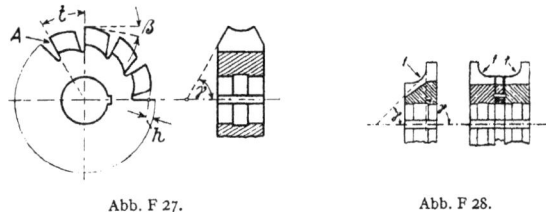

Abb. F 27.   Abb. F 28.

mehr γ sich einem rechten Winkel nähert. Damit nimmt nämlich der Anstellwinkel jenes Formstückes ab, und um so ungünstiger schneidet an dieser Stelle der Fräser. Die Hubhöhe h bestimmt sich aus:

$$h = \frac{D\pi \cdot \operatorname{tg}\beta}{Z}.$$

Hierbei ist D der Durchmesser und Z die Zähnezahl des Fräsers. An einer Hinterdrehbank sollten Hinterdrehkurven in Abstufungen von $1/2$ mm vorhanden sein.

Die Zahlentafel Seite 423 gibt die Größe der Hinterdrehung an für einen Anstellwinkel $\beta =$ etwa $10°$ bei einer wagerechten Formkante.

Schräg hinterdrehte Fräser.

Ist der Neigungswinkel γ der Formtangente nahezu oder gleich $90°$, so wird der Anstellwinkel β gleich 0, und das Formstück des Zahnes wird drücken statt schneiden. Um diesem Übelstande zu begegnen, hinterdreht man solche Fräser schräg zur Achse, etwa in der Richtung der Pfeile f, Abb. F 28. Hat das Schräghinterdrehen zur Folge, daß sich die Breitenmaße der Form durch das Nachschleifen ändern, so muß der Fräser aus ein oder mehreren Teilen zusammengesetzt werden. Zur Vermeidung einer Fräsnaht an der Schnittstelle wendet man Kupplungszähne an und legt

Hubgröße h für hinterdrehte Fräser in mm.

Anstellwinkel $\beta = 10°$.

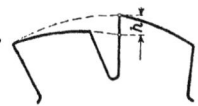

Zähne-	Fräserdurchmesser in mm											
zahl	35	40	45	50	55	60	65	70	75	80	85	90
6	3	$3^1/_2$	4	$4^1/_2$	5	$5^1/_2$	6	$6^1/_2$	$6^1/_2$	7	$7^1/_2$	8
7	$2^1/_2$	3	$3^1/_2$	4	4	$4^1/_2$	5	$5^1/_2$	6	6	$6^1/_2$	7
8	$2^1/_2$	$2^1/_2$	3	$3^1/_2$	$3^1/_2$	4	$4^1/_2$	$4^1/_2$	5	$5^1/_2$	$5^1/_2$	6
9	2	$2^1/_2$	$2^1/_2$	3	$3^1/_2$	$3^1/_2$	4	4	$4^1/_2$	5	5	$5^1/_2$
10	$1^1/_2$	2	$2^1/_2$	$2^1/_2$	3	3	$3^1/_2$	$3^1/_2$	4	$4^1/_2$	$4^1/_2$	5
12	$1^1/_2$	2	2	2	$2^1/_2$	$2^1/_2$	3	3	$3^1/_2$	$3^1/_2$	4	4
14	$1^1/_2$	$1^1/_2$	$1^1/_2$	2	2	$2^1/_2$	$2^1/_2$	$2^1/_2$	3	3	3	$3^1/_2$
16	1	$1^1/_2$	$1^1/_2$	$1^1/_2$	2	2	2	$2^1/_2$	$2^1/_2$	$2^1/_2$	3	3
18		1	$1^1/_2$	$1^1/_2$	$1^1/_2$	2	2	2	2	$2^1/_2$	$2^1/_2$	3
20			1	1	$1^1/_2$	$1^1/_2$	$1^1/_2$	2	2	2	2	$2^1/_2$
22			1	1	$1^1/_2$	$1^1/_2$	$1^1/_2$	$1^1/_2$	2	2	2	2
24				1	1	$1^1/_2$	$1^1/_2$	$1^1/_2$	$1^1/_2$	2	2	2
26				1	1	1	1	$1^1/_2$	$1^1/_2$	$1^1/_2$	2	2
28					1	1	1	$1^1/_2$	$1^1/_2$	$1^1/_2$	$1^1/_2$	$1^1/_2$
30					1	1	1	1	$1^1/_2$	$1^1/_2$	$1^1/_2$	$1^1/_2$
32						1	1	1	1	$1^1/_2$	$1^1/_2$	$1^1/_2$
34							1	1	1	1	$1^1/_2$	$1^1/_2$
36								1	1	1	1	$1^1/_2$
38									1	1	1	1
40									1	1	1	1

Zähne-	Fräserdurchmesser in mm											
zahl	95	100	110	120	130	140	150	160	170	180	190	200
6	$8^1/_2$	9	9	11								
7	$7^1/_2$	$7^1/_2$	$7^1/_2$	9	10	11	$11^1/_2$	12				
8	$6^1/_2$	$6^1/_2$	$6^1/_2$	8	9	$9^1/_2$	10	11	$11^1/_2$	12	$12^1/_2$	
9	$5^1/_2$	$5^1/_2$	6	7	8	$8^1/_2$	9	$9^1/_2$	10	$10^1/_2$	$11^1/_2$	12
10	5	5	$5^1/_2$	$6^1/_2$	7	$7^1/_2$	8	$8^1/_2$	9	$9^1/_2$	10	11
12	4	$4^1/_2$	$4^1/_2$	$5^1/_2$	6	$6^1/_2$	$6^1/_2$	7	$7^1/_2$	8	$8^1/_2$	9
14	$3^1/_2$	4	4	$4^1/_2$	5	$5^1/_2$	$5^1/_2$	6	$6^1/_2$	7	7	$7^1/_2$
16	3	$3^1/_2$	$3^1/_2$	4	$4^1/_2$	$4^1/_2$	5	$5^1/_2$	$5^1/_2$	6	$6^1/_2$	$6^1/_2$
18	$2^1/_2$	3	3	$3^1/_2$	4	4	$4^1/_2$	5	5	$5^1/_2$	$5^1/_2$	6
20	$2^1/_2$	$2^1/_2$	$2^1/_2$	3	$3^1/_2$	$3^1/_2$	4	4	$4^1/_2$	5	5	$5^1/_2$
22	$2^1/_2$	$2^1/_2$	$2^1/_2$	3	3	$3^1/_2$	$3^1/_2$	4	4	$4^1/_2$	$4^1/_2$	5
24	2	2	2	$2^1/_2$	3	3	$3^1/_2$	$3^1/_2$	4	4	4	$4^1/_2$
26	2	2	2	$2^1/_2$	$2^1/_2$	3	3	$3^1/_2$	$3^1/_2$	$3^1/_2$	4	4
28	2	2	2	$2^1/_2$	$2^1/_2$	$2^1/_2$	$2^1/_2$	3	3	$3^1/_2$	$3^1/_2$	4
30	$1^1/_2$	2	2	2	$2^1/_2$	$2^1/_2$	$2^1/_2$	3	3	3	$3^1/_2$	$3^1/_2$
32	$1^1/_2$	$1^1/_2$	2	2	2	$2^1/_2$	$2^1/_2$	$2^1/_2$	3	3	3	$3^1/_2$
34	$1^1/_2$	$1^1/_2$	$1^1/_2$	2	2	2	$2^1/_2$	$2^1/_2$	$2^1/_2$	3	3	3
36	$1^1/_2$	$1^1/_2$	$1^1/_2$	2	2	2	2	$2^1/_2$	$2^1/_2$	$2^1/_2$	3	3
38	$1^1/_2$	$1^1/_2$	$1^1/_2$	$1^1/_2$	2	2	2	2	$2^1/_2$	$2^1/_2$	$2^1/_2$	3
40	1	$1^1/_2$	$1^1/_2$	$1^1/_2$	$1^1/_2$	2	2	2	2	$2^1/_2$	$2^1/_2$	$2^1/_2$

einen Zwischenring bei, welcher entsprechend der Änderung des Breitenmaßes nachgearbeitet wird. Einen solchen Fräser zeigt Abb. F 28 im Querschnitt.

Über die Verwendungsmöglichkeit des hinterdrehten Fräsers siehe Seite 414.

Bei der Herstellung hinterdrehter Fräser ist zu beachten, daß die Bohrung nach dem Härten nicht mit einer Schleifscheibe nachgeschliffen zu werden braucht. Beim Härten soll sich die Bohrung wenig verändern, so daß sie nur mit einem Schleifdorn aus Gußeisen oder Kupfer unter Verwendung von feinem Schmirgel und Öl auf genaues Maß zu bringen ist. Danach sind die Seitenflächen des Fräsers auf einem genau laufenden Dorne zu schleifen. Im allgemeinen ist den Fabriken die Selbstanfertigung der hinterdrehten und meist auch der gewöhnlichen Fräser durchaus zu widerraten, da sie, unter Berücksichtigung aller Aufwendungen, teurer wird, als der Verkaufspreis der ersten Firmen ausmacht.

Weitere Angaben über hinterdrehte Fräser sind zu finden in der Abhandlung von E. Simon, Werkstatts-Technik 1912, S. 445.

Die Teilung des Spanes beim Fräsen.

Die Spanteilung bei breiten Schnitten ist für Fräser mit gefrästen oder mit hinterdrehten Formzähnen immer da zu empfehlen, wo die Entstehung langer sperriger Späne vermieden werden soll.

Die Zahnunterbrechung muß sachgemäß ausgeführt werden, und zwar derart, daß die neu entstehenden Flächen beim Fräsen nicht drücken, sondern richtigen Anstellungswinkel haben.

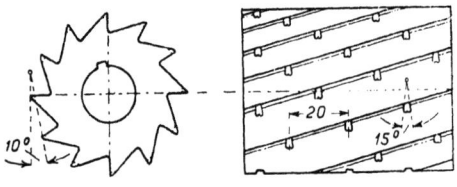

Abb. F 29.

Abb. F 29 zeigt einen Hochleistungsfräser mit Spanteilungsnuten. Die Nuten können durch Fräsen oder Schräghinterdrehen auf der Hinterdrehbank hergestellt werden.

Vielfach wird die Spanteilung so ausgeführt, daß die Spanbrechernuten nicht, wie in Abb. F 29 dargestellt, gegeneinander versetzt, sondern in Form einer Gewindesteigung eingedreht werden. Diese Ausführung hat den Nachteil, daß die eine Schneidkante der Spanbrechernut einen ungünstigen Schnittwinkel erhält und die andere Schneidkante durch die Wegnahme des von dem vorhergehenden Zahn stehengebliebenen Werkstoffs überanstrengt wird. Bei versetzter Anordnung der Spanbrechernuten haben nur die geraden Schneiden des Fräserzahnes den stehengebliebenen Werkstoff zu beseitigen.

Richtlinie für die Wahl der Zähnezahlen für Fräser.

Zähne-zahl	Fräserart						
	Walzen-stirnfräser DIN 841	Winkel-stirnfräser DIN 842	Schaft-fräser DIN 845, 846	Prismen-fräser DIN 847	Schlüssel-fräser DIN 849	T-Nuten-fräser DIN 851	Halbkreis-fräser-konkav DIN 855
	Durchmesserbereich (mm)						
8	—	—	5—32	—	—	11—18	—
9	—	—	—	—	—	—	—
10	—	—	34—40	—	—	21—27	55—75
12	30	—	—	—	45—105	30—38	80—114
14	35, 40	35, 45	—	—	110—235	42—54	—
16	50	55	—	55	—	—	—
18	60, 75	—	—	—	—	—	—
20	90	65	—	65	—	—	—
22	—	75	—	80	—	—	—
24	110	90	—	95	—	—	—
26	130	—	—	—	—	—	—
28	150	110	—	—	—	—	—
30	—	—	—	—	—	—	—
32	—	130	—	—	—	—	—
34	—	150	—	—	—	—	—

Zähne-zahl	Fräserart					
	Halbkreis-fräser konvex DIN 856	Abwälz-fräser DIN 858	Nuten-fräser	Scheiben-fräser	Walzenfräser	
					Schlicht-	Schrupp-
	Durchmesserbereich (mm)					
8	—	210—240	—	—	—	—
9	—	70—175	—	—	—	—
10	100—120	60, 65	—	—	—	—
12	50—95	50, 55	—	—	—	35, 40, 50
14	—	—	50—85	—	35, 40	60, 75
16	—	—	90—125	—	50	90
18	—	—	130—145	50—80	60, 75	110
20	—	—	150—170	85	90	130
22	—	—	175	90—100	110	—
24	—	—	—	110—120	130	—
26	—	—	—	125—140	—	—
28	—	—	—	—	—	—
30	—	—	—	150—160	—	—
32	—	—	—	175	—	—
34	—	—	—	—	—	—

Spiralsteigungen.

Fräser-durch-messer in mm	Steigung der Spirale in mm u. in engl. Zoll bei einem Einstellwinkel α						Fräser-durch-messer in mm
	10°			12°		15°	
	mm	engl. Zoll	mm	engl. Zoll	mm	engl. Zoll	
4	71	2,79	$2^{13}/_{16}$	59	2,32	$2^5/_{16}$	47	1,85	$1^{27}/_{32}$	4
5	89	3,50	$3^1/_2$	74	2,91	$2^{29}/_{32}$	59	2,32	$2^5/_{16}$	5
6	107	4,21	$4^7/_{32}$	89	3,50	$3^1/_2$	70	2,76	$2^3/_4$	6
7	125	4,92	$4^{15}/_{16}$	104	4,09	$4^3/_{32}$	82	3,23	$3^7/_{32}$	7
8	143	5,63	$5^5/_8$	118	4,65	$4^{21}/_{32}$	94	3,70	$3^{11}/_{16}$	8
9	160	6,30	$6^5/_{16}$	133	5,24	$5^1/_4$	105	4,13	$4^1/_8$	9
10	178	7,01	7	148	5,83	$5^{13}/_{16}$	117	4,61	$4^{19}/_{32}$	10
11	196	7,72	$7^{23}/_{32}$	163	6,42	$6^7/_{16}$	129	5,08	$5^1/_{16}$	11
12	214	8,43	$8^7/_{16}$	177	6,97	$6^{31}/_{32}$	141	5,55	$5^9/_{16}$	12
13	232	9,13	$9^1/_8$	192	7,56	$7^9/_{16}$	158	6,22	$6^7/_{32}$	13
14	249	9,80	$9^{13}/_{16}$	207	8,15	$8^5/_{32}$	164	6,46	$6^{15}/_{32}$	14
15	267	10,51	$10^1/_2$	222	8,74	$8^3/_4$	176	6,93	$6^{15}/_{16}$	15
16	285	11,22	$11^7/_{32}$	237	9,33	$9^5/_{16}$	188	7,40	$7^{13}/_{32}$	16
17	303	11,93	$11^{15}/_{16}$	251	9,88	$9^7/_8$	199	7,83	$7^{27}/_{32}$	17
18	330	12,99	13	266	10,47	$10^{15}/_{32}$	217	8,54	$8^{17}/_{32}$	18
19	339	13,35	$13^{11}/_{32}$	281	11,06	$11^1/_{16}$	223	8,78	$8^{25}/_{32}$	19
20	356	14,02	14	296	11,65	$11^5/_8$	235	9,25	$9^1/_4$	20
21	374	14,72	$14^{23}/_{32}$	310	12,20	$12^3/_{16}$	246	9,69	$9^{11}/_{16}$	21
22	392	15,43	$15^7/_{16}$	325	12,80	$12^{13}/_{16}$	258	10,16	$10^5/_{32}$	22
23	410	16,14	$16^1/_8$	340	13,39	$13^3/_8$	270	10,63	$10^5/_8$	23
24	428	16,85	$16^7/_8$	355	13,98	$13^{31}/_{32}$	281	11,06	$11^1/_{16}$	24
25	445	17,52	$17^1/_2$	370	14,57	$14^9/_{16}$	293	11,54	$11^{17}/_{32}$	25
26	463	18,23	$18^1/_4$	384	15,12	$15^1/_8$	305	12,01	12	26
27	481	18,94	$18^{15}/_{16}$	399	15,71	$15^{11}/_{16}$	317	12,48	$12^{15}/_{32}$	27
28	499	19,65	$19^{11}/_{16}$	414	16,30	$16^9/_{32}$	328	12,91	$12^{29}/_{32}$	28
29	517	20,35	$20^{11}/_{32}$	429	16,89	$16^7/_8$	340	13,39	$13^3/_8$	29
30	534	21,02	21	443	17,44	$17^7/_{16}$	352	13,86	$13^9/_{16}$	30
31	552	21,73	$21^3/_4$	458	18,03	$18^1/_{32}$	363	14,29	$14^9/_{32}$	31
32	570	22,44	$22^7/_{16}$	473	18,62	$18^5/_8$	375	14,76	$14^3/_4$	32
33	588	23,15	$23^1/_8$	488	19,21	$19^7/_{32}$	388	15,28	$15^9/_{32}$	33
34	606	23,86	$23^7/_8$	502	19,76	$19^3/_4$	399	15,71	$15^{11}/_{16}$	34
35	624	24,57	$24^9/_{16}$	518	20,39	$20^3/_8$	410	16,14	$16^5/_{32}$	35
36	641	25,24	$25^1/_4$	532	20,95	$20^{15}/_{16}$	422	16,61	$16^5/_8$	36
37	659	25,95	$25^{15}/_{16}$	547	21,54	$21^9/_{16}$	434	17,09	$17^3/_{32}$	37
38	677	26,65	$26^{11}/_{16}$	562	22,13	$22^1/_8$	446	17,56	$17^9/_{16}$	38
40	713	28,07	$28^1/_{16}$	591	23,27	$23^1/_4$	469	18,46	$18^{15}/_{32}$	40
42	748	29,45	$29^7/_{16}$	621	24,45	$24^7/_{16}$	492	19,37	$19^3/_8$	42
44	784	30,87	$30^7/_8$	650	25,59	$25^5/_8$	516	20,32	$20^5/_{16}$	44
45	802	31,58	$31^9/_{16}$	665	26,18	$26^3/_{16}$	528	20,79	$20^{13}/_{16}$	45
46	820	32,28	$32^1/_4$	680	26,77	$26^3/_4$	539	21,22	$21^1/_4$	46
48	855	33,66	$33^{11}/_{16}$	710	27,95	$27^{15}/_{16}$	563	22,17	$22^3/_{16}$	48
50	891	35,08	$35^1/_{16}$	739	29,10	$29^1/_8$	586	23,07	$23^1/_{16}$	50
55	980	38,58	$38^9/_{16}$	813	32,01	32	645	25,39	$25^3/_8$	55

Spiralsteigungen.

Fräserdurchmesser in mm	Steigung der Spirale in mm u. engl. Zoll bei einem Einstellwinkel a								Fräserdurchmesser in mm
	18°		20°		22°		25°		
	mm	engl. Zoll	mm	engl. Zoll	mm	engl. Zoll	mm	engl. Zoll	
4	39	1,54	$1^{17}/_{32}$	35	1,38	$1^{3}/_{8}$	31	1,22	$1^{7}/_{32}$	27	1,06	$1^{1}/_{16}$	4
5	48	1,89	$1^{19}/_{32}$	43	1,69	$1^{11}/_{16}$	39	1,54	$1^{17}/_{32}$	34	1,34	$1^{11}/_{32}$	5
6	58	2,28	$2^{9}/_{32}$	52	2,05	$2^{1}/_{32}$	47	1,85	$1^{27}/_{32}$	40	1,57	$1^{9}/_{16}$	6
7	68	2,68	$2^{11}/_{16}$	60	2,36	$2^{3}/_{8}$	54	2,13	$2^{1}/_{8}$	47	1,85	$1^{27}/_{32}$	7
8	77	3,03	$3^{1}/_{32}$	69	2,72	$2^{23}/_{32}$	62	2,44	$2^{7}/_{16}$	54	2,13	$2^{1}/_{8}$	8
9	87	3,43	$3^{7}/_{16}$	78	3,07	$3^{1}/_{16}$	70	2,76	$2^{3}/_{4}$	61	2,40	$2^{13}/_{32}$	9
10	97	3,82	$3^{13}/_{16}$	86	3,39	$3^{3}/_{8}$	77	3,03	$3^{1}/_{32}$	67	2,64	$2^{5}/_{8}$	10
11	106	4,17	$4^{3}/_{16}$	95	3,74	$3^{3}/_{4}$	85	3,35	$3^{11}/_{32}$	74	2,91	$2^{29}/_{32}$	11
12	116	4,57	$4^{9}/_{16}$	104	4,09	$4^{3}/_{32}$	93	3,66	$3^{21}/_{32}$	81	3,19	$3^{3}/_{16}$	12
13	126	4,96	$4^{31}/_{32}$	112	4,41	$4^{13}/_{32}$	101	3,98	$3^{31}/_{32}$	88	3,46	$3^{15}/_{32}$	13
14	135	5,32	$5^{5}/_{16}$	121	4,76	$4^{3}/_{4}$	109	4,29	$4^{9}/_{32}$	94	3,70	$3^{11}/_{16}$	14
15	145	5,71	$5^{23}/_{32}$	130	5,12	$5^{1}/_{8}$	117	4,61	$4^{19}/_{32}$	101	3,98	$3^{31}/_{32}$	15
16	155	6,10	$6^{3}/_{32}$	138	5,43	$5^{7}/_{16}$	124	4,88	$4^{7}/_{8}$	108	4,25	$4^{1}/_{4}$	16
17	164	6,46	$6^{15}/_{32}$	147	5,79	$5^{25}/_{32}$	132	5,20	$5^{3}/_{16}$	114	4,49	$4^{1}/_{2}$	17
18	174	6,85	$6^{27}/_{32}$	155	6,10	$6^{1}/_{8}$	140	5,51	$5^{1}/_{2}$	121	4,76	$4^{3}/_{4}$	18
19	184	7,24	$7^{1}/_{4}$	164	6,46	$6^{15}/_{32}$	148	5,83	$5^{13}/_{16}$	128	5,04	$5^{1}/_{32}$	19
20	193	7,60	$7^{19}/_{32}$	173	6,81	$6^{13}/_{16}$	155	6,10	$6^{1}/_{8}$	135	5,32	$5^{5}/_{16}$	20
21	203	7,99	8	181	7,13	$7^{1}/_{8}$	163	6,42	$6^{7}/_{16}$	141	5,55	$5^{9}/_{16}$	21
22	213	8,39	$8^{13}/_{32}$	190	7,48	$7^{15}/_{32}$	171	6,73	$6^{23}/_{32}$	148	5,83	$5^{13}/_{16}$	22
23	222	8,74	$8^{3}/_{4}$	199	7,83	$7^{27}/_{32}$	179	7,05	$7^{1}/_{16}$	155	6,10	$6^{1}/_{8}$	23
24	231	9,09	$9^{1}/_{8}$	207	8,15	$8^{5}/_{32}$	187	7,36	$7^{3}/_{8}$	162	6,38	$6^{3}/_{8}$	24
25	242	9,53	$9^{17}/_{32}$	216	8,50	$8^{1}/_{2}$	194	7,64	$7^{5}/_{8}$	168	6,61	$6^{5}/_{8}$	25
26	251	9,88	$9^{7}/_{8}$	224	8,82	$8^{3}/_{4}$	202	7,95	$7^{31}/_{32}$	175	6,89	$6^{7}/_{8}$	26
27	261	10,28	$10^{9}/_{32}$	233	9,17	$9^{3}/_{16}$	210	8,27	$8^{9}/_{32}$	182	7,17	$7^{5}/_{32}$	27
28	271	10,67	$10^{5}/_{8}$	242	9,53	$9^{17}/_{32}$	218	8,58	$8^{19}/_{32}$	189	7,44	$7^{7}/_{16}$	28
29	280	11,02	$11^{1}/_{32}$	250	9,84	$9^{27}/_{32}$	225	8,86	$8^{7}/_{8}$	195	7,68	$7^{11}/_{16}$	29
30	290	11,42	$11^{13}/_{32}$	259	10,20	$10^{3}/_{16}$	233	9,17	$9^{3}/_{16}$	202	7,95	$7^{15}/_{16}$	30
31	300	11,81	$11^{13}/_{16}$	268	10,55	$10^{9}/_{16}$	241	9,49	$9^{1}/_{2}$	209	8,23	$8^{7}/_{32}$	31
32	309	12,17	$12^{5}/_{32}$	276	10,87	$10^{7}/_{8}$	249	9,80	$9^{13}/_{16}$	215	8,46	$8^{15}/_{32}$	32
33	319	12,56	$12^{9}/_{16}$	284	11,18	$11^{3}/_{16}$	256	10,08	$10^{3}/_{32}$	222	8,74	$8^{3}/_{4}$	33
34	329	12,95	$12^{15}/_{16}$	293	11,54	$11^{17}/_{32}$	264	10,39	$10^{13}/_{32}$	229	9,02	9	34
35	338	13,31	$13^{5}/_{16}$	302	11,89	$11^{29}/_{32}$	272	10,71	$10^{23}/_{32}$	236	9,29	$9^{9}/_{32}$	35
36	348	13,70	$13^{11}/_{16}$	311	12,24	$12^{1}/_{4}$	280	11,02	$11^{1}/_{32}$	242	9,53	$9^{17}/_{32}$	36
37	358	14,09	$14^{3}/_{32}$	319	12,56	$12^{9}/_{16}$	288	11,34	$11^{11}/_{32}$	250	9,84	$9^{27}/_{32}$	37
38	367	14,45	$14^{7}/_{16}$	328	12,91	$12^{29}/_{32}$	295	11,61	$11^{5}/_{8}$	256	10,08	$10^{1}/_{16}$	38
40	387	15,24	$15^{1}/_{4}$	345	13,58	$13^{19}/_{32}$	311	12,24	$12^{1}/_{4}$	269	10,59	$10^{19}/_{32}$	40
42	406	15,98	16	362	14,25	$14^{1}/_{4}$	326	12,83	$12^{27}/_{32}$	283	11,14	$11^{5}/_{32}$	42
44	425	16,73	$16^{3}/_{4}$	380	14,96	$14^{31}/_{32}$	342	13,46	$13^{15}/_{32}$	296	11,65	$11^{21}/_{32}$	44
45	435	17,13	$17^{1}/_{8}$	389	15,32	$15^{5}/_{16}$	350	13,78	$13^{25}/_{32}$	303	11,93	$11^{15}/_{16}$	45
46	445	17,52	$17^{17}/_{32}$	405	15,95	$15^{15}/_{16}$	358	14,09	$14^{3}/_{32}$	310	12,20	$12^{7}/_{32}$	46
48	464	18,27	$18^{9}/_{32}$	414	16,30	$16^{9}/_{32}$	373	14,69	$14^{11}/_{16}$	323	12,72	$12^{23}/_{32}$	48
50	483	19,02	19	432	17,01	17	389	15,32	$15^{5}/_{16}$	337	13,27	$13^{9}/_{32}$	50
55	532	20,95	$20^{15}/_{16}$	475	18,70	$18^{11}/_{16}$	427	16,81	$16^{13}/_{16}$	370	14,75	$14^{9}/_{16}$	55

Spiralsteigungen.

Fräser-durchmesser in mm	Steigung der Spirale in mm u. in engl. Zoll bei einem Einstellwinkel a							Fräser-durchmesser in mm
	10°		12°		15°		
	mm	engl. Zoll		mm	engl. Zoll		mm	engl. Zoll		
58	1033	40,67	40³/₄	857	33,74	33³/₄	680	26,77	26³/₄	58
60	1069	42,09	42¹/₈	887	34,92	34¹⁵/₁₆	703	27,68	27¹¹/₁₆	60
62	1105	43,51	43¹/₂	916	36,06	36¹/₁₆	727	28,62	28⁵/₈	62
65	1158	45,59	45⁵/₈	961	37,84	37⁷/₈	762	30	30	65
68	1211	47,58	47⁵/₈	1005	39,57	39⁹/₁₆	797	31,38	31³/₈	68
70	1247	49,10	49¹/₈	1035	40,75	40³/₄	821	32,32	32⁵/₁₆	70
75	1336	52,60	52⁵/₈	1109	43,66	43⁵/₈	879	34,61	34⁵/₈	75
80	1425	56,10	56¹/₈	1183	46,58	46³/₈	938	36,93	36¹⁵/₁₆	80
85	1514	59,61	59⁵/₈	1256	49,45	49¹/₂	997	39,25	39¹/₄	85
90	1603	63,11	63¹/₈	1330	52,36	52³/₈	1055	41,54	41¹/₂	90
95	1693	66,66	66⁵/₈	1404	55,28	55¹/₄	1114	43,86	43⁷/₈	95
100	1782	70,16	70¹/₈	1478	58,19	58¹/₄	1172	46,14	46¹/₈	100
105	1871	73,66	73⁵/₈	1562	61,10	61¹/₈	1231	48,47	48¹/₂	105
110	1960	77,17	77¹/₈	1626	64,02	64	1290	50,79	50³/₄	110
115	2049	80,67	80⁵/₈	1700	66,94	67	1348	53,07	53	115
120	2138	84,18	84¹/₈	1774	69,84	69⁷/₈	1407	55,40	55³/₈	120
125	2227	87,68	87⁵/₈	1848	72,76	72³/₄	1466	57,72	57³/₄	125
130	2316	91,18	91¹/₈	1922	75,67	75⁵/₈	1524	60,06	60	130
135	2405	96,69	94⁵/₈	1995	78,55	78¹/₂	1583	62,32	62³/₈	135
140	2494	98,19	98¹/₈	2069	81,46	81¹/₂	1641	64,61	64⁵/₈	140
145	2583	101,70	101⁵/₈	2143	84,37	84³/₈	1700	66,93	67	145
150	2672	105,20	105¹/₈	2217	87,29	87¹/₄	1759	69,25	69¹/₄	150
155	2781	109,49	109¹/₂	2291	90,20	90¹/₄	1817	71,54	71¹/₂	155
160	2851	112,25	112¹/₄	2365	93,11	93¹/₈	1876	73,86	73⁷/₈	160
165	2940	115,75	115³/₄	2439	96,03	96	1934	76,14	76¹/₈	165
170	3029	119,25	119¹/₄	2513	98,94	99	1993	78,47	78¹/₂	170
175	3118	122,76	122³/₄	2587	101,85	101⁷/₈	2052	80,79	80³/₄	175
180	3207	126,26	126¹/₄	2661	104,77	104³/₄	2110	83,07	83	180
185	3296	129,77	129³/₄	2734	107,64	107⁵/₈	2169	85,40	85³/₈	185
190	3385	133,27	133¹/₄	2808	110,55	110¹/₂	2228	87,72	87³/₄	190
195	3474	136,77	136³/₄	2882	113,47	113¹/₂	2286	90	90	195
200	3563	140,28	140¹/₄	2956	116,38	116³/₈	2345	92,33	92³/₈	200
210	3741	147,29	147¹/₄	3104	122,21	122¹/₄	2462	96,93	97	210
220	3920	154,33	154¹/₄	3252	128,03	128	2579	101,54	101¹/₂	220
230	4098	161,34	161³/₈	3403	133,86	133⁷/₈	2697	106,18	106¹/₈	230
240	4276	168,35	168³/₈	3547	139,65	139⁵/₈	2814	110,79	110³/₄	240
250	4454	175,36	175³/₈	3695	145,48	145¹/₂	2931	115,40	115³/₈	250
260	4632	182,37	182³/₈	3843	151,30	151¹/₄	3048	120	120	260
270	4810	189,37	189³/₈	3991	157,13	157¹/₈	3166	124,65	124⁵/₈	270
280	4988	196,38	196³/₈	4137	162,88	162⁷/₈	3283	128,24	128¹/₄	280
290	5167	203,43	203³/₈	4287	168,78	168³/₄	3400	133,86	133⁷/₈	290
300	5345	210,44	210³/₈	4434	174,57	174⁵/₈	3517	138,47	138¹/₈	300

Spiralsteigungen.

Fräserdurchmesser in mm	Steigung der Spirale in mm u. in engl. Zoll bei einem Einstellwinkel a								Fräserdurchmesser in mm
	18°		20°		22°		25°		
	mm	engl. Zoll	mm	engl. Zoll	mm	engl. Zoll	mm	engl. Zoll	
58	561	22,09 22$^7/_8$	501	19,72 19$^{23}/_{32}$	451	17,76 17$^3/_4$	391	15,40 15$^{13}/_{32}$	58
60	580	22,84 22$^{13}/_{16}$	518	20,39 20$^3/_8$	466	18,35 18$^{11}/_{32}$	404	15,91 15$^{29}/_{32}$	60
62	600	23,62 23$^5/_8$	535	21,06 21$^1/_{16}$	482	18,98 18	418	16,46 16$^{15}/_{32}$	62
65	629	24,76 24$^3/_4$	561	22,09 22$^1/_8$	505	19,88 19$^7/_8$	438	17,24 17$^1/_4$	65
68	658	25,91 25$^7/_8$	587	23,11 23$^1/_8$	528	20,79 20$^{13}/_{16}$	458	18,03 18$^1/_{32}$	68
70	677	26,65 26$^5/_8$	604	23,78 23$^3/_4$	544	21,42 21$^7/_{16}$	471	18,54 18$^{17}/_{32}$	70
75	725	28,54 28$^9/_{16}$	647	25,47 25$^1/_2$	583	22,95 22$^{15}/_{16}$	505	19,88 19$^7/_8$	75
80	774	30,47 30$^1/_2$	690	27,17 27$^3/_{16}$	622	24,49 24$^1/_2$	539	21,22 27$^7/_{32}$	80
85	822	32,36 32$^3/_8$	733	28,86 28$^7/_8$	661	26,02 26	572	22,52 22$^1/_2$	85
90	870	34,25 34$^1/_4$	776	30,55 30$^9/_{16}$	699	27,52 27$^1/_2$	606	23,86 23$^7/_8$	90
95	919	36,18 36$^3/_{16}$	820	32,28 32$^5/_{16}$	738	29,06 29$^1/_{16}$	640	25,20 25$^3/_{16}$	95
100	967	38,07 38$^1/_{16}$	863	33,98 34	777	30,59 30$^9/_{16}$	673	26,50 26$^1/_2$	100
105	1015	39,96 40	906	35,67 35$^{11}/_{16}$	816	32,13 32$^1/_8$	707	27,84 27$^{13}/_{16}$	105
110	1064	41,89 41$^7/_8$	949	37,36 37$^3/_8$	855	33,66 33$^{11}/_{16}$	741	29,17 29$^3/_{16}$	110
115	1112	43,78 43$^3/_4$	993	39,10 39$^1/_8$	894	35,20 35$^3/_{16}$	774	30,47 30$^7/_{16}$	115
120	1160	45,67 45$^5/_8$	1036	40,79 40$^3/_4$	933	36,73 36$^3/_4$	808	31,81 31$^{13}/_{16}$	120
125	1209	47,60 47$^5/_8$	1079	41,06 41	972	38,27 38$^1/_4$	842	33,15 33$^1/_8$	125
130	1257	49,49 49$^1/_2$	1122	44,17 44$^1/_8$	1010	39,80 39$^3/_4$	875	34,45 34$^7/_{16}$	130
135	1305	51,38 51$^3/_8$	1165	45,87 45$^7/_8$	1050	41,34 41$^1/_4$	909	35,79 35$^{13}/_{16}$	135
140	1354	53,31 53$^1/_4$	1208	47,56 47$^1/_2$	1090	42,91 42$^7/_8$	943	37,13 37$^1/_8$	140
145	1402	55,20 55$^1/_4$	1252	49,29 49$^1/_4$	1127	44,37 44$^3/_8$	976	38,43 38$^7/_{16}$	145
150	1450	57,09 57$^1/_8$	1295	50,99 51	1166	45,91 45$^7/_8$	1010	39,80 39$^3/_4$	150
155	1499	59,02 59	1338	52,68 52$^5/_8$	1205	47,44 47$^1/_2$	1044	41,10 41$^1/_8$	155
160	1547	60,91 60$^7/_8$	1381	54,37 54$^3/_8$	1244	48,98 49	1077	42,40 42$^3/_8$	160
165	1596	62,84 62$^7/_8$	1424	56,06 56	1282	50,47 50$^1/_2$	1111	43,74 43$^3/_4$	165
170	1644	64,73 64$^3/_4$	1467	57,76 57$^3/_4$	1321	52,01 52	1145	45,08 45$^1/_8$	170
175	1692	66,62 66$^5/_8$	1511	59,49 59$^1/_2$	1360	53,54 53$^1/_2$	1178	46,38 46$^3/_8$	175
180	1741	68,55 68$^1/_2$	1554	61,18 61$^1/_8$	1399	55,08 55	1212	47,72 47$^3/_4$	180
185	1789	70,43 70$^1/_2$	1597	62,88 62$^7/_8$	1438	56,62 56$^5/_8$	1246	49,06 49	185
190	1837	72,32 72$^3/_8$	1640	64,57 64$^5/_8$	1477	58,15 58$^1/_8$	1279	50,36 50$^3/_8$	190
195	1886	74,25 74$^1/_4$	1683	66,26 66$^1/_4$	1516	59,69 59$^5/_8$	1313	51,70 51$^3/_4$	195
200	1934	76,14 76$^1/_8$	1726	67,95 68	1554	61,18 61$^1/_8$	1347	53,03 53	200
210	2031	79,96 79	1813	71,38 71$^1/_2$	1632	64,25 64$^1/_4$	1414	55,67 55$^5/_8$	210
220	2127	83,74 83$^3/_4$	1899	74,77 74$^3/_4$	1710	67,32 67$^3/_8$	1481	58,31 58$^1/_4$	220
230	2224	87,56 87$^1/_2$	1985	78,15 78$^1/_8$	1788	70,40 70$^3/_8$	1549	60,98 61	230
240	2310	90,95 91	2072	81,58 81$^5/_8$	1865	73,43 73$^3/_8$	1616	63,62 63$^5/_8$	240
250	2417	95,16 95$^1/_8$	2158	84,96 84	1943	76,50 76$^1/_2$	1684	66,46 66$^1/_2$	250
260	2514	98,98 99	2244	88,35 88$^3/_8$	2021	79,57 79$^1/_2$	1751	68,94 68$^7/_8$	260
270	2611	102,80 102$^3/_4$	2330	91,73 91$^3/_4$	2098	82,60 82$^5/_8$	1818	71,58 71$^5/_8$	270
280	2708	106,62 106$^5/_8$	2417	95,11 95$^1/_8$	2176	85,67 85$^5/_8$	1886	74,25 74$^1/_4$	280
290	2804	110,40 110$^3/_8$	2503	98,55 98$^1/_2$	2254	88,74 88$^3/_4$	1953	76,89 76$^7/_8$	290
300	2901	114,22 114$^1/_4$	2589	101,93 101	2332	91,81 91$^3/_4$	2020	79,53 79$^1/_2$	300

Teilkopfeinstellung
zum Fräsen der Fräserverzahnungen.

Abb. F 30.

Verzahnung einer **ebenen** Fläche			
Bezeichnung	Zeichen	Berechnung
Einstellwinkel des Teilkopfes	α	$\cos \alpha = \operatorname{tg} \beta \cdot \operatorname{ctg} \gamma$
Teilwinkel des Fräsers	β	$\dfrac{360°}{\text{Zähnezahl}}$
Winkel des Arbeitsfräsers	γ	

Abb. F 31.

Verzahnung einer **Kegelfläche**			
Bezeichnung	Zeichen	Berechnung
Einstellwinkel des Teilkopfes	α	$\alpha_1 - \alpha_2$
Hilfswinkel	α_1	$\operatorname{tg} \alpha_1 = \cos \beta \cdot \operatorname{ctg} \delta$
Hilfswinkel	α_2	$\sin \alpha_2 = \operatorname{tg} \beta \cdot \operatorname{ctg} \gamma \cdot \sin \alpha_1$
Teilwinkel des Fräsers	β	$\dfrac{360°}{\text{Zähnezahl}}$
Grundwinkel des Fräserkegels	δ	
Winkel des Arbeitsfräsers	γ	

Zum Einschneiden der Zähne muß der Fräser so eingestellt werden, daß der Grund $a-b$ der Zahnlücke wagerecht, d. i. parallel zur Tischfläche liegt. Der Einstellwinkel a ist gleich dem Neigungswinkel des Zahngrundes gegen die Fräserachse. Die Schleiffläche der Zähne muß eine gleichmäßige Breite f haben; die Breite hängt von der Frästiefe h ab.

Beispiele für die Berechnung des Einstellwinkels α.

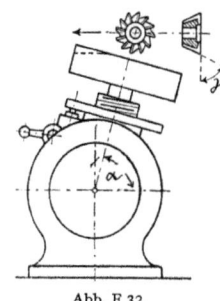

Abb. F 32.

1. Es ist die **Stirnzahnung eines Scheibenfräsers** mit 26 Zähnen zu fräsen. Der Arbeitsfräser hat einen Schneidwinkel γ von 75° (Formeln s. S. 430).

$$\beta = 360° : 26 = 13{,}84° = 13°\,50'$$
$$\gamma = 75°$$
$$\cos \alpha = \operatorname{tg} 13°\,50' \cdot \operatorname{ctg} 75°$$
$$= 0{,}2462 \cdot 0{,}2679 = 0{,}066$$

Einstellwinkel $\alpha = 86°\,13'$

(vgl. Tafel S. 432).

2. Ein **Winkelfräser** von $\delta = 70°$ soll mit $Z = 16$ Zähnen verzahnt werden. Der Winkel γ des Arbeitswinkelfräsers ist $\gamma = 75°$. Wie groß ist der Einstellwinkel α? (Formeln s. S. 430.)

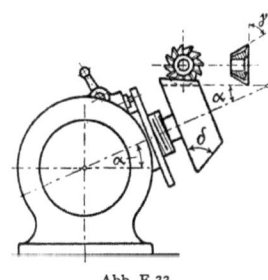

Abb. F 33.

$$\sphericalangle \beta = 360° : 16 = 22{,}5° = 22°\,30'$$
$$\operatorname{tg} \alpha_1 = \cos 22°\,30' \cdot \operatorname{ctg} 70°$$
$$= 0{,}9239 \cdot 0{,}3640$$
$$= 0{,}336; \quad \alpha_1 = 18°\,36'$$
$$\sin \alpha_2 = \operatorname{tg} 22°\,30' \cdot \operatorname{cotg} 75° \cdot \sin 18°\,36'$$
$$= 0{,}4142 \cdot 0{,}2679 \cdot 0{,}3190$$
$$= 0{,}0354; \quad \alpha_2 = 2°\,2'$$

Einstellwinkel $\alpha = 18°\,36' - 2°\,2' = 16°\,34'$

(vgl. Tafel S. 435)..

3. In einen **Winkelfräser** ($\sphericalangle = 75°$) mit den Grundwinkeln $\delta_1 = 15°$ und $\delta_2 = 60°$ sind beiderseits 16 Zähne einzufräsen, der Winkel des Arbeitsfräsers $\gamma = 70°$.

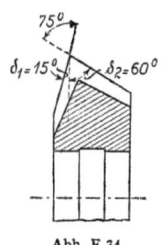

Abb. F 34.

a) $\delta_1 = 15°$; $\gamma = 70°$; $\beta = 360° : 16 = 22°\,30'$;
$$\operatorname{tg} \alpha_1 = \cos 22°\,30' \cdot \operatorname{ctg} 15° = 3{,}4481; \quad \alpha_1 = 73°\,50'$$
$$\sin \alpha_2 = \operatorname{tg} 22°\,30' \cdot \operatorname{ctg} 70° \cdot \sin 73°\,50' = 0{,}1448; \quad \alpha_2 = 8°\,20'$$

Einstellwinkel $\alpha = 73°\,50' - 8°\,20' = 65°\,30'$.

b) $\delta_2 = 60°$; $\gamma = 70°$; $\beta = 360° : 16 = 22°\,30'$;
$$\operatorname{tg} \alpha_1 = \cos 22°\,30' \cdot \operatorname{ctg} 60° = 0{,}5335; \quad \alpha_1 = 28°\,5'$$
$$\sin \alpha_2 = \operatorname{tg} 22°\,30' \cdot \operatorname{ctg} 70° \cdot \sin 28°\,5' = 0{,}071; \quad \alpha_2 = 4°\,5'$$

Einstellwinkel $\alpha = 28°\,5' - 4°\,5' = 24°$

(vgl. Tafel S. 434).

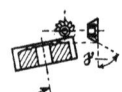

Einstellwinkel α des Teilkopfes zum Fräsen der Verzahnung einer ebenen Fläche.
(Stirnverzahnung von Scheiben und Stirnfräsern.)

| Zähne- | Winkel γ des Arbeitsfräsers | | | | | | | |
zahl	85°	80°	75°	70°	65°	60°	55°	50°
6	81°17'	72°13'	62°21'	50°55'	36°08'	—	—	—
8	84°59'	79°51'	74°27'	68°39'	62°12'	54°44'	45°33'	32°57'
10	86°21'	82°38'	78°59'	74°40'	70°12'	65°12'	59°25'	52°26'
12	87°06'	84°09'	81°06'	77°52'	74°23'	70°32'	66°09'	61°01'
14	87°35'	85°08'	82°35'	79°54'	77°01'	73°51'	70°18'	66°10'
16	87°55'	85°49'	83°38'	81°20'	78°52'	76°10'	73°08'	69°40'
18	88°10'	86°19'	84°24'	82°27'	80°14'	77°52'	75°14'	72°13'
20	88°22'	86°43'	85°00'	83°12'	81°17'	79°11'	76°51'	74°11'
22	88°32'	87°02'	85°30'	83°52'	82°08'	80°14'	78°08'	75°44'
24	88°39'	87°18'	85°53'	84°24	82°49'	81°06'	79°11'	77°01'
26	88°46'	87°30'	86°13'	84°51'	83°24'	81°49'	80°04'	78°04'
28	88°51'	87°42'	86°30'	85°14'	83°53'	82°26'	80°48'	78°58'
30	88°56'	87°51'	86°44'	85°34'	84°19'	82°57'	81°26'	79°44'
32	89°00'	87°59'	86°56'	85°51'	84°37'	83°24'	82°00'	80°24'
34	89°04'	88°07'	87°08'	86°06'	85°00'	83°48'	82°29'	80°59'
36	89°07'	88°13'	87°18'	86°19'	85°24'	84°10'	82°54'	81°29'
38	89°10'	88°19'	87°26'	86°31'	85°32'	84°28'	83°17'	81°57'
40	89°12'	88°24'	87°34'	86°42'	85°46'	84°45'	83°38'	82°22'

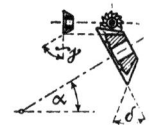

Einstellwinkel α des Teilkopfes zum Fräsen der Zähne bei Winkelfräsern von δ = 45°.

| Zähne- | Winkel γ des Arbeitsfräsers | | | | | | | | |
zahl	90°	85°	80°	75°	70°	65°	60°	55°	50°
6	26°34'	22°41'	18°43'	14°35'	10°11'	5°25'	—	—	—
8	35°16'	32°22'	29°25'	26°22'	23°08'	19°40'	15°48'	11°25'	6°17'
10	38°58'	36°41'	34°21'	31°56'	29°25'	26°41'	23°40'	20°18'	16°25'
12	40°54'	39°00'	37°04'	35°05'	33°00'	30°46'	28°18'	25°33'	20°24'
14	42°01'	40°24'	38°46'	37°04'	35°17'	33°23'	31°18'	28°58'	26°19'
16	42°44'	41°19'	39°54'	38°25'	36°52'	35°13'	33°24'	31°23'	29°05'
18	43°13'	41°58'	40°42'	39°23'	38°01'	36°33'	34°57'	33°10'	31°09'
20	43°34'	42°27'	41°18'	40°08'	38°53'	37°35'	36°09'	34°33'	32°44'
22	43°49'	42°48'	41°46'	40°42'	39°34'	38°23'	37°04'	35°38'	33°59'
24	44°00'	43°04'	42°07'	41°09'	40°07'	39°02'	37°50'	36°30'	35°01'
26	44°09'	43°17'	42°25'	41°31'	40°34'	39°34'	38°28'	37°14'	35°52'
28	44°16'	43°28'	42°40'	41°49'	40°57'	39°55'	39°00'	37°52'	36°36'
30	44°22'	43°37'	42°52'	42°05'	41°16'	40°24'	39°27'	38°24'	37°12'
32	44°27'	43°45'	43°03'	42°19'	41°23'	40°44'	39°51'	38°51'	37°44'
34	44°31'	43°52'	43°12'	42°30'	41°47'	41°05'	40°11'	39°15'	38°12'
36	44°34'	43°57'	43°19'	42°40'	41°59'	41°16'	40°28'	39°36'	38°36'
38	44°36'	44°01'	43°25'	42°48'	42°10'	41°28'	40°44'	39°54'	38°57'
40	44°39'	44°06'	43°31'	42°56'	42°20'	41°41'	40°58'	40°11'	39°17'

Einstellwinkel α des Teilkopfes zum Fräsen der Zähne bei Winkelfräsern von δ = 50°.

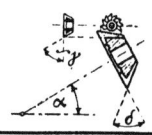

Zähne-zahl	Winkel γ des Arbeitsfräsers								
	90°	85°	80°	75°	70°	65°	60°	55°	50°
8	30°41′	28°07′	25°31′	22°50′	19°59′	16°55′	13°33′	9°45′	5°20′
10	34°10′	32°07′	30°03′	27°53′	25°38′	23°12′	20°32′	17°34′	14°09′
12	36°00′	34°18′	32°05′	30°47′	28°54′	26°54′	24°42′	22°15′	19°27′
14	37°05′	35°38′	34°09′	32°37′	31°01′	29°18′	27°26′	25°21′	22°59′
16	37°47′	36°31′	35°13′	33°53′	32°29′	30°59′	29°21′	27°33′	25°29′
18	38°15′	37°07′	35°58′	34°47′	33°32′	32°13′	30°46′	29°10′	27°21′
20	38°35′	37°34	36°32′	35°28′	34°21′	33°10′	31°52′	30°26′	28°48′
22	38°50′	37°55′	36°58′	36°00′	34°59′	33°54′	32°44′	31°25′	29°57′
24	39°01′	38°10′	37°19′	36°25′	35°30′	34°30′	33°26′	32°14′	30°53′
26	39°10′	38°23′	37°36′	36°46′	35°55′	35°00′	34°01′	32°54′	31°39′
28	39°17′	38°34′	37°49′	37°04′	36°16′	35°25′	34°30′	33°29′	32°19′
30	39°23′	38°43′	38°01′	37°19′	36°34′	35°47′	34°55′	33°58′	32°53′
32	39°27′	38°49′	38°10′	37°31′	36°49′	36°04′	35°16′	34°22′	33°22′
34	39°31′	38°55′	38°19′	37°41′	37°02′	36°20′	35°35′	34°45′	33°48′
36	39°34′	39°00′	38°26′	37°51′	37°13′	36°34′	35°51′	35°03′	34°09′
38	39°37′	39°05′	38°33′	37°59′	37°24′	36°46′	36°06′	35°21′	34°30′
40	39°39′	39°09′	38°38′	38°06′	37°33′	36°57′	36°18′	35°35′	34°47′

Einstellwinkel α des Teilkopfes zum Fräsen der Zähne bei Winkelfräsern δ = 55°.

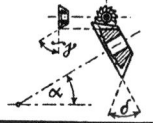

Zähne-zahl	Winkel γ des Arbeitsfräsers								
	90°	85°	80°	75°	70°	65°	60°	55°	50°
8	26°21′	24°07′	21°52′	19°31′	15°03′	14°24′	11°30′	8°15′	4°29′
10	29°32′	27°44′	25°55′	24°01′	22°03′	19°55′	17°36′	15°01′	12°03′
12	31°14′	29°44′	28°14′	26°38′	24°59′	23°13′	21°17′	19°08′	16°41′
14	32°15′	30°58′	29°39′	28°18′	26°53′	25°22′	23°43′	21°53′	19°48′
16	32°45′	31°37′	30°29′	29°18′	28°03′	26°44′	25°17′	23°41′	21°52′
18	33°21′	32°21′	31°20′	30°17′	29°10′	28°00′	26°43′	25°18′	23°41′
20	33°40′	32°46′	31°51′	30°54′	29°55′	28°51′	27°42′	26°25′	24°59′
22	33°54′	33°05′	32°15′	31°23′	30°29′	29°31′	28°28′	27°09′	26°00′
24	34°04′	33°19′	32°33′	31°46′	30°56′	30°03′	29°06′	28°02′	26°50′
26	34°13′	33°31′	32°49′	32°05′	31°19′	30°31′	29°38′	28°39′	27°32′
28	34°19′	33°40′	33°01′	32°21′	31°38′	30°53′	30°03′	29°09′	28°07′
30	34°25′	33°49′	33°12′	32°34′	31°55′	31°12′	30°26′	29°35′	28°38′
32	34°29′	33°55′	33°21′	32°45′	32°08′	31°28′	30°45′	29°58′	28°54′
34	34°32′	34°00′	33°28′	32°54′	32°19′	31°42′	31°02′	30°17′	29°26′
36	34°35′	34°05′	33°34′	33°03′	32°30′	31°54′	31°16′	30°34′	29°46′
38	34°38′	34°10′	33°41′	33°11′	32°39′	32°06′	31°30′	30°50′	30°04′
40	34°40′	34°13′	33°45′	33°17′	32°47′	32°15′	31°41′	31°03′	30°20′

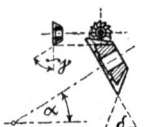

Einstellwinkel α des Teilkopfes zum Fräsen der Zähne bei Winkelfräsern von δ = 60°.

Zähne-zahl	Winkel γ des Arbeitsfräsers								
	90°	85°	80°	75°	70°	65°	60°	55°	50°
8	22°12′	20°13′	18°23′	16°23′	14°18′	12°03′	10°36′	6°52′	3°43′
10	25°02′	23°30′	21°56′	20°19′	18°36′	16°47′	14°48′	12°36′	10°05′
12	26°34′	25°16′	23°57′	22°36′	21°11′	20°39′	18°00′	16°09′	14°03′
14	27°29′	26°22′	25°14′	24°04′	22°50′	21°32′	20°06′	18°22′	16°44′
16	28°04′	27°05′	26°06′	25°04′	24°00′	22°51′	21°36′	20°13′	18°39′
18	28°29′	27°37′	26°44′	25°49′	24°52′	23°50′	22°44′	21°30′	20°06′
20	28°46′	27°59′	27°11′	26°22′	25°30′	24°35′	23°35′	22°29′	21°14′
22	28°59′	28°16′	27°33′	26°48′	26°01′	25°11′	24°16′	23°16′	22°07′
24	29°09′	28°30′	27°50′	27°09′	26°26′	25°40′	24°50′	23°54′	22°52′
26	29°16′	28°40′	28°03′	27°25′	26°45′	26°03′	25°17′	24°26′	23°28′
28	29°22′	28°48′	28°14′	27°39′	27°02′	26°23′	25°42′	24°52′	23°59′
30	29°27′	28°56′	28°24′	27°51′	27°16′	26°39′	26°00′	25°15′	24°25′
32	29°31′	29°02′	28°32′	28°01′	27°28′	26°54′	26°16′	25°35′	24°48′
34	29°34′	29°06′	28°38′	28°09′	27°39′	27°06′	26°31′	25°52′	25°08′
36	29°37′	29°11′	28°44′	28°17′	27°48′	27°17′	26°40′	26°07′	25°25′
38	29°40′	29°15′	28°50′	28°24′	27°57′	27°28′	26°56′	26°22′	25°42′
40	29°42′	29°18′	28°54′	28°30′	28°04′	27°36′	27°06′	26°33′	25°55′

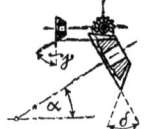

Einstellwinkel α des Teilkopfes zum Fräsen der Zähne bei Winkelfräsern von δ = 65°.

Zähne-zahl	Winkel γ des Arbeitsfräsers								
	90°	85°	80°	75°	70°	65°	60°	55°	50°
8	18°15′	16°42′	15°05′	13°27′	11°42′	9°51′	7°50′	5°35′	2°39′
10	20°40′	19°23′	18°04′	16°44′	15°18′	13°48′	12°09′	10°21′	8°15′
12	21°59′	20°54′	19°48′	18°40′	17°29′	16°12′	13°49′	15°17′	11°22′
14	22°47′	21°51′	20°54′	19°55′	18°53′	17°48′	16°36′	15°17′	13°47′
16	23°18′	22°29′	21°39′	20°47′	19°53′	18°55′	17°52′	16°43′	15°24′
18	23°40′	22°56′	22°11′	21°25′	20°37′	19°46′	18°50′	17°48′	16°37′
20	23°55′	23°15′	22°35′	21°54′	21°10′	20°24′	19°23′	18°38′	17°24′
22	24°06′	23°30′	22°53′	22°15′	21°36′	20°54′	20°08′	19°17′	18°19′
24	24°15′	23°42′	23°08′	22°34′	21°57′	21°19′	20°36′	19°50′	18°57′
26	24°22′	23°49′	23°20′	22°48′	22°15′	21°39′	21°00′	20°17′	19°28′
28	24°27′	23°59′	23°30′	23°00′	22°29′	21°56′	21°20′	20°40′	19°54′
30	24°31′	24°05′	23°38′	23°10′	22°41′	22°09′	21°36′	20°59′	20°16′
32	24°35′	24°10′	23°45′	23°19′	22°52′	22°22′	21°51′	21°16′	20°26′
34	24°38′	24°15′	23°51′	23°26′	23°01′	22°33′	22°04′	21°30′	20°53′
36	24°40′	24°18′	23°55′	23°32′	23°08′	22°42′	22°14′	21°43′	21°07′
38	24°41′	24°19′	23°58′	23°36′	23°13′	22°47′	22°22′	21°57′	21°20′
40	24°42′	24°22′	24°00′	23°39′	23°17′	22°53′	22°27′	22°00′	21°29′

Einstellwinkel α des Teilkopfes zum Fräsen der Zähne bei Winkelfräsern von δ = 70°.

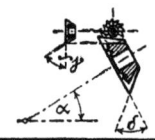

Zähne-zahl	Winkel γ des Arbeitsfräsers								
	90°	85°	80°	75°	70°	65°	60°	55°	50°
8	14°26′	13°11′	11°55′	10°36′	9°14′	7°45′	6°09′	4°23′	2°22′
10	16°24′	15°22′	14°19′	13°05′	12°07′	10°55′	9°36′	8°09′	6°29′
12	17°30′	16°38′	15°45′	14°50′	13°53′	12°51′	11°45′	10°31′	9°07′
14	18°10′	17°25′	16°38′	15°52′	15°01′	14°09′	13°12′	12°08′	10°56′
16	18°35′	17°55′	17°15′	16°34′	15°50′	15°03′	14°13′	13°17′	12°13′
18	18°53′	18°18′	17°40′	17°04′	16°26′	15°44′	14°59′	14°09′	13°13′
20	19°06′	18°34′	18°01′	17°28′	16°53′	16°15′	15°35′	14°50′	13°59′
22	19°15′	18°46′	18°16′	17°46′	17°14′	16°40′	16°03′	15°22′	14°35′
24	19°22′	18°55′	18°28′	18°00′	17°31′	16°59′	16°26′	15°48′	15°05′
26	19°28′	19°03′	18°38′	18°12′	17°45′	17°16′	16°45′	16°10′	15°31′
28	19°32′	19°09′	18°46′	18°22′	17°56′	17°30′	17°01′	16°28′	15°52′
30	19°36′	19°15′	18°53′	18°30′	18°07′	17°42′	17°14′	16°44′	16°10′
32	19°39′	19°19′	18°58′	18°37′	18°15′	17°52′	17°26′	16°58′	16°26′
34	19°41′	19°22′	19°03′	18°43′	18°22′	18°00′	17°36′	17°09′	16°39′
36	19°43′	19°25′	19°07′	18°48′	18°29′	18°07′	17°45′	17°20′	16°51′
38	19°45′	19°28′	19°09′	18°53′	18°34′	18°15′	17°53′	17°29′	17°02′
40	19°46′	19°30′	19°14′	18°57′	18°39′	18°20′	18°00′	17°37′	17°11′

Einstellwinkel α des Teilkopfes zum Fräsen der Zähne bei Winkelfräsern von δ = 75°.

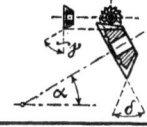

Zähne-zahl	Winkel γ des Arbeitsfräsers								
	90°	85°	80°	75°	70°	65°	60°	55°	50°
8	10°44′	9°48′	8°51′	7°53′	6°51′	5°45′	4°34′	3°15′	1°45′
10	12°14′	11°18′	10°41′	9°52′	9°01′	8°07′	7°08′	6°09′	4°49′
12	13°07′	12°25′	11°45′	11°04′	10°21′	9°35′	8°45′	7°49′	6°47′
14	13°34′	13°00′	12°26′	11°50′	11°12′	10°33′	9°50′	9°02′	8°07′
16	13°54′	13°24′	12°54′	12°22′	11°49′	11°14′	10°36′	9°54′	9°07′
18	14°08′	13°40′	13°14′	12°46′	12°17′	11°46′	11°12′	10°34′	9°51′
20	14°18′	13°54′	13°29′	13°04′	12°38′	12°09′	11°39′	11°06′	10°26′
22	14°25′	14°03′	13°41′	13°17′	12°53′	12°28′	12°00′	11°29′	10°54′
24	14°31′	14°11′	13°50′	13°29′	13°07′	12°43′	12°18′	11°49′	11°17′
26	14°35′	14°16′	13°57′	13°38′	13°17′	12°56′	12°32′	12°05′	11°36′
28	14°38′	14°21′	14°03′	13°45′	13°26′	13°06′	12°43′	12°19′	11°52′
30	14°41′	14°25′	14°08′	13°51′	13°34′	13°15′	12°54′	12°31′	12°05′
32	14°43′	14°28′	14°12′	13°56′	13°40′	13°22′	13°03′	12°41′	12°17′
34	14°45′	14°31′	14°16′	14°01′	13°45′	13°29′	13°11′	12°50′	12°28′
36	14°47′	14°33′	14°20′	14°06′	13°51′	13°35′	13°18′	12°59′	12°37′
38	14°48′	14°35′	14°22′	14°09′	13°56′	13°40′	13°23′	13°05′	12°45′
40	14°49′	14°37′	14°24′	14°12′	13°59′	13°44′	13°29′	13°11′	12°52′

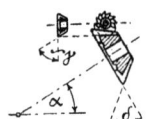

Einstellwinkel α des Teilkopfes zum Fräsen der Zähne bei Winkelfräsern von δ = 80°.

Zähne-zahl	Winkel γ des Arbeitsfräsers								
	90°	85°	80°	75°	70°	65°	60°	55°	50°
8	7°06'	6°29'	5°51'	5°12'	4°31'	3°48'	3°00'	2°08'	1°09'
10	8°07'	7°36'	7°05'	6°32'	5°59'	5°22'	4°43'	4°00'	3°11'
12	8°41'	8°15'	7°48'	7°21'	6°52'	6°12'	5°48'	5°11'	4°29'
14	9°01'	8°38'	8°15'	7°51'	7°27'	7°00'	6°31'	5°59'	5°23'
16	9°15'	8°55'	8°35'	8°14'	7°52'	7°28'	7°03'	6°35'	6°03'
18	9°25'	9°07'	8°49'	8°30'	8°10'	7°50'	7°26'	7°01'	6°33'
20	9°31'	9°15'	8°58'	8°42'	8°24'	8°05'	7°44'	7°22'	6°56'
22	9°36'	9°21'	9°06'	8°51'	8°35'	8°18'	7°59'	7°38'	7°15'
24	9°40'	9°26'	9°13'	8°58'	8°44'	8°28'	8°11'	7°52'	7°30'
26	9°43'	9°30'	9°18'	9°05'	8°51'	8°36'	8°20'	8°03'	7°43'
28	9°45'	9°33'	9°22'	9°09'	8°57'	8°43'	8°28'	8°12'	7°53'
30	9°47'	9°36'	9°25'	9°14'	9°02'	8°49'	8°35'	8°20'	8°03'
32	9°48'	9°38'	9°27'	9°17'	9°06'	8°53'	8°41'	8°27'	8°10'
34	9°50'	9°40'	9°30'	9°21'	9°10'	8°59'	8°47'	8°33'	8°18'
36	9°51'	9°42'	9°33'	9°23'	9°13'	9°03'	8°52'	8°38'	8°24'
38	9°52'	9°43'	9°35'	9°26'	9°16'	9°06'	8°55'	8°43'	8°30'
40	9°53'	9°45'	9°36'	9°28'	9°19'	9°09'	8°59'	8°48'	8°35'

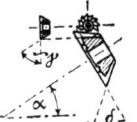

Einstellwinkel α des Teilkopfes zum Fräsen der Zähne bei Winkelfräsern von δ = 85°.

Zähne-zahl	Winkel γ des Arbeitsfräsers								
	90°	85°	80°	75°	70°	65°	60°	55°	50°
8	3°32'	3°03'	2°54'	2°35'	2°15'	1°53'	1°30'	1°03'	0°34'
10	4°03'	3°47'	3°32'	3°16'	2°59'	2°41'	2°21'	1°59'	1°35'
12	4°20'	4°07'	3°54'	3°40'	3°25'	3°10'	2°53'	2°35'	2°14'
14	4°30'	4°19'	4°07'	3°55'	3°43'	3°29'	3°15'	2°59'	2°41'
16	4°37'	4°27'	4°17'	4°06'	3°55'	3°43'	3°31'	3°17'	3°01'
18	4°42'	4°33'	4°24'	4°15'	4°05'	3°54'	3°43'	3°30'	3°16'
20	4°45'	4°37'	4°29'	4°20'	4°12'	4°02'	3°51'	3°40'	3°27'
22	4°48'	4°40'	4°33'	4°25'	4°17'	4°09'	3°59'	3°49'	3°37'
24	4°50'	4°43'	4°36'	4°29'	4°22'	4°14'	4°05'	3°56'	3°45'
26	4°51'	4°45'	4°38'	4°32'	4°25'	4°18'	4°10'	4°01'	3°51'
28	4°53'	4°47'	4°41'	4°35'	4°29'	4°22'	4°14'	4°06'	3°57'
30	4°53'	4°47'	4°42'	4°36'	4°30'	4°24'	4°17'	4°09'	4°01'
32	4°54'	4°49'	4°44'	4°38'	4°33'	4°27'	4°20'	4°13'	4°05'
34	4°55'	4°50'	4°45'	4°40'	4°35'	4°29'	4°23'	4°17'	4°09'
36	4°56'	4°51'	4°47'	4°42'	4°37'	4°32'	4°26'	4°20'	4°12'
38	4°56'	4°52'	4°47'	4°43'	4°38'	4°33'	4°28'	4°22'	4°14'
40	4°56'	4°52'	4°48'	4°44'	4°39'	4°34'	4°29'	4°24'	4°17'

Die Herstellung von Kreisteilungen und das Fräsen von Spiralen mit Hilfe des Universal-Teilkopfes.

Die neuzeitlichen Universal-Teilköpfe gestatten das Teilen in dreifacher Weise. Abb. F 35 zeigt den Längsschnitt, Abb. F 36 den Querschnitt durch einen Universal-Teilkopf.

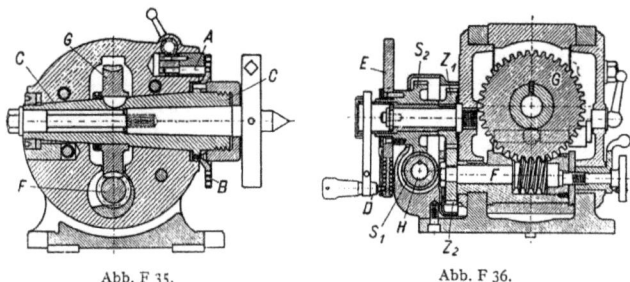

Abb. F 35. Abb. F 36.

1. Das einfache Teilen, mit Teilscheibe B und Zeigerstift A, wobei die Teilscheibe fest auf der Teilkopfspindel C befestigt ist.

2. Das mittelbare Teilen, mit Schnecke F, Schneckenrad G und der parallel mit der Schnecke F gelagerten, jedoch feststehenden Teilscheibe E. Vor der Teilscheibe befindet sich der Stift an der Zeigerkurbel D, der in einen der verschiedenen Lochkreise eingreift. Wird die Zeigerkurbel D gedreht, so wird diese Bewegung durch die Zahnräder Z_1 und Z_2 auf die Schnecke F übertragen, die in das Schneckenrad G eingreift, das fest mit der Teilkopfspindel C verbunden ist. Durch geeignete Wahl eines Lochkreises in der Teilscheibe E und der entsprechenden Anzahl Löcher können eine große Anzahl Teilungen hergestellt werden.

Zahl der herzustellenden Teilungen, bezogen auf den ganzen Umfang	T	Für Primzahlen ist das Differentialteilverfahren Seite 438 anzuwenden
Zahl der Kurbelumdrehungen zur Herstellung einer Teilung	u	$\dfrac{i}{T}$; $\dfrac{l}{L}$; der Bruchrest ist $\dfrac{l_1}{L}$ verhältnisgleich
Zahl der Löcher des zur Verwendung kommenden Lochkreises	L	Lochkreis so wählen, daß l eine ganze Zahl ergibt
Zahl der zur Herstellung einer Teilung notwendigen Löcher des Lochkreises L	l	$\dfrac{L \cdot i}{T}$
Zahl der noch fehlend. Löcher, um welche die Kurbel weiter gedreht werden muß	l_1	$l - u \cdot L$; $\dfrac{L \cdot i}{T} - u \cdot L$
Zahl der Kurbelumdrehungen bei einer Werkstückumdrehung	i	Gewöhnlich 40

$u = \dfrac{i}{T}$ ergibt die Anzahl der vollen Kurbelumdrehungen. Der verbleibende Bruchrest ist durch einen verhältnisgleichen Bruch zu ersetzen, dessen Nenner gleich der Gesamtlochzahl eines vorhandenen Lochkreises L ist; der Zähler gibt dann die noch weiter zu schaltende Lochzahl l_1 an.

3. Das Differential-Teilverfahren ist eine Erweiterung des mittelbaren Teilverfahrens und gestattet, jede beliebige Teilung herzustellen. Die Teilscheibe E wird hierbei gelöst und kann sich mit der Antriebswelle H — in diesem Falle durch Schraubenräder S_1 und S_2 verbunden — frei drehen. Da H auch mit der Teilkopfspindel C durch Wechselräder in Verbindung steht, so erfolgt bei einer durch die Zeigerkurbel D betätigten Drehung von C auf dem Wege über H auch eine Drehung der Teilscheibe E. Durch diese Teilscheibenverdrehung, die gleich oder entgegengesetzt der Kurbeldrehung sein kann, wird die Differenz, die beim mittelbaren Teilverfahren verbleiben würde, ausgeglichen.

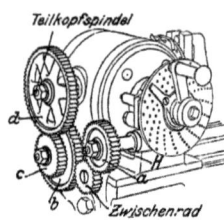

A	$(T-t)\dfrac{l}{L} \cdot i_1$ wenn T größer als t; $(t-T)\dfrac{l}{L}\cdot i_1$ wenn T kleiner ist als t		
Zahl der herzustellenden Teilungen, bezogen auf den ganzen Umfang	T	braucht keine ganze Zahl zu sein	
Zahl der Löcher des zur Verwendung kommenden Lochkreises	L	$\dfrac{T \cdot l}{i}$	Die Werte l und L sind so zu wählen, daß erstens ihr Verhältnis $\dfrac{l}{L}$ annähernd u entspricht, und zweitens $T-t$ eine möglichst geringstellige ganze Zahl wird, um daraus leicht Wechselräder ableiten zu können
Zahl der zur Herstellung einer Teilung notwendigen Löcher des Lochkreises L	l	$\dfrac{L \cdot i}{T}$	
Nächstliegende durch L und l ohne Differential ausführbare Teilzahl	t	$\dfrac{L \cdot i}{l}$	
Kurbelverdrehung zur Herstellung einer Teilung	u	$\dfrac{i}{T}; \dfrac{l}{L}$	
Zahl der Kurbelumdrehungen bei einer Werkstückumdrehung	i	gewöhnlich 40	
Zahl der Umdrehungen der Welle H bei einer Teilscheibenumdrehung	i_1	gewöhnlich 2	

	Übersetzung		Anordnung der Räder	Drehrichtung für Kurbel und Teilscheibe
B	1 fach	$\dfrac{b}{a}$		
	2 fach	$\dfrac{b \cdot d}{a \cdot c}$		

Zur Bestimmung der Wechselräder ist zunächst i und i_1, dann aus u gleichzeitig l und L und daraus t zu berechnen. Diese Werte in Formel A eingesetzt, ergeben das
Verhältnis der Wechselräder $A = B$.

4. Das Fräsen von Spiralen. Zum Fräsen von Spiralen muß neben der Bewegung des Frästisches auch eine Verdrehung der Teilkopfspindel C eintreten (Abb. F 35 und F 36, S. 437). Zu diesem Zwecke muß der Zeigerstift D mit der Teilscheibe E fest verbunden und zwischen Antriebswelle H des Teilkopfes und der Tischspindel T eine Räderübersetzung eingeschaltet sein.

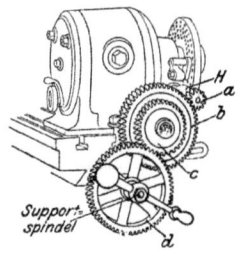

Zur Berechnung der Wechselräder kommen die unter Seite 224 (Berechnung der Wechselräder zum Gewindeschneiden) angegebenen Formeln unter Berücksichtigung des Übersetzungsverhältnisses i des Teilkopfes in Anwendung. Es entspricht:

	Fräsmaschine		Drehbank
Zu fräsende Spirale (siehe auch Seite 426)			Zu schneidendes Gewinde
Spindelgewinde für den Tischvorschub	gewöhnlich	$E_2 = {}^1/{}_4''$	Gewinde der Leitspindel
Verdrehung der Teilkopfspindel C bei einer Umdrehung der Welle H		$i = {}^1/{}_{40}$	Herzübersetzung
Rad an der Spindel für den Tischvorschub		1 fach $= b$; 2 fach $= d$;	Rad an der Leitspindel
Rad an der Antriebswelle des Teilkopfes		a	Erstes treibendes Wechselrad

Beispiele:

a) **für mittelbares Teilen:**

Ein Umfang ist in 6 Teile zu teilen; gegeben $T = 6$; $i = 40$.

$u = i : T = 40 : 6 = 6 (+ 4/6)$, d. h. zu einer Teilung sind 6 volle Kurbelumdrehungen nötig. Der Rest 4/6 ist verhältnisgleich $l_1 : L$. Wird $L = 39$ gewählt, so ist $4 : 6 = l_1 : 39$, also $l_1 = 26$, d. h. die Kurbel ist noch um 26 Löcher weiter zu drehen.

b) **für das Differential-Teilverfahren:**

Ein Umfang ist in 337 Teile zu teilen; gegeben $T = 337$; $i = 40$; $i_1 = 2$.

$u = i : T = 40 : 337 =$ angenähert $l : L$; aus $i : T \approx l : L$ ergibt sich $l \approx i \cdot L : T$. Wird $L = 43$ gewählt, dann ist $l \approx 40 \cdot 43 : 337 \approx 5$. Die nächstliegende ohne Differential ausführbare Teilzahl $t = \dfrac{L \cdot i}{l} = \dfrac{43 \cdot 40}{5} = 344$. Der verbleibende Unterschied wird durch Wechselräder a, b usw. beseitigt, die sich aus der Gleichung bestimmen lassen $A = B$; hierbei ist $A = (t - T) \dfrac{l}{L} \cdot i_1 = (344 - 337) \cdot \dfrac{5}{43} \cdot 2 = \dfrac{70}{43} = \dfrac{b}{a}$ für einfache Übersetzung; da T kleiner ist als t, müssen Teilscheibe und Zeigerkurbel gleiche Drehrichtung erhalten.

c) **für das Fräsen von Spiralen:**

Es soll eine Spirale von 10" Steigung gefräst werden, $i = {}^1/{}_{80}$; $E_2 = {}^1/{}_4''$.
Nach Seite 225 wird für: $E_1 = 10''$; $E_2 = {}^1/{}_4''$; $i = {}^1/{}_{80}$.

$A = \dfrac{E_1}{E_2} \cdot i = \dfrac{10}{{}^1/{}_4} \cdot \dfrac{1}{80} = \dfrac{10 \cdot 4}{80} = \dfrac{40}{80} = \dfrac{a}{b} =$ 1 fach oder $\dfrac{40}{80} = \dfrac{48 \cdot 36}{48 \cdot 72} = \dfrac{a \cdot c}{b \cdot d} = 2$ fach.

Fräsen von Schneckenspiralen mit Hilfe des Teilkopfes.

Solche Spiralen weisen beispielsweise die Kurvenscheiben selbsttätiger Drehbänke auf.

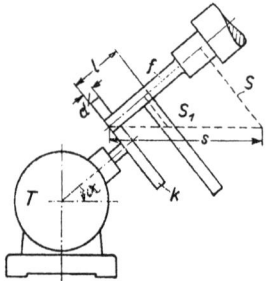
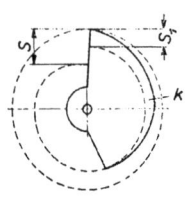

Abb. F 37.

T = Teilkopf; $\quad f$ = Fingerfräser;
k = Kurvenscheibe; $\quad \alpha$ = Einstellwinkel.

Abb. F 38.

S = Spiralhub bei 1 Umdr. von k;
S_1 = Spiralhub der zu fräsenden Kurve;
s = Tischweg S entspr.;
l = Fingerfräserlänge;
d = Kurvenscheibendicke.

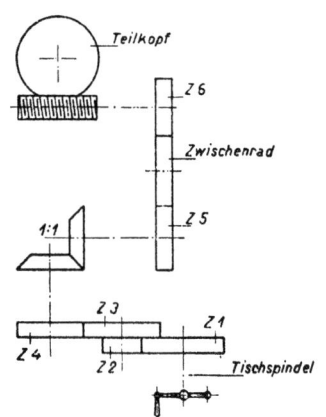

Abb. F 39.

V = Übersetzung des Schneckengetriebes;
S_t = Steigung der Tischspindel;
$Z_1 - Z_2 - Z_3 - Z_4$ Zahnzahlen der Wechselräder;
$Z_5 = Z_6$;
$\ddot{U}$ = Übersetzungsverhältnis zwischen Tischspindel und Teilkopfspindel.

1) $\operatorname{tg} \alpha = \dfrac{S_1}{l-d}$; 2) $s = \dfrac{S}{\sin \alpha}$; 3) $\ddot{U} = \dfrac{s}{S_t} = \dfrac{Z_2}{Z_1} \cdot \dfrac{Z_4}{Z_3} \cdot V$.

Beispiel: Eine Kurvenscheibe, deren Umfang in 100 Teile geteilt ist, habe auf 85 Teile $S_1 = 15$ mm Spiralhub. $d = 11$ mm, $l = 100$ mm, $V = 40$. Rädersatz: 24, 28, 30, 32, 36, 37, 40, 48, 49, 56, 60, 64, 66, 68, 72, 76, 78, 80, 84, 86, 90, 96, 100, 112. Wie groß ist: α, Z_1, Z_2, Z_3, Z_4?

$$\operatorname{tg} \alpha = \frac{S_1}{l - d} \qquad S : S_1 = 100 : 85;$$
$$= \frac{15}{100 - 11} \qquad S = \frac{S_1 \cdot 100}{85}$$
$$= \frac{15}{89} \qquad = \frac{15 \cdot 100}{85}$$
$$= 0{,}169; \qquad = 17{,}6 \text{ mm}.$$
$$\alpha \approx 9° 35'.$$

$$s = \frac{S}{\sin \alpha} = \frac{17{,}6}{0{,}166} = 105{,}5.$$

$$\frac{Z_2 \cdot Z_4}{Z_1 \cdot Z_3} = \frac{s}{S_t} \cdot \frac{1}{40}$$
$$= \frac{105{,}5}{6} \cdot \frac{1}{40}$$
$$= \frac{50 \cdot 42}{80 \cdot 60}. \quad \text{Da diese Räder nicht alle vorhanden, werden die nächstliegenden gewählt und } \alpha \text{ korrigiert.}$$

$$\frac{Z_2}{Z_1} \cdot \frac{Z_4}{Z_3} = \frac{49 \cdot 40}{80 \cdot 60} \text{ gewählt.}$$

$$s = \frac{Z_2}{Z_1} \cdot \frac{Z_4}{Z_3} \cdot V \cdot S_t \qquad \sin \alpha = \frac{S}{s} \qquad Z_1 = 80;$$
$$= \frac{49}{80} \cdot \frac{40}{60} \cdot 40 \cdot 6 \qquad = \frac{17{,}6}{98} \qquad Z_2 = 49;$$
$$= 98. \qquad = 0{,}1795. \qquad Z_3 = 60;$$
$$\qquad \alpha = 10° 20'. \qquad Z_4 = 40.$$

Optischer Teilkopf.

Die vollendetste Teilkopfkonstruktion verkörpert der optische Teilkopf, Erzeugnis der Firma Carl Zeiß, Jena, bei dem die durch Abnutzung der Teilschnecke sich einstellenden Ungenauigkeiten dadurch vermieden sind, daß als Teilmittel ein mit der Teilkopfspindel fest verbundener Glasteilkreis benutzt wird, der in Grade eingeteilt und mit einer nur bei astronomischen Geräten bekannten Winkelgenauigkeit innerhalb 4 Sekunden hergestellt ist. Abb. F 40 zeigt das Sehfeld in halber natürlicher Größe. Unter der feststehenden, mit 0 bis 60 bezeichneten Minutenteilung bewegt sich die Gradteilung des Glasteilkreises. Die Abbildung zeigt die Einstellung auf den Winkelwert $45° 23{,}5'$.

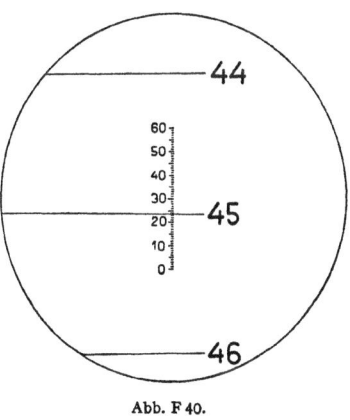

Abb. F 40.

Fräserbefestigung.
Fräsdorne und ihre Herstellung.

Das Gewinde im Kegel des Fräsdornes (Abb. F 41) bei *a* dient zum festen Einziehen des Dornes in die Arbeitsspindel der Maschine und zum Herausdrücken. Die Mitnehmerfläche *b* sichert die zwangläufige Mitnahme. Der vordere zylindrische Zapfen *c* führt den Dorn im Gegenhalter der Maschine. Lange Fräsdorne werden mehrfach geführt, wobei ein Beilagring als Führung benutzt wird, der im Durchmesser etwas größer ist als die übrigen Ringe. Die Keilnute des Dornes ist am besten viereckig auszuführen. (Normalmaße für Fräsdorndurchmesser und Keilnuten siehe Seite 443.) Die Fräsdornmutter hat Schlüsselflächen und ist gehärtet.

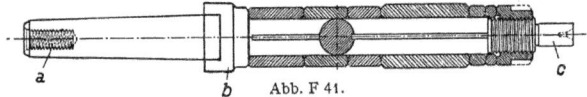

Abb. F 41.

Als Material für Fräsdorne wähle man Stahl von hoher Festigkeit oder, wenn er im Einsatz gehärtet werden soll, ein hochwertiges Einsatzmaterial. Der Fräsdorn ist an allen Stellen zu schleifen. Die Gewinde sind nach dem Härten und Schleifen zu schneiden. Bei gehärteten Fräsdornen werden die mit Gewinde zu versehenden Stellen beim Einsetzen durch Lehmpackung gegen die Zementation geschützt. Für ungehärtete Beilagringe und Führungsbuchsen genügt Gußeisen; für gehärtete ist im Einsatz härtbarer Weichstahl zu verwenden.

Bei der Herstellung eines Fräsdornes ist darauf zu achten, daß der fertige Dorn bei angezogener Mutter genau rundläuft. Hierfür ist erforderlich, daß alle Beilagringe genau parallele Anlageflächen haben. Um dies zu erreichen, schleift man die Endflächen der Ringe planparallel oder dreht sie auf einem Drehdorn zwischen toten Spitzen gleichzeitig auf beiden Seiten ab. Eine hierfür praktische Anordnung der Drehstähle in einem verstellbaren Stahlhalter zeigt Abb. F 42.

Zur Einstellung der genauen Entfernung von Satzfräsern und zur Wiederherstellung der Breite nachgeschliffener seitlich gezahnter Fräser dienen dünne Beilagringe aus genau gewalztem federharten Stahl von 0,05 bis 1 mm Stärke, solche über 1 mm Stärke werden gehärtet und planparallel geschliffen.

Sehr wichtig ist es, die Anlagefläche der gehärteten Fräsdornmutter genau zu schleifen, so daß sie den Dorn nicht krumm zieht. Die sorgfältig gedrehte Mutter, deren Gewinde besonders sauber zu schneiden ist, darf sich beim Härten nur wenig verziehen. Nach dem Härten ist das Gewinde mit einem Gewindedorn aus Gußeisen unter Verwendung von feinem Schmirgel und Öl so zu schleifen, daß die Mutter auf den Fräsdorn gut paßt. Alsdann wird auf einem besonderen Dorn, Abb. F 43, die Mantelfläche genau geschliffen. Hierzu ist die Mutter unter Benutzung eines besonderen Zwischenringes fest gegen die Schulter des Dornes zu ziehen. Der Zwischenring hat 4 gegeneinander um 90° versetzte Anlagepunkte, so daß es der Mutter dadurch möglich ist, sich fest gegen die Gewindeflanken zu legen, während sich ihre Anlagefläche frei einstellen kann.

Die auf der Mantelfläche geschliffene Mutter wird dann in ein genau laufendes Futter gespannt zum Schleifen ihrer Anlagefläche, wie in Abb. F 44.

Für die Erzielung guter Fräsarbeit und hoher Leistungen müssen die Fräser genau laufen. Das ist aber nur möglich, wenn die Fräsdorne mit

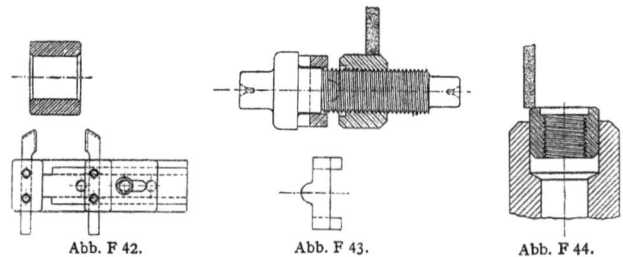

Abb. F 42. Abb. F 43. Abb. F 44.

der oben geschilderten Sorgfalt hergestellt werden. Sind die zur Herstellung notwendigen Hilfsmittel nicht vorhanden, so ist es besser, man bezieht den Dorn aus einer gut eingerichteten Fabrik.

Verstellbare Fräsdorn-Zwischenringe

sind für die genaue Einstellung zweier oder mehrerer Fräser vorteilhaft zu verwenden. Die Entfernung zwischen 2 Teilstrichen entspricht 0,01 mm.

Abb. F 45.

Befestigung der Fräser auf Fräsmaschinen.

Auf **zylindrischen Fräsdornen** werden Fräser am besten durch Keile von **rechteckigem Querschnitt** gegen Verdrehung gesichert, die sich besser bewähren als solche mit rundem Querschnitt. Nachstehende Tafel gibt die vom Normenausschuß der deutschen Industrie für Bohrungen, Nuten und Mitnehmer für Fräser, Reibahlen und Senker festgelegten Abmessungen.

Bohrungen, Nuten und Mitnehmer für Fräser, Reibahlen und Senker nach DIN 138.

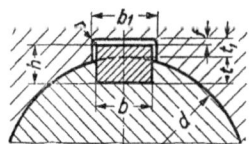

Fräserbefestigung durch Paßfeder.

Maße in mm.

Bohrung	d	8	40	13	16	(19)	22	27	32	40	50	60	70	80	100
Federbreite ...	b	2	3	3	4	5	6	7	8	10	12	14	16	18	24
Federhöhe	h	2	3	3	4	5	6	7	7	8	8	9	10	11	14
Tiefe der Dornnut	t	1,3	1,8	1,8	2,8	3,4	4,4	5	5	5,5	5,5	6	6,5	7	9
Tiefe der Fräsernut	t_1	0,9	1,5	1,6	1,7	2,1	2,1	2,8	2,8	3,5	3,5	4,25	5	5,5	7
Breite der Fräsernut (Kleinstmaß)	b_1	2,05	3,05	3,05	4,08	5,08	6,08	7,1	8,1	10,1	12,1	14,1	16,1	18,1	24,15
Größtes Spiel ..	l	0,2	0,3	0,4	0,5	0,5	0,5	0,8	0,8	1	1	1,25	1,5	1,5	2
Ausrundung ...	r	0,2	0,3	0,4	0,5	0,5	0,5	0,8	0,8	1	1	1,25	1,5	1,5	2

19 mm ist Reibahlenbohrung und für Fräser möglichst zu vermeiden. Kanten an der Feder leicht brechen.

Die Tiefe der Fräsernut t_1 darf nach dem Ausschleifen der Bohrung innerhalb des Spieles kleiner sein. (Grenzmaße für die Bohrung: Feinpassung, Gleitsitz.)

Fräserbefestigung durch Mitnehmer.

Mitnehmer sind nur ausnahmsweise bei dünnwandigen Fräsern anzuwenden, die keine Längsnut gestatten.

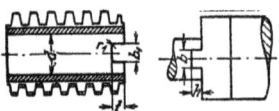

Maße in mm.

Bohrung	d	5	8	10	13	16	19 [1])	22	27
Mitnehmerbreite	b	3	5	6	8	8	8	8	10
Mitnehmerhöhe	h	2	2,3	2,6	2,6	2,9	3,2	3,5	3,8
Nutenbreite	b_1	3,3	5,4	6,4	8,4	8,4	8,4	8,4	10,4
Nutentiefe	t	2,5	2,8	3,6	3,6	3,9	4,7	5	5,3
Ausrundung	r	0,5	0,5	1	1	1	1,5	1,5	1,5
Bohrung	d	32	40	50	60	70	80	100	
Mitnehmerbreite	b	10	12	14	16	18	20	24	
Mitnehmerhöhe	h	4,3	5	5,5	6,1	6,7	7,3	8,5	
Nutenbreite	b_1	10,4	12,4	14,4	16,4	18,4	20,5	24,5	
Nutentiefe	t	6,3	7	8	8,6	9,2	10,3	11,5	
Ausrundung	r	2	2	2,5	2,5	2,5	3	3	

[1]) 19 mm ist Reibahlenbohrung und für Fräser möglichst zu vermeiden.
Der Mitnehmer erhält als oberes Ausmaß das Nennmaß, etwaiges Spiel ist in die Nut zu verlegen.

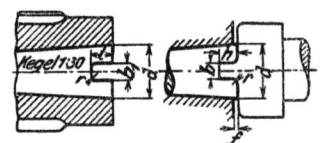

Befestigung der Reibahlen und Senker.

Maße in mm.

Bohrung	d	5	8	10	13	16	19	22	27
Mitnehmerbreite	b	2	3	4	4	5	6	7	8
Mitnehmerhöhe	h	2,5	3,5	4,6	4,6	5,6	6,7	7,7	8,8
Nutenbreite	b_1	2,2	3,3	4,3	4,3	5,4	6,4	7,4	8,4
Nutentiefe	t	3	4	5,6	5,6	6,6	8,2	9,2	10,3
Ausrundung	r	0,5	0,5	1	1	1	1,5	1,5	1,5
Größter Abstand	f	0,5	0,5	1	1	1	1,5	1,5	1,5
Bohrung	d	32	40	50	60	70	80	100	
Mitnehmerbreite	b	10	12	14	16	18	20	24	
Mitnehmerhöhe	h	9,8	11	12	13	14	15	16	
Nutenbreite	b_1	10,4	12,4	14,4	16,4	18,4	20,5	24,5	
Nutentiefe	t	11,8	13	14,5	15,5	16,5	18	19	
Ausrundung	r	2	2	2,5	2,5	2,5	3	3	
Größter Abstand	f	2	2	2,5	2,5	2,5	3	3	

Aufsteck-Reibahlen und -Senker erhalten normal Hohlkegel 1:30 mit dem Durchmesser der Bohrung d an der großen Öffnung. Zur Verwendung auf Bohrstangen wird die Bohrung zylindrisch mit dem Durchmesser d ausgeführt.

Die Befestigung von Stirnfräsern.

Stirnfräser mit kleinem Durchmesser werden häufig mit Gewinde auf den Dorn geschraubt. Da die Gewindebohrung nach dem Härten nicht geschliffen werden kann, schleife man zur Erzielung genauen Rundlaufens den Fräser auf dem Fräsdorn scharf. Der Schnittrichtung des Fräsers entsprechend ist rechtes oder linkes Gewinde zu verwenden, so daß der Fräser sich fester zu ziehen sucht. Wenn angängig, sind aber Fräser mit Gewindebohrung zu vermeiden, sondern zylindrische Bohrung und nachstehende Befestigungsart zu benutzen.

Abb. F 46.

Aufsteckdorne für Walzen- und Winkelstirnfräser nach DIN 841 und DIN 842.

Anschlußmaße nach DIN 843.

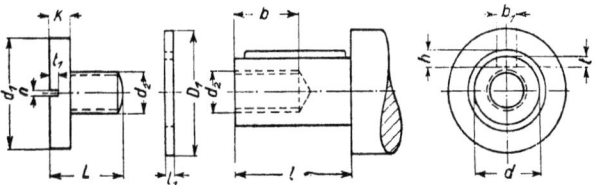

mm

d Passung $W = G$	l	Dorn				Gewinde	Schraube					Ring		Für Walzenstirnfräser nach DIN 841	Für Winkelstirnfräser nach DIN 842
		b	b_1	t	h	d_2 [1])	d_1	L	k	n	t_1	D	l_1		
10	7	12	3	1,8	3	M 5	14	12	3	1,5	1,5	—	—	—	35
13	24	16	3	1,8	3	M 8	17	15	3,5	1,5	1,5	19	15	—	45
13	24	16	3	1,8	3	M 8	17	15	3,5	1,5	1,5	—	—	30×30	—
16	11	18	4	2,8	4	M 8	21	18	5	2	2,5	—	—	40×20	65
16	11	18	4	2,8	4	M 8	21	18	5	2	2,5	26	3	—	55
16	29	18	4	2,8	4	M 8	21	18	5	2	2,5	—	—	40×40	—
16	29	18	4	2,8	4	M 8	21	18	5	2	2,5	26	3	35×35	—
22	37	20	6	4,4	6	M 10	28	22	6	2,5	3	—	—	50×50	—
22	37	20	6	4,4	6	M 10	28	22	6	2,5	3	35	24	50×25	75
27	20	24	7	5	7	M 12	35	26	7	2,5	3,5	—	—	{75×35 / 90×35}	110
27	20	24	7	5	7	M 12	35	26	7	2,5	3,5	40	4	60×30	90
27	60	24	7	5	7	M 12	35	26	7	2,5	3,5	—	—	75×75	—
27	60	24	7	5	7	M 12	35	26	7	2,5	3,5	40	14	60×60	—
32	23	28	8	5	7	M 16	42	30	8	2,5	4	—	—	—	130
32	23	28	8	5	7	M 16	42	30	8	2,5	4	48	4	110×35	—
40	30	32	10	5,5	8	M 20	52	36	10	2,5	4	—	—	—	150
40	30	32	10	5,5	8	M 20	52	36	10	2,5	4	58	8	150×40	—
40	30	32	10	5,5	8	M 20	52	36	10	2,5	4	58	12	130×35	—

[1]) Von der Drehrichtung des Fräsers hängt es ab, ob die Schraube Rechts- oder Linksgewinde erhält.

Gewinde: Metrisch nach DIN 13 und 14.
Fräseraufnahme nach DIN 138.
Paßfedern nach DIN 496.

Werkzeugbefestigung an Fräsmaschinen.

Um zu einheitlichen Befestigungen zu kommen, hat der Deutsche Normenausschuß den Spindelkopf der Fräsmaschine genormt mit einem Außenkegel 1 : 3,33. Damit ist auch die Bohrung der Messerköpfe festgelegt.

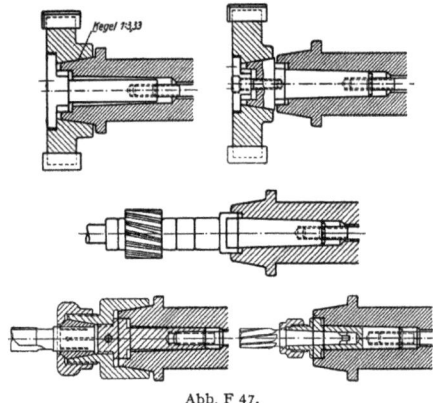

Abb. F 47.

In DIN 2200 ist eine Übersicht über die verschiedenen Möglichkeiten der Befestigung von Messerköpfen und Schaftfräsern gegeben, die in Abb. F 47 gezeigt wird. Im einzelnen sind folgende Normen aufgestellt:

Spindelköpfe Konstruktionsblatt	DIN 2201
Messerköpfe Anschlußmaße	,, 2202
Mitnehmerbolzen	,, 2203
Aufnahmedorn für Messerköpfe	,, 2204
Mitnehmer	,, 2205
Mitnehmerschrauben	,, 2206
Fräsdorne Schaft Konstruktionsblatt	,, 2207

Diese Norm gilt als Übergangsnorm. Es sind Bestrebungen im Gange, sich mit dem Auslande über die Werkzeugbefestigung an Fräsmaschinen zu verständigen. Die endgültige Norm wird voraussichtlich auf einer anderen Konstruktion aufbauen, auf die sich die maßgebenden amerikanischen Fräsmaschinenfabriken geeinigt haben und die in Abb. F 48 schematisch dargestellt ist (veröffentl. in American Machinist vom 7. 5. 1927 und in Machinery vom 12. 5. 1927).

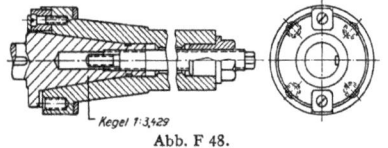

Abb. F 48.

Über die Befestigung der Messer in Messerköpfen, Stirnfräser und Scheibenfräser mit eingesetzten Messern.

Anzustreben ist dichte Anlage der Messer im Körper, wodurch gute Wärmeableitung und zitterfreies Arbeiten der Messer gesichert ist. Die Messer sollen deshalb großen Querschnitt und nach dem Härten geschliffene Anlageflächen haben.

Für schwer beanspruchte Fräser ist die Befestigung mit Büchsen und Anzugschrauben nach Abb. F 49 gut geeignet. Je nach der Breite des

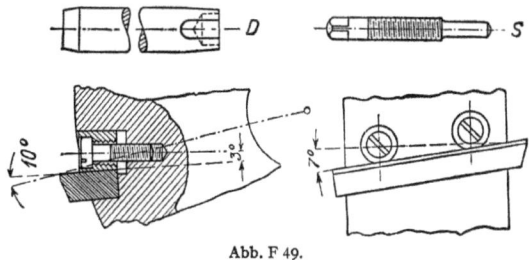

Abb. F 49.

Fräsers werden 1 bis 2 Büchsen angewendet. Die Büchsen haben Innengewinde und können mit Schraube S leicht aus dem Sitz herausgezogen werden. Der Dorn D dient zur Eintreiben der Büchsen.

Messerköpfe mit Vierkantstählen nach Abb. F 50 und F 51 sind für Hochleistungen bestimmt. Die Stähle sind zur Achse geneigt angeordnet.

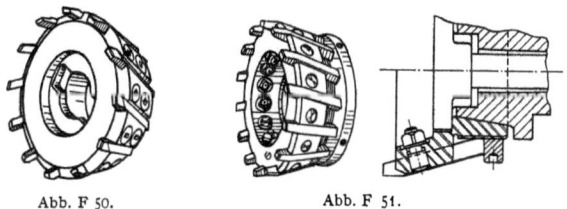

Abb. F 50.   Abb. F 51.

Sie lassen sich nach Lösen von Schrauben oder Büchsen leicht nachstellen. Die Ringmutter (Abb. F 51) stützt die Stähle in axialer Richtung und dient zugleich als Anschlag. Die Stähle müssen nach dem Verstellen stets geschliffen werden.

Für Fräser für mittlere Beanspruchung ist die Befestigung durch zylindrische Stifte nach Abb. F 52 empfehlenswert. Das Loch für den Stift wird vor dem Fräsen der Messernute etwa im Winkel von 3° schräg gegen den Messerschlitz gebohrt und der Stift eingetrieben, so daß sich beim Fräsen der Messernute die Fläche an dem Stift richtig bildet. Der Stift zieht das Messer keilförmig gegen die Anlagefläche. Diese Befestigungsart gestattet kleine Zahnteilungen. Der Körper wird wenig beansprucht; es genügt hierfür Gußeisen.

Für schmale Fräser ist die Befestigung nach Abb. F 53 geeignet. Der Sitz des zylindrischen Stiftes ist etwa 3° schräg gegen den Messersitz gebohrt; die Herstellung erfolgt wie bei der vorher beschriebenen Ausführung. Ein quer durch den Körper gebohrtes Loch dient zum Austreiben des Stiftes.

Ferner ist noch die Anwendung der Kegelstifte zu erwähnen (Abb. F 54). Zwischen den Messerschlitzen sind schmale Schlitze gefräst, die durch einen kegeligen Stift aufgezwängt werden und so die Messer festklemmen. Die Messer müssen sehr straff in ihren Sitz passen, wenn das Werkzeug befriedigend arbeiten soll. Es empfiehlt sich in diesem Fall, den Körper aus Maschinenstahl zu wählen.

Messerköpfe zum Bearbeiten von Leichtmetall wie Aluminium, Silumin, Elektron usw. arbeiten mit Schnittgeschwindigkeiten bis 1000 m/min. Zwecks Verminderung der Schwungkraft wird hier der Messerkörper aus

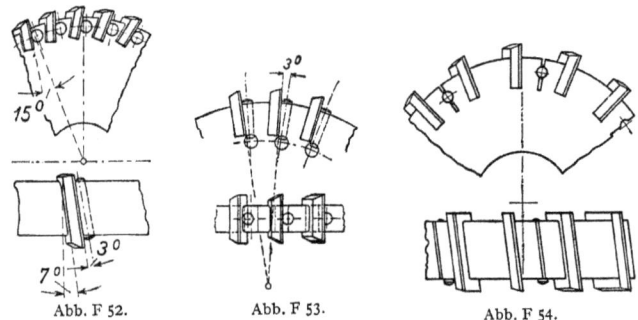

Abb. F 52.   Abb. F 53.   Abb. F 54.

Leichtmetall gefertigt. Dieser erhält nur 4 Schneidstähle aus Schnellstahl, die so geschliffen sind, daß die Schneidfähigkeit lange erhalten bleibt und die Späne gut abfließen können.

Befestigung der Messerköpfe auf der Frässpindel siehe Seite 426.

Schleifen von Fräsern und Reibahlen[1]).

Allgemeines. Schneidwerkzeuge sind oft zu schleifen; starke Abnutzung ist zu vermeiden, da diese einen starken Abschliff erfordert, der bei Unachtsamkeit leicht ein Ausglühen der Schneiden zur Folge hat. Wenn Fräserschneiden als zu weich beanstandet werden, so liegt die Ursache hierfür selten in zu geringer Härte des Werkzeuges; meistens werden die Schneiden beim Schleifen ausgeglüht. Aus diesem Grunde ist auch starkes Andrücken der Scheibe an das Werkzeug zu vermeiden; leichter Schliff der Schleifscheibe zeitigt die besten Ergebnisse. Es ist vorzuziehen, an Stelle eines einmaligen kräftigen Schliffes mehrfach leicht über das Werkstück zu schleifen.

Schleifdorne. Der Schleifdorn muß einwandfrei rundlaufen und genau der Fräserbohrung entsprechen, sonst läuft der Fräser unrund, und es

---
[1]) Theorie des Schleifens siehe S. 454.

kommen beim Arbeiten nur wenige Zähne zum Angriff. Diese sind dann überlastet, werden bald stumpf und brechen leicht aus.

Schleifscheiben. Zum Schleifen gehärteten Stahles sind Schleifscheiben aus künstlichem und natürlichem Korund oder Schmirgel solchen aus Silicium-Carbid (Karborundum) vorzuziehen. Die Auswahl von Härte und Körnung wird am besten der Schleifscheibenfabrik überlassen, der hierzu genaue Angaben über den zu schleifenden Stahl, Drehzahl der Schleifscheibe und Art der Arbeit (im vorliegenden Falle Schärfen von Fräsern u. dgl.) zu machen sind. Zu langsam laufende Schleifscheiben arbeiten schlecht; für Fräserschleifscheiben ist eine sekundliche Umfangsgeschwindigkeit von 15 bis 20 m die geeignetste, 15 m/sek für Scheiben kleineren und 20 m/sek für Scheiben größeren Durchmessers. Eine Geschwindigkeit von 15 m/sek soll aber in allen Fällen mindestens erreicht werden.

Durchm. d. Schleifscheibe mm	70	80	90	100	115	130	150	175	200
Minutliche Umlaufzahl bei einer Umfangsgeschwindigkeit von 15 m/sek	4095	3530	3185	2865	2490	2205	1910	1640	1430
,, 20 ,, ...	5455	4775	4245	3820	3320	2940	2545	2185	1910

Schleifen von Fräsern mit hinterdrehten Zähnen.

Zum Schleifen hinterdrehter Fräser mit geraden Zahnlücken werden Tellerscheiben DIN 181 nach Abb. S 1 verwendet. Es kann sowohl die flache als auch die abgeschrägte Seite verwendet werden, letztere hat den Vorzug, daß die Berührungsfläche und damit die Erwärmung der Schleifstelle geringer ist. Dagegen gibt die Flachseite der Schleifscheibe eine bessere Führung und macht unter Umständen die Zahnauflage entbehrlich. Wenngleich für hinterdrehte Fräser die Zahnauflage des gleichmäßigen Abschliffes wegen Vorzüge hat, so muß sie doch in Wegfall kommen, wenn der Fräser sich beim Härten verzogen hat, so daß trotz Anwendung der Zahnauflage kein genaues Rundlaufen zu erzielen ist. In diesem Falle

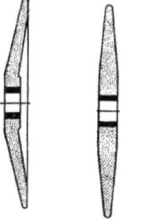 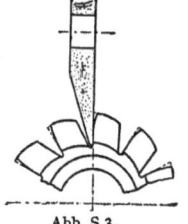

Abb. S 1.   Abb. S 2.   Abb. S 3.

muß die Führung des Fräserzahnes durch die flache Seite der Tellerscheibe erfolgen, wobei starkes Andrücken an die Schleifscheibe selbst bei größeren abzuschleifenden Unterschieden in der Zahnteilung unbedingt zu vermeiden ist, weil sonst die Schneidkanten ausgeglüht werden.

Hinterdrehte Fräser mit Spiralzähnen werden am besten mit einer Scheibe DIN 182, Form C, nach Abb. S 2 geschliffen. Wird eine Scheibe nach Abb. S 1 benutzt, so darf das Schleifen nur mit der abgeschrägten Seite geschehen. Die Zahnbrust der spiralgenuteten Fräser stellt keine gerade, sondern eine gewundene Linie dar, die von der Fläche der Schleifscheibe wesentlich abweicht. Beim Schleifen nach Abb. S 3 muß daher eine Abwälzung zwischen Zahnbrust und Schleifscheibe eintreten, die um so größer wird, je größer die Schleifscheibe und je kürzer die Spiralsteigung ist. Abb. S 4 zeigt die Art des Angriffes der flachen Seite einer Tellerscheibe in einer Spiralwindung. Die Zähne des Fräsers verlieren hierbei, wie Abb. S 3 zeigt, ihre radiale Zahnbrust. Unter allen Umständen ist die in Abb. S 5 gezeigte Art des Schleifens vorzuziehen, weil hierbei, wie Abb. S 6 zeigt, eine Abwälzung nicht stattfindet. Die Anwendung von

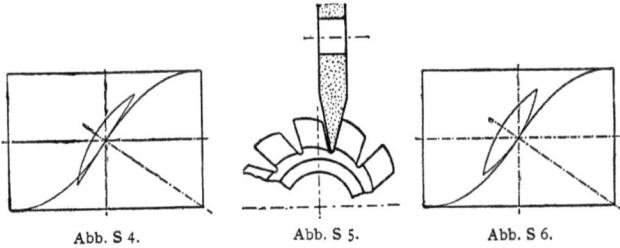

Abb. S 4.   Abb. S 5.   Abb. S 6.

Zahnauflagen ist hierbei Bedingung. Ein Anliegen der Zahnauflage an der Zahnbrust, wie dies Abb. S 7 zeigt, muß unbedingt vermieden werden, weil hierbei Teilungsfehler unvermeidlich sind und der Fräser dadurch unrund wird.

Die Zahnauflage soll stets am Rücken (*a*) des zu schleifenden Zahnes (nicht eines anderen Zahnes) anliegen (Abb. S 8). Der Zahnrücken bleibt unverändert, da er niemals nachgeschliffen wird; eine Änderung der Spiralsteigung kann daher nicht eintreten.

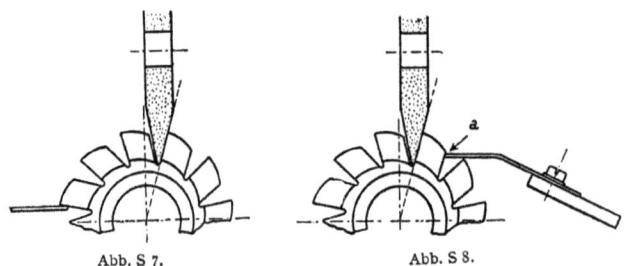

Abb. S 7.   Abb. S 8.

Damit kein Absatz zwischen dem arbeitenden und nicht arbeitenden Teil entsteht, muß die Schleifscheibe öfter mit dem Diamanten übergangen werden. Wird die Schrägseite der Scheibe nicht von Zeit zu Zeit gerade gerichtet, so ergeben sich schlechte Schneidkanten.

Bei hinterdrehten, spiralgenuteten Formfräsern, deren Profil große Höhenunterschiede aufweist, läßt sich aber nicht in allen Fällen die Zahnauflage am Fräser selbst anwenden.

Hierfür sind die in Abb. S 9 gezeigten Schleifdorne gut verwendbar. Auf dem Dorn ist außer dem Fräser noch eine mit Spiralnuten versehene

Hülse befestigt. Die Nuten dieser Hülse, in die die Zahnauflage eingreift, haben gleiche Spiralsteigung wie die Fräsernuten. Die Verwendung derartiger Schleifdorne macht für kleinere Fräser Schleifmaschinen mit zwangläufiger Spiralführung überflüssig.

Die in Abb. S 10 abgebildete Lehre dient zur Einstellung der Arbeitsfläche der Schleifscheibe auf Fräsermitte; sie kann auch zum Einstellen

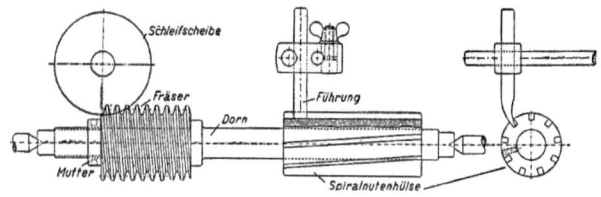

Abb. S 9.

des Fräsers bei der Herstellung spiralgezahnter, gefräster Fräser verwendet werden. (Siehe Seite 418, 421.)

Wird diese Einstellung der Schleifscheibe versäumt, so tritt bei Formfräsern eine Verzerrung der Fräserform ein, abgesehen von den Unzuträglichkeiten, die z. B. eine nach hinten geschliffene Zahnbrust des stumpfen Schnittwinkels mit sich bringt.

Zur Erzielung eines gleichmäßigen Abschliffes wird der einzelne Zahn nicht auf einmal fertig geschliffen. Nach einigen Schleifbewegungen wird der nächste Zahn eingeschaltet, so daß jeder Zahn etwa 2- bis 3mal zum Abschliff kommt, bevor die Schärfung vollständig beendet ist. Dadurch wird die Abnutzung der Schleifscheibe gleichmäßig auf alle Zähne des Fräsers verteilt, und dieser läuft genau rund.

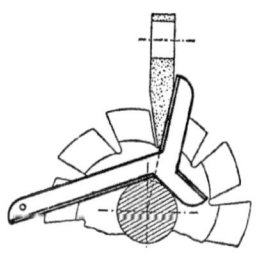

Abb. S 10.

Schleifen von Fräsern und Reibahlen mit gefrästen Zähnen.

Beim erstmaligen Schärfen und auch bei sehr stumpfen Fräsern ist ein vorheriges Rundschleifen empfehlenswert. Beim Schärfen soll vom Rundschliff an jedem Zahn ein geringes stehen bleiben; die nur wenige hundertstel Millimeter breite Stelle beeinflußt die Schneidfähigkeit des Werkzeuges in keiner Weise, läßt aber genau erkennen, ob der Angriff der Schleifscheibe gleichmäßig war. Für Schlichtarbeiten ist sie sogar von großem Vorteil, da sie die Sauberkeit der Arbeit erhöht. Bei Fräsern mit gefrästen Zähnen ist es im Gegensatz zu den hinterdrehten Fräsern Regel, die Zahnauflage an die Zahnbrust des zu schleifenden Zahnes, und zwar möglichst nahe an die Schleifstelle, einzustellen (Abb. S 11), da bei Fräsern mit gefrästen Zähnen die Zahnbrust ebenso unverändert bleibt wie bei hinterdrehten Fräsern der Zahnrücken. In allen Fällen soll die aufwärtslaufende Kante der Schleifscheiben zum Angriff kommen, ganz gleich, ob eine Topfscheibe oder eine Tellerscheibe verwendet wird. Durch diese Einstellung wird nicht nur die Gefahr des Erhitzens und Anlaufens der Schneidkante vermindert, sondern auch Gratbildung an den Schleifkanten verhütet. Letztere entsteht, wenn die Schleifscheibe in der entgegengesetzten Richtung läuft. Damit der Fräser durch den Angriff der Schleifscheibe nicht gehoben wird, ist es erforderlich, ihn mit leichtem Druck gegen die Zahnauflage zu halten. Dem gleichen Zweck dient ein um den Fräserdorn geschwungener Riemen, dessen herabhängendes Ende mit einem Gewicht versehen ist. Die Form der Zahnauflage ist nicht nebensächlich. Für gerade genutete Fräser, Reibahlen u. dgl. ist eine breite Zahnauflage mit gerader Anlage zweckmäßig. Zu schmale Zahnauflagen haben den Nachteil, daß sie beim Schleifen an

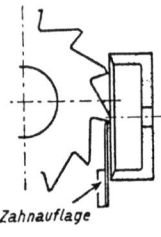
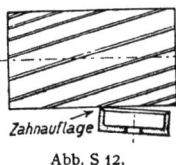

Abb. S 11.   Abb. S 12.   Abb. S 13.

den Enden des Werkzeuges dieses von der Auflage abgleiten lassen, wodurch Beschädigungen der Schleifscheibe wie des Werkzeuges hervorgerufen werden können. Beim Schärfen der Stirnzähne von Fräsern, Reibahlen u. dgl. sind jedoch schmale Zahnauflagen am Platze. Für spiralgenutete Fräser sind breite Zahnauflagen empfehlenswert, doch vermag bei geraden Oberkanten die Auflage sich nicht der Windung der Spiralnute anzupassen. In solchen Fällen wird eine Änderung der Auflage nach Abb. S 13 das Übel beseitigen. An Stelle der Flächenführung tritt dann Punktführung ein, die Form der Auflage verhütet ein Abgleiten des Werkstückes. Besondere Beachtung ist dem Schnittwinkel zu widmen. Bei Fräsern mit gefrästen Zähnen muß aber der Schnittwinkel durch entsprechenden Hinterschliff bei jedesmaligem Schärfen erzeugt werden. Dieser Hinterschliff ist von großem Einfluß auf die Leistung des Fräsers; das beste Werkzeug versagt, wenn der Schnittwinkel zu spitz oder zu stumpf ist. Der Hinterschliff wird verschieden gewählt, bei Schruppfräsern bis 7°, bei Schlichtfräsern, Reibahlen u. dgl. etwa 5°. Fräser zur Bearbeitung von Material geringer Elastizität erhalten zweckmäßig einen geringen, solche für Material mit großer Elastizität einen größeren Hinterschliff. Zur Bearbeitung von Gußeisen wird daher der Fräser einen Hinterschliff von 5° und nur bei Stahl einen solchen von 5 bis 7° erhalten. Ein Hinterschliff über 7° hat vielfach schnelles Stumpfwerden des Fräsers und ungenügendes Arbeiten zur Folge, abgesehen davon, daß zu großer Hinterschliff leicht unsaubere Arbeit erzeugt. Bei Metallen den Winkel von 7° zu überschreiten ist nachteilig, nur bei horn- und holzähnlichen Stoffen hat ein größerer Winkel Berechtigung. Wird zum Schärfen eine Topfscheibe verwendet, so wird der Hinterschliff durch entsprechende Hebung der Fräserachse über die Zahnauflage bewirkt. Diese Hebung oder Einstellhöhe ist in Abb. S 14 mit A bezeichnet. Bei Flachscheiben wird dagegen die Schleifscheibenachse um den Betrag A (Abb. S 15) über die Werkzeugachse gestellt. Aus Abb. S 15 ist zu ersehen, daß flache Scheiben keinen geraden Hinterschliff geben. Dieser wird um so hohler, je kleiner der Durchmesser der Schleifscheibe ist. Bei größerem Hinterschliff und größerem Fräserdurchmesser sind große Schleifscheibendurchmesser nicht zulässig, weil die Gefahr vorliegt, daß der nächste Zahn angeschliffen wird.

Die in Abb. S 14 dargestellte Form D und DD, DIN 182 hat den Vorzug, daß sie infolge der kleinen Berührungsfläche die Erwärmung beim Schleifen vermindert und daß sich die Umfangsgeschwindig-

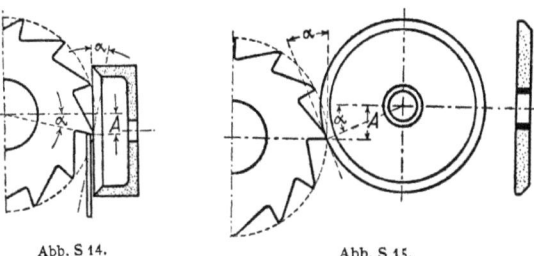

Abb. S 14.   Abb. S 15.

keit mit fortschreitender Abnutzung nicht ändert, wie dies bei Topfscheiben der Fall ist, deren Boden einen geringeren Durchmesser hat als der Rand.

Der Schnittwinkel α wird aus der Tangente des Scheibenumfanges und der Tangente des Fräserumfanges, deren Kreuzungspunkt in der Zahnspitze liegt, gebildet. Daraus ergibt sich, daß zum Schärfen gefräster Fräser in allen Fällen Topfscheiben vorzuziehen sind.

$$\text{Die Einstellhöhe } A = \frac{D}{2} \cdot \sin \alpha.$$

Bei Topfscheiben wird für D der Durchmesser des Fräsers und bei flachen Scheiben der Durchmesser der Scheibe eingesetzt.

Es wäre z. B. ein Fräser von 80 mm Durchmesser mit 5° Hinterschliff mit einer Topfscheibe zu schärfen.

$$\text{Einstellhöhe } A = \frac{80}{2} \cdot \sin 5° = 40 \cdot 0{,}0872 = 3{,}488 \text{ mm}.$$

Soll dagegen ein Fräser beliebigen Durchmessers mit einer flachen Scheibe von 120 mm Durchmesser geschliffen werden, so berechnet sich:

$$A = \frac{120}{2} \cdot \sin 5° = 60 \cdot 0{,}0872 = 5{,}232 \text{ mm}.$$

Nachstehend ist eine Tafel der Einstellmaße A in mm gegeben. Die Einstellmaße für den am meisten zur Anwendung kommenden Schliffwinkel von 5° sind durch Fettdruck hervorgehoben.

Durch-messer D mm	Einstellmaß A für einen Hinterschliff von					Durch-messer D mm	Einstellmaß A für einen Hinterschliff von				
	3°	4°	5°	6°	7°		3°	4°	5°	6°	7°
6	0,16	0,21	**0,26**	0,31	0,37	95	2,49	3,31	**4,14**	4,97	5,79
8	0,21	0,28	**0,35**	0,42	0,49	100	2,62	3,49	**4,36**	5,23	6,09
10	0,26	0,35	**0,44**	0,52	0,61	110	2,88	3,84	**4,79**	5,75	6,70
12	0,31	0,42	**0,52**	0,63	0,73	120	3,14	4,19	**5,23**	6,27	7,31
14	0,37	0,49	**0,61**	0,73	0,85	130	3,40	4,53	**5,67**	6,79	7,92
16	0,42	0,56	**0,70**	0,84	0,97	140	3,66	4,88	**6,10**	7,32	8,53
18	0,47	0,63	**0,78**	0,94	1,10	150	3,93	5,23	**6,54**	7,84	9,14
20	0,52	0,70	**0,87**	1,05	1,22	160	4,19	5,58	**6,97**	8,36	9,75
23	0,60	0,80	**1**	1,20	1,40	170	4,45	5,93	**7,41**	8,89	10,36
26	0,68	0,91	**1,13**	1,36	1,58	180	4,71	6,28	**7,84**	9,41	10,97
30	0,79	1,05	**1,31**	1,57	1,83	190	4,97	6,63	**8,28**	9,93	11,59
35	0,92	1,22	**1,53**	1,83	2,13	200	5,23	6,98	**8,72**	10,45	12,19
40	1,05	1,40	**1,74**	2,09	2,44	210	5,50	7,32	**9,15**	10,98	12,80
45	1,18	1,57	**1,96**	2,35	2,74	220	5,76	7,67	**9,59**	11,50	13,41
50	1,31	1,74	**2,18**	2,62	3,05	230	6,02	8,02	**10,02**	12,02	14,02
55	1,44	1,92	**2,40**	2,87	3,35	240	6,28	8,37	**10,46**	12,53	14,62
60	1,57	2,09	**2,61**	3,14	3,66	250	6,54	8,72	**10,90**	13,07	15,23
65	1,70	2,27	**2,83**	3,40	3,96	260	6,80	9,07	**11,33**	13,59	15,84
70	1,83	2,44	**3,05**	3,66	4,27	270	7,07	9,42	**11,77**	14,11	16,45
75	1,96	2,62	**3,27**	3,92	4,57	280	7,33	9,77	**12,20**	14,63	17,06
80	2,09	2,79	**3,49**	4,18	4,87	290	7,59	10,12	**12,64**	15,16	17,67
85	2,22	2,97	**3,70**	4,44	5,18	300	7,85	10,46	**13,07**	15,68	18,28
90	2,36	3,14	**3,92**	4,70	5,48						

Schleifen[1]).

In der neuzeitlichen Schleiferei werden ausnahmslos künstliche Schleifscheiben verwendet. Bei geeigneter Auswahl von Bindung, Härte und Körnung ist die künstliche Schleifscheibe in allen Fällen dem natürlichen Sandstein überlegen. Als Schleifmittel kommt heute fast nur mehr **Schmirgel, Korund und Silizium-Karbid** in Frage. **Schmirgel** ist verunreinigter Korund. Seine Bestandteile sind in der Hauptsache:

50 bis 70% krist. Tonerde (Al_2O_3),
20 „ 30% Eisenoxyd,
4 „ 7% Kieselsäure.

Naturkorund unterscheidet sich von Schmirgel durch die geringere Menge der Verunreinigungen und höheren Gehalt kristallisierter Tonerde. **Kunstkorund** wird aus Tonerde (Aluminiumoxyd) erschmolzen. Früher war die Hauptfundstelle Le Baux in Südfrankreich, von dem der Rohstoff auch den Namen Bauxit erhielt. Jetzt wird zur Erzeugung von Kunstkorund geeignete Tonerde auch noch an vielen anderen Stellen gewonnen.

Silizium-Karbid (auch Carborundum, Crystolon usw. genannt) ist ebenfalls ein Erzeugnis des elektrischen Ofens. Die Grundstoffe sind Koks, Quarzsand, Sägemehl, Salz; es findet weniger eine Schmelzung, als eine chemische Reaktion statt.

---

[1]) Schleifen von Gewindebohrern siehe S. 207, Schleifen von Drehstählen siehe S. 380, Schleifen von Spiralbohrern siehe S. 390, Schleifen von Fräsern und Reibahlen siehe S. 448.

Die Korunde eignen sich zum Schleifen von Werkstoffen mit größerer Zerreißfestigkeit, Silizium-Karbid zum Schleifen von Werkstoffen mit geringerer Zerreißfestigkeit.

Korund für Werkstoffe von höherer Zerreißfestigkeit:	Kohlenstoffstahl, legierte Stähle, Schnellstahl, Temperguß, Schmiedeeisen, zähe Bronze, Wolfram usw.
Silizium-Karbid für Werkstoffe von geringerer Festigkeit:	Gußeisen, Hartguß, Messing, Rotguß, Aluminium, Kupfer, Marmor, Granit, Perlmutter, Gummi, Leder usw.

Für Gußeisen und Hartguß wurde lange Zeit fast ausschließlich Silizium-Karbid angewendet, in neuerer Zeit werden auch mit Kunstkorundscheiben geeigneter Härte und Körnung gute Erfolge erzielt.

Bindungen.

Mineralische Bindung: Die früher vielfach angewendete Magnesitbindung ist wegen ihrer Empfindlichkeit gegen Feuchtigkeit heute kaum mehr üblich. Vereinzelt wird noch Zementitbindung für bestimmte Zwecke verwendet. Größere Verwendung findet die Wasserglasbindung (Silikatbindung), die durch Zusatz von Zinkoxyd auch für Naßschliff geeignete Scheiben ergibt. Silikatbindung eignet sich zur Erzielung eines feinen, zarten Schliffes.

Vegetabilische Bindung: Hierbei werden als Bindemittel Gummi, Öl, Schellack und ähnliche Harze verwendet. Diese Bindemittel geben der Schleifscheibe eine gewisse Elastizität, die sie gegen Stoß und Druck weniger empfindlich macht. Es werden daher hauptsächlich dünne Scheiben mit vegetabilischer Bindung hergestellt, doch finden diese auch als breitere Scheiben für bestimmte Werkstoffe und Schliffarten Anwendung.

Keramische Bindung (hochgebrannte Scheiben): Bei der keramischen Bindung wird das Schleifkorn durch Tonmischungen gehalten, in Formen gegossen oder gepreßt und in großen Brennöfen in Hochglühhitze gebrannt. Die Scheiben erhalten durch den Brennvorgang eine große Porosität, die für die Schleifwirkung besonders bei Naßschliff sehr günstig ist. Hochgebrannte Schleifscheiben sind gegen Wasser unempfindlich. Die keramische Bindung ist die am meisten angewendete.

Körnung.

Die Körnung wird nach der Zahl der Maschen des Siebes auf 1 engl. Zoll = 25,4 mm Länge bestimmt. Die feinsten Körnungen werden durch Schlämmen erzielt.

Korngrößen:				
sehr fein	200	380	150	—
fein	120	100	90	80
mittelgrob oder mittelfein	70	60	50	46
grob	36	30	24	20
sehr grob	16	14	12	10

Für viele Zwecke werden gröbere und feinere Körner gemischt. (Verbundkörnung = kombinierte Körnung.)

Härte.

Unter Härte wird bei Schleifscheiben nicht die Härte des Schleifmittels, sondern die Widerstandskraft des Schleifkornes gegen das Ausbrechen aus der Bindung verstanden. Das rechtzeitige Ab- und Ausbrechen bringt immer wieder neue, scharfe Schneidkanten zum Angriff und hängt außer vom Schleifmittel auch von der Bindung ab und wird weiter durch Werkstoff, Umfangsgeschwindigkeit der Schleifscheibe, des Werkstückes u. a. m. beeinflußt. Die Wahl richtiger Härte ist für die Wirkungsweise der Schleifscheibe maßgebend. Das Versagen einer Schleifscheibe für eine bestimmte Arbeit dürfte in den wenigsten Fällen auf mangelnde Güte, sondern meist auf ungenügende Auswahl der Härte und zum Teil auch der Körnung zurückzuführen sein.

Umfangsgeschwindigkeit der Schleifscheibe.

Durch den Erlaß des Ministeriums für Handel und Gewerbe vom 8. Okt. 1909 wurden in Beantwortung einer Eingabe des Vereins Deutscher Ingenieure folgende sekundliche Umfangsgeschwindigkeiten für Schleifscheiben angeraten[1]):

Für Scheiben mit mineralischer Bindung . . . . 15 m
Für Scheiben mit vegetabilischer und keramischer Bindung und bei Zuführung des Arbeitsstückes von Hand (Handschleifmaschinen) . . . . 25 m
Für Scheiben mit vegetabilischer und keramischer Bindung und bei mechanischer Zuführung des Arbeitsstückes (Supportschleifmaschinen) . . . . 35 m

Der Erlaß sagt dann noch u. a.: „Bei Nachweis eines entsprechend hohen Probelaufes und bei besonders starken Schutzvorrichtungen kann in Ausnahmefällen bei Supportschleifmaschinen bis zu 50 m Anfangsgeschwindigkeit gegangen werden."

Hierzu ist zu bemerken, daß bei Silikatbindung Umfangsgeschwindigkeiten von 25 m unbedenklich sind. Umfangsgeschwindigkeiten über 35 m/sec bringen nach Versuchen von Pockrandt keine Vorteile, weil zum Teil die Schleifwirkung unterbunden wird[2]).

---

[1]) Vgl. Schlesinger: Versuche über die Leistung der Schmirgel- und Karborundumscheiben, Heft 43 der Forschungsarbeiten.
[2]) Dr. Ing. Pockrandt: Versuche zur Ermittlung der günstigsten Arbeitsweisen der Rundschleifmaschinen, Forschungsheft Nr. 105. Berlin: Julius Springer.

Die Umfangsgeschwindigkeit der Schleifscheibe ist abhängig von der Art des zu schleifenden Materials, dem Schleifverfahren, dem Schleifzweck, dem Zustande der Maschine, den Schutzvorrichtungen und der Größe der Berührungsflächen zwischen Scheibe und Arbeitstück. Auch die Bindung der Schleifscheibe kommt hierbei in Frage.

Die in nachstehender Tafel durch Fettdruck hervorgehobene Umfangsgeschwindigkeit von etwa 25 m in der Sekunde ist die am meisten angewandte. Für selbsttätige Maschinen (Rundschleifmaschinen) kommen Umfangsgeschwindigkeiten bis 35 m/sek in Betracht.

Zum Rundschleifen von Schmiedeeisen und Stahl haben sich Umfangsgeschwindigkeiten der Schleifscheibe von 30 bis 35 m/sek und für Gußeisen 25 bis 30 m/sek als am vorteilhaftesten erwiesen. Für Handschleifmaschinen sind Umfangsgeschwindigkeiten von 20 bis 25 m/sek, für Maschinen zum Schleifen von Fräsern, Reibahlen u. dgl. von 15 bis 20 m/sek zweckmäßig. Beim Innenschleifen wird man mit Rücksicht auf den Antrieb der Innenschleifspindeln wesentlich niedrigere Umfangsgeschwindigkeiten bis etwa 18 m/sek herunter anwenden müssen.

Umlaufzahlen für Schleifscheiben.

Durchmesser der Schleifscheibe mm	Minutliche Umlaufzahl bei einer Umfangsgeschwindigkeit in der Sekunde von					Durchmesser der Schleifscheibe mm	Minutliche Umlaufzahl bei einer Umfangsgeschwindigkeit in der Sekunde von				
	15 m	20 m	25 m	30 m	35 m		15 m	20 m	25 m	30 m	35 m
10	28650	38200	47745	57295	66845	225	1275	1695	2120	2545	2970
15	19100	25465	31830	38200	44560	250	1145	1530	1910	2290	2675
20	14325	19100	23875	28650	33420	275	1040	1390	1735	2085	2430
25	11460	15280	19100	22920	26740	300	955	1275	1590	1810	2230
30	9550	12730	15915	19100	22280	350	820	1090	1365	1640	1910
35	8185	10915	13640	16370	19100	400	715	955	1195	1430	1670
40	7160	9550	11935	14325	16710	450	635	850	1060	1275	1485
45	6365	8490	10610	12720	14855	500	575	765	955	1145	1335
50	5730	7640	9550	11460	13370	550	520	695	870	1040	1215
60	4775	6365	7960	9550	11140	600	480	635	795	955	1114
70	4095	5455	6820	8185	9550	650	445	585	735	885	1030
80	3580	4775	5970	7160	8350	700	410	545	680	820	955
90	3185	4245	5305	6365	7425	750	380	510	635	765	890
100	2865	3820	4775	5730	6685	800	360	480	595	715	835
115	2490	3320	4150	4890	5815	850	335	450	560	675	785
130	2205	2940	3675	4410	5140	900	320	425	530	635	745
150	1910	2545	3185	3820	4455	950	300	400	500	600	705
175	1640	2185	2730	3275	3820	1000	285	380	480	575	670
200	1430	1910	2385	2865	3340						

Umfangsgeschwindigkeit des Werkstückes.

Für die Bemessung der Umfangsgeschwindigkeit des Werkstückes ist die Drehgeschwindigkeit der Schleifscheibe, die Art des Schliffes, das Material und der Durchmesser des Werkstückes maßgebend. Je feiner der Schliff, desto niedriger die Umfangsgeschwindigkeit des Werkstückes. Hohe Geschwindigkeiten des Werkstückes haben starke Abnutzung der Schleifscheibe zur Folge. Dieser Umstand ist vielfach die Ursache, daß Scheiben richtiger Härte als zu weich beanstandet werden.

Für Schlichtarbeit wird der Vorschub entsprechend der gewünschten Feinheit des Schliffes vermindert.

Große Vorschübe verlangen geringere Umfangsgeschwindigkeit des Werkstückes. Bei hoher Umfangsgeschwindigkeit des Arbeitstückes muß der Vorschub entsprechend verringert werden. Es ist vorteilhafter, die Umfangsgeschwindigkeit des Arbeitstückes geringer und den Vorschub größer zu wählen.

Breite Schleifscheiben gestatten einen größeren minutlichen Vorschub, doch ist für Fertigschliff in Betracht zu ziehen, daß durch die vergrößerte Berührungsfläche und die erhöhte Anpressung das Arbeitsstück ziemlich erwärmt wird und dadurch zum Verziehen neigt.

Empfehlenswert sind folgende Umfangsgeschwindigkeiten für das Werkstück:

a) für Stahl und Schmiedeeisen:

Schruppen.

Bei nicht zu langen Stücken über 100 mm Durchmesser und Vorschüben bis $2/3$ bis $3/4$ Schleifscheibenbreite für die Umdrehung . . . . 12 bis 15 m/min

Bei langen Stücken über 120 mm Durchmesser und Vorschüben bis $2/3$ Schleifscheibenbreite für 1 Umdrehung 10 ,, 12 ,,

Bei Stücken geringeren Durchmessers und Vorschüben
von $1/3$ bis $1/2$ Schleifscheibenbreite für 1 Umdrehung 10 ,, 12 ,,
,, $1/2$,, $3/4$,, ,, ,, 1 ,, 8 ,, 10 ,,

Feinschliff.

Für Schlichtarbeiten . . . . 6 bis 8 m/min

Zur Erzielung sehr sauberen Schliffes . . . . 3 ,, 6 ,,

b) für Gußeisen:

Bei starken und schwachen Stücken (Schruppen) . . 12 bis 15 m/min

Für Schlichtarbeiten . . . . 6 ,, 10 ,,

Zur Erzielung sehr sauberen Schliffes . . . . 3 ,, 6 ,,

Vor dem Feinschleifen ist es erforderlich, die Schleifscheibe mit einem Diamanten unter Wasserzufuhr genau rundlaufend abzurichten. Zu beachten ist, daß in allen Fällen bei geringerer Umfangsgeschwindigkeit des Werkstückes auch mit gröberen Scheiben feiner Schliff erzielt wird.

Vorschub für eine Umdrehung des Werkstückes.

Der Vorschub für eine Umdrehung des Werkstückes hängt von der Feinheit des Schliffes ab; zum Vorschleifen bei Stahl und Schmiedeeisen kann $^2/_3$ bis $^3/_4$ und bei Gußeisen $^3/_4$ bis $^5/_6$ der Schleifscheibenbreite gewählt werden.

Schnittiefe. (Anstellung der Schleifscheibe.)

Zu große Schnittiefen haben eine unwirtschaftliche Abnutzung der Schleifscheibe und Zittern des Werkstückes zur Folge. Je feiner die Schleifscheibe, desto geringer ist die Spantiefe zu wählen. Bei hartem Material ist auch bei groben Scheiben geringe Spantiefe anzuwenden, da sonst die einzelnen Schleifkörner zu leicht ausbrechen.

Bei Gußeisen sind zum Vorschleifen größere Spantiefen zweckmäßig, bei Schmiedeeisen und Stahl geringere. Diese hängen sehr von der Maschine ab, auch bei schwersten Maschinen wird man sie stets unter 0,05 mm, meistens 0,01 bis 0,03 mm wählen.

Sehr große Durchmesser des Arbeitstückes erfordern geringere Schnittiefen, da durch die größere Berührungsfläche mit der Schleifscheibe der Kraftverbrauch steigt und Gefahr vorliegt, daß der Riemen nicht mehr durchzieht. Ebenso sind bei langen und dünnen Werkstücken geringere Schnittiefen anzuwenden.

In DIN 60 sind die Schleifzugaben für ungehärtete gedrehte Wellen festgelegt (siehe S. 194).

Befestigung der Schleifscheiben.

Die Aufspannung hat durch Flanschen zu erfolgen, die aber nicht flach, sondern hohlgedreht oder noch besser ausgespart sein sollen (Abb. S 16) Es ist unstatthaft, die Scheiben mit Flanschen ohne Zwischenlage festzu-

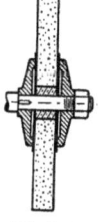
Abb. S 16.

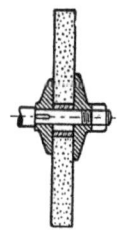
Abb. S 17.

spannen; als Zwischenlage sind weiche Pappscheiben zweckmäßig, die etwas größer sein sollen als die Flanschen. Der Flanschendurchmesser soll mindestens ein Drittel, besser aber die Hälfte des Schleifscheibendurchmessers betragen; beide Flanschen sollen dieselbe Größe haben und genau rundlaufend gedreht sein.

Die Schleifscheibe muß sich leicht auf die Spindel aufstecken lassen, ohne aufgezwängt zu werden; jedoch soll das Loch auch nicht zu groß sein.

Abb. S 17 zeigt eine unsachgemäße Aufspannung der Schleifscheibe durch ungleich große, ganz anliegende Flanschen ohne Zwischenlagen; die Bohrung ist zu groß.

Werkzeugstahl.

I. Allgemeines über Werkzeugstahl.

Die Eignung eines Stahles für ein bestimmtes Werkzeug verlangt nicht nur eine besondere chemische Zusammensetzung des Stables, sondern auch eine besondere physikalische Beschaffenheit (Kleingefüge), die das Ergebnis der Vorbehandlung ist.

Über die chemische Zusammensetzung wie auch über diese Gefügebeschaffenheit gibt schon das Aussehen des frischen Bruches einigen Aufschluß, jedoch sind zur zuverlässigen Feststellung die chemische Analyse und die mikroskopische Betrachtung des Kleingefüges am Schliff (metallographische Analyse) unentbehrlich.

Anforderungen.

1. an die chemische Zusammensetzung:

Geeigneter Kohlenstoffgehalt, ausreichende Reinheit (Abwesenheit von schädlichen Stoffen). Je kohlenstoffreicher ein Stahl ist, desto empfindlicher ist er und desto sorgfältiger muß er hergestellt und behandelt werden.

Von Kupfer und Arsen dürfen nur Spuren vorhanden sein. Der Höchstgehalt an Schwefel soll 0,05, an Phosphor 0,04, an Mangan 0,1, an Silizium 0,08 vH nicht übersteigen.

2. an die physikalische Beschaffenheit und das Gefüge:

Abwesenheit von Blasen- und Schlackeneinschlüssen, Falten, Rissen, Seigerungen. Das Gefüge muß, wenigstens bei geglühtem Material, durchaus gleichmäßig sein und darf besonders keine verbrannten Stellen haben.

Während schwarzes Material eine dünne, durch Schneidwerkzeuge zu entfernende Oxydschicht hat, soll blankes außen nicht entkohlt sein.

Praktische Prüfung.

Stehen die Mittel zur Untersuchung der chemischen und physikalischen Beschaffenheit nicht zur Verfügung, oder kennt man die Anforderungen an sie nicht genau, so kann die Eignung eines Stahles für bestimmte Zwecke am sichersten bestimmt werden durch Ausprobieren eines Werkzeuges. So wird z. B. ein Stahl, wenn ein aus ihm gefertigter Handmeißel gut steht, auch für andere Werkzeuge mit Schlagbeanspruchung zu brauchen sein, oder eine Stahlsorte, aus der ein Drehstahl gut steht, für andere Werkzeuge mit hoher Schneidkraft bei ruhender Belastung. — Oder man begnügt sich mit Härteproben, die an unbehandeltem sowohl wie an abgeschrecktem Stahl in einfachster Weise mit dem Skleroskop auszuführen sind.

II. Herkunft des Werkzeugstahles.

Für hochwertige Werkzeuge wird nur Edelstahl verwendet, entweder Tiegelstahl (Tiegelgußstahl), aus reinem Rohstahl im Tiegel erschmolzen oder Elektrostahl. Elektrostahl ist billiger und steht dem Tiegelstahl heute kaum mehr nach. Beide müssen unter dem Hammer oder im Walzwerk gut durchgearbeitet sein. Auch im Klein-Martin-Ofen kann ein recht hochwertiger Stahl erschmolzen werden.

Gewöhnlicher Siemens-Martin Stahl, direkt oder im Einsatz gehärtet, dient nur für Werkzeuge, an deren Schneidfähigkeit keine großen Ansprüche gestellt werden. Seines niedrigen Preises wegen wird er leider häufig auch an unrichtiger Stelle gebraucht.

III. Kohlenstoffstähle.

Es werden darunter alle die Stähle verstanden, die zur Beeinflussung der wichtigsten Eigenschaften des Stahles (Härte, Härtbarkeit, Zähigkeit usw.) im wesentlichen nur Kohlenstoff enthalten.

Der Gehalt an Kohlenstoff schwankt bei Werkzeugstählen zwischen 0,6 und 1,6 vH. Er ist maßgebend für die Auswahl; denn Härte und Festigkeit nehmen mit steigendem Gehalt (wenigstens bis zu 1 vH) zu, Dehnung und Zähigkeit ab.

Das Kleingefüge ist verschieden, je nach dem Kohlenstoffgehalt der Stähle und der vorhergegangenen Behandlung.

Der Kohlenstoff kommt bei allen Stählen nur als Eisenkarbid (Fe_3C) vor, das frei oder an das Eisen in fester Lösung gebunden sein kann.

Das freie Karbid kann sehr verschieden im Eisen verteilt sein, vom feinsten, strukturlosen Gemenge bis zu größeren Körnern, Plättchen, Adern und Netzen.

Die wichtigsten Gefügebestandteile haben besondere Namen erhalten. Es heißen:

Das reine Eisen (Kristallkörner) . . . . . Ferrit (α- und γ-Ferrit),
Das freie Karbid . . . . Zementit,
Das feine streifige Gemenge von Karbid und
   α-Ferrit (0,9 vH C) . . . . Perlit,
Körniges Karbid in α-Ferrit . . . . Körniger Perlit,
Strukturlos feines Gemenge von Karbid und
   α-Ferrit . . . . Sorbit und Troostit,
Feste Lösung von Karbid und γ-Ferrit (Mischkristalle) . . . . Austenit,
Feste Lösung (beim Beginn des Zerfalls) von
   Karbid und α-Ferrit . . . . Martensit,

1. Langsam abgekühlte und ausgeglühte Stähle.

Das Kleingefüge besteht:

Bei etwa 0,9 vH Kohlenstoff (eutektoider Stahl) aus Perlit. Abb. H 2, s. nachstehende Tafel, zeigt Perlit in 1000facher Vergrößerung (Zementit-Lamellen dunkel).

Bei weniger als 0,9 vH Kohlenstoff (untereutektoider Stahl) aus Perlit und Ferrit. Abb. H 3, s. Tafel, zeigt dies Gefüge in 200facher Vergrößerung (Perlit dunkel).

Bei mehr als 0,9 vH Kohlenstoff (übereutektoider Stahl) aus Perlit und Zementit. Abb. H 4, s. Tafel, zeigt dies Gefüge in 200facher Vergrößerung (Perlit dunkel).

Ferrit ist der weichste dieser Bestandteile, Zementit der härteste.

Erhitzt man einen eutektoiden Stahl langsam, so beginnt oberhalb einer Temperatur von etwa 700° der Zementit des Perlits sich im Ferrit zu Austenit aufzulösen. Die Mischkristalle sind zunächst sehr klein, werden aber um so gröber, je höher die Temperatur steigt und je länger der Stahl ihr ausgesetzt ist.

Erhitzt man einen untereutektoiden Stahl, so geht oberhalb 700° zunächst nur der Perlit in feste Lösung, während der Ferrit erst allmählich bei steigenden Temperaturen aufgelöst wird. Beendet ist die Auflösung des Ferrits bei Temperaturen oberhalb der Kurve *abc* in Abb. H 1, die die Abhängigkeit der Umwandlungstemperaturen vom Kohlenstoffgehalt angibt.

Erhitzt man einen übereutektoiden Stahl, so geht wieder oberhalb 700°, also der Geraden *e—e*, der Perlit in Lösung, während der Zementit sich erst bei höheren Temperaturen zu Austenit auflöst. Seine Lösung ist oberhalb der Kurve *cd* beendet.

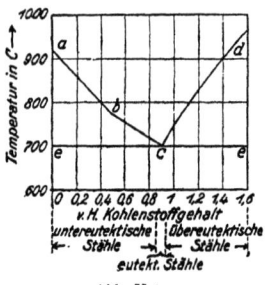

Abb. H 1.

Läßt man einen Stahl von der hohen Temperatur sich langsam abkühlen bis unter 700°, so entstehen in umgekehrter Reihenfolge durch Zerfall der festen Lösung die oben besprochenen Gefügebestandteile.

Das Weichmachen des Stahles durch Ausglühen besteht in einer Umwandlung des streifigen Perlits in körnigen. Abb. H 5 der Tafel. Man erhitzt dazu den Stahl bis kurz über 700° und läßt ihn langsam erkalten.

2. Rasch abgekühlte (abgeschreckte) Stähle.

Läßt man von Temperaturen über 700° den Stahl nicht langsam abkühlen, sondern schreckt ihn rasch ab, so wandelt sich der Austenit statt zu Perlit zu Martensit, der sehr hart ist (allerdings nicht so hart wie Zementit) und mit seinem oft etwas nadligen Gefüge den charakteristischen Bestandteil der gehärteten Werkzeugstähle bildet. Die zu seiner Bildung mindestens nötige Geschwindigkeit nennt man die „kritische".

Bei eutektoiden Stählen erhält man beim Abschrecken von Temperaturen oberhalb 700° nur Martensit. Er ist beim Abschrecken von wenig oberhalb 700° sehr feinkörnig, wird aber um so gröber, je höher die Temperatur steigt und je länger der Stahl bei der hohen Temperatur gehalten wird.

Abb. H 6 zeigt feinen Martensit (Hardenit) von 780° abgeschreckt, Abb. H 7 den groben Martensit desselben Stahles von 1000° abgeschreckt, beide in 500facher Vergrößerung.

Bei untereutektoiden Stählen erhält man beim Abkühlen von Temperaturen wenig oberhalb 700° wieder feinkörnigen Martensit, aber mit Einschlüssen von weichem Ferrit. Erst bei Abschrecktemperaturen oberhalb der Kurve *a—b—c* ist aller Ferrit in Martensit gelöst, der nun aber nicht mehr so feinkörnig ist.

Bei übereutektoiden Stählen erhält man beim Abschrecken von Temperaturen kurz oberhalb 700° wieder feinkörnigen Martensit, aber mit Einschlüssen von hartem Zementit. Erst bei Abschrecktemperaturen oberhalb der Kurve *cd*, Abb. H 1, ist aller Zementit in Martensit gelöst, der nun aber recht grobnadlig ist.

3. Übergangsgefüge.

Wird weniger rasch abgekühlt, als zur Bildung von Martensit nötig ist, jedoch rascher, als daß Perlit sich bilden könnte, so entstehen die Übergangsgefüge: Troostit, Sorbit, deren Härte, zwischen der von Martensit und Perlit liegend, in der angegebenen Reihenfolge abnimmt. Ähnliche

V = Vergrößerung.

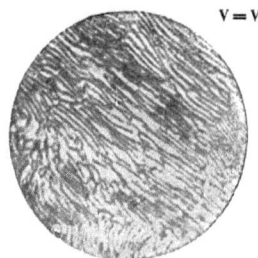

Abb. H 2. **Perlit.** V = 1000.

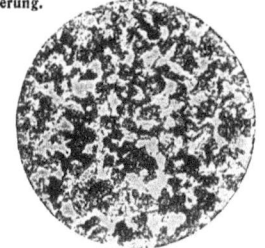

Abb. H 3. **Perlit und Ferrit.** V = 200.

Abb. H 4. **Perlit und Zementit.** V = 200.

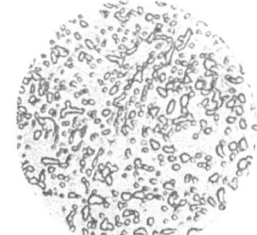

Abb. H 5. **Körniger Perlit.** V = 200.

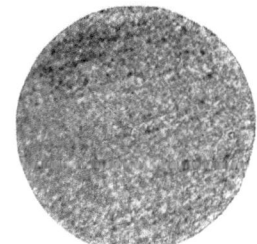

Abb. H 6. **Feiner Martensit (Hardenit).** V = 200.

Abb. H 7. **Grober Martensit.** V = 500.

Abb. H 8. **Schnellstahl, ausgeglüht.** V = 200.

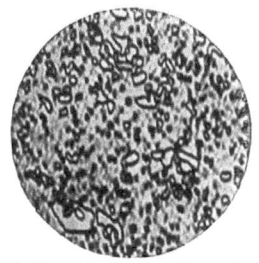

Abb. H 9. **Schnellstahl, gehärtet.** V = 600.

Schuchardt & Schütte, Hilfsbuch. 7. A.

Gefügebestandteile entstehen, wenn rasch abgeschreckter Stahl angelassen wird.

In der Wirklichkeit entsteht beim Härten (außer bei sehr dünnen Stücken) neben Martensit stets nach dem Kern zu Übergangsgefüge, weil die Wärme aus dem Inneren nie rasch genug abgeführt werden kann.

4. Die richtigen Härtetemperaturen.

Sie liegen: a) für eutektoide Stähle etwas über 700°, also etwas über der Linie *ee*, Abb. H 1. Dann ist der Martensit am feinsten, härtesten und wenigsten spröde.

b) für untereutektoide Stähle oberhalb der Kurve *abc*; denn der weiche Ferrit, der sonst im Martensit ist, beeinträchtigt die Härte außerordentlich.

c) für übereutektoide Stähle unterhalb der Kurve *cd*, nur etwas über 700° um so weniger, je höher der Kohlenstoffgehalt ist. Denn der Zementit, der neben dem Martensit erhalten wird, ist sehr hart, härter als dieser selbst. Der Zementit darf nur kein zusammenhängendes Netzwerk bilden, da er sonst den Stahl außerordentlich spröde macht.

In Abb. H 10 gibt die Kurve *ff* die nach dem vorstehenden für die verschiedenen Stähle richtigsten Härtetemperaturen an. In den einzelnen Feldern von Abb. H 10 sind diejenigen Gefügebestandteile angegeben, die beim Abschrecken von einem Punkt des Feldes erhalten werden.

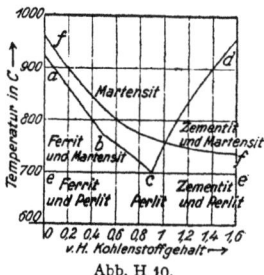

Abb. H 10.

IV. Legierte Werkzeugstähle.

Darunter sind Stähle zu verstehen, die zu ihrem Gehalt an Kohlenstoff und geringen Mengen von Mangan, Silizium usw. zur Verbesserung ihrer Eigenschaften kleinere oder größere Mengen fremder Stoffe zugesetzt erhalten, besonders: Chrom, Wolfram, Kobalt, Vanadium, Molybdän, Mangan, Silizium. Allen diesen Stoffen gemeinschaftlich ist ein Einfluß auf die Umwandlungstemperatur, die meisten von ihnen herabsetzen, und auf die kritische Geschwindigkeit, die sie verlangsamen. Ist der Gehalt an Legierungsmetall gering, so ist die Verschiebung nicht wesentlich und das Kleingefüge wird nicht beeinflußt.

Wir haben dann Stähle, die wie die Kohlenstoffstähle im ungehärteten Zustande Perlit, im gehärteten Martensit enthalten, und die deshalb wohl **perlitische Stähle** heißen. Größere Mengen der fremden Stoffe können dagegen so erhebliche Erniedrigung oder gar ein Verschwinden der Umwandlungspunkte hervorrufen, daß schließlich das Bestandsgebiet der festen Lösung sich bis unter Zimmertemperatur herabsenkt, wir also bei gewöhnlicher Temperatur im Stahl Austenit haben (**austenitische Stähle**). Oder es kann die kritische Geschwindigkeit so gering werden, daß sich auch beim langsamsten Abkühlen Martensit bildet, die Stähle also immer hart werden (**martensitische oder naturharte Stähle**). Oder es kann die kritische Geschwindigkeit so weit herabgesetzt werden, daß Abkühlen im Luftstrom oder doch in Öl od. dgl. zur Härtung genügt (**Lufthärter, Ölhärter**).

Die an fremden Elementen reichen Stähle haben auch besondere Gefügebilder. Die wichtigsten dieser hochlegierten Werkzeugstähle sind die

V. Schnellstähle.

1. Chemische Zusammensetzung und Gefüge der Schnellstähle.

Die Zusammensetzung der Schnellstähle ist wohl verschieden, doch hält sie sich innerhalb folgender Grenzen:

$$0,6-0,8 \text{ vH C}$$
$$14-24 \text{ vH W}$$
$$3-6 \text{ vH Cr}$$
$$0-2 \text{ vH V}$$
$$0-10 \text{ vH Co}$$

Bei weniger als 14 vH W und 3 vH Cr kann von eigentlichem Schnellstahl nicht die Rede sein. Ein kleiner Zusatz von Vanadin setzt die Feuerempfindlichkeit herab und erhöht die Schneidhaltigkeit, ein hoher Zusatz von Kobalt erhöht sie bedeutend. Beide Zusätze verteuern den Stahl merklich. Molybdän, das während des Krieges als Ersatz für Wolfram viel gebraucht wurde, spielt heute keine erhebliche Rolle mehr.

Das Gefüge der Schnellstähle ist ganz verschieden von dem der Kohlenstoffstähle; es ist noch nicht völlig erkannt. Roh oder geglüht besteht es aus Doppelkarbiden mit Chrom und Wolfram in Austenit und kleinen Karbiden in ferritischer Grundmasse (Abb. H 8). Gehärtet liegen die Doppelkarbide in feinerer Verteilung in einer chrom-wolframhaltigen martensitisch-austenitischen Grundmasse von polyedrischer Struktur (in der die kleinen Karbide gelöst sind), Abb. H 9.

Beim Anlassen geht der Austenit allmählich in den durch die Lösung von Wolfram, Chrom usw. sehr widerstandsfähigen Martensit über.

2. Härtebeständigkeit der Schnellstähle.

Sie ist die wichtigste Eigenschaft aller von hoher Temperatur (1200 bis 1350°) abgeschreckten Schnellstähle, die die Leistungsfähigkeit der aus Schnellstahl hergestellten Schneidwerkzeuge erklärt.

Während die Härte von gewöhnlichem, hochgekohltem Werkzeugstahl nach dem Härten zunächst höher ist als die von Schnellstahl, fällt sie mit der Anlaßtemperatur von 200° an ziemlich schnell; die Härte von Schnellstahl nimmt dagegen mit steigender Anlaßtemperatur nur wenig ab und steigt bei den sehr hoch legierten und von sehr hoher Temperatur abgeschreckten Schnellstählen sogar bei etwa 600° wieder an. Kobalt fördert diese Eigenschaft besonders. Abb. H 11 stellt die Härtekurven von verschiedenen Stählen dar, die nach dem Abschrecken von der geeignetsten Temperatur bei steigender Temperatur angelassen werden. AA ist die Kurve von gut gehärtetem Kohlenstoffstahl mit etwa 1,2 vH C. BB und CC sind die Kurven zweier gut gehärteter Schnellstähle, von denen der eine (CC) bei 600° die höchste Härte zeigt. DD stammt von einem unrichtig gehärteten Schnellstahl.

Abb. H 11.

VI. Naturharte Schneidmetalle.

Kein Werkzeugstahl im eigentlichen Sinn — sie enthalten kein oder ganz wenig Eisen — aber stahlähnliche Legierungen sind die naturharten Schneidmetalle, die zuerst in Amerika als Stellit aufkamen, heute auch in Deutschland vielfach hergestellt werden (Akrit, Celsit, Caedit, Miramant, Widia usw.). Sie sind Legierungen von Kobalt und Wolfram mit Chrom, Nickel, Tantal, Kohlenstoff, Eisen usw. (die neuesten bestehen hauptsächlich aus Wolframcarbid), die in Stangen gegossen, beim Erkalten glashart werden, d. h. naturhart sind und daher keiner Art von Warmbehandlung bedürfen. Sie haben die Eigenschaft der Rotgluthärte noch stärker als Schnellstahl, so daß sie sehr hohe Anlaßtemperaturen vertragen (manche bis zu 1800°).

Sie eignen sich daher nicht nur für wesentlich höhere Schnittgeschwindigkeiten als Schnellstahl, sondern können z. B. auch Werkstoffe schneiden, die sonst als unbearbeitbar gelten.

Allen gemeinsam ist ein sehr hoher Preis und eine geringe Zähigkeit. Sie werden daher nie als Vollstähle benutzt, sondern entweder als Einsteckstähle in Haltern oder häufiger noch als Plättchen auf Flußstahlschäfte aufgeschweißt oder -gelötet (s. S. 376). Die geringe Zähigkeit verlangt, daß der Keilwinkel des Schneidkopfes größer, also der Freiwinkel und Spanwinkel kleiner ist als bei Werkzeugen aus Kohlenstoffstahl oder Schnellstahl.

VII. Auswahl der Stähle für Werkzeuge.

1. Auswahl für Schneidwerkzeuge.

Es werden überwiegend Stähle gebraucht, die durch Abschrecken eine hohe Härte annehmen. Die Härte muß um so größer sein, je härter das zu bearbeitende Material ist; andererseits muß die Zähigkeit, die mehr oder weniger nur auf Kosten der Härte zu erlangen ist, um so höher sein, je mehr das Werkzeug Stößen und Schlägen ausgesetzt ist.

a) Kohlenstoffstähle. Hartung geht nicht sehr tief. Für die ruhig arbeitenden Drehstähle nimmt man einen Kohlenstoffgehalt bis 1,4 vH; für Fräser, Bohrer, Reibahlen, Senker usw. bis 1,25 vH, und zwar zuweilen für die größeren und schwierigeren Werkzeuge einen etwas niedrigeren Satz; für Schnitt- und Stanzwerkzeuge, Lochstempel, große Scherenmesser usw. 0,9—1,1 vH.

Unter 1 vH geht man für Werkzeuge mit Schlagbeanspruchung und starker Federung.

b) Sonderstähle. Härtung dringt meist tiefer ein als bei a). 0,5—1,4 vH W enthalten oft die hochgekohlten Stähle für Fräser, Bohrer usw., um ihre Schneidhaltigkeit zu erhöhen. 4—7 vH W bei 0,9—1 vH C enthalten wohl Stähle für Schneidwerkzeuge für harten Werkstoff bei geringer Schnittgeschwindigkeit (Hinterdrehstähle für Fräser, Drehstähle für Hartgußwalzen usw.).

0,5—1,5 vH Cr neben geringem C-Gehalt enthalten wohl die Sonderstähle für Meißel, während die sog. Ersatz-Schnellstähle 12—14 vH Cr enthalten bei 1,5—2,5 vH C, 8—10 vH W und 2—4 vH Cr enthalten Stähle für schwierige und hoch beanspruchte Schnitte u. dgl.

c) **Schnellstähle.** Perlitische Werkzeugstähle dürfen wegen ihrer niedrigen Anlaßtemperatur beim Arbeiten nicht wärmer als 150—200° werden, da sonst die Schneide erweicht und verdirbt. Höhere Leistungen erlauben die martensitischen (naturharten) und selbsthärtenden Stähle, die höchstens die Schnellstähle. Diese finden heute überall Verwendung, wo es auf große Arbeitsleistung ankommt (auch bei der Holzbearbeitung). Hervorragendes leisten sie beim Drehen und Bohren; aber auch für Hobel- und Stoßstähle und für Fräser eignen sie sich sehr gut. Nicht durchweg so vorteilhaft sind sie für Reibahlen usw. Weniger geeignet sind sie im allgemeinen für Schlichtarbeiten und dort, wo besonders feine Schnittkanten nötig sind. Für Gewindeschneidwerkzeuge kommen sie nur dann in Frage, wenn das Gewinde nach dem Härten geschliffen wird.

Ein besonderer Vorzug der Schnellstähle ist noch ihre geringere Neigung zum Verziehen beim Härten (wichtig für Gewindebohrer, hinterdrehte Formfräser usw.). Doch bemühen sich die Stahlwerke, auch weniger hochhaltige, perlitische Stähle mit derselben Eigenschaft herzustellen.

Werkzeugstahl zweiter Güte, weniger rein und gleichmäßig, wird für Feilen, Meißel, Hämmer, gewisse Matrizen usw. verwendet.

2. Auswahl für sonstige Werkzeuge und kleinere Teile.

a) Werkzeuge, die starken Schlägen ausgesetzt sind, dabei gut hart sein müssen, wie Dampf- und **Fallhammergesenke**, werden für sauberste Arbeit aus bestem Kohlenstoffstahl mit etwa 0,8—0,9 vH Kohlenstoff hergestellt. Stahl auch wohl mit etwas Nickel oder Nickel und Chrom legiert.

b) Für **Federn und federnde Teile** (Spannpatronen usw.) geht man mit dem Kohlenstoffgehalt auf 0,7 vH herunter, da hohe Elastizität Bedingung ist. Gut hat sich ein Stahl mit 1,2—1,5 vH Silizium bewährt, während die höchsten Leistungen Silizium-Chrom-Vanadium-Stähle erzielen.

c) Stahl herunter bis zu 0,6 vH dient für **Hämmer, Stempel, Kaltwalzen** (nicht selten in minderer Güte). Neuerdings werden hierzu auch legierte Stähle benutzt, so **für Ziehdorne und -ringe**, Lochstempel usw. ein Stahl mit etwas Wolfram oder Chrom oder beidem.

d) Für **Kugeln** wird Stahl mit etwa 1,2 vH Kohlenstoff verwendet und ihm für die Kugeln ersten Gütegrades noch 1—1,5 vH Chrom zur besseren Durchhärtung und Gleichmäßigkeit zugesetzt.

e) Für **Warm-, Preß-, Zieh- und Spritzmatrizen,** die Temperaturen von über 400° aushalten und unschwer nacharbeitbar sein müssen, verwendet man niedrig legierten Chromnickelstahl mit etwa 4—5 vH Nickel, 1—1,5 vH Chrom und 0,2—0,4 vH Kohlenstoff, der zwar beim Abschrecken in Öl nicht sehr hart wird, aber seine Härte bis zu 500° unvermindert beibehält und der dabei innen sehr zäh bleibt. Man benutzt auch hochhaltigen Chromwolframstahl. Für Kaltzieheisen auch hochhaltigen Chromstahl.

f) **Meßwerkzeuge.** Für geodätische und physikalische Genauigkeitsinstrumente, für die ein Werkstoff mit möglichst geringer Wärmeausdehnung nötig ist, benutzt man den „Invar"-Stahl mit etwa 36 vH Nickel. Ein Stab von 1 m Länge aus „Invar" mit 36 vH Nickel dehnt sich bei einer Temperaturzunahme von 1° je nach der Wärmebehandlung um 0,0000001 bis 0,000003 m = 0,0001—0,003 mm aus. Invar ändert seine Länge dauernd und geht nach Temperaturänderungen nur allmählich wieder in seine

Länge zurück. Die zeitlichen Änderungen verschwinden bei geeigneter Legierung mit Chrom. Zu Meßwerkzeugen für den Maschinenbau ist der gleiche Stahl, auch abgesehen von den hohen Kosten, nicht verwendbar. Vielmehr muß ein solcher gebraucht werden, der annähernd die gleiche Ausdehnungszahl hat wie die Maschinenbaustoffe. Man nimmt Kohlenstoffstahl mit 1—1,25 vH Kohlenstoff, auch mit ganz geringem Chrom- oder Wolframzusatz für gewöhnliche Härtung oder auch weichen Stahl für Einsatzhärtung. Neuerdings wird für Strichmaßstäbe, namentlich an Meßmaschinen, auch ein Nickelstahl mit 58 vH Nickelzusatz verwendet. Diese Legierung hat den Vorzug, gegen Rost fast unempfindlich zu sein und besitzt die gleiche Wärmeausdehnung wie Stahl (0,011 mm für den Meter und Grad Celsius). Wenn möglich, soll eine Stahlsorte mit der Wärmeausdehnung von 0,0115 mm für 1 m und 1° verwendet werden.

VIII. Ausglühen der Werkzeugstähle.

1. Gründe.

Es geschieht zur Erreichung des günstigsten (weichsten) Zustandes für die Weiterverarbeitung:

Bei rohem Material zur Beseitigung größerer Härte, Ungleichheiten im Gefüge usw., die durch die Vorbehandlung entstanden sind; bei geschmiedeten oder durch Drehen, Fräsen usw. kräftig bearbeiteten halbfertigen Werkzeugen auch zur Beseitigung von Spannungszuständen (um das Verziehen beim Härten gering zu halten),

weiter zur Beseitigung von grobem (durch Überhitzen entstandenem) und von verfeinertem (durch Kaltrecken und Härten entstandenem) Korn, das verminderte Zähigkeit zur Folge hat.

Die Stahlwerke liefern den Stahl geglüht oder ungeglüht.

2. Ausführung.

a) Richtiges Glühen:

Zum eigentlichen Weichglühen, das der Umkristallisation zu körnigem Perlit entspricht, muß bis kurz über der unteren Umwandlungskurve (etwa 720°) erhitzt werden, während zum Entspannen allein Temperaturen unter 700° genügen. Veränderung der Oberfläche (Kohlung, Entkohlung, Glühspanbildung, Schwefelzufuhr) ist möglichst zu verhindern. Dazu ist für bereits fertig bearbeitete Werkzeuge zu empfehlen: Einpacken in Lederkohle, Holzasche oder reine Gußspäne. Dann langsames Abkühlen.

Glühtemperaturen (Glühfarben auf S. 474):

650—750° für Kohlenstoffstahl,
700—800° „ niedrig legierte Stähle,
800—850° „ Schnellstahl.

b) Falsches Glühen:

1. Durch ungleichmäßiges Erwärmen, das besonders im Schmiedefeuer leicht vorkommt.

2. Durch zu hohe Temperatur. Gefüge wird großkristallinisch und spröde (überhitzter Stahl) oder, bei Temperaturen bis zum Funkensprühen, völlig mürbe und durch Oxydation verdorben (verbrannter Stahl).

Überhitzter Stahl kann durch Glühen, Überschmieden, Abschrecken wiederhergestellt werden, verbrannter dagegen nicht.

3. Durch zu langes Glühen (abgestandener Stahl). Durch Luftzutritt oberflächlich entkohlter Stahl kann durch Glühen mit Einsatzmitteln (Holzkohle mit gelbem Blutlaugensalz oder Bariumcarbonat) wiederhergestellt werden.

IX. Härten.

Wenn auch das Härten eine Kunst ist und auch heute noch viel Erfahrung verlangt, so sind doch, um dauernd die besten Ergebnisse zu erzielen, wissenschaftliche Einsicht und neuzeitliche Härteeinrichtungen unentbehrlich.

1. Das Erhitzen.

Es muß gleichmäßig und nicht zu rasch geschehen, damit nicht nur die Oberfläche oder vorspringende Teile die nötige Temperatur haben:

    Für Kohlenstoffstähle auf 720— 800°[1])
    „ legierte Stähle „ 750— 900°
    „ Schnellstähle „ 1150—1350°

Die richtige Temperatur kann am abgeschreckten Gefüge leicht erkannt werden. Besonders für Kohlenstoffstahl reicht meist schon das Bruchaussehen von Probestücken zur Beurteilung der Härte oder die Härteprüfung mit dem Skleroskop (s. S. 480). Das Bruchaussehen hängt jedoch davon ab, wie der Bruch ausgeführt wird, und kann deshalb leicht zu Trugschlüssen führen. Abb. H 12 zeigt das Verhältnis der Härte zur Abschrecktemperatur bei einem Kohlenstoffgehalt von etwa 1 vH. Der höchsten Härte entspricht die richtige Abschrecktemperatur.

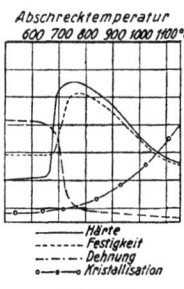

Abb. H 12.

Allgemein ist zu beachten:
Für Kohlenstoffstähle Temperatur so niedrig wie möglich. Für Schnellstähle so hoch wie möglich, ohne sie zu verbrennen

Schnellstähle sind dabei langsam auf 850—900° vorzuwärmen und dann rasch auf die Höchsttemperatur zu erhitzen. Dabei hat sich für manche Werkzeuge gut bewährt, sie kurz hintereinander mehrere Male aus dem Ofen heraus an die Luft und wieder in den Ofen hineinzugeben.

Bei Werkzeugen, die nur teilweise gehärtet und erhitzt werden (Drehstähle, Meißel, viele Bohrer usw.), ist eine scharfe Grenze zwischen erhitzten und nichterhitzten Stellen zu vermeiden. Müssen die Teile (Bohrungen, Zapfen usw.), die später weich bleiben sollen, mit in den Ofen, sind sie durch Lehm- oder Asbestpackungen od. dgl. zu schützen.

2. Öfen.

Die zu stellenden Anforderungen sind:
Sie sollen im ganzen Heizraum möglichst gleichmäßige Temperatur haben, die nirgends die Höchsttemperatur für den Stahl wesentlich überschreitet. Die Temperatur soll leicht regulierbar, aber auch leicht festzuhalten sein.

---

[1]) Siehe Abb. H 10.

Die Erwärmung soll möglichst ohne chemischen Einfluß auf den Stahl vor sich gehen.

Der Ofen soll den Arbeiter nicht belästigen, reinlich, ruhig und wirtschaftlich arbeiten.

Am wenigsten erfüllt das Schmiedefeuer diese Anforderungen. Doch da es billig und bequem ist, findet es noch vielfach Anwendung, besonders für einfachere, weniger empfindliche Werkzeuge, wie Drehstähle, Meißel usw. Nur bei großer Vorsicht und Geschick ist es auch für andere Werkzeuge brauchbar.

Für kleinere und mittlere Leistungen sind die **Gasöfen für Leuchtgas** sehr einfach, reinlich und anpassungsfähig. Im Plattenofen kann Entkohlung und Glühspan durch reichlich Gas („reduzierende Atmosphäre") verhindert werden. Muffeln, die den Betrieb verteuern, sind nur nötig, wenn das Werkstück vor schwefelhaltigen Gasen geschützt werden muß.

An Stelle der Gasöfen, besonders für größere Abmessungen, werden viel die **Ölöfen** benutzt; neuerdings auch elektrische Öfen mit Widerständen aus Nickel-Chrom oder Silit, deren Betrieb sehr angenehm und günstig, aber nicht billig ist.

Sehr rasch und gleichmäßig arbeiten die **Öfen mit Flüssigkeitsbädern,** die daher für die Massenfertigung unentbehrlich sind. Die Bäder werden durch Gas, Öl, Elektrizität oder auch Kohlen erwärmt. Als Flüssigkeit dienen Metalle (Blei) nur für Temperaturen bis etwa 900°, Salze (Chlorbarium, Chlornatrium, Chlorkalium; Schmelzpunkte s. S. 90) für Temperaturen bis 1400°. Salze erwärmen langsamer als Metalle und verhindern das oberflächliche Oxydieren beim Herausnehmen aus dem Bade durch Bildung einer dünnen Salzkruste.

Zum Glühen in Holzkohle, Lederkohle od. dgl., besonders bei sehr großen Werkzeugen (Gesenken), dienen gemauerte Öfen, die durch Steinkohle, Öl, Generatorgas usw. geheizt werden.

3. Das Abschrecken.

Es geschieht durch Flüssigkeiten (Wasser, kalt oder warm, Öl, Tran, geschmolzene Metalle usw.), Gase (Luft) oder auch feste Metalle (eiserne Platten). Die Abschreckwirkung beruht auf der spezifischen Wärme, Verdampfungswärme, Wärmeleitung und Dünnflüssigkeit der Kühlmittel und wächst mit diesen Größen. Sie wird befördert durch die Reinheit der Werkstückoberfläche und durch Bewegen, sei es des Werkstücks oder der Badflüssigkeit, wodurch immer neue Massen des Abkühlmittels mit der glühenden Werkstückoberfläche in Berührung kommen und ein Festsetzen von Gas- und Dampfblasen am Werkzeuge verhindert wird.

Werkzeuge aus Kohlenstoff- und niedrig legiertem Sonderstahl.
Schroffes Abschrecken zur Erreichung höchster Härte, wie sie für Dreh- und Hobelstähle und Meißel nötig ist, geschieht in Wasser von etwa 18 bis 20°, dem zur Verschärfung der Wirkung einige Hundertteile Kochsalz oder Säure (Schwefelsäure, Ameisensäure) zugesetzt werden. Werkzeuge wie Fräser, Bohrer, Reibahlen, Gewindeschneidwerkzeuge usw., die vorstehende Schneidzähne haben, werden zur Vermeidung starker Spannungen und des Abplatzens der Zähne nur so lange im Wasser gekühlt, bis die Glut gelöscht ist, und dann in Öl gelegt.

Teile, die weniger Härte, dafür mehr Federung haben müssen, wie Spannpatronen, Federn, große Stanzen usw., oder die sehr dünn sind, wie schwache

Sägen, auch Teile aus stark chromlegierten Stählen, werden nur in Öl oder Unschlitt abgeschreckt, an deren Stelle zur Not auch heißes Wasser treten kann. Neuere Öle zum Abschrecken werden aus Wollfett hergestellt. Diese werden durch den Gebrauch nicht zersetzt und behalten daher ihre Abkühlgeschwindigkeit bei.

Eine mittlere Härte zwischen dem Abschrecken im Wasser und dem in Öl erhält man durch Abschrecken in Wasser, auf dem eine Ölschicht schwimmt, die das Werkzeug beim Durchgang mit einer dünnen Schicht überzieht, oder durch Wasser mit etwas Seife oder Kalk. So werden Messerklingen, manche Stempel usw. gehärtet.

Werkzeuge, die an der Arbeitsstelle sehr hart, an anderen Stellen und innen aber recht zäh sein sollen, werden vorteilhaft durch einen gegen die Arbeitsfläche gerichteten Wasserstrahl gehärtet: Hammergesenke, Präge- und Preßstempel, Stanzen, Hammerbahnen usw. Mit einem durch die Bohrung gehenden Strahl: Zugringe, Lehrringe usw.

Teile, die in einer Richtung verhältnismäßig dünn sind und sich nicht verziehen sollen, wie z. B. Zahnkränze, Sägen usw., werden während des Abschreckens in Vorrichtungen oder Härtemaschinen festgespannt. Handelt es sich dabei um schwache Teile, wie Rasierklingen, genügt das Pressen zwischen eisernen Platten nach dem Erhitzen, sie zu härten.

Werkzeuge aus Schnellstahl werden in Talg, Öl, Tran, Petroleum oder im trockenen Preßluftstrom abgekühlt. In manchen Fällen, besonders bei schwachen Werkzeugen, ist eine abgestufte Härtung, erst im Blei-, Zyankali- oder Salzbade von 600—630°, dann in Luft oder Öl angebracht.

4. Das Anlassen.

Es geschieht nach dem Abschrecken zur Beseitigung von Spannungen, die ein Verziehen oder Reißen zur Folge haben und zur Erhöhung der Zähigkeit. Die Zähigkeit muß um so größer sein, je wechselnder die Beanspruchung ist; doch kann, wenigstens bei Kohlenstoffstahl, größere Zähigkeit durch Anlassen nur auf Kosten der Härte erlangt werden.

Arten des Anlassens:

a) Anlassen von innen, d. h. durch die im teilweise abgeschreckten Werkzeuge noch vorhandene Wärme. Nur anwendbar bei einfach geformten oder kleineren Werkzeugen, wie Dreh- und Hobelstählen, Stempeln usw., die teilweise gehärtet werden. Beurteilung nach den Anlauffarben.

b) Anlassen von außen, d. h. durch dem meist völlig erkalteten Werkzeuge von außen zugeführte Wärme.

Zuführung von Wärme erfolgt durch kochendes Wasser, glühende Kohlen, Gasflamme, heiße Luft, heißes Eisen od. dgl., für größere und wertvollere Werkzeuge am besten in Öl-, Salz- oder auch (für höhere Temperaturen) in Metallbädern. Sandbäder und auch Salzbäder werden vielfach gebraucht, wenn deutliche Anlauffarben verlangt werden.

Werkzeuge, wie Meßwerkzeuge, die zwar Glashärte, aber keine Spannungen haben dürfen, die die Ursache fortschreitender Formänderungen bilden, werden mindestens 10 Stunden in Bädern von 125—150° angelassen.

c) Abbrennen: kleinere, meist dünnere Werkzeuge, erhitzt man bis zum Verbrennen des anhaftenden Öles (Flammpunkt der fetten Öle 350°). Sie erhalten dadurch Federhärte.

Temperatur des Anlassens. Sie wird entweder nach den Anlaßfarben (s. S. 474) oder mit Temperaturmeßgeräten bestimmt. Dazu genügen bis 300° gewöhnliche Quecksilberthermometer, während für höhere Temperaturen (bis 600°) gasgefüllte Quecksilberthermometer oder Graphitpyrometer, Nickelpyrometer oder thermoelektrische Pyrometer in Frage kommen (s. auch S. 473).

Genaue Angaben über Höhe der Anlaßtemperaturen können nicht ohne weiteres gegeben werden, denn die bestgeeignete Anlaßwärme ist abhängig von den Eigenschaften des verwendeten Stahles und von der Zeit des Anlassens; ferner von der Bauart und dem Verwendungszwecke des Werkzeuges, von seiner Beanspruchung und von der Stärke und dem Zustand der Maschine, auf der es verwendet wird.

Werkzeuge aus Kohlenstoffstahl werden stets angelassen, und zwar die einfachen Schneidstähle meist „von innen", Stempel u. dgl. oft im Sandbad. Schneidwerkzeuge wie Fräser, Bohrer, Reibahlen usw. werden am besten im Ölbad angelassen, und zwar für Metallbearbeitung zwischen 180 und 225°, für Holzbearbeitung zwischen 250 und 280°.

Werkzeuge aus Schnellstahl werden meist, nicht immer, angelassen, und zwar die einfachen Schneidstähle oft nicht. Für Fräser, Bohrer usw. haben sich Temperaturen zwischen 220 und 275° bewährt. Seit man für viele Stähle das Wiederansteigen der Härte mit höherer Anlaßtemperatur erkannt hat, werden Schnellstahlwerkzeuge, besonders Schneidstähle, vielfach auf 580—595° angelassen.

Nachstehende Anlaßtemperaturen können als Anhalt dienen, sie sind als Mittelwerte zu betrachten.

Anlaßtemperatur	Werkzeug
100—150°	Meßwerkzeuge (10 Stunden und länger)
160—200°	Alle Schneidwerkzeuge aus Kohlenstoffstahl für Metallbearbeitung, wie Dreh- und Hobelstähle, Bohrer, Fräser, Reibahlen, Senker
200—250°	Alle obigen Werkzeuge, wenn sie durch ihre Form oder Arbeit dem Brechen sehr ausgesetzt sind, wie dünne Bohrer, Gewindebohrer, Schaftfräser, feine Schneideisen
220—260°	Werkzeuge für Holzbearbeitung
225—275° oder etwa 590°	Alle Schneidwerkzeuge aus Schnellstahl
250—500°	Meißel, Federn, Schlagwerkzeuge usw.

Das Anlassen bei Meßwerkzeugen soll spätere Formänderungen vermeiden, die bei gehärtetem Stahl erfahrungsgemäß auftreten. Dr. Weber[1]) führt an, daß die zeitlichen Änderungen der Länge z. T. ganz regelmäßig verlaufen, wobei sowohl Verlängerungen wie Verkürzungen beobachtet werden, daß sie sich aber gelegentlich auch völlig unregelmäßig vollziehen. Diese sind auf den plötzlichen Ausgleich von Spannungen zurückzuführen, während die regelmäßigen durch Gefügeumwandlungen

---

[1]) Dr.-Ing. A. Weber: Die natürliche und künstliche Alterung des gehärteten Stahles. Berlin: Julius Springer. 1926.

verursacht sind. Die zeitlichen Änderungen des fertigen Erzeugnisses, hervorgerufen durch Veränderungen des Stahles, können die langwierige Genauigkeitsarbeit illusorisch machen.

Die Gefügeumwandlung tritt bereits bei 100° C in starkem Maße ein und ist umso sicherer, je länger sie fortgesetzt wird. Ein wechselndes Tauchen in siedendes und kaltes Wasser bedeutet lediglich eine Verzögerung des Alterungsprozesses, so daß dieses Verfahren nicht empfehlenswert ist. Im allgemeinen wird man die Anlaßtemperatur auf etwa 120° steigern, um einen zu großen Härteabfall zu vermeiden. Bei 120° und entsprechend langer Anlaßzeit wird der Austenit bereits in Martensit übergeführt. Stähle mit hohem Chromgehalt erlauben die Steigerung der Alterungstemperatur bis auf 150° C. In allen Fällen bewirkt die künstliche Alterung einen Härteabfall von mindestens 6 vH.

5. Reinigen.

Vor dem Erhitzen ist ein Reinigen der Werkzeuge von Fett und Schmutz nötig, am besten durch Abkochen in Sodawasser. Nach dem Anlassen findet zweckmäßig ein Reinigen statt, um dem Werkzeuge ein gutes Aussehen zu geben und um die Möglichkeit zu haben, auch feine Härterisse sehen zu können. Dieses nachträgliche Reinigen geschieht am besten mit dem Sandstrahlgebläse.

X. Hauptursachen der Mißerfolge beim Härten.

1. Fehler im ungehärteten Werkzeuge.

Materialfehler, wie Risse, Blasen usw.

Ganz oder teilweise zu hartes Material (Zementitadern).

Beim Glühen oder Schmieden überhitztes Material.

Eigenspannungen infolge ursprünglich im Material vorhandener oder durch Bearbeitung entstandener Spannungen.

Konstruktionsfehler: schlecht verteilte Massen, wie feinere Schneiden und Zähne an den massigen Körpern, harte Übergänge, besonders scharfe, einspringende Ecken (am Zahnfuß, in Nuten, Bunden usw.).

2. Fehler beim Härten.

Ungleichmäßiges Erwärmen, unrichtige bzw. zu hohe Temperatur, teilweise Entkohlung.

Spannungen durch das Abschrecken. Sie verursachen Formänderungen, unter Umständen sogar Reißen. In gewissem Maße sind sie unvermeidlich, da sie erstens durch die Bildung der neuen Gefügebestandteile (Martensit, Troostit) entstehen, die ein größeres spezifisches Volumen haben, und zweitens durch die verschieden rasche Abkühlung der äußeren und inneren Schichten, die ein ungleiches Zusammenziehen zur Folge hat.

Ein Reißen durch übergroße Spannungen kann auch beim Anlassen oder gar erst nach längerer Zeit eintreten. Nach Möglichkeit gering halten kann man die Spannungen durch:

a) Möglichst niedrige Abschrecktemperatur;

b) Möglichst kurzes Verweilen bei der höchsten Temperatur nach langsamem Vorwärmen;

c) Nicht schrofferes Abschrecken als für die Härte nötig;

d) Anlassen möglichst bald nach dem Abschrecken.

e) Vermeiden der unter 1 angegebenen Fehler.

Falsches Eintauchen in die Abkühlflüssigkeit oder falsches Bewegen kann starkes Verziehen bis zur Unbrauchbarkeit zur Folge haben; ungenügendes Bewegen oder Anfassen mit breiten Flächen verursacht das Entstehen weicher Stellen.

XI. Die Temperatur-Messung in der Härterei.

Sie ist unentbehrlich, da von der richtigen Temperatur vor allem der Erfolg der Wärmebehandlung abhängt und gerade die besten Stähle vielfach gegen Überhitzung sehr empfindlich sind.

Temperaturen bis 350° (Anlassen) können (nur bei Flüssigkeitsbädern) mit dem gewöhnlichen Quecksilberthermometer gemessen werden. Es ist hierbei Vorsicht gegen zu starkes Erhitzen zu beobachten. Sonderausführungen sind auch noch für höhere Temperaturen brauchbar.

Auch andere Sonderformen sind möglich, die bei bestimmten einzustellenden Temperaturen Zeichen geben oder weitere Wärmezufuhr abschneiden.

Für höhere Temperaturen, wie sie zum Ausglühen und Erhitzen zum Abschrecken nötig sind, ist das einfachste, aber auch unzuverlässigste Mittel, die Beurteilung nach den Glühfarben durch das Auge allein. Daher sind Wärmemeßinstrumente in einer gut eingerichteten Härtestube unerläßlich.

1. Widerstandsthermometer. Bei ihnen wird die Widerstandsänderung von Metalldrähten mit der Temperatur zur Messung dieser gebraucht. Sie sind, wenn das Widerstandsmaterial Eisen oder Nickel ist, bis etwa 600°, beim Widerstandsmaterial Platin bis etwa 900° verwendbar. Praktisch verwendet man über 600° besser eine der nachfolgenden Formen.

2. Thermoelektrische Pyrometer sind für alle Fälle vorzüglich. An dem mit dem Thermostabe verbundenen Galvanometer kann die Temperatur unmittelbar abgelesen werden. Es sind aber auch Einrichtungen zum selbsttätigen Aufschreiben der Temperatur möglich und üblich; sie können für mehrere Meßstellen gleichzeitig eingerichtet werden.

Tatsächlich wird mit diesen Pyrometern der Wärmeunterschied zwischen der Lötstelle und der Anschlußklemme gemessen. Ist die Anschlußstelle noch nicht genügend außerhalb des Bereiches der Ofenwärme und damit schwankenden Temperaturen ausgesetzt, so kann diese Fehlerquelle durch Kompensationsleitungen beseitigt werden. Sehr gut bewährt hat sich auch Eingraben der Anschlußstelle im Erdboden. Bei anhaltender Benutzung in hohen Wärmegraden brennen die Schutzrohre leicht durch (besonders zu schützen ist die Stelle des Rohres, mit der es durch die Oberfläche der Badflüssigkeit tritt). Sie müssen also leicht auswechselbar sein. Auf den Schutz der eigentlichen Meßdrähte gegen die Gase des Ofens ist sorgfältig zu achten, da diese die Drähte leicht angreifen. Eine regelmäßige Prüfung der Angaben ist daher empfehlenswert.

Obere Temperaturgrenzen und angenäherte Spannungen der gebräuchlichsten Thermoelemente in Millivolt für einen Temperaturunterschied von 100°.

Element	Grenze Grad C	Spannung für 100°	Element	Grenze Grad C	Spannung für 100°
Kupfer-Konstantan ..	500	4,1	Nickel-Nickelstahl ...	1000	2,2
Eisen-Konstantan ...	900	5,2	Nickel-Chromnickel ..	1100	3,7
Chromnickel-			Nickel-Kohle	1200	1,8
Konstantan	900	5,6	Platin-Platinrhodium.	1600	0,64

3. Optische Pyrometer. Sie beruhen auf der Erscheinung, daß beim schwarzen Körper, d. h. einem gleichmäßig erhitzten Hohlraum (mit kleiner Schauöffnung) jeder Glühfarbe eine bestimmte Temperatur entspricht und daß alle Stoffe bei gleicher Temperatur in gleicher Farbe glühen. Die üblichen Öfen entsprechen diesen Forderungen ausreichend. Die Messung erfolgt entweder durch Vergleichung mit einer veränderlichen Glühfarbe, wozu der Leuchtdraht einer Kohlenfaden-Glühlampe dient, der in seiner Glühfarbe durch gemessene Stromänderung verändert wird (Pyrometer nach Holborn-Kurlbaum), oder mit einer festen Lichtquelle, deren wirkende Helligkeit durch optische Abblendung geschwächt wird (Pyrometer nach Wanner). Sie messen die Temperaturen glühender Oberflächen (Glühräume, Werkzeuge), können aber nicht das Innere von Bädern messen und sind zum selbsttätigen Aufschreiben nicht verwendbar. Sie sind nur von etwa 650° an aufwärts brauchbar.

4. Strahlungspyrometer. Bei ihnen wird die Strahlung der Meßstelle des Ofens auf die Lötstelle eines Vakuumthermoelements geworfen und dessen Thermokraft, wie beim thermoelektrischen Pyrometer, gemessen oder aufgezeichnet; oder die Strahlung erwärmt einen sehr dünnen Widerstandsdraht (Bolometer), dessen Widerstandsänderung, wie beim Widerstandsthermometer, zur Messung benutzt wird. Im Gegensatz zu den optischen Pyrometern ist objektive Ablesung mit Zeiger und Skala ohne vorherige Einstellung möglich. Die Strahlungspyrometer sind wie die optischen Störungen wenig ausgesetzt, da sie mit den heißen Teilen des Ofens nicht in Berührung kommen, sind aber empfindlich gegen falsche Strahlung, etwa von den Wänden, und besonders gegen die Absorption durch Gase, wie z. B. Wasserdampf. Bei den Instrumenten, welche die Strahlung durch einen Spiegel auf das Thermoelement konzentrieren, ist ferner darauf zu achten, daß das Reflexionsvermögen des Spiegels nicht durch Staub, Schmutz oder Kratzer auf der Politur geändert wird. Die Instrumente sind deshalb des öfteren, und zwar am besten an der Gebrauchsstelle, neu zu eichen. Anwendung oberhalb 600°. Verwendbar als Handinstrument oder mit fester Aufstellung. Der Abstand des Aufstellungspunktes von der Stelle, deren Temperatur gemessen werden soll, ist recht gleichgültig, sobald keine Strahlung durch die Ofenöffnung abgeblendet wird. Die Gebrauchsanweisungen der Firmen geben darüber genaue Auskunft.

Glühfarben. Anlaßfarben.

Glühfarbe	Temperatur Grad C	Anlaßfarbe	Temperatur Grad C
Beginn des Dunkelrot	650	Hellgelb	225
Dunkelrot	700	Dunkelgelb	240
Kirschrot	800	Gelbbraun	255
Hellrot	900	Rotbraun	265
Lachsrot................	1000	Purpurrot	275
Orange	1100	Violett	285
Zitronengelb	1200	Dunkelblau	295
Weiß	1300	Hellblau	310
		Grau	325

Konstruktionsstahl.

Darunter wird hochwertiger, meist legierter Stahl für Maschinenteile und Konstruktionszwecke (im Gegensatz zu Werkzeugen) verstanden. Er wird fast nie roh (geglüht) benutzt, sondern immer im Einsatz gehärtet oder vergütet. Gegenüber dem Werkzeugstahl ist er zäh und weich, d. h., sein Kohlenstoffgehalt bleibt meist erheblich unter 0,6—0,7 vH.

I. Einsatzhärten (Zementieren).

Es bedeutet: die Erzeugung einer kohlenstoffreichen Oberfläche auf Teilen aus weichem Stahl, durch Glühen in kohlenstoffabgebenden Mitteln. Dabei soll beim nachfolgenden Härten der zementierten Schicht der innere Teil des Werkstücks, der Kern, weich und zäh bleiben.

Anwendung. Das Einsatzhärten wird benutzt:

1. Zur Erzielung einer harten Oberfläche bei einem zähen Kern, damit die Arbeitsstücke geringe Abnutzung haben und trotzdem große Widerstandsfähigkeit gegen Schlag und Stoß, ferner damit die Arbeitsstücke sich nachher im Kern und an der nicht zementierten Oberfläche leicht bearbeiten lassen (Ausbohren, Gewindeschneiden usw.).

2. Um die Verwendung von hochgekohltem Stahl zu vermeiden, weil derselbe beim Härten durch und durch hart wird und deshalb Teile daraus sich stärker verziehen und leichter reißen (Verwendung für gewisse schwierige Werkzeuge, Formlehren usw.).

3. Weil die Verwendung von weichem, im Einsatz härtbarem Stahl zuweilen billiger ist, als die von hochgekohltem Edelstahl.

Einsatzstahl. Jeder zähe, nicht zu hoch gekohlte Stahl ist verwendbar. Der Gehalt an Kohlenstoff soll $\leq 0{,}28$ vH sein, weil der Stahl sonst spröde wird. Der Gehalt an Schwefel und Phosphor und auch an Silizium soll recht gering, das Material also rein sein. Deshalb ist an Stelle von gewöhnlichem Maschinenstahl besser besonderer Einsatzstahl zu verwenden (s. DIN 1661).

Da niedrig gekohlter Kohlenstoffstahl nur geringe Festigkeit hat, so muß man, wenn höhere Festigkeit verlangt wird, legierte Stähle benutzen. Von diesen sind Nickel- und Nickelchromstähle für Einsatzhärten besonders gut geeignet; aber auch Mangan, Vanadium- usw. -Stähle werden zementiert.

Nickel verlangsamt die Kohlenstoffaufnahme, aber auch die Kristallisation des Kernes. Chrom, Mangan, Vanadin fördern sie.

Einsatzmittel. Es werden vorliegend feste (pulverförmige) Mittel gebraucht, nicht selten aber auch gasförmige oder flüssige. Ihre Wirksamkeit beruht auf der Bildung von Kohlenoxyd, Cyan, flüchtigen Cyanverbindungen und leichten Kohlenwasserstoffen. Fester elementarer Kohlenstoff zementiert nur schwach.

Von festen Mitteln werden gebraucht: Holz-, Knochen- und Lederkohle, Ruß, allein oder gemischt mit Soda, Kalk, Kochsalz usw. Sehr kräftig wirkt Holzkohle mit gelbem Blutlaugensalz. Besonders bewährt hat sich Holzkohle, getränkt mit Bariumkarbonat im Verhältnis 60:40 bis 80:20.

Von den gasförmigen Mitteln wird am meisten benutzt: Leuchtgas, ferner Azetylen (Azetylen-Sauerstoff-Flamme); von den flüssigen: geschmolzenes Zyankali, auch Ferrozyankali oder sog. Zyan-Härtefluß.

Anforderungen an ein gutes Zementiermittel:

1. Es muß billig, besonders aber im Gebrauch sparsam sein.

2. Es muß unschädlich für den Stahl sein (keine Zuführung von Schwefel, Phosphor, Wasserstoff usw.).

3. Es muß kräftig wirken, doch nicht zu heftig, damit sich kein harter Übergang zwischen Kern und zementierter Schicht bildet.

Ausführung des Zementierens. Die Teile werden, rings umgeben von dem Zementiermittel, das in einer Schicht von 15—50 mm gegen die Teile gestampft wird, in eiserne Kästen gepackt, die mit einem Deckel verschlossen und mit Lehm sorgfältig abgedichtet werden. (Für einzelne größere Spindeln haben sich eiserne Rohre gut bewährt.) Die Kästen werden dann in einem Ofen längere Zeit geglüht. Da Kästen aus Eisenblech durch Glühspan bald zerstört werden, benutzt man wohl „alitiertes" Blech oder Chromnickel.

Die zementierte Schicht soll etwa 0,8 bis 1 vH Kohlenstoff enthalten, je nach Anforderung und Größe des Stückes 0,5 bis 2 mm stark sein und allmählich in den weichen Kern übergehen. Die dazu geeignetste Temperatur und Glühzeit hängt von der Zusammensetzung des Einsatzstahls sowohl wie des Einsatzmittels ab. Die Wärme soll nicht unnötig hoch sein, muß aber so hoch sein, daß sich die feste Lösung bilden kann (s. S. 461). Dazu ist eine Temperatur von 850—950° nötig. Die Zeit, meist einige Stunden, muß um so länger sein, je tiefer die zementierte Schicht sein soll. Es ist nicht zu empfehlen, durch zu hohe Erhitzung die Einsatzzeit abzukürzen. Wegen Messung der Temperatur s. S. 473.

Das Zementieren kann auf bestimmte Teile der Oberfläche beschränkt werden dadurch, daß man die anderen Teile mit Lehm, Asbest od. dgl. verpackt, Eisenplatten gegen sie preßt, Ringe überzieht oder sie galvanisch verkupfert. Man kann auch nach dem Zementieren der ganzen Oberfläche, doch vor dem Härten, von den Stellen, die nicht hart werden sollen, die zementierte Schicht durch Drehen, Hobeln, Fräsen usw. wieder entfernen.

Die Nachbehandlung: Sie hat 2 Aufgaben:

1. soll sie die Sprödigkeit, die das Material infolge des Glühens bei hoher Temperatur erhalten hat, möglichst wieder beseitigen;

2. soll sie die zementierte Schicht härten.

Es sind verschiedene Behandlungen üblich. Folgende hat sich bewährt:

Nachdem der Kasten aus dem Ofen genommen ist, läßt man die Teile im Kasten langsam erkalten, nimmt sie heraus und reinigt sie. Zur Beseitigung der Sprödigkeit glüht man sie einige Zeit bei 620—700°. Dann werden sie zum Härten der zementierten Schicht auf 760—800° erhitzt und abgeschreckt, und zwar entweder in Wasser, wenn sie sehr hart werden sollen, oder in Öl, wenn sie weniger hart sein, aber auch weniger sich verziehen sollen.

Statt des Zwischenglühens ist auch wohl ein Abschrecken von 800—850° üblich; doch vermeidet man es besser, trotz gewisser Vorzüge.

Höher legierte Nickelstähle können nur durch Zementieren, ohne Abschrecken, glashart werden.

Einfache Teile, wie Schlüssel, Muttern usw., an die keine besonderen Anforderungen gestellt werden, werden oft unmittelbar aus der Rotglut des Kastens in das Kühlbad gestürzt, das meist aus Wasser besteht. Zur Erzielung bunter Härtefarben wird dem Wasserbad vielfach Luft zugeführt. Das Rohrende dafür befindet sich am Boden des Behälters, die Luft tritt durch eine poröse Masse aus und steigt in Perlen auf. Als Einsatzmittel wird hierbei gut trockene Markknochenkohle benutzt.

Größere Teile, die sich beim Härten verzogen haben, können unter leichtem Erwärmen gerichtet werden.

Eine Oberflächenhärtung von sehr geringer Tiefe ist an kleineren Flächen (Kopf und Druckende von Schrauben usw.) ohne Einpacken zu erzielen durch Abbrennen mit Zyankali oder dem ungiftigen gelben Blutlaugensalz („Kali" der Werkstatt). Dazu werden die Teile rotwarm erhitzt, dann mit dem Pulver bedeckt, nochmals erhitzt und abgeschreckt. Bei Massenfertigung statt dessen: Erhitzen in den oben (S. 476) genannten flüssigen Mitteln.

II. Vergüten von Stahl.

Es bedeutet: eine Wärmebehandlung (Abschrecken und Anlassen) von Konstruktionsstahl, ähnlich dem Härten des Werkzeugstahls, wodurch die Festigkeitseigenschaften des Materials innerhalb bestimmter Grenzen verändert werden können. Dabei wächst die Härte, wegen des niedrigen Kohlenstoffgehaltes des Stahles (0,1—0,6 vH), nicht sehr hoch an, während Kerbschlagfähigkeit und Streckgrenze erheblich erhöht werden können.

Das Material: Gewöhnlicher Flußstahl (Maschinenstahl) wird selten vergütet, und auch unlegierter Sonderflußstahl nicht allzu häufig, weil die Wirkung nicht sehr tief geht. Meist werden legierte Stähle vergütet, besonders Nickel- und Nickelchromstähle, die bis 4 vH Ni und bis 1,5 vH Cr enthalten.

Es wird das rohe bzw. geschmiedete Stück vergütet oder häufiger das bereits weiter vorgearbeitete.

Die Wärmebehandlung: Das Stück wird gereinigt, auf 780—850° erwärmt und in Wasser oder meistens in Öl abgeschreckt. Nachher wird es auf Temperaturen zwischen 300 und 700° angelassen.

Einfluß der Wärmebehandlung.

1. Abschrecken: Die Streckgrenze wird höher gelegt und ihr beim ausgeglühten Material deutlich ausgeprägter Beginn wird verwischt. Die Festigkeit wächst aus das $1^{1}/_{2}$—2fache. Die Härte nimmt etwas zu. Dagegen nehmen Dehnung und Querkontraktion ab. Dieser Einfluß ist um so größer, je schroffer abgekühlt wird, also beim Abkühlen in Wasser größer als in Öl. Wegen der starken Abnahme der Dehnung und Zähigkeit und der Gefahr des Reißens ist daher das Abschrecken in Wasser nur bei den ganz weichen, niedrig gekohlten Sorten zu empfehlen.

2. Anlassen: Härte, Festigkeit und Streckgrenze nehmen ab, erreichen aber in allen Fällen zwischen 600 und 700° einen Kleinstwert und steigen dann wieder an. Dehnung, Querzusammenziehung und Kerbfähigkeit wachsen mit steigender Anlaßtemperatur, erreichen dabei in vielen Fällen zwischen 600 und 700° einen Höchstwert und fallen dann wieder.

Abb. H 13 gibt die Veränderungen der wichtigsten mechanischen Gütewerte für Anlaßtemperaturen bis 750° für einen Nickelchromstahl folgender Zusammensetzung:

0,15 vH C, 3,83 vH Ni, 0,79 vH Cr.

Der Stahl, der bei 650° weich geglüht folgende Gütewerte hatte:

Bruchdehnung (δ): 21 vH,
Bruchspannung: (σ_B) 82 kg/mm²,
Streckgrenze (σ_S): 68 kg/mm²,
Kerbzähigkeit (a_K): 11,5 mkg/cm²,
Brinellhärte (H): 240.

wurde von 810° in Öl abgeschreckt und dann bis 750° angelassen.

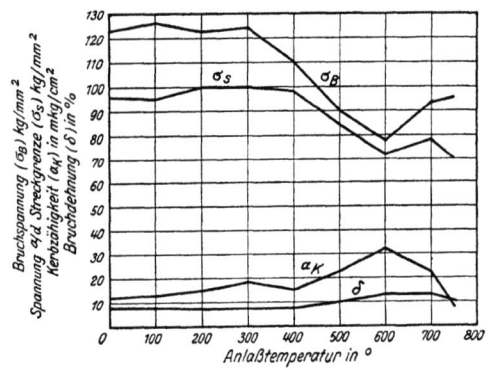

Abb. H 13.

Was ist Stahl?

Begriffsbestimmungen nach den Festlegungen des deutschen Normenausschusses.

Stahl ist alles schon ohne Nachbehandlung schmiedbare Eisen.

Flußstahl ist der im flüssigen Zustand gewonnene Stahl.

Schweiß- oder **Puddelstahl** nennt man den im teigigen Zustand gewonnenen Stahl.

Die üblichen Handelsbezeichnungen für bestimmte Erzeugnisse sollen vorerst durch diesen Beschluß nicht berührt werden. Es ist also zulässig, von C-Eisen, I-Eisen, L-Eisen, Schraubeneisen, Nieteisen, Eisenblech, Breiteisen usw. zu sprechen, während der Werkstoff selbst „Flußstahl" (oder auch „Schweiß- oder Puddelstahl") heißt.

Geschmiedeter Stahl. Unter diesem Begriff sind die Maschinenbaustähle (Konstruktionsstähle) zusammengefaßt. Der Begriff „Stahl" ist unabhängig von der Härte (Festigkeit) oder dem Kohlenstoffgehalt des Werkstoffes, und der Ausdruck „geschmiedet" schließt durchwalzten Stahl nicht aus.

Geschmiedeter Stahl wird in flüssigem Zustande gewonnen (Flußstahl). Zu unterscheiden ist unlegierter geschmiedeter Stahl (Regelstahl), verwendet für den allgemeinen Maschinenbau, soweit hohe Ansprüche an Einsetzbarkeit und Vergütbarkeit nicht gestellt werden, und unlegierter geschmiedeter Stahl, Einsatz- und Vergütungsstahl.

Stahlguß (Stahlformguß). Der zu Stahlguß verwendete Stahl wird im Martin-, Tiegel-, Elektro-Ofen oder in der der Birne erzeugt und in Formen gegossen; er ist ohne weitere Behandlung schmiedbar. Gußstücke aus Gußeisen, die durch nachherige Behandlung im Temperofen stahlähnliche Eigenschaften erlangen sollen (Temperguß), sind nicht als Stahlguß zu bezeichnen.

Gußeisen. Aus Roheisen allein oder mit Brucheisen, Stahlabfällen und anderen Schmelzzusätzen erschmolzen und in Formen gegossen, jedoch keiner Nachbehandlung zwecks Schmiedbarkeit unterworfen. Nach der Menge des ausgeschiedenen Graphites ist zu unterscheiden:

a) graues Gußeisen (Grauguß) mit reichlicher Graphitausscheidung,
b) halbgraues Gußeisen mit geringer Graphitausscheidung,
c) weißes Gußeisen ohne oder nur mit Spuren von Graphitausscheidung,
d) Schalengußeisen (Hartguß oder Schalenguß) mit weißer Außenzone und grauem Kern.

Temperguß (schmiedbarer Guß) wird wie Gußeisen, und zwar aus weißem Roheisen gegossen und nachher durch Ausglühen entkohlt und schmiedbar gemacht oder in seiner Kohlenstofform so umgewandelt, daß er weich, zäh und hämmerbar wird.

Härte.

Den Techniker interessiert weniger der umstrittene physikalische Begriff der absoluten Härte als die technische Härte, die mit der Bearbeitbarkeit und Abnutzung zusammenhängt.

I. Begriff der technischen Härte.

Die technische Härte ist keine eindeutig bestimmte Eigenschaft, sondern hängt von dem Verfahren der Prüfung ab, so daß es soviel verschiedene „Härten" wie Prüfungsverfahren gibt. Daher können auch die nach den verschiedenen Verfahren gefundenen Härtezahlen meist nicht ohne weiteres miteinander verglichen werden; es weichen vielmehr diese Zahlen bei den verschiedenen Werkstoffen nicht nur voneinander ab, je nach dem besonderen Maßstab des Verfahrens, sondern das Verhältnis zwischen den einzelnen Härten zeigt bei den verschiedenen Stoffen erhebliche Unterschiede. Bei allen Verfahren wird die Härte mit Hilfe eines zweiten Körpers, eines Probekörpers, der in den zu prüfenden einzudringen sucht, ermittelt.

II. Die wichtigsten Verfahren der technischen Härteprüfung.

1. Der Probekörper wirkt bei ruhendem Druck.

a) Der Probekörper wird in den zu prüfenden eingedrückt, und zwar eine Kugel bei dem Verfahren von Brinell, eine Kegelspitze bei dem Verfahren von Ludwik.

Als Härtemaß dient:

α) die Eindringungstiefe bei konstantem, bestimmtem Druck,
β) der Druck für eine bestimmte Eindringungstiefe.

b) Der Probekörper wird unter Druck über den zu prüfenden hingeführt. Ritzhärteprüfung nach Martens.
Als Härtemaß dient:
- α) die Ritzbreite bei bestimmtem Druck,
- β) der Druck für einen Ritz von bestimmter Breite,
- γ) der Druck für eine bestimmte Fläche (P/F).

2. Der Probekörper wirkt durch Schlag oder Stoß.

a) Ein Stempel wird in das zu prüfende Material eingeschlagen.
Als Härtemaß dient:
- α) die Eindringungstiefe bei gleicher Schlagleistung (Kugelschlaghammer),
- β) die Schlagleistung für eine bestimmte Eindringungstiefe.

b) Ein Körper wird aus bestimmter Höhe, also mit bestimmter Geschwindigkeit auf den zu prüfenden Körper fallen gelassen, Kugelfallprobe.
Als Härtemaß dient:
- α) die Eindringungstiefe bei gleicher Schlagleistung (gleiche Fallhöhe und gleiches Fallgewicht),
- β) die Rücksprunghöhe bei gleicher Schlagleistung (Skleroskophärte).

Nicht in diese Gruppen einreihbar ist der Pendelhärteprüfer von Herbert, der durch Druck und Abwälzen einer kleinen Kugel wirkt, wobei der Ausschlag des Pendels oder seine Schwingungszeit als Härtemaß dient.

III. Brinell-, Kugelschlag- und Skleroskophärte.

Diese drei Härteprüfverfahren sind für die Maschinenbauwerkstatt die wichtigsten.

1. Die Brinellhärte (vgl. DIN 1605).

Begriff: Die gehärtete Stahlkugel vom Durchmesser D (Abb. H 14) wird durch einen so großen Druck in das zu prüfende Material eingedrückt, daß die Elastizitätsgrenze überschritten wird und so der bleibende Eindruck eines Kugelabschnittes (Kalotte) entsteht.

Bezeichnet F die Oberfläche der Kalotte, so ist die Härtezahl $H = P/F$. F kann aus der zu messenden Tiefe h oder dem zu messenden Durchmesser d der Kalotte berechnet werden (S. 45). Es ist

$$F = \pi D_h = \frac{\pi D}{2}\left(D - \sqrt{D^2 - d^2}\right),$$

Abb. H 14.

daraus $H = \dfrac{2P}{\pi D \left(D - \sqrt{D^2 - d^2}\right)}$ kg/mm². Statt F wird auch die Projektion der Kalotte $F_1 = \dfrac{d^2 \pi}{4}$ zur Bestimmung der Härte benutzt (S. 481 bis 483).

Ausführung: Der Versuch ist an einer blanken ebenen Fläche auszuführen. Die Belastung ist stoßfrei während 15 Sekunden gleichmäßig zu steigern und in der Regel 30 Sekunden auf ihrem Endwert zu belassen. Für Stahl von $H \geqq 140$ kg/mm² genügen 10 Sekunden. Der Eindruckdurchmesser d ist bis auf Hundertstelmillimeter anzugeben. Maßgebend ist der Mittelwert aus mindestens 2 Eindrücken.

H ist von der Größe von P und D nicht ganz unabhängig. Bei gleicher Belastung wird nämlich die Härtezahl kleiner, je größer der Kugeldurchmesser ist; bei gleichem Kugeldurchmesser wird sie größer, je größer die Belastung ist. Deshalb dürfen Versuche mit verschiedenen Kugeldurchmessern nicht ohne weiteres miteinander verglichen werden.

Um Fehler zu vermeiden, muß deshalb mit bestimmten Drucken und Kugeldurchmessern gearbeitet werden, die durch DIN 1605 wie folgt festgelegt sind:

Dicke der Probe a mm	Kugeldurchmesser D mm	Belastung P in kg		
		$30 \cdot D^2$ für Gußeisen und Stahl	$10 \cdot D^2$ für hartes Kupfer, Messing, Bronze u. a.	$2,5 \cdot D^2$ für weichere Metalle
über 6	10	3000	1000	250
von 6 bis 3	5	750	250	62,5
unter 3	2,5	187,5	62,5	15,6

Zur Kennzeichnung der angewendeten Versuchsbedingungen dient die Schreibweise z. B. bei $D = 5$ mm, $P = 250$ kg und 30 Sekunden Belastungsdauer H 5/250/30. Für H 10/3000/30 (Regelversuch) wird das Kurzzeichen H_n benutzt.

Die Zahlentafel auf Seite 482 und 483 gibt die Werte von H an in Abhängigkeit vom Kalottendurchmesser und dem Druck P für die Kugeldurchmesser 2,5, 5 und 10 mm.

Ablesung. Der Durchmesser des Eindrucks am Werkstück muß mit besonderen Hilfsmitteln ausgemessen werden. Es werden benutzt: Maßstäbe mit schräg gestellten Graden für unmittelbare Ablesung (nicht sehr genau), Lupen mit Ablesevorrichtung und Mikroskope mit Ablesevorrichtung. Die Tiefe der Kalotte statt der Durchmesser auszumessen, empfiehlt sich nicht.

Brinellhärte und Festigkeit. Die Erfahrung hat gezeigt, daß ein enger Zusammenhang zwischen der Brinellhärte und der Festigkeit eines Stoffes besteht. Da nun die Brinellhärte leichter und ohne wesentliche Zerstörung des Stoffes zu ermitteln ist, so wird sie häufig als Ersatz für die Festigkeit bestimmt.

Die Zugfestigkeit σ_B kann aus der Brinellhärte H aus folgender Gleichung näherungsweise berechnet werden:

für Kohlenstoffstahl ($\sigma_B = 30$ bis 100 kg/mm²) $\sigma_B = 0,36 H$,
für Chromnickelstahl ($\sigma_B = 65$ bis 100 kg/mm²) $\sigma_B = 0,34 H$.

Nachfolgende Tafel bringt die Ausrechnung, bezogen auf Kohlenstoffstahl, bei $D = 10$ mm und $P = 3000$ kg.

Kalottendurchmesser d	3,6	3,65	3,70	3,75	3,80	3,85	3,90	3,95	4,00	4,10	4,20
Brinellhärte H	285	277	269	262	255	248	241	235	229	217	207
Zugfestigkeit σ_B	103	100	97	94	92	89	87	84	82	80	74,5
Kalottendurchmesser d	4,30	4,40	4,50	4,60	4,70	4,80	4,90	5,00	5,10	5,20	5,30
Brinellhärte H	197	187	179	170	163	156	149	143	137	131	128
Zugfestigkeit σ_B	70,6	67,3	64,4	61,2	58,7	56,2	53,6	51,5	49,3	47,2	46,1
Kalottendurchmesser d	5,40	5,50	5,60	5,70	5,80	5,90	6,00	6,10	6,20	6,30	
Brinellhärte H	121	116	111	107	103	99,2	95,5	92,0	88,7	85,5	
Zugfestigkeit σ_B	43,6	41,8	40,1	38,5	37,1	35,6	34,2	33,1	32,0	31,0	

Tafel der Härtezahl H in Abhängigkeit vom Kalottendurchmesser d des Kugeleindruckes.

Kugeldurchmesser $D = 10$ mm.

d mm	H $P = 3000$ kg	H $P = 1000$ kg	H $P = 250$ kg	d mm	H $P = 3000$ kg	H $P = 1000$ kg	H $P = 250$ kg	d mm	H $P = 3000$ kg	H $P = 1000$ kg	H $P = 250$ kg
2,00	946	315	79	3,25	352	117	29	4,50	179	60	15
2,05	899	300	75	3,30	341	114	28	4,55	174	58	14,5
2,10	856	286	72	3,35	330	110	27,5	4,60	170	57	14,2
2,15	818	273	68	3,40	321	107	26,8	4,65	167	56	14
2,20	780	260	65	3,45	311	104	26	4,70	163	54	13,5
2,25	745	248	62	3,50	302	101	25	4,75	159	53	13,2
2,30	712	238	59	3,55	293	98	24,5	4,80	156	52	13
2,35	684	228	57	3,60	285	95	23,8	4,85	152	51	12,8
2,40	653	218	54	3,65	277	92	23	4,90	149	50	12,5
2,45	627	209	52	3,70	269	90	22,5	4,95	146	49	12,2
2,50	601	201	50	3,75	262	87	21,8	5,00	143	48	12
2,55	578	193	48	3,80	255	85	21,3	5,05	140	47	11,8
2,60	555	185	46	3,85	248	83	20,8	5,10	137	46	11,5
2,65	534	178	44	3,90	241	80	20	5,15	133	44,4	11,1
2,70	514	171	43	3,95	235	78	19,5	5,20	131	43,7	10,9
2,75	495	165	41	4,00	229	76	19	5,25	128	42,8	10,7
2,80	478	159	40	4,05	223	74	18,5	5,30	126	41,9	10,5
2,85	461	154	39	4,10	217	72	18	5,35	123	41	10,2
2,90	444	148	37	4,15	212	71	17,7	5,40	121	40,2	10
2,95	429	143	36	4,20	207	69	17,2	5,45	118	39,4	9,8
3,00	418	139	35	4,25	201	67	16,8	5,50	116	38,6	9,6
3,05	401	134	34	4,30	197	66	16,5	5,55	114	37,9	9,5
3,10	388	129	32	4,35	192	64	16	5,60	111	37,1	9,3
3,15	375	125	31	4,40	187	62	15,5	5,65	109	36,4	9,1
3,20	363	121	30	4,45	183	61	15,2	5,70	107	35,7	8,9
5,75	105	35,0	8,8								
5,80	103	34,3	8,6								
5,85	101	33,7	8,4								
5,90	99	33,1	8,3								
5,95	97	32,4	8,1								
6,00	95	31,8	7,9								
6,05	94	31,2	7,8								
6,10	92	30,7	7,7								
6,15	90	30,1	7,5								
6,20	89	29,6	7,4								
6,25	87	29,0	7,2								
6,30	86	28,5	7,1								
6,35	84	28,0	7								
6,40	83	27,5	6,9								
6,45	81	27,0	6,8								
6,50	80	26,5	6,6								
6,55	78	26,1	6,5								
6,60	77	25,6	6,4								
6,65	75	25,1	6,3								
6,70	74	24,7	6,2								
6,75	73	24,3	6,1								
6,80	72	23,9	6								
6,85	70	23,4	5,9								
6,90	69	23,0	5,8								
6,95	68	22,7	5,7								

Kugeldurchmesser $D = 5$ mm

d mm	$P = 750$ kg	$P = 250$ kg	$P = 62,5$ kg	d mm	$P = 750$ kg	$P = 250$ kg	$P = 62,5$ kg
1,00	948	316	79	2,25	175	59	14,8
1,05	858	286	71	2,30	171	57	14,2
1,10	780	260	65	2,35	163	54	13,5
1,15	714	238	59	2,40	155	52	13
1,20	654	218	54	2,45	153	50	12,5
1,25	600	200	50	2,50	142	47	11,8
1,30	555	185	46	2,55	135	45	11,2
1,35	513	171	43	2,60	130	43	10,8
1,40	477	159	40	2,65	126	42	10,5
1,45	444	148	37	2,70	120	40	10
1,50	417	139	35	2,75	115	38	9,5
1,55	388	129	32	2,80	111	37	9,2
1,60	363	121	30	2,85	106	35	8,8
1,65	341	114	29	2,90	103	34	8,5
1,70	321	107	27	2,95	99	33	8,2
1,75	301	100	25	3,00	96	32	8
1,80	285	95	24	3,05	91	30	7,5
1,85	268	89	22	3,10	88	29	7,2
1,90	255	85	21	3,15	85	28	7
1,95	241	81	20	3,20	82	27	6,8
2,00	228	76	19	3,25	78	26	6,5
2,05	216	72	18	3,30	76	25	6,2
2,10	207	69	17	3,40	72	24	6
2,15	196	65	16	3,50	67	22	5,5
2,20	188	62	15	3,60	62	21	5,2

Kugeldurchmesser $D = 2,5$ mm

d mm	$P = 187,5$ kg	$P = 62,5$ kg	$P = 15,6$ kg	d mm	$P = 187,5$ kg	$P = 62,5$ kg	$P = 15,6$ kg
0,50	945	315	79	1,00	229	76	19
0,52	873	291	73	1,02	219	73	18
0,54	809	270	68	1,04	211	70	17,5
0,56	752	251	63	1,06	202	67	17
0,58	700	233	58	1,08	195	65	16
0,60	654	218	54	1,10	187	62	15,5
0,62	611	204	51	1,12	180	60	15
0,64	573	191	48	1,14	174	58	14,5
0,66	539	180	45	1,16	167	56	14
0,68	506	169	42	1,18	161	54	13,5
0,70	477	159	40	1,20	156	52	13
0,72	451	150	38	1,22	150	50	12,5
0,74	426	142	35	1,24	145	48	12
0,76	404	134	33	1,26	140	47	11,5
0,78	383	127	32	1,28	136	45	11,2
0,80	363	121	30	1,30	131	44	11
0,82	345	115	29	1,32	127	42	10,5
0,84	328	109	27	1,34	122	41	10,2
0,86	313	104	26	1,36	118	39	9,8
0,88	298	99	25	1,38	115	38	9,5
0,90	285	95	24	1,40	111	37	9,2
0,92	272	91	23	1,42	108	36	9
0,94	260	87	22	1,44	105	35	8,8
0,96	249	83	21	1,46	102	34	8,5
0,98	239	79	20	1,48	99	33	8,2

2. Kugelschlaghärte.

Der Apparat (Hammer) ist sehr handlich und bequem zu gebrauchen. Es wird dieselbe Kugel benutzt wie bei der Brinellprobe und in die zu prüfende Stelle durch eine gespannte Feder eingeschlagen. Ablesung des Eindrucks wie S. 481 angegeben.

Die Übereinstimmung mit der Brinellhärte ist bei Benutzung einer Eichkurve für die Werkstatt ausreichend.

3. Rückprallhärte (Skleroskophärte).

Im Härteprüfer nach dem Rückprallverfahren ist ein sehr einfaches und handliches Instrument gegeben, um diese Prüfung auszuführen. Ein Stahlhämmerchen mit Diamantspitze fällt innerhalb einer Führung aus immer gleicher Höhe herab; die Größe des Rücksprungs wird an einer Skala abgelesen.

4. Vergleich zwischen Brinell- und Skleroskophärte.

Die Brinellhärte ergibt für alle Stoffe Werte, die sich den sonstigen Festigkeitseigenschaften dieser Stoffe einordnen; jedoch läßt sich dieses Verfahren nicht ohne weiteres anwenden für die Prüfung von gehärtetem Stahl, fertigen Werkzeugen und vielen anderen fertigen Teilen. Die Prüfung erfolgt ferner nicht so bequem und schnell, daß sie an vielen Stellen derselben Oberfläche wiederholt zu werden pflegt.

Im Gegensatz dazu gibt die Skleroskophärte für manche weiche, nicht metallische Stoffe Werte, die als „Härte" zweckmäßig nicht gelten können; außerdem ist die Skala des Skleroskops willkürlich. Anderseits aber ist das Skleroskop für die Prüfung von Eisen und Stahl, wenigstens von gehärteten Werkzeugen und fertigen Teilen aller Art, ein vorzügliches, unentbehrliches Hilfsmittel. Die Einfachheit und Schnelligkeit, mit der die Prüfung auszuführen ist, gestattet, sie beliebig oft zu wiederholen und so die Unterschiede in der Härte an verschiedenen Stellen sicher und schnell zu ermitteln.

IV. Härte und Bearbeitbarkeit.

1. Grundsätzliches.

Der Grad der Bearbeitbarkeit eines Werkstoffes mit Schneidwerkzeugen ist nicht allein von seiner Härte, sondern auch von der Zähigkeit und Geschmeidigkeit abhängig.

Zwar ist wohl aus Versuchen ein gesetzmäßiges Steigen des Schnittdruckes mit der Härte festgestellt worden, für zähe wie für spröde Werkstoffe (Klopstock) jedoch kann einwandfrei über die Bearbeitbarkeit eines nicht genau bekannten Werkstoffes nur für eine Prüfung entscheiden, die der späteren Bearbeitungsart entspricht, also z. B. über die Bearbeitbarkeit durch Bohren oder Drehen nur ein Bohr- oder Drehversuch.

2. Vergleichbarkeit der Versuchsergebnisse.

Der Nachteil solcher Versuche ist die Notwendigkeit, Werkstoff zu zerspanen, und die Schwierigkeit, alle Umstände bei den Versuchen so weit gleichzuhalten, daß der zu prüfende Werkstoff als einzige Veränderliche angesehen werden kann. Die Schwierigkeit besteht vor allem für das Werkzeug (seinen Werkstoff, seine Härtung, Form und Schneidenschärfe) und besonders dann, wenn die Ergebnisse von Versuchsreihen, die zu verschiedenen Zeiten an verschiedenen Orten ausgeführt sind, miteinander verglichen werden sollen.

Eine weitere Schwierigkeit entsteht bei der Prüfung sehr verschiedener Werkstoffe dadurch, daß man nicht mit einer Normal-Schneidenform arbeiten kann, sondern daß die Schneide sich nach dem Werkstoff richten muß, wenn die Versuche nicht ihren Sinn für die Werkstatt verlieren sollen. Auch ein Normal-Werkstoff, der jedesmal mit bearbeitet würde, könnte nur in bestimmten Fällen die unbedingte Vergleichbarkeit sichern.

3. Art und Ausführung der Versuche.

a) Versuche mit gleichbleibender Belastung.

Fast nur für Bohrversuche nach dem Vorgehen von Lorenz-Keep.

Es wird mit gleichbleibendem Bohrdruck (Vorschubdruck) und gleicher Umlaufzahl der Bohrer gearbeitet, so daß die Lochtiefen bei den verschiedenen Stoffen in derselben Zeit verschieden groß werden. Als Maß der Bearbeitbarkeit nimmt man zweckmäßig die Lochtiefe für 100 Umdrehungen des Bohrers. Einfache Versuchseinrichtung für gewöhnliche Bohrmaschinen von Keßner (der als Normalmaterial Elektrolytkupfer empfiehlt).

Verfahren genügt neuzeitlichen Ansprüchen nicht mehr.

b) Versuche mit Schnittkraftmessung.

Für Bohr- und Drehversuche üblich (Meßtische bzw. Meßsupporte im Handel zu haben). Als Maß der Bearbeitbarkeit dient die Größe des Schnittdruckes.

Spez. Schnittdruck abhängig vom Werkstoff, außerdem aber auch, worauf zu achten ist, von Größe des Spanquerschnitts (Schnittdruck nimmt ab mit zunehmendem Querschnitt), dagegen weniger von Querschnittsform und gar nicht von Schnittgeschwindigkeit (siehe Kronenberg: Grundzüge der Zerspanungslehre. Berlin: Julius Springer 1927).

c) Versuche bis zum Stumpfwerden der Schneiden.

Verwendet für Bohr- und Drehversuche.

Es werden (unter Beobachtung der Größe des Schnittdrucks) die Schneiden bis zum Stumpfwerden gefahren, das sich am besten im Steigen des Vorschubdruckes anzeigt (Schlesinger-Kriterium). Als Maß der Bearbeitbarkeit nimmt man entweder die Schnittzeit bei gleicher Schnittgeschwindigkeit oder diejenige Schnittgeschwindigkeit bei der die Schneide eine bestimmte Zeit (etwa 20 Minuten) hält (umständlicher).

V. Härte und Abnutzung.

Die Abnutzung ist meist um so kleiner, je größer die Oberflächenhärte eines Stoffes ist; am geringsten ist die Abnutzung bei Maschinenteilen, wenn die Oberfläche die hohe Härte aufweist, wie sie beim hochgekohlten

Stahl durch unmittelbares Härten oder beim niedriggekohlten durch Einsatzhärten erreicht wird (siehe S. 475). Einfache umgekehrte Proportionalität zwischen Härte und Abnutzung besteht aber nicht. Es gibt Versuchseinrichtungen, mit denen man die Größe der Abnutzung im Vergleich zu einem Normalmaterial unmittelbar prüfen kann, doch haben diese Einrichtungen noch keine allgemeine Anerkennung und Einführung gefunden.

Literatur.

Meyer, Eugen: Untersuchungen über Härteprüfung und Härte. Z. V. d. I. 1908, S. 645.
Martens und Heyn: Vorrichtung zur vereinfachten Prüfung der Kugeldruckhärte. Z. V. d. I. 1908, S. 1719.
Ludwik: Härteprüfung. — Martens und Heyn: Vorrichtung zur vereinfachten Prüfung der Kugeldruckhärte und die damit erzielten Ergebnisse. — Geßner: Die Anwendung der Kegeldruckprobe zur Härtebestimmung von Eisenbahnoberbaumaterial. Mitt. intern. Verb. f. d. Materialprüfung d. Technik, Wien, Heft 6, Juni 1909.
Reichelt: Der heutige Stand der Härteprüfung. Gieß.-Zg. 1910, S. 458.
Kühnel & Schulz: Härteprüfer. Gieß.-Zg. 1914, S. 1.
Kirner: Pendelhärtemesser. Z. V. d. I. 1910, S. 1834.
Schneider, John J.: Die Kugelfallprobe. Z. V. d. I. 1910, S. 1631.
Schuchardt & Schütte: Härteprüfer nach dem Rückprallverfahren. Druckschrift C 778/5.
Shore: Das Skleroskop im Automobilbau. Z. prakt. Masch.-Bau 1910, S. 67.
Zimmermann: Materialprüfung mit dem Skleroskop. Z. prakt. Masch.-Bau 1913, Sonderdruck bei Schuchardt & Schütte.
Keßner, Dr.: Die Bearbeitbarkeit der Metalle und Legierungen. Forschungshefte, herausgegeben von V. D. I.
Heym, W.: Eine Prüfmaschine für Werkzeugstahl. Werkst.-Techn. 1910, S. 17.
Herbert, G. E.: Schneideeigenschaften des Werzeugstahles. Z. prakt. Masch.-Bau 1910, S. 1903, 1968.
Mitteilungen des K. Materialprüfungsamtes Lichterfelde 1915, H. 7/8.
Waizenegger, Dr.: Beitrag zur Härteprüfung. Forschungshefte des V. D. I. 1921.
Wust, F., und P. Bardenheuer: Härteprüfung durch die Kugelfallprobe. Mitt. Eisenforsch. Bd. 5, S. 1. 1920.
Berndt, G.: Die Härte der Körper. Monatsbl. Berlin. Bez.-V. d. I. 1920, S. 77.
Berndt, G.: Skleroskop-. Kugeldruck- und Ritzhärte. Werkst.-Techn. Bd. 14, S. 201. 1920.
VI. Kongreßbericht des Intern. Verb. f. d. Materialpr. d. Technik. III 2. 1912.
Döhmer: Die Brinellsche Kugeldruckprobe. Berlin: Julius Springer 1925.
Schlesinger: Bearbeitbarkeit. Werkst.-Techn. 1927, S. 605.
Rapatz & Krekeler: Die Prüfung der Bearbeitbarkeit. Stahl u. Eisen 1928, S. 257.

Normalstähle nach DIN.

Stahl [Normalbezeichnung[1])]	Kohlenstoffgehalt in %	Zugfestigkeit kg/mm²	Dehnung %	Verwendungsbeispiele
St 00 · 11 St 00 · 12	<0,1	30—40	30	Wird ohne Angabe von mechanischen Eigenschaften geliefert. Nur für untergeordnete Zwecke, z. B. rohe Geländerstäbe. Schweißbar auf alle Arten.
St 34 · 11 St 34 · 12	~0,1	34—42	30	Formeisen, Stabeisen, Breiteisen, Draht für allgemeine Verwendungszwecke, Teile, von denen hohe Zähigkeit verlangt wird, wie Schrauben, Schrumpfringe, Gestänge, Hebel ohne hohe Beanspruchung, einzusetzende Teile, wie Zapfen, Bolzen, Büchsen usw. Schweißbar.
St 34 · 13	~0,1	34—42	30	Nieteisen, weiches Schraubeneisen.
St 38 · 13	~0,1	38—45	25	Schraubeneisen.
St 37 · 11 St 37 · 12	>0,1	37—45	25	Rohbleibende Teile, für die eine Festigkeit zu gewährleisten ist. St 37 · 11 = übliche Thomas oder SM Güte. Schweißbar.
St 42 · 11 St 42 · 12	0,25	42—50	24	Teile, die wachsenden Beanspruchungen unterliegen, wie Treibstangen, Kurbeln, laufende Teile, die weich sein dürfen, wie Wellen, für Preßstücke, gering beanspruchte Stirnräder. Schwer schweißbar.
St 44 · 12	~0,3	45—52	24	Kurbelwellen, Bauteile im Maschinenbau, Hebel, Zug- und Schubstangen.
St 50 · 11	~0,35	50—60	22	Höher beanspruchte Triebwerksteile, stärker beanspruchte Wellen, Teile, die eine natürliche Härte besitzen müssen, wie Kolben, Schieberstangen, Bolzen, Steuerhebel, Schrauben für Sonderzwecke, nicht beanspruchte ungehärtete Zahnräder.
St 60 · 11	~0,45	60—70	17	Wie für St 50 · 11, jedoch für höhere Beanspruchungen, ferner für Teile mit hohem Flächendruck (Paßstifte, Keile, Ritzel, Schnecken). Bei stark wechselnder Beanspruchung zu vergüten.
St 70 · 11	~0,60	70—85	12	Teile mit Naturhärte, wie aufeinander arbeitende ungehärtete Steuerungsteile, harte Walzen, Gesenke, Ziehringe, Preßdorne.

[1]) Der Normenausschuß hat folgende Systematik der Bezeichnung festgelegt. Zur Unterscheidung stehen zunächst Buchstaben: St = Flußstahl, Stg = Stahlguß, Ge = Gußeisen, Te = Temperguß; die erste Zifferngruppe gibt im allgemeinen die Mindestfestigkeit an, nur bei Sonderstählen den Kohlenstoffgehalt in % mit vorgesetztem C. Bei Handelsgüte ohne Gewährleistung lautet die erste Zifferngruppe 00; die zweite Zifferngruppe gibt mit vorgesetzter Zahl 16 die Nummer des Normblattes an, in dem der betreffende Werkstoff behandelt ist.

Schleiffunkenbilder verschiedener Stahlarten.

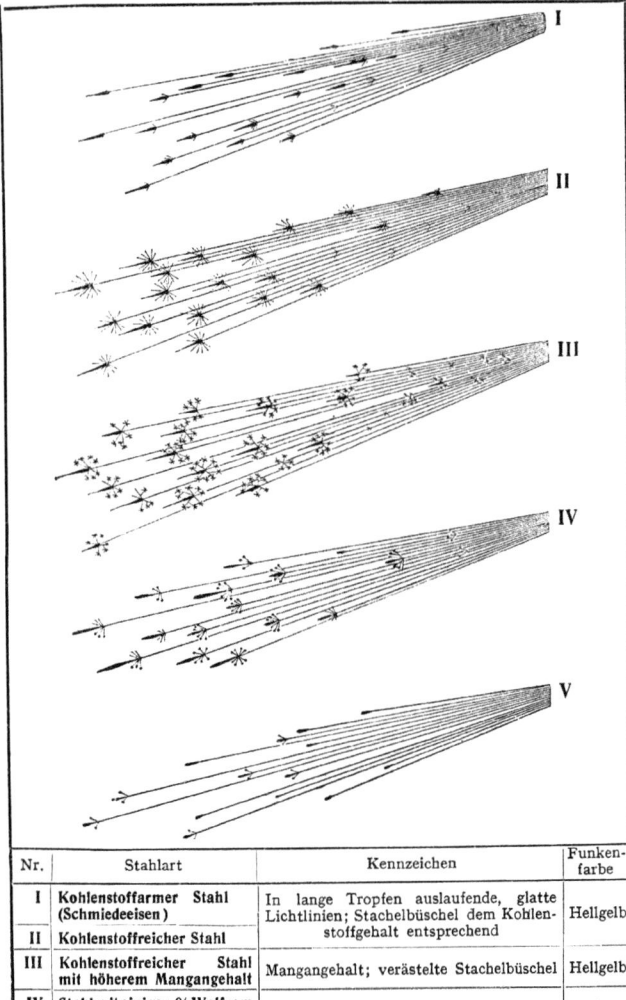

Nr.	Stahlart	Kennzeichen	Funkenfarbe
I	Kohlenstoffarmer Stahl (Schmiedeeisen)	In lange Tropfen auslaufende, glatte Lichtlinien; Stachelbüschel dem Kohlenstoffgehalt entsprechend	Hellgelb
II	Kohlenstoffreicher Stahl		
III	Kohlenstoffreicher Stahl mit höherem Mangangehalt	Mangangehalt; verästelte Stachelbüschel	Hellgelb
IV	Stahl mit einigen % Wolfram (legierter Werkzeugstahl)	Strahlenbüschel mit kugeligen Enden	Rötlich
V	Hoher Wolfram- oder Molybdängehalt (Schnellstahl)	Geringe Funkenbildung, kurze Tropfen m. einzelnen tropfenförmigen Abzweigungen	Rötlich

Einätzen von Schriften in Metall.

Die mit Schrift zu versehende Fläche ist mit Benzin oder Terpentin von etwa anhaftendem Fette zu reinigen. Je glatter und blanker die Fläche ist, desto besser fällt die Ätzung aus.

Die gereinigte Fläche wird mit einem Ätzgrunde überdeckt, der aus feinstem Asphalt und gelbem Bienenwachs besteht. Diese werden in etwa gleichen Teilen zusammengeschmolzen unter Zusatz von Terpentin, bis die Masse in kaltem Zustande streichfähig ist (Vorsicht, da sehr feuergefährlich). Neigt der Ätzgrund zum Abspringen, so enthält er zu viel Asphalt, bleibt er zu weich, so ist zu viel Wachs zugesetzt. Die Erhärtung des aufgebrachten Ätzgrundes kann durch kaltes Wasser (Eintauchen oder Übergießen) beschleunigt werden. Wird von dem Zusatz von Terpentinöl Abstand genommen, so erstarrt die Masse beim Erkalten und muß zum Gebrauch mit etwas Terpentin oder Benzin zur Lösung gebracht werden. Das Auftragen muß mit einem Pinsel sehr gleichmäßig erfolgen.

In den Ätzgrund wird mit Hilfe einer nicht zu spitzen Reißnadel die Schrift so eingeritzt, daß das blanke Metall sichtbar ist. Schattenstriche werden durch mehrmaliges Nachfahren erzielt. Sehr gut eignen sich für die Beschriftung die nach Schablonen mit Hilfe eines Pantographen arbeitenden Graviermaschinen, in die an Stelle des Fräsers ein Stahlstift eingesetzt wird.

Um ein Abfließen der Ätzflüssigkeit zu verhindern, wird die zu behandelnde Fläche mit einem Rande aus Wachs oder Plastilin umgeben.

Als Ätzflüssigkeit sind zu empfehlen:

Salpetersäure rein oder mit geringem Wasserzusatz oder

Quecksilbersublimat mit Wasser in einer Flasche angesetzt.

Es kann so lange Wasser nachgefüllt werden, als ungelöstes Sublimat am Boden der Flasche ist.

Das Aufbringen der Ätzflüssigkeit geschieht vorteilhaft mit einem Tropfglas. Die nötige Wirkungsdauer hängt von der Härte des Metalles und der Art und Verdünnung der angewendeten Flüssigkeit ab. Sublimat z. B. ätzt weichen Stahl genügend tief in etwa $1/4$ bis $1/2$ Stunde, harten Stahl in etwa der doppelten Zeit. Salpetersäure beansprucht ungefähr die halbe Zeit. Der Grad der Einwirkung kann an der Menge der losgelösten Metallteilchen beurteilt werden. Während des Ätzens sich bildende Gasblasen sind durch einen weichen Gegenstand (Federfahne) zu entfernen, wobei eine Verletzung des Ätzgrundes zu vermeiden ist.

Nach Beendigung der Ätzung wird der Ätzgrund mit Terpentinöl abgewaschen.

Bestimmung des spezifischen Gewichtes von Metallen.

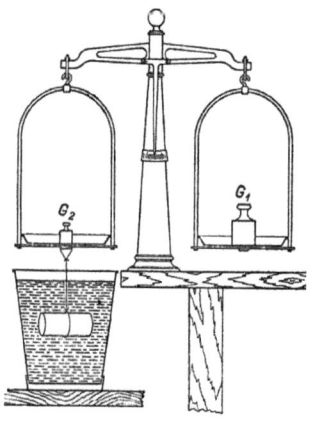

Der Probekörper wird zuerst freihängend gewogen — Gewicht $= G_1$ —, dann in Wasser getaucht und die Wage, die infolge des Auftriebes, den der Probekörper erleidet, ausschlägt, durch Auflegen eines Gewichtes G_2 wieder zum Einspielen gebracht. Das spezifische Gewicht $= G_1 : G_2$.

Das Probestück darf beliebige Form haben, aber nicht zu klein sein, damit das Gewicht des Aufhängemittels (Roßhaar, Faden, Blumendraht) vernachlässigt werden kann. Sich ansetzende Luftblasen sind zu entfernen.

Beispiel:
Ein Stück Schnellstahl wiegt $G_1 = 456$ g
Ausgleichsgewicht . . . . . $G_2 = 55$ g
das spezifische Gewicht $= 456 : 55 = 8,3$

Schmieröle.

Herkunft und allgemeine Eignung. Schmiermittel werden sowohl in flüssiger, salbenartiger wie fester Form (Öl, Fett, Graphit) verwendet.

Die flüssigen Schmiermittel scheiden sich in Schmieröle aus Erdöl, Braunkohlen-, Steinkohlen- und Schieferteer und Schmieröle pflanzlicher und tierischer Herkunft. Die Schmiermittel pflanzlichen und tierischen Ursprungs haben große Schmierfähigkeit, aber vielfach den Nachteil, daß sie in unvermischtem Zustande mehr oder minder leicht verharzen und dann die Reibung zwischen den zu schmierenden Flächen nicht mehr genügend vermindern. Sie sind ferner oft sauer und greifen dann Maschinenteile, besonders wenn sie mit Dampf in Berührung kommen (Dampfzylinder), in unzulässiger Weise an. Auch sind sie teurer als die meisten Mineralöle.

Im Betriebe werden daher zum Schmieren der Maschinen fast ausschließlich Mineralöle verwendet. Sie werden häufig mit Schmierölen anderer Herkunft zur Erzielung vorgeschriebener Eigenschaften oder Fettsäuren pflanzlicher und tierischer Herkunft versetzt, um deren mechanisch-physikalische Eigenschaften auszunutzen, nämlich die Poren der aufeinander gleitenden Flächen zu verstopfen und dadurch die Reibungswiderstände zu verringern, ohne die Nachteile — freier Säurengehalt, Zersetzungsmöglichkeit, hoher Preis — überwiegen zu lassen.

Als Kühl- und Bohröle sind die fetten Öle, besonders ihre im Betriebe hergestellten Mischungen mit Petroleum zu vermeiden und vielmehr wegen des geringeren Preises und der besseren Wasserlöslichkeit, also der größeren Ergiebigkeit wegen, zweckmäßig durch schwache Alkalilösungen in geringem Maße verseifte und mit niedrigen Zusätzen von Fettsäuren pflanzlicher und tierischer Herkunft versehene Mineralöle anzuwenden. Eine bindende Anweisung für diese Öle kann bei ihrer Mannigfaltigkeit nicht gegeben werden.

Einteilung der Mineralöle.

1. Reine Schmieröle aus Erdöl.

a) Mineralölraffinate (durch Schwefelsäure oder andere chemische Mittel von verharzenden, sauren und basischen Verbindungen möglichst befreit).

b) Mineralöldestillate (durch Verdampfen und Wiederverdichten gewonnen, auch wohl durch Wiederabtreiben verdickt).

c) Mineralrückstandsöle (bei der Destillation in der Blase zurückgeblieben; dünnflüssig, dickflüssig oder salbenförmig).

2. Reine Schmieröle aus Braunkohle und Schiefer (erhalten durch Destillation der Teere dieser Stoffe und durch Verarbeitung des bei der Verschwelung von zahlreichen Brennstoffen bei tiefer Temperatur anfallenden Urteeres).

3. Reine Schmieröle aus Steinkohle (gewonnen durch Destillation des bei der Verkokung der Steinkohle anfallenden Teeres).

4. Mischöle (beliebige Mischungen der Klassen 1, 2 oder 4 miteinander, auch mit Erdölpech, Weichpech oder Goudron). Steinkohlenschmieröle dürfen niemals mit Ölen anderer Art gemischt werden. Mischungen der Klasse 1a und b mit Fettsäuren pflanzlicher oder tierischer Herkunft werden handelsüblich „kompoundierte Öle" genannt und nicht zu der Klasse 4 gerechnet.

5. Schmierfette; diese sollen außer dem zur Verseifung benötigten Alkali oder Kalk keine Beschwerungsmittel (mineralische Bestandteile),

keine Harze oder harzähnlichen Stoffe und kein freies Alkali aufweisen; Graphit, richtig zugesetzt, bildet eine Ausnahme, muß aber angegeben werden.

6. **Kolloide, Emulsionen und voltohisierte Öle:** Durch Zusatz von festen Schmiermitteln (amorphem Graphit) oder Nichtschmiermitteln (Wasser, Kalkmilch) in kolloidaler Verteilung werden zahlreiche Erdöle ebenso wie durch besondere Behandlung durch elektrische Ströme veredelt, gestreckt oder umgewandelt und an Stellen brauchbar, wo das Ausgangsprodukt es nicht war.

Auswahl der Mineralöle.

Jeder Betrieb sollte möglichst wenig verschiedene Ölsorten verwenden, sie nur von verläßlichen Firmen kaufen und die Lieferungen von Zeit zu Zeit auf ihre Übereinstimmung mit Angebot, Probesendung oder Auftrag prüfen lassen.

Bei der folgenden Auswahl sind für sparsame Wirtschaft die Sorten angegeben, die gut genug sind oder die durchaus nötig sind.

Die Zeichen für die Ölsorten beziehen sich auf die Einteilung oben. Man wähle:

1. Für Dampfturbinen, für Hochdruckkompressoren, Kompressoren für Eismaschinen, für Transformatoren, für schnellaufende Präzisions-Werkzeugmaschinen und Spinnmaschinen, für elektrische Schalt- und Regulierapparate, für Kugel- und empfindliche Ringschmierlager: **1a.**

2. Für Zylinder, Schieber und Stopfbüchsen von Verbrennungskraftmaschinen, für Kreislaufschmierungen schwerer Maschinen, für Walzen und Ziehen: **1b.**

3. Für Zylinder, Schieber und Stopfbüchsen von Dampfmaschinen: **1b oder 1c.**

4. Für Ringschmierlager, für offene, mit der Kanne bediente Schmierstellen, für Docht- und Kissenschmierung, für Tropföler: **1c, 2, 3 oder 4.** Dabei müssen die Öle für Docht- und Kissenschmierung ohne verharzende Bestandteile sein, die Öle für Tropföler genügend leichtflüssig und ohne trocknende Bestandteile. Für Dochtschmierung müssen die Öle vor allem auf Wasserfreiheit geprüft werden.

5. Für Schneid- und Kühlöle an der Drehbank zum Gewindeschneiden und Schlichten, und für alle Arbeiten an Revolverbänken und Automaten: **1b** möglichst mit Rüböl oder Schmalzöl (bis 20%) gemischt.

6. Zum Bohren, Fräsen, auch wohl zum Gewindeschneiden und für gröbere Automatenarbeiten: wasserlösliche Öle.

7. Zum Härten und Vergüten: **1b oder 2** mit hohem Flammpunkt (über 180° C); gemischt mit Rüböl oder Tran, wenn billig genug.

Die **Prüfung** der Schmieröle ist ohne Laboratoriumshilfsmittel nicht in genügender Weise auszuführen. Sie erstreckt sich auf die physikalische, chemische und mechanisch-technische Untersuchung.

Die physikalische Prüfung untersucht in erster Linie die Zähflüssigkeit (Viskosität) und gibt sie meist in Englergraden an. Der Englergrad gibt das Vielfache der Zeit an, die eine gewisse Menge Öl gegenüber der gleichen Menge Wasser von 20° C zum Ausfließen aus einem bestimmt geformten Gefäße braucht, wenn gleiche Ausflußverhältnisse gegeben sind. Wichtig ist, diese Untersuchung bei verschiedenen Temperaturen (20°, 50° und 100° C) auszuführen, da neben der Höhe des Flüssigkeitsgrades bei Zimmertemperatur, besonders das Maß der Abnahme mit der Erwärmung für die Auswahl des Öles maßgebend ist.

Mit steigender Zähflüssigkeit steigen bei gegebener Geschwindigkeit der zulässige Flächendruck des zu schmierenden Maschinenteiles, aber auch die inneren Reibungsverluste und damit die Temperatur, die die Zähflüssigkeit so lange verringert, bis Gleichgewicht eingetreten ist. Zur Vermeidung unnötiger Reibungsarbeit und Erniedrigung des Verbrauches der teuren hochviskosen Öle sollte demnach die Zähflüssigkeit so niedrig wie mit der Betriebssicherheit vereinbar gehalten werden.

Ferner untersucht die physikalische Prüfung: den Flammpunkt (besonders wichtig bei Heißdampfzylinder-, Kompressor- und Verbrennungsmotorenölen), den Stock- oder Kältepunkt, den Erweichungs-, Fließ- und Tropfpunkt, das spezifische Gewicht, die Farbe und unter Umständen den Brennpunkt und die Verdampfbarkeit.

Die chemische Prüfung stellt fest: den Gehalt an freier Säure, an Asphalt, an pflanzlichen und tierischen Ölen und Fetten, an Harz und harzähnlichen Stoffen, an Wasser und die Verteerungszahl. Die Prüfung auf Löslichkeit des Öles in Benzin und Benzol kommt nur für den Fall in Frage, wenn eine Löslichkeit entweder unerwünscht oder gefordert ist.

Die mechanisch-technische Prüfung wird vielfach als Ergänzung der vorhergehenden Prüfungen auf besonderen Maschinen oder Vorrichtungen vorgenommen, bei denen die Reibungsgröße des Öles unter Verhältnissen geprüft wird, die denen in gewöhnlichen Maschinen nahekommen. (Prüfmaschinen von Martens, von Wendt usw.) Neuerdings hat man auch unmittelbar in betriebsmäßigen Werkzeugmaschinen die Reibungswiderstände bei verschiedenen Ölen gemessen und damit den Einfluß der Öle auf den Wirkungsgrad der Maschine ermittelt.

Ausführliches hierüber befindet sich:

K. Memmler: Materialprüfungen. Band II. Sammlung Göschen. 1914.

Schlesinger & Kurrein: Schmierölprüfung für den Betrieb. Werkst.-Techn. 1916 und Berichte d. Versuchsfeldes f. Werkzeugmasch. a. d. Techn. Hochschule Berlin; Heft IV.

Deutscher Verb. f. d. Mat.-Prüf. d. Techn. Drucks. Nr. 21: Grundsätze für die Prüfung von Mineralschmierölen.

von Dallwitz-Wegener: Über neue Wege zur Untersuchung von Schmiermitteln. München: Verlag Oldenbourg 1919.

Richtlinien für den Einkauf und die Prüfung von Schmiermitteln, aufgestellt und herausgegeben vom Verein deutscher Eisenhüttenleute, Gemeinschaftsstelle Schmiermittel. 3. Auflage. Düsseldorf: Verlag Stahleisen 1922.

Schnittgeschwindigkeiten und Vorschübe.

Bei spanabnehmenden Werkzeugen stehen Schnittgeschwindigkeit und Vorschub in einem gewissen Verhältnis zueinander. Die Arbeitswärme steigt mit der Schnittgeschwindigkeit und beeinflußt so die Schneidenabnutzung. Die Vergrößerung des Spanquerschnittes bei gleichbleibender Schnittgeschwindigkeit hat eine verhältnismäßig geringe Steigerung der Arbeitswärme zur Folge. Schnellstahl gestattet eine wesentlich höhere Arbeitswärme als Werkzeugstahl (Kohlenstoffstahl).

Die Einführung des Schnellstahles hat vielfach Veranlassung zu einer übermäßigen Schnittgeschwindigkeit gegeben, die unzulässig hohe Arbeitswärme hervorruft und dadurch eine Verminderung der Leistung und schnelle Abnutzung der Werkzeuge zur Folge hat. Wenngleich Schnellstahlwerkzeuge eine wesentlich höhere Arbeitswärme bis etwa 600° C gegen 300° C bei Werkzeugstahl (Kohlenstoffstahl) gestatten, so ist es durchaus unwirtschaftlich, eine Erhitzung der Schneiden herbeizuführen. Die bei geringer Schnittgeschwindigkeit vorgenommene Zerlegung einer bestimmten Metallmenge in Späne von großem Querschnitte erfordert weniger Zeit mal Kraft als die Anwendung kleiner Spanquerschnitte und hoher Schnittgeschwindigkeit. Der spezifische Kraftverbrauch und damit auch die Beanspruchung der Maschine steigt mit der Erhöhung der Schnittgeschwindigkeit bei feineren Spanquerschnitten. Durch ein geringes Zurückgehen der Schnittgeschwindigkeit wird in gewissen Fällen eine wesentliche Erhöhung der Lebensdauer der Schneiden bewirkt. Bei weniger kräftigen Maschinen sowie bei ungenügend starrer Aufspannung des Arbeitsstückes wird jedoch die Erhöhung der Schnittgeschwindigkeit bei gleichzeitiger Verminderung des Vorschubes für je eine Umdrehung infolge der verminderten Schnittdrücke vorteilhafter sein. Für die Bestimmung der günstigsten Schnittgeschwindigkeit und des bestgeeigneten Vorschubes vgl. Kapitel Drehen, Schaubilder D 2 bis D 13, S. 357—368.

Bohren.

Geringer Vorschub verbunden mit hoher Schnittgeschwindigkeit ist großem Vorschub und dementsprechend langsamerem Lauf vorzuziehen. Je stärker der Span, um so mehr wird der Bohrer auf Verdrehung beansprucht und die Bruchgefahr erhöht. Bei sehr dünnen Spiralbohrern werden die in folgender Tafel angegebenen Schnittgeschwindigkeiten oft wesentlich überschritten, um Bohrerbrüchen vorzubeugen.

Schnittgeschwindigkeit und Spanquerschnitt stehen in einem bestimmten Verhältnis zueinander. Der Spanquerschnitt (Vorschub auf eine Umdrehung) hängt sehr von der Maschine und dem Material ab; die in vielen technischen Werken enthaltenen Tafeln über Vorschübe geben meist in den oberen Grenzwerten Zahlen, die sich beim werkstattmäßigen Bohren nicht erreichen lassen. Lediglich der Versuch kann im jeweiligen Falle brauchbare Werte ergeben.

Zum **Aufreiben** sind geringe Schnittgeschwindigkeiten, bei Gußeisen und Stahl 2 bis 12 m/min, bei Messing und Bronze 10 bis 28 m/min und Vorschübe von 0,2 bis 2 mm je nach Material für die Umdrehung zweckmäßig.

Drehen und Hobeln.

Zum Schruppen: Niedere Schnittgeschwindigkeit bei großem Vorschub und langer im Winkel von 30 bis 45° C zur Drehachse geneigter Schneide (siehe S. 370).

Zum Schlichten: Höhere Schnittgeschwindigkeit, kleiner Vorschub, breite Schneidkante gleichlaufend zur Drehachse.

(Über die Winkel der Drehstahlschneiden siehe S. 370, 382.)

Fräsen.

Zum Schruppen: Niedere Schnittgeschwindigkeit bei großem Vorschub. Es ist wirtschaftlicher, eine Fläche mehrfach mit mittlerer Schnittiefe und großem Vorschub als einmal mit kleinerem Vorschub und großer Schnittiefe zu überfräsen.

Zum Schlichten: Höhere Schnittgeschwindigkeit, geringe Schnittiefe, Vorschub um so geringer, je sauberer die bearbeitete Fläche werden soll.

Über Schnittgeschwindigkeiten und Vorschübe beim Fräsen siehe auch S. 408 ff.

Schnittgeschwindigkeiten Meter/Minuten. Durchschnittswerte.

Werkstoff			Schmiedeeisen und weicher Stahl Festigkeit in kg				Gußeisen			Temperguß		
			40	60	80	90	weich	mittel	hart	weich	mittel	hart
Ein- und Abstechen		S	20	18	16	12	18	12	6	16	10	4
		W	12	10	8	6	12	8	4	9	6	3
Drehen (siehe auch S. 354)	Schruppen	S	22	16	12	6	22	14	8	18	14	10
		W	16	12	8	4	18	12	6	14	10	6
	Schlichten	S	28	22	16	10	26	20	14	20	14	8
		W	20	16	12	8	16	12	8	16	12	6
	Gewindedrehen	S	14	12	10	8	12	8	4	12	8	4
		W	10	8	6	4	8	6	3	8	6	3
Bohren	Spiralbohrer	S	24	20	16	12	22	16	10	18	14	10
		W	18	14	10	6	18	12	6	14	10	6
	Bohrstange odes Senker	S	24	20	16	12	22	16	10	18	14	10
		W	18	14	10	6	18	12	6	14	10	6
	Öllochbohrer	S	30	25	20	15				24	20	16
		W	20	16	12	8				16	12	8
Reiben	Vor-	W	12	10	8	6	12	9	6	12	9	6
	Fertig-	W	8	6	4	2	10	7	4	10	7	4
Gewindeschneiden		W	6	5	4	3	5	4	3	5	4	3
Fräsen (siehe auch S. 412)	Schruppen	W[1])	18	14	10	6	16	12	8	16	12	8
	Schlichten	W[1])	22	18	14	10	18	14	10	18	14	10
	Gewinde	W[1])	20	16	12	8	16	12	8	16	12	8
Stoßen und Hobeln		S	22	16	12	6	22	14	8	18	14	10
		W	16	12	8	4	18	12	6	14	10	6

Die angegebenen Werte sind Mittelwerte und können je nach Umständen vergrößert resp. verkleinert werden. Voraussetzung ist, daß das Werkzeug ausreichend gekühlt wird.

S bedeutet Schnellstahl mit 16 bis 18 Legierungseinheiten.

W bedeutet guter Werkzeugstahl.

---

[1]) Bei Fräsern wurde kein Unterschied gemacht zwischen Werkzeugstahl und Schnellstahl, denn die günstigste Schnittgeschwindigkeit ist für beide Stahlsorten gleich. Schnellstahl gestattet jedoch größeren Vorschub und hält länger Schneide.

Schnittgeschwindigkeiten Meter/Minuten. Durchschnittswerte.

Werkstoff			Stahlguß			Messing Aluminium			Bronze		Werkzeugstahl	
			weich	mittel	hart	weich	mittel	hart	weich	hart	weich	hart
Ein- und Abstechen		S	14	10	4	50	35	20	18	10	10	6
		W	8	5	2	30	20	10	12	6	6	4
Drehen	Schruppen	S	16	12	8	60	50	40	22	8	10	6
		W	12	9	6	35	30	25	18	6	6	4
	Schlichten	S	18	12	6	80	65	50	26	14	12	8
		W	12	8	4	50	40	30	16	8	8	6
	Gewindedrehen	S	12	8	4	30	25	20	12	6	8	4
		W	8	6	3	20	16	12	8	4	6	3
Bohren	Spiralbohrer	S	16	12	8	60	50	40	22	10	10	6
		W	12	9	6	35	30	25	18	12	6	4
	Bohrstange oder Senker	S	16	12	8	60	50	40	22	10	10	6
		W	12	9	6	35	30	25	18	12	6	4
	Öllochbohrer	S	24	20	16	60	50	40	30	20		
		W	16	12	8	35	30	25	20	12		
Reiben	Vor-	W	12	9	6	28	22	16	10	4	7	4
	Fertig-	W	10	7	4	22	16	10	12	9	9	6
Gewindeschneiden		W	5	4	3	12	10	8	5	3	4	3
Fräsen	Schruppen	W[1])	16	12	8	25	20	15	16	8	8	4
	Schlichten	W[1])	18	14	10	30	25	20	18	6	10	6
	Gewinde	W[1])	16	12	8	30	25	20	16	8	8	4
Stoßen oder Hobeln		S	16	12	8	60[2])	50[2])	40[2])	22	8	10	6
		W	12	9	6	35[2])	30[2])	25[2])	18	6	6	4

Die angegebenen Werte sind Mittelwerte und können je nach Umständen vergrößert resp. verkleinert werden. Voraussetzung ist, daß das Werkzeug ausreichend gekühlt wird.

S bedeutet Schnellstahl mit 16 bis 18 Legierungseinheiten.

W bedeutet guter Werkzeugstahl.

[1]) Bei Fräsern wurde kein Unterschied gemacht zwischen Werkzeugstahl und Schnellstahl, denn die günstigste Schnittgeschwindigkeit ist für beide Stahlsorten gleich. Schnellstahl gestattet jedoch größeren Vorschub und hält länger Schneide.

[2]) Die angegebenen Geschwindigkeiten kommen jedoch nur für kurze Hübe und kleine Maschinen in Frage.

Tafel zur Ermittelung von Umfangsschwindigkeiten. $v = \dfrac{d \cdot \pi \cdot n}{1000}$.

$v=$ Umfangs- geschwindig- keit m/min	2	4	6	8	10	12	15	18	21	24	27	30	35	40	45	50	$v=$ Umfangs- geschwindig- keit m/min
$d=$ Durch- messer mm						Umlaufzahlen der Minute $n = \dfrac{v \cdot 1000}{d \cdot \pi}$											$d=$ Durch- messer mm
2	318	637	955	1274	1592	1910	2388	2866	3343	3821	4298	4776	5572	6368	7164	7960	2
3	212	424	636	848	1060	1272	1590	1908	2226	2544	2862	3180	3710	4240	4770	5300	3
4	159	318	478	637	796	955	1194	1433	1672	1911	2149	2388	2786	3184	3582	3980	4
5	127	256	382	510	636	764	956	1148	1338	1530	1720	1912	2230	2548	2870	3180	5
6	106	212	318	425	531	636	797	956	1113	1272	1432	1593	1856	2124	2390	2650	6
7	91	182	273	364	455	546	683	819	956	1092	1230	1365	1593	1820	2050	2275	7
8	80	160	239	318	400	478	597	716	836	955	1075	1194	1393	1592	1791	1990	8
9	71	141	212	283	354	425	530	636	743	850	955	1060	1240	1415	1590	1770	9
10	63,5	128	191	255	318	382	478	574	669	765	860	956	1115	1274	1435	1590	10
11	58	116	174	231	289	347	434	520	608	695	781	868	1013	1157	1300	1445	11
12	53,1	106	159	212	265	318	398	478	556	636	716	796	928	1060	1195	1325	12
13	49	98	147	196	245	294	367	442	514	588	662	735	857	980	1100	1225	13
14	45,5	91	136,5	182	228	273	341	410	478	546	615	682	796	910	1025	1136	14
15	42,6	85	127	169	212	254	318	381	444	508	572	635	740	846	952	1058	15
16	40	80	119	159	199	239	298	358	418	478	538	597	696	796	896	995	16
18	35,5	70,5	106	142	177	212	265	318	372	425	478	530	620	708	795	885	18
20	32	64	95,5	128	159	191	239	287	335	383	430	478	558	637	716	795	20
22	29	58	87	116	145	174	217	260	304	348	390	434	506	579	650	723	22
24	27	53	80	106	133	159	199	239	277	318	358	398	464	530	598	663	24
26	24,5	49	73,5	98	123	147	184	221	257	294	331	368	428	490	550	613	26
28	23	45,5	68	91	114	137	171	205	239	273	307	341	398	455	512	568	28
30	21,5	42,5	63,5	84,5	106	127	158	191	222	254	286	318	370	423	476	529	30

1	2	3	4	5	6	7	8	9	10	11	12	13	14	15	16	17	18
32	,20	40	60	80	100	119	149	179	209	239	269	298	348	398	448	498	32
34	18,7	37,5	56,2	75	93,7	112	140	169	197	225	253	281	328	375	422	468	34
36	17,7	35,5	53,1	70,8	88,5	106	133	159	186	214	239	265	310	354	398	442	36
38	16,8	33,5	50,3	67	83,8	100	126	151	176	201	226	251	293	335	377	419	38
40	15,9	31,8	47,8	63,7	79,6	93,7	119	143	167	191	215	239	278	318	358	398	40
42	14,2	28,3	42,5	56,6	70,8	85	106	127	149	170	191	214	248	283	318	354	42
45	12,7	25,5	38,2	51	63,7	76,4	95,5	115	134	153	172	191	223	255	287	318	45
50	11,6	23,1	34,7	46,3	58	69,4	86,8	104	122	139	156	174	203	231	260	289	55
60	10,6	21,2	31,8	—	53	63,6	79,6	95,5	111	127	143	159	186	212	239	265	60
65	9,80	19,6	29,4	31,8	49	58,8	73,5	88,2	103	118	132	147	171	196	220	245	65
70	9,10	18,2	27,3	29,4	45,5	54,6	68,2	81,8	95,5	109	123	136	159	182	205	227	70
75	8,5	17	25,5	36,4	42,5	50,9	63,7	76,4	89,1	102	115	127	148	170	191	212	75
80	7,95	15,9	23,9	34	39,8	47,7	59,7	71,6	83,5	95,5	107	119	139	159	179	199	80
90	7,08	14,2	21,2	28,3	35,4	42,5	53,1	63,7	74,3	85	95,2	106	124	142	159	177	90
100	6,37	12,7	19	25,5	31,8	38,2	47,8	57,4	66,9	76,4	86	95,8	111	127	143	159	100
110	5,79	11,6	17,4	23,3	28,9	34,7	43,4	52,1	60,8	69,4	78,2	86,8	101	116	130	145	110
115	5,54	11,1	16,6	22,2	27,7	33,4	41,5	49,7	58,2	66,5	75,8	83,1	97	111	125	138	115
120	5,31	10,6	15,9	21,2	26,5	31,8	39,8	47,8	55,4	63,7	71,6	79,6	92,8	106	120	133	120
125	5,1	10,2	15,3	20,4	25,5	30,6	38,2	45,8	53,5	61,2	68,8	76,4	89,2	102	115	127	125
130	4,9	9,8	14,7	19,6	24,5	29,4	36,7	44,2	51,4	58,8	66,2	73,5	85,7	98	110	123	130
140	4,55	9,1	13,7	18,2	22,8	27,3	34,2	41	47,8	54,6	61,4	68,2	79,6	91	102	114	140
150	4,26	8,5	12,7	16,9	21,2	25,4	31,8	38,1	44,4	50,8	57,2	63,5	74	84,6	95,1	106	150
160	4	8	12	16	20	24	29,8	35,8	41,8	47,8	53,8	59,7	69,6	79,6	89,6	99,5	160
175	3,64	7,28	10,9	14,55	18,2	21,8	27,3	32,8	38,2	43,6	49,2	54,6	63,6	72,8	82,8	91	175
200	3,2	6,4	9,5	12,8	15,9	19,1	23,9	28,7	33,5	38,3	43	47,8	55,8	63,7	71,6	79,5	200
225	2,83	5,66	8,5	11,3	14,2	17	21,2	25,5	29,7	34	38,2	42,5	49,5	56,6	63,7	70,8	225
250	2,54	5,1	7,64	10,2	12,7	15,3	19,2	23	26,8	30,6	34,4	38,2	44,6	51	57,4	63,6	250
275	2,32	4,63	6,95	9,26	11,6	13,9	17,4	20,8	24,3	27,8	31,3	34,7	40,5	46,3	52,1	57,9	275
300	2,15	4,25	6,35	8,5	10,6	12,7	15,8	19,1	22,2	25,4	28,6	31,8	37	42,3	47,6	52,9	300
350	1,82	3,64	5,5	7,3	9,1	10,9	13,7	16,4	19,1	21,8	24,6	27,3	31,8	36,4	40,9	45,5	350
400	1,6	3,18	4,8	6,4	8	9,6	11,9	14,3	16,7	19,1	21,5	23,9	27,8	31,8	35,8	39,8	400
450	1,42	2,83	4,25	5,66	7,1	8,5	10,6	12,7	14,9	17	19,1	21,4	24,8	28,3	31,8	35,5	450
500	1,27	2,55	3,82	5,1	6,37	7,64	9,6	11,5	13,4	15,3	17,2	19,1	22,3	25,5	28,7	31,8	500

Tafel zur Berechnung der Arbeitszeiten.

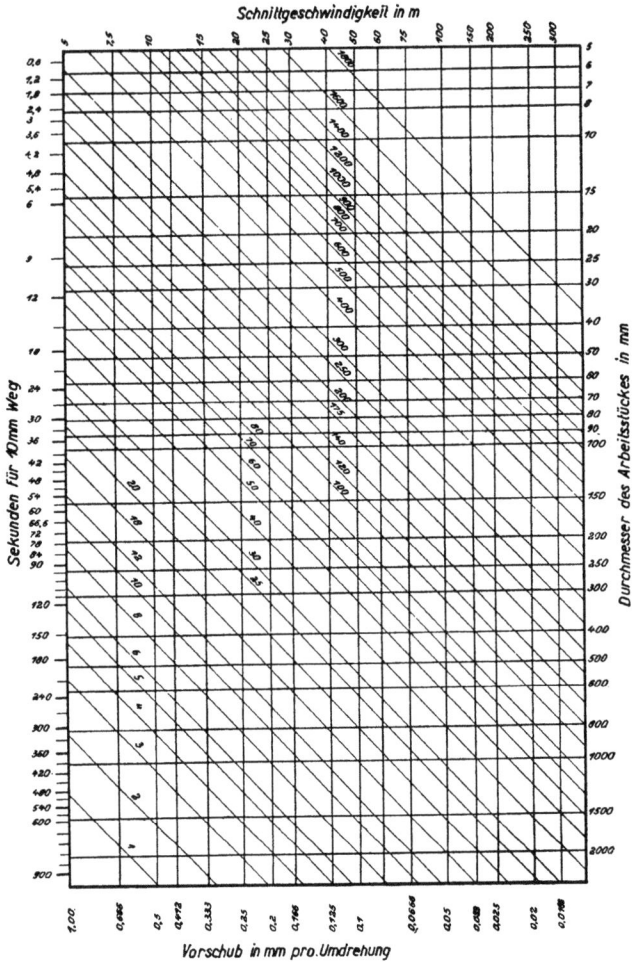

Anweisung für Benutzung der Tafel zur Berechnung der Arbeitszeiten auf S. 498.

Für die Benutzung gibt untenstehendes Schema Anweisung.

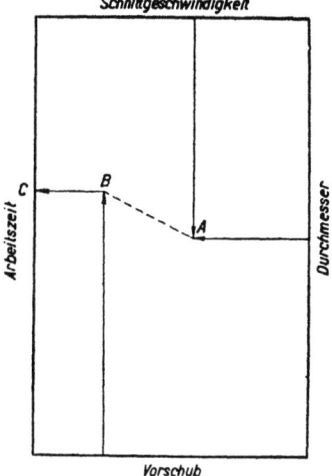

1. Beispiel:

In Gußeisen ist ein 60 mm tiefes Loch mit dem Durchmesser 30 mm zu bohren. Gewählt sind Schnittgeschwindigkeit zu 15 m/min und Vorschub zu 0,5 mm für eine Umdrehung. Welches ist die Arbeitszeit?

Die Durchmesserlinie 30 und die Schnittgeschwindigkeitslinie 15 schneiden sich (A) in der Nähe der unter 45° gezogenen Umdrehungslinie 175; der Schnittpunkt dieser Linie mit der Vorschublinie 0,5 (B) gibt auf die Zeitlinie projiziert C) die Arbeitszeit von 7,5″ für 10 mm Weg. Da der Gesamtweg (Lochtiefe) 60 mm ist, beträgt die gesuchte Arbeitszeit $6 \cdot 7{,}5 \text{ sec} = 45 \text{ sec}$.

2. Beispiel:

Es ist ein Zapfen von 80 mm Durchmesser auf 50 mm Länge in einem Schnitt anzudrehen. Gewählt sind Schnittgeschwindigkeit zu 25 m/min und Vorschub zu 0,3 mm für eine Umdrehung. Welches ist die Arbeitszeit?

Der Schnittpunkt A der Durchmesserlinie 80 mit der Schnittgeschwindigkeitslinie 25 liegt auf der Umdrehungszahllinie 120; der Schnittpunkt B dieser Linie mit der Vorschublinie 0,3 auf die Zeitlinie projiziert gibt die Arbeitszeit von 21″ für 10 mm Weg. Die Gesamtarbeitszeit für 50 mm Weg beträgt demnach $5 \cdot 21″ = 105″$.

Wirkungsgrad und Kraftbedarf von Werkzeugmaschinen.

Wirkungsgrad η ist das Verhältnis der von der Maschine geleisteten Nutzarbeit N zu der ihr zugeführten Arbeit N_i, also $\eta = \dfrac{N}{N_i}$. Der höchste zu erreichende Wirkungsgrad η schwankt zwischen 0,8 bis 0,95, d. h. von der in die Maschine hineingeleiteten Kraft werden 80 bis 95 vH in nutzbringende Arbeit umgesetzt, der Rest von 20 bis 5 vH geht durch Reibung verloren.

Der Kraftbedarf N_i läßt sich bei Maschinen mit elektrischem Antrieb durch Ablesen am Volt- und Amperemeter bestimmen.

$$N_i = \frac{\text{Volt} \times \text{Ampere}}{736} \text{ PS} \quad \text{(vgl. S. 85).}$$

Die Leistung N in PS, die erforderlich ist, um einen bestimmten Spanquerschnitt F in mm² mit einer bestimmten Schnittgeschwindigkeit v in m/min abzuheben, ist $N = \dfrac{P \cdot v}{75 \cdot 60}$ PS, wobei P der Schnittdruck in kg ist ($P = F \cdot ks$; $ks =$ spez. Schnittdruck).

Da jeder Spanquerschnitt nur eine wirtschaftliche Schnittgeschwindigkeit v zuläßt, so gehört mithin zu jedem Spanquerschnitt auch eine bestimmte Zerspanungsleistung N (Kraftverbrauch), die aus den Diagrammen S. 357 ff. abgelesen werden kann.

Beispiel: Ein Drehstahl nimmt von einem Werkstück aus Stahl mit 50 bis 60 kg Festigkeit einen Span vom Querschnitt 8 mm² ab. Aus dem Diagramm S. 359 ergibt sich bei der zugehörigen Schnittgeschwindigkeit $v = 15$ m/min eine Arbeitsleistung N von 5 PS. Wird der Wirkungsgrad der Drehbank zu 80% angenommen, so errechnet sich für sie ein Kraftbedarf von $N_i = \dfrac{N}{\eta} = \dfrac{5}{0,80} = 6,3$ PS.

Der Schnittdruck $P = F \cdot ks = 8 \cdot 192$ kg $= 1536$ kg (ks aus dem Diagramm entnommen).

Kraftbedarf für Werkzeugmaschinen.

Die angegebenen Werte entsprechen bei Einzelantrieb der Motorgröße, bei Gruppenantrieb ist für die Motorgröße 0,6—0,7 des gesamten Kraftbedarfs der zu einer Gruppe vereinigten Maschinen in Anschlag zu bringen.

Stangenreibhämmer.

Bärgewicht . . . . kg	125	200	300	400	500	750
Kraftbedarf . . . . . rund PS	2	2,5	3	3,5	4	5

Blechrichtmaschinen.

Blechdicke . . . . mm	6	10	15	20	25	30	35	40
Blechbreite . . . . mm	1200	1300	1500	1800	2200	2600	3000	3500
Rollendurchmesser . . . . mm	120	200	250	300	330	350	370	400
Kraftbedarf . . . . . rund PS	6	8	12	20	30	55	90	130

Wagerechte Blechbiegemaschinen.

Blechdicke . . . . mm		12	15	20	25	30
Kraftbedarf rund PS für eine Blechbreite mm	3000	10	12	18	27	40
	6000	—	30	40	55	75

Lochmaschinen und Scheren.

Blechdicke . . . . mm	8	10	15	20	25	30	40
Lochdurchmesser . . . mm	16	20	22	26	30	35	40
Kraftbedarf . . . . . rund PS	2	3	5	8	12	18	25

Kreisscheren.

Blechdicke . . . . mm	2	4	7
Ausladung . . . . mm	300	500	700
Kraftbedarf . . . . . rund PS	1,5	2,5	3,5

Tisch-Hobelmaschinen.

(Wenn Hobellänge mehr als $2^{1}/_{2}$ mal Hobelbreite, und wenn mehr als 2 Werkzeuge, dann ist der Kraftbedarf um 30 bis 50 vH höher als hier angegeben.).

Hobelbreite und Höhe . . mm	600	800	1000	1250	1500	2000	2500	3000	4000
Kraftbedarf . . . . . rund PS	3	5	6,5	8	10	15	20	25	30—35

Blechkanten-Hobelmaschinen.

Hobellänge . . . . mm	4000	5000	7000—10000		
Spannhöhe . . . . mm	100	120	140	160	200
Kraftbedarf . . . . . rund PS	7	8	10	15	20

Kraftbedarf für Werkzeugmaschinen.

Senkrecht-Stoßmaschinen.

Hub .... mm	175	200	250	300	350
Ausladung .... mm	350	450	550	600	700
Kraftbedarf m. Kulisse rund PS	1,5	2	2,5	3	4
Kraftbedarf mit Schraubenspindel rund PS	–	–	–	–	–
Hub .... mm	400	500	600	700	800
Ausladung .... mm	800	900	1000	1150	1300
Kraftbedarf m. Kulisse rund PS	3,5	4	5	7	8
Kraftbedarf mit Schraubenspindel rund PS	4	5	6	9	10

Schnellhobler.

Hub .... mm	200	300	400	500	600	800	1000
Kraftbedarf .... rund Ps	1,5	2	3	4,5	6	7,5	9

Spitzendrehbänke.

Spitzenhöhe. .... mm		150	170	200	250	300	350
Kraftbedarf rund PS für	leichte	0,6	0,8	1,5	2,5	3,5	5
	mittlere	1	1,5	2,5	3–4	4–7	5–15
	schwere	2–5	2–5	3–6	4–7	6–12	7–15
Spitzenhöhe. .... mm		400	500	600	750	1000	1500
Kraftbedarf rund PS für	leichte	6	7	7	8	10	10
	mittlere	6–12	8–15	8–15	8–15	10–18	12–20
	schwere	8–15	10–20	12–20	12–20	12–25	12–25

Revolverdrehbänke und Einspindelautomaten.

Materialdurchlaß .... mm		10	15	20	25	30	40	50	70	85	100	120	150
Kraftbedarf rund PS für	leichte	0,75	1	1,5	1,5	2	2,5	3	4	–	–	–	–
	schwere	–	–	2,5	3	4	5	6	7	7	8	10	12

Vierspindelautomaten.

Materialdurchlaß .... mm	7	14	20	25	35	42	57
Kraftbedarf .... rund PS	1	2	2,5	3	4	5	6

Plandrehbänke.

Drehdurchmesser .... mm	1000	1250	1500	1750	2000	2500
Kraftbedarf .... rund PS	2	2,5	3	3,5	4	5
Drehdurchmesser .... mm	3000	4000	5000	6000	8000	10000
Kraftbedarf .... rund PS	6	8	10	12	18	25–30

Kraftbedarf für Werkzeugmaschinen.

Walzendrehbänke.

Walzendurchmesser ... mm	400	500	600	800	1000	1200	1500
Walzenlänge ...... mm	2500	3000	3500	4000	5000	5500	6000
Kraftbedarf..... rund PS	5	6	7	8	12	15	16–20

Radsatzdrehbänke.

Größter Raddurchmesser. mm	1000	1500	2000	2500
Kraftbedarf..... rund PS	12	15	18	20–25

Senkrecht-Dreh- und Bohrwerke.

Drehdurchmesser .... mm	750	1000	1250	1500	2000	2500	3000	4000	5000
Kraftbedarf..... rund PS	5	8	12	15	18	20	25	25	30

Bohrmaschinen.

Mehrspindlige Maschinen haben einen der Spindelzahl entsprechenden größeren Kraftverbrauch.

Für Bohrer ..... bis mm		20	30	40	50	75	100	120
Kraftbedarf rund PS für	gewöhnliche .	1–1,5	1,5–3	2–4	3–5	4–8	5–10	6–12
	Hochleistung .	–	–	–	10	15	20	25

Radial-Bohrmaschinen.

Für Bohrer..... bis mm	60	75	90	100	125
Kraftbedarf..... rund PS	2–5	4–8	6–10	7–12	10–15

Zylinder-Bohrmaschinen.

Bohrstangendurchmesser . mm	150	200	250	300	350	400	450	500
Kraftbedarf..... rund PS	5	6	7	8	10	12	16	20

Wagerecht-Bohr- und Fräsmaschinen.

Bohrspindeldurchmesser . mm	80	100	120	150	200	250
Kraftbedarf..... rund PS	6	7–10	8–12	10–15	15–20	20–25

Einfache und Universal-Fräsmaschinen.

Tischfläche .... mm		450×145	600×200	700×225	900×250
Kraftbedarf rund PS für	leichte ...	0,75	1–1,5	1,5–2	2–2,5
	schwere ..	–	–	4–7	5–10
Tischfläche .... mm		1045×265	1200×285	1500×350	1700×400
Kraftbedarf rund PS für	leichte ...	2–3	2–3	3–5	5–7
	schwere ..	6–12	6–15	6–15	8–20

Kraftbedarf für Werkzeugmaschinen.

Räderfräsmaschinen.

Bis Modul		1	2,5	4	6	9	14	20	25	30
Kraftbedarf rund PS für	leichte	0,75	1	1,5	2,5	3	4	6	10	15
	schwere	—	—	—	—	—	bis 8	bis 10	bis 15	bis 20

Senkrecht-Fräsmaschinen.

Ausladung mm	150	200	350	500	800	1000
Tischgröße mm	500×125	750×200	1000×300	—	—	—
Durchmesser d. Rundtisches mm	—	—	450	650	1000	1500
Kraftbedarf rund PS	1	2	3	4—7	6—10	8—15

Kalt-Kreissägen.

Sägeblattdurchmesser mm	500	600	900	1200	1500
Kraftbedarf rund PS	5	6	9	12	16

Pendel- und Heißeisensägen.

Sägeblattdurchmesser mm	600	1000	1500
Kraftbedarf rund PS	15—26	40—45	60—70

Rundschleifmaschinen.

Scheibendurchmesser mm	250	300	500	600
Kraftbedarf rund PS	5—8	6—10	10—15	15—25

Werkzeugschleifmaschinen.

Kraftbedarf rund PS für	Spiralbohrer- und Universalwerkzeugschleifmaschinen.	0,5—2
	Naßschleifmaschinen für Drehstähle	1,5—2,5

Flächenschleifmaschinen.

	Mit Flachscheibe			Mit Topfscheibe	
Scheibendurchmesser mm	175	200	250	200	400
Kraftbedarf rund PS	2	3	4	5	20

Schleifscheiben.

Scheibendurchm. u. Breite mm	150×12	250×25	350×35	500×50	600×75
Kraftbedarf für je 1 Schleifscheibe rund PS	0,5—1	2—3	3—5	6—8	10—12

Schwabbelscheiben.

Scheibendurchmesser mm	150	250	300	350	400
Kraftbedarf für je 1 Scheibe rund PS	0,5	1—2	2—3	3—5	5—7

Anhang.

Alphabete.

Deutsch.

A B C D E F G H I J K L M N O P Q R S T U V W X Y Z

a b c d e f g h i j k l m n o p q r s t u v w x y z

Russisch.			Griechisch.			Morse.	
А а	*a*	a	*Α α*	*a*	Alpha	a	· —
Б б	*b*	bje	*Β β*	*b*	Beta	ä	· — · —
В в	*w*	wje	*Γ γ*	*g*	Gamma	b	— · · ·
Г г	*g* (auch *h*)	gje	*Δ δ*	*d*	Delta	c	— · — ·
Д д	*d*	dje	*Ε ε*	(kurz) *e*	Epsilon	d	— · ·
Е е	*je*	je	*Ζ ζ*	*ds* (*z*)	Zeta	e	·
Ж ж	*sch*	Schiwete	*Η η*	(lang) *e*	Eta	f	· · — ·
З з	(weich) *s*	sje	*Θ ϑ*	*th*	Theta	g	— — ·
И и	*i*	i	*Ι ι*	*i*	Iota	h	· · · ·
Й й	*i*	i	*Κ ϰ*	*k*	Kappa	ch	— — — —
І і	*i*	i	*Λ λ*	*l*	Lambda	i	· ·
К к	*k*	ka	*Μ μ*	*m*	Mü	j	· — — —
Л л	*l*	el	*Ν ν*	*n*	Nü	k	— · —
М м	*m*	em	*Ξ ξ*	*ks* (*x*)	Ksi	l	· — · ·
Н н	*n*	en	*Ο ο*	(kurz) *o*	Omikron	m	— —
О о	*o*	o	*Π π*	*p*	Pi	n	— ·
П п	*p*	pje	*Ρ ϱ*		Rho	o	— — —
Р р	*r*	er	*Σ σ ς*	*s*	Sigma	ö	— — — ·
С с	(scharf) *ss*	ess	*Τ τ*	*t*	Tau	p	· — — ·
Т т	*t*	tje	*Υ υ*	*ü*	Ypsilon	q	— — · —
У у	*u*	u	*Φ φ*	*f* (*ph*)	Phi	r	· — ·
Ф ф	*f*	ef	*Χ χ*	*ch*	Chi	s	· · ·
Х х	*ch*	cha	*Ψ ψ*	*ps*	Psi	t	—
Ц ц	*z*	ze	*Ω ω*	(lang) *o*	Omega	u	· · —
Ч ч	*tsch*	tsche				ü	· · — —
Ш ш	*sch*	scha				v	· · · —
Щ щ	*schtsch*	schtscha				w	· — —
Ъ ъ	stumm	jerr				x	— · · —
	(hartes Zeichen)					y	— · — —
Ы ы	(kurz) *ü*	jerrüj				z	— — · ·
Ь ь	stumm	jerj				1	· — — — —
	(weiches Zeichen)					2	· · — — —
Ѣ ѣ	*jä*	jatj				3	· · · — —
Э э	*e*	e				4	· · · · —
Ю ю	*ju*	ju				5	· · · · ·
Я я	*ja*	ja				6	— · · · ·
Ѳ ѳ	*f*	fita				7	— — · · ·
Ѵ ѵ	*i*	ischiza				8	— — — · ·
						9	— — — — ·
						0	— — — — —
						.	· · · · · ·
						,	· — · — · —
						;	— · — · — ·
						?	· · — — · ·
						!	— — · · — —

Erste Hilfe bei Unfällen.

Behandlung von Verunglückten und Kranken	Seite	508
Vorbereitung zur Wundbehandlung	„	508
Gefahren der Verunreinigung von Wunden	„	509
Verbandstoffe, anzuwendende und verbotene	„	509
Blutstillung	„	510
Künstliche Atmung	„	515

Unfallart	Behandlung	Seite
Blutende Wunden	Nicht abwaschen; nur leicht entfernbare Fremdkörper beseitigen; dann trockenen Verband anlegen: erst Mull, dann Watte; nie Watte auf Wunde; Abschnürung zwecks Blutstillung allerhöchstens $1^1/_2$ Stunden, sonst Brandgefahr; erst Mull auf Wunde, hierüber Heftpflaster, nie letzteres unmittelbar.	510
Insektenstich	Salmiakgeist, nasser Umschlag.	511
Tierbisse	Nasser Umschlag, Abschnürung, viel Alkohol trinken.	511
Brennende Personen	Boden wälzen, zudecken, Wasser begießen; klebende Kleider nicht abreißen.	511
Brandwunden	Bestreuen mit Mehl, doppeltkohlensaurem Natron, Leinöl-Umschläge; Bardella-Brandbinde; Blasen nicht aufstechen.	511
Säurewunden	Abwaschen, Umschläge benetzt mit Kalkwasser, Seifenwasser, Soda- oder doppeltkohlensaurer Natronlösung.	511
Augenverletzung	Durch Splitter: Fremdkörper mit reinem Tuchzipfel entfernen, Eisensplitter durch Elektromagnet. Durch Säure, Lauge, Kalk: Reichliche Auswaschung, sodann Olivenöl; Umschläge aus Verbandstoff, der in Augenwasser getaucht.	514
Knochenbrüche: Bein und Arm	Etwaige Wunden verbinden; Schienenverband.	512
Knochenbrüche: Schlüsselbein	Arm in Tragetuch.	513
Knochenbrüche: Rippen	In Sitzlage befördern.	513
Knochenbrüche: Schädel, Becken, Wirbelsäule	Weich legen, sorgfältig wegschaffen.	513
Hervorgetretene Eingeweide	Nicht anfassen, mit reinem Tuch bedecken.	508
Quetschungen	Kalte Umschläge; vorsichtig auf Seite bringen; befördern nach ärztlicher Anordnung; Erschütterung lebensgefährlich.	513

Erste Hilfe bei Unfällen.

Unfallart		Behandlung	Seite
Verstauchung und Verrenkung		Kalte Umschläge; keine Gehversuche; obere Gliedmaßen in Tragetuch; Fußverletzung erfordert Tragbahre.	513, 514
Vergiftungen durch	Gas	Frische Luft, künstl. Atmung, Sauerstoff einatmen; Milch oder Sauerbrunnen trinken; kühles, kein warmes Bad; wach halten.	515
	Säure	Sodalösung, doppeltkohlensaures Natron, Seifenwasser, Milch, Schleimsuppen, Kaffee; Erbrechen hervorrufen; künstliche Atmung; wach halten.	515
	Lauge	Zitronensaft, verdünnter Essig, Milch, Schleimsuppen; wach halten.	516
	Zyankali	Magenspülung mit 0,1 vH Kaliumpermanganatlösung; Erbrechen herbeiführen; künstliche Atmung, Sauerstoff; wach halten.	516
	Pilze	Magenspülung; Erbrechen hervorrufen; Rizinusöl.	516
Fischgräten im Hals		Zitronensaft; verdünnter Essig; Brot gut kauen und schlucken.	516
Ohnmacht		Wenn Gesicht blaß: Kopf tief legen; wenn Gesicht rot: Kopf hoch legen; kalte Umschläge; kaltes Wasser über Gesicht u. Brust; riechen an Salmiakgeist, Kölnisch Wasser; künstliche Atmung.	516
Koll. Herzschwäche		Heißer Kaffee, Wein.	516
Unfälle durch elektrischen Strom		Schleunigst Strom abstellen und Arzt holen. Wenn sofortige Stromabstellung nicht durchführbar, mit Nichtleiter (trockenem Holz u. dgl.) den Verunglückten vom Strombereich entfernen. Bei Betäubung künstliche Atmung.	517
Hitzschlag		Entkleiden; kaltes Wasser übergießen; künstliche Atmung.	517
Erfrieren		Kalte Abreibung, nicht an Wärme bringen.	517
Krämpfe		Wagerecht lagern.	517
Innere Blutung		**Lungenbluten, Bluthusten:** wagerechte Lage; Eisbeutel auf Brust; $1/2$ Teelöffel Kochsalz auf 1 Glas Wasser. **Magenbluten, Bluterbrechen:** wagerechte Lage; kalte Umschläge und Eisbeutel auf Magen; Schlucken von Eisstückchen. **Darmbluten:** kalte Umschläge auf Unterleib; Tannintabletten oder -pulver.	517

Allgemeine Anweisungen für die Behandlung von Verunglückten und Kranken.

Der Nothelfer darf sich nie mit ärztlicher Behandlung befassen.

Bei **ernsten Unfällen** sofort Arzt oder Krankenhaus telephonisch, telegraphisch oder durch Boten benachrichtigen; dabei genaue Mitteilung (dem Boten schriftlich) abgeben, damit der Arzt die richtigen Instrumente mitnehmen und die erforderlichen Vorkehrungen treffen kann.

In der Zwischenzeit sind alle Schädlichkeiten von dem Verunglückten, der zweckmäßig zu lagern ist, fernzuhalten. Ein Trunk kühlen Wassers ist Verunglückten angenehm. Bei durchbohrenden Magen-, Eingeweide- und Halsverletzungen sind weder Speisen noch Getränke zu verabfolgen, Alkohol niemals. Starke Blutung ist zweckmäßig zu stillen (siehe Blutstillung), drohende Erstickung zu beseitigen, Notverband ist anzulegen oder gebrochene Glieder sind für die Beförderung zu stützen. Neugierige sind fernzuhalten, laute Unterhaltung zu vermeiden, und dem Verunglückten ist Mut und Trost zuzusprechen.

Verunglückte lege man behutsam auf eine bequeme Unterlage, wobei Kopf und Brust etwas erhöht sein sollen, damit die Atmung ungehindert ist. Beengende Kleidungsstücke (Kragen, Halsbinden, Hosenträger usw.) sind zu lockern bzw. zu entfernen.

Der verletzte Teil wird erhöht gelagert, ein verletzter Arm auf den Körper des Kranken gelegt, der ihn, wenn möglich, mit dem gesunden Arm festhält. Rückenverletzungen erfordern Seitenlage. Die Lage ist durch Kissen, gerollte Kleidungsstücke oder Decken zu sichern. Wenn Brustwunden oder Rippenbrüche vorhanden, die Atembeschwerden verursachen, so lagere man den Verunglückten in halb sitzender Stellung; diese erleichtert das Atmen.

Bei starkem Blutverlust und tiefer Bewußtlosigkeit mehr wagerecht lagern, damit Blutzufluß zum Gehirn erleichtert wird.

Der Nothelfer unterrichte sich sofort über die Entstehungsursache einer Verletzung, denn diese ist wichtig für ärztliche und gerichtliche Beurteilung!!

Bei Verletzung größerer Körperhöhlen, aus denen innere Körperteile ausgetreten sind, ist der Verunglückte, unter Abhaltung aller Schädlichkeiten, ruhig zu lagern, bis der Arzt kommt, da unsachgemäße Beförderung lebensgefährliche Folgen herbeiführt!

Aus der Wunde ausgetretene **Eingeweide** lasse man **unberührt** und bedecke sie mit einem reinen Tuch.

Die größten Gefahren, die eine Verletzung mit sich bringen kann, sind: Unterbrechung der Nerventätigkeit, Blutverlust und Infektion. Die Infektion (Blutverunreinigung oder -vergiftung) wird durch mikroskopisch kleine Bakterien, die überall vorkommen und vom verletzenden Gegenstande, von den Fingern, Kleidern oder Verbandstoffen in die Wunde gelangen, verursacht.

Äußere Wunden.
Die Wundbehandlung erfordert peinlichste Sauberkeit.

Der Nothelfer ziehe seinen Rock aus, streife die Hemdärmel bis über die Ellbogen hoch und wasche mit heißem Seifenwasser Hände (besonders unter den Fingernägeln) und Unterarme so gründlich wie möglich. Nicht abtrocknen an undesinfiziertem Handtuche. Keinen anderen Gegenstand berühren, bis die Hilfeleistung beendet.

Der Nothelfer wasche oder spüle keine Wunden ab. Abgesehen von etwaiger Verunreinigung können Blutgerinnsel losgerissen werden, die ein Blutgefäß verschließen. Nur leicht entfernbare, grobe Schmutzteile von Erde, Holz, Glas u. dgl. dürfen vorsichtig aus der Wunde entfernt werden. Im übrigen bleibt sie unberührt und wird nur durch Verbandstoffe vor weiterer Verunreinigung geschützt. Luftzutritt zur Wunde ist an sich nicht schädlich.

Vorbereitung zum Verbandanlegen, Entkleiden. — Der Verletzte soll sitzen oder liegen, um Ohnmächtigwerden und Umfallen zu verhüten.

Die verletzte Körperstelle ist von den Kleidern zu befreien (hierbei sorgsam vorgehen!) und das verletzte Glied sorgfältig zu unterstützen. Erst gesunde Seite entkleiden, dann die verletzte; beim Anziehen kommt die verletzte Seite zuerst.

Beim Schuh- oder Stiefelausziehen halte ein Mann den Unterschenkel, ein anderer ziehe sachte den Stiefel aus; wenn nötig, den Stiefel an der Naht auftrennen.

Verbandstoffe.

Antiseptische Verbandstoffe, d. h. solche, die mit fäulniswidrigen Mitteln durchtränkt und dann getrocknet sind, werden **rot gefärbt.**

Keimfreie (aseptische) **Verbandstoffe** sind weiß.

Graue Watte darf nur zum Auspolstern von Schienenverbänden gebraucht werden.

Verbandtuch ist weniger geeignet zu Wundverbänden als zum Armtragetuch. Zur Not kann als Armtragetuch ein Halstuch oder der hochgeschlagene Rockschoß Verwendung finden.

Verbotene Verbandstoffe.

Schwämme, Spinngewebe, Zunder, Eisenchloridwatte, Blutstillmittel.

Auf die Wunde zuerst keimfreie Verbandstoffe (Verbandmull) legen. Die Verbandstoffe sind nur mit gut ausgekochter, abgeseifter oder aus geglühter Pinzette anzufassen und mit ebenso gereinigter Schere zu zerschneiden.

Ist kein Verbandstoff zur Hand, so verwende man als Behelf reine Wäschestücke, falte sie auseinander, damit die innere, von den Händen unberührte Seite auf die Wunde komme. Alte Leinwand ist nicht zu verwenden. Es ist zu empfehlen, Behelfsverbandstoffe mit heißem Bügeleisen zu plätten, denn hierdurch werden etwa anhaftende Krankheitskeime vernichtet. Besser ist halbstündiges Kochen in reinem Wasser, dem ein wenig Soda oder Kochsalz zugesetzt ist, und nachträgliches Trocknen.

Verbandmull soll die Wunde um Handbreite überragen.

Auf den Verbandmull kommt die weiße Verbandwatte, nie auf die Wunde selbst, weil die Wattefasern schwer aus der Wunde zu entfernen sind.

Binden müssen gut anliegen, ohne Faltenbildung. Das Umwickeln mit einer Binde geschieht wie das Anlegen einer Wadenbinde, man beginnt außen und wickelt nach dem Rumpf hin zu. Bindenende mit Sicherheitsnadeln befestigen oder mit Bändern. Obacht geben, daß der Kranke nicht auf die Nadel oder den Knoten zu liegen kommt.

Kleine Wunden, Heftpflaster. — Nie Heftpflaster unmittelbar auf die Wunde kleben, sondern stets die Wunde mit keimfreiem Verbandmull bedecken und dann darüber das Heftpflaster.

Trockener oder nasser Verband. — Die meisten frischen Wunden werden trocken verbunden. Insektenstiche, Stichverletzungen mit Nadeln, Pfriemen, Stahlfedern, Nägeln usw. werden naß verbunden, wenn der Körperteil schmerzt oder angeschwollen ist.

Nasse Verbände bestehen aus Umschlägen von reinen Tüchern oder reinem Verbandmull, die zu fingerdicken Lagen hergestellt sind, in die man Watte einschlagen kann. Man macht zwei Umschläge zurecht, tränkt den einen in kaltem Wasser, drückt ihn leicht auf, läßt ihn auf der Wunde bis er leicht angewärmt ist, um sodann den anderen aufzulegen. Das Wasser muß kühl sein und ist oft zu erneuern. Man verwende immer einen reichlich großen Umschlag, damit er auch die umliegenden Teile gut kühle.

Blutstillung.

Blutende Gliedmaßen sind möglichst hochzuhalten, auch während der Beförderung. Bei Fußverletzungen soll man den Verunglückten auf den Rücken legen und ihm das Bein hochhalten.

Eine blutende Wunde kann gestillt werden durch starkes Andrücken von Hand oder durch Aufbinden eines mit Mull umwickelten Watteballens. Starke Schlagaderblutungen werden gehemmt, indem man die zuführende Schlagader zwischen der verletzten Stelle und dem Herzen zudrückt.

Blutstillung durch Fingerdruck. Druckstellen:

$A =$ Stelle für die Halsschlagader,
$B =$,, ,, ,, Schlüsselbeinschlagader,
$C =$,, ,, ,, Oberarmschlagader in der Achselhöhle,
$D =$,, ,, ,, Oberarmschlagader in der großen Oberarmmuskelfurche,
$E =$,, ,, ,, Oberschenkelschlagader.

 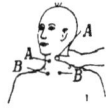 

Zudrücken der Halsschlagader.   Zudrücken der Oberarmschlagader.   Zudrücken der Oberschenkelschlagader.

Bei **Blutungen im Bereiche des Gesichtes und Kopfes** wird auf die Halsschlagader gedrückt (in der fühlbaren Furche der Halsmitte neben Kehlkopf).

Ist die **Blutung am Oberarm**, so wird sie gestillt durch Druck auf die Schlüsselbeinschlagader (dicht oberhalb der obersten Rippe).

Abwärts vom Oberarm wird Blutung gestillt durch Pressung der Oberarmschlagader gegen Oberarmknochen. Die Lage der Schlagader entspricht der inneren Rockärmelnaht.

Die **Oberschenkelschlagader** liegt oben in der Mitte der Vorderfläche, dicht unter der Schenkelbeuge; sie wird gegen den Schenkelknochen gedrückt, um **Blutungen am Bein** zu hemmen.

Da der Fingerdruck für den Helfer wie für den Kranken nur kurze Zeit erträglich ist, so verwende man so bald als möglich einen Gummischlauch (etwa 1 cm lichte Weite), Gummigurt oder elastischen Hosenträger, den man mehrfach um das Glied herumwickele, dabei aber achte, daß keine freien Hautfalten zwischen den einzelnen Umkreisungen seien.

Die Abschnürung darf höchstens 1½ Stunden liegen.

Ist keine elastische Binde zu haben, so verwende man einen naßgemachten Baumwoll- oder Leinwandstoff. Eine Kartoffel, ein genügend großer Kiesel o. dgl. können durch Umwinden mit der Binde auf der Stelle, an der die Schlagader verläuft, befestigt werden, oder man steckt einen Knüppel (z. B. ein Stück Spazierstock, Besenstiel o. dgl.) unter die Binde, dreht sie zusammen (knebeln) und schiebt das eine Knebelende unter die Binde oder binde es fest, **um Aufdrehen zu verhüten.**

Knie geschnürt, um Blutungen am Unterschenkel zu verhindern.

Brenn- und Ätzwunden.

Brennende Personen werfe man zu Boden, bedecke sie mit einer Decke, Tuch, Rock oder was zur Hand ist, wälze oder rolle sie und begieße sie reichlich mit Wasser. Nicht festgeklebte Kleider entferne man vorsichtig durch Aufschneiden mit der Schere (festgeklebte Kleider dürfen nicht entfernt werden).

Die **Brandwunden** sind mit einem Leinölverband oder mit einer Bardella-Brandbinde zu bedecken. Kleine Blasen oder gerötete Stellen werden mit Mehl, doppeltkohlensaurem Natron oder Wundpulver bestreut oder mit reinem Fett bestrichen; darüber legt man einen keimfreien Verband.

Brandblasen dürfen nicht aufgestochen werden.

Bei großen Verbrennungen gebe man Anregungsmittel, wie Kaffee, Tee, Alkohol, Hoffmannstropfen oder warme Getränke.

Verbrennung (oder Ätzung) **durch Säure.** — Man spüle die Säure ab mit warmem Wasser. Umschläge mit in Kalkwasser getauchten Verbänden tun gute Dienste. Ist kein Kalkwasser vorhanden, so löse man 1 Teelöffel voll Soda oder doppeltkohlensaures Natron in ½ Liter Wasser auf, oder man verwende Seifenwasser.

Insektenstiche und Tierbisse.

Um die Giftverbreitung im Körper zu verhindern, schnürt man das Glied mit einem Tuche, Hosenträger, Schlauch oder Bindfaden fest ab. Länger als 1½ Stunden darf keine Umschnürung liegenbleiben; sie wird gelöst, wenn nach 30 Minuten keine allgemeine Vergiftungserscheinung, Bewußtlosigkeit, Herzschwäche eingetreten ist. Bei Unempfindlichkeit der Bißwunde und Wundstarre, Schwäche, Atemnot reiche man Branntwein in größeren Mengen.

Insektenstiche werden mit Salmiakgeist betupft oder mit kalten Umschlägen behandelt.

Knochenbrüche und innere Verletzungen.

Bei einfachen Armbrüchen genügt als Notverband fast immer Armtragetuch oder aufgeschlagener Rockzipfel. Skizze zeigt Anordnung eines Schienenverbandes. Im Notfalle wird Werg, Heu, Gras zum Polstern verwendet.

Bei Unterschenkelbruch den Kranken so legen, daß Hüft- und Kniegelenk schwach gebeugt und Unterschenkel in erhöhter Lage festgelagert wird. Als Unterlage verwende man Kissen, mit Heu oder Stroh gefüllten Sack, Heu- oder Strohbündel. Das verletzte Glied in einer Rinne lagern, um seitliche Verschiebung der Bruchenden zu vermeiden. Kniekehle besonders gut stützen. Bei Oberschenkelbruch reicht die äußere Schiene vom Beckenrand, die innere vom Schritt bis zur Fußsohle, die untere vom Gesäß bis Ferse, die obere vom Knie bis Bauch. Sind keine langen Schienen zur Stelle, so lagere man das gebrochene Bein auf einen Stuhl, wobei Kniekehle und Ferse gut zu polstern sind. Um die Lage des gebrochenen Beines zu sichern, kann es mit Tüchern an dem gesunden befestigt werden.

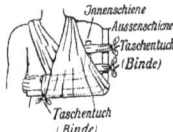

Wird der **Verunglückte auf der Tragbahre** weggeschafft, so muß die Bahre in gleiche Linie gestellt sein, er selbst wird rückwärts auf die Bahre geschoben. Nur 2 Träger gleicher Größe verwenden. Die Träger dürfen nur kurze Schritte nehmen und **nicht Schritt** halten, da sonst die Bahre schwankt und der Verletzte gequält wird.

Kennzeichen der Knochenbrüche.

Erkennbar an der geschwollenen, bläulichen Stelle, die beweglich ist im Vergleiche zum gesunden Knochen. Man unterlasse jedes Betasten, da dadurch Verschlimmerung und unnötige Schmerzen hervorgerufen werden.

Dem Nothelfer sind Einrichtungsversuche verboten. Seine Hilfeleistung beschränke sich auf Ruhigstellung der Glieder und auf Anlegen eines Stützverbandes. Bei offenen Knochenbrüchen ist auf keimfreie Verbandstoffe und richtige Anwendung streng zu achten.

Arm- und Beinbrüche.

Allgemeine Regel für Schienenverbände: Das gebrochene Glied vorsichtig entkleiden. Während des Entkleidens und Verbandanlegens soll das gebrochene Glied von einem oder zwei weiteren Helfern vorsichtig gehalten und so weit erhoben werden, daß das Verbandanlegen möglich ist. Der oder die Helfer fassen das gebrochene Glied möglichst ober- oder unterhalb der Bruchstelle an, wobei ein leichter Zug und Gegenzug ausgeübt wird. Gleichzeitiges Anheben ist erforderlich.

Eine etwa vorhandene Wunde wird zuerst verbunden, dann das Glied mit Watte umwickelt. Gelenke besonders gut polstern, um Druck zu vermeiden. Darüber werden die Schienen angelegt, und zwar an der inneren Gliedseite die kürzere, außen die längere. Zwischen Schiene und Glied Watte legen. Pappdeckelschienen zuerst befeuchten, dadurch schmiegen sie sich besser an. Über die Schiene kommt eine Binde. Die Schienen sind immer so lang zu nehmen, daß die Gelenke oberhalb und unterhalb der Bruchstelle unbeweglich werden, und zwar sind bei Oberarmbruch das Schulter- und Ellenbogengelenk, beim Vorderarmbruch das Ellbogen- und Handgelenk durch den Verband an Bewegung zu hindern, beim Oberschenkelbruch hingegen das Hüft- und das Kniegelenk und beim Unterschenkelbruch das Knie- und das Fußgelenk.

Schlüsselbeinbruch.

Arm der betreffenden Seite im Armtragetuch halten. Patient kann selbst zum Arzt gehen.

Rippenbruch.

Erkennbar an heftigen Schmerzen beim Atmen, meistens mit Quetschung verbunden. Kommt gewöhnlich beim Überfahrenwerden vor. Armbewegung durch Armtragetuch einschränken. Bei Beförderung auf der Trage oder im Wagen ist Sitzlager einzurichten, weil beim Liegen häufig Atemnot eintritt.

Schädelbruch.

Kopf ein wenig erhöhen, recht behutsam auf weiche Unterlage legen, die Seiten durch kleine Kissen stützen. Äußerst sorgfältig fortschaffen!!

Wirbelsäulen- und Beckenbruch.

Sehr weich lagern. Beförderung wie bei Schädelbruch angegeben. Bei Wirbelsäulenbruch ist hierfür jedoch ärztliche Anordnung nötig, da äußerste Sorgfalt und Kenntnis der Verletzung erforderlich.

Beckenbruch ist zu vermuten, wenn in der Beckengegend starke Schmerzen auftreten und Harnlassen mit Beschwerden verbunden ist.

Wirbelsäulenbruch ist sehr wahrscheinlich vorhanden, wenn der Verunglückte seine Beine nicht fühlt und nicht bewegen kann.

Quetschungen.

Quetschungen sind oft gefährlicher, als sie im ersten Augenblick erscheinen, denn es können Knochen gebrochen oder verletzt sein. Die gequetschte Stelle ist etwas geschwollen, fühlt sich teigig an und scheint gerötet. Bei geringeren Quetschungen genügt Ruhe. Anfangs können kalte Umschläge Linderung bringen.

Schwere Quetschungen, z. B. durch Überfahren, Verschütten, können Gehirn, Rückenmark, Brust und Baucheingeweide verletzen, ohne daß eine äußere Wunde entsteht. Der Verletzte sieht sehr blaß und verfallen aus; der Puls ist kaum fühlbar. Bei Eisenbahn-, Kraftwagen- und Maschinenunfällen treten diese Beschädigungen sehr oft auf.

Der Verunglückte ist sehr vorsichtig auf die Seite zu bringen, aber nicht weiter, bis ihn der Arzt gesehen hat. **Erschütterungen beim Transporte sind** bei solchen Kranken **lebensgefährlich.**

Verstauchung.

Mit der Verstauchung ist immer eine Quetschung verbunden. Der Verletzte hat Schmerzen und ist im Gebrauch des Gelenkes stark behindert.

Das verstauchte Gelenk ist in Ruhigstellung zu bringen; hierfür genügt bei oberen Gliedmaßen ein Armtragetuch, beim Fuß- oder Kniegelenke eine Bindeneinwicklung. Kalte Umschläge dürfen gemacht werden.

Gehversuche bei Fußverstauchung sind zu unterlassen, da nur der Arzt bestimmen kann, ob kein Knöchelbruch vorhanden.

Verrenkung.

Unter Verrenkung versteht man die Verschiebung der Knochenenden in einem Gelenk gegeneinander, so daß sie in falscher Stellung stehenbleiben. Gelenkbänder und Blutgefäße werden zerrissen. Die Beweglichkeit des Gliedes ist ganz oder teilweise aufgehoben; Bewegungsversuche sind sehr schmerzhaft.

Der Nothelfer darf keine Einrenkungsversuche vornehmen. Das verletzte Glied ist so zu lagern, daß der Verunglückte keine Schmerzen hat. Kalte Umschläge sind erlaubt.

Bei oberen Gliedmaßen ist das Armtragetuch zu verwenden und sofort zum Arzt zu gehen. Wenn untere Gliedmaßen verrenkt sind, so muß der Verunglückte bei der Beförderung auf einem weichen Lager liegen, und das Bein ist durch Stroh, Kissen usw. in der dem Kranken erträglichsten Lage zu halten.

Augenverletzungen.

Durch Fremdkörper. — Wenn ein Fremdkörper in der Augenflüssigkeit ist, so entferne man ihn unter Zuhilfenahme eines reinen Taschentuch- oder Verbandstoffzipfels. Liegt der Fremdkörper unter dem oberen Augenlide, so ziehe man wiederholt das obere Lid über das untere und zwinkere dazwischen öfters unter gleichzeitigem starken Schneuzen. Oder man drehe das obere Lid herum, wobei der Verletzte nach abwärts zu sehen hat; man faßt die Wimpern des oberen Lides an, legt einen Bleistift, Streichholz o. dgl. auf die Lidmitte, drückt etwas abwärts und wendet gleichzeitig das an den Wimpern angefaßte Lidende. Nun entferne man den eingedrungenen Körper, wie oben angegeben.

Elektro-Augenmagnete sind vorzüglich geeignet, um Eisensplitter aus den Augen zu entfernen.

Sitzt ein Fremdkörper auf dem Augapfel, so entferne man ihn mit Hilfe eines reinen Stoffzipfels. Auf keinen Fall darf ein scharfes Instrument verwendet werden, denn damit kann das Auge verletzt und infiziert werden. Eine solche Infizierung ist meistens viel schlimmer als die Verletzung allein.

Durch Säure, Kalk oder Lauge verletzte Augen müssen sofort möglichst reichlich mit kräftig durchfließendem Wasser ausgeschwemmt werden. Ein Mann hält dem Verunglückten die Lider auseinander, ein zweiter gießt Wasser oder Olivenöl darüber. Alsdann gieße man reines Olivenöl ins Auge.

Für alle Augenverletzungen soll ein vom Arzt vorgeschriebenes Augenwasser verwendet werden. Nachdem das Auge gereinigt, lege man in reichlicher Menge in Augenwasser getauchten Verbandstoff auf und halte ihn durch leichten Verband fest.

In allen Fällen den Verletzten sofort zum Arzt schicken.

Schutz vor Augenschädigungen: Die Augen von Personen, die längere Zeit der Strahlung glühender Massen, feuriger Schmelzflüsse oder heißer Flammen ausgesetzt sind, werden häufig infolge der Einwirkung der Wärmestrahlen von einer dem grauen Star ähnlichen Erscheinung (Glasmacherstar,

Gießstar) befallen. Der beste Schutz sind Wärmeschutzgläser[1]) (Fabrikat Zeiss), die diese schädlichen (nicht sichtbaren, ultraroten) Wärmestrahlen absorbieren, die sichtbaren Strahlen aber frei durchtreten lassen, so daß das klare Sehen dadurch nicht behindert ist. In den Fällen, in denen neben der Wärmestrahlung auch eine Blendwirkung grellen Lichtes unschädlich gemacht werden muß, werden dunkle Wärmeschutzgläser verwendet, die außer den Wärmestrahlen auch das sichtbare Licht bis auf einen geringen Rest und ferner die ultravioletten Strahlen absorbieren. Muß der Träger der Brille auch gegen Fremdkörper oder Funken, die namentlich von der Seite her die Augen treffen können, geschützt werden, so ist eine besondere Ausführung der Wärmeschutzbrille (Schweißerbrille) anzuwenden.

Künstliche Atmung.

In luftigem Raum oder im Freien vorzunehmen. Oberkörper entblößen und ein Polster unter die Schulter legen, damit der Kopf niedriger liegt. Mund öffnen, wenn nötig mit Hilfe eines Stückes Holz, eines Taschen-

 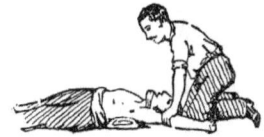

messers o. dgl. Fremdkörper — Kautabak, künstliche Zähne — aus dem Munde entfernen. Zunge mit Taschentuch anfassen, herausziehen und festhalten.

Hinter dem Kopf des Verunglückten kniend, fasse man dessen Arme an den Ellenbogen und ziehe sie seitlich über den Kopf hinaus. Dann Arme abwärts bewegen, die Ellenbogen gegen die Brustseite des Kranken fest anpressend. Ganze Bewegung minutlich 15 bis 20mal ausführen. Zwischen den Pausen 101! 102! 103! 104! zählen. Künstliche Atmung fortsetzen bis Eintritt natürlicher Atmung oder Eintreffen des Arztes (bis zu 6 Stunden).

Bei Verletzungen an den Armen kann künstliche Atmung durch kräftiges Zusammenpressen des Brustkorbes mit beiden Händen gleichzeitig (minutlich 15 bis 20mal) eingeleitet werden.

Vergiftungen.

Gasvergiftungen. — Den Verunglückten sofort an frische Luft bringen. Ist die Atmungstätigkeit sehr schwach oder verschwunden, so leite man künstliche Atmung ein und lasse Sauerstoff einatmen. Man gebe **Milch** oder **Sauerbrunnen** zu trinken, aber **keinen Alkohol.** Der Kranke soll wach gehalten werden durch Anrufen oder Rütteln. Ein kühles Bad zur Körperreinigung hat wohltuende Wirkung, ein heißes Bad wirkt schädlich.

Vergiftung durch Säure. — Als Gegenmittel sind anzuwenden: dünne Sodalösung, Kalkwasser, doppeltkohlensaures Natron, Seifenwasser. Lindernde Wirkung haben: Milch, Eiweißwasser und schleimige Suppen. Ist der Vergiftete bei Besinnung, so versuche man ihn zum Erbrechen zu bringen, indem man mit einem Federbart oder mit dem Zeigefinger in den

---

[1]) Vertrieb Schuchardt & Schütte.

Schlund des Erkrankten eingeht oder große Mengen warmen Wassers trinken läßt. Man verabreiche sodann starken Kaffee oder Tee, lege **Senfteig** gegen die Waden und auf die Magengegend, mache kalte Übergießungen des entkleideten Körpers und sorge für frische Luft. Der Kranke soll wach gehalten werden durch Anrufen oder Rütteln; stockt die Atmung, so ist die künstliche einzuleiten.

Vergiftung durch Laugen. — Zitronensaft, Essig, mit Wasser verdünnt, oder Speiseöl sind Gegenmittel. Milch, Eiweißwasser und schleimige Suppen wirken mildernd. Im übrigen Behandlung, wie bei Säurevergiftung angegeben, soweit es sich um Erbrechen, Wachhalten und künstliche Atmung handelt.

Zyankalivergiftung. — Gegenmittel: Magenspülung mit 0,1 vH Kaliumpermanganatlösung. Erbrechen herbeiführen. Künstliche Atmung einleiten. Sauerstoff anwenden.

Pilzvergiftung. — Sofort Magenspülung vornehmen, Erbrechen hervorrufen, durch Kitzeln im Schlund oder durch Brechmittel; sodann Rizinusöl trinken.

Eiweißwasser wird aus dem Weißen von 2 Hühnereiern, $^1/_2$ Liter abgekochtem, lauwarmem Wasser und 2 Teelöffeln Zucker bereitet.

Haferschleim aus $^1/_4$ Pfd. Hafergrütze, die mit $1^1/_2$ Litern Wasser nebst ein wenig Salz und Zucker $^1/_2$ Stunde lang gekocht und dann durch ein Sieb gerührt wird.

Reisschleim aus 60 g Reis mit 1 Liter Wasser $^1/_4$ Stunde gekocht, durchgeseiht und mit etwas Milch und Zucker versetzt.

Sodalösung: 1 Teelöffel voll Soda oder doppeltkohlensaures Natron in $^1/_2$ Liter Wasser gelöst.

Senfteig: Frisch gestoßener Senfsamen wird mit warmem Wasser zu einem dicken Brei angerührt und in reine, nicht zu dicke Leinwand eingeschlagen, wie in einen Briefumschlag. Der Senfteig bleibt liegen, bis die Hautstelle lebhaft gerötet ist. Statt Senfteig kann das in Apotheken käufliche Senfpapier verwendet werden.

Schlundverletzung durch Fischgräten.

Im Hals steckende Fischgräten können durch Schlucken von gut gekautem Brot, durch Trinken von reinem Zitronensaft oder mit Wasser verdünntem Essig entfernt werden.

Ohnmacht, Bewußtlosigkeit.

Bewußtlose sofort an frische Luft bringen! Bewußtlose mit **blassem Gesicht** lagere man mit **tiefliegendem Kopf**; ist das Gesicht aber **dunkelrot oder bläulich** (Blutandrang zum Kopfe), so mache man **kalte Umschläge** auf den Kopf und lagere den **Kopf hoch**.

Man begieße Bewußtlose über Gesicht und Brust mit kaltem Wasser, lege feuchte Umschläge auf Kopf und Stirn.

Beengende **Kleider** sind zu entfernen.

Riechen an Salmiakgeist oder Kölnisch Wasser, Füße und Waden abreiben, Senfteige auf die Waden legen, sind gute Maßnahmen.

Bei tiefer Bewußtlosigkeit ist künstliche Atmung einzuleiten. Auf **Gehirnblutung** ist bei vielen Schlaganfällen zu schließen. Man lagere den Kranken mit erhöhtem Kopfe und mache ihm kalte Kopfumschläge.

Bei Herzschwäche und Kollaps verabreiche man heißen Kaffee, Wein.

Unfälle durch elektrischen Strom.

Bei Unfällen in **Hochspannungsbetrieben** (⚡): schleunigst Strom abstellen, dann erst eingreifen. Arzt holen. Bei Spannungen unter 500 Volt isoliere man sich zunächst selbst; man stelle sich auf trockenes Holz, trockene Tücher, Glas usw. oder ziehe Gummischuhe an. Gummihandschuhe benutzen. Man entziehe den Verunglückten sofort der Einwirkung des elektrischen Stromes. Die Leitung schalte man durch Zerreißen mit einem trockenen Stück Holz, Stock, Seil oder am besten durch Isolierzange aus. Den Verunglückten hebe man vom Boden auf, indem man ihn an den Kleidern faßt und unbekleidete Körperteile vermeidet. Umfaßt der Verunglückte die Leitung, so löse der Helfer mit seiner durch Gummihandschuhe usw. isolierten Hand Finger für Finger des Betäubten. Bei Betäubung leite man künstliche Atmung ein.

Hitzschlag, Erfrieren.

Von Hitzschlag Betroffene sind zu entkleiden und reichlich mit kühlem Wasser zu übergießen. Künstliche Atmung ist einzuleiten. Sobald der Kranke schlucken kann, flöße man ihm kühlende Getränke ein.

Erfrorene reibe man in einem kühlen Raume mit Schnee oder kaltem Wasser ab. **Nicht an Wärme bringen.** Gefrorene Glieder brechen leicht, daher Vorsicht!

Krämpfe.

Man lege den Kranken wagerecht und verhüte, daß er sich verletzen kann.

Innerliche Blutungen.

Bluterbrechen, ein Zeichen von Magenblutung, wobei dunkles, fast schwarzes Blut erbrochen wird, kann gemildert werden durch Wagrechtlegung des Kranken, mit wenig erhöhtem Kopfe. Kalte Umschläge auf Magengegend und Schlucken kleiner Eisstückchen sind Gegenmittel.

Bluthusten tritt bei Lungenblutung ein, dabei wird ein hellrotes, schaumiges Blut ausgehustet. Gegenmittel: Wagrechte Lage, Eisbeutel auf Brust, $1/2$ Teelöffel Kochsalz in 1 Glas Wasser, Abschnüren beider Oberschenkel.

Darmblutung. — Hiergegen sind Eisumschläge auf Unterleib anzuwenden sowie messerspitzenweise Tannin oder Tannintabletten einzunehmen.

Papierformate nach DIN 476.

Bezeichnungsbeispiel.

Das Format 210×297, Klasse 4 der Vorzugreihe A, heißt

Format A 4

Die Abmessungen gelten als Größtmaße; Toleranzen sind nach unten zu legen und auf das äußerste zu beschränken.

Als Fertigformate für alle unabhängigen Papiergrößen, wie Zeichnungen, Akten, Geschäftspapiere, Betriebsvordrucke, Karteikarten, Werbsachen, Zeitschriften, Zeitungen, Bücher, gelten die

Formate der A-Reihe.

Einzelheiten sind folgenden Normblättern zu entnehmen:

DIN 198 Papierformate — Anwendungen der A-Reihe.

DIN 676 Geschäftsbrief — Format A 4.

DIN 682 Rahmen für Bilder und Tafeln.

DIN 820 Normblatt — Abmessungen und Ausgestaltung.

DIN 823 Zeichnungen—Formate, Maßstäbe.

DIN 824 Zeichnungen — Falten auf A4 für Ordner.

DIN 825 Schildformate.

DIN 826 Zeitschriften — Format A4, Satzspiegel, Druckstockbreite.

DIN 827 Papier (Normalpapier) — Stoff, Festigkeit, Verwendung.

DIN 829 Buchformate.

Für abhängige Papiergrößen, wie Briefhüllen, Ordner, Mappen, gelten die

Formate der Zusatzreihen B, C, D.

Einzelheiten sind folgenden Normblättern zu entnehmen:

DIN 678 Briefhüllenformate.

DIN 680 Fensterbriefhüllen.

DIN 828 Mikrophotographische Bilder.

DIN 829 Buchformate.

Formatklasse	Reihe A Vorzugreihe mm	Reihe B mm	Reihe C mm	Reihe D mm
0	841×1189	1000×1414	917×1297	771×1090
1	594×841	707×1000	648×917	545×771
2	420×594	500×707	458×648	385×545
3	297×420	353×500	324×458	272×385
4	210×297	250×353	229×324	192×272
5	148×210	176×250	162×229	136×192
6	105×148	125×176	114×162	96×136
7	74×105	88×125	81×114	68×96
8	52×74	62×88	57×81	48×68
9	37×52	44×62		
10	26×37	31×44		
11	18×26	22×31		
12	13×18	15×22		

Übersicht über die in diesem Buche angezogenen DIN-Blätter.

DIN	Seite	DIN	Seite
3	177	477	275
10	263	490 bis 496	313
11	250	513	289
12	251	670 bis 672	164
13	254	770	377
14	254	771	378
18 bis 26	180	776	176
40 bis 58	179	780	318
60	194	781	226
69	260	861	58
70	264	863	58
89	264	864 bis 866	59
95 bis 97	292	934	264
103	282	996	130
114	302	997	132
120	302	1024	128
122	312	1025	119
125	265	1026	121
126	265	1028	122
138	443	1029	124
148 bis 151	180	1301	79
154 bis 157	179	1302	78
159 bis 163	180	1542	158
164 bis 167	179	1605	480
169	179	1612	156
170	194	1751 bis 1753	158
177	159	1755	168
231	202	2051 bis 2055	180
233	203	2056	179
239	252	2057	186
240	253	2058	193
241	255	2059	193
242	256	2151	249
243	256	2152	249
254	199	2244	237 f.
259	276	2245 bis 2247	239
260	277	2248 bis 2250	241
262	287	2279	229
263	283	2422	166
264	287	2440	165
304	312	2441	165
336	208	2999	278
378	283		
379	283	DIN LON 293	287
405	286		
407	261	DIN VDE 400	290
475	262	420	290
476	518	430	291

Sachverzeichnis.

A

Abkürzungen
  des AEF 71.
  der metr. Maße 55.
Abmaß
  Definition 174.
  der Abnahmelehren 188.
  der Arbeitslehren 178.
Abnahmelehren
  Abmaße 188.
  Herstellungsgenauigkeit 186.
Abnutzung, zulässige
  der Arbeitslehren 187.
  der Grenzgewindelehren 242.
Abschrecken 468, 469, 477.
Absolutes Maßsystem 70.
Acme-Standard-Gewinde 285.
Abwälzverfahren 347.
AEF = Ausschuß für Einheiten und Formelgrößen 71.
Ätzen von Schriften in Metall 489.
Aggralehre 234.
Alterung von Stahl 470.
Alphabete 505.
Amerikanisches Automobilgewinde 274.
— Feingewinde 269.
— Normalgewinde 272.
— Rohrgewinde 280.
— V-Gewinde 273.
Ampere 81.
Anlassen 470, 477.
Anlaßfarben 474.
Anlaßtemperaturen 471.
Anziehungskraft 97.
Arbeit (Einh. u. Formelgr.) 74.
Arbeitsäquivalent 89.
Arbeitslehren
  Abmaße 178 ff.
  Abnutzung 187.
  Herstellungsgenauigkeit 186.
Arbeitszeitberechnung 498.
ASME-Gewinde 269.
ASTP-Gewinde 280.
Atmosphäre 97.
Atomgewichte 99.
Aufbohren 393.
Aufschweißplatten 378.
Aufschweißstähle 376.
Aufsteckdorne für Fräser 445.
Ausdehnung d. d. Wärme 92.
Ausglühen 467.
Ausschuß f. Einh. u. Formelgrößen 71.
Außengewinde-Herstellung 210 ff.
Austenit 461.

B

BA-Gewinde 268.
BAU = British-Assoc. Unit 81.
Barometer 98.
Beanspruchung von Baustoffen 115.
Befestigung der Schleifscheiben 459.
Belag-Eisen 135.
Belastung von Bauwerken 116.
— — Trägern 117.
Beleuchtung 86 ff.
Beleuchtungsstärke, erforderliche 88.
Benennung techn. wichtiger Stoffe 100.
Beschleunigung 26, 70, 97.

Bezeichnungen des AEF 72.
Bezugstemperatur 54.
Bindung der Schleifscheiben 455.
Birmingham-Drahtlehre 293.
Blechlehren
  amerikanische 161.
  Dillinger 160.
  englische 160.
  französische 160.
Bodmer-Gewinde 271.
Bogenhöhen für den Halbmesser 1 40.
Bogenlängen für den Halbmesser 1 40.
Bogenlampen 87.
Bohrbuchsen 383.
Bohren 383 ff.
Bohren, Schnittgeschw. u. Vorschübe 384.
Bremsspindelgewinde 283.
Brennstoffe
  feste 96.
  flüssige 96.
  gasförmige 97.
Briggs-Rohrgewinde 280.
Brinellhärte 479.
Britisches Feingewinde 269.
British-Assoc.-Standard-Gewinde 268.
British-Thermal-Unit 89.
Brown- & Sharpe-Kegel 204.
BSF-Gewinde 269.

C

cal = Kalorie 89.
CEI-Gewinde 270.
Celsius 93.
CGS- (Centimeter-Gramm-Sekunden-) System 70.
Chemische Benennung techn. wichtiger Stoffe 100.
Circular-pitch 324.
Cosinus 31.
Cotangens 33.
Coulomb 76, 82.
Cycle-Eng.-Inst.-Gewinde 270.

D

Dampfrohre 165.
Deckenvorgelege 302.
Dehnung 108.
Delisle-Gewinde 267.
Diametral-pitch 324.
Dichte 70.
Differential-Teilverfahren 458.
Dillinger Blechlehre 157.
Dorne für Fräser 442, 445.
Drahtlehren
  amerikanische 161.
  deutsche 159.
  englische 160.
  französische 160.
  Stubs-Buchstabenlehre 159.
  westfälische 160.
Drahtseile 162, 307.
Drahtmeßmethode für Gewinde 234.
Drehbank, Auswahl 356.
Drall 385.
Drehen 352 ff.
  Leistung 354.
  Nomogramme 357 ff.
  Schnittgeschwindigkeit 353.

Schnittwiderstand 353.
Stahlquerschnitte 360.
Werkstoffe für die Stähle 355.
Drehmoment-Einheit 70.
Drehstähle 369ff.
   Herstellung 378.
   Schleifwinkel 382.
   Werkstoff 355.
   Winkelmesser 381.
Dreiecksberechnung 34.
Ducommun-Steilen-Gewinde 267.
Durchgangslöcher für Schrauben 260.
Durchschlagswiderstand 85.
Dyn 70.

E

e = Basis der nat. Logarithmen 26.
Edelpassung
   Abmaße der Arbeitslehren 178, 180.
   — — Abnahmelehre 188, 190.
   Anwendungsbeispiele 182.
Edison-Gewinde 290.
Eichfehlergrenzen 56.
Einheiten und Formelgrößen 72.
Einheiten-Kurzzeichen 78.
Einheitsbohrung 174ff.
   Abmaße der Arbeitslehren 180.
   — — Abnahmelehren 190.
Einheitswelle 174ff.
   Abmaße der Arbeitslehren 178.
   — — Abnahmelehren 188.
Einsatzhärten 475.
Einstellhöhe z. Fräserschleifen 413.
Einstellwinkel z. Fräserfräsen 432ff.
Eisengewindeschrauben 293.
Eisen, Festigkeitszahlen 114.
Elastizitätsmodul 108.
Elastizitäts- und Festigkeitszahlen für Eisen und Holz 114.
Elektrotechnik 81ff.
Elektrot. Einheiten 76, 81.
Elektr. Lampen-Strombedarf 86.
Endmaße, Prüfung der 195.
Energie-Einheiten 73, 79.
Entropie 74.
Engl. Fuß = mm 61.
— Gewicht = kg 66.
— Kubikfuß = cbm 67.
— Quadratzoll = qcm 65.
— Zoll = mm 62.
Englergrade 491.
Erdbeschleunigung 26, 97.
Eulersche Formeln 110.
Eutektischer Stahl 461.

F

Fahrenheit 93.
Faktoren und Primzahlen 48.
Farad 76, 82.
Farbkennzeichen f. Rohrleitungen 167.
— — Lehren 173, 176, 229.
Federn 314 (siehe Keile).
Fehlergrenzen der
   Meßgeräte 56.
   Parallelendmaße 58.
   Schraublehren 58.
   Strichmaße 59.
Feinpassung
   Abmaße der Arbeitslehren 178, 180.
   — — Abnahmelehren 188, 190.
   Anwendungsbeispiele 182.

Ferrit 461.
Festigkeitslehre 108.
Festigkeitszahlen
   für Eisen und Stahl 114.
   — Hölzer 115.
Fette 490.
Flachbohrer 391.
Flächenberechnung 43.
Flächeninhalte 110.
Flachgewinde-Herstellung 210ff.
Flankenschraublehre 166.
Flanschenrohre 166.
Fließgrenze 108.
Flußstahl 478.
Flußstahlrohre 165.
Formelzeichen 72.
Formate-Papier 518.
Formstahl 373ff.
Fräsdorne 442, 443, 445.
Fräser
   Befestigung 442ff.
   Bohrungen 443.
   Drehsinn 421.
   gefräste 414, 420.
   Herstellung der 419.
   hinterdrehte 414, 422.
   Kühlung der 416.
   Mitnehmer 443.
   Nuten 443.
   Schleifen 448.
   spiralgezahnte 420.
   Spiralsteigung 417, 421, 426.
   Zähnezahl 411, 418, 425.
Fräsen 408ff.
   Einstellungen 431.
   Erschütterung beim 416.
   von Gewinden 219.
   von Schneckenspiralen 440.
   Schnittdruck 417.
   Schnittiefe 410.
   Spanabnahme 415.
   von Spiralen 450.
   von Zähnen 419.
Fräsmaschine, Auswahl der 411.
Frästafel 412.
Französisches Gewinde 270.
Funkenbilder zur Stahlerkennung 488.
Fuß, alte deutsche Maße 62.
— engl. = mm 66.

G

g = Beschleunigung durch die Schwere 26, 70, 97.
Gaskonstante 79, 80.
Gallsche Gelenkkette 163.
Gase-Litergewicht 107.
Gasflaschenventilgewinde 275.
Gasgewinde siehe Rohrgewinde.
Gasrohre 165.
Gefrierpunkte 90.
Gefüge von Stahl 461ff.
Gewehrlaufbohrer 392.
Gewichte
   Aluminium (Draht, Rohr) 157.
   Atom- 99.
   -Berechnung eines Gußstückes nach seinem Modell 142.
   Bleche 157, 158.
   Draht 156, 162.

Drahtseile 162.
Eisen (Flach-, Quadrat-, Sechskant-, Rund-) 144 ff., 149 ff.
geschichtete Körper 142.
Hanfseile 162.
Ketten 163.
Kupferdraht 162.
Ladegewicht von Güterwagen 143.
Litergewicht von Gasen 107.
Messingrohre 168.
Metallplatten 155.
Profileisen 119 ff.
Rohre 157, 165 ff.
Seile 162.
Schnellstahl 147.
Spezifisches Gewicht 104 ff.
Gewichte verschiedener Länder 60.
Gewinde 205 ff.
abgekürzte Bezeichnung 295.
-bohrer 205, 208.
-fräsen 219.
-Grenzmaße 239 ff.
-Steigungswinkel 212.
-Rollen 219.
Gewindeherstellung 205 ff.
auf der Drehbank 210.
Fräsen 219.
Kluppe und Schneideisen 218.
Rollen 219.
Gewindelehren 229 ff.
Gewindeloch 207, 208.
Gewindemeßkomparator 209.
Gewindeprüfung 227 ff.
DIN-Lehren 230.
Dreidrahtmethode 234.
Sonderlehren und Meßwerkzeuge 234.
Gewindeschneiden
Außengewinde 210.
Flachgewinde 210 ff.
Innengewinde 205.
Schmiermittel 209.
Trapezgewinde 216 ff.
Gewindestahl 209.
Gilbert 75.
Gleichstrom 83.
Gleitmaß 109.
Glühen der Werkzeugstähle 467 ff.
Glühfarben 474.
Glühlampen 87.
Glühtemperaturen 467.
Grenzlehren
für Rundpassungen 172 ff.
— Gewinde 227 ff.
Grobpassung
Abmaße der Arbeitslehren 179, 181.
— — Abnahmelehren 189, 191.
Anwendungsbeispiele 184.
Große Spiele 194.
Gruppenantrieb 306.
Gütegrad 172, 174, 176, 228, 229.
Guldinsche Regel 47.
Gußeisen 479.

H
Härte
Begriff 479.
Brinell- 480.
Kugelschlag- 484.
-prüfung 479.
Schleifscheiben- 456.
Skleroskop- 484.
-temperaturen 463.
Härten 468 ff.
Fehler beim 472.
Temperaturmessung 473.
Härteöfen 468.
Härte und Abnutzung 485.
— — Bearbeitbarkeit 484.
Hamann-Gewinde 268.
Handläufer-Eisen 134.
Handreibahlen 395.
Hanfseile 308.
Hefnerkerze 75, 86.
Heizwerte 95 ff.
Henry 77, 82.
Herstellgenauigkeit
Arbeits- und Abnahmelehren 186.
Grenzgewindelehren 242.
Normalgewindelehren 249.
Prüflehren 192.
Spiralbohrer 394.
Hinterdrehte Fräser 414, 422.
Hinterschliff von Spiralbohrern 387.
Hobeln, Schnittgeschw. u. Vorschübe 493, 494.
Holz, Festigkeitszahlen 115.
Holzschrauben 291.

I
Inhaltsübersicht 1.
Innengewinde 205.
Innenverzahnung 318.
Interferenzkomparator 196.
Interferenzprüfung 195 ff.
Invar 92, 466.
Isolierstoffe 84.

J
Joule 74, 79.

K
Kalorie 74, 79, 80, 89.
Kanonenbohrer 391.
Kapazität 76.
Karat 62.
Karmarsch-Gewinde 267.
Kegel 199 ff.
Berechnung 200.
Brown- und Sharpe- 204.
Metrische Kegel 203.
Morse-Kegel 202.
Prüfung 201.
— (Verjüng.) nach DIN 199.
Kegelräder 329 ff.
Kegelreibahlen 401.
Kegelwinkel 169.
Keile 312 ff.
Inhaltsberechnung 46.
-querschnitte 313.
Woodruff- 312.
Fräser- 313, 443.
Kennzeichnung der Lehren 176, 229.
Kernlochbohrer 207, 208.
Kerzenstärke 75, 86.
Ketten
zulässige Belastung 163.
-getriebe 350.
nach DIN 169.
Kilogramm 54.
Kilowatt 76, 82.
Kilowatt-Pferdestärke 85.
Knickbelastung 110.

Knoten, nautischer 62.
Körperberechnung 44.
Körnung der Schleifscheiben 456.
Kohlenstoffstahl 461 ff.
Konizität 199, 201.
Konstruktionsstahl 475 ff.
Konus siehe Kegel.
Kraft (Einheit u. Formelgr.) 70, 73.
Kraftbedarf von Werkzeugmaschinen 501.
Kraftübertragung durch Lederriemen und Riemenscheiben 300, 309.
— — Wellen 311.
Kreis
   Abschnitt 39, 43.
   Ausschnitt 39, 43.
   Berechnung 39.
   -funktionen 33.
   -inhalte 2 ff.
   -umfänge 2 ff.
   -Umfangteilung 38.
Kronrad 332.
Kubikfuß = cbm 69.
Kühlöle 490 ff.
Kühlung 391, 416.
Kugel
   Abschnitt 45.
   Ausschnitt 45.
   Berechnung 45.
   Inhalt 42.
   Zone 46.
Kugeldruckhärte 484.
Kugellager-Toleranzen 185.
Kupferbleche 158.
Kupferdraht 156, 162.
Kupferplatten 155.
Kupplungsgewinde 287.

L

Ladegewicht der Güterwagen 143.
Lagerentfernung für Transmissionen 310.
Längenausdehnungszahlen 92.
Längeneinheit 53, 72.
Lastketten 163.
Lederriemen 296 ff.
Legierte Stähle 463.
Lehren
   Gewinde- 227 ff.
   Rundpassungs- 172 ff.
Leistungseinheit 70.
Leitungsmetalle 84.
Leitungswiderstand 83, 162.
Licht
   Einheiten 86.
   -quellen 86.
   -stärke 86.
   -wellenlänge 195.
Literatmosphäre 79, 80.
Litergewicht von Gasen und Dämpfen 107.
Löwenherzgewinde 271.
Logarithmen
   Basis der natürlichen 26.
   Briggsche 24.
   Natürliche 23.
Ludolphsche Zahl 26.
Ludwiksche Härteprüfung 479.
Luftbedarf bei Verbrennung 96.
Luftdruck 97.
Lufthärter 463.
Luft, Zusammensetzung 95.

Lumen 75.
Lux 75, 86.

M

μ = Mikron = 0,001 mm 55.
Magnetische Einheiten 75.
Martens Härteprüfung 480.
Martensit 461.
Maschinenreibahlen 399.
Masse Einheit 54, 72.
Maßeinheiten nach dem CGS-System 70.
Maße und Gewichte verschiedener Länder 60.
Maßsystem, metrisches 53.
Mathematische Zeichen 78.
Maxwell 76.
Mechaniker-Normalgewinde (S. & H.) 266.
Meile
   englische 60.
   deutsche 62.
   geographische 62.
   nautische 62.
Messerköpfe 496 ff.
Messingbleche 155, 158.
Messingrohre 168, 169.
Meßtemperatur 54.
Meßwerkzeuge, Stahl für 466.
Metallplatten, Gewichte 155.
Meterkilogramm 79, 80.
Meterkonvention 53.
Meterprototyp 53.
Metrischer Kegel 203.
Metrisches Feingewinde 255.
— Gewinde 254.
— —, Grenzmaße 239.
— Feingewinde 255 ff.
— Maßsystem 53.
Mikron 55.
Millimeter-Drahtlehre 159.
Mitnehmer für Fräser usw. 443.
Modulreihe 318.
Modulteilung 319, 321, 322.
Molekulargewicht 107.
Morgen, Feldmaß 62.
Morsealphabet 505.
Morsekegel 202.
Muttern 264.

N

Nachstellbare Reibahlen 402.
Natürliche Logarithmen 2 ff.
Naturharte Stähle 465.
Nennmaß 174.
Niete
   Sinnbilder 171.
   Übersicht 170.
Nippelgewinde des VDE 290.
Normaldurchmesser 177.
Normalgewindelehren 249.
Normaltemperatur 53, 60.
Normalstähle, Tafel der 487.
Nutenform der Spiralbohrer 385.

O

Oberflächenhärtung 475
Öle 490.
Öfen, Härte 468.
Ölhärter 463.
Oerstedt 76.
Ohm 77, 81.
Ohmsches Gesetz 81.
Optisches Pyrometer 474.

P

Panzerrohrgewinde 291.
Papierformate 518.
Parallelendmaße 58.
Paßeinheit
   für Gewindepassungen 228.
   — Rundpassungen 172.
Passungen 172ff., 227ff.
   Anwendungsbeispiele 182.
   Bezeichnung 176.
   Gewinde- 227.
   graphische Darstellung 175.
   Grundbegriffe 174.
Pendelreibahle 399.
Perlit 461.
Pfeilräder 321.
Pferdestärke 75, 80, 82.
Pferdestärke-Kilowatt 85.
Pfund, engl. = kg 88.
Photometrische Einheiten 75.
Pitch-Formeln 325.
Planglasplatten 195.
Primzahlen 48.
Profileisen 119ff.
Proportionalitätsgrenze 108.
Prüfung
   Härte 479.
   Gewinde 227ff.
   Lehren 192.
   Meßflächen auf Ebenheit 195.
   Schmieröle 492.
   Verjüngungen 201.
PS = Pferdestärke.
Pyrometer 473, 474.

Q

QS = Quecksilbersäule 98.
Quadratzoll = qmm 67.
Querschneide beim Spiralbohrer 388.
Querzusammenziehung 108.
Quetschgrenze 108.

R

Rachenlehre 173.
Rädertrieb 349.
Räumnadel 404ff.
Raumeinheiten 54.
Reaumur-Celsius-Fahrenheit 93.
Registertonne 61.
Reibahlen 394ff.
   Aufsteck 402.
   Bohrungen 443.
   Hand- 395.
   Kegel- 401.
   Maschinen- 399.
   -Mitnehmer 443.
   Nachstellbare 402.
   -Nuten 443.
   Pendel- 399.
   Schleifen 448.
   Stiftloch- 401.
   Teilung 397.
   Zahnform 396.
Reziproke Werte 2ff.
Riemen, Riementrieb 296ff.
   Balata- 298.
   Baumwolle- 298.
   Belastung 298.
   Berechnung 300, 303.
   -breite 302, 303.
   -geschwindigkeit 301.
   -kräfte 300.
   -länge 305.
   Leder- 298.
   -scheibe 302.
   -spanner 309.
   -schlupf 299.
   -Übersetzung 304.
   Umdrehungszahl 304.
   -verbindung 298.
Riemenscheiben 302, 308.
Riemenschlupf 299.
Ritzhärte 480.
Rohre
   Dampf- 165.
   Flanschen- 166.
   Gasrohre 165.
   Messing- 168, 169.
Rohrgewinde
   amerikanisches 280.
   deutsches 279.
   Fittings- 278.
   Messing- 294.
   Sellers- 279.
   Whitworth- 276.
Rohrleitungen, Farbkennzeichnung 167.
Rollen von Gewinden 220.
Rollenkette 351.
Rückprallhärte 480.
Rundgewinde 236ff.
   Armaturen 286.
   Feuerlöschstutzen 287.
   Kupplungsspindeln 287.
Rundschleifen 454.
Russisches Alphabet 505.

S

SAE-Gewinde 274.
Sägengewinde 288ff.
Salzbadhärteöfen 469.
Sechskantmaße 264.
Seemeile 62.
Segerkegel 90.
Sehnenlänge f. d. Halbmesser 1, 40.
Seile
   Gewicht und Bruchfestigkeit von Draht und Hanfseilen 162.
   Leistung von Draht- und Hanfseilen 307ff.
Sellers-Gewinde 272.
— -Rohrgewinde 279.
Senker 393.
SF-Gewinde 270.
Siedepunkte 91.
Siemens-Einheit 77, 81.
Siemens & Halske-Gewinde (S. & H.) 266
Simpsonsche Regel 47.
Sinnbilder für Niete 171.
— — Schrauben 261.
sin-Werte 30.
Skleroskophärte 480, 484.
Sonderstähle 465.
Sorbit 461.
Spannrollen 309.
Spanquerschnitt b. Fräsen 408.
Spezifische Gewichte 101.
— —, Bestimmung des 489.
— Wärme 89.

Spiralbohrer 385 ff.
   Anspitzen 388.
   Herstellgenauigkeit 394.
   Hinterschliff 387.
   Messen 388, 391.
   Schleifen 389.
   Schleifmaschine 390.
Spiralgezahnte Fräser 420, 449.
Spiralsenker 393.
Spiralsteigung von Spiralbohrern 385 ff.
—, Einstellwinkel 426 ff.
Spitzbohrer 384.
Spitzenspiel 207.
S. & H.-Gewinde 266.

Sch

Scheibenfedern 312.
Schieblehren z. Messen von Zahnrädern 326.
Schiffbau-Profile 136.
Schleifdorne für Fräser 428.
Schleifen 454 ff.
   Fräser 448 ff.
   Reibahlen 448.
   Spiralbohrer 389.
Schleiffunkenbilder 488.
Schleifscheiben 454.
   Befestigung 459.
   Bindung 454.
   Härte 456.
   Körnung 456.
   Schnittiefe 459.
   Umfanggeschwindigkeit 456 ff.
   Vorschub 459.
Schleifwinkel für Drehstähle 382.
Schleifzugaben 190.
Schlichtpassung
   Abmaße der Abnahmelehren 188, 190.
   — — Arbeitslehren 178, 180.
   Anwendungsbeispiele 184.
Schlichtstahl 373.
Schlüsselweiten 262.
Schmelzpunkte 90.
Schmelzwärme 91.
Schmiermittel zum Gewindeschneiden 209.
Schmieröle 490.
Schneckengetriebe 343.
Schneideisen 218.
Schneidmetalle 465.
Schneidstähle, Querschnitte 377.
Schneidstahlwinkelmesser 381.
Schnellstähle 464, 466.
Schnittdruck beim
   Bohren 383.
   Drehen 353.
   Fräsen 408.
Schnittgeschwindigkeit beim
   Bohren 384, 493.
   Drehen 353, 493.
   Fräsen 413, 493.
Schrauben
   Belastung 261.
   Berechnung 261.
   Durchgangslöcher 260.
   Sinnbilder 261.
Schraubenfedern 314.
Schraublehren, Fehlergrenzen 58.
Schraubenräder 335 ff.
Schruppstahl 372.

Schubspannung 109.
Schwerkraft 97.
Schwerpunktabstände 111.
Schwindmaße 92.

St

Stahl
   Abschrecken 469.
   Anlassen 470.
   Ausglühen 467.
   Auswahl der 460.
   Begriffsbestimmung 478.
   Einsatz- 475.
   Elektro- 460.
   Festigkeitszahlen 114.
   Gefüge 462.
   Härten 468.
   Kohlenstoff- 461.
   Konstruktions- 475.
   legierter 463.
   Naturhalter 465.
   Prüfung 460, 488.
   Schnell- 464.
   Vergüten 477.
   Werkzeug- 460, 465.
Stahlbandantrieb 308.
Stahlblechriemenscheiben 309.
Stahldraht 159.
Stahlhalter 375.
Steigungswinkel bei Gewinden 212.
Stellringe 310.
Stirnfräser 447.
Stirnräder 316 ff.
Streckgrenze 108.
Streich- und Wurzelmaße 130, 132.
Strichmaße-Fehlergrenzen 59.
Stubs-Stahldrahtlehre 159.
Stufenscheiben 305.

T

Tagwerk 62.
tang-Werte 33.
Teilkopf 437 ff.
   Einstellung beim Fräsen 430.
   optischer 441.
Teilverfahren 438.
   Differential- 438.
Temperguß 479.
Temperatur
   absolute 74.
   Anlaß- 471, 474.
   -bezeichnung 54.
   Einheiten 74.
   Härte- 468.
   -messen in der Härterei 473.
Thermoelektrische Pyrometer 473.
Thermoelement 473.
Thermometer 93, 473.
Thury-Gewinde 268.
Toleranzen 174, 227, 230, 237.
Torsionsmoment 110.
Träger, Berechnung 117.
—, Profile 119 ff.
Trägheitsmoment 70, 110.
Transmissionen 302.
Trapezgewinde 281 ff.
   Acme 285.
   -herstellung 216 ff.
   Loewe 284.
   Wanderer 285.

Treibriemen 296.
Trigonometrie 34ff.
Troostit 461.

U

Übergangsgefüge 462.
Übersetzung beim Riementrieb 304.
Uhrschraubengewinde 268.
Umfangsgeschwindigkeit
    Tafel zur Ermittlung 496.
    der Schleifscheiben 458.
Umrechnung Zoll-mm usw. 64ff.
Unfälle, erste Hilfe bei 506ff.
Ungleichteilung der Reibahlen 397.
Universalteilkopf 437.
Universalmeßmikroskop 235.
Unterlegscheiben 265.
Untermaße für Senker 394.
Urkilogramm 54.
Urmeter 53.
USSt-Gewinde 272.
Aufbohrwerkzeuge 402ff.

V

Ventilgewinde für Gasflaschen 275.
Verbrennung 95ff.
   -Luftmenge 96.
   -Temperatur 95.
Verdampfungswärme 91.
V-Gewinde 273.
Vergüten des Stahles 477.
Vergleichstafeln der Maße und Gewichte verschiedener Länder 60ff.
Verjüngungen nach DIN 199.
   -Messung 200.
Vieleck-Berechnung 37.
Vierkante für Werkzeuge 263.
Viskosität 491.
Volt 76, 81.
Vorschub beim
    Bohren 384, 493.
    Drehen 493.
    Fräsen 415, 493.
    Hobeln 493.
    Schleifen 459.
Vorspannung beim Riementrieb 300.

W

Wärme 89.
   -äquivalent 89.
   -ausdehnung 92.
   -einheiten 74.
   -grade nach CR und F 93.
   -Leitungszahl 91.
   -Messung 93.
   spezifische 89.
Wagenbaueisen 133.
Watt 75, 76, 82.
Wechselräder, Zähnezahlen 226.
   Berechnung zum Gewindeschneiden 224.
Wechselstromgrößen 82ff.
Wellblech, Profile 138.
Wellen, Transmissions- 310.
—, biegsame 311.
Werkzeugbefestigung an Fräsmaschinen 446.

Werkzeugmaschinen
    Wirkungsgrad 500.
    Kraftbedarf 501.
Werkzeugstahl 400ff.
Weston-Normalelement 81.
Whitworts
    Gewinde DIN 11, 12, 250.
    — —, Toleranzen 238.
    — —, Grenzmaße 241.
    Feingewinde 252ff.
    Rohrgewinde 276, 278.
Widerstand, elektrischer 81.
   von Flüssigkeiten 84.
Widerstandsmetalle 84.
Widerstandsmomente 110, 111.
Widerstandsthermometer 473.
Winkeleinheit 70.
Winkeleisen 122.
Winkelfunktionen 27.
Winkel für Drehstähle 371, 381.
Wirkungsgrad von Werkzeugmaschinen 500.
Woodruffkeile 312.
WS = Wassersäule 97.

Y

Yard 60.

Z

Zähnezahl für Fräser 425.
— — Reibahlen 397.
— — Zahnräder 317.
Zahnabmessungen bei Modulteilung 322.
Zahnauflage beim Fräserschleifen 450.
Zahndruck 319.
Zahnkette 351.
Zahnmeßschieblehre 326.
Zahnmeßschraublehre 327.
Zahnrad 316ff.
    Kegelräder 329.
    Pfeilräder 342.
    Schneckenräder 343.
    Schraubenräder 335.
    Stirnräder 316.
Zahnradfräser 333, 341.
Zahnradherstellung 333, 341, 347.
Zahnradmessung 326.
Zeichen, mathematische 78.
Zeiteinheiten 73.
Zementieren 475.
Zementit 461.
Zinkbleche 158.
Zoll
    amerikanisch 62.
    englisch 60.
    = mm 64.
Zugfestigkeit 109.
Zugspannung 108.
Zulässige Abnutzung der Lehren 187.
— Beanspruchung von Baustoffen 115.
— Belastung von Ketten und Seilen 162, 163.
Zwischenringe für Fräsdorne 443.
Zylinder (Berechnung) 44.
Zylinderöle 491.

Verlag von Julius Springer/Berlin

Freytags Hilfsbuch für den Maschinenbau für Maschineningenieure sowie für den Unterricht an technischen Lehranstalten. Unter Mitarbeit von Professor Dipl.-Ing. M. **Coenen,** Professor **A. Schmidt,** Professor Dr.-Ing. **G. Unold,** Professor Dr. **Fr. Wicke** und Professor Dipl.-Ing. **C. Zietemann** herausgegeben von Professor **P. Gerlach.** Berichtigter Neudruck der siebenten, vollständig neu bearbeiteten Auflage. Mit 2484 in den Text gedruckten Abbildungen, 1 farbigen Tafel und 3 Konstruktionstafeln. XVI, 1490 Seiten. 1928.   Gebunden RM 17.40

Taschenbuch für den Maschinenbau. Unter Mitarbeit von Fachleuten herausgegeben von Professor **H. Dubbel,** Ingenieur, Berlin. Vierte, erweiterte und verbesserte Auflage. Mit 2786 Textfiguren. In zwei Bänden. XI, 1728 Seiten. 1924.
Gebunden RM 18.—

Die Werkzeugmaschinen, ihre neuzeitliche Durchbildung für wirtschaftliche Metallbearbeitung. Ein Lehrbuch von Professor **Fr. W. Hülle,** Dortmund. Vierte, verbesserte Auflage. Mit 1020 Abbildungen im Text und auf Textblättern, sowie 15 Tafeln. VIII, 611 Seiten. 1919. Unveränderter Neudruck 1923.
Gebunden RM 24.—

Moderne Zeitkalkulation. Aus der Praxis des allgemeinen Maschinenbaues bearbeitet von Otto **Auerswald,** Vorkalkulator. Mit 69 Abbildungen im Text und 42 Tabellen. VIII, 126 Seiten. 1927.   RM 6.—; gebunden RM 7.50

Lehrbuch der zeitgemäßen Vorkalkulation im Maschinenbau. Von Ingenieur **Friedrich Kresta,** Beratender Ingenieur, Wien. Unter Mitarbeit von Oberingenieur **Theodor Käch,** Betriebsleiter, Ravensburg (Wttbg.). Zweite, umgearbeitete Auflage. Mit 132 Abbildungen, 116 Tabellen und 7 logarithmischen Tafeln. IX, 294 Seiten. 1928.   Gebunden RM 22.—
Ausführlicher Sonderprospekt steht auf Wunsch zur Verfügung.

Lehrbuch der Vorkalkulation von Bearbeitungszeiten. Von **Kurt Hegner,** Oberingenieur der Ludwig Loewe & Co. A.-G., Berlin. Erster Band: Systematische Einführung. (Band II der „Schriften der Arbeitsgemeinschaft Deutscher Betriebsingenieure".) Zweite, verbesserte Auflage. Mit 107 Bildern. XII, 188 Seiten. 1927.   Gebunden RM 15.—

Neuzeitliche Vorkalkulation im Maschinenbau. Von **Fr. Hellmuth.** Techn. Chefkalkulator, Zürich und Fr. **Wernli,** Betriebsingenieur, Baden. Mit 128 Abbildungen im Text und zahlreichen Tabellen. V, 219 Seiten. 1924.   Gebunden RM 11.—

Zeitsparende Vorrichtungen im Maschinen- und Apparatebau. Von **O. M. Müller,** Beratender Ingenieur, Berlin. Mit 987 Abbildungen. VIII, 357 Seiten. 1926.   Gebunden RM 27.90

Verlag von Julius Springer / Berlin

Vorrichtungen im Maschinenbau nebst Anwendungsbeispielen aus der Praxis. Von **Otto Lich**, Oberingenieur. Zweite, vollständig umgearbeitete Auflage. Mit 656 Abbildungen im Text. VII, 500 Seiten. 1927. Gebunden RM 26.—

Elemente des Vorrichtungsbaues. Von Oberingenieur **E. Gempe**. Mit 727 Textabbildungen. IV, 132 Seiten. 1927.
RM 6.75; gebunden RM 7.75

Automaten. Die konstruktive Durchbildung, die Werkzeuge, die Arbeitsweise und der Betrieb der selbsttätigen Drehbänke. Ein Lehr- und Nachschlagebuch von **Ph. Kelle**, Oberingenieur, Berlin. Zweite, umgearbeitete und vermehrte Auflage. Mit 823 Figuren im Text und auf 11 Tafeln, sowie 37 Arbeitsplänen und 8 Leistungstabellen. XI, 466 Seiten. 1927. Gebunden RM 26.—

Die Arbeitsgenauigkeit der Werkzeugmaschinen. Von Prof. Dr.-Ing. **G. Schlesinger**, Berlin. Mit 31 Abbildungsgruppen. 40 Seiten. 1927. Gebunden RM 6.—; gebunden und durchschossen RM 7.—

Die Gewinde. Ihre Entwicklung, ihre Messung und ihre Toleranzen. Im Auftrage von Ludw. Loewe & Co. A.-G., Berlin, bearbeitet von Prof. Dr.-Ing. **G. Berndt**, Dresden. Mit 395 Abbildungen im Text und 287 Tabellen. XVI, 657 Seiten. 1925. Gebunden RM 36.—
Erster Nachtrag. Mit 102 Abbildungen im Text und 79 Tabellen. X, 180 Seiten. 1926. Gebunden RM 15.75
Namen- und Sachverzeichnis. Herausgegeben auf Anregung und mit Unterstützung der Firma Bauer & Schaurte, Neuß. III, 16 Seiten. 1927. RM 1.—

Grundzüge der Zerspanungslehre. Eine Einführung in die Theorie der spanabhebenden Formung und ihre Anwendung in der Praxis. Von Dr.-Ing. **Max Kronenberg**, Beratender Ingenieur, Berlin. Mit 170 Abbildungen im Text und einer Übersichtstafel. XIV 264 Seiten. 1927. Gebunden RM 22.50

Spanabhebende Werkzeuge für die Metallbearbeitung und ihre Hilfseinrichtungen. Bearbeitet von zahlreichen Fachleuten. Herausgegeben von Dr.-Ing. e. h. **J. Reindl**, Technischer Direktor der Schuchardt & Schütte A.-G. (Bd. III der Schriften der Arbeitsgemeinschaft Deutscher Betriebsingenieure.) Mit 574 Textabbildungen und 7 Zahlentafeln. XI, 455 Seiten. 1925. Geb. RM 28.50

Spanlose Formung. Schmieden. Stanzen, Pressen, Prägen, Ziehen. Bearbeitet von Dipl.-Ing. **M. Evers**, Dipl.-Ing. **F. Großmann**, Dir. **M. Lebeis**, Dir. Dr.-Ing. **V. Litz**, Dr.-Ing. **A. Peter**. Herausgegeben von Dr.-Ing. **V. Litz**, Betriebsdirektor bei A. Borsig, G. m. b. H., Berlin-Tegel. (Bd. IV der Schriften der Arbeitsgemeinschaft Deutscher Betriebsingenieure.) Mit 163 Textabbildungen und 4 Zahlentafeln. VI, 152 Seiten. 1926.
Gebunden RM 12.60

Verlag von Julius Springer / Berlin

Die Werkzeuge und Arbeitsverfahren der Pressen. Mit Benutzung des Buches "Punches, dies and tools for manufacturing in presses" von **Joseph V. Woodworth**. Von Prof. Dr. techn. **Max Kurrein**, Oberingenieur des Versuchsfeldes für Werkzeugmaschinen an der Technischen Hochschule zu Berlin. Zweite, völlig neubearbeitete Auflage. Mit 1025 Abbildungen im Text und auf einer Tafel sowie 49 Tabellen. X, 810 Seiten. 1926.
Gebunden RM 48.—

Die Werkzeugstähle und ihre Wärmebehandlung. Berechtigte deutsche Bearbeitung der Schrift "The heat treatment of tool steel" von **Harry Brearley**, Sheffield. Von Dr.-Ing. **Rudolf Schäfer**. Dritte, verbesserte Auflage. Mit 226 Textabbildungen. X, 324 Seiten. 1922.
Gebunden RM 12.—

Brearley-Schäfer, Die Einsatzhärtung von Eisen und Stahl. Berechtigte deutsche Bearbeitung der Schrift "The Case Hardening of Steel" von **Harry Brearley**, Sheffield. Von Dr.-Ing. **Rudolf Schäfer**. Mit 124 Textabbildungen. VIII, 250 Seiten. 1926.
Gebunden RM 19.50

Die moderne Stanzerei. Ein Buch für die Praxis mit Aufgaben und Lösungen. Von Ingenieur **Eugen Kaczmarek**. Zweite, vermehrte und verbesserte Auflage. Mit 116 Textabbildungen. VI, 154 Seiten. 1925. RM 7.20; gebunden RM 8.70

Die Berechnung des Werkstoffverbrauches bei gestanzten, gezogenen und gedrehten Gegenständen im Bereich der Metallindustrie. Von Ingenieur **Leonhard Glück**. Mit 125 Textabbildungen und 10 Zahlentafeln. V, 91 Seiten. 1923.
RM 3.20; gebunden RM 4.—

E. Preuß, Die praktische Nutzanwendung der Prüfung des Eisens durch Ätzverfahren und mit Hilfe des Mikroskopes. Für Ingenieure, insbesondere Betriebsbeamte. Bearbeitet von Dr. **G. Berndt**, Professor an der Technischen Hochschule zu Dresden, und Dr.-Ing. **M. v. Schwarz**, Professor, Privatdozent an der Techn. Hochschule zu München. Dritte, vermehrte und verbesserte Auflage. Mit 204 Figuren im Text und auf einer Tafel. VIII, 198 Seiten. 1927. RM 7.80; gebunden RM 9.20

Der Praktiker in der Werkstatt. Hinweise für die rationelle Ausnutzung von Werkstätten des Maschinenbaues. Von **Valentin Retterath**, Direktor der Magdeburger Werkzeugmaschinenfabrik A.-G. Mit 107 Textabbildungen. III, 70 Seiten 1927. RM 3.50

Verlag von Julius Springer / Berlin

Werkstattbücher.

Für Betriebsbeamte, Vor- und Facharbeiter, herausgegeben von **Eugen Simon-Berlin**. Jedes Heft RM 1.80

Heft 1: **Gewindeschneiden.** Von Oberingenieur Otto Müller. Mit 151 Textfiguren. (7.—12. Tausend.) 44 Seiten. 1922. Vergriffen.

Heft 2: **Meßtechnik.** Von Betriebsingenieur Prof. Dr. Max Kurrein-Berlin. Zweite, verbesserte Auflage. (7.—14. Tausend.) Mit 166 Textfiguren. 79 Seiten. 1923.

Heft 3: **Das Anreißen in Maschinenbau-Werkstätten.** Von Ingenieur Hans Frangenheim. Mit 105 Textfiguren. (7.—12. Tausend.) 56 Seiten. 1922.

Heft 4: **Wechselräderberechnung für Drehbänke** unter Berücksichtigung der schwierigen Steigungen. Von Georg Knappe. Zweite, verbesserte Auflage. Mit 13 Figuren im Text und 6 Zahlentafeln. 65 Seiten. 1927.

Heft 5: **Das Schleifen der Metalle.** Von Dr.-Ing. Bertold Buxbaum. Zweite, verbesserte Auflage. Mit 64 Textfiguren. 71 Seiten. 1925.

Heft 6: **Teilkopfarbeiten.** Von Dr.-Ing. W. Pockrandt. Mit 23 Textfiguren. (7.—12. Tausend.) 45 Seiten. 1923.

Heft 7: **Härten und Vergüten.** Von Eugen Simon. Erster Teil. Stahl und sein Verhalten. Zweite, verbesserte Auflage. (16.—17. Tausend.) Mit 63 Figuren und 6 Zahlentafeln. 64 Seiten. 1923. Unveränderter Neudruck 1928.

Heft 8: **Härten und Vergüten.** Von Eugen Simon. Zweiter Teil: Die Praxis der Warmbehandlung. Zweite, verbesserte Auflage. (16.—17. Tausend.) Mit 105 Figuren und 11 Zahlentafeln. 64 Seiten. 1923. Unveränderter Neudruck 1928.

Heft 9: **Rezepte für die Werkstatt.** Von Studienrat Dr. Fritz Spitzer. Zweite, vermehrte und verbesserte Auflage. 72 Seiten. 1927.

Heft 10: **Kupolofenbetrieb.** Von Carl Irresberger. Zweite, verbesserte Auflage. (5.—10. Tausend.) Mit 63 Figuren und 5 Zahlentafeln. 55 Seiten. 1923.

Heft 11: **Freiformschmiede.** Von P. H. Schweißguth. Erster Teil: Technologie des Schmiedens. Rohstoff der Schmiede. Mit 225 Textfiguren. 72 Seiten. 1922.

Heft 12: **Freiformschmiede.** Von P. H. Schweißguth. Zweiter Teil: Einrichtungen und Werkzeuge der Schmiede. Mit 128 Textfiguren. 74 Seiten. 1923.

Heft 13: **Die neueren Schweißverfahren.** Von Prof. Dr.-Ing. Paul Schimpke-Chemnitz. Zweite, verbesserte und vermehrte Auflage. Mit 71 Figuren und 4 Zahlentafeln im Text. 70 Seiten. 1926.

Heft 14: **Modelltischlerei.** Von Richard Löwer. Erster Teil: Allgemeines. — Einfachere Modelle. Mit 106 Textfiguren sowie 5 Formularen und Tabellen. 53 Seiten. 1924.

Heft 15: **Bohren.** Von J. Dinnebier. Mit 156 Figuren und 5 Tabellen. 66 Seiten. 1924.

Heft 16: **Reiben und Senken.** Von J. Dinnebier. Mit 214 Figuren und 6 Tabellen. 61 Seiten. 1925.

Heft 17: **Modelltischlerei.** Von Richard Löwer. Zweiter Teil: Beispiele von Modellen und Schablonen zum Formen. Mit 163 Textfiguren. 48 Seiten. 1925.

Heft 18: **Technische Winkelmessungen.** Von Prof. Dr. G. Berndt-Dresden. Mit 121 Textfiguren und 33 Zahlentafeln. 75 Seiten. 1925.

Verlag von Julius Springer / Berlin

Werkstattbücher.

Heft 19: **Das Gußeisen.** Seine Herstellung, Zusammensetzung, Eigenschaften und Verwendung. Von Joh. Mehrtens. Mit 15 Textfiguren. 66 Seiten. 1925.

Heft 20: **Festigkeit und Formänderung.** Von Dipl.-Ing. H. Winkel. Mit 67 Textfiguren. 68 Seiten. 1925.

Heft 21: **Das Einrichten von Automaten.** Erster Teil: Die Automaten System Spencer und Brown & Sharpe. Von Karl Sachse. Mit 50 Figuren im Text und 12 Beispielen. 68 Seiten. 1925.

Heft 22: **Die Fräser,** ihre Konstruktion und Herstellung. Von Paul Zieting. Mit 230 Figuren im Text und 8 Zahlentafeln. 71 Seiten. 1925.

Heft 23: **Das Einrichten von Automaten.** Zweiter Teil: Die Automaten System Gridley (Einspindel) und Cleveland und die Offenbacher Automaten. Von Ph. Kelle, E. Gothe, A. Kreil. Mit 53 Figuren im Text und zahlreichen Tabellen. 58 Seiten. 1926.

Heft 24: **Stahl- und Temperguß.** Ihre Herstellung, Zusammensetzung, Eigenschaften und Verwendung. Von Prof. Dr. techn. Erdmann Kothny. Mit 55 Figuren im Text und 23 Tabellen. 68 Seiten. 1926.

Heft 25: **Die Ziehtechnik in der Blechbearbeitung.** Von Dr.-Ing. Walter Sellin. Mit 92 Figuren im Text und 8 Zahlentafeln. 60 Seiten. 1926.

Heft 26: **Räumen.** Anwendung, Konstruktion und Herstellung der Räumnadeln, Fehler beim Räumen. Von Leonhard Knoll. Mit 129 Figuren im Text. 57 Seiten. 1926.

Heft 27: **Das Einrichten von Automaten.** Dritter Teil: Die Mehrspindelautomaten. Schnittgeschwindigkeiten und Vorschübe. Von E. Gothe, Ph. Kelle, A. Kreil. Mit 60 Figuren im Text und 20 Tabellen. 58 Seiten. 1927.

Heft 28: **Das Löten.** Von Dr. W. Burstyn. Mit 75 Figuren im Text. 44 Seiten. 1927.

Heft 29: **Kugel- und Rollenlager** (Wälzlager) unter besonderer Berücksichtigung des Einbauens. Von Hans Behr. Mit 197 Figuren im Text. 64 Seiten. 1927.

Heft 30: **Gesunder Guß.** Eine Anleitung für Konstrukteure und Gießer, Fehlguß zu verhindern. Von Prof. Dr. techn. Erdmann Kothny. Mit 125 Figuren im Text und 14 Tabellen. 70 Seiten. 1927.

Heft 31: **Gesenkschmiede.** Von P. H. Schweißguth †. Unter Mitarbeit des Herausgebers. Erster Teil: Arbeitsweise und Konstruktion der Gesenke. Mit 231 Figuren im Text. 64 Seiten. 1926.

Heft 32: **Die Brennstoffe.** Ihre Einteilung, Eigenschaften, Verwendung und Untersuchung. Von Prof. Dr. techn. Erdmann Kothny. Mit 11 Figuren im Text und 33 Zahlentafeln. 73 Seiten. 1927.

Heft 33: **Der Vorrichtungsbau.** Von Fritz Grünhagen. Erster Teil: Einteilung, Einzelheiten und konstruktive Grundsätze. Mit 230 Figuren im Text. 64 Seiten. 1928.

Heft 34: **Werkstoffprüfung** (Metalle). Von Prof. Dr.-Ing. P. Riebensahm und Dr.-Ing. L. Traeger. Mit 92 Figuren im Text. 68 Seiten. 1928.

Im Druck befindet sich:

Heft 35: **Der Vorrichtungsbau.** Von Fritz Grünhagen. Zweiter Teil: Konstruktion von Vorrichtungen. Mit etwa 100 Textfiguren. Etwa 4 Bogen 8°.

Ein ausführlicher Prospekt über die Sammlung steht Interessenten kostenfrei zur Verfügung.

Verlag von Julius Springer / Berlin

Taschenbuch für den Fabrikbetrieb. Unter Mitwirkung zahlreicher Fachleute herausgegeben von Prof. **H. Dubbel**, Ingenieur, Berlin. Mit 933 Textfiguren und 8 Tafeln. VII, 883 Seiten. 1923.
Gebunden RM 12.—

Einführung in die Organisation von Maschinenfabriken unter besonderer Berücksichtigung der Selbstkostenberechnung. Von Dipl.-Ing. **Friedrich Meyenberg**, Berlin. Dritte, umgearbeitete und stark erweiterte Auflage. XIV, 370 Seiten. 1926.
Gebunden RM 18.—

Über die Eingliederung der Normungsarbeit in die Organisation einer Maschinenfabrik. Von Dipl.-Ing. **Friedrich Meyenberg**, Berlin. V, 67 Seiten. 1924. RM 3.30

Grundlagen der Fabrikorganisation. Von Dr.-Ing. **Ewald Sachsenberg**, o. Professor an der Technischen Hochschule Dresden. Dritte, verbesserte und erweiterte Auflage. Mit 66 Textabbildungen. VIII, 162 Seiten. 1922. Gebunden RM 8.—

Fabrikorganisation, Fabrikbuchführung und Selbstkostenberechnung der Ludw. Loewe & Co. A.-G., Berlin. Mit Genehmigung der Direktion zusammengestellt von **J. Lilienthal**. Dritte, von Wilhelm Müller revidierte und ergänzte Auflage. Mit einem Geleitwort von Prof. Dr.-Ing. G. Schlesinger, Berlin. Mit 133 Formularen. X, 200 Seiten. 1925. Gebunden RM 18.—

Grundlagen der Betriebsrechnung in Maschinenbauanstalten. Von **Herbert Peiser**, Direktor der Berlin-Anhaltischen Maschinenbau A.-G. Zweite, erheblich erweiterte Auflage. Mit 5 Textabbildungen. VI, 216 Seiten. 1923. RM 6.60; gebunden RM 8.—

Mathematisch-graphische Untersuchungen über die Rentabilitätsverhältnisse des Fabrikbetriebes. Von Ingenieur **Reinhard Hildebrandt**. Mit 31 Abbildungen im Text und auf 7 Tafeln. IV, 79 Seiten. 1925. RM 5.10; gebunden RM 6.60

Industriebetriebslehre. Die wirtschaftlich-technische Organisation des Industriebetriebes mit besonderer Berücksichtigung der Maschinenindustrie. Von Prof. Dr.-Ing. **E. Heidebroek**, Darmstadt. Mit 91 Textabbildungen und 3 Tafeln. VI, 285 Seiten. 1923.
Gebunden RM 17.50

MIX
Papier aus verantwortungsvollen Quellen
Paper from responsible sources
FSC® C105338

If you have any concerns about our products,
you can contact us on
ProductSafety@springernature.com

In case Publisher is established outside the EU,
the EU authorized representative is:
**Springer Nature Customer Service Center GmbH
Europaplatz 3, 69115 Heidelberg, Germany**

Printed by Libri Plureos GmbH
in Hamburg, Germany